# Platten und Behälter

Wesentlich erweiterte Neuausgabe der
„Momententafeln und Einflußflächen
für kreuzweise bewehrte Eisenbetonplatten“



Von

Dr. Ing. **Ernst Bittner**
Wien

Mit 217 Textabbildungen und 284 Zahlentafeln

1965
Springer-Verlag
Wien · New York

**Softcover reprint of the hardcover 1st edition 1938**

Library of Congress Catalog Card Number 65-26263

**Titel-Nr.** 8086

**ISBN 978-3-7091-7138-7** **ISBN 978-3-7091-7137-0 (eBook)**
**DOI 10.1007/978-3-7091-7137-0**

# Vorwort

Das im Jahre 1938 erschienene Buch des Verfassers „Momententafeln und Einflußflächen für kreuzweise bewehrte Eisenbetonplatten" brachte erstmalig Unterlagen zur Berechnung der Fahrbahnplatten von Straßenbrücken nach der Plattentheorie. Die Anleitung zum Gebrauch der Zahlentafeln war so gehalten, daß sie auch für Statiker, denen die Plattentheorie *nicht* geläufig ist, verständlich sein sollte. Die verwendeten plattentheoretischen Formeln waren in einem Anhang wiedergegeben; die meisten von ihnen waren damals in keinem anderen Buch zu finden, nur der Lösungsansatz war bekannt.

Inzwischen ist in den Deutschen und den Österreichischen Normen für Massivbrücken die Berechnung der Fahrbahnplatten nach der Plattentheorie vorgeschrieben worden; Hand in Hand damit ging die Vermehrung des Schrifttums um einschlägige Tafelwerke. Andere Tafelwerke dienen zur Berechnung von Deckenplatten und Behälterwänden.

Das vorliegende neue Buch — der neue Titel weist darauf hin — umfaßt *alle* Anwendungsgebiete: Es ermöglicht die *ausführliche* Berechnung von rechtwinkeligen Platten unter beliebiger Belastung und für alle Lagerungsfälle, d. h. für alle möglichen Kombinationen von frei drehbar gestützten, elastisch eingespannten und ungestützten Rändern. Die Kenntnis der Plattentheorie wird vorausgesetzt.

Dem genannten Zweck dienen:

Formeln für die Durchbiegungen, Momente und Querkräfte in den Grundfällen;

Rechenverfahren für die weiteren Lagerungsfälle, die durch Überlagerung mehrerer Grundfälle gewonnen werden;

Zahlentafeln über den Momentenverlauf bei Gleichlast, Dreiecklast und Randmomentangriff im Grundfall;

Tafeln über eingespannte Rechteckplatten unter Gleichlast und Dreiecklast.

Die Tafeln über Rechtecklasten und Einflußflächen wurden aus dem alten Buch übernommen und durch weitere Einflußflächen ergänzt.

Außer den Platten selbst wurden noch die die Plattenränder unterstützenden *Träger* behandelt.

Zehn ausführliche Berechnungsbeispiele zeigen die Anwendung der Rechenverfahren für die verschiedenen Lagerungsfälle.

Die Herleitung der Formeln ist nicht wiedergegeben; man kann sich leicht überzeugen, daß die jeweiligen Randbedingungen erfüllt sind.

Die Rechenverfahren für den Großteil der Lagerungsfälle mit ungestützten Rändern wurden neu entwickelt. Eine theoretische Neuerung ist auch die kinematische Deutung der Einflußflächen. Eine Studie über den Einfluß der Querdehnung des Betons soll zur Klärung dieser Frage beitragen.

Der große Umfang des vorstehend umrissenen Stoffes samt den zugehörigen Berechnungsbeispielen erzwang die Beschränkung auf rechtwinkelige Platten mit feldweise konstanter Dicke aus homogenem, querdehnungslosem Baustoff unter Anwendung der klassischen Plattentheorie. Hinsichtlich der Verschärfung der Plattentheorie durch das Einbeziehen der Schubverzerrungen infolge der Querkräfte wurde zunächst nur der erste Schritt getan; eine weitere Ausschöpfung dieser Theorie ist in Aussicht genommen.

Ein druckfertiger Abschnitt über Kreisringplatten unter polarsymmetrischer Belastung konnte nicht mehr untergebracht werden; es ist geplant, diesen Abschnitt in einem weiteren Buch zu veröffentlichen, zusammen mit weiteren ergänzenden Abschnitten, unter anderem über das

Zusammenwirken von Platten mit biege- und torsionssteifen Trägern. Um den praktischen Bedürfnissen möglichst Rechnung tragen zu können, würde der Verfasser Anregungen aus dem Leserkreis, auch *kleine* Ergänzungen betreffend, begrüßen. Die schiefwinkeligen Platten, seinerzeit in Angriff genommen und dann zurückgestellt, harren der weiteren Bearbeitung.

An dieser Stelle danke ich der Direktion der Allgemeinen Baugesellschaft-A. Porr Aktiengesellschaft, daß sie es mir ermöglicht hat, neben meiner Arbeit als Statiker dieses Buch fertigzustellen, und außerdem Kräfte für Berechnungen sowie Schreib- und Zeichenarbeiten zur Verfügung gestellt hat. Ebenso danke ich dem Verlag und allen, die bei der Herstellung des Buches mitgeholfen haben.

Wien, im Mai 1965 **Der Verfasser**

III, Engelsberggasse 4
Allgemeine Baugesellschaft-A. Porr
Aktiengesellschaft

# Inhaltsverzeichnis

## I. Die Anwendung der Plattentheorie im Stahlbetonbau



## II. Die Querdehnung des Betons



## III. Grundlagen für die Berechnung rechtwinkeliger Platten



## IV. Formeln und Rechenverfahren

## V. Zahlentafeln

# I. Die Anwendung der Plattentheorie im Stahlbetonbau

## 1. Rechteckplatten, Allgemeines

### 1.1. Die Verfahren der Plattenberechnung

In der Plattentheorie [1], [2][1] wird die von den Koordinaten $x$ und $y$ (Abb. 1) abhängige Durchbiegung einer Rechteckplatte in der Regel aus zwei Funktionen zusammengesetzt. Die erste Funktion $\zeta^{(0)}$ enthält die gegebene Belastung und entspricht der nur von *einer* Koordinate abhängigen Durchbiegungsfunktion eines Trägers von entsprechender Breite, sofern die Belastung ebenfalls nur von dieser einen Koordinate abhängt, was bei den meisten praktischen Aufgaben zutrifft. Die zweite Funktion hat die Form

$$\left.\begin{aligned} \zeta^{(1)} &= \sum_{1,2}^{\infty} {}^{j} \sin j\pi \frac{x}{a} \cdot F\left(j\pi \frac{y}{a}\right) \\ \text{mit} \quad F\left(j\pi \frac{y}{a}\right) &= A_j \operatorname{Sin} j\pi \frac{y}{a} + B_j \operatorname{Cof} j\pi \frac{y}{a} + C_j j\pi \frac{y}{a} \operatorname{Sin} j\pi \frac{y}{a} + D_j j\pi \frac{y}{a} \operatorname{Cof} j\pi \frac{y}{a}. \end{aligned}\right\} \tag{1}$$

Diese Funktion erfüllt die Bedingungen des frei drehbar gestützten Randes in den Linien $x = 0$ und $x = a$; die in jedem Reihenglied enthaltenen vier Freiwerte $A_j$ bis $D_j$ gestatten die Erfüllung *beliebiger* Randbedingungen in den Linien $y = 0$ und $y = b$. Um für die Freiwerte möglichst einfache Ausdrücke zu erhalten, ist es gegebenenfalls zweckmäßig, die Funktion aufzuspalten, d. h. zunächst eine Teilfunktion zu ermitteln, die mit $\zeta^{(0)}$ zusammen die Randbedingungen des frei drehbar gestützten Randes in den Linien $y = 0$ und $y = b$ erfüllt; eine weitere Teilfunktion stellt dann die endgültigen Randbedingungen her. Eine weitere Vereinfachung der Formeln ergibt sich dadurch, daß in einer oder der anderen Teilfunktion $y$ durch $b - y$ oder $\frac{b}{2} - y$ ersetzt wird. Auf diese Weise lassen sich oft unförmige Ausdrücke vermeiden.

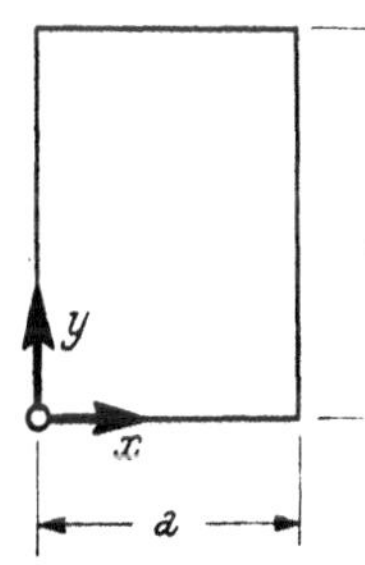

Abb. 1

Sobald die Linien $x = 0$ und $x = a$ *nicht* frei drehbar gestützt sind, muß eine weitere Funktion

$$\zeta^{(2)} = \sum_{1,2}^{\infty} {}^{k} \sin k\pi \frac{y}{b} F\left(k\pi \frac{x}{b}\right) \tag{2}$$

überlagert werden. Die in jedem Reihenglied enthaltenen Freiwerte $A_k$ bis $D_k$ gestatten die Erfüllung beliebiger Randbedingungen in den Linien $x = 0$ und $x = a$.

Die den gegebenen Randbedingungen unterworfenen Randwerte der Funktionen $\zeta^{(0)}$ und $\zeta^{(2)}$ in den Linien $y = 0$ und $y = b$ werden als Fourierssche Reihen von der Form

$$\zeta^{(y=0)} = \sum_{1,2}^{\infty} {}^{j} \sin j\pi \frac{x}{a} K_j \tag{3}$$

entwickelt; ebenso werden die Randwerte der Funktionen $\zeta^{(0)}$ und $\zeta^{(1)}$ in den Linien $x = 0$ und $x = a$ in die Form

$$\zeta^{(x=0)} = \sum_{1,2}^{\infty} {}^{k} \sin k\pi \frac{y}{b} K_k \tag{4}$$

[1] Die Ziffern in eckigen Klammern beziehen sich auf das Schrifttumsverzeichnis, P.7. (S. 22).

gebracht. Die Forderung, daß an allen vier Rändern jedes Reihenglied für sich die gegebenen Randbedingungen erfüllen muß, führt auf ein Gleichungssystem für die Freiwerte $A_j$ bis $D_j$ und $A_k$ bis $D_k$.

Durch den Ansatz (1) ist die Lösung grundsätzlich für alle Rechteckplatten mit zwei gegenüberliegenden frei drehbar gestützten Rändern und beliebiger Stützung der übrigen Ränder gegeben. Die Ansätze (1) und (2) zusammen ermöglichen zunächst die Berechnung von Rechteckplatten mit frei drehbar gestützten und *eingespannten* Rändern, wenn auch einander *benachbarte* Ränder eingespannt sind. In den schwierigeren Fällen, wo eingespannte und *ungestützte* Ränder einander benachbart sind, werden die beiden Ansätze etwas abgewandelt; in P.4. sind alle diese Fälle einzeln behandelt.

Es erweist sich somit, daß der klassische Ansatz der Plattentheorie (1) für sämtliche Aufgaben über Rechteckplatten ausreicht; in der Formelsammlung (Abschnitt IV) kommen ausschließlich Funktionen dieser Art vor.

Nachdem der vorgenannte Lösungsweg u. a. für die Rechteckplatte mit zwei benachbarten eingespannten und zwei ungestützten Rändern nicht bekannt war oder zu mühsam erschien, wurden solche Fälle vielfach auf dem Wege der *Differenzenrechnung* behandelt [19]. Die Differenzenrechnung liefert die Durchschnittswerte der Schnittkräfte innerhalb der Maschenweite des berechneten Netzes; etwaige Unstetigkeiten werden nicht erfaßt. So konnte die unendliche Spitze des Stützenmoments am Ende eines eingespannten Randes, wenn der benachbarte Rand ungestützt ist, mittels der Differenzenrechnung nicht gefunden werden; es ergab sich der endliche Durchschnittswert, der für praktische Zwecke wohl brauchbar ist, aber keine Klarheit über den meistbeanspruchten Punkt der Platte bringt.

Auch der *Modellversuch* liefert nur Durchschnittswerte innerhalb der Maschenweite des ausgemessenen Netzes ohne die vorhandenen Unstetigkeiten. Wenn insbesondere *Einflußflächen* mittels Modellversuchs ermittelt werden, bleibt gerade die Gestalt der Einflußfläche in unmittelbarer Umgebung des Bezugspunktes, die sogenannte Singularität, ungenau. Es müßte aber möglich sein, die bis auf eine additive Konstante *bekannte* Singularität der ermittelten Einflußfläche gewissermaßen aufzusetzen und so die gesamte Fläche einwandfrei zu erhalten. Jedenfalls ist der analytische Lösungsweg, sobald er bekannt ist, den übrigen Möglichkeiten vorzuziehen.

### 1.2. Ergänzung zur Plattentheorie

Nach der klassischen Plattentheorie ergeben sich an einem frei drehbar gestützten Rand Drillmomente, die beispielsweise für $y = 0$ gegeben sind durch

$$m_{xy} = -\sum_{1,2}^{\infty}{}^{j}\, c_j \cos j\pi \frac{x}{a} \tag{5}$$

und an den Ecken ihre Größtwerte besitzen. Die Randdrillmomente werden durch die als *äußere* Kräfte gleichwertigen Drillreaktionen

$$\frac{\partial}{\partial x} m_{xy} = \sum_{1,2}^{\infty}{}^{j}\, c_j \frac{j\pi}{a} \sin j\pi \frac{x}{a} \tag{6}$$

ersetzt; diese bilden neben der Querkraft $q_y$ einen Beitrag zu den Auflagerkräften $\bar{q}_y$ mit dem Größtwert im Bereich der Randmitte. Die als äußere Kräfte angreifenden Drillreaktionen müssen nun von der Platte als *innere* Kräfte, nämlich Schubkräfte mit der Richtung von $q_x$, längs des Randes zu den Ecken übergeleitet werden, wo ihnen die Eckkraft $P_E = m_{xyE}$ das Gleichgewicht hält. Die Größe der genannten Schubkräfte entspricht an jeder Stelle des Randes dem Drillmoment; im übrigen sagt die klassische Plattentheorie über sie nichts aus.

An einem *un*gestützten Rand $y = 0$ ist die Drillreaktion

$$\frac{\partial}{\partial x} m_{xy} = -q_y. \tag{7}$$

Die Schubkräfte in der Richtung von $q_x$ treten in gleicher Weise auf.

Für den Fall der reinen Drillung $m_{xy} =$ konst. hat A. WERFEL [15] die DE ST. VENANTsche Formel für die Schubspannungen infolge Torsion im Rechteckquerschnitt herangezogen; sie lautet für einen Schnitt $x =$ konst. (Abb. 2)

$$\left.\begin{aligned} \tau_{xy} &= m_{xy}\frac{6}{d^2}\left[\frac{2z}{d} - 1 + \sum_{1,3}^{\infty}{}_n \frac{8}{n^2\pi^2}\,\frac{\cosh n\pi\dfrac{\frac{b}{2}-y}{d}}{\cosh n\pi\dfrac{b}{2d}}\cos n\pi\frac{z}{d}\right],\\ \tau_{xz} &= m_{xy}\frac{6}{d^2}\sum_{1,3}^{\infty}{}_n \frac{8}{n^2\pi^2}\,\frac{\sinh n\pi\dfrac{\frac{b}{2}-y}{d}}{\cosh n\pi\dfrac{b}{2d}}\sin n\pi\frac{z}{d}.\\ &\text{Wegen } b \gg d \text{ ist } \tau_{xz} = m_{xy}\frac{6}{d^2}\sum_{1,3}^{\infty}{}_n \frac{8}{n^2\pi^2}e^{-n\pi\frac{y}{d}}\sin n\pi\frac{z}{d}. \end{aligned}\right\} \quad (8)$$

Die Formeln besagen, daß die waagrechten Schubspannungen $\tau_{xy}$ gegen den Rand $y = 0$ auf 0 abnehmen, während die lotrechten Schubspannungen $\tau_{xz}$ ihren Größtwert in $y = 0$, $z = \frac{d}{2}$ erreichen, und zwar ist:

$$\max \tau_{xz} = m_{xy}\frac{6}{d^2}\,0{,}742 = m_{xy}\frac{4{,}45}{d^2}. \quad (9)$$

Die Summe der lotrechten Schubspannungen über die Plattendicke beträgt in $y = 0$:

$$\max t_{xz} = m_{xy}\frac{6}{d}\sum_{1,3}^{\infty}{}_n \frac{16}{n^3\pi^3} = m_{xy}\frac{3{,}26}{d} \quad (10)$$

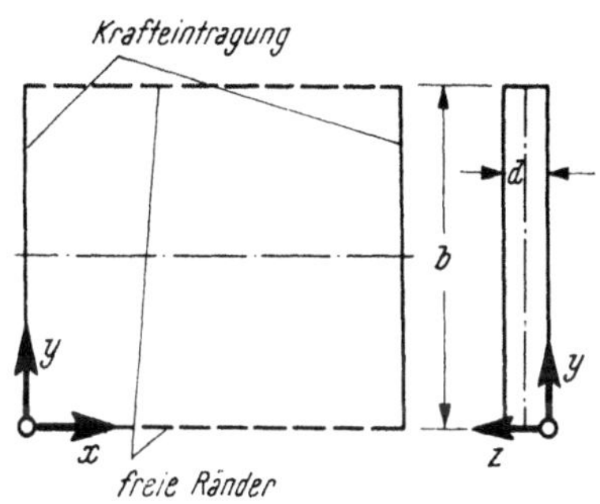

Abb. 2

Die verschärfte, die Querschubverzerrungen berücksichtigende Plattentheorie nach E. REISSNER [2, Anhang] ermöglicht die Berechnung der Schubkräfte, die durch den Abbau der Drillmomente am Plattenrand entstehen, in jedem beliebigen Fall. E. REISSNER trifft die Annahme, daß die zugehörigen Schubspannungen im Gegensatz zu (8) über die Plattendicke nach einer Parabel verteilt sind wie bei den Querkräften, so daß die hinzukommenden Schubkräfte einfach zu den Querkräften dazugerechnet werden können.

Für den Fall der reinen Drillung liefert die REISSNERsche Theorie

$$q_x{}^* = m_{xy}\frac{\sqrt{10}}{d}e^{-\sqrt{10}\,\frac{y}{d}}. \quad (11)$$

In $y = 0$ entsteht der Größtwert

$$\max q_x{}^* = m_{xy}\frac{\sqrt{10}}{d} = m_{xy}\frac{3{,}16}{d}. \quad (12)$$

Die zugehörige Schubspannung ist

$$\max \tau_{xz} = q_x{}^*\frac{3}{2d} = m_{xy}\frac{4{,}74}{d^2}. \quad (12\text{a})$$

Der Vergleich mit (9) und (10) zeigt, daß die Querkraft gegenüber der strengeren Lösung etwas zu klein, die zugehörige Schubspannung hingegen, wegen der „schlechteren" Verteilung, etwas zu groß herauskommt. Die Abweichungen sind jedoch unbedeutend.

Wenn die klassische Plattentheorie am frei drehbar gestützten Rand $y = 0$ Randdrillmomente gemäß (5) ergibt, dann erhält man nach der verschärften Theorie die folgenden *zusätzlichen* Funktionen, wobei $b = \infty$ und die Querdehnungszahl $\nu = 0$ angenommen wurde. Die Längsränder werden frei drehbar gestützt im Sinne der klassischen Plattentheorie vorausgesetzt, d. h. die Drillmomente werden an diesen Rändern nicht abgebaut.

$$\left.\begin{aligned}
m_x^* &= \sum_{1,2}^{\infty}{}^{j}\, c_j \sin j\pi\frac{x}{a}\,\frac{1}{N}\,\frac{j\pi d}{a\sqrt{10}}\sqrt{1+0{,}1\left(\frac{j\pi d}{a}\right)^2}\,\Bigg\{\left[-0{,}4\left(\frac{j\pi d}{a}\right)^2 + j\pi\frac{y}{a}\right]e^{-j\pi\frac{y}{a}} + \\
&\qquad + \left[2+0{,}4\left(\frac{j\pi d}{a}\right)^2\right]e^{-\sqrt{10+\left(\frac{j\pi d}{a}\right)^2}\,\frac{y}{d}}, \\
m_y^* &= \sum_{1,2}^{\infty}{}^{j}\, c_j \sin j\pi\frac{x}{a}\,\frac{1}{N}\,\frac{j\pi d}{a\sqrt{10}}\sqrt{1+0{,}1\left(\frac{j\pi d}{a}\right)^2}\,\Bigg\{\left[2+0{,}4\left(\frac{j\pi d}{a}\right)^2 - j\pi\frac{y}{a}\right]e^{-j\pi\frac{y}{a}} - \\
&\qquad - \left[2+0{,}4\left(\frac{j\pi d}{a}\right)^2\right]e^{-\sqrt{10+\left(\frac{j\pi d}{a}\right)^2}\,\frac{y}{d}}\Bigg\}, \\
m_{xy}^* &= \sum_{1,2}^{\infty}{}^{j}\, c_j \cos j\pi\frac{x}{a}\,\frac{1}{N}\Bigg\{\frac{j\pi d}{a\sqrt{10}}\sqrt{1+0{,}1\left(\frac{j\pi d}{a}\right)^2}\left[-1-0{,}4\left(\frac{j\pi d}{a}\right)^2 + j\pi\frac{y}{a}\right]e^{-j\pi\frac{y}{a}} + \\
&\qquad + \left[1+0{,}2\left(\frac{j\pi d}{a}\right)^2\right]^2 e^{-\sqrt{10+\left(\frac{j\pi d}{a}\right)^2}\,\frac{y}{d}}\Bigg\}, \\
q_x^* &= \sum_{1,2}^{\infty}{}^{j}\, c_j \cos j\pi\frac{x}{a}\,\frac{\sqrt{10}}{N d}\sqrt{1+0{,}1\left(\frac{j\pi d}{a}\right)^2}\,\Bigg\{0{,}2\left(\frac{j\pi d}{a}\right)^2 e^{-j\pi\frac{y}{a}} - \\
&\qquad - \left[1+0{,}2\left(\frac{j\pi d}{a}\right)^2\right]e^{-\sqrt{10+\left(\frac{j\pi d}{a}\right)^2}\,\frac{y}{d}}\Bigg\}, \\
q_y^* &= \sum_{1,2}^{\infty}{}^{j}\, c_j \sin j\pi\frac{x}{a}\,\frac{j\pi}{a}\,\frac{1}{N}\Bigg\{-\frac{2}{\sqrt{10}}\,\frac{j\pi d}{a}\sqrt{1+0{,}1\left(\frac{j\pi d}{a}\right)^2}\,e^{-j\pi\frac{y}{a}} + \\
&\qquad + \left[1+0{,}2\left(\frac{j\pi d}{a}\right)^2\right]e^{-\sqrt{10+\left(\frac{j\pi d}{a}\right)^2}\,\frac{y}{d}}\Bigg\}.
\end{aligned}\right\}\tag{13}$$

Hierin ist

$$N = -\frac{j\pi d}{a\sqrt{10}}\sqrt{1+0{,}1\left(\frac{j\pi d}{a}\right)^2}\left[1+0{,}4\left(\frac{j\pi d}{a}\right)^2\right] + \left[1+0{,}2\left(\frac{j\pi d}{a}\right)^2\right]^2.$$

Man erkennt, daß am Rand $y=0$ die ursprünglichen Drillmomente aufgehoben werden. Die zusätzlichen Biegemomente $m_y$ verschwinden wohl am Rand, erlangen aber im Feld eine Größe, die annähernd einem Randmomentangriff

$$m_t = \sum_{1,2}^{\infty}{}^{j}\, c_j \sin j\pi\frac{x}{a}\,\frac{2}{\sqrt{10}}\,\frac{j\pi d}{a} \tag{14}$$

entspricht.

Je kleiner $\frac{jd}{a}$ ist, um so mehr nähert sich der Ausdruck für $q_x^*$ dem negativen Ausdruck (11), während $q_y^*$ mit $y=0$ in den Ausdruck (6) für die Drillreaktion übergeht.

Aus Obigem kann man folgende Regeln als Ergänzung der klassischen Plattentheorie ableiten:

a) Die Drillreaktion an einem frei drehbar gestützten Rand ist als Beitrag zur Querkraft aufzufassen und beim Nachweis der Schubspannungen mitzurechnen. Dieser Anteil der Querkraft fällt jedoch vom Auflager weg sehr steil ab, so daß er in der Schubsicherung nur etwa auf der Strecke $\frac{d}{\sqrt{10}}$ berücksichtigt zu werden braucht.

b) Parallel zum Rand wirken Querkräfte im Gesamtbetrag von $m_{xy}$, deren Wert am Rand

$$q^* = m_{xy}\frac{\sqrt{10}}{d}$$

beträgt.

c) Wenn an einer Ecke zwei frei drehbar gestützte Ränder aneinanderstoßen, ergeben sich die größten Querkräfte in beiden Richtungen aus dem Eckdrillmoment nach obiger Formel. Die Kräfte, welche die Platte auf das Auflager ausübt, sind nach *aufwärts* gerichtet (Zugkräfte).

d) Die Drillreaktion nach (6) und die Querkräfte parallel zum Rand bilden ein Kräftepaar mit dem Hebelarm $\frac{2d}{\sqrt{10}}$, das wie ein positiver Randmomentangriff wirkt und dessen Einfluß im Feld nach den bezüglichen Formeln und Tafeln berechnet werden kann. Die von allen frei drehbar gestützten Rändern ausgehenden Wirkungen sind zu überlagern. Parallel zum Rand wirkt ein Biegemoment in der gleichen Größe wie vorstehend angegeben.

e) Längs eines ungestützten Randes beträgt die Querkraft

$$q^* = q + m_{xy} \frac{\sqrt{10}}{d}, \tag{15}$$

worin $q$ die Querkraft und $m_{xy}$ das Drillmoment nach der klassischen Plattentheorie bedeuten. An der Ecke, auf eine Strecke $\frac{d}{\sqrt{10}}$, gilt jedoch, sofern der benachbarte Rand frei drehbar gestützt ist:

$$q^* = q + 2\, m_{xy} \frac{\sqrt{10}}{d}, \tag{16}$$

weil dort auch die längs des gestützten Randes sich fortpflanzende Querkraft in das Auflager geleitet werden muß.

f) An eingespannten Rändern ist keine Ergänzung der klassischen Plattentheorie erforderlich.

Bei im Vergleich zur Stützweite sehr kleiner Plattendicke bleibt die klassische Plattentheorie mit vorstehenden Ergänzungen bezüglich der Randquerkräfte unverändert aufrecht.

Bei dickerer Platte, z. B. $\frac{d}{a} = 0{,}1$, geben die Randmomentangriffe gemäß d) bereits einen merklichen Beitrag zu den Feldmomenten.

## 2. Deckenplatten

Die kreuzbewehrten Deckenplatten bestehen meist aus einer größeren Anzahl rechteckiger Felder, die nach beiden Richtungen aneinandergereiht sind, also nach beiden Richtungen „durchlaufen“. Die Belastung ist in der Regel gleichmäßig verteilt; die „ständige Last“ $g$ gleichzeitig auf allen Feldern, die „Nutzlast“ $p$ feldweise wirkend. Wenn alle Plattenfelder gleich groß sind, kann man, zumindest für die inneren Felder, die größten Feldmomente erhalten, wenn man die Belastung $g + \frac{p}{2}$ auf allen Feldern bei ringsum starrer Einspannung und die Belastung $\pm \frac{p}{2}$ schachbrettartig, also ohne Stützenmomente, überlagert. Bei den Rand- und Eckfeldern, wenn diese am Außenrand frei drehbar gestützt sind, erhält man auf diese Weise die Momente nur näherungsweise, da die Stützenmomente der *drei*seitig eingespannten Randfelder und die der *zwei*seitig eingespannten Eckfelder weder untereinander noch mit den Stützenmomenten der *allseitig* eingespannten Innenfelder übereinstimmen. Die Größtwerte der Stützenmomente kann man durch eine ähnliche Überlagerung ebenfalls näherungsweise erhalten. Als Grundwerte benötigt man stets die Momente der ringsum frei drehbar gestützten und der an einem, zwei, drei oder vier Rändern starr eingespannten Rechteckplatte. Das älteste Verfahren zur Ermittlung dieser Momente ist das Trägerkreuzverfahren: Die Platte wird in zwei Scharen von sich kreuzenden Streifen zerlegt gedacht und die Belastung so auf beide Streifen aufgeteilt, daß beide die gleiche Durchbiegung erleiden. Diese Bedingung wurde aber stets nur für den Plattenmittelpunkt als Kreuzungspunkt der beiden „mittleren“ Streifen aufgestellt, alle übrigen Punkte blieben unberücksichtigt. Es handelt sich also um ein grobes Näherungsverfahren.

Die nach der Plattentheorie sich ergebenden Momente in Rechteckplatten mit Gleichlast hat erstmalig H. MARCUS [3] mittels der Differenzenrechnung ermittelt. MARCUS nannte das Verfahren „Theorie elastischer Gewebe“. (Es sollte richtig „Theorie gespannter Gewebe“ heißen, weil er ein Netz aus Drähten oder Schnüren, die alle mit der gleichen Kraft gespannt sind, als Gleichnis für eine elastische Platte verwendete.) Auf dieser Grundlage hat MARCUS Ersatzformeln aufgestellt, mit denen die nach dem Trägerkreuzverfahren berechneten Feldmomente korrigiert werden können, um die im Sinne der Plattentheorie richtigen Werte zu erhalten. Dieses Verfahren ist in den deutschen und österreichischen Stahlbetonnormen als Näherungsberechnung für Platten angegeben. Der „Betonkalender" brachte Zahlentafeln für alle Lagerungsfälle, d. h. alle Kombinationen von frei drehbar gestützten und starr eingespannten Rändern. Für die *Stützen*momente hat MARCUS keine Formeln aufgestellt; sie wurden nach dem Trägerkreuzverfahren ohne Korrektur ermittelt. Eine Nachprüfung der nach MARCUS ermittelten Werte mit Hilfe der Plattentheorie war für die allseitig frei drehbar gestützte Rechteckplatte leicht durchzuführen und ergab befriedigende Übereinstimmung der Momente im Plattenmittelpunkt. (Die Größtwerte in der längeren Spannrichtung, die bei länglichen Platten außerhalb des Plattenmittelpunktes auftreten, werden durch die MARCUSschen Formeln nicht erfaßt.) Die Nachprüfung bzw. Neuberechnung der übrigen Lagerungsfälle nach der Plattentheorie ist so zeitraubend, daß sie erst in jüngster Zeit durch F. CZERNY [9] vorgenommen wurde. Hier erwiesen sich die Ergebnisse nach MARCUS zum Teil als nicht befriedigend. Die von CZERNY berechneten Größtwerte der Feld- und Stützenmomente wurden in geänderter Anordnung in das vorliegende Buch übernommen (Tafeln B.2 bis B.9). Außerdem wurden hier die Momente und Querkräfte in den die *Plattenränder unterstützenden Trägern* behandelt unter der Voraussetzung, daß die Stützweite des Trägers mit der Stützweite der Platte übereinstimmt. Es werden die Mittenmomente und Auflagerkräfte im frei drehbar gestützten Träger angegeben und dazu die „Belastungswerte" (Endverdrehungswerte), aus denen die Stützenmomente des Trägers im Fall einer Einspannung berechnet werden können.

Eine *elastische Randeinspannung* bei Rechteckplatten wurde vom Verfasser im Vorläufer dieses Buches [4] behandelt; das dort beschriebene „Einspanngradverfahren" ist vorzugsweise für feldweise Belastung durch konzentrierte Lasten (Fahrbahnplatten) gedacht. Hier wird außerdem ein Verfahren beschrieben, welches das Gegenstück zum Dreimomentensatz bei Durchlauf*trägern* bildet und die ausführliche Berechnung von Durchlaufplatten ermöglicht. Das Verfahren geht von allseitig frei drehbar gestützten Plattenfeldern aus und erfaßt die biegesteife Verbindung durch Anbringen gegenseitiger Momente, die als sin-Reihen angesetzt werden [Gl. (1) und (2) mit entsprechend eingesetzten Freiwerten]. Je größer die Anzahl der berechneten Reihenglieder ist, um so genauer werden die Ergebnisse. Bei *starrer* Einspannung vereinfacht sich das Verfahren durch den Wegfall aller Anschlußplatten. CZERNY [9] hat sieben bis neun Reihenglieder an jedem Rand berücksichtigt; der Momentenverlauf ergibt sich damit hinreichend genau; für die Auflagerkräfte erhält man gewellte Linien, die erst nach Hinzurechnen weiterer Reihenglieder den richtigen, stetigen Verlauf annehmen würden.

Bei der praktischen Anwendung auf Durchlaufplatten kommen ein bis höchstens drei Reihenglieder in Betracht; die benötigten Festwerte (Randverdrehungen) sowie der Momentenverlauf in den zu überlagernden Grundfällen ist aus den vorliegenden Tafeln zu entnehmen. Die ausführliche Berechnung *mehr*reihiger Durchlaufplatten nach diesem Verfahren ist trotzdem sehr zeitraubend.

Mit Hilfe der bei der Plattenberechnung gewonnenen Zahlenwerte kann man auch die die Platte unterstützenden *Träger* berechnen, sofern sie in allen Kreuzungspunkten gestützt sind. Ein ausgeführtes Beispiel (Berechnungsbeispiel 1, S. 411) zeigt beträchtliche Unterschiede zwischen den so ermittelten Momenten und Querkräften und jenen, die sich aus der üblichen Annahme von Dreieck- bzw. trapezförmigen Belastungsfiguren ergeben.

Bei *länglichen* Rechteckplatten ähnelt das Kräftespiel im Bereich eines Querrandes dem beim *unendlichen Halbstreifen* mit gleichartiger Stützung. Für letzteren sind deshalb ausführliche Schaubilder mit eingetragenen Zahlenwerten in die Formelsammlung eingefügt.

Die Momente und Querkräfte im Halbstreifen mit eingespanntem Querrand und eingespannten Längsrändern (einseitig oder beidseitig) wurden nach einem von A. NÁDAI [1] angegebenen Verfahren berechnet. Als ausreichende Näherung für den *unendlichen* Halbstreifen diente eine Rechteckplatte mit dem Seitenverhältnis 1 : 4. Dem unendlichen Plattenstreifen mit eingespannten Längsrändern werden als sin-Reihe angesetzte Auflagerkräfte an den Querrändern und als cos-Reihe dargestellte Momente an den Längsrändern überlagert. Während

Nádai das 1. Glied der sin-Reihe für ausreichend hielt, weil damit die Durchbiegung am Querrand annähernd verschwindet, hat sich die Berücksichtigung zahlreicher Glieder als notwendig erwiesen, um den Verlauf der Einspannmomente und besonders den der Querkräfte am Querrand einwandfrei zu erhalten.

W. Koepcke [8] hat für die gleichen Fälle den Momentenverlauf auf anderem Wege gefunden. Er geht ebenfalls vom unendlichen Plattenstreifen mit eingespannten Rändern aus und überlagert Funktionen, welche die Randbedingungen an den Längsrändern unmittelbar erfüllen. Diese Forderung führt auf Kreis- und Hyperbelfunktionen mit komplexem Argument, deren reeller und imaginärer Teil dann zwei voneinander unabhängige Funktionen darstellen. Die Randbedingungen am Querrand können nur in der Weise erfüllt werden, daß die Summe der Fehlerquadrate auf ein Minimum gebracht wird.

## 3. Allseitig gestützte rechteckige Behälterwände

Der Grundfall bei der Berechnung solcher Behälterwände ist die allseitig frei drehbar gestützte Rechteckplatte mit *Dreiecklast*. Man kann unterscheiden zwischen Wänden, deren Höhe kleiner ist als die Breite, und solchen, die höher sind als breit. Die Formeln für beide Fälle lassen sich mit den bekannten Ansätzen der Plattentheorie leicht entwickeln. Die Einspannung des Wandfußes und die Durchlaufwirkung zwischen den aneinanderstoßenden Wandfeldern sowie zwischen diesen und der Behälterdecke wird nach dem gleichen Verfahren wie bei Deckenplatten behandelt, wobei es nichts ausmacht, daß die einzelnen Rechteckplatten nicht in einer Ebene liegen, sondern rechtwinkelig aneinanderstoßen. Die benötigten Grundwerte für Dreiecklast sind in den Tafeln enthalten. Der Momentenverlauf bei *starrer* Einspannung einzelner Ränder und frei drehbarer Stützung der übrigen Ränder wurde von F. Czerny [10] auch für Dreiecklast berechnet. Die wichtigsten Zahlenwerte sind hier in den Tafeln C.11 bis C.52 wiedergegeben. Mehrere in der Formelsammlung enthaltene Diagramme zeigen auch für diesen Belastungsfall den Zustand am *Querrand* einer länglichen Rechteckplatte. Die Berechnung erfolgte auf dem gleichen Weg wie bei Gleichlast.

## 4. Rechtwinkelige Platten mit ungestützten Rändern

### 4.1. Grundsätzlicher Rechnungsgang

In allen Fällen sind dem *Grundfall*, der die gegebene äußere Belastung enthält und im allgemeinen frei drehbar gestützte Ränder voraussetzt, verschiedene *Zusatzfunktionen* zu überlagern, um die vorgeschriebenen Randbedingungen zu erfüllen. Es ist möglich und zweckmäßig, den Grundfall und die Zusatzfunktionen so zu wählen, daß in allen Lagerungsfällen einige wenige, immer wiederkehrende Zusatzfunktionen vorkommen. Dazu führt folgende Überlegung:

Wenn ein frei drehbar gestützter Rand als Grundfall in einen eingespannten Rand überzuführen ist, bleibt die eine Randbedingung, $\zeta = 0$, aufrecht. Durch das Anbringen von „Randmomenten am gestützten Rand“ wird die zweite Randbedingung des Grundfalles, $m = 0$, außer Kraft gesetzt und die neue, endgültige Randbedingung, welche die *Neigung* der Biegefläche betrifft, hergestellt. In ähnlicher Weise kann man auch die Randbedingungen des *ungestützten* Randes herstellen, wenn man vom *„verschieblich eingespannten“* Rand als Grundfall ausgeht. Die Randbedingungen dieses Grundfalles lauten:

1. Die Neigung der Biegefläche senkrecht zum Rand $= 0$,
2. die Querkraft ($=$ Auflagerkraft) senkrecht zum Rand $= 0$.

Die Durchbiegung selbst und das Moment senkrecht zum Rand sind von Null verschieden. Durch das Anbringen von „Randmomenten am ungestützten Rand“ wird die erste Randbedingung des Grundfalles außer Kraft gesetzt und die neue, endgültige Randbedingung, die das Verschwinden des Momentes senkrecht zum Rand fordert, erfüllt. Die zweite Randbedingung *bleibt* dabei *erhalten*. Der Fall „Momentangriff am ungestützten Rand“ ist ähnlich aufgebaut wie der Fall „Momentangriff am gestützten Rand“; die dem ungestützten Rand *benachbarten* Ränder werden dabei wieder als frei drehbar gestützt vorausgesetzt.

Wie im folgenden gezeigt wird, konnten auf diesem Wege *sämtliche* Lagerungsfälle, d. h. sämtliche möglichen Kombinationen von ungestützten und eingespannten oder auch frei drehbar gestützten Rändern, gelöst werden. Die ausführliche Beschreibung der betreffenden Rechenverfahren ist im Abschnitt IV, Unterabschnitte C.3. bis C.11., zu finden.

### 4.2. Die Rechteckplatte mit *einem* ungestützten Rand, benachbarte Ränder frei drehbar gestützt, gegenüberliegender Rand (starr oder elastisch) eingespannt

Der Grundfall, die Rechteckplatte mit drei frei drehbar gestützten und einem verschieblich eingespannten Rand, ist einfach zu finden. Man denkt die Platte *samt Belastung* am verschieblich eingespannten Rand *gespiegelt*; die entstehende, allseitig frei drehbar gestützte Rechteckplatte mit der doppelten Fläche weist in der Symmetrieachse die Bedingungen des „verschieblich eingespannten" Randes auf. Um die Bedingung des eingespannten Randes, die Neigung der Biegefläche betreffend, herzustellen, werden dort „Randmomente am gestützten Rand" angebracht, und zwar an der doppelten Platte und auch am *gespiegelten* Rand, so daß in der Symmetrieachse die Bedingungen des verschieblich eingespannten Randes erhalten bleiben. Bei *elastischer* Einspannung werden die gleichen Momente als „gegenseitige Momente" auch am Anschlußwerk angebracht. Schließlich werden an der Rechteckplatte mit drei frei drehbar gestützten und einem ungestützten Rand „Randmomente am ungestützten Rand" angebracht, die alle Momente aufheben, welche in der doppelten Platte senkrecht zur Symmetrieachse entstanden waren. Die gleichzeitige Erfüllung der Bedingungen an den zwei Rändern führt, für jedes Reihenglied der als sin-Reihe angesetzten Randmomente getrennt, auf je zwei Gleichungen mit zwei Unbekannten. Die endgültigen Momente erhält man durch Überlagerung von drei einfachen Belastungsfällen:

1. Allseitig frei drehbar gestützte (doppelte) Rechteckplatte mit zur Mittellinie symmetrischer Belastung.
2. Ebensolche Platte mit zur Mittellinie symmetrischem Momentangriff.
3. Dreiseitig frei drehbar gestützte Rechteckplatte mit Momentangriff am ungestützten Rand.

Bei der Rechteckplatte mit einem ungestützten Rand und drei frei drehbar gestützten Rändern entfällt der Belastungsfall 2; es bleibt nur der Belastungsfall 3 als Zusatzfunktion, deren Reihenkoeffizienten unmittelbar aus dem Grundfall hervorgehen.

### 4.3. Die Rechteckplatte mit einem ungestützten Rand, übrige Ränder (starr oder elastisch) eingespannt

Für die Rechteckplatte mit einem ungestützten Rand und Einspannung der *benachbarten* Ränder hat K. Goriupp [13] den geeigneten Ansatz gefunden. Dieser Ansatz ist symmetrisch zum ungestützten Rand und bedeutet nichts anderes als das Anbringen von Randmomenten an der zum ungestützten Rand spiegelbildlich ergänzten Platte (wie unter 4.2.) sowie von „Randmomenten am ungestützten Rand".

Für die an drei Seiten eingespannte Platte mit ungestütztem Rand ergibt sich somit ein Rechnungsgang, der dem unter 4.2. beschriebenen ähnelt: außer den dort angeführten Randmomenten werden an den zwei restlichen Rändern ebenfalls Randmomente angebracht, und zwar an der doppelten Platte und symmetrisch zum ungestützten Rand (nur die ungeraden Glieder der sin-Reihe). Das Gleichungssystem für die unbekannten Reihenkoeffizienten der Randmomente ist allerdings nicht so einfach wie vordem: jede Gleichung enthält je ein Reihenglied zweier gegenüberliegender Randmomente und *sämtliche* zu den Nachbarrändern gehörigen Reihenglieder. (Wie bei der allseitig eingespannten Rechteckplatte.) Dieser Berechnungsgang ist aber einfacher als der von Goriupp angegebene, der von der dreiseitig frei drehbar gestützten Rechteckplatte als Grundfall ausgeht. Er ist analog dem bei der vierseitig eingespannten Platte; außer den dort verwendeten Festwerten benötigt man noch jene, die zum „Momentangriff am ungestützten Rand" gehören.

Zu den unter 4.2. angeführten Zusatzfunktionen kommen jetzt noch die Momente an den beiden dem ungestützten Rand benachbarten Rändern; diese Zusatzfunktionen sind die gleichen wie die in P.2. erwähnten.

F. Czerny [11], [12] hat nach dem hier angedeuteten und im Abschnitt IV ausführlich beschriebenen Verfahren die maßgebenden Momente infolge Gleichlast und Dreiecklast für verschiedene Seitenverhältnisse ermittelt. Besonders der Fall der Dreiecklast kommt im Industriebau häufig bei *Wänden offener Behälter* vor.

### 4.4. Die Rechteckplatte mit zwei gegenüberliegenden frei drehbar gestützten und zwei ungestützten Rändern (Plattenbrücke)

Im Abschnitt IV, Unterabschnitt C.6., ist ein Verfahren beschrieben, das nicht von der verschieblich eingespannten Rechteckplatte, sondern unmittelbar vom unendlichen Plattenstreifen ausgeht und die Bedingungen an den ungestützten Rändern durch Rand*lasten* und Rand*momente* herstellt. Nachstehend wird aber doch der Rechnungsgang im Sinne von P. 4.1. kurz dargestellt, weil er als Vorstufe für den nächsten Lagerungsfall (P.4.5.) dient.

Grundfall ist die an zwei gegenüberliegenden Rändern frei drehbar gestützte und an den zwei übrigen Rändern verschieblich eingespannte Rechteckplatte. Als Belastung kommt bei Brücken hauptsächlich die auf einer bestimmten Rechteckfläche gleichmäßig verteilte Radlast (Rechtecklast) in Betracht. Die zugehörigen Formeln sind ähnlich wie bei der allseitig frei drehbar gestützten Rechteckplatte. Die im Grundfall auftretenden Momente senkrecht zu den verschieblich eingespannten Rändern werden in einen zur Brückenachse symmetrischen und einen antisymmetrischen Anteil zerlegt. Der letztere wird durch antisymmetrisch angreifende „Randmomente am ungestützten Rand" aufgehoben. Nachdem bei diesem Lastfall die Brückenachse momentenfrei bleibt, handelt es sich um die *gleiche* Zusatzfunktion wie in P.4.2.

Um auch den zur Brückenachse symmetrischen Anteil der Momente an den verschieblich eingespannten Rändern aufzuheben, benötigt man eine neue Zusatzfunktion, nämlich den „gleichen Momentangriff an zwei gegenüberliegenden ungestützten Rändern"; sie ist ähnlich aufgebaut wie die vorige. Damit sind die geforderten Randbedingungen erfüllt.

### 4.5. Die Rechteckplatte mit zwei gegenüberliegenden eingespannten und zwei ungestützten Rändern (eingespannte oder durchlaufende Plattenbrücke)

Der Grundfall ist der gleiche wie in P.4.4.; an den im Endzustand ungestützten Rändern werden auch ebensolche Momente angebracht. Die Randbedingungen der eingespannten Ränder werden durch Randmomente in Form einer cos-Reihe hergestellt, welche die Randbedingungen der verschieblich eingespannten Ränder nicht stören. Um die Randverdrehungen im Grundfall als cos-Reihe darzustellen, muß man die Belastung (Rechtecklast) und die zugehörige Durchbiegungsfunktion als cos-Reihe entwickeln. Es ergeben sich die gleichen Formeln wie bei der allseitig frei drehbar gestützten Rechteckplatte, nur mit cos an Stelle von sin. Abweichend ist lediglich das konstante (0te) Glied der cos-Reihe; es liefert einen *gleichmäßig* über die Brückenbreite verteilten Anteil der Stützenmomente. Die ungeraden Glieder der cos-Reihe sind zur Brückenachse antisymmetrisch und entsprechen der sin-Reihe in P.4.3.; ihre Reihenkoeffizienten sind zusammen mit denen der antisymmetrischen Momentangriffe an den ungestützten Rändern aus einem Gleichungssystem zu berechnen. Zum Unterschied von P. 4.3. entfallen hier die Randmomente *gegenüber* dem ungestützten Rand. Ein zweites Gleichungssystem liefert die Reihenkoeffizienten der zur Brückenachse *symmetrischen* Zusatzfunktionen, das sind die geradzahligen Glieder der cos-Reihe und die „gleichen Randmomente an den ungestützten Rändern".

### 4.6. Die Rechteckplatte mit zwei benachbarten ungestützten und zwei eingespannten oder frei drehbar gestützten Rändern

Die Lösung dieses Lagerungsfalles ergibt sich durch sinngemäße Weiterentwicklung des Verfahrens nach P. 4.3.: Die Platte wird längs *beider* ungestützter Ränder gespiegelt und so zu einer Rechteckplatte mit der vierfachen Fläche ergänzt, die zweiachsig symmetrisch belastet und im Grundfall allseitig frei drehbar gestützt ist. An je zwei gegenüberliegenden Rändern dieser vierfachen Platte werden gleiche Randmomente, und zwar nur die ungeraden Glieder der sin-Reihe angebracht; dadurch werden die Bedingungen der verschieblich eingespannten Ränder längs der Symmetrieachse nicht gestört. Schließlich werden längs beider Symmetrieachsen „Randmomente am ungestützten Rand" angebracht, wobei die vierfache Platte einmal der Länge und einmal der Breite nach in zwei gleiche Hälften (jeweils das Doppelte der tatsächlichen Platte) geteilt wird. Auch diese Momente stören die Bedingung des verschieblich eingespannten Randes längs der *anderen* Symmetrieachse nicht, da wieder nur die ungeraden Glieder der sin-Reihe angesetzt werden. Aus den Bedingungen für die Neigung der Biegefläche an den angespannten Rändern und dem Verschwinden der Momente senkrecht zu den ungestützten Rändern ergibt sich ein Gleichungssystem für die Reihenkoeffizienten der vier Randmomente. Die in den Gleichungen vorkommenden Festwerte sind die gleichen wie unter 4.3., müssen jedoch für *beide* Richtungen ermittelt werden; dazu kommen noch jene Werte, die den gegenseitigen Einfluß der beiden „Momente am ungestützten Rand" ausdrücken. Bei *frei drehbarer* Stützung des einen oder beider gestützten Ränder entfallen die betreffenden Randmomente und die zugehörigen Bedingungsgleichungen; im übrigen bleibt das Verfahren das gleiche.

### 4.7. Die Rechteckplatte mit drei ungestützten und einem eingespannten Rand (Kragplatte)

Für den zur Mittellinie antisymmetrischen Lastanteil kann die Mittellinie als frei drehbar gestützt aufgefaßt werden; der Fall ist nach P. 4.6. zu behandeln. Für zur Mittellinie *symmetrische* Belastung ergibt sich der Lösungsweg durch Kombination der unter 4.5. und 4.6. beschriebenen Verfahren. Die Platte wird an dem einen ungestützten Rand gespiegelt und so zu einer Rechteckplatte mit der doppelten Fläche ergänzt; diese ist zweiachsig symmetrisch belastet und im Grundfall an zwei gegenüberliegenden Rändern verschieblich eingespannt, an zwei Rändern frei drehbar gestützt. Alle daran anzubringenden Randmomente sind zweiachsig symmetrisch: Die „Momente an zwei gegenüberliegenden ungestützten Rändern" werden als sin-Reihe mit ungeraden Gliedern, die „Momente an zwei einander gegenüberliegenden gestützten Rändern" als cos-Reihe mit geradzahligen Gliedern angesetzt. Das „0te Glied" dieser Reihe ist ein über die ganze Platte konstantes Moment. Schließlich werden an der *einfachen* Platte „Randmomente am ungestützten Rand" als cos-Reihe mit geradzahligen Gliedern angesetzt. Die im Gleichungssystem vorkommenden Festwerte sind dieselben wie in P. 4.5. bzw. 4.6.; nur jene Werte, die den *gegenseitigen* Einfluß der beiden ungestützten Ränder ausdrücken, kommen in den früheren Fällen nicht vor.

### 4.8. Die allseitig ungestützte Rechteckplatte

Dieser Fall kommt vor allem für Fundamentplatten in Betracht; alle äußeren Lasten müssen miteinander im Gleichgewicht stehen.

Für die antisymmetrischen Lastanteile sind die früher beschriebenen Verfahren bei frei drehbarer Stützung in einer bzw. beiden Mittellinien anzuwenden.

Für zweiachsig symmetrische Belastung dient die allseitig verschieblich eingespannte Rechteckplatte als Grundfall. Die zugehörigen Formeln sind ähnlich aufgebaut wie bei der Rechteckplatte mit zwei gegenüberliegenden verschieblich eingespannten und zwei frei drehbar gestützten Rändern, es werden nur alle Funktionen als cos-Reihen an Stelle von sin-Reihen dargestellt. Die „gleichen Randmomente an zwei gegenüberliegenden ungestützten Rändern" werden in beiden Richtungen als cos-Reihen mit geradzahligen Gliedern angesetzt. Aus der Bedingung, daß alle Momente senkrecht zu den Rändern verschwinden müssen, ergibt sich ein Gleichungssystem für die Reihenkoeffizienten der Randmomente.

### 4.9. Der unendliche Plattenstreifen mit einem ungestützten und einem (starr oder elastisch) eingespannten Rand; der unendliche Halbstreifen mit ungestützten Rändern

Der unendliche Plattenstreifen wird durch eine langgestreckte Rechteckplatte ersetzt, deren Querränder frei drehbar gestützt angenommen werden, und gemäß P. 4.2. behandelt. Damit im untersuchten Bereich beiderseits der Mittellinie der Einfluß der Querränder vernachlässigbar wird, muß man das Seitenverhältnis etwa 1 : 10 wählen; die spiegelbildlich zum ungestützten Rand verdoppelte Platte hat dann das Seitenverhältnis 1 : 5.

Beim unendlichen Halbstreifen mit ungestütztem Querrand und eingespannten Längsrändern genügt es, eine Rechteckplatte mit dem Seitenverhältnis 1 : 2 als Ersatz zu wählen; die symmetrisch zum Querrand verdoppelte Platte hat dann das Seitenverhältnis 1 : 4. Es kommt das Verfahren nach P. 4.3. unter Wegfall des Randmomentes gegenüber dem ungestützten Rand zur Anwendung. Die vorstehend angedeuteten Berechnungen sind natürlich nur für Belastungen, die in der Längsrichtung nicht gleichförmig sind, erforderlich. Für die nachstehenden Fälle gilt das nicht. Der unendliche Halbstreifen mit frei drehbar gestütztem Querrand, einem eingespannten Rand und einem ungestützten Längsrand wird wieder durch eine Rechteckplatte mit dem Seitenverhältnis 1 : 10 (verdoppelte Platte 1 : 5) ersetzt. Im Gegensatz zum unendlichen Plattenstreifen wird hier der Bereich des Querrandes untersucht. Man kann den Einfluß des Querrandes bis zu seinem Abklingen verfolgen, ohne in den Einflußbereich des andern — gedachten — Querrandes zu kommen. Das gleiche gilt für den unendlichen Halbstreifen mit einem eingespannten und einem ungestützten Längsrand und eingespanntem Querrand.

## 5. Trägerlose Decken

Eine durchgehende Fundamentplatte unter regelmäßig ausgeteilten Stützen und *ohne* Pilzköpfe kann in Rechteckfelder zerlegt werden, die allseitig verschieblich eingespannt sind und als Belastung Gleichlast von unten und eine das Gleichgewicht haltende mittige Rechtecklast von oben aufweisen. Die Lösung ergibt sich unmittelbar durch einen entsprechenden Reihenansatz (siehe P. 4.8.).

Eine trägerlose Decke *ohne* Pilzköpfe unter *Voll*belastung ist mit dem vorerwähnten Fall identisch. Die streifenweise Belastung mit abwechselnd $+p$ und $-p$ führt auf den Fall des Momentangriffs auf einer kurzen Strecke — der Stützenbreite —, wenn der Biegewiderstand der Stützen berücksichtigt werden soll. Auch dieser Fall ist mittels eines Reihenansatzes für das Moment lösbar. Durch die große Beanspruchung der Platte an den Stützen ist der Anwendung solcher Decken eine Grenze gesetzt. Die Erfassung des Spannungszustandes in einem *Pilzkopf* fällt aus dem Rahmen der Plattentheorie heraus. O. Likar [14] hat wohl eine Kreisplatte mit Pilzkopf, der als Rotationskörper geformt ist, behandelt, indem er das System als Platte mit veränderlicher Dicke auffaßte. Aber erstens ergibt sich dabei ein unendlich großes Biegemoment im Plattenmittelpunkt, dem eine unendliche Plattendicke gegenübersteht, so daß die Spannungen unbestimmt sind; zweitens ist die Voraussetzung der Plattentheorie, daß die Plattenmittelfläche eine Ebene ist, nicht erfüllt, weil sich der Pilzkopf einseitig nach unten erstreckt. Eine befriedigende Lösung ist nur von der Behandlung des rotationssymmetrischen Pilzkopfes als *räumliches* Spannungsproblem zu erwarten. Daraus könnte man dann auf das Verhalten eines quadratischen oder rechteckigen Pilzkopfes schließen.

## 6. Platten im Brückenbau

### 6.1. System

6.1.1. Bei Straßenbrücken aus Stahlbeton mit zwei Hauptträgern und Querträgern in Abständen, die dem Hauptträgerabstand ähnlich sind, besteht die *Fahrbahnplatte* aus *rechteckigen Feldern*; sie sind allseitig elastisch eingespannt, und zwar im jeweils anschließenden Plattenfeld und in den *Stegen* der Haupt- und Querträger, die als dreiseitig gestützte *Platten* aufgefaßt werden können. Der grundsätzliche Berechnungsweg wurde bereits in P. 2. angedeutet.

6.1.2. Bei Tragwerken mit wenigen Querträgern und solchen mit mehreren Hauptträgern sind die Plattenfelder so langgestreckt, daß sie als „*unendliche Plattenstreifen*“ zu behandeln sind. Der Bereich beiderseits eines Querträgers kann als Ende eines „unendlichen Halbstreifens“ aufgefaßt werden. Alle Ränder dieser Plattenstreifen sind im anschließenden Streifen und im Steg des Haupt- bzw. Querträgers elastisch eingespannt. Der Hauptträgersteg ist zwar ein schmaler Plattenstreifen, der die angreifenden Momente zu den weit auseinanderliegenden Querträgern übertragen muß; da er aber meist wesentlich dicker als die Fahrbahnplatte ist, gibt er trotzdem einen ins Gewicht fallenden Widerstand gegen Verdrehung.

6.1.3. Die Platte kragt gewöhnlich über den Randträger aus und trägt den Gehweg, mitunter auch noch einen Streifen der Fahrbahn; jedenfalls muß in Betracht gezogen werden, daß die Kragplatte, etwa bei einem Unfall, durch ein Fahrzeug belastet wird. Sie ist als „*unendliche Kragplatte*“ zu behandeln. In der Regel kann starre Einspannung angenommen werden.

6.1.4. Bei *Stahlbeton-Fahrbahnplatten auf Stahltragwerken* treten die gleichen Plattenformen auf wie bei Stahlbetonbrücken, nur entfällt hier die Einspannung in den Trägerstegen. Die Kragplatte ist nur im anschließenden Plattenfeld *elastisch* eingespannt; die auftretenden Momente unterscheiden sich merklich von jenen in der starr eingespannten Kragplatte. Anderseits ist die Fahrbahnplatte in der Kragplatte eingespannt; diese übernimmt an der Laststelle Momente und leitet sie beiderseits verteilt wieder in die Fahrbahnplatte zurück. Im Berechnungsbeispiel 7 ist ein solches System behandelt.

6.1.5. Eine andere Plattenform ist gegeben, wenn die Platte das *Haupt*tragwerk der Brücke bildet. Bei einer einfeldrigen Brücke handelt es sich dann um eine Rechteckplatte mit zwei gegenüberliegenden frei drehbar gestützten Rändern und zwei ungestützten Rändern. Bei mehrfeldrigen Brücken tritt elastische Einspannung an die Stelle der frei drehbar gestützten Ränder. Der Lösungsweg für diesen Fall ist in P. 4.5. umrissen.

## 6.2. Belastung

Die Belastung besteht außer der gleichmäßig verteilten ständigen Last aus Radlasten, die jeweils über eine Rechteckfläche von bestimmten Abmessungen gleichmäßig verteilt angenommen werden (Rechtecklasten). Die Erfassung der Seitenlängen dieses Rechteckes, der „Verteilungsbreiten“, ist wichtig, da sie die positiven Größtwerte der Biegemomente, die innerhalb des Lastrechteckes auftreten, erheblich beeinflussen (bei „punktförmiger“ Last ergeben sich die Momente im Lastpunkt unendlich groß). Die Aufstandbreiten der Räder von Regelfahrzeugen sind in den Vorschriften festgelegt, ebenso ist die Lastverteilung durch einen auf der Platte aufgebrachten Fahrbahnbelag unter $\frac{\pi}{4}$ nach allen Richtungen anzunehmen. Die schräg nach außen wirkenden Drücke rufen Zugkräfte an der Plattenoberseite hervor; sie sind ohne Belang, da sie lediglich die Druckzone entlasten. Eine weitere Lastverteilung innerhalb der Platte selbst würde Zugkräfte an der Platten*unter*seite, also in der Zugzone, zur Folge haben und damit die Beanspruchung der Zugbewehrung erhöhen. Man sollte daher eine Lastverteilung innerhalb der Platte *nicht* annehmen. Lediglich von der Plattenoberkante bis zum Druckmittelpunkt wäre sie gerechtfertigt; die Berücksichtigung dieser wenigen Zentimeter lohnt sich aber wohl nicht. In den Berechnungsbeispielen 6 bis 10, die über Brückenplatten handeln, ist überhaupt keine Lastverteilung angenommen, da sie für den gezeigten Berechnungsvorgang ohne Belang ist.

Die Momente infolge einer Gruppe von solchen Rechtecklasten werden am besten mit Hilfe von *Einflußflächen* berechnet. Diese bilden auch die Grundlage für die Entwicklung von Formeln, mittels derer man die Momente im Mittelpunkt eines Lastrechteckes unmittelbar finden kann, ohne die Einflußfläche numerisch auszuwerten (siehe P. 6.4.). Die Entwicklung der Einflußflächen ist daher eine wesentliche Aufgabe auf dem Gebiet der Platten im Brückenbau.

### 6.3. Einflußflächen

6.3.1. *Einflußflächen für allseitig frei drehbar gestützte Rechteckplatten.* Das erste Buch des Verfassers [4] enthält die Einflußflächen für $m_x$ und $m_y$ im Mittelpunkt von Rechteckplatten mit dem Seitenverhältnis $\frac{b}{a} = 1{,}0$, 1,1 usw. bis 1,5 und für den unendlichen Plattenstreifen ($b = \infty$); außerdem die Einflußflächen für $m_y$ im Punkt $x = \frac{a}{2}$, $y = 0{,}35\,a$, denn es hatte sich herausgestellt, daß bei *wandernder* Rechtecklast der größtmögliche Wert von $m_y$ in der Nähe des genannten Punktes entsteht.

Mit Hilfe der formelmäßigen Darstellung als *Fouriersche Reihen* wurden damals die Einflußwerte für alle Punkte eines quadratischen Netzes mit der Maschenweite $0{,}1\,a$ berechnet und in Zahlentafeln zusammengestellt. In der Nähe des Bezugspunktes konvergieren die Reihen schlecht; trotzdem konnten auch diese Zahlen mit der gewünschten Genauigkeit von vier Stellen gefunden werden. Die Arbeit wurde durch den Umstand erleichtert, daß die *Differenz* zwischen den Einflußwerten beim unendlichen Plattenstreifen und bei einer Rechteckplatte leicht zu berechnen ist, weil sie sich auf ganz wenige Reihenglieder erstreckt. Die Abb. 1 und 2 der „Momententafeln" zeigten deutlich die charakteristische Gestalt der Momenten-Einflußflächen in der Umgebung des Bezugspunktes mit der im Bezugspunkt selbst ins Unendliche gehenden Spitze.

Außer den Einflußflächen für die Feldmomente enthielten die „Momententafeln" noch die Einflußflächen der *Randquerkraft* im unendlichen Plattenstreifen und der Querkraft in Querrandmitte des unendlichen Halbstreifens, ferner die Einflußfläche des Mittenmomentes in dem den Querrand des unendlichen Halbstreifens unterstützenden *Träger.*

6.3.2. *Einflußflächen für eingespannte Rechteckplatten.* Die „Momententafeln" [4] enthielten für alle behandelten Seitenverhältnisse die Einflußflächen für das *Stützenmoment* in der Mitte des langen bzw. des kurzen Randes unter der Voraussetzung, daß nur dieser eine Rand starr eingespannt ist. Das erste Reihenglied der Einflußwerte war getrennt angegeben, so daß es möglich war, bei *elastischer* Einspannung eines Randes einerseits das erste Reihenglied, anderseits die Summe aller weiteren Reihenglieder mit dem *zugehörigen* Einspanngrad zu multiplizieren. Ferner konnte man aus den Tafelwerten die Einflußfläche für den Fall ableiten, daß zwei *gegenüber*liegende Ränder (starr oder elastisch) eingespannt sind. Für den unendlichen Halbstreifen mit eingespanntem Querrand und frei drehbar gestützten Längsrändern lag die Einflußfläche des Stützenmomentes in Querrandmitte (mit getrennt angegebenem 1. Reihenglied), die Einflußfläche der Querkraft im gleichen Punkt und die Einflußfläche des Mittenmomentes im den Querrand unterstützenden Träger vor. Beim Stützenmoment am Längsrand des *unendlichen* Plattenstreifens war die Abtrennung des ersten Reihengliedes und damit auch eine einfache Behandlung der elastischen sowie der beiderseitigen Einspannung nicht möglich. Die Einflußfläche des Stützenmomentes war für *starre* Einspannung eines Randes angegeben, desgleichen die Einflußfläche für die Randquerkraft. Einflußflächen für die Feldmomente eingespannter Platten wurden nicht ausgearbeitet. Angesichts der vielen Variationsmöglichkeiten der *elastischen* Einspannung würde ein solcher Versuch ins Uferlose führen.

Die Feldmomente infolge von *Rechtecklasten* können unter mäßigem Rechenaufwand gefunden werden, indem man zunächst die Feldmomente der allseitig frei drehbar gestützten Platte ermittelt (siehe P. 6.4.1.), sodann die Randmomente näherungsweise (jeweils nur das 1. Reihenglied) nach dem Einspanngradverfahren berechnet und ihre Wirkung im Feld dem Grundfall überlagert. Die dazu erforderlichen „Belastungswerte" für Rechtecklast waren in den „Momententafeln" in eigenen Tabellen enthalten. Für den unendlichen Plattenstreifen unter mittiger Rechtecklast enthielten die „Momententafeln" die Abminderung der Feldmomente infolge beidseitiger starrer Einspannung. Will man doch Einflußflächen für Feldmomente von allseitig elastisch eingespannten Rechteckplatten verwenden, so kann man sie mit Hilfe der vorliegenden Tafeln und Formeln mit mäßigem Rechenaufwand entwickeln. Als Grundfall dient die Einflußfläche der allseitig frei drehbar gestützten Rechteckplatte.

Die wichtigsten Einflußflächen liegen in Tafelform vor; weitere können aus den vorliegenden Einflußflächen des unendlichen Plattenstreifens umgerechnet werden. Für die Randneigungen einer Einflußfläche wurde eine einfache Beziehung gefunden, die es gestattet, die benötigten Zahlenwerte aus den vorhandenen Tafeln zu entnehmen. Die zu überlagernden Zusatzfunktionen sind die Biegeflächen infolge von Randmomenten und identisch mit den tabellierten „Einflußflächen der Belastungswerte". Die Koeffizienten der Zusatzfunktionen ergeben sich aus einem ähnlichen Gleichungssystem wie die Randmomente bei gegebener Belastung (P. 2.). Im Berechnungsbeispiel 6 ist die Entwicklung einer solchen Einflußfläche gezeigt.

In ähnlicher Weise lassen sich auch die Einflußflächen für *Stützen*momente bei allseitiger elastischer Einspannung entwickeln. Der Grundfall hiezu ist die tabellierte Einflußfläche des Stützenmoments bei frei drehbarer Stützung der drei übrigen Ränder. Für die Zusatzfunktionen und ihre Koeffizienten gilt das gleiche wie bei den Einflußflächen von Feldmomenten. Das Berechnungsbeispiel 6 zeigt auch diese Entwicklung.

6.3.3. *Geschlossene Darstellung von Einflußflächen.* Beim unendlichen Plattenstreifen mit frei drehbar gestützten Rändern lassen sich *alle* FOURIERschen Reihen, die die Einflußflächen der Schnittgrößen (Momente, Querkräfte) darstellen, in *geschlossene* Ausdrücke umwandeln. Diese ermöglichen die Berechnung der Einflußwerte in beliebiger Nähe des Bezugspunktes, wo die Reihenentwicklung wegen schlechter Konvergenz nicht brauchbar ist. In einiger Entfernung vom Bezugspunkt ist die Reihenentwicklung bequemer.

Aus den Einflußflächen des unendlichen Plattenstreifens lassen sich die entsprechenden Einflußflächen für den unendlichen Halbstreifen und für Rechteckplatten durch Überlagerung einer im ganzen Bereich rasch konvergierenden Reihe umrechnen. Das gilt für frei drehbar gestützte Längsränder und *beliebig* gestützte (oder ungestützte) Querränder. Für Punkte am *Querrand* des unendlichen Halbstreifens ist auch die Zusatzfunktion, somit die gesamte Einflußfläche, geschlossen darstellbar. Es handelt sich um das Drillmoment, die Querkraft und die Auflagerkraft am frei drehbar gestützten Querrand, das Stützenmoment und die Querkraft am starr *eingespannten* Querrand, schließlich das Moment $m_x$, das Drillmoment $m_{xy}$ und die Querkraft $q_x$ längs eines *ungestützten* Querrandes.

Die Einflußfläche des *Moments* in einem den Querrand unterstützenden *Träger* ist nicht geschlossen darstellbar, wohl aber die Einflußfläche der *Querkraft* in diesem Träger.

Aus den Einflußflächen für den Querrand des unendlichen Halbstreifens lassen sich wieder die entsprechenden Einflußflächen für den Querrand einer *Rechteck*platte umrechnen, beispielsweise bei einer Rechteckplatte mit zwei ungestützten Querrändern (Plattenbrücke).

6.3.4. *Der unendliche Plattenstreifen mit eingespannten Rändern.* Beim unendlichen Plattenstreifen mit *eingespannten* Rändern erhält man die Einflußfläche des Stützenmoments aus der für den Längsrand einer Rechteckplatte geltenden Reihenentwicklung durch den Grenzübergang $b \to \infty$: Die Reihe geht dann in ein bestimmtes Integral mit den Grenzen 0 und $\infty$ über (FOURIERsches Integral). Daraus ergibt sich die Wirkung des Stützenmoments auf die anderen Größen, also beispielsweise die Verringerung der Feldmomente oder die Vergrößerung der Randquerkraft gegenüber frei drehbarer Stützung, wieder als Integral. Die Integrale können in der Regel nur numerisch ausgewertet werden. Lediglich für Argumente über $2\pi$ ergibt sich durch Streichung kleiner Glieder ein vereinfachter Ausdruck, der entweder integrierbar ist oder auf den Integralsinus bzw. Integralcosinus führt; letztere Funktionen findet man in Tabellenwerken.

Für praktische Berechnungen ist es jedoch bequemer, den unendlichen Plattenstreifen durch eine langgestreckte Rechteckplatte — etwa mit $b = 4a$ — zu ersetzen und die Reihenentwicklung auszuwerten. Die in den „Momententafeln" enthaltene Einflußfläche für das Moment am starr eingespannten Längsrand eines unendlichen Plattenstreifens wurde auf diesem Wege gefunden, ebenso die Verringerung der Feldmomente infolge Rechtecklast, während bei der Einflußfläche der *Querkraft* am starr eingespannten Rand mit dem FOURIERschen Integral gerechnet wurde.

Die Einflußwerte in der *Nähe* des eingespannten Randes kann man, wie beim eingespannten *Querrand* einer Rechteckplatte, aus der geschlossenen Darstellung für den Querrand des unendlichen Halbstreifens umrechnen.

Der unendliche Plattenstreifen mit *elastisch* eingespannten Rändern kann ebenfalls als Rechteckplatte mit $b = 4a$ behandelt werden. Für die *Anschluß*platten ist das gleiche $b$ anzunehmen, daher ist hier das Seitenverhältnis im allgemeinen nicht 1:4.

Bei der Lösung der unendlichen Kragplatte wird ebenfalls von einer Rechteckplatte mit einem ungestützten Längsrand, einem starr eingespannten Längsrand und frei drehbar gestützten Querrändern ausgegangen. In den „Momententafeln" wurde der Fall behandelt, daß parallel zum ungestützten Rand in beliebigem Abstand eine als sin-Reihe dargestellte Linienlast angreift. Durch Übergang zur Punktlast und weiteren Übergang zu unendlicher Länge des ungestützten Randes ergaben sich daraus die Einflußflächen der *unendlichen Kragplatte* in Form von Fourierschen Integralen. Die Einflußflächen für das Stützenmoment, die Momente in Plattenmitte und das Moment längs des ungestützten Randes wurden tabellarisch wiedergegeben. Weiters wurden die Momente infolge Rechtecklast im Bezugspunkt für einige wenige Lastbreiten ermittelt. Inzwischen wurde der Lösungsweg nach P. 4.2. gefunden, der sich als bequemer erwiesen hat.

6.3.5. *Singularitäten.* Eine genaue Darstellung der sogenannten Singularität, d. i. die Gestalt der Einflußfläche in unmittelbarer Umgebung des Bezugspunktes, hat A. Pucher [5], [6] für einige wichtige Fälle abgeleitet. Aus der bekannten Lösung der Kreisplatte mit Punktlast im Mittelpunkt, die ebensogut als Lösung der *unendlich* ausgedehnten Platte mit Punktlast in einem Punkt $u$, $v$ gelten kann, ergeben sich durch entsprechende Differentiation nach $x$ bzw. $y$ alle Schnittgrößen in einem beliebigen Punkt $x$, $y$ als Funktionen von $(x - u)$ und $(y - v)$. Diese Funktionen stellen mit $u$, $v$ als Veränderliche die Einflußflächen der betreffenden Schnittgrößen (Moment, Querkraft) im Punkt $x$, $y$ dar. Sie besitzen in diesem Punkt eine Unstetigkeit (Singularität), die für die jeweilige Schnittgröße kennzeichnend ist. Die Gleichungen für die Schichtenlinien dieser Einflußflächen wurden angegeben. Die Einflußflächen für Punkte im Innern einer *begrenzten* Platte, z. B. einer Rechteckplatte, müssen an den Plattenrändern die gleichen Randbedingungen erfüllen, die für eine Biegefläche gelten. Man erhält eine solche Einflußfläche aus der Einflußfläche der unendlich ausgedehnten Platte (Singularlösung) durch Überlagerung von Zusatzfunktionen; letztere sind regulär, d. h. sie enthalten *keine* Unstetigkeiten. Pucher ermittelt die Zusatzfunktion bei der Einflußfläche des Biegemoments im Mittelpunkt einer Quadratplatte auf dem Wege der Differenzenrechnung; bei der Einflußfläche für das Drillmoment im Mittelpunkt der Quadratplatte verwendet er einen Reihenansatz in Polarkoordinaten, bei anderen Einflußflächen die sogenannten biharmonischen Polynome. Die Randbedingungen werden entweder in einzelnen Punkten oder in der Weise erfüllt, daß das Integral der Fehlerquadrate zu einem Minimum gemacht wird.

Die Einflußflächen für Punkte eines *frei drehbar gestützten Randes* (Drillmoment, Querkraft, Auflagerkraft) kann man aus der für die unendlich ausgedehnte Platte geltenden Singularlösung *nicht* ableiten.

Die Singularitäten für Punkte eines *starr eingespannten* Randes (Stützenmoment, Querkraft) leitet Pucher aus einer für die unendlich ausgedehnte *Krag*platte mit Punktlast bekannten Lösung ab. Der einfachste Weg, die Singularitäten zu finden, ist folgender:

Die betreffende Einflußfläche für den frei drehbar gestützten unendlichen Plattenstreifen bzw. für den Querrand des unendlichen Halbstreifens wird als Fouriersche Reihe abgeleitet und sodann in die geschlossene Darstellung übergeführt. Die darin vorkommenden Kreis- und Hyperbelfunktionen können in der unmittelbaren Umgebung des Bezugspunktes durch das Argument bzw. eine zweigliedrige Potenzreihe ersetzt werden. Zum Schluß geht man zweckmäßig auf Polarkoordinaten mit dem Bezugspunkt als Pol über, weil die Singularitäten dann eine einfache Form annehmen. Auf diesem Wege erhält man u. a. die Singularitäten für einen *frei drehbar gestützten Rand* (Randdrillmoment, Randquerkraft, Auflagerkraft). Die geschlossene Darstellung dieser Einflußflächen besteht aus zwei Gliedern, die für Randpunkte *beide* singulär sind, während für Punkte im Innern der Platte nur das eine Glied singulär ist. Die Singularität springt daher auf den *doppelten* Wert, sobald der Bezugspunkt an den Rand rückt.

Die Singularität des Drillmoments an einer Platten*ecke*, an welcher zwei frei drehbar gestützte Ränder aufeinandertreffen, erhält man aus der Einflußfläche für den unendlichen Halbstreifen mit frei drehbar gestützten Rändern. Wie nach vorstehendem zu erwarten, springt die Singularität des Randdrillmoments an der Ecke abermals auf den doppelten Wert.

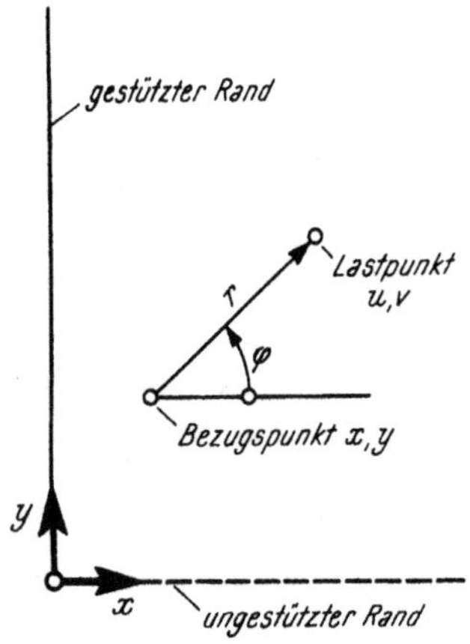

Abb. 3

Die Singularitäten für Punkte eines *starr eingespannten* Randes (Stützenmoment, Querkraft) ergeben sich außer auf dem von PUCHER benützten Weg auch aus den Einflußflächen für den starr eingespannten Querrand des unendlichen Halbstreifens mit frei drehbar gestützten Längsrändern. Das Entsprechende gilt für einen *elastisch* eingespannten Rand. In diesem Fall ist die für starre Einspannung geltende Singularität des Stützenmoments mit dem „Einspanngrad" $\varepsilon$ zu multiplizieren. Die Singularität der Randquerkraft bzw. der Auflagerkraft setzt sich zusammen aus der Singularität bei frei drehbarer Stützung und der $\varepsilon$-fachen Differenz zwischen starrer Einspannung und frei drehbarer Stützung.

Schließlich erhält man die Singularitäten (Biegemoment, Drillmoment, Querkraft) für Punkte eines *ungestützten* Randes aus den Einflußflächen für den ungestützten Querrand eines unendlichen Halbstreifens mit frei drehbar gestützten Längsrändern. Der gleiche Fall liefert auch die Singularitäten des Drillmoments und der Querkraft an der *Ecke*, wo der ungestützte und ein frei drehbar gestützter Rand aufeinandertreffen.

Nachstehend sind alle bekannten Singularitäten in Polarkoordinaten (Abb. 3) zusammengestellt, wobei die Querdehnungszahl $\nu = 0$ vorausgesetzt ist.

a) Im Feld:

$$\left.\begin{aligned} &\text{Biegemoment:} && m_x = \frac{1}{8\pi}\left[-2\ln r - 2\cos^2\varphi + C_1\right],\\ &\text{Drillmoment:} && m_{xy} = -\frac{1}{8\pi}\sin 2\varphi,\\ &\text{Querkraft:} && q_x = \frac{1}{2\pi}\cdot\frac{\cos\varphi}{r}. \end{aligned}\right\} \tag{17}$$

b) An einem frei drehbar gestützten Rand:

$$\left.\begin{aligned} &\text{Drillmoment:} && m_{xy} = -\frac{1}{4\pi}\sin 2\varphi,\\ &\text{Querkraft:} && q_x = \frac{1}{\pi}\frac{\cos\varphi}{r},\\ &\text{Auflagerkraft:} && \bar{q}_x = \frac{1}{\pi}\frac{\cos\varphi}{r}\left(1 + \frac{1}{2}\cos 2\varphi\right). \end{aligned}\right\} \tag{18}$$

c) Drillmoment an einer Ecke, beide anschließenden Ränder frei drehbar gestützt:

$$m_{xy} = -\frac{1}{2\pi}\sin 2\varphi. \tag{19}$$

d) An einem starr eingespannten Rand:

$$\left.\begin{aligned} &\text{Biegemoment:} && m_x = -\frac{1}{\pi}\cos^2\varphi,\\ &\text{Querkraft:} && q_x = \frac{2}{\pi}\frac{\cos^3\varphi}{r}. \end{aligned}\right\} \tag{20}$$

e) Längs eines ungestützten Randes:

$$\left.\begin{aligned} &\text{Biegemoment:} & m_x &= \frac{1}{3\pi}[-2\ln r - \cos^2\varphi + C_2],\\ &\text{Drillmoment:} & m_{xy} &= \frac{1}{3\pi}\left(\frac{\pi}{2} - \varphi\right) - \frac{1}{6\pi}\sin 2\varphi,\\ &\text{Querkraft:} & q_x &= \frac{1}{\pi}\frac{\cos\varphi}{r}\left[1 - \frac{1}{3}\cos 2\varphi\right]. \end{aligned}\right\} \tag{21}$$

f) An einer Ecke, einer der anschließenden Ränder ungestützt, der andere frei drehbar gestützt:

$$\left.\begin{aligned} &\text{Drillmoment:} & m_{xy} &= \frac{2}{3\pi}\left(\frac{\pi}{2} - \varphi\right) - \frac{1}{3\pi}\sin 2\varphi,\\ &\text{Querkraft} = \text{Auflagerkraft:} & q_x &= \frac{2}{\pi}\frac{\cos\varphi}{r}\left[1 - \frac{1}{3}\cos 2\varphi\right]. \end{aligned}\right\} \tag{22}$$

g) An einer Ecke, einer der anschließenden Ränder ungestützt, der andere starr eingespannt:

Die Einflußflächen für die in Betracht kommenden Größen, Biegemoment und Querkraft, *existieren nicht* (alle Einflußwerte sind unendlich groß). Das bedeutet, daß an der Ecke das Einspannmoment sowie auch die Querkraft bei jeder Belastung, die parallel zum eingespannten Rand nicht gleichförmig ist, eine unendliche Spitze aufweist. Da man eine solche praktisch nicht berücksichtigen kann, muß man sich damit behelfen, daß man den *Durchschnittswert* auf eine gewisse kurze Randstrecke neben der Ecke ermittelt. Für diesen Durchschnittswert ergibt sich eine *endliche* Größe. Die Einflußflächen für den Durchschnittswert können durch Integration über die Bezugsstrecke gefunden werden; sie besitzen keine Singularität, sondern nur eine Unstetigkeit am Ende der Bezugsstrecke.

6.3.6. *Kinematische Deutung der Einflußflächen.* Die Einfluß*linien* für die Schnittgrößen in einem *Stab* können entstanden gedacht werden durch eine im Bezugsschnitt angebrachte gegenseitige Verschiebung „1" im Sinne der Bezugsgröße. So ist beispielsweise die Einflußlinie eines *Biegemoments* gleich jener Biegelinie des Stabes, die durch die gegenseitige *Verdrehung* der beiden Schnittufer um den Winkel $\varDelta\beta = -1$ entsteht. Die Einflußlinie einer Querkraft ist die Biegelinie infolge einer gegenseitigen Verschiebung $+1$ der beiden Schnittufer in Richtung senkrecht zur Stabachse. Analog dazu ist die Einfluß*fläche* für eine Schnittgröße (Moment, Querkraft) in einer *Platte* ohne Querdehnung ($\nu = 0$) wesensgleich mit der Biegefläche der Platte infolge einer *singulären* Verschiebung „1" im Bezugspunkt im Sinne der gesuchten Schnittgröße. Dabei ist die „singuläre Verschiebung 1" das Produkt aus der unendlich kleinen Länge eines Schnittes senkrecht zur Wirkungsebene der Bezugsgröße und einer unendlich großen Verschiebung in diesem Schnitt. Dieser Satz läßt sich mit Hilfe der Formeln für den unendlichen Plattenstreifen leicht beweisen.

Die Einflußfläche des *Biegemoments* $m_y$ im Punkt $x, y$ lautet für $y \leqq v$ in Reihendarstellung (vgl. S. 60)

$$\text{Einfl}\, m_y = \sum_{1,2}^{\infty} j \sin j\pi\frac{x}{a}\sin j\pi\frac{u}{a}\,\frac{1}{2}\left(\frac{1}{j\pi} - \frac{v-y}{a}\right)e^{-j\pi\frac{v-y}{a}}. \tag{23}$$

Die Verformung in Richtung der Bezugsgröße $m_y$ ist die negative *gegenseitige* Verdrehung in der Richtung $v$ im Schnitt $v = y$:

$$-2\frac{\partial}{\partial v}\text{Einfl}\, m_y\Big|_{v=y} = \sum_{1,2}^{\infty} j \sin j\pi\frac{x}{a}\sin j\pi\frac{u}{a}\left(\frac{2}{a}\,e^{-j\pi\frac{v-y}{a}} + \frac{v-y}{a}\,\frac{j\pi}{a}\,e^{-j\pi\frac{v-y}{a}}\right)_{v=y} =$$

$$= \sum_{1,2}^{\infty} j\,\frac{2}{a}\sin j\pi\frac{x}{a}\sin j\pi\frac{u}{a}. \tag{24}$$

Der rechtsstehende Ausdruck ist aber die Reihendarstellung der Größe „1" im Punkt $u = x$. Die beiden Glieder in der Klammer der Gl. (23) tragen je die Hälfte dazu bei. Die geschlossene

Darstellung der Einflußfläche führt zu dem gleichen Ergebnis, wenn man die Neigung der Einflußfläche in der Richtung $v$ über einen kleinen Bereich beiderseits des Bezugspunktes nach $u$ integriert und $v \to y$ gehen läßt.

Die Einflußfläche des *Stützenmoments* am starr eingespannten Querrand des unendlichen Halbstreifens ist gegeben durch (vgl. S. 94):

$$\text{Einfl}\, m_y = -\sum_{1,2}^{\infty} j \sin j\pi \frac{x}{a} \sin j\pi \frac{u}{a} \frac{2v}{a}\, e^{-j\pi\frac{v}{a}}. \tag{25}$$

Von der Einflußfläche nach Gl. (23) ist hier nur das 2. Glied vorhanden (Pucher [6] spricht von einer „entarteten Singularität"). Dafür ist es viermal so groß, damit die negative Verdrehung im Bezugspunkt wieder den Wert „1" annimmt; hier muß das *eine* Schnittufer die gesamte Verdrehung übernehmen, weil das zweite Schnittufer durch das *starre* Auflager gebildet wird.

Ein *Drillmoment* ist gleichbedeutend mit zwei in den Diagonalrichtungen wirkenden Biegemomenten mit entgegengesetzten Vorzeichen. Dementsprechend entsteht die Einflußfläche des Drillmoments durch die gegenseitigen Verdrehungen $+\frac{1}{2}$ und $-\frac{1}{2}$ längs zweier in den Diagonalrichtungen geführter Schnitte. Man erkennt dies daraus, daß die Singularität des Drillmoments nur aus dem um $\frac{\pi}{4}$ gedrehten zweiten Glied der Singularität des Biegemoments besteht.

Wenn der Bezugspunkt an einen (frei drehbar gestützten) Rand rückt, verformen sich nur zwei Quadranten der Platte; daher ist in diesen die *doppelte* Verformung erforderlich, um die singuläre Verformung „1" herzustellen. An einer *Ecke* (beim Zusammentreffen zweier frei drehbar gestützter Ränder) tritt schließlich eine abermalige Verdoppelung ein, weil sich jetzt nur ein einziger Quadrant verformt.

Die Einflußfläche der *Querkraft* $q_y$ lautet für $y \leqq v$:

$$\text{Einfl}\, q_y = \sum_{1,2}^{\infty} j \frac{1}{a} \sin j\pi \frac{x}{a} \sin j\pi \frac{u}{a}\, e^{-j\pi\frac{v-y}{a}}. \tag{26}$$

Die gegenseitige Verschiebung im Schnitt $v = y$ ist:

$$2\,\text{Einfl}\, q_y \Big|_{v=y} = \sum_{1,2}^{\infty} j \frac{2}{a} \sin j\pi \frac{x}{a} \sin j\pi \frac{u}{a}, \tag{27}$$

also wieder die Größe „1" im Bezugspunkt. Am frei drehbar gestützten Querrand des unendlichen Halbstreifens *verdoppeln* sich die Einflußwerte, weil sich dort nur das eine Schnittufer verschieben kann.

Das zweite Glied im Ausdruck für die *Auflagerkraft* $\bar{q}$ ist die Singularität der Drillreaktion oder *Ersatzscherkraft*. Eine dieser Singularität zugehörige singuläre Verformung „1" wurde nicht gefunden.

Die Singularität beim Biegemoment längs eines *ungestützten* Randes bedeutet eine doppelt so große gegenseitige Verdrehung als im Innern der Platte, weil nur die *Hälfte* der Schnittlänge vorhanden ist. Das erste Glied ist $\frac{8}{3}$mal so groß wie beim Feldmoment, es liefert daher die singuläre Verformung $\frac{1}{2} \cdot \frac{8}{3} \cdot \frac{1}{2} = \frac{2}{3}$; das zweite Glied ist $\frac{4}{3}$mal so groß wie beim Feldmoment; es liefert $\frac{1}{2} \cdot \frac{4}{3} \cdot \frac{1}{2} = \frac{1}{3}$; zusammen ergibt sich also wieder 1.

Das *Drillmoment* am *ungestützten* Rand besitzt eine Singularität, deren erstes Glied von den übrigen Singularitäten gänzlich abweicht. Es bedeutet eine *Schubverzerrung* des Randes von der Größe $\frac{1}{3}$, da die Einflußwerte im Bezugspunkt um $\frac{1}{3}$ springen. Das zweite Glied ist die Verdrillung der Platte und ist $\frac{2}{3}$mal so groß wie am frei drehbar gestützten Rand, es enthält somit die singuläre Verformung $\frac{2}{3}$. Beide Glieder zusammen ergeben 1. Die Schubverzerrung tritt nur am ungestützten Rand auf; am gestützten Rand ist sie nicht möglich.

Bei der Singularität der *Querkraft* längs des *ungestützten Randes* ist das erste Glied doppelt so groß wie im Innern der Platte, weil nur die halbe Schnittlänge vorhanden ist; das zweite Glied liefert keinen Beitrag zur singulären Verschiebung.

An der *Ecke*, wo der ungestützte und der frei drehbar gestützte Rand zusammentreffen, nehmen die Singularitäten des Drillmoments und der Querkraft aus dem früher dargelegten Grund den doppelten Wert an.

Die Einflußfläche für den *Durchschnittswert* des *Einspannmoments* in einer Randstrecke von der Länge $t$ entsteht durch die Verdrehung der Plattenmittelfläche um den Winkel $-\frac{1}{t}$ längs der Bezugsstrecke $t$; im restlichen Bereich des Randes muß die Neigung Null bleiben. Die Gesamtverformung ist $-1$. Es ist gleichgültig, ob die Bezugsstrecke an einen ungestützten Nachbarrand anschließt oder im Innern eines eingespannten Randes liegt.

Statt der Einflußfläche für den Durchschnittswert der Querkraft in einer Randstrecke von der Länge $t$ ermittelt man besser die Einflußfläche für die *Summe* der *Querkräfte* in dieser Strecke, weil dann die Einflußwerte dimensionslose Zahlen sind. Wenn die Strecke $t$ im Innern eines Randes liegt, entsteht die genannte Einflußfläche durch die Verschiebung 1 längs dieser Strecke; im restlichen Bereich des Randes bleibt die Verschiebung Null. Die hinsichtlich der Randneigung gegebene Randbedingung muß sowohl in der Strecke $t$ als auch im übrigen Bereich erfüllt sein: an einem frei drehbar gestützten Rand muß $\Delta\zeta = 0$ sein; bei starrer Einspannung darf keine Neigung der Einflußfläche entstehen.

Wenn in einem frei drehbar gestützten Rand die Bezugsstrecke $t$ an einen ungestützten Rand anschließt, ergibt die Integration von $q$ über die Strecke $t$ die Einflußordinate 1 auf der Strecke $t$, im Eckpunkt jedoch nur $\frac{2}{3}$. Überlagert man dieser Einflußfläche noch die Einflußfläche für das Eckdrillmoment, so entsteht die Einflußfläche für die *Summe der lotrechten Schubkräfte* in der Strecke $t$, die sich aus den Querkräften und der dem Drillmoment gleichen Schubkraft aus den Drillreaktionen zusammensetzt. Diese Einflußfläche besitzt die Ordinaten 1 längs der Strecke $t$ einschließlich der Ecke. Sie dient als Grundfall für die Entwicklung der entsprechenden Einflußfläche bei eingespanntem Rand; in letzterem Fall ist wegen des Verschwindens des Eckdrillmoments die Summe der lotrechten Schubkräfte gleich der Summe der Querkräfte. Bei frei drehbar gestütztem Rand kann auch die Einflußfläche für die *Summe der Auflagerkräfte* in der Strecke $t$ entwickelt werden. Diese setzt sich zusammen aus der Summe der Querkräfte, der Summe der Drillreaktionen in der Strecke $t$ und der Eckkraft, die dem doppelten Eckdrillmoment gleich ist. Die Einflußordinaten längs der Strecke $t$ sind wieder 1.

Zur Ermittlung der Querkräfte im Sinne der *verschärften* Plattentheorie (P. 1.2.) unter Voraussetzung einer geringen Plattendicke im Vergleich zur Stützweite ist die Einflußfläche der Querkraft und die Einflußfläche des Drillmoments heranzuziehen und nach (15) bzw. (16) zu verwerten.

### 6.4. Die Auswertung der Einflußflächen für Rechtecklasten

6.4.1. *Die Momente infolge von Rechtecklasten auf der allseitig frei drehbar gestützten Rechteckplatte.* Der Beitrag von Rechtecklasten, die *außerhalb* des Bezugspunktes stehen, ist mittels der Einflußflächen leicht zu ermitteln. Bei kleinem Lastrechteck genügt der Einflußwert im Lastmittelpunkt; bei größerem Lastrechteck ist der Mittelwert aus mehreren Einflußzahlen zu bilden.

Die mechanische Auswertung der Einflußflächen für eine Rechtecklast, die *im* Bezugspunkt selbst steht, ist um so schwieriger, je kleiner das Lastrechteck ist. Der Verfasser hat es deshalb als notwendig erachtet, die Momente im *Lastmittelpunkt formelmäßig* zu ermitteln. Die Reihendarstellung der Einflußflächen ermöglicht deren Integration über ein den Bezugspunkt umgebendes Rechteck. Die unendliche Spitze stört dabei nicht, da ihr Rauminhalt endlich ist. In den „Momententafeln…“ [4] sind die betreffenden Formeln angeführt. Der wichtige Sonderfall der *mittigen* Laststellung (Mittelpunkt des Lastrechteckes im Mittelpunkt des Plattenfeldes) wurde tabellarisch ausgewertet, und zwar für die Seitenverhältnisse $\frac{b}{a} = 1{,}0$, 1,1 bis 1,5 und $\infty$ (wie die Einflußflächen) und für die bezogenen Verteilungsbreiten $\frac{2c}{a} = 0{,}05$, 0,1, 0,2 usw. bis 1,0; $\frac{2d}{a} = 0{,}05$, 0,1, 0,2 usw. bis 1,0, schließlich für $2d = b$ (Streifenlast über die ganze Länge der Platte). Die Tafelwerte für *Linienlast* mit $2c = 0$ oder $2d = 0$ wurden später nach den gleichen Formeln berechnet. Linienlasten oder schmale Rechtecklasten mit noch kleinerer Länge als $0{,}05\,a$ konnten *damals* mit vernünftigem Rechenaufwand nicht behandelt werden, da die Reihen um so schlechter konvergieren, je kleiner die Verteilungsbreiten sind. Es zeigte sich aber, daß in der Praxis auch bezogene Verteilungsbreiten *unter* dieser Grenze vorkommen, so daß also die „Momententafeln" in dieser Hinsicht noch nicht allen Anforderungen gerecht wurden. Die „Momententafeln" enthielten auch die Untersuchung, bei welcher Laststellung im Lastmittelpunkt das *größtmögliche* Moment $m_y$ auftritt und — soweit dies *nicht* die mittige Stellung ist — die Tafeln der Größtwerte für die verschiedenen Verteilungsbreiten.

Um die Momente im Lastmittelpunkt bei *kleinem* Lastrechteck berechnen zu können, benötigt man eine geschlossene Darstellung der Einflußflächen, die integrierbar ist. Der Verfasser hat zunächst, ähnlich wie A. Pucher [5], die Einflußfläche für das Moment im Mittelpunkt der *Quadrat*platte entwickelt, die identisch ist mit der *Momenten*fläche infolge einer Punktlast im Bezugspunkt. Die bekannte Lösung der Kreisplatte für Punktlast im Mittelpunkt wurde so angesetzt, daß die Durchbiegung und die Momente in den *Ecken* der Quadratplatte verschwinden. Um die längs der *Ränder* der Quadratplatte entstehende Durchbiegung und Krümmung aufzuheben, wurden zwei gleiche, um $\frac{\pi}{2}$ gegeneinander verdrehte symmetrische Zusatzfunktionen der bekannten Art (Fourierэsche Reihen) überlagert. Es genügten zwei Reihenglieder; die Reihenkoeffizienten wurden durch numerische Integration mittels der Simpsonschen Formel gefunden.

Die Momentenfunktion der Kreisplatte läßt sich, ebenso wie die Zusatzfunktionen, *über ein Lastrechteck integrieren.* Auf diese Weise ergab sich eine Formel, die das Mittenmoment der Quadratplatte unter mittiger Rechtecklast mit beliebigen Lastbreiten unter mäßigem Rechenaufwand liefert. Die Umrechnung von der Quadratplatte auf eine Rechteckplatte und schließlich auf den unendlichen Plattenstreifen ist mittels der Reihendarstellung leicht durchführbar, da die Differenz eine rasch konvergierende Reihe ist. Nachdem aber die Momententafeln für Rechtecklast bereits vorlagen, wurde der beschriebene Rechnungsgang nicht benützt und auch die zugehörigen Formeln hier nicht wiedergegeben. Die noch fehlenden Momente für kleine Lastbreiten kann man nämlich noch einfacher berechnen, indem man die geschlossene Darstellung der Einflußflächen für den unendlichen Plattenstreifen heranzieht. Diese Funktionen lassen sich allgemein *nicht* über ein Rechteck integrieren. Wenn aber nur *kleine* Abstände vom Bezugspunkt in Betracht kommen, kann man die Kreis- bzw. Hyperbelfunktionen dieser Abstände näherungsweise durch gekürzte Potenzreihen ersetzen (wie bei der Darstellung der Singularität). Die entstehenden Ausdrücke stimmen bis auf Konstante mit der vorerwähnten Kreisplattenlösung überein; die Integration über ein Lastrechteck ist in gleicher Weise durchführbar. Die Formeln gelten nicht nur für mittige, sondern für beliebige Laststellungen; eine der additiven Konstanten enthält nämlich den Einfluß des bezogenen Abstandes $\frac{u}{a}$ des Lastmittelpunktes vom Plattenrand.

Die Umrechnung der Momentenwerte vom unendlichen Plattenstreifen zur Rechteckplatte einschließlich der Quadratplatte erfolgt wieder mittels der Reihendarstellung; der Einfluß der in engen Grenzen schwankenden Lastbreiten kann dabei vernachlässigt werden, so daß für die Umrechnung nur eine vom Seitenverhältnis der Platte abhängige, additive Konstante übrigbleibt.

Obwohl die Berechnung der Momente im Lastmittelpunkt bei kleiner Lastbreite keine große Mühe verursacht, wurden für den unendlichen Plattenstreifen mit mittiger Rechtecklast

Momententafeln aufgestellt, worin die bezogenen Lastbreiten 0, 0,01, 0,02 usw. bis 0,1 aufscheinen. Die additiven Konstanten für nicht mittige Laststellung einerseits und Rechteckplatten anderseits sind beigefügt.

Durch entsprechende Kombination der Tafelwerte kann man auch die Momente in beliebigen Punkten *innerhalb* der Lastfläche ermitteln; man benötigt sie, wenn infolge weiterer Lasten der Größtwert des Momentes nicht im Mittelpunkt der maßgebenden Last entsteht.

6.4.2. *Rechtecklasten auf Rechteckplatten mit beliebiger Stützung.* Die Möglichkeit der Umrechnung mittels additiver Konstanten beschränkt sich nicht auf die allseitig frei drehbar gestützte Rechteckplatte; man kann die Momente infolge Rechtecklast vielmehr vom frei drehbar gestützten unendlichen Plattenstreifen auf *jede* beliebige Randbedingung umrechnen, z. B. auf den unendlichen Plattenstreifen oder eine Rechteckplatte mit *eingespannten* Rändern, auf die unendliche Kragplatte usw. Die Einflußfläche für die gegebenen Randbedingungen geht aus der Einflußfläche für den frei drehbar gestützten unendlichen Plattenstreifen durch Überlagerung von Zusatzfunktionen hervor; der *Wert* dieser Zusatzfunktionen im *Bezugspunkt* ist die additive Konstante für die Umrechnung. Bei allen Einflußflächen für Momente ist diese Konstante vermerkt. (Da der Einflußwert im Bezugspunkt immer $\infty$ ist, kann man die Differenz nicht aus den Tafelwerten ermitteln.)

6.4.3. *Die Querkräfte infolge einer Rechtecklast mit kleinen Lastbreiten.* Die größtmögliche Querkraft bzw. Auflagerkraft entsteht, wenn das Lastrechteck an den Plattenrand anschließt. Für den Fall, daß die Seitenlängen des Lastrechteckes im Vergleich zur Plattenstützweite klein sind, erhält man einfache Formeln durch Integration der betreffenden Singularitäten unter Vernachlässigung der Zusatzfunktionen, die den Einfluß der übrigen Plattenränder wiedergeben. Die Formeln wurden für verschiedene Seitenverhältnisse des Lastrechteckes und verschiedene Stützungsarten (frei drehbar gestützter Rand, starr eingespannter Rand, Ecke mit anschließendem ungestütztem Rand) tabellarisch ausgewertet. PUCHER [6] gibt für zwei Sonderfälle, nämlich den Mittelpunkt und die Randmitte der allseitig starr eingespannten Quadratplatte, die Integrationsformeln der *vollständigen* Einflußflächen (einschließlich der Zusatzfunktionen) an.

### 6.5. Schrifttum zur praktischen Berechnung von Fahrbahnplatten

A. PUCHER bringt in seinem Tafelwerk [7] für die Seitenverhältnisse 1,0, 1,25, 1,5 und $\infty$ die *Schichtenpläne* der Einflußflächen für die Momente in Plattenmitte und in Randmitte bei verschiedenen Kombinationen von frei drehbar gestützten und *starr* eingespannten Rändern.

G. HOELAND [16] bringt, ebenfalls in Form von Schichtenplänen, Einflußflächen für das *Stützen*moment von *Zweifeld*platten mit gleichen und mit ungleichen Feldern in verschiedener Zusammenstellung. Die dem elastisch eingespannten Rand *benachbarten* Ränder sind durchwegs frei drehbar gestützt angenommen. Eine Gruppe von Einflußflächen betrifft den Fall, daß ein dem eingespannten Rand gegenüberliegender Rand ungestützt ist.

Mit Hilfe der „Momententafeln“ hat W. TISCHER [17] die Fahrbahnplatten kleiner Verbundbrücken mit bestimmten Abständen der Haupt- und Querträger berechnet und die erforderliche Plattendicke sowie die Bewehrung als Normalien zusammengestellt.

Unter Verwendung der „Momententafeln“ für allseitig frei drehbare Stützung und der PUCHERschen Schichtenpläne für starre Einspannung entstand das Tafelwerk von H. RÜSCH [18]. Dort sind für die Seitenverhältnisse $\frac{l_y}{l_x} = 1{,}0,\ 1{,}2,\ 1{,}5$ und $\infty$ und für verschiedene Stützweiten $l_x$ die größten Momente infolge der Verkehrslasten nach DIN 1072 (dreiachsiger Schwerlastwagen oder LKW und umgebende Gleichlast) tabellarisch zusammengestellt. Die Tafelwerte müssen lediglich mit dem Gesamtgewicht des Fahrzeugs multipliziert werden. Dieses Tafelwerk gestattet die rasche Berechnung jeder Fahrbahnplatte, ohne auf die Plattentheorie eingehen zu müssen. Da eine genauere Erfassung der elastischen Randeinspannung in einem solchen Tafelwerk nicht möglich ist, wird die „Durchlaufwirkung“ mittels überschlägiger Umrechnungszahlen aus der starr eingespannten Platte abgeleitet; die Einspannung in den

Stegen der Haupt- und Querträger kann entweder als „starre Einspannung" berücksichtigt oder gänzlich vernachlässigt werden.

## 7. Schrifttumsverzeichnis

[1] Nádai, A.: Elastische Platten. Berlin: Springer. 1925.

[2] Girkmann, K.: Flächentragwerke, 5. Aufl. Wien: Springer. 1959.

[3] Marcus, H.: Die Theorie elastischer Gewebe und ihre Anwendung auf die Berechnung biegsamer Platten. Berlin: Springer. 1924.

[4] Bittner, E.: Momententafeln und Einflußflächen für kreuzweise bewehrte Eisenbetonplatten. Wien: Springer. 1938.

[5] Pucher, A.: Die Momenteneinflußfelder rechteckiger Platten. Deutscher Ausschuß für Eisenbeton, Heft 90. Berlin: W. Ernst & Sohn. 1938.

[6] Pucher, A.: Über die Singularitätenmethode an elastischen Platten. Ing.-Arch. **12**, 76—100 (1941).

[7] Pucher, A.: Einflußfelder elastischer Platten, 3. Aufl. Wien-New York: Springer. 1964.

[8] Koepcke, W.: Querbewehrung einseitig gespannter Stahlbetonplatten des Hochbaues. Beton- und Stahlbetonbau **45**, Heft 12 (1950).

[9] Czerny, F.: Tafeln für gleichmäßig vollbelastete Rechteckplatten. Bautechnik-Archiv, Heft 11. Berlin: W. Ernst & Sohn. 1955. — Betonkalender 1958, I. Teil, S. 229; Betonkalender 1962, I. Teil, S. 196, und weitere Jahrgänge.

[10] Czerny, F.: Tafeln für hydrostatisch belastete Rechteckplatten. Bautechnik-Archiv, Heft 14. Berlin: W. Ernst & Sohn. 1959. — Betonkalender 1960, I. Teil, S. 244; Betonkalender 1962, I. Teil, S. 196, und weitere Jahrgänge.

[11] Czerny, F.: Tafeln für dreiseitig gelagerte Rechteckplatten, gleichmäßige Vollbelastung und Dreieckvollbelastung. Betonkalender 1961, I. Teil, S. 203; Betonkalender 1964, I. Teil, S. 208.

[12] Czerny, F.: Die dreiseitig gelagerte Rechteckplatte. In: Stahlbau und Baustatik. Aktuelle Probleme. Festschrift zum 60. Geburtstag von H. Beer und K. Sattler. Herausgegeben von H. Grengg, W. Pelikan und F. Reinitzhuber. Wien-New York: Springer. 1965.

[13] Goriupp, K.: Die dreiseitig gelagerte Rechteckplatte. Ing.-Arch. **16**, 2. Heft; Nachr. Österr. Betonver. **11**, Folge 1 (1951).

[14] Likar, O.: Die Kreisplatte mit hyperbolischem Querschnitt unter zentralsymmetrischer Belastung. Beton- und Stahlbetonbau **51**, Heft 10 (1956).

[15] Werfel, A.: Über die Randbedingungen beim Biegen von dünnen elastischen Platten. Abh. d. IVBH, XIX. Bd.

[16] Hoeland, G.: Stützenmomenten-Einflußfelder durchlaufender Platten. Berlin-Göttingen-Heidelberg: Springer. 1957.

[17] Tischer, W.: Regelformen für einfache Straßenbrücken kleiner Stützweiten. Der Bauingenieur **27**, Heft 7 (1942).

[18] Rüsch, H.: Die Berechnung der Fahrbahnplatten von Straßenbrücken. Deutscher Ausschuß für Stahlbeton, Heft 106, 5. Aufl. Berlin: W. Ernst & Sohn. 1962.

[19] Stiglat, K., und H. Wippel: Die an zwei benachbarten Rändern gelagerte bzw. eingespannte Platte unter Gleichlast. Beton- und Stahlbetonbau **54**, Heft 7 (1959); Beton- und Stahlbetonbau **55**, Heft 5 (1960).

# II. Die Querdehnung des Betons

## 1. Bisherige Berechnungsweise

In der für *homogenen* Baustoff geltenden klassischen Plattentheorie kommt die Querdehnungszahl $\nu$ des Baustoffs vor, und zwar:

a) im Ausdruck für die „Plattensteifigkeit“

$$S = \frac{E\,d^3}{12\,(1-\nu^2)}, \tag{28}$$

b) in den Formeln für die Biege- und Drillmomente:

$$\left.\begin{aligned} m_x &= -S\frac{\partial^2\zeta}{\partial x^2} - \nu S\frac{\partial^2\zeta}{\partial y^2},\\ m_y &= -S\frac{\partial^2\zeta}{\partial y^2} - \nu S\frac{\partial^2\zeta}{\partial x^2},\\ m_x + m_y &= -S(1+\nu)\Delta\zeta,\\ m_{xy} &= -S(1-\nu)\frac{\partial^2\zeta}{\partial x\,\partial y}. \end{aligned}\right\} \tag{29}$$

Mit $S$ hängt auch die Durchbiegung $\zeta$ von der Querdehnung ab. Die Funktion $S\,\zeta$ ist aus der „Plattengleichung“ $S\,\Delta\Delta\zeta = p$ in Verbindung mit den gegebenen Randbedingungen zu ermitteln. Daher ist $S\,\zeta$ von $\nu$ *unabhängig,* wenn $\nu$ in den Randbedingungen *nicht* vorkommt; das ist der Fall

α) bei geradlinig begrenzten Platten, wenn alle Ränder unnachgiebig *gestützt* sind, gleichgültig, ob Einspannung vorhanden ist oder nicht;

β) bei krummlinig begrenzten Platten, wenn die krummen Ränder *starr eingespannt* sind.

Hingegen ist $S\,\zeta$ von $\nu$ *abhängig,* wenn $\nu$ in den Randbedingungen vorkommt; das trifft zu

α) bei geradlinig begrenzten Platten, wenn einzelne Ränder *ungestützt* sind,

β) wenn *krumme* Ränder *nicht* starr eingespannt, also elastisch eingespannt, frei drehbar gestützt oder ungestützt sind.

Die Behandlung der letztgenannten Fälle wird vereinfacht, wenn man die Querdehnung außer acht läßt.

Die Querdehnungszahl des *Betons* ist keine Konstante, sondern wächst mit der Spannung. Für den Gebrauchszustand kann mit dem Mittelwert $\nu = \frac{1}{6}$ gerechnet werden.

Bei einer *Stahlbetonplatte* gilt die vorstehende Querdehnungszahl für die Beton*druck*zone. Die Zugspannungen im Beton werden weitgehend ausgeschaltet und durch Zugkräfte in den Stahleinlagen ersetzt. Die sich kreuzenden Stahleinlagen können einander in ihren Spannungen nicht beeinflussen; daher ist in der Zugzone *keine* Querdehnungswirkung vorhanden. In Anbetracht dessen werden die Momente in Stahlbetonplatten vielfach unter *Vernachlässigung* der Querdehnung berechnet. Einzelne Verfasser berücksichtigen hingegen die Querdehnung wie bei homogenem Baustoff; sie erhalten damit größere Biegemomente und kleinere Drillmomente als ohne Querdehnung.

Die deutsche Norm für massive Brücken DIN 1075, Ausgabe 1951, die erstmalig die Berechnung der Fahrbahnplatten nach der Plattentheorie vorschreibt, gibt die Querdehnungszahl mit $\nu = \frac{1}{6}$ an, verlangt aber ihre Berücksichtigung nur beim *kleineren* Feldmoment in der Weise, daß $\frac{1}{6}$ des *Unterschiedes* der Momente in den beiden Richtungen hinzuzurechnen ist. Das Tabellenwerk von H. RÜSCH [18] ist diesen Festsetzungen entsprechend abgefaßt, eine nähere Begründung wird jedoch nicht gegeben und eine sonstige Veröffentlichung darüber ist dem Verfasser nicht bekannt.

Für die Berechnung der Quermomente in *schmalen* Plattenbrücken sind in DIN 1075 Zahlen angegeben, die von 0 bei der Breite 0,25 $l$ bis $\frac{1}{6}$ bei der Breite 2 $l$ ansteigen. Die klassische Plattentheorie mit $\nu = \frac{1}{6}$ ergibt für diese Fälle ähnliche Werte für den Größtwert von $m_y$ im Plattenmittelpunkt. Im Grenzfall, daß die Momente in beiden Richtungen gleich groß sind, also beispielsweise im Mittelpunkt einer ringsum gestützten Quadratplatte unter quadratischer Last oder im unendlichen Plattenstreifen unter querlaufender Linienlast, sind nach DIN 1075 beide Momente so groß wie mit $\nu = 0$ anzunehmen, während nach der klassischen Plattentheorie *beide* Momente den $1 + \nu$-fachen Wert haben. Letzteres hängt damit zusammen, daß die Drillmomente nach der klassischen Plattentheorie nur $1 - \nu$-mal so groß sind als ohne Querdehnung, ihre Wirkung im Sinne einer Entlastung des Feldmomentes also geringer wird.

Im folgenden wird ein Versuch unternommen, diese Frage theoretisch zu klären: Die klassische Plattentheorie wird derart abgewandelt, daß *in der oberen Hälfte der Platte, der Druckzone, die Querdehnungszahl* $\nu$ *in Rechnung gestellt, in der unteren Hälfte, der Zugzone, hingegen* $\nu = 0$ *angenommen wird.*

Unter dieser Voraussetzung wird zunächst die allseitig frei drehbar gestützte Rechteckplatte und der unendliche Plattenstreifen behandelt. Die Wirkung der Querdehnung wird dabei immer noch überschätzt, wenn man bedenkt, daß im Bereich der Ecken überwiegend Drillmomente wirken. Bei *reiner* Drillung herrscht sowohl an der Ober- als auch an der Unterseite der Platte in einer Richtung (diagonal) Druck und senkrecht dazu Zug. Die Verkürzung des gedrückten Betons wird aber durch die Dehnung der quer oder schräg dazu laufenden gezogenen Stahleinlagen nicht beeinflußt, wenn der Beton $\perp$ zur Zugrichtung gerissen ist. Vor der Rißbildung ist aber trotz Querdehnung die Drillsteifigkeit an den Plattenecken sicher wesentlich größer als die Biegesteifigkeit im Bereich der großen Feldmomente, wo die Rißbildung früher einsetzt; die Abminderung der Drillmomente mit dem Faktor $1 - \nu$ ist daher nicht gegeben.

## 2. Neue Entwicklung der Plattentheorie für die Stahlbetonplatte

Wir betrachten einen beliebigen Plattenpunkt $x$, $y$; die nach abwärts positiv gerechnete Durchbiegung dieses Punktes sei $\zeta$. In beiden Hauptkrümmungsrichtungen soll an der *Unterseite* Zug entstehen, daher sind

$$-\frac{\partial^2 \zeta}{\partial x^2} \quad \text{und} \quad -\frac{\partial^2 \zeta}{\partial y^2}$$

positiv.

Die auf Druck beanspruchte obere Hälfte der Platte, d. h. die Schichte oberhalb der Plattenmittelebene, soll aus einem Baustoff bestehen, der dem HOOKEschen Gesetz folgt und den Elastizitätsmodul $E$ und die Querdehnungszahl $\nu_o$ besitzt; die auf Zug beanspruchte untere Hälfte der Platte, d. i. die Schichte unterhalb der Plattenmittelebene, soll aus einem Baustoff mit dem gleichen Elastizitätsmodul $E$, aber ohne Querdehnung ($\nu_u = 0$) bestehen.

Da zu einer Biegeverformung unter diesen Voraussetzungen in der oberen und unteren Hälfte eines Querschnittes *verschiedene* Spannungen gehören, müssen zur Herstellung des Gleichgewichtes parallel zur Plattenmittelebene Verzerrungen der Plattenmittelebene vorausgesetzt werden. Wie sich später zeigen wird, ergibt sich eine Lösung, wenn die Verschiebungen $\xi$ und $\eta$ der Plattenmittelebene in den Richtungen $x$ und $y$ als Ableitungen einer „Verschiebungsfunktion" $\Phi$ dargestellt werden:

$$\xi = \frac{\partial \Phi}{\partial x}, \quad \eta = \frac{\partial \Phi}{\partial y}. \tag{30}$$

Die Dehnungen (als Verlängerung positiv) und die Schubverzerrung der Plattenmittelebene sind dann (Abb. 4):

$$\left.\begin{aligned} \varepsilon_{m\,x} &= \frac{\partial \xi}{\partial x} = \frac{\partial^2 \Phi}{\partial x^2}, \\ \varepsilon_{m\,y} &= \frac{\partial \eta}{\partial y} = \frac{\partial^2 \Phi}{\partial y^2}, \\ \varepsilon_{m\,x\,y} &= \frac{\partial \xi}{\partial y} + \frac{\partial \eta}{\partial x} = 2\,\frac{\partial^2 \Phi}{\partial x\,\partial y}. \end{aligned}\right\} \tag{31}$$

Die Randdehnungen infolge Biegung sind in bekannter Weise

$$\left.\begin{aligned} \varepsilon_{B\,x\,u} &= -\,\varepsilon_{B\,x\,o} = -\,\frac{d}{2}\cdot\frac{\partial^2 \zeta}{\partial x^2}, \\ \varepsilon_{B\,y\,u} &= -\,\varepsilon_{B\,y\,o} = -\,\frac{d}{2}\cdot\frac{\partial^2 \zeta}{\partial y^2}. \end{aligned}\right\} \tag{32}$$

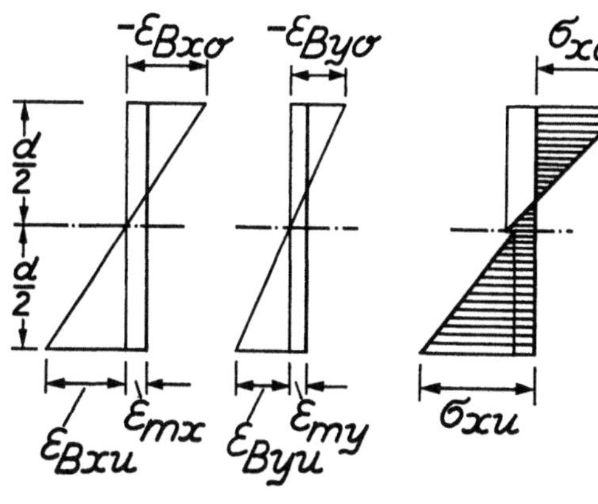


Abb. 4

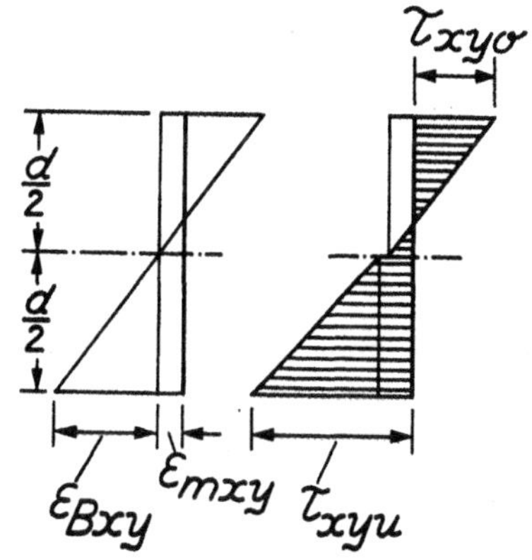


Abb. 5

Zu diesen Dehnungen gehören gemäß dem Hookeschen Gesetz folgende Spannungen in der $x$-Richtung (Zug positiv):

$$\left.\begin{aligned} \sigma_{x\,u} &= E\,(\varepsilon_{m\,x} + \varepsilon_{Bxu}) = E\left(\frac{\partial^2 \Phi}{\partial x^2} - \frac{d}{2}\cdot\frac{\partial^2 \zeta}{\partial x^2}\right), \\ \sigma_{x\,o} &= \frac{E}{1-\nu^2}\,[\varepsilon_{m\,x} + \nu\,\varepsilon_{m\,y} + \varepsilon_{Bxo} + \nu\,\varepsilon_{Byo}] = \\ &= \frac{E}{1-\nu^2}\left[\frac{\partial^2 \Phi}{\partial x^2} + \nu\,\frac{\partial^2 \Phi}{\partial y^2} + \frac{d}{2}\left(\frac{\partial^2 \zeta}{\partial x^2} + \nu\,\frac{\partial^2 \zeta}{\partial y^2}\right)\right]. \end{aligned}\right\} \tag{33}$$

Die Resultierende dieser Spannungen in der unteren Querschnittshälfte ist

$$n_{x\,u} = E\,\frac{d^2}{8}\left[-\frac{\partial^2 \zeta}{\partial x^2} + \frac{4}{d}\cdot\frac{\partial^2 \Phi}{\partial x^2}\right]. \tag{34}$$

Die Gesamtresultierende ist

$$n_x = \frac{E}{1-\nu^2}\cdot\frac{d^2}{8}\left[\nu^2\,\frac{\partial^2 \zeta}{\partial x^2} + \nu\,\frac{\partial^2 \zeta}{\partial y^2} + \frac{4}{d}\left((2-\nu^2)\,\frac{\partial^2 \Phi}{\partial x^2} + \nu\,\frac{\partial^2 \Phi}{\partial y^2}\right)\right] \tag{35}$$

und das Moment um die Plattenmittelebene

$$m_x = \frac{E}{1-\nu^2}\cdot\frac{d^3}{12}\left[-\left(1-\frac{\nu^2}{2}\right)\frac{\partial^2 \zeta}{\partial x^2} - \frac{\nu}{2}\,\frac{\partial^2 \zeta}{\partial y^2} - \frac{3}{2\,d}\left(\nu^2\,\frac{\partial^2 \Phi}{\partial x^2} + \nu\,\frac{\partial^2 \Phi}{\partial y^2}\right)\right]. \tag{36}$$

Die entsprechenden Formeln für die $y$-Richtung erhält man durch Vertauschen der Koordinaten.

In ähnlicher Weise erhält man aus den Schubverzerrungen die waagrechten Schubspannungen (Abb. 5):

$$\left.\begin{aligned} \tau_{x\,y\,u} &= \frac{E}{2}\,\varepsilon_{x\,y\,u} = E\left(\frac{\partial^2 \Phi}{\partial x\,\partial y} - \frac{d}{2}\,\frac{\partial^2 \zeta}{\partial x\,\partial y}\right), \\ \tau_{x\,y\,o} &= \frac{E}{2\,(1+\nu)}\,\varepsilon_{x\,y\,o} = \frac{E}{1+\nu}\left(\frac{\partial^2 \Phi}{\partial x\,\partial y} + \frac{d}{2}\,\frac{\partial^2 \zeta}{\partial x\,\partial y}\right). \end{aligned}\right\} \tag{37}$$

Die resultierende Schubkraft beträgt

$$t_{x\,y} = \frac{E}{1+\nu}\,\frac{d^2}{8}\left[-\,\nu\,\frac{\partial^2 \zeta}{\partial x\,\partial y} + (2+\nu)\,\frac{4}{d}\,\frac{\partial^2 \Phi}{\partial x\,\partial y}\right] \tag{38}$$

und das resultierende Moment um die Plattenmittelebene (Drillmoment)

$$m_{xy} = \frac{E}{1+\nu}\,\frac{d^3}{12}\left[-\left(1+\frac{\nu}{2}\right)\frac{\partial^2\zeta}{\partial x\,\partial y} + \frac{3}{2\,d}\,\nu\,\frac{\partial^2\Phi}{\partial x\,\partial y}\right]. \tag{39}$$

Die Gleichgewichtsbedingungen parallel zur Plattenmittelebene lauten

$$\left.\begin{aligned} \frac{\partial n_x}{\partial x} + \frac{\partial t_{xy}}{\partial y} &= 0, \\ \frac{\partial n_y}{\partial y} + \frac{\partial t_{xy}}{\partial x} &= 0. \end{aligned}\right\} \tag{40}$$

Durch Einsetzen nach Gl. (35), (38) und der entsprechenden für $n_y$ erhält man die Beziehungen

$$\left.\begin{aligned} \nu^2\frac{\partial}{\partial x}\Delta\zeta + \frac{4}{d}(2-\nu^2)\frac{\partial}{\partial x}\Delta\Phi &= 0, \\ \nu^2\frac{\partial}{\partial y}\Delta\zeta + \frac{4}{d}(2-\nu^2)\frac{\partial}{\partial y}\Delta\Phi &= 0, \end{aligned}\right\} \tag{41}$$

daraus folgt

$$\frac{4}{d}\Delta\Phi = \frac{-\nu^2}{2-\nu^2}\Delta\zeta + C$$

und

$$\frac{4}{d}\Phi = \frac{-\nu^2}{2-\nu^2}\zeta + \frac{4}{d}\Phi_1. \tag{42}$$

Hierin ist $C$ eine Konstante und $\Phi_1$ eine willkürliche Funktion von $x$ und $y$, die jedoch die Bedingung

$$\frac{4}{d}\Delta\Phi_1 = C \tag{43}$$

erfüllen muß.

Sie ergibt sich aus den Randbedingungen für $n_x$, $n_y$ und $t_{xy}$.

## 3. Grundfall der allseitig frei drehbaren Stützung

Es soll zunächst untersucht werden, welche Randbedingungen dem Verschwinden von $\Phi_1$ entsprechen. An einem frei drehbar gestützten Rand $x = \text{konst.}$ ist

$$\zeta = \frac{\partial^2\zeta}{\partial x^2} = \frac{\partial^2\zeta}{\partial y^2} = 0, \tag{44}$$

mit $\Phi_1 = 0$ somit auch

$$\Phi = \frac{\partial^2\Phi}{\partial x^2} = \frac{\partial^2\Phi}{\partial y^2} = 0. \tag{45}$$

Die Verschiebung der Plattenmittelfläche $\perp$ zum Rand wird

$$\xi = \frac{\partial\Phi}{\partial x} = -\frac{\nu^2}{2-\nu^2}\,\frac{\partial\zeta}{\partial x}. \tag{46}$$

Sie ist nach außen gerichtet.

In der Richtung des Randes tritt keine Verschiebung auf, da

$$\eta = \frac{\partial\Phi}{\partial y} = -\frac{\nu^2}{2-\nu^2}\,\frac{\partial\zeta}{\partial y} = 0. \tag{47}$$

Die Achskräfte $n_x$ und $n_y$ verschwinden am Rand gemäß Gl. (35), ebenso die Biegemomente nach Gl. (36).

Die Randschubkraft wird nach Gl. (38)

$$t_{xy} = \frac{E\,d^2}{8}\,\frac{\nu}{1-\frac{\nu^2}{2}}\left(-\frac{\partial^2\zeta}{\partial x\,\partial y}\right) \neq 0. \tag{38a}$$

Die Stützung muß demnach an allen Rändern senkrecht zum Rand beweglich und in der Richtung des Randes unnachgiebig sein.

Unter dieser Voraussetzung entsteht aus Gl. (36) und (39) durch Einsetzen von $\Phi$ nach Gl. (42) mit $\Phi_1 = 0$ unter Vernachlässigung von $\nu^5$ und höherer Potenzen

$$m_x = -E\frac{d^3}{12}\left[\frac{1+\frac{\nu^4}{16}}{1-\frac{\nu^2}{2}}\frac{\partial^2\zeta}{\partial x^2} + \frac{\frac{\nu}{2}+\frac{\nu^3}{16}}{1-\frac{\nu^2}{2}}\frac{\partial^2\zeta}{\partial y^2}\right], \tag{36a}$$

$$m_{xy} = -E\frac{d^3}{12}\frac{1-\frac{\nu}{2}-\frac{\nu^3}{16}+\frac{\nu^4}{16}}{1-\frac{\nu^2}{2}}\frac{\partial^2\zeta}{\partial x\,\partial y}. \tag{39a}$$

Die aus der klassischen Plattentheorie bekannte Gleichgewichtsbedingung der Kräfte senkrecht zur Plattenebene lautet:

$$-\frac{\partial^2 m_x}{\partial x^2} - 2\frac{\partial^2 m_{xy}}{\partial x\,\partial y} - \frac{\partial^2 m_y}{\partial y^2} = p. \tag{48}$$

Nach Gl. (36a), (39a) und der entsprechenden für $m_y$ eingesetzt, folgt:

$$E\frac{d^3}{12}\frac{1+\frac{\nu^4}{16}}{1-\frac{\nu^2}{2}}\left[\frac{\partial^4\zeta}{\partial x^4} + 2\frac{\partial^4\zeta}{\partial x^2\,\partial y^2} + \frac{\partial^4\zeta}{\partial y^4}\right] = p \tag{49}$$

oder wie in der klassischen Plattentheorie

$$S\,\Delta\Delta\zeta = p,$$

nur ist jetzt

$$S = E\frac{d^3}{12}\frac{1+\frac{\nu^4}{16}}{1-\frac{\nu^2}{2}} = E\frac{d^3}{12}\frac{1}{1-\frac{\nu^2}{2}-\frac{\nu^4}{16}}, \tag{50}$$

während bei einheitlichem Baustoff $1-\nu^2$ im Nenner steht.

Damit können die Gl. (36a) und (39a) geschrieben werden:

$$\left.\begin{aligned} m_x &= -S\left[\frac{\partial^2\zeta}{\partial x^2} + \left(\frac{\nu}{2}+\frac{\nu^3}{16}+\dots\right)\frac{\partial^2\zeta}{\partial y^2}\right],\\ m_y &= -S\left[\frac{\partial^2\zeta}{\partial y^2} + \left(\frac{\nu}{2}+\frac{\nu^3}{16}+\dots\right)\frac{\partial^2\zeta}{\partial x^2}\right],\\ m_{xy} &= -S\left(1-\frac{\nu}{2}-\frac{\nu^3}{16}\dots\right)\frac{\partial^2\zeta}{\partial x\,\partial y}. \end{aligned}\right\} \tag{51}$$

Wenn $S\zeta$ von $\nu$ unabhängig ist, was voraussetzungsgemäß zutrifft, da wir uns mit $\Phi_1 = 0$ auf frei drehbar gestützte Platten beschränkt haben, ergeben sich also die Momente wie nach der klassischen Plattentheorie, nur ist $\frac{\nu}{2}$ (genauer $\frac{\nu}{2}+\frac{\nu^3}{16}$) statt $\nu$ einzusetzen.

Die Resultierende der Spannungen in der unteren Querschnittshälfte, also die Biegezugkraft im Querschnitt, wird nach Gl. (34) unter Heranziehung von (42) und (50):

$$n_{xu} = \frac{3}{2d}\left(-S\frac{\partial^2\zeta}{\partial x^2}\right)\left(1-\frac{\nu^4}{16}\right). \tag{52}$$

Da $\left(-S\frac{\partial^2\zeta}{\partial x^2}\right)$ das Biegemoment $m_x$ ist, wenn in der gesamten Platte $\nu = 0$ gilt, ergibt sich die Biegezugkraft praktisch gleich groß wie bei einheitlichem Baustoff mit $\nu = 0$.

Die Druckspannung an der Plattenoberfläche ist nach Gl. (33) unter Heranziehung von (42) und (50):

$$-\sigma_{xo} = \frac{6}{d^2}\left(1+\frac{\nu^2}{4}+\dots\right)\left(-S\frac{\partial^2\zeta}{\partial x^2} - \nu S\frac{\partial^2\zeta}{\partial y^2}\right). \tag{53}$$

Der erste Klammerausdruck hat mit $\nu = \frac{1}{6}$ den Wert 1,007.

Der zweite Klammerausdruck ist das Biegemoment bei einheitlichem Baustoff mit der Querdehnungszahl $\nu$. Die Betonrandspannung ist demnach praktisch die gleiche wie bei einheitlichem Baustoff mit der Querdehnungszahl $\nu$.

Aus Gl. (35) bzw. (38a) folgen die Kräfte in der Plattenebene, wenn

$$S \doteq \frac{E\,d^3}{12\left(1-\frac{\nu^2}{2}\right)}$$

gesetzt wird:

$$\left.\begin{aligned} n_x &= \frac{3}{2\,d}\,\nu\,S\,\frac{\partial^2\zeta}{\partial y^2}, \\ n_y &= \frac{3}{2\,d}\,\nu\,S\,\frac{\partial^2\zeta}{\partial x^2}, \\ t_{x\,y} &= \frac{3}{2\,d}\,\nu\left(-\,S\,\frac{\partial^2\zeta}{\partial x\,\partial y}\right). \end{aligned}\right\} \tag{54}$$

$n_x$ und $n_y$ sind Druckkräfte, da $\frac{\partial^2\zeta}{\partial x^2}$ und $\frac{\partial^2\zeta}{\partial y^2}$ negativ sind.

Die Schubkraft $t_{x\,y}$ ist stets, also auch an den Rändern, gleich dem $\nu$-fachen jener Schubkraft, die als Kräftepaar mit dem Hebelarm $\frac{2\,d}{3}$ das mit $\nu = 0$ berechnete Drillmoment ergibt.

Die vorstehenden Gleichungen gelten voraussetzungsgemäß bei frei drehbarer Stützung und verhinderter Dehnung aller Ränder.

Im frei drehbar gestützten unendlichen Plattenstreifen mit von $y$ unabhängiger Belastung wird nach Gl. (54) $n_x$ und $t_{x\,y} = 0$. Die Längsränder der Plattenmittelfläche verschieben sich nach außen. Sowohl die Biegezugkraft als auch die Randdruckspannung in der $x$-Richtung können, wie nach der klassischen Plattentheorie, aus dem „Balkenmoment" $m_x$ ohne Rücksicht auf die Querdehnung berechnet werden. In der $y$-Richtung entstehen *keine* Biegezugkräfte, wohl aber Druckspannungen in der oberen Querschnitthälfte, die das $\nu$-fache der Spannungen in der $x$-Richtung betragen. Die resultierenden Druckkräfte $n_y$ müssen an den (weit entfernten) Plattenenden irgendwie eingetragen werden.

## 4. Eingespannte Platten

Für den *eingespannten* unendlichen Plattenstreifen gilt das gleiche wie bei frei drehbarer Stützung, wenn man annimmt, daß die Ränder trotz der Einspannung in der $x$-Richtung verschieblich sind, was bei einer Durchlaufplatte zutrifft. In diesem Fall muß man den inneren Streifen mit positiven $m_x$ und die äußeren Streifen mit negativen $m_x$ getrennt betrachten. Die Längsränder des inneren Streifens verschieben sich nach außen, d. h. die Streifenbreite vergrößert sich. In dem äußeren Streifen ist, da die Druckzone unten liegt, die Querdehnungszahl $\nu$ in der unteren statt in der oberen Hälfte der Platte zu berücksichtigen. Die Gl. (42), (52), (53) und (54) gelten ebenso, nur ist bei $\zeta$ das Vorzeichen zu wechseln und der Index $u$ mit $o$ zu vertauschen. Die Breite der äußeren Streifen vergrößert sich daher ebenfalls; die eingespannten Ränder verschieben sich nach außen. Eine Verhinderung dieser Verschiebung durch unnachgiebige Stützung hätte Druckkräfte in der $x$-Richtung zur Folge, die jedoch praktisch bedeutungslos sind.

In der $y$-Richtung treten keine Biegezugkräfte, aber Druckkräfte auf, die das $\nu$-fache der Biegedruckkräfte in der $x$-Richtung betragen und in der gleichen Hälfte wie diese wirken (bei negativem $m_x$ in der unteren Hälfte). Die Druckkräfte $n_y$ müssen an den weit entfernten Plattenenden eingetragen werden.

Die ringsum *eingespannte Rechteckplatte* ist unter den hier verwendeten Annahmen schwer zu behandeln, weil das Gebiet der positiven und das Gebiet der negativen Momente schwer gegeneinander abgegrenzt werden können. Man kann aber als sicher annehmen, daß auch in diesem Falle die Biegezugkräfte praktisch die gleichen sind wie bei einheitlichem Baustoff mit $\nu = 0$, während die Druckspannung an der Plattenoberfläche annähernd so groß wird, wie wenn man mit der Querdehnungszahl $\nu$ in der gesamten Platte rechnet. In beiden

Richtungen treten resultierende Druckkräfte auf, die von den Unterstützungen aufzunehmen sind und dort Zug hervorrufen. Diese Zugkraft beträgt je Plattenfeld [siehe Gl. (54)]

$$N_x = \frac{3}{2\,d}\,\nu \int_0^b |m_y|\,dy, \tag{55}$$

d. h. das $\nu$-fache aller Biegezugkräfte, die in der Platte in der anderen Richtung vorhanden sind; die Biegezugkräfte sind zu summieren, ohne Rücksicht darauf, ob sie an der Ober- oder Unterseite der Platte wirken. Wenn die Unterstützung durch Stahlbetonträger erfolgt, wird die in Trägeroberkante angreifende Zugkraft meist leicht aufgenommen werden können; im Bereich der positiven Trägermomente wird die Biegedruckkraft des Trägers verringert, nur im Bereich der negativen Trägermomente wird die Biegezugkraft des Trägers vergrößert; dort ist aber gewöhnlich reichliche Bewehrung vorhanden.

## 5. Platten mit ungestützten Rändern

An einem ungestützten Rand $y =$ konst. erhält man nach Gl. (54) Druckkräfte $n_y$ senkrecht zum Rand und unter Umständen auch Schubkräfte. Um diese Randkräfte zum Verschwinden zu bringen, wäre eine zusätzliche Verschiebungsfunktion $\Phi_1$ gemäß Gl. (42) hinzuzufügen. Eine Funktion, welche die Bedingung $\Delta\Phi =$ konst. erfüllt, wird aber meist zur Herstellung der Randbedingungen nicht ausreichen; dann ist eine strenge Lösung nicht möglich. Es müssen Randkräfte überlagert werden, die denen nach Gl. (54) entgegengesetzt gleich sind; die zugehörigen Scheibenkräfte im Innern der Platte lassen sich nur für einheitlichen Baustoff ermitteln; die Voraussetzungen, von denen ausgegangen wurde, können bei dieser Zusatzberechnung nicht beibehalten werden. Aus den Gl. (54) geht hervor, daß die Funktion $\frac{3}{2d}\,\nu\,S\,\zeta$ die „Airysche Spannungsfunktion" der Scheibenkräfte ist. Falls die Randbedingungen durch diese Funktion nicht erfüllt sind, setzen wir eine erweiterte Spannungsfunktion

$$F = \frac{3}{2\,d}\,\nu\,[S\,\zeta + \varphi(x\,y)] \tag{56}$$

an und ermitteln die Zusatzfunktion $\varphi(x\,y)$ so, daß die Randbedingungen erfüllt werden; außerdem muß

$$\Delta\Delta\varphi = 0 \text{ sein.}$$

Wir bezeichnen den Anteil der Scheibenkräfte nach Gl. (54), der zu $S\,\zeta$ gehört, weiterhin mit $n_x$, $n_y$, $t_{xy}$ und den Anteil, der zu $\varphi$ gehört, mit $n_x'$, $n_y'$, $t_{xy}'$.

Die gesamten Scheibenkräfte betragen dann:

$$\left.\begin{aligned} n_x + n_x' &= \frac{3}{2\,d}\,\nu\left[S\,\frac{\partial^2\zeta}{\partial y^2} + \frac{\partial^2\varphi}{\partial y^2}\right],\\ n_y + n_y' &= \frac{3}{2\,d}\,\nu\left[S\,\frac{\partial^2\zeta}{\partial x^2} + \frac{\partial^2\varphi}{\partial x^2}\right],\\ t_{xy} + t_{xy}' &= \frac{3}{2\,d}\,\nu\left[-S\,\frac{\partial^2\zeta}{\partial x\,\partial y} - \frac{\partial^2\varphi}{\partial x\,\partial y}\right].\end{aligned}\right\} \tag{57}$$

Die Biegezugkraft in der $x$-Richtung infolge $m_x$ und $n_x$ ist durch Gl. (52) gegeben; die zusätzliche Zugkraft infolge $n_x'$ ist bei gleichmäßiger Verteilung der zusätzlichen Spannungen:

$$n_{xu}' = \frac{n_x'}{2}. \tag{58}$$

Die gesamte Biegezugkraft daher ($\frac{\nu^4}{16}$ vernachlässigt):

$$n_{xu} + n_{xu}' = \frac{3}{2\,d}\left[-S\,\frac{\partial^2\zeta}{\partial x^2} + \frac{\nu}{2}\,\frac{\partial^2\varphi}{\partial y^2}\right]. \tag{59}$$

Für die Druckspannung an der Plattenoberfläche infolge $m_x$ und $n_x$ gilt Gl. (53): die zusätzliche Spannung infolge $n_x'$ ist

$$-\sigma_{xo}' = -\frac{n_x'}{d}. \tag{60}$$

Daher ist die gesamte Randspannung ($\frac{\nu^2}{4}$ vernachlässigt):

$$-\sigma_{xo} - \sigma_{xo}' = \frac{6}{d^2}\left[-S\frac{\partial^2\zeta}{\partial x^2} - \nu S\frac{\partial^2\zeta}{\partial y^2} - \frac{\nu}{4}\frac{\partial^2\varphi}{\partial y^2}\right]. \tag{61}$$

Die entsprechenden Größen in der $y$-Richtung ergeben sich durch Vertauschen der Koordinaten.

Die Anwendung dieses Verfahrens soll an den folgenden *Beispielen* gezeigt werden. Zum Vergleich werden die inneren Kräfte nacheinander unter drei verschiedenen Annahmen berechnet, und zwar:

$\alpha$) für einheitlichen Baustoff mit $\nu = 0$,

$\beta$) für einheitlichen Baustoff mit $\nu = \frac{1}{6}$ und

$\gamma$) mit $\nu = \frac{1}{6}$ in der oberen und $\nu = 0$ in der unteren Hälfte der Platte.

### 1. Beispiel: Zweiseitig frei drehbar gestützte Rechteckplatte mit Gleichlast

Zur Vereinfachung wird nur das erste, ausschlaggebende Glied der Reihenentwicklung für Gleichlast betrachtet (Abb. 6), also

$$p = p_1 \sin\pi\frac{x}{a}. \tag{62}$$

$\alpha$) Einheitlicher Baustoff mit $\nu = 0$.

Alle Größen sind von $y$, daher auch vom Seitenverhältnis $\frac{b}{a}$ unabhängig:

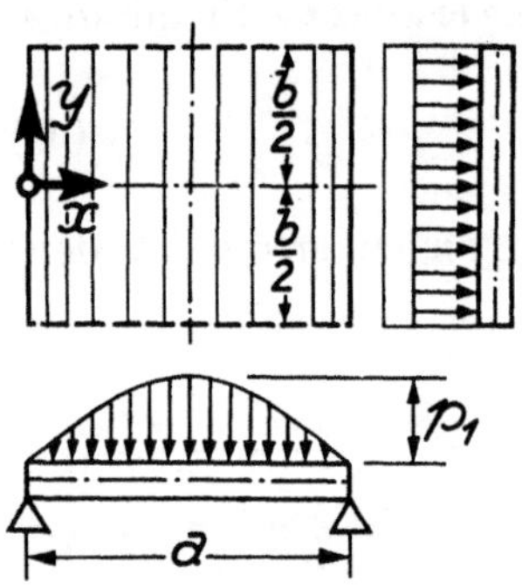

Abb. 6

$$S\zeta = \frac{p_1 a^4}{\pi^4}\sin\pi\frac{x}{a}, \tag{63}$$

$$\left.\begin{aligned} m_x &= -S\frac{\partial^2\zeta}{\partial x^2} = \frac{p_1 a^2}{\pi^2}\sin\pi\frac{x}{a},\\ m_y &= -S\frac{\partial^2\zeta}{\partial y^2} = 0,\\ m_{xy} &= -S\frac{\partial^2\zeta}{\partial x\,\partial y} = 0. \end{aligned}\right\} \tag{64}$$

Das Größtmoment längs der Linie $x = \frac{a}{2}$ beträgt:

$$m_{xm} = \frac{p_1 a^2}{\pi^2}. \tag{65}$$

$\beta$) Einheitlicher Baustoff mit $\nu = \frac{1}{6}$.

Die Randbedingungen an den ungestützten Rändern $y = \pm\frac{b}{2}$ lauten:

$$\left.\begin{aligned} m_y &= -S\left(\frac{\partial^2\zeta}{\partial y^2} + \nu\frac{\partial^2\zeta}{\partial x^2}\right) = 0,\\ \bar{q}_y &= -S\left[\frac{\partial}{\partial y}\Delta\zeta + (1-\nu)\frac{\partial^3\zeta}{\partial x^2\,\partial y}\right] = 0. \end{aligned}\right\} \tag{66}$$

Sie werden durch folgende Durchbiegungsfunktion erfüllt:

$$S\zeta = \frac{p_1 a^4}{\pi^4}\sin\pi\frac{x}{a}\left\{1 + \frac{\nu}{(3+\nu)\operatorname{Cof}\frac{\pi b}{2a} - \frac{(1-\nu)\frac{\pi b}{2a}}{\operatorname{Sin}\frac{\pi b}{2a}}}\left[\left(\frac{1+\nu}{1-\nu} - \frac{\pi b}{2a}\operatorname{Cotg}\frac{\pi b}{2a}\right)\operatorname{Cof}\pi\frac{y}{a} + \right.\right.$$
$$\left.\left. + \pi\frac{y}{a}\operatorname{Sin}\pi\frac{y}{a}\right]\right\}. \tag{67}$$

Dazu gehören die Biegemomente:

$$\left.\begin{aligned} m_x &= -S\left(\frac{\partial^2\zeta}{\partial x^2}+\nu\frac{\partial^2\zeta}{\partial y^2}\right)=\frac{p_1 a^2}{\pi^2}\sin\pi\frac{x}{a}\Bigg\{1+ \\ &+\frac{\nu}{\dfrac{3+\nu}{1-\nu}\mathfrak{Cof}\,\dfrac{\pi b}{2a}-\dfrac{\dfrac{\pi b}{2a}}{\mathfrak{Sin}\,\dfrac{\pi b}{2a}}}\left[\left(1-\frac{\pi b}{2a}\mathfrak{Cotg}\,\frac{\pi b}{2a}\right)\mathfrak{Cof}\,\pi\frac{y}{a}+\pi\frac{y}{a}\mathfrak{Sin}\,\pi\frac{y}{a}\right]\Bigg\}, \\ m_y &= -S\left(\frac{\partial^2\zeta}{\partial y^2}+\nu\frac{\partial^2\zeta}{\partial x^2}\right)=\frac{p_1 a^2}{\pi^2}\sin\pi\frac{x}{a}\Bigg\{\nu+ \\ &+\frac{\nu}{\dfrac{3+\nu}{1-\nu}\mathfrak{Cof}\,\dfrac{\pi b}{2a}-\dfrac{\dfrac{\pi b}{2a}}{\mathfrak{Sin}\,\dfrac{\pi b}{2a}}}\left[\left(-\frac{3+\nu}{1-\nu}+\frac{\pi b}{2a}\mathfrak{Cotg}\,\frac{\pi b}{2a}\right)\mathfrak{Cof}\,\pi\frac{y}{a}-\pi\frac{y}{a}\mathfrak{Sin}\,\pi\frac{y}{a}\right]\Bigg\}. \end{aligned}\right\} \quad (68)$$

Der Größtwert von $m_x$ liegt am ungestützten Rand, der Größtwert von $m_y$ im Plattenmittelpunkt. Nur wenn $\frac{b}{a} > 3{,}7$, liegt der Größtwert von $m_y$ außerhalb des Plattenmittelpunktes. Im Grenzfall $b \to \infty$ entsteht im Abstand

$$\frac{4}{1-\nu}\,\frac{a}{\pi} = 1{,}53\,a$$

vom ungestützten Rand der Größtwert

$$\max m_y = \frac{p_1 a^2}{\pi^2}\,\nu\,\frac{1-\nu}{3+\nu}\cdot e^{-\frac{4}{1-\nu}} = \frac{p_1 a^2}{\pi^2}\cdot 0{,}1670; \quad (69)$$

er ist unmerklich größer als $\frac{p_1 a^2}{\pi^2}\cdot\nu$.

Die Zahlenwerte für einige Seitenverhältnisse $\frac{b}{a}$ sind in Tafel 1 ausgewiesen.

$\gamma$) Baustoff mit $\nu = \frac{1}{6}$ in der oberen und $\nu = 0$ in der unteren Plattenhälfte.

Wenn man in den Gl. (51) das Glied $\frac{\nu^3}{16}$ vernachlässigt, erhält man für die Momente die gleichen Formeln wie in der klassischen Plattentheorie, nur daß überall $\frac{\nu}{2}$ statt $\nu$ steht. Man erhält daher auch die Durchbiegungsfunktion und die Momente für Fall $\gamma$), wenn man in den Formeln von Fall $\beta$) überall $\frac{\nu}{2}$ statt $\nu$ schreibt. Die Durchbiegungsfunktion lautet somit:

$$S\zeta = \frac{p_1 a^4}{\pi^4}\sin\pi\frac{x}{a}\left\{1+\frac{\nu}{(6+\nu)\,\mathfrak{Cof}\,\dfrac{\pi b}{2a}-\dfrac{(2-\nu)\dfrac{\pi b}{2a}}{\mathfrak{Sin}\,\dfrac{\pi b}{2a}}}\left[\left(\frac{2+\nu}{2-\nu}-\frac{\pi b}{2a}\mathfrak{Cotg}\,\frac{\pi b}{2a}\right)\mathfrak{Cof}\,\pi\frac{y}{a}+\pi\frac{y}{a}\mathfrak{Sin}\,\pi\frac{y}{a}\right]\right\}. \quad (70)$$

Die zu dieser Funktion gehörenden Achskräfte $n_y$ und Schubkräfte $t_{xy}$ nach Gl. (54) verschwinden an den ungestützten Rändern $y = \pm\frac{b}{2}$ nicht. Deshalb muß eine Zusatzfunktion $\varphi(x\,y)$ nach Gl. (56) angesetzt werden, die an den Rändern $x = 0$ und $x = a$ keine zusätzlichen Normalkräfte $n_x$ und $n_y$ liefert; daraus folgt für diese Ränder

$$\frac{\partial^2\varphi}{\partial x^2} = \frac{\partial^2\varphi}{\partial y^2} = 0. \quad (71)$$

An den Rändern $y = \pm\frac{b}{2}$ müssen die Bedingungen

$$\left.\begin{aligned} S\frac{\partial^2\zeta}{\partial x^2}+\frac{\partial^2\varphi}{\partial x^2} &= 0, \\ S\frac{\partial^2\zeta}{\partial x\,\partial y}+\frac{\partial^2\varphi}{\partial x\,\partial y} &= 0 \end{aligned}\right\} \quad (72)$$

erfüllt werden. Durch einen entsprechenden Ansatz findet man

$$\varphi = \frac{p_1 a^4}{\pi^4} \sin \pi \frac{x}{a} \left\{ \frac{1}{\mathrm{Cof} \frac{\pi b}{2a} + \frac{\frac{\pi b}{2a}}{\mathrm{Sin} \frac{\pi b}{2a}}} \left[ \left( -1 - \frac{\pi b}{2a} \mathrm{Cotg} \frac{\pi b}{2a} \right) \mathrm{Cof}\, \pi \frac{y}{a} + \pi \frac{y}{a} \mathrm{Sin}\, \pi \frac{y}{a} \right] - \right.$$

$$\left. - \frac{\nu}{(6+\nu) \mathrm{Cof} \frac{\pi b}{2a} - \frac{(2-\nu) \frac{\pi b}{2a}}{\mathrm{Sin} \frac{\pi b}{2a}}} \left[ \left( \frac{2+\nu}{2-\nu} - \frac{\pi b}{2a} \mathrm{Cotg} \frac{\pi b}{2a} \right) \mathrm{Cof}\, \pi \frac{y}{a} + \pi \frac{y}{a} \mathrm{Sin}\, \pi \frac{y}{a} \right] \right\}. \qquad (73)$$

Durch Einsetzen von Gl. (70) und (73) in Gl. (59) findet man die Biegezugkräfte:

$$n_{xu} + n_{xu}' = \frac{3}{2d} \frac{p_1 a^2}{\pi^2} \sin \pi \frac{x}{a} \left\{ 1 + \right.$$

$$+ \frac{\nu}{(6+\nu) \mathrm{Cof} \frac{\pi b}{2a} - \frac{(2-\nu) \frac{\pi b}{2a}}{\mathrm{Sin} \frac{\pi b}{2a}}} \left[ \left( \frac{2+\nu}{2-\nu} - \frac{\pi b}{2a} \mathrm{Cotg} \frac{\pi b}{2a} \right) \mathrm{Cof}\, \pi \frac{y}{a} + \pi \frac{y}{a} \mathrm{Sin}\, \pi \frac{y}{a} \right] +$$

$$+ \frac{\frac{\nu}{2}}{\mathrm{Cof} \frac{\pi b}{2a} + \frac{\frac{\pi b}{2a}}{\mathrm{Sin} \frac{\pi b}{2a}}} \left[ \left( 1 - \frac{\pi b}{2a} \mathrm{Cotg} \frac{\pi b}{2a} \right) \mathrm{Cof}\, \pi \frac{y}{a} + \pi \frac{y}{a} \mathrm{Sin}\, \pi \frac{y}{a} \right] -$$

$$\left. - \frac{\frac{\nu^2}{2}}{(6+\nu) \mathrm{Cof} \frac{\pi b}{2a} - \frac{(2-\nu) \frac{\pi b}{2a}}{\mathrm{Sin} \frac{\pi b}{2a}}} \left[ \left( \frac{6-\nu}{2-\nu} - \frac{\pi b}{2a} \mathrm{Cotg} \frac{\pi b}{2a} \right) \mathrm{Cof}\, \pi \frac{y}{a} + \pi \frac{y}{a} \mathrm{Sin}\, \pi \frac{y}{a} \right] \right\}.$$

$$n_{yu} + n_{yu}' = \frac{3}{2d} \frac{p_1 a^2}{\pi^2} \sin \pi \frac{x}{a} \left\{ - \frac{\nu}{(6+\nu) \mathrm{Cof} \frac{\pi b}{2a} - \frac{(2-\nu) \frac{\pi b}{2a}}{\mathrm{Sin} \frac{\pi b}{2a}}} \left[ \left( \frac{6-\nu}{2-\nu} - \right. \right. \right. \qquad (74)$$

$$\left. \left. - \frac{\pi b}{2a} \mathrm{Cotg} \frac{\pi b}{2a} \right) \mathrm{Cof}\, \pi \frac{y}{a} + \pi \frac{y}{a} \mathrm{Sin}\, \pi \frac{y}{a} \right] +$$

$$+ \frac{\frac{\nu}{2}}{\mathrm{Cof} \frac{\pi b}{2a} + \frac{\frac{\pi b}{2a}}{\mathrm{Sin} \frac{\pi b}{2a}}} \left[ \left( 1 + \frac{\pi b}{2a} \mathrm{Cotg} \frac{\pi b}{2a} \right) \mathrm{Cof}\, \pi \frac{y}{a} - \pi \frac{y}{a} \mathrm{Sin}\, \pi \frac{y}{a} \right] +$$

$$\left. + \frac{\frac{\nu^2}{2}}{(6+\nu) \mathrm{Cof} \frac{\pi b}{2a} - \frac{(2-\nu) \frac{\pi b}{2a}}{\mathrm{Sin} \frac{\pi b}{2a}}} \left[ \left( \frac{2+\nu}{2-\nu} - \frac{\pi b}{2a} \mathrm{Cotg} \frac{\pi b}{2a} \right) \mathrm{Cof}\, \pi \frac{y}{a} + \pi \frac{y}{a} \mathrm{Sin}\, \pi \frac{y}{a} \right] \right\}.$$

Die Biegezugkraft in der $x$-Richtung hat ihren Größtwert in der Mitte des ungestützten Randes; die Biegezugkraft in der $y$-Richtung hat ihren Größtwert in Plattenmitte, ausgenommen bei großen Seitenverhältnissen $\frac{b}{a}$. Beim unendlichen Halbstreifen ($b \to \infty$) entsteht der Größtwert im Abstand $y = \frac{a}{\pi}$ vom ungestützten Rand und beträgt

$$\max (n_{yu} + n_{yu}') = \frac{3}{2d} \frac{p_1 a^2}{\pi^2} 0{,}0398. \qquad (75)$$

Die überhaupt größte Biegezugkraft in der $y$-Richtung entsteht beim Seitenverhältnis $\frac{b}{a} = 1{,}05$ in Plattenmitte und beträgt

$$\max (n_{yu} + n_{yu}')_m = \frac{3}{2\,d} \frac{p_1 a^2}{\pi^2} 0{,}0536. \tag{76}$$

Einige weitere Zahlenwerte finden sich in Tafel 1. Die Druckspannungen an der Plattenoberfläche erhält man durch Einsetzen von Gl. (70) und (73) in Gl. (61). In der $x$-Richtung weichen sie nirgends nennenswert vom Betrag $\frac{6}{d^2} \frac{p_1 a^2}{\pi^2} \sin \pi \frac{x}{a}$ ab. In der $y$-Richtung tritt der größtmögliche Wert bei $b \to \infty$ auf und beträgt

$$\sigma_{yo} = \nu \frac{6}{d^2} \frac{p_1 a^2}{\pi^2}. \tag{77}$$

Aus Tafel 1 ist zu ersehen, daß die Annahme $\gamma$) größere Biegezugkräfte längs des ungestützten Randes ergibt als die Annahme $\beta$); die Biegezugkräfte in der Querrichtung sind dagegen nach $\gamma$) wesentlich kleiner als nach $\beta$).

Tafel 1. Innere Kräfte in zweiseitig frei drehbar gestützten Rechteckplatten mit verteilter Belastung $p = p_1 \sin \pi \frac{x}{a}$

| | | $\frac{b}{a} =$ | 0 | 0,25 | 0,5 | 1,0 | ∞ | Faktor |
|---|---|---|---|---|---|---|---|---|
| $\alpha$) $\nu = 0$ | Randmitte | $n_{xu}$ | 1,000 | 1,000 | 1,000 | 1,000 | 1,000 | $\frac{3}{2\,d} \frac{p_1 a^2}{\pi^2}$ |
| | Plattenmitte | $n_{xu}$ | 1,000 | 1,000 | 1,000 | 1,000 | 1,000 | $\frac{3}{2\,d} \frac{p_1 a^2}{\pi^2}$ |
| | | $n_{yu}$ | 0,0 | 0,0 | 0,0 | 0,0 | 0,0 | $\frac{3}{2\,d} \frac{p_1 a^2}{\pi^2}$ |
| $\beta$) $\nu = \frac{1}{6}$ | Randmitte | $n_{xu}$ | 1,000 | 1,005 | 1,017 | 1,034 | 1,044 | $\frac{3}{2\,d} \frac{p_1 a^2}{\pi^2}$ |
| | Plattenmitte | $n_{xu}$ | 1,000 | 0,997 | 0,992 | 0,987 | 1,000 | $\frac{3}{2\,d} \frac{p_1 a^2}{\pi^2}$ |
| | | $n_{yu}$ | 0,0 | 0,019 | 0,062 | 0,127 | 0,167 | $\frac{3}{2\,d} \frac{p_1 a^2}{\pi^2}$ |
| $\gamma$) $\nu_o = \frac{1}{6}$, $\nu_u = 0$ | Randmitte | $n_{xu} + n_{xu}'$ | 1,000 | 1,007 | 1,026 | 1,067 | **1,108** | $\frac{3}{2\,d} \frac{p_1 a^2}{\pi^2}$ |
| | Plattenmitte | $n_{xu} + n_{xu}'$ | 1,000 | 0,998 | 0,988 | 0,974 | 1,000 | $\frac{3}{2\,d} \frac{p_1 a^2}{\pi^2}$ |
| | | $n_{yu} + n_{yu}'$ | 0,0 | 0,009 | 0,031 | **0,053** | 0,0 | $\frac{3}{2\,d} \frac{p_1 a^2}{\pi^2}$ |

## 2. Beispiel: Zweiseitig frei drehbar gestützte Rechteckplatte mit Linienlast

Die Last sei auf der Linie $y = 0$ sinusförmig verteilt (Abb. 7):

$$p = p_1 \sin \pi \frac{x}{a}. \tag{78}$$

$\alpha$) Einheitlicher Baustoff mit $\nu = 0$.

Die Formeln werden nicht eigens angeschrieben; sie gehen aus Fall $\beta$) durch Einsetzen von $\nu = 0$ hervor.

β) Einheitlicher Baustoff mit $\nu = \frac{1}{6}$.

Die Randbedingungen Gl. (66) an den ungestützten Rändern $y = \pm \frac{b}{2}$ sowie die Bedingungen für $y = 0$

$$\left.\begin{aligned} \frac{\partial \zeta}{\partial y} &= 0, \\ q_v &= -\frac{p}{2} \text{ für positive } y \end{aligned}\right\} \tag{79}$$

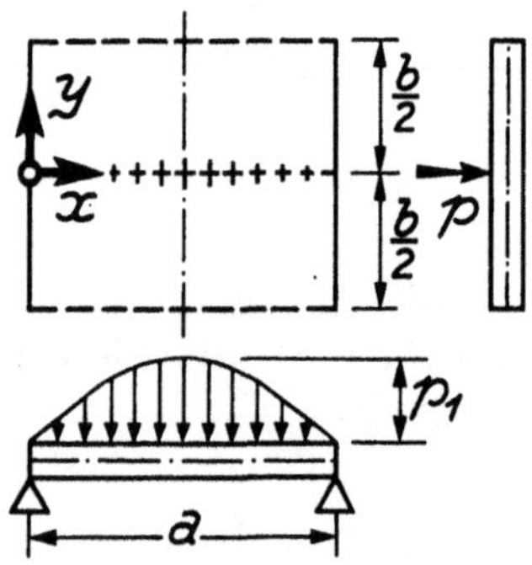


Abb. 7

werden im Bereich $y \geqq 0$ durch folgende Durchbiegungsfunktion erfüllt:

$$S\zeta = p_1 \frac{a^3}{4\pi^3} \sin \pi \frac{x}{a} \left[ -\mathfrak{Sin}\, \pi \frac{y}{a} + \pi \frac{y}{a} \mathfrak{Cos}\, \pi \frac{y}{a} + \frac{1}{3 + \nu - \frac{(1-\nu)\frac{\pi b}{a}}{\mathfrak{Sin} \frac{\pi b}{a}}} \left\{ \left[ \frac{4}{1-\nu} \mathfrak{Cotg} \frac{\pi b}{2a} - \right.\right.\right.$$

$$\left.\left.\left. - \frac{(1+\nu)^2}{1-\nu} \mathfrak{Tg} \frac{\pi b}{2a} + (1-\nu) \frac{\left(\frac{\pi b}{a}\right)^2}{2\, \mathfrak{Sin} \frac{\pi b}{a}} \right] \mathfrak{Cos}\, \pi \frac{y}{a} - \left[ 2\, \mathfrak{Cotg} \frac{\pi b}{2a} + (1+\nu)\, \mathfrak{Tg} \frac{\pi b}{2a} \right] \pi \frac{y}{a} \mathfrak{Sin}\, \pi \frac{y}{a} \right\} \right]. \tag{80}$$

Im Bereich $y < 0$ gilt die spiegelgleiche Funktion.

Die Größtwerte der Biegemomente entstehen im Plattenmittelpunkt und betragen

$$\left.\begin{aligned} m_{xm} &= p_1 \frac{a}{4\pi} \frac{1}{3 + \nu - \frac{(1-\nu)\frac{\pi b}{a}}{\mathfrak{Sin} \frac{\pi b}{a}}} \left\{ 4 (1+\nu)\, \mathfrak{Cotg} \frac{\pi b}{2a} - (1-\nu^2)\, \mathfrak{Tg} \frac{\pi b}{2a} + \right. \\ &\qquad \left. + (1-\nu)^2 \frac{\left(\pi \frac{b}{a}\right)^2}{2\, \mathfrak{Sin}\, \pi \frac{b}{a}} \right\}, \\ m_{ym} &= p_1 \frac{a}{4\pi} \frac{1}{3 + \nu - \frac{(1-\nu)\frac{\pi b}{a}}{\mathfrak{Sin} \frac{\pi b}{a}}} \left\{ (3+\nu)(1+\nu)\, \mathfrak{Tg} \frac{\pi b}{2a} - (1-\nu)^2 \frac{\left(\pi \frac{b}{a}\right)^2}{2\, \mathfrak{Sin}\, \pi \frac{b}{a}} \right\}. \end{aligned}\right\} \tag{81}$$

Die Zahlenwerte sind für einige Seitenverhältnisse $\frac{b}{a}$ in Tafel 2 angegeben.

γ) Baustoff mit $\nu = \frac{1}{6}$ in der oberen und $\nu = 0$ in der unteren Plattenhälfte.

In den Formeln unter β) ist $\frac{\nu}{2}$ statt $\nu$ zu setzen, daher

$$S\,\zeta = p_1\,\frac{a^3}{4\,\pi^3}\sin\pi\,\frac{x}{a}\Biggl[-\mathfrak{Sin}\,\pi\,\frac{y}{a}+\pi\,\frac{y}{a}\,\mathfrak{Cos}\,\pi\,\frac{y}{a}+\frac{2}{6+\nu-\dfrac{(2-\nu)\,\dfrac{\pi b}{a}}{\mathfrak{Sin}\,\dfrac{\pi b}{a}}}\Biggl\{\Biggl[\frac{8}{2-\nu}\,\mathfrak{Cotg}\,\frac{\pi b}{2a}-$$

$$-\frac{(2+\nu)^2}{2\,(2-\nu)}\,\mathfrak{Tg}\,\frac{\pi b}{2a}+\frac{2-\nu}{4}\,\frac{\left(\dfrac{\pi b}{a}\right)^2}{\mathfrak{Sin}\,\dfrac{\pi b}{a}}\Biggr]\mathfrak{Cos}\,\pi\,\frac{y}{a}-\left[2\,\mathfrak{Cotg}\,\frac{\pi b}{2a}+\left(1+\frac{\nu}{2}\right)\mathfrak{Tg}\,\frac{\pi b}{2a}\right]\frac{\pi y}{a}\,\mathfrak{Sin}\,\pi\,\frac{y}{a}\Biggr\}\Biggr]. \tag{82}$$

Die Randbedingungen (72) für die Achskräfte an den Rändern $y = \pm\frac{b}{2}$ erfordern die Zusatzfunktion

$$\varphi(x\,y) = p_1\,\frac{a^3}{4\,\pi^3}\sin\pi\,\frac{x}{a}\Biggl[\frac{1}{\mathfrak{Cotg}\,\dfrac{\pi b}{2a}+\dfrac{\dfrac{\pi b}{2a}}{\mathfrak{Sin}^2\,\dfrac{\pi b}{2a}}}\Biggl\{\Biggl[1-\frac{\left(\dfrac{\pi b}{2a}\right)^2}{\mathfrak{Sin}^2\,\dfrac{\pi b}{2a}}\Biggr]\mathfrak{Cos}\,\pi\,\frac{y}{a}-\frac{\pi y}{a}\,\mathfrak{Sin}\,\frac{\pi y}{a}\Biggr\}-$$

$$-\frac{2}{6+\nu-\dfrac{(2-\nu)\,\dfrac{\pi b}{a}}{\mathfrak{Sin}\,\dfrac{\pi b}{a}}}\Biggl\{\Biggl[\frac{8}{2-\nu}\,\mathfrak{Cotg}\,\frac{\pi b}{2a}-\frac{(2+\nu)^2}{2\,(2-\nu)}\,\mathfrak{Tg}\,\frac{\pi b}{2a}+\frac{2-\nu}{4}\,\frac{\left(\dfrac{\pi b}{a}\right)^2}{\mathfrak{Sin}\,\dfrac{\pi b}{a}}\Biggr]\mathfrak{Cos}\,\pi\,\frac{y}{a}-$$

$$-\left[2\,\mathfrak{Cotg}\,\frac{\pi b}{2a}+\left(1+\frac{\nu}{2}\right)\mathfrak{Tg}\,\frac{\pi b}{2a}\right]\frac{\pi y}{a}\,\mathfrak{Sin}\,\frac{\pi y}{a}\Biggr\}\Biggr]. \tag{83}$$

Die Größtwerte der Biegezugkräfte treten im Plattenmittelpunkt auf und ergeben sich nach Gl. (59) zu:

$$\left.\begin{aligned}
(n_{x\,u}+n_{x\,u}')_m &= \frac{3}{2d}\,p_1\,\frac{a}{4\pi}\left[\frac{4\,(2+\nu)\,\mathfrak{Cotg}\,\dfrac{\pi b}{2a}-\dfrac{4-\nu^2}{2}\,\mathfrak{Tg}\,\dfrac{\pi b}{2a}+\dfrac{(2-\nu)^2}{4}\,\dfrac{\left(\dfrac{\pi b}{a}\right)^2}{\mathfrak{Sin}\,\dfrac{\pi b}{a}}}{6+\nu-(2-\nu)\,\dfrac{\dfrac{\pi b}{a}}{\mathfrak{Sin}\,\dfrac{\pi b}{a}}}-\right.\\
&\qquad\left.-\frac{\nu}{2}\,\frac{1+\dfrac{\left(\dfrac{\pi b}{2a}\right)^2}{\mathfrak{Sin}^2\,\dfrac{\pi b}{2a}}}{\mathfrak{Cotg}\,\dfrac{\pi b}{2a}+\dfrac{\dfrac{\pi b}{2a}}{\mathfrak{Sin}^2\,\dfrac{\pi b}{2a}}}\right],\\
(n_{y\,u}+n_{y\,u}')_m &= \frac{3}{2d}\,p_1\,\frac{a}{4\pi}\left[\frac{(6+\nu)\left(1+\dfrac{\nu}{2}\right)\mathfrak{Tg}\,\dfrac{\pi b}{2a}-\dfrac{(2-\nu)^2}{4}\,\dfrac{\left(\dfrac{\pi b}{a}\right)^2}{\mathfrak{Sin}\,\dfrac{\pi b}{a}}}{6+\nu-(2-\nu)\,\dfrac{\dfrac{\pi b}{a}}{\mathfrak{Sin}\,\dfrac{\pi b}{a}}}-\right.\\
&\qquad\left.-\frac{\nu}{2}\,\frac{1-\dfrac{\left(\dfrac{\pi b}{2a}\right)^2}{\mathfrak{Sin}^2\,\dfrac{\pi b}{2a}}}{\mathfrak{Cotg}\,\dfrac{\pi b}{2a}+\dfrac{\dfrac{\pi b}{2a}}{\mathfrak{Sin}^2\,\dfrac{\pi b}{2a}}}\right].
\end{aligned}\right\} \tag{84}$$

Einige Zahlenwerte sind in Tafel 2 enthalten.

Man ersieht daraus, daß die Biegezugkräfte in der $x$-Richtung nach der Annahme $\gamma$) sogar etwas kleiner werden als nach $\alpha$), während die Biegezugkräfte in der $y$-Richtung nach $\gamma$) zwischen den Werten unter $\alpha$) und $\beta$) liegen. In ähnlicher Weise erhält man nach Gl. (60) die Druckspannungen an der Plattenoberfläche. Die in Tafel 2 eingetragenen Zahlen für den Größtwert im Plattenmittelpunkt unterscheiden sich wenig von den unter $\beta$) angegebenen.

Tafel 2. Innere Kräfte in zweiseitig frei drehbar gestützten Rechteckplatten mit Linienlast $p = p_1 \sin \pi \frac{x}{a}$

| $\frac{b}{a} =$ | 0,25 | 0,50 | 1,00 | $\infty$ | Faktor |
|---|---|---|---|---|---|
| $\alpha$) $\nu = 0$ Plattenmitte $n_{xu}$ | 5,10 | 2,58 | 1,42 | 1,00 | $\frac{2}{3d}\frac{p_1 a}{4\pi}$ |
| „ $n_{yu}$ | 0,37 | 0,62 | 0,85 | 1,00 | $\frac{2}{3d}\frac{p_1 a}{4\pi}$ |
| $\beta$) $\nu = \frac{1}{6}$ Plattenmitte $n_{xu}$ | 5,12 | 2,64 | 1,53 | 1,17 | $\frac{2}{3d}\frac{p_1 a}{4\pi}$ |
| „ $n_{yu}$ | 0,47 | 0,79 | 1,05 | 1,17 | $\frac{2}{3d}\frac{p_1 a}{4\pi}$ |
| $\gamma$) $\nu_o = \frac{1}{6}$ Plattenmitte $n_{xu} + n_{xu}'$ | 5,08 | 2,55 | 1,38 | 1,00 | $\frac{2}{3d}\frac{p_1 a}{4\pi}$ |
| $\nu_u = 0$ „ $-\sigma_{xo} - \sigma_{xo}'$ | 5,11 | 2,66 | 1,55 | 1,17 | $\frac{6}{d^2}\frac{p_1 a}{4\pi}$ |
| „ $n_{yu} + n_{yu}'$ | 0,42 | 0,70 | 0,92 | 1,00 | $\frac{2}{3d}\frac{p_1 a}{4\pi}$ |
| „ $-\sigma_{yo} - \sigma_{yo}'$ | 0,63 | 0,82 | 1,03 | 1,17 | $\frac{6}{d^2}\frac{p_1 a}{4\pi}$ |

## 6. Polarsymmetrische Fälle

Für polarsymmetrische Fälle schreibt man die Gl. (51), (52), (53) und (54) in Polarkoordinaten wie folgt:

$$\left.\begin{aligned} m_r &= -S\left[\frac{\partial^2\zeta}{\partial r^2} + \left(\frac{\nu}{2} + \frac{\nu^3}{16}\right)\frac{\partial\zeta}{r\,\partial r}\right], \\ m_t &= -S\left[\frac{\partial\zeta}{r\,\partial r} + \left(\frac{\nu}{2} + \frac{\nu^3}{16}\right)\frac{\partial^2\zeta}{\partial r^2}\right], \end{aligned}\right\} \tag{51a}$$

$$\left.\begin{aligned} n_{ru} &= \frac{3}{2d}\left(-S\frac{\partial^2\zeta}{\partial r^2}\right), \\ n_{tu} &= \frac{3}{2d}\left(-S\frac{\partial\zeta}{r\,\partial r}\right), \end{aligned}\right\} \tag{52a}$$

$$\left.\begin{aligned} -\sigma_{ro} &= \frac{6}{d^2}\left(1 + \frac{\nu^2}{4}\right)\left(-S\frac{\partial^2\zeta}{\partial r^2} - \nu S\frac{\partial\zeta}{r\,\partial r}\right), \\ -\sigma_{to} &= \frac{6}{d^2}\left(1 + \frac{\nu^2}{4}\right)\left(-S\frac{\partial\zeta}{r\,\partial r} - \nu S\frac{\partial^2\zeta}{\partial r^2}\right), \end{aligned}\right\} \tag{53a}$$

$$\left.\begin{aligned} n_r &= \frac{3}{2d}\nu S\frac{\partial\zeta}{r\,\partial r}, \\ n_t &= \frac{3}{2d}\nu S\frac{\partial^2\zeta}{\partial r^2}. \end{aligned}\right\} \tag{54a}$$

Für die frei drehbar gestützte Kreisplatte (Radius $a$) mit Gleichlast $p$ erhält man aus der Bedingung $M_r = 0$ für $r = a$ folgende Lösung, worin $\nu^3$ und höhere Potenzen weggelassen sind:

$$\left.\begin{aligned} S\,\zeta &= \frac{p\,a^4}{64}\left\{(6-2\,\nu+\nu^2)\left[1-\left(\frac{r}{a}\right)^2\right]+\left(\frac{r}{a}\right)^4-1\right\},\\ m_r &= \frac{p\,a^2}{64}\,(12+2\,\nu)\left[1-\left(\frac{r}{a}\right)^2\right],\\ n_r &= -\frac{3}{2\,d}\,\frac{p\,a^2}{64}\,\nu\left[12-4\,\nu-4\left(\frac{r}{a}\right)^2\right]. \end{aligned}\right\} \tag{85}$$

Da $n_r$ am Rande $r = a$ nicht verschwindet, ist eine gleichmäßige Zugkraft

$$n_r' = n_t' = \frac{3}{2\,d}\,\frac{p\,a^2}{64}\,\nu\,(8-4\,\nu) \tag{86}$$

zu überlagern. Die Biegezugkräfte werden dann unter Hinzurechnung von $n_u' = \frac{n'}{2}$:

$$\left.\begin{aligned} n_{r\,u} + n_{r\,u}' &= \frac{3}{2\,d}\,\frac{3}{16}\,p\,a^2\left[1-\left(\frac{r}{a}\right)^2\right],\\ n_{t\,u} &= \frac{3}{2\,d}\,\frac{p\,a^2}{16}\left[3-\left(\frac{r}{a}\right)^2\right], \end{aligned}\right\} \tag{87}$$

also ebenso groß wie bei einheitlichem Baustoff mit $\nu = 0$.

Die Randdruckspannung im Plattenmittelpunkt ist unter Hinzurechnung von $-\frac{n'}{d}$:

$$-\sigma_{m\,o} - \sigma_{m\,o}' \doteq \frac{6}{d}\,\frac{3}{16}\,p\,a^2\left(1+\frac{\nu}{2}\right). \tag{88}$$

Sie ergibt sich etwas größer als im einheitlichen Baustoff mit der Querdehnungszahl $\nu$ (dort steht $1 + \frac{\nu}{3}$ in der Klammer).

Zu ähnlichen Ergebnissen gelangt man, wenn man die starr eingespannte Kreisplatte mit Gleichlast unter der Annahme berechnet, daß im inneren Gebiet, wo beide Momente positiv sind, $\nu = \frac{1}{6}$ in der oberen und $\nu = 0$ in der unteren Plattenhälfte gilt, während im äußeren Gebiet, wo $m_r$ negativ und $m_t$ positiv ist, im ganzen Querschnitt $\nu = 0$ gilt.

Als weiteres Beispiel wurde eine Kreisringplatte, die am Innenrand starr eingespannt, am Außenrand ungestützt und durch Gleichlast belastet ist, behandelt. Hier sind die Biegemomente durchwegs negativ; daher wurde $\nu = \frac{1}{6}$ in der unteren und $\nu = 0$ in der oberen Plattenhälfte vorausgesetzt. Unter der weiteren Annahme, daß der Innenrand waagrecht unverschieblich ist, ergeben sich die Biegezugkräfte praktisch ebenso groß wie bei einheitlichem Baustoff mit $\nu = 0$.

## 7. Zusammenfassung

Die Momente in Stahlbetonplatten wurden bisher nach der Plattentheorie entweder mit $\nu = 0$ oder mit $\nu = \frac{1}{6}$ berechnet. Tatsächlich tritt aber bei einer Stahlbetonplatte nur in der Betondruckzone die Querdehnungswirkung auf, während das Bewehrungsnetz als Zugzone keiner solchen Wirkung unterliegt. Um dieser Eigenschaft der Stahlbetonplatte näherzukommen, wurden vorstehend Platten behandelt, deren obere Hälfte (die Schichte oberhalb der Plattenmittelebene) aus einem Baustoff mit dem Elastizitätsmodul $E$ und der Querdehnungszahl $\nu = \frac{1}{6}$ besteht, während für die untere Hälfte der gleiche Modul $E$, jedoch $\nu = 0$ gilt. In solchen Platten treten außer den Momenten Kräfte parallel zur Plattenmittelfläche (Scheibenkräfte) auf. Es wurde stets die Biegezugkraft, d. i. die Resultierende der Spannungen in der unteren Querschnittshälfte, ermittelt, weil sie für die Bemessung der Zugbewehrung in der Stahlbetonplatte maßgebend ist. Außerdem wurde die Druckspannung an der Plattenoberfläche ermittelt.

Bei allen untersuchten Stützungs- und Belastungsfällen von Rechteck-, Kreis- und Kreisringplatten ergaben sich die Biegezugkräfte annähernd ebenso groß wie in einer Platte aus einheitlichem Baustoff mit $\nu = 0$. Nur bei Rechteckplatten mit ungestützten Rändern ergaben sich die Biegezugkräfte zum Teil etwas größer als mit $\nu = 0$.

Die Druckspannungen an der Plattenoberfläche hingegen ergaben sich annähernd so groß wie in einer Platte aus einheitlichem Baustoff mit $\nu = \frac{1}{6}$, also im ungünstigsten Falle $\frac{7}{6}$mal so groß wie mit $\nu = 0$.

Es erscheint also berechtigt, die Momente in Stahlbetonplatten mit $\nu = 0$ zu berechnen und die *Zugbewehrung* danach zu bemessen; man sollte aber beachten, daß die *Betonbeanspruchung* dabei unterschätzt wird.

# III. Grundlagen für die Berechnung rechtwinkeliger Platten

## 1. Bezeichnung der Abmessungen, Verformungen und Schnittkräfte

Bei Rechteckplatten wird im allgemeinen die Länge der kürzeren Stützweite mit $a$, die der längeren Stützweite mit $b$ bezeichnet (Abb. 8).

Die Platte wird für die Berechnung so gedreht, daß die kürzeren Seiten oben und unten, die längeren rechts und links liegen und die Belastung in der Sehrichtung wirkt. Wenn Belastungen in zwei entgegengesetzten Richtungen vorkommen, muß *eine* Richtung willkürlich als positiv festgelegt werden. Es werden nur senkrecht zur Plattenebene wirkende Lasten behandelt. Der Koordinatenursprung wird *immer* in die linke untere Plattenecke gelegt; die Koordinate $x$ wird nach rechts, parallel zur Seite $a$, die Koordinate $y$ nach oben, parallel zur Seite $b$, gezählt. Alle Plattenpunkte besitzen demnach positive Koordinaten.

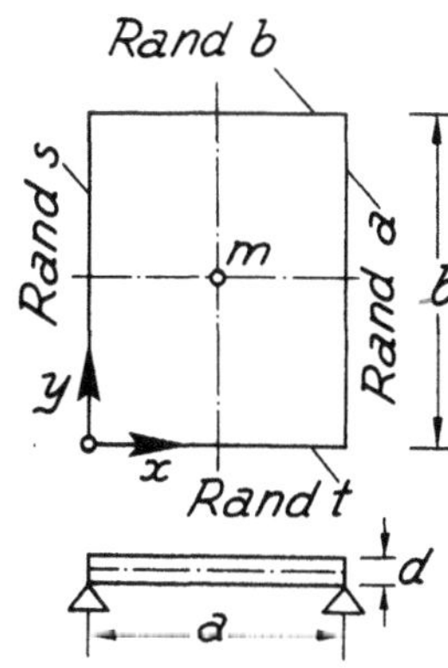


Abb. 8

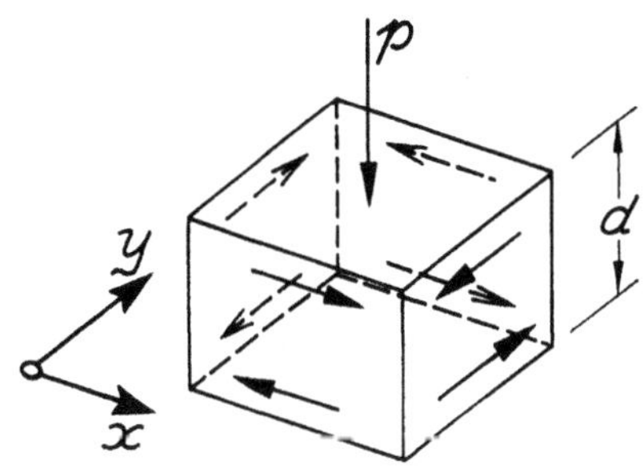


Abb. 9

Die Plattendicke $d$ wird über das gesamte Rechteck gleichbleibend vorausgesetzt und soll gemäß der grundlegenden Annahme der Plattentheorie im Vergleich zu den Stützweiten klein sein. Ebenso sollen die Durchbiegungen infolge der Belastung, das sind die Verschiebungen der in der Plattenmittelfläche liegenden Punkte senkrecht zur ursprünglichen Plattenmittelebene, im Vergleich zu den Stützweiten sehr klein sein. Die Durchbiegung wird mit $\zeta$ bezeichnet und in Richtung der positiven Belastung positiv gezählt. $\beta_x$ und $\beta_y$ sind die Neigungswinkel der Biegefläche gegenüber der ursprünglichen Lage in der $x$- bzw. $y$-Richtung, $m_x$ und $m_y$ die Biegemomente in diesen Richtungen, $m_{xy}$ ist das Drillmoment in einem Schnitt parallel zur $x$- oder $y$-Achse. Die Momente sind auf die Streifenbreite 1 bezogen; sie werden in tm/m ausgedrückt und haben demnach die Dimension einer Kraft. Die Biegemomente sind positiv, wenn sie auf der lastabgewandten Seite *Zug*spannungen hervorrufen; das Drillmoment ist positiv, wenn es in dem in Abb. 9 gezeichneten Sinne wirkt.

$q_x$ und $q_y$ sind die Querkräfte in einem Schnitt senkrecht zur $x$- bzw. $y$-Richtung; ihre positive Richtung geht aus Abb. 10 hervor.

Die Auflagerkräfte (Rand- oder Stützkräfte) an gestützten Rändern, $\bar{q}_x$ bzw. $\bar{q}_y$, setzen sich zusammen aus der Querkraft und der sogenannten Drillreaktion oder Ersatzscherkraft, die der Änderung des Drillmoments längs des Randes gleich ist und in derselben Richtung wie die Querkraft positiv zählt. An der Plattenecke treten zwei konzentrierte Auflagerkräfte $P_E$ auf (eine von jedem Rand her), die dem Drillmoment an der Ecke gleich sind. Die Abb. 11 veranschaulicht die Drillmomente an den Plattenrändern und ihren rechnungsmäßigen Ersatz durch die Drillreaktion und die Eckkräfte. Es sind lauter *positive*, mit wachsender Koordinate *zunehmende* Drillmomente und die Auflagerkräfte im *zugehörigen* Richtungssinn gezeichnet.

Die Querkräfte und Randkräfte sind wieder auf die Breite 1 bezogen und werden in t/m ausgedrückt, die Eckkräfte in t.

Die einzelnen Ränder werden wie folgt bezeichnet:

Der linke Rand ($x = 0$) mit $s$,
der rechte Rand ($x = a$) mit $a$,
der untere Rand ($y = 0$) mit $t$,
der obere Rand ($y = b$) mit $b$.

Alle Randgrößen bekommen den Buchstaben des betreffenden Randes als Index; z. B. ist die Neigung der Biegefläche am Rande $t$: $\beta_t = \beta_y$ für $y = 0$; ein etwaiges Einspannmoment am Rande $s$ heißt $m_s = m_x$ für $x = 0$, das Drillmoment am Rande $s$ ist $m_{xys} = m_{xy}$ für $x = 0$.

Wenn die Platte am Rande $s$ durch einen Träger unterstützt wird, ist die Belastung dieses Trägers durch $\bar{q}_s$, die (längs des Randes veränderliche) Auflagerkraft der Platte, gegeben. Für den Fall, daß der Träger an den Plattenecken frei drehbar gestützt ist, also die Stützweite $b$ besitzt, können aus $\bar{q}_s$ die Querkräfte $Q_S$ und Biegemomente $M_S$ im Träger, ferner seine Durchbiegung $\zeta_S$ und

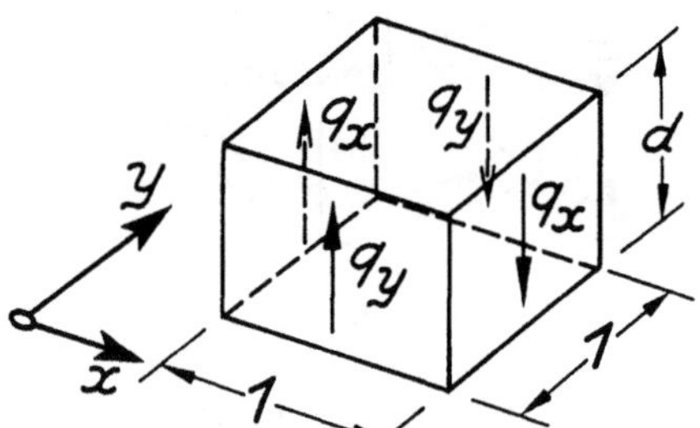


Abb. 10

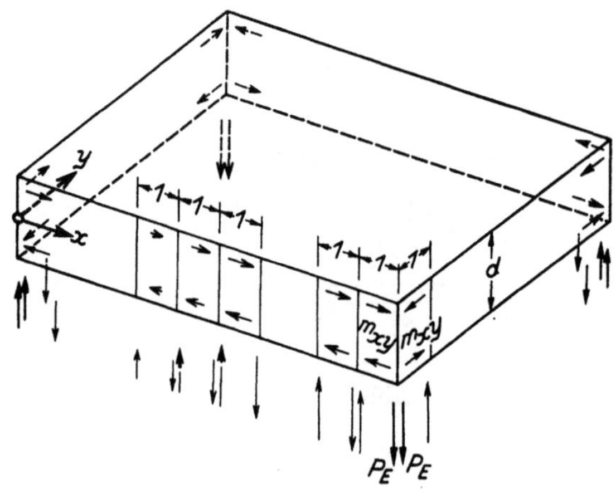


Abb. 11

die Neigung der Biegelinie $\beta_S$ ermittelt werden. Es wird angenommen, daß die Durchbiegung des Randträgers im Vergleich zu den Durchbiegungen der Platte klein ist, so daß sie keinen merklichen Einfluß auf die Beanspruchung der Platte hat.

Wenn der Randträger an den Plattenecken (starr oder elastisch) eingespannt ist, dient der frei drehbar gestützte Träger als Grundfall; zur Berechnung der Einspannmomente benötigt man dann die „Belastungswerte"

$$B_{St} = \frac{6\,EJ}{b}\,\beta_{S\,(y=0)} \quad \text{und} \quad B_{Sb} = -\frac{6\,EJ}{b}\,\beta_{S\,(y=b)}. \tag{89}$$

Für die Träger unter den anderen Rändern gelten die entsprechenden Bezeichnungen mit den Buchstaben $A$, $T$ bzw. $B$ als Index.

## 2. Bezeichnung der Lagerungs- und Belastungsfälle

Zur übersichtlichen Kennzeichnung der Lagerungsfälle werden Großbuchstaben verwendet, deren Bedeutung aus Tafel 3 hervorgeht. Für die vier Ränder einer Rechteckplatte in der Reihenfolge $s$, $a$, $t$, $b$ werden die entsprechenden Buchstaben aneinandergereiht, es bedeutet also z. B. *SFSF* eine Rechteckplatte, die an den Rändern $s$ und $t$ starr eingespannt und an den Rändern $a$ und $b$ frei drehbar gestützt ist.

Statt *SSFF* wird $S_2F_2$ geschrieben (starre Einspannung der Längsränder $s$ und $a$, frei drehbare Stützung der Querränder $t$ und $b$), statt *SFFF* wird $SF_3$, statt *FFFF* wird $F_4$ geschrieben usw. $(SF)_4$ bedeutet eine Rechteckplatte mit starr eingespannten und frei drehbar gestützten Rändern in beliebiger Kombination.

Tafel 3. Bezeichnung und zeichnerische Darstellung der Lagerungsarten

| Bezeichnung | Lagerungsart des Randes | Randbedingungen | Darstellung |
|---|---|---|---|
| $F$ | Frei drehbar gestützt | $\zeta = 0,\ \varDelta\zeta = 0$ |  |
| $S$ | Starr eingespannt | $\zeta = 0,\ \beta = 0$ |  |
| $U$ | Ungestützt | $m = 0,\ \bar{q} = 0$ in Richtung senkrecht zum Rand |  |
| $D$ | Frei drehbare Stützung bei durchlaufender Platte | $\zeta = 0$ $\beta_{\text{links}} = \beta_{\text{rechts}}$ |  |
| $E$ | Elastisch eingespannt | $\zeta = 0$ $\beta_{\text{Platte}} = \beta_{\text{Anschlußwerk}}$ | 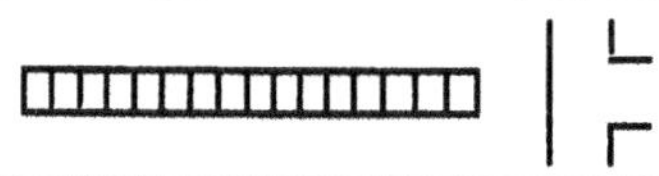 |
| $V$ | Verschieblich eingespannt | $\beta = 0,\ q = 0$ in Richtung senkrecht zum Rand |  |

Wenn beide Querränder $t$ und $b$ ins Unendliche hinausrücken, liegt ein „unendlicher Plattenstreifen" vor. Die Lagerungsart seiner beiden Ränder wird durch zwei Buchstaben gekennzeichnet; z. B. bedeutet $F_2$ einen unendlichen Plattenstreifen mit frei drehbar gestützten Rändern. Wenn nur der Querrand $b$ im Unendlichen liegt, spricht man vom „unendlichen Halbstreifen". Der Lagerungsfall wird mit drei Buchstaben gekennzeichnet. Beispielsweise ist $F_2U$ ein unendlicher Halbstreifen mit frei drehbar gestützten Längsrändern und ungestütztem Querrand $t$.

Die einfachen, immer wieder vorkommenden Belastungsfälle werden mit arabischen Ziffern wie folgt bezeichnet:

a) Feldbelastungen, von $y$ unabhängig, d. h. in der $y$-Richtung gleichbleibend.

Belastungsfall 1: Gleichlast; auf der gesamten Platte gleichmäßig verteilte Belastung.

Belastungsfall 2: Streifenlast; auf einem zur $y$-Richtung parallelen Streifen gleichmäßig verteilte Belastung.

Belastungsfall 20: Linienlast; auf einer zur $y$-Richtung parallelen Geraden angreifend.

Belastungsfall 3: Dreiecklast; vom Rand $s$ zum Rand $a$ geradlinig abnehmend.

Belastungsfall 23: Symmetrische Doppeldreiecklast; von den Rändern $s$ und $a$ zur Mittellinie $x = \frac{a}{2}$ geradlinig zunehmend.

Belastungsfall 4: Dreieck-Streifenlast; von einer Linie $x = u_l$ bis zu einer Linie $x = u_r$ geradlinig abnehmend.

b) Feldbelastungen, von $x$ unabhängig.

Belastungsfall 13: Dreiecklast; vom Rand $t$ zum Rand $b$ geradlinig abnehmend.

Belastungsfall 213: Symmetrische Doppeldreiecklast; von den Rändern $t$ und $b$ zur Mittellinie $y = \frac{b}{2}$ geradlinig *ab*nehmend.

Belastungsfall 123: Symmetrische Doppeldreiecklast; von den Rändern $t$ und $b$ zur Mittellinie $y = \frac{b}{2}$ geradlinig *zu*nehmend.

c) Feldbelastungen, von $x$ und $y$ abhängig.

Belastungsfall 10: Punktlast; in einem beliebigen Punkt der Platte konzentrierte Last.

Belastungsfall 11: Linienlast; auf einer zur $x$-Richtung parallelen Geraden angreifend, beliebig verteilt.

Belastungsfall 12: Rechtecklast; auf einem Rechteck, dessen Seiten parallel zu den Plattenrändern liegen, gleichmäßig verteilte Belastung.

Belastungsfall 12 m: Rechtecklast in Plattenmitte (Sonderfall).

Belastungsfall 212: Zwei zur Mittellinie $y = \frac{b}{2}$ symmetrisch liegende Rechtecklasten.

d) Randbelastungen.

Belastungsfall 0: Randmoment, an einem frei drehbar gestützten Rand angreifend; beim unendlichen Plattenstreifen gleichmäßig verteilt, sonst beliebig verteilt.

Belastungsfall 0 $s$: Randmoment am Rand $s$.

Belastungsfall 0 $t$: Randmoment am Rand $t$ usw.

Belastungsfall 0 $s$ $a$: Gleiche Randmomente, an den Rändern $s$ und $a$ gleichzeitig angreifend.

Belastungsfall 0 $t$ $b$: Gleiche Randmomente, an den Rändern $t$ und $b$ gleichzeitig angreifend.

Belastungsfall 00: Randmoment, an einem *ungestützten* Rand angreifend.

Belastungsfall 200: Gleiche Randmomente, an den ungestützten Rändern $t$ und $b$ gleichzeitig angreifend.

Belastungsfall 01: Randlast, beliebig verteilt, längs eines ungestützten Randes angreifend.

Belastungsfall 201: Gleiche Randlasten, längs der ungestützten Ränder $t$ und $b$ gleichzeitig angreifend.

Die den Lagerungsfall kennzeichnenden Buchstaben und die Ziffer des Belastungsfalles bilden zusammen die Bezeichnung des „Plattenfalles", die in der Formelsammlung (Abschnitt IV) und bei den Zahlentafeln (Abschnitt V) jeweils als Überschrift erscheint.

## 3. Grundformeln in rechtwinkeligen Koordinaten

Die nachstehenden Grundformeln der Plattentheorie gelten unter Voraussetzung eines idealelastischen Baustoffes mit dem Elastizitätsmodul $E$ und der Querdehnungszahl $\nu = 0$. Im Abschnitt II ist gezeigt, wieweit durch letztere Annahme das wahrscheinliche Verhalten einer Stahlbetonplatte erfaßt wird.

Plattensteifigkeit $S = E\,\frac{d^3}{12}$.

Platten-Grundgleichung $$S\,\Delta\Delta\zeta = p(x\;y). \tag{a}$$

Die Funktion $S\,\zeta$ setzt sich zusammen aus einem „partikulären Integral", das die Grundgleichung erfüllt, und zusätzlichen Funktionen, für welche die Bedingung $S\,\Delta\Delta\zeta_1 = 0$ gilt und die zur Erfüllung der jeweils vorgeschriebenen Randbedingungen erforderlich sind.

Als partikuläres Integral erscheint in der Regel die Biegelinie eines in der $x$-Richtung gespannten Trägers; die Zusatzfunktion hat — sofern die Längsränder $s$ und $a$ frei drehbar gestützt sind — die Form nach Gl. (1) (S. 1).

Bei anderer Stützungsart der Längsränder sind außerdem Zusatzfunktionen nach Gl. (2) erforderlich.

Durch Differentiation der Funktion $S\,\zeta$ erhält man alle weiteren Größen.

Neigungen der Biegefläche $$S\,\beta_x = S\,\frac{\partial\zeta}{\partial x}, \tag{b}$$

$$S\,\beta_y = S\,\frac{\partial\zeta}{\partial y}. \tag{c}$$

Biegemomente $$m_x = -\,S\,\frac{\partial^2\zeta}{\partial x^2}, \tag{d}$$

$$m_y = - S \frac{\partial^2 \zeta}{\partial y^2}. \tag{e}$$

Drillmoment
$$m_{xy} = - S \frac{\partial^2 \zeta}{\partial x \, \partial y}. \tag{f}$$

Momentensumme
$$m_x + m_y = - S \frac{\partial^2 \zeta}{\partial x^2} - S \frac{\partial^2 \zeta}{\partial y^2} = - S \Delta \zeta. \tag{g}$$

Querkraft, Drillreaktion, Auflagerkraft — $x$-Richtung

$$q_x = - S \frac{\partial}{\partial x} \Delta \zeta = - S \left( \frac{\partial^3 \zeta}{\partial x^3} + \frac{\partial^3 \zeta}{\partial x \, \partial y^2} \right), \tag{h}$$

$$\frac{\partial m_{xy}}{\partial y} = - S \frac{\partial^3 \zeta}{\partial x \, \partial y^2}, \tag{i}$$

$$\bar{q}_x = q_x + \frac{\partial m_{xy}}{\partial y} = - S \left( \frac{\partial^3 \zeta}{\partial x^3} + 2 \frac{\partial^3 \zeta}{\partial x \, \partial y^2} \right). \tag{k}$$

Querkraft, Drillreaktion, Auflagerkraft — $y$-Richtung

$$q_y = - S \frac{\partial}{\partial y} \Delta \zeta = - S \left( \frac{\partial^3 \zeta}{\partial x^2 \, \partial y} + \frac{\partial^3 \zeta}{\partial y^3} \right), \tag{l}$$

$$\frac{\partial m_{xy}}{\partial x} = - S \frac{\partial^3 \zeta}{\partial x^2 \, \partial y}, \tag{m}$$

$$\bar{q}_y = q_y + \frac{\partial m_{xy}}{\partial x} = - S \left( 2 \frac{\partial^3 \zeta}{\partial x^2 \, \partial y} + \frac{\partial^3 \zeta}{\partial y^3} \right). \tag{n}$$

Für einen Randträger unter einem Längsrand mit der Stützweite $b$, dem Querschnittsträgheitsmoment $J$ und der Belastung $\bar{q}$ mit entsprechendem Index ($s$ oder $a$) gilt bei frei drehbarer Stützung:

$$Q = - \int \bar{q} \, dy = Q_t - \int_0^y \bar{q} \, dv, \tag{S—l}$$

$$M = \int Q \, dy = Q_t y - \int_0^y \bar{q} \, (y - v) \, dv, \tag{S—e}$$

$$E J \beta = - \int M \, dy = E J \beta_t - \int_0^y M \, dv, \tag{S—c}$$

$$E J \zeta = \int E J \beta \, dy = E J \beta_t y - \int_0^y M \, (y - v) \, dv, \tag{S—a}$$

$$\left. \begin{aligned} B_t &= \frac{6 \, E J \beta_t}{b}, \\ B_b &= - \frac{6 \, E J \beta_b}{b}. \end{aligned} \right\} \tag{S—c'}$$

$Q_t$ und $\beta_t$ ergeben sich aus den Bedingungen für $y = b$: $M_b = 0$ und $\zeta_b = 0$.

Für einen Träger unter einem Querrand mit der Stützweite $a$ lassen sich die Integrationen leicht durchführen, wenn $\bar{q}$ als sin-Reihe dargestellt ist; mit

$$\bar{q}_t \text{ bzw. } \bar{q}_b = \sum_{1,2}^{\infty} {}^j \, \bar{q}_j \sin j \pi \frac{x}{a} \tag{t—n'}$$

ergibt sich:

$$E J \zeta = a^4 \sum_{1,2}^{\infty} {}^j \frac{\bar{q}}{j^4 \pi^4} \sin j \pi \frac{x}{a}, \tag{T—a}$$

$$E J \beta = a^3 \sum_{1,2}^{\infty} {}^j \frac{\bar{q}_j}{j^3 \pi^3} \cos j \pi \frac{x}{a}, \tag{T—b}$$

$$M = a^2 \sum_{1,2}^{\infty} {}^j \frac{\bar{q}_j}{j^2 \pi^2} \sin j \pi \frac{x}{a}, \tag{T—d}$$

$$Q = a \sum_{1,2}^{\infty}{}_j \frac{\bar{q}_j}{j\pi} \cos j\pi \frac{x}{a}, \tag{T—h}$$

$$\left.\begin{aligned} B_s &= \frac{6EJ\beta_s}{a} = a^2 \sum_{1,2}^{\infty}{}_j \frac{6\bar{q}_j}{j^3\pi^3}, \\ B_a &= -\frac{6EJ\beta_a}{a} = a^2 \sum_{1,2}^{\infty}{}_j \frac{6\bar{q}_j}{j^3\pi^3}(-\cos j\pi). \end{aligned}\right\} \tag{T—b'}$$

Im Sonderfall des unendlichen Plattenstreifens, ohne oder mit Randeinspannung, mit von $y$ unabhängiger Belastung, gelten die gleichen Formeln wie für einen Stab mit der Querschnittsbreite 1; sie lauten bei (in der $x$-Richtung) linear veränderlicher Belastung $p = p_n + p'(x - x_n)$:

$$S\zeta = S\zeta_n + S\beta_n(x - x_n) - m_n\frac{(x-x_n)^2}{2} - q_n\frac{(x-x_n)^3}{6} + p_n\frac{(x-x_n)^4}{24} + p_n'\frac{(x-x_n)^5}{120}, \tag{aa}$$

$$S\beta_x = S\beta_n - m_n(x - x_n) - q_n\frac{(x-x_n)^2}{2} + p_n\frac{(x-x_n)^3}{6} + p_n'\frac{(x-x_n)^4}{24}, \tag{bb}$$

$$m_x = m_n + q_n(x - x_n) - p_n\frac{(x-x_n)^2}{2} - p_n'\frac{(x-x_n)^3}{6}, \tag{dd}$$

$$q_x = q_n - p_n(x - x_n) - p'\frac{(x-x_n)^2}{2}. \tag{hh}$$

Der Index $n$ bezeichnet einen beliebigen Punkt, z. B. das Auflager $s$ mit $x = 0$, oder einen Punkt, in dem die Belastung unstetig ist, d. h. einen Sprung oder einen Knick aufweist. In letzterem Falle sind für jeden Bereich $x \lessgtr x_n$ die dort gültigen Werte $p$ und $p'$ einzusetzen.

Die Auswertung der obigen Gleichungen setzt voraus, daß die Kraft- und Verformungsgrößen für irgendeinen Punkt, z. B. für das Auflager $s$, bekannt sind. Zwei dieser Werte sind durch die Randbedingungen am Auflager $s$ gegeben (bei frei drehbarer Stützung: $m_s = 0$ und $\zeta_s = 0$; bei starrer Einspannung: $\beta_s = 0$ und $\zeta_s = 0$). Die beiden übrigen Werte erhält man durch Einsetzen der Formeln in die zwei Randbedingungen am Auflager $a$ ($x = a$) und Auflösung der beiden Gleichungen mit zwei Unbekannten.

Im Abschnitt IV.A. sind die Formeln für den frei drehbar gestützten unendlichen Plattenstreifen mit von $y$ unabhängiger Belastung (Fälle $F_2$ — 1, 2, 20, 3, 23, 4) sowohl in der bekannten algebraischen Darstellung als auch in Form von FOURIERschen Reihen angeschrieben.

Zur Darstellung einer beliebigen im Bereich $0 \leqq x \leqq a$ gültigen Funktion $f(x)$ als sin-Reihe mit der Periode $2a$:

$$f(x) = \sum_{1,2}^{\infty}{}_j C_j \sin j\pi\frac{x}{a} \tag{90}$$

erhält man die Reihenkoeffizienten $C_j$ nach der Formel

$$C_j = \frac{2}{a}\int_0^a f(x)\sin j\pi\frac{x}{a}\,dx. \tag{91}$$

Die Gegenüberstellung der algebraischen und Reihendarstellung bei den oben genannten Plattenfällen soll die Rückführung von Reihen in die algebraische Form, die in gewissen anderen Fällen möglich ist, erleichtern.

## 4. Einflußflächen

In der Statik der Stabwerke (Durchlaufträger, Rahmen, Bogen) verwendet man die sogenannten *Einflußlinien*, wenn die Belastung aus mehreren Einzel- oder Streckenlasten, insbesondere aus *wandernden* Lasten („Lastenzügen“) besteht.

Eine Einflußlinie gilt stets für eine bestimmte Kraft- oder Verformungsgröße in einem bestimmten Punkt des Tragwerks, den wir *Bezugspunkt* nennen. Man erhält eine Einflußlinie, indem man den Wert der gesuchten Größe, die im *Bezugspunkt* entsteht, wenn in irgendeinem Punkt des Tragwerks eine Einzellast $P = 1$ angreift, in *letzterem* Punkt als Ordinate aufträgt.

Bei der praktischen Ermittlung von Einflußlinien macht man oft von der Tatsache Gebrauch, daß die Einflußlinie identisch ist mit der Biegelinie des Tragwerks infolge einer Verschiebung $\pm 1$ im Bezugspunkt, in der Richtung der gesuchten Größe.

Beispielsweise erhält man die Einflußlinie eines Biegemoments, indem man im Bezugspunkt das Tragwerk durchschnitten denkt und die beiden Schnittränder um den Winkel $-1$ *gegeneinander* verdreht. Beim frei drehbar gestützten Träger, aber nur bei diesem, ist die Einflußlinie eines Biegemoments identisch mit der Momentenlinie infolge einer im Bezugspunkt angreifenden Last $P = 1$.

Bei einer *Platte* führt der vorstehend für den Stab beschriebene Vorgang zur *Einflußfläche*. Eine Einflußfläche kann ebenfalls als Biegefläche infolge einer bestimmten Verformung im Bezugspunkt aufgefaßt werden. Es handelt sich hier um eine gegenseitige Bewegung der Schnittränder eines *unendlich kurzen* Schnittes im Bezugspunkt; die Bewegung ist unendlich groß, ihr Integral über die Länge des Schnittes ist jedoch gleich $\pm 1$. Daraus folgt, daß eine Einflußfläche alle Randbedingungen erfüllen muß, die für die *Biege*fläche der Platte vorgeschrieben sind. Das gilt auch dann, wenn der Bezugspunkt an einem Rand liegt, mit Ausnahme des Bezugspunktes selbst. Im Bezugspunkt hat jede Einflußfläche eine sogenannte Singularität, d. h. sie weist entweder eine unendliche Spitze oder einen Sprung auf.

Bei der allseitig frei drehbar gestützten Rechteckplatte ist, ähnlich wie beim frei drehbar gestützten Träger, die Einflußfläche eines Biegemoments $m_x$ oder $m_y$ identisch mit der Momentenfläche infolge einer im Bezugspunkt angreifenden Last $P = 1$.

Beim unendlichen Plattenstreifen sowie beim unendlichen Halbstreifen, beide mit frei drehbar gestützten Längsrändern, lassen sich die als FOURIER-Reihen entwickelten Einflußflächen in einen *geschlossenen* Ausdruck verwandeln. Im Schrifttum[1] finden sich die folgenden Beziehungen:

$$\sum_{1,2}^{\infty} {}_j \frac{r^j}{j} \cos j\,t = -\frac{1}{2} \ln(1 - 2\,r \cos t + r^2), \tag{92}$$

$$\sum_{1,2}^{\infty} {}_j \frac{r^j}{j} \sin j\,t = \operatorname{arctg}\left(\frac{r \sin t}{1 - r \cos t}\right). \tag{93}$$

Mit ihrer Hilfe erhält man die bei den Einflußflächen benötigten Formeln:

$$\sum_{1,2}^{\infty} {}_j \sin j\pi\frac{x}{a} \sin j\pi\frac{u}{a} \frac{1}{j\pi} e^{-j\pi\frac{y-v}{a}} = -\frac{1}{4\pi} \ln \frac{\operatorname{Cof} \pi\frac{y-v}{a} - \cos\pi\frac{x-u}{a}}{\operatorname{Cof} \pi\frac{y-v}{a} - \cos\pi\frac{x+u}{a}}, \tag{94}$$

$$\sum_{1,2}^{\infty} {}_j \cos j\pi\frac{x}{a} \sin j\pi\frac{u}{a} \frac{1}{j\pi} e^{-j\pi\frac{v}{a}} = \frac{1}{2\pi}\left[-\operatorname{arctg}\left(\frac{\sin\pi\frac{x-u}{a}}{e^{\pi\frac{v}{a}} - \cos\pi\frac{x-u}{a}}\right) + \right.$$
$$\left. + \operatorname{arctg}\left(\frac{\sin\pi\frac{x+u}{a}}{e^{\pi\frac{v}{a}} - \cos\pi\frac{x+u}{a}}\right)\right]. \tag{95}$$

Die Identitäten gelten auch für alle *Ableitungen* nach $x$ oder $y$.

---

[1] Zum Beispiel TÖLKE, F.: Praktische Funktionenlehre, Bd. 1, 2. Aufl. Berlin-Göttingen-Heidelberg: Springer. 1950.

## 5. Fouriersche Integrale

Wenn für eine *Rechteck*platte mit den Seitenlängen $a$ und $b$ bei zur Mittellinie $y = \frac{b}{2}$ symmetrischer Belastung die Durchbiegungsfunktion bekannt ist in der Form

$$S\zeta = P \cdot \sum_{1,3}^{\infty} k \cos k\pi \left(\frac{1}{2} - \frac{y}{b}\right) \frac{b^2}{k^3 \pi^3} F\left[k\pi \frac{a}{b},\ k\pi \frac{u}{b},\ k\pi \frac{x}{b}\right], \tag{96}$$

so findet man die Durchbiegungsfunktion für den *unendlichen* Plattenstreifen ($b \to \infty$) mit der gleichen Belastung durch Übergang zum FOURIERschen Integral in folgender Weise:

Man setzt

$$K = k\frac{a}{b}. \tag{97}$$

Da $k$ alle ungeraden Zahlen durchläuft und $b$ unendlich groß ist, nimmt $K$ alle Werte von 0 bis $\infty$ an, stellt also eine stetig veränderliche Größe dar. Nachdem sich $k$ immer um 2 ändert, ist

$$dK = 2\frac{a}{b}. \tag{98}$$

Schreibt man noch $\bar{y}$ für $\frac{b}{2} - y$ und ersetzt das Summenzeichen durch das Integralzeichen, da die Funktion einer stetig Veränderlichen summiert wird, so entsteht durch Einsetzen von (97) und (98) in (96):

$$S\zeta = P \cdot \int_0^{\infty} dK \cos K\pi \frac{\bar{y}}{a} \frac{a^2}{2K^3\pi^3} F\left[K\pi,\ K\pi \frac{u}{a},\ K\pi \frac{x}{a}\right]. \tag{99}$$

Die Ableitungen nach $x$ und $\bar{y}$ ergeben sich entsprechend.

Die Funktion $F$ enthält Potenzen und Hyperbelfunktionen von $K\pi$. Im Bereich $K > 1{,}5$ vereinfacht sie sich durch Vernachlässigung kleiner Glieder meist zu Produkten aus Potenzen und Exponentialfunktionen von $K\pi$. Dieses Teilintegral läßt sich manchmal lösen, während ansonsten nur zahlenmäßige Auswertung, etwa mittels der SIMPSONschen Formel, möglich ist.

## 6. Einige Hinweise

In der Formelsammlung (Abschnitt IV) sind bei jedem Belastungsfall die Formeln für die Durchbiegung, Neigung usw. in gleicher Weise wie unter 3., Grundformeln, mit (a), (b), (c)... bezeichnet.

Die Formeln (b), (d), (f), (g), (j) und (m) sind meist weggelassen, da sie aus den übrigen Formeln leicht ableitbar sind. So erhält man

die Formel (b) für $S\beta_x$ durch Multiplikation des Ausdrucks unter dem Summenzeichen in der Formel (a) mit

$$\operatorname{cotg} j\pi \frac{x}{a} \cdot \frac{j\pi}{a},$$

die Formel (d) für $m_x$ durch Multiplikation des Ausdrucks unter dem Summenzeichen in der Formel (a) mit

$$\frac{j^2\pi^2}{a^2},$$

die Formel (f) für $m_{xy}$ durch Multiplikation des Ausdrucks unter dem Summenzeichen in der Formel (c) mit

$$-\operatorname{cotg} j\pi \frac{x}{a} \cdot \frac{j\pi}{a},$$

die Formel (g) für $m_x + m_y$ durch Addieren der Formeln (d) und (e),

die Formel (j) für $\frac{\partial m_{xy}}{\partial y}$ durch Multiplikation des Ausdrucks unter dem Summenzeichen in der Formel (e) mit

$$\operatorname{cotg} j\pi \frac{x}{a} \cdot \frac{j\pi}{a}$$

und die Formel (m) für $\frac{\partial m_{xy}}{\partial x}$ durch Multiplikation des Ausdrucks unter dem Summenzeichen in der Formel (c) mit

$$\frac{j^2 \pi^2}{a^2}.$$

Die Formeln sind so angeschrieben, daß die Differentiationen nach $y$ gut ersichtlich sind. Für die zahlenmäßige Auswertung ist es zweckmäßig, $\mathfrak{Sin}\, j \pi \frac{y}{a}$ bzw. $\mathfrak{Cof}\, j \pi \frac{y}{a}$ aus dem Klammerausdruck herauszuheben, so daß z. B. ein Klammerausdruck

$$\left[2 + j\pi \frac{b}{a} \mathfrak{Cotg}\, j\pi \frac{b}{a} - j\pi \frac{v}{a} \mathfrak{Cotg}\, j\pi \frac{v}{a} - j\pi \frac{y}{a} \mathfrak{Cotg}\, j\pi \frac{y}{a}\right]$$

entsteht.

Die meisten Formeln, z. B. auch die verwickelten Ausdrücke bei Rechtecklast, wurden so umgeformt, daß durch entsprechendes Herausheben ähnliche Klammerausdrücke wie der obige entstehen.

Die Tafel A.1 enthält außer den Funktionen $e^{-\pi z}$, $\mathfrak{Sin}\, \pi z$, $\mathfrak{Cof}\, \pi z$, $\mathfrak{Tg}\, \pi z$, $\mathfrak{Cotg}\, \pi z$ auch die Produkte $\pi z\, \mathfrak{Tg}\, \pi z$ und $\pi z\, \mathfrak{Cotg}\, \pi z$ für Vielfache von 0,005, so daß die Klammerausdrücke durch einfache Addition von Tafelwerten berechnet werden können. Die bei Rechtecklast vorkommenden Funktionen $\frac{\sin \pi z}{\pi z}$ und $\frac{\mathfrak{Sin}\, \pi z}{\pi z}$ sind in dieser Tafel ebenfalls enthalten.

In Tafel A.2 finden sich die Zahlen $\mathfrak{Sin}\, \pi \frac{a}{b}$ usw. sowie $\mathfrak{Sin}\, \pi \frac{a}{2b}$ für verschiedene Seitenverhältnisse von Rechteckplatten, um das Interpolieren in Tafel A.1 zu ersparen. Dem gleichen Zweck dienen die Zahlen $\mathfrak{Sin}\, \pi \frac{x}{b}$ usw. in den Tafeln E.11.

In allen Tafeln des Abschnitts V, die einen Momentenverlauf oder eine Einflußfläche wiedergeben, sind die Zahlen so angeordnet wie die zugehörigen Punkte im Grundriß der Platte.

# IV. Formeln und Rechenverfahren

## A. Der unendliche Plattenstreifen

### A. 1. Der unendliche Plattenstreifen, beiderseits frei drehbar gestützt

**$F_2$—1** Gleichlast $p$

*Geschlossene* und *Reihendarstellung:*

(Reihendarstellung für $p_x = \text{konst.}$: $p \sum_{1,3,5\ldots}^{\infty} {}_j \sin j\pi \frac{x}{a} \cdot \frac{4}{j\pi}$):

$$S\zeta = \frac{p a^4}{24}\left[\frac{x}{a} - 2\left(\frac{x}{a}\right)^3 + \left(\frac{x}{a}\right)^4\right] = p a^4 \sum_{1,3,5\ldots}^{\infty} {}_j \sin j\pi \frac{x}{a} \cdot \frac{4}{j^5 \pi^5}, \quad \text{(a)}$$

$$S\beta_x = S\frac{p a^3}{24}\left[1 - 6\left(\frac{x}{a}\right)^2 + 4\left(\frac{x}{a}\right)^3\right] = p a^3 \sum_{1,3,5\ldots}^{\infty} {}_j \cos j\pi \frac{x}{a} \cdot \frac{4}{j^4 \pi^4}, \quad \text{(b)}$$

$$S\beta_y = 0, \quad \text{(c)}$$

$$m_x = \frac{p a^2}{2}\left[\frac{x}{a} - \left(\frac{x}{a}\right)^2\right] = p a^2 \sum_{1,3,5\ldots}^{\infty} {}_j \sin j\pi \frac{x}{a} \cdot \frac{4}{j^3 \pi^3}, \quad \text{(d)}$$

$$m_y = 0, \quad \text{(e)}$$

$$m_{xy} = 0, \quad \text{(f)}$$

$$m_x + m_y = m_x, \quad \text{(g)}$$

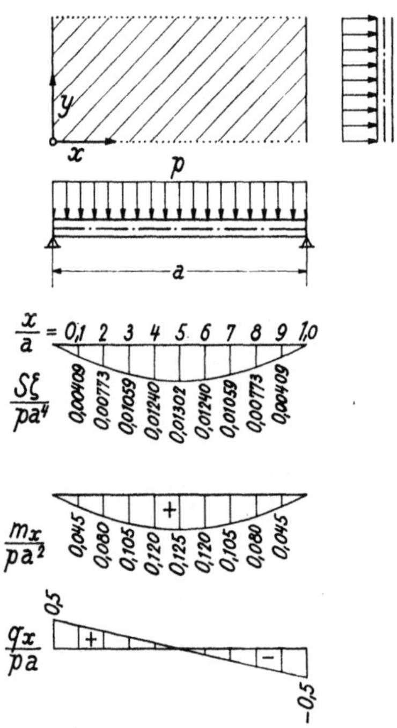


Abb. 12. Biegelinie, Momente und Querkräfte

$$q_x = p a\left[\frac{1}{2} - \frac{x}{a}\right] = p a \sum_{1,3,5\ldots}^{\infty} {}_j \cos j\pi \frac{x}{a} \cdot \frac{4}{j^2 \pi^2}, \quad \text{(h)}$$

$$\frac{\partial m_{xy}}{\partial y} = 0, \quad \text{(i)}$$

$$\bar{q}_x = q_x, \quad \text{(k)}$$

$$q_y = 0, \quad \text{(l)}$$

$$\frac{\partial m_{xy}}{\partial y} = 0, \quad \text{(m)}$$

$$\bar{q}_y = 0. \quad \text{(n)}$$

Rand $s$ $(x = 0)$ und Rand $a$ $(x = a)$:

$$S\beta_s = -S\beta_a = \frac{p a^3}{24} = p a^3 \sum_{1,3,5\ldots}^{\infty} {}_j \frac{4}{j^4 \pi^4}, \quad \text{(s − b)}$$

$$q_s = -q_a = \frac{p a}{2} = p a \sum_{1,3,5\ldots}^{\infty} {}_j \frac{4}{j^2 \pi^2}, \quad \text{(s − h)}$$

Mittellinie $x = \frac{a}{2}$:

$$S\zeta_m = \frac{5}{384} \cdot p a^4 = p a^4 \sum_{1,3,5\ldots}^{\infty} {}_j \sin \frac{j\pi}{2} \cdot \frac{4}{j^5 \pi^5}, \quad \text{(m − a)}$$

$$m_x = \frac{p a^2}{8} = p a^2 \sum_{1,3,5\ldots}^{\infty} {}_j \sin \frac{j\pi}{2} \cdot \frac{4}{j^3 \pi^3}. \quad \text{(m − d)}$$

## $F_2$—2 Gleichmäßig verteilte Last $p$ (in t/m²) auf einem Streifen von der Breite $2c$

*Reihendarstellung:*

$$p_x = \quad p \sum_{1,2\ldots}^{\infty} j \sin j\pi \frac{x}{a} \frac{4}{j\pi} \sin j\pi \frac{u}{a} \sin j\pi \frac{c}{a}:$$

$$S\zeta = p\,a^4 \sum_{1,2\ldots}^{\infty} j \sin j\pi \frac{x}{a} \frac{4}{j^5\pi^5} \sin j\pi \frac{u}{a} \sin j\pi \frac{c}{a}, \qquad \text{(a)}$$

$$S\beta_x = p\,a^3 \sum_{1,2\ldots}^{\infty} j \cos j\pi \frac{x}{a} \frac{4}{j^4\pi^4} \sin j\pi \frac{u}{a} \sin j\pi \frac{c}{a}, \qquad \text{(b)}$$

$$m_x = p\,a^2 \sum_{1,2\ldots}^{\infty} j \sin j\pi \frac{x}{a} \frac{4}{j^3\pi^3} \sin j\pi \frac{u}{a} \sin j\pi \frac{c}{a}, \qquad \text{(d)}$$

$$q_x = \quad p\,a \sum_{1,2\ldots}^{\infty} j \cos j\pi \frac{x}{a} \frac{4}{j^2\pi^2} \sin j\pi \frac{u}{a} \sin j\pi \frac{c}{a}. \qquad \text{(h)}$$

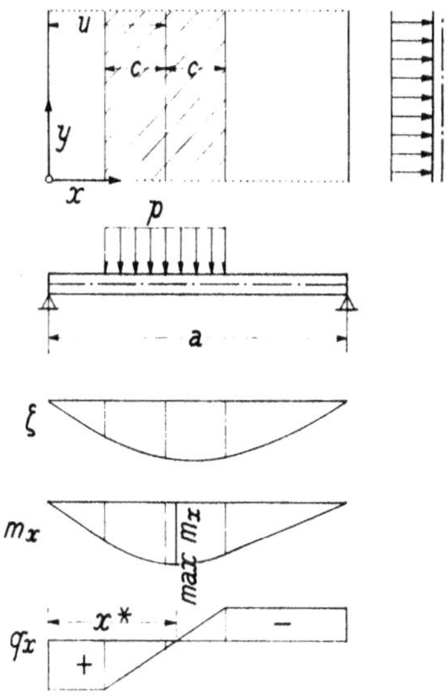


Abb. 13

*Geschlossene Darstellung:*

Bereich $\alpha$) $0 \leqq x \leqq u - c$:

$$S\zeta = p\,a^3 \frac{c}{3}\left(1 - \frac{u}{a}\right)\left\{\left[\frac{u}{a}\left(2 - \frac{u}{a}\right) - \left(\frac{c}{a}\right)^2\right]\frac{x}{a} - \left(\frac{x}{a}\right)^3\right\}, \qquad (\alpha\text{—a})$$

$$S\beta_x = p\,a^2 c\left(1 - \frac{u}{a}\right)\left\{\frac{1}{3}\left[\frac{u}{a}\left(2 - \frac{u}{a}\right) - \left(\frac{c}{a}\right)^2\right] - \left(\frac{x}{a}\right)^2\right\}, \qquad (\alpha\text{—b})$$

$$m_x = p\,2c\left(1 - \frac{u}{a}\right)x, \qquad (\alpha\text{—d})$$

$$q_x = p\,2c\left(1 - \frac{u}{a}\right). \qquad (\alpha\text{—h})$$

Bereich $\beta$) $u - c \leqq x \leqq u + c$:

$$S\zeta = p\,a^4\left[\frac{c}{3a}\left(1 - \frac{u}{a}\right)\left\{\left[\frac{u}{a}\left(2 - \frac{u}{a}\right) - \left(\frac{c}{a}\right)^2\right]\frac{x}{a} - \left(\frac{x}{a}\right)^3\right\} + \frac{(x-u+c)^4}{24\,a^4}\right], \qquad (\beta\text{—a})$$

$$S\beta_x = p\,a^3\left[\frac{c}{a}\left(1 - \frac{u}{a}\right)\left\{\frac{1}{3}\left[\frac{u}{a}\left(2 - \frac{u}{a}\right) - \left(\frac{c}{a}\right)^2\right] - \left(\frac{x}{a}\right)^2\right\} + \frac{(x-u+c)^3}{6\,a^3}\right], \qquad (\beta\text{—b})$$

$$m_x = p\left[2c\left(1 - \frac{u}{a}\right)x - \frac{(x-u+c)^2}{2}\right], \qquad (\beta\text{—d})$$

$$q_x = p\left[2c\left(1 - \frac{u}{a}\right) - (x - u + c)\right]. \qquad (\beta\text{—h})$$

Bereich $\gamma$) $u + c \leqq x \leqq a$:

$$S\zeta = p\,a^3 \frac{c}{3}\frac{u}{a}\left\{\left[1 - \left(\frac{u}{a}\right)^2 - \left(\frac{c}{a}\right)^2\right]\left(1 - \frac{x}{a}\right) - \left(1 - \frac{x}{a}\right)^3\right\}, \qquad (\gamma\text{—a})$$

$$S\beta_x = -\,p\,a^2 c\frac{u}{a}\left\{\frac{1}{3}\left[1 - \left(\frac{u}{a}\right)^2 - \left(\frac{c}{a}\right)^2\right] - \left(1 - \frac{x}{a}\right)^2\right\}, \qquad (\gamma\text{—b})$$

$$m_x = p\,2cu\left(1 - \frac{x}{a}\right), \qquad (\gamma\text{—d})$$

$$q_x = -\,p\,2c\frac{u}{a}. \qquad (\gamma\text{—h})$$

Randverdrehungen:

$$S\beta_s = p\,a^2 \frac{c}{3}\left(1 - \frac{u}{a}\right)\left[\frac{u}{a}\left(2 - \frac{u}{a}\right) - \left(\frac{c}{a}\right)^2\right], \qquad (\alpha - \text{s} - \text{b})$$

$$-\,S\beta_a = p\,a^2 \frac{c}{3}\frac{u}{a}\left[1 - \left(\frac{u}{a}\right)^2 - \left(\frac{c}{a}\right)^2\right]. \qquad (\gamma - \text{a} - \text{b})$$

**F₂—2**

Größtmoment:

$$x^* = u + c - 2c\frac{u}{a}:$$

$$\max m_x = p\,2\,c\,u\left(1 - \frac{u}{a}\right)\left(1 - \frac{c}{a}\right). \qquad (\beta - * - \mathrm{d})$$

**F₂—2m**

Sonderfall: $u = \frac{a}{2}$

*Reihendarstellung:*

$$p_x = p\sum_{1,3}^{\infty} \sin j\pi\frac{x}{a}\,\frac{4}{j\pi}\sin\frac{j\pi}{2}\sin j\pi\frac{c}{a},$$

$$S\zeta = p\,a^4\sum_{1,3}^{\infty} \sin j\pi\frac{x}{a}\,\frac{4}{j^5\pi^5}\sin\frac{j\pi}{2}\sin j\pi\frac{c}{a}, \qquad (\mathrm{a})$$

$$S\beta_x = p\,a^3\sum_{1,3}^{\infty} \cos j\pi\frac{x}{a}\,\frac{4}{j^4\pi^4}\sin\frac{j\pi}{2}\sin j\pi\frac{c}{a}, \qquad (\mathrm{b})$$

$$m_x = p\,a^2\sum_{1,3}^{\infty} \sin j\pi\frac{x}{a}\,\frac{4}{j^3\pi^3}\sin\frac{j\pi}{2}\sin j\pi\frac{c}{a}, \qquad (\mathrm{d})$$

$$q_x = p\,a\sum_{1,3}^{\infty} \cos j\pi\frac{x}{a}\,\frac{4}{j^2\pi^2}\sin\frac{j\pi}{2}\sin j\pi\frac{c}{a}. \qquad (\mathrm{h})$$

*Geschlossene Darstellung:*

Bereich $\alpha$) $0 \leqq x \leqq \frac{a}{2} - c$:

$$S\zeta = p\,a^3\frac{c}{6}\left\{\left[\frac{3}{4} - \left(\frac{c}{a}\right)^2\right]\frac{x}{a} - \left(\frac{x}{a}\right)^3\right\}, \qquad (\alpha - \mathrm{a})$$

$$S\beta_x = p\,a^2\frac{c}{2}\left\{\frac{1}{4} - \frac{1}{3}\left(\frac{c}{a}\right)^2 - \left(\frac{x}{a}\right)^2\right\}, \qquad (\alpha - \mathrm{b})$$

$$m_x = p\,c\,x, \qquad (\alpha - \mathrm{d})$$

$$q_x = p\,c. \qquad (\alpha - \mathrm{h})$$

Bereich $\beta$) $\frac{a}{2} - c \leqq x \leqq \frac{a}{2} + c$:

$$S\zeta = p\,a^4\left[\frac{c}{6a}\left\{\left[\frac{3}{4} - \left(\frac{c}{a}\right)^2\right]\frac{x}{a} - \left(\frac{x}{a}\right)^3\right\} + \frac{\left(x - \frac{a}{2} + c\right)^4}{24\,a^4}\right], \qquad (\beta - \mathrm{a})$$

$$S\beta_x = p\,a^3\left[\frac{c}{2a}\left\{\frac{1}{4} - \frac{1}{3}\left(\frac{c}{a}\right)^2 - \left(\frac{x}{a}\right)^2\right\} + \frac{\left(x - \frac{a}{2} + c\right)^3}{6\,a^3}\right], \qquad (\beta - \mathrm{b})$$

$$m_x = p\left[c\,x - \frac{1}{2}\left(x - \frac{a}{2} + c\right)^2\right], \qquad (\beta - \mathrm{d})$$

$$q_x = p\left(\frac{a}{2} - x\right). \qquad (\beta - \mathrm{h})$$

Bereich $\gamma$) $\frac{a}{2} + c \leqq x \leqq a$:

$$S\zeta = p\,a^3\frac{c}{6}\left\{\left[\frac{3}{4} - \left(\frac{c}{a}\right)^2\right]\left(1 - \frac{x}{a}\right) - \left(1 - \frac{x}{a}\right)^3\right\}, \qquad (\gamma - \mathrm{a})$$

$$S\beta_x = -p\,a^2\frac{c}{2}\left\{\frac{1}{4} - \frac{1}{3}\left(\frac{c}{a}\right)^2 - \left(1 - \frac{x}{a}\right)^2\right\}, \qquad (\gamma - \mathrm{b})$$

$$m_x = p\,c\,(a - x), \qquad (\gamma - \mathrm{d})$$

$$q_x = -p\,c. \qquad (\gamma - \mathrm{h})$$

Randverdrehungen.

$$S\beta_s = -S\beta_a = p\,a^2\frac{c}{6}\left[\frac{3}{4}-\left(\frac{c}{a}\right)^2\right]. \qquad (s-b)$$

Mittellinie $\left(x=\frac{a}{2}\right)$:

$$S\zeta_m = p\,a^3\frac{c}{24}\left[1-2\left(\frac{c}{a}\right)^2+\left(\frac{c}{a}\right)^3\right], \qquad (m-a)$$

$$m_{xm} = p\,\frac{a\,c}{2}\left(1-\frac{c}{a}\right). \qquad (m-d)$$

**$F_2$—20** Gleichmäßig verteilte Last $P_1$ (in t/m) auf einer Linie $x = u$

*Reihendarstellung:*

Im Fall **$F_2$—2** ist $P_1 = p\,2\,c$ einzuführen und $c = 0$ zu setzen.

$$S\zeta = P_1 a^3 \sum_{1,2}^{\infty} {}_j \sin j\pi\frac{x}{a}\,\frac{2}{j^4\pi^4}\sin j\pi\frac{u}{a}, \qquad (a)$$

$$S\beta_x = P_1 a^2 \sum_{1,2}^{\infty} {}_j \cos j\pi\frac{x}{a}\,\frac{2}{j^3\pi^3}\sin j\pi\frac{u}{a}, \qquad (b)$$

$$m_x = P_1 a \sum_{1,2}^{\infty} {}_j \sin j\pi\frac{x}{a}\,\frac{2}{j^2\pi^2}\sin j\pi\frac{u}{a}, \qquad (d)$$

$$q_x = P_1 \sum_{1,2}^{\infty} {}_j \cos j\pi\frac{x}{a}\,\frac{2}{j\pi}\sin j\pi\frac{u}{a}. \qquad (h)$$

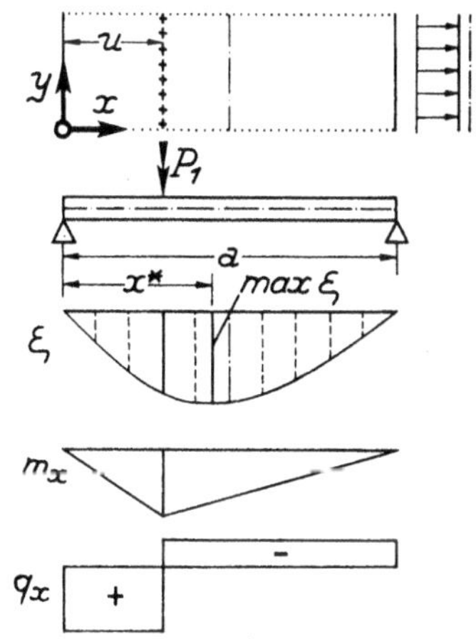


Abb. 14

*Geschlossene Darstellung:*

Bereich $\alpha$) $0 \leqq x \leqq u$:

$$S\zeta = P_1 a^3\frac{1}{6}\left(1-\frac{u}{a}\right)\left[\frac{u}{a}\left(2-\frac{u}{a}\right)\frac{x}{a}-\left(\frac{x}{a}\right)^3\right], \qquad (\alpha-a)$$

$$S\beta_x = P_1 a^2\frac{1}{2}\left(1-\frac{u}{a}\right)\left[\frac{u}{3a}\left(2-\frac{u}{a}\right)-\left(\frac{x}{a}\right)^2\right], \qquad (\alpha-b)$$

$$m_x = P_1\left(1-\frac{u}{a}\right)x, \qquad (\alpha-d)$$

$$q_x = P_1\left(1-\frac{u}{a}\right). \qquad (\alpha-h)$$

Bereich $\beta$) $u \leqq x \leqq a$:

$$S\zeta = P_1 a^3\frac{u}{6a}\left\{\left[1-\left(\frac{u}{a}\right)^2\right]\left(1-\frac{x}{a}\right)-\left(1-\frac{x}{a}\right)^3\right\}, \qquad (\beta-a)$$

$$S\beta_x = -P_1 a^2\frac{u}{2a}\left\{\frac{1}{3}\left[1-\left(\frac{u}{a}\right)^2\right]-\left(1-\frac{x}{a}\right)^2\right\}, \qquad (\beta-b)$$

$$m_x = P_1 u\left(1-\frac{x}{a}\right), \qquad (\beta-d)$$

$$q_x = -P_1\frac{u}{a}. \qquad (\beta-h)$$

Randverdrehungen:

$$S\beta_s = P_1 a^2\frac{1}{6}\frac{u}{a}\left(1-\frac{u}{a}\right)\left(2-\frac{u}{a}\right), \qquad (s-b)$$

$$-S\beta_a = P_1 a^2\frac{1}{6}\frac{u}{a}\left[1-\left(\frac{u}{a}\right)^2\right]. \qquad (a-b)$$

**F₂ — 20**

Linie $x = u$:

$$S\,\zeta_u = P_1\,a^3\,\frac{1}{3}\left(\frac{u}{a}\right)^2\left(1-\frac{u}{a}\right)^2, \qquad \text{(u — a)}$$

$$m_{x\,u} = \max m_x = P_1\,u\left(1-\frac{u}{a}\right). \qquad \text{(u — d)}$$

Größte Durchbiegung:

Wenn $\frac{u}{a} < \frac{1}{2}$, ist $1 - \frac{x^*}{a} = \sqrt{\frac{1}{3}\left[1-\left(\frac{u}{a}\right)^2\right]}$

$$\text{und } \max S\,\zeta = P_1\,a^3\,\frac{u}{3\,a}\left\{\frac{1}{3}\left[1-\left(\frac{u}{a}\right)^2\right]\right\}^{\frac{3}{2}}. \qquad \text{(* — a)}$$

Wenn $\frac{u}{a} > \frac{1}{2}$, ist $\frac{x^*}{a} = \sqrt{\frac{1}{3}\,\frac{u}{a}\left(2-\frac{u}{a}\right)}$

$$\text{und } \max S\,\zeta = P_1\,a^3\,\frac{1}{3}\left(1-\frac{u}{a}\right)\left[\frac{1}{3}\,\frac{u}{a}\left(2-\frac{u}{a}\right)\right]^{\frac{3}{2}}. \qquad \text{(* — a)}$$

**F₂ — 20 m**

Sonderfall: $u = \frac{a}{2}$

Bereich $\alpha$) $0 \leqq x \leqq \frac{a}{2}$:

$$S\,\zeta = P_1\,a^3\,\frac{1}{12}\left[\frac{3}{4}\,\frac{x}{a} - \left(\frac{x}{a}\right)^3\right], \qquad (\alpha - \text{a})$$

$$S\,\beta_x = P_1\,a^2\,\frac{1}{4}\left[\frac{1}{4} - \left(\frac{x}{a}\right)^2\right], \qquad (\alpha - \text{b})$$

$$m_x = \frac{P_1}{2}\,x, \qquad (\alpha - \text{d})$$

$$q_x = \frac{P_1}{2}. \qquad (\alpha - \text{h})$$

Bereich $\beta$) $\frac{a}{2} \leqq x \leqq a$:

$$S\,\zeta = P_1\,a^3\,\frac{1}{12}\left[\frac{3}{4}\left(1-\frac{x}{a}\right) - \left(1-\frac{x}{a}\right)^3\right], \qquad (\beta - \text{a})$$

$$S\,\beta_x = P_1\,a^2\,\frac{1}{4}\left[-\frac{1}{4} + \left(1-\frac{x}{a}\right)^2\right], \qquad (\beta - \text{b})$$

$$m_x = \frac{P_1}{2}\,(a - x), \qquad (\beta - \text{d})$$

$$q_x = -\frac{P_1}{2}. \qquad (\beta - \text{h})$$

Randverdrehungen:

$$S\,\beta_s = -S\,\beta_a = \frac{P_1\,a^2}{16}. \qquad \text{(s — b)}$$

Mittellinie $\left(x = \frac{a}{2}\right)$:

$$S\,\zeta_m = \frac{P_1\,a^3}{48}, \qquad \text{(m — a)}$$

$$m_{x\,m} = \frac{P_1\,a}{4}. \qquad \text{(m — d)}$$

**F₂ — 3**

Dreiecklast: $p_x = p_s\left(1 - \frac{x}{a}\right)$

*Geschlossene* und *Reihendarstellung:*

Reihendarstellung für $p$: $\quad p_x = p_s \sum_{1,2\ldots}^{\infty}{}^{j}\,\frac{2}{j\,\pi}\sin j\,\pi\,\frac{x}{a}$:

$$S\,\zeta = \frac{p_s a^4}{360}\left[8\,\frac{x}{a} - 20\left(\frac{x}{a}\right)^3 + 15\left(\frac{x}{a}\right)^4 - 3\left(\frac{x}{a}\right)^5\right] = p_s a^4 \sum_{1,2\ldots}^{\infty}{}^{j}\,\sin j\,\pi\,\frac{x}{a}\cdot\frac{2}{j^5\,\pi^5}, \qquad \text{(a)}$$

$$S\beta_x = \frac{p_s a^3}{360}\left[8 - 60\left(\frac{x}{a}\right)^2 + 60\left(\frac{x}{a}\right)^3 - 15\left(\frac{x}{a}\right)^4\right] = p_s a^3 \sum_{1,2\ldots}^{\infty} {}_j \cos j\pi\frac{x}{a}\cdot\frac{2}{j^4\pi^4}, \qquad \text{(b)}$$

$$m_x = \frac{p_s a^2}{6}\left[2\frac{x}{a} - 3\left(\frac{x}{a}\right)^2 + \left(\frac{x}{a}\right)^3\right] = p_s a^2 \sum_{1,2\ldots}^{\infty} {}_j \sin j\pi\frac{x}{a}\cdot\frac{2}{j^3\pi^3}, \qquad \text{(d)}$$

$$q_x = \frac{p_s a}{6}\left[2 - 6\frac{x}{a} + 3\left(\frac{x}{a}\right)^2\right] = p_s a \sum_{1,2\ldots}^{\infty} {}_j \cos j\pi\frac{x}{a}\cdot\frac{2}{j^2\pi^2}. \qquad \text{(h)}$$

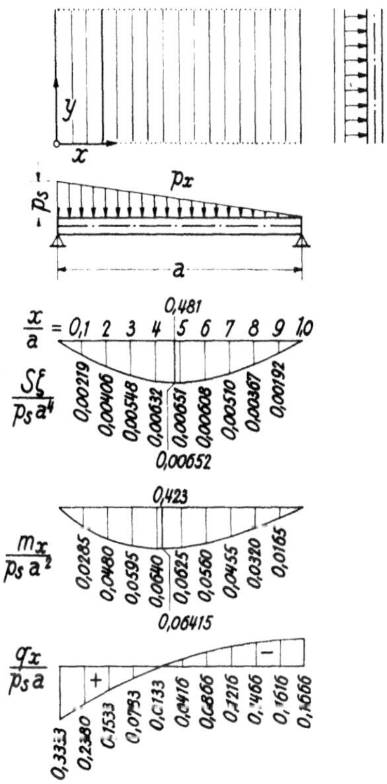


Abb. 15. Biegelinie, Momente und Querkräfte

Rand $s$ $(x = 0)$:

$$S\beta_s = \frac{p_s a^3}{45} = p_s a^3 \sum_{1,2\ldots}^{\infty} {}_j \frac{2}{j^4\pi^4}, \qquad \text{(s — b)}$$

$$q_s = \frac{p_s a}{3} = p_s a \sum_{1,2\ldots}^{\infty} {}_j \frac{2}{j^2\pi^2}. \qquad \text{(s — h)}$$

Rand $a$ $(x = a)$:

$$-S\beta_a = p_s a^3\cdot\frac{7}{360} = p_s a^3 \sum_{1,2\ldots}^{\infty} {}_j (-\cos j\pi)\cdot\frac{2}{j^4\pi^4}, \qquad \text{(a — b)}$$

$$-q_a = \frac{p_s a}{6} = p_s a \sum_{1,2\ldots}^{\infty} {}_j (-\cos j\pi)\cdot\frac{2}{j^2\pi^2}. \qquad \text{(a — h)}$$

Mittellinie $(x = \frac{a}{2})$:

$$S\zeta_m = \frac{5}{768}\cdot p_s a^4 = p_s a^4\cdot 0{,}00651 = p_s a^4 \sum_{1,3\ldots}^{\infty} {}_j \sin\frac{j\pi}{2}\cdot\frac{2}{j^5\pi^5}, \qquad \text{(m — a)}$$

$$m_{xm} = \frac{p_s a^2}{16} = p_s a^2 \sum_{1,3\ldots}^{\infty} {}_j \sin\frac{j\pi}{2}\cdot\frac{2}{j^3\pi^3}. \qquad \text{(m — d)}$$

**$F_2 — 3$** Größte Durchbiegung:

$$\frac{x^*}{a} = 1 - \sqrt{1 - \sqrt{\frac{8}{15}}} = 0{,}481 \; \ldots \; \max S\zeta = p_s a^4 \cdot 0{,}00652. \qquad (* - a)$$

Größtmoment:

$$\frac{x^+}{a} = 1 - \frac{1}{\sqrt{3}} = 0{,}423 \; \ldots \; \max m_x = p_s a^2 \cdot \frac{1}{9 \cdot \sqrt{3}} = p_s a^2 \cdot 0{,}06415. \qquad (+ - d)$$

**$F_2 — 23$** Symmetrische Dreiecklast: $p_x = p_m \dfrac{2x}{a}$ bzw. $p_x = p_m 2\left(1 - \dfrac{x}{a}\right)$

Reihendarstellung: $p_x = p_m \sum\limits_{1,3}^{\infty} {}_j \sin j\pi \dfrac{x}{a} \sin \dfrac{j\pi}{2} \dfrac{8}{j^2 \pi^2}$

Reihendarstellung für $0 \leqq x \leqq a$.

Geschlossene Darstellung für den Bereich $0 \leqq x \leqq \frac{a}{2}$; im Bereich $\frac{a}{2} \leqq x \leqq a$ ist $\frac{x}{a}$ durch $1 - \frac{x}{a}$ zu ersetzen. außerdem ist bei $S\beta_x$ und $q_x$ das Vorzeichen zu wechseln.

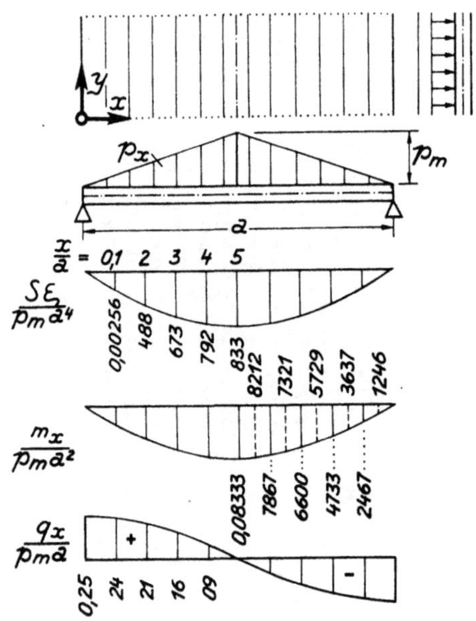


Abb. 16. Biegelinie, Momente und Querkräfte

$$S\zeta = \frac{p_m a^4}{960}\left[25\left(\frac{x}{a}\right) - 40\left(\frac{x}{a}\right)^3 + 16\left(\frac{x}{a}\right)^5\right] = p_m a^4 \sum_{1,3}^{\infty} {}_j \sin j\pi \frac{x}{a} \cdot \sin \frac{j\pi}{2} \frac{8}{j^6 \pi^6}, \qquad (a)$$

$$S\beta_x = \frac{p_m a^3}{192}\left[5 - 24\left(\frac{x}{a}\right)^2 + 16\left(\frac{x}{a}\right)^4\right] = p_m a^3 \sum_{1,3}^{\infty} {}_j \cos j\pi \frac{x}{a} \cdot \sin \frac{j\pi}{2} \frac{8}{j^5 \pi^5}, \qquad (b)$$

$$m_x = \frac{p_m a^2}{12}\left[3\frac{x}{a} - 4\left(\frac{x}{a}\right)^3\right] = p_m a^2 \sum_{1,3}^{\infty} {}_j \sin j\pi \frac{x}{a} \cdot \sin \frac{j\pi}{2} \frac{8}{j^4 \pi^4}, \qquad (d)$$

$$q_x = \frac{p_m a}{4}\left[1 - 4\left(\frac{x}{a}\right)^2\right] = p_m a \sum_{1,3}^{\infty} {}_j \cos j\pi \frac{x}{a} \cdot \sin \frac{j\pi}{2} \frac{8}{j^3 \pi^3}. \qquad (h)$$

Rand $s$ $(x = 0)$ und Rand $a$ $(x = a)$:

$$S\beta_s = -S\beta_a = \frac{5}{192} p_m a^3 = p_m a^3 \sum_{1,3}^{\infty} {}_j \sin \frac{j\pi}{2} \frac{8}{j^5 \pi^5}, \qquad (s - b)$$

$$q_s = -q_a = \frac{p_m a}{4} = p_m a \sum_{1,3}^{\infty} {}_j \sin \frac{j\pi}{2} \frac{8}{j^3 \pi^3}. \qquad (s - h)$$

Mittellinie $x = \frac{a}{2}$:

$$S\,\zeta_m = \frac{p_m\,a^4}{120} = p_m\,a^4 \sum_{1,3}^{\infty}{}_j \frac{8}{j^6\,\pi^6}, \qquad \text{(m — a)}$$

$$m_{x\,m} = \frac{p_m\,a^2}{12} = p_m\,a^2 \sum_{1,3}^{\infty}{}_j \frac{8}{j^4\,\pi^4}. \qquad \text{(m — d)}$$

**$F_2$ — 4**

## Dreieckförmig verteilte Last auf einem Streifen von der Breite $t$

$$p_x = p_l\left(1 - \frac{x - u_l}{t}\right) \text{ im Bereich } u_l \leqq x \leqq u_r.$$

*Reihendarstellung:*

$$p_x = p_l \sum_{1,2}^{\infty}{}_j C_j \sin j\,\pi\,\frac{x}{a} \qquad C_j = \frac{2}{j\,\pi}\cos j\,\pi\,\frac{u_l}{a} + \frac{2}{j^2\,\pi^2\,\frac{t}{a}}\left(\sin j\,\pi\,\frac{u_l}{a} - \sin j\,\pi\,\frac{u_r}{a}\right).$$

$$S\,\zeta = p_l\,a^4 \sum_{1,2}^{\infty}{}_j \frac{C_j}{j^4\,\pi^4}\sin j\,\pi\,\frac{x}{a}, \qquad \text{(a)}$$

$$S\,\beta_x = p_l\,a^3 \sum_{1,2}^{\infty}{}_j \frac{C_j}{j^3\,\pi^3}\cos j\,\pi\,\frac{x}{a}, \qquad \text{(b)}$$

$$m_x = p_l\,a^2 \sum_{1,2}^{\infty}{}_j \frac{C_j}{j^2\,\pi^2}\sin j\,\pi\,\frac{x}{a}, \qquad \text{(d)}$$

$$q_x = p_l\,a \sum_{1,2}^{\infty}{}_j \frac{C_j}{j\,\pi}\cos j\,\pi\,\frac{x}{a}. \qquad \text{(h)}$$

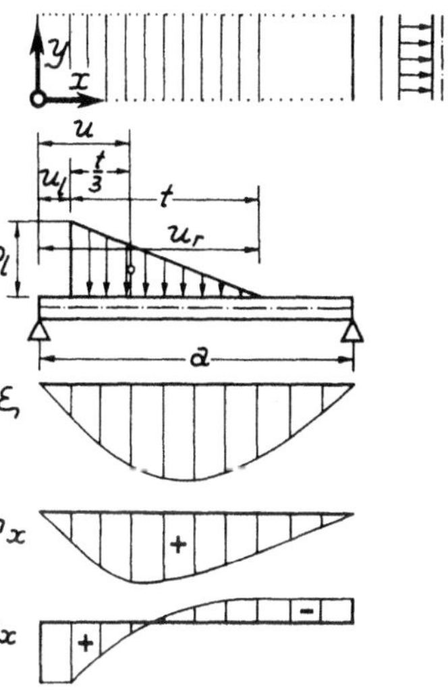


Abb. 17

*Geschlossene Darstellung:*

$$\left.\begin{aligned} C_s &= \frac{u}{a}\left(1 - \frac{u}{a}\right)\left(2 - \frac{u}{a}\right) - \frac{1}{6}\left(1 - \frac{u}{a}\right)\left(\frac{t}{a}\right)^2 + \frac{1}{135}\left(\frac{t}{a}\right)^3, \\ C_a &= \frac{u}{a}\left[1 - \left(\frac{u}{a}\right)^2\right] - \frac{1}{6}\,\frac{u}{a}\left(\frac{t}{a}\right)^2 - \frac{1}{135}\left(\frac{t}{a}\right)^3. \end{aligned}\right\} \qquad (1)$$

$\alpha$) **Bereich** $0 \leqq x \leqq u_l$:

$$S\,\zeta = p_l\,a^3\,\frac{t}{12}\left[C_s\,\frac{x}{a} - \left(1 - \frac{u}{a}\right)\left(\frac{x}{a}\right)^3\right], \qquad (\alpha - \text{a})$$

$$S\,\beta_x = p_l\,a^2\,\frac{t}{12}\left[C_s - 3\left(1 - \frac{u}{a}\right)\left(\frac{x}{a}\right)^2\right], \qquad (\alpha - \text{b})$$

$$m_x = \frac{p_l\,t}{2}\left(1 - \frac{u}{a}\right)x, \qquad (\alpha - \text{d})$$

$$q_x = \frac{p_l\,t}{2}\left(1 - \frac{u}{a}\right). \qquad (\alpha - \text{h})$$

$\beta$) **Bereich** $u_l \leqq x \leqq u_r$:

$$S\,\zeta = p_l\,a^3\,\frac{t}{12}\left[C_a\left(1 - \frac{x}{a}\right) - \frac{u}{a}\left(1 - \frac{x}{a}\right)^3 + \frac{a^2}{10\,t^2}\left(\frac{u_r - x}{a}\right)^5\right], \qquad (\beta - \text{a})$$

$$S\,\beta_x = p_l\,a^2\,\frac{t}{12}\left[-C_a + 3\,\frac{u}{a}\left(1 - \frac{x}{a}\right)^2 - \frac{a^2}{2\,t^2}\left(\frac{u_r - x}{a}\right)^4\right], \qquad (\beta - \text{b})$$

$$m_x = \frac{p_l\,a\,t}{2}\left[\frac{u}{a}\left(1 - \frac{x}{a}\right) - \frac{a^2}{3\,t^2}\left(\frac{u_r - x}{a}\right)^3\right], \qquad (\beta - \text{d})$$

$$q_x = \frac{p_l\,t}{2}\left[-\frac{u}{a} + \left(\frac{u_r - x}{t}\right)^2\right]. \qquad (\beta - \text{h})$$

**F₂—4**

$\gamma$) Bereich $u_r \leqq x \leqq a$:

$$S\,\zeta = p_l\,a^3 \frac{t}{12}\left[C_a\left(1-\frac{x}{a}\right) - \frac{u}{a}\left(1-\frac{x}{a}\right)^3\right], \qquad (\gamma - \text{a})$$

$$S\,\beta_x = p_l\,a^2 \frac{t}{12}\left[-C_a + 3\,\frac{u}{a}\left(1-\frac{x}{a}\right)^2\right], \qquad (\gamma - \text{b})$$

$$m_x = \frac{p_l\,t}{2}\,u\left(1-\frac{x}{a}\right), \qquad (\gamma - \text{d})$$

$$q_x = -\frac{p_l\,t}{2}\,\frac{u}{a}. \qquad (\gamma - \text{h})$$

Randverdrehungen:

$$S\,\beta_s = \frac{p_l\,t}{12}\,a^2\,C_s, \qquad (\text{s} - \text{b})$$

$$-S\,\beta_a = \frac{p_l\,t}{12}\,a^2\,C_a. \qquad (\text{a} - \text{b})$$

**F₂—4s**

Sonderfall: $u_l = 0,\; u = \frac{t}{3},\; u_r = a - t$

*Reihendarstellung:*

$$C_j = \frac{2}{j\,\pi}\left(1 - \frac{\sin j\,\pi\,\frac{t}{a}}{j\,\pi\,\frac{t}{a}}\right).$$

*Geschlossene Darstellung:*

$$\left.\begin{aligned} C_s &= \frac{2}{3}\,\frac{t}{a} - \frac{1}{2}\left(\frac{t}{a}\right)^2 + \frac{1}{10}\left(\frac{t}{a}\right)^3, \\ C_a &= \frac{t}{3\,a} - \frac{1}{10}\left(\frac{t}{a}\right)^3. \end{aligned}\right\} \qquad (1)$$

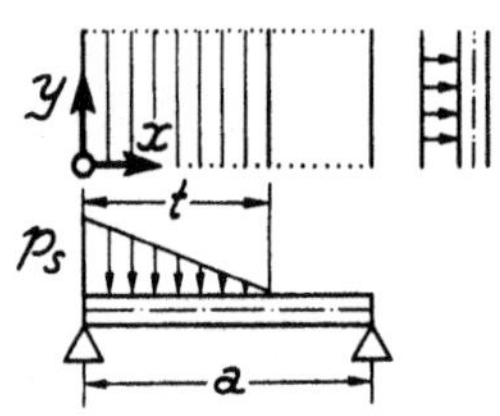


Abb. 18

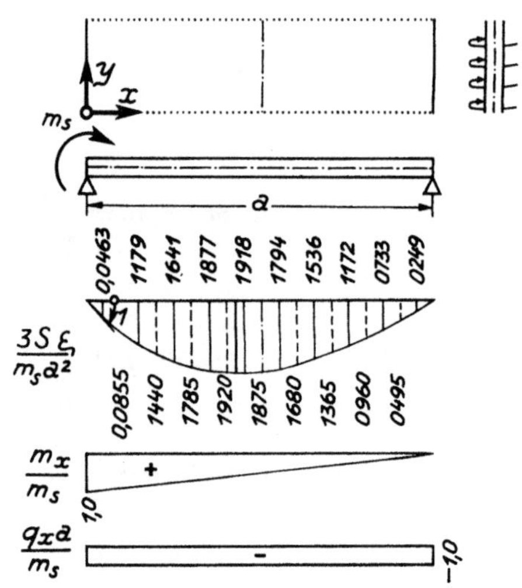


Abb. 19 (Fall **F₂—0s**)

**F₂—0s** Gleichförmig verteiltes Randmoment $m_s$ (in tm/m) am Rand $s$

$$S\,\zeta = m_s\,a^2\,\frac{1}{6}\left[2\left(\frac{x}{a}\right) - 3\left(\frac{x}{a}\right)^2 + \left(\frac{x}{a}\right)^3\right] = m_s\,a^2\,\frac{1}{6}\left(\frac{x}{a}\right)\left(1-\frac{x}{a}\right)\left(2-\frac{x}{a}\right), \qquad (\text{a})$$

$$S\,\beta_x = m_s\,a\,\frac{1}{6}\left[2 - 6\left(\frac{x}{a}\right) + 3\left(\frac{x}{a}\right)^2\right], \qquad (\text{b})$$

$$m_x = m_s\left(1-\frac{x}{a}\right), \qquad (\text{d})$$

$$q_x = -\frac{m_s}{a}. \qquad (\text{h})$$

Rand $s$ $(x=0)$: $S\,\beta_s = \frac{m_s\,a}{3}$. (s — b)

Rand $a$ $(x=a)$: $-S\,\beta_a = \frac{m_s\,a}{6}$. (a — b)

Größte Durchbiegung:

$$\frac{x^*}{a} = 1 - \frac{1}{\sqrt{3}} = 0{,}423; \qquad \max S\,\zeta = m_s\,a^2\,\frac{1}{9\sqrt{3}} = m_s\,a^2\cdot 0{,}06415. \qquad (* - \text{a})$$

**$F_2$—13** Dreiecklast in der Längsrichtung: $p_y = p_t\left(1-\frac{y}{b}\right)$

Dieser Belastungsfall ist für sich allein nicht möglich ($p_y \to \pm\infty$), er dient aber als Grundfall für die Rechteckplatte mit Dreiecklast in der Längsrichtung.

*Geschlossene* und *Reihendarstellung:*

Reihendarstellung für die Belastung $p = p_t\left(1-\frac{y}{b}\right)\sum_{1,3\ldots}^{\infty} \sin j\pi\frac{x}{a}\cdot\frac{4}{j\pi}$:

$$S\zeta = \frac{p_t a^4}{24}\left[\frac{x}{a} - 2\left(\frac{x}{a}\right)^3 + \left(\frac{x}{a}\right)^4\right]\left(1-\frac{y}{b}\right) = p_t a^4\left(1-\frac{y}{b}\right)\sum_{1,3\ldots}^{\infty} \sin j\pi\frac{x}{a}\cdot\frac{4}{j^5\pi^5}, \tag{a}$$

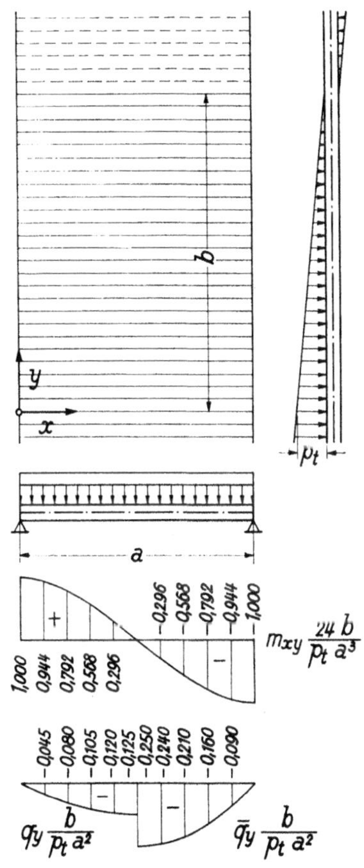


Abb. 20

$$S\beta_x = \frac{p_t a^3}{24}\left[1 - 6\left(\frac{x}{a}\right)^2 + 4\left(\frac{x}{a}\right)^3\right]\left(1-\frac{y}{b}\right) = p_t a^3\left(1-\frac{y}{b}\right)\sum_{1,3\ldots}^{\infty} \cos j\pi\frac{x}{a}\cdot\frac{4}{j^4\pi^4}, \tag{b}$$

$$S\beta_y = -\frac{p_t a^4}{24\,b}\left[\frac{x}{a} - 2\left(\frac{x}{a}\right)^3 + \left(\frac{x}{a}\right)^4\right] = -\frac{p_t a^4}{b}\sum_{1,3\ldots}^{\infty} \sin j\pi\frac{x}{a}\cdot\frac{4}{j^5\pi^5}, \tag{c}$$

$$m_x = \frac{p_t a^2}{2}\left[\frac{x}{a} - \left(\frac{x}{a}\right)^2\right]\left(1-\frac{y}{b}\right) = p_t a^2\left(1-\frac{y}{b}\right)\sum_{1,3\ldots}^{\infty} \sin j\pi\frac{x}{a}\cdot\frac{4}{j^3\pi^3}, \tag{d}$$

$$m_y = 0, \tag{e}$$

$$m_{xy} = \frac{p_t a^3}{24\,b}\left[1 - 6\left(\frac{x}{a}\right)^2 + 4\left(\frac{x}{a}\right)^3\right] = \frac{p_t a^3}{b}\sum_{1,3\ldots}^{\infty} \cos j\pi\frac{x}{a}\cdot\frac{4}{j^4\pi^4}, \tag{f}$$

$$m_x + m_y = m_x, \tag{g}$$

**F₂—13**

$$q_x = p_t\,a\left[\frac{1}{2}-\frac{x}{a}\right]\left(1-\frac{y}{b}\right) \quad = p_t\,a\left(1-\frac{y}{b}\right)\sum_{1,3\ldots}^{\infty}{}_j \cos j\pi\frac{x}{a}\cdot\frac{4}{j^2\pi^2}, \tag{h}$$

$$\frac{\partial m_{xy}}{\partial y} = 0, \tag{i}$$

$$\bar{q}_x = q_x, \tag{k}$$

$$q_y = -\frac{p_t a^2}{2\,b}\left[\frac{x}{a}-\left(\frac{x}{a}\right)^2\right] \quad = \quad -\frac{p_t a^2}{b}\sum_{1,3\ldots}^{\infty}{}_j \sin j\pi\frac{x}{a}\cdot\frac{4}{j^3\pi^3}, \tag{l}$$

$$\frac{\partial m_{xy}}{\partial x} = -\frac{p_t a^2}{2\,b}\left[\frac{x}{a}-\left(\frac{x}{a}\right)^2\right] \quad = \quad -\frac{p_t a^2}{b}\sum_{1,3\ldots}^{\infty}{}_j \sin j\pi\frac{x}{a}\cdot\frac{4}{j^3\pi^3}, \tag{m}$$

$$\bar{q}_y = -\frac{p_t a^2}{b}\left[\frac{x}{a}-\left(\frac{x}{a}\right)^2\right] \quad = \quad -\frac{p_t a^2}{b}\sum_{1,3\ldots}^{\infty}{}_j \sin j\pi\frac{x}{a}\cdot\frac{8}{j^3\pi^3}. \tag{n}$$

**F₂—11** Linienlast mit beliebigem Verlauf $p_x = \sum_{1,2\ldots}^{\infty}{}_j\, p_j \sin j\pi\frac{x}{a}$

$\alpha$) Bereich $y \leqq v$:

$$S\,\zeta = a^3\sum_{1,2\ldots}^{\infty}{}_j \sin j\pi\frac{x}{a}\cdot\frac{p_j}{4\,j^3\pi^3}\left[e^{-j\pi\frac{v-y}{a}} + j\pi\frac{v-y}{a}\,e^{-j\pi\frac{v-y}{a}}\right], \tag{$\alpha$ — a}$$

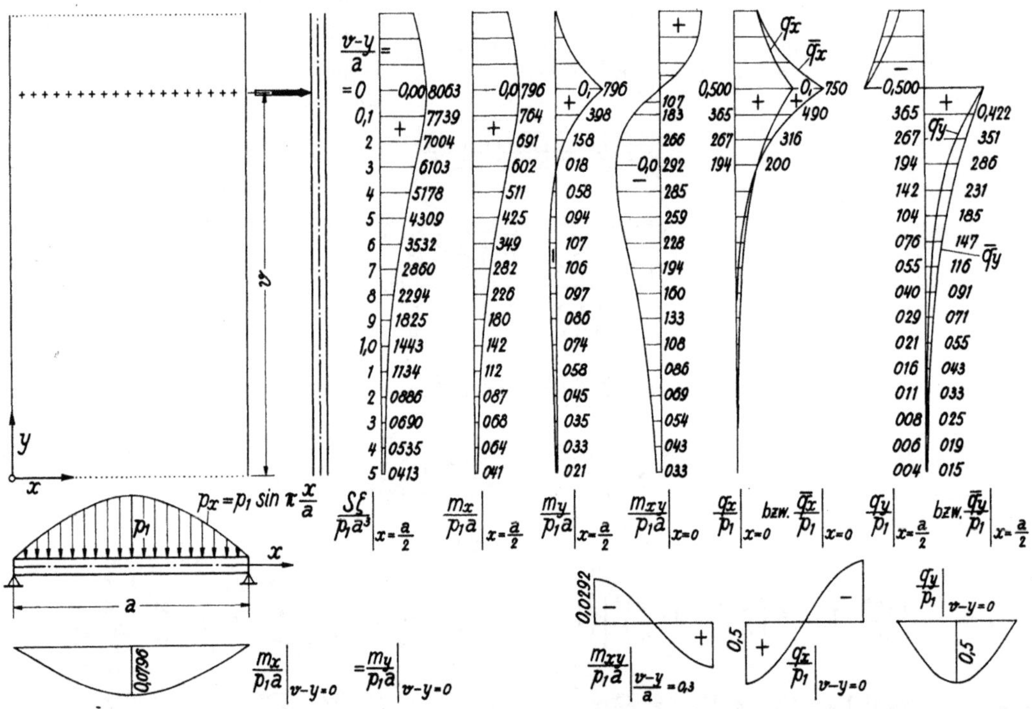


Abb. 21. Durchbiegungen, Momente, Querkräfte und Auflagerkräfte für $j = 1$; für $j = 2, 3, \ldots$ ist *überall* $\frac{a}{j}$ statt $a$ zu setzen

$$S\,\beta_y = a^2\sum_{1,2\ldots}^{\infty}{}_j \sin j\pi\frac{x}{a}\,\frac{p_j}{4\,j\,\pi}\,\frac{v-y}{a}\,e^{-j\pi\frac{v-y}{a}}, \tag{$\alpha$ — c}$$

$$m_x = a\sum_{1,2\ldots}^{\infty}{}_j \sin j\pi\frac{x}{a}\,\frac{p_j}{4}\left[\frac{1}{j\,\pi}\,e^{-j\pi\frac{v-y}{a}} + \frac{v-y}{a}\,e^{-j\pi\frac{v-y}{a}}\right], \tag{$\alpha$ — d}$$

$$m_y = a \sum_{1,2\ldots}^{\infty} j \sin j\pi \frac{x}{a} \frac{p_j}{4} \left[ \frac{1}{j\pi} e^{-j\pi\frac{v-y}{a}} - \frac{v-y}{a} e^{-j\pi\frac{v-y}{a}} \right], \qquad (\alpha - \mathrm{e})$$

$$m_{xy} = a \sum_{1,2\ldots}^{\infty} j \cos j\pi \frac{x}{a} \frac{p_j}{4} \left( - \frac{v-y}{a} e^{-j\pi\frac{v-y}{a}} \right), \qquad (\alpha - \mathrm{f})$$

$$q_x = \sum_{1,2\ldots}^{\infty} j \cos j\pi \frac{x}{a} \frac{p_j}{2} e^{-j\pi\frac{v-y}{a}}, \qquad (\alpha - \mathrm{h})$$

$$\bar{q}_x = \sum_{1,2\ldots}^{\infty} j \cos j\pi \frac{x}{a} \frac{p_j}{4} \left[ 3\, e^{-j\pi\frac{v-y}{a}} - j\pi \frac{v-y}{a} e^{-j\pi\frac{v-y}{a}} \right], \qquad (\alpha - \mathrm{k})$$

$$q_y = \sum_{1,2\ldots}^{\infty} j \sin j\pi \frac{x}{a} \frac{p_j}{2} e^{-j\pi\frac{v-y}{a}}, \qquad (\alpha - \mathrm{l})$$

$$\bar{q}_y = \sum_{1,2\ldots}^{\infty} j \sin j\pi \frac{x}{a} \frac{p_i}{4} \left[ 2\, e^{-j\pi\frac{v-y}{a}} + j\pi \frac{v-y}{a} e^{-j\pi\frac{v-y}{a}} \right]. \qquad (\alpha - \mathrm{n})$$

$\beta$) Linie $y = v$:

$$S\,\zeta_v = a^3 \sum_{1,2\ldots}^{\infty} j \sin j\pi \frac{x}{a} \frac{p_j}{4 j^3 \pi^3}, \qquad (\mathrm{v} - \mathrm{a})$$

$$m_{xv} = m_{yv} = a \sum_{1,2\ldots}^{\infty} j \sin j\pi \frac{x}{a} \frac{p_j}{4 j\pi}, \qquad (\mathrm{v} - \mathrm{d})\ (\mathrm{v} - \mathrm{e})$$

$$q_{xv} = \sum_{1,2\ldots}^{\infty} j \cos j\pi \frac{x}{a} \frac{p_j}{2}, \qquad (\mathrm{v} - \mathrm{h})$$

$$\bar{q}_{xv} = \sum_{1,2\ldots}^{\infty} j \frac{3}{4} p_j, \qquad -\bar{q}_{xv} = \sum_{1,2\ldots}^{\infty} j (-\cos j\pi) \frac{3}{4} p_j, \qquad (\mathrm{v} - \mathrm{k})$$

$$\pm q_{yv} = \sum_{1,2\ldots}^{\infty} j \sin j\pi \frac{x}{a} \frac{p_j}{2}. \qquad (\mathrm{v} - \mathrm{l})$$

$\gamma$) Bereich $v \leqq y$:

In den Formeln unter $\alpha$) ist $v - y$ durch $y - v$ zu ersetzen; außerdem ist bei $S\,\beta_y$, $m_{xy}$, $q_y$ und $\bar{q}_y$ das Vorzeichen zu wechseln.

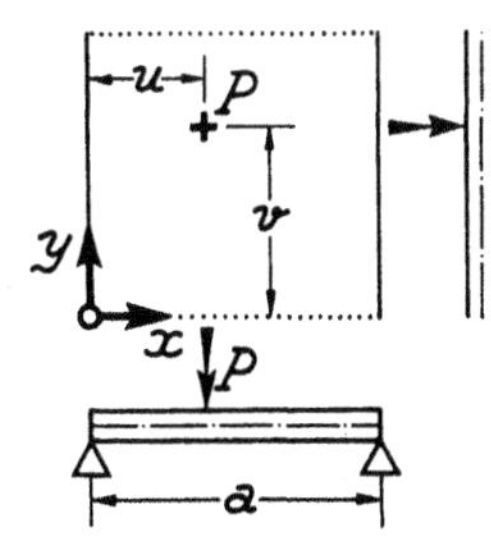


Abb. 22

## F₂ — 10 Punktlast (Einflußflächen)

*Reihendarstellung:*

Die Formeln ergeben sich aus Fall **F₂ — 11** mit $p_j = \frac{2P}{a} \cdot \sin j\pi \frac{u}{a}$.

$\alpha$) Bereich $y \leqq v$:

$$S\,\zeta = P a^2 \sum_{1,2}^{\infty} j \sin j\pi \frac{x}{a} \sin j\pi \frac{u}{a} \frac{1}{2 j^3 \pi^3} \left[ e^{-j\pi\frac{v-y}{a}} + j\pi \frac{v-y}{a} e^{-j\pi\frac{v-y}{a}} \right], \qquad (\mathrm{a})$$

$$S\,\beta_x = P a \sum_{1,2}^{\infty} j \cos j\pi \frac{x}{a} \sin j\pi \frac{u}{a} \frac{1}{2 j^2 \pi^2} \left[ e^{-j\pi\frac{v-y}{a}} + j\pi \frac{v-y}{a} e^{-j\pi\frac{v-y}{a}} \right], \qquad (\mathrm{b})$$

**F₂ — 10**

$$S\beta_y = P a \sum_{1,2}^{\infty} \sin j\pi \frac{x}{a} \sin j\pi \frac{u}{a} \frac{1}{2j\pi} \frac{v-y}{a} e^{-j\pi\frac{v-y}{a}}, \tag{c}$$

$$m_x = P \sum_{1,2}^{\infty} \sin j\pi \frac{x}{a} \sin j\pi \frac{u}{a} \frac{1}{2}\left[\frac{1}{j\pi} e^{-j\pi\frac{v-y}{a}} + \frac{v-y}{a} e^{-j\pi\frac{v-y}{a}}\right], \tag{d}$$

$$m_y = P \sum_{1,2}^{\infty} \sin j\pi \frac{x}{a} \sin j\pi \frac{u}{a} \frac{1}{2}\left[\frac{1}{j\pi} e^{-j\pi\frac{v-y}{a}} - \frac{v-y}{a} e^{-j\pi\frac{v-y}{a}}\right], \tag{e}$$

$$m_{xy} = P \sum_{1,2}^{\infty} \cos j\pi \frac{x}{a} \sin j\pi \frac{u}{a} \frac{1}{2}\left(-\frac{v-y}{a} e^{-j\pi\frac{v-y}{a}}\right), \tag{f}$$

$$m_x + m_y = P \sum_{1,2}^{\infty} \sin j\pi \frac{x}{a} \sin j\pi \frac{u}{a} \frac{1}{j\pi} e^{-j\pi\frac{v-y}{a}}, \tag{g}$$

$$q_x = \frac{P}{a} \sum_{1,2}^{\infty} \cos j\pi \frac{x}{a} \sin j\pi \frac{u}{a} e^{-j\pi\frac{v-y}{a}}, \tag{h}$$

$$\frac{\partial m_{xy}}{\partial y} = \frac{P}{a} \sum_{1,2}^{\infty} \cos j\pi \frac{x}{a} \sin j\pi \frac{u}{a} \frac{1}{2}\left[e^{-j\pi\frac{v-y}{a}} - j\pi \frac{v-y}{a} e^{-j\pi\frac{v-y}{a}}\right], \tag{i}$$

$$\bar{q}_x = \frac{P}{a} \sum_{1,2}^{\infty} \cos j\pi \frac{x}{a} \sin j\pi \frac{u}{a} \frac{1}{2}\left[3 e^{-j\pi\frac{v-y}{a}} - j\pi \frac{v-y}{a} e^{-j\pi\frac{v-y}{a}}\right], \tag{k}$$

$$q_y = \frac{P}{a} \sum_{1,2}^{\infty} \sin j\pi \frac{x}{a} \sin j\pi \frac{u}{a} e^{-j\pi\frac{v-y}{a}}, \tag{l}$$

$$\frac{\partial m_{xy}}{\partial x} = \frac{P}{a} \sum_{1,2}^{\infty} \sin j\pi \frac{x}{a} \sin j\pi \frac{u}{a} \frac{1}{2} j\pi \frac{v-y}{a} e^{-j\pi\frac{v-y}{a}}, \tag{m}$$

$$\bar{q}_y = \frac{P}{a} \sum_{1,2}^{\infty} \sin j\pi \frac{x}{a} \sin j\pi \frac{u}{a}\left[e^{-j\pi\frac{v-y}{a}} + \frac{1}{2} j\pi \frac{v-y}{a} e^{-j\pi\frac{v-y}{a}}\right]. \tag{n}$$

$\beta$) Bereich $v \leqq y \leqq \infty$:

In den Formeln unter $\alpha$) ist $v - y$ durch $y - v$ zu ersetzen; außerdem ist bei $S\beta_y$, $m_{xy}$, $q_y$, $\frac{\partial m_{xy}}{\partial x}$ und $\bar{q}_y$ das Vorzeichen zu wechseln.

Die Reihen der Momente und Querkräfte sind in der *Nähe des Lastpunktes* infolge schlechter Konvergenz für die praktische Auswertung unbequem. In diesem Bereich ist die nachstehend wiedergegebene *geschlossene Darstellung* zu verwenden (vgl. Abschnitt III.4, S. 45).

*Geschlossene Darstellung:*

$S\zeta$ nicht bekannt, (a)

$S\beta_x$ nicht bekannt, (b)

$$S\beta_y = -\frac{P}{8} \cdot \frac{v-y}{\pi} \cdot \ln \frac{\mathfrak{Cof}\, \pi \frac{v-y}{a} - \cos \pi \frac{x-u}{a}}{\mathfrak{Cof}\, \pi \frac{v-y}{a} - \cos \pi \frac{x+u}{a}}, \tag{c}$$

$$m_x = \frac{P}{8}\left\{-\frac{1}{\pi}\ln\frac{\mathfrak{Cof}\,\pi\frac{v-y}{a}-\cos\pi\frac{x-u}{a}}{\mathfrak{Cof}\,\pi\frac{v-y}{a}-\cos\pi\frac{x+u}{a}}+\right.$$

$$\left.+\frac{v-y}{a}\,\mathfrak{Sin}\,\pi\frac{v-y}{a}\left[\frac{1}{\mathfrak{Cof}\,\pi\frac{v-y}{a}-\cos\pi\frac{x-u}{a}}-\frac{1}{\mathfrak{Cof}\,\pi\frac{v-y}{a}-\cos\pi\frac{x+u}{a}}\right]\right\}, \tag{d}$$

$$m_y = \frac{P}{8}\left\{-\frac{1}{\pi}\ln\frac{\mathfrak{Cof}\,\pi\frac{v-y}{a}-\cos\pi\frac{x-u}{a}}{\mathfrak{Cof}\,\pi\frac{v-y}{a}-\cos\pi\frac{x+u}{a}}-\right.$$

$$\left.-\frac{v-y}{a}\,\mathfrak{Sin}\,\pi\frac{v-y}{a}\left[\frac{1}{\mathfrak{Cof}\,\pi\frac{v-y}{a}-\cos\pi\frac{x-u}{a}}-\frac{1}{\mathfrak{Cof}\,\pi\frac{v-y}{a}-\cos\pi\frac{x+u}{a}}\right]\right\}, \tag{e}$$

$$m_{xy} = \frac{P}{8}\,\frac{v-y}{a}\left[\frac{\sin\pi\frac{x-u}{a}}{\mathfrak{Cof}\,\pi\frac{v-y}{a}-\cos\pi\frac{x-u}{a}}-\frac{\sin\pi\frac{x+u}{a}}{\mathfrak{Cof}\,\pi\frac{v-y}{a}-\cos\pi\frac{x+u}{a}}\right], \tag{f}$$

$$m_x+m_y = \frac{P}{8}\left[-\frac{2}{\pi}\ln\frac{\mathfrak{Cof}\,\pi\frac{v-y}{a}-\cos\pi\frac{x-u}{a}}{\mathfrak{Cof}\,\pi\frac{v-y}{a}-\cos\pi\frac{x+u}{a}}\right], \tag{g}$$

$$q_x = \frac{P}{8a}\left\{-2\left[\frac{\sin\pi\frac{x-u}{a}}{\mathfrak{Cof}\,\pi\frac{v-y}{a}-\cos\pi\frac{x-u}{a}}-\frac{\sin\pi\frac{x+u}{a}}{\mathfrak{Cof}\,\pi\frac{v-y}{a}-\cos\pi\frac{x+u}{a}}\right]\right\}, \tag{h}$$

$$\frac{\partial m_{xy}}{\partial y} = \frac{P}{8a}\left\{-\left[\frac{\sin\pi\frac{x-u}{a}}{\mathfrak{Cof}\,\pi\frac{v-y}{a}-\cos\pi\frac{x-u}{a}}-\frac{\sin\pi\frac{x+u}{a}}{\mathfrak{Cof}\,\pi\frac{v-y}{a}-\cos\pi\frac{x+u}{a}}\right]+\right.$$

$$\left.+\pi\frac{v-y}{a}\,\mathfrak{Sin}\,\pi\frac{v-y}{a}\left[\frac{\sin\pi\frac{x-u}{a}}{\left(\mathfrak{Cof}\,\pi\frac{v-y}{a}-\cos\pi\frac{x-u}{a}\right)^2}-\frac{\sin\pi\frac{x+u}{a}}{\left(\mathfrak{Cof}\,\pi\frac{v-y}{a}-\cos\pi\frac{x+u}{a}\right)^2}\right]\right\}, \tag{i}$$

$$\bar{q}_x = \frac{P}{8a}\left\{-3\left[\frac{\sin\pi\frac{x-u}{a}}{\mathfrak{Cof}\,\pi\frac{v-y}{a}-\cos\pi\frac{x-u}{a}}-\frac{\sin\pi\frac{x+u}{a}}{\mathfrak{Cof}\,\pi\frac{v-y}{a}-\cos\pi\frac{x+u}{a}}\right]+\right.$$

$$\left.+\pi\frac{v-y}{a}\,\mathfrak{Sin}\,\pi\frac{v-y}{a}\left[\frac{\sin\pi\frac{x-u}{a}}{\left(\mathfrak{Cof}\,\pi\frac{v-y}{a}-\cos\pi\frac{x-u}{a}\right)^2}-\frac{\sin\pi\frac{x+u}{a}}{\left(\mathfrak{Cof}\,\pi\frac{v-y}{a}-\cos\pi\frac{x+u}{a}\right)^2}\right]\right\}, \tag{k}$$

$$q_y = \frac{P}{8a}\,2\,\mathfrak{Sin}\,\pi\frac{v-y}{a}\left[\frac{1}{\mathfrak{Cof}\,\pi\frac{v-y}{a}-\cos\pi\frac{x-u}{a}}-\frac{1}{\mathfrak{Cof}\,\pi\frac{v-y}{a}-\cos\pi\frac{x+u}{a}}\right], \tag{l}$$

$$\frac{\partial m_{xy}}{\partial x} = \frac{P}{8a}\,\pi\frac{v-y}{a}\left[\frac{\mathfrak{Cof}\,\pi\frac{v-y}{a}\cos\pi\frac{x-u}{a}-1}{\left(\mathfrak{Cof}\,\pi\frac{v-y}{a}-\cos\pi\frac{x-u}{a}\right)^2}-\frac{\mathfrak{Cof}\,\pi\frac{v-y}{a}\cos\pi\frac{x+u}{a}-1}{\left(\mathfrak{Cof}\,\pi\frac{v-y}{a}-\cos\pi\frac{x+u}{a}\right)^2}\right], \tag{m}$$

$$\bar{q}_y = \frac{P}{8a}\left\{2\,\mathfrak{Sin}\,\pi\frac{v-y}{a}\left[\frac{1}{\mathfrak{Cof}\,\pi\frac{v-y}{a}-\cos\pi\frac{x-u}{a}}-\frac{1}{\mathfrak{Cof}\,\pi\frac{v-y}{a}-\cos\pi\frac{x+u}{a}}\right]+\right.$$

$$\left.+\pi\frac{v-y}{a}\left[\frac{\mathfrak{Cof}\,\pi\frac{v-y}{a}\cos\pi\frac{x+u}{a}-1}{\left(\mathfrak{Cof}\,\pi\frac{v-y}{a}-\cos\pi\frac{x-u}{a}\right)^2}-\frac{\mathfrak{Cof}\,\pi\frac{v-y}{a}\cos\pi\frac{x+u}{a}-1}{\left(\mathfrak{Cof}\,\pi\frac{v-y}{a}-\cos\pi\frac{x+u}{a}\right)^2}\right]\right\}. \tag{n}$$

**F₂—10** *Einflußflächen:*

Setzt man in vorstehenden Formeln bestimmte Werte für $x$ und $y$ ein und betrachtet man $u$ und $v$ als veränderlich, so erhält man mit $P = 1$ die ***Einflußfläche*** der betreffenden Schnittgröße im Punkt $x, y$. Bei den Biegemomenten kann man $x$ mit $u$ und $y$ mit $v$ vertauschen, ohne den Ausdruck zu ändern; die ***Momentenflächen*** infolge $P = 1$ im Punkt $x, y$ sind also gleichzeitig die *Einflußflächen* der Momente im Punkt $x, y$. Bei den Drillmomenten, Querkräften und Auflagerkräften gilt das nicht. Beispielsweise erhält man mit $P = 1$, $x = 0$ und bestimmtem $y$ die Einflußflächen des *Randdrillmoments*, der *Randquerkraft* und der *Auflagerkraft* im Punkt $(0, y)$.

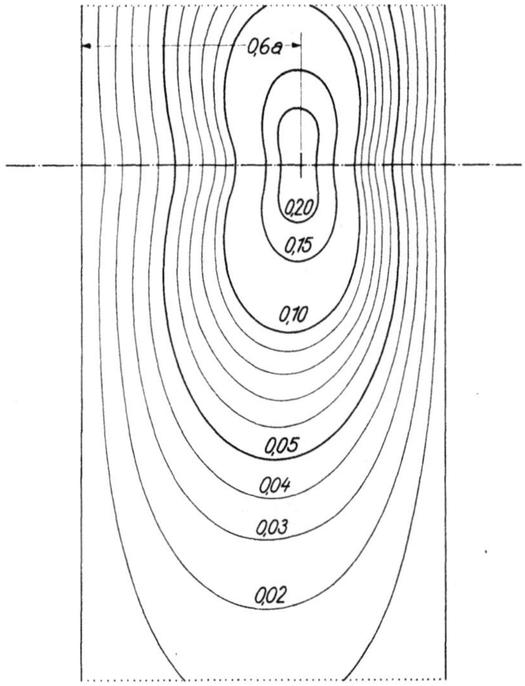


Abb. 23. Einflußfläche für $m_x$ im Punkt $x = 0{,}6\,a$

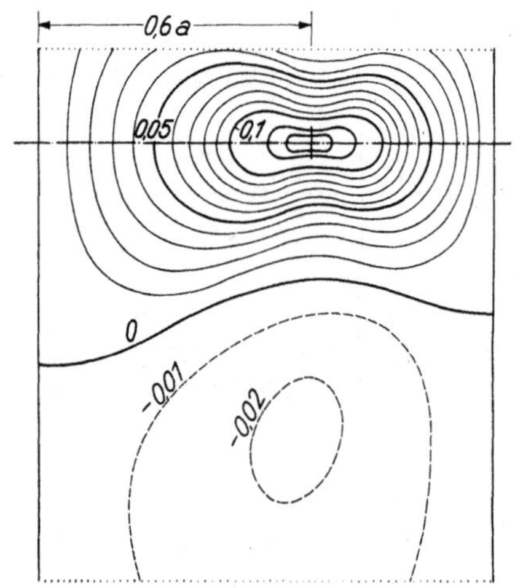


Abb. 24. Einflußfläche für $m_y$ im Punkt $x = 0{,}6\,a$

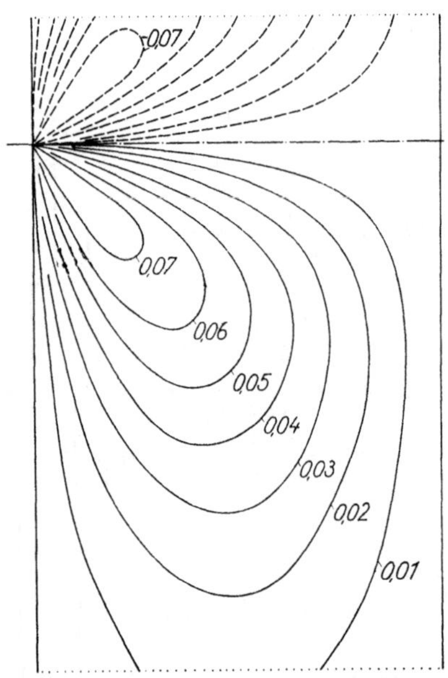


Abb. 25. Einflußfläche für das Randdrillmoment $m_{xys}$

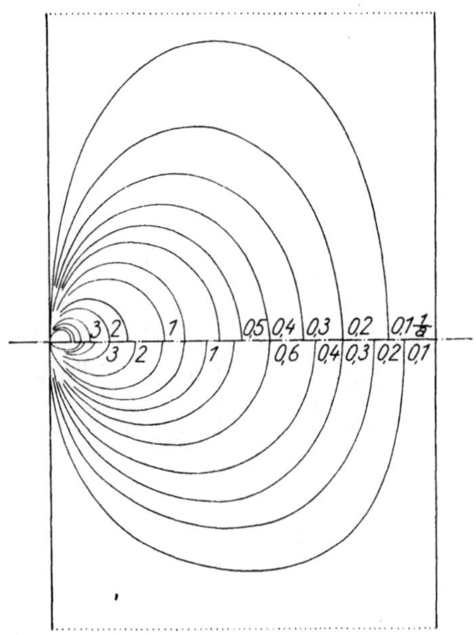


Abb. 26. Einflußfläche für die Querkraft $q_s$ (obere Hälfte) und die Auflagerkraft $\bar{q}_s$ (untere Hälfte)

$$\text{Einfl}\, m_{xys} = -\frac{1}{4}\,\frac{v-y}{a}\,\frac{\sin\pi\frac{u}{a}}{\mathfrak{Cof}\,\pi\frac{v-y}{a}-\cos\pi\frac{u}{a}}, \qquad (\text{s}-\text{f})$$

$$\text{Einfl}\, q_s = \frac{1}{2a}\,\frac{\sin\pi\frac{u}{a}}{\mathfrak{Cof}\,\pi\frac{v-y}{a}-\cos\pi\frac{u}{a}}, \qquad (\text{s}-\text{h})$$

$$\text{Einfl}\, \bar{q}_s = \frac{1}{4a}\left[\frac{3\sin\pi\frac{u}{a}}{\mathfrak{Cof}\,\pi\frac{v-y}{a}-\cos\pi\frac{u}{a}} - \pi\frac{v-y}{a}\,\mathfrak{Sin}\,\pi\frac{v-y}{a}\,\frac{\sin\pi\frac{u}{a}}{\left(\mathfrak{Cof}\,\pi\frac{v-y}{a}-\cos\pi\frac{u}{a}\right)^2}\right]. \qquad (\text{s}-\text{k})$$

In der Linie $v = y$ gilt:

$$\text{Einfl}\, m_{xys} = 0 \text{ mit einem Sprung auf } \pm\frac{1}{4\pi} \text{ im Bezugspunkt} \qquad (\text{s}-\text{v}-\text{f})$$

$$\text{Einfl}\, q_s = \frac{1}{2a}\cot g\,\pi\frac{u}{2a}, \qquad (\text{s}-\text{v}-\text{h})$$

$$\text{Einfl}\, \bar{q}_s = \frac{3}{4a}\cot g\,\pi\frac{u}{2a} = \frac{3}{2}\,\text{Einfl}\, q_s. \qquad (\text{s}-\text{v}-\text{k})$$

Die Abb. 23 bis 26 zeigen einige Beispiele von Einflußflächen.

## $F_2 - 12$ Rechtecklast (gleichmäßig verteilte Belastung $p = \frac{P}{2c\cdot 2d}$ auf dem Rechteck mit der Fläche $2c\cdot 2d$)

Die Formeln ergeben sich u. a. aus Fall $F_2 - 10$ durch Integration über das Lastrechteck. Die *geschlossene* Darstellung der Einflußflächen kann nicht integriert werden, ausgenommen $m_y$ und $q_y$ für Linienlast mit $c = 0$.

$\alpha$) Bereich $y \leqq v - d$:

$$S\zeta = P a^2 \sum_{1,2}^{\infty} j \sin j\pi\frac{x}{a}\sin j\pi\frac{u}{a}\,\frac{\sin j\pi\frac{c}{a}}{j\pi\frac{c}{a}}\,\frac{\mathfrak{Sin}\, j\pi\frac{d}{a}}{j\pi\frac{d}{a}}\,\frac{1}{2j^3\pi^3}\left[\left(2-j\pi\frac{d}{a}\,\mathfrak{Cotg}\, j\pi\frac{d}{a}\right)e^{-j\pi\frac{v-y}{a}} + j\pi\frac{v-y}{a}\,e^{-j\pi\frac{v-y}{a}}\right], \qquad (\alpha-\text{a})$$

$$m_y = P\sum_{1,2}^{\infty} j \sin j\pi\frac{x}{a}\sin j\pi\frac{u}{a}\,\frac{\sin j\pi\frac{c}{a}}{j\pi\frac{c}{a}}\,\frac{\mathfrak{Sin}\, j\pi\frac{d}{a}}{j\pi\frac{d}{a}}\,\frac{1}{2}\left[\frac{d}{a}\,\mathfrak{Cotg}\, j\pi\frac{d}{a}\,e^{-j\pi\frac{v-y}{a}} - \frac{v-y}{a}\,e^{-j\pi\frac{v-y}{a}}\right], \qquad (\alpha-\text{e})$$

$$q_x = \frac{P}{a}\sum_{1,2}^{\infty} j \cos j\pi\frac{x}{a}\sin j\pi\frac{u}{a}\,\frac{\sin j\pi\frac{c}{a}}{j\pi\frac{c}{a}}\,\frac{\mathfrak{Sin}\, j\pi\frac{d}{a}}{j\pi\frac{d}{a}}\,e^{-j\pi\frac{v-y}{a}}, \qquad (\alpha-\text{h})$$

$$\bar{q}_x = \frac{P}{a}\sum_{1,2}^{\infty} j \cos j\pi\frac{x}{a}\sin j\pi\frac{u}{a}\,\frac{\sin j\pi\frac{c}{a}}{j\pi\frac{c}{a}}\,\frac{\mathfrak{Sin}\, j\pi\frac{d}{a}}{j\pi\frac{d}{a}}\left[\left(1+\frac{j\pi}{2}\,\frac{d}{a}\,\mathfrak{Cotg}\, j\pi\frac{d}{a}\right)e^{-j\pi\frac{v-y}{a}} - \frac{j\pi}{2}\,\frac{v-y}{a}\,e^{-j\pi\frac{v-y}{a}}\right], \qquad (\alpha-\text{k})$$

$$q_y = \frac{P}{a}\sum_{1,2}^{\infty} j \sin j\pi\frac{x}{a}\sin j\pi\frac{u}{a}\,\frac{\sin j\pi\frac{c}{a}}{j\pi\frac{c}{a}}\,\frac{\mathfrak{Sin}\, j\pi\frac{d}{a}}{j\pi\frac{d}{a}}\,e^{-j\pi\frac{v-y}{a}}, \qquad (\alpha-\text{l})$$

**F₂ — 12**

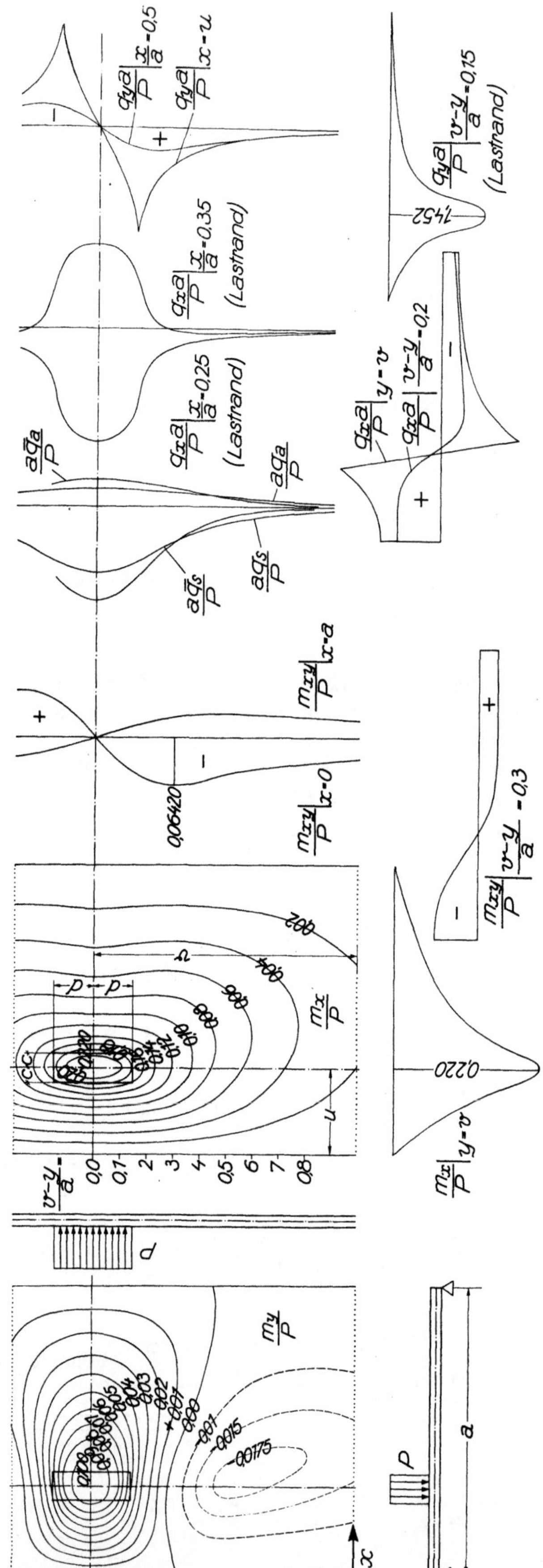


Abb. 27. Momente, Querkräfte und Auflagerkräfte, Beispiel mit $\frac{u}{a} = 0{,}3$, $\frac{2c}{a} = 0{,}1$, $\frac{2d}{a} = 0{,}3$

$$\bar{q}_y = \frac{P}{a}\sum_{1,2}^{\infty}{}_j \sin j\pi\frac{x}{a}\sin j\pi\frac{u}{a}\,\frac{\sin j\pi\frac{c}{a}}{j\pi\frac{c}{a}}\,\frac{\mathfrak{Sin}\, j\pi\frac{d}{a}}{j\pi\frac{d}{a}}\,\frac{1}{2}\left[\left(3-j\pi\frac{d}{a}\,\mathfrak{Cotg}\, j\pi\frac{d}{a}\right)e^{-j\pi\frac{v-y}{a}} + j\pi\frac{v-y}{a}\,e^{-j\pi\frac{v-y}{a}}\right]. \qquad (\alpha - \mathrm{n})$$

$\beta$) Bereich $v-d \leqq y \leqq v+d$:

$$S\zeta = P a^2 \sum_{1,2}^{\infty}{}_j \sin j\pi\frac{x}{a}\sin j\pi\frac{u}{a}\,\frac{\sin j\pi\frac{c}{a}}{j\pi\frac{c}{a}}\,\frac{1}{j^4\pi^4\frac{d}{a}}\left\{1-\frac{1}{2}e^{-j\pi\frac{d}{a}}\left[\left(2+j\pi\frac{d}{a}\right)\mathfrak{Cos}\, j\pi\frac{v-y}{a} - j\pi\frac{v-y}{a}\,\mathfrak{Sin}\, j\pi\frac{v-y}{a}\right]\right\}. \qquad (\beta - \mathrm{a})$$

Setzt man im Fall **$F_2 - 2$** $p\,a^2 = \dfrac{P}{\frac{2c}{a}\,\frac{2d}{a}}$, so erhält man

$$\mathfrak{M}_x = P\sum_{1,2}^{\infty}{}_j \sin j\pi\frac{x}{a}\sin j\pi\frac{u}{a}\,\frac{\sin j\pi\frac{c}{a}}{j\pi\frac{c}{a}}\,\frac{1}{j^2\pi^2\frac{d}{a}}$$

und die entsprechenden geschlossenen Formeln in den einzelnen Bereichen ($\mathfrak{Q}_x$ in der gleichen Weise). Damit ist

$$m_x = \mathfrak{M}_x - P\sum_{1,2}^{\infty}{}_j \sin j\pi\frac{x}{a}\sin j\pi\frac{u}{a}\,\frac{\sin j\pi\frac{c}{a}}{j\pi\frac{c}{a}}\,\frac{e^{-j\pi\frac{d}{a}}}{2j^2\pi^2\frac{d}{a}}\left[\left(2+j\pi\frac{d}{a}\right)\mathfrak{Cos}\, j\pi\frac{v-y}{a} - j\pi\frac{v-y}{a}\,\mathfrak{Sin}\, j\pi\frac{v-y}{a}\right], \qquad (\beta - \mathrm{d})$$

$$m_y = P\sum_{1,2}^{\infty}{}_j \sin j\pi\frac{x}{a}\sin j\pi\frac{u}{a}\,\frac{\sin j\pi\frac{c}{a}}{j\pi\frac{c}{a}}\,\frac{e^{-j\pi\frac{d}{a}}}{2j^2\pi^2\frac{d}{a}}\left[j\pi\frac{d}{a}\,\mathfrak{Cos}\, j\pi\frac{v-y}{a} - j\pi\frac{v-y}{a}\,\mathfrak{Sin}\, j\pi\frac{v-y}{a}\right], \qquad (\beta - \mathrm{e})$$

$$q_x = \mathfrak{Q}_x - \frac{P}{a}\sum_{1,2}^{\infty}{}_j \cos j\pi\frac{x}{a}\sin j\pi\frac{u}{a}\,\frac{\sin j\pi\frac{c}{a}}{j\pi\frac{c}{a}}\,\frac{e^{-j\pi\frac{d}{a}}}{j\pi\frac{d}{a}}\,\mathfrak{Cos}\, j\pi\frac{v-y}{a}, \qquad (\beta - \mathrm{h})$$

$$\bar{q}_x = \mathfrak{Q}_x - \frac{P}{a}\sum_{1,2}^{\infty}{}_j \cos j\pi\frac{x}{a}\sin j\pi\frac{u}{a}\,\frac{\sin j\pi\frac{c}{a}}{j\pi\frac{c}{a}}\,\frac{e^{-j\pi\frac{d}{a}}}{2j\pi\frac{d}{a}}\left[\left(2-j\pi\frac{d}{a}\right)\mathfrak{Cos}\, j\pi\frac{v-y}{a} + j\pi\frac{v-y}{a}\,\mathfrak{Sin}\, j\pi\frac{v-y}{a}\right], \qquad (\beta - \mathrm{k})$$

$$q_y = \frac{P}{a}\sum_{1,2}^{\infty}{}_j \sin j\pi\frac{x}{a}\sin j\pi\frac{u}{a}\,\frac{\sin j\pi\frac{c}{a}}{j\pi\frac{c}{a}}\,\frac{e^{-j\pi\frac{d}{a}}}{j\pi\frac{d}{a}}\,\mathfrak{Sin}\, j\pi\frac{v-y}{a}. \qquad (\beta - \mathrm{l})$$

$\beta_v$) Linie $y = v$:

$$S\zeta_v = P a^2\sum_{1,2}^{\infty}{}_j \sin j\pi\frac{x}{a}\sin j\pi\frac{u}{a}\,\frac{\sin j\pi\frac{c}{a}}{j\pi\frac{c}{a}}\left\{\frac{1}{j^4\pi^4\frac{d}{a}} - \frac{e^{-j\pi\frac{d}{a}}}{j^3\pi^3}\left(\frac{1}{j\pi\frac{d}{a}}+\frac{1}{2}\right)\right\}, \qquad (\mathrm{v} - \mathrm{a})$$

$$m_{xv} = \mathfrak{M}_x - P\sum_{1,2}^{\infty}{}_j \sin j\pi\frac{x}{a}\sin j\pi\frac{u}{a}\,\frac{\sin j\pi\frac{c}{a}}{j\pi\frac{c}{a}}\,\frac{e^{-j\pi\frac{d}{a}}}{j\pi}\left(\frac{1}{j\pi\frac{d}{a}}+\frac{1}{2}\right), \qquad (\mathrm{v} - \mathrm{d})$$

$$m_{yv} = P\sum_{1,2}^{\infty}{}_j \sin j\pi\frac{x}{a}\sin j\pi\frac{u}{a}\,\frac{\sin j\pi\frac{c}{a}}{j\pi\frac{c}{a}}\,\frac{e^{-j\pi\frac{d}{a}}}{2j\pi}, \qquad (\mathrm{v} - \mathrm{e})$$

**F₂—12**

$$q_{xv} = \mathfrak{Q}_x - \frac{P}{a}\sum_{1,2}^{\infty} j \cos j\pi\frac{x}{a}\sin j\pi\frac{u}{a}\frac{\sin j\pi\frac{c}{a}}{j\pi\frac{c}{a}}\frac{e^{-j\pi\frac{d}{a}}}{j\pi\frac{d}{a}}, \qquad (v - h)$$

$$\bar{q}_{xv} = \mathfrak{Q}_x - \frac{P}{a}\sum_{1,2}^{\infty} j \cos j\pi\frac{x}{a}\sin j\pi\frac{u}{a}\frac{\sin j\pi\frac{c}{a}}{j\pi\frac{c}{a}} e^{-j\pi\frac{d}{a}}\left(\frac{1}{j\pi\frac{d}{a}} - \frac{1}{2}\right). \qquad (v - k)$$

$\gamma$) Bereich $v + d \leqq y$:

In den Formeln unter $\alpha$) ist $v - y$ durch $y - v$ zu ersetzen; außerdem ist bei $S\,\beta_y$, $q_y$ und $\bar{q}_y$ das Vorzeichen zu wechseln.

$\delta$) Linien $y = v - d$ und $y = v + d$:

$$S\,\zeta = P a^2 \sum_{1,2}^{\infty} j \sin j\pi\frac{x}{a}\sin j\pi\frac{u}{a}\frac{\sin j\pi\frac{c}{a}}{j\pi\frac{c}{a}}\left[\frac{1}{2j^4\pi^4\frac{d}{a}} - \frac{e^{-2j\pi\frac{d}{a}}}{2j^3\pi^3}\left(\frac{1}{j\pi\frac{d}{a}} + 1\right)\right], \qquad (\delta - a)$$

$$m_x = \frac{1}{2}\mathfrak{M}_x - P\sum_{1,2}^{\infty} j \sin j\pi\frac{x}{a}\sin j\pi\frac{u}{a}\frac{\sin j\pi\frac{c}{a}}{j\pi\frac{c}{a}}\frac{e^{-2j\pi\frac{d}{a}}}{2j\pi}\left[\frac{1}{j\pi\frac{d}{a}} + 1\right], \qquad (\delta - d)$$

$$m_y = P\sum_{1,2}^{\infty} j \sin j\pi\frac{x}{a}\sin j\pi\frac{u}{a}\frac{\sin j\pi\frac{c}{a}}{j\pi\frac{c}{a}}\frac{e^{-2j\pi\frac{d}{a}}}{2j\pi}, \qquad (\delta - e)$$

$$m_{xy} = P\sum_{1,2}^{\infty} j \cos j\pi\frac{x}{a}\sin j\pi\frac{u}{a}\frac{\sin j\pi\frac{c}{a}}{j\pi\frac{c}{a}}\frac{1}{2j\pi}\left[-\frac{1}{2j\pi\frac{d}{a}}\left(1 - e^{-2j\pi\frac{d}{a}}\right) + e^{-2j\pi\frac{d}{a}}\right], \qquad (\delta - f)$$

$$q_x = \frac{1}{2}\mathfrak{Q}_x - \frac{P}{a}\sum_{1,2}^{\infty} j \cos j\pi\frac{x}{a}\sin j\pi\frac{u}{a}\frac{\sin j\pi\frac{c}{a}}{j\pi\frac{c}{a}}\frac{e^{-2j\pi\frac{d}{a}}}{2j\pi\frac{d}{a}}, \qquad (\delta - h)$$

$$\bar{q}_x = \frac{1}{2}\mathfrak{Q}_x - \frac{P}{a}\sum_{1,2}^{\infty} j \cos j\pi\frac{x}{a}\sin j\pi\frac{u}{a}\frac{\sin j\pi\frac{c}{a}}{j\pi\frac{c}{a}}\frac{1}{2}e^{-2j\pi\frac{d}{a}}\left[\frac{1}{j\pi\frac{d}{a}} - 1\right], \qquad (\delta - k)$$

$$q_y = \frac{P}{a}\sum_{1,2}^{\infty} j \sin j\pi\frac{x}{a}\sin j\pi\frac{u}{a}\frac{\sin j\pi\frac{c}{a}}{j\pi\frac{c}{a}}\frac{1 - e^{-2j\pi\frac{d}{a}}}{2j\pi\frac{d}{a}}, \qquad (\delta - l)$$

$$\bar{q}_y = \frac{P}{a}\sum_{1,2}^{\infty} j \sin j\pi\frac{x}{a}\sin j\pi\frac{u}{a}\frac{\sin j\pi\frac{c}{a}}{j\pi\frac{c}{a}}\frac{1}{4}\left[\frac{3}{j\pi\frac{d}{a}}\left(1 - e^{-2j\pi\frac{d}{a}}\right) - 2e^{-2j\pi\frac{d}{a}}\right]. \qquad (\delta - m)$$

Die Momente im Lastmittelpunkt nach Formel (v — d) und (v — e) mit $\frac{x}{a} = \frac{u}{a} = \frac{1}{2}$ sind für $\frac{2c}{a} = 0$ bis 1,0, $\frac{2d}{a} = 0$ bis 3,0 bzw. 1,0 in den Tafeln F. 11 und 12 enthalten.

*Momente im Lastmittelpunkt bei kleiner Lastfläche.*

Bei kleinen Werten $\frac{c}{a}$ und $\frac{d}{a}$ konvergieren die Reihen schlecht. Dann kann aber die geschlossene Darstellung der Einflußflächen herangezogen werden.

Mit $\frac{y-v}{a}=\bar v$, $x-u=\bar u$ und $x+u\doteq 2x$, weiter

$$\mathfrak{Cos}\,\pi\frac{\bar v}{a}\doteq 1+\frac{1}{2}\left(\pi\frac{\bar v}{a}\right)^2;\qquad \cos\pi\frac{\bar u}{a}\doteq 1-\frac{1}{2}\left(\pi\frac{\bar u}{a}\right)^2 \tag{100}$$

lauten die Einflußflächen der Biegemomente (Fall **$F_2$ — 10**) in unmittelbarer Nähe des Bezugspunktes näherungsweise:

$$\text{Einfl}\, m_x=-\frac{1}{8\pi}\ln\frac{\pi^2}{4\sin^2\pi\frac{x}{a}}\left[\left(\frac{\bar u}{a}\right)^2+\left(\frac{\bar v}{a}\right)^2\right]+\frac{1}{4\pi}\frac{\bar v^2}{\bar u^2+\bar v^2}, \tag{d*}$$

$$\text{Einfl}\, m_y=-\frac{1}{8\pi}\ln\frac{\pi^2}{4\sin^2\pi\frac{x}{a}}\left[\left(\frac{\bar u}{a}\right)^2+\left(\frac{\bar v}{a}\right)^2\right]-\frac{1}{4\pi}\frac{\bar v^2}{\bar u^2-\bar v^2}. \tag{e*}$$

Die Integration über ein Lastrechteck $2c\cdot 2d$ und Multiplikation mit $p=\frac{P}{2c\cdot 2d}$ liefert mit $x=u$:

$$m_x=\frac{P}{2c\cdot 2d}\int_{-c}^{+c}d\bar u\int_{-d}^{+d}d\bar v\cdot\text{Einfl}\,m_x=P\left\{-\frac{1}{8\pi}\ln\left[\left(\frac{c}{a}\right)^2+\left(\frac{d}{a}\right)^2\right]-\frac{\text{arctg}\,\frac{d}{c}}{4\pi\frac{d}{c}}+\right.$$

$$\left.+\frac{1}{2\pi}-\frac{1}{4\pi}\ln\frac{\pi}{2\sin\pi\frac{u}{a}}\right\}, \tag{v — d}$$

$$m_y=\frac{P}{2c\cdot 2d}\int_{-c}^{+c}d\bar u\int_{-d}^{+d}d\bar v\cdot\text{Einfl}\,m_y=P\left\{-\frac{1}{8\pi}\ln\left[\left(\frac{c}{a}\right)^2+\left(\frac{d}{a}\right)^2\right]-\frac{\text{arctg}\,\frac{c}{d}}{4\pi\frac{c}{d}}+\right.$$

$$\left.+\frac{1}{4\pi}-\frac{1}{4\pi}\ln\frac{\pi}{2\sin\pi\frac{u}{a}}\right\}. \tag{v — e}$$

Die Werte $m_{xm}$ und $m_{ym}$ für $\frac{u}{a}=0{,}5$, $\frac{2c}{a}$ und $\frac{2d}{a}<0{,}1$ finden sich in den Tafeln F.13 und F.14.

Der Unterschied der Momente im Lastmittelpunkt bei *anderer Laststellung* gegenüber den Tafelwerten ist

$$m_x-m_{xm}=m_y-m_{ym}=\frac{1}{4\pi}\ln\sin\pi\frac{u}{a}. \tag{101}$$

Diese Werte sind in Tafel F.15 angegeben.

*Momente auf der Linie $y=v$ bei kleiner Lastfläche.*

a) Bereich $u-c\leqq x\leqq u+c$ (Punkte innerhalb der Lastfläche).

Das Moment $m_x$ oder $m_y$ im Punkt $x$ ergibt sich durch Integration der Einflußfläche für den Punkt $x$ über das Lastrechteck $c_1\cdot 2d$ und über das Lastrechteck $c_2\cdot 2d$ (Abb. 28), wobei

$$c_1=x-u+c,$$

$$c_2=u-x+c.$$

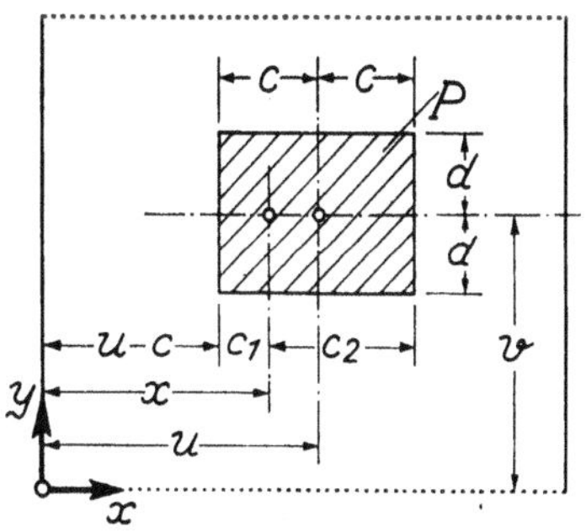

Abb. 28

Unter Benützung der Tafeln F.13 bzw. F.14 erhält man das gesuchte Moment, indem man den Lastanteil $P\cdot\frac{c_1}{2c}$ mit dem Tafelwert für $\frac{2c_1}{a}$, $\frac{2d}{a}$ und den Lastanteil $P\cdot\frac{c_2}{2c}$ mit dem Tafelwert für $\frac{2c_2}{a}$, $\frac{2d}{a}$ multipliziert und zusammenzählt. Das Zusatzglied aus der Abweichung von $u$ oder $x$ von $\frac{a}{2}$ ist näherungsweise

$$m_x-m_{xm}=m_y-m_{ym}=\frac{1}{4\pi}\ln\sin\pi\frac{x+u}{2a} \tag{102}$$

und ist aus Tafel F.15 zu entnehmen.

**F₂—12**

b) Bereiche $0 \leqq x \leqq u - c$ und $u + c \leqq x \leqq a$ (Punkte außerhalb der Lastfläche).

Die Momente außerhalb der Lastfläche sind annähernd die gleichen wie bei Punktlast, so daß die Formeln und Tafeln für die *Einflußflächen* verwendet werden können.

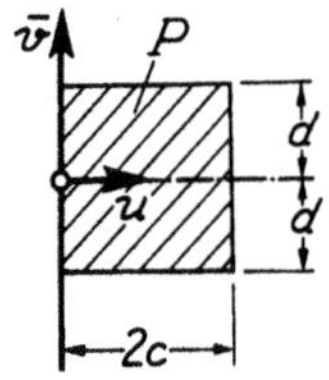

Abb. 29

*Randkräfte bei Lasten mit kleiner Fläche am Rande.*

Mit (100) lautet die Einflußfläche für die Randquerkraft in unmittelbarer Nähe des Bezugspunktes näherungsweise:

$$\text{Einfl } q_s = \frac{1}{\pi} \frac{u}{u^2 + \bar{v}^2}. \qquad \text{(s — h*)}$$

Die Integration über ein Lastrechteck nach Abb. 29 und Multiplikation mit $\frac{P}{2c \cdot 2d}$ liefert für die Mittellinie des Lastrechteckes

$$q_s = \frac{P}{2c \cdot 2d} \int_0^{2c} du \int_{-d}^{+d} d\bar{v} \text{ Einfl } q_s = \frac{P}{2d} \left\{ \frac{1}{2\pi} \frac{d}{c} \ln \left[ 1 + \left( \frac{2c}{d} \right)^2 \right] + \frac{2}{\pi} \operatorname{arctg} \frac{d}{2c} \right\}. \qquad \text{(s — h)}$$

In gleicher Weise ist

$$\text{Einfl } \bar{q}_s = \frac{3}{2\pi} \frac{u}{u^2 + \bar{v}^2} - \frac{1}{\pi} \frac{u \bar{v}^2}{(u^2 + \bar{v}^2)^2} \qquad \text{(s — k*)}$$

und in der Mittellinie des Lastrechteckes:

$$\bar{q}_s = \frac{P}{2c \cdot 2d} \int_0^{2c} du \int_{-d}^{+d} d\bar{v} \text{ Einfl } \bar{q}_s = \frac{P}{2d} \left\{ \frac{3}{4\pi} \frac{d}{c} \ln \left[ 1 + \left( \frac{2c}{d} \right)^2 \right] + \frac{2}{\pi} \operatorname{arctg} \frac{d}{2c} \right\}. \qquad \text{(s — k)}$$

Die Werte der Klammerausdrücke sind für verschiedene Seitenverhältnisse $\frac{c}{d}$ in Tafel F. 17 angegeben.

## A.2. Der unendliche Plattenstreifen, Rand *s* starr eingespannt, Rand *a* frei drehbar gestützt

**SF — 1**

Gleichlast *p*

$$S\zeta = \frac{p a^4}{48} \left[ 3 \left( \frac{x}{a} \right)^2 - 5 \left( \frac{x}{a} \right)^3 + 2 \left( \frac{x}{a} \right)^4 \right], \qquad \text{(a)}$$

$$S\beta_x = \frac{p a^3}{48} \left[ 6 \frac{x}{a} - 15 \left( \frac{x}{a} \right)^2 + 8 \left( \frac{x}{a} \right)^3 \right], \qquad \text{(b)}$$

$$m_x = \frac{p a^2}{8} \left[ -1 + 5 \left( \frac{x}{a} \right) - 4 \left( \frac{x}{a} \right)^2 \right], \qquad \text{(d)}$$

$$q_x = p a \left[ \frac{5}{8} - \frac{x}{a} \right]. \qquad \text{(h)}$$

Rand *s* ($x = 0$): $\quad m_s = -\frac{p a^2}{8}, \qquad$ (s — d)

$q_s = p a \cdot \frac{5}{8}. \qquad$ (s — h)

Rand *a* ($x = a$): $\quad -S\beta_a = \frac{p a^3}{48}, \qquad$ (a — b)

$-q_a = p a \cdot \frac{3}{8}. \qquad$ (a — h)

Mittellinie $\left( x = \frac{a}{2} \right)$: $\quad S\zeta_m = \frac{p a^4}{192}, \qquad$ (m — a)

$m_{xm} = \frac{p a^2}{16}, \qquad$ (m — d)

$q_{xm} = +\frac{p a}{8}. \qquad$ (m — h)

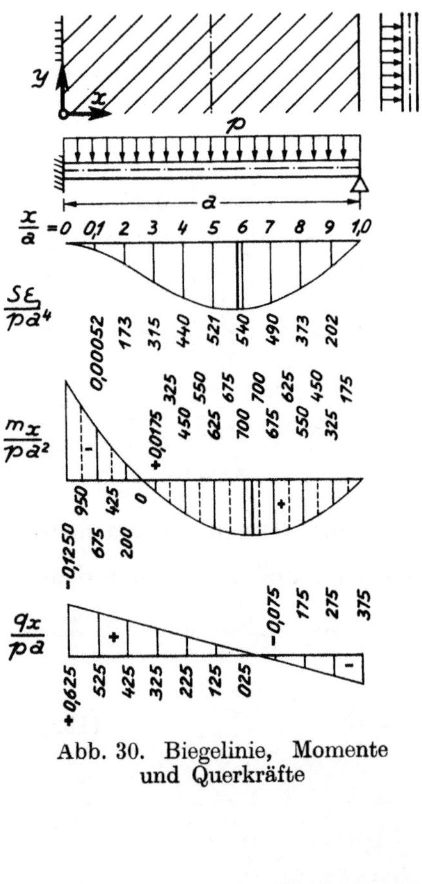


Abb. 30. Biegelinie, Momente und Querkräfte

Größte Durchbiegung:

$$\frac{x^*}{a} = 0{,}5785 \qquad \max S\zeta = p\,a^4 \cdot 0{,}005416 \doteq \frac{p\,a^4}{185}. \qquad (* - a)$$

Größtes Feldmoment:

$$\frac{x^+}{a} = \frac{5}{8} \qquad \max M = p\,a^2 \cdot \frac{9}{128} = p\,a^2 \cdot 0{,}0703. \qquad (+ - d)$$

**SF — 2**

## Gleichmäßig verteilte Last $p$ auf einem Streifen von der Breite $2c$

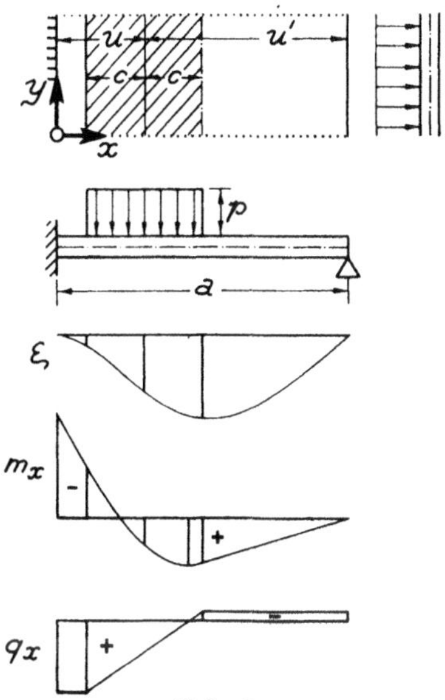


Abb. 31

$\alpha$) Bereich $0 \leqq x \leqq u - c$:

$$S\zeta = p\,a^4 \frac{1}{6}\frac{c}{a}\frac{u'}{a}\left\{3\left[1-\left(\frac{u'}{a}\right)^2-\left(\frac{c}{a}\right)^2\right]\left(\frac{x}{a}\right)^2-\left[3-\left(\frac{u'}{a}\right)^2-\left(\frac{c}{a}\right)^2\right]\left(\frac{x}{a}\right)^3\right\}, \qquad (\alpha - a)$$

$$S\beta_x = p\,a^3 \frac{c}{a}\frac{u'}{a}\left\{\left[1-\left(\frac{u'}{a}\right)^2-\left(\frac{c}{a}\right)^2\right]\frac{x}{a}-\frac{1}{2}\left[3-\left(\frac{u'}{a}\right)^2-\left(\frac{c}{a}\right)^2\right]\left(\frac{x}{a}\right)^2\right\}, \qquad (\alpha - b)$$

$$m_x = p\,c\,u'\left\{-\left[1-\left(\frac{u'}{a}\right)^2-\left(\frac{c}{a}\right)^2\right]+\left[3-\left(\frac{u'}{a}\right)^2-\left(\frac{c}{a}\right)^2\right]\frac{x}{a}\right\}, \qquad (\alpha - d)$$

$$q_x = q_s = p\,c\,\frac{u'}{a}\left[3-\left(\frac{u'}{a}\right)^2-\left(\frac{c}{a}\right)^2\right]. \qquad (\alpha - h)$$

$\beta$) Bereich $u - c \leqq x \leqq u + c$:

$$S\zeta = p\,a^4\left[\frac{1}{6}\frac{c}{a}\frac{u'}{a}\left\{3\left[1-\left(\frac{u'}{a}\right)^2-\left(\frac{c}{a}\right)^2\right]\left(\frac{x}{a}\right)^2-\left[3-\left(\frac{u'}{a}\right)^2-\left(\frac{c}{a}\right)^2\right]\left(\frac{x}{a}\right)^3\right\}+\frac{(x-u+c)^4}{24\,a^4}\right], \qquad (\beta - a)$$

$$S\beta_x = p\,a^3\left[\frac{c}{a}\frac{u'}{a}\left\{\left[1-\left(\frac{u'}{a}\right)^2-\left(\frac{c}{a}\right)^2\right]\frac{x}{a}-\frac{1}{2}\left[3-\left(\frac{u'}{a}\right)^2-\left(\frac{c}{a}\right)^2\right]\left(\frac{x}{a}\right)^2\right\}+\frac{(x-u+c)^3}{6\,a^3}\right], \qquad (\beta - b)$$

$$m_x = p\left[c\,u'\left\{-\left[1-\left(\frac{u'}{a}\right)^2-\left(\frac{c}{a}\right)^2\right]+\left[3-\left(\frac{u'}{a}\right)^2-\left(\frac{c}{a}\right)^2\right]\frac{x}{a}\right\}-\frac{(x-u+c)^2}{2}\right], \qquad (\beta - d)$$

$$q_x = p\left\{c\,\frac{u'}{a}\left[3-\left(\frac{u'}{a}\right)^2-\left(\frac{c}{a}\right)^2\right]-(x-u+c)\right\}. \qquad (\beta - h)$$

$\gamma$) Bereich $u + c \leqq x \leqq a$:

$$S\zeta = p\,a^4 \frac{1}{6}\frac{c}{a}\left\{\left[3\frac{u^2 u'}{a^3}-\left(3\frac{u}{a}-1\right)\left(\frac{c}{a}\right)^2\right]\left(1-\frac{x}{a}\right)-\left[\left(\frac{u}{a}\right)^2\left(2+\frac{u'}{a}\right)+\right.\right.$$

$$\left.\left.+\frac{u'}{a}\left(\frac{c}{a}\right)^2\right]\left(1-\frac{x}{a}\right)^3\right\}, \qquad (\gamma - a)$$

**SF — 2**

$$S\beta_x = p\,a^3 \frac{1}{6}\frac{c}{a}\left\{-3\frac{u^2 u'}{a^3} + \left(3\frac{u}{a} - 1\right)\left(\frac{c}{a}\right)^2 + 3\left[\left(\frac{u}{a}\right)^2\left(2 + \frac{u'}{a}\right) + \right.\right.$$

$$\left.\left. + \frac{u'}{a}\left(\frac{c}{a}\right)^2\right]\left(1 - \frac{x}{a}\right)^2\right\}, \qquad (\gamma - \mathrm{b})$$

$$m_x = p\,c\,a\left[\left(\frac{u}{a}\right)^2\left(2 + \frac{u'}{a}\right) + \frac{u'}{a}\left(\frac{c}{a}\right)^2\right]\left(1 - \frac{x}{a}\right), \qquad (\gamma - \mathrm{d})$$

$$q_x = q_a = -p\,c\left[\left(\frac{u}{a}\right)^2\left(2 + \frac{u'}{a}\right) + \frac{u'}{a}\left(\frac{c}{a}\right)^2\right]. \qquad (\gamma - \mathrm{h})$$

Rand $s$ $(x = 0)$:

$$m_s = -p\,c\,u'\left[1 - \left(\frac{u'}{a}\right)^2 - \left(\frac{c}{a}\right)^2\right]. \qquad (\mathrm{s} - \mathrm{d})$$

Größtes Feldmoment:

$$x^* - u + c = c\frac{u'}{a}\left[3 - \left(\frac{u'}{a}\right)^2 - \left(\frac{c}{a}\right)^2\right],$$

$$\max m_x = q_a\left[u' - \frac{x^* - u + c}{2}\right] =$$

$$= p\,c\,u'\left[\left(\frac{u}{a}\right)^2\left(2 + \frac{u'}{a}\right) + \frac{u'}{a}\left(\frac{c}{a}\right)^2\right]\left\{1 - \frac{c}{2a}\left[3 - \left(\frac{u'}{a}\right)^2 - \left(\frac{c}{a}\right)^2\right]\right\}. \qquad (* - \mathrm{d})$$

Bei *wandernder Last* (veränderlichem $u$) entsteht das größtmögliche Stützenmoment mit

$$\frac{u'^*}{a} = \sqrt{\frac{1 - \left(\frac{c}{a}\right)^2}{3}} \ldots \max(-m_s) = 2\,p\,c\,a\left(\frac{u'^*}{a}\right)^3 = 2\,p\,c\,a\left[\frac{1 - \left(\frac{c}{a}\right)^2}{3}\right]^{\frac{3}{2}}. \qquad (\mathrm{s}^* - \mathrm{d})$$

Das größtmögliche Feldmoment entsteht bei einem Abstand $\frac{u'}{a}$, der von 0,366 bei $c = 0$ (Fall **SF — 20**) bis 0,50 bei $\frac{c}{a} = 0{,}5$ (Fall **SF — 1**) schwankt, während das zugehörige $1 - \frac{x^*}{a}$ zwischen 0,366 und 0,375 liegt. Die Bedingung $\frac{\partial}{\partial u'}(\max m_x) = 0$ liefert eine Gleichung 5. Grades für $u'$; setzt man $\frac{u'}{a} = 0{,}366 + \varepsilon$, erhält man eine Gleichung 5. Grades für $\varepsilon$, die sich leicht lösen läßt, da $\varepsilon^2$, $\varepsilon^3$ usw. sehr kleine Zahlen sind. Aus dem so gefundenen Wert $\frac{u'}{a}$ ergeben sich alle weiteren Größen, die in Tafel 4 zusammengestellt sind.

Tafel 4. Größtmögliche Momente bei wandernder Streifenlast

| $\frac{2c}{a}$ | 1,0 | 0,9 | 0,8 | 0,7 | 0,6 | 0,5 | 0,4 | 0,3 | 0,2 | 0,1 | 0 | Faktor |
|---|---|---|---|---|---|---|---|---|---|---|---|---|
| $\frac{u'^*}{a}$ | 0,500 | 0,516 | 0,529 | 0,541 | 0,551 | 0,559 | 0,565 | 0,571 | 0,574 | 0,576 | 0,577 | — |
| $\max(-m_s)$ | 0,1250 | 0,1372 | 0,1482 | 0,1582 | 0,1671 | 0,1747 | 0,1810 | 0,1863 | 0,1895 | 0,1918 | 0,1925 | $2\,p\,c\,a$ |
| $\frac{u'}{a}$ | 0,500 | 0,459 | 0,433 | 0,414 | 0,400 | 0,389 | 0,381 | 0,375 | 0,371 | 0,368 | 0,366 | — |
| $1 - \frac{x^*}{a}$ | 0,375 | 0,374 | 0,373 | 0,372 | 0,370 | 0,368 | 0,367 | 0,366 | 0,365 | 0,365 | 0,366 | — |
| $q_a$ | 0,375 | 0,406 | 0,426 | 0,440 | 0,450 | 0,457 | 0,463 | 0,467 | 0,470 | 0,473 | 0,476 | $2\,p\,c$ |
| $\frac{u'}{a} - \frac{x^* - u + c}{2a}$ | 0,1875 | 0,192 | 0,203 | 0,218 | 0,235 | 0,254 | 0,274 | 0,296 | 0,318 | 0,342 | 0,366 | — |
| $\max\max m_x$ | 0,0703 | 0,0778 | 0,0864 | 0,0958 | 0,1058 | 0,1160 | 0,1270 | 0,1382 | 0,1496 | 0,1615 | 0,1740 | $2\,p\,c\,a$ |

**SF — 20** Gleichmäßig verteilte Linienlast $P_1$ je Breiteneinheit

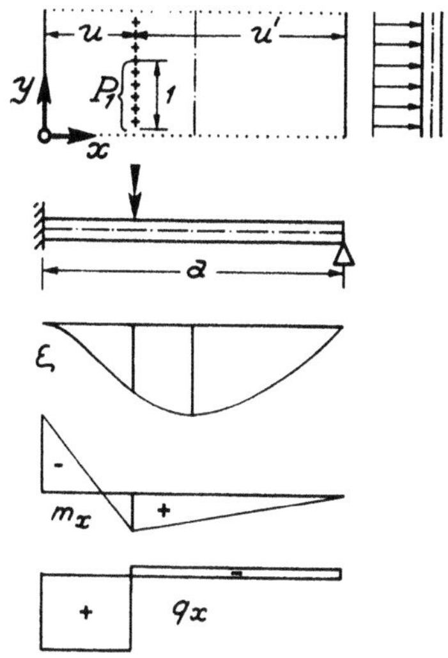


Abb. 32

$\alpha$) Bereich $0 \leqq x \leqq u$:

$$S\zeta = P_1 a^3 \frac{1}{12}\frac{u'}{a}\left[3\left(1-\frac{u'^2}{a^2}\right)\left(\frac{x}{a}\right)^2-\left(3-\frac{u'^2}{a^2}\right)\left(\frac{x}{a}\right)^3\right], \qquad (\alpha - \text{a})$$

$$S\beta_x = P_1 a^2 \frac{1}{4}\frac{u'}{a}\left[2\left(1-\frac{u'^2}{a^2}\right)\left(\frac{x}{a}\right)-\left(3-\frac{u'^2}{a^2}\right)\left(\frac{x}{a}\right)^2\right], \qquad (\alpha - \text{b})$$

$$m_x = P_1 \frac{u'}{2}\left[-\left(1-\frac{u'^2}{a^2}\right)+\left(3-\frac{u'^2}{a^2}\right)\frac{x}{a}\right], \qquad (\alpha - \text{d})$$

$$q_x = P_1 \frac{1}{2}\frac{u'}{a}\left(3-\frac{u'^2}{a^2}\right). \qquad (\alpha - \text{h})$$

$\beta$) Linie $x = u$:

$$S\zeta_u = P_1 a^3 \frac{1}{12}\left(\frac{u}{a}\right)^3\left(\frac{u'}{a}\right)^2\left(3+\frac{u'}{a}\right), \qquad (\beta - \text{a})$$

$$S\beta_u = P_1 a^2 \frac{1}{4}\left(\frac{u}{a}\right)^2\frac{u'}{a}\left[\left(2-\frac{u}{a}\right)^2-2\right], \qquad (\beta - \text{b})$$

$$m_u = P_1 u'\left(\frac{u}{a}\right)^2\left(1+\frac{u'}{2a}\right). \qquad (\beta - \text{d})$$

$\gamma$) Bereich $u \leqq x \leqq a$:

$$S\zeta = P_1 a^3 \frac{1}{12}\left(\frac{u}{a}\right)^2\left[3\frac{u'}{a}\left(1-\frac{x}{a}\right)-\left(2+\frac{u'}{a}\right)\left(1-\frac{x}{a}\right)^3\right], \qquad (\gamma - \text{a})$$

$$S\beta_x = P_1 a^2 \frac{1}{4}\left(\frac{u}{a}\right)^2\left[-\frac{u'}{a}+\left(2+\frac{u'}{a}\right)\left(1-\frac{x}{a}\right)^2\right], \qquad (\gamma - \text{b})$$

$$m_x = P_1\left(\frac{u}{a}\right)^2\left(1+\frac{u'}{2a}\right)(a-x), \qquad (\gamma - \text{d})$$

$$q_x = -P_1\left(\frac{u}{a}\right)^2\left(1+\frac{u'}{2a}\right). \qquad (\gamma - \text{h})$$

Rand $s$ $(x = 0)$:

$$m_s = -P_1\frac{u'}{2}\left(1-\frac{u'^2}{a^2}\right). \qquad (\text{s} - \text{d})$$

Unter *wandernder Last* (veränderlichem $u$) entsteht die größtmögliche Durchbiegung in

$$\frac{x^*}{a} = \frac{u^*}{a} = 2-\sqrt{2} = 0{,}586 \ldots$$

$$\ldots \max S\zeta_u = P_1 a^3 \frac{1}{6}\left(2-\sqrt{2}\right)^2\left(\sqrt{2}-1\right)^2 = P_1 a^3 \cdot 0{,}00983, \qquad (* - \text{a})$$

das größte Stützenmoment mit

$$\frac{u'}{a} = \frac{1}{\sqrt{3}} = 0{,}577 \ldots \max(-m_s) = P_1 a\frac{1}{3\sqrt{3}} = P_1 a \cdot 0{,}1925 \qquad (\text{s} - * - \text{d})$$

und das größte Feldmoment in

$$\frac{u'^*}{a} = \frac{\sqrt{3}-1}{2} = 0{,}366 \ldots \max m_u = P_1 a \frac{3}{4}\left(\sqrt{3}-\frac{3}{2}\right) = P_1 a \cdot 0{,}1740. \qquad (* - \text{d})$$

**SF — 3** Dreiecklast: $p_x = p_s\left(1-\frac{x}{a}\right)$

$$S\zeta = \frac{p_s a^4}{120}\left[4\left(\frac{x}{a}\right)^2-8\left(\frac{x}{a}\right)^3+5\left(\frac{x}{a}\right)^4-\left(\frac{x}{a}\right)^5\right] = \frac{p_s a^4}{120}\left(\frac{x}{a}\right)^2\left(1-\frac{x}{a}\right)\left(2-\frac{x}{a}\right)^2, \qquad (\text{a})$$

$$S\beta_x = \frac{p_s a^3}{120}\left[8\left(\frac{x}{a}\right)-24\left(\frac{x}{a}\right)^2+20\left(\frac{x}{a}\right)^3-5\left(\frac{x}{a}\right)^4\right], \qquad (\text{b})$$

$$m_x = \frac{p_s a^2}{30}\left[-2+12\left(\frac{x}{a}\right)-15\left(\frac{x}{a}\right)^2+5\left(\frac{x}{a}\right)^3\right] = p_s a^2\left(1-\frac{x}{a}\right)\left[-\frac{1}{15}+\frac{1}{6}\cdot\frac{x}{a}\left(2-\frac{x}{a}\right)\right], \qquad (\text{d})$$

$$q_x = p_s a\left[\frac{2}{5}-\frac{x}{a}+\frac{1}{2}\left(\frac{x}{a}\right)^2\right]. \qquad (\text{h})$$

**SF — 3**

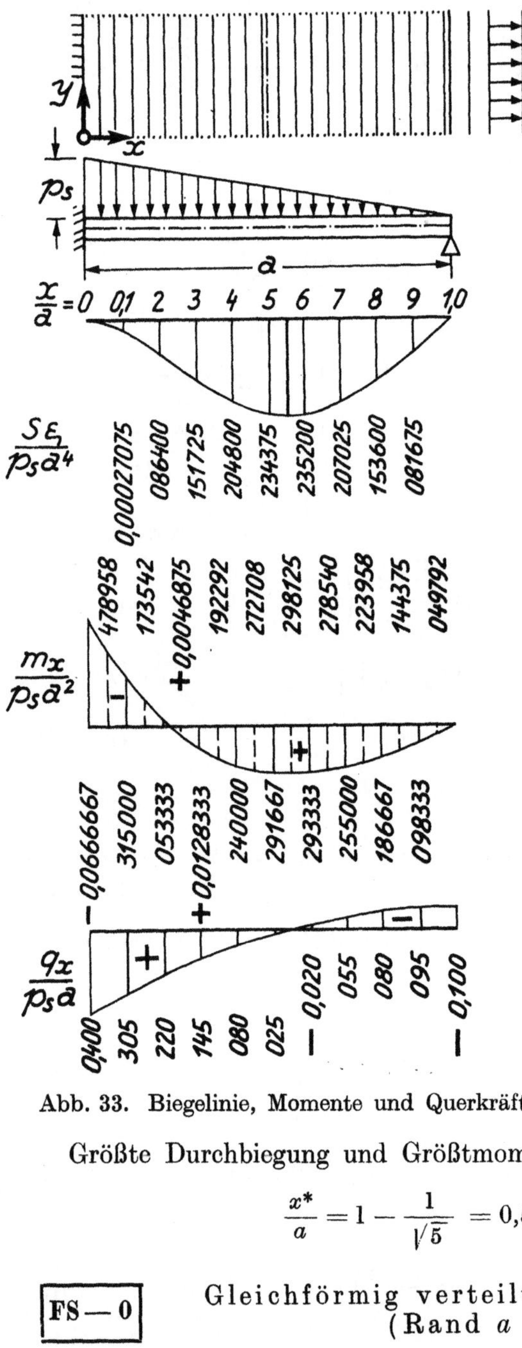


Abb. 33. Biegelinie, Momente und Querkräfte

Rand $s$ $(x = 0)$:

$$m_s = -\frac{p_s a^2}{15}, \qquad \text{(s — d)}$$

$$q_s = p_s a \cdot \frac{2}{5}. \qquad \text{(s — h)}$$

Rand $a$ $(x = a)$:

$$-S\beta_a = \frac{p_s a^3}{120}, \qquad \text{(a — b)}$$

$$-q_a = \frac{p_s a}{10}. \qquad \text{(a — h)}$$

Mittellinie $x = \frac{a}{2}$:

$$S\zeta_m = p_s a^4 \cdot \frac{3}{1280} = p_s a^4 \cdot 0{,}00234375, \qquad \text{(m — a)}$$

$$m_{xm} = p_s a^2 \cdot \frac{7}{240} = p_s a^2 \cdot 0{,}0291667, \qquad \text{(m — d)}$$

$$q_{xm} = +\frac{p_s a}{40}. \qquad \text{(m — h)}$$

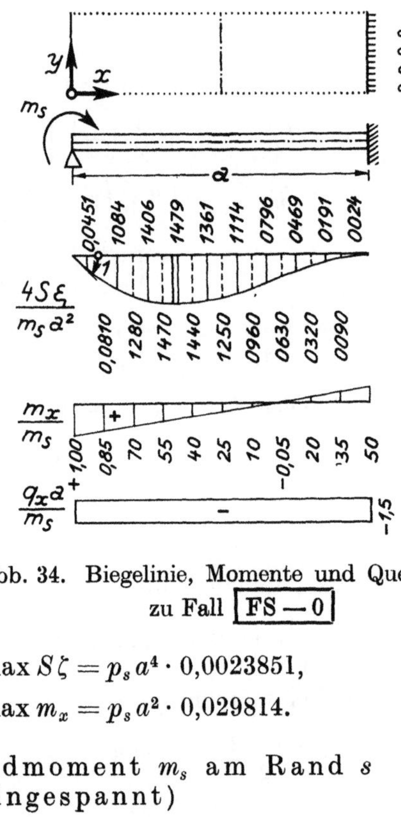


Abb. 34. Biegelinie, Momente und Querkräfte zu Fall **FS — 0**

Größte Durchbiegung und Größtmoment:

$$\frac{x^*}{a} = 1 - \frac{1}{\sqrt{5}} = 0{,}5528 \quad \begin{cases} \max S\zeta = p_s a^4 \cdot 0{,}0023851, & \text{(* — a)} \\ \max m_x = p_s a^2 \cdot 0{,}029814. & \text{(* — d)} \end{cases}$$

**FS — 0**

## Gleichförmig verteiltes Randmoment $m_s$ am Rand $s$ (Rand $a$ starr eingespannt)

$$S\zeta = m_s a^2 \frac{1}{4}\left[\frac{x}{a} - 2\left(\frac{x}{a}\right)^2 + \left(\frac{x}{a}\right)^3\right] = m_s a^2 \frac{1}{4}\frac{x}{a}\left(1 - \frac{x}{a}\right)^2, \qquad \text{(a)}$$

$$S\beta_x = m_s a \frac{1}{4}\left[1 - 4\frac{x}{a} + 3\left(\frac{x}{a}\right)^2\right], \qquad \text{(b)}$$

$$m_x = m_s\left[1 - \frac{3}{2}\frac{x}{a}\right], \qquad \text{(d)}$$

$$q_x = -\frac{3}{2}\frac{m_s}{a}. \qquad \text{(h)}$$

Rand $s$:

$$S\beta_s = \frac{m_s a}{4}. \qquad \text{(s — b)}$$

Größte Durchbiegung:

$$\frac{x^*}{a} = \frac{1}{3} \ldots \max S\,\zeta = \frac{m_s\, a^2}{27} = m_s\, a^2 \cdot 0{,}0370. \qquad (* - \text{a})$$

**SF — 10** Punktlast (Einflußflächen)

Dem Grundfall **$F_2$ — 10** ist die Wirkung der Randmomente $m_s$ zu überlagern. Die Formeln für letztere erhält man aus Fall **$SF_3$ — 10** durch Übergang zum FOURIERschen Integral. Die Rechnung ist aber weniger zeitraubend und praktisch hinreichend genau, wenn die Einflußflächen für Punkte der Mittellinie $y = \frac{b}{2}$ einer Rechteckplatte mit $b = 4\,a$ nach Fall **$SF_3$ — 10** ermittelt werden (Abb. 35). Die hiezu benötigten Zahlenwerte sind in den Tafeln E.4,0 zu finden. Einflußflächen in den Tafeln G.21 bis 26.

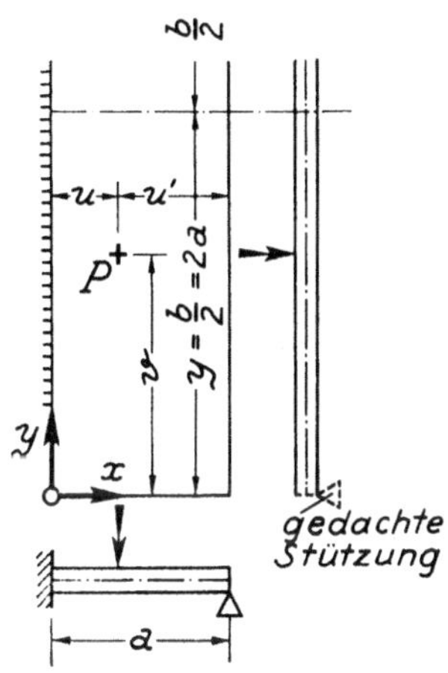


Abb. 35

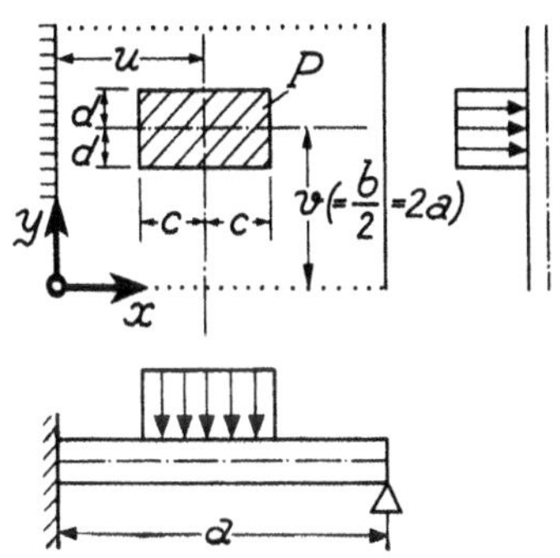


Abb. 36

**SF — 12** Rechtecklast

Die Last wird auf die Mittellinie $y = \frac{b}{2}$ einer Rechteckplatte mit $b = 4a$ gestellt (Abb. 36) und nach Fall **$SF_3$ — 12** behandelt (siehe unter C.2.).

Die Größtwerte der Momente liegen auf der Mittellinie $y = v$ (ausgenommen $m_y$ bei großem $\frac{d}{a}$), aber nicht im Lastmittelpunkt.

Bei *wandernder* Last (veränderlichem $u$) entstehen die größtmöglichen Feldmomente bei einer ähnlichen Laststellung wie im Fall **SF — 2**, ebenfalls nicht im Lastmittelpunkt. Der Unterschied zwischen dem größtmöglichen Feldmoment und dem Mittenmoment im Fall **$F_2$ — 12** mit $\frac{u}{a} = 0{,}5$ ist aus Tafel G.11 für $m_x$ und Tafel G.12 für $m_y$ zu entnehmen (Mittenmomente nach Tafel F.11 bzw. F.12).

Bei einer Last mit *kleiner* Fläche neben dem eingespannten Rand $s$ ist der Größtwert der Auflagerkraft $q_s = \bar{q}_s$ ebenso groß wie $q_t$ im Fall **$F_2S$ — 12**, wenn die Last neben dem eingespannten Querrand steht, es sind nur $c$ und $d$ miteinander zu vertauschen. Die Zahlenwerte für verschiedene Seitenverhältnisse $\frac{c}{d}$ sind in Tafel F.17 enthalten.

## A.3. Der unendliche Plattenstreifen, beiderseits starr eingespannt

**$S_2 - 1$**

Gleichlast $p$

$$S\,\zeta = \frac{p\,a^4}{24}\left[\left(\frac{x}{a}\right)^2 - 2\left(\frac{x}{a}\right)^3 + \left(\frac{x}{a}\right)^4\right], \tag{a}$$

$$S\,\beta_x = \frac{p\,a^3}{12}\left[\frac{x}{a} - 3\left(\frac{x}{a}\right)^2 + 2\left(\frac{x}{a}\right)^3\right], \tag{b}$$

$$m_x = p\,a^2\left[-\frac{1}{12} + \frac{1}{2}\cdot\frac{x}{a} - \frac{1}{2}\left(\frac{x}{a}\right)^2\right], \tag{d}$$

$$q_x = p\,a\left[\frac{1}{2} - \frac{x}{a}\right]. \tag{h}$$

Rand $s$ und Rand $a$:

$$m_s = m_a = -\frac{p\,a^2}{12}, \tag{s — d}$$

$$q_s = -q_a = \frac{p\,a}{2}. \tag{s — h}$$

Mittellinie $x = \frac{a}{2}$:

$$S\,\zeta_m = \frac{p\,a^4}{384}, \tag{m — a}$$

$$m_{x\,m} = \frac{p\,a^2}{24}. \tag{m — d}$$

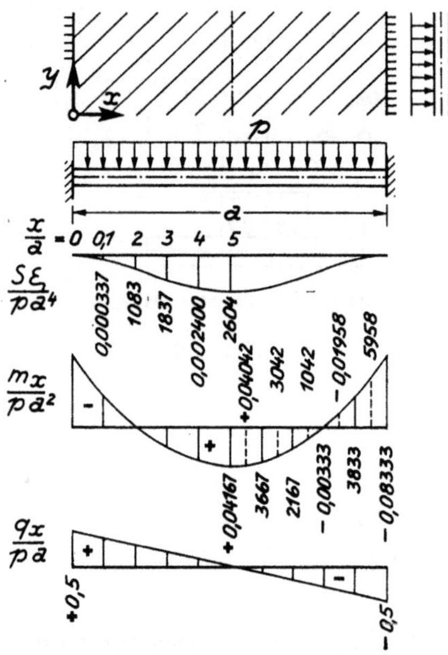


Abb. 37. Biegelinie, Momente und Querkräfte

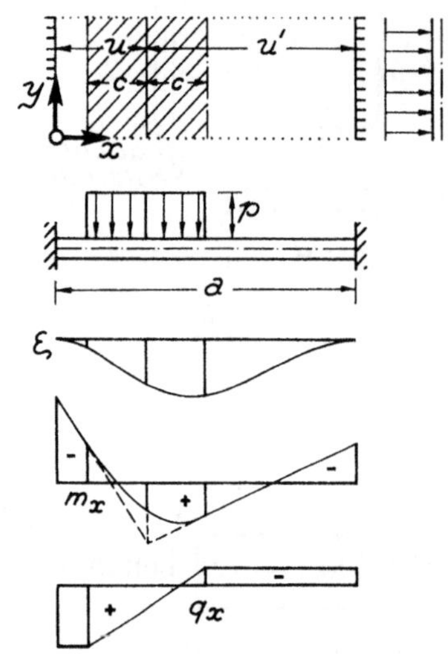


Abb. 38 (Fall $S_2 - 2$)

**$S_2 - 2$**

Gleichmäßig verteilte Last $p$ (in t/m²) auf einem Streifen von der Breite $2c$

$\alpha$) Bereich $0 \leqq x \leqq u - c$:

$$S\,\zeta = p\,a^3 c\left\{\left[\frac{u}{a}\left(\frac{u'}{a}\right)^2 - \left(\frac{u'}{a} - \frac{1}{3}\right)\left(\frac{c}{a}\right)^2\right]\left(\frac{x}{a}\right)^2 - \frac{1}{3}\left[\frac{u'}{a} + \left(1 - 2\frac{u}{a}\right)\left(\frac{u}{a}\frac{u'}{a} - \frac{c^2}{a^2}\right)\right]\left(\frac{x}{a}\right)^3\right\}, \tag{$\alpha$ — a}$$

$$S\,\beta_x = p\,a^2 c\left\{2\left[\frac{u}{a}\left(\frac{u'}{a}\right)^2 - \left(\frac{u'}{a} - \frac{1}{3}\right)\left(\frac{c}{a}\right)^2\right]\frac{x}{a} - \left[\frac{u'}{a} + \left(1 - 2\frac{u}{a}\right)\left(\frac{u}{a}\frac{u'}{a} - \frac{c^2}{a^2}\right)\right]\left(\frac{x}{a}\right)^2\right\}, \tag{$\alpha$ — b}$$

$$m_x = p\,a\cdot 2\,c\left\{-\frac{u}{a}\left(\frac{u'}{a}\right)^2 + \left(\frac{u'}{a} - \frac{1}{3}\right)\left(\frac{c}{a}\right)^2 + \left[\frac{u'}{a} + \left(1 - 2\frac{u}{a}\right)\left(\frac{u}{a}\frac{u'}{a} - \frac{c^2}{a^2}\right)\right]\frac{x}{a}\right\}, \tag{$\alpha$ — d}$$

$$q_x = p\cdot 2\,c\left[\frac{u'}{a} + \left(1 - 2\frac{u}{a}\right)\left(\frac{u}{a}\frac{u'}{a} - \frac{c^2}{a^2}\right)\right]. \tag{$\alpha$ — h}$$

$\beta$) Bereich $u - c \leqq x \leqq u + c$:

$$S\,\zeta = p\,a^4 \left\{ \frac{c}{a}\left[\frac{u}{a}\left(\frac{u'}{a}\right)^2 - \left(\frac{u'}{a} - \frac{1}{3}\right)\left(\frac{c}{a}\right)^2\right]\left(\frac{x}{a}\right)^2 - \right.$$

$$\left. - \frac{c}{3\,a}\left[\frac{u'}{a} + \left(1 - 2\,\frac{u}{a}\right)\left(\frac{u}{a}\,\frac{u'}{a} - \frac{c^2}{a^2}\right)\right]\left(\frac{x}{a}\right)^3 + \frac{1}{24}\left(\frac{x - u + c}{a}\right)^4 \right\}, \qquad (\beta - \mathrm{a})$$

$$S\,\beta_x = p\,a^3 \left\{ \frac{2\,c}{a}\left[\frac{u}{a}\left(\frac{u'}{a}\right)^2 - \left(\frac{u'}{a} - \frac{1}{3}\right)\left(\frac{c}{a}\right)^2\right]\frac{x}{a} - \right.$$

$$\left. - \frac{c}{a}\left[\frac{u'}{a} + \left(1 - 2\,\frac{u}{a}\right)\left(\frac{u}{a}\,\frac{u'}{a} - \frac{c^2}{a^2}\right)\right]\left(\frac{x}{a}\right)^2 + \frac{1}{6}\left(\frac{x - u + c}{a}\right)^3 \right\}, \qquad (\beta - \mathrm{b})$$

$$m_x = p\,a^2 \left\{ - \frac{2\,c}{a}\left[\frac{u}{a}\left(\frac{u'}{a}\right)^2 + \left(\frac{u'}{a} - \frac{1}{3}\right)\left(\frac{c}{a}\right)^2\right] + \right.$$

$$\left. + \frac{2\,c}{a}\left[\frac{u'}{a} + \left(1 - 2\,\frac{u}{a}\right)\left(\frac{u}{a}\,\frac{u'}{a} - \frac{c^2}{a^2}\right)\right]\frac{x}{a} - \frac{1}{2}\left(\frac{x - u + c}{a}\right)^2 \right\}, \qquad (\beta - \mathrm{d})$$

$$q_x = p \left\{ 2\,c\left[\frac{u'}{a} + \left(1 - 2\,\frac{u}{a}\right)\left(\frac{u}{a}\,\frac{u'}{a} - \frac{c^2}{a^2}\right)\right] - (x - u + c)\right]. \qquad (\beta - \mathrm{h})$$

$\gamma$) Bereich $u + c \leqq x \leqq a$:

In den Formeln unter $\alpha$) ist $u$ mit $u'$ zu vertauschen und $1 - \frac{x}{a}$ statt $\frac{x}{a}$ zu setzen; bei $S\,\beta_x$ und $q_x$ ist das Vorzeichen zu wechseln.

Rand $s$ $(x = 0)$:

$$- m_s = p\,a \cdot 2\,c \left\{ \frac{u}{a}\left(\frac{u'}{a}\right)^2 - \left(\frac{u'}{a} - \frac{1}{3}\right)\left(\frac{c}{a}\right)^2 \right\}. \qquad (\mathrm{s} - \mathrm{d})$$

Rand $a$ $(x = a)$:

$$- m_a = p\,a \cdot 2\,c \left\{ \left(\frac{u}{a}\right)^2 \frac{u'}{a} - \left(\frac{u}{a} - \frac{1}{3}\right)\left(\frac{c}{a}\right)^2 \right\}. \qquad (\mathrm{a} - \mathrm{d})$$

Bei *wandernder* Last (veränderlichem $u$) entsteht das größtmögliche Stützenmoment $m_s$ mit

$$\frac{u'^*}{a} = \frac{1}{3}\left[1 + \sqrt{1 - 3\left(\frac{c}{a}\right)^2}\,\right] \ldots \max\,(-m_s) = p\,a \cdot 2\,c \cdot \frac{2}{27}\left\{1 + \left[1 - 3\left(\frac{c}{a}\right)^2\right]^{\frac{3}{2}}\right\}. \qquad (* - \mathrm{d})$$

**$S_2$ — 2 m**

Sonderfall $\frac{u}{a} = \frac{1}{2}$

$\alpha$) Bereich $0 \leqq x \leqq \frac{u}{2} - c$:

$$S\,\zeta = p\,a^3 \cdot c \left\{ \left[\frac{1}{8} - \frac{1}{6}\left(\frac{c}{a}\right)^2\right]\left(\frac{x}{a}\right)^2 - \frac{1}{6}\left(\frac{x}{a}\right)^3 \right\}, \qquad (\alpha - \mathrm{a})$$

$$S\,\beta_x = p\,a^2 \cdot c \left\{ \left[\frac{1}{4} - \frac{1}{3}\left(\frac{c}{a}\right)^2\right]\frac{x}{a} - \frac{1}{2}\left(\frac{x}{a}\right)^2 \right\}, \qquad (\alpha - \mathrm{b})$$

$$m_x = p\,a\,c \left\{ -\frac{1}{4} + \frac{1}{3}\left(\frac{c}{a}\right)^2 + \frac{x}{a} \right\}, \qquad (\alpha - \mathrm{d})$$

$$q_x = p \cdot c. \qquad (\alpha - \mathrm{h})$$

$\beta$) Bereich $\frac{a}{2} - c \leqq x \leqq \frac{a}{2} + c$:

$$S\,\zeta = p\,a^4 \left\{ \frac{c}{a}\left[\frac{1}{8} - \frac{1}{6}\left(\frac{c}{a}\right)^2\right]\left(\frac{x}{a}\right)^2 - \frac{c}{6a}\left(\frac{x}{a}\right)^3 + \frac{1}{24}\left(\frac{x}{a} - \frac{1}{2} + \frac{c}{a}\right)^4 \right\}, \qquad (\beta - \mathrm{a})$$

$$S\,\beta_x = p\,a^3 \left\{ \frac{c}{a}\left[\frac{1}{4} - \frac{1}{3}\left(\frac{c}{a}\right)^2\right]\frac{x}{a} - \frac{c}{2\,a}\left(\frac{x}{a}\right)^2 + \frac{1}{6}\left(\frac{x}{a} - \frac{1}{2} + \frac{c}{a}\right)^3 \right\}, \qquad (\beta - \mathrm{b})$$

$$m_x = p\,a^2 \left\{ -\frac{c}{a}\left[\frac{1}{4} - \frac{1}{3}\left(\frac{c}{a}\right)^2\right] + \frac{c}{a} \cdot \frac{x}{a} - \frac{1}{2}\left(\frac{x}{a} - \frac{1}{2} + \frac{c}{a}\right)^2 \right\}, \qquad (\beta - \mathrm{d})$$

$$q_x = p\left(\frac{a}{2} - x\right). \qquad (\beta - \mathrm{h})$$

$\gamma$) $x = \frac{a}{2}$:

$$S\,\zeta_m = p\,a^3 \cdot \frac{c}{24}\left[\frac{1}{4} - \left(\frac{c}{a}\right)^2 + \left(\frac{c}{a}\right)^3\right], \qquad (\mathrm{m} - \mathrm{a})$$

$$m_{x\,m} = p\,a \cdot \frac{c}{12}\left[3 - 6\left(\frac{c}{a}\right) + 4\left(\frac{c}{a}\right)^2\right]. \qquad (\mathrm{m} - \mathrm{d})$$

**$S_2$ — 20**

## Gleichmäßig verteilte Linienlast $P_1$ (in t/m) je Breiteneinheit

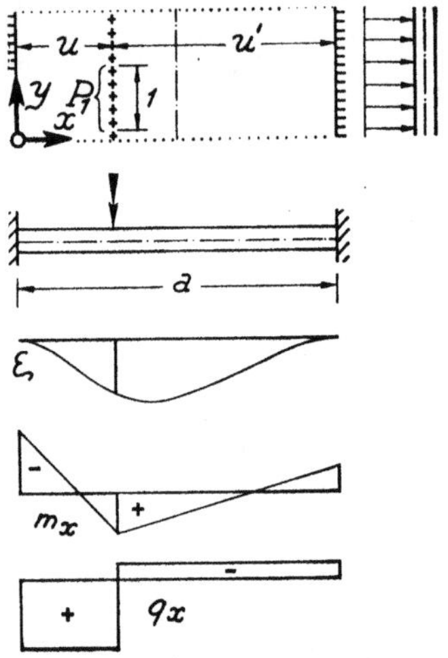


Abb. 39

α) Bereich $0 \leqq x \leqq u$:

$$S\,\zeta = P_1 a^3 \frac{1}{6}\left(\frac{u'}{a}\right)^2\left[3\,\frac{u}{a}\left(\frac{x}{a}\right)^2 - \left(1 + 2\,\frac{u}{a}\right)\left(\frac{x}{a}\right)^3\right], \qquad (\alpha - \mathrm{a})$$

$$S\,\beta_x = P_1 a^2 \left(\frac{u'}{a}\right)^2\left[\frac{u}{a}\,\frac{x}{a} - \left(\frac{1}{2} + \frac{u}{a}\right)\left(\frac{x}{a}\right)^2\right], \qquad (\alpha - \mathrm{b})$$

$$m_x = P_1 a \left(\frac{u'}{a}\right)^2\left[-\frac{u}{a} + \left(1 + 2\,\frac{u}{a}\right)\frac{x}{a}\right], \qquad (\alpha - \mathrm{d})$$

$$q_x = P_1 \left(\frac{u'}{a}\right)^2\left(1 + 2\,\frac{u}{a}\right). \qquad (\alpha - \mathrm{h})$$

β) Linie $x = u$:

$$S\,\zeta_u = P_1 a^3 \frac{1}{3}\left(\frac{u}{a}\right)^3\left(\frac{u'}{a}\right)^3, \qquad (\mathrm{u} - \mathrm{a})$$

$$S\,\beta_u = P_1 a^2 \left(\frac{u}{a}\right)^2\left(\frac{u'}{a}\right)^2\left(\frac{1}{2} - \frac{u}{a}\right), \qquad (\mathrm{u} - \mathrm{b})$$

$$m_u = P_1 a^2 \left(\frac{u}{a}\right)^2\left(\frac{u'}{a}\right)^2. \qquad (\mathrm{u} - \mathrm{d})$$

γ) Bereich $u \leqq x \leqq a$:

$$S\,\zeta = P_1 a^3 \frac{1}{6}\left(\frac{u}{a}\right)^2\left[3\,\frac{u'}{a}\left(1 - \frac{x}{a}\right)^2 - \left(1 + 2\,\frac{u'}{a}\right)\left(1 - \frac{x}{a}\right)^3\right], \qquad (\gamma - \mathrm{a})$$

$$S\,\beta_x = -P_1 a^2 \left(\frac{u}{a}\right)^2\left[\frac{u'}{a}\left(1 - \frac{x}{a}\right) - \left(\frac{1}{2} + \frac{u'}{a}\right)\left(1 - \frac{x}{a}\right)^2\right], \qquad (\gamma - \mathrm{b})$$

$$m_x = P_1 a \left(\frac{u}{a}\right)^2\left[-\frac{u'}{a} + \left(1 + 2\,\frac{u'}{a}\right)\left(1 - \frac{x}{a}\right)\right], \qquad (\gamma - \mathrm{d})$$

$$q_x = -P_1 \left(\frac{u}{a}\right)^2\left(1 + 2\,\frac{u'}{a}\right). \qquad (\gamma - \mathrm{h})$$

Rand $s$ $(x = 0)$: $\quad -m_s = P_1 u \cdot \left(\frac{u'}{a}\right)^2.$ $\qquad$ (s — d)

Rand $a$ $(x = a)$: $\quad -m_a = P_1 u' \left(\frac{u}{a}\right)^2.$ $\qquad$ (a — d)

Größte Durchbiegung im Punkt $x^*$:

$$\left.\begin{aligned} \frac{u}{a} \leqq \frac{1}{2} \;\ldots\; \frac{x^*}{a} &= \frac{1}{1 + 2\,\frac{u'}{a}}, \quad \max S\,\zeta = P_1 a^3 \frac{2\left(\frac{u}{a}\right)^2\left(\frac{u'}{a}\right)^3}{3\left(1 + 2\,\frac{u'}{a}\right)^2}, \\ \frac{u}{a} > \frac{1}{2} \;\ldots\; \frac{x^*}{a} &= \frac{2\,\frac{u}{a}}{1 + 2\,\frac{u}{a}}, \quad \max S\,\zeta = P_1 a^3 \frac{2\left(\frac{u}{a}\right)^3\left(\frac{u'}{a}\right)^2}{3\left(1 + 2\,\frac{u}{a}\right)^2}. \end{aligned}\right\} \qquad (* - \mathrm{a})$$

Größtes Stützenmoment bei wandernder Last:

$$\frac{u^*}{a} = \frac{1}{3} \;\ldots\; \max(-m_s) = P_1 a \frac{4}{27} = P_1 a \cdot 0{,}1481. \qquad (* - \mathrm{d})$$

Sonderfall $\frac{u}{a} = \frac{1}{2}$.

α) Bereich $0 \leqq x \leqq \frac{a}{2}$:

$$S\,\zeta = P_1 a^3 \frac{1}{48}\left[3\left(\frac{x}{a}\right)^2 - 4\left(\frac{x}{a}\right)^3\right], \qquad (\alpha - \mathrm{a})$$

$$S\,\beta_x = P_1 a^2 \frac{1}{8}\left[\frac{x}{a} - 2\left(\frac{x}{a}\right)^2\right], \qquad (\alpha - \mathrm{b})$$

$$m_x = \frac{P_1}{2}\left[-\frac{a}{4} + x\right], \qquad (\alpha - \mathrm{d})$$

$$q_x = \frac{P_1}{2}. \qquad (\alpha - \mathrm{h})$$

$\beta)\ x = \frac{a}{2}$:

$$S\,\zeta_m = \frac{P_1\,a^3}{192}, \qquad \text{(m — a)}$$

$$m_{x\,m} = \frac{P_1\,a}{8}. \qquad \text{(m — d)}$$

**S₂ — 3**

Dreiecklast $p_x = p_s\left(1 - \frac{x}{a}\right)$

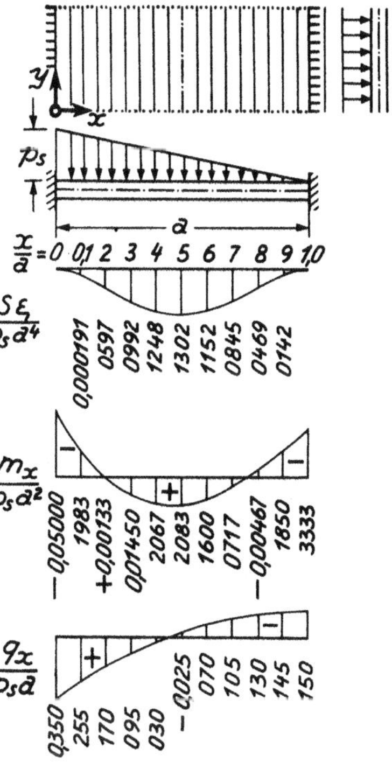


Abb. 40. Biegelinie, Momente und Querkräfte

$$S\,\zeta = \frac{p_s\,a^4}{120}\left[3\left(\frac{x}{a}\right)^2 - 7\left(\frac{x}{a}\right)^3 + 5\left(\frac{x}{a}\right)^4 - \left(\frac{x}{a}\right)^5\right], \qquad \text{(a)}$$

$$S\,\beta_x = \frac{p_s\,a^3}{120}\left[6\,\frac{x}{a} - 21\left(\frac{x}{a}\right)^2 + 20\left(\frac{x}{a}\right)^3 - 5\left(\frac{x}{a}\right)^4\right], \qquad \text{(b)}$$

$$m_x = \frac{p_s\,a^2}{60}\left[-3 + 21\,\frac{x}{a} - 30\left(\frac{x}{a}\right)^2 + 10\left(\frac{x}{a}\right)^3\right], \qquad \text{(d)}$$

$$q_x = \frac{p_s\,a}{20}\left[7 - 20\,\frac{x}{a} + 10\left(\frac{x}{a}\right)^2\right]. \qquad \text{(h)}$$

Rand $s$ $(x = 0)$: $\quad m_s = -\frac{p_s\,a^2}{20}, \qquad$ (s — d)

$\qquad q_s = p_s\,a\,\frac{7}{20}. \qquad$ (s — h)

Rand $a$ $(x = a)$: $\quad m_a = -\frac{p_s\,a^2}{30}, \qquad$ (a — d)

$\qquad q_a = -p_s\,a\,\frac{3}{20}. \qquad$ (a — h)

Mittellinie $\left(x = \frac{a}{2}\right)$: $\quad S\,\zeta_m = \frac{p_s\,a^4}{768}, \qquad$ (m — a)

$\qquad m_{x\,m} = \frac{p_s\,a^2}{48} = p_s\,a^2 \cdot 0{,}02083, \qquad$ (m — d)

$\qquad q_{x\,m} = -\frac{p_s\,a}{40}. \qquad$ (m — h)

Größte Durchbiegung:

$$\frac{x^*}{a} = \frac{3}{2} - \sqrt{\frac{21}{20}} = 0{,}4753 \ldots \max S\,\zeta = p_s\,a^4 \cdot 0{,}00131 \doteq \frac{p_s\,a^4}{764}. \qquad (* \text{ — a})$$

Größtes Feldmoment:

$$\frac{x^+}{a} = 1 - \sqrt{\frac{3}{10}} = 0{,}4523 \ldots \max m_x = p_s\,a^2 \cdot 0{,}02144. \qquad (+ \text{ — d})$$

**S₂ — 10**

Punktlast (Einflußflächen)

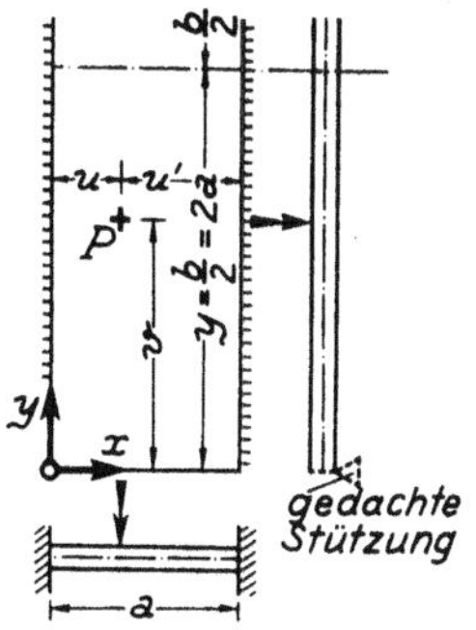


Abb. 41

Wie im Fall **SF — 10** ist es zweckmäßig, die Einflußflächen für Punkte der Mittellinie $y = \frac{b}{2}$ einer Rechteckplatte mit $b = 4\,a$ nach Fall **S₂F₂ — 10** zu berechnen. Einflußflächen in den Tafeln H.21 bis 26.

**$S_2$ — 12** Rechtecklast

Die Last wird auf die Mittellinie $y = \frac{b}{2}$ einer Rechteckplatte mit $b = 4\,a$ gestellt und nach Fall **$S_2F_2$ — 12** behandelt (siehe unter C.2.2.).

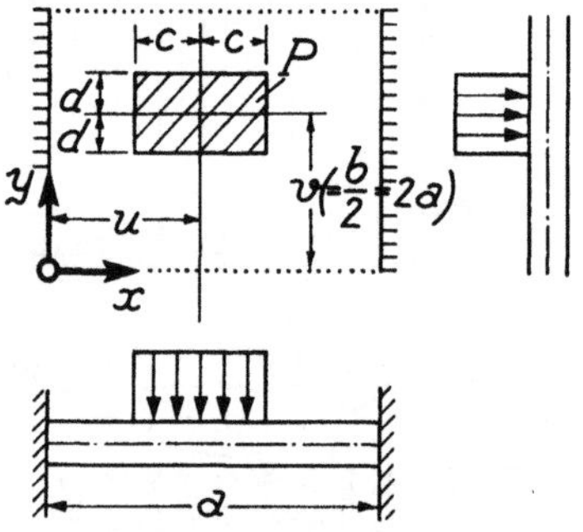

Abb. 42

Bei *wandernder* Last entstehen die größtmöglichen Feldmomente mit $u = \frac{a}{2}$. Der Unterschied gegenüber Fall **$F_2$ — 12** ist aus Tafel H.11 für $m_{x\,m}$ und aus Tafel H.12 für $m_{y\,m}$ zu entnehmen.

Bei einer Last mit *kleiner* Fläche neben dem Rand ist der Größtwert der Auflagerkraft $q_s = \bar{q}_s$ ebenso groß wie $q_t$ im Fall **$F_2S$ — 12**, wenn die Last neben dem eingespannten Querrand steht, es sind nur $c$ und $d$ miteinander zu vertauschen. Die Zahlenwerte für verschiedene Seitenverhältnisse $\frac{c}{d}$ sind in Tafel F.17 enthalten.

## A.4. Der unendliche Plattenstreifen, ein Rand starr eingespannt, ein Rand ungestützt (Kragplatte)

**SU — 1** Gleichlast $p$

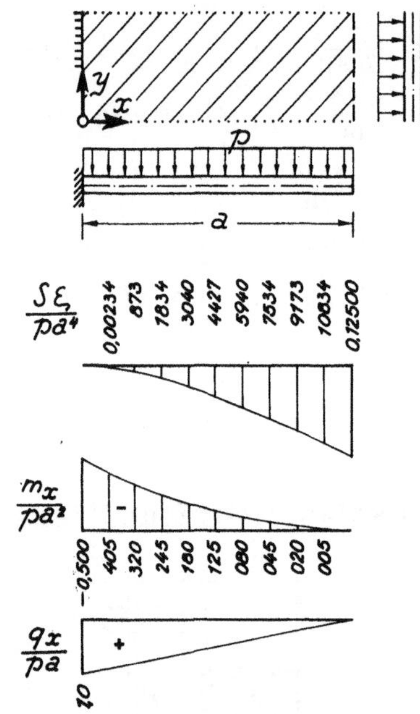

Abb. 43. Biegelinie, Momente und Querkräfte

$$S\,\zeta = p\,a^4\,\frac{1}{24}\left(\frac{x}{a}\right)^2\left[6 - 4\left(\frac{x}{a}\right) + \left(\frac{x}{a}\right)^2\right], \qquad \text{(a)}$$

$$S\,\beta_x = p\,a^3\,\frac{1}{2}\left[\frac{x}{a} - \left(\frac{x}{a}\right)^2 + \frac{1}{3}\left(\frac{x}{a}\right)^3\right] = p\,a^3\,\frac{1}{6}\left[1 - \left(1 - \frac{x}{a}\right)^3\right], \qquad \text{(b)}$$

$$m_x = -\,p\,a^2\,\frac{1}{2}\left(1 - \frac{x}{a}\right)^2, \qquad \text{(d)}$$

$$q_x = p\,(a - x). \qquad \text{(h)}$$

Rand $a$:

$$S\,\zeta_a = \frac{p\,a^4}{8}, \qquad \text{(a — a)}$$

$$S\,\beta_a = \frac{p\,a^3}{6}. \qquad \text{(a — b)}$$

**SU — 3**

Dreiecklast $p_x = p_s\left(1 - \frac{x}{a}\right)$

$$S\,\zeta = p_s a^4 \frac{1}{120}\left[4 - 5\left(1 - \frac{x}{a}\right) + \left(1 - \frac{x}{a}\right)^5\right], \quad \text{(a)}$$

$$S\,\beta_x = p_s a^3 \frac{1}{24}\left[1 - \left(1 - \frac{x}{a}\right)^4\right], \quad \text{(b)}$$

$$m_x = -\,p_s a^2 \frac{1}{6}\left(1 - \frac{x}{a}\right)^3, \quad \text{(d)}$$

$$q_x = p_s a \frac{1}{2}\left(1 - \frac{x}{a}\right)^2. \quad \text{(h)}$$

Rand $a$:

$$S\,\zeta_a = \frac{p_s a^4}{30}, \quad \text{(a — a)}$$

$$S\,\beta_a = \frac{p_s a^3}{24}. \quad \text{(a — b)}$$

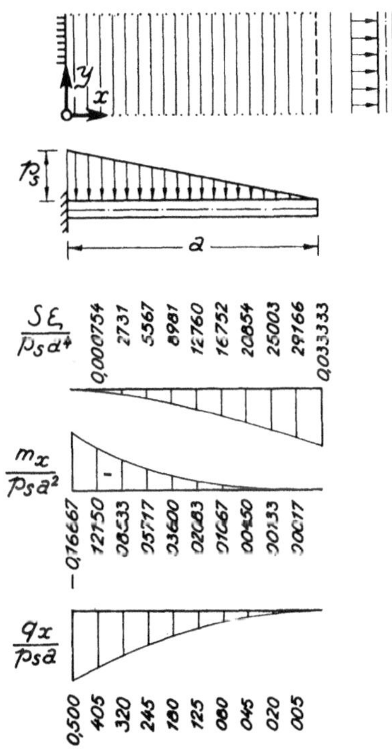


Abb. 44. Biegelinie, Momente und Querkräfte

**SU — 10**

Punktlast (Einflußflächen)

Man erhält die Einflußflächen hinreichend genau, wenn man sie für eine Rechteckplatte mit etwa $b = 10\,l$ nach Fall **$SUF_2$ — 10**, der aus Fall **$F_2SU$ — 10** durch Vertauschen der Koordinatenrichtungen hervorgeht, berechnet, wobei $y = \frac{b}{2}$ gesetzt wird. Der Grundfall ist praktisch der unendliche Plattenstreifen (Fall **$F_2$ — 10**).

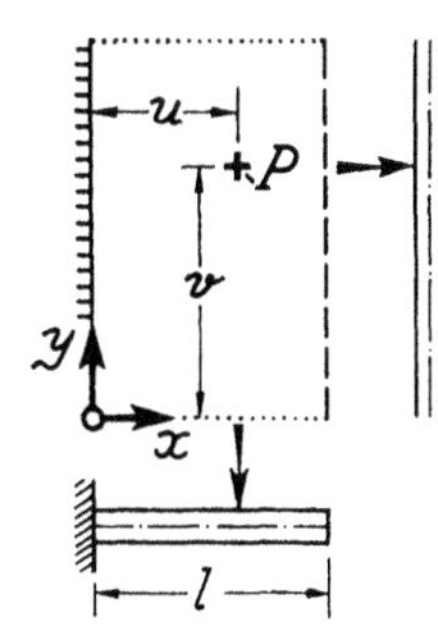


Abb. 45

Die Einflußfläche für das Moment am ungestützten Rand $m_{y\,l}$ wird auf dem zweiten Lösungsweg ermittelt. In den Formeln, die im Fall **SUF — 10** (Abschnitt B.10.) angeschrieben sind, ist $y = \frac{b}{2}$ zu setzen.

**SU — 12** Rechtecklast

Man erhält die Momente hinreichend genau, wenn man den unendlichen Plattenstreifen durch eine Rechteckplatte mit etwa $b = 10\,l$, in deren Mittellinie $y = \frac{b}{2}$ die Last steht, ersetzt. Die Formeln ergeben sich aus Fall **$F_2$SU — *** durch Vertauschen der Koordinatenrichtungen.

Bei Rechtecklast mit *kleiner* Fläche erhält man die Momente auf der Linie $y = v = \frac{b}{2}$ im Grundfall mit Hilfe der Tafeln F.13 bzw. F.14 und F.15, wie im Berechnungsbeispiel 7 (P.2.2.3.) gezeigt wird. Die Zusatzfunktionen kann man näherungsweise für Punktlast ($c = d = 0$) ermitteln. Für die Laststellung $u = \frac{l}{2}$ wurde der Zahlenwert im Bezugspunkt ermittelt und unterhalb der Tafeln J.3 bzw. J.4 vermerkt.

Bei Laststellung am ungestützten Rand ($u = l - c$) nach Abb. 47 ist, der Einflußfläche für $m_{yl}$ entsprechend, für den Grundfall das Moment $2\,m_{ym} + \frac{2}{3}\,m_{xm}$ zu berechnen, wobei in den Tafeln F.13 und F.14 die bezogenen Lastbreiten $\frac{4c}{2l} = \frac{2c}{l}$ und $\frac{2d}{2l} = \frac{d}{l}$ aufzusuchen sind. Die Zusatzfunktion hat den unterhalb der Tafel J.2 angegebenen Zahlenwert.

Randquerkraft.

Bei einer Last mit kleiner Fläche neben dem eingespannten Rand $s$ ist der Größtwert der Auflagerkraft $q_s = \bar{q}_s$ ebenso groß wie im Fall **SF — 12** und ebenso groß wie $q_t$ im Fall **$F_2$S — 12**, wenn die Last mit vertauschten Breiten $c$ und $d$ neben dem eingespannten Querrand steht. Zahlenwerte siehe Tafel F.17.

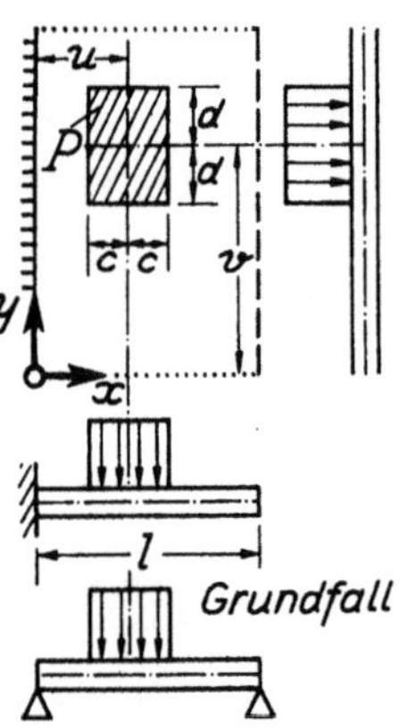


Abb. 46

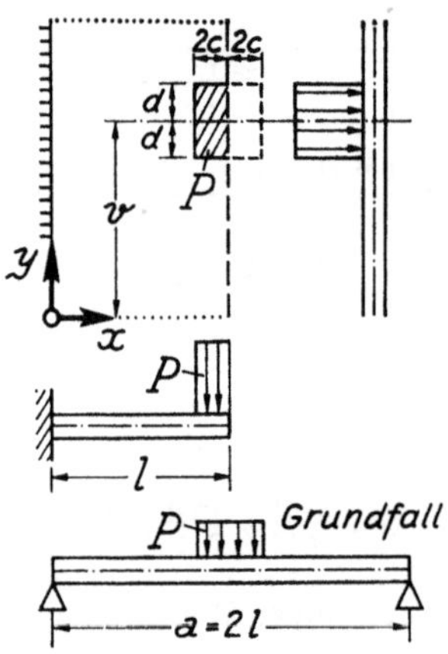


Abb. 47

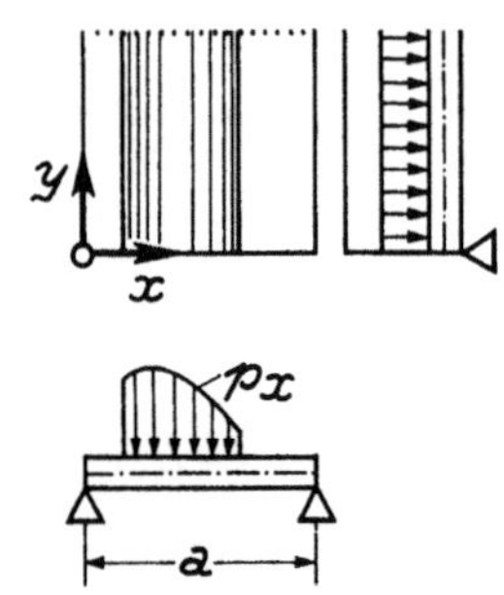


Abb. 48 (Fall **$F_3$ — ***)

## B. Der unendliche Halbstreifen

### B.1. Der unendliche Halbstreifen, alle Ränder frei drehbar gestützt

**$F_3$ — *** Belastung von $y$ unabhängig, in der $x$-Richtung beliebig:

$$p_x = \sum_{1,2}^{\infty} p_j \sin j\pi \frac{x}{a}$$

Dem Grundfall **$F_2$ — *** wird eine Randlast nach Fall **$F_2$U — 01** mit $p_{tj} = -\frac{3\,p_j\,a}{2\,j\,\pi}$ überlagert.

$$S\,\zeta = a^4 \sum_{1,2}^{\infty} \sin j\pi \frac{x}{a} \frac{p_j}{j^4 \pi^4} \left\{1 - \frac{1}{2}\left[2\,e^{-j\pi\frac{y}{a}} + j\pi\frac{y}{a}\,e^{-j\pi\frac{y}{a}}\right]\right\}. \qquad \text{(a)}$$

Das erste Glied (1 in der { } Klammer) stellt den Grundfall $\boxed{\mathrm{F}_2 - *}$ dar; er kann auch algebraisch dargestellt werden (siehe unter A.1.).

Die Ableitungen der Zusatzfunktion sind unter B.7., Fall $\boxed{\mathrm{F}_2\mathrm{U} - 01}$ zu finden. Nachstehend ist der Fall $\boxed{\mathrm{F}_3 - 1}$ als Beispiel ausgeführt.

$\boxed{\mathrm{F}_3 - 1}$ Gleichlast $p = p \sum_{1,3}^{\infty} {}_j \sin j\pi \frac{x}{a} \frac{4}{j\pi}$

$S\zeta_\infty$ nach Fall $\boxed{\mathrm{F}_2 - 1}$, Zusatzfunktion nach Fall $\boxed{\mathrm{F}_2\mathrm{U} - 01}$ mit $p_{tj} = -\frac{6\,p\,a}{j^2\pi^2}$ $(j = 1, 3, \ldots)$.

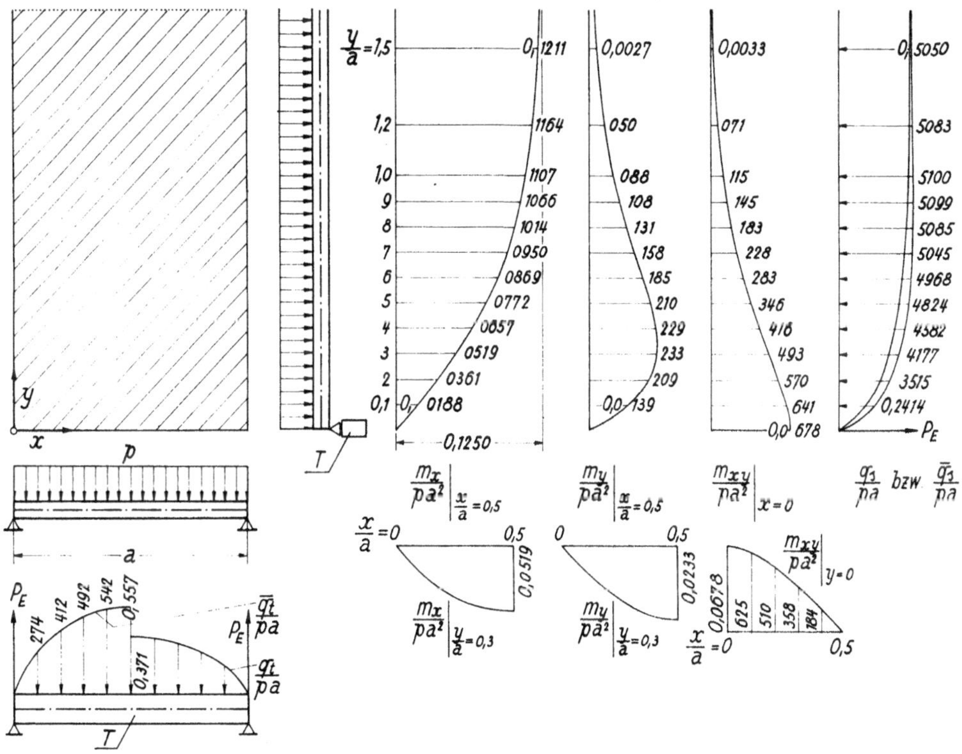


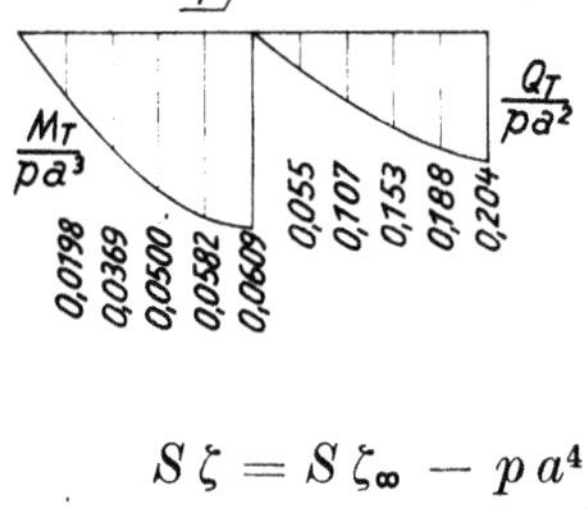


Abb. 49. Momente, Querkräfte und Auflagerkräfte; Momente und Querkräfte im Träger unter dem Querrand

$$S\zeta = S\zeta_\infty - p\,a^4 \sum_{1,3\ldots}^{\infty} {}_j \sin j\pi \frac{x}{a} \frac{2}{j^5\pi^5} \left[2\,e^{-j\pi\frac{y}{a}} + j\,\pi\,\frac{y}{a}\,e^{-j\pi\frac{y}{a}}\right], \tag{a}$$

$$S\beta_y = \quad + p\,a^3 \sum_{1,3\ldots}^{\infty} {}_j \sin j\pi \frac{x}{a} \frac{2}{j^4\pi^4} \left[e^{-j\pi\frac{y}{a}} + j\pi\,\frac{y}{a}\,e^{-j\pi\frac{y}{a}}\right], \tag{c}$$

$$m_y = \quad p\,a^2 \sum_{1,3\ldots}^{\infty} {}_j \sin j\pi \frac{x}{a} \frac{2}{j^2\pi^2} \frac{y}{a} e^{-j\pi\frac{y}{a}}, \tag{e}$$

**$F_3$—1**

$$m_{xy} = \quad - p a^2 \sum_{1,3\ldots}^{\infty} j \cos j\pi \frac{x}{a} \frac{2}{j^3 \pi^3} \left[ e^{-j\pi \frac{y}{a}} + j\pi \frac{y}{a} e^{-j\pi \frac{y}{a}} \right], \qquad \text{(f)}$$

$$q_x = q_{x\infty} \quad - p a \sum_{1,3\ldots}^{\infty} j \cos j\pi \frac{x}{a} \frac{4}{j^2 \pi^2} \cdot e^{-j\pi \frac{y}{a}}, \qquad \text{(h)}$$

$$\bar{q}_s = -\bar{q}_a = p a \left\{ \frac{1}{2} - \sum_{1,3\ldots}^{\infty} j \frac{2}{j^2 \pi^2} \left[ 2 e^{-j\pi \frac{y}{a}} - j\pi \frac{y}{a} e^{-j\pi \frac{y}{a}} \right] \right\}, \qquad \text{(s — k)}$$

$$q_y = \quad p a \sum_{1,3\ldots}^{\infty} j \sin j\pi \frac{x}{a} \frac{4}{j^2 \pi^2} e^{-j\pi \frac{y}{a}}, \qquad \text{(l)}$$

$$\bar{q}_y = \quad p a \sum_{1,3\ldots}^{\infty} j \sin j\pi \frac{x}{a} \frac{2}{j^2 \pi^2} \left[ 3 e^{-j\pi \frac{y}{a}} + j\pi \frac{y}{a} e^{-j\pi \frac{y}{a}} \right]. \qquad \text{(n)}$$

Querrand $t$ $(y = 0)$:

$$S \beta_t = \quad p a^3 \sum_{1,3\ldots}^{\infty} j \sin j\pi \frac{x}{a} \frac{2}{j^4 \pi^4}, \qquad \text{(t — c)}$$

$$m_{xyt} = - p a^2 \sum_{1,3\ldots}^{\infty} j \cos j\pi \frac{x}{a} \frac{2}{j^3 \pi^3}, \qquad \text{(t — f)}$$

$$q_t = \quad p a \sum_{1,3\ldots}^{\infty} j \sin j\pi \frac{x}{a} \frac{4}{j^2 \pi^2}, \qquad \text{(t — l)}$$

$$\bar{q}_t = \quad p a \sum_{1,3\ldots}^{\infty} j \sin j\pi \frac{x}{a} \frac{6}{j^2 \pi^2} = \frac{3}{2} q_t. \qquad \text{(t — n)}$$

Träger unter dem Querrand $t$, unter den Ecken frei drehbar gestützt (Stützweite $a$):

$$E J \zeta = \quad p a^5 \sum_{1,3\ldots}^{\infty} j \sin j\pi \frac{x}{a} \frac{6}{j^6 \pi^6}, \qquad \text{(T — a)}$$

$$E J \beta = \quad p a^4 \sum_{1,3\ldots}^{\infty} j \cos j\pi \frac{x}{a} \frac{6}{j^5 \pi^5}, \qquad \text{(T — b)}$$

$$M = \quad p a^3 \sum_{1,3\ldots}^{\infty} j \sin j\pi \frac{x}{a} \frac{6}{j^4 \pi^4}, \qquad \text{(T — d)}$$

$$Q = \quad p a^2 \sum_{1,3\ldots}^{\infty} j \cos j\pi \frac{x}{a} \frac{6}{j^3 \pi^3}, \qquad \text{(T — h)}$$

$$B = \frac{6}{a} E J \beta_s = p a^3 \sum_{1,3\ldots}^{\infty} j \frac{36}{j^5 \pi^5} = p a^3 \cdot 0{,}1181. \qquad \text{(T — b')}$$

**$F_3 — 3$** Dreiecklast $p_x = p_s\left(1 - \frac{x}{a}\right) = p_s \sum_{1,2\ldots}^{\infty} {}_j \sin j\pi \frac{x}{a} \frac{2}{j\pi}$

$S\,\zeta_\infty$ nach Fall **$F_2 — 3$**, Zusatzfunktion nach Fall **$F_2U — 01$** mit $p_{tj} = -\frac{3\,p_s\,a}{j^2\,\pi^2}$ $(j = 1, 2, \ldots)$.

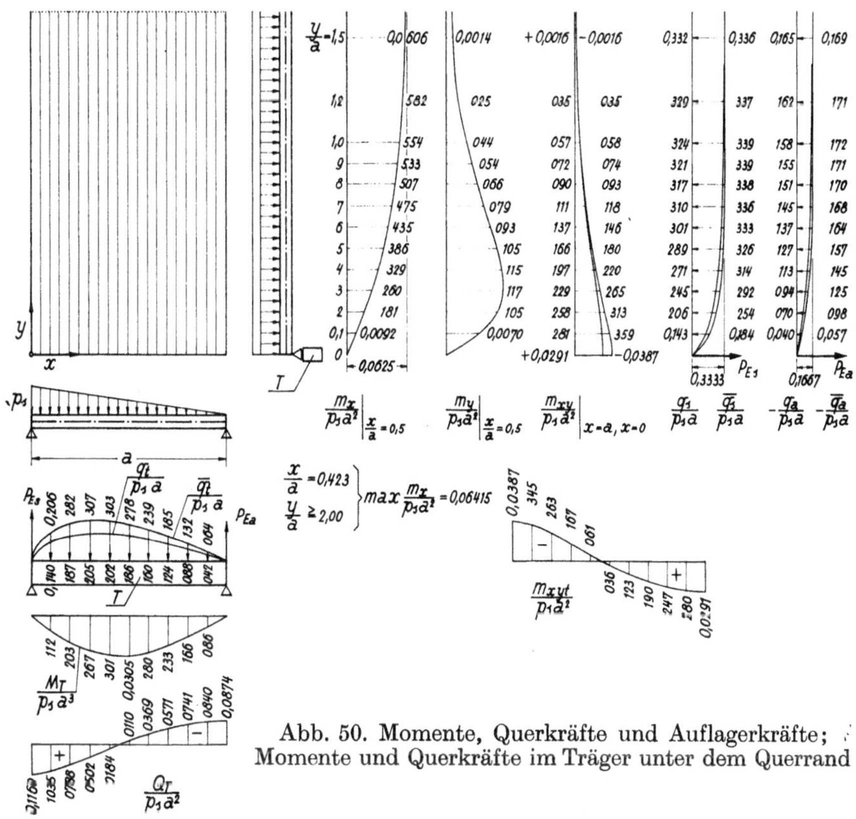

Abb. 50. Momente, Querkräfte und Auflagerkräfte; Momente und Querkräfte im Träger unter dem Querrand

**$F_3 — 13$** Dreiecklast $p_y = p_t\left(1 - \frac{y}{b}\right)$

Der nachstehend angegebene Rechnungsgang stellt eine Vereinfachung des Falles **$F_4 — 13$** dar und gilt als gute Näherung bei $\frac{b}{a} > 1{,}5$.

Dem Grundfall **$F_2 — 13$** wird eine Randlast nach Fall **$F_2U — 01$** mit $p_{tj} = -\frac{6\,p_t\,a}{j^2\,\pi^2}$, also die gleiche Randlast wie bei **$F_3 — 1$**, überlagert.

$$S\,\zeta = p_t\,a^4 \left\{\frac{1}{24}\left[\frac{x}{a} - 2\left(\frac{x}{a}\right)^3 + \left(\frac{x}{a}\right)^4\right]\left(1 - \frac{y}{b}\right) - \right.$$

$$\left. - \sum_{1,3\ldots}^{\infty} {}_j \sin j\pi \frac{x}{a} \frac{2}{j^5\pi^5}\left[2\,e^{-j\pi\frac{y}{a}} + j\pi\frac{y}{a}e^{-j\pi\frac{y}{a}}\right]\right\}. \qquad \text{(a)}$$

Ableitungen wie bei **$F_2 — 13$** bzw. **$F_3 — 1$**.

Querrand $t$ $(y = 0)$:

$$S\,\beta_t = p_t\,a^3 \sum_{1,3\ldots}^{\infty} {}_j \sin j\pi \frac{x}{a}\left[\frac{2}{j^4\pi^4} - \frac{a}{b}\frac{4}{j^5\pi^5}\right], \qquad \text{(t — c)}$$

**F₃ — 13**

$$m_{xyt} = p_t a^2 \sum_{1,3\ldots}^{\infty} \cos j\pi \frac{x}{a}\left[-\frac{2}{j^3\pi^3} + \frac{a}{b}\frac{4}{j^4\pi^4}\right], \qquad \text{(t — f)}$$

$$q_t = p_t a\left\{\sum_{1,3\ldots}^{\infty} \sin j\pi \frac{x}{a}\frac{4}{j^2\pi^2} - \frac{a}{2b}\left[\frac{x}{a} - \left(\frac{x}{a}\right)^2\right]\right\}, \qquad \text{(t — l)}$$

$$\bar{q}_t = p_t a\left\{\sum_{1,3\ldots}^{\infty} \sin j\pi \frac{x}{a}\frac{6}{j^2\pi^2} - \frac{a}{b}\left[\frac{x}{a} - \left(\frac{x}{a}\right)^2\right]\right\}. \qquad \text{(t — n)}$$

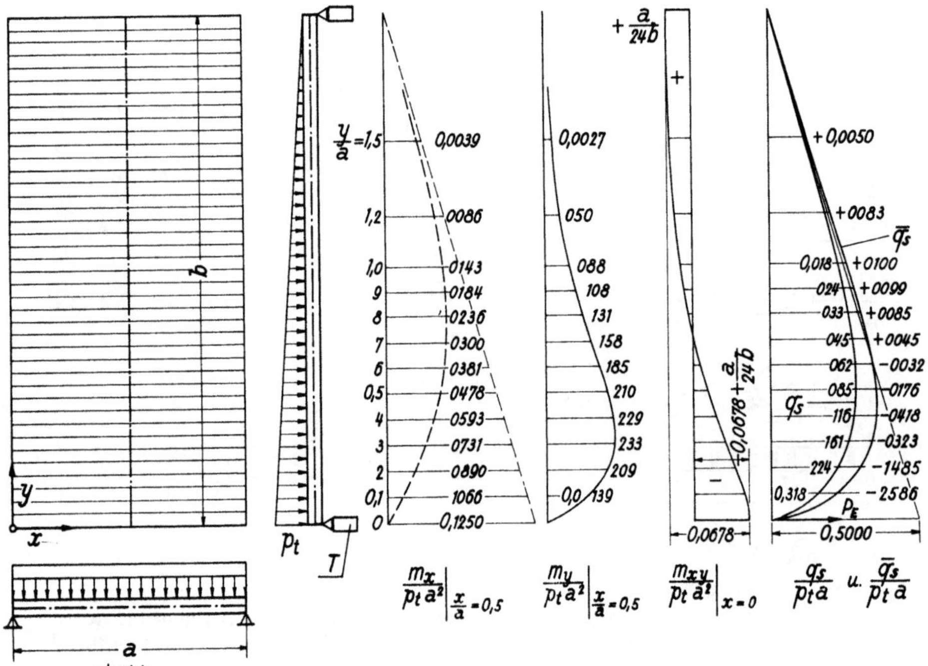


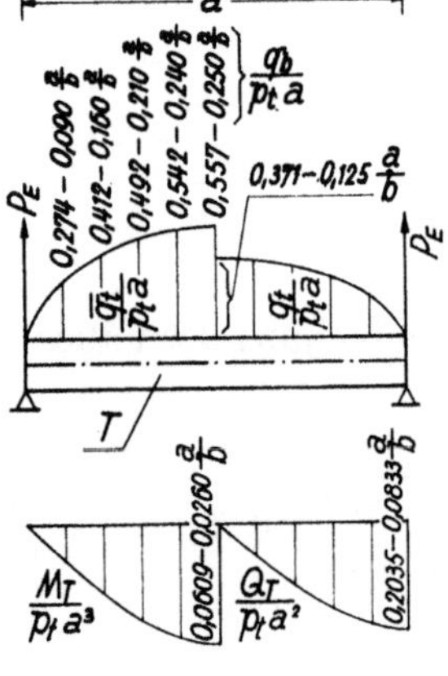


Abb. 51. Momente, Querkräfte und Auflagerkräfte; Momente und Querkräfte im Träger unter dem Querrand

Ecke $x = 0$, $y = 0$:

$$2P_E = 2m_{xyE} = 2p_t a^2 \sum_{1,3\ldots}^{\infty}\left\{-\frac{2}{j^3\pi^3} + \frac{a}{b}\frac{4}{j^4\pi^4}\right\} = 2p_t a^2\left\{-0{,}0678 + \frac{a}{24b}\right\}. \qquad \text{(st — f)}$$

Träger unter dem Querrand $t$, unter den Ecken frei drehbar gestützt (Stützweite $a$):

$$EJ\zeta = \quad p_t a^5 \sum_{1,3\ldots}^{\infty} \sin j\pi \frac{x}{a}\left(\frac{6}{j^6\pi^6} - \frac{a}{b}\frac{8}{j^7\pi^7}\right), \qquad \text{(T — a)}$$

$$EJ\beta = \quad p_t a^4 \sum_{1,3\ldots}^{\infty} \cos j\pi \frac{x}{a}\left(\frac{6}{j^5\pi^5} - \frac{a}{b}\frac{8}{j^6\pi^6}\right), \qquad \text{(T — b)}$$

$$M = \quad p_t a^3 \sum_{1,3\ldots}^{\infty} {}_j \sin j\pi \frac{x}{a} \left( \frac{6}{j^4 \pi^4} - \frac{a}{b} \frac{8}{j^5 \pi^5} \right), \tag{T — d}$$

$$Q = \quad p_t a^2 \sum_{1,3\ldots}^{\infty} {}_j \cos j\pi \frac{x}{a} \left( \frac{6}{j^3 \pi^3} - \frac{a}{b} \frac{8}{j^4 \pi^4} \right), \tag{T — h}$$

$$B = \frac{6}{a} E J \beta_s = p_t a^3 \sum_{1,3\ldots}^{\infty} {}_j \left( \frac{36}{j^5 \pi^5} - \frac{a}{b} \frac{48}{j^6 \pi^6} \right) = p_t a^3 \left( 0{,}1181 - \frac{a}{b} 0{,}0500 \right). \tag{T — b'}$$

Querrand $b$ $(y = b)$:

$$S\beta_b = -p_t a^3 \frac{a}{b} \sum_{1,3\ldots}^{\infty} {}_j \sin j\pi \frac{x}{a} \frac{4}{j^5 \pi^5}, \tag{b — c}$$

$$m_{xyb} = \quad p_t a^2 \frac{a}{b} \sum_{1,3\ldots}^{\infty} {}_j \cos j\pi \frac{x}{a} \frac{4}{j^4 \pi^4} = p_t a^2 \frac{a}{24b} \left[ 1 - 6 \left( \frac{x}{a} \right)^2 + 4 \left( \frac{x}{a} \right)^3 \right], \tag{b — f}$$

$$q_b = -p_t \frac{a^2}{2b} \left[ \frac{x}{a} - \left( \frac{x}{a} \right)^2 \right], \tag{b — l}$$

$$\bar{q}_b = -p_t \frac{a^2}{b} \left[ \frac{x}{a} - \left( \frac{x}{a} \right)^2 \right]. \tag{b — n}$$

Ecke $x = 0$, $y = b$:

$$2 P_E = 2 m_{xyE} = 2 p_t a^2 \frac{a}{24b}. \tag{sb — f}$$

Träger unter dem Querrand $b$, unter den Ecken frei drehbar gestützt (Stützweite $a$):

$$E J \zeta = \quad p_t a^5 \frac{a}{b} \sum_{1,3\ldots}^{\infty} {}_j \sin j\pi \frac{x}{a} \frac{8}{j^7 \pi^7}, \tag{B — a}$$

$$E J \beta = \quad p_t a^4 \frac{a}{b} \sum_{1,3\ldots}^{\infty} {}_j \cos j\pi \frac{x}{a} \frac{8}{j^6 \pi^6}, \tag{B — b}$$

$$M = \quad p_t a^3 \frac{a}{b} \sum_{1,3\ldots}^{\infty} {}_j \sin j\pi \frac{x}{a} \frac{8}{j^5 \pi^5}, \tag{B — d}$$

$$Q = \quad p_t a^2 \frac{a}{b} \sum_{1,3\ldots}^{\infty} {}_j \cos j\pi \frac{x}{a} \frac{8}{j^4 \pi^4}, \tag{B — h}$$

$$B = \frac{6}{a} E J \beta_s = p_t a^3 \frac{a}{b} \sum_{1,3\ldots}^{\infty} {}_j \frac{48}{j^6 \pi^6} = p_t a^3 \frac{a}{20b}. \tag{B — b'}$$

**$F_3$ — 10** Punktlast (Einflußflächen)

Den Funktionen (Einflußflächen) $S\zeta_\infty$ usw. nach Fall **$F_2$ — 10** wird eine Zusatzfunktion überlagert, welche die Randbedingungen am Querrand herstellt. Die Zusatzfunktion ist in beiden Bereichen $(y \lessgtr v)$ die gleiche und bezüglich des Querrandes zum Grundfall antisymmetrisch.

$$S\zeta = S\zeta_\infty - P a^2 \sum_{1,2}^{\infty} {}_j \sin j\pi \frac{x}{a} \sin j\pi \frac{u}{a} \cdot \frac{1}{2 j^3 \pi^3} \left[ e^{-j\pi \frac{v+y}{a}} + j\pi \frac{v+y}{a} e^{-j\pi \frac{v+y}{a}} \right]. \tag{a}$$

**F$_3$ — 10** Rand $t$ ($y = 0$), Gesamtfunktionen:

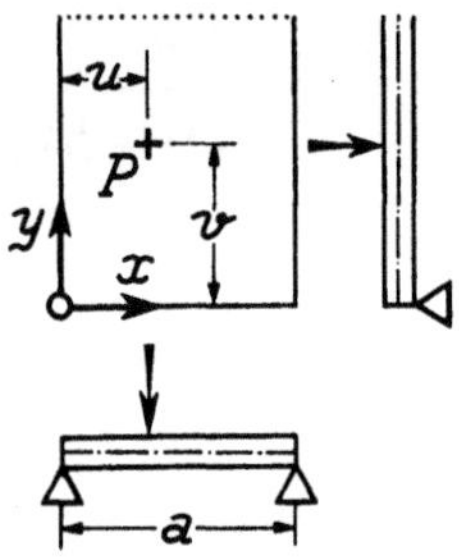


Abb. 52

$$S\,\beta_t = P\,a \sum_{1,2}^{\infty} {}_j \sin j\pi \frac{x}{a} \sin j\pi \frac{u}{a} \cdot \frac{1}{j\pi} \cdot \frac{v}{a} \cdot e^{-j\pi\frac{v}{a}} = 2\,S\,\beta_{y\,\infty}, \qquad \text{(t — c)}$$

$$m_{xyt} = -P \sum_{1,2}^{\infty} {}_j \cos j\pi \frac{x}{a} \sin j\pi \frac{u}{a} \cdot \frac{v}{a} \cdot e^{-j\pi\frac{v}{a}} =$$

$$= \frac{P}{4}\,\frac{v}{a} \cdot \left[\frac{\sin \pi \frac{x-u}{a}}{\mathfrak{Cof}\,\pi \frac{v}{a} - \cos \pi \frac{x-u}{a}} - \frac{\sin \pi \frac{x+u}{a}}{\mathfrak{Cof}\,\pi \frac{v}{a} - \cos \pi \frac{x+u}{a}}\right] = 2\,m_{xy\,\infty}, \qquad \text{(t — f)}$$

$$q_t = \frac{P}{a} \sum_{1,2}^{\infty} {}_j \sin j\pi \frac{x}{a} \sin j\pi \frac{u}{a} \cdot 2e^{-j\pi\frac{v}{a}} =$$

$$= \frac{P}{2a}\,\mathfrak{Sin}\,\pi \frac{v}{a} \left[\frac{1}{\mathfrak{Cof}\,\pi \frac{v}{a} - \cos \pi \frac{x-u}{a}} - \frac{1}{\mathfrak{Cof}\,\pi \frac{v}{a} - \cos \pi \frac{x+u}{a}}\right] = 2\,q_{y\,\infty}, \qquad \text{(t — l)}$$

$$\bar{q}_t = \frac{P}{a} \sum_{1,2}^{\infty} {}_j \sin j\pi \frac{x}{a} \sin j\pi \frac{u}{a} \left[2e^{-j\pi\frac{v}{a}} + j\pi \frac{v}{a}\, e^{-j\pi\frac{v}{a}}\right] =$$

$$= \frac{P}{2a} \left\{\mathfrak{Sin}\,\pi \frac{v}{a} \left[\frac{1}{\mathfrak{Cof}\,\pi \frac{v}{a} - \cos \pi \frac{x-u}{a}} - \frac{1}{\mathfrak{Cof}\,\pi \frac{v}{a} - \cos \pi \frac{x+u}{a}}\right] + \right.$$

$$\left. + \frac{\pi}{2} \cdot \frac{v}{a} \left[\frac{\mathfrak{Cof}\,\pi \frac{v}{a} \cdot \cos \pi \frac{x-u}{a} - 1}{\left(\mathfrak{Cof}\,\pi \frac{v}{a} - \cos \pi \frac{x-u}{a}\right)^2} - \frac{\mathfrak{Cof}\,\pi \frac{v}{a} \cdot \cos \pi \frac{x+u}{a} - 1}{\left(\mathfrak{Cof}\,\pi \frac{v}{a} - \cos \pi \frac{x+u}{a}\right)^2}\right]\right\}. \qquad \text{(t — n)}$$

Träger unter dem Rand $t$, an den Plattenecken frei drehbar gestützt (Stützweite $a$):

$$E\,J\,\zeta = P\,a^3 \sum_{1,2}^{\infty} {}_j \sin j\pi \frac{x}{a} \sin j\pi \frac{u}{a} \cdot \frac{1}{j^4\,\pi^4} \left[2e^{-j\pi\frac{v}{a}} + j\pi \frac{v}{a}\, e^{-j\pi\frac{v}{a}}\right], \qquad \text{(T — a)}$$

$$E\,J\,\beta = P\,a^2 \sum_{1,2}^{\infty} {}_j \cos j\pi \frac{x}{a} \sin j\pi \frac{u}{a} \cdot \frac{1}{j^3\,\pi^3} \left[2e^{-j\pi\frac{v}{a}} + j\pi \frac{v}{a}\, e^{-j\pi\frac{v}{a}}\right], \qquad \text{(T — b)}$$

$$M = P\,a \sum_{1,2}^{\infty} {}_j \sin j\pi \frac{x}{a} \sin j\pi \frac{u}{a} \cdot \frac{1}{j^2\,\pi^2} \left[2e^{-j\pi\frac{v}{a}} + j\pi \frac{v}{a}\, e^{-j\pi\frac{v}{a}}\right], \qquad \text{(T — d)}$$

$$Q = P \sum_{1,2}^{\infty} {}_j \cos j\pi \frac{x}{a} \sin j\pi \frac{u}{a} \cdot \frac{1}{j\pi} \left[2e^{-j\pi\frac{v}{a}} + j\pi \frac{v}{a}\, e^{-j\pi\frac{v}{a}}\right]. \qquad \text{(T — h)}$$

Von diesen Funktionen läßt sich nur $Q$ geschlossen darstellen:

$$Q = P \left\{\frac{1}{\pi} \left[-\operatorname{arctg}\left(\frac{\sin \pi \frac{x-u}{a}}{e^{\pi\frac{v}{a}} - \cos \pi \frac{x-u}{a}}\right) + \operatorname{arctg}\left(\frac{\sin \pi \frac{x+u}{a}}{e^{\pi\frac{v}{a}} - \cos \pi \frac{x+u}{a}}\right)\right] + \right.$$

$$\left. + \frac{1}{4}\,\frac{v}{a} \left[-\frac{\sin \pi \frac{x-u}{a}}{\mathfrak{Cof}\,\pi \frac{v}{a} - \cos \pi \frac{x-u}{a}} + \frac{\sin \pi \frac{x+u}{a}}{\mathfrak{Cof}\,\pi \frac{v}{a} - \cos \pi \frac{x+u}{a}}\right]\right\}. \qquad \text{(T — h)}$$

Mit $x = 0$ erhält man die Auflagerquerkraft:

$$Q_s = P\left\{\frac{2}{\pi}\operatorname{arctg}\left(\frac{\sin\pi\frac{u}{a}}{e^{\pi\frac{v}{a}} - \cos\pi\frac{u}{a}}\right) + \frac{1}{2}\frac{v}{a}\,\frac{\sin\pi\frac{u}{a}}{\mathfrak{Cos}\,\pi\frac{v}{a} - \cos\pi\frac{u}{a}}\right\}. \qquad (\mathrm{T-s-h})$$

In der Linie $v = 0$ stellen diese Gleichungen (mit $u$ als Variabler) die Einflußlinien für den Punkt $x$ des frei drehbar gestützten Trägers dar.

*Tafeln:*

In den Tafeln K.31 bis 35 (S. 393ff.) sind folgende Einflußflächen wiedergegeben:

$m_y$ im Punkt $x = \frac{a}{2}$, $y = 0{,}35\,a$,
$q_t$ und $\bar{q}_t$ im Punkt $x = \frac{a}{2}$,
$M_T$ im Punkt $x = \frac{a}{2}$,
$Q_T$ im Punkt $x = 0$.

**F₃ — 12** Rechtecklast

Den Funktionen $S\zeta_\infty$ usw. nach Fall **F₂ — 12** wird eine Zusatzfunktion überlagert, welche die Randbedingungen am Querrand herstellt. Die Zusatzfunktion ist in allen Bereichen $(0 < y < \infty)$ die gleiche und bezüglich des Querrandes zum Grundfall antisymmetrisch.

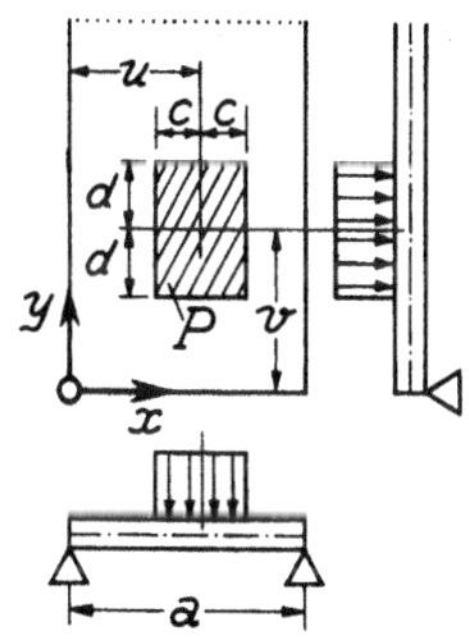


Abb. 53

$$S\zeta = S\zeta_\infty - P\,a^2\sum_{1,2}^{\infty} j\,\sin j\pi\frac{x}{a}\sin j\pi\frac{u}{a}\,\frac{\sin j\pi\frac{c}{a}}{j\pi\frac{c}{a}}\,\frac{\mathfrak{Sin}\,j\pi\frac{d}{a}}{j\pi\frac{d}{a}}\,\frac{1}{2\,j^3\pi^3}\left[\left(2 - j\pi\frac{d}{a}\,\mathfrak{Cotg}\,j\pi\frac{d}{a}\right)e^{-j\pi\frac{v+y}{a}} + j\pi\frac{v+y}{a}\,e^{-j\pi\frac{v+y}{a}}\right] \qquad (\mathrm{a})$$

Lastmittelpunkt ($x = u$, $y = v$):

$$m_{xv} = m_{xv\infty} - P\sum_{1,2}^{\infty} j\,\sin^2 j\pi\frac{u}{a}\,\frac{\sin j\pi\frac{c}{a}}{j\pi\frac{c}{a}}\,\frac{\mathfrak{Sin}\,j\pi\frac{d}{a}}{j\pi\frac{d}{a}}\left(\frac{1}{j\pi} - \frac{d}{2a}\,\mathfrak{Cotg}\,j\pi\frac{d}{a} + \frac{v}{a}\right)e^{-2j\pi\frac{v}{a}}, \qquad (\mathrm{v-d})$$

$$m_{yv} = m_{yv\infty} - P\sum_{1,2}^{\infty} j\,\sin^2 j\pi\frac{u}{a}\,\frac{\sin j\pi\frac{c}{a}}{j\pi\frac{c}{a}}\,\frac{\mathfrak{Sin}\,j\pi\frac{d}{a}}{j\pi\frac{d}{a}}\left(\frac{d}{2a}\,\mathfrak{Cotg}\,j\pi\frac{d}{a} - \frac{v}{a}\right)e^{-2j\pi\frac{v}{a}}. \qquad (\mathrm{v-e})$$

Die Größtwerte der Momente treten *nicht* im Lastmittelpunkt auf. Bei *wandernder* Last, d. h. variablem $u$ und $v$, ist

$$\max m_{xv} = m_{xv\infty} \text{ mit } u = \frac{a}{2} \text{ und } v > 1{,}5\,a.$$

Den größtmöglichen Wert von $m_{yv}$ erhält man, wieder mit $u = \frac{a}{2}$, indem man

$$\frac{\partial}{\partial v}\left(\frac{d}{2a}\,\mathfrak{Cotg}\,\pi\frac{d}{a} - \frac{v}{a}\right)e^{-2\pi\frac{v}{a}} = 0 \qquad (103)$$

setzt, wobei als Näherung nur das *erste* Reihenglied ($j = 1$) berücksichtigt ist. Daraus folgt

$$\frac{v^*}{a} = \frac{1}{2\pi} + \frac{d}{2a}\,\mathfrak{Cotg}\,\pi\frac{d}{a}. \qquad (104)$$

F₃ — 12

Dieser Wert liefert, in Gl. (v — e) eingesetzt, max $m_{yv}$; in diesem Falle tritt, wie sich zeigen läßt, das Größtmoment im Lastmittelpunkt auf. Im Grenzfall $\frac{d}{a} \to 0$ ist $\frac{v^*}{a} \doteq \frac{1}{\pi}$ und

$$\max m_{yv} \doteq m_{yv\infty} + P \frac{\sin \pi \frac{c}{a}}{\pi \frac{c}{a}} \frac{1}{2\pi} e^{-2} = m_{yv\infty} + P \frac{\sin \pi \frac{c}{a}}{\pi \frac{c}{a}} \cdot 0{,}0215. \qquad (* - \mathrm{e})$$

Der andere Grenzfall ist der, daß das Lastrechteck an den Querrand anstößt, also $v = d$ und

$$\frac{2d}{a} = \frac{1}{\pi} + \frac{d}{a} \operatorname{Cotg} \pi \frac{d}{a}. \qquad (105)$$

Die Wurzel dieser Gleichung ist $\frac{2d}{a} = 0{,}782$. Die Werte $\frac{v^*}{a}$ und $\max m_{yv}$ sind in der Tafel K.2 (S. 393) angegeben.

Rand $t$ $(y = 0)$, Gesamtfunktionen.

$$S\beta_t = 2S\beta_{t\infty} = Pa \sum_{1,2}^{\infty} j \sin j\pi \frac{x}{a} \sin j\pi \frac{u}{a} \frac{\sin j\pi \frac{c}{a}}{j\pi \frac{c}{a}} \frac{\operatorname{Sin} j\pi \frac{d}{a}}{j\pi \frac{d}{a}} \frac{1}{j^2\pi^2} \Big(1 - j\pi \frac{d}{a} \operatorname{Cotg} j\pi \frac{d}{a} + j\pi \frac{v}{a}\Big) e^{-j\pi \frac{v}{a}}, \qquad (\mathrm{t - c})$$

$$m_{xyt} = 2m_{xy\infty} = P \sum_{1,2}^{\infty} j \cos j\pi \frac{x}{a} \sin j\pi \frac{u}{a} \frac{\sin j\pi \frac{c}{a}}{j\pi \frac{c}{a}} \frac{\operatorname{Sin} j\pi \frac{d}{a}}{j\pi \frac{d}{a}} \Big(-\frac{1}{j\pi} + \frac{d}{a} \operatorname{Cotg} j\pi \frac{d}{a} - \frac{v}{a}\Big) e^{-j\pi \frac{v}{a}}, \qquad (\mathrm{t - f})$$

$$q_t = 2q_{t\infty} = \frac{P}{a} \sum_{1,2}^{\infty} j \sin j\pi \frac{x}{a} \sin j\pi \frac{u}{a} \frac{\sin j\pi \frac{c}{a}}{j\pi \frac{c}{a}} \frac{\operatorname{Sin} j\pi \frac{d}{a}}{j\pi \frac{d}{a}} \cdot 2 e^{-j\pi \frac{v}{a}}, \qquad (\mathrm{t - l})$$

$$\bar{q}_t = 2\bar{q}_{t\infty} = \frac{P}{a} \sum_{1,2}^{\infty} j \sin j\pi \frac{x}{a} \sin j\pi \frac{u}{a} \frac{\sin j\pi \frac{c}{a}}{j\pi \frac{c}{a}} \frac{\operatorname{Sin} j\pi \frac{d}{a}}{j\pi \frac{d}{a}} \Big(3 - j\pi \frac{d}{a} \operatorname{Cotg} j\pi \frac{d}{a} + j\pi \frac{v}{a}\Big) e^{-j\pi \frac{v}{a}}. \qquad (\mathrm{t - n})$$

Wenn das Lastrechteck an den Querrand anstößt, ist mit $v = d$:

$$q_t = \frac{P}{a} \sum_{1,2}^{\infty} j \sin j\pi \frac{x}{a} \sin j\pi \frac{u}{a} \frac{\sin j\pi \frac{c}{a}}{j\pi \frac{c}{a}} \frac{1 - e^{-2j\pi \frac{d}{a}}}{j\pi \frac{d}{a}} \qquad (* - \mathrm{l})$$

und in der Mittellinie, wenn $x = u = \frac{a}{2}$ gesetzt wird:

$$\max q_t = \frac{P}{a} \sum_{1,3}^{\infty} j \frac{\sin j\pi \frac{c}{a}}{j\pi \frac{c}{a}} \frac{1 - e^{-2j\pi \frac{d}{a}}}{j\pi \frac{d}{a}}. \qquad (\mathrm{m} - * - \mathrm{l})$$

Ebenso ist

$$\max \bar{q}_t = \frac{P}{a} \sum_{1,3}^{\infty} j \frac{\sin j\pi \frac{c}{a}}{j\pi \frac{c}{a}} \left[\frac{3}{2j\pi \frac{d}{a}} \Big(1 - e^{-2j\pi \frac{d}{a}}\Big) - e^{-2j\pi \frac{d}{a}}\right]. \qquad (\mathrm{m} - * - \mathrm{n})$$

Für kleine Werte $\frac{c}{a}$ und $\frac{d}{a}$ sind $\max q_t$ und $\max \bar{q}_t$ ebenso groß wie $\max q_s$ bzw. $\max \bar{q}_s$ im Fall **F₂ — 12**; es sind nur $c$ und $d$ miteinander zu vertauschen. Die Zahlenwerte für einige Seitenverhältnisse $\frac{c}{d}$ sind in Tafel F.17 (S. 380) angegeben.

**F₃ — 0t** Randmoment $m_t = \sum_{1,2}^{\infty} {}_j\, m_{tj} \sin j\pi \frac{x}{a}$ am Querrand

Bei erzwungener Verdrehung $\beta_t = \sum_{1,2}^{\infty} {}_j\, \beta_{tj} \sin j\pi \frac{x}{a}$ des Querrandes ohne Verschiebung ist $S\beta_{tj} = a \frac{m_{tj}}{2j\pi}$ einzusetzen.

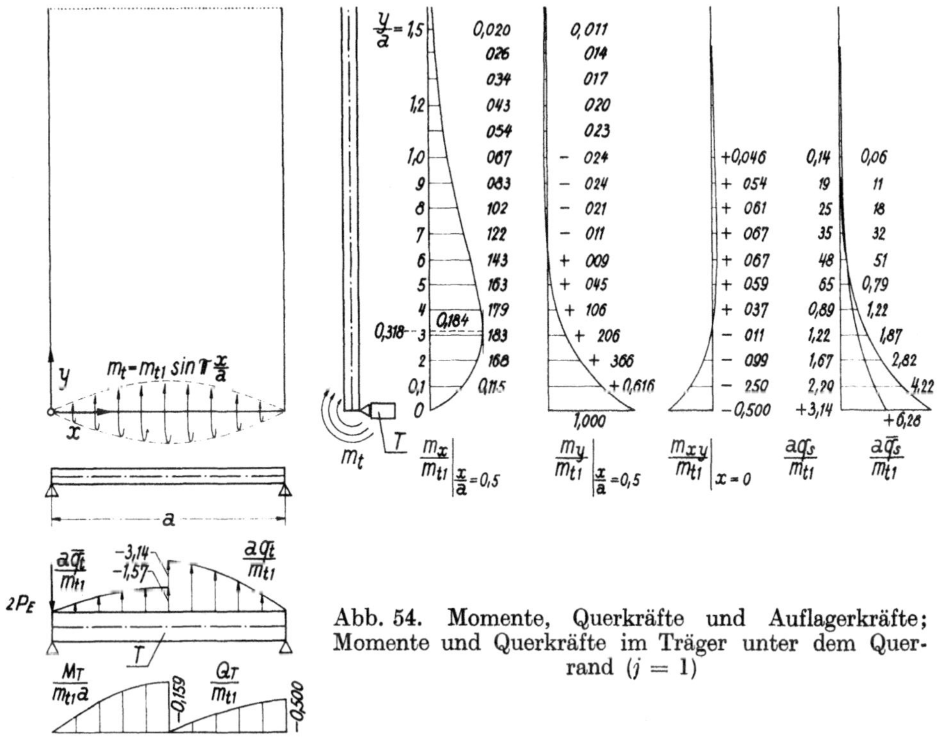


Abb. 54. Momente, Querkräfte und Auflagerkräfte; Momente und Querkräfte im Träger unter dem Querrand ($j = 1$)

Für $j = 2, 3, \ldots$ ist in Abb. 54 statt $a$ *überall* $\frac{a}{j}$ zu setzen. Weitere Zahlen für $m_x$ und $m_y$ in Tafel K.1.

$$S\zeta = a^2 \sum_{1,2}^{\infty} {}_j \sin j\pi \frac{x}{a} \cdot \frac{m_{tj}}{2j\pi} \cdot \frac{y}{a} \cdot e^{-j\pi \frac{y}{a}}, \tag{a}$$

$$S\beta_y = a \sum_{1,2}^{\infty} {}_j \sin j\pi \frac{x}{a} \cdot \frac{m_{tj}}{2j\pi} \left[ e^{-j\pi \frac{y}{a}} - j\pi \frac{y}{a} \cdot e^{-j\pi \frac{y}{a}} \right], \tag{c}$$

$$m_x = \sum_{1,2}^{\infty} {}_j \sin j\pi \frac{x}{a} \cdot \frac{m_{tj}}{2} \cdot j\pi \frac{y}{a} \cdot e^{-j\pi \frac{y}{a}}, \tag{d}$$

$$m_y = \sum_{1,2}^{\infty} {}_j \sin j\pi \frac{x}{a} \cdot m_{tj} \left[ e^{-j\pi \frac{y}{a}} - \frac{j\pi}{2} \cdot \frac{y}{a} \cdot e^{-j\pi \frac{y}{a}} \right], \tag{e}$$

$$m_{xy} = \sum_{1,2}^{\infty} {}_j \cos j\pi \frac{x}{a} \cdot \frac{m_{tj}}{2} \left[ - e^{-j\pi \frac{y}{a}} + j\pi \frac{y}{a} \cdot e^{-j\pi \frac{y}{a}} \right], \tag{f}$$

**F₃—0t**

$$q_x = \frac{1}{a}\sum_{1,2}^{\infty}{}_j \cos j\pi\frac{x}{a}\cdot m_{tj}\cdot j\pi\, e^{-j\pi\frac{y}{a}}, \tag{h}$$

$$\bar{q}_x = \frac{1}{a}\sum_{1,2}^{\infty}{}_j \cos j\pi\frac{x}{a}\cdot m_{tj}\cdot j\pi\left[2e^{-j\pi\frac{y}{a}} - \frac{j\pi}{2}\cdot\frac{y}{a}\cdot e^{-j\pi\frac{y}{a}}\right], \tag{k}$$

$$q_y = \frac{1}{a}\sum_{1,2}^{\infty}{}_j \sin j\pi\frac{x}{a}\cdot m_{tj}\cdot j\pi\left[-e^{-j\pi\frac{y}{a}}\right]. \tag{l}$$

Rand $t$ $(y = 0)$:

$$S\beta_t = a\sum_{1,2}^{\infty}{}_j \sin j\pi\frac{x}{a}\cdot\frac{m_{tj}}{2j\pi}, \tag{t — c}$$

$$m_{xyt} = \sum_{1,2}^{\infty}{}_j \cos j\pi\frac{x}{a}\left(-\frac{m_{tj}}{2}\right), \tag{t — f}$$

$$q_t = \frac{1}{a}\sum_{1,2}^{\infty}{}_j \sin j\pi\frac{x}{a}(-m_{tj}\cdot j\pi), \tag{t — l}$$

$$\bar{q}_t = \frac{1}{a}\sum_{1,2}^{\infty}{}_j \sin j\pi\frac{x}{a}\left(-\frac{m_{tj}\cdot j\pi}{2}\right). \tag{t — n}$$

Träger unter dem Querrand $t$, Stützweite $a$:

$$EJ\zeta = a^3\sum_{1,2}^{\infty}{}_j \sin j\pi\frac{x}{a}\left(-\frac{m_{tj}}{2j^3\pi^3}\right), \tag{T — a}$$

$$EJ\beta = a^2\sum_{1,2}^{\infty}{}_j \cos j\pi\frac{x}{a}\left(-\frac{m_{tj}}{2j^2\pi^2}\right), \tag{T — b}$$

$$M = a\sum_{1,2}^{\infty}{}_j \sin j\pi\frac{x}{a}\left(-\frac{m_{tj}}{2j\pi}\right), \tag{T — d}$$

$$Q = \sum_{1,2}^{\infty}{}_j \cos j\pi\frac{x}{a}\left(-\frac{m_{tj}}{2}\right), \tag{T — h}$$

$$B_s = \frac{6}{a}EJ\beta_s = a\sum_{1,2}^{\infty}{}_j\left(-\frac{3m_{tj}}{j^2\pi^2}\right), \tag{Ts — b'}$$

$$B_a = -\frac{6}{a}EJ\beta_a = a\sum_{1,2}^{\infty}{}_j \cos j\pi\frac{3m_{tj}}{j^2\pi^2}. \tag{Ta — b'}$$

## B.2. Der unendliche Halbstreifen, Längsränder frei drehbar gestützt, Querrand starr eingespannt

**F₂S — ***

Belastung von $y$ unabhängig, in der $x$-Richtung beliebig:

$$p_x = \sum_{1,2}^{\infty}{}_j\, p_j \sin j\pi\frac{x}{a}$$

Dem Grundfall **F₂ — *** wird eine Zusatzfunktion überlagert, die eine Verschiebung des Querrandes ohne Verdrehung darstellt, so daß die Randbedingungen am Querrand erfüllt werden.

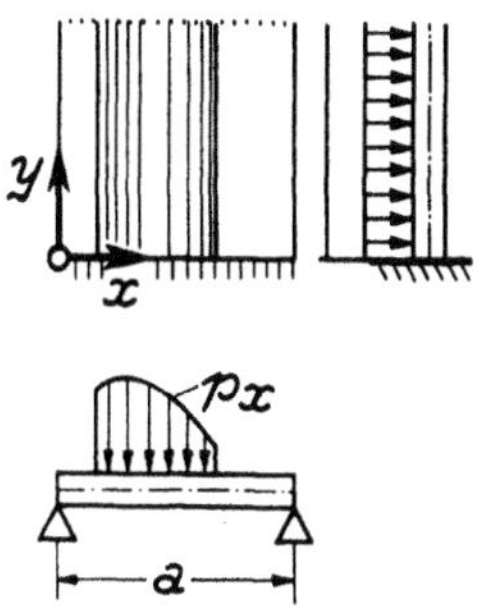


Abb. 55

$$S\,\zeta = a^4 \sum_{1,2}^{\infty} \sin j\pi \frac{x}{a} \frac{p_j}{j^4 \pi^4} \left[1 - e^{-j\pi \frac{y}{a}} - j\pi \frac{y}{a} e^{-j\pi \frac{y}{a}}\right], \quad \text{(a)}$$

$$S\,\beta_y = a^3 \sum_{1,2}^{\infty} \sin j\pi \frac{x}{a} \frac{p_j}{j^2 \pi^2} \frac{y}{a} e^{-j\pi \frac{y}{a}}, \quad \text{(c)}$$

$$m_y = a^2 \sum_{1,2}^{\infty} \sin j\pi \frac{x}{a} \frac{p_j}{j^2 \pi^2} \left[- e^{-j\pi \frac{y}{a}} + j\pi \frac{y}{a} e^{-j\pi \frac{y}{a}}\right], \quad \text{(e)}$$

$$m_{xy} = - a^2 \sum_{1,2}^{\infty} \cos j\pi \frac{x}{a} \frac{p_j}{j\pi} \frac{y}{a} e^{-j\pi \frac{y}{a}}, \quad \text{(f)}$$

$$q_x = a \sum_{1,2}^{\infty} \cos j\pi \frac{x}{a} \frac{p_j}{j\pi} \left[1 - 2\, e^{-j\pi \frac{y}{a}}\right], \quad \text{(h)}$$

$$\bar{q}_x = a \sum_{1,2}^{\infty} \cos j\pi \frac{x}{a} \frac{p_j}{j\pi} \left[1 - 3\, e^{-j\pi \frac{y}{a}} + j\pi \frac{y}{a} e^{-j\pi \frac{y}{a}}\right], \quad \text{(k)}$$

$$q_y = a \sum_{1,2}^{\infty} \sin j\pi \frac{x}{a} \frac{p_j}{j\pi} \cdot 2\, e^{-j\pi \frac{y}{a}}. \quad \text{(l)}$$

Querrand $t$:

$$- m_t = a^2 \sum_{1,2}^{\infty} \sin j\pi \frac{x}{a} \frac{p_j}{j^2 \pi^2} = m_{x\infty}, \quad \text{(t – e)}$$

$$q_t = a \sum_{1,2}^{\infty} \sin j\pi \frac{x}{a} \frac{2\, p_j}{j\pi}. \quad \text{(t – l)}$$

Der Verlauf des Randmoments $- m_t$ entspricht dem Verlauf des Moments $m_x$ im Grundfall. Die Randquerkraft $q_t$ ist doppelt so groß wie $q_t$ im Fall **F₃ — ***.

**$F_2S$ — 1** Gleichlast $p$

In den Formeln nach **$F_2S$ — *** ist $p_j = \frac{4}{j\pi}$ $(j = 1, 3, \ldots)$ einzusetzen.

Das Randmoment ist $- m_t = m_{x\infty} = p\, a^2 \frac{1}{2}\left[\frac{x}{a} - \left(\frac{x}{a}\right)^2\right]$. (Abb. 56, S. 92.)

**$F_2S$ — 13** Dreiecklast $p_y = p_t\left(1 - \frac{y}{b}\right)$

Die nachstehenden Formeln stellen eine Vereinfachung des Falles **$F_2SF$ — 13** dar und gelten als gute Näherung bei $\frac{b}{a} > 1{,}5$. Dem Grundfall **$F_2$ — 13** wird die Zusatzfunktion nach **$F_2S$ — *** mit $p_j = p_t \frac{4}{j\pi}$ und eine zweite Zusatzfunktion nach Fall **$F_3$ — 0 t** mit

$S\,\beta_t = p_t \frac{a^4}{b} \sum_{1,3}^{\infty} \sin j\pi \frac{x}{a} \frac{4}{j^5 \pi^5}$ überlagert.

$$S\,\zeta = p_t a^4 \left\{\frac{1}{24}\left[\frac{x}{a} - 2\left(\frac{x}{a}\right)^3 + \left(\frac{x}{a}\right)^4\right]\left(1 - \frac{y}{b}\right) - \sum_{1,3}^{\infty} \sin j\pi \frac{x}{a} \frac{4}{j^5 \pi^5}\left[e^{-j\pi \frac{y}{a}} + j\pi \frac{y}{a} e^{-j\pi \frac{y}{a}}\right] + \right.$$

$$\left. + \frac{a}{b} \sum_{1,3\ldots}^{\infty} \sin j\pi \frac{x}{a} \frac{4}{j^5 \pi^5} \frac{y}{a} e^{-j\pi \frac{y}{a}}\right\}, \quad \text{(a)}$$

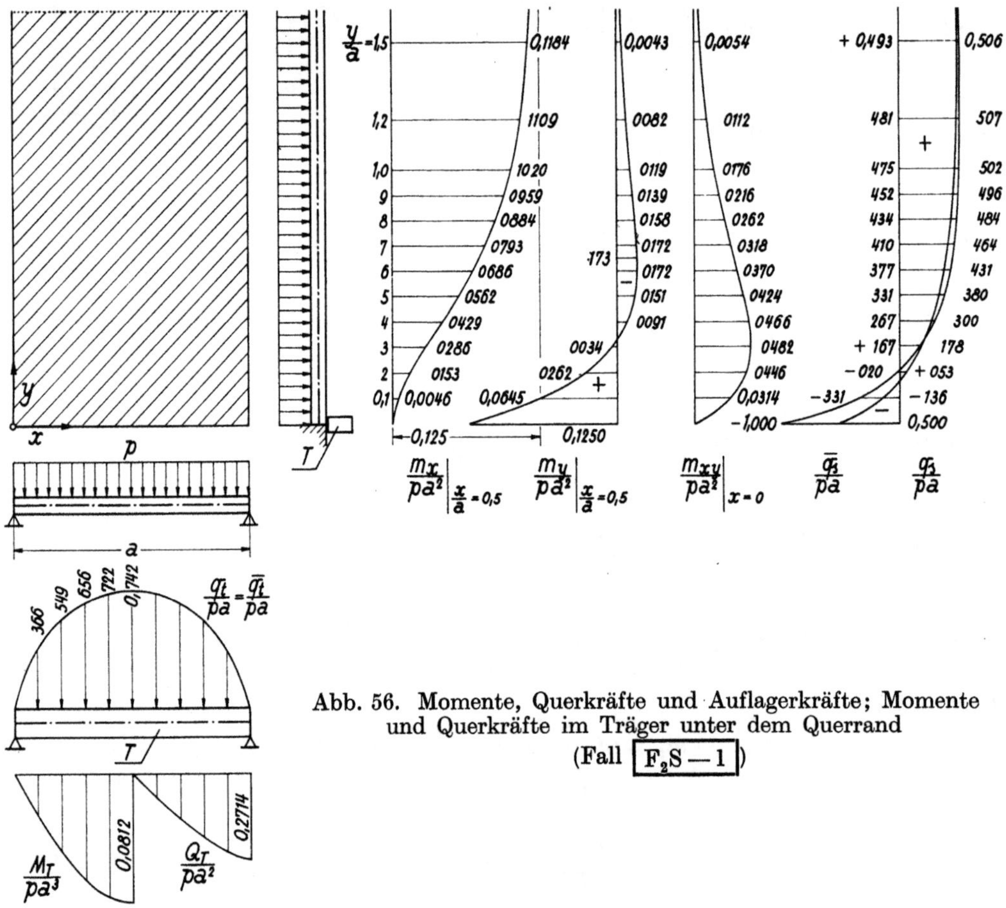


Abb. 56. Momente, Querkräfte und Auflagerkräfte; Momente und Querkräfte im Träger unter dem Querrand (Fall **F₂S — 1**)

**$F_2S$ — 13**

$$m_x = p_t a^2 \left\{ \frac{1}{2}\left[\frac{x}{a} - \left(\frac{x}{a}\right)^2\right]\left(1 - \frac{y}{b}\right) - \sum_{1,3}^{\infty}{}_j \sin j\pi \frac{x}{a} \frac{4}{j^3\pi^3}\left[e^{-j\pi\frac{y}{a}} + j\pi\frac{y}{a} e^{-j\pi\frac{y}{a}}\right] + \right.$$

$$\left. + \frac{a}{b}\sum_{1,3\ldots}^{\infty}{}_j \sin j\pi\frac{x}{a}\frac{4}{j^3\pi^3}\frac{y}{a} e^{-j\pi\frac{y}{a}} \right\}, \qquad \text{(d)}$$

$$m_y = p_t a^2 \left\{ \sum_{1,3\ldots}^{\infty}{}_j \sin j\pi\frac{x}{a}\frac{4}{j^3\pi^3}\left[-e^{-j\pi\frac{y}{a}} + j\pi\frac{y}{a}e^{-j\pi\frac{y}{a}}\right] + \right.$$

$$\left. + \frac{a}{b}\sum_{1,3\ldots}^{\infty}{}_j \sin j\pi\frac{x}{a}\frac{4}{j^4\pi^4}\left[2e^{-j\pi\frac{y}{a}} - j\pi\frac{y}{a}e^{-j\pi\frac{y}{a}}\right]\right\}, \qquad \text{(e)}$$

$$q_x = p_t a \left\{\left(\frac{1}{2} - \frac{x}{a}\right)\left(1 - \frac{y}{b}\right) - \sum_{1,3\ldots}^{\infty}{}_j \cos j\pi\frac{x}{a}\frac{8}{j^2\pi^2}e^{-j\pi\frac{y}{a}} + \frac{a}{b}\sum_{1,3\ldots}^{\infty}{}_j \cos j\pi\frac{x}{a}\frac{8}{j^3\pi^3}e^{-j\pi\frac{y}{a}}\right\}, \qquad \text{(h)}$$

$$\bar{q}_s = -\bar{q}_a = p_t a\left\{\frac{1}{2}\left(1 - \frac{y}{b}\right) - \sum_{1,3\ldots}^{\infty}{}_j \frac{4}{j^2\pi^2}\left[3e^{-j\pi\frac{y}{a}} - j\pi\frac{y}{a}e^{-j\pi\frac{y}{a}}\right] + \right.$$

$$\left. + \frac{a}{b}\sum_{1,3\ldots}^{\infty}{}_j \frac{4}{j^3\pi^3}\left[4e^{-j\pi\frac{y}{a}} - j\pi\frac{y}{a}e^{-j\pi\frac{y}{a}}\right]\right\}, \qquad \text{(k)}$$

$$q_y = p_t a\left\{\sum_{1,3\ldots}^{\infty}{}_j \sin j\pi\frac{x}{a}\frac{8}{j^2\pi^2}e^{-j\pi\frac{y}{a}} - \frac{a}{b}\sum_{1,3\ldots}^{\infty}{}_j \sin j\pi\frac{x}{a}\frac{4}{j^3\pi^3}\left[1 + 2e^{-j\pi\frac{y}{a}}\right]\right\}. \qquad \text{(l)}$$

Querrand $t$ $(y = 0)$:

$$m_t = p_t a^2 \left\{ -\frac{1}{2}\left[\frac{x}{a} - \left(\frac{x}{a}\right)^2\right] + \frac{a}{b} \sum_{1,3\ldots}^{\infty} {}_j \sin j\pi \frac{x}{a} \frac{8}{j^4 \pi^4} \right\}, \qquad \text{(t — e)}$$

$$q_t = \bar{q}_t = p_t a \left\{ \sum_{1,3\ldots}^{\infty} {}_j \sin j\pi \frac{x}{a} \frac{8}{j^2 \pi^2} - \frac{3a}{2b}\left[\frac{x}{a} - \left(\frac{x}{a}\right)^2\right] \right\}. \qquad \text{(t — l)}$$

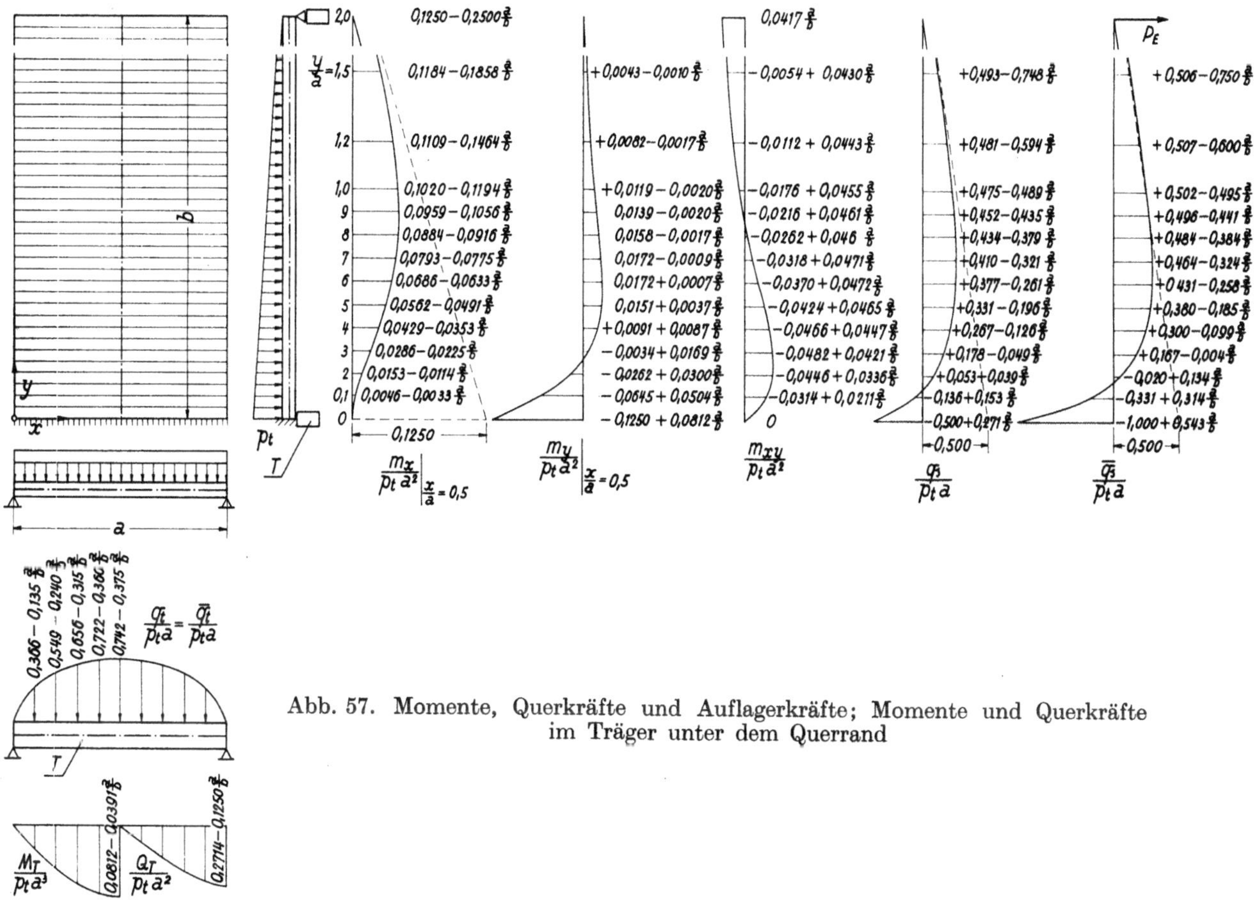


Abb. 57. Momente, Querkräfte und Auflagerkräfte; Momente und Querkräfte im Träger unter dem Querrand

Träger unter dem Querrand $t$, unter den Ecken frei drehbar gestützt (Stützweite $a$):

$$E J \zeta = p_t a^5 \sum_{1,3\ldots}^{\infty} {}_j \sin j\pi \frac{x}{a} \left[\frac{8}{j^6 \pi^6} - \frac{a}{b} \frac{12}{j^7 \pi^7}\right], \qquad \text{(T — a)}$$

$$E J \beta = p_t a^4 \sum_{1,3\ldots}^{\infty} {}_j \cos j\pi \frac{x}{a} \left[\frac{8}{j^5 \pi^5} - \frac{a}{b} \frac{12}{j^6 \pi^6}\right], \qquad \text{(T — b)}$$

$$M = p_t a^3 \sum_{1,3\ldots}^{\infty} {}_j \sin j\pi \frac{x}{a} \left[\frac{8}{j^4 \pi^4} - \frac{a}{b} \frac{12}{j^5 \pi^5}\right], \qquad \text{(T — d)}$$

$$Q = p_t a^2 \sum_{1,3\ldots}^{\infty} {}_j \cos j\pi \frac{x}{a} \left[\frac{8}{j^3 \pi^3} - \frac{a}{b} \frac{12}{j^4 \pi^4}\right], \qquad \text{(T — h)}$$

$$B = \frac{6}{a} E J \beta_s = p_t a^3 \sum_{1,3\ldots}^{\infty} {}_j \left[\frac{48}{j^5 \pi^5} - \frac{a}{b} \frac{72}{j^6 \pi^6}\right] = p_t a^3 \left[0{,}1575 - \frac{a}{b}\, 0{,}0750\right]. \qquad \text{(T — b')}$$

**F₂S — 10**

Punktlast

Dem Fall **F₃ — 10** sind Randmomente $m_t = -P \sum_{1,2}^{\infty} j \sin j\pi \frac{x}{a} \sin j\pi \frac{u}{a} \cdot \frac{2v}{a} e^{-j\pi\frac{v}{a}}$ nach Fall **F₃ — 0t** zu überlagern.

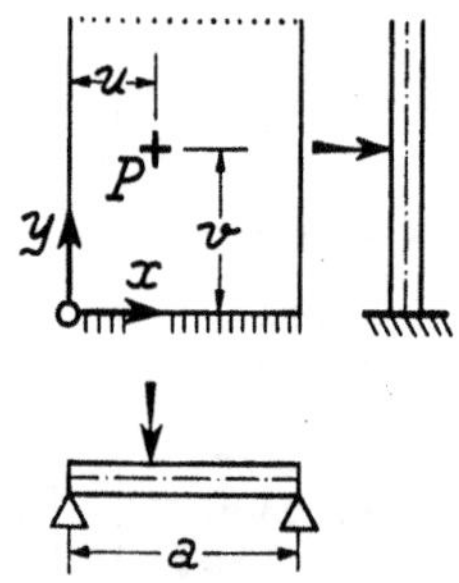


Abb. 58

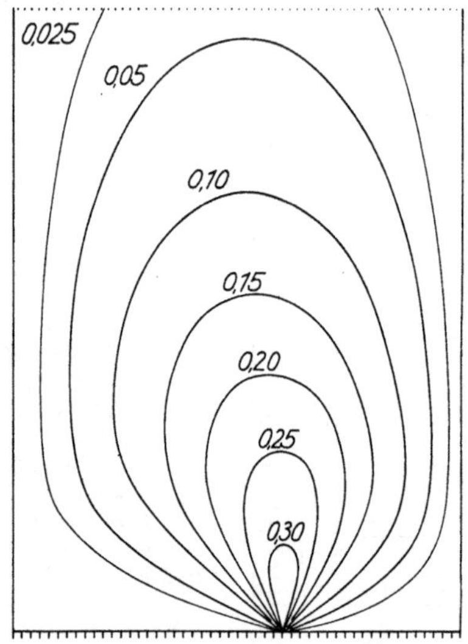


Abb. 59. Einflußfläche des Randmoments $-m_t$ im Punkt $\frac{x}{a} = 0{,}6$

Gesamtfunktion der Durchbiegung:

$$S\zeta = P a^2 \sum_{1,2}^{\infty} j \sin j\pi \frac{x}{a} \sin j\pi \frac{u}{a} \frac{1}{2 j^3 \pi^3} \left\{ e^{-j\pi\frac{v-y}{a}} + \right.$$

$$\left. + j\pi \frac{v-y}{a} e^{-j\pi\frac{v-y}{a}} - \left[ e^{-j\pi\frac{v+y}{a}} + j\pi \frac{v+y}{a} e^{-j\pi\frac{v+y}{a}} \right] - 2 j\pi \frac{v}{a} j\pi \frac{y}{a} e^{-j\pi\frac{v+y}{a}} \right\}. \quad \text{(a)}$$

Ableitungen siehe: **F₂ — 10**, **F₃ — 10** und **F₃ — 0t**.

Rand $t$ $(y = 0)$, Einflußflächen der Randkräfte in Reihen- und geschlossener Darstellung.

$$m_t = -P \sum_{1,2}^{\infty} j \sin j\pi \frac{x}{a} \sin j\pi \frac{u}{a} \cdot \frac{2v}{a} e^{-j\pi\frac{v}{a}} =$$

$$= -P \frac{v}{2a} \operatorname{Sin} \pi \frac{v}{a} \left[ \frac{1}{\operatorname{Cof} \pi \frac{v}{a} - \cos \pi \frac{x-u}{a}} - \frac{1}{\operatorname{Cof} \pi \frac{v}{a} - \cos \pi \frac{x+u}{a}} \right], \quad \text{(t — e)}$$

$$q_t = \bar{q}_t = \frac{P}{a} \sum_{1,2}^{\infty} j \sin j\pi \frac{x}{a} \sin j\pi \frac{u}{a} \, 2 \left(1 + j\pi \frac{v}{a}\right) e^{-j\pi\frac{v}{a}} =$$

$$= \frac{P}{2a} \left\{ \operatorname{Sin} \pi \frac{v}{a} \left[ \frac{1}{\operatorname{Cof} \pi \frac{v}{a} - \cos \pi \frac{x-u}{a}} - \frac{1}{\operatorname{Cof} \pi \frac{v}{a} - \cos \pi \frac{x+u}{a}} \right] + \right.$$

$$\left. + \pi \frac{v}{a} \left[ \frac{\operatorname{Cof} \pi \frac{v}{a} \cdot \cos \pi \frac{x-u}{a} - 1}{\left(\operatorname{Cof} \pi \frac{v}{a} - \cos \pi \frac{x-u}{a}\right)^2} - \frac{\operatorname{Cof} \pi \frac{v}{a} \cdot \cos \pi \frac{x+u}{a} - 1}{\left(\operatorname{Cof} \pi \frac{v}{a} - \cos \pi \frac{x+u}{a}\right)^2} \right] \right\}. \quad \text{(t — l)}$$

Durchschnittswert von $m_t$.

Beim unendlichen Halbstreifen mit ungestütztem Längsrand (Fall **SUF — 10**) ist die vorstehende Einflußfläche für $m_t$ als Grundfall nicht verwendbar, wenn der Bezugspunkt an der Ecke liegt. Man muß dann von der Einflußfläche für den *Durchschnittswert* von $m_t$ innerhalb einer bestimmten Randstrecke ausgehen.

Der Durchschnittswert von $m_t$ (mit $[m_t]$ bezeichnet) innerhalb einer Strecke, die von $x-c$ bis $x+c$ reicht, ergibt sich durch Integration und Division durch $2c$:

$$[m_t] = -P\sum_{1,2}^{\infty} j \sin j\pi\frac{x}{a}\sin j\pi\frac{u}{a}\frac{\sin j\pi\frac{c}{a}}{j\pi\frac{c}{a}}\frac{2v}{a}e^{-j\pi\frac{v}{a}} =$$

$$= -P\frac{v}{2\pi c}\left\{\operatorname{arctg}\frac{\sin\pi\frac{x-c+u}{a}}{e^{\pi\frac{v}{a}}-\cos\pi\frac{x-c+u}{a}} - \operatorname{arctg}\frac{\sin\pi\frac{x-c-u}{a}}{e^{\pi\frac{v}{a}}-\cos\pi\frac{x-c-u}{a}} - \right.$$

$$\left. - \operatorname{arctg}\frac{\sin\pi\frac{x+c+u}{a}}{e^{\pi\frac{v}{a}}-\cos\pi\frac{x+c+u}{a}} + \operatorname{arctg}\frac{\sin\pi\frac{x+c-u}{a}}{e^{\pi\frac{v}{a}}-\cos\pi\frac{x+c-u}{a}}\right\}. \qquad (106)$$

Für $x = \frac{a}{2}$ vereinfacht sich die geschlossene Formel:

$$[m_{tm}] = -P\frac{v}{2\pi c}\left\{\operatorname{arctg}\frac{\cos\pi\frac{u-c}{a}}{\operatorname{Sin}\pi\frac{v}{a}} - \operatorname{arctg}\frac{\cos\pi\frac{u+c}{a}}{\operatorname{Sin}\pi\frac{v}{a}}\right\}. \qquad (107)$$

In gleicher Weise erhält man den Durchschnittswert der Querkraft $q_t$ in einer Strecke, die von $x-c$ bis $x+c$ reicht:

$$[q_t] = \frac{P}{a}\sum_{1,2}^{\infty} j \sin j\pi\frac{x}{a}\sin j\pi\frac{u}{a}\frac{\sin j\pi\frac{c}{a}}{j\pi\frac{c}{a}}2\left(1+j\pi\frac{v}{a}\right)e^{-j\pi\frac{v}{a}}. \qquad (108)$$

Für $x = \frac{a}{2}$ lautet die geschlossene Formel:

$$[q_t] = \frac{P}{c}\left\{\frac{1}{2\pi}\left[\operatorname{arctg}\frac{\cos\pi\frac{u-c}{a}}{\operatorname{Sin}\pi\frac{v}{a}} - \operatorname{arctg}\frac{\cos\pi\frac{u+c}{a}}{\operatorname{Sin}\pi\frac{v}{a}}\right] + \right.$$

$$\left. + \frac{v}{2a}\operatorname{Cof}\pi\frac{v}{a}\left[\frac{\cos\pi\frac{u-c}{a}}{\operatorname{Sin}^2\pi\frac{v}{a}+\cos^2\pi\frac{u-c}{a}} - \frac{\cos\pi\frac{u+c}{a}}{\operatorname{Sin}^2\pi\frac{v}{a}+\cos^2\pi\frac{u+c}{a}}\right]\right\}. \qquad (109)$$

Träger unter dem Rand $t$, an den Plattenecken frei drehbar gestützt (Stützweite $a$):

$$EJ\zeta = Pa^3\sum_{1,2}^{\infty} j \sin j\pi\frac{x}{a}\sin j\pi\frac{u}{a}\cdot\frac{2}{j^4\pi^4}\left(1+j\pi\frac{v}{a}\right)e^{-j\pi\frac{v}{a}}, \qquad (\mathrm{T-a})$$

$$EJ\beta = Pa^2\sum_{1,2}^{\infty} j \cos j\pi\frac{x}{a}\sin j\pi\frac{u}{a}\cdot\frac{2}{j^3\pi^3}\left(1+j\pi\frac{v}{a}\right)e^{-j\pi\frac{v}{a}}, \qquad (\mathrm{T-b})$$

$$M_T = Pa\sum_{1,2}^{\infty} j \sin j\pi\frac{x}{a}\sin j\pi\frac{u}{a}\cdot\frac{2}{j^2\pi^2}\left(1+j\pi\frac{v}{a}\right)e^{-j\pi\frac{v}{a}}, \qquad (\mathrm{T-d})$$

**F₂S — 10**

$$Q_T = P\sum_{j=1,2}^{\infty}\cos j\pi\frac{x}{a}\sin j\pi\frac{u}{a}\cdot\frac{2}{j\pi}\left(1+j\pi\frac{v}{a}\right)e^{-j\pi\frac{v}{a}} =$$

$$= P\left\{\frac{1}{\pi}\left[-\operatorname{arctg}\frac{\sin\pi\frac{x-u}{a}}{e^{\pi\frac{v}{a}}-\cos\pi\frac{x-u}{a}}+\operatorname{arctg}\frac{\sin\pi\frac{x+u}{a}}{e^{\pi\frac{v}{a}}-\cos\pi\frac{x+u}{a}}\right]+\right.$$

$$\left.+\frac{1}{2}\frac{v}{a}\left[-\frac{\sin\pi\frac{x-u}{a}}{\mathfrak{Cof}\,\pi\frac{v}{a}-\cos\pi\frac{x-u}{a}}+\frac{\sin\pi\frac{x+u}{a}}{\mathfrak{Cof}\,\pi\frac{v}{a}-\cos\pi\frac{x+u}{a}}\right]\right\}, \quad \text{(T — h)}$$

$$x = 0\ldots Q_s = P\left\{\frac{2}{\pi}\operatorname{arctg}\frac{\sin\pi\frac{u}{a}}{e^{\pi\frac{v}{a}}-\cos\pi\frac{u}{a}}+\frac{v}{a}\,\frac{\sin\pi\frac{u}{a}}{\mathfrak{Cof}\,\pi\frac{v}{a}-\cos\pi\frac{u}{a}}\right\}. \quad \text{(Ts — h)}$$

In der Linie $v = 0$ stellen diese Gleichungen (mit $u$ als Variabler) die Einflußlinien für den Punkt $x$ des frei drehbar gestützten Trägers dar.

Für den Querträger unter einem *durchlaufenden* unendlichen Plattenstreifen sind die sonst unveränderten Einflußflächen spiegelgleich zum Querträger zu ergänzen.

Falls die Platte nur im Träger eingespannt ist (Endquerträger), erhält man das Torsionsmoment $D_T$ im Träger durch Integration von $m_t$. Für den Auflagerquerschnitt $x = 0$ gilt unter Weglassung des Vorzeichens:

$$D_T = P\,a\sum_{j=1,2\ldots}^{\infty}\sin j\pi\frac{u}{a}\cdot\frac{2}{j\pi}\cdot\frac{v}{a}e^{-j\pi\frac{v}{a}} = P\,a\cdot\frac{v}{a}\cdot\frac{2}{\pi}\operatorname{arctg}\frac{\sin\pi\frac{u}{a}}{e^{\pi\frac{v}{a}}-\cos\pi\frac{u}{a}}. \quad (110)$$

Elastische Einspannung wird durch Multiplikation mit dem Einspanngrad $\varepsilon$ berücksichtigt.

*Tafeln.*

In den Tafeln L.1 bis 6 (S. 395) sind folgende Einflußflächen wiedergegeben:

- $-m_t$ im Punkt $x = \frac{a}{2}$,
- $-m_t$ im Punkt $x = 0{,}6\,a$ (Abb. 59),
- $q_t$ im Punkt $x = \frac{a}{2}$,
- $M_T$ im Punkt $x = \frac{a}{2}$,
- $Q_T$ im Punkt $x = 0$,
- $D_T$ im Punkt $x = 0$.

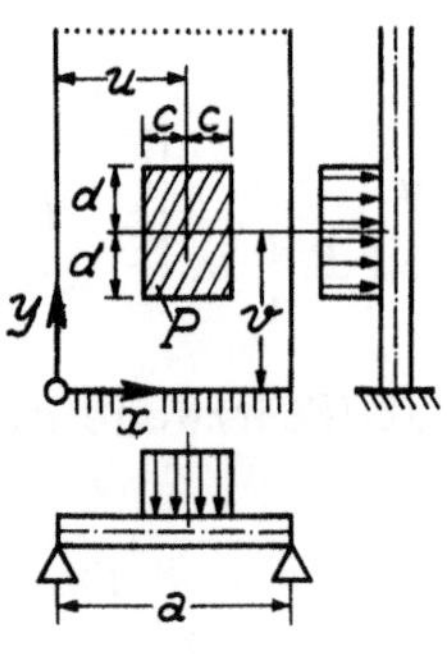


Abb. 60

**F₂S — 12** Rechtecklast

Den Funktionen $S\zeta_\infty$ usw. nach Fall **F₂ — 12** wird eine Zusatzfunktion überlagert, welche die Randbedingungen am Querrand herstellt. Die Zusatzfunktion ist in allen Bereichen ($0 < y < \infty$) die gleiche.

$$S\zeta = S\zeta_\infty - P a^2\sum_{j=1,2}^{\infty}\sin j\pi\frac{x}{a}\sin j\pi\frac{u}{a}\,\frac{\sin j\pi\frac{c}{a}}{j\pi\frac{c}{a}}\,\frac{\mathfrak{Sin}\,j\pi\frac{d}{a}}{j\pi\frac{d}{a}}\,\frac{1}{2j^3\pi^3}\left[\left(2-j\pi\frac{d}{a}\mathfrak{Cotg}\,j\pi\frac{d}{a}+\right.\right.$$

$$\left.\left.+j\pi\frac{v}{a}\right)e^{-j\pi\frac{v+y}{a}}+\left(3-2j\pi\frac{d}{a}\mathfrak{Cotg}\,j\pi\frac{d}{a}+2j\pi\frac{v}{a}\right)j\pi\frac{y}{a}e^{-j\pi\frac{v+y}{a}}\right], \quad \text{(a)}$$

$$m_y = m_{y\infty} - P \sum_{1,2}^{\infty} j \sin j\pi \frac{x}{a} \sin j\pi \frac{u}{a} \frac{\sin j\pi \frac{c}{a}}{j\pi \frac{c}{a}} \frac{\mathfrak{Sin}\, j\pi \frac{d}{a}}{j\pi \frac{d}{a}} \frac{1}{2j\pi}\Bigg[\left(4 - 3j\pi \frac{d}{a} \mathfrak{Cotg}\, j\pi \frac{d}{a} + \right.$$

$$\left. + 3j\pi \frac{v}{a}\right) e^{-j\pi \frac{v+y}{a}} - \left(3 - 2j\pi \frac{d}{a} \mathfrak{Cotg}\, j\pi \frac{d}{a} + 2j\pi \frac{v}{a}\right) j\pi \frac{y}{a} e^{-j\pi \frac{v+y}{a}}\Bigg], \quad \text{(e)}$$

$$q_x = q_{x\infty} - \frac{P}{a} \sum_{1,2}^{\infty} j \cos j\pi \frac{x}{a} \sin j\pi \frac{u}{a} \frac{\sin j\pi \frac{c}{a}}{j\pi \frac{c}{u}} \frac{\mathfrak{Sin}\, j\pi \frac{d}{a}}{j\pi \frac{d}{a}} \left(3 - 2j\pi \frac{d}{a} \mathfrak{Cotg}\, j\pi \frac{d}{a} + \right.$$

$$\left. + 2j\pi \frac{v}{a}\right) e^{-j\pi \frac{v+y}{a}}, \quad \text{(h)}$$

$$\bar{q}_x = \bar{q}_{x\infty} - \frac{P}{a} \sum_{1,2}^{\infty} j \cos j\pi \frac{x}{a} \sin j\pi \frac{u}{a} \frac{\sin j\pi \frac{c}{a}}{j\pi \frac{c}{a}} \frac{\mathfrak{Sin}\, j\pi \frac{d}{a}}{j\pi \frac{d}{a}} \frac{1}{2}\Bigg[\left(10 - 7j\pi \frac{d}{a} \mathfrak{Cotg}\, j\pi \frac{d}{a} + \right.$$

$$\left. + 7j\pi \frac{v}{a}\right) e^{-j\pi \frac{v+y}{a}} - \left(3 - 2j\pi \frac{d}{a} \mathfrak{Cotg}\, j\pi \frac{d}{a} + 2j\pi \frac{v}{a}\right) j\pi \frac{y}{a} e^{-j\pi \frac{y}{a}}\Bigg], \quad \text{(k)}$$

$$q_y = q_{y\infty} + \frac{P}{a} \sum_{1,2}^{\infty} j \sin j\pi \frac{x}{a} \sin j\pi \frac{u}{a} \frac{\sin j\pi \frac{c}{a}}{j\pi \frac{c}{a}} \frac{\mathfrak{Sin}\, j\pi \frac{d}{a}}{j\pi \frac{d}{a}} \left(3 - 2j\pi \frac{d}{a} \mathfrak{Cotg}\, j\pi \frac{d}{a} + \right.$$

$$\left. + 2j\pi \frac{v}{a}\right) e^{-j\pi \frac{v+y}{a}}. \quad \text{(l)}$$

Lastmittelpunkt ($x = u$, $y = v$):

$$m_{xv} = m_{xv\infty} - P \sum_{1,2}^{\infty} j \sin^2 j\pi \frac{u}{a} \frac{\sin j\pi \frac{c}{a}}{j\pi \frac{c}{a}} \frac{\mathfrak{Sin}\, j\pi \frac{d}{a}}{j\pi \frac{d}{a}} \left[\frac{1}{j\pi} + 2\frac{v}{a} + j\pi \left(\frac{v}{a}\right)^2 - \right.$$

$$\left. - \left(\frac{1}{2} + j\pi \frac{v}{a}\right) \frac{d}{a} \mathfrak{Cotg}\, j\pi \frac{d}{a}\right] e^{-2j\pi \frac{v}{a}}, \quad \text{(v — d)}$$

$$m_{yv} = m_{yv\infty} - P \sum_{1,2}^{\infty} j \sin^2 j\pi \frac{u}{a} \frac{\sin j\pi \frac{c}{a}}{j\pi \frac{c}{a}} \frac{\mathfrak{Sin}\, j\pi \frac{d}{a}}{j\pi \frac{d}{a}} \left[\frac{2}{j\pi} - j\pi \left(\frac{v}{a}\right)^2 - \right.$$

$$\left. - \left(\frac{3}{2} - j\pi \frac{v}{a}\right) \frac{d}{a} \mathfrak{Cotg}\, j\pi \frac{d}{a}\right] e^{-2j\pi \frac{v}{a}}. \quad \text{(v — e)}$$

Die Größtwerte der Momente treten *nicht* im Lastmittelpunkt auf. Bei *wandernder* Last, d. h. variablem $u$ und $v$, ist

$$\max m_{xv} = m_{xv\infty} \text{ mit } u = \frac{a}{2} \text{ und } v > 2a.$$

Den größtmöglichen Wert von $m_{yv}$ erhält man, wieder mit $u = \frac{a}{2}$, indem man den Ausdruck

$$\frac{\partial}{\partial v}\left[\frac{2}{\pi} - \pi \left(\frac{v}{a}\right)^2 - \left(\frac{3}{2} - \pi \frac{v}{a}\right) \frac{d}{a} \mathfrak{Cotg}\, \pi \frac{d}{a}\right] e^{-2\pi \frac{v}{a}} = 0 \quad (111)$$

setzt, wobei als Näherung nur das *erste* Glied der Reihe ($j = 1$) berücksichtigt ist. Daraus folgt die Gleichung

$$\left(\pi \frac{v}{a}\right)^2 - \pi \frac{v}{a}\left(1 + \pi \frac{d}{a} \mathfrak{Cotg}\, \pi \frac{d}{a}\right) + 2\pi \frac{d}{a} \mathfrak{Cotg}\, \pi \frac{d}{a} - 2 = 0. \quad (112)$$

Für $\frac{d}{a} \to 0$ wird $\frac{v^*}{a} = \frac{2}{\pi}$ und

$$\max m_{yv} \doteq m_{yv\infty} + P \frac{\sin \pi \frac{c}{a}}{\pi \frac{c}{a}} \frac{3}{2\pi} e^{-4} = m_{yv\infty} + P \frac{\sin \pi \frac{c}{a}}{\pi \frac{c}{a}} \cdot 0{,}0087. \quad (\text{* — e})$$

**$F_2S - 12$** Rand $t$ $(y = 0)$, Gesamtfunktionen:

$$m_t = -P \sum_{1,2}^{\infty} j \sin j\pi \frac{x}{a} \sin j\pi \frac{u}{a} \frac{\sin j\pi \frac{c}{a}}{j\pi \frac{c}{a}} \frac{\mathfrak{Sin}\, j\pi \frac{d}{a}}{j\pi \frac{d}{a}} 2 \left[\frac{1}{j\pi} - \frac{d}{a} \mathfrak{Cotg}\, j\pi \frac{d}{a} + \frac{v}{a}\right] e^{-j\pi \frac{v}{a}}, \quad \text{(t — e)}$$

$$q_t = \bar{q}_t = \frac{P}{a} \sum_{1,2}^{\infty} j \sin j\pi \frac{x}{a} \sin j\pi \frac{u}{a} \frac{\sin j\pi \frac{c}{a}}{j\pi \frac{c}{a}} \frac{\mathfrak{Sin}\, j\pi \frac{d}{a}}{j\pi \frac{d}{a}} 2 \left(2 - j\pi \frac{d}{a} \mathfrak{Cotg}\, j\pi \frac{d}{a} + j\pi \frac{v}{a}\right) e^{-j\pi \frac{v}{a}}. \quad \text{(t — l)}$$

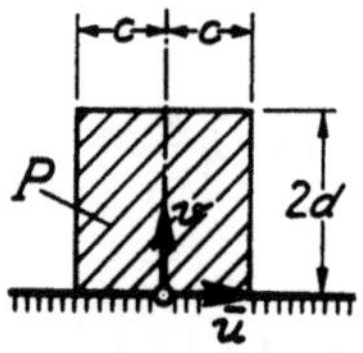

Abb. 61

Wenn das Lastrechteck an den Querrand anstößt, ist mit $v = d$ unter Abspaltung eines geschlossen darstellbaren Gliedes, das dem Moment $m_x$ infolge Streifenlast nach Fall **$F_2 - 2$** mit $p = \frac{P}{2c \cdot 2d}$ entspricht:

$$m_t = -\mathfrak{M}_x + P \sum_{1,2}^{\infty} j \sin j\pi \frac{x}{a} \sin j\pi \frac{u}{a} \frac{\sin j\pi \frac{c}{a}}{j\pi \frac{c}{a}} \frac{1}{j\pi} \left(2 + \frac{1}{j\pi \frac{d}{a}}\right) e^{-2j\pi \frac{d}{a}}, \quad \text{(t — * — e)}$$

$$q_t = \frac{P}{a} \sum_{1,2}^{\infty} j \sin j\pi \frac{x}{a} \sin j\pi \frac{u}{a} \frac{\sin j\pi \frac{c}{a}}{j\pi \frac{c}{a}} 2 \left[\frac{1}{j\pi \frac{d}{a}} \left(1 - e^{-2j\pi \frac{d}{a}}\right) - e^{-2j\pi \frac{d}{a}}\right]. \quad \text{(t — * — l)}$$

Für *kleine* Werte $\frac{c}{a}$ und $\frac{d}{a}$ kann man die Einflußflächen näherungsweise durch die Singularitäten ersetzen und über das Lastrechteck integrieren.

Mit
$$x - u = \bar{u}, \ \sin \pi \frac{\bar{u}}{a} \doteq \pi \frac{\bar{u}}{a}, \ \cos \pi \frac{\bar{u}}{a} \doteq 1 - \frac{1}{2}\left(\pi \frac{\bar{u}}{a}\right)^2,$$
$$\mathfrak{Sin}\, \pi \frac{v}{a} \doteq \pi \frac{v}{a}, \ \mathfrak{Cof}\, \pi \frac{v}{a} \doteq 1 + \frac{1}{2}\left(\pi \frac{v}{a}\right)^2$$

lauten die Einflußflächen in unmittelbarer Nähe des Bezugspunktes näherungsweise:

$$\text{Einfl}\,(-m_t) = \frac{1}{\pi} \frac{v^2}{\bar{u}^2 + v^2}, \quad \text{(t — e*)}$$

$$\text{Einfl}\, q_t = \frac{2}{\pi} \frac{v}{\bar{u}^2 + v^2} - \frac{2}{\pi} \frac{\bar{u}^2 v}{(\bar{u}^2 + v^2)^2}. \quad \text{(t — l*)}$$

Die Integration über ein Lastrechteck nach Abb. 61 und Multiplikation mit $\frac{P}{2c \cdot 2d}$ liefert für die Mittellinie des Lastrechtecks:

$$-m_t = \frac{P}{2\pi}\left(1 + \frac{2d}{c} \operatorname{arctg} \frac{c}{2d} - \frac{c}{2d} \operatorname{arctg} \frac{2d}{c}\right), \quad \text{(t — * — e)}$$

$$\max q_t = \frac{P}{2c}\left\{\frac{1}{\pi} \frac{c}{d} \ln\left[1 + \left(\frac{2d}{c}\right)^2\right] + \frac{2}{\pi} \operatorname{arctg} \frac{c}{2d}\right\}. \quad \text{(t — * — l)}$$

Der größtmögliche Wert von $-m_t$ entsteht, wenn das Lastrechteck in einiger Entfernung vom Rand steht. Zahlenwerte für $\max q_t$ bei vertauschten Lastbreiten $c$ und $d$ (für den Fall des eingespannten Randes $s$) finden sich in Tafel F.17.

## B.3. Der unendliche Halbstreifen, Längsrand $s$ starr eingespannt, übrige Ränder frei drehbar gestützt

**$SF_2 - 1$** Gleichlast $p$

Die Zahlenwerte wurden in guter Näherung für eine Rechteckplatte mit $b = 4a$ nach Fall **$SF_3 - 1$** berechnet. Nur bei der Querkraft $q_s$ am eingespannten Rand erwies sich die

Reihenentwicklung bis $k = 39$ noch als ungenau; daher wurde $q_s$ mittels des FOURIERschen Integrals für $b \to \infty$ berechnet. Es ergibt sich $q_s = q_s$ **F₃—1** $+ \Delta q_s$ mit

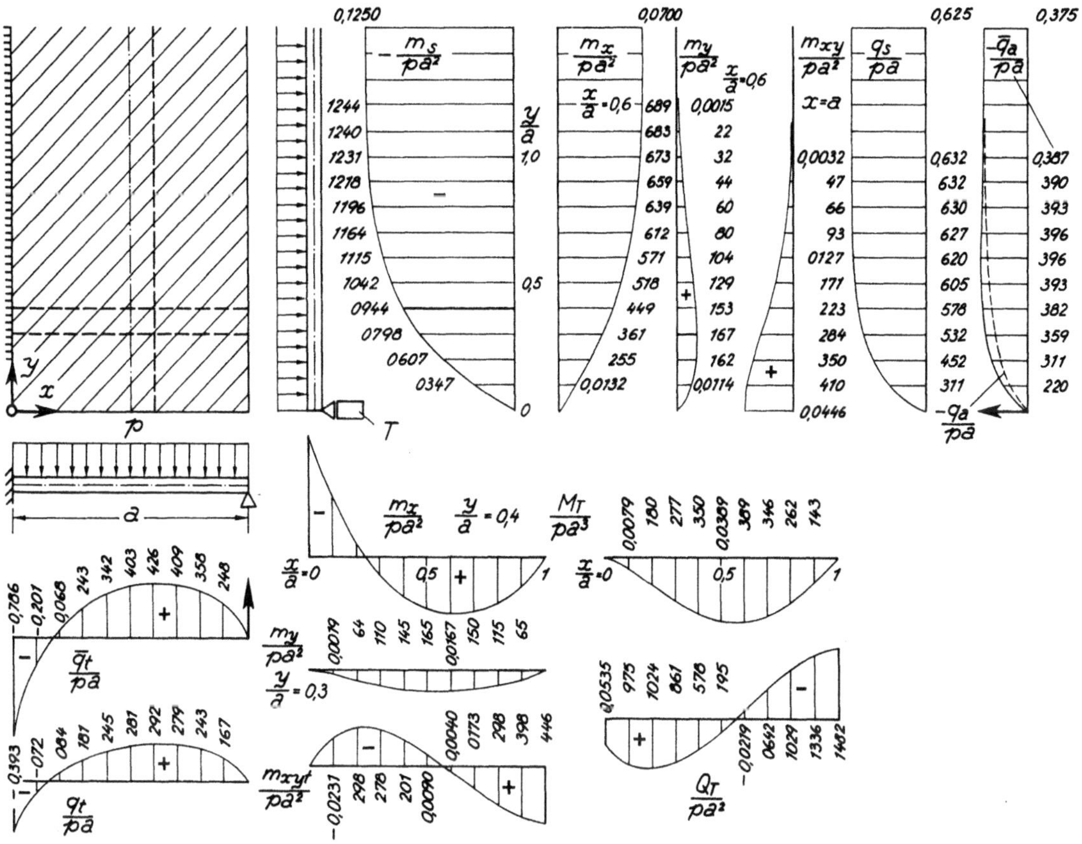


Abb. 62. Momente, Querkräfte und Auflagerkräfte; Momente und Querkräfte im Träger unter dem Querrand

$$\Delta q_s = \sum_{1,3}^{\infty}{}_k \sin k\pi \frac{y}{b}\, m_{s\,k}\, \frac{k\pi}{b} \operatorname{Cotg} k\pi \frac{a}{b} = p\,a \left\{ \int_0^{K_1} 4\,dK \frac{\sin K\pi \frac{y}{a}}{K^2\pi^2} \frac{(\operatorname{Sin} K\pi - K\pi)(\operatorname{Cof} K\pi - 1)}{(\operatorname{Sin} 2K\pi - 2K\pi)\operatorname{Tg} K\pi} + \int_{K_1}^{\infty} 2\,dK \frac{\sin K\pi \frac{y}{a}}{K^2\pi^2} \right\}. \quad (113)$$

Das zweite Teilintegral ist mit $Ci\left(K_1\pi\frac{y}{a}\right) = -\int_{K_1}^{\infty} \frac{\cos K\pi\frac{y}{a}}{K}\,dK$ (Integralcosinus):

$$\int_{K_1}^{\infty} 2\,dK \frac{\sin K\pi\frac{y}{a}}{K^2\pi^2} = \frac{2}{K_1\pi^2}\sin K_1\pi\frac{y}{a} - \frac{2\,y}{\pi\,a}\,Ci\left(K_1\pi\frac{y}{a}\right). \quad (114)$$

Es wurde $K_1 = 2$ als Grenze gewählt.

**SF₂—3** Dreiecklast $p = p_s\left(1 - \frac{x}{a}\right)$

Die Zahlenwerte wurden in guter Näherung für eine Rechteckplatte mit $b = 4\,a$ nach Fall **SF₃—3** berechnet. Nur die Querkraft $q_s$ am eingespannten Rand wurde mittels des FOURIERschen Integrals für $b \to \infty$ berechnet. Es ist dann $q_s = q_s$ **F₃—3** $+ \Delta q_s$ mit

**SF₂ — 3**

$$\Delta q_s = p_s\, a \left\{ \int_0^{K_1} 2\, dK \frac{\sin K\pi \frac{y}{a}}{K^2 \pi^2} \frac{(\mathfrak{Sin}\, 2 K\pi + 2 K\pi)\, \mathfrak{Cotg}\, K\pi - \frac{2}{K\pi}\, \mathfrak{Sin}\, 2 K\pi}{\mathfrak{Sin}\, 2 K\pi - 2 K\pi} + \right.$$

$$\left. + \int_{K_1}^{\infty} 2\, dK \frac{\sin K\pi \frac{y}{a}}{K^2 \pi^2} - \int_{K_1}^{\infty} 4\, dK \frac{\sin K\pi \frac{y}{a}}{K^3 \pi^3} \right\}. \quad (115)$$

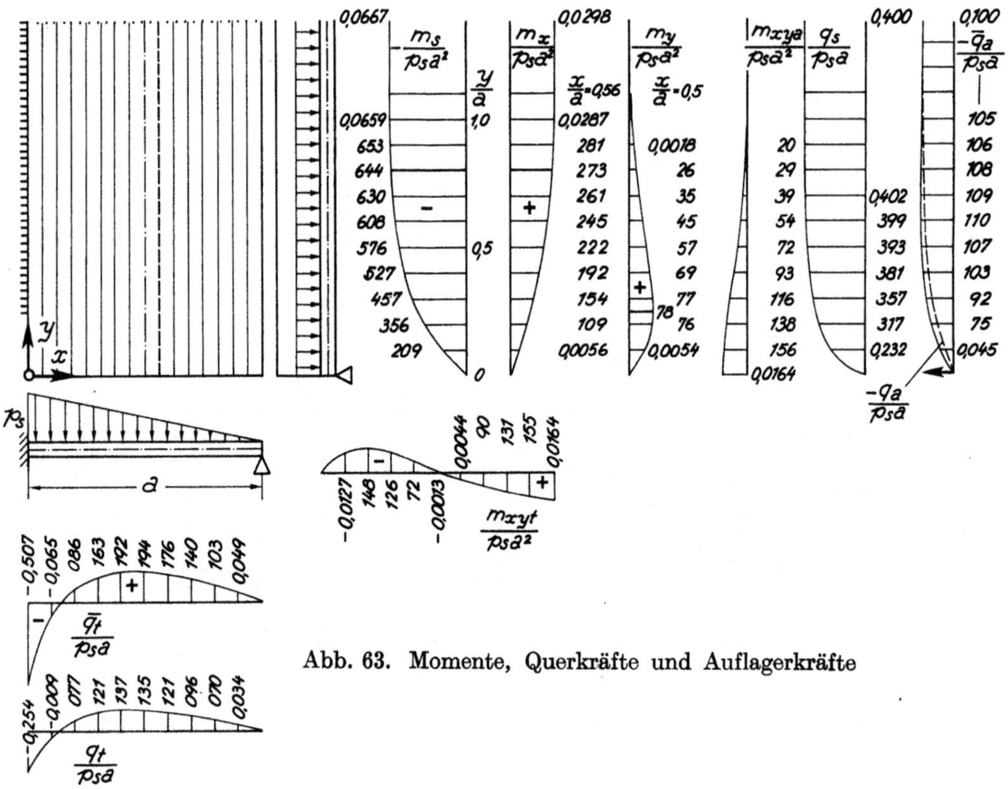


Abb. 63. Momente, Querkräfte und Auflagerkräfte

Das zweite Teilintegral ist das gleiche wie im Fall **SF₂ — 1**; das dritte Teilintegral beträgt mit $s\,i\left(K_1 \pi \frac{y}{a}\right) = -\int_{K_1}^{\infty} \frac{\sin K_1 \pi \frac{y}{a}}{K}\, dK$ (Integralsinus):

$$\int_{K_1}^{\infty} 4\, dK \frac{\sin K\pi \frac{y}{a}}{K^3 \pi^3} = \frac{2}{K_1^2 \pi^3} \sin K_1 \pi \frac{y}{a} + \frac{2}{K_1 \pi^2} \frac{y}{a} \cos K_1 \pi \frac{y}{a} + \frac{2}{\pi} \left(\frac{y}{a}\right)^2 s\,i\left(K_1 \pi \frac{y}{a}\right). \quad (116)$$

**SF₂ — 0 t** Randmoment $m_t = m_{tj} \sin j\pi \frac{x}{a}$ am Querrand

Für eine Rechteckplatte mit der Länge $b$ ist im Fall **SF₃ — 0 t** gemäß Gl. (222) (unter C.2.2.2.) das Randmoment am Längsrand:

$$m_s = \sum_{1,2}^{\infty} {}^{k}\, m_{sk} \sin k\pi \frac{y}{b}$$

mit

$$m_{sk} = -\, m_{tj} \frac{a}{j\, b} \frac{H\left(\frac{k\, a}{j\, b}\right)}{C\left(\frac{k\, a}{b}\right)}.$$

Die Wirkung des angreifenden Moments $m_t$ ist nach Fall **F₄—0t** (unter C.1.), die Wirkung der Randmomente $m_{sk}$ nach Fall **F₄—0s** zu ermitteln.

Die Diagramme in Abb. 64 für $j = 1$ wurden mit $b = 2a$ — als gute Näherung statt $b = \infty$ — berechnet. Die am Rand $t$ entstehende Verdrehung ist *nicht* sin-förmig; wenn man sie als sin-Reihe entwickelt, ist der erste Reihenkoeffizient:

$$\frac{2\pi}{a} S\beta_{t1} = m_{t1} C\left(\frac{b}{a}\right) + \sum_{1,2}^{\infty} {}^{k}\, m_{sk} \frac{b}{ka} H\left(\frac{b}{ka}\right) = m_{t1} \left\{ C\left(\frac{b}{a}\right) - \sum_{1,2}^{\infty} {}^{k} \frac{\left[H\left(\frac{ka}{b}\right)\right]^2}{k\, C\left(\frac{ka}{b}\right)} \right\}. \tag{117}$$

Der Klammerausdruck liefert für $b = 2a$ und damit praktisch genau für $b = \infty$:

$$C'_\infty = 0{,}852.$$

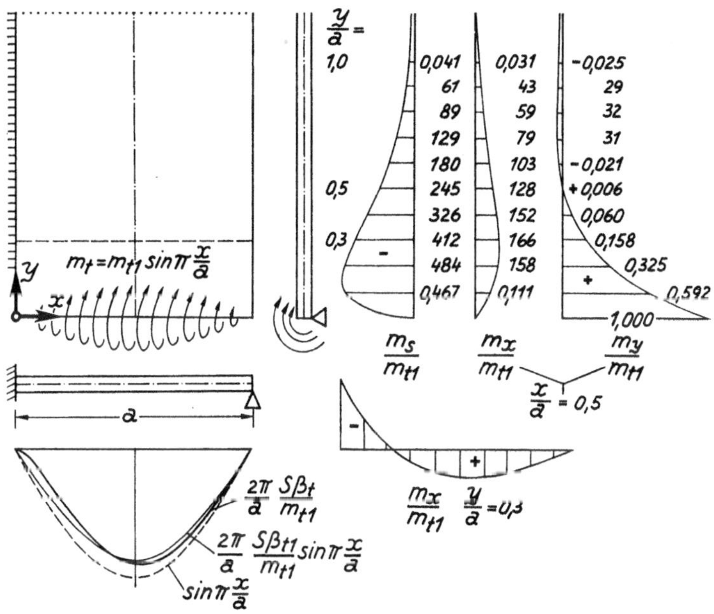


Abb. 64. Momente und Randverdrehungen

Der Reziprokwert ist die in der Tafel D.4 angegebene „Steifheitszahl" des unendlichen Halbstreifens mit *einem* starr eingespannten Längsrand.

Der Verlauf des Randmoments $m_s$ konnte auf dem angegebenen Weg wegen schlechter Konvergenz der Reihe nur ungenau ermittelt werden. Der Übergang zum Fourierschen Integral ($b \to \infty$) mit $k\frac{a}{b} = K$, $\frac{a}{b} = dK$ liefert nach Einsetzen der Ausdrücke für $C\left(\frac{ka}{b}\right)$ und $H\left(\frac{ka}{b}\right)$ (siehe unter C.2.1.):

$$-\frac{m_s}{m_{tj}} = \frac{4}{\pi}\int_0^{K_1} dK \sin K\pi \frac{y}{a} \cdot \frac{j^2 K^2}{(j^2+K^2)^2} \frac{\operatorname{Cof} 2K\pi - 1}{\operatorname{Sin} 2K\pi - 2K\pi} + \frac{4}{\pi}\int_{K_1}^{\infty} dK \sin K\pi \frac{y}{a} \frac{j^2 K^2}{(j^2+K^2)^2}. \tag{118}$$

Das erste Teilintegral mit $j = 1$ wurde bis zu der mit $K_1 = 2$ gewählten Grenze mittels der Simpsonschen Formel (Intervall $\Delta K = 0{,}2$) ausgewertet. Das zweite Teilintegral (ohne den Faktor $\frac{4}{\pi}$) ist mit $j = 1$:

**SF$_2$—0t**

$$\int\limits_{K_1}^{\infty} dK \sin K\pi\frac{y}{a}\,\frac{K^2}{(1+K^2)^2} = \left[1+\left(\pi\frac{y}{a}\right)^2\frac{2}{3!}+\left(\pi\frac{y}{a}\right)^4\frac{3}{5!}+\left(\pi\frac{y}{a}\right)^6\frac{4}{7!}+\dots\right]\cdot\left[-\pi\frac{y}{a}\,C i\,K_1\pi\frac{y}{a}+\right.$$
$$\left.+\frac{1}{K_1}\sin K_1\pi\frac{y}{a}\right]-\left[\frac{2}{3!}+\left(\pi\frac{y}{a}\right)^2\frac{3}{5!}+\left(\pi\frac{y}{a}\right)^4\frac{4}{7!}+\dots\right]\cdot\left[\frac{1}{K_1^2}\left(\pi\frac{y}{a}\right)\cos K_1\pi\frac{y}{a}+\right.$$
$$\left.+\frac{2!}{K_1^3}\sin K_1\pi\frac{y}{a}\right]+\left[\frac{3}{5!}+\left(\pi\frac{y}{a}\right)^2\frac{4}{7!}+\dots\right]\left[\frac{3!}{K_1^4}\left(\pi\frac{y}{a}\right)\cos K_1\pi\frac{y}{a}+\frac{4!}{K_1^5}\sin K_1\pi\frac{y}{a}\right]-\dots \quad (119)$$

Der Integralcosinus $C_i\,x = -\int\limits_x^{\infty}\frac{\cos t\,dt}{t}$ kann aus Tabellenwerken entnommen werden.

## B.4. Der unendliche Halbstreifen, Längsränder starr eingespannt, Querrand frei drehbar gestützt

**S$_2$F — 1** Gleichlast $p$

Die Zahlenwerte in Abb. 65 wurden in guter Näherung für eine Rechteckplatte mit $b = 4\,a$ nach Fall **S$_2$F$_2$ — 1** berechnet. Bei der Querkraft $q_s$, die wegen schlechter Konvergenz der Reihe nur ungenau zu erhalten war, wurden für die Restreihe jene Werte verwendet, die sich bei Fall **SF$_2$ — 1** aus der Berechnung mittels des Fourierschen Integrals ergeben hatten.

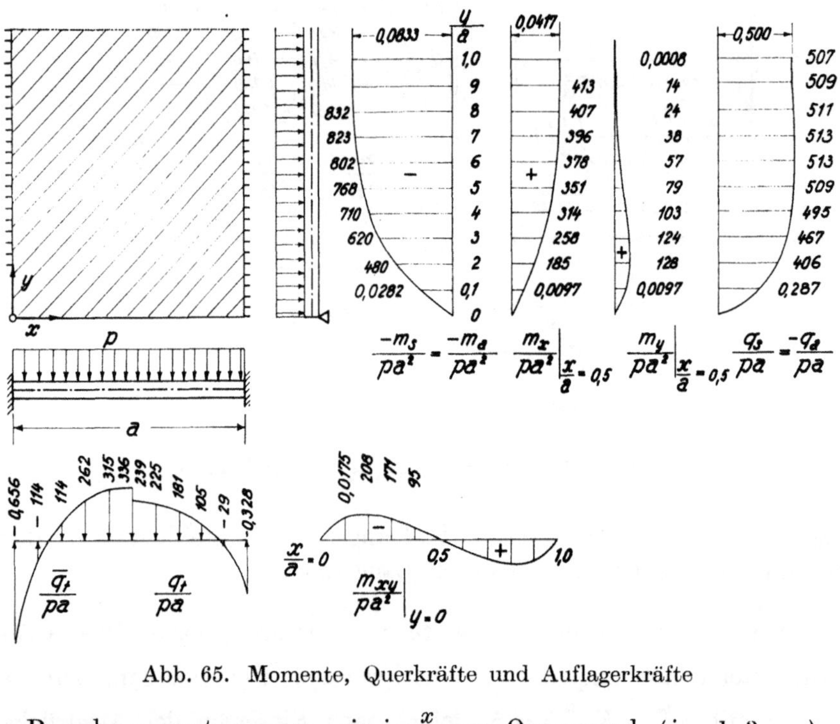


Abb. 65. Momente, Querkräfte und Auflagerkräfte

**S$_2$F — 0t** Randmoment $m_t = m_{tj}\sin j\pi\frac{x}{a}$ am Querrand $(j = 1, 3, \dots)$

Für eine Rechteckplatte mit der Länge $b$ ist im Fall **S$_2$F$_2$ — 0t** gemäß Gl. (219) (unter C.2.2.2.) das Randmoment an jedem Längsrand:

$$m_s = m_a = \sum_{1,2}^{\infty}{}^{k}\, m_{sk}\sin k\pi\frac{y}{b}$$

mit

$$m_{sk} = -\,m_{tj}\frac{a}{j\,b}\,\frac{H\left(\frac{k\,a}{j\,b}\right)}{\hat{C}\left(\frac{k\,a}{b}\right)}.$$

Die Wirkung des angreifenden Moments $m_t$ ist nach Fall **$F_4$ — 0t** (unter C.1.), die Wirkung der Randmomente $m_{sk} = m_{ak}$ nach Fall **$F_4$ — 0sa** zu ermitteln.

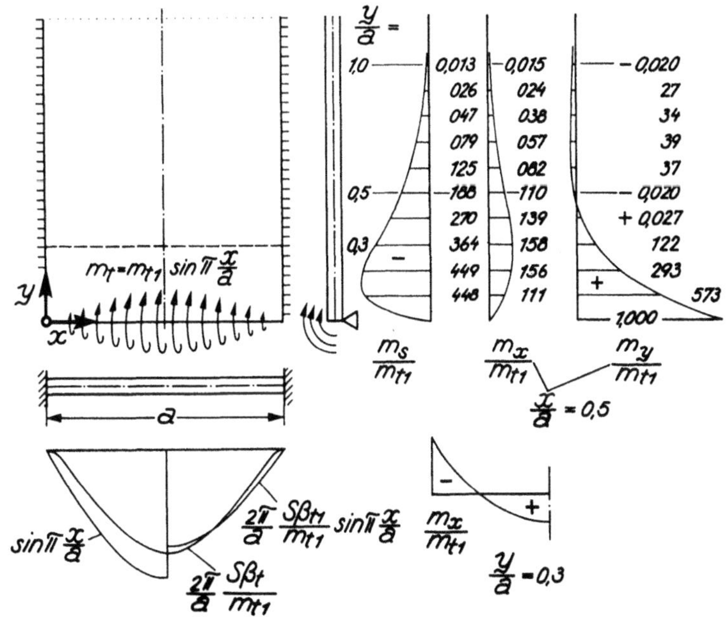


Abb. 66. Momente und Randverdrehungen

Die Diagramme in Abb. 66 für $j = 1$ wurden mit $b = 2a$ — als gute Näherung statt $b = \infty$ — berechnet. Die am Rand $t$ entstehende Verdrehung ist *nicht* sin-förmig; wenn man sie als sin-Reihe entwickelt, ist der erste Reihenkoeffizient

$$\frac{2\pi}{a} S\beta_{t1} = m_{t1} C\left(\frac{b}{a}\right) + \sum_{k=1,2}^{\infty} 2\, m_{sk} \frac{b}{ka} H\left(\frac{b}{ka}\right) = m_{t1}\left\{C\left(\frac{b}{a}\right) - \sum_{k=1,2}^{\infty} \frac{2\left[H\left(\frac{ka}{b}\right)\right]^2}{k\,\bar{C}\left(\frac{ka}{b}\right)}\right\}. \quad (120)$$

Der Klammerausdruck liefert für $b = 2a$ und damit praktisch genau für $b = \infty$:

$$C'_\infty = 0{,}752.$$

Der Reziprokwert ist die in der Tafel D.4 angegebene „Steifheitszahl" des unendlichen Halbstreifens mit starr eingespannten Längsrändern.

Der Verlauf der Randmomente $m_s = m_a$, der auf dem angegebenen Weg wegen schlechter Konvergenz der Reihe nur ungenau zu erhalten ist, wurde aus Fall **$SF_2$ — 0t** umgerechnet; der Unterschied reicht nur bis $k = 5$. Wenn das angreifende Moment $m_t$ eine gerade Anzahl von Halbwellen besitzt ($j = 2, 4, \ldots$), gilt der Fall **$SF_2$ — 0t** mit $\frac{a}{j}$ an Stelle von $a$.

## B.5. Der unendliche Halbstreifen, Längsrand *s* und Querrand starr eingespannt, Längsrand *a* frei drehbar gestützt

**SFS — 1**

Gleichlast

Die in Abb. 67 enthaltenen Zahlen wurden als Näherung für eine Rechteckplatte mit $b = 4a$ nach Fall **$SFS_2$ — 1** berechnet. Als Grundfall wurde der unendliche Plattenstreifen, Fall **SF — 1**, verwendet; die Momente sind in gewöhnlicher und in Reihendarstellung:

$$\frac{m_x}{p a^2} = -\frac{1}{8}\left(1 - \frac{x}{a}\right) + \frac{1}{2}\frac{x}{a}\left(1 - \frac{x}{a}\right) = \sum_{j=1,2}^{\infty} \sin j\pi\frac{x}{a}\left(-\frac{1}{4j\pi}\right) + \sum_{j=1,3}^{\infty} \sin j\pi \frac{x}{a}\frac{4}{j^3\pi^3}. \quad (121)$$

**SFS — 1**

Als Zusatzfunktion werden Randkräfte $\frac{q_t}{pa} = \frac{q_b}{pa} = \sum_{1,2}^{\infty}{}_j\, q_{tj} \sin j\pi \frac{x}{a}$ nach Fall **F₂V₂ — 01**, positiv nach aufwärts gerechnet, angebracht. Die zugehörige Durchbiegungsfunktion lautet:

$$\frac{S\zeta}{pa^4} = -\sum_{1,2}^{\infty}{}_j\, q_{tj} \sin j\pi \frac{x}{a} \frac{\mathfrak{Cof}\, j\pi \frac{\frac{b}{2}-y}{a}}{2j^3\pi^3\, \mathfrak{Sin}\, j\pi \frac{b}{2a}} \left[1 + j\pi \frac{b}{2a} \mathfrak{Cotg}\, j\pi \frac{b}{2a} - j\pi \frac{\frac{b}{2}-y}{a} \mathfrak{Tg}\, j\pi \frac{\frac{b}{2}-y}{a}\right]. \tag{122}$$

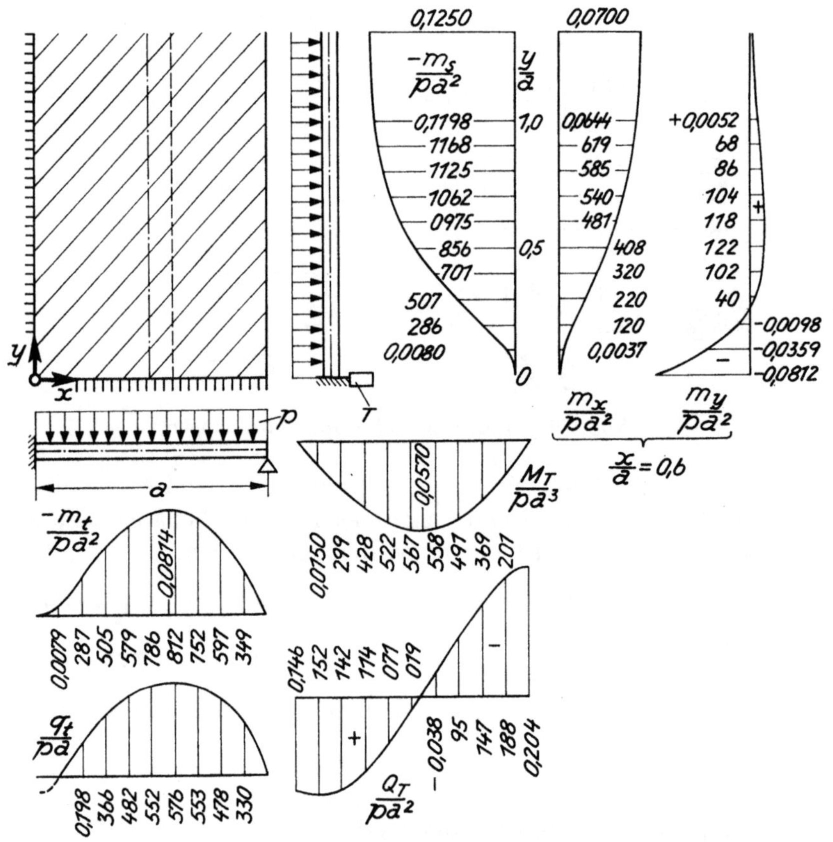


Abb. 67. Momente und Auflagerkräfte; Momente und Querkräfte im Träger unter dem Querrand

In $y = 0$ entstehen die Momente:

$$\frac{m_x}{pa^2} = -\sum_{1,2}^{\infty}{}_j\, q_{tj} \sin j\pi \frac{x}{a} \frac{1}{2j\pi} \left[\mathfrak{Cotg}\, j\pi \frac{b}{2a} + \frac{j\pi \frac{b}{2a}}{\mathfrak{Sin}^2\, j\pi \frac{b}{2a}}\right] \doteq -\sum_{1,2}^{\infty}{}_j \frac{q_{tj}}{2j\pi} \sin j\pi \frac{x}{a}. \tag{123}$$

Die Randverdrehungen am Rand $s$ werden als cos-Reihe mit der Periode $2b$ entwickelt und betragen:

$$\frac{S\beta_s}{pa^3} = -\sum_{1,2}^{\infty}{}_j\, q_{tj} \left\{\frac{2a}{j^3\pi^3 b} + \sum_{2,4}^{\infty}{}_k \cos k\pi \frac{y}{b} \frac{4b}{a} \frac{1}{jk^2\pi^3\left[\frac{ka}{jb} + \frac{jb}{ka}\right]^2}\right\}. \tag{124}$$

Um die Randbedingung $\beta_s = 0$ wiederherzustellen, werden Randmomente

$$m_s = m_{s0} + \sum_{2,4}^{\infty}{}_k\, m_{sk} \cos k\pi \frac{y}{b} \tag{125}$$

nach Fall **F₄ — 0s** angebracht; es muß sein:

$$\left.\begin{aligned}\frac{m_{s\,o}}{p\,a^2} &= \sum_{1,2}^{\infty}{}^{j}\, q_{t\,j}\,\frac{6\,a}{j^3\,\pi^3\,b},\\ \frac{m_{s\,k}}{p\,a^2} &= \sum_{1,2}^{\infty}{}^{j}\, q_{t\,j}\,\frac{8}{j\,k\,\pi^2\left[\frac{k\,a}{j\,b}+\frac{j\,b}{k\,a}\right]^2 C\left(\frac{k\,a}{b}\right)} \quad \text{mit } C\left(\frac{k\,a}{b}\right) = \mathfrak{Cotg}\, k\,\pi\,\frac{a}{b} - \frac{k\,\pi\,\frac{a}{b}}{\mathfrak{Sin}^2\, k\,\pi\,\frac{a}{b}}.\end{aligned}\right\} \qquad (126)$$

Durch die Randmomente $m_s$ entstehen in der Linie $y = 0$ die Momente:

$$\frac{m_x}{p\,a^2} = m_{s\,o}\left(1 - \frac{x}{a}\right) +$$

$$+ \sum_{2,4}^{\infty}{}^{k}\, m_{s\,k}\,\frac{\mathfrak{Sin}\, k\,\pi\,\frac{a-x}{b}}{2\,\mathfrak{Sin}\, k\,\pi\,\frac{a}{b}}\left[2 - k\,\pi\,\frac{a}{b}\,\mathfrak{Cotg}\, k\,\pi\,\frac{a}{b} + k\,\pi\,\frac{a-x}{b}\,\mathfrak{Cotg}\, k\,\pi\,\frac{a-x}{b}\right]. \qquad (127)$$

Als sin-Reihe mit der Periode $2\,a$ entwickelt, lautet dieser Ausdruck:

$$\frac{m_x}{p\,a^2} = \sum_{1,2}^{\infty}{}^{j}\,\sin j\,\pi\,\frac{x}{a}\left\{m_{s\,o}\,\frac{2}{j\,\pi} + \sum_{2,4}^{\infty}{}^{k}\, m_{s\,k}\,\frac{2}{j\,\pi\left[\left(\frac{k\,a}{j\,b}\right)^2 + 1\right]^2}\right\}. \qquad (128)$$

Die Bedingung, daß $m_x$ längs der Linie $y = 0$ verschwinden muß, lautet nunmehr für jedes Reihenglied $j = 1, 3, \ldots$

$$\frac{1}{4\,j\,\pi} + \frac{4}{j^3\,\pi^3} - \frac{q_{t\,j}}{2\,j\,\pi} + m_{s\,o}\,\frac{2}{j\,\pi} + \sum_{2,4}^{\infty}{}^{k}\, m_{s\,k}\,\frac{2}{j\,\pi\left[\left(\frac{k\,a}{j\,b}\right)^2 + 1\right]^2} = 0; \qquad (129)$$

daraus folgt

$$q_{t\,j} = -\frac{1}{2} + \frac{8}{j^2\,\pi^2} + 4\,m_{s\,o} + \sum_{2,4}^{\infty}{}^{k}\, m_{s\,k}\,\frac{4}{\left[\left(\frac{k\,a}{j\,b}\right)^2 + 1\right]^2}. \qquad (129')$$

Bei den Reihengliedern $j = 2, 4, \ldots$ entfällt der Summand $\frac{8}{j^2\,\pi^2}$.

Aus den Gl. (126) und (129′) ergeben sich durch Iteration die nachstehenden Werte für die Unbekannten $q_{t\,j}$:

| $j$ | 1 | 2 | 3 | 4 | 5 | 6 | 7 |
|---|---|---|---|---|---|---|---|
| $q_{t\,j}$ | + 0,5600 | — 0,1404 | + 0,0024 | — 0,0594 | — 0,0097 | — 0,0314 | — 0,0079 |
| $j$ | 8 | 9 | 10 | 11 | 12 | 13 | 14 |
| $q_{t\,j}$ | — 0,0194 | — 0,0058 | — 0,0131 | — 0,0042 | — 0,0093 | — 0,0034 | — 0,0073 |
| $j$ | 15 | 16 | 17 | 18 | 19 | 20 | 21 |
| $q_{t\,j}$ | — 0,0029 | — 0,0058 | — 0,0025 | — 0,0049 | — 0,0023 | — 0,0043 | — 0,0022 |

Die Überlagerung des Grundfalles mit den Zusatzfunktionen — $q_t$ nach Fall **$F_2V_2$ — 01** und $m_s$ nach Fall **$F_4$ — 0 s** — ergibt den endgültigen Momentenverlauf.

Der Träger unter dem Rand $t$, der in den Plattenecken frei drehbar gestützt vorausgesetzt wird, ist durch die Kräfte $\frac{q_t}{p\,a} = \sum_{1,2}^{\infty}{}^{j}\, q_{t\,j}\sin j\,\pi\,\frac{x}{a}$ belastet; daraus folgt

**SFS — 1**

$$\left.\begin{aligned}
\frac{Q_T}{p\,a^2} &= \sum_{1,2}^{\infty}{}_j \frac{q_{tj}}{j\,\pi} \cos j\,\pi\,\frac{x}{a},\\
\frac{M_T}{p\,a^3} &= \sum_{1,2}^{\infty}{}_j \frac{q_{tj}}{j^2\pi^2} \sin j\,\pi\,\frac{x}{a},\\
\frac{B_{Ts}}{p\,a^3} &= \sum_{1,2}^{\infty}{}_j \frac{6\,q_{tj}}{j^3\,\pi^3} = 0{,}1046,\\
\frac{B_{Ta}}{p\,a^3} &= \sum_{1,2}^{\infty}{}_j \frac{6\,q_{tj}}{j^3\,\pi^3}(-\cos j\,\pi) = 0{,}1118.
\end{aligned}\right\} \tag{130}$$

Der Größtwert des Drillmoments am Rand $a$ ergab sich in $\frac{y}{a} = 0{,}25$ mit

$$\max m_{xy} = p\,a^2 \cdot 0{,}0311.$$

**SFS — 3** Dreiecklast $p_x = p_s\left(1 - \frac{x}{a}\right)$

Es wurde das gleiche Verfahren wie im Fall **SFS — 1** angewendet. Die Momente im Grundfall sind jetzt:

$$\frac{m_x}{p_s\,a^2} = -\frac{1}{15}\left(1 - \frac{x}{a}\right) + \frac{1}{6}\left[2\frac{x}{a} - 3\left(\frac{x}{a}\right)^2 + \left(\frac{x}{a}\right)^3\right] = \sum_{1,2}^{\infty}{}_j \sin j\,\pi\,\frac{x}{a}\left(-\frac{2}{15\,j\,\pi} + \frac{2}{j^3\,\pi^3}\right). \tag{131}$$

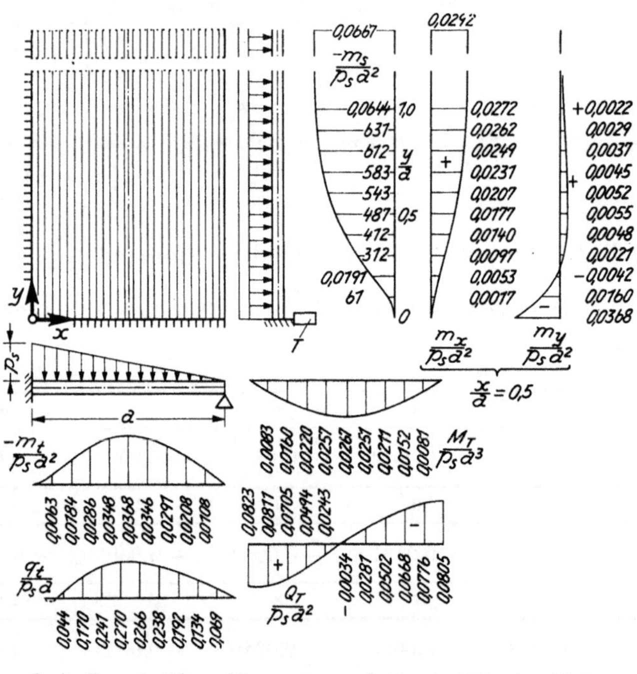


Abb. 68. Momente und Auflagerkräfte; Momente und Querkräfte im Träger unter dem Querrand

Daraus folgt für alle $j$:

$$q_{tj} = -\frac{4}{15} + \frac{4}{j^2\,\pi^2} + 4\,m_{s0} + \sum_{2,4}^{\infty}{}_k\, m_{sk} \frac{4}{\left[\left(\frac{k\,a}{j\,b}\right)^2 + 1\right]^2}. \tag{132}$$

Die Gl. (126) gelten unverändert.

Die Ergebnisse sind aus Abb. 68 ersichtlich.

Die Belastungswerte für den Träger unter dem Rand $t$ sind

$$\frac{B_{Ts}}{p_s a^3} = 0{,}0511, \qquad \frac{B_{Ta}}{p_s a^3} = 0{,}0504; \text{ im übrigen gelten die Gl. (130).}$$

Der Größtwert des Drillmoments am Rand $a$ tritt etwa im Punkt $\frac{y}{a} = 0{,}28$ auf und hat den Wert

$$\max m_{xy} = p\,a^2 \cdot 0{,}0133.$$

**SFS — 13** Dreiecklast in der Längsrichtung

Die Belastung $p_y = p_t\left(1 - \frac{y}{b}\right)$ kann man zusammengesetzt denken aus einer Gleichlast $p = p_t$ nach Fall **SFS — 1** und einer Dreiecklast $p' = -p_t \frac{y}{b}$. Zu letzterer gehören die Funktionen:

$$\frac{S\,\zeta}{p_t a^4} = \frac{y}{b}\left[\sum_{1,2}^{\infty}{}_j \sin j\pi\frac{x}{a}\,\frac{1}{4 j^3 \pi^3} - \sum_{1,3}^{\infty}{}_j \sin j\pi\frac{x}{a}\,\frac{4}{j^5\pi^5}\right], \tag{133}$$

$$\frac{S\,\beta_t}{p_t a^3} = \frac{a}{b}\left[\sum_{1,2}^{\infty}{}_j \sin j\pi\frac{x}{a}\,\frac{1}{4 j^3 \pi^3} - \sum_{1,3}^{\infty}{}_j \sin j\pi\frac{x}{a}\,\frac{4}{j^5\pi^5}\right] = \frac{a}{b}\sum_{1,2}^{\infty}{}_j \frac{B_{tj}}{2 j\pi}\cdot\sin j\pi\frac{x}{a}, \tag{134}$$

$$\frac{m_x}{p_t a^2} = \frac{y}{b}\left[\frac{1}{8}\left(1 - \frac{x}{a}\right) - \frac{1}{2}\,\frac{x}{a}\left(1 - \frac{x}{a}\right)\right] = \frac{y}{b}\left[\sum_{1,2}^{\infty}{}_j \sin j\pi\frac{x}{a}\cdot\frac{1}{4 j\pi} - \right.$$

$$\left. - \sum_{1,3}^{\infty}{}_j \sin j\pi\frac{x}{a}\,\frac{4}{j^3\pi^3}\right]. \tag{135}$$

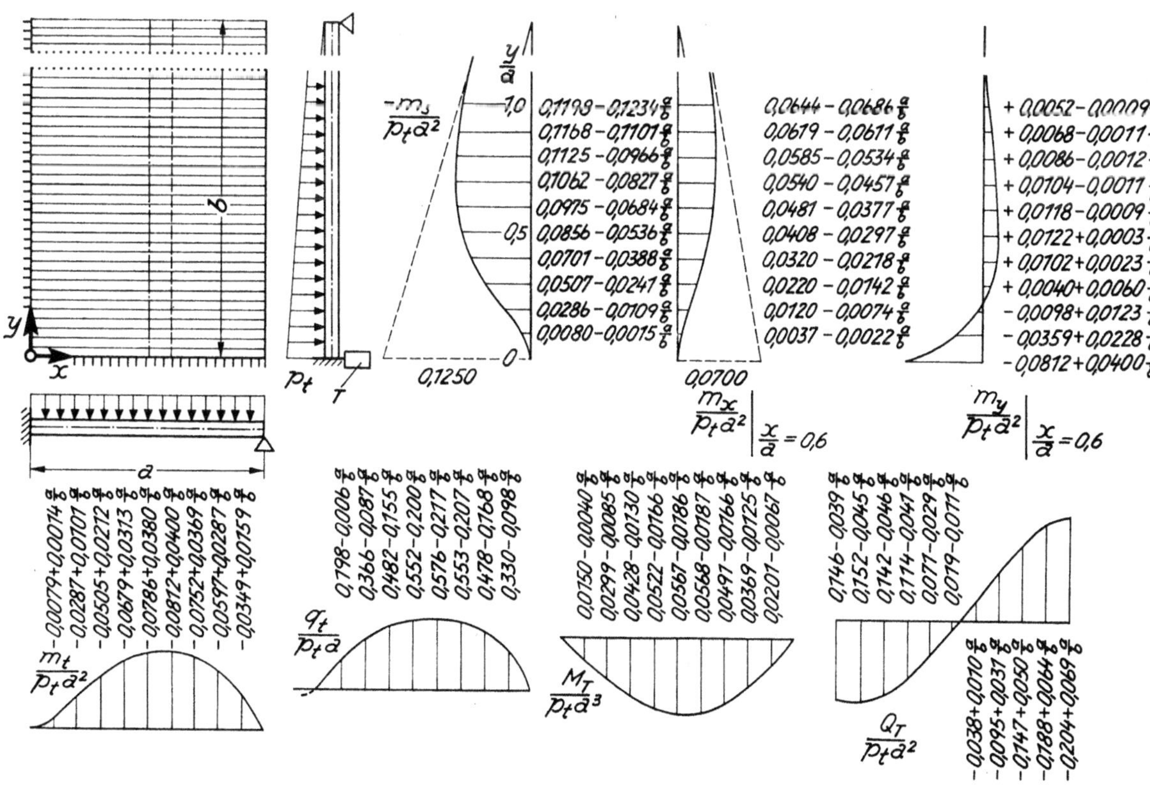


Abb. 69. Momente und Auflagerkräfte; Momente und Querkräfte im Träger unter dem Querrand

**SFS — 13**

Die Randverdrehung $S\,\beta_t$ muß durch Momente $\frac{m_t}{p_t a^2} = \sum_{1,2}^{\infty} {}^{j}\, m_{tj} \sin j\pi \frac{x}{a}$ zurückgeführt werden; am Rand $s$ sind gleichzeitig Momente $\frac{m_s}{p_t a^2} = \sum_{1,2}^{\infty} {}^{k}\, m_{sk} \sin k\pi \frac{y}{b}$ anzubringen.

Für die Reihenkoeffizienten $m_{tj}$ und $m_{sk}$ gelten die Gleichungen (siehe Abschnitt C.2.2.):

$$\left.\begin{aligned} C\left(\frac{j\,b}{a}\right) m_{tj} &= \frac{a}{b}\left[-B_{tj} - \sum_{1,2}^{\infty} {}^{k}\, m_{sk} \frac{4\,b}{k\pi a\left(\frac{k\,a}{j\,b} + \frac{j\,b}{k\,a}\right)^2}\right], \\ m_{sk} &= \frac{a}{b}\left[-\frac{1}{C\left(\frac{k\,a}{b}\right)} \sum_{1,2}^{\infty} {}^{j}\, m_{tj} \frac{4\,a}{j\pi b\left(\frac{k\,a}{j\,b} + \frac{j\,b}{k\,a}\right)^2}\right]. \end{aligned}\right\} \tag{136}$$

Hierin ist

$$\left.\begin{aligned} B_{tj} &= \frac{1}{2\,j^2\pi^2} - \frac{8}{j^4\pi^4} \quad \text{für } j = 1, 3, \ldots, \\ B_{tj} &= \frac{1}{2\,j^2\pi^2} \quad \text{für } j = 2, 4, \ldots \end{aligned}\right\} \tag{137}$$

und

Die Gl. (136) wurden für das Seitenverhältnis $\frac{b}{a} = 2$ gelöst und der Verlauf der zugehörigen Momente und Randkräfte ermittelt. Dieser gilt dann hinreichend genau für jedes Seitenverhältnis $\frac{b}{a} > 2$, die Zahlen sind nur mit dem jeweiligen Wert $\frac{a}{b}$ zu multiplizieren, wie in Abb. 69 angegeben. Die an erster Stelle stehenden Zahlen sind aus Fall **SFS — 1** übernommen.

**SFS — 10** Einflußflächen

Die Einflußflächen für das Randmoment $m_t$ — Tafel M.1 ($\frac{x}{a} = 0{,}5$) und M.2 ($\frac{x}{a} = 0{,}6$) — wurden näherungsweise für eine Rechteckplatte mit $b = 2\,a$ nach dem in Abschnitt C.2., P. 2.2.3.5., beschriebenen Verfahren ermittelt.

## B.6. Der unendliche Halbstreifen, alle Ränder starr eingespannt

**$S_3$ — 1** Gleichlast $p$

Es wurde das bei Fall **SFS — 1** beschriebene Verfahren angewendet. Im Grundfall **$S_2$ — 1** sind die Momente

$$\frac{m_x}{p\,a^2} = -\frac{1}{12} + \frac{1}{2}\frac{x}{a}\left(1 - \frac{x}{a}\right) = \sum_{1,3}^{\infty} {}^{j} \sin j\pi \frac{x}{a}\left(-\frac{1}{3\,j\pi} + \frac{4}{j^3\pi^3}\right). \tag{138}$$

Für den Momentangriff an *beiden* Längsrändern ergibt sich

$$\left.\begin{aligned} \frac{m_{so}}{p\,a^2} &= \frac{m_{ao}}{p\,a^2} = \sum_{1,3}^{\infty} {}^{j}\, q_{tj} \frac{4\,a}{j^3\pi^3 b}, \\ \frac{m_{sk}}{p\,a^2} &= \frac{m_{ak}}{p\,a^2} = \sum_{1,3}^{\infty} {}^{j}\, q_{tj} \frac{8}{j\,k\,\pi^2\left(\frac{k\,a}{j\,b} + \frac{j\,b}{k\,a}\right)^2 \hat{C}\left(\frac{k\,a}{b}\right)}, \\ &\text{mit} \\ \hat{C}\left(\frac{k\,a}{b}\right) &= \operatorname{Tg} k\pi\frac{a}{2\,b} + \frac{k\pi\frac{a}{2\,b}}{\operatorname{Cof}^2 k\pi\frac{a}{2\,b}}. \end{aligned}\right\} \tag{139}$$

In der Linie $y = 0$ entstehen die Momente

$$\frac{m_x}{p\,a^2} = \sum_{1,3}^{\infty} \sin j\pi \frac{x}{a} \left\{ m_{so} \frac{4}{j\pi} + \sum_{2,4}^{\infty} m_{sk} \frac{4}{j\pi\left[\left(\frac{k\,a}{j\,b}\right)^2 + 1\right]^2} \right\}. \tag{140}$$

Somit muß für $j = 1, 3, \ldots$ sein:

$$q_{tj} = -\frac{2}{3} + \frac{8}{j^2\pi^2} + 8\,m_{so} + \sum_{2,4}^{\infty} m_{sk} \frac{8}{\left[\left(\frac{k\,a}{j\,b}\right)^2 + 1\right]^2}. \tag{141}$$

Die Gl. (139) und (141) ergeben die folgenden Werte:

| $j$ | 1 | 3 | 5 | 7 | 9 | 11 | 13 | 15 | 17 | 19 | 21 |
|---|---|---|---|---|---|---|---|---|---|---|---|
| $q_{tj}$ | 0,4306 | —0,0590 | —0,0418 | —0,0256 | —0,0160 | —0,0099 | —0,0058 | —0,0032 | —0,0013 | 0 | +0,0010 |

Die Ergebnisse sind in Abb. 70 dargestellt.

Die Belastungswerte des Trägers unter dem Rand $t$ betragen $\frac{B_{Ts}}{p\,a^3} = \frac{B_{Ta}}{p\,a^3} = 0{,}0828$.

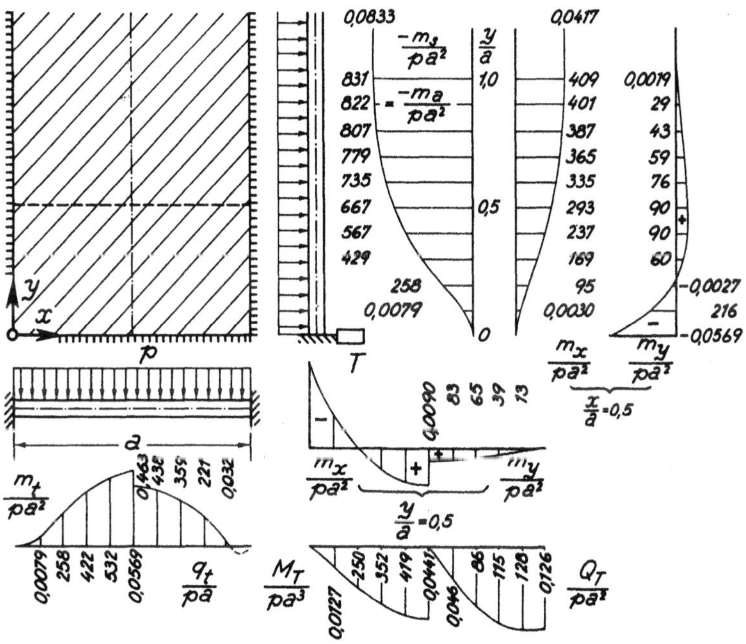

Abb. 70. Momente und Auflagerkräfte; Momente und Querkräfte im Träger unter dem Querrand

**S$_3$—3** Dreiecklast $p_x = p_s\left(1 - \frac{x}{a}\right)$

Die Zahlen in Abb. 71 ergeben sich durch Überlagerung des Falles **S$_3$—1** mit $p = \frac{p_s}{2}$ und des Falles **SFS—3** mit $\frac{p_s}{2}$ und $\frac{a}{2}$ an Stelle von $p_s$ und $a$.

Die Belastungswerte für den Träger unter dem Rand $t$ sind:

$$\frac{B_{Ts}}{p_s\,a^3} = 0{,}0478, \qquad \frac{B_{Ta}}{p_s\,a^3} = 0{,}0350.$$

**S$_3$ — 13** Dreiecklast in der Längsrichtung

Es wurde in gleicher Weise wie im Fall **SFS — 13** vorgegangen. Die an erster Stelle stehenden Zahlen in Abb. 72 sind aus Fall **S$_3$ — 1** übernommen. Zur Dreiecklast $p'$ gehören:

**$S_3$ — 13**

$$\frac{m_x}{p_t\,a^2} = \frac{y}{b}\left[\frac{1}{12} - \frac{1}{2}\,\frac{x}{a}\left(1 - \frac{x}{a}\right)\right] = \frac{y}{b}\sum_{1,3}^{\infty}{}_j \sin j\,\pi\,\frac{x}{a}\left(\frac{1}{3\,j\,\pi} - \frac{4}{j^3\,\pi^3}\right), \tag{142}$$

$$B_{tj} = \frac{2}{3\,j^2\,\pi^2} - \frac{8}{j^4\,\pi^4}. \tag{143}$$

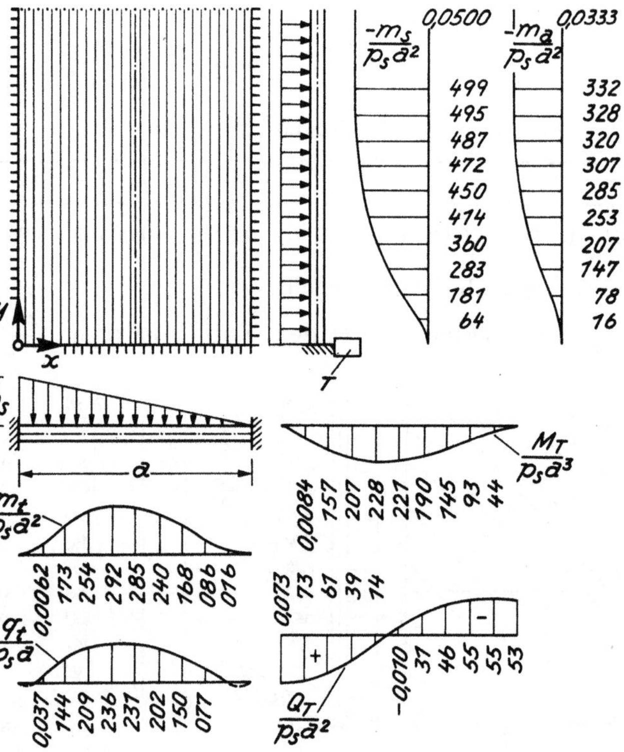


Abb. 71. Momente und Auflagerkräfte; Momente und Querkräfte im Träger unter dem Querrand (Fall $S_3$—3)

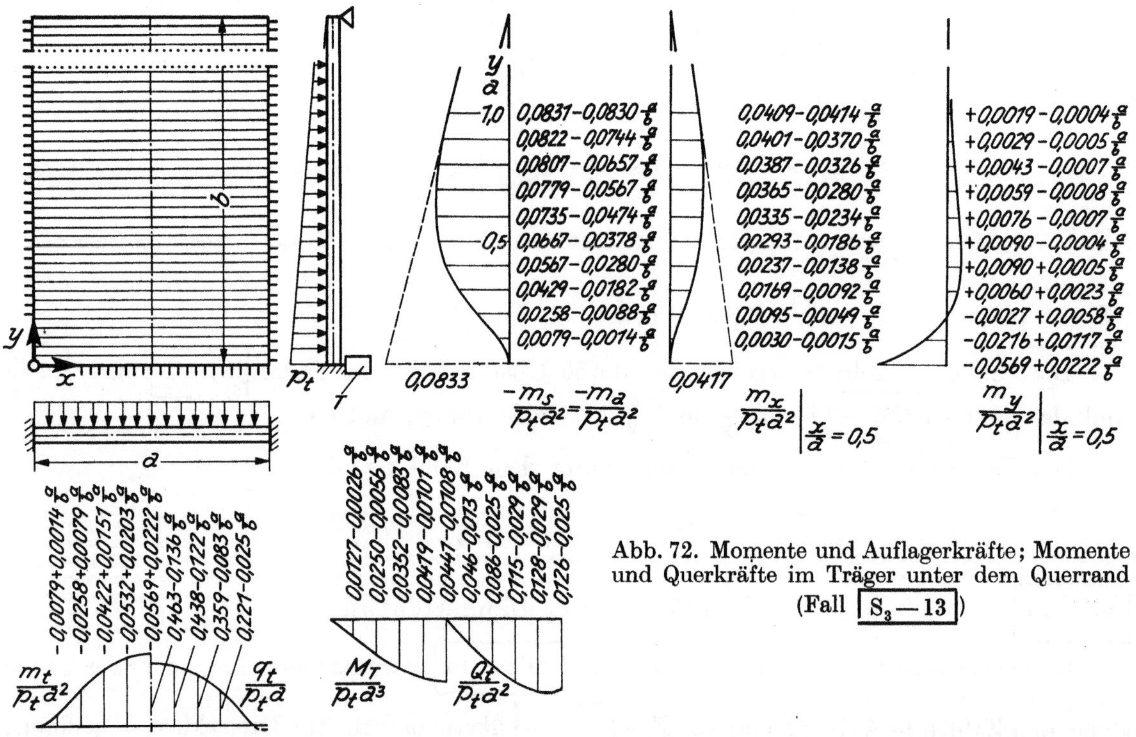


Abb. 72. Momente und Auflagerkräfte; Momente und Querkräfte im Träger unter dem Querrand (Fall $S_3$—13)

Die Gleichungen für $m_{tj}$ und $m_{sk} = m_{ak}$ lauten:

$$\left.\begin{aligned} C\left(\frac{jb}{a}\right) m_{tj} &= \frac{a}{b}\left[-B_{tj} - \sum_{1,2}^{\infty}{}^{k}\, m_{sk} \frac{8\,b}{k\,\pi\,a\left(\frac{k\,a}{j\,b} + \frac{j\,b}{k\,a}\right)^2}\right], \\ m_{sk} = m_{ak} &= \frac{a}{b}\left[-\frac{1}{\hat{C}\left(\frac{k\,a}{b}\right)} \sum_{1,3}^{\infty}{}^{j}\, m_{tj} \frac{4\,a}{j\,\pi\,b\left(\frac{k\,a}{j\,b} + \frac{j\,b}{k\,a}\right)^2}\right]. \end{aligned}\right\} \qquad (144)$$

**S₃ — 5** Schüttdruck mit Wandreibung, $p_y = p_\infty\left(1 - e^{-\frac{b-y}{h}}\right)$

In der Formel für $p_y$ ist $p_\infty$ der Grenzwert des Seitendrucks in großer Tiefe und $h$ ein Parameter, dessen geometrische Bedeutung aus Abb. 73 hervorgeht. Mit dem Raumgewicht $\gamma$,

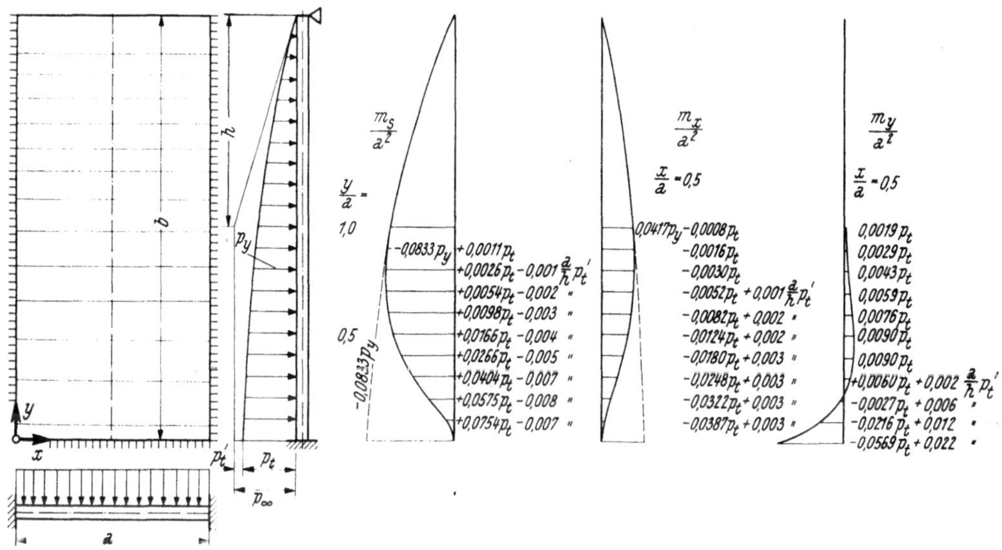


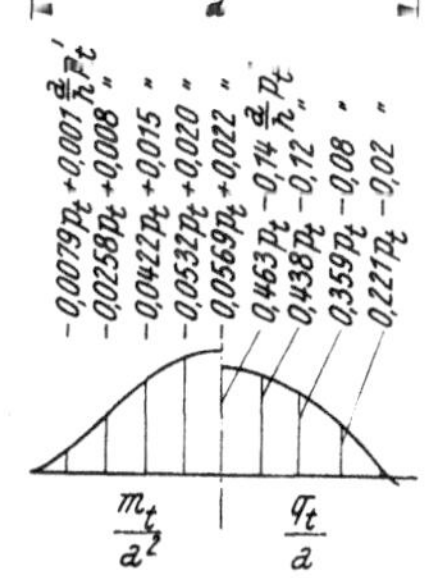


Abb. 73. Momente und Auflagerkräfte

dem natürlichen Böschungswinkel $\varrho$ des Schüttgutes und dem Winkel der Wandreibung $\delta$, ferner der Grundrißfläche des Behälters $F$ und deren Umfang $U$ ist:

$$\left.\begin{aligned} h &= \frac{F}{U\,\mathrm{tg}^2\left(\frac{\pi}{4} - \frac{\varrho}{2}\right)\mathrm{tg}\,\delta}, \\ p_\infty &= h\,\gamma\,\mathrm{tg}^2\left(\frac{\pi}{4} - \frac{\varrho}{2}\right) = \frac{F\,\gamma}{U\,\mathrm{tg}\,\delta}. \end{aligned}\right\} \qquad (145)$$

Zum Näherungsansatz[1] für den unendlichen Plattenstreifen — Fall **S₂ — 5** —

$$S\,\zeta = p_\infty\,a^4 \frac{1}{24}\left[\left(\frac{x}{a}\right)^2 - 2\left(\frac{x}{a}\right)^3 + \left(\frac{x}{a}\right)^4\right]\left(1 - e^{-\frac{b-y}{h}}\right) \qquad (146)$$

[1] Im Falle des frei drehbar gestützten unendlichen Plattenstreifens mit der Belastung $p_y = p_\infty\left(1 - e^{-\frac{b-y}{h}}\right)$ — Fall **F₂ — 5** — lautet die strenge Lösung:

$$S\,\zeta = p_\infty\,a^4 \sum_{1,3}^{\infty}{}^{j} \sin j\,\pi\frac{x}{a}\,\frac{4}{j^5\,\pi^5}\left[1 - \frac{e^{-\frac{b-y}{h}}}{\left(1 - \frac{a^2}{j^2\,\pi^2\,h^2}\right)^2}\right].$$

**S$_3$ — 5** gehört eine Belastung, die in ihrer Gesamtheit dem gegebenen $p_y$ entspricht, aber in der $x$-Richtung nicht gleichmäßig verteilt ist; die Abweichung ist praktisch ohne Bedeutung. Die Momente $m_x$ und annähernd auch die Querkräfte $q_x$ entsprechen an jeder Stelle dem beiderseits eingespannten unendlichen Plattenstreifen mit der zugehörigen Belastung $p_y$. Die Momente $m_y$ sind zu vernachlässigen.

Am Rand $t$ ist die Belastung

$$p_t = p_\infty - p_t' \quad \text{mit} \quad p_t' = p_\infty\, e^{-\frac{b}{h}}. \tag{147}$$

Die zugehörige Durchbiegung im Grundfall und damit auch die erste Zusatzfunktion ist die gleiche wie im Fall **S$_3$ — 1** mit obigem $p_t$ an Stelle der Gleichlast $p$. Es verbleibt noch die Randverdrehung

$$S\,\beta_t = p_\infty\, a^3 \frac{1}{24}\left[\left(\frac{x}{a}\right)^2 - 2\left(\frac{x}{a}\right)^3 + \left(\frac{x}{a}\right)^4\right]\left(-\frac{a}{h}\, e^{-\frac{b}{h}}\right). \tag{148}$$

Um diese Randverdrehung zurückzuführen, ist eine zweite Zusatzfunktion wie im Fall **S$_3$ — 13** erforderlich, nur mit dem Faktor $p_\infty \frac{a}{h} e^{-\frac{b}{h}} = \frac{a}{h} p_t'$ an Stelle von $p'$. Die in Abb. 73 eingetragenen Zahlen sind von Fall **S$_3$ — 13** übernommen; der Beitrag der zweiten Zusatzfunktion ist gering.

**S$_3$ — 10**

Einflußflächen

Die Einflußflächen für das Randmoment $m_t$ — Tafel N.1 ($\frac{x}{a} = 0{,}5$) und N.2 ($\frac{x}{a} = 0{,}6$) — wurden näherungsweise für eine Rechteckplatte mit $b = 2\,a$ nach dem in Abschnitt C.2., P.2.2.3.5., beschriebenen Verfahren ermittelt; die Einflußfläche für die Randquerkraft $q_t$ — Tafel N.3 — in gleicher Weise nach Abschnitt C.2., P.2.2.3.6.

## B.7. Der unendliche Halbstreifen, Längsränder frei drehbar gestützt, Querrand ungestützt

**F$_2$U — 01** Randlast am Rand $t$ (in t/m): $p_t = \sum_{1,2\ldots}^{\infty} p_{tj} \sin j\pi \frac{x}{a}$

$$S\,\zeta = a^3 \sum_{1,2\ldots}^{\infty} \sin j\pi\frac{x}{a}\cdot\frac{p_{tj}}{3\,j^3\pi^3}\left[2\,e^{-j\pi\frac{y}{a}} + j\pi\frac{y}{a}\,e^{-j\pi\frac{y}{a}}\right], \tag{a}$$

$$S\,\beta_y = a^2 \sum_{1,2\ldots}^{\infty} \sin j\pi\frac{x}{a}\cdot\frac{p_{tj}}{3\,j^2\pi^2}\left[-\,e^{-j\pi\frac{y}{a}} - j\pi\frac{y}{a}\,e^{-j\pi\frac{y}{a}}\right], \tag{c}$$

$$m_y = a \sum_{1,2\ldots}^{\infty} \sin j\pi\frac{x}{a}\cdot\frac{p_{tj}}{3}\left[-\frac{y}{a}\,e^{-j\pi\frac{y}{a}}\right], \tag{e}$$

$$q_x = \sum_{1,2\ldots}^{\infty} \cos j\pi\frac{x}{a}\cdot\frac{p_{tj}}{3}\,2\,e^{-j\pi\frac{y}{a}}, \tag{h}$$

$$\bar{q}_x = \sum_{1,2\ldots}^{\infty} \cos j\pi\frac{x}{a}\cdot\frac{p_{tj}}{3}\left[2\,e^{-j\pi\frac{y}{a}} - j\pi\frac{y}{a}\,e^{-j\pi\frac{y}{a}}\right], \tag{k}$$

$$q_y = \sum_{1,2\ldots}^{\infty} \sin j\pi\frac{x}{a}\cdot\frac{p_{tj}}{3}\left[-\,2\,e^{-j\pi\frac{y}{a}}\right]. \tag{l}$$

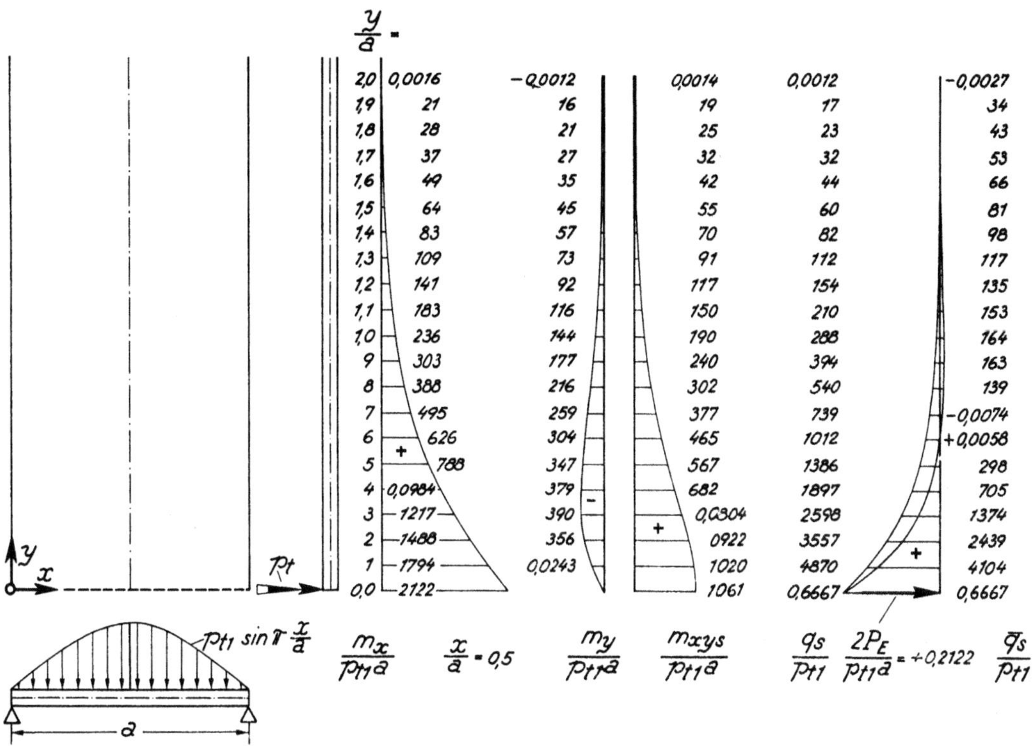


Abb. 74. Momente und Auflagerkräfte für $j = 1$; für $j = 2, 3, \ldots$ ist *überall* $\frac{a}{j}$ statt $a$ zu setzen

Rand $t$ $(y = 0)$:

$$S\,\zeta_t = a^3 \sum_{1,2\ldots}^{\infty} j \sin j\pi\frac{x}{a}\cdot\frac{2\,p_{tj}}{3\,j^3\,\pi^3}, \qquad \text{(t — a)}$$

$$S\,\beta_t = -a^2 \sum_{1,2\ldots}^{\infty} j \sin j\pi\frac{x}{a}\cdot\frac{p_{tj}}{3\,j^2\,\pi^2}, \qquad \text{(t — c)}$$

$$m_{xt} = a \sum_{1,2\ldots}^{\infty} j \sin j\pi\frac{x}{a}\cdot\frac{2\,p_{tj}}{3\,j\,\pi}, \qquad \text{(t — d)}$$

$$m_{xyt} = a \sum_{1,2\ldots}^{\infty} j \cos j\pi\frac{x}{a}\cdot\frac{p_{tj}}{3\,j\,\pi}, \qquad \text{(t — f)}$$

$$q_{xt} = \sum_{1,2\ldots}^{\infty} j \cos j\pi\frac{x}{a}\cdot\frac{2\,p_{tj}}{3}, \qquad \text{(t — h)}$$

$$q_t = \sum_{1,2\ldots}^{\infty} j \sin j\pi\frac{x}{a}\left(-\frac{2\,p_{tj}}{3}\right), \qquad \text{(t — l)}$$

$$\frac{\partial m_{xyt}}{\partial x} = \sum_{1,2\ldots}^{\infty} j \sin j\pi\frac{x}{a}\left(-\frac{p_{tj}}{3}\right). \qquad \text{(t — m)}$$

**$F_2U$ — 00**

Randmoment am Rand $t$ (in tm/m)

$$m_t = \sum_{1,2\ldots}^{\infty} j\; m_{tj}\sin j\pi\frac{x}{a}$$

$$S\,\zeta = a^2 \sum_{1,2\ldots}^{\infty} j \sin j\pi\frac{x}{a}\,\frac{m_{tj}}{3\,j^2\,\pi^2}\left[-e^{-j\pi\frac{y}{a}} + j\pi\frac{y}{a}\,e^{-j\pi\frac{y}{a}}\right], \qquad \text{(a)}$$

**F$_2$U — 00**

$$S\beta_y = a \sum_{1,2\ldots}^{\infty} {}_j \sin j\pi \frac{x}{a} \frac{m_{tj}}{3 j \pi}\left[2\, e^{-j\pi\frac{y}{a}} - j\pi \frac{y}{a} e^{-j\pi\frac{y}{a}}\right], \tag{c}$$

$$m_x = \sum_{1,2\ldots}^{\infty} {}_j \sin j\pi \frac{x}{a} \frac{m_{tj}}{3}\left[- e^{-j\pi\frac{y}{a}} + j\pi \frac{y}{a} e^{-j\pi\frac{y}{a}}\right], \tag{d}$$

$$m_y = \sum_{1,2\ldots}^{\infty} {}_j \sin j\pi \frac{x}{a} \frac{m_{tj}}{3}\left[3\, e^{-j\pi\frac{y}{a}} - j\pi \frac{y}{a} e^{-j\pi\frac{y}{a}}\right], \tag{e}$$

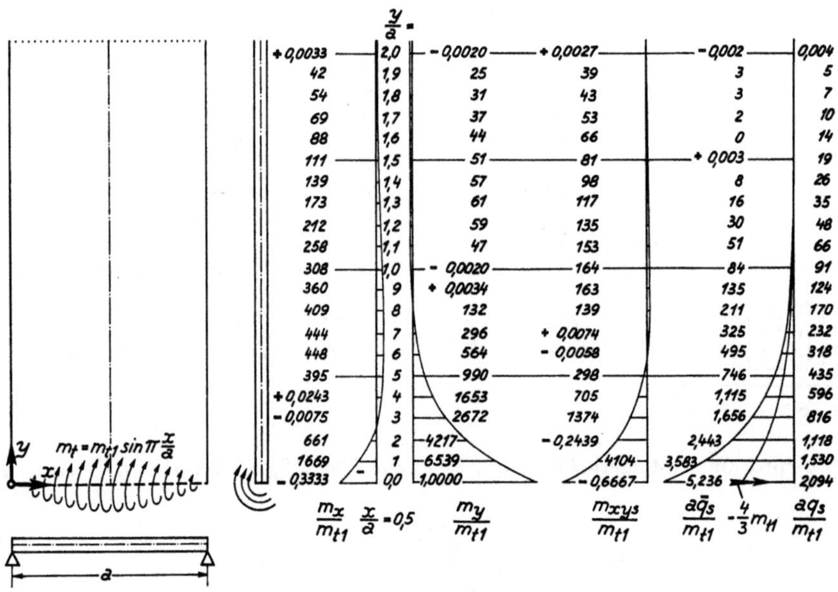

Abb. 75. Momente und Auflagerkräfte für $j = 1$; für $j = 2, 3, \ldots$ ist *überall* $\frac{a}{j}$ statt $a$ zu setzen

$$q_x = \frac{1}{a} \sum_{1,2\ldots}^{\infty} {}_j \cos j\pi \frac{x}{a} \frac{m_{tj}\, j\pi}{3}\, 2\, e^{-j\pi\frac{y}{a}}, \tag{h}$$

$$\bar{q}_x = \frac{1}{a} \sum_{1,2\ldots}^{\infty} {}_j \cos j\pi \frac{x}{a} \frac{m_{tj}\, j\pi}{3}\left[5\, e^{-j\pi\frac{y}{a}} - j\pi \frac{y}{a} e^{-j\pi\frac{y}{a}}\right], \tag{k}$$

$$q_y = \frac{1}{a} \sum_{1,2\ldots}^{\infty} {}_j \sin j\pi \frac{x}{a} \frac{m_{tj}\, j\pi}{3}\left[-2\, e^{-j\pi\frac{y}{a}}\right]. \tag{l}$$

Rand $t$ $(y = 0)$:

$$S\zeta_t = a^2 \sum_{1,2\ldots}^{\infty} {}_j \sin j\pi \frac{x}{a}\left(-\frac{m_{tj}}{3 j^2 \pi^2}\right), \tag{t — a}$$

$$S\beta_t = a \sum_{1,2\ldots}^{\infty} {}_j \sin j\pi \frac{x}{a} \frac{2\, m_{tj}}{3 j \pi}, \tag{t — c}$$

$$m_{xt} = \sum_{1,2\ldots}^{\infty} {}_j \sin j\pi \frac{x}{a}\left(-\frac{m_{tj}}{3}\right), \tag{t — d}$$

$$m_{xyt} = \sum_{1,2\ldots}^{\infty} {}_j \cos j\pi \frac{x}{a}\left(-\frac{2\, m_{tj}}{3}\right), \tag{t — f}$$

$$q_t = \sum_{1,2\ldots}^{\infty} {}_j \sin j\pi \frac{x}{a}\left(-\frac{2\, m_{tj}\, j\pi}{3a}\right). \tag{t — l}$$

**F₂U — 13** Dreiecklast $p_y = p_t\left(1 - \frac{y}{b}\right)$

Als Näherung für den Fall **F₂UF — 13** wurde dem Grundfall **F₂ — 13** eine Randlast nach Fall **F₂U — 01** mit $p_{tj} = -p_t \frac{8\,a^2}{j^3\,\pi^3\,b}$ überlagert.

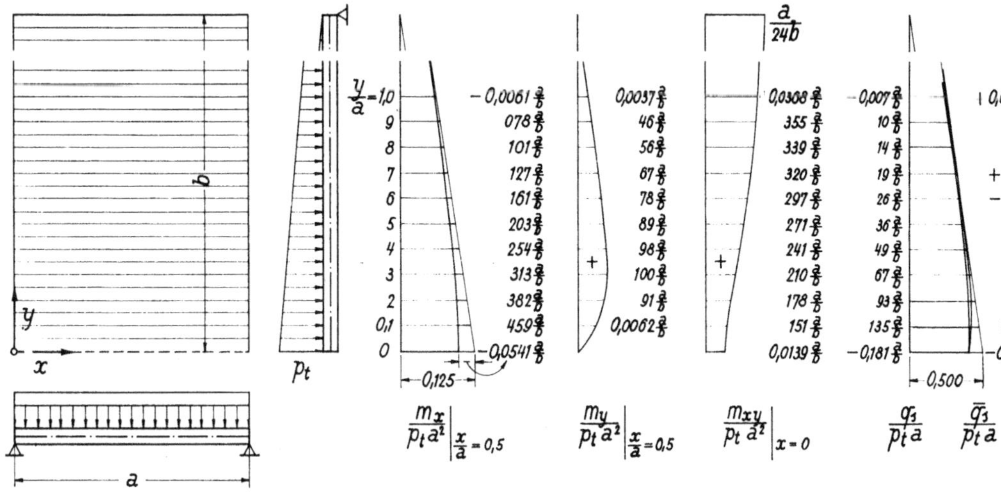

Abb. 76. Momente und Auflagerkräfte

**F₂U — 10** Punktlast (Einflußflächen)

Den Einflußflächen nach Fall **F₂ — 10** ($S\,\zeta_\infty$ usw.) wird eine Zusatzfunktion überlagert, um die Randbedingungen $m_y = \bar{q}_y = 0$ am Rand $t$ herzustellen. Die Zusatzfunktion ist in allen Bereichen die gleiche.

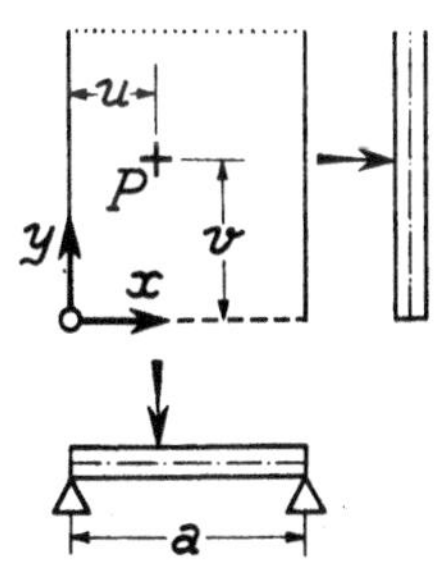

Abb. 77

$$S\,\zeta = S\,\zeta_\infty + $$
$$+ P\,a^2 \sum_{1,2\ldots}^{\infty} {}_j \sin j\,\pi\,\frac{x}{a} \sin j\,\pi\,\frac{u}{a}\,\frac{1}{j^3\,\pi^3}\left(\frac{5}{6} + \frac{1}{6}\,j\,\pi\,\frac{v}{a} + \frac{1}{6}\,j\,\pi\,\frac{y}{a} + \frac{1}{3}\,j\,\pi\,\frac{v}{a}\,j\,\pi\,\frac{y}{a}\right) e^{-j\pi\frac{v+y}{a}}, \quad \text{(a)}$$

$$S\,\beta_y = S\,\beta_{y\infty} + $$
$$+ P\,a \sum_{1,2\ldots}^{\infty} {}_j \sin j\,\pi\,\frac{x}{a} \sin j\,\pi\,\frac{u}{a}\,\frac{1}{j^2\,\pi^2}\left(-\frac{2}{3} + \frac{1}{6}\,j\,\pi\,\frac{v}{a} - \frac{1}{6}\,j\,\pi\,\frac{y}{a} - \frac{1}{3}\,j\,\pi\,\frac{v}{a}\,j\,\pi\,\frac{y}{a}\right) e^{-j\pi\frac{v+y}{a}}, \quad \text{(c)}$$

$$m_x = m_{x\infty} + $$
$$+ P \sum_{1,2\ldots}^{\infty} {}_j \sin j\,\pi\,\frac{x}{a} \sin j\,\pi\,\frac{u}{a}\,\frac{1}{j\,\pi}\left(\frac{5}{6} + \frac{1}{6}\,j\,\pi\,\frac{v}{a} + \frac{1}{6}\,j\,\pi\,\frac{y}{a} + \frac{1}{3}\,j\,\pi\,\frac{v}{a}\,j\,\pi\,\frac{y}{a}\right) e^{-j\pi\frac{v+y}{a}}, \quad \text{(d)}$$

**F₂U — 10**

$$m_y = m_{y\infty} +$$
$$+ P \sum_{1,2\ldots}^{\infty} \sin j\pi \frac{x}{a} \sin j\pi \frac{u}{a} \frac{1}{j\pi} \left(-\frac{1}{2} + \frac{1}{2} j\pi \frac{v}{a} - \frac{1}{6} j\pi \frac{y}{a} - \frac{1}{3} j\pi \frac{v}{a} j\pi \frac{y}{a}\right) e^{-j\pi \frac{v+y}{a}}, \quad \text{(e)}$$

$$q_x = q_{x\infty} +$$
$$+ \frac{P}{a} \sum_{1,2\ldots}^{\infty} \cos j\pi \frac{x}{a} \sin j\pi \frac{u}{a} \left(\frac{1}{3} + \frac{2}{3} j\pi \frac{v}{a}\right) e^{-j\pi \frac{v+y}{a}}, \quad \text{(h)}$$

$$\bar{q}_x = \bar{q}_{x\infty} +$$
$$+ \frac{P}{a} \sum_{1,2\ldots}^{\infty} \cos j\pi \frac{x}{a} \sin j\pi \frac{u}{a} \left(-\frac{1}{6} + \frac{7}{6} j\pi \frac{v}{a} - \frac{1}{6} j\pi \frac{y}{a} - \frac{1}{3} j\pi \frac{v}{a} j\pi \frac{y}{a}\right) e^{-j\pi \frac{v+y}{a}}, \quad \text{(k)}$$

$$q_y = q_{y\infty} +$$
$$+ \frac{P}{a} \sum_{1,2\ldots}^{\infty} \sin j\pi \frac{x}{a} \sin j\pi \frac{u}{a} \left(-\frac{1}{3} - \frac{2}{3} j\pi \frac{v}{a}\right) e^{-j\pi \frac{v+y}{a}}.$$

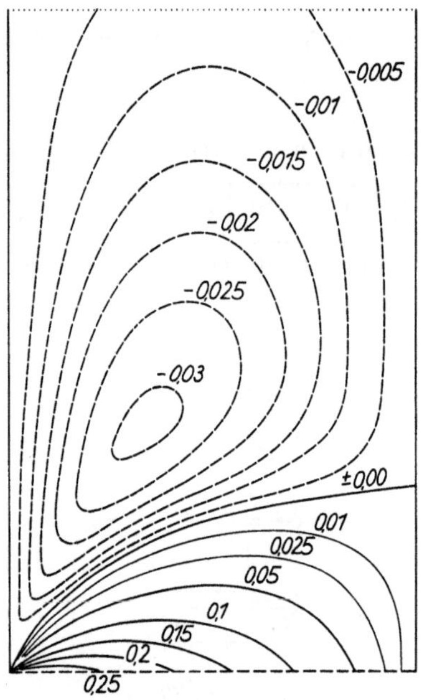


Abb. 78. Einflußfläche des Eckdrillmoments

Rand $t$ $(y = 0)$, Gesamtfunktionen:

$$m_{xt} = P \sum_{1,2}^{\infty} \sin j\pi \frac{x}{a} \sin j\pi \frac{u}{a} \frac{1}{j\pi} \left(\frac{4}{3} + \frac{2}{3} j\pi \frac{v}{a}\right) e^{-j\pi \frac{v}{a}} = 2\, m_{x\infty} + \frac{2}{3} m_{y\infty} =$$
$$= P \left\{ -\frac{1}{3\pi} \ln \frac{\mathfrak{Cof}\, \pi \frac{v}{a} - \cos \pi \frac{x-u}{a}}{\mathfrak{Cof}\, \pi \frac{v}{a} - \cos \pi \frac{x+u}{a}} + \right.$$
$$\left. + \frac{1}{6} \frac{v}{a} \mathfrak{Sin}\, \pi \frac{v}{a} \left[ \frac{1}{\mathfrak{Cof}\, \pi \frac{v}{a} - \cos \pi \frac{x-u}{a}} - \frac{1}{\mathfrak{Cof}\, \pi \frac{v}{a} - \cos \pi \frac{x+u}{a}} \right] \right\}, \quad \text{(t — d)}$$

$$m_{xyt} = P \sum_{1,2}^{\infty} {}_j \cos j\pi \frac{x}{a} \sin j\pi \frac{u}{a} \frac{2}{3}\left(\frac{1}{j\pi} - \frac{v}{a}\right) e^{-j\pi\frac{v}{a}} =$$

$$= P\left\{\frac{1}{3\pi}\left[-\operatorname{arctg}\left(\frac{\sin\pi\frac{x-u}{a}}{e^{\pi\frac{v}{a}} - \cos\pi\frac{x-u}{a}}\right) + \operatorname{arctg}\left(\frac{\sin\pi\frac{x+u}{a}}{e^{\pi\frac{v}{a}} - \cos\pi\frac{x+u}{a}}\right)\right] + \right.$$

$$\left. + \frac{1}{6}\frac{v}{a}\left[\frac{\sin\pi\frac{x-u}{a}}{\mathfrak{Cof}\,\pi\frac{v}{a} - \cos\pi\frac{x-u}{a}} - \frac{\sin\pi\frac{x+u}{a}}{\mathfrak{Cof}\,\pi\frac{v}{a} - \cos\pi\frac{x+u}{a}}\right]\right\}, \quad (\mathrm{t-f})$$

$$q_{xt} = \frac{P}{a} \sum_{1,2}^{\infty} {}_j \cos j\pi \frac{x}{a} \sin j\pi \frac{u}{a}\left(\frac{4}{3} + \frac{2}{3} j\pi \frac{v}{a}\right) e^{-j\pi\frac{v}{a}} =$$

$$= \frac{P}{3a}\left\{-\frac{\sin\pi\frac{x-u}{a}}{\mathfrak{Cof}\,\pi\frac{v}{a} - \cos\pi\frac{x-u}{a}} + \frac{\sin\pi\frac{x+u}{a}}{\mathfrak{Cof}\,\pi\frac{v}{a} - \cos\pi\frac{x+u}{a}} + \right.$$

$$\left. + \frac{\pi}{2}\frac{v}{a}\,\mathfrak{Sin}\,\pi\frac{v}{a}\left[-\frac{\sin\pi\frac{x-u}{a}}{\left(\mathfrak{Cof}\,\pi\frac{v}{a} - \cos\pi\frac{x-u}{a}\right)^2} + \frac{\sin\pi\frac{x+u}{a}}{\left(\mathfrak{Cof}\,\pi\frac{v}{a} - \cos\pi\frac{x+u}{a}\right)^2}\right]\right\}. \quad (\mathrm{t-h})$$

An der Ecke ($x = 0$) ist

$$m_{xy} = P\left\{\frac{2}{3\pi}\operatorname{arctg}\left(\frac{\sin\pi\frac{u}{a}}{e^{\pi\frac{v}{a}} - \cos\pi\frac{u}{a}}\right) - \frac{1}{3}\frac{v}{a}\frac{\sin\pi\frac{u}{a}}{\mathfrak{Cof}\,\pi\frac{v}{a} - \cos\pi\frac{u}{a}}\right\}, \quad (\mathrm{s-t-f})$$

$$q_s = \bar{q}_s = \frac{P}{3a}\left\{\frac{2\sin\pi\frac{u}{a}}{\mathfrak{Cof}\,\pi\frac{v}{a} - \cos\pi\frac{u}{a}} + \pi\frac{v}{a}\,\mathfrak{Sin}\,\pi\frac{v}{a}\frac{\sin\pi\frac{u}{a}}{\left(\mathfrak{Cof}\,\pi\frac{v}{a} - \cos\pi\frac{u}{a}\right)^2}\right\}. \quad (\mathrm{s-t-h})$$

Summe der Querkräfte $q_s$ auf der Strecke $0 \leqq y \leqq t$:

Bereich $0 \leqq v \leqq t$:

$$Q_s = P \sum_{1,2}^{\infty} {}_j \sin j\pi\frac{u}{a}\frac{1}{j\pi}\left[2 - e^{-j\pi\frac{t-v}{a}} + \left(-\frac{2}{3} + \frac{2}{3}j\pi\frac{v}{a}\right)e^{-j\pi\frac{v}{a}} - \left(\frac{1}{3} + \frac{2}{3}j\pi\frac{v}{a}\right)e^{-j\pi\frac{t+v}{a}}\right],$$

Bereich $t \leqq v \leqq \infty$:

$$Q_s = P \sum_{1,2}^{\infty} {}_j \sin j\pi\frac{u}{a}\frac{1}{j\pi}\left[e^{-j\pi\frac{v-t}{a}} + \left(-\frac{2}{3} + \frac{2}{3}j\pi\frac{v}{a}\right)e^{-j\pi\frac{v}{a}} - \left(\frac{1}{3} + \frac{2}{3}j\pi\frac{v}{a}\right)e^{-j\pi\frac{v+t}{a}}\right]. \quad (149)$$

**$F_2U-10$** Summe der lotrechten Schubkräfte auf der Strecke $0 \leqq y \leqq t$, $T_s = Q_s + m_{xyE}$:

Bereich $0 \leqq v \leqq t$:

$$T_s = P \sum_{1,2}^{\infty} j \sin j\pi \frac{u}{a} \frac{1}{j\pi}\left[2 - e^{-j\pi\frac{t-v}{a}} - \left(\frac{1}{3} + \frac{2}{3} j\pi \frac{v}{a}\right) e^{-j\pi\frac{t+v}{a}}\right] =$$

$$= P\left[1 - \frac{u}{a} - \frac{1}{\pi} \operatorname{arctg} \frac{\sin \pi \frac{u}{a}}{e^{\pi\frac{t-v}{a}} - \cos \pi \frac{u}{a}} - \frac{1}{3\pi} \operatorname{arctg} \frac{\sin \pi \frac{u}{a}}{e^{\pi\frac{t+v}{a}} - \cos \pi \frac{u}{a}} - \frac{1}{3}\frac{v}{a} \frac{\sin \pi \frac{u}{a}}{\operatorname{Cof} \pi \frac{t+v}{a} - \cos \pi \frac{u}{a}}\right],$$

Bereich $t \leqq v \leqq \infty$:

$$T_s = P \sum_{1,2}^{\infty} j \sin j\pi \frac{u}{a} \frac{1}{j\pi}\left[e^{-j\pi\frac{v-t}{a}} - \left(\frac{1}{3} + \frac{2}{3} j\pi \frac{v}{a}\right) e^{-j\pi\frac{v+t}{a}}\right] =$$

$$= P\left[\frac{1}{\pi} \operatorname{arctg} \frac{\sin \pi \frac{u}{a}}{e^{\pi\frac{v-t}{a}} - \cos \pi \frac{u}{a}} - \frac{1}{3\pi} \operatorname{arctg} \frac{\sin \pi \frac{u}{a}}{e^{\pi\frac{v+t}{a}} - \cos \pi \frac{u}{a}} - \frac{1}{3}\frac{v}{a} \frac{\sin \pi \frac{u}{a}}{\operatorname{Cof} \pi \frac{v+t}{a} - \cos \pi \frac{u}{a}}\right]. \qquad (150)$$

Summe der verteilten Auflagerkräfte $\bar{q}_s$ auf der Strecke $0 \leqq y \leqq t$:

Bereich $0 \leqq v \leqq t$:

$$\bar{Q}_s = P \sum_{1,2}^{\infty} j \sin j\pi \frac{u}{a} \frac{1}{j\pi}\left[2 + \left(-1 + \frac{1}{2} j\pi \frac{t-v}{a}\right) e^{-j\pi\frac{t-v}{a}} + \left(-\frac{4}{3} + \frac{4}{3} j\pi \frac{v}{a}\right) e^{-j\pi\frac{v}{a}} + \right.$$
$$\left. + \left(\frac{1}{3} - \frac{5}{6} j\pi \frac{v}{a} + \frac{1}{6} j\pi \frac{t}{a} + \frac{1}{3} j\pi \frac{v}{a} j\pi \frac{t}{a}\right) e^{-j\pi\frac{t+v}{a}}\right],$$

Bereich $t \leqq v \leqq \infty$:

$$\bar{Q}_s = P \sum_{1,2}^{\infty} j \sin j\pi \frac{u}{a} \frac{1}{j\pi}\left[\left(1 - \frac{1}{2} j\pi \frac{v-t}{a}\right) e^{-j\pi\frac{v-t}{a}} + \left(-\frac{4}{3} + \frac{4}{3} j\pi \frac{v}{a}\right) e^{-j\pi\frac{v}{a}} + \right.$$
$$\left. + \left(\frac{1}{3} - \frac{5}{6} j\pi \frac{v}{a} + \frac{1}{6} j\pi \frac{t}{a} + \frac{1}{3} j\pi \frac{v}{a} j\pi \frac{t}{a}\right) e^{-j\pi\frac{v+t}{a}}\right]. \qquad (151)$$

Summe der gesamten Auflagerkräfte auf der Strecke $0 \leqq y \leqq t$, $A_s = \bar{Q}_s + 2 m_{xyE}$:

In den Ausdrücken für $\bar{Q}_s$ entfällt das Glied $\left(-\frac{4}{3} + \frac{4}{3} j\pi \frac{v}{a}\right) e^{-j\pi\frac{v}{a}}$.

**$F_2U-12$** Rechtecklast in beliebiger Stellung

Dem Fall **$F_2-12$** ($S\,\zeta_\infty$ usw.) wird eine Zusatzfunktion überlagert, um die Randbedingungen $m_y = \bar{q}_y = 0$ am Rand $t$ herzustellen.

Die Zusatzfunktion ist in allen Bereichen die gleiche.

$$S\zeta = S\zeta_\infty + P a^2 \sum_{j=1,2}^{\infty} \sin j\pi\frac{x}{a} \sin j\pi\frac{u}{a}\,\frac{\sin j\pi\frac{c}{a}}{j\pi\frac{c}{a}}\,\frac{\mathfrak{Sin}\, j\pi\frac{d}{a}}{j\pi\frac{d}{a}}\cdot\frac{1}{j^3\pi^3}\left[\left(1-\frac{1}{6}j\pi\frac{d}{a}\,\mathfrak{Cotg}\, j\pi\frac{d}{a}+\right.\right.$$

$$\left.\left.+\frac{1}{6}j\pi\frac{v}{a}\right)e^{-j\pi\frac{v+y}{a}}+\left(\frac{1}{2}-\frac{1}{3}j\pi\frac{d}{a}\,\mathfrak{Cotg}\, j\pi\frac{d}{a}+\frac{1}{3}j\pi\frac{v}{a}\right)\cdot j\pi\frac{y}{a}\,e^{-j\pi\frac{v+y}{a}}\right], \quad \text{(a)}$$

$$m_y = m_{y\infty} + P \sum_{j=1,2\ldots}^{\infty} \sin j\pi\frac{x}{a} \sin j\pi\frac{u}{a}\,\frac{\sin j\pi\frac{c}{a}}{j\pi\frac{c}{a}}\,\frac{\mathfrak{Sin}\, j\pi\frac{d}{a}}{j\pi\frac{d}{a}}\,\frac{1}{j\pi}\left[\left(-\frac{1}{2}j\pi\frac{d}{a}\,\mathfrak{Cotg}\, j\pi\frac{d}{a}+\right.\right.$$

$$\left.\left.+\frac{1}{2}j\pi\frac{v}{a}\right)e^{-j\pi\frac{v+y}{a}}+\left(-\frac{1}{2}+\frac{1}{3}j\pi\frac{d}{a}\,\mathfrak{Cotg}\, j\pi\frac{d}{a}-\frac{1}{3}j\pi\frac{v}{a}\right)j\pi\frac{y}{a}\,e^{-j\pi\frac{v+y}{a}}\right], \quad \text{(e)}$$

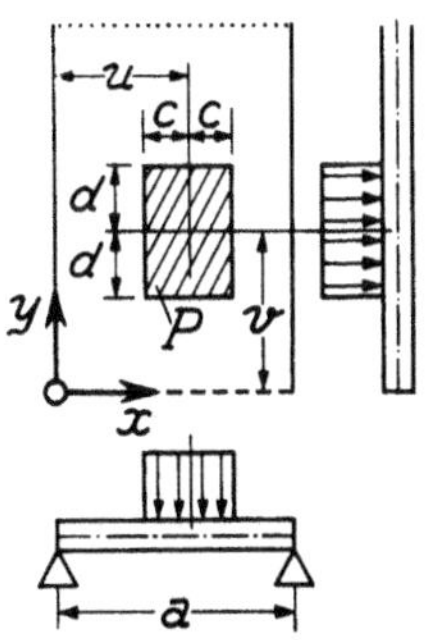


Abb. 79

$$m_{xy} = m_{xy\infty} + P \sum_{j=1,2\ldots}^{\infty} \cos j\pi\frac{x}{a} \sin j\pi\frac{u}{a}\,\frac{\sin j\pi\frac{c}{a}}{j\pi\frac{c}{a}}\,\frac{\mathfrak{Sin}\, j\pi\frac{d}{a}}{j\pi\frac{d}{a}}\,\frac{1}{j\pi}\left[\left(\frac{1}{2}+\frac{1}{6}j\pi\frac{d}{a}\,\mathfrak{Cotg}\, j\pi\frac{d}{a}-\right.\right.$$

$$\left.\left.-\frac{1}{6}j\pi\frac{v}{a}\right)e^{-j\pi\frac{v+y}{a}}+\left(\frac{1}{2}-\frac{1}{3}j\pi\frac{d}{a}\,\mathfrak{Cotg}\, j\pi\frac{d}{a}+\frac{1}{3}j\pi\frac{v}{a}\right)j\pi\frac{y}{a}\,e^{-j\pi\frac{v+y}{a}}\right], \quad \text{(f)}$$

$$q_x = q_{x\infty} + \frac{P}{a} \sum_{j=1,2}^{\infty} \cos j\pi\frac{x}{a} \sin j\pi\frac{u}{a}\,\frac{\sin j\pi\frac{c}{a}}{j\pi\frac{c}{a}}\,\frac{\mathfrak{Sin}\, j\pi\frac{d}{a}}{j\pi\frac{d}{a}}\left(1-\frac{2}{3}j\pi\frac{d}{a}\,\mathfrak{Cotg}\, j\pi\frac{d}{a}+\right.$$

$$\left.+\frac{2}{3}j\pi\frac{v}{a}\right)e^{-j\pi\frac{v+y}{a}}, \quad \text{(h)}$$

$$\bar{q}_x = \bar{q}_{x\infty} + \frac{P}{a} \sum_{j=1,2}^{\infty} \cos j\pi\frac{x}{a} \sin j\pi\frac{u}{a}\,\frac{\sin j\pi\frac{c}{a}}{j\pi\frac{c}{a}}\,\frac{\mathfrak{Sin}\, j\pi\frac{d}{a}}{j\pi\frac{d}{a}}\left[\left(1-\frac{7}{6}j\pi\frac{d}{a}\,\mathfrak{Cotg}\, j\pi\frac{d}{a}+\right.\right.$$

$$\left.\left.+\frac{7}{6}j\pi\frac{v}{a}\right)e^{-j\pi\frac{v+y}{a}}+\left(-\frac{1}{2}+\frac{1}{3}j\pi\frac{d}{a}\,\mathfrak{Cotg}\, j\pi\frac{d}{a}-\frac{1}{3}j\pi\frac{v}{a}\right)j\pi\frac{y}{a}\,e^{-j\pi\frac{v+y}{a}}\right], \quad \text{(k)}$$

$$q_y = q_{y\infty} + \frac{P}{a} \sum_{j=1,2}^{\infty} \sin j\pi\frac{x}{a} \sin j\pi\frac{u}{a}\,\frac{\sin j\pi\frac{c}{a}}{j\pi\frac{c}{a}}\,\frac{\mathfrak{Sin}\, j\pi\frac{d}{a}}{j\pi\frac{d}{a}}\left(-1+\frac{2}{3}j\pi\frac{d}{a}\,\mathfrak{Cotg}\, j\pi\frac{d}{a}-\right.$$

$$\left.-\frac{2}{3}j\pi\frac{v}{a}\right)e^{-j\pi\frac{v+y}{a}}. \quad \text{(l)}$$

Rand $t$ $(y=0)$, Gesamtfunktionen:

$$m_{xt} = P \sum_{j=1,2}^{\infty} \sin j\pi\frac{x}{a} \sin j\pi\frac{u}{a}\,\frac{\sin j\pi\frac{c}{a}}{j\pi\frac{c}{a}}\,\frac{\mathfrak{Sin}\, j\pi\frac{d}{a}}{j\pi\frac{d}{a}}\left(\frac{2}{j\pi}-\frac{2}{3}\frac{d}{a}\,\mathfrak{Cotg}\, j\pi\frac{d}{a}+\frac{2}{3}\frac{v}{a}\right)e^{-j\pi\frac{v}{a}}, \quad \text{(t − d)}$$

**F₂U — 12**

$$m_{xyt} = P\sum_{1,2}^{\infty} j \cos j\pi\frac{x}{a}\sin j\pi\frac{u}{a}\,\frac{\sin j\pi\frac{c}{a}}{j\pi\frac{c}{a}}\,\frac{\mathfrak{Sin}\,j\pi\frac{d}{a}}{j\pi\frac{d}{a}}\left(\frac{2}{3}\frac{d}{a}\mathfrak{Cotg}\,j\pi\frac{d}{a}-\frac{2}{3}\frac{v}{a}\right)e^{-j\pi\frac{v}{a}}, \quad (\mathrm{t-f})$$

$$q_{xt} = \bar{q}_{xt} = \frac{P}{a}\sum_{1,2}^{\infty} j \cos j\pi\frac{x}{a}\sin j\pi\frac{u}{a}\,\frac{\sin j\pi\frac{c}{a}}{j\pi\frac{c}{a}}\,\frac{\mathfrak{Sin}\,j\pi\frac{d}{a}}{j\pi\frac{d}{a}}\left(2-\frac{2}{3}j\pi\frac{d}{a}\mathfrak{Cotg}\,j\pi\frac{d}{a}+\right.$$
$$\left.+\frac{2}{3}j\pi\frac{v}{a}\right)e^{-j\pi\frac{v}{a}}. \quad (\mathrm{t-h})$$

Sonderfall $v = d$ (Rechtecklast, am Rand anstoßend):

$$m_{xt} = \mathfrak{M}_x - P\sum_{1,2}^{\infty} j \sin j\pi\frac{x}{a}\sin j\pi\frac{u}{a}\,\frac{\sin j\pi\frac{c}{a}}{j\pi\frac{c}{a}}\,\frac{1}{j\pi}\left(\frac{1}{j\pi\frac{d}{a}}+\frac{2}{3}\right)e^{-2j\pi\frac{d}{a}}, \quad (\mathrm{t^*-d})$$

$$q_{xt} = \bar{q}_{xt} = \mathfrak{Q}_x - \frac{P}{a}\sum_{1,2}^{\infty} j \cos j\pi\frac{x}{a}\sin j\pi\frac{u}{a}\,\frac{\sin j\pi\frac{c}{a}}{j\pi\frac{c}{a}}\left(\frac{1}{j\pi\frac{d}{a}}+\frac{2}{3}\right)e^{-2j\pi\frac{d}{a}}. \quad (\mathrm{t^*-h})$$

Aus den für die Einflußflächen (Fall **F₂U — 10**) angegebenen Beziehungen folgt:

$$m_{xt} = 2\,m_{xv\infty} + \frac{2}{3}\,m_{yv\infty}, \quad (152)$$

für die Lastbreite $4d$ statt $2d$ gerechnet.

Für eine Last mit *kleiner* Fläche an der Ecke (Abb. 80) ergibt sich die Auflagerkraft $q_s = \bar{q}_s$ an der Ecke in ähnlicher Weise wie im Fall **F₂ — 12**:

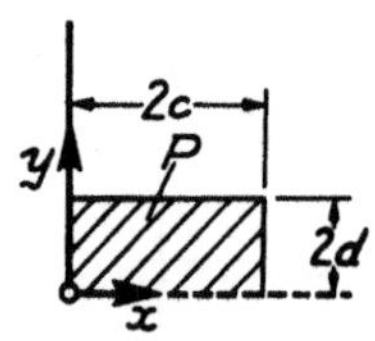


Abb. 80

$$q_s = \bar{q}_s = \frac{P}{2d}\left\{\frac{1}{3\pi}\,\frac{2d}{c}\ln\left[1+\left(\frac{c}{d}\right)^2\right]+\frac{2}{\pi}\operatorname{arctg}\frac{d}{c}\right\}. \quad (153)$$

Der Wert des Klammerausdruckes ist für verschiedene Seitenverhältnisse $\frac{c}{d}$ aus Tafel F.17 (letzte Zeile) zu entnehmen.

## B.8. Der unendliche Halbstreifen, Längsrand *s* starr eingespannt, Längsrand *a* frei drehbar gestützt, Querrand ungestützt

**SFU — 10**

Einflußflächen

1. Die Einflußflächen für das Moment $m_x$ am ungestützten Rand, $\frac{x}{a} = 0{,}5$ und $\frac{x}{a} = 0{,}6$ (Tafel P.1 bzw. P.2), wurden für eine Rechteckplatte mit $\frac{b}{2} = 2a$ nach Fall **SFUF — 10** berechnet. Es wurde das im Abschnitt C.8., P. 8.3.2., beschriebene Verfahren dahin abgewandelt, daß von der Fläche Einfl $\left(2\,m_x + \frac{2}{3}\,m_y\right)$ nach Fall **F₄ — 10** mit $y = \frac{b}{2}$ ausgegangen wurde. Wenn der Koordinatenursprung nach Abb. 81 gewählt wird, ergibt sich

$$\text{Einfl}\left(2\,m_x + \frac{2}{3}\,m_y\right) = \text{Einfl}\left(2\,m_{x\infty} + \frac{2}{3}\,m_{y\infty}\right) -$$
$$-\sum_{1,2}^{\infty} j \sin j\pi\frac{x}{a}\sin j\pi\frac{u}{a}\,\frac{4}{3j\pi}\,\frac{e^{-j\pi\frac{b}{2a}}\mathfrak{Cof}\,j\pi\frac{v}{a}}{\mathfrak{Cof}\,j\pi\frac{b}{2a}}\left(2+j\pi\frac{b}{2a}+\right.$$
$$\left.+j\pi\frac{b}{2a}\mathfrak{Tg}\,j\pi\frac{b}{2a}-j\pi\frac{v}{a}\mathfrak{Tg}\,j\pi\frac{v}{a}\right). \quad (154)$$

Darin ist Einfl. $\left(2\,m_{x\infty} + \frac{2}{3}\,m_{y\infty}\right)$ die Einflußfläche für $m_{xt}$ nach Fall **F$_2$U — 10**, die bereits die geforderten Randbedingungen in $v = 0$ erfüllt. Der zweite Ausdruck in Gl. (154) hat in $v = 0$ die negative Krümmung

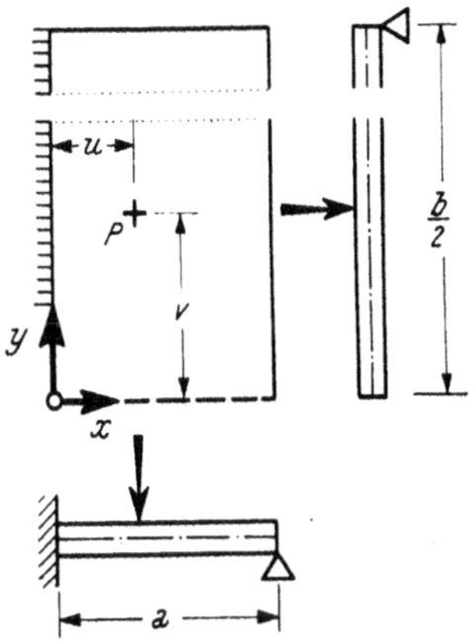

Abb. 81

$$\left.\begin{aligned} &\frac{j^2\pi^2}{a^2}\,K_{tj}\sin j\pi\frac{u}{a} \\ \text{mit}\quad &K_{tj} = \sin j\pi\frac{x}{a}\cdot\frac{2b}{3a}\,\frac{1}{\mathfrak{Cof}^2\, j\pi\frac{b}{2a}}. \end{aligned}\right\} \tag{155}$$

Dieser Wert ist bereits mit $j = 1$ und $\frac{b}{a} = 4$ vernachlässigbar klein.

Als $R_{sk}$ ist die Momentensumme $2\,m_x + \frac{2}{3}\,m_y$ im Bezugspunkt infolge eines Randmomentangriffs

$$m_s = 1\cdot\cos k\pi\frac{y}{b}\quad(k = 1, 3, \ldots)$$

nach Gl. (413) (Abschnitt C.8., P. 8.3.2.) einzusetzen.

Das Gleichungssystem für die Koeffizienten $r_{sk}$ und $r_{tj}$ der Zusatzfunktionen lautet [vgl. Gl. (403)]:

$$\left.\begin{aligned} &r_{sk} - \sum_{1,2}^{\infty}{}^{j}\, r_{tj}\,\frac{4}{\left(\frac{jb}{ka}+\frac{ka}{jb}\right)^2\left(3\,\mathfrak{Tg}\,j\pi\frac{b}{2a} + \frac{j\pi\frac{b}{2a}}{\mathfrak{Cof}^2\,j\pi\frac{b}{2a}}\right)} + R_{sk} = 0, \\ &r_{tj} + \sum_{1,3}^{\infty}{}^{k}\, r_{sk}\left(\frac{a}{b}\right)^2\frac{8k}{\pi^2 j^3\left(\frac{jb}{ka}+\frac{ka}{jb}\right)^2 C\left(\frac{ka}{b}\right)} + K_{tj} = 0. \end{aligned}\right\} \tag{156}$$

Die endgültige Einflußfläche erhält man nach Auflösung der Gl. (156) aus Gl. (154) durch Überlagerung der Zusatzfunktionen

$$F = \sum_{1,3}^{\infty}{}^{k}\, r_{sk}\,\frac{\text{Einfl}\,B_{sk}}{C\left(\frac{ka}{b}\right)} + \sum_{1,2}^{\infty}{}^{j}\, r_{tj}\mathring{F}_{tj}. \tag{157}$$

2. Die Einflußfläche für den Durchschnittswert des Stützenmoments $m_s$ in der Strecke $0 \leqq y \leqq t$, wobei $t = 0{,}1\,a$ gewählt wurde (Tafel P.3), ist ebenfalls für eine Rechteckplatte mit $\frac{b}{a} \doteq 4$ berechnet. In den Gl. (156) ist $R_{sk} = 2\,\frac{\sin k\pi\frac{t}{b}}{k\pi\frac{t}{b}}$ und $K_{tj} = 0$ einzusetzen. Dadurch entsteht in der zweiten Gleichung der Summenausdruck

$$\sum_{1,3}^{\infty}{}^{k}\left(\frac{a}{b}\right)^2\frac{16k}{\pi^2 j^3\left(\frac{jb}{ka}+\frac{ka}{jb}\right)^2 C\left(\frac{ka}{b}\right)}\,\frac{\sin k\pi\frac{t}{b}}{k\pi\frac{t}{b}}. \tag{158}$$

Die Summe wurde bis $k = 8j - 1$ gliedweise berechnet; die Restreihe mit $C\left(\frac{ka}{b}\right) = 1$ wurde durch das Integral $\frac{8a}{j^2\pi^3 t}\int_2^{\infty} dK\,\frac{K^2}{(K^2+1)^2}\sin j\pi\frac{t}{a}K$ ersetzt. Dieses Integral wurde bereits bei Fall **SF$_2$ — 0t** ausgewertet; der Zahlenwert konnte übernommen werden.

3. Die Einflußfläche für die Summe $Q_s$ der Querkräfte $q_s$ in der Strecke $0 \leqq y \leqq t$ mit $t = 0{,}1\,a$ (Tafel P.4). Als Grundfall dient die entsprechende Einflußfläche für eine Rechteckplatte mit $b = 4\,a$ nach Fall **F$_4$ — 210**. Die Randquerkraft ist im Bereich $0 \leqq y < v$:

SFU — 10

$$\left.\begin{aligned} q_s &= \frac{P}{a}\sum_{1,2}^{\infty}{}_j \sin j\pi\frac{u}{a}\,\frac{2\,\mathfrak{Sin}\,j\pi\dfrac{\frac{b}{2}-v}{a}\,\mathfrak{Cos}\,j\pi\dfrac{y}{a}}{\mathfrak{Cos}\,j\pi\dfrac{b}{2a}} \\ &\text{und im Bereich } v \leqq y \leqq \frac{b}{2} \\ q_s &= \frac{P}{a}\sum_{1,2}^{\infty}{}_j \sin j\pi\frac{u}{a}\,\frac{2\,\mathfrak{Cos}\,j\pi\dfrac{v}{a}\,\mathfrak{Sin}\,j\pi\dfrac{\frac{b}{2}-y}{a}}{\mathfrak{Cos}\,j\pi\dfrac{b}{2a}}. \end{aligned}\right\} \tag{159}$$

Durch Integration des ersten Ausdrucks über die Strecke $0 \leqq y \leqq t$ erhält man für den Bereich $t \leqq v \leqq \frac{b}{2}$:

$$Q_s = P\sum_{1,2}^{\infty}{}_j \sin j\pi\frac{u}{a}\,\frac{2\,\mathfrak{Sin}\,j\pi\dfrac{t}{a}\,\mathfrak{Sin}\,j\pi\dfrac{\frac{b}{2}-v}{a}}{j\pi\,\mathfrak{Cos}\,j\pi\dfrac{b}{2a}}. \tag{160}$$

Für den Bereich $0 \leqq v \leqq t$ muß der erste Ausdruck für $q_s$ über $0 \leqq y \leqq v$ und der zweite Ausdruck über $v \leqq y \leqq t$ integriert werden. Die Summe lautet

$$Q_s = P\sum_{1,2}^{\infty}{}_j \sin j\pi\frac{u}{a}\,\frac{2}{j\pi}\left[1-\frac{\mathfrak{Cos}\,j\pi\dfrac{\frac{b}{2}-t}{a}\,\mathfrak{Cos}\,j\pi\dfrac{v}{a}}{\mathfrak{Cos}\,j\pi\dfrac{b}{2a}}\right]. \tag{161}$$

Die negative Krümmung dieser Fläche in $v = 0$ beträgt

$$\frac{j^2\pi^2}{a^2}K_{tj} \quad\text{mit}\quad K_{tj} = \frac{2}{j\pi}\,\frac{\mathfrak{Cos}\,j\pi\dfrac{\frac{b}{2}-t}{a}}{\mathfrak{Cos}\,j\pi\dfrac{b}{2a}}. \tag{162}$$

Als $R_{sk}$ ist die Summe der Randquerkräfte auf der Strecke $-t \leqq y \leqq t$ infolge $m_s = 1\cdot\cos k\pi\frac{y}{b}$ einzusetzen:

$$R_{sk} = -2\,\mathfrak{Cotg}\,k\pi\frac{a}{b}\sin k\pi\frac{t}{b}. \tag{163}$$

Damit folgt aus Gl. (156) mit $r_{sk} = 2\,\mathfrak{Cotg}\,k\pi\frac{a}{b}\left(\sin k\pi\frac{t}{b}+f_{sk}\right)$ und $r_{tj} = -K_{tj}+f_{tj}$:

$$\left.\begin{aligned} f_{sk} &= \mathfrak{Tg}\,k\pi\frac{a}{b}\sum_{1,2\ldots}^{\infty}{}_j r_{tj}\,\frac{2}{\left(\dfrac{jb}{ka}+\dfrac{ka}{jb}\right)^2\left(3\,\mathfrak{Tg}\,j\pi\dfrac{b}{2a}+\dfrac{j\pi\frac{b}{2a}}{\mathfrak{Cos}^2 j\pi\frac{b}{2a}}\right)}, \\ f_{tj} &= -\sum_{1,3}^{\infty}{}_k\left(\frac{a}{b}\right)^2\frac{16\,k\,\mathfrak{Cotg}\,k\pi\dfrac{a}{b}}{\pi^2 j^3\left(\dfrac{jb}{ka}+\dfrac{ka}{jb}\right)^2 C\left(\dfrac{ka}{b}\right)}\left(\sin k\pi\frac{t}{b}+f_{sk}\right). \end{aligned}\right\} \tag{164}$$

Der Grundfall nach Gl. (161) zuzüglich der Summe $\sum_{1,2}^{\infty}{}_j(-K_{tj}\widehat{F}_{tj})$ ergibt, von der verschwindend kleinen Störung durch den Querrand $b$ abgesehen, die Einflußfläche für $T_s$ aus Fall F₂U — 10, so daß die endgültige Einflußfläche lautet:

$$\text{Einfl}\,Q_s = \text{Einfl}\,T_s\,\boxed{F_2U-10}+\sum_{1,3}^{\infty}{}_k r_{sk}\,\frac{\text{Einfl}\,B_{sk}}{C\left(\frac{ka}{b}\right)}+\sum_{1,2}^{\infty}{}_j f_{tj}\widehat{F}_{tj}. \tag{165}$$

Der zweite Summand ist

$$\sum_{1,3}^{\infty} {}_k\, r_{sk} \frac{\text{Einfl } B_{sk}}{C\left(\frac{k a}{b}\right)} = \sum_{1,3}^{\infty} {}_k \frac{2\,\mathfrak{Cotg}\, k\pi \frac{a}{b}}{C\left(\frac{k a}{b}\right)} \left(\sin k\pi \frac{t}{b} + f_{sk}\right) \text{Einfl } B_{sk}. \tag{166}$$

Ohne $f_{sk}$ wird daraus mit $\frac{a}{b} \to \infty$:

$$\sum_{1,3}^{\infty} {}_k \cos k\pi \frac{v}{b} \sin k\pi \frac{t}{b} \frac{4u}{b} e^{-k\pi \frac{u}{b}} =$$

$$= \frac{u}{b} \mathfrak{Cof}\, \pi \frac{u}{b} \left[ \frac{\cos \pi \frac{v-t}{b}}{\mathfrak{Cof}^2 \pi \frac{u}{b} - \sin^2 \pi \frac{v-t}{b}} - \frac{\cos \pi \frac{v+t}{b}}{\mathfrak{Cof}^2 \pi \frac{u}{b} - \sin^2 \pi \frac{v+t}{b}} \right]. \tag{167}$$

Für kleine $\frac{u}{a}$-Werte ist der geschlossene Ausdruck zuzüglich der Differenzreihe zu verwenden.

## B.9. Der unendliche Halbstreifen, beide Längsränder starr eingespannt, Querrand ungestützt

**S₂U — 10**

Einflußflächen

Die in den Tafeln Q.1 bis 4 wiedergegebenen Einflußflächen wurden analog dem Fall **SFU — 10** ermittelt. Als dritte Zusatzfunktion kommt $\sum_{1,3}^{\infty} {}_k\, r_{ak} \frac{\text{Einfl } B_{ak}}{C\left(\frac{k a}{b}\right)}$ hinzu. An Stelle der Gl. (156) gilt jetzt:

$$\left.\begin{aligned}
&r_{sk} + r_{ak} \frac{D\left(\frac{k a}{b}\right)}{C\left(\frac{k a}{b}\right)} - \sum_{1,2\ldots}^{\infty} {}_j\, r_{tj} \frac{4}{\left(\frac{jb}{ka} + \frac{ka}{jb}\right)^2 \left(3\,\mathfrak{Tg}\, j\pi \frac{b}{2a} + \frac{j\pi \frac{b}{2a}}{\mathfrak{Cof}^2 j\pi \frac{b}{2a}}\right)} + R_{sk} = 0, \\
&r_{sk} \frac{D\left(\frac{k a}{b}\right)}{C\left(\frac{k a}{b}\right)} + r_{ak} - \\
&\quad - \sum_{1,2\ldots}^{\infty} {}_j\, r_{tj} (-\cos j\pi) \frac{4}{\left(\frac{jb}{ka} + \frac{ka}{jb}\right)^2 \left(3\,\mathfrak{Tg}\, j\pi \frac{b}{2a} + \frac{j\pi \frac{b}{2a}}{\mathfrak{Cof}^2 j\pi \frac{b}{2a}}\right)} + R_{ak} = 0, \\
&r_{tj} + \sum_{1,3\ldots}^{\infty} {}_k\, (r_{sk} - \cos j\pi \cdot r_{ak}) \left(\frac{a}{b}\right)^2 \frac{8k}{\pi^2 j^3 \left(\frac{jb}{ka} + \frac{ka}{jb}\right)^2 C\left(\frac{k a}{b}\right)} + K_{tj} = 0.
\end{aligned}\right\} \tag{168}$$

Bei der Einflußfläche für den Durchschnittswert des Stützenmoments $m_s$ ist $R_{ak} = 0$ zu setzen. Bei der Einflußfläche für die Querkraftsumme $Q_s$ ist

$$R_{ak} = \frac{2}{\mathfrak{Sin}\, k\pi \frac{a}{b}} \sin k\pi \frac{t}{b} \tag{169}$$

einzuführen.

Im übrigen ist der Rechnungsgang der gleiche wie im Fall **SFU — 10**.

## B.10. Der unendliche Halbstreifen, Längsrand *s* starr eingespannt, Längsrand *a* ungestützt, Querrand frei drehbar gestützt

**SUF—1** Gleichlast $p$

Die in Abb. 82 eingetragenen Zahlen wurden für eine Rechteckplatte mit $b = 10\,l$ nach Fall **$SUF_2$—1** berechnet, der aus Fall **$F_2SU$—1** durch Vertauschen der Koordinatenrichtungen hervorgeht. Bei dem den Querrand unterstützenden Träger $T$ wurde voraus-

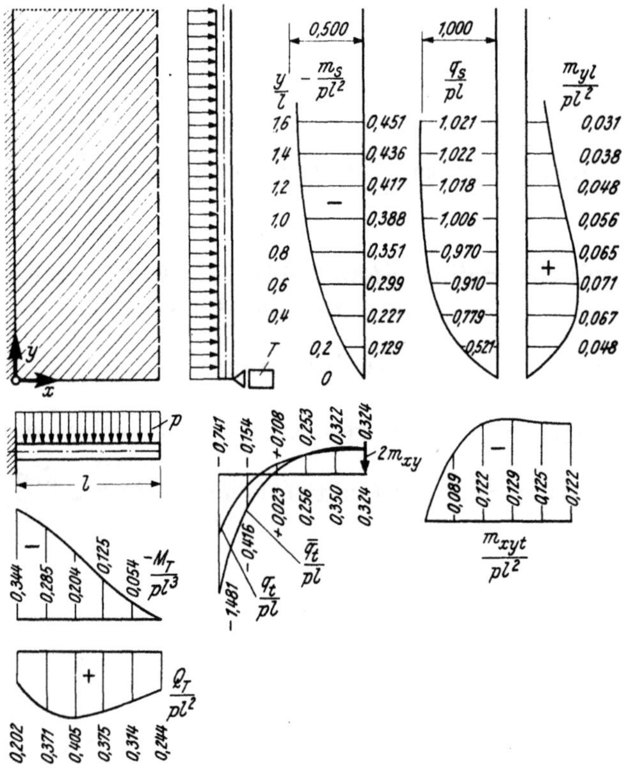


Abb. 82. Momente und Auflagerkräfte; Momente und Querkräfte im Träger unter dem Querrand

gesetzt, daß er als Kragträger mit starrer Einspannung in $x = 0$ wirkt. Die Momente in diesem Träger ergeben sich wie folgt: Im Grundfall **$F_4$—1** gelten praktisch genau die Trägermomente nach Fall **$F_3$—1** (siehe Diagramm bei diesem Fall). Dazu kommt, weil in $x = l$ keine Unterstützung vorhanden ist, der Betrag $-p\frac{b\,l}{2}(l-x)$; abzuziehen sind die gesamten Momente $m_x$ in der Platte auf der Breite $\frac{b}{2}$, die von den Zusatzfunktionen herrühren. Die Querkraft im Träger $T$ ist

$$Q_T = \frac{d}{dx} M_T. \tag{170}$$

Für den Grundfall gilt das Diagramm bei Fall **$F_3$—1**; die übrigen Anteile von $M_T$ müssen nach $x$ differenziert werden. Im Punkt $x = l$ ist $Q_T = 2\,m_{xy}$. Die Beziehung $\frac{d}{dx}Q_T = -\bar{q}_t$ kann als Kontrolle benützt werden.

**SUF—3** Dreiecklast

Der Rechnungsgang ist analog dem Fall **SUF—1**.

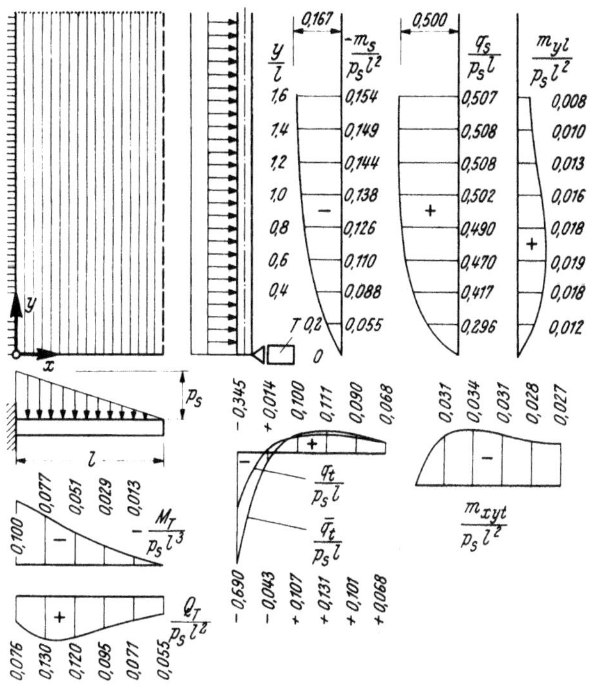


Abb. 83. Momente und Auflagerkräfte; Momente und Querkräfte im Träger unter dem Querrand

**SUF—10** Einflußflächen

Alle in den Tafeln R. 1 bis 4 wiedergegebenen Einflußflächen sind für eine Rechteckplatte mit $b = 10\,l$ nach Fall **$SUF_2$—10** berechnet; die zugehörigen Formeln gehen aus Fall **$F_2SU$—10** durch Vertauschen der Koordinatenrichtungen hervor. Grundfall ist die Rechteckplatte mit den Seitenlängen $2\,l$ und $b$ nach Fall **$F_4$—10** (zweiter Rechnungsweg).

1. Einflußfläche für $\max m_{y\,l}$.

Wie im Fall **$F_3$—12** erreicht auch hier das Moment $m_{y\,l}$ infolge *wandernder* Rechtecklast einen Größtwert bei einer bestimmten Laststellung in der Nähe des Querrandes; man findet diese Laststellung, indem man den Bezugspunkt der Einflußfläche für $m_{y\,l}$ längs des Randes $x = l$ wandern läßt und jene Stellung sucht, in der der Einflußwert im Bezugspunkt einen Größtwert annimmt. Die Einflußfläche für $m_{y\,l}$ lautet:

$$\left.\begin{aligned}
&\text{Einfl}\, m_{y\,l} = \text{Einfl}\left(2\,m_y + \frac{2}{3}\,m_x\right) \boxed{F_4\text{—}10} + \sum_{1,2}^{\infty} {}^{k}\,[r_{s\,k} \cdot \text{Einfl}\,\widehat{B}_{s\,k} + r_{l\,k} F_{l\,k}].\\
&\text{Hierin ist}\qquad r_{s\,k} = -\frac{\operatorname{Sin} k\pi\frac{l}{b} + k\pi\frac{l}{b}\operatorname{Cof} k\pi\frac{l}{b}}{3\operatorname{Sin}^2 k\pi\frac{l}{b} + \left(k\pi\frac{l}{b}\right)^2 + 4}\sin k\pi\frac{y}{b},\\
&r_{l\,k} = \left[\frac{2}{k\pi}\,\frac{\left(k\pi\frac{l}{b} + \operatorname{Tg} k\pi\frac{l}{b}\right)\left(2 - k\pi\frac{l}{b}\operatorname{Tg} k\pi\frac{l}{b}\right)}{3\operatorname{Sin}^2 k\pi\frac{l}{b} + \left(k\pi\frac{l}{b}\right)^2 + 4} - \frac{2\frac{l}{b}}{3\operatorname{Cof}^2 k\pi\frac{l}{b}}\right]\sin k\pi\frac{y}{b}.
\end{aligned}\right\}\quad (171)$$

**SUF — 10** In der Linie $x = l$ sind die Einflußwerte

$$\text{Einfl}\, m_{yl} = \text{Einfl}\left(2\,m_y + \frac{2}{3}\,m_x\right) \boxed{\mathbf{F_2 — 10}} - \sum_{1,3}^{\infty}{}_j \frac{2}{3\,j\,\pi}\left(2 - j\,\pi\,\frac{y+v}{2\,l}\right) e^{-j\pi\frac{y+v}{2l}} +$$

$$+ \sum_{1,2}^{\infty}{}_k \sin k\,\pi\,\frac{y}{b} \sin k\,\pi\,\frac{v}{b}\left[r_{sk}\,\frac{2\,\frac{l}{b}\,\mathfrak{Tg}\,k\,\pi\,\frac{l}{b}}{\mathfrak{Cof}\,k\,\pi\,\frac{l}{b}} - r_{lk}\,\frac{\mathfrak{Sin}\,2\,k\,\pi\,\frac{l}{b} + 2\,k\,\pi\,\frac{l}{b}}{3\,\mathfrak{Sin}\,2\,k\,\pi\,\frac{l}{b} + 2\,k\,\pi\,\frac{l}{b}}\right]. \quad (172)$$

Für den Bezugspunkt selbst ist $y = v$ zu setzen. Wenn nun $y = v$ sich ändert, bleibt der Einflußwert von Fall **F₂ — 10** unverändert; die übrigen Beiträge erreichen einen Extremwert bei $y \approx 0{,}6\,l$. Für diesen Punkt wurde die Einflußfläche in Tafel R.1 berechnet; der Anteil der Zusatzfunktionen ist unterhalb der Tafel vermerkt. Für eine Rechtecklast mit kleiner Lastfläche im Bezugspunkt (an den Rand anstoßend) sind die bezogenen Lastbreiten $\frac{4\,c}{2\,l}$ und $\frac{2\,d}{2\,l}$ in den Tafeln F.13 und F.14 aufzusuchen.

2. Einflußfläche für die Summe der lotrechten Schubkräfte $T_t$ am Rand $t$ in der Strecke $l - t \leqq x \leqq l$.

Die Summe der lotrechten Schubkräfte $T_t$ setzt sich zusammen aus der Summe der Querkräfte $q_t$ in der betreffenden Strecke und der Eckkraft, die dem Eckdrillmoment gleich ist (siehe Fall **F₂U — 10**). Die Einflußfläche für $T_t$ entsteht, wenn der Plattenrand in der Strecke $t$ um $+1$ verschoben wird.

Der Grundfall, eine Rechteckplatte mit den Seitenlängen $2\,l$ und $b$ nach Fall **F₄ — 10**, stimmt praktisch mit Fall **F₃ — 10** überein. Für letzteren gilt:

$$\text{Einfl}\, T_t = \text{Einfl}\, Q_t = \sum_{1,3}^{\infty}{}_j \sin\frac{j\,\pi}{2}\,\sin j\,\pi\,\frac{u}{2\,l}\,\sin j\,\pi\,\frac{t}{2\,l}\cdot\frac{4}{j\,\pi}\cdot e^{-j\pi\frac{v}{2l}} =$$

$$= \frac{1}{\pi}\,\text{arctg}\,\frac{\cos\pi\,\frac{u-t}{2\,l}}{\mathfrak{Sin}\,\pi\,\frac{v}{2\,l}} - \frac{1}{\pi}\,\text{arctg}\,\frac{\cos\pi\,\frac{u+t}{2\,l}}{\mathfrak{Sin}\,\pi\,\frac{v}{2\,l}}. \quad (173)$$

In anderer Darstellung — wie im Fall **SFU — 10**, aber mit vertauschten Koordinatenrichtungen — lautet die gleiche Einflußfläche:

$$\left.\begin{aligned} &\text{Bereich } 0 \leqq u \leqq l - t \ldots \text{Einfl}\, Q_t = \sum_{1,2}^{\infty}{}_k \sin k\,\pi\,\frac{v}{b}\,\frac{2}{k\,\pi}\,\frac{\mathfrak{Sin}\,k\,\pi\,\frac{t}{b}}{\mathfrak{Cof}\,k\,\pi\,\frac{l}{b}}\,\mathfrak{Sin}\,k\,\pi\,\frac{u}{b},\\ &\text{Bereich } l - t \leqq u \leqq l \ldots \text{Einfl}\, Q_t = \sum_{1,2}^{\infty}{}_k \sin k\,\pi\,\frac{v}{b}\,\frac{2}{k\,\pi}\left[1 - \frac{\mathfrak{Cof}\,k\,\pi\,\frac{l-t}{b}}{\mathfrak{Cof}\,k\,\pi\,\frac{l}{b}}\,\mathfrak{Cof}\,k\,\pi\,\frac{l-u}{b}\right]. \end{aligned}\right\} \quad (173\text{ a})$$

Die Neigung dieser Fläche am Rand $s$ ist

$$\sum_{1,2}^{\infty}{}_k \sin k\,\pi\,\frac{v}{b}\,\frac{2}{b}\,R_{sk} \qquad \text{mit} \qquad R_{sk} = \frac{\mathfrak{Sin}\,k\,\pi\,\frac{t}{b}}{\mathfrak{Cof}\,k\,\pi\,\frac{l}{b}}. \quad (174)$$

Die negative Krümmung in $u = l$ ist

$$\sum_{1,2}^{\infty}{}_k \sin k\,\pi\,\frac{v}{b}\,\frac{k^2\,\pi^2}{b^2}\,K_{lk} \qquad \text{mit} \qquad K_{lk} = \frac{2}{k\,\pi}\,\frac{\mathfrak{Cof}\,k\,\pi\,\frac{l-t}{b}}{\mathfrak{Cof}\,k\,\pi\,\frac{l}{b}}. \quad (175)$$

Damit ergeben sich aus den Gleichungen

$$\left.\begin{aligned} r_{sk}\widehat{C}\left(\frac{k\,2\,l}{b}\right) + r_{lk}\frac{k\,\pi}{4}G\left(\frac{k\,l}{b}\right) + R_{sk} = 0, \\ r_{sk}\frac{4}{k\,\pi}\mu\left(\frac{k\,l}{b}\right) + r_{lk} + K_{lk} = 0 \end{aligned}\right\} \tag{176}$$

die Koeffizienten

$$\left.\begin{aligned} \frac{r_{sk}}{\mathfrak{Cof}\,k\,\pi\frac{l}{b}} &= \frac{1}{3\,\mathfrak{Sin}^2 k\,\pi\frac{l}{b} + \left(k\,\pi\frac{l}{b}\right)^2 + 4}\left[-\left(3\,\mathfrak{Tg}\,k\,\pi\frac{l}{b} + \frac{k\,\pi\frac{l}{b}}{\mathfrak{Cof}^2 k\,\pi\frac{l}{b}}\right)\mathfrak{Sin}\,k\,\pi\frac{t}{b} + \right. \\ &\quad \left. + \frac{-2 + k\,\pi\frac{l}{b}\,\mathfrak{Tg}\,k\,\pi\frac{l}{b}}{\mathfrak{Cof}\,k\,\pi\frac{l}{b}}\mathfrak{Cof}\,k\,\pi\frac{l-t}{b}\right], \\ \frac{r_{lk}}{3\,\mathfrak{Sin}\,k\,\pi\frac{l}{b} + \frac{k\,\pi\frac{l}{b}}{\mathfrak{Cof}\,k\,\pi\frac{l}{b}}} &= \frac{2}{k\,\pi\left[3\,\mathfrak{Sin}^2 k\,\pi\frac{l}{b} + \left(k\,\pi\frac{l}{b}\right)^2 + 4\right]}\left[-\widehat{C}\left(\frac{k\,2\,l}{b}\right)\mathfrak{Cof}\,k\,\pi\frac{l-t}{b} + \right. \\ &\quad \left. + \frac{2 - k\,\pi\frac{l}{b}\,\mathfrak{Tg}\,k\,\pi\frac{l}{b}}{\mathfrak{Cof}\,k\,\pi\frac{l}{b}}\mathfrak{Sin}\,k\,\pi\frac{t}{b}\right]. \end{aligned}\right\} \tag{177}$$

Die endgültige Einflußfläche ist schließlich

$$\text{Einfl}\ T_t = \text{Einfl}\ T_t\boxed{\mathbf{F_3 - 10}} + \sum_{1,2}^{\infty}{}^{k}\, r_{sk}\,\text{Einfl}\,\widehat{B}_{sk} + r_{lk}F_{lk}\Bigg]. \tag{178}$$

In der Nähe der Linie $u = l$ kann $\sum\limits_{1,2\ldots}^{\infty}{}^{k}\, r_{lk}F_{lk}$ durch einen geschlossenen Ausdruck und eine Differenzreihe ersetzt werden. Die in der Tafel R.2 wiedergegebene Einflußfläche gilt für $t = 0{,}2\,l$.

3. Einflußfläche für das Stützenmoment $M_{Ts}$ im Träger unter dem Querrand.

Es wird vorausgesetzt, daß der Träger unter dem Querrand als *Kragträger* mit starrer Einspannung in $x = 0$ wirkt. Der Berechnung wird eine Rechteckplatte mit $b = 10\,l$ unter zur Mittellinie $y = \frac{b}{2}$ symmetrischer Punktbelastung zugrunde gelegt. Die gesuchte Einflußfläche entsteht durch gleichzeitige Verdrehung der Träger unter *beiden* Querrändern um den Winkel $-1$ im Punkt $x = 0$. Im Grundfall — frei drehbare Stützung des Randes $s$ — dreht sich die gesamte Platte spannungslos um den Winkel

$$\beta_s = -1 = -\sum_{1,3}^{\infty}{}^{k}\,\frac{4}{k\,\pi}\sin k\,\pi\frac{v}{b} \quad \text{oder} \quad \beta_s = \sum_{1,3}^{\infty}{}^{k}\,\frac{2}{b}R_{sk}\sin k\,\pi\frac{v}{b} \quad \text{mit} \quad R_{sk} = -\frac{2\,b}{k\,\pi}.$$

Diese Verdrehung wird durch „Momente" $m_s = \sum\limits_{1,3}^{\infty}{}^{k}\, m_{sk}\sin k\,\pi\frac{v}{b}$ nach Fall **FUF₂ — 0s** aufgehoben. Dieser Fall geht aus Fall **F₃U — 0t** durch Vertauschen der Koordinatenrichtungen hervor. Die endgültige Einflußfläche lautet:

$$\begin{aligned} \frac{1}{l}\,\text{Einfl.}\ M_{Ts} = -\frac{u}{l} + \sum_{1,3}^{\infty}{}^{k}\,\sin k\,\pi\frac{v}{b}\,\frac{4\,b}{k^2\pi^2 l}\cdot\frac{1}{3\,\mathfrak{Sin}^2 k\,\pi\frac{l}{b} + \left(k\,\pi\frac{l}{b}\right)^2 + 4}\left[\left(3\,\mathfrak{Sin}\,k\pi\frac{l}{b} + \right.\right. \\ \left. + \frac{k\,\pi\frac{l}{b}}{\mathfrak{Cof}\,k\,\pi\frac{l}{b}}\right)\mathfrak{Cof}\,k\,\pi\frac{l-u}{b}\left(k\pi\frac{l}{b}\,\mathfrak{Tg}\,k\,\pi\frac{l}{b} - k\,\pi\frac{l-u}{b}\,\mathfrak{Tg}\,k\pi\frac{l-u}{b}\right) + \\ \left. + \left(-2 + k\,\pi\frac{l}{b}\,\mathfrak{Tg}\,k\,\pi\frac{l}{b}\right)\mathfrak{Sin}\,k\,\pi\frac{u}{b}\left(-1 + k\,\pi\frac{l}{b}\,\mathfrak{Tg}\,k\,\pi\frac{l}{b} - k\,\pi\frac{u}{b}\,\mathfrak{Cotg}\,k\,\pi\frac{u}{b}\right)\right]. \end{aligned} \tag{179}$$

**SUF — 10** In der Nähe des Randes $s$ kann die Reihe durch einen geschlossenen Ausdruck und eine Differenzreihe ersetzt werden. Ersterer lautet:

$$\sum_{1,3}^{\infty}{}^{k} \sin k\pi\frac{v}{b}\,\frac{4u}{k\pi l}\,e^{-k\pi\frac{u}{b}} = \frac{2u}{\pi l}\,\operatorname{arctg}\frac{\sin\pi\frac{v}{b}}{\mathfrak{Sin}\,\pi\frac{u}{b}}. \qquad (180)$$

4. Einflußfläche für die Querkraft $Q_{Ts}$ im Träger unter dem Querrand.

Die Querkraft am Auflager des Trägers ist gleich der Summe der lotrechten Randschubkräfte in der Platte auf der Strecke $0 \leqq x \leqq l$, nachdem das Randdrillmoment in $x = 0$ verschwindet und daher die Gesamtheit der Randdrillmomente keine lotrechte Kraft als Reaktion ergibt. Es gelten die Formeln für Einfl $T_t$ (P.2.) mit $t = l$. In der Nähe des Randes $s$ kann $\sum_{1,3}^{\infty}{}^{k} r_{sk}\,\text{Einfl}\,\widehat{B}_{sk}$ durch einen geschlossenen Ausdruck und eine Differenzreihe ersetzt werden.

## B.11. Der unendliche Halbstreifen, Längsrand *s* und Querrand starr eingespannt, Längsrand *a* ungestützt

**SUS — 1** Gleichlast $p$

Die in Abb. 84 enthaltenen Zahlen wurden für eine Rechteckplatte mit $b = 8\,l$, Fall **$SUS_2$ — 1**, nach dem im Abschnitt C.5. entwickelten Verfahren berechnet.

Die Momente und Querkräfte im Träger $T$ unter dem Querrand können aus den Querkräften $q_t$ (nicht $\bar{q}_t$) im Grundfall und den zu den Zusatzfunktionen gehörigen Querkräften $q_t$ durch Integration gefunden werden, obwohl die Reihenentwicklung für $q_t$ selbst nicht konvergiert; der Verlauf von $q_t$ konnte daher nicht ermittelt werden.

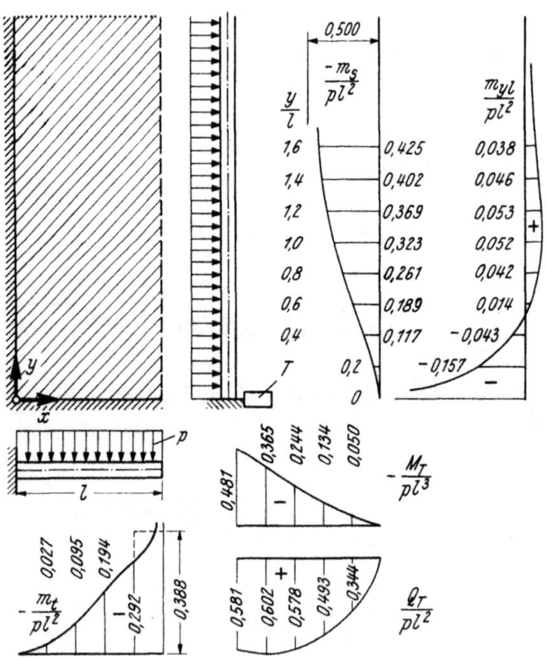


Abb. 84. Momente; Momente und Querkräfte im Träger unter dem Querrand (Fall **SUS — 1**)

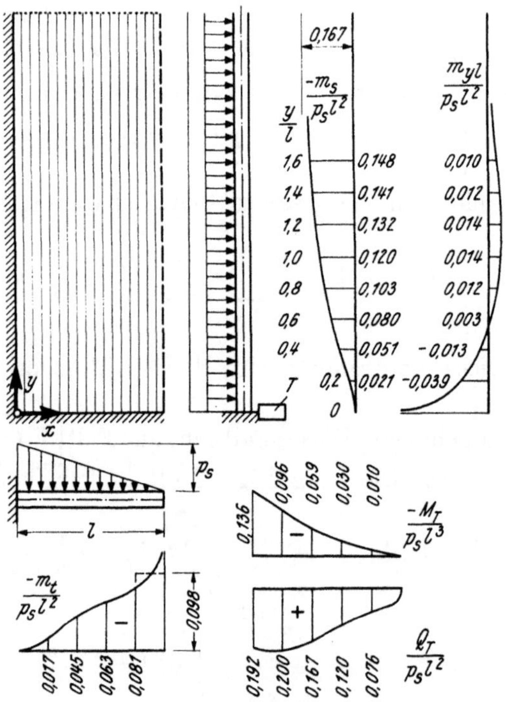


Abb. 85. Momente; Momente und Querkräfte im Träger unter dem Querrand (Fall **SUS — 3**)

**SUS — 3** Dreiecklast $p = p_s\left(1 - \frac{x}{l}\right)$

Der Rechnungsgang ist wie im Fall **SUS — 1**.

**SUS — 10** Einflußflächen

Die in den Tafeln S.1 bis S.4 wiedergegebenen Einflußflächen wurden als Näherung für eine Rechteckplatte mit dem Seitenverhältnis $b = 4\,l$, Fall **SUSF — 10**, berechnet.

Der Rechnungsgang ergibt sich aus Abschnitt C.5. durch Vertauschen der Koordinatenrichtungen und Einführen der Unbekannten $r$ an Stelle von $m$ wie im Abschnitt C.8.3. Die Einflußfläche für das Stützenmoment $m_t$ an der Ecke $x = l$ existiert nicht, daher wurde (Tafel S.1) die Einflußfläche für den *Durchschnittswert* des Stützenmoments $[m_t]$ im Bereich $l - t \leqq x \leqq l$ berechnet, wobei $t = 0{,}2\,l$ gewählt wurde (Abb. 86). Der Grundfall ist eine Rechteckplatte oder praktisch ein unendlicher Halbstreifen mit der Seitenlänge $2\,l$ und zwei zur Linie $x = l$ symmetrisch stehenden Punktlasten. Aus der bei Fall **$F_2S$ — 10** angegebenen Formel erhält man mit $x = l$:

$$\text{Einfl}\,[m_t] = -\sum_{1,3}^{\infty}{}_j \sin\frac{j\pi}{2}\sin j\pi\frac{u}{2l}\,\frac{\sin j\pi\frac{t}{2l}}{j\pi\frac{t}{2l}}\,\frac{2v}{l}\,e^{-j\pi\frac{v}{2l}}. \qquad (181)$$

In das Gleichungssystem für die Werte $r_{tj}$ mit $j = 1, 3, \ldots$ und $r_{sk}$, $r_{lk}$ mit $k = 1, 2, 3, \ldots$ ist einzuführen:

$$R_{tj} = 2\sin\frac{j\pi}{2}\,\frac{\sin j\pi\frac{t}{2l}}{j\pi\frac{t}{2l}}, \qquad R_{sk} = K_{lk} = 0. \qquad (182)$$

Die Einflußfläche für den *Durchschnittswert der Querkraft* $[q_t]$ in der Strecke $t$ bzw. die *Summe* der Querkräfte $Q_t = t\,[q_t]$ in dieser Strecke (Tafel S.2) ergibt sich in gleicher Weise; hiefür gilt:

Grundfall **$F_3$ — 10**:

$$Q_t = \sum_{1,3}^{\infty}{}_j \sin\frac{j\pi}{2}\sin j\pi\frac{u}{2l}\sin j\pi\frac{t}{2l}\,\frac{4}{j\pi}\,e^{-j\pi\frac{v}{2l}}, \qquad (183)$$

$$\left.\begin{aligned} R_{tj} &= -2\sin\frac{j\pi}{2}\sin j\pi\frac{t}{2l},\\ R_{sk} &= \frac{\mathfrak{Sin}\,k\pi\frac{t}{b}}{\mathfrak{Cof}\,k\pi\frac{l}{b}},\\ K_{lk} &= \frac{2\,\mathfrak{Cof}\,k\pi\frac{l-t}{b}}{k\pi\,\mathfrak{Cof}\,k\pi\frac{l}{b}}. \end{aligned}\right\} \qquad (184)$$

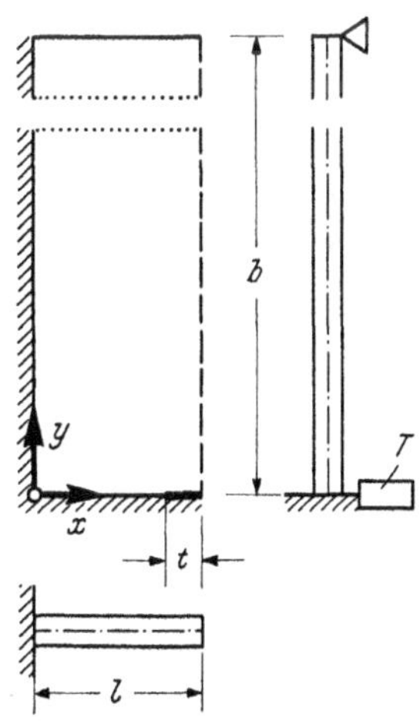


Abb. 86

Die Einflußfläche für das *Stützenmoment* $M_{Ts}$ im Träger unter dem Querrand (Tafel S.3) hat zur Voraussetzung, daß ein Kragträger von der Länge $l$ mit starrer Einspannung in $x = 0$ vorliegt. Der Grundfall ist die biegungsfreie Fläche

$$\frac{1}{l}M_{Ts} = -\frac{x}{l}\left(1 - \frac{y}{b}\right). \qquad (185)$$

**SUS — 10** Dazu gehört

$$\left.\begin{aligned} R_{tj} &= \sin\frac{j\pi}{2}\,\frac{8\,l}{j^2\pi^2 b},\\ R_{sk} &= -\frac{b}{k\pi l},\\ K_{lk} &= 0. \end{aligned}\right\} \qquad (186)$$

Die *Querkraft* $Q_T$ in einem Punkt $x$ des Trägers unter dem Querrand ist identisch mit der Summe der Querkräfte $Q_t$ in der Platte auf der Strecke $t = l - x$. Die Tafel S.4 enthält die Einflußfläche für die Querkraft im Punkt $x = 0{,}2\,l$ oder $t = 0{,}8\,l$. Bei Gleichlast (Fall **SUS — 1**) tritt annähernd in diesem Punkt der Größtwert der Querkraft auf; dieser Punkt ist also als maßgebend anzusehen.

Die Einflußfläche für die Querkraft an der *Stütze* ($x = 0$) konnte nicht ermittelt werden, weil das Gleichungssystem die Werte $r_{tj} = -r_{sk} = \infty$ ergibt.

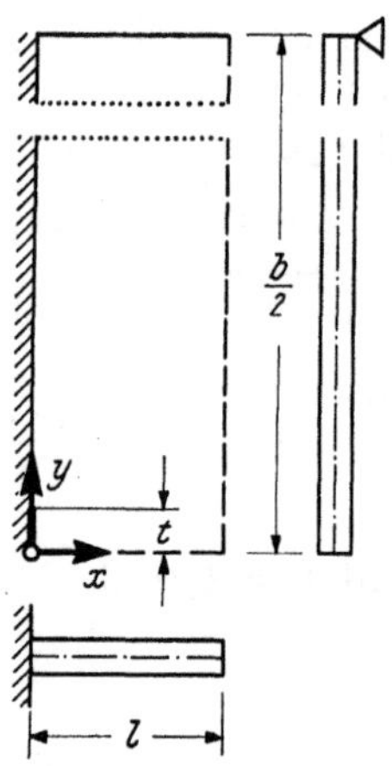

Abb. 87

### B.12. Der unendliche Halbstreifen, Längsrand *s* starr eingespannt, Längsrand *a* und Querrand ungestützt

**SUU — 10** Einflußflächen

Die in den Tafeln T.1 bis T.3 enthaltenen Einflußzahlen wurden als Näherung für eine Rechteckplatte mit dem Seitenverhältnis 1 : 4 nach Fall **SUUF — 10** berechnet. Der Grundfall ist eine Rechteckplatte mit den Seitenlängen $2\,l$ und $b = 8\,l$ unter vier zu beiden Mittellinien symmetrisch stehenden Punktlasten. Der Rechnungsgang ist im Abschnitt C.10.4. beschrieben; es kommen nur die zur Linie $y = \frac{b}{2}$ antisymmetrischen Zusatzfunktionen zur Anwendung.

## C. Die Rechteckplatte

### C.1. Die Rechteckplatte, alle Ränder frei drehbar gestützt

**F₄ — *** Belastung von $y$ unabhängig, in der $x$-Richtung beliebig

$$p_x = \sum_{1,2}^{\infty}{}_j\; p_j \sin j\pi\frac{x}{a}.$$

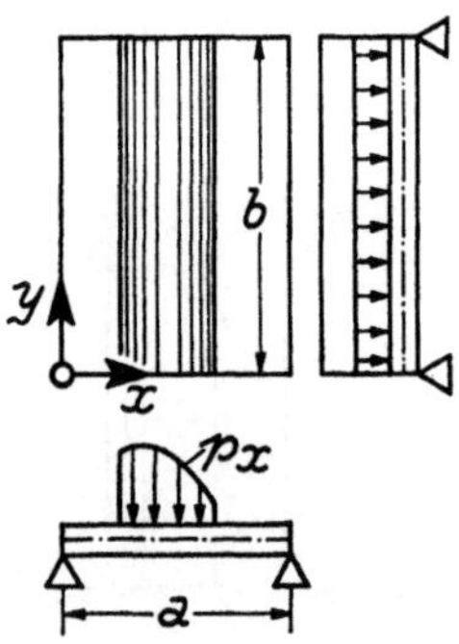

Abb. 88

Dem Grundfall **$F_2$ — *** werden symmetrische Randlasten nach Fall **$F_2U_2$ — 201** mit

$$\hat{p}_{tj} = -\frac{p_j a}{2j\pi}\left(3\operatorname{\mathfrak{Tg}} j\pi\frac{b}{2a} - \frac{j\pi\frac{b}{2a}}{\operatorname{\mathfrak{Cof}}^2 j\pi\frac{b}{2a}}\right)$$

überlagert:

$$S\zeta = a^4\sum_{1,2}^{\infty}{}_j \sin j\pi\frac{x}{a}\,\frac{p_j}{j^4\pi^4}\left\{1 - \frac{1}{2\operatorname{\mathfrak{Cof}} j\pi\frac{b}{2a}}\left[\left(2 + j\pi\frac{b}{2a}\operatorname{\mathfrak{Tg}} j\pi\frac{b}{2a}\right)\operatorname{\mathfrak{Cof}} j\pi\frac{\frac{b}{2}-y}{a} - j\pi\frac{\frac{b}{2}-y}{a}\operatorname{\mathfrak{Sin}} j\pi\frac{\frac{b}{2}-y}{a}\right]\right\}. \qquad \text{(a)}$$

Das erste Glied (1 in der { } Klammer) stellt den Grundfall **$F_2$ — *** dar, der auch algebraisch dargestellt werden kann (siehe unter A.1.). Die Ableitungen der Zusatzfunktion sind unter

C.6., Fall **$F_2U_2$ — 201**, zu finden und nachstehend für Gleichlast **$F_4$ — 1** als Beispiel ausgeführt.

**$F_4$ — 1** Gleichlast $p$

Dem Grundfall **$F_2$ — 1** ($S\zeta_\infty$ usw.) werden Randlasten nach Fall **$F_2U_2$ — 201** (S. 222) mit

$$\hat{p}_{tj} = -p\,a\,\frac{2}{j^2\pi^2}\left(3\,\mathfrak{Tg}\,j\pi\frac{b}{2a} - \frac{j\pi\dfrac{b}{2a}}{\mathfrak{Cos}^2\,j\pi\dfrac{b}{2a}}\right) \qquad (j = 1, 3, \ldots)$$

überlagert.

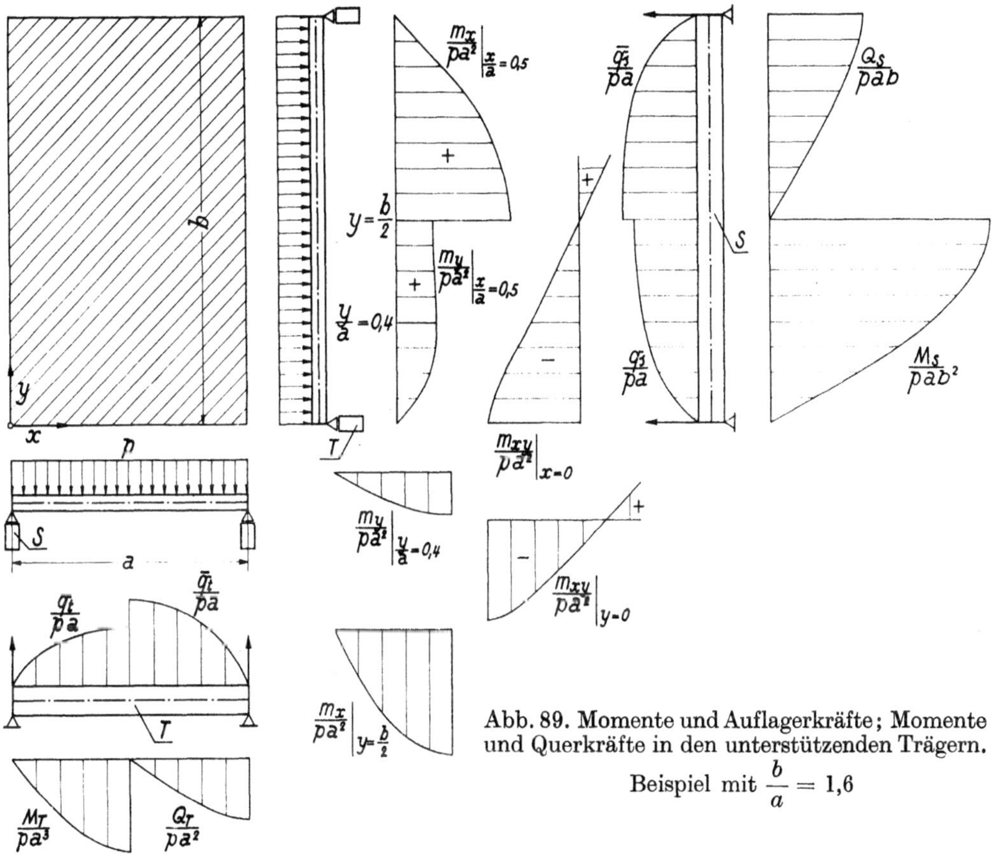


Abb. 89. Momente und Auflagerkräfte; Momente und Querkräfte in den unterstützenden Trägern. Beispiel mit $\frac{b}{a} = 1,6$

$$S\zeta = S\zeta_\infty - p\,a^4 \sum_{1,3}^{\infty}{}^{j} \sin j\pi\frac{x}{a}\,\frac{2}{j^5\pi^5}\,\frac{\mathfrak{Cos}\,j\pi\dfrac{\frac{b}{2}-y}{a}}{\mathfrak{Cos}\,j\pi\dfrac{b}{2a}}\left[2 + j\pi\frac{b}{2a}\,\mathfrak{Tg}\,j\pi\frac{b}{2a} - j\pi\frac{\frac{b}{2}-y}{a}\,\mathfrak{Tg}\,j\pi\frac{\frac{b}{2}-y}{a}\right], \qquad \text{(a)}$$

$$S\beta_y = p\,a^3 \sum_{1,3}^{\infty}{}^{j} \sin j\pi\frac{x}{a}\,\frac{2}{j^4\pi^4}\,\frac{\mathfrak{Sin}\,j\pi\dfrac{\frac{b}{2}-y}{a}}{\mathfrak{Cos}\,j\pi\dfrac{b}{2a}}\left[1 + j\pi\frac{b}{2a}\,\mathfrak{Tg}\,j\pi\frac{b}{2a} - j\pi\frac{\frac{b}{2}-y}{a}\,\mathfrak{Cotg}\,j\pi\frac{\frac{b}{2}-y}{a}\right], \qquad \text{(c)}$$

$$m_y = p\,a^2 \sum_{1,3}^{\infty}{}^{j} \sin j\pi\frac{x}{a}\,\frac{2}{j^3\pi^3}\,\frac{\mathfrak{Cos}\,j\pi\dfrac{\frac{b}{2}-y}{a}}{\mathfrak{Cos}\,j\pi\dfrac{b}{2a}}\left[j\pi\frac{b}{2a}\,\mathfrak{Tg}\,j\pi\frac{b}{2a} - j\pi\frac{\frac{b}{2}-y}{a}\,\mathfrak{Tg}\,j\pi\frac{\frac{b}{2}-y}{a}\right], \qquad \text{(e)}$$

**F₄—1**

$$q_x = q_{x\infty} - p\,a \sum_{1,3}^{\infty} {}_j \cos j\pi \frac{x}{a} \frac{4}{j^2\pi^2} \frac{\mathfrak{Cof}\, j\pi \frac{\frac{b}{2}-y}{a}}{\mathfrak{Cof}\, j\pi \frac{b}{2a}}, \tag{h}$$

$$\bar{q}_x = q_{x\infty} - p\,a \sum_{1,3}^{\infty} {}_j \cos j\pi \frac{x}{a} \frac{2}{j^2\pi^2} \frac{\mathfrak{Cof}\, j\pi \frac{\frac{b}{2}-y}{a}}{\mathfrak{Cof}\, j\pi \frac{b}{2a}} \left[2 - j\pi \frac{b}{2a} \mathfrak{Tg}\, j\pi \frac{b}{2a} + {} \right.$$
$$\left. + j\pi \frac{\frac{b}{2}-y}{a} \mathfrak{Tg}\, j\pi \frac{\frac{b}{2}-y}{a}\right], \tag{k}$$

$$q_y = p\,a \sum_{1,3}^{\infty} {}_j \sin j\pi \frac{x}{a} \frac{4}{j^2\pi^2} \frac{\mathfrak{Sin}\, j\pi \frac{\frac{b}{2}-y}{a}}{\mathfrak{Cof}\, j\pi \frac{b}{2a}}, \tag{l}$$

$$\bar{q}_y = p\,a \sum_{1,3}^{\infty} {}_j \sin j\pi \frac{x}{a} \frac{2}{j^2\pi^2} \frac{\mathfrak{Sin}\, j\pi \frac{\frac{b}{2}-y}{a}}{\mathfrak{Cof}\, j\pi \frac{b}{2a}} \left[3 + j\pi \frac{b}{2a} \mathfrak{Tg}\, j\pi \frac{b}{2a} - j\pi \frac{\frac{b}{2}-y}{a} \mathfrak{Cotg}\, j\pi \frac{\frac{b}{2}-y}{a}\right]. \tag{n}$$

Plattenmittelpunkt $\left(x = \frac{a}{2},\ y = \frac{b}{2}\right)$:

$$S\,\zeta_m = p\,a^4 \left\{\frac{5}{384} - \sum_{1,3}^{\infty} {}_j \sin \frac{j\pi}{2} \frac{2}{j^5\pi^5} \frac{2 + j\pi \frac{b}{2a} \mathfrak{Tg}\, j\pi \frac{b}{2a}}{\mathfrak{Cof}\, j\pi \frac{b}{2a}}\right\}, \tag{m — a}$$

$$m_{xm} = p\,a^2 \left\{\frac{1}{8} - \sum_{1,3}^{\infty} {}_j \sin \frac{j\pi}{2} \frac{2}{j^3\pi^3} \frac{2 + j\pi \frac{b}{2a} \mathfrak{Tg}\, j\pi \frac{b}{2a}}{\mathfrak{Cof}\, j\pi \frac{b}{2a}}\right\}, \tag{m — d}$$

$$m_{ym} = p\,a^2 \sum_{1,3}^{\infty} {}_j \sin \frac{j\pi}{2} \frac{\frac{b}{a}}{j^2\pi^2} \frac{\mathfrak{Tg}\, j\pi \frac{b}{2a}}{\mathfrak{Cof}\, j\pi \frac{b}{2a}}. \tag{m — e}$$

Größtwert von $m_y$:

Bei länglichen Platten nimmt $m_y$ seinen Größtwert auf der Mittellinie $x = \frac{a}{2}$, aber *außerhalb* des Plattenmittelpunktes an. Bildet man aus Formel (e) $\left.\frac{\partial m_y}{\partial y}\right|_{x=\frac{a}{2}} = 0$ und berücksichtigt als Näherung nur das erste Glied der Reihe, erhält man die Gleichung

$$\mathfrak{Sin}\,\pi \frac{\frac{b}{2}-y}{a} \left[\pi \frac{\frac{b}{2}-y}{a} \mathfrak{Cotg}\,\pi \frac{\frac{b}{2}-y}{a} - \pi \frac{b}{2a} \mathfrak{Tg}\,\pi \frac{b}{2a} + 1\right] = 0. \tag{187}$$

$\mathfrak{Sin}\,\pi \frac{\frac{b}{2}-y}{a} = 0$ liefert als erste Wurzel $y = \frac{b}{2}$; im Plattenmittelpunkt tritt immer ein Extremwert auf, er ist aber ein *Minimum*, wenn noch eine zweite reelle Wurzel vorhanden ist. Da ein Produkt $z\,\mathfrak{Cotg}\,z$ immer $\geqq 1$ ist, besitzt die Gleichung

$$\pi \frac{\frac{b}{2}-y}{a} \mathfrak{Cotg}\,\pi \frac{\frac{b}{2}-y}{a} = \pi \frac{b}{2a} \mathfrak{Tg}\,\pi \frac{b}{2a} - 1 \ldots \tag{187'}$$

eine reelle Wurzel, sobald $\pi \frac{b}{2a} \mathfrak{Tg}\,\pi \frac{b}{2a} \geqq 2$ ist.

Daraus folgt $\frac{b}{a} \geqq 1{,}315$.

Aus (187') ergibt sich mit $\frac{b}{a} = 1{,}4 \ldots \frac{y}{a} = 0{,}488$,
$1{,}5 \ldots \quad 0{,}432$,
$\infty \ldots \quad 0{,}318 = \frac{1}{\pi}$.

Mit diesen Werten und $x = \frac{a}{2}$ erhält man aus Formel (e) die Größtwerte von $m_y$.

Rand $t$ $(y = 0)$ und Rand $b$ $(y = b)$:

$$S\beta_t = -\, S\beta_b = p\,a^3 \sum_{1,3}^{\infty} \sin j\pi\frac{x}{a}\,\frac{2}{j^4\pi^4}\left[\mathfrak{Tg}\,j\pi\frac{b}{2a} - \frac{j\pi\frac{b}{2a}}{\mathfrak{Cof}^2\,j\pi\frac{b}{2a}}\right], \qquad (\mathrm{t-c})$$

$$m_{xyt} = -\, m_{xyb} = p\,a^2 \sum_{1,3}^{\infty} \cos j\pi\frac{x}{a}\,\frac{2}{j^3\pi^3}\left[-\,\mathfrak{Tg}\,j\pi\frac{b}{2a} + \frac{j\pi\frac{b}{2a}}{\mathfrak{Cof}^2\,j\pi\frac{b}{2a}}\right], \qquad (\mathrm{t-f})$$

$$q_t = \quad -q_b = \; p\,a \sum_{1,3}^{\infty} \sin j\pi\frac{x}{a}\,\frac{4}{j^2\pi^2}\,\mathfrak{Tg}\,j\pi\frac{b}{2a}, \qquad (\mathrm{t-l})$$

$$\bar{q}_t = \quad -\bar{q}_b = \; p\,a \sum_{1,3}^{\infty} \sin j\pi\frac{x}{a}\,\frac{2}{j^2\pi^2}\left[3\,\mathfrak{Tg}\,j\pi\frac{b}{2a} - \frac{j\pi\frac{b}{2a}}{\mathfrak{Cof}^2\,j\pi\frac{b}{2a}}\right]. \qquad (\mathrm{t-n})$$

Mitte der Ränder $s$ und $a$ $\left(x = 0,\ y = \frac{b}{2}\right.$ bzw. $\left. x = a,\ y = \frac{b}{2}\right)$:

$$q_{sm} = -\, q_{am} = p\,a\left[\frac{1}{2} - \sum_{1,3}^{\infty} \frac{4}{j^2\pi^2\,\mathfrak{Cof}\,j\pi\frac{b}{2a}}\right], \qquad (\mathrm{sm-h})$$

$$\bar{q}_{sm} = -\, \bar{q}_{am} = p\,a\left[\frac{1}{2} - \sum_{1,3}^{\infty} \frac{2}{j^2\pi^2}\,\frac{2 - j\pi\frac{b}{2a}\,\mathfrak{Tg}\,j\pi\frac{b}{2a}}{\mathfrak{Cof}\,j\pi\frac{b}{2a}}\right]. \qquad (\mathrm{sm-k})$$

Träger unter dem Rand $t$ bzw. $b$, unter den Plattenecken frei drehbar gestützt (Stützweite $a$):

$$E\,J\,\zeta = p\,a^5 \sum_{1,3}^{\infty} \sin j\pi\frac{x}{a}\,\frac{2}{j^6\pi^6}\left[3\,\mathfrak{Tg}\,j\pi\frac{b}{2a} - \frac{j\pi\frac{b}{2a}}{\mathfrak{Cof}^2\,j\pi\frac{b}{2a}}\right], \qquad (\mathrm{T-a})$$

$$E\,J\,\beta = p\,a^4 \sum_{1,3}^{\infty} \cos j\pi\frac{x}{a}\,\frac{2}{j^5\pi^5}\left[3\,\mathfrak{Tg}\,j\pi\frac{b}{2a} - \frac{j\pi\frac{b}{2a}}{\mathfrak{Cof}^2\,j\pi\frac{b}{2a}}\right], \qquad (\mathrm{T-b})$$

$$M = p\,a^3 \sum_{1,3}^{\infty} \sin j\pi\frac{x}{a}\,\frac{2}{j^4\pi^4}\left[3\,\mathfrak{Tg}\,j\pi\frac{b}{2a} - \frac{j\pi\frac{b}{2a}}{\mathfrak{Cof}^2\,j\pi\frac{b}{2a}}\right], \qquad (\mathrm{T-d})$$

$$Q = p\,a^2 \sum_{1,3}^{\infty} \cos j\pi\frac{x}{a}\,\frac{2}{j^3\pi^3}\left[3\,\mathfrak{Tg}\,j\pi\frac{b}{2a} - \frac{j\pi\frac{b}{2a}}{\mathfrak{Cof}^2\,j\pi\frac{b}{2a}}\right], \qquad (\mathrm{T-h})$$

$$B_s = B_a = \frac{6}{a}\,E\,J\,\beta_s = p\,a^3 \sum_{1,3}^{\infty} \frac{12}{j^5\pi^5}\left[3\,\mathfrak{Tg}\,j\pi\frac{b}{2a} - \frac{j\pi\frac{b}{2a}}{\mathfrak{Cof}^2\,j\pi\frac{b}{2a}}\right]. \qquad (\mathrm{T-b'})$$

**F$_4$—1** Träger unter dem Rand $s$ bzw. $a$, unter den Plattenecken frei drehbar gestützt (Stützweite $b$):

$$E\,J\,\zeta = p\,a\,b^4\left\{\frac{1}{48}\left[\frac{y}{b} - 2\left(\frac{y}{b}\right)^3 + \left(\frac{y}{b}\right)^4\right] - \sum_{1,3}^{\infty}{}_j \frac{2}{j^6\,\pi^6\left(\frac{b}{a}\right)^4}\left[2 - \frac{\mathfrak{Cof}\,j\,\pi\frac{\frac{b}{2}-y}{a}}{\mathfrak{Cof}\,j\,\pi\frac{b}{2\,a}}\left(2 + j\,\pi\frac{b}{2\,a}\,\mathfrak{Tg}\,j\,\pi\frac{b}{2\,a} - j\,\pi\frac{\frac{b}{2}-y}{a}\,\mathfrak{Tg}\,j\,\pi\frac{\frac{b}{2}-y}{a}\right)\right]\right\}, \quad (\mathrm{S-a})$$

$$E\,J\,\beta = p\,a\,b^3\left\{\frac{1}{48}\left[1 - 6\left(\frac{y}{b}\right)^2 + 4\left(\frac{y}{b}\right)^3\right] - \sum_{1,3}^{\infty}{}_j \frac{2}{j^5\,\pi^5\left(\frac{b}{a}\right)^3}\,\frac{\mathfrak{Sin}\,j\,\pi\frac{\frac{b}{2}-y}{a}}{\mathfrak{Cof}\,j\,\pi\frac{b}{2\,a}}\left(1 + j\,\pi\frac{b}{2\,a}\,\mathfrak{Tg}\,j\,\pi\frac{b}{2\,a} - j\,\pi\frac{\frac{b}{2}-y}{a}\,\mathfrak{Cotg}\,j\,\pi\frac{\frac{b}{2}-y}{a}\right)\right\}, \quad (\mathrm{S-c})$$

$$M = p\,a\,b^2\left\{\frac{1}{4}\left[\frac{y}{b} - \left(\frac{y}{b}\right)^2\right] - \sum_{1,3}^{\infty}{}_j \frac{2}{j^4\,\pi^4\left(\frac{b}{a}\right)^2}\,\frac{\mathfrak{Cof}\,j\,\pi\frac{\frac{b}{2}-y}{a}}{\mathfrak{Cof}\,j\,\pi\frac{b}{2\,a}}\left(j\,\pi\frac{b}{2\,a}\,\mathfrak{Tg}\,j\,\pi\frac{b}{2\,a} - j\,\pi\frac{\frac{b}{2}-y}{a}\,\mathfrak{Tg}\,j\,\pi\frac{\frac{b}{2}-y}{a}\right)\right\}, \quad (\mathrm{S-e})$$

$$Q = p\,a\,b\left\{\frac{1}{4} - \frac{y}{2\,b} - \sum_{1,3}^{\infty}{}_j \frac{2}{j^3\,\pi^3\frac{b}{a}}\,\frac{\mathfrak{Sin}\,j\,\pi\frac{\frac{b}{2}-y}{a}}{\mathfrak{Cof}\,j\,\pi\frac{b}{2\,a}}\left(1 - j\,\pi\frac{b}{2\,a}\,\mathfrak{Tg}\,j\,\pi\frac{b}{2\,a} + j\,\pi\frac{\frac{b}{2}-y}{a}\,\mathfrak{Cotg}\,j\,\pi\frac{\frac{b}{2}-y}{a}\right)\right\}, \quad (\mathrm{S-l})$$

Trägermitte $\left(y = \frac{b}{2}\right)$: $$M_m = p\,a\,b^2\left\{\frac{1}{16} - \sum_{1,3}^{\infty}{}_j \frac{1}{j^3\,\pi^3\frac{b}{a}}\,\frac{\mathfrak{Tg}\,j\,\pi\frac{b}{2\,a}}{\mathfrak{Cof}\,j\,\pi\frac{b}{2\,a}}\right\}. \quad (\mathrm{Sm-e})$$

Auflager $(y = 0,\; y = b)$:

$$Q_t = -\,Q_b = p\,a\,b\left\{\frac{1}{4} - \sum_{1,3}^{\infty}{}_j \frac{2}{j^3\,\pi^3\frac{b}{a}}\left(\mathfrak{Tg}\,j\,\pi\frac{b}{2\,a} + \frac{j\,\pi\frac{b}{2\,a}}{\mathfrak{Cof}^2\,j\,\pi\frac{b}{2\,a}}\right)\right\}, \quad (\mathrm{St-l})$$

$$B_t = B_b = \frac{6}{b}\,E\,J\,\beta_t = p\,a\,b^2\left\{\frac{1}{8} - \sum_{1,3}^{\infty}{}_j \frac{12}{j^5\,\pi^5\left(\frac{b}{a}\right)^3}\left(\mathfrak{Tg}\,j\,\pi\frac{b}{2\,a} - \frac{j\,\pi\frac{b}{2\,a}}{\mathfrak{Cof}^2\,j\,\pi\frac{b}{2\,a}}\right)\right\}. \quad (\mathrm{S-c'})$$

Träger unter dem Rand $t$ bei starrer Einspannung dieses Randes.

Bei starrer Einspannung des Randes wird dort $\frac{\partial m_{xy}}{\partial x} = 0$.

Die Belastung des Trägers setzt sich dann aus $q_t$ nach Fall **F$_4$—1** und $q_t$ infolge aller Randmomente zusammen. Der erste Anteil liefert

$$E\,J\,\zeta = p\,a^5 \sum_{1,3}^{\infty}{}_j \sin j\,\pi\frac{x}{a}\,\frac{4}{j^6\,\pi^6}\,\mathfrak{Tg}\,j\,\pi\frac{b}{2\,a} \text{ usw.} \quad (\mathrm{T'-a})$$

Träger unter dem Rand $s$ bei starrer Einspannung dieses Randes.

Die Belastung des Trägers setzt sich aus $q_s$ nach Fall **F₄—1** und $q_s$ infolge aller Randmomente zusammen. Der erste Anteil liefert

$$E J \zeta = p a b^4 \left\{ \frac{1}{48} \left[ \frac{y}{b} - 2\left(\frac{y}{b}\right)^3 + \left(\frac{y}{b}\right)^4 \right] - \frac{1}{48\left(\frac{b}{a}\right)^2} \left[ \frac{y}{b} - \left(\frac{y}{b}\right)^2 \right] + \right.$$
$$\left. + \sum_{1,3}^{\infty} {}_j \frac{4}{j^6 \pi^6 \left(\frac{b}{a}\right)^4} \left[ 1 - \frac{\mathfrak{Cof}\, j\pi \frac{\frac{b}{2} - y}{a}}{\mathfrak{Cof}\, j\pi \frac{b}{2a}} \right] \right\}, \quad (S' - a)$$

$$E J \beta = p a b^3 \left\{ \frac{1}{48} \left[ 1 - 6\left(\frac{y}{b}\right)^2 + 4\left(\frac{y}{b}\right)^3 \right] - \frac{1}{24\left(\frac{b}{a}\right)^2} \left( \frac{1}{2} - \frac{y}{b} \right) + \right.$$
$$\left. + \sum_{1,3}^{\infty} {}_j \frac{4}{j^5 \pi^5 \left(\frac{b}{a}\right)^3} \frac{\mathfrak{Sin}\, j\pi \frac{\frac{b}{2} - y}{a}}{\mathfrak{Cof}\, j\pi \frac{b}{2a}} \right\}, \quad (S' - c)$$

$$M = p a b^2 \left\{ \frac{1}{4} \left[ \frac{y}{b} - \left(\frac{y}{b}\right)^2 \right] - \sum_{1,3}^{\infty} {}_j \frac{4}{j^4 \pi^4 \left(\frac{b}{a}\right)^2} \left( 1 - \frac{\mathfrak{Cof}\, j\pi \frac{\frac{b}{2} - y}{a}}{\mathfrak{Cof}\, j\pi \frac{b}{2a}} \right) \right\}, \quad (S' - e)$$

$$Q = p a b \left\{ \frac{1}{2} \left( \frac{1}{2} - \frac{y}{b} \right) - \sum_{1,3}^{\infty} {}_j \frac{4}{j^3 \pi^3 \frac{b}{a}} \frac{\mathfrak{Sin}\, j\pi \frac{\frac{b}{2} - y}{a}}{\mathfrak{Cof}\, j\pi \frac{b}{2a}} \right\}. \quad (S' - l)$$

Trägermitte $\left( y = \frac{b}{2} \right)$:

$$M_m = p a b^2 \left\{ \frac{1}{16} - \frac{1}{24\left(\frac{b}{a}\right)^2} - \sum_{1,3}^{\infty} {}_j \frac{4}{j^4 \pi^4 \left(\frac{b}{a}\right)^2 \mathfrak{Cof}\, j\pi \frac{b}{2a}} \right\}. \quad (S'm - e)$$

*Zahlentafeln.*

Die Zahlenwerte von $S\,\zeta_m$, $m_{xm}$, $m_{ym}$, max $m_y$, $m_{xyE}$, $q_{tm}$, $\bar{q}_{tm}$, $q_{sm}$ und $\bar{q}_{sm}$, ferner $M_m$, $Q$ und $B$ der Träger unter allen Rändern sind für $\frac{b}{a} = 1{,}0$ bis $2{,}0$ in Tafel B.1 (S. 288) enthalten. Für $\frac{b}{a} = 1{,}0$ bis $1{,}5$ sowie $2{,}0$ finden sich außerdem: der Verlauf von $m_x$ längs der Mittellinie $y = \frac{b}{2}$ in den Tafeln E.11, der Verlauf von $m_x$ und $m_y$ längs der Mittelinie $x = \frac{a}{2}$ in den Tafeln E.12. Die Momente $m_x$ und $m_y$ in anderen Plattenpunkten infolge Gleichlast $p$ lassen sich aus den für mittige Rechtecklast geltenden Tafeln E.31 bzw. E.32 umrechnen. Setzt man in der Formel für $m_{ym}$ nach Fall **F₄—12m** (mittige Rechtecklast) $P = p \cdot 2c \cdot 2d$ ein, so erhält man

$$m_{ym} = p a^2 \sum_{1,3}^{\infty} {}_j \sin j\pi \frac{c}{a} \frac{2}{j^3 \pi^3} \frac{\mathfrak{Cof}\, j\pi \frac{\frac{b}{2} - d}{a}}{\mathfrak{Cof}\, j\pi \frac{b}{2a}} \left( j\pi \frac{b}{2a} \mathfrak{Tg}\, j\pi \frac{b}{2a} - j\pi \frac{\frac{b}{2} - d}{a} \mathfrak{Tg}\, j\pi \frac{\frac{b}{2} - d}{a} \right). \quad (188)$$

Das ist die gleiche Formel wie für $m_y$ nach Fall **F₄—1**, nur stehen $c$ und $d$ an Stelle von $x$ und $y$. Wenn man also die Zahlen $\frac{m_y}{P}$ der Tafel E.32 mit $\frac{2c}{a} \cdot \frac{2d}{a}$ vervielfacht, erhält man die Zahlen $\frac{m_y}{p a^2}$ für Gleichlast in den Punkten $x = c$, $y = d$. Die Zahlen $\frac{m_x}{p a^2}$ erhält man in gleicher Weise aus Tafel E.31.

**F₄—3** Dreiecklast $p_x = p_s\left(1 - \frac{x}{a}\right)$

Dem Grundfall **F₂—3** werden Randlasten nach Fall **F₂U₂—201** mit

$$\hat{p}_{tj} = -p_s a \frac{1}{j^2\pi^2}\left(3\,\mathfrak{Tg}\, j\pi\frac{b}{2a} - \frac{j\pi\frac{b}{2a}}{\mathfrak{Cof}^2 j\pi\frac{b}{2a}}\right) \quad (j = 1, 2, \ldots)$$

überlagert.

Alle Formeln sind analog dem Fall **F₄—1**.

Der Größtwert von $m_x$ tritt in der Mittellinie ($y = \frac{b}{2}$), aber außerhalb des Plattenmittelpunktes auf und ist merklich größer als $m_{xm}$.

Der Größtwert von $m_y$ entsteht annähernd in $x = \frac{a}{2}$ und verhält sich im übrigen wie bei Gleichlast (Fall **F₄—1**). Nachstehend einige Formeln, die von Fall **F₄—1** etwas abweichen.

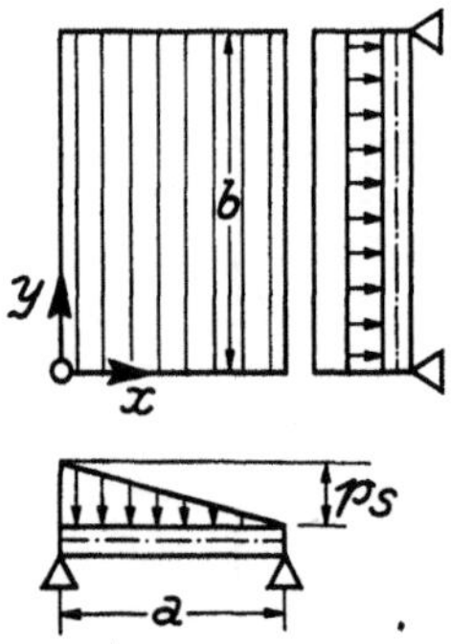


Abb. 90

Mitte des Randes $s$:

$$q_{sm} = p_s a\left[\frac{1}{3} - \sum_{1,2}^{\infty}{}_j \frac{2}{j^2\pi^2\,\mathfrak{Cof}\, j\pi\frac{b}{2a}}\right], \qquad \text{(sm — h)}$$

$$\bar{q}_{sm} = p_s a\left(\frac{1}{3} - \sum_{1,2}^{\infty}{}_j \frac{1}{j^2\pi^2}\,\frac{2 - j\pi\frac{b}{2a}\,\mathfrak{Tg}\, j\pi\frac{b}{2a}}{\mathfrak{Cof}\, j\pi\frac{b}{2a}}\right). \qquad \text{(sm — k)}$$

Mitte des Randes $a$:

$$-q_{am} = p_s a\left[\frac{1}{6} - \sum_{1,2}^{\infty}{}_j (-\cos j\pi)\frac{2}{j^2\pi^2\,\mathfrak{Cof}\, j\pi\frac{b}{2a}}\right], \qquad \text{(am — h)}$$

$$-\bar{q}_{am} = p_s a\left[\frac{1}{6} - \sum_{1,2}^{\infty}{}_j (-\cos j\pi)\frac{1}{j^2\pi^2}\,\frac{2 - j\pi\frac{b}{2a}\,\mathfrak{Tg}\, j\pi\frac{b}{2a}}{\mathfrak{Cof}\, j\pi\frac{b}{2a}}\right]. \qquad \text{(am — k)}$$

Träger unter dem Rand $s$:

$$EJ\zeta = p\,a\,b^4\left\{\frac{1}{72}\left[\frac{y}{b} - 2\left(\frac{y}{b}\right)^3 + \left(\frac{y}{b}\right)^4\right] - \sum_{1,2}^{\infty}{}_j \frac{1}{j^6\pi^6\left(\frac{b}{a}\right)^4}\left[2 - \frac{\mathfrak{Cof}\, j\pi\frac{\frac{b}{2}-y}{a}}{\mathfrak{Cof}\, j\pi\frac{b}{2a}}\left(2 + {}\right.\right.\right.$$

$$\left.\left.\left. + j\pi\frac{b}{2a}\,\mathfrak{Tg}\, j\pi\frac{b}{2a} - j\pi\frac{\frac{b}{2}-y}{a}\,\mathfrak{Tg}\, j\pi\frac{\frac{b}{2}-y}{a}\right)\right]\right\} \text{ usw. analog } \mathbf{F_4—1}. \qquad \text{(S — a)}$$

Träger unter dem Rand $a$:

$$EJ\zeta = p\,a\,b^4\left\{\frac{1}{144}\left[\frac{y}{b} - 2\left(\frac{y}{b}\right)^3 + \left(\frac{y}{b}\right)^4\right] - \sum_{1,2}^{\infty}{}_j (-\cos j\pi)\frac{1}{j^6\pi^6\left(\frac{b}{a}\right)^4}\left[2 - {}\right.\right.$$

$$\left.\left. - \frac{\mathfrak{Cof}\, j\pi\frac{\frac{b}{2}-y}{a}}{\mathfrak{Cof}\, j\pi\frac{b}{2a}}\left(2 + j\pi\frac{b}{2a}\,\mathfrak{Tg}\, j\pi\frac{b}{2a} - j\pi\frac{\frac{b}{2}-y}{a}\,\mathfrak{Tg}\, j\pi\frac{\frac{b}{2}-y}{a}\right)\right]\right\}. \qquad \text{(A — a)}$$

Träger unter dem Rand $s$ bei starrer Einspannung dieses Randes. Anteil von $q_s$ nach Fall **F$_4$—3**:

$$E J \zeta = p a b^4 \left\{ \frac{1}{72} \left[ \frac{y}{b} - 2\left(\frac{y}{b}\right)^3 + \left(\frac{y}{b}\right)^4 \right] - \frac{1}{90 \left(\frac{b}{a}\right)^2} \left[ \frac{y}{b} - \left(\frac{y}{b}\right)^2 \right] + \right.$$

$$\left. + \sum_{1,2}^{\infty}{}_j \frac{2}{j^6 \pi^6 \left(\frac{b}{a}\right)^4} \left[ 1 - \frac{\mathfrak{Cof}\, j \pi \frac{\frac{b}{2} - y}{a}}{\mathfrak{Cof}\, j \pi \frac{b}{2a}} \right] \right\}. \quad (\mathrm{S'} - \mathrm{a})$$

Trägermitte:

$$M_m = p a b^2 \left\{ \frac{1}{24} - \frac{1}{45 \left(\frac{b}{a}\right)^2} + \sum_{1,2}^{\infty}{}_j \frac{2}{j^4 \pi^4 \left(\frac{b}{a}\right)^2 \mathfrak{Cof}\, j \pi \frac{b}{2a}} \right\}. \quad (\mathrm{S'm} - \mathrm{e})$$

Träger unter dem Rand $a$ bei starrer Einspannung dieses Randes. Anteil von $q_a$ nach Fall **F$_4$—3**:

$$E J \zeta = p a b^4 \left\{ \frac{1}{144} \left[ \frac{y}{b} - 2\left(\frac{y}{b}\right)^3 + \left(\frac{y}{b}\right)^4 \right] - \frac{7}{720 \left(\frac{b}{a}\right)^2} \left[ \frac{y}{b} - \left(\frac{y}{b}\right)^2 \right] + \right.$$

$$\left. + \sum_{1,2}^{\infty}{}_j (-\cos j\pi) \frac{2}{j^6 \pi^6 \left(\frac{b}{a}\right)^4} \left[ 1 - \frac{\mathfrak{Cof}\, j \pi \frac{\frac{b}{2} - y}{a}}{\mathfrak{Cof}\, j \pi \frac{b}{2a}} \right] \right\}. \quad (\mathrm{A'} - \mathrm{a})$$

Trägermitte:

$$M_m = p a b^2 \left\{ \frac{1}{48} - \frac{7}{360 \left(\frac{b}{a}\right)^2} + \sum_{1,2}^{\infty}{}_j (-\cos j\pi) \frac{2}{j^4 \pi^4 \left(\frac{b}{a}\right)^2 \mathfrak{Cof}\, j \pi \frac{b}{2a}} \right\}. \quad (\mathrm{A'm} - \mathrm{e})$$

*Zahlentafeln.*

Die maßgebenden Werte aller Momente usw. sind für $\frac{b}{a} = 1{,}0$ bis $2{,}0$ in der Tafel C.11 (S. 306) angegeben. Für $\frac{b}{a} = 1{,}0$ bis $1{,}5$ sowie $2{,}0$ findet sich außerdem der Verlauf von $m_x$ und $m_y$ längs der Mittellinie $y = \frac{b}{2}$ bzw. $x = \frac{a}{2}$ in den Tafeln E.11 und E.12.

**F$_4$ — 13** Dreiecklast $p_y = p_t\left(1 - \frac{y}{b}\right)$

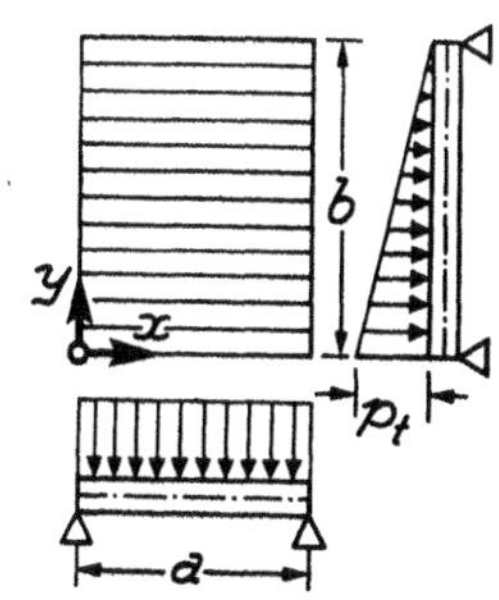

Abb. 91

Dem Grundfall **F$_2$ — 13** werden Randlasten nach Fall **F$_2$UF — 01** (S. 198) mit

$$p_{tj} = - p_t a \frac{2}{j^2 \pi^2} \left( 3\, \mathfrak{Cotg}\, j \pi \frac{b}{a} + \frac{j \pi \frac{b}{a}}{\mathfrak{Sin}^2 j \pi \frac{b}{a}} \right) \quad (j = 1, 3, \ldots)$$

überlagert.

$$S \zeta = p_t a^4 \sum_{1,3}^{\infty}{}_j \sin j \pi \frac{x}{a} \frac{4}{j^5 \pi^5} \left\{ 1 - \frac{y}{b} - \frac{\mathfrak{Sin}\, j \pi \frac{b-y}{a}}{2\, \mathfrak{Sin}\, j \pi \frac{b}{a}} \left[ 2 + j \pi \frac{b}{a} \mathfrak{Cotg}\, j \pi \frac{b}{a} - \right. \right.$$

$$\left. \left. - j \pi \frac{b-y}{a} \mathfrak{Cotg}\, j \pi \frac{b-y}{a} \right] \right\}, \quad (\mathrm{a})$$

**F₄ — 13**

$$m_x = p_t a^2 \left\{ \frac{1}{2}\left[\frac{x}{a} - \left(\frac{x}{a}\right)^2\right]\left(1 - \frac{y}{b}\right) - \sum_{1,3}^{\infty}{}_j \sin j\pi\frac{x}{a}\,\frac{2}{j^3\pi^3}\,\frac{\mathfrak{Sin}\, j\pi\frac{b-y}{a}}{\mathfrak{Sin}\, j\pi\frac{b}{a}}\left[2 + j\pi\frac{b}{a}\,\mathfrak{Cotg}\, j\pi\frac{b}{a} - j\pi\frac{b-y}{a}\,\mathfrak{Cotg}\, j\pi\frac{b-y}{a}\right]\right\}, \quad \text{(d)}$$

$$m_y = p_t a^2 \sum_{1,3}^{\infty}{}_j \sin j\pi\frac{x}{a}\,\frac{2}{j^3\pi^3}\,\frac{\mathfrak{Sin}\, j\pi\frac{b-y}{a}}{\mathfrak{Sin}\, j\pi\frac{b}{a}}\left[j\pi\frac{b}{a}\,\mathfrak{Cotg}\, j\pi\frac{b}{a} - j\pi\frac{b-y}{a}\,\mathfrak{Cotg}\, j\pi\frac{b-y}{a}\right], \quad \text{(e)}$$

$$m_{xy} = p_t a^2 \left\{ \frac{a}{b}\left[\frac{1}{24} - \frac{1}{4}\left(\frac{x}{a}\right)^2 + \frac{1}{6}\left(\frac{x}{a}\right)^3\right] - \sum_{1,3}^{\infty}{}_j \cos j\pi\frac{x}{a}\,\frac{2}{j^3\pi^3}\,\frac{\mathfrak{Cof}\, j\pi\frac{b-y}{a}}{\mathfrak{Sin}\, j\pi\frac{b}{a}}\left[1 + j\pi\frac{b}{a}\,\mathfrak{Cotg}\, j\pi\frac{b}{a} - j\pi\frac{b-y}{a}\,\mathfrak{Tg}\, j\pi\frac{b-y}{a}\right]\right\}, \quad \text{(f)}$$

$$q_x = p_t a \left\{ \left(\frac{1}{2} - \frac{x}{a}\right)\left(1 - \frac{y}{b}\right) - \sum_{1,3}^{\infty}{}_j \cos j\pi\frac{x}{a}\,\frac{4}{j^2\pi^2}\,\frac{\mathfrak{Sin}\, j\pi\frac{b-y}{a}}{\mathfrak{Sin}\, j\pi\frac{b}{a}}\right\}, \quad \text{(h)}$$

$$\bar{q}_x = p_t a \left\{ \left(\frac{1}{2} - \frac{x}{a}\right)\left(1 - \frac{y}{b}\right) - \sum_{1,3}^{\infty}{}_j \cos j\pi\frac{x}{a}\,\frac{2}{j^2\pi^2}\,\frac{\mathfrak{Sin}\, j\pi\frac{b-y}{a}}{\mathfrak{Sin}\, j\pi\frac{b}{a}}\left[2 - j\pi\frac{b}{a}\,\mathfrak{Cotg}\, j\pi\frac{b}{a} + j\pi\frac{b-y}{a}\,\mathfrak{Cotg}\, j\pi\frac{b-y}{a}\right]\right\}, \quad \text{(k)}$$

$$q_y = p_t a \left\{ -\frac{a}{2b}\left[\frac{x}{a} - \left(\frac{x}{a}\right)^2\right] + \sum_{1,3}^{\infty}{}_j \sin j\pi\frac{x}{a}\,\frac{4}{j^2\pi^2}\,\frac{\mathfrak{Cof}\, j\pi\frac{b-y}{a}}{\mathfrak{Sin}\, j\pi\frac{b}{a}}\right\}, \quad \text{(l)}$$

$$\bar{q}_y = p_t a \left\{ -\frac{a}{b}\left[\frac{x}{a} - \left(\frac{x}{a}\right)^2\right] + \sum_{1,3}^{\infty}{}_j \sin j\pi\frac{x}{a}\,\frac{2}{j^2\pi^2}\,\frac{\mathfrak{Cof}\, j\pi\frac{b-y}{a}}{\mathfrak{Sin}\, j\pi\frac{b}{a}}\left[3 + j\pi\frac{b}{a}\,\mathfrak{Cotg}\, j\pi\frac{b}{a} - j\pi\frac{b-y}{a}\,\mathfrak{Tg}\, j\pi\frac{b-y}{a}\right]\right\}. \quad \text{(n)}$$

Plattenmittelpunkt $\left(x = \frac{a}{2},\ y = \frac{b}{2}\right)$:

$$S\,\zeta_m = p_t a^4 \left\{ \frac{5}{768} - \sum_{1,3}^{\infty}{}_j \sin\frac{j\pi}{2}\,\frac{1}{j^5\pi^5\,\mathfrak{Cof}\, j\pi\frac{b}{2a}}\left(2 + j\pi\frac{b}{2a}\,\mathfrak{Tg}\, j\pi\frac{b}{2a}\right)\right\}, \quad \text{(m — a)}$$

$$m_{xm} = p_t a^2 \left\{ \frac{1}{16} - \sum_{1,3}^{\infty}{}_j \sin\frac{j\pi}{2}\,\frac{1}{j^3\pi^3\,\mathfrak{Cof}\, j\pi\frac{b}{2a}}\left(2 + j\pi\frac{b}{2a}\,\mathfrak{Tg}\, j\pi\frac{b}{2a}\right)\right\}, \quad \text{(m — d)}$$

$$m_{ym} = p_t a^2 \sum_{1,3}^{\infty}{}_j \sin\frac{j\pi}{2}\,\frac{\frac{b}{2a}}{j^2\pi^2}\,\frac{\mathfrak{Tg}\, j\pi\frac{b}{2a}}{\mathfrak{Cof}\, j\pi\frac{b}{2a}}. \quad \text{(m — e)}$$

Größtmomente:

Die Größtwerte von $m_x$ und $m_y$ liegen auf der Mittellinie $x = \frac{a}{2}$ und sind merklich größer als die Werte im Plattenmittelpunkt.

Rand $t$ $(y = 0)$:

$$S\beta_t = p_t a^3 \sum_{1,3,}^{\infty} {}_j \sin j\pi\frac{x}{a}\cdot\frac{2}{j^4\pi^4}\left[\mathfrak{Cotg}\, j\pi\frac{b}{a} + \frac{j\pi\frac{b}{a}}{\mathfrak{Sin}^2 j\pi\frac{b}{a}} - \frac{2}{j\pi\frac{b}{a}}\right], \qquad (\text{t} - \text{c})$$

$$m_{xyt} = p_t a^2\left\{\frac{a}{b}\left[\frac{1}{24} - \frac{1}{4}\left(\frac{x}{a}\right)^2 + \frac{1}{6}\left(\frac{x}{a}\right)^3\right] - \sum_{1,3,}^{\infty} {}_j \cos j\pi\frac{x}{a}\cdot\frac{2}{j^3\pi^3}\left[\mathfrak{Cotg}\, j\pi\frac{b}{a} + \frac{j\pi\frac{b}{a}}{\mathfrak{Sin}^2 j\pi\frac{b}{a}}\right]\right\}, \qquad (\text{t} - \text{f})$$

$$q_t = p_t a\left\{-\frac{a}{2b}\left[\frac{x}{a} - \left(\frac{x}{a}\right)^2\right] + \sum_{1,3,}^{\infty} {}_j \sin j\pi\frac{x}{a}\cdot\frac{4}{j^2\pi^2}\mathfrak{Cotg}\, j\pi\frac{b}{a}\right\}, \qquad (\text{t} - \text{l})$$

$$\bar{q}_t = p_t a\left\{-\frac{a}{b}\left[\frac{x}{a} - \left(\frac{x}{a}\right)^2\right] + \sum_{1,3,}^{\infty} {}_j \sin j\pi\frac{x}{a}\cdot\frac{2}{j^2\pi^2}\left[3\,\mathfrak{Cotg}\, j\pi\frac{b}{a} + \frac{j\pi\frac{b}{a}}{\mathfrak{Sin}^2 j\pi\frac{b}{a}}\right]\right\}. \qquad (\text{t} - \text{n})$$

Rand $b$ $(y = b)$:

$$-S\beta_b = p_t a^3 \sum_{1,3,}^{\infty} {}_j \sin j\pi\frac{x}{a}\cdot\frac{2}{j^4\pi^4}\left[\frac{2}{j\pi\frac{b}{a}} - \frac{1 + j\pi\frac{b}{a}\mathfrak{Cotg}\, j\pi\frac{b}{a}}{\mathfrak{Sin}\, j\pi\frac{b}{a}}\right], \qquad (\text{b} - \text{c})$$

$$m_{xyb} = p_t a^2\left\{\frac{a}{b}\left[\frac{1}{24} - \frac{1}{4}\left(\frac{x}{a}\right)^2 + \frac{1}{6}\left(\frac{x}{a}\right)^3\right] - \sum_{1,3,}^{\infty} {}_j \cos j\pi\frac{x}{a}\cdot\frac{2}{j^3\pi^3}\cdot\frac{1 + j\pi\frac{b}{a}\mathfrak{Cotg}\, j\pi\frac{b}{a}}{\mathfrak{Sin}\, j\pi\frac{b}{a}}\right\}, \qquad (\text{b} - \text{f})$$

$$-q_b = p_t a\left\{\frac{a}{2b}\left[\frac{x}{a} - \left(\frac{x}{a}\right)^2\right] - \sum_{1,3,}^{\infty} {}_j \sin j\pi\frac{x}{a}\cdot\frac{4}{j^2\pi^2\,\mathfrak{Sin}\, j\pi\frac{b}{a}}\right\}, \qquad (\text{b} - \text{l})$$

$$-\bar{q}_b = p_t a\left\{\frac{a}{b}\left[\frac{x}{a} - \left(\frac{x}{a}\right)^2\right] - \sum_{1,3,}^{\infty} {}_j \sin j\pi\frac{x}{a}\cdot\frac{2}{j^2\pi^2}\cdot\frac{3 + j\pi\frac{b}{a}\mathfrak{Cotg}\, j\pi\frac{b}{a}}{\mathfrak{Sin}\, j\pi\frac{b}{a}}\right\}. \qquad (\text{b} - \text{n})$$

Träger unter dem Rand $t$

$$\left(C_{tj} = 3\,\mathfrak{Cotg}\, j\pi\frac{b}{a} + \frac{j\pi\frac{b}{a}}{\mathfrak{Sin}^2 j\pi\frac{b}{a}} - \frac{4}{j\pi\frac{b}{a}}\right)$$

und Träger unter dem Rand $b$

$$\left(C_{bj} = \frac{4}{j\pi\frac{b}{a}} - \frac{3 + j\pi\frac{b}{a}\mathfrak{Cotg}\, j\pi\frac{b}{a}}{\mathfrak{Sin}\, j\pi\frac{b}{a}}\right)$$

unter den Plattenecken frei drehbar gestützt (Stützweite $a$):

$$EJ\zeta = p_t a^5 \sum_{1,3,}^{\infty} {}_j \sin j\pi\frac{x}{a}\cdot\frac{2}{j^6\pi^6}\cdot C_j, \qquad (\text{T} - \text{a})$$

$$EJ\beta = p_t a^4 \sum_{1,3,}^{\infty} {}_j \cos j\pi\frac{x}{a}\cdot\frac{2}{j^5\pi^5}\cdot C_j, \qquad (\text{T} - \text{b})$$

$$M = p_t a^3 \sum_{1,3,}^{\infty} {}_j \sin j\pi\frac{x}{a}\cdot\frac{2}{j^4\pi^4}\cdot C_j, \qquad (\text{T} - \text{d})$$

**F₄ — 13**

$$Q = p_t\, a^2 \sum_{1,3,}^{\infty}{}_j \cos j\pi\frac{x}{a}\cdot\frac{2}{j^3\pi^3}\cdot C_j, \qquad \text{(T — h)}$$

$$B_s = B_a = \frac{6}{a}\, E\, J\, \beta_s = p_t\, a^3 \sum_{1,3,}^{\infty}{}_j \frac{12}{j^5\pi^5}\cdot C_j. \qquad \text{(T — b')}$$

Träger unter dem Rand $s$ bzw. $a$, unter den Plattenecken frei drehbar gestützt (Stützweite $b$):

$$E\,J\,\zeta = p_t\, a\, b^4\left\{\frac{1}{720}\left[8\,\frac{y}{b} - 20\left(\frac{y}{b}\right)^3 + 15\left(\frac{y}{b}\right)^4 - 3\left(\frac{y}{b}\right)^5\right] + \right.$$
$$\left. + \sum_{1,3}^{\infty}{}_j \frac{4}{j^6\pi^6\left(\frac{b}{a}\right)^4}\left[-1 + \frac{y}{b} + \frac{\mathfrak{Sin}\, j\pi\frac{b-y}{a}}{2\,\mathfrak{Sin}\, j\pi\frac{b}{a}}\left(2 + j\pi\frac{b}{a}\,\mathfrak{Cotg}\, j\pi\frac{b}{a} - j\pi\frac{b-y}{a}\,\mathfrak{Cotg}\, j\pi\frac{b-y}{a}\right)\right]\right\}, \qquad \text{(S — a)}$$

$$E\,J\,\beta = p_t\, a\, b^3\left\{\frac{1}{720}\left[8 - 60\left(\frac{y}{b}\right)^2 + 60\left(\frac{y}{b}\right)^3 - 15\left(\frac{y}{b}\right)^4\right] + \right.$$
$$\left. + \sum_{1,3}^{\infty}{}_j \frac{4}{j^5\pi^5\left(\frac{b}{a}\right)^3}\left[\frac{1}{j\pi\frac{b}{a}} - \frac{\mathfrak{Cof}\, j\pi\frac{b-y}{a}}{2\,\mathfrak{Sin}\, j\pi\frac{b}{a}}\left(1 + j\pi\frac{b}{a}\,\mathfrak{Cotg}\, j\pi\frac{b}{a} - j\pi\frac{b-y}{a}\,\mathfrak{Tg}\, j\pi\frac{b-y}{a}\right)\right]\right\}, \qquad \text{(S — c)}$$

$$M = p_t\, a\, b^2\left\{\frac{1}{12}\left[2\,\frac{y}{b} - 3\left(\frac{y}{b}\right)^2 + \left(\frac{y}{b}\right)^3\right] - \right.$$
$$\left. - \sum_{1,3}^{\infty}{}_j \frac{2}{j^4\pi^4\left(\frac{b}{a}\right)^2}\,\frac{\mathfrak{Sin}\, j\pi\frac{b-y}{a}}{\mathfrak{Sin}\, j\pi\frac{b}{a}}\left(j\pi\frac{b}{a}\,\mathfrak{Cotg}\, j\pi\frac{b}{a} - j\pi\frac{b-y}{a}\,\mathfrak{Cotg}\, j\pi\frac{b-y}{a}\right)\right\}, \qquad \text{(S — e)}$$

$$Q = p_t\, a\, b\left\{\frac{1}{12}\left[2 - 6\,\frac{y}{b} + 3\left(\frac{y}{b}\right)^2\right] + \right.$$
$$\left. + \sum_{1,3}^{\infty}{}_j \frac{2}{j^3\pi^3\frac{b}{a}}\,\frac{\mathfrak{Cof}\, j\pi\frac{b-y}{a}}{\mathfrak{Sin}\, j\pi\frac{b}{a}}\left(-1 + j\pi\frac{b}{a}\,\mathfrak{Cotg}\, j\pi\frac{b}{a} - j\pi\frac{b-y}{a}\,\mathfrak{Tg}\, j\pi\frac{b-y}{a}\right)\right\}. \qquad \text{(S — l)}$$

Trägermitte $\left(y = \frac{b}{2}\right)$:

$$M_m = p_t\, a\, b^2\left\{\frac{1}{32} - \sum_{1,3}^{\infty}{}_j \frac{1}{2\,j^3\pi^3\frac{b}{a}}\,\frac{\mathfrak{Tg}\, j\pi\frac{b}{2a}}{\mathfrak{Cof}\, j\pi\frac{b}{2a}}\right\}. \qquad \text{(Sm — e)}$$

Auflager $y = 0$:

$$Q_t = p_t\, a\, b\left\{\frac{1}{6} - \sum_{1,3}^{\infty}{}_j \frac{2}{j^3\pi^3\frac{b}{a}}\left(\mathfrak{Cotg}\, j\pi\frac{b}{a} - \frac{j\pi\frac{b}{a}}{\mathfrak{Sin}^2\, j\pi\frac{b}{a}}\right)\right\}, \qquad \text{(St — l)}$$

$$B_t = \frac{6}{b}\, E\, J\, \beta_t = p_t\, a\, b^2\left\{\frac{1}{15} + \sum_{1,3}^{\infty}{}_j \frac{12}{j^5\pi^5\left(\frac{b}{a}\right)^3}\left(\frac{2}{j\pi\frac{b}{a}} - \mathfrak{Cotg}\, j\pi\frac{b}{a} - \frac{j\pi\frac{b}{a}}{\mathfrak{Sin}^2\, j\pi\frac{b}{a}}\right)\right\}. \qquad \text{(St—c')}$$

Auflager $y = b$:

$$-Q_b = p_t\, a\, b\left\{\frac{1}{12} + \sum_{1,3}^{\infty}{}_j \frac{2}{j^3\pi^3\frac{b}{a}}\,\frac{1 - j\pi\frac{b}{a}\,\mathfrak{Cotg}\, j\pi\frac{b}{a}}{\mathfrak{Sin}\, j\pi\frac{b}{a}},\right. \qquad \text{(Sb — l)}$$

$$B_b = -\frac{6}{b} E J \beta_b = p_t a b^2 \left\{ \frac{7}{120} + \sum_{1,3}^{\infty} {}_j \frac{12}{j^5 \pi^5 \left(\frac{b}{a}\right)^3} \left( -\frac{2}{j \pi \frac{b}{a}} + \frac{1 + j \pi \frac{b}{a} \mathfrak{Cotg}\, j \pi \frac{b}{a}}{\mathfrak{Sin}\, j \pi \frac{b}{a}} \right) \right\}. \qquad \text{(Sb — c')}$$

*Zahlentafeln.*

Die maßgebenden Werte aller Momente usw. sind für $\frac{b}{a} = 1{,}0$ bis $2{,}0$ in der Tafel C.12 (S. 308) angegeben. Für $\frac{b}{a} = 1{,}0$ bis $1{,}5$ sowie $2{,}0$ findet sich außerdem der Verlauf von $m_x$ und $m_y$ längs der Mittellinien $y = \frac{b}{2}$ bzw. $x = \frac{a}{2}$ in den Tafeln E.11 und E.12. Für $\frac{b}{a} > 1{,}5$ kann das Diagramm zu Fall **$F_3$ — 13** (S. 84) verwendet werden.

**$F_4$ — 123** Doppeldreiecklast, zur Linie $y = h = \frac{b}{2}$ symmetrisch ansteigend

Bereich $0 \leqq y \leqq h \;\ldots\; p_y = p_h \frac{y}{h}$.

Bereich $h \leqq y \leqq 2h \ldots p_y = p_h \left(2 - \frac{y}{h}\right)$.

α) Bereich $0 \leqq y \leqq h$:

$$S \zeta = p_h a^4 \sum_{1,3}^{\infty} {}_j \sin j \pi \frac{x}{a} \frac{2}{j^5 \pi^5} \left\{ \frac{2y}{h} + \frac{1}{j \pi \frac{h}{a} \mathfrak{Cof}\, j \pi \frac{h}{a}} \left[ \left( -3 - j \pi \frac{h}{a} \mathfrak{Tg}\, j \pi \frac{h}{a} \right) \mathfrak{Sin}\, j \pi \frac{y}{a} + j \pi \frac{y}{a} \mathfrak{Cof}\, j \pi \frac{y}{a} \right] \right\}. \qquad (\alpha - \text{a})$$

Mittellinie $y = h$:

$$m_{xh} = p_h a^2 \left\{ \frac{1}{2} \left[ \frac{x}{a} - \left(\frac{x}{a}\right)^2 \right] + \sum_{1,3}^{\infty} {}_j \sin j \pi \frac{x}{a} \frac{2}{j^3 \pi^3} \left[ -\frac{3\, \mathfrak{Tg}\, j \pi \frac{h}{a}}{j \pi \frac{h}{a}} + \frac{1}{\mathfrak{Cof}^2\, j \pi \frac{h}{a}} \right] \right\}, \qquad \text{(h — d)}$$

$$m_{yh} = p_h a^2 \sum_{1,3}^{\infty} {}_j \sin j \pi \frac{x}{a} \frac{2}{j^3 \pi^3} \left[ \frac{\mathfrak{Tg}\, j \pi \frac{h}{a}}{j \pi \frac{h}{a}} - \frac{1}{\mathfrak{Cof}^2\, j \pi \frac{h}{a}} \right]. \qquad \text{(h — e)}$$

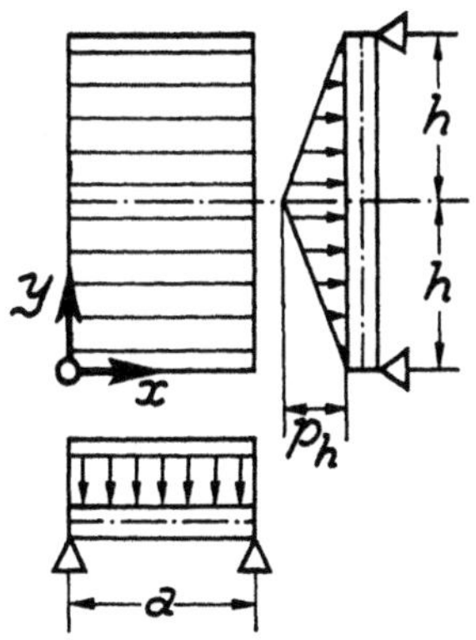


Abb. 92 (Fall $F_4$—123)

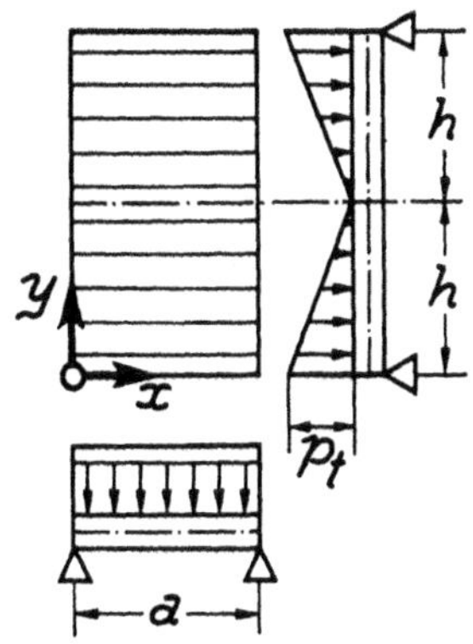


Abb. 93 (Fall $F_4$—213)

**$F_4$ — 213** Doppeldreiecklast, zur Linie $y = h = \frac{b}{2}$ symmetrisch fallend

Bereich $0 \leqq y \leqq h \;\ldots p_y = p_t \left(1 - \frac{y}{h}\right)$.

Bereich $h \leqq y \leqq 2h \ldots p_y = p_t \left(\frac{y}{h} - 1\right)$.

**$F_4 - 213$** $\alpha$) Bereich $0 \leqq y \leqq h$:

$$S\zeta = p_t a^4 \sum_{1,3}^{\infty} {}_j \sin j\pi \frac{x}{a} \frac{2}{j^5 \pi^5} \left\{ 2\left(1 - \frac{y}{h}\right) + \right.$$

$$+ \frac{1}{\mathfrak{Cof}\, j\pi \frac{h}{a}} \left[ \left( -2 - j\pi \frac{h}{a} \mathfrak{Tg}\, j\pi \frac{h}{a} \right) \mathfrak{Cof}\, j\pi \frac{h-y}{a} + j\pi \frac{h-y}{a} \mathfrak{Sin}\, j\pi \frac{h-y}{a} + \right.$$

$$\left.\left. + \frac{3 + j\pi \frac{h}{a} \mathfrak{Tg}\, j\pi \frac{h}{a}}{j\pi \frac{h}{a}} \mathfrak{Sin}\, j\pi \frac{y}{a} - \frac{y}{h} \mathfrak{Cof}\, j\pi \frac{y}{a} \right] \right\}, \quad (\alpha - \mathrm{a})$$

$$m_x = p_t a^2 \left\{ \frac{1}{2} \left[ \frac{x}{a} - \left(\frac{x}{a}\right)^2 \right] \left(1 - \frac{y}{h}\right) + \right.$$

$$+ \sum_{1,3}^{\infty} {}_j \sin j\pi \frac{x}{a} \frac{2}{j^3 \pi^3 \mathfrak{Cof}\, j\pi \frac{h}{a}} \left[ \left( -2 - j\pi \frac{h}{a} \mathfrak{Tg}\, j\pi \frac{h}{a} \right) \mathfrak{Cof}\, j\pi \frac{h-y}{a} + \right.$$

$$\left.\left. + j\pi \frac{h-y}{a} \mathfrak{Sin}\, j\pi \frac{h-y}{a} + \frac{3 + j\pi \frac{h}{a} \mathfrak{Tg}\, j\pi \frac{h}{a}}{j\pi \frac{h}{a}} \mathfrak{Sin}\, j\pi \frac{y}{a} - \frac{y}{h} \mathfrak{Cof}\, j\pi \frac{y}{a} \right] \right\}, \quad (\alpha - \mathrm{d})$$

$$m_y = p_t a^2 \sum_{1,3}^{\infty} {}_j \sin j\pi \frac{x}{a} \frac{2}{j^3 \pi^3 \mathfrak{Cof}\, j\pi \frac{h}{a}} \left[ j\pi \frac{h}{a} \mathfrak{Tg}\, j\pi \frac{h}{a} \mathfrak{Cof}\, j\pi \frac{h-y}{a} - \right.$$

$$\left. - j\pi \frac{h-y}{a} \mathfrak{Sin}\, j\pi \frac{h-y}{a} - \frac{1 + j\pi \frac{h}{a} \mathfrak{Tg}\, j\pi \frac{h}{a}}{j\pi \frac{h}{a}} \mathfrak{Sin}\, j\pi \frac{y}{a} + \frac{y}{h} \mathfrak{Cof}\, j\pi \frac{y}{a} \right], \quad (\alpha - \mathrm{e})$$

$$m_{xy} = p_t a^2 \left\{ \left[ \frac{1}{24} - \frac{1}{4} \left(\frac{x}{a}\right)^2 + \frac{1}{6} \left(\frac{x}{a}\right)^3 \right] \frac{a}{h} + \right.$$

$$+ \sum_{1,3}^{\infty} {}_j \cos j\pi \frac{x}{a} \frac{2}{j^3 \pi^3 \mathfrak{Cof}\, j\pi \frac{h}{a}} \left[ \left( -1 - j\pi \frac{h}{a} \mathfrak{Tg}\, j\pi \frac{h}{a} \right) \mathfrak{Sin}\, j\pi \frac{h-y}{a} + \right.$$

$$\left.\left. + j\pi \frac{h-y}{a} \mathfrak{Cof}\, j\pi \frac{h-y}{a} - \frac{2 + j\pi \frac{h}{a} \mathfrak{Tg}\, j\pi \frac{h}{a}}{j\pi \frac{h}{a}} \mathfrak{Cof}\, j\pi \frac{y}{a} + \frac{y}{h} \mathfrak{Sin}\, j\pi \frac{y}{a} \right] \right\}, \quad (\alpha - \mathrm{f})$$

$$q_x = p_t a \left\{ \left[ \frac{1}{2} - \frac{x}{a} \right] \left(1 - \frac{y}{h}\right) + \right.$$

$$\left. + \sum_{1,3}^{\infty} {}_j \cos j\pi \frac{x}{a} \frac{2}{j^2 \pi^2 \mathfrak{Cof}\, j\pi \frac{h}{a}} \cdot \left[ -2 \mathfrak{Cof}\, j\pi \frac{h-y}{a} + \frac{2}{j\pi \frac{h}{a}} \mathfrak{Sin}\, j\pi \frac{y}{a} \right] \right\}, \quad (\alpha - \mathrm{h})$$

$$\bar{q}_x = p_t a \left\{ \left[ \frac{1}{2} - \frac{x}{a} \right] \left(1 - \frac{y}{h}\right) + \right.$$

$$+ \sum_{1,3}^{\infty} {}_j \cos j\pi \frac{x}{a} \frac{2}{j^2 \pi^2 \mathfrak{Cof}\, j\pi \frac{h}{a}} \left[ \left( -2 + j\pi \frac{h}{a} \mathfrak{Tg}\, j\pi \frac{h}{a} \right) \mathfrak{Cof}\, j\pi \frac{h-y}{a} - \right.$$

$$\left. - j\pi \frac{h-y}{a} \mathfrak{Sin}\, j\pi \frac{h-y}{a} + \frac{1 - j\pi \frac{h}{a} \mathfrak{Tg}\, j\pi \frac{h}{a}}{j\pi \frac{h}{a}} \mathfrak{Sin}\, j\pi \frac{y}{a} + \frac{y}{h} \mathfrak{Cof}\, j\pi \frac{y}{a} \right], \quad (\alpha - \mathrm{k})$$

$$q_v = p_t a \left\{ -\frac{a}{2h}\left[\frac{x}{a} - \left(\frac{x}{a}\right)^2\right] + \right.$$

$$\left. + \sum_{1,3}^{\infty} j \sin j\pi \frac{x}{a} \frac{2}{j^2 \pi^2 \mathfrak{Cof}\, j\pi \frac{h}{a}} \left[ 2\,\mathfrak{Sin}\, j\pi \frac{h-y}{a} + \frac{2}{j\pi \frac{h}{a}} \mathfrak{Cof}\, j\pi \frac{y}{a} \right] \right\}. \qquad (\alpha - \mathrm{l})$$

Rand $t$ $(y = 0)$:

$$S\beta_t = p_t a^3 \sum_{1,3}^{\infty} j \sin j\pi \frac{x}{a} \frac{2}{j^4 \pi^4} \left[ \mathfrak{Tg}\, j\pi \frac{h}{a} + \frac{\mathfrak{Sin}\, j\pi \frac{h}{a} - j\pi \frac{h}{a}}{\mathfrak{Cof}^2\, j\pi \frac{h}{a}} - \frac{2}{j\pi \frac{h}{a}} \left(1 - \frac{1}{\mathfrak{Cof}\, j\pi \frac{h}{a}}\right) \right], \qquad (\mathrm{t} - \mathrm{c})$$

$$q_t = p_t a \left\{ -\frac{a}{2h}\left[\frac{x}{a} - \left(\frac{x}{a}\right)^2\right] + \sum_{1,3}^{\infty} j \sin j\pi \frac{x}{a} \frac{4}{j^2 \pi^2} \left[ \mathfrak{Tg}\, j\pi \frac{h}{a} + \frac{1}{j\pi \frac{h}{a} \mathfrak{Cof}\, j\pi \frac{h}{a}} \right] \right\}, \qquad (\mathrm{t} - \mathrm{l})$$

$$\bar{q}_t = p_t a \left\{ -\frac{a}{h}\left[\frac{x}{a} - \left(\frac{x}{a}\right)^2\right] + \right.$$

$$\left. + \sum_{1,3}^{\infty} j \sin j\pi \frac{x}{a} \frac{2}{j^2 \pi^2} \left[ 3\,\mathfrak{Tg}\, j\pi \frac{h}{a} + \frac{\mathfrak{Sin}\, j\pi \frac{h}{a} - j\pi \frac{h}{a}}{\mathfrak{Cof}^2\, j\pi \frac{h}{a}} + \frac{4}{j\pi \frac{h}{a} \mathfrak{Cof}\, j\pi \frac{h}{a}} \right] \right\}. \qquad (\mathrm{t} - \mathrm{k})$$

Mittellinie $y = h$:

$$m_{yh} = p_t a^2 \sum_{1,3}^{\infty} j \sin j\pi \frac{x}{a} \frac{2}{j^3 \pi^3} \left[ \frac{j\pi \frac{h}{a} \mathfrak{Tg}\, j\pi \frac{h}{a}}{\mathfrak{Cof}\, j\pi \frac{h}{a}} - \frac{\mathfrak{Tg}\, j\pi \frac{h}{a}}{j\pi \frac{h}{a}} + \frac{1}{\mathfrak{Cof}^2 j\pi \frac{h}{a}} \right]. \qquad (\mathrm{h} - \mathrm{e})$$

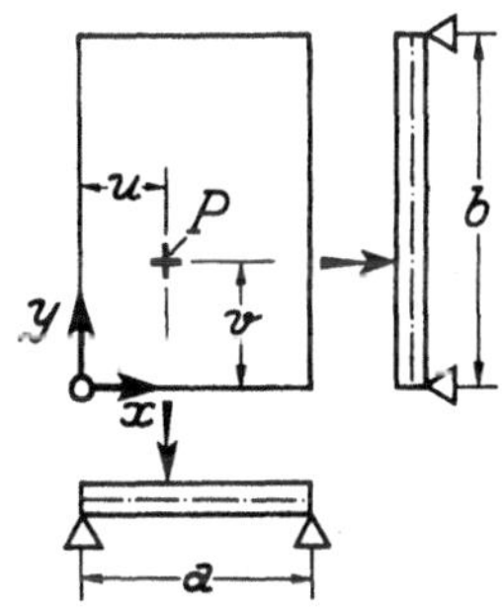

Abb. 94

## $F_4 - 10$ Punktlast (Einflußflächen)

Im Bereich des Bezugspunktes, wo die Reihen schlecht konvergieren, verwendet man die geschlossene Darstellung der Einflußflächen von Fall $F_2 - 10$ und die auf wenige Glieder beschränkte Differenzreihe.

1. Beliebiger Bezugspunkt.

$\alpha$) Bereich $0 \leqq y \leqq v \leqq b$:

$$S\zeta = P a^2 \sum_{1,2}^{\infty} j \sin j\pi \frac{x}{a} \sin j\pi \frac{u}{a} \frac{1}{j^3 \pi^3} \frac{\mathfrak{Sin}\, j\pi \frac{b-v}{a} \mathfrak{Sin}\, j\pi \frac{y}{a}}{\mathfrak{Sin}\, j\pi \frac{b}{a}} \left[ 1 + j\pi \frac{b}{a} \mathfrak{Cotg}\, j\pi \frac{b}{a} - \right.$$

$$\left. - j\pi \frac{b-v}{a} \mathfrak{Cotg}\, j\pi \frac{b-v}{a} - j\pi \frac{y}{a} \mathfrak{Cotg}\, j\pi \frac{y}{a} \right], \qquad (\alpha - \mathrm{a})$$

$$m_y = P \sum_{1,2}^{\infty} j \sin j\pi \frac{x}{a} \sin j\pi \frac{u}{a} \frac{1}{j\pi} \frac{\mathfrak{Sin}\, j\pi \frac{b-v}{a} \mathfrak{Sin}\, j\pi \frac{y}{a}}{\mathfrak{Sin}\, j\pi \frac{b}{a}} \left[ 1 - j\pi \frac{b}{a} \mathfrak{Cotg}\, j\pi \frac{b}{a} + \right.$$

$$\left. + j\pi \frac{b-v}{a} \mathfrak{Cotg}\, j\pi \frac{b-v}{a} + j\pi \frac{y}{a} \mathfrak{Cotg}\, j\pi \frac{y}{a} \right], \qquad (\alpha - \mathrm{e})$$

$$m_{xy} = P \sum_{1,2}^{\infty} j \cos j\pi \frac{x}{a} \sin j\pi \frac{u}{a} \frac{1}{j\pi} \frac{\mathfrak{Sin}\, j\pi \frac{b-v}{a} \mathfrak{Cof}\, j\pi \frac{y}{a}}{\mathfrak{Sin}\, j\pi \frac{b}{a}} \left[ - j\pi \frac{b}{a} \mathfrak{Cotg}\, j\pi \frac{b}{a} + \right.$$

$$\left. + j\pi \frac{b-v}{a} \mathfrak{Cotg}\, j\pi \frac{b-v}{a} + j\pi \frac{y}{a} \mathfrak{Tg}\, j\pi \frac{y}{a} \right], \qquad (\alpha - \mathrm{f})$$

**F₄ — 10**

$$q_x = \frac{P}{a}\sum_{1,2}^{\infty} j \cos j\pi\frac{x}{a}\sin j\pi\frac{u}{a}\frac{2\,\mathfrak{Sin}\,j\pi\frac{b-v}{a}\,\mathfrak{Sin}\,j\pi\frac{y}{a}}{\mathfrak{Sin}\,j\pi\frac{b}{a}}, \quad (\alpha - \mathrm{h})$$

$$\bar{q}_x = \frac{P}{a}\sum_{1,2}^{\infty} j \cos j\pi\frac{x}{a}\sin j\pi\frac{u}{a}\frac{\mathfrak{Sin}\,j\pi\frac{b-v}{a}\,\mathfrak{Sin}\,j\pi\frac{y}{a}}{\mathfrak{Sin}\,j\pi\frac{b}{a}}\Big[3 - j\pi\frac{b}{a}\mathfrak{Cotg}\,j\pi\frac{b}{a} + $$
$$+ j\pi\frac{b-v}{a}\mathfrak{Cotg}\,j\pi\frac{b-v}{a} + j\pi\frac{y}{a}\mathfrak{Cotg}\,j\pi\frac{y}{a}\Big], \quad (\alpha - \mathrm{k})$$

$$q_y = \frac{P}{a}\sum_{1,2}^{\infty} j \sin j\pi\frac{x}{a}\sin j\pi\frac{u}{a}\frac{2\,\mathfrak{Sin}\,j\pi\frac{b-v}{a}\,\mathfrak{Cos}\,j\pi\frac{y}{a}}{\mathfrak{Sin}\,j\pi\frac{b}{a}}, \quad (\alpha - \mathrm{l})$$

$$\bar{q}_y = \frac{P}{a}\sum_{1,2}^{\infty} j \sin j\pi\frac{x}{a}\sin j\pi\frac{u}{a}\frac{\mathfrak{Sin}\,j\pi\frac{b-v}{a}\,\mathfrak{Cos}\,j\pi\frac{y}{a}}{\mathfrak{Sin}\,j\pi\frac{b}{a}}\Big[2 + j\pi\frac{b}{a}\mathfrak{Cotg}\,j\pi\frac{b}{a} - $$
$$- j\pi\frac{b-v}{a}\mathfrak{Cotg}\,j\pi\frac{b-v}{a} - j\pi\frac{y}{a}\mathfrak{Tg}\,j\pi\frac{y}{a}\Big]. \quad (\alpha - \mathrm{n})$$

$\beta$) Bereich $0 \leqq v \leqq y \leqq b$:

In den Formeln unter $\alpha$) ist $b - v$ durch $v$ und $y$ durch $b - y$ zu ersetzen; außerdem ist bei $m_{xy}$, $q_y$ und $\bar{q}_y$ das Vorzeichen zu wechseln.

2. Plattenmittelpunkt $\left(x = \frac{a}{2},\ y = \frac{b}{2}\right)$.

Bereich $0 \leqq v \leqq \frac{b}{2}$:

$$m_{xm} = P\sum_{1,3}^{\infty} j \sin\frac{j\pi}{2}\sin j\pi\frac{u}{a}\frac{1}{j\pi}\frac{\mathfrak{Sin}\,j\pi\frac{v}{a}}{2\,\mathfrak{Cos}\,j\pi\frac{b}{2a}}\Big[1 + j\pi\frac{b}{2a}\mathfrak{Tg}\,j\pi\frac{b}{2a} - j\pi\frac{v}{a}\mathfrak{Cotg}\,j\pi\frac{v}{a}\Big], \quad (\mathrm{m} - \mathrm{d})$$

$$m_{ym} = P\sum_{1,3}^{\infty} j \sin\frac{j\pi}{2}\sin j\pi\frac{u}{a}\frac{1}{j\pi}\frac{\mathfrak{Sin}\,j\pi\frac{v}{a}}{2\,\mathfrak{Cos}\,j\pi\frac{b}{2a}}\Big[1 - j\pi\frac{b}{2a}\mathfrak{Tg}\,j\pi\frac{b}{2a} + j\pi\frac{v}{a}\mathfrak{Cotg}\,j\pi\frac{v}{a}\Big]. \quad (\mathrm{m} - \mathrm{e})$$

Die Einflußflächen für $m_{xm}$ und $m_{ym}$ sind in den Tafeln E.41 und E.42, die Einflußfläche für $m_y$ im Punkt $x = \frac{a}{2}$, $y = 0{,}35\,a$ in Tafel E.43 wiedergegeben.

3. Rand $t$ $(y = 0)$:

$$m_{xyt} = 2\,m_{xy\infty} + P\sum_{1,2}^{\infty} j \cos j\pi\frac{x}{a}\sin j\pi\frac{u}{a}\frac{\mathfrak{Sin}\,j\pi\frac{v}{a}}{j\pi}\left[\frac{j\pi\frac{b}{a}}{\mathfrak{Sin}^2 j\pi\frac{b}{a}} - \right.$$
$$\left. - \left(\mathfrak{Cotg}\,j\pi\frac{b}{a} - 1\right) j\pi\frac{v}{a}\mathfrak{Cotg}\,j\pi\frac{v}{a}\right], \quad (\mathrm{t} - \mathrm{f})$$

$$q_t = 2\,q_{y\infty} - \frac{P}{a}\sum_{1,2}^{\infty} j \sin j\pi\frac{x}{a}\sin j\pi\frac{u}{a}\,2\,\mathfrak{Sin}\,j\pi\frac{v}{a}\left(\mathfrak{Cotg}\,j\pi\frac{b}{a} - 1\right), \quad (\mathrm{t} - \mathrm{l})$$

$$\bar{q}_t = 2\,\bar{q}_{y\infty} - \frac{P}{a}\sum_{1,2}^{\infty} j \sin j\pi\frac{x}{a}\sin j\pi\frac{u}{a}\,\mathfrak{Sin}\,j\pi\frac{v}{a}\left[\frac{j\pi\frac{b}{a}}{\mathfrak{Sin}^2 j\pi\frac{b}{a}} + \right.$$
$$\left. + \left(\mathfrak{Cotg}\,j\pi\frac{b}{a} - 1\right)\left(2 - j\pi\frac{v}{a}\mathfrak{Cotg}\,j\pi\frac{v}{a}\right)\right]. \quad (\mathrm{t} - \mathrm{n})$$

Die Funktionen $2\,m_{xy\infty}$, $2\,q_{y\infty}$, $2\,\bar{q}_{y\infty}$ sind die Einflußflächen für den Querrand des unendlichen Halbstreifens (Fall $\boxed{\mathbf{F_3-10}}$).

4. Träger unter dem Rand $t$, an den Plattenecken frei drehbar gestützt (Stützweite $a$):

$$E\,J\,\zeta = E\,J\,\zeta\boxed{\mathbf{F_3-10}} - P\,a^3 \sum_{1,2}^{\infty}{}_j \sin j\pi\frac{x}{a}\sin j\pi\frac{u}{a}\frac{1}{j^4\pi^4}F_j(v), \qquad (\mathrm{T-a})$$

$$E\,J\,\beta = E\,J\,\beta\boxed{\mathbf{F_3-10}} - P\,a^2 \sum_{1,2}^{\infty}{}_j \cos j\pi\frac{x}{a}\sin j\pi\frac{u}{a}\frac{1}{j^3\pi^3}F_j(v), \qquad (\mathrm{T-b})$$

$$M = M\boxed{\mathbf{F_3-10}} - P\,a \sum_{1,2}^{\infty}{}_j \sin j\pi\frac{x}{a}\sin j\pi\frac{u}{a}\frac{1}{j^2\pi^2}F_j(v), \qquad (\mathrm{T-d})$$

$$Q = Q\boxed{\mathbf{F_3-10}} - P \sum_{1,2}^{\infty}{}_j \cos j\pi\frac{x}{a}\sin j\pi\frac{u}{a}\frac{1}{j\pi}F_j(v), \qquad (\mathrm{T-h})$$

$$F_j(v) = \mathrm{Sin}\, j\pi\frac{v}{a}\left[\frac{j\pi\frac{b}{a}}{\mathrm{Sin}^2 j\pi\frac{b}{a}} + \left(\mathrm{Cotg}\, j\pi\frac{b}{a} - 1\right)\left(2 - j\pi\frac{v}{a}\,\mathrm{Cotg}\, j\pi\frac{v}{a}\right)\right].$$

Für den Träger unter dem Rand $b$ ist $v$ durch $b - v$ zu ersetzen (auch im Anteil von $\boxed{\mathbf{F_3-10}}$).

5. Träger unter dem Rand $s$, an den Plattenecken frei drehbar gestützt (Stützweite $b$):

$\alpha$) Bereich $0 \leqq y \leqq v \leqq b$:

$$E\,J\,\zeta = P\,b^3\left\{\frac{1}{6}\left(1-\frac{u}{a}\right)\frac{y}{b}\left(1-\frac{v}{b}\right)\left[1-\left(1-\frac{v}{b}\right)^2-\left(\frac{y}{b}\right)^2\right] - \right.$$
$$- \sum_{1,2}^{\infty}{}_j \sin j\pi\frac{u}{a}\,\frac{\mathrm{Sin}\, j\pi\frac{y}{a}\,\mathrm{Sin}\, j\pi\frac{b-v}{a}}{j^4\pi^4\left(\frac{b}{a}\right)^3\mathrm{Sin}\, j\pi\frac{b}{a}}\left[1 + j\pi\frac{b}{a}\,\mathrm{Cotg}\, j\pi\frac{b}{a} - j\pi\frac{y}{a}\,\mathrm{Cotg}\, j\pi\frac{y}{a} - \right.$$
$$\left.\left. - j\pi\frac{b-v}{a}\,\mathrm{Cotg}\, j\pi\frac{b-v}{a}\right]\right\}, \qquad (\mathrm{S}-\alpha-\mathrm{a})$$

$$E\,J\,\beta = P\,b^2\left\{\frac{1}{6}\left(1-\frac{u}{a}\right)\left(1-\frac{v}{b}\right)\left[1-\left(1-\frac{v}{b}\right)^2-3\left(\frac{y}{b}\right)^2\right] - \right.$$
$$- \sum_{1,2}^{\infty}{}_j \sin j\pi\frac{u}{a}\,\frac{\mathrm{Cof}\, j\pi\frac{y}{a}\,\mathrm{Sin}\, j\pi\frac{b-v}{a}}{j^3\pi^3\left(\frac{b}{a}\right)^2\mathrm{Sin}\, j\pi\frac{b}{a}}\left[j\pi\frac{b}{a}\,\mathrm{Cotg}\, j\pi\frac{b}{a} - j\pi\frac{y}{a}\,\mathrm{Tg}\, j\pi\frac{y}{a} - \right.$$
$$\left.\left. - j\pi\frac{b-v}{a}\,\mathrm{Cotg}\, j\pi\frac{b-v}{a}\right]\right\}, \qquad (\mathrm{S}-\alpha-\mathrm{c})$$

$$M = P\,b\left\{\left(1-\frac{u}{a}\right)\frac{y}{b}\left(1-\frac{v}{b}\right) - \sum_{1,2}^{\infty}{}_j \sin j\pi\frac{u}{a}\,\frac{\mathrm{Sin}\, j\pi\frac{y}{a}\,\mathrm{Sin}\, j\pi\frac{b-v}{a}}{j^2\pi^2\frac{b}{a}\,\mathrm{Sin}\, j\pi\frac{b}{a}}\left[1 - j\pi\frac{b}{a}\,\mathrm{Cotg}\, j\pi\frac{b}{a} + \right.\right.$$
$$\left.\left. + j\pi\frac{y}{a}\,\mathrm{Cotg}\, j\pi\frac{y}{a} + j\pi\frac{b-v}{a}\,\mathrm{Cotg}\, j\pi\frac{b-v}{a}\right]\right\}, \qquad (\mathrm{S}-\alpha-\mathrm{e})$$

$$Q = P\left\{\left(1-\frac{u}{a}\right)\left(1-\frac{v}{b}\right) - \sum_{1,2}^{\infty}{}_j \sin j\pi\frac{u}{a}\,\frac{\mathrm{Cof}\, j\pi\frac{y}{a}\,\mathrm{Sin}\, j\pi\frac{b-v}{a}}{j\pi\,\mathrm{Sin}\, j\pi\frac{b}{a}}\left[2 - j\pi\frac{b}{a}\,\mathrm{Cotg}\, j\pi\frac{b}{a} + \right.\right.$$
$$\left.\left. + j\pi\frac{y}{a}\,\mathrm{Tg}\, j\pi\frac{y}{a} + j\pi\frac{b-v}{a}\,\mathrm{Cotg}\, j\pi\frac{b-v}{a}\right]\right\}. \qquad (\mathrm{S}-\alpha-\mathrm{l})$$

**F$_4$ — 10**

$\beta$) Bereich $0 \leqq v \leqq y \leqq b$:

In den Formeln unter $\alpha$) ist $b - v$ durch $v$ und $y$ durch $b - y$ zu ersetzen; außerdem ist bei $E J \beta$ und $Q$ das Vorzeichen zu wechseln.

$\gamma$) Trägermitte $\left(y = \frac{b}{2}\right)$.

Bereich $0 \leqq v \leqq \frac{b}{2}$:

$$M_m = P b \left\{\left(1 - \frac{u}{a}\right) \frac{v}{2b} - \sum_{1,2}^{\infty} {}_j \sin j\pi \frac{u}{a} \frac{\mathfrak{Sin}\, j\pi \frac{v}{a}}{2 j^2 \pi^2 \frac{b}{a} \mathfrak{Cof}\, j\pi \frac{b}{2a}} \left[1 - j\pi \frac{b}{2a} \mathfrak{Tg}\, j\pi \frac{b}{2a} + \right.\right.$$
$$\left.\left. + j\pi \frac{v}{a} \mathfrak{Cotg}\, j\pi \frac{v}{a}\right]\right\}. \quad (\mathrm{S-m-e})$$

$\delta$) Auflager $(y = 0)$:

$$E J \beta = P b^2 \left\{\frac{1}{6}\left(1 - \frac{u}{a}\right)\left(1 - \frac{v}{b}\right)\left[1 - \left(1 - \frac{v}{b}\right)^2\right] - \right.$$
$$\left. - \sum_{1,2}^{\infty} {}_j \sin j\pi \frac{u}{a} \frac{\mathfrak{Sin}\, j\pi \frac{b-v}{a}}{j^3 \pi^3 \left(\frac{b}{a}\right)^2 \mathfrak{Sin}\, j\pi \frac{b}{a}} \left[j\pi \frac{b}{a} \mathfrak{Cotg}\, j\pi \frac{b}{a} - j\pi \frac{b-v}{a} \mathfrak{Cotg}\, j\pi \frac{b-v}{a}\right]\right\}, \quad (\mathrm{S-t-c})$$

$$Q = P \left\{\left(1 - \frac{u}{a}\right)\left(1 - \frac{v}{b}\right) - \sum_{1,2}^{\infty} {}_j \sin j\pi \frac{u}{a} \frac{\mathfrak{Sin}\, j\pi \frac{b-v}{a}}{j\pi\, \mathfrak{Sin}\, j\pi \frac{b}{a}} \left[2 - j\pi \frac{b}{a} \mathfrak{Cotg}\, j\pi \frac{b}{a} + \right.\right.$$
$$\left.\left. + j\pi \frac{b-v}{a} \mathfrak{Cotg}\, j\pi \frac{b-v}{a}\right]\right\}. \quad (\mathrm{S-t-h})$$

**F$_4$ — 12** Rechtecklast an beliebiger Stelle

$\mathfrak{M}_x$ und $\mathfrak{Q}_x$ sind nach Fall **F$_2$ — 2** mit $p = \frac{P}{4cd}$ oder $p\,a^2 = \frac{P}{\frac{2c}{a}\,\frac{2d}{a}}$ zu berechnen.

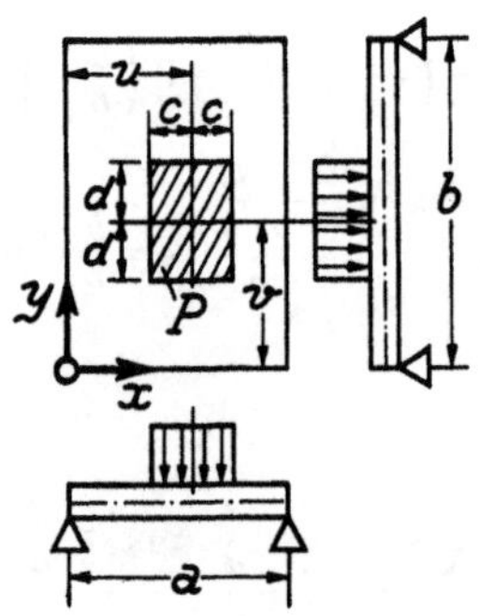


Abb. 95

$\alpha$) Bereich $0 \leqq y \leqq v - d$:

$$S\zeta = P a^2 \sum_{1,2}^{\infty} {}_j \sin j\pi \frac{x}{a} \sin j\pi \frac{u}{a} \frac{\sin j\pi \frac{c}{a}}{j\pi \frac{c}{a}} \frac{\mathfrak{Sin}\, j\pi \frac{d}{a}}{j\pi \frac{d}{a}} \frac{1}{j^3 \pi^3} \frac{\mathfrak{Sin}\, j\pi \frac{b-v}{a}}{\mathfrak{Sin}\, j\pi \frac{b}{a}} \left\{\left(2 + j\pi \frac{b}{a} \mathfrak{Cotg}\, j\pi \frac{b}{a} - \right.\right.$$
$$\left.\left. - j\pi \frac{b-v}{a} \mathfrak{Cotg}\, j\pi \frac{b-v}{a} - j\pi \frac{d}{a} \mathfrak{Cotg}\, j\pi \frac{d}{a}\right) \mathfrak{Sin}\, j\pi \frac{y}{a} - j\pi \frac{y}{a} \mathfrak{Cof}\, j\pi \frac{y}{a}\right\}. \quad (\alpha - \mathrm{a})$$

$\beta$) Bereich $v - d \leqq y \leqq v + d$:

$$S\zeta = P a^2 \sum_{1,2}^{\infty} {}_j \sin j\pi \frac{x}{a} \sin j\pi \frac{u}{a} \frac{\sin j\pi \frac{c}{a}}{j\pi \frac{c}{a}} \frac{1}{j^4 \pi^4 \frac{d}{a}} \left\{ 1 - \frac{\mathfrak{Cof}\, j\pi \frac{b-v-d}{a}}{2\, \mathfrak{Sin}\, j\pi \frac{b}{a}} \left[ \left( 2 + \right.\right.\right.$$

$$\left. + j\pi \frac{b}{a} \mathfrak{Cotg}\, j\pi \frac{b}{a} - j\pi \frac{b-v-d}{a} \mathfrak{Tg}\, j\pi \frac{b-v-d}{a} \right) \mathfrak{Sin}\, j\pi \frac{y}{a} - j\pi \frac{y}{a} \mathfrak{Cof}\, j\pi \frac{y}{a} \bigg] -$$

$$- \frac{\mathfrak{Cof}\, j\pi \frac{v-d}{a}}{2\, \mathfrak{Sin}\, j\pi \frac{b}{a}} \left[ \left( 2 + j\pi \frac{b}{a} \mathfrak{Cotg}\, j\pi \frac{b}{a} - j\pi \frac{v-d}{a} \mathfrak{Tg}\, j\pi \frac{v-d}{a} \right) \mathfrak{Sin}\, j\pi \frac{b-y}{a} - \right.$$

$$\left.\left. - j\pi \frac{b-y}{a} \mathfrak{Cof}\, j\pi \frac{b-y}{a} \right]\right\}. \qquad (\beta - \mathrm{a})$$

$\beta v$) Linie $y = v$:

$$m_{xv} = \mathfrak{M}_x - P \sum_{1,2}^{\infty} {}_j \sin j\pi \frac{x}{a} \sin j\pi \frac{u}{a} \frac{\sin j\pi \frac{c}{a}}{j\pi \frac{c}{a}} \frac{1}{j^2 \pi^2 \frac{d}{a}} \left[ \frac{\mathfrak{Sin}\, j\pi \frac{b-d}{a}}{2\, \mathfrak{Sin}\, j\pi \frac{b}{a}} \left( 2 + \right.\right.$$

$$\left. + j\pi \frac{b}{a} \mathfrak{Cotg}\, j\pi \frac{b}{a} - j\pi \frac{b-d}{a} \mathfrak{Cotg}\, j\pi \frac{b-d}{a} \right) + \frac{\mathfrak{Sin}\, j\pi \frac{d}{a} \mathfrak{Cof}\, j\pi \frac{b-2v}{a}}{2\, \mathfrak{Sin}\, j\pi \frac{b}{a}} \left( 2 + \right.$$

$$\left.\left. + j\pi \frac{b}{a} \mathfrak{Cotg}\, j\pi \frac{b}{a} - j\pi \frac{b-2v}{a} \mathfrak{Tg}\, j\pi \frac{b-2v}{a} - j\pi \frac{d}{a} \mathfrak{Cotg}\, j\pi \frac{d}{a} \right) \right], \qquad (\mathrm{v} - \mathrm{d})$$

$$m_{yv} = P \sum_{1,2}^{\infty} {}_j \sin j\pi \frac{x}{a} \sin j\pi \frac{u}{a} \frac{\sin j\pi \frac{c}{a}}{j\pi \frac{c}{a}} \frac{1}{j^2 \pi^2 \frac{d}{a}} \left[ \frac{\mathfrak{Sin}\, j\pi \frac{b-d}{a}}{2\, \mathfrak{Sin}\, j\pi \frac{b}{a}} \left( j\pi \frac{b}{a} \mathfrak{Cotg}\, j\pi \frac{b}{a} - \right.\right.$$

$$\left. - j\pi \frac{b-d}{a} \mathfrak{Cotg}\, j\pi \frac{b-d}{a} \right) + \frac{\mathfrak{Sin}\, j\pi \frac{d}{a} \mathfrak{Cof}\, j\pi \frac{b-2v}{a}}{2\, \mathfrak{Sin}\, j\pi \frac{b}{a}} \left( j\pi \frac{b}{a} \mathfrak{Cotg}\, j\pi \frac{b}{a} - \right.$$

$$\left.\left. - j\pi \frac{b-2v}{a} \mathfrak{Tg}\, j\pi \frac{b-2v}{a} - j\pi \frac{d}{a} \mathfrak{Cotg}\, j\pi \frac{d}{a} \right) \right], \qquad (\mathrm{v} - \mathrm{e})$$

$$q_{xv} = \mathfrak{Q}_{xv} - \frac{P}{a} \sum_{1,2}^{\infty} {}_j \cos j\pi \frac{x}{a} \sin j\pi \frac{u}{a} \frac{\sin j\pi \frac{c}{a}}{j\pi \frac{c}{a}} \frac{1}{j\pi \frac{d}{a}} \frac{\mathfrak{Sin}\, j\pi \frac{b-d}{a} + \mathfrak{Sin}\, j\pi \frac{d}{a} \mathfrak{Cof}\, j\pi \frac{b-2v}{a}}{\mathfrak{Sin}\, j\pi \frac{b}{a}}, \qquad (\mathrm{v} - \mathrm{h})$$

$$\bar{q}_{xv} = \mathfrak{Q}_{xv} - \frac{P}{a} \sum_{1,2}^{\infty} {}_j \cos j\pi \frac{x}{a} \sin j\pi \frac{u}{a} \frac{\sin j\pi \frac{c}{a}}{j\pi \frac{c}{a}} \frac{1}{j\pi \frac{d}{a}} \left[ \frac{\mathfrak{Sin}\, j\pi \frac{b-d}{a}}{2\, \mathfrak{Sin}\, j\pi \frac{b}{a}} \left( 2 - j\pi \frac{b}{a} \mathfrak{Cotg}\, j\pi \frac{b}{a} + \right.\right.$$

$$\left. + j\pi \frac{b-d}{a} \mathfrak{Cotg}\, j\pi \frac{b-d}{a} \right) + \frac{\mathfrak{Sin}\, j\pi \frac{d}{a} \mathfrak{Cof}\, j\pi \frac{b-2v}{a}}{2\, \mathfrak{Sin}\, j\pi \frac{b}{a}} \left( 2 - j\pi \frac{b}{a} \mathfrak{Cotg}\, j\pi \frac{b}{a} + \right.$$

$$\left.\left. + j\pi \frac{b-2v}{a} \mathfrak{Tg}\, j\pi \frac{b-2v}{a} + j\pi \frac{d}{a} \mathfrak{Cotg}\, j\pi \frac{d}{a} \right) \right]. \qquad (\mathrm{v} - \mathrm{k})$$

($\alpha - \beta$) Linie $y = v - d$:

$$m_x = \frac{1}{2} \mathfrak{M}_x - P \sum_{1,2}^{\infty} {}_j \sin j\pi \frac{x}{a} \sin j\pi \frac{u}{a} \frac{\sin j\pi \frac{c}{a}}{j\pi \frac{c}{a}} \frac{1}{j^2 \pi^2 \frac{d}{a} 4\, \mathfrak{Sin}\, j\pi \frac{b}{a}} \left[ - \mathfrak{Sin}\, j\pi \frac{b-2v}{a} \left( 2 + \right.\right.$$

$$\left. + j\pi \frac{b}{a} \mathfrak{Cotg}\, j\pi \frac{b}{a} - j\pi \frac{b-2v}{a} \mathfrak{Cotg}\, j\pi \frac{b-2v}{a} \right) + \mathfrak{Sin}\, j\pi \frac{b-2d}{a} \left( 2 + j\pi \frac{b}{a} \mathfrak{Cotg}\, j\pi \frac{b}{a} - \right.$$

$$\left. - j\pi \frac{b-2d}{a} \mathfrak{Cotg}\, j\pi \frac{b-2d}{a} \right) + \mathfrak{Sin}\, j\pi \frac{b-2v+2d}{a} \left( 2 + j\pi \frac{b}{a} \mathfrak{Cotg}\, j\pi \frac{b}{a} - \right.$$

$$\left.\left. - j\pi \frac{b-2v+2d}{a} \mathfrak{Cotg}\, j\pi \frac{b-2v+2d}{a} \right) \right]. \qquad (\alpha\beta - \mathrm{d})$$

**F₄ — 12**

$$m_y = P \sum_{1,2}^{\infty} \sin j\pi\frac{x}{a} \sin j\pi\frac{u}{a} \frac{\sin j\pi\frac{c}{a}}{j\pi\frac{c}{a}} \frac{1}{j^2\pi^2\frac{d}{a}4\,\mathfrak{Sin}\,j\pi\frac{b}{a}} \times$$

$$\times\Big[-\mathfrak{Sin}\,j\pi\frac{b-2v}{a}\Big(j\pi\frac{b}{a}\mathfrak{Cotg}\,j\pi\frac{b}{a}-j\pi\frac{b-2v}{a}\mathfrak{Cotg}\,j\pi\frac{b-2v}{a}\Big)+$$

$$+\mathfrak{Sin}\,j\pi\frac{b-2d}{a}\Big(j\pi\frac{b}{a}\mathfrak{Cotg}\,j\pi\frac{b}{a}-j\pi\frac{b-2d}{a}\mathfrak{Cotg}\,j\pi\frac{b-2d}{a}\Big)+$$

$$+\mathfrak{Sin}\,j\pi\frac{b-2v+2d}{a}\Big(j\pi\frac{b}{a}\mathfrak{Cotg}\,j\pi\frac{b}{a}-j\pi\frac{b-2v+2d}{a}\mathfrak{Cotg}\,j\pi\frac{b-2v+2d}{a}\Big)\Big], \quad (\alpha\beta-\mathrm{e})$$

$$q_x = \frac{1}{2}\mathfrak{Q}_x - \frac{P}{a}\sum_{1,2}^{\infty}\cos j\pi\frac{x}{a}\sin j\pi\frac{u}{a}\frac{\sin j\pi\frac{c}{a}}{j\pi\frac{c}{a}}\frac{1}{j\pi\frac{d}{a}2\,\mathfrak{Sin}\,j\pi\frac{b}{a}}\Big[-\mathfrak{Sin}\,j\pi\frac{b-2v}{a}+$$

$$+\mathfrak{Sin}\,j\pi\frac{b-2d}{a}+\mathfrak{Sin}\,j\pi\frac{b-2v+2d}{a}\Big], \quad (\alpha\beta-\mathrm{h})$$

$$\bar{q}_x = \frac{1}{2}\mathfrak{Q}_x - \frac{P}{a}\sum_{1,2}^{\infty}\cos j\pi\frac{x}{a}\sin j\pi\frac{u}{a}\frac{\sin j\pi\frac{c}{a}}{j\pi\frac{c}{a}}\frac{1}{j\pi\frac{d}{a}4\,\mathfrak{Sin}\,j\pi\frac{b}{a}}\Big[-\mathfrak{Sin}\,j\pi\frac{b-2v}{a}\Big(2-$$

$$-j\pi\frac{b}{a}\mathfrak{Cotg}\,j\pi\frac{b}{a}+j\pi\frac{b-2v}{a}\mathfrak{Cotg}\,j\pi\frac{b-2v}{a}\Big)+\mathfrak{Sin}\,j\pi\frac{b-2d}{a}\Big(2-j\pi\frac{b}{a}\mathfrak{Cotg}\,j\pi\frac{b}{a}+$$

$$+j\pi\frac{b-2d}{a}\mathfrak{Cotg}\,j\pi\frac{b-2d}{a}\Big)+\mathfrak{Sin}\,j\pi\frac{b-2v+2d}{a}\Big(2-j\pi\frac{b}{a}\mathfrak{Cotg}\,j\pi\frac{b}{a}+$$

$$+j\pi\frac{b-2v+2d}{a}\mathfrak{Cotg}\,j\pi\frac{b-2v+2d}{a}\Big)\Big]. \quad (\alpha\beta-\mathrm{k})$$

$\gamma$) Bereich $v + d \leqq y \leqq b$:

In der Formel unter $\alpha$) ist $(b - v)$ durch $v$ und $y$ durch $(b - y)$ zu ersetzen.

$(\beta - \gamma)$ Linie $y = v + d$:

In den Formeln unter $(\alpha - \beta)$ ist $(b - 2v)$ durch $(2v - b)$ und $(b - 2v + 2d)$ durch $(2v - b + 2d)$ zu ersetzen.

$\delta$) Größtmögliche Momente bei wandernder Rechtecklast.

Das größtmögliche Moment $m_{yuv}$ im Lastmittelpunkt ($x = u$, $y = v$) nach Formel (v — e) entsteht mit $\frac{u}{a} = 0{,}5$ und einem Wert $\frac{v}{a}$, der die Bedingung $\frac{\partial}{\partial v}\, m_{yuv} = 0$ erfüllt. Da $m_{yuv}$ durch eine Reihe dargestellt ist, ließe sich diese Gleichung nur durch Probieren lösen. Nachdem aber das erste Glied der Reihe ($j = 1$) weitaus überwiegt, kann man den Ort des Größtmoments genügend genau finden, indem man das erste Glied allein seinen Größtwert annehmen läßt; dann erhält man als Extremwertbedingung:

$$\mathfrak{Sin}\,\pi\frac{b-2v}{a}\Big[1-\pi\frac{b}{a}\mathfrak{Cotg}\,\pi\frac{b}{a}+\pi\frac{d}{a}\mathfrak{Cotg}\,\pi\frac{d}{a}+\pi\frac{b-2v}{a}\mathfrak{Cotg}\,\pi\frac{b-2v}{a}\Big]=0. \quad (189)$$

$\mathfrak{Sin}\,\pi\frac{b-2v}{a} = 0$ liefert als erste Wurzel $v = \frac{b}{2}$; im Plattenmittelpunkt tritt immer ein Extremwert auf, er ist aber ein *Minimum*, wenn noch eine zweite reelle Wurzel vorhanden ist. Diese ergibt sich aus der Gleichung:

$$\pi\frac{b-2v}{a}\mathfrak{Cotg}\,\pi\frac{b-2v}{a} = \pi\frac{b}{a}\mathfrak{Cotg}\,\pi\frac{b}{a}-\pi\frac{d}{a}\mathfrak{Cotg}\,\pi\frac{d}{a}-1. \quad (189')$$

Da die Funktion $z\,\mathfrak{Cotg}\,z$ immer $\geqq 1$ ist, gibt es nur dann eine reelle Wurzel, wenn die rechte Seite $\geqq 1$ ist, oder

$$\frac{\pi d}{a}\mathfrak{Cotg}\,\pi\frac{d}{a} \leqq \pi\frac{b}{a}\mathfrak{Cotg}\,\pi\frac{b}{a} - 2. \quad (190)$$

Daraus folgt für $\frac{b}{a} = 1 \quad \ldots \frac{2d}{a} \leqq 0{,}44,$

$1{,}1 \qquad 0{,}77,$

$1{,}2 \qquad 1{,}05.$

Gl. (189′) gilt nur, solange $v \leqq d$ bleibt, d. h. solange das Lastrechteck zur Gänze innerhalb der Platte liegt. Die Grenze erhält man durch Einsetzen von $v = d$:

$$\pi \frac{b-2d}{a} \operatorname{Cotg} \pi \frac{b-2d}{a} = \pi \frac{b}{a} \operatorname{Cotg} \pi \frac{b}{a} - \pi \frac{d}{a} \operatorname{Cotg} \pi \frac{d}{a} - 1. \tag{191}$$

Diese Gleichung liefert (durch Probieren)

für $\frac{b}{a} < 1{,}236$ keine reelle Wurzel,

$= 1{,}236 \ldots \frac{2d}{a} = 1{,}025,$

$= 1{,}25 \qquad = 0{,}954$ (und $1{,}134$),

$= 1{,}3 \qquad = 0{,}884$ (und $1{,}280$),

$= 1{,}4 \qquad = 0{,}830,$

$= 1{,}5 \qquad = 0{,}808,$

$= \infty \qquad = 0{,}783.$

Für alle Werte $\frac{2d}{a}$, die kleiner sind als die vorstehenden, liefert Gl. (189′) annähernd den Ort des größtmöglichen Wertes von $m_{yuv}$. Es läßt sich zeigen, daß bei dieser Laststellung $m_{yuv}$ der Größtwert von $m_y$, daher auch der größtmögliche Wert von $m_y$ überhaupt ist; bei anderen Laststellungen ist der Größtwert von $m_y$ *nicht* im Lastmittelpunkt.

Der Ort des größtmöglichen Wertes von $m_{xuv}$ mit $v = \frac{b}{2}$ ergibt sich, wenn man in Gl. (189′) die Koordinatenrichtungen vertauscht:

$$\pi \frac{a-2u}{b} \operatorname{Cotg} \pi \frac{a-2u}{b} = \pi \frac{a}{b} \operatorname{Cotg} \pi \frac{a}{b} - \pi \frac{c}{b} \operatorname{Cotg} \pi \frac{c}{b} - 1. \tag{189 a}$$

Es gibt eine reelle Wurzel, wenn

$$\pi \frac{c}{b} \operatorname{Cotg} \pi \frac{c}{b} \leqq \pi \frac{a}{b} \operatorname{Cotg} \pi \frac{a}{b} - 2. \tag{190 a}$$

Daraus folgt $c \geqq 0$ für $\frac{a}{b} \geqq \frac{1}{1{,}05}$ oder $\frac{b}{a} \leqq 1{,}05$.

Bei größeren Seitenverhältnissen gibt es keine reelle Wurzel, d. h. der größtmögliche Wert von $m_{xuv}$ und damit von $m_x$ überhaupt tritt bei mittiger Laststellung ($u = \frac{a}{2}, v = \frac{b}{2}$) im Plattenmittelpunkt auf. Bei der *Quadrat*platte liegt der größtmögliche Wert außerhalb des Plattenmittelpunktes, wenn $\frac{2c}{a} \leqq 0{,}44$; der Unterschied gegenüber der mittigen Laststellung ist aber gering.

ε) Momente im Lastmittelpunkt bei beliebiger Laststellung.

Wenn man die Momente im Lastmittelpunkt bei *mittiger* Laststellung, also im Plattenmittelpunkt, kennt (Tafelwerte $m_{xm}$ und $m_{ym}$ für Fall **F₄ — 12 m**) kann man die Momente im Lastmittelpunkt bei *beliebiger* Laststellung ($m_{xuv}$ und $m_{yuv}$) durch Bildung der Differenzreihen leicht berechnen. Wenn zunächst $u = \frac{a}{2}$ beibehalten wird und $v$ sich ändert, ergeben sich die Differenzen:

$$m_{x\frac{a}{2}v} - m_{xm} = -P \sum_{1,3}^{\infty} \frac{\sin j\pi \frac{c}{a}}{j\pi \frac{c}{a}} \frac{\operatorname{Sin} j\pi \frac{d}{a}}{j\pi \frac{d}{a}} \frac{1}{2j\pi} \frac{\operatorname{Cof} j\pi \frac{b-2v}{a} - 1}{\operatorname{Sin} j\pi \frac{b}{a}} \left[2 + j\pi \frac{b}{a} \operatorname{Cotg} j\pi \frac{b}{a} - \right.$$

$$\left. - 2j\pi \frac{\frac{b}{2} - v}{a} \operatorname{Cotg} j\pi \frac{\frac{b}{2} - v}{a} - j\pi \frac{d}{a} \operatorname{Cotg} j\pi \frac{d}{a}\right], \tag{v – d}$$

**F₄ — 12**

$$m_{y\frac{a}{2}v} - m_{ym} = P\sum_{1,3}^{\infty}{}_j \frac{\sin j\pi\frac{c}{a}}{j\pi\frac{c}{a}}\,\frac{\mathfrak{Sin}\, j\pi\frac{d}{a}}{j\pi\frac{d}{a}}\,\frac{1}{2j\pi}\,\frac{\mathfrak{Cof}\, j\pi\frac{b-2v}{a}-1}{\mathfrak{Sin}\, j\pi\frac{b}{a}}\Big[j\pi\frac{b}{a}\mathfrak{Cotg}\, j\pi\frac{b}{a} -$$

$$-2j\pi\frac{\frac{b}{2}-v}{a}\mathfrak{Cotg}\, j\pi\frac{\frac{b}{2}-v}{a} - j\pi\frac{d}{a}\mathfrak{Cotg}\, j\pi\frac{d}{a}\Big]. \quad \text{(v — e)}$$

Die Änderung der Momente bei kleiner werdendem $u$ erhält man aus den entsprechenden Formeln mit vertauschten Koordinaten:

$$m_{xuv} - m_{x\frac{a}{2}v} = P\sum_{1,2}^{\infty}{}_k \sin^2 k\pi\frac{v}{b}\,\frac{\sin k\pi\frac{d}{b}}{k\pi\frac{d}{b}}\,\frac{\mathfrak{Sin}\, k\pi\frac{c}{b}}{k\pi\frac{c}{b}}\,\frac{1}{2k\pi}\,\frac{\mathfrak{Cof}\, k\pi\frac{a-2u}{b}-1}{\mathfrak{Sin}\, k\pi\frac{a}{b}}\Big[k\pi\frac{a}{b}\mathfrak{Cotg}\, k\pi\frac{a}{b} -$$

$$-2k\pi\frac{\frac{a}{2}-u}{b}\mathfrak{Cotg}\, k\pi\frac{\frac{a}{2}-u}{b} - k\pi\frac{c}{b}\mathfrak{Cotg}\, k\pi\frac{c}{b}\Big], \quad \text{(u, v — d)}$$

$$m_{yuv} - m_{y\frac{a}{2}v} = -P\sum_{1,2}^{\infty}{}_k \sin^2 k\pi\frac{v}{b}\,\frac{\sin k\pi\frac{d}{b}}{k\pi\frac{d}{b}}\,\frac{\mathfrak{Sin}\, k\pi\frac{c}{b}}{k\pi\frac{c}{b}}\,\frac{1}{2k\pi}\,\frac{\mathfrak{Cof}\, k\pi\frac{a-2u}{b}-1}{\mathfrak{Sin}\, k\pi\frac{a}{b}}\Big[2 +$$

$$+k\pi\frac{a}{b}\mathfrak{Cotg}\, k\pi\frac{a}{b} - 2k\pi\frac{\frac{a}{2}-u}{b}\mathfrak{Cotg}\, k\pi\frac{\frac{a}{2}-u}{b} - k\pi\frac{c}{b}\mathfrak{Cotg}\, k\pi\frac{c}{b}\Big]. \quad \text{(u, v — e)}$$

Diese Reihen konvergieren sehr rasch, solange sich die Last nicht einem Rand nähert.

Bei *kleiner Lastfläche* kann man die Momente im Lastmittelpunkt bei beliebiger Laststellung noch einfacher aus dem unendlichen Plattenstreifen (Fall **F₂ — 12**) umrechnen. Es ergibt sich

$$m_{xuv} = m_{xuv}\,\boxed{\mathbf{F_2 - 12}} + P\sum_{1,2}^{\infty}{}_j \sin^2 j\pi\frac{u}{a}\,\frac{\sin j\pi\frac{c}{a}}{j\pi\frac{c}{a}}\,\frac{\mathfrak{Sin}\, j\pi\frac{d}{a}}{2j^2\pi^2\frac{d}{a}}\Big[\Big(\mathfrak{Cotg}\, j\pi\frac{b}{a} - 1\Big)\Big(2 -$$

$$-j\pi\frac{d}{a}\mathfrak{Cotg}\, j\pi\frac{d}{a}\Big) + \frac{j\pi\frac{b}{a}}{\mathfrak{Sin}^2 j\pi\frac{b}{a}} - \frac{\mathfrak{Cof}\, j\pi\frac{b-2v}{a}}{\mathfrak{Sin}\, j\pi\frac{b}{a}}\Big(2 + j\pi\frac{b}{a}\mathfrak{Cotg}\, j\pi\frac{b}{a} -$$

$$-j\pi\frac{b-2v}{a}\mathfrak{Tg}\, j\pi\frac{b-2v}{a} - j\pi\frac{d}{a}\mathfrak{Cotg}\, j\pi\frac{d}{a}\Big)\Big], \quad \text{(u, v — d)}$$

$$m_{yuv} = m_{yuv}\,\boxed{\mathbf{F_2 - 12}} + P\sum_{1,2}^{\infty}{}_j \sin^2 j\pi\frac{u}{a}\,\frac{\sin j\pi\frac{c}{a}}{j\pi\frac{c}{a}}\,\frac{\mathfrak{Sin}\, j\pi\frac{d}{a}}{2j^2\pi^2\frac{d}{a}}\Big[\Big(\mathfrak{Cotg}\, j\pi\frac{b}{a} - 1\Big)j\pi\frac{d}{a}\mathfrak{Cotg}\, j\pi\frac{d}{a} -$$

$$-\frac{j\pi\frac{b}{a}}{\mathfrak{Sin}^2 j\pi\frac{b}{a}} + \frac{\mathfrak{Cof}\, j\pi\frac{b-2v}{a}}{\mathfrak{Sin}\, j\pi\frac{b}{a}}\Big(j\pi\frac{b}{a}\mathfrak{Cotg}\, j\pi\frac{b}{a} - j\pi\frac{b-2v}{a}\mathfrak{Tg}\, j\pi\frac{b-2v}{a} - j\pi\frac{d}{a}\mathfrak{Cotg}\, j\pi\frac{d}{a}\Big)\Big].$$

(u, v — e)

Wenn die Last nicht zu nahe an einem Rand steht (etwa $0{,}3 \leqq \frac{v}{a} \leqq \frac{b}{a} - 0{,}3$), genügt das erste Glied der Reihe, und man erhält mit $\frac{\sin\pi\frac{c}{a}}{\pi\frac{c}{a}} = \frac{\mathfrak{Sin}\,\pi\frac{d}{a}}{\pi\frac{d}{a}} = \mathfrak{Cof}\,\pi\frac{d}{a} = 1$:

$$m_{x\,u\,v} = m_{x\,u\,v}\boxed{F_2-12} + P\sin^2\pi\frac{u}{a}\frac{1}{2\pi}\Bigg[\mathfrak{Cotg}\,\pi\frac{b}{a} - 1 + \\ + \frac{\pi\frac{b}{a}}{\mathfrak{Sin}^2\,\pi\frac{b}{a}} - \frac{\mathfrak{Cof}\,\pi\frac{b-2v}{a}}{\mathfrak{Sin}\,\pi\frac{b}{a}}\left(1 + \pi\frac{b}{a}\mathfrak{Cotg}\,\pi\frac{b}{a} - \pi\frac{b-2v}{a}\mathfrak{Tg}\,\pi\frac{b-2v}{a}\right)\Bigg], \quad \text{(u, v — d)}$$

$$m_{y\,u\,v} = m_{y\,u\,v}\boxed{F_2-12} + P\sin^2\pi\frac{u}{a}\frac{1}{2\pi}\Bigg[\mathfrak{Cotg}\,\pi\frac{b}{a} - 1 - \\ - \frac{\pi\frac{b}{a}}{\mathfrak{Sin}^2\,\pi\frac{b}{a}} + \frac{\mathfrak{Cof}\,\pi\frac{b-2v}{a}}{\mathfrak{Sin}\,\pi\frac{b}{a}}\left(-1 + \pi\frac{b}{a}\mathfrak{Cotg}\,\pi\frac{b}{a} - \pi\frac{b-2v}{a}\mathfrak{Tg}\,\pi\frac{b-2v}{a}\right)\Bigg]. \quad \text{(u, v — e)}$$

Die Zahlenwerte für Fall $\boxed{F_2-12\,m}$ sind in Tafel F. 13 bzw. F. 14, das Zusatzglied für $u \neq \frac{a}{2}$ in Tafel F. 15 enthalten. Im Sonderfall $v = \frac{b}{2}$ können auch die Differenzwerte $m_x - m_x \boxed{F_2-12}$ und $m_y - m_y \boxed{F_2-12}$ aus der Tafel F. 16 entnommen werden.

## $\boxed{F_4-12\,m}$

Rechtecklast in Plattenmitte (Sonderfall von $\boxed{F_4-12}$ mit $u = \frac{a}{2}$, $v = \frac{b}{2}$)

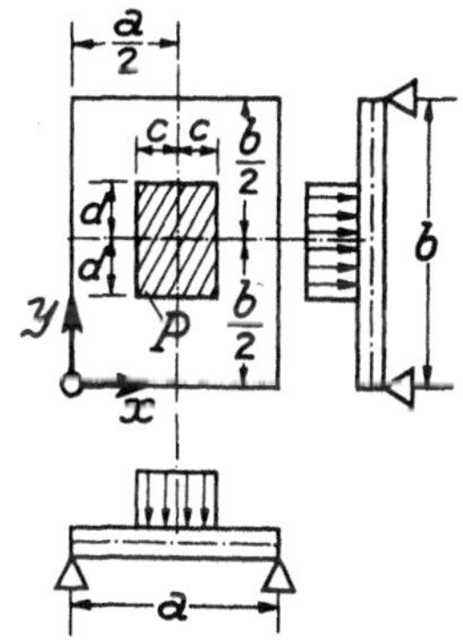


Abb. 96

α) Bereich $0 \leqq y \leqq \frac{b}{2} - d$:

$$S\zeta = P a^2 \sum_{1,3}^{\infty} {}_j \sin j\pi\frac{x}{a}\sin\frac{j\pi}{2}\frac{\sin j\pi\frac{c}{a}}{j\pi\frac{c}{a}}\frac{\mathfrak{Sin}\,j\pi\frac{d}{a}}{j\pi\frac{d}{a}}\frac{1}{j^3\pi^3}\frac{1}{2\,\mathfrak{Cof}\,j\pi\frac{b}{2a}}\Bigg\{\Bigg(2 + j\pi\frac{b}{2a}\mathfrak{Tg}\,j\pi\frac{b}{2a} - \\ - j\pi\frac{d}{a}\mathfrak{Cotg}\,j\pi\frac{d}{a}\Bigg)\mathfrak{Sin}\,j\pi\frac{y}{a} - j\pi\frac{y}{a}\mathfrak{Cof}\,j\pi\frac{y}{a}\Bigg\}. \quad (\alpha - \text{a})$$

β) Bereich $\frac{b}{2} - d \leqq y \leqq \frac{b}{2} + d$:

$$S\zeta = P a^2 \sum_{1,3}^{\infty} {}_j \sin j\pi\frac{x}{a}\sin\frac{j\pi}{2}\frac{\sin j\pi\frac{c}{a}}{j\pi\frac{c}{a}}\frac{1}{j^4\pi^4\frac{d}{a}}\left\{1 - \frac{\mathfrak{Cof}\,j\pi\frac{\frac{b}{2}-d}{a}}{2\,\mathfrak{Cof}\,j\pi\frac{b}{2a}}\Bigg[\Bigg(2 + j\pi\frac{b}{2a}\mathfrak{Tg}\,j\pi\frac{b}{2a} - \right. \\ \left. - j\pi\frac{\frac{b}{2}-d}{a}\mathfrak{Tg}\,j\pi\frac{\frac{b}{2}-d}{a}\Bigg)\mathfrak{Cof}\,j\pi\frac{\frac{b}{2}-y}{a} - j\pi\frac{\frac{b}{2}-y}{a}\mathfrak{Sin}\,j\pi\frac{\frac{b}{2}-y}{a}\Bigg]\right\}. \quad (\beta - \text{a})$$

**F₄ — 12 m**

$\beta_m$) Plattenmittelpunkt:

$$m_{xm} = P\left\{\frac{1-\frac{c}{a}}{8\frac{d}{a}} - \sum_{1,3}^{\infty}{}_j \frac{\sin j\pi\frac{c}{a}}{j\pi\frac{c}{a}} \frac{1}{j^2\pi^2\frac{d}{a}} \frac{\mathfrak{Cof}\, j\pi\frac{\frac{b}{2}-d}{a}}{2\,\mathfrak{Cof}\, j\pi\frac{b}{2a}}\left(2 + j\pi\frac{b}{2a}\mathfrak{Tg}\, j\pi\frac{b}{2a} - \right.\right.$$

$$\left.\left. - j\pi\frac{\frac{b}{2}-d}{a}\mathfrak{Tg}\, j\pi\frac{\frac{b}{2}-d}{a}\right)\right\}, \quad \text{(m — d)}$$

$$m_{ym} = P\sum_{1,3}^{\infty}{}_j \frac{\sin j\pi\frac{c}{a}}{j\pi\frac{c}{a}} \frac{1}{j^2\pi^2\frac{d}{a}} \frac{\mathfrak{Cof}\, j\pi\frac{\frac{b}{2}-d}{a}}{2\,\mathfrak{Cof}\, j\pi\frac{b}{2a}}\left(j\pi\frac{b}{2a}\mathfrak{Tg}\, j\pi\frac{b}{2a} - \right.$$

$$\left. - j\pi\frac{\frac{b}{2}-d}{a}\mathfrak{Tg}\, j\pi\frac{\frac{b}{2}-d}{a}\right) = P\sum_{1,3}^{\infty}{}_j \frac{\sin j\pi\frac{c}{a}}{j\pi\frac{c}{a}} \frac{1}{2j\pi}\left(\frac{\mathfrak{Sin}\, j\pi\frac{\frac{b}{2}-d}{a}}{\mathfrak{Cof}\, j\pi\frac{b}{2a}} + \frac{b}{2d}\frac{\mathfrak{Sin}\, j\pi\frac{d}{a}}{\mathfrak{Cof}^2\, j\pi\frac{b}{2a}}\right). \quad \text{(m — e)}$$

$\alpha - \beta$) Punkt $x = \frac{a}{2}$, $y = \frac{b}{2} - d$:

$$m_x = P\left\{\frac{1-\frac{c}{a}}{16\frac{d}{a}} - \sum_{1,3}^{\infty}{}_j \frac{\sin j\pi\frac{c}{a}}{j\pi\frac{c}{a}} \frac{1}{j^2\pi^2\frac{d}{a}} \frac{\mathfrak{Cof}\, j\pi\frac{\frac{b}{2}-2d}{a}}{4\,\mathfrak{Cof}\, j\pi\frac{b}{2a}}\left[2 + j\pi\frac{b}{2a}\mathfrak{Tg}\, j\pi\frac{b}{2a} - \right.\right.$$

$$\left.\left. - j\pi\frac{\frac{b}{2}-2d}{a}\mathfrak{Tg}\, j\pi\frac{\frac{b}{2}-2d}{a}\right]\right\}, \quad (\alpha\beta - \text{d})$$

$$m_y = P\sum_{1,3}^{\infty}{}_j \frac{\sin j\pi\frac{c}{a}}{j\pi\frac{c}{a}} \frac{1}{j^2\pi^2\frac{d}{a}} \frac{\mathfrak{Cof}\, j\pi\frac{\frac{b}{2}-2d}{a}}{4\,\mathfrak{Cof}\, j\pi\frac{b}{2a}}\left[j\pi\frac{b}{2a}\mathfrak{Tg}\, j\pi\frac{b}{2a} - j\pi\frac{\frac{b}{2}-2d}{a}\mathfrak{Tg}\, j\pi\frac{\frac{b}{2}-2d}{a}\right]. \quad (\alpha\beta - \text{e})$$

$\gamma$) Momente im Plattenmittelpunkt: Tafeln.

Die Momente im Plattenmittelpunkt sind für die Seitenverhältnisse $\frac{b}{a} = 1{,}0$, $1{,}1$ usw. bis 1,5 sowie 2,0 und die Lastbreiten $\frac{2c}{a} = 0$ bis 1,0; $\frac{2d}{a} = 0$ bis 1,0 und $2d = b$ in den Tafeln E.31 und E.32 zusammengestellt. Für andere Seitenverhältnisse $\frac{b}{a}$ kann man die Werte des unendlichen Plattenstreifens aus den Tafeln F.11 und F.12 umrechnen. Es ist

$$m_{xm} = m_{xm}\,\boxed{\text{F}_2 - 12\text{m}} - P\sum_{1,3}^{\infty}{}_j \frac{\sin j\pi\frac{c}{a}}{j\pi\frac{c}{a}} \frac{\mathfrak{Sin}\, j\pi\frac{d}{a}}{2j^2\pi^2\frac{d}{a}}\left[\frac{j\pi\frac{b}{2a}}{\mathfrak{Cof}^2 j\pi\frac{b}{2a}} + \right.$$

$$\left. + \left(2 - j\pi\frac{d}{a}\mathfrak{Cotg}\, j\pi\frac{d}{a}\right)\left(1 - \mathfrak{Tg}\, j\pi\frac{b}{2a}\right)\right], \quad \text{(m — d)}$$

$$m_{ym} = m_{ym}\,\boxed{\text{F}_2 - 12\text{m}} + P\sum_{1,3}^{\infty}{}_j \frac{\sin j\pi\frac{c}{a}}{j\pi\frac{c}{a}} \frac{\mathfrak{Sin}\, j\pi\frac{d}{a}}{2j^2\pi^2\frac{d}{a}}\left[\frac{j\pi\frac{b}{2a}}{\mathfrak{Cof}^2 j\pi\frac{b}{2a}} - \right.$$

$$\left. - j\pi\frac{d}{a}\mathfrak{Cotg}\, j\pi\frac{d}{a}\left(1 - \mathfrak{Tg}\, j\pi\frac{b}{2a}\right)\right]. \quad \text{(m — e)}$$

Es genügt im allgemeinen das erste Glied der obigen Reihen. Bei *kleiner* Lastfläche ist mit $\frac{\sin\pi\frac{c}{a}}{\pi\frac{c}{a}} = \frac{\mathfrak{Sin}\,\pi\frac{d}{a}}{\pi\frac{d}{a}} = \mathfrak{Cof}\,\pi\frac{d}{a} = 1$:

$$m_{x\,m} = m_{x\,m}\boxed{\mathbf{F_2-12m}} - P\left[\frac{\frac{b}{a}}{4\,\mathfrak{Cof}^2\,\pi\frac{b}{2a}} + \frac{1}{2\pi}\left(1-\mathfrak{Tg}\,\pi\frac{b}{2a}\right)\right], \qquad (\overline{\mathrm{m}}-\mathrm{d})$$

$$m_{y\,m} = m_{y\,m}\boxed{\mathbf{F_2-12m}} + P\left[\frac{\frac{b}{a}}{4\,\mathfrak{Cof}^2\,\pi\frac{b}{2a}} - \frac{1}{2\pi}\left(1-\mathfrak{Tg}\,\pi\frac{b}{2a}\right)\right]. \qquad (\overline{\mathrm{m}}-\mathrm{e})$$

Die Zahlenwerte sind aus den Tafeln F.13, F.14 und F.16 zu entnehmen.

**$\boxed{\mathbf{F_4-212}}$** Zwei zur Mittellinie $y=\frac{b}{2}$ symmetrische Rechtecklasten

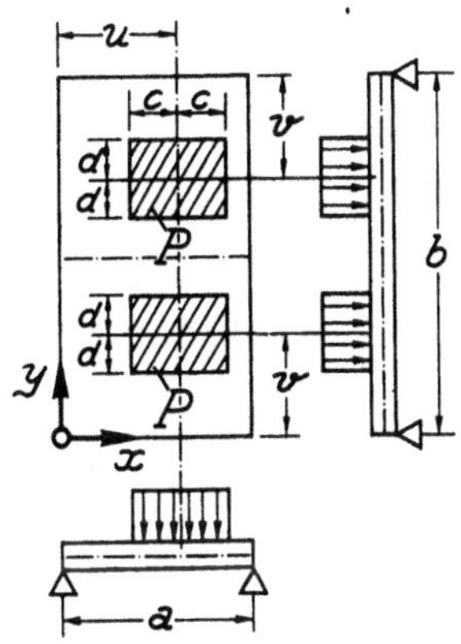


Abb. 97

$\mathfrak{M}_x$ und $\mathfrak{Q}_x$ sind nach Fall $\boxed{\mathbf{F_2-2}}$ mit $p=\frac{P}{4cd}$ zu berechnen.

$\alpha$) Bereich $0 \leqq y \leqq v-d$:

$$S\zeta = P a^2 \sum_{j=1,2\ldots}^{\infty} \sin j\pi\frac{x}{a}\,\sin j\pi\frac{u}{a}\,\frac{\sin j\pi\frac{c}{a}}{j\pi\frac{c}{a}}\,\frac{\mathfrak{Sin}\,j\pi\frac{d}{a}}{j\pi\frac{d}{a}}\,\frac{\mathfrak{Cof}\,j\pi\frac{\frac{b}{2}-v}{a}}{j^3\pi^3\,\mathfrak{Cof}\,j\pi\frac{b}{2a}}\left[\left(2+j\pi\frac{b}{2a}\,\mathfrak{Tg}\,j\pi\frac{b}{2a} - j\pi\frac{\frac{b}{2}-v}{a}\,\mathfrak{Tg}\,j\pi\frac{\frac{b}{2}-v}{a} - j\pi\frac{d}{a}\,\mathfrak{Cotg}\,j\pi\frac{d}{a}\right)\mathfrak{Sin}\,j\pi\frac{y}{a} - j\pi\frac{y}{a}\,\mathfrak{Cof}\,j\pi\frac{y}{a}\right]. \qquad (\alpha-\mathrm{a})$$

$\beta$) Bereich $v-d \leqq y \leqq v+d$:

$$S\zeta = P a^2 \sum_{j=1,2}^{\infty} \sin j\pi\frac{x}{a}\,\sin j\pi\frac{u}{a}\,\frac{\sin j\pi\frac{c}{a}}{j\pi\frac{c}{a}}\,\frac{1}{j^4\pi^4\frac{d}{a}}\left\{1-\frac{\mathfrak{Sin}\,j\pi\frac{\frac{b}{2}-v-d}{a}}{2\,\mathfrak{Cof}\,j\pi\frac{b}{2a}}\left[\left(2+j\pi\frac{b}{2a}\,\mathfrak{Tg}\,j\pi\frac{b}{2a} - j\pi\frac{\frac{b}{2}-v-d}{a}\,\mathfrak{Cotg}\,j\pi\frac{\frac{b}{2}-v-d}{a}\right)\mathfrak{Sin}\,j\pi\frac{y}{a} - j\pi\frac{y}{a}\,\mathfrak{Cof}\,j\pi\frac{y}{a}\right] - \frac{\mathfrak{Cof}\,j\pi\frac{v-d}{a}}{2\,\mathfrak{Cof}\,j\pi\frac{b}{2a}}\left[\left(2+j\pi\frac{b}{2a}\,\mathfrak{Tg}\,j\pi\frac{b}{2a} - j\pi\frac{v-d}{a}\,\mathfrak{Tg}\,j\pi\frac{v-d}{a}\right)\mathfrak{Cof}\,j\pi\frac{\frac{b}{2}-y}{a} - j\pi\frac{\frac{b}{2}-y}{a}\,\mathfrak{Sin}\,j\pi\frac{\frac{b}{2}-y}{a}\right]\right\}. \qquad (\beta-\mathrm{a})$$

**F₄ — 212**

γ) Bereich $v + d \leqq y \leqq b - v - d$:

$$S\zeta = P a^2 \sum_{1,2}^{\infty} j \sin j\pi\frac{x}{a}\sin j\pi\frac{u}{a}\frac{\sin j\pi\frac{c}{a}}{j\pi\frac{c}{a}}\frac{\mathfrak{Sin}\, j\pi\frac{d}{a}}{j\pi\frac{d}{a}}\frac{\mathfrak{Sin}\, j\pi\frac{v}{a}}{j^3\pi^3\mathfrak{Cof}\, j\pi\frac{b}{2a}}\left[\left(2 + j\pi\frac{b}{2a}\mathfrak{Tg}\, j\pi\frac{b}{2a} - \right.\right.$$

$$\left.\left. - j\pi\frac{v}{a}\mathfrak{Cotg}\, j\pi\frac{v}{a} - j\pi\frac{d}{a}\mathfrak{Cotg}\, j\pi\frac{d}{a}\right)\mathfrak{Cof}\, j\pi\frac{\frac{b}{2}-y}{a} - j\pi\frac{\frac{b}{2}-y}{a}\mathfrak{Sin}\, j\pi\frac{\frac{b}{2}-y}{a}\right]. \quad (\gamma - \mathrm{a})$$

δ) Bereich $b - v - d \leqq y \leqq b - v + d$.

ε) Bereich $b - v + d \leqq y \leqq b$.

In den Formeln unter β) bzw. α) ist $y$ durch $b - y$ zu ersetzen.

**F₄ — 0 t**

Randmoment am Rand $t$: $m_t = \sum_{1,2}^{\infty} j\, m_{tj} \sin j\pi\frac{x}{a}$

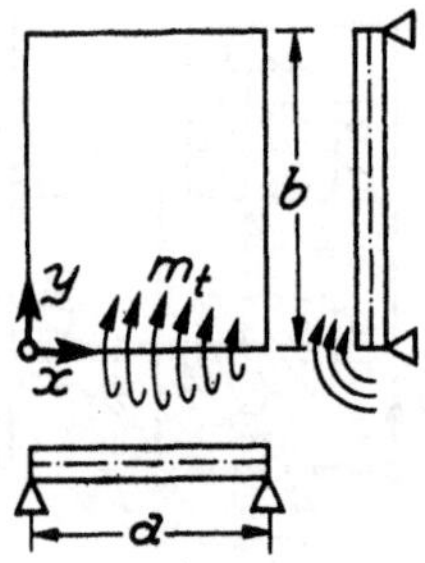


Abb. 98

$$S\zeta = a^2 \sum_{1,2}^{\infty} j \sin j\pi\frac{x}{a}\frac{m_{tj}}{2j^2\pi^2\mathfrak{Sin}\, j\pi\frac{b}{a}}\left[j\pi\frac{b}{a}\mathfrak{Cotg}\, j\pi\frac{b}{a}\mathfrak{Sin}\, j\pi\frac{b-y}{a} - j\pi\frac{b-y}{a}\mathfrak{Cof}\, j\pi\frac{b-y}{a}\right], \quad \text{(a)}$$

$$S\beta_y = a \sum_{1,2}^{\infty} j \sin j\pi\frac{x}{a}\frac{m_{tj}}{2j\pi\mathfrak{Sin}\, j\pi\frac{b}{a}}\left[\left(1 - j\pi\frac{b}{a}\mathfrak{Cotg}\, j\pi\frac{b}{a}\right)\mathfrak{Cof}\, j\pi\frac{b-y}{a} + \right.$$

$$\left. + j\pi\frac{b-y}{a}\mathfrak{Sin}\, j\pi\frac{b-y}{a}\right], \quad \text{(c)}$$

$$m_x = \sum_{1,2}^{\infty} j \sin j\pi\frac{x}{a}\frac{m_{tj}}{2\mathfrak{Sin}\, j\pi\frac{b}{a}}\left[j\pi\frac{b}{a}\mathfrak{Cotg}\, j\pi\frac{b}{a}\mathfrak{Sin}\, j\pi\frac{b-y}{a} - j\pi\frac{b-y}{a}\mathfrak{Cof}\, j\pi\frac{b-y}{a}\right], \quad \text{(d)}$$

$$m_y = \sum_{1,2}^{\infty} j \sin j\pi\frac{x}{a}\frac{m_{tj}}{2\mathfrak{Sin}\, j\pi\frac{b}{a}}\left[\left(2 - j\pi\frac{b}{a}\mathfrak{Cotg}\, j\pi\frac{b}{a}\right)\mathfrak{Sin}\, j\pi\frac{b-y}{a} + \right.$$

$$\left. + j\pi\frac{b-y}{a}\mathfrak{Cof}\, j\pi\frac{b-y}{a}\right], \quad \text{(e)}$$

$$m_{xy} = \sum_{1,2}^{\infty} j \cos j\pi\frac{x}{a}\frac{m_{tj}}{2\mathfrak{Sin}\, j\pi\frac{b}{a}}\left[\left(-1 + j\pi\frac{b}{a}\mathfrak{Cotg}\, j\pi\frac{b}{a}\right)\mathfrak{Cof}\, j\pi\frac{b-y}{a} - \right.$$

$$\left. - j\pi\frac{b-y}{a}\mathfrak{Sin}\, j\pi\frac{b-y}{a}\right], \quad \text{(f)}$$

$$q_x = \frac{1}{a}\sum_{1,2}^{\infty} j \cos j\pi\frac{x}{a}\frac{m_{tj}\, j\pi}{\mathfrak{Sin}\, j\pi\frac{b}{a}}\mathfrak{Sin}\, j\pi\frac{b-y}{a}, \quad \text{(h)}$$

$$\bar{q}_x = \frac{1}{a}\sum_{1,2}^{\infty} j \cos j\pi\frac{x}{a}\frac{m_{tj}\, j\pi}{2\mathfrak{Sin}\, j\pi\frac{b}{a}}\left[\left(4 - j\pi\frac{b}{a}\mathfrak{Cotg}\, j\pi\frac{b}{a}\right)\mathfrak{Sin}\, j\pi\frac{b-y}{a} + \right.$$

$$\left. + j\pi\frac{b-y}{a}\mathfrak{Cof}\, j\pi\frac{b-y}{a}\right], \quad \text{(k)}$$

$$q_y = \frac{1}{a} \sum_{1,2}^{\infty} {}_j \sin j\pi \frac{x}{a} \frac{m_{tj}\, j\pi}{\mathfrak{Sin}\, j\pi \frac{b}{a}} \left(-\mathfrak{Cof}\, j\pi \frac{b-y}{a}\right), \qquad \text{(l)}$$

$$\bar{q}_y = \frac{1}{a} \sum_{1,2}^{\infty} {}_j \sin j\pi \frac{x}{a} \frac{m_{tj}\, j\pi}{2\,\mathfrak{Sin}\, j\pi \frac{b}{a}} \left[\left(-1 - j\pi \frac{b}{a} \mathfrak{Cotg}\, j\pi \frac{b}{a}\right) \mathfrak{Cof}\, j\pi \frac{b-y}{a} + {} + j\pi \frac{b-y}{a} \mathfrak{Sin}\, j\pi \frac{b-y}{a}\right]. \qquad \text{(n)}$$

Plattenmittelpunkt $\left(x = \frac{a}{2},\ y = \frac{b}{2}\right)$:

$$S\,\zeta_m = \sum_{1,3}^{\infty} {}_j \sin \frac{j\pi}{2} m_{tj}\, a\, b \frac{\mathfrak{Tg}\, j\pi \frac{b}{2a}}{8\, j\pi\, \mathfrak{Cof}\, j\pi \frac{b}{2a}}, \qquad \text{(m — a)}$$

$$m_{xm} = \sum_{1,3}^{\infty} {}_j \sin \frac{j\pi}{2} m_{tj} \frac{j\pi \frac{b}{2a} \mathfrak{Tg}\, j\pi \frac{b}{2a}}{4\,\mathfrak{Cof}\, j\pi \frac{b}{2a}}, \qquad \text{(m — d)}$$

$$m_{ym} = \sum_{1,3}^{\infty} {}_j \sin \frac{j\pi}{2} m_{tj} \frac{2 - j\pi \frac{b}{2a} \mathfrak{Tg}\, j\pi \frac{b}{2a}}{4\,\mathfrak{Cof}\, j\pi \frac{b}{2a}}. \qquad \text{(m — e)}$$

Rand $t$ $(y = 0)$:

$$S\,\beta_t = \sum_{1,2}^{\infty} {}_j \sin j\pi \frac{x}{a} m_{tj} \frac{a}{2j\pi} \left[\mathfrak{Cotg}\, j\pi \frac{b}{a} - \frac{j\pi \frac{b}{a}}{\mathfrak{Sin}^2\, j\pi \frac{b}{a}}\right], \qquad \text{(t — c)}$$

$$m_{xyt} = \sum_{1,2}^{\infty} {}_j \cos j\pi \frac{x}{a} \frac{m_{tj}}{2} \left[-\mathfrak{Cotg}\, j\pi \frac{b}{a} + \frac{j\pi \frac{b}{a}}{\mathfrak{Sin}^2\, j\pi \frac{b}{a}}\right], \qquad \text{(t — f)}$$

$$q_t = -\sum_{1,2}^{\infty} {}_j \sin j\pi \frac{x}{a} \frac{m_{tj}}{a} j\pi\, \mathfrak{Cotg}\, j\pi \frac{b}{a}, \qquad \text{(t — l)}$$

$$\bar{q}_t = -\sum_{1,2}^{\infty} {}_j \sin j\pi \frac{x}{a} \frac{m_{tj}}{a} \frac{j\pi}{2} \left[\mathfrak{Cotg}\, j\pi \frac{b}{a} + \frac{j\pi \frac{b}{a}}{\mathfrak{Sin}^2\, j\pi \frac{b}{a}}\right]. \qquad \text{(t — n)}$$

Rand $b$ $(y = b)$:

$$-S\,\beta_b = \sum_{1,2}^{\infty} {}_j \sin j\pi \frac{x}{a} m_{tj} \frac{a}{2j\pi} \frac{j\pi \frac{b}{a} \mathfrak{Cotg}\, j\pi \frac{b}{a} - 1}{\mathfrak{Sin}\, j\pi \frac{b}{a}}, \qquad \text{(b — c)}$$

$$m_{xyb} = \sum_{1,2}^{\infty} {}_j \cos j\pi \frac{x}{a} m_{tj} \frac{j\pi \frac{b}{a} \mathfrak{Cotg}\, j\pi \frac{b}{a} - 1}{2\,\mathfrak{Sin}\, j\pi \frac{b}{a}}, \qquad \text{(b — f)}$$

$$-q_b = \sum_{1,2}^{\infty} {}_j \sin j\pi \frac{x}{a} \frac{m_{tj}}{a} \frac{j\pi}{\mathfrak{Sin}\, j\pi \frac{b}{a}}, \qquad \text{(b — l)}$$

$$-\bar{q}_b = \sum_{1,2}^{\infty} {}_j \sin j\pi \frac{x}{a} \frac{m_{tj}}{a} j\pi \frac{j\pi \frac{b}{a} \mathfrak{Cotg}\, j\pi \frac{b}{a} + 1}{2\,\mathfrak{Sin}\, j\pi \frac{b}{a}}. \qquad \text{(b — n)}$$

**$F_4$ — 0t**

Rand $s$ $(x = 0)$:

$S\beta_s$ als sin-Reihe mit der Periode $2b$ entwickelt:

$$S\beta_s = \sum_{1,2}^{\infty}{}_k \sin k\pi\frac{y}{b} \sum_{1,2}^{\infty}{}_j\, m_{tj}\frac{2a}{jk\pi^2\left(\frac{jb}{ka}+\frac{ka}{jb}\right)^2}. \tag{s — b}$$

Rand $a$ $(x = a)$:

$$-S\beta_a = \sum_{1,2}^{\infty}{}_k \sin k\pi\frac{y}{b} \sum_{1,2}^{\infty}{}_j\, m_{tj}(-\cos j\pi)\frac{2a}{jk\pi^2\left(\frac{jb}{ka}+\frac{ka}{jb}\right)^2}. \tag{a — b}$$

Mitte des Randes $s$ $(x = 0,\ y = \frac{b}{2})$:

$$q_{sm} = \sum_{1,2}^{\infty}{}_j \frac{m_{tj}}{a}\frac{j\pi}{2\,\mathfrak{Cof}\, j\pi\frac{b}{2a}}, \tag{sm — h}$$

$$\bar{q}_{sm} = \sum_{1,2}^{\infty}{}_j \frac{m_{tj}}{a}\frac{j\pi}{4\,\mathfrak{Cof}\, j\pi\frac{b}{2a}}\left(4 - j\pi\frac{b}{2a}\,\mathfrak{Tg}\, j\pi\frac{b}{2a}\right). \tag{sm — k}$$

Mitte des Randes $a$ $(x = a,\ y = \frac{b}{2})$:

$$-q_{am} = \sum_{1,2}^{\infty}{}_j \frac{m_{tj}}{a}(-\cos j\pi)\frac{j\pi}{2\,\mathfrak{Cof}\, j\pi\frac{b}{2a}}, \tag{am — h}$$

$$-\bar{q}_{am} = \sum_{1,2}^{\infty}{}_j \frac{m_{tj}}{a}(-\cos j\pi)\frac{j\pi}{4\,\mathfrak{Cof}\, j\pi\frac{b}{2a}}\left(4 - j\pi\frac{b}{2a}\,\mathfrak{Tg}\, j\pi\frac{b}{2a}\right). \tag{am — k}$$

Träger unter dem Rand $t$ $(y = 0)$ und

Träger unter dem Rand $b$ $(y = b)$, unter den Plattenecken frei drehbar gestützt (Stützweite $a$):

$$C_{tj} = -\frac{1}{2}\left(\mathfrak{Cotg}\, j\pi\frac{b}{a} + \frac{j\pi\frac{b}{a}}{\mathfrak{Sin}^2\, j\pi\frac{b}{a}}\right),$$

$$C_{bj} = \frac{j\pi\frac{b}{a}\,\mathfrak{Cotg}\, j\pi\frac{b}{a} + 1}{2\,\mathfrak{Sin}\, j\pi\frac{b}{a}},$$

$$EJ\zeta = a^3\sum_{1,2}^{\infty}{}_j \sin j\pi\frac{x}{a}\, m_{tj}\frac{C_j}{j^3\pi^3}, \tag{T — a}$$

$$EJ\beta = a^2\sum_{1,2}^{\infty}{}_j \cos j\pi\frac{x}{a}\, m_{tj}\frac{C_j}{j^2\pi^2}, \tag{T — b}$$

$$M = a\sum_{1,2}^{\infty}{}_j \sin j\pi\frac{x}{a}\, m_{tj}\frac{C_j}{j\pi}, \tag{T — d}$$

$$Q = \sum_{1,2}^{\infty}{}_j \cos j\pi\frac{x}{a}\, m_{tj}C_j, \tag{T — h}$$

$$B_s = \frac{6}{a}EJ\beta_s = 6a\sum_{1,2}^{\infty}{}_j\, m_{tj}\frac{C_j}{j^2\pi^2}, \tag{Ts — b'}$$

$$B_a = -\frac{6}{a}EJ\beta_a = 6a\sum_{1,2}^{\infty}{}_j (-\cos j\pi)\, m_{tj}\frac{C_j}{j^2\pi^2}. \tag{Ta — b'}$$

Träger unter dem Rand $s$ $(x = 0)$, unter den Plattenecken frei drehbar gestützt (Stützweite $b$):

$$E J \zeta = b^2 \sum_{1,2}^{\infty} {}_j \frac{m_{tj} a}{j \pi} \left\{ \frac{1}{6} \left[ 2 \frac{y}{b} - 3 \left( \frac{y}{b} \right)^2 + \left( \frac{y}{b} \right)^3 \right] - \right.$$
$$\left. - \frac{1}{2 \left( j \pi \frac{b}{a} \right)^2 \mathfrak{Sin}\, j \pi \frac{b}{a}} \left[ j \pi \frac{b}{a} \mathfrak{Cotg}\, j \pi \frac{b}{a} \mathfrak{Sin}\, j \pi \frac{b-y}{a} - j \pi \frac{b-y}{a} \mathfrak{Cof}\, j \pi \frac{b-y}{a} \right] \right\}, \qquad \text{(S — a)}$$

$$E J \beta = b \sum_{1,2}^{\infty} {}_j \frac{m_{tj} a}{j \pi} \left\{ \frac{1}{6} \left[ 2 - 6 \frac{y}{b} + 3 \left( \frac{y}{b} \right)^2 \right] - \right.$$
$$\left. - \frac{1}{2 j \pi \frac{b}{a} \mathfrak{Sin}\, j \pi \frac{b}{a}} \left[ \left( 1 - j \pi \frac{b}{a} \mathfrak{Cotg}\, j \pi \frac{b}{a} \right) \mathfrak{Cof}\, j \pi \frac{b-y}{a} + j \pi \frac{b-y}{a} \mathfrak{Sin}\, j \pi \frac{b-y}{a} \right] \right\}, \qquad \text{(S — c)}$$

$$M = \sum_{1,2}^{\infty} {}_j \frac{m_{tj} a}{j \pi} \left\{ 1 - \frac{y}{b} - \frac{1}{2 \mathfrak{Sin}\, j \pi \frac{b}{a}} \left[ \left( 2 - \right. \right. \right.$$
$$\left. \left. \left. - j \pi \frac{b}{a} \mathfrak{Cotg}\, j \pi \frac{b}{a} \right) \mathfrak{Sin}\, j \pi \frac{b-y}{a} + j \pi \frac{b-y}{a} \mathfrak{Cof}\, j \pi \frac{b-y}{a} \right] \right\}, \qquad \text{(S — e)}$$

$$Q = \sum_{1,2}^{\infty} {}_j m_{tj} \left\{ - \frac{a}{j \pi b} + \frac{1}{2 \mathfrak{Sin}\, j \pi \frac{b}{a}} \left[ \left( 3 - \right. \right. \right.$$
$$\left. \left. \left. - j \pi \frac{b}{a} \mathfrak{Cotg}\, j \pi \frac{b}{a} \right) \mathfrak{Cof}\, j \pi \frac{b-y}{a} + j \pi \frac{b-y}{a} \mathfrak{Sin}\, j \pi \frac{b-y}{a} \right] \right\}. \qquad \text{(S — l)}$$

Auflager $y = 0$:

$$Q_t = \sum_{1,2}^{\infty} {}_j m_{tj} \left\{ - \frac{a}{j \pi b} + \frac{3}{2} \mathfrak{Cotg}\, j \pi \frac{b}{a} - \frac{j \pi \frac{b}{a}}{2 \mathfrak{Sin}^2 j \pi \frac{b}{a}} \right\}, \qquad \text{(St — l)}$$

$$B_t = \frac{6}{b} E J \beta_t = \sum_{1,2}^{\infty} {}_j \frac{m_{tj} a}{j \pi} \left\{ 2 - \frac{3a}{j \pi b} \mathfrak{Cotg}\, j \pi \frac{b}{a} + \frac{3}{\mathfrak{Sin}^2 j \pi \frac{b}{a}} \right\}. \qquad \text{(St — c')}$$

Auflager $y = b$:

$$Q_b = \sum_{1,2}^{\infty} {}_j m_{tj} \left\{ - \frac{a}{j \pi b} + \frac{3 - j \pi \frac{b}{a} \mathfrak{Cotg}\, j \pi \frac{b}{a}}{2 \mathfrak{Sin}\, j \pi \frac{b}{a}} \right\}, \qquad \text{(Sb — l)}$$

$$B_b = - \frac{6}{b} E J \beta_b = \sum_{1,2}^{\infty} {}_j \frac{m_{tj} a}{j \pi} \left\{ 1 + \frac{3}{\mathfrak{Sin}\, j \pi \frac{b}{a}} \left( \frac{a}{j \pi b} - \mathfrak{Cotg}\, j \pi \frac{b}{a} \right) \right\}. \qquad \text{(Sb — c')}$$

Trägermitte $(y = \frac{b}{2})$:

$$M_m = \sum_{1,2}^{\infty} {}_j \frac{m_{tj} a}{j \pi} \left\{ \frac{1}{2} - \frac{2 - j \pi \frac{b}{2a} \mathfrak{Tg}\, j \pi \frac{b}{2a}}{4 \mathfrak{Cof}\, j \pi \frac{b}{2a}} \right\}. \qquad \text{(Sm — e)}$$

Träger unter dem Rand $a$ $(x = a)$:

Wie Träger unter dem Rand $s$, aber alle Formeln unter dem Summenzeichen mit $(- \cos j \pi)$ multipliziert.

Bei *starrer Einspannung* eines Randes ist der Träger unter diesem Rand durch die Randquerkraft $q$ (nicht $\bar{q}$) belastet. Die nachstehenden Formeln geben den Anteil von $q$ infolge des Randmoments $m_t$.

**F$_4$ — 0t** Träger unter dem Rand $t$ bzw. $b$:
Frühere Formeln mit

$$C_{tj} = -\mathfrak{Cotg}\, j\pi \frac{b}{a},$$

$$C_{bj} = \frac{1}{\mathfrak{Sin}\, j\pi \frac{b}{a}}.$$

Träger unter dem Rand $s$ bei Belastung durch $q_s$ statt $\bar{q}_s$:

$$EJ\zeta = b^2 \sum_{1,2}^{\infty} {}_j \frac{m_{tj} a}{j\pi} \left\{ \frac{1}{6}\left[2\frac{y}{b} - 3\left(\frac{y}{b}\right)^2 + \left(\frac{y}{b}\right)^3\right] - \frac{1}{\left(j\pi\frac{b}{a}\right)^2}\left[1 - \frac{y}{b} - \frac{\mathfrak{Sin}\, j\pi\frac{b-y}{a}}{\mathfrak{Sin}\, j\pi\frac{b}{a}}\right]\right\}, \qquad (S' - a)$$

$$EJ\beta = b \sum_{1,2}^{\infty} {}_j \frac{m_{tj} a}{j\pi} \left\{ \frac{1}{6}\left[2 - 6\frac{y}{b} + 3\left(\frac{y}{b}\right)^2\right] + \frac{1}{\left(j\pi\frac{b}{a}\right)^2} - \frac{\mathfrak{Cof}\, j\pi\frac{b-y}{a}}{j\pi\frac{b}{a}\,\mathfrak{Sin}\, j\pi\frac{b}{a}}\right\}, \qquad (S' - c)$$

$$M = \sum_{1,2}^{\infty} {}_j \frac{m_{tj} a}{j\pi} \left\{1 - \frac{y}{b} - \frac{\mathfrak{Sin}\, j\pi\frac{b-y}{a}}{\mathfrak{Sin}\, j\pi\frac{b}{a}}\right\}, \qquad (S' - e)$$

$$Q = \sum_{1,2}^{\infty} {}_j\, m_{tj} \left\{-\frac{a}{j\pi b} + \frac{\mathfrak{Cof}\, j\pi\frac{b-y}{a}}{\mathfrak{Sin}\, j\pi\frac{b}{a}}\right\}. \qquad (S' - l)$$

Auflager $y = 0$:

$$Q_t = \sum_{1,2}^{\infty} {}_j\, m_{tj} \left\{-\frac{a}{j\pi b} + \mathfrak{Cotg}\, j\pi\frac{b}{a}\right\}, \qquad (S't - l)$$

$$B_t = \frac{6}{b} EJ\beta_t = \sum_{1,2}^{\infty} {}_j \frac{m_{tj} a}{j\pi} \left\{2 + \frac{6}{\left(j\pi\frac{b}{a}\right)^2} - \frac{6}{j\pi\frac{b}{a}}\mathfrak{Cotg}\, j\pi\frac{b}{a}\right\}. \qquad (S't - c')$$

Auflager $y = b$:

$$Q_b = \sum_{1,2}^{\infty} {}_j\, m_{tj} \left\{-\frac{a}{j\pi b} + \frac{1}{\mathfrak{Sin}\, j\pi\frac{b}{a}}\right\}, \qquad (S'b - l)$$

$$B_b = -\frac{6}{b} EJ\beta_b = \sum_{1,2} {}_j \frac{m_{tj} a}{j\pi} \left\{1 - \frac{6}{\left(j\pi\frac{b}{a}\right)^2} + \frac{6}{j\pi\frac{b}{a}\,\mathfrak{Sin}\, j\pi\frac{b}{a}}\right\}. \qquad (S'b - c')$$

Trägermitte $\left(y = \frac{b}{2}\right)$:

$$M_m = \sum_{1,2}^{\infty} {}_j \frac{m_{tj} a}{j\pi} \left\{\frac{1}{2} - \frac{1}{2\,\mathfrak{Cof}\, j\pi\frac{b}{2a}}\right\}. \qquad (S'm - e)$$

Träger unter dem Rand $a$:

Wie Träger unter dem Rand $s$, aber alle Formeln unter dem Summenzeichen mit $(-\cos j\pi)$ multipliziert.

**F$_4$ — 0b** Randmoment am Rand $b$: $m_b = \sum_{1,2}^{\infty} {}_j\, m_{bj} \sin j\pi \frac{x}{a}$

In den Formeln zu Fall **F$_4$ — 0t** ist $b - y$ mit $y$ zu vertauschen; außerdem ist bei $S\beta_y$, $m_{xy}$, $q_y$ und $\bar{q}_y$ das Vorzeichen zu wechseln. Die Formeln für die Ränder $t$ und $b$ sind zu vertauschen.

Rand $s$:

$$S\beta_s = \sum_{1,2}^{\infty} {}_k \sin k\pi\frac{y}{b}(-\cos k\pi)\sum_{1,2}^{\infty} {}_j m_{bj}\frac{2a}{jk\pi^2\left(\frac{jb}{ka}+\frac{ka}{jb}\right)^2}. \qquad \text{(s — b)}$$

Rand $a$:

$$-S\beta_a = \sum_{1,2}^{\infty} {}_k \sin k\pi\frac{y}{b}(-\cos k\pi)\sum_{1,2}^{\infty} {}_j m_{bj}(-\cos j\pi)\frac{2a}{jk\pi^2\left(\frac{jb}{ka}+\frac{ka}{jb}\right)^2}. \qquad \text{(a — b)}$$

**$F_4$ — 0tb**

## Gleiche Randmomente an den Rändern $t$ und $b$

$$m_t = m_b = \sum_{1,2}^{\infty} {}_j \hat{m}_{tj}\sin j\pi\frac{x}{a}$$

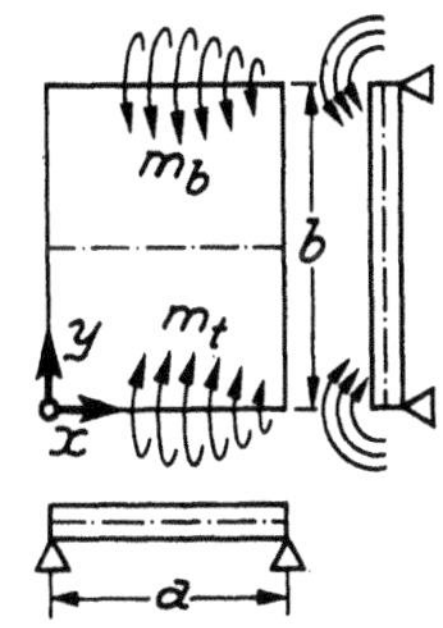

Abb. 99

$$S\zeta = a^2\sum_{1,2}^{\infty} {}_j \sin j\pi\frac{x}{a}\frac{\hat{m}_{tj}}{2j^2\pi^2\,\mathfrak{Cof}\,j\pi\frac{b}{2a}}\left[\frac{j\pi b}{2a}\,\mathfrak{Tg}\,j\pi\frac{b}{2a}\,\mathfrak{Cof}\,j\pi\frac{\frac{b}{2}-y}{a} - j\pi\frac{\frac{b}{2}-y}{a}\,\mathfrak{Sin}\,j\pi\frac{\frac{b}{2}-y}{a}\right], \qquad \text{(a)}$$

$$S\beta_y = a\sum_{1,2}^{\infty} {}_j \sin j\pi\frac{x}{a}\frac{\hat{m}_{tj}}{2j\pi\,\mathfrak{Cof}\,j\pi\frac{b}{2a}}\left[\left(1 - j\pi\frac{b}{2a}\,\mathfrak{Tg}\,j\pi\frac{b}{2a}\right)\mathfrak{Sin}\,j\pi\frac{\frac{b}{2}-y}{a} + j\pi\frac{\frac{b}{2}-y}{a}\,\mathfrak{Cof}\,j\pi\frac{\frac{b}{2}-y}{a}\right], \qquad \text{(c)}$$

$$m_x = \sum_{1,2}^{\infty} {}_j \sin j\pi\frac{x}{a}\frac{\hat{m}_{tj}}{2\,\mathfrak{Cof}\,j\pi\frac{b}{2a}}\left[j\pi\frac{b}{2a}\,\mathfrak{Tg}\,j\pi\frac{b}{2a}\,\mathfrak{Cof}\,j\pi\frac{\frac{b}{2}-y}{a} - j\pi\frac{\frac{b}{2}-y}{a}\,\mathfrak{Sin}\,j\pi\frac{\frac{b}{2}-y}{a}\right], \qquad \text{(d)}$$

$$m_y = \sum_{1,2}^{\infty} {}_j \sin j\pi\frac{x}{a}\frac{\hat{m}_{tj}}{2\,\mathfrak{Cof}\,j\pi\frac{b}{2a}}\left[\left(2 - j\pi\frac{b}{2a}\,\mathfrak{Tg}\,j\pi\frac{b}{2a}\right)\mathfrak{Cof}\,j\pi\frac{\frac{b}{2}-y}{a} + j\pi\frac{\frac{b}{2}-y}{a}\,\mathfrak{Sin}\,j\pi\frac{\frac{b}{2}-y}{a}\right], \qquad \text{(e)}$$

$$m_{xy} = \sum_{1,2}^{\infty} {}_j \cos j\pi\frac{x}{a}\frac{\hat{m}_{tj}}{2\,\mathfrak{Cof}\,j\pi\frac{b}{2a}}\left[\left(-1 + j\pi\frac{b}{2a}\,\mathfrak{Tg}\,j\pi\frac{b}{2a}\right)\mathfrak{Sin}\,j\pi\frac{\frac{b}{2}-y}{a} - j\pi\frac{\frac{b}{2}-y}{a}\,\mathfrak{Cof}\,j\pi\frac{\frac{b}{2}-y}{a}\right], \qquad \text{(f)}$$

$$q_x = \frac{1}{a}\sum_{1,2}^{\infty} {}_j \cos j\pi\frac{x}{a}\frac{\hat{m}_{tj}\,j\pi}{\mathfrak{Cof}\,j\pi\frac{b}{2a}}\,\mathfrak{Cof}\,j\pi\frac{\frac{b}{2}-y}{a}, \qquad \text{(h)}$$

**$F_4$ — 0tb**

$$\bar{q}_x = \frac{1}{a} \sum_{1,2}^{\infty} {}_j \cos j\pi \frac{x}{a} \frac{\widehat{m}_{tj} j\pi}{2\,\mathfrak{Cos}\, j\pi \frac{b}{2a}} \left[ \left(4 - j\pi \frac{b}{2a} \mathfrak{Tg}\, j\pi \frac{b}{2a}\right) \mathfrak{Cos}\, j\pi \frac{\frac{b}{2} - y}{a} + \right.$$

$$\left. + j\pi \frac{\frac{b}{2} - y}{a} \mathfrak{Sin}\, j\pi \frac{\frac{b}{2} - y}{a} \right], \quad \text{(k)}$$

$$q_y = \frac{1}{a} \sum_{1,2}^{\infty} {}_j \sin j\pi \frac{x}{a} \frac{\widehat{m}_{tj} j\pi}{\mathfrak{Cos}\, j\pi \frac{b}{2a}} \left( - \mathfrak{Sin}\, j\pi \frac{\frac{b}{2} - y}{a} \right), \quad \text{(l)}$$

$$\bar{q}_y = \frac{1}{a} \sum_{1,2}^{\infty} {}_j \sin j\pi \frac{x}{a} \frac{\widehat{m}_{tj} j\pi}{2\,\mathfrak{Cos}\, j\pi \frac{b}{2a}} \left[ \left(-1 - j\pi \frac{b}{2a} \mathfrak{Tg}\, j\pi \frac{b}{2a}\right) \mathfrak{Sin}\, j\pi \frac{\frac{b}{2} - y}{a} + \right.$$

$$\left. + j\pi \frac{\frac{b}{2} - y}{a} \mathfrak{Cos}\, j\pi \frac{\frac{b}{2} - y}{a} \right]. \quad \text{(n)}$$

Plattenmittelpunkt $\left(x = \frac{a}{2},\ y = \frac{b}{2}\right)$:

$$S\,\zeta_m = \sum_{1,3}^{\infty} {}_j \sin \frac{j\pi}{2} \widehat{m}_{tj}\, a\, b \frac{\mathfrak{Tg}\, j\pi \frac{b}{2a}}{4 j\pi\, \mathfrak{Cos}\, j\pi \frac{b}{2a}}, \quad \text{(m — a)}$$

$$m_{xm} = \sum_{1,3}^{\infty} {}_j \sin \frac{j\pi}{2} \widehat{m}_{tj} \frac{j\pi \frac{b}{2a} \mathfrak{Tg}\, j\pi \frac{b}{2a}}{2\,\mathfrak{Cos}\, j\pi \frac{b}{2a}}, \quad \text{(m — d)}$$

$$m_{ym} = \sum_{1,3}^{\infty} {}_j \sin \frac{j\pi}{2} \widehat{m}_{tj} \frac{2 - j\pi \frac{b}{2a} \mathfrak{Tg}\, j\pi \frac{b}{2a}}{2\,\mathfrak{Cos}\, j\pi \frac{b}{2a}}. \quad \text{(m — e)}$$

Rand $t$ $(y = 0)$ und Rand $b$ $(y = b)$:

$$S\,\beta_t = - S\,\beta_b = \sum_{1,2}^{\infty} {}_j \sin j\pi \frac{x}{a} \widehat{m}_{tj} \frac{a}{2 j\pi} \left[ \mathfrak{Tg}\, j\pi \frac{b}{2a} + \frac{j\pi \frac{b}{2a}}{\mathfrak{Cos}^2\, j\pi \frac{b}{2a}} \right], \quad \text{(t — c)}$$

$$m_{xyt} = - m_{xyb} = - \sum_{1,2}^{\infty} {}_j \cos j\pi \frac{x}{a} \frac{\widehat{m}_{tj}}{2} \left[ \mathfrak{Tg}\, j\pi \frac{b}{2a} + \frac{j\pi \frac{b}{2a}}{\mathfrak{Cos}^2\, j\pi \frac{b}{2a}} \right], \quad \text{(t — f)}$$

$$q_t = - q_b = - \sum_{1,2}^{\infty} {}_j \sin j\pi \frac{x}{a} \frac{\widehat{m}_{tj}}{a} j\pi\, \mathfrak{Tg}\, j\pi \frac{b}{2a}, \quad \text{(t — l)}$$

$$\bar{q}_t = - \bar{q}_b = - \sum_{1,2}^{\infty} {}_j \sin j\pi \frac{x}{a} \frac{\widehat{m}_{tj}}{a} \frac{j\pi}{2} \left[ \mathfrak{Tg}\, j\pi \frac{b}{2a} - \frac{j\pi \frac{b}{2a}}{\mathfrak{Cos}^2\, j\pi \frac{b}{2a}} \right]. \quad \text{(t — n)}$$

Rand $s$ $(x = 0)$:

$S\,\beta_s$ als sin-Reihe mit der Periode $2b$ entwickelt:

$$S\,\beta_s = \sum_{1,3}^{\infty} {}_k \sin k\pi \frac{y}{b} \sum_{1,2}^{\infty} {}_j \widehat{m}_{tj} \frac{4a}{j k \pi^2 \left( \frac{j b}{k a} + \frac{k a}{j b} \right)^2}. \quad \text{(s — b)}$$

Mitte des Randes $s$ $(x = 0,\ y = \frac{b}{2})$:

$$q_{sm} = \sum_{1,2}^{\infty} {}_j \frac{\widehat{m}_{tj}}{a} \frac{j\pi}{\operatorname{Cof} j\pi \frac{b}{2a}}, \qquad \text{(sm — h)}$$

$$\bar{q}_{sm} = \sum_{1,2}^{\infty} {}_j \frac{\widehat{m}_{tj}}{a} \frac{j\pi}{2 \operatorname{Cof} j\pi \frac{b}{2a}} \left(4 - j\pi \frac{b}{2a} \operatorname{Tg} j\pi \frac{b}{2a}\right). \qquad \text{(sm — k)}$$

Rand $a$ $(x = a)$:

Formeln wie Rand $s$, aber unter dem Summenzeichen mit $-\cos j\pi$ multipliziert.

Träger unter dem Rand $t$ $(y = 0)$ und Träger unter dem Rand $b$ $(y = b)$, unter den Plattenecken frei drehbar gestützt (Stützweite $a$):

Formeln wie Fall **$F_4$ — 0t** mit $C_j = -\frac{1}{2}\left(\operatorname{Tg} j\pi \frac{b}{2a} - \frac{j\pi \frac{b}{2a}}{\operatorname{Cof}^2 j\pi \frac{b}{2a}}\right)$.

Bei Belastung durch $q$ statt $\bar{q}$ (bei starrer Einspannung der Ränder $t$ und $b$ zu verwenden) ist

$$C_j = -\operatorname{Tg} j\pi \frac{b}{2a}.$$

Träger unter dem Rand $s$ $(x = 0)$, unter den Plattenecken frei drehbar gestützt (Stützweite $b$):

$$E J \zeta = b^2 \sum_{1,2}^{\infty} {}_j \frac{\widehat{m}_{tj}\, a}{j\pi} \left\{ \frac{y}{2b} - \frac{1}{2}\left(\frac{y}{b}\right)^2 - \right.$$
$$\left. - \frac{1}{2\left(j\pi \frac{b}{a}\right)^2 \operatorname{Cof} j\pi \frac{b}{2a}} \left[ j\pi \frac{b}{2a} \operatorname{Tg} j\pi \frac{b}{2a} \operatorname{Cof} j\pi \frac{\frac{b}{2} - y}{a} - j\pi \frac{\frac{b}{2} - y}{a} \operatorname{Sin} j\pi \frac{\frac{b}{2} - y}{a} \right] \right\}, \qquad \text{(S — a)}$$

$$E J \beta = b \sum_{1,2}^{\infty} {}_j \frac{\widehat{m}_{tj}\, a}{j\pi} \left\{ \frac{1}{2} - \frac{y}{b} - \right.$$
$$\left. - \frac{1}{2 j\pi \frac{b}{a} \operatorname{Cof} j\pi \frac{b}{2a}} \left[ \left(1 - j\pi \frac{b}{2a} \operatorname{Tg} j\pi \frac{b}{2a}\right) \operatorname{Sin} j\pi \frac{\frac{b}{2} - y}{a} + j\pi \frac{\frac{b}{2} - y}{a} \operatorname{Cof} j\pi \frac{\frac{b}{2} - y}{a} \right] \right\}, \qquad \text{(S — c)}$$

$$M = \sum_{1,2}^{\infty} {}_j \frac{\widehat{m}_{tj}\, a}{j\pi} \left\{ 1 - \frac{1}{2 \operatorname{Cof} j\pi \frac{b}{2a}} \left[ \left(2 - j\pi \frac{b}{2a} \operatorname{Tg} j\pi \frac{b}{2a}\right) \operatorname{Cof} j\pi \frac{\frac{b}{2} - y}{a} + \right. \right.$$
$$\left. \left. + j\pi \frac{\frac{b}{2} - y}{a} \operatorname{Sin} j\pi \frac{\frac{b}{2} - y}{a} \right] \right\}, \qquad \text{(S — e)}$$

$$Q = \sum_{1,2}^{\infty} {}_j \frac{\widehat{m}_{tj}}{2 \operatorname{Cof} j\pi \frac{b}{2a}} \left[ \left(3 - j\pi \frac{b}{2a} \operatorname{Tg} j\pi \frac{b}{2a}\right) \operatorname{Sin} j\pi \frac{\frac{b}{2} - y}{a} + j\pi \frac{\frac{b}{2} - y}{a} \operatorname{Cof} j\pi \frac{\frac{b}{2} - y}{a} \right]. \qquad \text{(S — l)}$$

Auflager $y = 0$ und $y = b$:

$$Q_t = -Q_b = \sum_{1,2}^{\infty} {}_j \widehat{m}_{tj} \left[ \frac{3}{2} \operatorname{Tg} j\pi \frac{b}{2a} + \frac{j\pi \frac{b}{4a}}{\operatorname{Cof}^2 j\pi \frac{b}{2a}} \right], \qquad \text{(St — l)}$$

$$B_t = B_b = \frac{6}{b} E J \beta_t = \sum_{1,2}^{\infty} {}_j \frac{\widehat{m}_{tj}\, a}{j\pi}\, 3 \left[ 1 - \frac{a}{j\pi b} \operatorname{Tg} j\pi \frac{b}{2a} - \frac{1}{2 \operatorname{Cof}^2 j\pi \frac{b}{2a}} \right]. \qquad \text{(S — c')}$$

**F₄ — 0tb** Trägermitte ($y = \frac{b}{2}$):

$$M_m = \sum_{1,2}^{\infty}{}_j \frac{\widehat{m}_{tj}\, a}{j\pi}\left\{1 - \frac{2 - j\pi\frac{b}{2a}\,\mathfrak{Tg}\, j\pi\frac{b}{2a}}{2\,\mathfrak{Cof}\, j\pi\frac{b}{2a}}\right\}. \qquad \text{(Sm — e)}$$

Träger unter dem Rand $s$ bei Belastung durch $q_s$ statt $q_s$ (bei starrer Einspannung des Randes $s$ zu verwenden):

$$E\,J\,\zeta = b^2 \sum_{1,2}^{\infty}{}_j \frac{\widehat{m}_{tj}\, a}{j\pi}\left\{\frac{y}{2b} - \frac{1}{2}\left(\frac{y}{b}\right)^2 - \frac{1}{\left(j\pi\frac{b}{a}\right)^2}\left[1 - \frac{\mathfrak{Cof}\, j\pi\frac{\frac{b}{2}-y}{a}}{\mathfrak{Cof}\, j\pi\frac{b}{2a}}\right]\right\}, \qquad \text{(S' — a)}$$

$$E\,J\,\beta = b \sum_{1,2}^{\infty}{}_j \frac{\widehat{m}_{tj}\, a}{j\pi}\left\{\frac{1}{2} - \frac{y}{b} - \frac{\mathfrak{Sin}\, j\pi\frac{\frac{b}{2}-y}{a}}{j\pi\frac{b}{a}\,\mathfrak{Cof}\, j\pi\frac{b}{2a}}\right\}, \qquad \text{(S' — c)}$$

$$M = \sum_{1,2}^{\infty}{}_j \frac{\widehat{m}_{tj}\, a}{j\pi}\left\{1 - \frac{\mathfrak{Cof}\, j\pi\frac{\frac{b}{2}-y}{a}}{\mathfrak{Cof}\, j\pi\frac{b}{2a}}\right\}, \qquad \text{(S' — e)}$$

$$Q = \sum_{1,2}^{\infty}{}_j\, \widehat{m}_{tj} \frac{\mathfrak{Sin}\, j\pi\frac{\frac{b}{2}-y}{a}}{\mathfrak{Cof}\, j\pi\frac{b}{2a}}. \qquad \text{(S' — l)}$$

Auflager $y = 0$ und $y = b$:

$$Q_t = -Q_b = \sum_{1,2}^{\infty}{}_j\, \widehat{m}_{tj}\, \mathfrak{Tg}\, j\pi\frac{b}{2a}, \qquad \text{(S't — l)}$$

$$B_t = B_b = \frac{6}{b} E\,J\,\beta_t = \sum_{1,2}^{\infty}{}_j \frac{\widehat{m}_{tj}\, a}{j\pi}\left\{3 - \frac{6}{j\pi\frac{b}{a}}\,\mathfrak{Tg}\, j\pi\frac{b}{2a}\right\}. \qquad \text{(S' — c')}$$

Trägermitte ($y = \frac{b}{2}$):

$$M_m = \sum_{1,2}^{\infty}{}_j \frac{\widehat{m}_{tj}\, a}{j\pi}\left(1 - \frac{1}{\mathfrak{Cof}\, j\pi\frac{b}{2a}}\right). \qquad \text{(S'm — e)}$$

Träger unter dem Rand $a$:

Wie Träger unter dem Rand $s$, aber alle Formeln unter dem Summenzeichen mit $(-\cos j\pi)$ multipliziert.

**F₄ — 0s** Randmoment am Rand $s$: $m_s = \sum_{1,2}^{\infty}{}_k\, m_{sk} \sin k\pi\frac{y}{b}$

Alle Formeln wie Fall **F₄ — 0t**, mit vertauschten Koordinaten.

$$S\,\zeta = b^2 \sum_{1,2}^{\infty}{}_k \sin k\pi\frac{y}{b}\,\frac{m_{sk}}{2k^2\pi^2\,\mathfrak{Sin}\, k\pi\frac{a}{b}}\left[k\pi\frac{a}{b}\,\mathfrak{Cotg}\, k\pi\frac{a}{b}\,\mathfrak{Sin}\, k\pi\frac{a-x}{b} - k\pi\frac{a-x}{b}\,\mathfrak{Cof}\, k\pi\frac{a-x}{b}\right]. \qquad \text{(a)}$$

Plattenmittelpunkt $\left(x = \frac{a}{2},\ y = \frac{b}{2}\right)$:

$$S\,\zeta_m = \sum_{1,3}^{\infty} {}_k \sin\frac{k\pi}{2}\, m_{sk}\, a\, b\, \frac{\mathfrak{Tg}\, k\pi \frac{a}{2b}}{8\,k\pi\, \mathfrak{Cos}\, k\pi \frac{a}{2b}}, \qquad \text{(m — a)}$$

$$m_{xm} = \sum_{1,3}^{\infty} {}_k \sin\frac{k\pi}{2}\, m_{sk} \frac{2 - k\pi \frac{a}{2b}\, \mathfrak{Tg}\, k\pi \frac{a}{2b}}{4\, \mathfrak{Cos}\, k\pi \frac{a}{2b}}, \qquad \text{(m — d)}$$

$$m_{ym} = \sum_{1,3}^{\infty} {}_k \sin\frac{k\pi}{2}\, m_{sk} \frac{k\pi \frac{a}{2b}\, \mathfrak{Tg}\, k\pi \frac{a}{2b}}{4\, \mathfrak{Cos}\, k\pi \frac{a}{2b}}. \qquad \text{(m — e)}$$

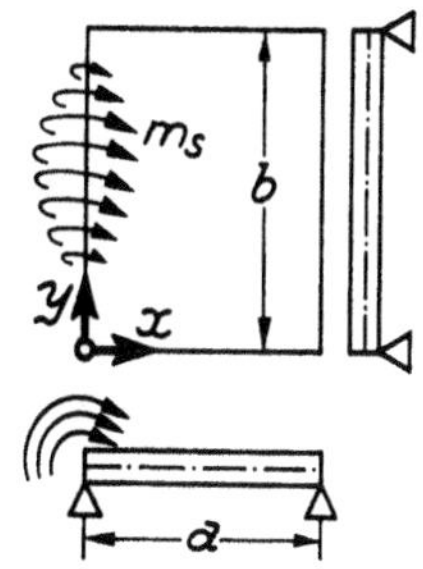


Abb. 100

Rand $s$ $(x = 0)$:

$$S\,\beta_s = \sum_{1,2}^{\infty} {}_k \sin k\pi \frac{y}{b}\, m_{sk} \frac{b}{2k\pi} \left[\mathfrak{Cotg}\, k\pi \frac{a}{b} - \frac{k\pi \frac{a}{b}}{\mathfrak{Sin}^2\, k\pi \frac{a}{b}}\right], \qquad \text{(s — b)}$$

$$m_{xys} = \sum_{1,2}^{\infty} {}_k \cos k\pi \frac{y}{b} \frac{m_{sk}}{2} \left[-\mathfrak{Cotg}\, k\pi \frac{a}{b} + \frac{k\pi \frac{a}{b}}{\mathfrak{Sin}^2\, k\pi \frac{a}{b}}\right], \qquad \text{(s — f)}$$

$$q_s = -\sum_{1,2}^{\infty} {}_k \sin k\pi \frac{y}{b} \frac{m_{sk}}{a}\, k\pi \frac{a}{b}\, \mathfrak{Cotg}\, k\pi \frac{a}{b}, \qquad \text{(s — h)}$$

$$\bar{q}_s = -\sum_{1,2}^{\infty} {}_k \sin k\pi \frac{y}{b} \frac{m_{sk}}{a} \frac{k\pi a}{2b} \left[\mathfrak{Cotg}\, k\pi \frac{a}{b} + \frac{k\pi \frac{a}{b}}{\mathfrak{Sin}^2\, k\pi \frac{a}{b}}\right]. \qquad \text{(s — k)}$$

Rand $a$ $(x - a)$:

$$-S\,\beta_a = \sum_{1,2}^{\infty} {}_k \sin k\pi \frac{y}{b}\, m_{sk} \frac{b}{2k\pi} \frac{k\pi \frac{a}{b}\, \mathfrak{Cotg}\, k\pi \frac{a}{b} - 1}{\mathfrak{Sin}\, k\pi \frac{a}{b}}, \qquad \text{(a — b)}$$

$$m_{xya} = \sum_{1,2}^{\infty} {}_k \cos k\pi \frac{y}{b}\, m_{sk} \frac{k\pi \frac{a}{b}\, \mathfrak{Cotg}\, k\pi \frac{a}{b} - 1}{2\, \mathfrak{Sin}\, k\pi \frac{a}{b}}, \qquad \text{(a — f)}$$

$$-q_a = \sum_{1,2}^{\infty} {}_k \sin k\pi \frac{y}{b} \frac{m_{sk}}{a} \frac{k\pi \frac{a}{b}}{\mathfrak{Sin}\, k\pi \frac{a}{b}}, \qquad \text{(a — h)}$$

$$-\bar{q}_a = \sum_{1,2}^{\infty} {}_k \sin k\pi \frac{y}{b} \frac{m_{sk}}{a}\, k\pi \frac{a}{b} \frac{k\pi \frac{a}{b}\, \mathfrak{Cotg}\, k\pi \frac{a}{b} + 1}{2\, \mathfrak{Sin}\, k\pi \frac{a}{b}}. \qquad \text{(a — k)}$$

Rand $t$ $(y = 0)$:

$S\,\beta_t$ als sin-Reihe mit der Periode $2a$ entwickelt:

$$S\,\beta_t = \sum_{1,2}^{\infty} {}_j \sin j\pi \frac{x}{a} \sum_{1,2}^{\infty} {}_k\, m_{sk} \frac{2b}{j\,k\,\pi^2 \left(\frac{k\,a}{j\,b} + \frac{j\,b}{k\,a}\right)^2}. \qquad \text{(t — c)}$$

**$F_4$ — 0sa**

Gleiche Randmomente an den Rändern $s$ und $a$ ... $m_s = m_a = \sum_{1,2}^{\infty}{}_k\, \widehat{m}_{sk} \sin k\pi \frac{y}{b}$

Alle Formeln wie Fall **$F_4$ — 0tb**, mit vertauschten Koordinaten.

$$S\,\zeta = b^2 \sum_{1,2}^{\infty}{}_k \sin k\pi \frac{y}{b} \frac{\widehat{m}_{sk}}{2\,k\pi\,\mathfrak{Cos}\,k\pi\frac{a}{2\,b}} \left[\frac{a}{2\,b}\,\mathfrak{Tg}\,k\pi\frac{a}{2\,b}\,\mathfrak{Cos}\,k\pi\frac{\frac{a}{2}-x}{b} - \frac{\frac{a}{2}-x}{b}\,\mathfrak{Sin}\,k\pi\frac{\frac{a}{2}-x}{b}\right]. \tag{a}$$

Plattenmittelpunkt $\left(x = \frac{a}{2},\ y = \frac{b}{2}\right)$:

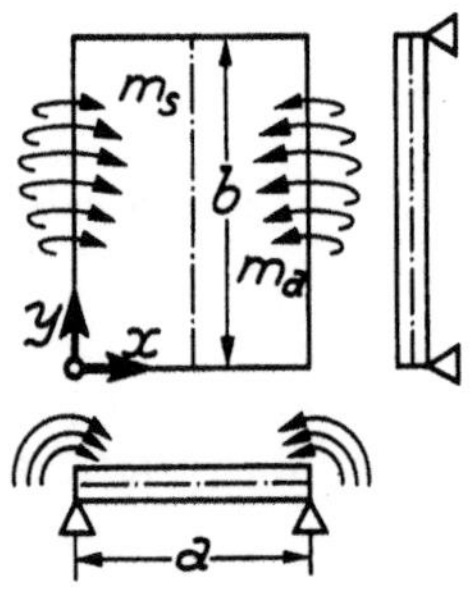

Abb. 101

$$S\,\zeta_m = \sum_{1,3\ldots}^{\infty}{}_k \sin\frac{k\pi}{2}\,\widehat{m}_{sk}\,a\,b\,\frac{\mathfrak{Tg}\,k\pi\frac{a}{2\,b}}{4\,k\pi\,\mathfrak{Cos}\,k\pi\frac{a}{2\,b}}, \tag{m — a}$$

$$m_{xm} = \sum_{1,3\ldots}^{\infty}{}_k \sin\frac{k\pi}{2}\,\widehat{m}_{sk}\,\frac{2 - k\pi\frac{a}{2\,b}\,\mathfrak{Tg}\,k\pi\frac{a}{2\,b}}{2\,\mathfrak{Cos}\,k\pi\frac{a}{2\,b}}, \tag{m — d}$$

$$m_{ym} = \sum_{1,3\ldots}^{\infty}{}_k \sin\frac{k\pi}{2}\,\widehat{m}_{sk}\,\frac{k\pi\frac{a}{2\,b}\,\mathfrak{Tg}\,k\pi\frac{a}{2\,b}}{2\,\mathfrak{Cos}\,k\pi\frac{a}{2\,b}}. \tag{m — e}$$

Rand $s$ $(x = 0)$ und Rand $a$ $(x = a)$:

$$S\,\beta_s = -\,S\,\beta_a = \sum_{1,2}^{\infty}{}_k \sin k\pi\frac{y}{b}\,\widehat{m}_{sk}\,\frac{b}{2\,k\pi}\left[\mathfrak{Tg}\,k\pi\frac{a}{2\,b} + \frac{k\pi\frac{a}{2\,b}}{\mathfrak{Cos}^2\,k\pi\frac{a}{2\,b}}\right], \tag{s — b}$$

$$m_{xys} = -\,m_{xya} = -\sum_{1,2}^{\infty}{}_k \cos k\pi\frac{y}{b}\,\frac{\widehat{m}_{sk}}{2}\left[\mathfrak{Tg}\,k\pi\frac{a}{2\,b} + \frac{k\pi\frac{a}{2\,b}}{\mathfrak{Cos}^2\,k\pi\frac{a}{2\,b}}\right], \tag{s — f}$$

$$q_s = \quad -\,q_a = -\sum_{1,2}^{\infty}{}_k \sin k\pi\frac{y}{b}\,\frac{\widehat{m}_{sk}}{a}\,\frac{k\pi a}{b}\,\mathfrak{Tg}\,k\pi\frac{a}{2\,b}, \tag{s — h}$$

$$\bar{q}_s = \quad -\,\bar{q}_a = -\sum_{1,2}^{\infty}{}_k \sin k\pi\frac{y}{b}\,\frac{\widehat{m}_{sk}}{a}\,\frac{k\pi a}{2\,b}\left[\mathfrak{Tg}\,k\pi\frac{a}{2\,b} - \frac{k\pi\frac{a}{2\,b}}{\mathfrak{Cos}^2\,k\pi\frac{a}{2\,b}}\right]. \tag{s — k}$$

Rand $t$ $(y = a)$:

$S\,\beta_t$ als sin-Reihe mit der Periode $2\,a$ entwickelt:

$$S\,\beta_t = \sum_{1,3}^{\infty}{}_j \sin j\pi\frac{x}{a} \sum_{1,2}^{\infty}{}_k \widehat{m}_{sk}\,\frac{4\,b}{j\,k\,\pi^2\left(\frac{k\,a}{j\,b} + \frac{j\,b}{k\,a}\right)^2}. \tag{t — c}$$

## C.2. Die Rechteckplatte mit frei drehbar gestützten und eingespannten Rändern

### *2.1.1. Grundlagen bei beliebiger Belastung*

*2.1.1.1. Der Grundfall.* In allen Fällen der Randeinspannung — starre Einspannung, elastische Einspannung in einem Anschlußwerk oder frei drehbare Stützung bei durchlaufender Platte — dient als Grundfall die Rechteckplatte mit frei drehbar gestützten Rändern, d. h.

es wird überall die *biegesteife* Verbindung der Platte mit dem Anschlußwerk bzw. zwischen den aneinandergrenzenden Rechteckfeldern gelöst gedacht; die *Stützung* des Randes bleibt aufrecht. Es ist einerlei, an welchen und an wievielen Rändern Einspannung vorliegt.

Im Grundfall entstehen unter der gegebenen Belastung Randverdrehungen, die als sin-Reihen dargestellt werden müssen; wir schreiben sie wie folgt:

$$\left.\begin{aligned}
\text{Rand } s \ldots S\beta_s &= \sum_{1,2}^{\infty}{}^{k} \sin k\pi\frac{y}{b}\,\frac{b}{2k\pi}B_{sk},\\
\text{Rand } a \ldots -S\beta_a &= \sum_{1,2}^{\infty}{}^{k} \sin k\pi\frac{y}{b}\,\frac{b}{2k\pi}B_{ak},\\
\text{Rand } t \ldots S\beta_t &= \sum_{1,2}^{\infty}{}^{j} \sin j\pi\frac{x}{a}\,\frac{a}{2j\pi}B_{tj},\\
\text{Rand } b \ldots -S\beta_b &= \sum_{1,2}^{\infty}{}^{j} \sin j\pi\frac{x}{a}\,\frac{a}{2j\pi}B_{bj}.
\end{aligned}\right\} \tag{192}$$

Die Belastungswerte „$B$" hängen von der Größe und Verteilung der Belastung ab. Die für die häufigsten Belastungsfälle geltenden Formeln sind im folgenden zusammengestellt.

Die Formeln für $B_{tj}$ und $B_{bj}$ gehen unmittelbar aus Formel (t — c) bzw. (b — c) für den betreffenden Belastungsfall (Abschnitt C. 1.) hervor; $B_{sk}$ und $B_{ak}$ ergeben sich durch Vertauschen der Koordinatenrichtungen.

*Zusammenstellung der Belastungswerte B für die häufigsten Belastungsfälle.*

Lastfall 1: Gleichlast $p$:

$$\left.\begin{aligned}
&k = 1, 3, 5 \ldots B_{sk} = B_{ak} = p\,a^2\frac{4\left(\frac{b}{a}\right)^2}{k^3\pi^3}\left[\mathfrak{Tg}\,k\pi\frac{a}{2b} - \frac{k\pi\frac{a}{2b}}{\mathfrak{Cof}^2\,k\pi\frac{a}{2b}}\right],\\
&k = 2, 4 \ldots B_{sk} = B_{ak} = 0,\\
&j = 1, 3, 5 \ldots B_{tj} = B_{bj} = p\,a^2\frac{4}{j^3\pi^3}\left[\mathfrak{Tg}\,j\pi\frac{b}{2a} - \frac{j\pi\frac{b}{2a}}{\mathfrak{Cof}^2\,j\pi\frac{b}{2a}}\right],\\
&j = 2, 4 \ldots B_{tj} = B_{bj} = 0.
\end{aligned}\right\} \tag{193}$$

Lastfall 3: Dreiecklast $p = p_s\left(1 - \frac{x}{a}\right)$:

$$\left.\begin{aligned}
&k = 1, 3, 5 \ldots \left\{\begin{aligned}
B_{sk} &= p_s a^2\frac{4\left(\frac{b}{a}\right)^2}{k^3\pi^3}\left[\mathfrak{Cotg}\,k\pi\frac{a}{b} + \frac{k\pi\frac{a}{b}}{\mathfrak{Sin}^2\,k\pi\frac{a}{b}} - \frac{2b}{k\pi a}\right],\\
B_{ak} &= p_s a^2\frac{4\left(\frac{b}{a}\right)^2}{k^3\pi^3}\left[\frac{2b}{k\pi a} - \frac{k\pi\frac{a}{b}\,\mathfrak{Cotg}\,k\pi\frac{a}{b} + 1}{\mathfrak{Sin}\,k\pi\frac{a}{b}}\right],
\end{aligned}\right.\\
&k = 2, 4 \ldots \quad B_{sk} = B_{ak} = 0,\\
&j = 1, 2, 3 \ldots \quad B_{tj} = B_{bj} = p_s a^2\frac{2}{j^3\pi^3}\left[\mathfrak{Tg}\,j\pi\frac{b}{2a} - \frac{j\pi\frac{b}{2a}}{\mathfrak{Cof}^2\,j\pi\frac{b}{2a}}\right].
\end{aligned}\right\} \tag{194}$$

Lastfall 13: Dreiecklast $p = p_t\left(1 - \frac{y}{b}\right)$:

$$\left.\begin{aligned}
&k = 1, 3, 5 \ldots \quad B_{sk} = B_{ak} = p_t a^2 \frac{2\left(\frac{b}{a}\right)^2}{k^3 \pi^3}\left[\mathfrak{Tg}\, k\pi \frac{a}{2b} - \frac{k\pi \frac{a}{2b}}{\mathfrak{Cof}^2\, k\pi \frac{a}{2b}}\right],\\
&j = 1, 3, 5 \ldots \left\{\begin{aligned}
&B_{tj} = p_t a^2 \frac{4}{j^3\pi^3}\left[\mathfrak{Cotg}\, j\pi \frac{b}{a} + \frac{j\pi \frac{b}{a}}{\mathfrak{Sin}^2\, j\pi \frac{b}{a}} - \frac{2a}{j\pi b}\right],\\
&B_{bj} = p_t a^2 \frac{4}{j^3\pi^3}\left[\frac{2a}{j\pi b} - \frac{j\pi \frac{b}{a}\,\mathfrak{Cotg}\, j\pi \frac{b}{a} + 1}{\mathfrak{Sin}\, j\pi \frac{b}{a}}\right],
\end{aligned}\right.\\
&j = 2, 4 \ldots \quad B_{tj} = B_{bj} = 0.
\end{aligned}\right\} \qquad (195)$$

Lastfall 213: Doppeldreiecklast, zur Linie $y = h$ fallend:

$$\left.\begin{aligned}
&k = 1, 3 \ldots B_{sk} = B_{ak} = p_t a^2 \frac{16\left(\frac{h}{a}\right)^2}{k^3\pi^3}\left(1 - \frac{\sin\frac{k\pi}{2}}{\frac{k\pi}{2}}\right)\left(\mathfrak{Tg}\, k\pi \frac{a}{4h} - \frac{k\pi \frac{a}{4h}}{\mathfrak{Cof}^2\, k\pi \frac{a}{4h}}\right),\\
&k = 2, 4 \ldots B_{sk} = B_{ak} = 0,\\
&j = 1, 3 \ldots B_{tj} = B_{bj} = p_t a^2 \frac{4}{j^3\pi^3}\left[\mathfrak{Tg}\, j\pi \frac{h}{a} + \frac{\mathfrak{Sin}\, j\pi \frac{h}{a} - j\pi \frac{h}{a}}{\mathfrak{Cof}^2\, j\pi \frac{h}{a}} - \right.\\
&\qquad\qquad \left. - \frac{2}{j\pi \frac{h}{a}}\left(1 - \frac{1}{\mathfrak{Cof}\, j\pi \frac{h}{a}}\right)\right],\\
&j = 2, 4 \ldots B_{tj} = B_{bj} = 0.
\end{aligned}\right\} \qquad (196)$$

Lastfall 123: Doppeldreiecklast, zur Linie $y = h$ steigend:

$$\left.\begin{aligned}
&k = 1, 3 \ldots B_{sk} = B_{ak} = p_h a^2 \frac{32\left(\frac{h}{a}\right)^2}{k^4\pi^4} \sin\frac{k\pi}{2}\left(\mathfrak{Tg}\, k\pi \frac{a}{4h} - \frac{k\pi \frac{a}{4h}}{\mathfrak{Cof}^2\, k\pi \frac{a}{4h}}\right),\\
&k = 2, 4 \ldots B_{sk} = B_{ak} = 0,\\
&j = 1, 3 \ldots B_{tj} = B_{bj} = p_h a^2 \frac{4}{j^3\pi^3}\left[\frac{2}{j\pi \frac{h}{a}}\left(1 - \frac{1}{\mathfrak{Cof}\, j\pi \frac{h}{a}}\right) - \frac{\mathfrak{Tg}\, j\pi \frac{h}{a}}{\mathfrak{Cof}\, j\pi \frac{h}{a}}\right],\\
&j = 2, 4 \ldots B_{tj} = B_{bj} = 0.
\end{aligned}\right\} \qquad (197)$$

Lastfall 10: Punktlast:

$$\left.\begin{aligned}
&B_{sk} = P \sin k\pi \frac{v}{b} \cdot \frac{2}{k\pi} \frac{\mathfrak{Sin}\, k\pi \frac{a-u}{b}}{\mathfrak{Sin}\, k\pi \frac{a}{b}}\left[k\pi \frac{a}{b}\,\mathfrak{Cotg}\, k\pi \frac{a}{b} - k\pi \frac{a-u}{b}\,\mathfrak{Cotg}\, k\pi \frac{a-u}{b}\right],\\
&B_{ak} = P \sin k\pi \frac{v}{b} \cdot \frac{2}{k\pi} \frac{\mathfrak{Sin}\, k\pi \frac{u}{b}}{\mathfrak{Sin}\, k\pi \frac{a}{b}}\left[k\pi \frac{a}{b}\,\mathfrak{Cotg}\, k\pi \frac{a}{b} - k\pi \frac{u}{b}\,\mathfrak{Cotg}\, k\pi \frac{u}{b}\right],\\
&B_{tj} = P \sin j\pi \frac{u}{a} \cdot \frac{2}{j\pi} \frac{\mathfrak{Sin}\, j\pi \frac{b-v}{a}}{\mathfrak{Sin}\, j\pi \frac{b}{a}}\left[j\pi \frac{b}{a}\,\mathfrak{Cotg}\, j\pi \frac{b}{a} - j\pi \frac{b-v}{a}\,\mathfrak{Cotg}\, j\pi \frac{b-v}{a}\right],\\
&B_{bj} = P \sin j\pi \frac{u}{a} \cdot \frac{2}{j\pi} \frac{\mathfrak{Sin}\, j\pi \frac{v}{a}}{\mathfrak{Sin}\, j\pi \frac{b}{a}}\left[j\pi \frac{b}{a}\,\mathfrak{Cotg}\, j\pi \frac{b}{a} - j\pi \frac{v}{a}\,\mathfrak{Cotg}\, j\pi \frac{v}{a}.\right.
\end{aligned}\right\} \qquad (198)$$

Lastfall 12: Rechtecklast an beliebiger Stelle:

$$\left.\begin{aligned}
B_{sk} &= P \sin k\pi\frac{v}{b}\,\frac{\sin k\pi\frac{d}{b}}{k\pi\frac{d}{b}}\,\frac{\mathfrak{Sin}\,k\pi\frac{c}{b}}{k\pi\frac{c}{b}}\cdot\frac{2\,\mathfrak{Sin}\,k\pi\frac{a-u}{b}}{k\pi\,\mathfrak{Sin}\,k\pi\frac{a}{b}}\Big[1+k\pi\frac{a}{b}\,\mathfrak{Cotg}\,k\pi\frac{a}{b}-\\
&\qquad -k\pi\frac{a-u}{b}\,\mathfrak{Cotg}\,k\pi\frac{a-u}{b}-k\pi\frac{c}{b}\,\mathfrak{Cotg}\,k\pi\frac{c}{b}\Big],\\
B_{ak} &= P \sin k\pi\frac{v}{b}\,\frac{\sin k\pi\frac{d}{b}}{k\pi\frac{d}{b}}\,\frac{\mathfrak{Sin}\,k\pi\frac{c}{b}}{k\pi\frac{c}{b}}\,\frac{2\,\mathfrak{Sin}\,k\pi\frac{u}{b}}{k\pi\,\mathfrak{Sin}\,k\pi\frac{a}{b}}\Big[1+k\pi\frac{a}{b}\,\mathfrak{Cotg}\,k\pi\frac{a}{b}-\\
&\qquad -k\pi\frac{u}{b}\,\mathfrak{Cotg}\,k\pi\frac{u}{b}-k\pi\frac{c}{b}\,\mathfrak{Cotg}\,k\pi\frac{c}{b}\Big],\\
B_{tj} &= P \sin j\pi\frac{u}{a}\,\frac{\sin j\pi\frac{c}{a}}{j\pi\frac{c}{a}}\,\frac{\mathfrak{Sin}\,j\pi\frac{d}{a}}{j\pi\frac{d}{a}}\,\frac{2\,\mathfrak{Sin}\,j\pi\frac{b-v}{a}}{j\pi\,\mathfrak{Sin}\,j\pi\frac{b}{a}}\Big[1+j\pi\frac{b}{a}\,\mathfrak{Cotg}\,j\pi\frac{b}{a}-\\
&\qquad -j\pi\frac{b-v}{a}\,\mathfrak{Cotg}\,j\pi\frac{b-v}{a}-j\pi\frac{d}{a}\,\mathfrak{Cotg}\,j\pi\frac{d}{a}\Big],\\
B_{bj} &= P \sin j\pi\frac{u}{a}\,\frac{\sin j\pi\frac{c}{a}}{j\pi\frac{c}{a}}\,\frac{\mathfrak{Sin}\,j\pi\frac{d}{a}}{j\pi\frac{d}{a}}\,\frac{2\,\mathfrak{Sin}\,j\pi\frac{v}{a}}{j\pi\,\mathfrak{Sin}\,j\pi\frac{b}{a}}\Big[1+j\pi\frac{b}{a}\,\mathfrak{Cotg}\,j\pi\frac{b}{a}-\\
&\qquad -j\pi\frac{v}{a}\,\mathfrak{Cotg}\,j\pi\frac{v}{a}-j\pi\frac{d}{a}\,\mathfrak{Cotg}\,j\pi\frac{d}{a}\Big].
\end{aligned}\right\}\qquad(199)$$

Lastfall 12 m: Rechtecklast in Plattenmitte:

$$\left.\begin{aligned}
k=1,3\ldots\; B_{sk}=B_{ak} &= P\,\frac{\sin\frac{k\pi}{2}}{k\pi}\,\frac{\sin k\pi\frac{d}{b}}{k\pi\frac{d}{b}}\,\frac{\mathfrak{Sin}\,k\pi\frac{c}{b}}{k\pi\frac{c}{b}}\,\frac{1}{\mathfrak{Cof}\,k\pi\frac{a}{2b}}\Big[1+\\
&\qquad +k\pi\frac{a}{2b}\,\mathfrak{Tg}\,k\pi\frac{a}{2b}-k\pi\frac{c}{b}\,\mathfrak{Cotg}\,k\pi\frac{c}{b}\Big],\\
j=1,3\ldots\; B_{tj}=B_{bj} &= P\,\frac{\sin\frac{j\pi}{2}}{j\pi}\,\frac{\sin j\pi\frac{c}{a}}{j\pi\frac{c}{a}}\,\frac{\mathfrak{Sin}\,j\pi\frac{d}{a}}{j\pi\frac{d}{a}}\,\frac{1}{\mathfrak{Cof}\,j\pi\frac{b}{2a}}\Big[1+\\
&\qquad +j\pi\frac{b}{2a}\,\mathfrak{Tg}\,j\pi\frac{b}{2a}-j\pi\frac{d}{a}\,\mathfrak{Cotg}\,j\pi\frac{d}{a}\Big].
\end{aligned}\right\}\qquad(200)$$

Lastfall 212: Zwei zur Mittellinie $y=\frac{b}{2}$ symmetrisch liegende Rechtecklasten:

$$k=1,3\ldots\left\{\begin{aligned}
B_{sk} &= P\sin k\pi\frac{v}{b}\,\frac{\sin k\pi\frac{d}{b}}{k\pi\frac{d}{b}}\,\frac{\mathfrak{Sin}\,k\pi\frac{c}{b}}{k\pi\frac{c}{b}}\,\frac{4\,\mathfrak{Sin}\,k\pi\frac{a-u}{b}}{k\pi\,\mathfrak{Sin}\,k\pi\frac{a}{b}}\Big[1+\\
&\qquad +k\pi\frac{a}{b}\,\mathfrak{Cotg}\,k\pi\frac{a}{b}-k\pi\frac{a-u}{b}\,\mathfrak{Cotg}\,k\pi\frac{a-u}{b}-k\pi\frac{c}{b}\,\mathfrak{Cotg}\,k\pi\frac{c}{b}\Big],\\
B_{ak} &= P\sin k\pi\frac{v}{b}\,\frac{\sin k\pi\frac{d}{b}}{k\pi\frac{d}{b}}\,\frac{\mathfrak{Sin}\,k\pi\frac{c}{b}}{k\pi\frac{c}{b}}\,\frac{4\,\mathfrak{Sin}\,k\pi\frac{u}{b}}{k\pi\,\mathfrak{Sin}\,k\pi\frac{a}{b}}\Big[1+\\
&\qquad +k\pi\frac{a}{b}\,\mathfrak{Cotg}\,k\pi\frac{a}{b}-k\pi\frac{u}{b}\,\mathfrak{Cotg}\,k\pi\frac{u}{b}-k\pi\frac{c}{b}\,\mathfrak{Cotg}\,k\pi\frac{c}{b}\Big],
\end{aligned}\right.\qquad(201)$$

$$j=1,2\ldots \quad B_{tj}=B_{bj}=P\sin j\pi\frac{u}{a}\,\frac{\sin j\pi\frac{c}{a}}{j\pi\frac{c}{a}}\,\frac{\mathfrak{Sin}\, j\pi\frac{d}{a}}{j\pi\frac{d}{a}}\,\frac{2\mathfrak{Cof}\, j\pi\frac{\frac{b}{2}-v}{a}}{j\pi\,\mathfrak{Cof}\, j\pi\frac{b}{2a}}\Big[1+$$

$$+\,j\pi\frac{b}{2a}\,\mathfrak{Tg}\, j\pi\frac{b}{2a}-j\pi\frac{\frac{b}{2}-v}{a}\,\mathfrak{Tg}\, j\pi\frac{\frac{b}{2}-v}{a}-j\pi\frac{d}{a}\,\mathfrak{Cotg}\, j\pi\frac{d}{a}\Big].$$

Die *gegenseitige* Verdrehung zweier aneinandergrenzender Rechteckfelder ist jeweils die *Summe* der Randverdrehungen der beiden Felder, wobei beide Verdrehungen in der Richtung der Last, also im allgemeinen nach abwärts, zu zählen sind.

*2.1.1.2. Randmomente.* Um die gegenseitigen Verdrehungen zum Verschwinden zu bringen und damit die tatsächlich vorhandene biegesteife Verbindung herzustellen, müssen an allen Rändern, wo Einspannung oder Durchlaufwirkung vorliegt, *gegenseitige* Momente angebracht werden. Sie werden als sin-Reihen nach Fall **$F_4$ — 0s** bzw. **$F_4$ — 0t** angesetzt:

$$\left.\begin{aligned}
&\text{am Rand } s\ldots m_s=\sum_{1,2}^{k} m_{sk}\sin k\pi\frac{y}{b},\\
&\text{am Rand } a\ldots m_a=\sum_{1,2}^{k} m_{ak}\sin k\pi\frac{y}{b},\\
&\text{am Rand } t\ldots m_t=\sum_{1,2}^{j} m_{tj}\sin j\pi\frac{x}{a},\\
&\text{am Rand } b\ldots m_b=\sum_{1,2}^{j} m_{bj}\sin j\pi\frac{x}{a}.
\end{aligned}\right\}\qquad(202)$$

Als *Unbekannte* erscheinen die Reihenkoeffizienten $m_{sk}$, $m_{ak}$, $m_{tj}$ und $m_{bj}$. Von den unendlich vielen existierenden Reihengliedern berücksichtigt man als Näherung eine gewisse endliche Anzahl, die um so größer sein muß, je größer die geforderte Rechengenauigkeit ist.

Ein Randmoment $m_{sk}\sin k\pi\frac{y}{b}$ mit der Halbwellenlänge $\frac{b}{k}$ ($k$-tes Reihenglied) ruft folgende Randverdrehungen hervor:

$$\left.\begin{aligned}
&\text{Am Rand } s\text{, an dem das Moment angreift: } S\beta_s=m_{sk}\sin k\pi\frac{y}{b}\cdot\frac{b}{2k\pi}C\left(\frac{ka}{b}\right),\\
&\text{am gegenüberliegenden Rand } a\text{: } -S\beta_a=m_{sk}\sin k\pi\frac{y}{b}\cdot\frac{b}{2k\pi}D\left(\frac{ka}{b}\right),\\
&\text{am Nachbarrand } t\ (y=0)\text{: } S\beta_t=m_{sk}\sum_{1,2}^{\infty j}\sin j\pi\frac{x}{a}\cdot\frac{a}{2j\pi}\cdot\frac{b}{ka}H\left(\frac{ka}{jb}\right)
\end{aligned}\right\}\ (203\,\text{s})$$

und am Nachbarrand $b$ ($y=b$): $-S\beta_b=m_{sk}(-\cos k\pi)\sum_{1,2}^{\infty j}\sin j\pi\frac{x}{a}\,\frac{a}{2j\pi}\,\frac{b}{ka}H\left(\frac{ka}{jb}\right)$.

Ein Randmoment $m_{ak}\sin k\pi\frac{y}{b}$ ruft zu den obigen *spiegelgleiche* Randverdrehungen hervor; die Glieder $j=2, 4, \ldots$ wechseln daher das Vorzeichen:

$$\left.\begin{aligned}
S\beta_s&=m_{ak}\sin k\pi\frac{y}{b}\,\frac{b}{2k\pi}D\left(\frac{ka}{b}\right),\\
-S\beta_a&=m_{ak}\sin k\pi\frac{y}{b}\,\frac{b}{2k\pi}C\left(\frac{ka}{b}\right),\\
S\beta_t&=m_{ak}\sum_{1,2}^{\infty j}\sin j\pi\frac{x}{a}(-\cos j\pi)\frac{a}{2j\pi}\,\frac{b}{ka}H\left(\frac{ka}{jb}\right),\\
-S\beta_b&=m_{ak}(-\cos k\pi)\sum_{1,2}^{\infty j}\sin j\pi\frac{x}{a}(-\cos j\pi)\frac{a}{2j\pi}\,\frac{b}{ka}H\left(\frac{ka}{jb}\right).
\end{aligned}\right\}\qquad(203\,\text{a})$$

Ein Randmoment $m_{tj} \sin j\pi \frac{x}{a}$ mit der Halbwellenlänge $\frac{a}{j}$ ($j$-tes Reihenglied) erzeugt die Randverdrehungen:

$$\left.\begin{aligned}
&\text{Am Nachbarrand } s\ (x=0)\colon S\beta_s = m_{tj} \sum_{1,2}^{\infty} {}^{j} \sin k\pi \frac{y}{b} \frac{b}{2k\pi} \frac{a}{jb} H\left(\frac{jb}{ka}\right),\\
&\text{am Nachbarrand } a\ (x=a)\colon -S\beta_a = m_{tj}(-\cos j\pi) \sum_{1,2}^{\infty} {}^{k} \sin k\pi \frac{y}{b} \frac{b}{2k\pi} \frac{a}{jb} H\left(\frac{jb}{ka}\right),\\
&\text{am Rand } t \text{ (Momentenrand)}\colon S\beta_t = m_{tj} \sin j\pi \frac{x}{a} \frac{a}{2j\pi} C\left(\frac{jb}{a}\right),\\
&\text{am gegenüberliegenden Rand } b\colon -S\beta_b = m_{tj} \sin j\pi \frac{x}{a} \frac{a}{2j\pi} D\left(\frac{jb}{a}\right).
\end{aligned}\right\} \quad (203\,\mathrm{t})$$

Ein Randmoment $m_{bj} \sin j\pi \frac{x}{a}$ erzeugt zu den obigen spiegelgleiche Randverdrehungen; die Glieder $k = 2, 4, \ldots$ wechseln daher das Vorzeichen:

$$\left.\begin{aligned}
S\beta_s &= m_{bj} \sum_{1,2}^{\infty} {}^{k} \sin k\pi \frac{y}{b} (-\cos k\pi) \frac{b}{2k\pi} \frac{a}{jb} H\left(\frac{jb}{ka}\right),\\
-S\beta_a &= m_{bj}(-\cos j\pi) \sum_{1,2}^{\infty} {}^{k} \sin k\pi \frac{y}{b} (-\cos k\pi) \frac{b}{2k\pi} \frac{a}{jb} H\left(\frac{jb}{ka}\right),\\
S\beta_t &= m_{bj} \sin j\pi \frac{x}{a} \frac{a}{2j\pi} D\left(\frac{jb}{a}\right),\\
-S\beta_b &= m_{bj} \sin j\pi \frac{x}{a} \frac{a}{2j\pi} C\left(\frac{jb}{a}\right).
\end{aligned}\right\} \quad (203\,\mathrm{b})$$

Die verwendeten Abkürzungen haben folgende Bedeutung:

$$\left.\begin{aligned}
&C\left(\frac{ka}{b}\right) = \operatorname{Cotg} k\pi \frac{a}{b} - \frac{k\pi \frac{a}{b}}{\operatorname{Sin}^2 k\pi \frac{a}{b}}, \qquad C\left(\frac{jb}{a}\right) = \operatorname{Cotg} j\pi \frac{b}{a} - \frac{j\pi \frac{b}{a}}{\operatorname{Sin}^2 j\pi \frac{b}{a}},\\
&D\left(\frac{ka}{b}\right) = \frac{k\pi \frac{a}{b} \operatorname{Cotg} k\pi \frac{a}{b} - 1}{\operatorname{Sin} k\pi \frac{a}{b}}, \qquad D\left(\frac{jb}{a}\right) = \frac{j\pi \frac{b}{a} \operatorname{Cotg} j\pi \frac{b}{a} - 1}{\operatorname{Sin} j\pi \frac{b}{a}},\\
&H\left(\frac{ka}{jb}\right) = H\left(\frac{jb}{ka}\right) = \frac{4}{\pi\left(\frac{jb}{ka} + \frac{ka}{jb}\right)^2}.
\end{aligned}\right\} \quad (204)$$

Bei den höheren Reihengliedern ($\frac{ka}{b} \geqq 1{,}8$) ist $C\left(\frac{ka}{b}\right) \doteq 1$; bei $\frac{ka}{b} = 3$ ist $D\left(\frac{ka}{b}\right) = 0{,}0014$, also vernachlässigbar. Das gleiche gilt für die andere Richtung $\left(\frac{jb}{a}\right)$.

Die Konstante $H$ wird nur dann klein, wenn $jb$ und $ka$ stark voneinander verschieden sind. Es ist leicht zu merken, daß die Konstante $H$ stets mit der Halbwellenlänge des angreifenden Moments multipliziert und durch die Länge des Randes, dessen Verdrehung zu berechnen ist, dividiert wird. Die Konstante $H$ selbst hängt von den Halbwellenlängen des angreifenden Moments und des Reihengliedes der hervorgerufenen Verdrehung ab ($\frac{b}{k}$ und $\frac{a}{j}$).

Ein Glied mit $j = 2, 4$ oder $k = 2, 4$ ist negativ, wenn die negative Halbwelle des Randmoments und die positive Halbwelle des Verdrehungsreihengliedes oder umgekehrt in der Ecke aufeinanderstoßen.

Bei *symmetrischem* Momentangriff $m_s = m_a = \hat{m}_{sk} \sin k\pi \frac{y}{b}$ (Fall **F₄ — 0sa**) sind die Verdrehungen:

$$\left.\begin{aligned} S\beta_s &= -S\beta_a = \hat{m}_{sk} \sin k\pi \frac{y}{b} \frac{b}{2k\pi} \hat{C}\left(\frac{ka}{b}\right), \\ S\beta_t &= \hat{m}_{sk} \sum_{1,3}^{\infty} {}^{j} \sin j\pi \frac{x}{a} \frac{a}{2j\pi} \cdot \frac{2b}{ka} H\left(\frac{ka}{jb}\right), \\ -S\beta_b &= \hat{m}_{sk} (-\cos k\pi) \sum_{1,3}^{\infty} {}^{j} \sin j\pi \frac{x}{a} \frac{a}{2j\pi} \frac{2b}{ka} H\left(\frac{ka}{jb}\right). \end{aligned}\right\} \tag{205}$$

Bei *symmetrischem* Momentangriff $m_t = m_b = \hat{m}_{tj} \sin j\pi \frac{x}{a}$ (Fall **F₄ — 0tb**) sind die Verdrehungen:

$$\left.\begin{aligned} S\beta_s &= \hat{m}_{tj} \sum_{1,3}^{\infty} {}^{k} \sin k\pi \frac{y}{b} \frac{b}{2k\pi} \frac{2a}{jb} H\left(\frac{jb}{ka}\right), \\ -S\beta_a &= \hat{m}_{tj} (-\cos j\pi) \sum_{1,3}^{\infty} {}^{k} \sin k\pi \frac{y}{b} \frac{b}{2k\pi} \frac{2a}{jb} H\left(\frac{jb}{ka}\right), \\ S\beta_t &= -S\beta_b = \hat{m}_{tj} \sin j\pi \frac{x}{a} \frac{a}{2j\pi} \hat{C}\left(\frac{jb}{a}\right). \end{aligned}\right\} \tag{205 a}$$

Hierin ist

$$\left.\begin{aligned} \hat{C}\left(\frac{ka}{b}\right) &= C\left(\frac{ka}{b}\right) + D\left(\frac{ka}{b}\right) = \mathfrak{Tg}\, k\pi \frac{a}{2b} + \frac{k\pi \frac{a}{2b}}{\mathfrak{Cof}^2 k\pi \frac{a}{2b}}, \\ \hat{C}\left(\frac{jb}{a}\right) &= C\left(\frac{jb}{a}\right) + D\left(\frac{jb}{a}\right) = \mathfrak{Tg}\, j\pi \frac{b}{2a} + \frac{j\pi \frac{b}{2a}}{\mathfrak{Cof}^2 j\pi \frac{b}{2a}}. \end{aligned}\right\} \tag{206}$$

### *2.1.2. Grundlagen für die Berechnung von Einflußflächen*

Da jede Einflußfläche als Biegefläche aufgefaßt werden kann und die gleichen Randbedingungen wie eine solche erfüllen muß, erhält man eine Einflußfläche bei Randeinspannung, indem man von der entsprechenden Einflußfläche bei allseitig frei drehbarer Stützung (Fall **F₄ — 10**) ausgeht, aus ihren Neigungen an den Rändern „Randmomente" errechnet und die Biegeflächen infolge dieser Randmomente der ursprünglichen Einflußfläche überlagert. Die benötigten Randneigungen einer Einflußfläche ergeben sich wie folgt:

Eine sin-förmige Linienlast $p = p_j \sin j\pi \frac{x}{a}$ auf der Linie $y = v$ einer allseits frei drehbar gestützten Rechteckplatte erzeugt eine Biegefläche

$$S\zeta = S\zeta_j(p_j, v, y) \cdot \sin j\pi \frac{x}{a}. \tag{207}$$

Ihre Neigung am Rand $t$ $(y = 0)$ sei

$$S\beta_t = S\beta_{tj}(p_j, v) \cdot \sin j\pi \frac{x}{a}. \tag{208}$$

Anderseits erzeugt ein am Rand $t$ angreifendes Randmoment $m_t = m_j \sin j\pi \frac{x}{a}$ die Biegefläche

$$S\zeta = S\zeta_j(m_j, y) \sin j\pi \frac{x}{a}. \tag{209}$$

Mit $p_j = m_j = 1$ und $y = v$ ist nun

$$S\beta_{tj}(p_j = 1, v) = S\zeta_j(m_j = 1, v). \tag{210}$$

In dieser abgewandelten Form — für sin-förmigen Lastangriff — gilt der für den Träger auf zwei Stützen bekannte Satz auch für die allseitig frei drehbar gestützte Rechteckplatte, wie aus den Formeln leicht zu ersehen ist.

Eine Punktlast $P = 1$ im Punkt $u, v$ lautet in Reihendarstellung

$$P = 1 = \sum_{1,2}^{\infty} {}_j \frac{2}{a} \sin j\pi \frac{u}{a} \sin j\pi \frac{x}{a}. \tag{211}$$

Der Koeffizient des Reihengliedes $j$ der Belastung ist demnach

$$p_j = \frac{2}{a} \sin j\pi \frac{u}{a} \tag{211 a}$$

und damit das Reihenglied $j$ der Biegefläche:

$$S\,\zeta_j\,(P = 1; u, v; y) \sin j\pi \frac{x}{a} = \frac{2}{a} \sin j\pi \frac{u}{a} \cdot S\,\zeta_j\,(p_j = 1, v; y) \sin j\pi \frac{x}{a}. \tag{212}$$

In dieser Formel sind $u$, $v$ die fixen Koordinaten des Lastangriffspunktes und $x$, $y$ die Veränderlichen.

Wenn man nun $x$, $y$ als fixen Punkt betrachtet und $u$, $v$ als Veränderliche, so stellt die obige Formel das Reihenglied $j$ der *Einflußfläche* für die Durchbiegung im Punkt $x$, $y$ dar. Bei Vertauschung von $x$, $y$ mit $u$, $v$ bleibt aber die Funktion die gleiche, d. h. die Einflußfläche für die Durchbiegung im Punkt $x$, $y$ ist identisch mit der Biegefläche infolge einer Punktlast $P = 1$ im selben Punkt, wieder im Einklang mit dem für den Stab geltenden Satz.

Die *Neigung* der Einflußfläche $S\,\zeta(x, y)$ am Rand $t$ ist durch die Reihenkoeffizienten

$$\beta_{tj}\,[\text{Einfl}\; S\,\zeta(x, y)] = \frac{2}{a} \sin j\pi \frac{x}{a}\, S\,\zeta_j\,(m_j = 1, y) = \frac{2}{a}\, S\,\zeta\,(m_j = 1, x, y) \tag{213}$$

gegeben, wobei der letzte Ausdruck die $\frac{2}{a}$*-fache Durchbiegung im Punkte* $x$, $y$ *infolge* $m_t = 1 \cdot \sin j\pi \frac{x}{a}$ bedeutet.

Wenn es sich statt der Einflußfläche für die Durchbiegung $S\,\zeta(x, y)$ um die Einflußfläche einer anderen Größe $R(x, y)$ (Biegemoment usw.) handelt, die aus $S\,\zeta(x, y)$ durch Differentiation nach $x$ bzw. $y$ hervorgeht, bleibt die Beziehung bestehen, d. h. die Randneigung der Einflußfläche ist gegeben durch die Reihenkoeffizienten

$$\beta_{tj}\,[\text{Einfl}\; R(x, y)] = \frac{2}{a}\, R\,(m_{tj} = 1, x, y). \tag{214}$$

### *2.1.3. Zahlentafeln zur Berechnung von eingespannten Rechteckplatten*

Die im folgenden angeführten Tafeln B.1 (S. 288), C.11 und C.12 (S. 306), ferner D.1 und D.2 (S. 326) enthalten die Zahlen für die Seitenverhältnisse $\frac{b}{a} = 1{,}0$, 1,05, 1,1 usw. bis 2,0; die ausführlichen Tafeln E (S. 334 bis 374) sind getrennt für die Seitenverhältnisse $\frac{b}{a} = 1{,}0$, 1,1 usw. bis 1,5 und 2,0 aufgestellt.

#### *2.1.3.1. Momente im Grundfall.*

Belastungsfall 1, Gleichlast.

Tafel B.1 (S. 288): Momente im Plattenmittelpunkt und Größtwerte von $m_y$, soweit sie außerhalb des Plattenmittelpunktes auftreten.

Tafeln E.11 und E.12 (S. 334 usf.): Verlauf der Momente längs der beiden Mittellinien.

Belastungsfall 3 und 13, Dreiecklast.

Tafeln C.11 und C.12: Momente im Plattenmittelpunkt und Größtwerte.

Tafeln E.11 und E.12: Verlauf der Momente längs der beiden Mittellinien.

Belastungsfall 12, Rechtecklast.

Tafeln E.31 und E.32: Momente im Plattenmittelpunkt bei mittiger Rechtecklast.

Lastbreiten $\frac{2c}{a} = 1{,}0,\ 0{,}9$ usw. bis $0{,}1,\ 0{,}05;\ 0;$

$\frac{2d}{a} = \frac{b}{a},\ 1{,}0,\ 0{,}9$ usw. bis $0{,}1,\ 0{,}05;\ 0.$

Kleine Lastbreiten nach Tafeln F.13, F.14 und F.15 (S. 378).

Tafeln E 33: Größtmomente $m_y$ bei wandernder Rechtecklast. Lastbreiten wie oben.

Belastungsfall 10, Punktlast (Einflußflächen).

Tafeln E.41 und E.42: Einflußflächen der Momente im Plattenmittelpunkt.

Tafel E.43: Einflußfläche für das Moment $m_y$ im Punkt $x = \frac{a}{2},\ y = 0{,}35\,a$.

*2.1.3.2. Sonstige Zahlenwerte zum Grundfall.*

Belastungsfall 1, Gleichlast.

Tafel B.1: Eckdrillmomente, Querkräfte und Auflagerkräfte in Randmitte; Mittenmomente, Querkräfte und Belastungswerte in den die Plattenränder unterstützenden Trägern.

Belastungsfall 3 und 13, Dreiecklast.

Tafeln C.11 und C.12: Eckdrillmomente, Querkräfte und Auflagerkräfte in Randmitte sowie deren Größtwerte; Mittenmomente, Querkräfte und Belastungswerte in den die Plattenränder unterstützenden Trägern.

*2.1.3.3. Belastungswerte.*

Belastungsfall 1, Gleichlast.

Tafel B.1: $B$-Werte, 1. Reihenglied.

Tafeln E.2: $B$-Werte, 1., 2. und 3. Reihenglied.

Belastungsfall 3 und 13, Dreiecklast.

Tafeln C.11 und C.12: $B$-Werte, 1. Reihenglied.

Tafeln E.2: $B$-Werte, 1., 2. und 3. Reihenglied.

Belastungsfall 12, Rechtecklast.

Tafeln E.34 und E.35: $\omega$-Werte für Rechtecklast im Plattenmittelpunkt und im Punkt $x = \frac{a}{2},\ y = 0{,}35\,a$.

Belastungsfall 10, Punktlast (Einflußflächen).

Tafeln E.44: $\text{Einfl}\,\omega_s = \frac{\text{Einfl}\,B_{s1}}{C\left(\frac{a}{b}\right)}$ als obere Zahl und $\sum_{3,5}^{\infty} k \sin\frac{k\pi}{2}\,\text{Einfl}\,B_{sk}$ (mit $C\left(\frac{ka}{b}\right) \doteq 1$) als untere Zahl.

Die Summe beider Zahlen ergibt die Einflußwerte für $-m_{sm}$, das ist das Moment in Mitte $(y = \frac{b}{2})$ des starr eingespannten Randes $s$ bei frei drehbarer Stützung der übrigen Ränder. Die Einflußfläche für $\omega_a$ bzw. $-m_{am}$ ist spiegelgleich dazu.

Wenn man die Funktionen $\text{Einfl}\,B_{sk}$ mit $k = 2, 3$ einzeln benötigt, kann man sie aus den beiden letzten Zeilen der Tafel E.11 umrechnen; wie man durch Vergleich der Formeln leicht feststellen kann, ist

$$\text{Einfl}\,B_{sk} = \frac{4}{k\pi}\,m_y\,(m_{sk} = 1). \tag{215}$$

Die weiteren Reihenglieder $(k = 4, 5)$ sind hinreichend genau:

$$\text{Einfl}\,B_{sk} \doteq \sin k\pi\,\frac{v}{b}\,\frac{2u}{b}\,e^{-k\pi\frac{u}{b}}. \tag{216}$$

Die Summe der höheren Reihenglieder für einen *beliebigen* Punkt $y$ des Randes $s$ kann in der *Nähe dieses Randes* näherungsweise aus der geschlossenen Darstellung für $\frac{a}{b} = \infty$ durch Subtraktion des 1. Reihengliedes (ebenfalls für $\frac{a}{b} = \infty$) gewonnen werden:

$$\sum_{2,3\ldots}^{\infty} {}_k \sin k\pi \frac{y}{b} \operatorname{Einfl} B_{sk} =$$

$$= \frac{u}{2b} \operatorname{Sin} \pi \frac{u}{b} \left[ \frac{1}{\operatorname{Cos} \pi \frac{u}{b} - \cos \pi \frac{y-v}{b}} - \frac{1}{\operatorname{Cos} \pi \frac{u}{b} - \cos \pi \frac{y+v}{b}} \right] - \sin \pi \frac{y}{b} \sin \pi \frac{v}{b} \frac{2u}{b} e^{-\pi \frac{u}{b}}. \tag{217}$$

Die Funktion $e^{-\pi \frac{u}{b}}$ ist für die benötigten Punkte in Tafel E.11 enthalten.

Tafeln E 45: Einfl $\omega_t$ in der Mittellinie $u = \frac{a}{2}$; für andere Punkte sind die Zahlen mit $\sin \pi \frac{u}{a}$ zu multiplizieren. Die Summe der weiteren Reihenglieder ist annähernd die gleiche wie beim unendlichen Halbstreifen.

Tafel L.1, 2 enthält $\sum_{3,5\ldots}^{\infty} {}_j \sin \frac{j\pi}{2} \operatorname{Einfl} B_{tj}$; diese Zahlen, zu Einfl $\omega_t$ addiert, geben die Einflußfläche für $-m_{tm}$, das Moment in Mitte ($x = \frac{a}{2}$) des starr eingespannten Randes $t$ bei frei drehbarer Stützung der übrigen Ränder.

Tafel L.2, 2 enthält $\sum_{2,3\ldots}^{\infty} {}_j \sin j\pi\, 0{,}6 \cdot \operatorname{Einfl} B_{tj}$; diese Zahlen, zu $\sin \pi\, 0{,}6$ Einfl $\omega_t = 0{,}9511$ Einfl $\omega_t$ addiert, liefern die Einflußfläche für $-m_t$ im Punkt $x = 0{,}6\,a$ des starr eingespannten Randes $t$ bei frei drehbarer Stützung der übrigen Ränder.

Die Einflußfläche für $\omega_b$ bzw. $-m_b$ ist spiegelgleich zu den vorerwähnten.

Wenn man die Funktionen Einfl $B_{tj}$ für $j = 2, 3, \ldots$ einzeln benötigt, kann man sie aus Tafel E.2, 0/45 für $b = 2a$ (S. 374) entnehmen.

Am Rand $b$ ist Einfl $B_{tj} = 0$; die in der Tafel enthaltenen kleinen Zahlenwerte für $j = 2$ sind in der Nähe dieses Randes ungenau. Die *Summe* der höheren Reihenglieder für einen *beliebigen* Punkt $x$ des Randes $t$ kann in der *Nähe dieses Randes* aus der geschlossenen Darstellung für $\frac{b}{a} = \infty$ durch Subtraktion des 1. Reihengliedes (genau genug für $b = 2a$, nach Tafel E.2, 0/45) gewonnen werden:

$$\sum_{2,3\ldots}^{\infty} {}_j \sin j\pi \frac{x}{a} \operatorname{Einfl} B_{tj} =$$

$$= \frac{v}{2a} \operatorname{Sin} \pi \frac{v}{a} \left[ \frac{1}{\operatorname{Cos} \pi \frac{v}{a} - \cos \pi \frac{x-u}{a}} - \frac{1}{\operatorname{Cos} \pi \frac{v}{a} - \cos \pi \frac{x+u}{a}} \right] - \sin \pi \frac{x}{a} \operatorname{Einfl} B_{t1}. \tag{217 a}$$

*2.1.3.4. Randmomentangriff.*

Tafeln D.1 und D.2: Für das 1. Reihenglied: Verdrehungsbeiwerte $C$ usw.; Momente im Plattenmittelpunkt; Querkräfte und Auflagerkräfte.

Tafeln E.11: Verlauf der Momente infolge Randmoment $m_s$, 1., 2. und 3. Reihenglied.

Tafeln E.12: Verlauf der Momente infolge Randmoment $m_t$, 1. Reihenglied. Für die weiteren Reihenglieder ist Tafel K.1 ($b = \infty$) zu verwenden: die in der Nähe des Randes $b$ auftretenden kleinen Zahlenwerte sind ungenau.

Tafeln E.2: Verdrehungsbeiwerte $C$ usw. als Koeffizienten des Gleichungssystems für die Randmomente, 1., 2. und 3. Reihenglied, bei allseitig starrer Einspannung.

Tafel D.3: Verdrehungsbeiwerte zum Einspanngradverfahren.

Tafeln D.4 und D.5: Steifheitszahlen zum Einspanngradverfahren.

Tafel D.6: Momentenfortpflanzung bei starrer Einspannung der übrigen Ränder bzw. bei ungestütztem Gegenrand.

### *2.1.3.5. Starre Einspannung.*

Belastungsfall 1, Gleichlast.

Tafeln B.2 bis B.9: Momente im Plattenmittelpunkt, Größtwerte der Biegemomente, Randdrillmomente, Querkräfte und Auflagerkräfte; zum Teil auch Momente und Querkräfte sowie Belastungswerte in den die Plattenränder unterstützenden Trägern, für alle Kombinationen von starr eingespannten und frei drehbar gestützten Rändern.

Belastungsfall 3 und 13, Dreiecklast.

Tafeln C.21 bis C.52: Momente im Plattenmittelpunkt, Größtwerte der Biegemomente, Randdrillmomente, Querkräfte und Auflagerkräfte, für die wichtigsten Einspannungsfälle.

### *2.1.4. Die Berechnung des unendlichen Plattenstreifens mit eingespannten Rändern*

Wenn das Seitenverhältnis einer Rechteckplatte $\frac{b}{a} \gg 2$ ist, wird der mittlere, von den Querrändern nicht merklich beeinflußte Bereich unter Zugrundelegung des Seitenverhältnisses $\frac{b}{a} = 4$ berechnet. An den Längsrändern wird die tatsächlich vorhandene, starre oder elastische Einspannung berücksichtigt; die gedachten Querränder werden als frei drehbar gestützt betrachtet. Es liegt also stets Einspannung eines einzigen Randes oder zweier gegenüberliegender Ränder vor; diese Fälle sind verhältnismäßig einfach und in einigen der folgenden Abschnitte gesondert behandelt (P.2.2.3., 2.3.1., 2.3.2.2., 2.4.2.1.). Außerdem kommen im allgemeinen nur zur kurzen Mittellinie symmetrische Belastungen bzw. Einflußflächen vor.

Als Grundfall bei Rechtecklasten kann der beiderseits frei drehbar gestützte unendliche Plattenstreifen verwendet werden. Die Tafeln F (S. 378) enthalten die Momente infolge Rechtecklast und eine Reihe von Einflußflächen.

In den Tafeln E.4, 0 (S. 375) sind die erforderlichen Zahlenwerte für die Reihenglieder $k = 1, 3, ..9$ der Randmomente angegeben:

Verlauf der Momente infolge Randmomentangriff $m_{sk}$,

Verdrehungsbeiwerte $C$ und $D$,

Einfl $B_{sk}$, schließlich $\sum_{11,13}^{\infty}{}_{k} \sin \frac{k\pi}{2}$ Einfl $B_{sk}$.

Die Anwendung dieser Tafeln ist im Berechnungsbeispiel 7 gezeigt.

Für *starre* Einspannung eines Randes und frei drehbare Stützung des andern geben die Tafeln G.11 und G.12 die Verminderung der größtmöglichen Feldmomente infolge wandernder Rechtecklast gegenüber beiderseits frei drehbarer Stützung (Tafeln F.11 und F.12) an. In den Tafeln G.21 bis G.25 sind die wichtigsten Einflußflächen für diesen Lagerungsfall enthalten. In gleicher Weise gelten die Tafeln H für *beiderseitige starre* Einspannung.

### *2.1.5. Die Berechnung des unendlichen Halbstreifens mit eingespannten Längsrändern*

Bei Rechteckplatten mit einem Seitenverhältnis $\frac{b}{a} > 2$ werden die Beanspruchungen im Bereich des Querrandes hinreichend genau erfaßt, wenn $\frac{b}{a} = 2$ gesetzt und der Rand $b$ frei drehbar gestützt angenommen wird, während an den drei übrigen Rändern die tatsächliche Einspannung berücksichtigt wird. Die Einspannung von drei Rändern bedingt die Auflösung eines Gleichungssystems nach Abschnitt 2.2. bzw. 2.4. In den Tafeln E.2, 0 für $\frac{b}{a} = 2$ sind die als Koeffizienten des Gleichungssystems auftretenden Verdrehungsbeiwerte $C$, $D$ und $H$ für zahlreiche Reihenglieder angegeben; weitere Tafeln enthalten den Momentenverlauf infolge der Randmomente, schließlich die zur Entwicklung von Einflußflächen erforderlichen Funktionen Einfl $B_{sk}$ und Einfl $B_{tj}$. Diese Tafeln wurden bei der Berechnung der Einflußflächen für die Momente am Querrand des unendlichen Halbstreifens bei *starrer* Einspannung des Querrandes und eines bzw. beider Längsränder (Tafeln M und N) verwendet.

**$(SF)_4$ — ***

## 2.2. Starre Einspannung

### *2.2.1. Beliebige Belastung*

Bei starrer Einspannung eines Randes muß die Verdrehung dieses Randes (d. h. jedes Reihenglied für sich) infolge der Feldbelastung und aller angreifenden Randmomente zusammen gleich Null werden.

Mit den in P. 2.1.1. angegebenen Ausdrücken erhält man nach Kürzung durch $\frac{b}{2k\pi}$ bzw. $\frac{a}{2j\pi}$ die nachstehend für je drei Reihenglieder der Randmomente ($k = 1, 2, 3$; $j = 1, 2, 3$) in allgemeingültiger Form angeschriebenen Bedingungsgleichungen für die vier Ränder.

Rand $s$;

$$\left.\begin{aligned}
k = 1 \ldots\; & m_{s1} C\left(\frac{a}{b}\right) + m_{a1} D\left(\frac{a}{b}\right) + (m_{t1} + m_{b1}) \frac{a}{b} H\left(\frac{a}{b}\right) + \\
& + (m_{t2} + m_{b2}) \frac{a}{2b} H\left(\frac{a}{2b}\right) + (m_{t3} + m_{b3}) \frac{a}{3b} H\left(\frac{a}{3b}\right) + \ldots + B_{s1} = 0, \\
k = 2 \ldots\; & m_{s2} C\left(\frac{2a}{b}\right) + m_{a2} D\left(\frac{2a}{b}\right) + (m_{t1} - m_{b1}) \frac{a}{b} H\left(\frac{2a}{b}\right) + \\
& + (m_{t2} - m_{b2}) \frac{a}{2b} H\left(\frac{2a}{2b}\right) + (m_{t3} - m_{b3}) \frac{a}{3b} H\left(\frac{2a}{3b}\right) + \ldots + B_{s2} = 0, \\
k = 3 \ldots\; & m_{s3} C\left(\frac{3a}{b}\right) + m_{a3} D\left(\frac{3a}{b}\right) + (m_{t1} + m_{b1}) \frac{a}{b} H\left(\frac{3a}{b}\right) + \\
& + (m_{t2} + m_{b2}) \frac{a}{2b} H\left(\frac{3a}{2b}\right) + (m_{t3} + m_{b3}) \frac{a}{3b} H\left(\frac{3a}{3b}\right) + \ldots + B_{s3} = 0.
\end{aligned}\right\} \quad (218\,s)$$

Rand $a$;

$$\left.\begin{aligned}
k = 1 \ldots\; & m_{s1} D\left(\frac{a}{b}\right) + m_{a1} C\left(\frac{a}{b}\right) + (m_{t1} + m_{b1}) \frac{a}{b} H\left(\frac{a}{b}\right) - \\
& - (m_{t2} + m_{b2}) \frac{a}{2b} H\left(\frac{a}{2b}\right) + (m_{t3} + m_{b3}) \frac{a}{3b} H\left(\frac{a}{3b}\right) - \ldots + B_{a1} = 0, \\
k = 2 \ldots\; & m_{s2} D\left(\frac{2a}{b}\right) + m_{a2} C\left(\frac{2a}{b}\right) + (m_{t1} - m_{b1}) \frac{a}{b} H\left(\frac{2a}{b}\right) - \\
& - (m_{t2} - m_{b2}) \frac{a}{2b} H\left(\frac{2a}{2b}\right) + (m_{t3} - m_{b3}) \frac{a}{3b} H\left(\frac{2a}{3b}\right) - \ldots + B_{a2} = 0, \\
k = 3 \ldots\; & m_{s3} D\left(\frac{3a}{b}\right) + m_{a3} C\left(\frac{3a}{b}\right) + (m_{t1} + m_{b1}) \frac{a}{b} H\left(\frac{3a}{b}\right) - \\
& - (m_{t2} + m_{b2}) \frac{a}{2b} H\left(\frac{3a}{2b}\right) + (m_{t3} + m_{b3}) \frac{a}{3b} H\left(\frac{3a}{3b}\right) - \ldots + B_{a3} = 0.
\end{aligned}\right\} \quad (218\,a)$$

Rand $t$;

$$\left.\begin{aligned}
j = 1 \ldots\; & (m_{s1} + m_{a1}) \frac{b}{a} H\left(\frac{b}{a}\right) + (m_{s2} + m_{a2}) \frac{b}{2a} H\left(\frac{b}{2a}\right) + \\
& + (m_{s3} + m_{a3}) \frac{b}{3a} H\left(\frac{b}{3a}\right) + \ldots + m_{t1} C\left(\frac{b}{a}\right) + m_{b1} D\left(\frac{b}{a}\right) + B_{t1} = 0, \\
j = 2 \ldots\; & (m_{s1} - m_{a1}) \frac{b}{a} H\left(\frac{2b}{a}\right) + (m_{s2} - m_{a2}) \frac{b}{2a} H\left(\frac{2b}{2a}\right) + \\
& + (m_{s3} - m_{a3}) \frac{b}{3a} H\left(\frac{2b}{3a}\right) + \ldots + m_{t2} C\left(\frac{2b}{a}\right) + m_{b2} D\left(\frac{2b}{a}\right) + B_{t2} = 0, \\
j = 3 \ldots\; & (m_{s1} + m_{a1}) \frac{b}{a} H\left(\frac{3b}{a}\right) + (m_{s2} + m_{a2}) \frac{b}{2a} H\left(\frac{3b}{2a}\right) + \\
& + (m_{s3} + m_{a3}) \frac{b}{3a} H\left(\frac{3b}{3a}\right) + \ldots + m_{t3} C\left(\frac{3b}{a}\right) + m_{b3} D\left(\frac{3b}{a}\right) + B_{t3} = 0.
\end{aligned}\right\} \quad (218\,t)$$

**(SF)$_4$ — ***  Rand $b$;

$$\left.\begin{aligned}
j = 1 \ldots\ & (m_{s1} + m_{a1}) \frac{b}{a} H\left(\frac{b}{a}\right) - (m_{s2} + m_{a2}) \frac{b}{2a} H\left(\frac{b}{2a}\right) + \\
& + (m_{s3} + m_{a3}) \frac{b}{3a} H\left(\frac{b}{3a}\right) + \ldots + m_{t1} D\left(\frac{b}{a}\right) + m_{b1} C\left(\frac{b}{a}\right) + B_{b1} = 0, \\
j = 2 \ldots\ & (m_{s1} - m_{a1}) \frac{b}{a} H\left(\frac{2b}{a}\right) - (m_{s2} - m_{a2}) \frac{b}{2a} H\left(\frac{2b}{2a}\right) + \\
& + (m_{s3} - m_{a3}) \frac{b}{3a} H\left(\frac{2b}{3a}\right) + \ldots + m_{t2} D\left(\frac{2b}{a}\right) + m_{b2} C\left(\frac{2b}{a}\right) + B_{b2} = 0, \\
j = 3 \ldots\ & (m_{s1} + m_{a1}) \frac{b}{a} H\left(\frac{3b}{a}\right) - (m_{s2} + m_{a2}) \frac{b}{2a} H\left(\frac{3b}{2a}\right) + \\
& + (m_{s3} + m_{a3}) \frac{b}{3a} H\left(\frac{3b}{3a}\right) + \ldots + m_{t3} D\left(\frac{3b}{a}\right) + m_{b3} C\left(\frac{3b}{a}\right) + B_{b3} = 0.
\end{aligned}\right\} \quad (218\,\mathrm{b})$$

Bei frei drehbarer Stützung eines Randes *entfällt* die betreffende Gleichungsgruppe; das zugehörige Randmoment (alle Reihenglieder) ist Null.

Ist die *Belastung und Lagerung* in bezug auf eine der beiden Plattenmittellinien symmetrisch, dann sind die Randmomente an den beiden zur Symmetrieachse parallelen Rändern gleich, und die betreffenden Gleichungsgruppen sind identisch; es können dann die Beiwerte $\hat{C} = C + D$ eingeführt werden. An den beiden übrigen Rändern verschwinden die Reihenglieder 2, 4, ...

Die endgültigen Verformungen und Schnittkräfte in der Platte ergeben sich aus der Überlagerung des Falles **F$_4$ — *** mit sämtlichen Randmomenten (Fälle **F$_4$ — 0s** usw.; bei symmetrischem Momentangriff Fälle **F$_4$ — 0sa** und **F$_4$ — 0tb**).

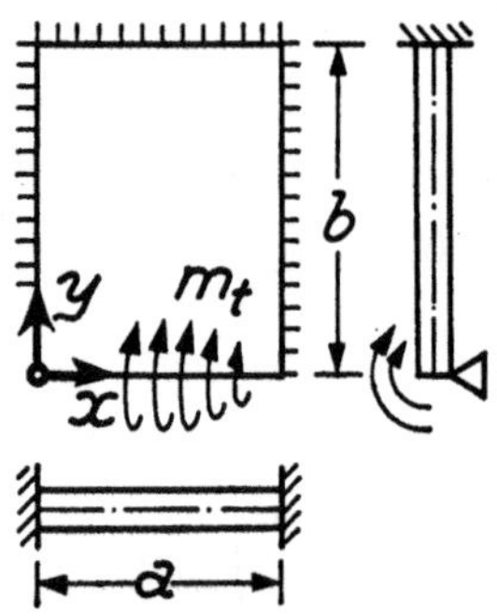


Abb. 102

### 2.2.2. *Momentangriff an einem frei drehbar gestützten Rand bei starrer Einspannung anderer Ränder*

#### *2.2.2.1.* **S$_2$FS — 0t**.

Greift beispielsweise am frei drehbar gestützten Rand $t$ ein Moment $m_t = m_{tj} \sin j\pi \frac{x}{a}$ mit *ungeradem* $j$ an, und sind alle übrigen Ränder starr eingespannt, so erhält man die Reihenkoeffizienten der Randmomente aus den Gl. (218 s, a und b) durch Einsetzen des gegebenen Wertes $m_{tj}$ mit $B_{sk} = B_{ak} = B_{bj} = 0$:

$$\left.\begin{aligned}
m_{sk} &= m_{ak} = -\frac{1}{\hat{C}\left(\frac{ka}{b}\right)} \left[ m_{tj} \frac{a}{jb} H\left(\frac{ka}{jb}\right) - \cos k\pi \sum_{1,3}^{\infty}{}^{i}\, m_{bi} \cdot \frac{a}{ib} H\left(\frac{ka}{ib}\right) \right], \\
m_{bj} &= -\frac{1}{C\left(\frac{jb}{a}\right)} \left[ m_{tj} D\left(\frac{jb}{a}\right) + \sum_{1,2}^{\infty}{}^{k}\, 2 m_{sk} (-\cos k\pi) \frac{b}{ka} H\left(\frac{jb}{ka}\right) \right], \\
m_{bi}\, (i \neq j) &= -\frac{1}{C\left(\frac{ib}{a}\right)} \sum_{1,2}^{\infty}{}^{k}\, 2 m_{sk} (-\cos k\pi) \frac{b}{ka} H\left(\frac{ib}{ka}\right), \quad i = \text{ungerade}.
\end{aligned}\right\} \quad (219)$$

Den Verlauf der Momente usw. erhält man durch Überlagerung des gegebenen Randmoments $m_t$ mit allen Randmomenten nach Gl. (219). Insbesondere ist das Reihenglied $j$ der *Randverdrehung* am Rand $t$:

$$\frac{2j\pi}{a} S \beta_{tj} = m_{tj} \cdot C\left(\frac{jb}{a}\right) + m_{bj} D\left(\frac{jb}{a}\right) + \sum_{1,2}^{\infty}{}^{k}\, 2 m_{sk} \frac{b}{ka} H\left(\frac{jb}{ka}\right). \qquad (220)$$

Für $j = 1$ erhält man daraus die „Steifheitszahl“

$$\frac{\lambda'_t}{S} = \frac{1}{C'_t} = \frac{m_{t1}}{\frac{2\pi}{a} S \beta_{t1}}. \tag{221}$$

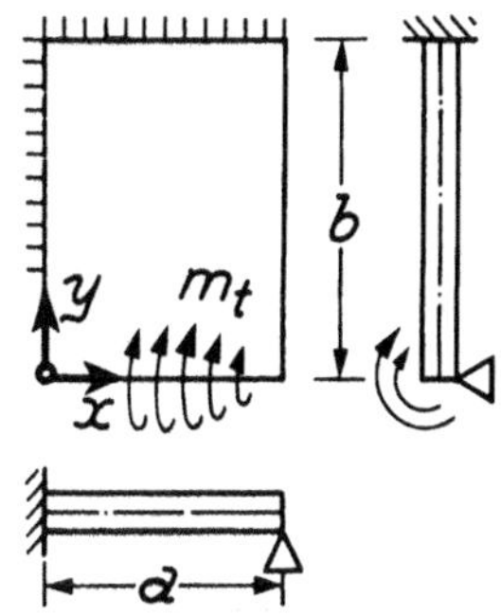

Abb. 103

Aus den Gl. (219) kann man durch Iteration leicht soviele Reihenkoeffizienten berechnen, als man zur gewünschten Genauigkeit der Steifheitszahl benötigt.

2.2.2.2. **SFFS — 0t**.

Bei geradzahligem $j$ und Einspannung beider Längsränder entsteht der gleiche Fall wie bei frei drehbarer Stützung *eines* Längsrandes (Abb. 103). In diesem Fall gilt

$$\left.\begin{aligned}
m_{sk} &= -\frac{1}{C\left(\frac{ka}{b}\right)}\left[m_{tj}\frac{a}{jb}H\left(\frac{ka}{jb}\right) - \cos k\pi \sum_{1,2}^{\infty}{}^{i}\, m_{bi}\frac{a}{ib}H\left(\frac{ka}{ib}\right)\right],\\
m_{bj} &= -\frac{1}{C\left(\frac{jb}{a}\right)}\left[m_{tj}D\left(\frac{jb}{a}\right) + \sum_{1,2}^{\infty}{}^{k}\, m_{sk}(-\cos k\pi)\frac{b}{ka}H\left(\frac{jb}{ka}\right)\right],\\
m_{bi(i \neq j)} &= -\frac{1}{C\left(\frac{ib}{a}\right)}\sum_{1,2}^{\infty}{}^{k}\, m_{sk}(-\cos k\pi)\frac{b}{ka}H\left(\frac{ib}{ka}\right).
\end{aligned}\right\} \tag{222}$$

Das Reihenglied $j$ der Randverdrehung am Rand $t$ lautet:

$$\frac{2j\pi}{a}S\beta_{tj} = m_{tj}C\left(\frac{jb}{a}\right) + m_{bj}D\left(\frac{jb}{a}\right) + \sum_{1,2}^{\infty}{}^{k}\, m_{sk}\frac{b}{ka}H\left(\frac{jb}{ka}\right). \tag{223}$$

Mit $j = 1$ folgt daraus wieder die Steifheitszahl nach Gl. (221).

2.2.2.3. **$F_3S$ — 0t**.

Bei frei drehbarer Stützung *beider* Längsränder ist

$$m_{bj} = -m_{tj}\frac{D\left(\frac{jb}{a}\right)}{C\left(\frac{jb}{a}\right)} \quad \text{und} \quad m_{bi(i \neq j)} = 0, \tag{224}$$

$$\frac{2j\pi}{a}S\beta_{tj} = m_{tj}\left\{C\left(\frac{jb}{a}\right) - \frac{\left[D\left(\frac{jb}{a}\right)\right]^2}{C\left(\frac{jb}{a}\right)}\right\}, \tag{225}$$

somit

$$\frac{\lambda'_t}{S} = \frac{C\left(\frac{b}{a}\right)}{\left[C\left(\frac{b}{a}\right)\right]^2 - \left[D\left(\frac{b}{a}\right)\right]^2} = \frac{\operatorname{Sin} 2\pi\frac{b}{a} - 2\pi\frac{b}{a}}{\operatorname{Cof} 2\pi\frac{b}{a} - 1 - 2\left(\pi\frac{b}{a}\right)^2}. \tag{226}$$

2.2.2.4. **$S_2F_2$ — 0t**, **$SF_3$ — 0t**.

Bei frei drehbarer Stützung des Randes $b$ entfällt in den Gl. (219) und (222) das Glied mit $m_{bi}$ bzw. $m_{bj}$. Die verbleibenden Unbekannten $m_{sk}$ ergeben sich ohne Iteration. Die Tafel D.4 enthält die Steifheitszahlen in allen Lagerungsfällen für die Seitenverhältnisse $\frac{h}{a} = 0{,}1$ bis $\infty$. Die zweite Rechteckseite ist dort mit $h$ anstatt $b$ bezeichnet; $h$ kann größer oder kleiner als $a$ sein.

2.2.2.5. **$S_2F_2$ — 0tb**, **$SF_3$ — 0tb**.

Bei gleichem Momentangriff an zwei gegenüberliegenden Seiten, z. B. $m_t = m_b = \hat{m}_{tj} \sin j\pi \frac{x}{a}$ mit ungeradem $j$ gilt im Falle **$S_2F_2$ — 0tb** für $k = 1, 3, 5$:

$$m_{sk} = m_{ak} = -\frac{1}{\hat{C}\left(\frac{ka}{b}\right)} 2\,\hat{m}_{tj} \frac{a}{jb} H\left(\frac{ka}{jb}\right). \tag{227}$$

Das Reihenglied $j$ der Randverdrehung am Rand $t$ ist:

$$\frac{2j\pi}{a} S\beta_{tj} = \hat{m}_{tj}\hat{C}\left(\frac{jb}{a}\right) + \sum_{1,3}^{\infty}{}_k\, 2\,m_{sk}\frac{b}{ka} H\left(\frac{jb}{ka}\right) = \hat{m}_{tj}\left\{\hat{C}\left(\frac{jb}{a}\right) - \right.$$

$$\left. - \sum_{1,3}^{\infty}{}_k \frac{4}{jk}\frac{1}{\hat{C}\left(\frac{ka}{b}\right)}\left[H\left(\frac{jb}{ka}\right)\right]^2\right\}. \tag{228}$$

Für $j = 1$ folgt daraus als Reziprokwert des Klammerausdruckes die „Steifheitszahl" $\hat{\lambda}'$ für beiderseitigen Momentangriff.

Im Fall **$SF_3$ — 0tb** ergibt sich die Steifheitszahl in gleicher Weise:

$$\frac{\hat{\lambda}'}{S} = \frac{1}{\hat{C}\left(\frac{b}{a}\right) - \sum_{1,3}^{\infty}{}_k \frac{2}{k}\frac{1}{C\left(\frac{ka}{b}\right)}\left[H\left(\frac{b}{ka}\right)\right]^2}. \tag{229}$$

In der Tafel D.5 sind die Steifheitszahlen für beiderseitigen Momentangriff zusammengestellt.

**$(SF)_4$ — 10**

2.2.3. *Einflußflächen bei starrer Einspannung*

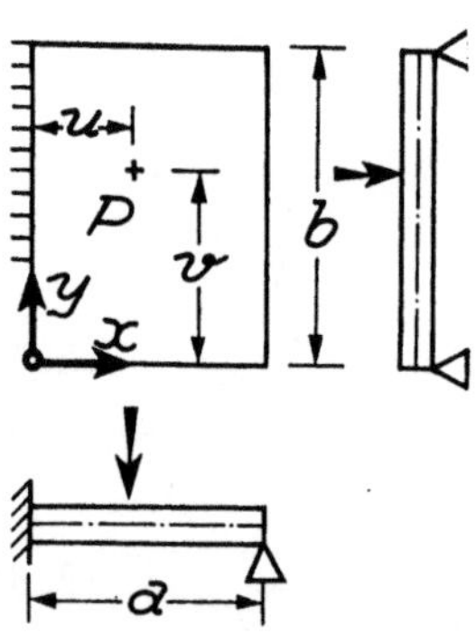

Abb. 104

2.2.3.1. *Einflußfläche eines Randmoments bei Einspannung eines einzigen Randes.* Als Beispiel wird der Rand $s$ als starr eingespannt gewählt. Falls ein anderer Rand eingespannt ist, sind die Koordinaten entsprechend zu vertauschen.

Vom Gleichungssystem (218) gilt nur die erste Gruppe für den Rand $s$; jede Gleichung enthält *eine* Unbekannte $m_{sk}$ und liefert

$$-m_{sk} = \frac{B_{sk}}{C\left(\frac{ka}{b}\right)}. \tag{230}$$

Der in der Zusammenstellung der Belastungswerte für Punktlast angegebene Ausdruck (198) stellt mit $P = 1$ und $u$, $v$ als Veränderliche die *Einflußfläche* dieses Belastungswertes dar. Damit ist die Einflußfläche des Moments in einem bestimmten Punkt des Randes $s$ mit der Ordinate $y$:

$$\text{Einfl}\,(-m_s)_y = \sum_{1,2}^{\infty}{}_k \sin k\pi\frac{y}{b}\cdot \text{Einfl}\,(-m_{sk}) = \sum_{1,2}^{\infty}{}_k \sin k\pi\frac{y}{b}\frac{\text{Einfl}\,B_{sk}}{C\left(\frac{ka}{b}\right)}. \tag{231}$$

Wenn man bei Auswertung der Gl. (231) die Zahlentafeln (siehe P. 2.1.3.3.) nicht benutzen kann, wird man in der Nähe des Randes $s$ nicht den Reihenausdruck, der dort schlecht konvergiert, berechnen, sondern die Einflußfläche aus der geschlossenen Darstellung für

$\frac{a}{b} = \infty$ und der Differenz zur Rechteckplatte in Reihendarstellung, bei der jetzt wenige Glieder ausreichen, zusammensetzen:

$$\text{Einfl}\,(-m_s)_y = \frac{u}{2b}\,\mathfrak{Sin}\,\pi\frac{u}{b}\left[\frac{1}{\mathfrak{Cos}\,\pi\frac{u}{b} - \cos\pi\frac{y-v}{b}} - \frac{1}{\mathfrak{Cos}\,\pi\frac{u}{b} - \cos\pi\frac{y+v}{b}}\right] -$$

$$-\sum_{1,2}^{k}\sin k\pi\frac{y}{b}\sin k\pi\frac{v}{b}\,\frac{4\frac{a}{b}}{\mathfrak{Sin}\,2k\pi\frac{a}{b} - 2k\pi\frac{a}{b}}\left\{\mathfrak{Sin}\,k\pi\frac{u}{b}\left[1 - \frac{u}{2a}\left(1 - e^{-2k\pi\frac{a}{b}}\right)\right] -\right.$$

$$\left. - k\pi\frac{u}{b}e^{-k\pi\frac{u}{b}}\right\}. \qquad (232)$$

*2.2.3.2. Einflußfläche der Querkraft am starr eingespannten Rand, übrige Ränder frei drehbar gestützt.* Gesucht sei die Einflußfläche der Querkraft im Punkt $y$ des starr eingespannten Randes $s$ (Abb. 104 bei P. 2.2.3.1.). Die Querkraft im Bezugspunkt infolge des Randmomentangriffs $m_s = 1 \sin k\pi\frac{y}{b}$ ist nach Fall **F₄—0s**:

$$q_{sk} = -\frac{1}{a}\sin k\pi\frac{y}{b}\,\frac{k\pi a}{b}\,\mathfrak{Cotg}\,k\pi\frac{a}{b}. \qquad (233)$$

Damit ist die gesuchte Einflußfläche

$$\text{Einfl}\,(q_s)_y = \text{Einfl}\,(q_s)_y\,\boxed{\mathbf{F_4-10}} + \sum_{1,2}^{\infty}{}^{k}\,q_{sk}\,\text{Einfl}\,m_{sk} = \text{Einfl}\,(q_s)_y\,\boxed{\mathbf{F_4-10}} +$$

$$+\frac{1}{a}\sum_{1,2}^{\infty}{}^{k}\sin k\pi\frac{y}{b}\sin k\pi\frac{v}{b}\,\frac{\frac{2a}{b}\,\mathfrak{Sin}\,k\pi\frac{a-u}{b}}{\mathfrak{Sin}\,k\pi\frac{a}{b} - \frac{k\pi\frac{a}{b}}{\mathfrak{Cos}\,k\pi\frac{a}{b}}}\left[k\pi\frac{a}{b}\,\mathfrak{Cotg}\,k\pi\frac{a}{b} - k\pi\frac{a-u}{b}\,\mathfrak{Cotg}\,k\pi\frac{a-u}{b}\right]. \qquad (234)$$

Im Bereich kleiner Werte $\frac{u}{b}$ konvergiert die Reihe schlecht; dort kann man die geschlossene Darstellung der Querkrafteinflußfläche für den eingespannten Querrand des unendlichen Halbstreifens (Fall **F₂S — 10**) und die Differenz zur Rechteckplatte in Reihendarstellung benützen:

$$\text{Einfl}\,(q_s)_y = \frac{1}{b}\left[\frac{1}{2}\,\mathfrak{Sin}\,\pi\frac{u}{b}\left\{\frac{1}{\mathfrak{Cos}\,\pi\frac{u}{b} - \cos\pi\frac{y-v}{b}} - \frac{1}{\mathfrak{Cos}\,\pi\frac{u}{b} - \cos\pi\frac{y+v}{b}}\right\} +\right.$$

$$+\frac{1}{2}\pi\frac{u}{b}\left\{\frac{\mathfrak{Cos}\,\pi\frac{u}{b}\cos\pi\frac{y-v}{b} - 1}{\left(\mathfrak{Cos}\,\pi\frac{u}{b} - \cos\pi\frac{y-v}{b}\right)^2} - \frac{\mathfrak{Cos}\,\pi\frac{u}{b}\cos\pi\frac{y+v}{b} - 1}{\left(\mathfrak{Cos}\,\pi\frac{u}{b} - \cos\pi\frac{y+v}{b}\right)^2}\right\} -$$

$$-\sum_{1,2}^{\infty}{}^{k}\sin k\pi\frac{y}{b}\sin k\pi\frac{v}{b}\,\frac{4}{\mathfrak{Sin}\,2k\pi\frac{a}{b} - 2k\pi\frac{a}{b}}\left\{\mathfrak{Sin}\,k\pi\frac{u}{b}\left[k\pi\frac{a}{b} + \frac{1}{2}\left(1 + e^{-2k\pi\frac{a}{b}}\right)\left(1 -\right.\right.\right.$$

$$\left.\left.\left.\left. - k\pi\frac{u}{b}\,\mathfrak{Cotg}\,k\pi\frac{u}{b}\right)\right] - k\pi\frac{a}{b}\,k\pi\frac{u}{b}\,e^{-k\pi\frac{u}{b}}\right\}\right]. \qquad (235)$$

*2.2.3.3. Einflußfläche eines Randmoments bei Einspannung zweier gegenüberliegender Ränder.* Es werden die bei starrer Einspannung der *Längs*ränder gültigen Formeln angegeben. Bei Einspannung der Querränder sind die Koordinatenrichtungen zu vertauschen.

**(SF)$_4$ — 10**

Vom Gleichungssystem (218) verbleiben je zwei Gleichungen mit zwei Unbekannten für jedes $k$:

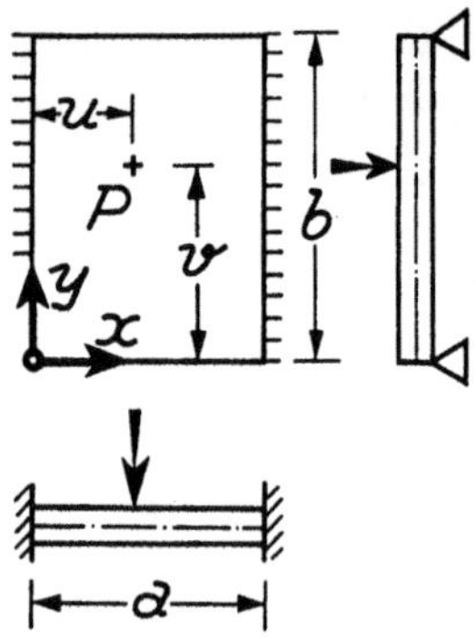


Abb. 105

$$\left.\begin{aligned} m_{sk}\, C\left(\frac{k\,a}{b}\right) + m_{ak}\, D\left(\frac{k\,a}{b}\right) + B_{sk} = 0, \\ m_{sk} D\left(\frac{k\,a}{b}\right) + m_{ak}\, C\left(\frac{k\,a}{b}\right) + B_{ak} = 0. \end{aligned}\right\} \quad (236)$$

Die Auflösung liefert

$$\text{Einfl}\, m_{sk} = \frac{C\left(\frac{k\,a}{b}\right) \text{Einfl}\, B_{sk} - D\left(\frac{k\,a}{b}\right) \text{Einfl}\, B_{ak}}{\left[C\left(\frac{k\,a}{b}\right)\right]^2 - \left[D\left(\frac{k\,a}{b}\right)\right]^2}. \quad (237)$$

Nach Einsetzen der Belastungswerte sowie der Beiwerte nach Gl. (204) erhält man für das Moment in einem Punkt $y$ des Randes $s$:

$$\text{Einfl}\,(-m_s)_y = \sum_{1,2}^{\infty} {}_k \sin k\pi \frac{y}{b}\, \text{Einfl}\,(-m_{sk}) =$$

$$= \sum_{1,2}^{\infty} {}_k \sin k\pi \frac{y}{b} \sin k\pi \frac{v}{b} \frac{2\frac{a}{b}\, \mathfrak{Sin}\, k\pi \frac{a}{b}\, \mathfrak{Sin}\, k\pi \frac{a-u}{b}}{\mathfrak{Sin}^2\, k\pi \frac{a}{b} - \left(k\pi \frac{a}{b}\right)^2} \left[\frac{u}{a} + \right.$$

$$\left. + k\pi \frac{a-u}{b} \left(\mathfrak{Cotg}\, k\pi \frac{a}{b} - \mathfrak{Cotg}\, k\pi \frac{a-u}{b}\right)\right]. \quad (238)$$

Im Bereiche kleiner Werte $\frac{u}{b}$ ist es zweckmäßig, die geschlossene Darstellung für den unendlichen Halbstreifen und die Differenzreihe zu verwenden:

$$\text{Einfl}\,(-m_s)_y = \frac{u}{2\,b}\, \mathfrak{Sin}\, \pi \frac{u}{b} \left[\frac{1}{\mathfrak{Cof}\, \pi \frac{u}{b} - \cos \pi \frac{y-v}{b}} - \frac{1}{\mathfrak{Cof}\, \pi \frac{u}{b} - \cos \pi \frac{y+v}{b}}\right] -$$

$$- \sum_{1,2}^{\infty} {}_k \sin k\pi \frac{y}{b} \sin k\pi \frac{v}{b} \frac{2\frac{a}{b}}{\mathfrak{Sin}^2\, k\pi \frac{a}{b} - \left(k\pi \frac{a}{b}\right)^2} \left\{\mathfrak{Sin}\, k\pi \frac{u}{b} \left[k\pi \frac{a-u}{b} + \right.\right.$$

$$\left.\left. + \frac{u}{2\,a}\left(1 - e^{-2k\pi \frac{a}{b}}\right)\right] - k\pi \frac{a}{b}\, k\pi \frac{u}{b}\, e^{-k\pi \frac{u}{b}}\right\}. \quad (239)$$

Die Einflußfläche des Moments in einem Punkt $y$ des Randes $a$ ist spiegelgleich zur Einflußfläche von $(-m_s)_y$; es sind $u$ und $a-u$ miteinander zu vertauschen.

*2.2.3.4. Einflußflächen, deren Bezugspunkt nicht an einem eingespannten Rand liegt, bei Einspannung beliebiger Ränder.* Es sei Einfl $R(x, y)$, d. i. die Einflußfläche für irgendeine Größe $R$ (Biegemoment usw.), im Punkt $x, y$ zu ermitteln. Der entsprechenden Einflußfläche für die allseitig frei drehbar gestützte Platte (Fall **F$_4$—10**) sind die Biegeflächen infolge von Randmomenten so zu überlagern, daß an allen starr eingespannten Rändern die Neigung der Fläche verschwindet.

Der Reihenkoeffizient $k$ der Neigung am Rand $s$ ist unter Benützung der Gl. (214):

$$S\,\beta_{sk} = m_{sk} \frac{b}{2k\pi} C\left(\frac{k\,a}{b}\right) + m_{ak} \frac{b}{2k\pi} D\left(\frac{k\,a}{b}\right) + \sum_{1,2}^{\infty} {}_j\, (m_{tj} - \cos k\pi \cdot m_{bj}) \frac{b}{2k\pi} \frac{a}{j\,b} H\left(\frac{j\,b}{k\,a}\right) +$$

$$+ S \frac{2}{b} R_{sk} = 0. \quad (240)$$

Hierin ist $R_{sk} = R(m_{sk} = 1, x, y)$, d. h. $R$ im Punkte $x, y$ infolge des Randmomentangriffs $m_s = 1 \sin k\pi \frac{y}{b}$.

Führt man

$$r_{sk} = \frac{b^2}{4k\pi} C\left(\frac{ka}{b}\right)\frac{m_{sk}}{S}, \qquad r_{tj} = \frac{a^2}{4j\pi} C\left(\frac{jb}{a}\right)\frac{m_{tj}}{S},$$

$$r_{ak} = \frac{b^2}{4k\pi} C\left(\frac{ka}{b}\right)\frac{m_{ak}}{S}, \qquad r_{bj} = \frac{a^2}{4j\pi} C\left(\frac{jb}{a}\right)\frac{m_{tj}}{S}.$$

als neue Unbekannte ein, entsteht die Gleichung

$$r_{sk} + r_{ak}\frac{D\left(\frac{ka}{b}\right)}{C\left(\frac{ka}{b}\right)} + \sum_{1,2}^{\infty}{}^{j}\,(r_{tj} - \cos k\pi\cdot r_{bj})\frac{b}{ka}\frac{H\left(\frac{jb}{ka}\right)}{C\left(\frac{jb}{a}\right)} + R_{sk} = 0.$$

Für die übrigen Ränder gilt entsprechend:

$$r_{sk}\frac{D\left(\frac{ka}{b}\right)}{C\left(\frac{ka}{b}\right)} + r_{ak} + \sum_{1,2}^{\infty}{}^{j}\,(-\cos j\pi)(r_{tj} - \cos k\pi\cdot r_{bj})\frac{b}{ka}\frac{H\left(\frac{jb}{ka}\right)}{C\left(\frac{jb}{a}\right)} + R_{ak} = 0,$$

$$\sum_{1,2}^{\infty}{}^{k}\,(r_{sk} - \cos j\pi\cdot r_{ak})\frac{a}{jb}\frac{H\left(\frac{ka}{jb}\right)}{C\left(\frac{ka}{b}\right)} + r_{tj} + r_{bj}\frac{D\left(\frac{jb}{a}\right)}{C\left(\frac{jb}{a}\right)} + R_{tj} = 0,$$

$$\sum_{1,2}^{\infty}{}^{k}\,(-\cos k\pi)(r_{sk} - \cos j\pi\cdot r_{ak})\frac{a}{jb}\frac{H\left(\frac{ka}{jb}\right)}{C\left(\frac{ka}{b}\right)} + r_{tj}\frac{D\left(\frac{jb}{a}\right)}{C\left(\frac{jb}{a}\right)} + r_{bj} + R_{bj} = 0.$$

(241)

Hierin ist z. B. $R_{tj}$ die Größe $R$ im Punkt $x, y$ infolge des Randmomentangriffs $m_t = 1 \sin j\pi\frac{x}{a}$. Die Gleichungen sind für $k = 1, 2, 3, \ldots$ und $j = 1, 2, 3, \ldots$ aufzustellen und daraus die Größen $r$ zu berechnen.

Ein Vergleich der Formeln für Einfl $B_{sk}$ und für die *Biegefläche* infolge eines Randmoments $m_s = m_{sk}\sin k\pi\frac{y}{b}$ ergibt die Beziehung

$$\zeta_{sk} = \frac{b^2}{4k\pi}\frac{m_{sk}}{S}\,\text{Einfl}\,B_{sk}, \qquad \text{somit} \qquad \zeta_{sk} = r_{sk}\frac{\text{Einfl}\,B_{sk}}{C\left(\frac{ka}{b}\right)}. \tag{242}$$

Damit und mit den analogen Beziehungen für die anderen Randeinflüsse ist die gesuchte Einflußfläche:

$$\text{Einfl}\,R(x,y) = \text{Einfl}\,R(x,y)\,\boxed{F_4 - 10} + \sum_{1,2}^{\infty}{}^{k}\,r_{sk}\frac{\text{Einfl}\,B_{sk}}{C\left(\frac{ka}{b}\right)} + \sum_{1,2}^{\infty}{}^{k}\,r_{ak}\frac{\text{Einfl}\,B_{ak}}{C\left(\frac{ka}{b}\right)} +$$

$$+ \sum_{1,2}^{\infty}{}^{j}\,r_{tj}\frac{\text{Einfl}\,B_{tj}}{C\left(\frac{jb}{a}\right)} + \sum_{1,2}^{\infty}{}^{i}\,r_{bj}\frac{\text{Einfl}\,B_{bj}}{C\left(\frac{jb}{a}\right)}. \tag{243}$$

Wenn ein Rand frei drehbar gestützt ist, *entfällt* die zu diesem Rand gehörige Gleichung und der betreffende Wert $r$.

Bei Einspannung eines einzigen Randes, z. B. des Randes $s$, ist aus Gl. (241) unmittelbar

$$r_{sk} = -R_{sk}. \tag{244}$$

Sind zwei gegenüberliegende Ränder eingespannt, z. B. die Ränder $s$ und $a$, erhält man aus den Gl. (241)

$$r_{sk} = \frac{-R_{sk} + \varphi_{xk}R_{ak}}{1 - \varphi_{xk}^2}, \qquad r_{ak} = \frac{-R_{ak} + \varphi_{xk}R_{sk}}{1 - \varphi_{xk}^2}$$

mit

$$\varphi_{xk} = \frac{D\left(\frac{ka}{b}\right)}{C\left(\frac{ka}{b}\right)}. \tag{245}$$

(SF)$_4$—10

Wenn es sich um die Einflußfläche eines Biegemoments im Punkt $x, y$ handelt, können die Werte $R_{sk}$ usw., in diesem Fall also Biegemomente im Punkt $x, y$ infolge eines Randmomentangriffs, für $k = 1, 2, 3$ und $j = 1, 2, 3$ aus den Tafeln E.11 und E.12 entnommen werden. Weitere Reihenglieder wird man kaum benötigen. Für die Momente im *Plattenmittelpunkt* sind die Einflußflächen bei allseitig frei drehbarer Stützung den Tafeln E. 41 und E.42 zu entnehmen; in diesem Fall sind die Reihenglieder $k = 2$ und $j = 2$ der Randmomente gleich Null.

Bezüglich der Funktionen Einfl $B_{sk}$ usw. siehe P. 2.1.3.3.

*2.2.3.5. Einflußfläche eines Randmoments bei Einspannung benachbarter Ränder.* Wenn alle Ränder starr eingespannt sind und beispielsweise die Einflußfläche des Moments im Punkt $0, y$ des Randes $s$ gesucht ist, geht man am besten von der Einflußfläche für starre Einspannung des Randes $s$ und frei drehbare Stützung der übrigen Ränder gemäß Gl. (231) aus. Sie erfüllt die geforderte Randbedingung am Rand $s$, nämlich die singuläre Verdrehung $-1$ im Bezugspunkt und das Verschwinden der Neigung in allen übrigen Punkten des Randes $s$. Dieser Fläche sind die Biegeflächen von Randmomenten so zu überlagern, daß die Neigung am Rand $s$ unverändert bleibt und an den übrigen Rändern verschwindet.

Wir schreiben in Anlehnung an Gl. (243):

$$\text{Einfl}\,(m_s)_y = \sum_{1,2}^{\infty} {}^k \left(-\sin k\pi\frac{y}{b} + \bar{r}_{sk}\right)\frac{\text{Einfl}\,B_{sk}}{C\left(\frac{ka}{b}\right)} + \sum_{1,2}^{\infty} {}^k\, r_{ak}\frac{\text{Einfl}\,B_{ak}}{C\left(\frac{ka}{b}\right)} + \\ + \sum_{1,2}^{\infty} {}^j\, r_{tj}\frac{\text{Einfl}\,B_{tj}}{C\left(\frac{jb}{a}\right)} + \sum_{1,2}^{\infty} {}^j\, r_{bj}\frac{\text{Einfl}\,B_{bj}}{C\left(\frac{jb}{a}\right)}. \tag{246}$$

Die Neigung am Rand $s$ infolge $\bar{r}_{sk}$, $r_{ak}$, $r_{tj}$ und $r_{bj}$ muß verschwinden, daher gilt [siehe Gl. (241)]:

$$\bar{r}_{sk} + r_{ak}\frac{D\left(\frac{ka}{b}\right)}{C\left(\frac{ka}{b}\right)} + \sum_{1,2}^{\infty} {}^j\,(r_{tj} - \cos k\pi\cdot r_{bj})\frac{b}{ka}\frac{H\left(\frac{jb}{ka}\right)}{C\left(\frac{jb}{a}\right)} = 0. \tag{247}$$

Für die übrigen Ränder gelten die Gl. (241) mit

$$\left.\begin{aligned}
&r_{sk} = -\sin k\pi\frac{y}{b} + \bar{r}_{sk} \quad \text{und} \quad R = 0: \\
&\bar{r}_{sk}\frac{D\left(\frac{ka}{b}\right)}{C\left(\frac{ka}{b}\right)} + r_{ak} + \sum_{1,2}^{\infty} {}^j\,(-\cos j\pi)(r_{tj} - \cos k\pi\cdot r_{bj})\frac{b}{ka}\frac{H\left(\frac{jb}{ka}\right)}{C\left(\frac{jb}{a}\right)} - \sin k\pi\frac{y}{b}\frac{D\left(\frac{ka}{b}\right)}{C\left(\frac{ka}{b}\right)} = 0, \\
&\sum_{1,2}^{\infty} {}^k\,(\bar{r}_{sk} - \cos j\pi\cdot r_{ak})\frac{a}{jb}\frac{H\left(\frac{ka}{jb}\right)}{C\left(\frac{ka}{b}\right)} + r_{tj} + r_{bj}\frac{D\left(\frac{jb}{a}\right)}{C\left(\frac{jb}{a}\right)} - \sum_{1,2}^{\infty} {}^k \sin k\pi\frac{y}{b}\frac{a}{jb}\frac{H\left(\frac{ka}{jb}\right)}{C\left(\frac{ka}{b}\right)} = 0, \\
&\sum_{1,2}^{\infty} {}^k\,(-\cos k\pi)(\bar{r}_{sk} - \cos j\pi\cdot r_{ak})\frac{a}{jb}\frac{H\left(\frac{ka}{jb}\right)}{C\left(\frac{ka}{b}\right)} + r_{tj}\frac{D\left(\frac{jb}{a}\right)}{C\left(\frac{jb}{a}\right)} + \\
&\qquad + r_{bj} - \sum_{1,2}^{\infty} {}^k\,(-\cos k\pi)\sin k\pi\frac{y}{b}\frac{a}{jb}\frac{H\left(\frac{ka}{jb}\right)}{C\left(\frac{ka}{b}\right)} = 0.
\end{aligned}\right\} \tag{248}$$

Die Gleichungen sind für $k = 1, 2, 3$ und $j = 1, 2, 3$ aufzustellen. Die am Ende der beiden letzten Gleichungen stehenden Reihenausdrücke konvergieren um so schlechter, je kleiner $\frac{y}{b}$ ist. Die Ermittlung der als Grundfall benützten Einflußfläche [Gl. (231)] sowie der zu überlagernden Funktionen Einfl $B$ ist in P. 2.2.3.1. beschrieben.

*2.2.3.6. Einflußfläche der Querkraft am eingespannten Rand bei Einspannung der übrigen Ränder.* Um die Einflußfläche für die Querkraft im Punkt $y$ des Randes $s$ zu finden, geht man wie unter P. 2.2.3.5. vom Fall $\boxed{\mathbf{SF_3 - 10}}$, der in P. 2.2.3.2. behandelt ist, aus und setzt:

$$\operatorname{Einfl}(q_s)_y = \operatorname{Einfl}(q_s)_y\boxed{\mathbf{SF_3 - 10}} + \sum_{1,2\ldots}^{\infty}{}^{k}\, \bar r_{sk}\frac{\operatorname{Einfl} B_{sk}}{C\left(\frac{ka}{b}\right)} + \sum_{1,2\ldots}^{\infty}{}^{k}\, r_{ak}\frac{\operatorname{Einfl} B_{ak}}{C\left(\frac{ka}{b}\right)} + \sum_{1,2}^{\infty}{}^{j}\, r_{tj}\frac{\operatorname{Einfl} B_{tj}}{C\left(\frac{jb}{a}\right)} + \sum_{1,2}^{\infty}{}^{j}\, r_{bj}\frac{\operatorname{Einfl} B_{bj}}{C\left(\frac{jb}{a}\right)}. \quad (249)$$

Die Neigung am Rand $s$ darf durch die Zusatzfunktionen nicht geändert werden, daher gilt Gl. (247) wie in P. 2.2.3.5.

Die Neigung der Fläche im Grundfall setzt sich zusammen aus der Neigung der Einflußfläche im Fall $\boxed{\mathbf{F_4 - 10}}$ und der Wirkung der im Fall $\boxed{\mathbf{SF_3 - 10}}$ hinzugekommenen Momente $m_{sk}$. In den Gl. (241) ist demnach als $R_{ak}$ usw. einzusetzen:

1. Die Querkraft im Bezugspunkt infolge des Randmomentangriffs $m_a = 1 \cdot \sin k\pi\frac{y}{b}$ nach Fall $\boxed{\mathbf{F_4 - 0a}}$ usw.

2. Die als letztes Glied in den Gl. (248) stehenden Ausdrücke, multipliziert mit $-\frac{k\pi}{b}\mathfrak{Cotg}\, k\pi\frac{a}{b}$ [siehe Gl. (233)].

Die weiteren Gleichungen lauten somit:

$$\left.\begin{aligned}
&\bar r_{sk}\frac{D\left(\frac{ka}{b}\right)}{C\left(\frac{ka}{b}\right)} + r_{ak} + \sum_{1,2}^{\infty}{}^{j}\,(-\cos j\pi)(r_{tj} - \cos k\pi\cdot r_{bj})\frac{b}{ka}\frac{H\left(\frac{jb}{ka}\right)}{C\left(\frac{jb}{a}\right)} + \\
&\qquad + \frac{1}{a}\left[\sin k\pi\frac{y}{b}\frac{\frac{k\pi a}{b}}{\mathfrak{Sin}\, k\pi\frac{a}{b}} + \sin k\pi\frac{y}{b}\frac{k\pi a}{b}\mathfrak{Cotg}\, k\pi\frac{a}{b}\frac{D\left(\frac{ka}{b}\right)}{C\left(\frac{ka}{b}\right)}\right] = 0,\\
&\sum_{1,2}^{\infty}{}^{k}\,(\bar r_{sk} - \cos j\pi\cdot r_{ak})\frac{a}{jb}\frac{H\left(\frac{ka}{jb}\right)}{C\left(\frac{ka}{b}\right)} + r_{tj} + r_{bj}\frac{D\left(\frac{jb}{a}\right)}{C\left(\frac{jb}{a}\right)} + \\
&\qquad + \frac{1}{a}\left[j\pi\frac{\mathfrak{Sin}\, j\pi\frac{b-y}{a}}{\mathfrak{Sin}\, j\pi\frac{b}{a}} + \sum_{1,2\ldots}^{\infty}{}^{k}\,\sin k\pi\frac{y}{b}\frac{k\pi a^2}{jb^2}\mathfrak{Cotg}\, k\pi\frac{a}{b}\frac{H\left(\frac{ka}{jb}\right)}{C\left(\frac{ka}{b}\right)}\right] = 0,\\
&\sum_{1,2}^{\infty}{}^{k}\,(-\cos k\pi)(\bar r_{sk} - \cos j\pi\cdot r_{ak})\frac{a}{jb}\frac{H\left(\frac{ka}{jb}\right)}{C\left(\frac{ka}{b}\right)} + r_{tj}\frac{D\left(\frac{jb}{a}\right)}{C\left(\frac{jb}{a}\right)} + r_{bj} + \\
&\qquad + \frac{1}{a}\left[j\pi\frac{\mathfrak{Sin}\, j\pi\frac{y}{a}}{\mathfrak{Sin}\, j\pi\frac{b}{a}} + \sum_{1,2\ldots}^{\infty}{}^{k}\,(-\cos k\pi)\sin k\pi\frac{y}{b}\frac{k\pi a^2}{jb^2}\mathfrak{Cotg}\, k\pi\frac{a}{b}\frac{H\left(\frac{ka}{jb}\right)}{C\left(\frac{ka}{b}\right)}\right] = 0.
\end{aligned}\right\}\quad (250)$$

$\boxed{\mathbf{E_4 - *}}$

## 2.3. Elastische Einspannung

### *2.3.1. Das Einspanngradverfahren*

*2.3.1.1. Voraussetzungen und Grundfall.* Wir betrachten eine Rechteckplatte, die an allen Rändern unverschieblich gestützt und mit je einer oder mehreren, räumlich zusammenstoßenden Anschlußplatten, dem „Anschlußwerk", biegungsfest verbunden ist (siehe Abb. 106). Dabei wird vorausgesetzt, daß die Anschlußplatten ebenfalls Rechteckplatten sind, die mit

E₄ — *

der betrachteten Platte je zwei Ecken gemeinsam haben, und deren dem Anschlußrand *benachbarte* Ränder unverschieblich gestützt sind. Der dem Anschlußrand *gegenüber*liegende Rand der Anschlußplatte kann gestützt oder ungestützt sein. Die Dicke der belasteten Platte sei $d_0$, die Dicke der Anschlußplatten seien $d_{I_s}$, $d_{II_s}$, ..., $d_{I_a}$, ... usw. Wir denken uns die biegefeste Verbindung mit den Anschlußwerken gelöst und erhalten so als Grundfall die allseitig frei drehbar gestützte Rechteckplatte ( **F₄ — *** ). Die gegebene Belastung erzeugt Randverdrehungen gemäß Gl. (192) (S. 165).

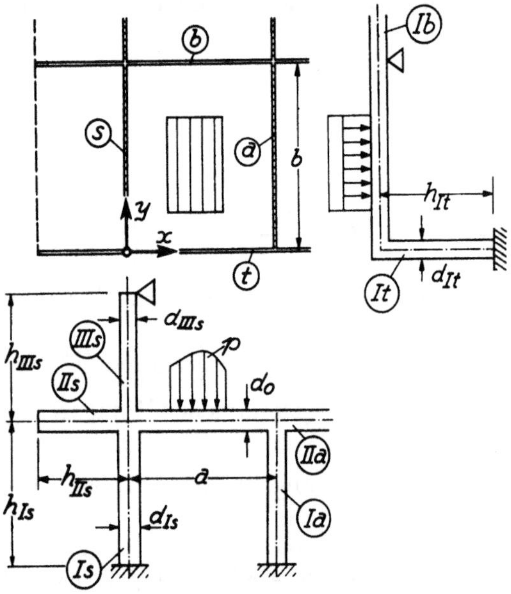


Abb. 106

Die Anschlußplatten werden *unbelastet* gedacht; die genannten Randverdrehungen sind somit bereits die *gegenseitigen* Verdrehungen zwischen Platte und Anschlußwerken. Nun werden an den vier Rändern zwischen Platte und Anschlußwerken *gegenseitige* Momente angebracht; diese erzeugen gegenseitige Verdrehungen, die sich aus der Verdrehung der Platte und der Verdrehung des Anschlußwerks zusammensetzen. Als praktisch brauchbare Näherung wird von jedem Anschlußmoment *nur das 1. Reihenglied* in Rechnung gestellt und dementsprechend nur das 1. Reihenglied der gegenseitigen Verdrehungen zum Verschwinden gebracht. Die Verdrehungen der Platte infolge der Randmomente sind durch die Gl. (203) gegeben.

*2.3.1.2. Die Anschlußwerke.* Die Verdrehung einer Anschlußplatte, beispielsweise $I_t$, infolge eines Anschlußmoments $m_{I_t} \sin \pi \frac{x}{a}$ an der Seite mit der Länge $a$ ist bei frei drehbarer Stützung aller Ränder

$$S_{I_t} \beta_{I_t} = m_{I_t} \sin \pi \frac{x}{a} \frac{a}{2\pi} C\left(\frac{h_{I_t}}{a}\right) \tag{251}$$

mit $C\left(\frac{h_{I_t}}{a}\right)$ nach Gl. (204).

Bei starrer Einspannung eines oder beider benachbarter Ränder ist die Verdrehung des Anschlußrandes durch eine Fouriersche Reihe gegeben, von der jedoch *nur das 1. Glied* verwendet wird; letzteres ist gemäß Gl. (221)

$$S_{I_t} \beta_{I_{t1}} = m_{I_t} \frac{a}{2\pi} C_{I_t}'. \tag{252}$$

Wenn der dem Anschlußrand gegenüberliegende Rand ungestützt ist, ergibt sich $C_{I_t}$ nach Fall **F₃U — 0t** bzw. $C_{I_t}'$ nach Fall **S₂FU — 0t** oder **SFFU — 0t**.

Besteht das Anschlußwerk aus mehreren Platten, z. B. $I_s$, $II_s$, $III_s$, dann teilt sich das Anschlußmoment $m_s$ in die Anteile $m_{I_s}$, $m_{II_s}$, $m_{III_s}$ so, daß die Verdrehungen aller Anschlußplatten gleich sind:

$$\beta_{A_s} = \beta_{I_s} = \beta_{II_s} = \beta_{III_s} = m_{I_s} \frac{12}{E d_{I_s}^3} \frac{b}{2\pi} C_{I_s}' = m_{II_s} \frac{12}{E d_{II_s}^3} \frac{b}{2\pi} C_{II_s}' =$$

$$= m_{III_s} \frac{12}{E d_{III_s}^3} \frac{b}{2\pi} C_{III_s}'. \tag{253}$$

Außerdem ist

$$m_{I_s} + m_{II_s} + m_{III_s} = m_s. \tag{254}$$

Aus diesen Gleichungen folgt:

$$\beta_{A_s} = m_s \frac{12}{E} \frac{b}{2\pi} \frac{1}{\frac{d_{I_s}^3}{C_{I_s}'} + \frac{d_{II_s}^3}{C_{II_s}'} + \frac{d_{III_s}^3}{C_{III_s}'}}. \tag{255}$$

Nach Einführung der auf die Dicke $d_0$ der belasteten Platte bezogenen „Steifheitszahlen" der Anschlußplatten

$$\lambda_{I_s}' = \left(\frac{d_{I_s}}{d_0}\right)^3 \frac{1}{C_{I_s}'}, \quad \lambda_{II_s}' = \left(\frac{d_{II_s}}{d_0}\right)^3 \frac{1}{C_{II_s}'} \text{ usw.} \tag{256}$$

erhält man die Verdrehung des Anschlußwerks bei $s$:

$$\frac{E\,d_0^3}{12}\,\beta_{A_s} = m_s \frac{b}{2\pi} \cdot \frac{1}{\lambda_{I_s}' + \lambda_{II_s}' + \lambda_{III_s}'} = m_s \frac{b}{2\pi} \frac{1}{\lambda_{A_s}}, \tag{257}$$

worin

$$\lambda_{A_s} = \lambda_{I_s}' + \lambda_{II_s}' + \dots \tag{258}$$

die „Steifheitszahl" des Anschlußwerks bei $s$ bedeutet.

*2.3.1.3. Gleichungssystem.* Setzt man noch

$$\frac{1}{C\left(\frac{a}{b}\right)} = \lambda_x \quad \text{und} \quad \frac{1}{C\left(\frac{b}{a}\right)} = \lambda_y \tag{259}$$

(Steifheitszahlen der belasteten Platte bei frei drehbarer Stützung aller Ränder), so erhält man die Bedingungsgleichung für das Verschwinden der gegenseitigen Verdrehung am Rand $s$ wie folgt (der Zeiger $k = 1$ bzw. $j = 1$ ist überall weggelassen):

$$m_s\left(1 + \frac{\lambda_x}{\lambda_{A_s}}\right) \cdot C\left(\frac{a}{b}\right) + m_a D\left(\frac{a}{b}\right) + m_t \frac{a}{b} H\left(\frac{a}{b}\right) + m_b \frac{a}{b} H\left(\frac{a}{b}\right) + B_s = 0. \tag{260}$$

Mit den Abkürzungen

$$\left.\begin{aligned} \frac{1}{\varepsilon_s} = 1 + \frac{\lambda_x}{\lambda_{A_s}} \quad \text{oder} \quad & \varepsilon_s = \frac{\lambda_{A_s}}{\lambda_{A_s} + \lambda_x} \\ \text{und analog} \quad & \varepsilon_a = \frac{\lambda_{A_a}}{\lambda_{A_a} + \lambda_x} \\ & \varepsilon_t = \frac{\lambda_{A_t}}{\lambda_{A_t} + \lambda_y} \\ & \varepsilon_b = \frac{\lambda_{A_b}}{\lambda_{A_b} + \lambda_y} \end{aligned}\right\} \tag{261}$$

ferner

$$\left.\begin{aligned} \varphi_x &= \frac{D\left(\frac{a}{b}\right)}{C\left(\frac{a}{b}\right)}, & \varphi_y &= \frac{D\left(\frac{b}{a}\right)}{C\left(\frac{b}{a}\right)}, \\ \psi_x &= \frac{a}{b} \frac{H\left(\frac{a}{b}\right)}{C\left(\frac{a}{b}\right)}, & \psi_y &= \frac{b}{a} \frac{H\left(\frac{b}{a}\right)}{C\left(\frac{b}{a}\right)} \end{aligned}\right\} \tag{262}$$

und

$$\omega_s = \frac{B_s}{C\left(\frac{a}{b}\right)}, \quad \omega_a = \frac{B_a}{C\left(\frac{a}{b}\right)}, \quad \omega_t = \frac{B_t}{C\left(\frac{b}{a}\right)}, \quad \omega_b = \frac{B_b}{C\left(\frac{b}{a}\right)} \tag{263}$$

ergeben sich folgende vier Gleichungen für die Randmomente:

Rand $s$:

$$\frac{m_s}{\varepsilon_s} + m_a \varphi_x + (m_t + m_b)\,\psi_x + \omega_s = 0. \tag{264 s}$$

Rand $a$:

$$m_s \varphi_x + \frac{m_a}{\varepsilon_a} + (m_t + m_b)\,\psi_x + \omega_a = 0. \tag{264 a}$$

Rand $t$:

$$(m_s + m_a)\,\psi_y + \frac{m_t}{\varepsilon_t} + m_b \varphi_y + \omega_t = 0. \tag{264 t}$$

Rand $b$:

$$(m_s + m_a)\,\psi_y + m_t \varphi_y + \frac{m_b}{\varepsilon_b} + \omega_b = 0. \tag{264 b}$$

**E₄ — ***

Der „Einspanngrad" $\varepsilon$ hat bei der Platte die gleiche Bedeutung und ergibt sich aus der gleichen Formel wie bei Stabwerken[1].

Ist ein Rand frei drehbar gestützt, so wird der Einspanngrad und das Einspannmoment an diesem Rand zu Null; die Gleichung für diesen Rand *entfällt*. Bei starrer Einspannung, d. h. unnachgiebigem Anschlußwerk, ist $\lambda_A = \infty$ und $\varepsilon = 1$.

*2.3.1.4. Lösung des Gleichungssystems.* Im allgemeinen Fall, wenn keinerlei Symmetrie vorliegt, wird man in das Gleichungssystem die Zahlenwerte einsetzen und mittels des Eliminationsverfahrens die Unbekannten berechnen. Für eine Reihe von häufig vorkommenden *Sonderfällen* werden nachstehend die Lösungen der Gl. (264) angegeben.

Bei *zweiachsiger Symmetrie* der Randeinspannung, also $\varepsilon_s = \varepsilon_a = \varepsilon_x$ und $\varepsilon_t = \varepsilon_b = \varepsilon_y$, ist

$$\left.\begin{aligned} m_s + m_a &= -\,\varepsilon_x \frac{(\omega_s + \omega_a)(1 + \varepsilon_y \varphi_y) - 2(\omega_t + \omega_b)\,\varepsilon_y \psi_x}{(1 + \varepsilon_x \varphi_x)(1 + \varepsilon_y \varphi_y) - 4\,\varepsilon_x \varepsilon_y \psi_x \psi_y}, \\ m_s - m_a &= -\,\varepsilon_x \frac{\omega_s - \omega_a}{1 - \varepsilon_x \varphi_x}, \\ m_t + m_b &= -\,\varepsilon_y \frac{(\omega_t + \omega_b)(1 + \varepsilon_x \varphi_x) - 2(\omega_s + \omega_a)\,\varepsilon_x \psi_y}{(1 + \varepsilon_x \varphi_x)(1 + \varepsilon_y \varphi_y) - 4\,\varepsilon_x \varepsilon_y \psi_x \psi_y}, \\ m_t - m_b &= -\,\varepsilon_y \frac{\omega_t - \omega_b}{1 - \varepsilon_y \varphi_y}. \end{aligned}\right\} \qquad (265)$$

Ist auch die Belastung zweiachsig symmetrisch, gilt mit $\omega_s = \omega_a = \omega_x$ und $\omega_t = \omega_b = \omega_y$:

$$\left.\begin{aligned} m_s = m_a &= -\,\varepsilon_x \frac{\omega_x (1 + \varepsilon_y \varphi_y) - 2\,\omega_y \varepsilon_y \psi_x}{(1 + \varepsilon_x \varphi_x)(1 + \varepsilon_y \varphi_y) - 4\,\varepsilon_x \varepsilon_y \psi_x \psi_y}, \\ m_t = m_b &= -\,\varepsilon_y \frac{\omega_y (1 + \varepsilon_x \varphi_x) - 2\omega_x \varepsilon_x \psi_y}{(1 + \varepsilon_x \varphi_x)(1 + \varepsilon_y \varphi_y) - 4\,\varepsilon_x \varepsilon_y \psi_x \psi_y}. \end{aligned}\right\} \qquad (266)$$

Bei Symmetrie bezüglich der längeren Mittellinie und frei drehbarer Stützung des Randes $b$ erhält man mit $\varepsilon_s = \varepsilon_a = \varepsilon_x$ und $\varepsilon_b = 0$:

$$\left.\begin{aligned} m_s + m_a &= -\,\varepsilon_x \frac{\omega_s + \omega_a - 2\,\omega_t \varepsilon_t \psi_x}{1 + \varepsilon_x (\varphi_x - 2\,\varepsilon_t \psi_x \psi_y)}, \\ m_s - m_a &= -\,\varepsilon_x \frac{\omega_s - \omega_a}{1 - \varepsilon_x \varphi_x}, \\ m_t &= -\,\varepsilon_t \frac{\omega_t (1 + \varepsilon_x \varphi_x) - (\omega_s + \omega_a)\,\varepsilon_x \psi_y}{1 + \varepsilon_x (\varphi_x - 2\,\varepsilon_t \psi_x \psi_y)}. \end{aligned}\right\} \qquad (267)$$

Durch Vertauschen der Koordinatenrichtungen entsteht der Fall $\varepsilon_t = \varepsilon_b$ und $\varepsilon_a = 0$.

Sind nur zwei benachbarte Ränder, z. B. $s$ und $t$, eingespannt, ergibt sich:

$$\left.\begin{aligned} m_s &= -\,\varepsilon_s \frac{\omega_s - \omega_t \varepsilon_t \psi_x}{1 - \varepsilon_s \varepsilon_t \psi_x \psi_y}, \\ m_t &= -\,\varepsilon_t \frac{\omega_t - \omega_s \varepsilon_s \psi_y}{1 - \varepsilon_s \varepsilon_t \psi_x \psi_y}. \end{aligned}\right\} \qquad (268)$$

Wenn zwei gegenüberliegende Ränder frei drehbar gestützt sind, z. B. $\varepsilon_t = \varepsilon_b = 0$, so wird:

$$\left.\begin{aligned} m_s &= -\,\varepsilon_s \frac{\omega_s - \omega_a \varepsilon_a \varphi_x}{1 - \varepsilon_s \varepsilon_a \varphi_x^2}, \\ m_a &= -\,\varepsilon_a \frac{\omega_a - \omega_s \varepsilon_s \varphi_x}{1 - \varepsilon_s \varepsilon_a \varphi_x^2}. \end{aligned}\right\} \qquad (269)$$

Sind außerdem noch $\varepsilon_s = \varepsilon_a = \varepsilon_x$ und $\omega_s = \omega_a = \omega_x$, so vereinfachen sich die Formeln auf

$$m_s = m_a = -\frac{\varepsilon_x \omega_x}{1 + \varepsilon_x \varphi_x}. \qquad (270)$$

Ist nur ein einziger Rand eingespannt, z. B. $\varepsilon_a = \varepsilon_t = \varepsilon_b = 0$, so ist:

$$m_s = -\,\varepsilon_s \omega_s. \qquad (271)$$

---

[1] Saliger, R.: Der Stahlbetonbau, 8. Aufl. Wien: Deuticke. 1956.

*2.3.1.5. Steifheitszahlen, Verdrehungsbeiwerte und Belastungsglieder.* Die Beiwerte der Steifheitszahlen $\lambda$ bzw. $\lambda'$ von Rechteckplatten mit frei drehbar gestützten oder starr eingespannten Rändern (der Rand, an dem das Moment angreift, ist immer frei drehbar gestützt anzunehmen!) sowie auch bei ungestütztem Gegenrand sind in Tafel D.4 zusammengestellt. Die Länge des Randes mit Momentangriff ist mit $a$, die Länge der anderen Rechteckseite mit $h$ bezeichnet. Bei *elastischer* Einspannung einzelner Ränder kann zwischen den Tafelwerten für frei drehbare Stützung und für starre Einspannung interpoliert werden. Eine strengere Berechnung ist auf einfachem Wege nur bei *frei drehbarer* Stützung der *benachbarten* Ränder möglich; aus Gl. (264) folgt bei Angriff von $m_s = 1$ (mit $m_t = m_b = \omega_a = 0$):

$$m_a = -1 \cdot \varepsilon_a \varphi_x. \tag{272}$$

Die Verdrehung des Randes $s$ ist damit

$$\left.\begin{aligned} S\beta_s &= \frac{b}{2\pi} C_s' = \frac{b}{2\pi}\left[C\left(\frac{a}{b}\right) - \varepsilon_a \varphi_x D\left(\frac{a}{b}\right)\right] = \frac{b}{2\pi}\frac{1}{\lambda_x}[1 - \varepsilon_a \varphi_x^2], \\ \text{somit} \quad \lambda_s' &= \frac{\lambda_x}{1 - \varepsilon_a \varphi_x^2}. \end{aligned}\right\} \tag{273}$$

Die Verdrehungsbeiwerte $\varphi_x$, $\varphi_y$, $\psi_x$ und $\psi_y$ sowie $\psi_x \cdot \psi_y$ sind für verschiedene Seitenverhältnisse in der Tafel D.3 zusammengestellt.

Tafeln der Belastungsglieder $\omega$ siehe P. 2.1.3.3.

*2.3.1.6. Endgültige Feldmomente.* Die Überlagerung des Falles **$F_4$—*** mit der Wirkung aller Randmomente (je ein Reihenglied) nach Fall **$F_4$—0** liefert mit ausreichender Genauigkeit die Momente im mittleren Bereich der Platte, somit die *positiven Größtwerte* der Momente. In der Nähe der Ränder verursacht das Außerachtlassen der höheren Reihenglieder der Randmomente Ungenauigkeiten.

*2.3.1.7. Beanspruchung der Anschlußplatten.* Jedes Randmoment der belasteten Platte teilt sich gemäß Gl. (253) und (254) auf die einzelnen Anschlußplatten auf. Unter Benützung der Werte $\lambda'$ nach Gl. (256) gilt beispielsweise am Rand $s$:

$$\left.\begin{aligned} m_{I_s} &= \frac{\lambda_{I_s}'}{\lambda_{A_s}} m_s, \\ m_{II_s} &= \frac{\lambda_{II_s}'}{\lambda_{A_s}} m_s \end{aligned}\right\} \tag{274}$$

usw.

Das Vorzeichen der Momente in den Anschlußplatten muß entsprechend festgesetzt werden. Das Randmoment $m_{I_s}$ erzeugt in der Platte $I_s$ Feldmomente nach Fall **$F_4$—0** und, falls die übrigen Ränder eingespannt sind, auch weitere Randmomente. Jeweils das 1. Reihenglied der letzteren kann berechnet werden, indem man die Gl. (264) auf die Platte I $s$ anwendet: Die Gleichung für den Anschlußrand entfällt; in den übrigen Gleichungen wird das *gegebene* Moment $m_{I_s}$ eingesetzt. Die Belastungswerte $\omega$ sind Null. Bei *ungestütztem* Gegenrand ist Fall **$F_3$U — 0t** bzw. **$S_2$FU — 0t** heranzuziehen. Wenn der Anschlußrand die *kürzere* Seite der Platte I $s$ ist, kann man als Näherung Fall **$F_3$ — 0t** bzw. **$S_2$F — 0t** verwenden.

Falls eine der Anschlußplatten *unmittelbar* belastet ist, muß das Einspanngradverfahren neuerlich angewandt werden; die Momente infolge der Belastung beider Platten werden überlagert.

**$E_4$—10** 

### *2.3.2. Einflußflächen bei elastischer Einspannung*

*2.3.2.1. Einflußflächen, deren Bezugspunkt nicht an einem eingespannten Rand liegt.* Der Einflußfläche der allseitig frei drehbar gestützten Platte (Fall **$F_4$—10**) sind die Biegeflächen infolge entsprechender Randmomente so zu überlagern, daß die Randbedingungen

**E₄ — ***

erfüllt werden, d. h. daß an jedem elastisch eingespannten Rand die Neigung der endgültigen Fläche mit der Verdrehung des Anschlußwerks infolge des (gegenseitig angebrachten) Randmoments übereinstimmt.

Im Sinne des „Einspanngradverfahrens“ wird bei jedem Randmoment als Näherung nur das 1. Reihenglied berücksichtigt.

Es sei Einfl $R(x, y)$, d. i. die Einflußfläche für eine Größe $R$ (Biegemoment usw.) im Punkt $x$, $y$, zu ermitteln.

Die zum Verschwinden zu bringende gegenseitige Verdrehung am Rand $s$ ist unter Verwendung der Gl. (257) und (261) sowie (214):

$$S\,\beta_s = m_s \frac{1}{\varepsilon_s}\frac{b}{2\pi}\,C\left(\frac{a}{b}\right) + m_a \frac{b}{2\pi}\,D\left(\frac{a}{b}\right) + (m_t + m_b)\frac{b}{2\pi}\frac{a}{b}\,H\left(\frac{a}{b}\right) + S\frac{2}{b}\,R_s = 0. \quad (275)$$

Hierin ist $R_s = R(m_s = 1, x, y)$, d. h. $R$ im Punkte $x, y$ infolge des Randmomentangriffs $m_s = 1 \sin \pi \frac{y}{b}$. Der Zeiger $k = 1$ bzw. $j = 1$ ist überall weggelassen.

Bei Einführung der neuen Unbekannten

$$\left.\begin{aligned} r_s &= \frac{b^2}{4\pi}\,C\left(\frac{a}{b}\right)\frac{m_s}{S}, & r_a &= \frac{b^2}{4\pi}\,C\left(\frac{a}{b}\right)\frac{m_a}{S},\\ r_t &= \frac{a^2}{4\pi}\,C\left(\frac{b}{a}\right)\frac{m_t}{S}, & r_b &= \frac{a^2}{4\pi}\,C\left(\frac{b}{a}\right)\frac{m_b}{S} \end{aligned}\right\} \quad (276)$$

erhält man die Gleichung für den Rand $s$

$$\frac{r_s}{\varepsilon_s} + r_a \frac{D\left(\frac{a}{b}\right)}{C\left(\frac{a}{b}\right)} + (r_t + r_b)\frac{b}{a}\frac{H\left(\frac{b}{a}\right)}{C\left(\frac{b}{a}\right)} + R_s = 0 \quad (277)$$

oder mit den Abkürzungen nach Gl. (262) mit $H\left(\frac{a}{b}\right) = H\left(\frac{b}{a}\right)$:

$$\frac{r_s}{\varepsilon_s} + r_a\,\varphi_x + (r_t + r_b)\,\psi_y + R_s = 0, \quad (278\,\text{s})$$

ebenso für den Rand $a$:

$$r_s\,\varphi_x + \frac{r_a}{\varepsilon_a} + (r_t + r_b)\,\psi_y + R_a = 0 \quad (278\,\text{a})$$

und durch Vertauschen der Koordinatenrichtungen für die Ränder $t$ und $b$:

$$(r_s + r_a)\,\psi_x + \frac{r_t}{\varepsilon_t} + r_b\,\varphi_y + R_t = 0, \quad (278\,\text{t})$$

$$(r_s + r_a)\,\psi_x + r_t\,\varphi_y + \frac{r_b}{\varepsilon_b} + R_b = 0. \quad (278\,\text{b})$$

Diese Gleichungen unterscheiden sich von den Gl. (264) dadurch, daß die Beiwerte $\psi_x$ und $\psi_y$ vertauscht sind und an Stelle der $\omega$-Werte die $R$-Werte stehen. Man kann daher die Formeln aus P. 2.3.1.4. verwenden, indem man darin die genannten Vertauschungen vornimmt. Hat man daraus die Unbekannten $r$ berechnet, erhält man die zugehörigen Biegeflächen [siehe Gl. (242)]:

$$\left.\begin{aligned} \zeta &= \frac{b^2}{4\pi}\frac{m_s}{S}\,\text{Einfl}\,B_s = r_s\,\text{Einfl}\,\omega_s \quad \text{bzw.}\\ \zeta &= \frac{a^2}{4\pi}\frac{m_t}{S}\,\text{Einfl}\,B_t = r_t\,\text{Einfl}\,\omega_t. \end{aligned}\right\} \quad (279)$$

Die Funktionen Einfl $\omega$ sind also einfach mit den zugehörigen $r$-Werten zu multiplizieren und der Einflußfläche nach Fall **F₄—10** zu überlagern:

$$\text{Einfl}\,R(x,y) = \text{Einfl}\,R(x,y)\,\boxed{\mathbf{F_4—10}} + r_s\,\text{Einfl}\,\omega_s + r_a\,\text{Einfl}\,\omega_a + r_t\,\text{Einfl}\,\omega_t + r_b\,\text{Einfl}\,\omega_b. \quad (280)$$

Die Ungenauigkeit infolge des Fehlens der höheren Reihenglieder bei den Randmomenten beschränkt sich auf die Randstreifen.

Wenn eine *Anschlußplatte* ebenfalls belastet sein kann, ist die Einflußfläche auch über diese zu erstrecken. Handelt es sich beispielsweise um die Anschlußplatte I $a$ in Abb. 106, so ist das Randmoment $\frac{m_a}{S} = \frac{4\pi}{b^2} \frac{r_a}{C\left(\frac{a}{b}\right)}$ bekannt. Die von ihm verursachte Verdrehung des Anschlußwerks, also auch die Randneigung der Platte I $a$, 1. Reihenglied, beträgt laut Gl. (257):

$$\beta_{A\,a} = \frac{m_a}{S} \frac{b}{2\pi} \frac{1}{\lambda_{A\,a}} = \frac{2}{b} \cdot r_a \frac{1}{\lambda_{A\,a} C\left(\frac{a}{b}\right)}. \quad (281)$$

Nach Gl. (261) ist aber

$$\frac{1}{\varepsilon_a} - 1 = \frac{1}{\lambda_{A\,a} C\left(\frac{a}{b}\right)}, \quad (261\text{ a})$$

daher

$$\beta_{A\,a} = \frac{2}{b} r_a \frac{1-\varepsilon_a}{\varepsilon_a}. \quad (282)$$

Der Anschlußplatte muß eine Biegefläche erteilt werden, die obigen Wert als 1. Reihenglied der Randneigung aufweist.

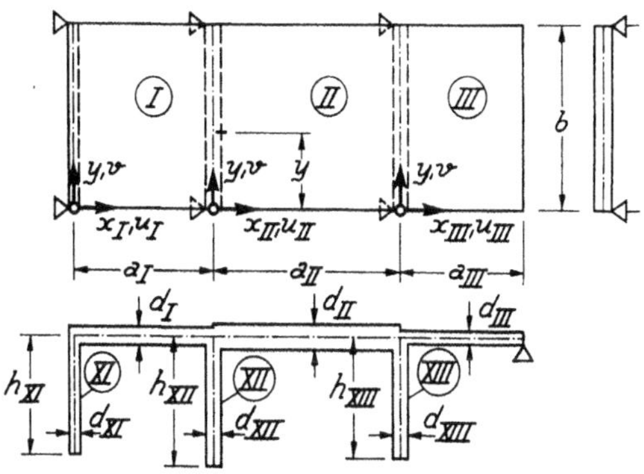


Abb. 107

Bei frei drehbarer Stützung der übrigen Ränder kann die Fläche $\omega_{I\,a}$ verwendet werden. Die Randneigung dieser Fläche ist $S\beta_{A\,a} = \frac{2}{b}$, somit ist

$$\text{Einfl } R(x,y)_{I\,a} = \frac{1-\varepsilon_a}{\varepsilon_a} r_a \text{ Einfl } \omega_{I\,a}. \quad (283)$$

Bei Einspannung der übrigen Ränder wären noch die zu diesen Rändern gehörigen Funktionen $r$ Einfl $\omega$ zu überlagern; darauf wird man aber meist verzichten. Die Einflußfläche eines Feldmoments ist im Anschlußfeld im allgemeinen negativ und dient zur Abschätzung des möglichen negativen Feldmoments; dieses wird überschätzt, wenn man die Einspannung der übrigen Ränder der Anschlußplatte nicht berücksichtigt.

*2.3.2.2. Einflußfläche eines Randmoments bei elastischer Einspannung zweier gegenüberliegender Ränder.* Es soll eine Reihe aneinanderstoßender Rechteckfelder nach Abb. 107 untersucht werden, die alle belastet und an ihren gemeinsamen Unterstützungslinien durch unbelastete Anschlußplatten (Querträgerstege) eingespannt sind. Die Plattendicken sollen verschieden sein; $d_0$ ist eine beliebige Vergleichsdicke. Die Ränder $y = 0$ und $y = b$ sowie die lotrechten Ränder der Anschlußplatten seien frei drehbar gestützt. Jeder Einspanngrad $\varepsilon$ erhält als ersten Index die Nummer des Plattenfeldes, als zweiten Index die Nummer der Anschlußplatte. Das gleiche gilt für die Steifheitszahlen $\lambda'$ und die Belastungswerte $\omega$, während die Steifheitszahlen $\lambda_x$ und die Beiwerte $\varphi_x$ nur die Nummer des Plattenfeldes als Index bekommen und der Index $x$ weggelassen wird.

Die Steifheitszahl der Anschlußplatte XI ist $\lambda_{XI\,I}' = \left(\frac{d_{XI}}{d_0}\right)^3$ mal Tafelwert aus Tafel D. 4, der sich nach dem Seitenverhältnis $\frac{h_{XI}}{b}$ und der Stützung des unteren Randes richtet.

Mit

$$\lambda_I = \left(\frac{d_I}{d_0}\right)^3 \frac{1}{C\left(\frac{a_I}{b}\right)} \quad (284,\text{ I})$$

ergibt sich

$$\varepsilon_{I\,XI} = \frac{\lambda_{XI\,I}'}{\lambda_{XI\,I}' + \lambda_I}. \quad (285\text{ I})$$

Nach Gl. (273) ist

$$\lambda_{I\,II}' = \frac{\lambda_I}{1 - \varepsilon_{I\,XI}\,\varphi_I^2}. \quad (286,\text{ I})$$

Weiters ist

$$\lambda_{II} = \left(\frac{d_{II}}{d_0}\right)^3 \frac{1}{C\left(\frac{a_{II}}{b}\right)} \quad (284,\text{ II})$$

und

$$\varepsilon_{II\,I} = \frac{\lambda_{I\,II}' + \lambda_{XII\,II}'}{\lambda_{I\,II}' + \lambda_{XII\,II}' + \lambda_{II}}. \quad (285,\text{ II})$$

E₄ — *

In gleicher Weise erhält man den Einspanngrad

$$\varepsilon_{\text{II III}} = \frac{\lambda_{\text{III II}'} + \lambda_{\text{XIII II}'}}{\lambda_{\text{III II}'} + \lambda_{\text{XIII II}'} + \lambda_{\text{II}}}. \tag{285, II a}$$

Es sei Einfl $m_{\text{II I}y}$ zu ermitteln, d. i. die Einflußfläche für das Moment im Punkt $y$ des dem Feld I zugekehrten Randes von Feld II.

Die Einflußfläche für das 1. Reihenglied dieses Moments ist im Bereich des Plattenfeldes II unter Verwendung der Gl. (269):

$$\text{Einfl}\, m_{\text{II I}y1} = -\sin\pi\frac{y}{b}\frac{\varepsilon_{\text{II I}}}{1-\varepsilon_{\text{II I}}\,\varepsilon_{\text{II III}}\,\varphi_{\text{II}}^2}[\text{Einfl}\,\omega_{\text{II I}} - \varepsilon_{\text{II III}}\,\varphi_{\text{II}}\,\text{Einfl}\,\omega_{\text{II III}}]. \tag{287}$$

Das gleiche Ergebnis erhält man aus Gl. (278) mit $R_{\text{II I}} = \sin\pi\frac{y}{b}$ und $R_{\text{II III}} = 0$:

$$\left.\begin{aligned} r_{\text{II I}} &= -\sin\pi\frac{y}{b}\frac{\varepsilon_{\text{II I}}}{1-\varepsilon_{\text{II I}}\,\varepsilon_{\text{II III}}\,\varphi_{\text{II}}^2}, \\ r_{\text{II III}} &= -r_{\text{II I}}\,\varepsilon_{\text{II III}}\,\varphi_{\text{II}} = +\sin\pi\frac{y}{b}\frac{\varepsilon_{\text{II I}}\,\varepsilon_{\text{II III}}\,\varphi_{\text{II}}}{1-\varepsilon_{\text{II I}}\,\varepsilon_{\text{II III}}\,\varphi_{\text{II}}^2}. \end{aligned}\right\} \tag{287 a}$$

Für den Bereich der Platte I kann nach Gl. (283) geschrieben werden:

$$\left.\begin{aligned} r_{\text{I II}} &= r_{\text{II I}}\frac{1-\varepsilon_{\text{II I}}}{\varepsilon_{\text{II I}}} \\ \text{und}\quad r_{\text{I XI}} &= -r_{\text{I II}}\,\varepsilon_{\text{I XI}}\,\varphi_{\text{I}}. \end{aligned}\right\} \tag{288}$$

Damit ist in diesem Feld:

$$\text{Einfl}\, m_{\text{II I}y1} = r_{\text{I II}}\,\text{Einfl}\,\omega_{\text{I II}} + r_{\text{I XI}}\,\text{Einfl}\,\omega_{\text{I XI}}. \tag{289}$$

Im Bereich der Platte III gilt

$$r_{\text{III II}} = r_{\text{II III}}\frac{1-\varepsilon_{\text{II III}}}{\varepsilon_{\text{II III}}} \tag{288 a}$$

und

$$\text{Einfl}\, m_{\text{II I}y1} = r_{\text{III II}}\,\text{Einfl}\,\omega_{\text{III II}}. \tag{289 a}$$

Um auch in der Nähe des Bezugspunktes die Einflußfläche mit ausreichender Genauigkeit zu beschreiben, müssen die weiteren Reihenglieder ($k = 2, 3, \ldots$) hinzugenommen werden. Das Einspanngradverfahren kann auch auf diese angewendet werden; es vereinfacht sich hiebei dadurch, daß die Beiwerte

$$C\left(\frac{k\,a}{b}\right) \doteq 1$$

und

$$\varphi_x \doteq 0$$

gesetzt werden können. Damit ist für alle Plattenfelder

$$\lambda_k = \lambda_k' = \left(\frac{d}{d_0}\right)^3 \tag{290}$$

und

$$\varepsilon_{\text{II I}k} = \frac{\left(\frac{d_{\text{I}}}{d_0}\right)^3 + \left(\frac{d_{\text{XII}}}{d_0}\right)^3}{\left(\frac{d_{\text{I}}}{d_0}\right)^3 + \left(\frac{d_{\text{XII}}}{d_0}\right)^3 + \left(\frac{d_{\text{II}}}{d_0}\right)^3}. \tag{291}$$

Die höheren Glieder der Einflußfläche liefern somit im Feld II den Anteil

$$\text{Einfl}\, m_{\text{II I}y(2\to)} = -\varepsilon_{\text{II I}k}\sum_{2,3}^{\infty}{}^{k}\sin k\pi\frac{y}{b}\,\text{Einfl}\,B_{\text{II I}k} \tag{292}$$

und im Feld I

$$\text{Einfl}\, m_{\text{II I}y(2\to)} = -(1-\varepsilon_{\text{II I}k})\sum_{2,3\ldots}^{\infty}{}^{k}\sin k\pi\frac{y}{b}\,\text{Einfl}\,B_{\text{I II}k}. \tag{293}$$

Diese Funktionen sind zu den Einflußflächen nach Gl. (287) und (289) hinzuzufügen.

Der Einflußwert im Bezugspunkt ist $-\frac{\varepsilon_{\text{II I}k}}{\pi}$; jenseits der Unterstützungslinie, im Feld I, ist der Einflußwert $-\frac{1-\varepsilon_{\text{II I}k}}{\pi}$. Die Summe beider Werte ist $-\frac{1}{\pi}$. Die singuläre

Verformung, in diesem Fall die *gegenseitige* Verdrehung zwischen Platte II und Anschlußwerk, ist ebenso groß wie die Verdrehung der Platte bei *starrer* Einspannung.

*2.3.2.3. Einflußfläche eines Randmoments bei elastischer Einspannung der benachbarten Ränder.* Als Beispiel wird eine Anordnung wie in Abb. 107 behandelt, nur mit dem Unterschied, daß auch die Ränder $t$ $(y = 0)$ und $b$ $(y = b)$ elastisch eingespannt seien. Es müssen jetzt die Beiwerte $\lambda_{\text{II}\,x}$ und $\lambda_{\text{II}\,y}$ sowie $\varphi_{\text{II}\,x}$ und $\varphi_{\text{II}\,y}$ unterschieden werden; außerdem kommen die Beiwerte $\psi_{\text{II}\,x}$ und $\psi_{\text{II}\,y}$ nach Gl. (262) vor. Die Einspanngrade seien $\varepsilon_{\text{I}\,t}$, $\varepsilon_{\text{I}\,b}$, $\varepsilon_{\text{II}\,t}$, $\varepsilon_{\text{II}\,b}$ usw.; sie werden aus den Steifheitszahlen der lotrechten Anschlußplatten (Längsträger) unter beiläufiger Berücksichtigung der Einspannung ihrer (lotrechten) Nachbarränder ermittelt. In gleicher Weise ergeben sich die Steifheitszahlen der Anschlußplatten XII, XIII usw. (Querträgerstege) sowie auch der Anschlußplatten I und III, die zur Berechnung der Einspanngrade $\varepsilon_{\text{II I}}$ und $\varepsilon_{\text{II III}}$ dienen.

Es sei wieder die Einflußfläche für das Moment im Punkt $y$ des Randes II I zu ermitteln. Sie wird im Bereich II aus folgenden Anteilen aufgebaut:

$$\text{Einfl}\, m_{\text{II I}\,y} = r_{\text{II I}}\, \text{Einfl}\, \omega_{\text{II I}} + \varepsilon_{\text{II I}\,k} \sum_{2,3\ldots}^{\infty} {}_k \sin k\pi \frac{y}{b}\, \text{Einfl}\, B_{\text{II I}\,k} +$$
$$+ r_{\text{II III}}\, \text{Einfl}\, \omega_{\text{II III}} + r_{\text{II}\,t}\, \text{Einfl}\, \omega_{\text{II}\,t} + r_{\text{II}\,b}\, \text{Einfl}\, \omega_{\text{II}\,b}. \qquad (294,\ \text{II})$$

Die Summe der höheren Reihenglieder wird demnach näherungsweise so angenommen, als ob die Ränder $t$ und $b$ frei drehbar gestützt wären (siehe P. 2.3.2.2.). Die Randbedingung für das 1. Reihenglied wird durch nachstehende Berechnung an allen Rändern erfüllt.

Für die Ränder II I und II III gelten die Gl. (278 s) und (278 a) mit $R_{\text{II I}} = \sin \pi \frac{y}{b}$ und $R_{\text{II III}} = 0$:

$$\frac{r_{\text{II I}}}{\varepsilon_{\text{II I}}} + r_{\text{II III}}\, \varphi_{\text{II}\,x} + (r_{\text{II}\,t} + r_{\text{II}\,b})\, \psi_{\text{II}\,y} + \sin \pi \frac{y}{b} = 0, \qquad (295,\ \text{II I})$$
$$r_{\text{II I}}\, \varphi_{\text{II}\,x} + \frac{r_{\text{II III}}}{\varepsilon_{\text{II III}}} + (r_{\text{II}\,t} + r_{\text{II}\,b})\, \psi_{\text{II}\,y} = 0. \qquad (295,\ \text{II III})$$

In den Gl. (278 t) und (278 b) für die Ränder $t$ und $b$ ist $R_{\text{II}\,t} = R_{\text{II}\,b} = 0$ zu setzen, aber die Beiträge der höheren Reihenglieder zu ergänzen, die mit $\overline{R}_{\text{II}\,t}$ bzw. $\overline{R}_{\text{II}\,b}$ bezeichnet werden. Damit lauten diese Gleichungen:

$$(r_{\text{II I}} + r_{\text{II III}})\, \psi_{\text{II}\,x} + \frac{r_{\text{II}\,t}}{\varepsilon_{\text{II}\,t}} + r_{\text{II}\,b}\, \varphi_{\text{II}\,y} + \overline{R}_{\text{II}\,t} = 0, \qquad (295,\ \text{II t})$$
$$(r_{\text{II I}} + r_{\text{II III}})\, \psi_{\text{II}\,x} + r_{\text{II}\,t}\, \varphi_{\text{II}\,y} + \frac{r_{\text{II}\,b}}{\varepsilon_{\text{II}\,b}} + \overline{R}_{\text{II}\,b} = 0. \qquad (295,\ \text{II b})$$

Setzt man in den Gl. (241) (P. 2.2.3.4.)

$$r_{s\,k} = -\,\varepsilon_{\text{II I}\,k} \sin k\pi \frac{y}{b}, \qquad (296)$$

so ergibt sich mit $j = 1$ und $C\left(\frac{k\,a}{b}\right) \doteq 1$:

$$\left.\begin{aligned} \overline{R}_{\text{II}\,t} &= -\,\varepsilon_{\text{II I}\,k} \frac{a_{\text{II}}}{b} \sum_{2,3\ldots}^{\infty} {}_k \sin k\pi \frac{y}{b}\, H\left(\frac{k\,a_{\text{II}}}{b}\right) \\ \text{und} \qquad \overline{R}_{\text{II}\,b} &= -\,\varepsilon_{\text{II I}\,k} \frac{a_{\text{II}}}{b} \sum_{2,3\ldots}^{\infty} {}_k (-\cos k\pi) \sin k\pi \frac{y}{b}\, H\left(\frac{k\,a_{\text{II}}}{b}\right). \end{aligned}\right\} \qquad (297,\ \text{II})$$

Die Einflußfläche im Bereich I lautet entsprechend Gl. (289) und (293):

$$\text{Einfl}\, m_{\text{II I}\,y} = r_{\text{I II}}\, \text{Einfl}\, \omega_{\text{I II}} - (1 - \varepsilon_{\text{II I}\,k}) \sum_{2,3\ldots}^{\infty} {}_k \sin k\pi \frac{y}{b}\, \text{Einfl}\, B_{\text{I II}\,k} +$$
$$+ r_{\text{I XI}}\, \text{Einfl}\, \omega_{\text{I XI}} + r_{\text{I}\,t}\, \text{Einfl}\, \omega_{\text{I}\,t} + r_{\text{I}\,b}\, \text{Einfl}\, \omega_{\text{I}\,b}. \qquad (294,\ \text{I})$$

Hierin ist $r_{\text{I II}}$ nach Gl. (288) einzusetzen.

E₄ — *

Die übrigen $r$-Werte folgen aus den Gleichungen:

$$\frac{r_{\mathrm{I\,XI}}}{\varepsilon_{\mathrm{I\,XI}}} + r_{\mathrm{I\,II}}\,\varphi_{\mathrm{I}\,x} + (r_{\mathrm{I}\,t} + r_{\mathrm{I}\,b})\,\psi_{\mathrm{I}\,y} = 0, \tag{295, I XI}$$

$$(r_{\mathrm{I\,XI}} + r_{\mathrm{I\,II}})\,\psi_{\mathrm{I}\,x} + \frac{r_{\mathrm{I}\,t}}{\varepsilon_{\mathrm{I}\,t}} + r_{\mathrm{I}\,b}\,\varphi_{\mathrm{I}\,y} + \bar{R}_{\mathrm{I}\,t} = 0, \tag{295, I t}$$

$$(r_{\mathrm{I\,XI}} + r_{\mathrm{I\,II}})\,\psi_{\mathrm{I}\,x} + r_{\mathrm{I}\,t}\,\varphi_{\mathrm{I}\,y} + \frac{r_{\mathrm{I}\,b}}{\varepsilon_{\mathrm{I}\,b}} + \bar{R}_{\mathrm{I}\,b} = 0 \tag{295, I b}$$

mit

$$\left.\begin{aligned} \bar{R}_{\mathrm{I}\,t} &= -\,(1 - \varepsilon_{\mathrm{II\,I}k})\,\frac{a_{\mathrm{I}}}{b}\sum_{2,3\ldots}^{\infty} k \sin k\pi\frac{y}{b}\,H\!\left(\frac{k\,a_{\mathrm{I}}}{b}\right), \\ \bar{R}_{\mathrm{I}\,b} &= -\,(1 - \varepsilon_{\mathrm{II\,I}k})\,\frac{a_{\mathrm{I}}}{b}\sum_{2,3\ldots}^{\infty} k\,(-\cos k\pi)\sin k\pi\frac{y}{b}\,H\!\left(\frac{k\,a_{\mathrm{I}}}{b}\right). \end{aligned}\right\} \tag{297, I}$$

Für den Bereich III wäre $r_{\mathrm{III\,II}} = \dfrac{1-\varepsilon_{\mathrm{II\,III}}}{\varepsilon_{\mathrm{II\,III}}}\,r_{\mathrm{II\,III}}$ einzuführen und $r_{\mathrm{III\,IV}}$, $r_{\mathrm{III}\,t}$ und $r_{\mathrm{III}\,b}$ aus einem Gleichungssystem zu berechnen; die Einflußwerte sind aber so klein, daß man sie kaum auszuwerten braucht.

## 2.4. Die Durchlaufplatte

Vorausgesetzt sei ein Komplex von rechteckigen Plattenfeldern, die nach beiden Richtungen aneinandergereiht, biegesteif miteinander verbunden und an diesen Grenzlinien frei

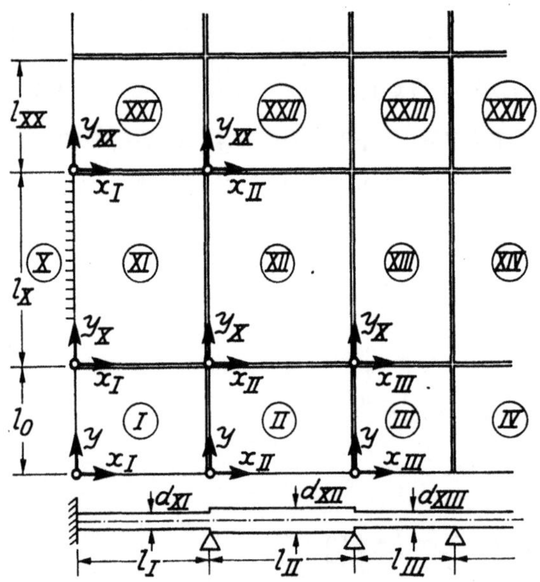


Abb. 108

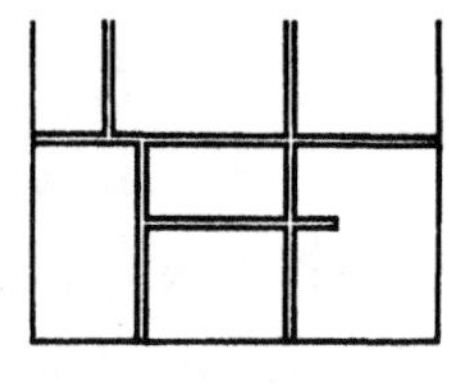

Abb. 109

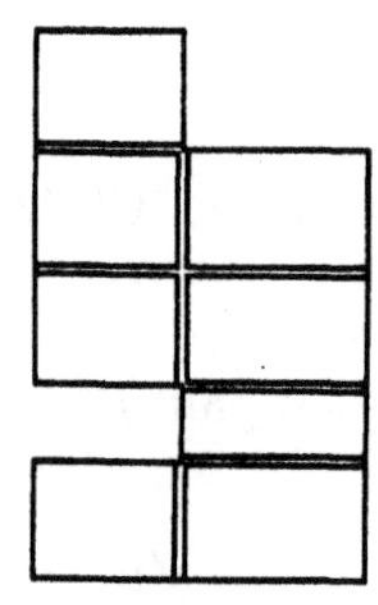

Abb. 110

drehbar gestützt sind (Abb. 108). Die Außenränder seien entweder frei drehbar gestützt oder starr eingespannt. Alle Unterstützungslinien sollen von einem Außenrand zum anderen ohne Unterbrechung durchgehen: Anordnungen nach Abb. 109 sollen demnach *nicht* vorkommen.

Die Außenränder müssen aber kein Rechteck bilden (Beispiel in Abb. 110). Schließlich brauchen die rechteckigen Felder auch nicht in einer Ebene zu liegen, sondern können die Flächen eines quaderförmigen, schachtelartigen Gebildes (Faltwerk, Behälter) sein.

D$_4$ — *

## 2.4.1. Beliebige Belastung

Das nachstehend beschriebene Verfahren ist das Gegenstück zum Dreimomentensatz bei Durchlauf*trägern* und eignet sich vornehmlich für den Fall, daß alle oder mehrere Felder gleichzeitig belastet sind, also beispielsweise Dachplatten, Deckenplatten mit wenigen Feldern und rechteckige Behälter, die oben entweder geschlossen sind oder deren Wände am oberen Rand waagrecht gestützt sind.

Im „Grundfall" wird die biegesteife Verbindung der Plattenfelder untereinander und gegebenenfalls mit den Anschlußwerken an den Außenrändern gelöst gedacht, so daß lauter allseitig frei drehbar gestützte Rechteckplatten entstehen. An den entstandenen Rändern werden *gegenseitige* Momente, die „Stützenmomente", angebracht, um die *gegenseitige* Verdrehung der beiden Ränder zum Verschwinden zu bringen.

Die einzelnen Plattenfelder werden am besten mit römischen Ziffern bezeichnet; ebenso die (starren) Anschlußwerke an starr eingespannten Außenrändern (z. B. X in Abb. 108). Die gewählte Bezeichnung der Stützweiten ist in Abb. 108 eingetragen, ebenso die $x$- und $y$-Richtungen, die in allen Feldern *übereinstimmen*; es kann vorkommen, daß in einzelnen Feldern die Stützweite in der $x$-Richtung die *längere* ist. Die *Plattendicke* kann feldweise verschieden sein; sie wird mit $d_{\text{I}}$, $d_{\text{II}}$ usw. bezeichnet. $d_0$ ist eine willkürlich angenommene Vergleichsdicke. Die „Plattensteifigkeit" $S = E\,\frac{d^3}{12}$ ist dementsprechend verschieden. Für irgendeine Randverdrehung, z. B. des Feldes XII, gilt dann

$$S_0\,\beta_{\text{XII}} = E\,\frac{d_0^3}{12}\cdot\beta_{\text{XII}} = \left(\frac{d_0}{d_{\text{XII}}}\right)^3 S_{\text{XII}}\,\beta_{\text{XII}}. \tag{298}$$

Die Belastungswerte $B$ (siehe Abschnitt C.2.1., Grundlagen) erhalten als 1. Index die Nummer des Plattenfeldes, als 2. Index die Nummer des am betreffenden Rand anschließenden Feldes. $B_{\text{II XII}}$ gibt demnach die Verdrehung des Feldes II an dem gegen XII gelegenen Rand an. Als 3. Index kommt noch die Ordnungszahl des Reihengliedes ($j$ bzw. $k$), falls mehrere Reihenglieder berücksichtigt werden. Die gegenseitigen Momente erhalten ebenfalls als Indizes die Nummern der beiden Plattenfelder, an denen sie angreifen, und gegebenenfalls $j$ bzw. $k$ als 3. Index.

Zur Ermittlung der *größten Feldmomente* genügt es praktisch immer, bloß das 1. Reihenglied jedes Stützenmoments als Unbekannte anzusetzen. Bei annähernd symmetrischer Verteilung des Stützenmoments über die betreffende Rechteckseite wird damit auch der Größtwert des Stützenmoments (annähernd in der Mitte der Rechteckseite) hinreichend genau erfaßt, sofern nicht Einzellasten mit kleiner Verteilungsbreite vorkommen. Bei starker Asymmetrie in der Verteilung des Stützenmoments kann die Berücksichtigung des 2. Reihengliedes erforderlich werden, um den Größtwert — etwa durch punktweises Auftragen der Linie — ermitteln zu können. Bei geringer Anzahl der auftretenden Stützenmomente ist es selbstverständlich möglich, durch Hinzunahme weiterer Reihenglieder als Unbekannte eine erhöhte Genauigkeit zu erzielen.

An allen Unterstützungslinien, wo eine biegesteife Verbindung gelöst werden mußte, um das Grundsystem — Rechteckplatte mit frei drehbar gestützten Rändern — zu erhalten, muß die gegenseitige Verdrehung der beiden Plattenfelder (jedes Reihenglied für sich) infolge der Feldbelastung und aller angreifenden Randmomente zusammen gleich Null werden.

Die im Abschnitt C.2.1., „Grundlagen", angegebenen Formeln sind, der geänderten Bezeichnungsweise entsprechend, sinngemäß anzuwenden.

So erhält man nach Kürzung durch $\frac{l}{2\,j\,\pi}$ bzw. $\frac{l}{2\,k\,\pi}$ beispielsweise die nachstehenden Bedingungsgleichungen für die Linien II XII und XI XII, wenn bei jeder Linie zwei Reihenglieder berücksichtigt werden.

**D₄ — ***

Bedingungsgleichung für die Unterstützungslinie II XII, $j = 1$:

$$\left(\frac{d_0}{d_{II}}\right)^3 (m_{I\,II_1} + m_{II\,III_1}) \frac{l_0}{l_{II}} H\left(\frac{l_0}{l_{II}}\right) - \left(\frac{d_0}{d_{II}}\right)^3 (m_{I\,II_2} + m_{II\,III_2}) \frac{l_0}{2\,l_{II}} H\left(\frac{l_0}{2\,l_{II}}\right) +$$
$$+ m_{II\,XII_1}\left[\left(\frac{d_0}{d_{II}}\right)^3 C\left(\frac{l_0}{l_{II}}\right) + \left(\frac{d_0}{d_{XII}}\right)^3 C\left(\frac{l_X}{l_{II}}\right)\right] + m_{XII\,XXII_1}\left(\frac{d_0}{d_{XII}}\right)^3 D\left(\frac{l_X}{l_{II}}\right) +$$
$$+ \left(\frac{d_0}{d_{XII}}\right)^3 (m_{XI\,XII_1} + m_{XII\,XIII_1}) \frac{l_X}{l_{II}} H\left(\frac{l_X}{l_{II}}\right) +$$
$$+ \left(\frac{d_0}{d_{XII}}\right)^3 (m_{XI\,XII_2} + m_{XII\,XIII_2}) \frac{l_X}{2\,l_{II}} H\left(\frac{l_X}{2\,l_{II}}\right) +$$
$$+ \left(\frac{d_0}{d_{II}}\right)^3 B_{II\,XII_1} + \left(\frac{d_0}{d_{XII}}\right)^3 B_{XII\,II_1} = 0.$$

Linie II XII, $j = 2$:

$$\left(\frac{d_0}{d_{II}}\right)^3 (m_{I\,II_1} - m_{II\,III_1}) \frac{l_0}{l_{II}} H\left(\frac{2\,l_0}{l_{II}}\right) + \left(\frac{d_0}{d_{II}}\right)^3 (-m_{I\,II_2} + m_{II\,III_2}) \frac{l_0}{2\,l_{II}} H\left(\frac{2\,l_0}{2\,l_{II}}\right) +$$
$$+ m_{II\,XII_2}\left[\left(\frac{d_0}{d_{II}}\right)^3 C\left(\frac{2\,l_0}{l_{II}}\right) + \left(\frac{d_0}{d_{XII}}\right)^3 C\left(\frac{2\,l_X}{l_{II}}\right)\right] + m_{XII\,XXII_2}\left(\frac{d_0}{d_{XII}}\right)^3 D\left(\frac{2\,l_X}{l_{II}}\right) +$$
$$+ \left(\frac{d_0}{d_{XII}}\right)^3 (m_{XI\,XII_1} - m_{XII\,XIII_1}) \frac{l_X}{l_{II}} H\left(\frac{2\,l_X}{l_{II}}\right) +$$
$$+ \left(\frac{d_0}{d_{XII}}\right)^3 (m_{XI\,XII_2} - m_{XII\,XIII_2}) \frac{l_X}{2\,l_{II}} H\left(\frac{2\,l_X}{2\,l_{II}}\right) +$$
$$+ \left(\frac{d_0}{d_{II}}\right)^3 B_{II\,XII_2} + \left(\frac{d_0}{d_{XII}}\right)^3 B_{XII\,II_2} = 0.$$

(298, II XII)

Linie XI, XII, $k = 1$:

$$\left(\frac{d_0}{d_{XI}}\right)^3 (m_{I\,XI_1} + m_{XI\,XXI_1}) \frac{l_I}{l_X} H\left(\frac{l_I}{l_X}\right) - \left(\frac{d_0}{d_{XI}}\right)^3 (m_{I\,XI_2} + m_{XI\,XXI_2}) \frac{l_I}{2\,l_X} H\left(\frac{l_I}{2\,l_X}\right) +$$
$$+ m_{X\,XI_1}\left(\frac{d_0}{d_{XI}}\right)^3 D\left(\frac{l_I}{l_X}\right) + m_{XI\,XII_1}\left[\left(\frac{d_0}{d_{XI}}\right)^3 C\left(\frac{l_I}{l_X}\right) +\right.$$
$$\left. + \left(\frac{d_0}{d_{XII}}\right)^3 C\left(\frac{l_{II}}{l_X}\right)\right] + m_{XII\,XIII_1}\left(\frac{d_0}{d_{XII}}\right)^3 D\left(\frac{l_{II}}{l_X}\right) +$$
$$+ \left(\frac{d_0}{d_{XII}}\right)^3 (m_{II\,XII_1} + m_{XII\,XXII_1}) \frac{l_{II}}{l_X} H\left(\frac{l_{II}}{l_X}\right) +$$
$$+ \left(\frac{d_0}{d_{XII}}\right)^3 (m_{II\,XII_2} + m_{XII\,XXII_2}) \frac{l_{II}}{2\,l_X} H\left(\frac{l_{II}}{2\,l_X}\right) +$$
$$+ \left(\frac{d_0}{d_{XI}}\right)^3 B_{XI\,XII_1} + \left(\frac{d_0}{d_{XII}}\right)^3 B_{XII\,XI_1} = 0.$$

Linie XI XII, $k = 2$:

$$\left(\frac{d_0}{d_{XI}}\right)^3 (m_{I\,XI_1} - m_{XI\,XXI_1}) \frac{l_I}{l_X} H\left(\frac{2\,l_I}{l_X}\right) + \left(\frac{d_0}{d_{XI}}\right)^3 (-m_{I\,XI_2} + m_{XI\,XXI_2}) \frac{l_I}{2\,l_X} H\left(\frac{2\,l_I}{2\,l_X}\right) +$$
$$+ m_{X\,XI_2}\left(\frac{d_0}{d_{XI}}\right)^3 D\left(\frac{2\,l_I}{l_X}\right) + m_{XI\,XII_2}\left[\left(\frac{d_0}{d_{XI}}\right)^3 C\left(\frac{2\,l_I}{l_X}\right) +\right.$$
$$\left. + \left(\frac{d_0}{d_{XII}}\right)^3 C\left(\frac{2\,l_{II}}{l_X}\right)\right] + m_{XII\,XIII_2}\left(\frac{d_0}{d_{XII}}\right)^3 D\left(\frac{2\,l_{II}}{l_X}\right) +$$
$$+ \left(\frac{d_0}{d_{XII}}\right)^3 (m_{II\,XII_1} - m_{XII\,XXII_1}) \frac{l_{II}}{l_X} H\left(\frac{2\,l_{II}}{l_X}\right) +$$
$$+ \left(\frac{d_0}{d_{XII}}\right)^3 (m_{II\,XII_2} - m_{XII\,XXII_2}) \frac{l_{II}}{2\,l_X} H\left(\frac{2\,l_{II}}{2\,l_X}\right) +$$
$$+ \left(\frac{d_0}{d_{XI}}\right)^3 B_{XI\,XII_2} + \left(\frac{d_0}{d_{XII}}\right)^3 B_{XII\,XI_2} = 0.$$

(298, XI XII)

In jeder Gleichung kommen sieben verschiedene Stützenmomente vor, und zwar von der betrachteten Unterstützungslinie und den gegenüberliegenden Linien je ein Reihenglied mit der gleichen Ordnungszahl, von den benachbarten Linien sämtliche berücksichtigten

Reihenglieder. Die Gleichungen sind für alle Linien, an denen eine biegesteife Verbindung besteht, und alle zu berücksichtigenden Reihenglieder aufzustellen. Man erhält soviel Gleichungen, als unbekannte Reihenglieder von Randmomenten insgesamt angesetzt werden.

Die Tafeln E. 2 enthalten die zu *einem* Plattenfeld gehörigen Zahlenwerte. Bei der Durchlaufplatte sind die Anteile von *zwei* aneinandergrenzenden Feldern zu addieren und die Summe gleich Null zu setzen.

Die praktische Anwendung des Verfahrens ist aus den Berechnungsbeispielen 1 und 2 zu ersehen.

Im Beispiel 1 ist außerdem eine Näherungsberechnung gezeigt, die man als „vereinfachtes Momentenausgleichsverfahren" bezeichnen kann.

**$D_4$ — 10**

### 2.4.2. *Einflußflächen von Durchlaufplatten*

*2.4.2.1. Einflußfläche des Stützenmoments bei zwei Plattenfeldern.* Es soll die Einflußfläche für das Moment im Punkt $y$ der unterstützten Linie zwischen zwei Plattenfeldern I und II ermittelt werden. Alle Außenränder der beiden Felder seien frei drehbar gestützt (Abb. 111). Die Plattendicken seien $d_{\mathrm{I}}$ und $d_{\mathrm{II}}$. $d_0$ sei eine beliebige Vergleichsdicke.

Mit den früher verwendeten Bezeichnungen gilt für das Reihenglied $k$ des Stützenmoments:

$$m_{\mathrm{I\,II}\,k}\left[\left(\frac{d_0}{d_{\mathrm{I}}}\right)^3 C\left(\frac{k\,a_{\mathrm{I}}}{b}\right)+\left(\frac{d_0}{d_{\mathrm{II}}}\right)^3 C\left(\frac{k\,a_{\mathrm{II}}}{b}\right)\right]+ \left(\frac{d_0}{d_{\mathrm{I}}}\right)^3 B_{\mathrm{I\,II}\,k}+\left(\frac{d_0}{d_{\mathrm{II}}}\right)^3 B_{\mathrm{II\,I}\,k}=0. \tag{299}$$

Daraus ergibt sich bei Belastung des Feldes I allein die Einflußfläche in diesem Feld:

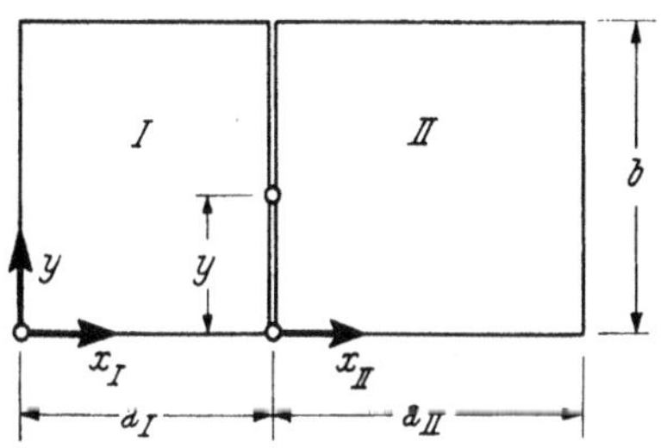


Abb. 111

$$\mathrm{Einfl}\,(m_{\mathrm{I\,II}})_y=\sum_{1,2}^{\infty}{}_k \sin k\pi\frac{y}{b}\,\mathrm{Einfl}\,(m_{\mathrm{I\,II}\,k})=$$

$$=-\sum_{1,2}^{\infty}{}_k \sin k\pi\frac{y}{b}\,\frac{\left(\frac{d_0}{d_{\mathrm{I}}}\right)^3 \mathrm{Einfl}\,B_{\mathrm{I\,II}\,k}}{\left(\frac{d_0}{d_{\mathrm{I}}}\right)^3 C\left(\frac{k\,a_{\mathrm{I}}}{b}\right)+\left(\frac{d_0}{d_{\mathrm{II}}}\right)^3 C\left(\frac{k\,a_{\mathrm{II}}}{b}\right)}. \tag{300}$$

Mit $r_{\mathrm{I\,II}\,1}=-\sin\pi\frac{y}{b}\,\dfrac{\left(\frac{d_0}{d_{\mathrm{I}}}\right)^3 C\left(\frac{a_{\mathrm{I}}}{b}\right)}{\left(\frac{d_0}{d_{\mathrm{I}}}\right)^3 C\left(\frac{a_{\mathrm{I}}}{b}\right)+\left(\frac{d_0}{d_{\mathrm{II}}}\right)^3 C\left(\frac{a_{\mathrm{II}}}{b}\right)}$

und $C\left(\frac{k\,a_{\mathrm{I}}}{b}\right)=C\left(\frac{k\,a_{\mathrm{II}}}{b}\right)\doteq 1$ (301 I)

ist $\mathrm{Einfl}\,(m_{\mathrm{I\,II}})_y=r_{\mathrm{I\,II}\,1}\,\mathrm{Einfl}\,\omega_{\mathrm{I\,II}}-\dfrac{\left(\frac{d_0}{d_{\mathrm{I}}}\right)^3}{\left(\frac{d_0}{d_{\mathrm{I}}}\right)^3+\left(\frac{d_0}{d_{\mathrm{II}}}\right)^3}\displaystyle\sum_{2,3\ldots}^{\infty}{}_k \sin k\pi\frac{y}{b}\,\mathrm{Einfl}\,B_{\mathrm{I\,II}\,k}.$

Ebenso gilt im Feld II:

$r_{\mathrm{II\,I}\,1}=-\sin\pi\frac{y}{b}\,\dfrac{\left(\frac{d_0}{d_{\mathrm{II}}}\right)^3 C\left(\frac{a_{\mathrm{II}}}{b}\right)}{\left(\frac{d_0}{d_{\mathrm{I}}}\right)^3 C\left(\frac{a_{\mathrm{I}}}{b}\right)+\left(\frac{d_0}{d_{\mathrm{II}}}\right)^3 C\left(\frac{a_{\mathrm{II}}}{b}\right)}$ (301 II)

und $\mathrm{Einfl}\,(m_{\mathrm{I\,II}})_y=r_{\mathrm{II\,I}\,1}\,\mathrm{Einfl}\,\omega_{\mathrm{II\,I}}-\dfrac{\left(\frac{d_0}{d_{\mathrm{II}}}\right)^3}{\left(\frac{d_0}{d_{\mathrm{I}}}\right)^3+\left(\frac{d_0}{d_{\mathrm{II}}}\right)^3}\displaystyle\sum_{2,3\ldots}^{\infty}{}_k \sin k\pi\frac{y}{b}\,\mathrm{Einfl}\,B_{\mathrm{II\,I}\,k}.$

Der Einflußwert links vom Bezugspunkt, also im Feld I, ist $-\dfrac{1}{\pi}\,\dfrac{\left(\frac{d_0}{d_{\mathrm{I}}}\right)^3}{\left(\frac{d_0}{d_{\mathrm{I}}}\right)^3+\left(\frac{d_0}{d_{\mathrm{II}}}\right)^3}$;

**D₄—10**

rechts vom Bezugspunkt, im Feld II, tritt der Wert $-\frac{1}{\pi}\frac{\left(\frac{d_0}{d_{II}}\right)^3}{\left(\frac{d_0}{d_I}\right)^3+\left(\frac{d_0}{d_{II}}\right)^3}$ auf; die Summe beider Werte ist $-\frac{1}{\pi}$. Die singuläre Verformung, d. i. in diesem Fall die *gegenseitige* Verdrehung der beiden aneinanderstoßenden Plattenfelder im Bezugspunkt, ist ebenso groß wie die gesamte Verdrehung bei der Einflußfläche eines starr eingespannten Randes.

*2.4.2.2. Einflußflächen, deren Bezugspunkt nicht an einem eingespannten Rand liegt.* Gesucht sei die Einflußfläche für eine Größe $R$ im Punkt $x_{III}$, $y_X$ des Plattenfeldes XIII (Abb. 108). Die Plattendicken seien feldweise verschieden; $d_0$ ist eine beliebige Vergleichsdicke, $S_0 = E\frac{d_0^3}{12}$ ist die „Steifigkeit" dieser Vergleichsplatte.

Der Einflußfläche bei frei drehbar gestützten Rändern (Fall **F₄—10**) sind die Biegeflächen infolge von Randmomenten so zu überlagern, daß an allen Rändern die gegenseitige Verdrehung der beiden aneinanderstoßenden Plattenfelder verschwindet.

Der Reihenkoeffizient $k$ der gegenseitigen Verdrehung an der Unterstützungslinie XII XIII ist nach Gl. (203) sowie Gl. (214):

$$\begin{aligned} S_0\beta_{XII\,XIII\,k} = {} & \frac{l_X}{2k\pi}\left(\frac{d_0}{d_{XII}}\right)^3\Bigg[m_{XI\,XII\,k}\,D\left(\frac{k\,l_{II}}{l_X}\right) + m_{XII\,XIII\,k}\,C\left(\frac{k\,l_{II}}{l_X}\right) + \\ & + \sum_{1,2\ldots}^{\infty}{}_j\,(-\cos j\pi)\,(m_{II\,XII\,j} - \cos k\pi\cdot m_{XII\,XXII\,j})\frac{l_{II}}{j\,l_X}\,H\left(\frac{j\,l_X}{k\,l_{II}}\right)\Bigg] + \\ & + \frac{l_X}{2k\pi}\left(\frac{d_0}{d_{XIII}}\right)^3\Bigg[m_{XII\,XIII\,k}\,C\left(\frac{k\,l_{III}}{l_X}\right) + m_{XIII\,XIV\,k}\,D\left(\frac{k\,l_{III}}{l_X}\right) + \\ & + \sum_{1,2}^{\infty}{}_j\,(m_{III\,XIII\,j} - \cos k\pi\, m_{XIII\,XXIII\,j})\frac{l_{III}}{j\,l_X}\,H\left(\frac{j\,l_X}{k\,l_{III}}\right)\Bigg] + S_0\frac{2}{l_X}R_{XIII\,XII\,k} = 0. \end{aligned} \tag{302}$$

Darin ist $R_{XIII\,XII\,k}$ die Größe $R$ im Bezugspunkt infolge des Randmomentangriffs $m_{XII\,XIII} = 1\sin k\pi\frac{y_X}{l_X}$.

Es werden folgende neue Unbekannte eingeführt:

$$\left.\begin{aligned} r_{XII\,XI\,k} &= \frac{l_X^2}{4k\pi}\left(\frac{d_0}{d_{XII}}\right)^3 C\left(\frac{k\,l_{II}}{l_X}\right)\frac{m_{XII\,XI\,k}}{S_0}, \\ r_{XII\,XIII\,k} &= \frac{l_X^2}{4k\pi}\left(\frac{d_0}{d_{XII}}\right)^3 C\left(\frac{k\,l_{II}}{l_X}\right)\frac{m_{XII\,XIII\,k}}{S_0}, \\ r_{XII\,II\,j} &= \frac{l_{II}^2}{4j\pi}\left(\frac{d_0}{d_{XII}}\right)^3 C\left(\frac{j\,l_X}{l_{II}}\right)\frac{m_{XII\,II\,j}}{S_0}, \\ r_{XII\,XXII\,j} &= \frac{l_{II}^2}{4j\pi}\left(\frac{d_0}{d_{XII}}\right)^3 C\left(\frac{j\,l_X}{l_{II}}\right)\frac{m_{XII\,XXII\,j}}{S_0}, \\ r_{XIII\,XII\,k} &= \frac{l_X^2}{4k\pi}\left(\frac{d_0}{d_{XIII}}\right)^3 C\left(\frac{k\,l_{III}}{l_X}\right)\frac{m_{XIII\,XII\,k}}{S_0}, \\ r_{XIII\,XIV\,k} &= \frac{l_X^2}{4k\pi}\left(\frac{d_0}{d_{XIII}}\right)^3 C\left(\frac{k\,l_{III}}{l_X}\right)\frac{m_{XIII\,XIV\,k}}{S_0}, \\ r_{XIII\,III\,j} &= \frac{l_{III}^2}{4j\pi}\left(\frac{d_0}{d_{XIII}}\right)^3 C\left(\frac{j\,l_X}{l_{III}}\right)\frac{m_{XIII\,III\,j}}{S_0}, \\ r_{XIII\,XXIII\,j} &= \frac{l_{III}^2}{4j\pi}\left(\frac{d_0}{d_{III}}\right)^3 C\left(\frac{j\,l_X}{l_{III}}\right)\frac{m_{XIII\,XXIII\,j}}{S_0} \end{aligned}\right\} \tag{303}$$

und in den weiteren Feldern entsprechend.

Da $m_{\text{XII XIII}\,k} = m_{\text{XIII XII}\,k}$ ist, besteht die Beziehung:

$$\frac{r_{\text{XII XIII}\,k}}{\left(\frac{d_0}{d_{\text{XII}}}\right)^3 C\left(\frac{k\,l_{\text{II}}}{l_{\text{X}}}\right)} = \frac{r_{\text{XIII XII}\,k}}{\left(\frac{d_0}{d_{\text{XIII}}}\right)^3 C\left(\frac{k\,l_{\text{III}}}{l_{\text{X}}}\right)}. \qquad (304, \text{XII XIII})$$

Die analoge Beziehung gilt an allen Unterstützungslinien, z. B. bei II XII:

$$\frac{r_{\text{II XII}\,j}}{\left(\frac{d_0}{d_{\text{II}}}\right)^3 C\left(\frac{j\,l_0}{l_{\text{II}}}\right)} = \frac{r_{\text{XII II}\,j}}{\left(\frac{d_0}{d_{\text{XII}}}\right)^3 C\left(\frac{j\,l_{\text{X}}}{l_{\text{II}}}\right)}. \qquad (304, \text{II XII})$$

Die Gl. (302) nimmt die folgende Form an:

$$r_{\text{XII XI}\,k}\frac{D\left(\frac{k\,l_{\text{II}}}{l_{\text{X}}}\right)}{C\left(\frac{k\,l_{\text{II}}}{l_{\text{X}}}\right)} + r_{\text{XII XIII}\,k} + \sum_{1,2\ldots}^{\infty}{}^{j}\,(-\cos j\pi)\,(r_{\text{XII II}\,j} - \cos k\pi\cdot r_{\text{XII XXII}\,j})\frac{l_{\text{X}}}{k\,l_{\text{II}}}\frac{H\left(\frac{j\,l_{\text{X}}}{k\,l_{\text{II}}}\right)}{C\left(\frac{k\,l_{\text{II}}}{l_{\text{X}}}\right)} +$$

$$+ r_{\text{XIII XII}\,k} + r_{\text{XIII XIV}\,k}\frac{D\left(\frac{k\,l_{\text{III}}}{l_{\text{X}}}\right)}{C\left(\frac{k\,l_{\text{III}}}{l_{\text{X}}}\right)} + \sum_{1,2\ldots}^{\infty}{}^{j}\,(r_{\text{XIII III}\,j} - \cos k\pi\cdot r_{\text{XIII XXIII}\,j})\frac{l_{\text{X}}}{k\,l_{\text{III}}}\frac{H\left(\frac{j\,l_{\text{X}}}{k\,l_{\text{III}}}\right)}{C\left(\frac{k\,l_{\text{III}}}{l_{\text{X}}}\right)} +$$

$$+ R_{\text{XIII XII}\,k} = 0. \qquad (305, \text{XIII XII})$$

Die Gleichung ist für $k = 1, 2$ usw. aufzustellen.

Analoge Gleichungen sind für die drei übrigen Ränder des Feldes XIII, und zwar für $k = 1, 2, \ldots$ und $j = 1, 2, \ldots$ aufzustellen. An allen sonstigen Unterstützungslinien, wo keines der beiden aneinanderstoßenden Felder den Bezugspunkt enthält, lauten die Gleichungen entsprechend, nur *ohne* das absolute Glied $R$.

Nach Auflösung des Gleichungssystems, mit Verwendung der Gl. (242), erhält man die Einflußfläche im Feld XIII:

$$\text{Einfl}\,R(x_{\text{III}}\,y_{\text{X}}) = \text{Einfl}\,R(x_{\text{III}}\,y_{\text{X}})\,\boxed{\text{F}_4-10} + \sum_{1,2\ldots}^{\infty}{}^{k}\,r_{\text{XIII XII}\,k}\frac{\text{Einfl}\,B_{\text{XIII XII}\,k}}{C\left(\frac{k\,l_{\text{III}}}{l_{\text{X}}}\right)} +$$

$$+ \sum_{1,2\ldots}^{\infty}{}^{k}\,r_{\text{XIII XIV}\,k}\frac{\text{Einfl}\,B_{\text{XIII XIV}\,k}}{C\left(\frac{k\,l_{\text{III}}}{l_{\text{X}}}\right)} + \sum_{1,2\ldots}^{\infty}{}^{j}\,r_{\text{XIII III}\,j}\frac{\text{Einfl}\,B_{\text{XIII III}\,j}}{C\left(\frac{j\,l_{\text{X}}}{l_{\text{III}}}\right)} +$$

$$+ \sum_{1,2\ldots}^{\infty}{}^{j}\,r_{\text{XIII XXIII}\,j}\frac{\text{Einfl}\,B_{\text{XIII XXIII}\,j}}{C\left(\frac{j\,l_{\text{X}}}{l_{\text{III}}}\right)}. \qquad (306)$$

In den übrigen Feldern lautet die Einflußfläche entsprechend, nur der Grundfall fehlt.

*2.4.2.3. Einflußfläche eines Stützenmoments.* Wenn die Einflußfläche des Moments im Punkt $0, y_{\text{X}}$ der Unterstützungslinie XII XIII (Abb. 112) zu ermitteln ist, hat man in die für diese Linie geltende Gl. (305) die Werte

$$R_{\text{XIII XII}\,k} = \sin k\pi\frac{y_{\text{X}}}{l_{\text{X}}} \qquad (307)$$

einzusetzen, während alle übrigen $R = 0$ sind.

Man benötigt an der Linie XII XIII sämtliche, an den übrigen Linien nur wenige Reihenglieder. Bei der Auflösung des Gleichungssystems wird man mit Vorteil zunächst die Werte $r_{\text{XII XIII}\,k}$ und $r_{\text{XIII XII}\,k}$ nach Gl. (301) (P. 2.4.2.1.) als Näherungswerte einführen und die Korrekturbeträge $\Delta r_{\text{XII XIII}\,k}$ und $\Delta r_{\text{XIII XII}\,k}$, die nur bei wenigen Reihengliedern erforderlich sind, berechnen.

**D₄ — 10**

Damit erhält man die Einflußfläche im Feld XII in der Form:

$$\mathrm{Einfl}\,(m_{\mathrm{XII\,XIII}})_y = r_{\mathrm{XII\,XIII}\,1}\,\mathrm{Einfl}\,\omega_{\mathrm{XII\,XIII}} - \frac{\left(\frac{d_0}{d_{\mathrm{XII}}}\right)^3}{\left(\frac{d_0}{d_{\mathrm{XII}}}\right)^3+\left(\frac{d_0}{d_{\mathrm{XIII}}}\right)^3}\sum_{2,3\ldots}^{\infty}{}_k \sin k\pi\frac{y_{\mathrm{X}}}{l_{\mathrm{X}}}\,\mathrm{Einfl}\,B_{\mathrm{XII\,XIII}\,k} +$$

$$+\sum_{2,3}{}_k \varDelta r_{\mathrm{XII\,XIII}\,k}\,\mathrm{Einfl}\,B_{\mathrm{XII\,XIII}\,k} + \sum_{1,2}{}_k r_{\mathrm{XII\,XI}\,k}\frac{\mathrm{Einfl}\,B_{\mathrm{XII\,XI}\,k}}{C\left(\frac{k\,l_{\mathrm{II}}}{l_{\mathrm{X}}}\right)} +$$

$$+\sum_{1,2}{}_j r_{\mathrm{XII\,II}\,j}\frac{\mathrm{Einfl}\,B_{\mathrm{XII\,II}\,j}}{C\left(\frac{j\,l_{\mathrm{X}}}{l_{\mathrm{II}}}\right)} + \sum_{1,2}{}_j r_{\mathrm{XII\,XXII}\,j}\frac{\mathrm{Einfl}\,B_{\mathrm{XII\,XXII}\,j}}{C\left(\frac{j\,l_{\mathrm{X}}}{l_{\mathrm{II}}}\right)}. \qquad (308)$$

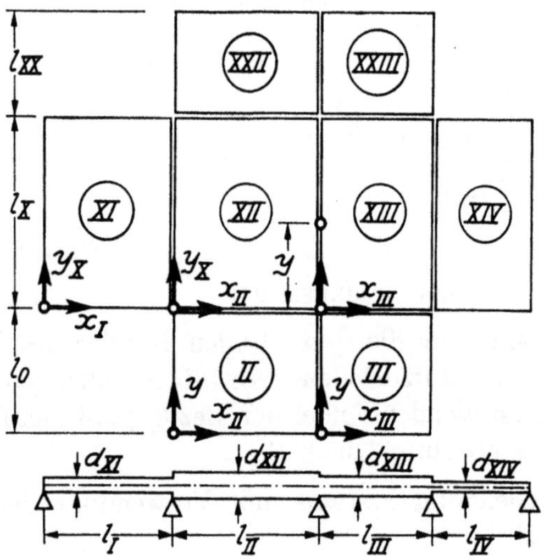


Abb. 112

Im Feld XIII lautet der Ausdruck entsprechend. In allen übrigen Feldern entstehen nur kleine Einflußwerte. Die in Abb. 112 nicht dargestellten Felder I, IV usw. können in der Rechnung unberücksichtigt bleiben.

## C. 3. Die Rechteckplatte, ein Rand ungestützt, übrige Ränder frei drehbar gestützt

Die Koordinatenrichtungen werden ohne Rücksicht darauf, welche Rechteckseite die kürzere ist, so gewählt, daß *entweder* der Rand $t$ $(y = 0)$ oder der Rand $h$ $(y = h)$ ungestützt ist. Die Formeln sind für *einen* der beiden Fälle angeschrieben. Falls der andere Fall benötigt wird, ist $y$ und $h - y$ zu vertauschen; außerdem ist bei $S\,\beta_y$, $m_{xy}$, $q_y$ und $\bar{q}_y$ das Vorzeichen zu wechseln.

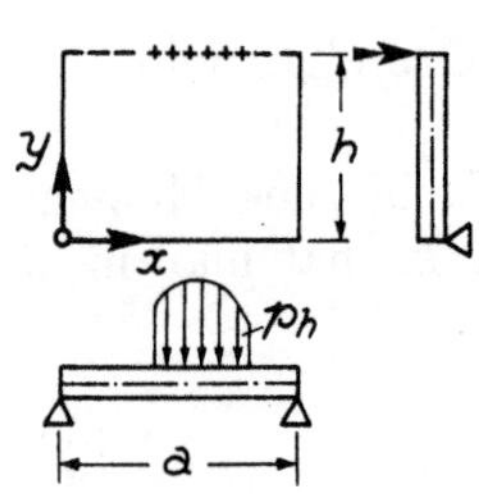

Abb. 113

**F₃U — 01** Randlast am ungestützten Rand $h$

$$p_h = \sum_{1,2\ldots}^{\infty}{}_j\, p_{h\,j}\sin j\pi\frac{x}{a}$$

$$S\,\zeta = a^3\sum_{1,2\ldots}^{\infty}{}_j \sin j\pi\frac{x}{a}\frac{p_{h\,j}}{j^3\pi^3}\,\frac{\left(2 + j\pi\frac{h}{a}\,\mathrm{Cotg}\,j\pi\frac{h}{a}\right)\mathrm{Sin}\,j\pi\frac{y}{a} - j\pi\frac{y}{a}\,\mathrm{Cof}\,j\pi\frac{y}{a}}{3\,\mathrm{Cof}\,j\pi\frac{h}{a} + \dfrac{j\pi\frac{h}{a}}{\mathrm{Sin}\,j\pi\frac{h}{a}}}, \qquad \text{(a)}$$

$$m_y = a \sum_{1,2\ldots}^{\infty} j \sin j\pi \frac{x}{a} \frac{p_{hj}}{j\pi} \frac{-j\pi \frac{h}{a} \mathfrak{Cotg}\, j\pi \frac{h}{a} \mathfrak{Sin}\, j\pi \frac{y}{a} + j\pi \frac{y}{a} \mathfrak{Cos}\, j\pi \frac{y}{a}}{3\,\mathfrak{Cos}\, j\pi \frac{h}{a} + \frac{j\pi \frac{h}{a}}{\mathfrak{Sin}\, j\pi \frac{h}{a}}}, \tag{e}$$

$$q_x = \sum_{1,2\ldots}^{\infty} j \cos j\pi \frac{x}{a} p_{hj} \frac{2\,\mathfrak{Sin}\, j\pi \frac{y}{a}}{3\,\mathfrak{Cos}\, j\pi \frac{h}{a} + \frac{j\pi \frac{h}{a}}{\mathfrak{Sin}\, j\pi \frac{h}{a}}}, \tag{h}$$

$$\bar{q}_x = \sum_{1,2\ldots}^{\infty} j \sin j\pi \frac{x}{a} p_{hj} \frac{\left(2 - j\pi \frac{h}{a} \mathfrak{Cotg}\, j\pi \frac{h}{a}\right) \mathfrak{Sin}\, j\pi \frac{y}{a} + j\pi \frac{y}{a} \mathfrak{Cos}\, j\pi \frac{y}{a}}{3\,\mathfrak{Cos}\, j\pi \frac{h}{a} + \frac{j\pi \frac{h}{a}}{\mathfrak{Sin}\, j\pi \frac{h}{a}}}, \tag{k}$$

$$q_y = \sum_{1,2\ldots}^{\infty} j \sin j\pi \frac{x}{a} p_{hj} \frac{2\,\mathfrak{Cos}\, j\pi \frac{y}{a}}{3\,\mathfrak{Cos}\, j\pi \frac{h}{a} + \frac{j\pi \frac{h}{a}}{\mathfrak{Sin}\, j\pi \frac{h}{a}}}. \tag{l}$$

Rand $t$ $(y = 0)$:

$$S\beta_t = \sum_{1,2\ldots}^{\infty} j \sin j\pi \frac{x}{a} \frac{p_{hj} a^2}{j^2 \pi^2} \frac{1 + j\pi \frac{h}{a} \mathfrak{Cotg}\, j\pi \frac{h}{a}}{3\,\mathfrak{Cos}\, j\pi \frac{h}{a} + \frac{j\pi \frac{h}{a}}{\mathfrak{Sin}\, j\pi \frac{h}{a}}}, \tag{t — c}$$

$$q_t = \sum_{1,2\ldots}^{\infty} j \sin j\pi \frac{x}{a} p_{hj} \frac{2}{3\,\mathfrak{Cos}\, j\pi \frac{h}{a} + \frac{j\pi \frac{h}{a}}{\mathfrak{Sin}\, j\pi \frac{h}{a}}}, \tag{t — l}$$

$$\bar{q}_t = \sum_{1,2\ldots}^{\infty} j \sin j\pi \frac{x}{a} p_{hj} \frac{3 + j\pi \frac{h}{a} \mathfrak{Cotg}\, j\pi \frac{h}{a}}{3\,\mathfrak{Cos}\, j\pi \frac{h}{a} + \frac{j\pi \frac{h}{a}}{\mathfrak{Sin}\, j\pi \frac{h}{a}}}. \tag{t — n}$$

Rand $h$ $(y = h)$:

$$m_{xh} = \sum_{1,2\ldots}^{\infty} j \sin j\pi \frac{x}{a} \frac{p_{hj} a}{j\pi} \frac{2}{3\,\mathfrak{Cotg}\, j\pi \frac{h}{a} + \frac{j\pi \frac{h}{a}}{\mathfrak{Sin}^2 j\pi \frac{h}{a}}}, \tag{h — d}$$

$$m_{xyh} = \sum_{1,2\ldots}^{\infty} j \cos j\pi \frac{x}{a} \frac{p_{hj} a}{j\pi} \left(-1 + \frac{2}{3 + \frac{2j\pi \frac{h}{a}}{\mathfrak{Sin}\, 2j\pi \frac{h}{a}}}\right). \tag{h — f}$$

**F$_3$U — 00**

## Randmoment am ungestützten Rand $h$

$$m_h = \sum_{1,2\ldots}^{\infty} {}_j\, m_{hj} \sin j\pi \frac{x}{a}$$

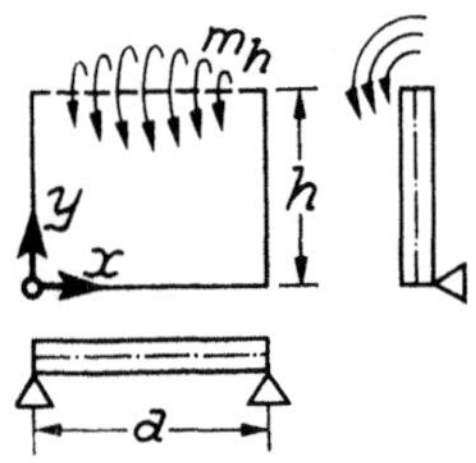


Abb. 114

$$S\zeta = a^2 \sum_{1,2\ldots}^{\infty} {}_j \sin j\pi \frac{x}{a} \frac{m_{hj}}{j^2\pi^2} \frac{\left(-1 + j\pi\frac{h}{a}\,\mathfrak{Tg}\, j\pi\frac{h}{a}\right)\mathfrak{Sin}\, j\pi\frac{y}{a} - j\pi\frac{y}{a}\,\mathfrak{Cos}\, j\pi\frac{y}{a}}{3\,\mathfrak{Sin}\, j\pi\frac{h}{a} + \dfrac{j\pi\frac{h}{a}}{\mathfrak{Cos}\, j\pi\frac{h}{a}}}, \tag{a}$$

$$m_y = \sum_{1,2\ldots}^{\infty} {}_j \sin j\pi \frac{x}{a}\, m_{hj} \frac{\left(3 - j\pi\frac{h}{a}\,\mathfrak{Tg}\, j\pi\frac{h}{a}\right)\mathfrak{Sin}\, j\pi\frac{y}{a} + j\pi\frac{y}{a}\,\mathfrak{Cos}\, j\pi\frac{y}{a}}{3\,\mathfrak{Sin}\, j\pi\frac{h}{a} + \dfrac{j\pi\frac{h}{a}}{\mathfrak{Cos}\, j\pi\frac{h}{a}}}, \tag{e}$$

$$q_x = \frac{1}{a} \sum_{1,2\ldots}^{\infty} {}_j \cos j\pi \frac{x}{a}\, m_{hj}\, j\pi \frac{2\,\mathfrak{Sin}\, j\pi\frac{y}{a}}{3\,\mathfrak{Sin}\, j\pi\frac{h}{a} + \dfrac{j\pi\frac{h}{a}}{\mathfrak{Cos}\, j\pi\frac{h}{a}}}, \tag{h}$$

$$\bar{q}_x = \frac{1}{a} \sum_{1,2\ldots}^{\infty} {}_j \cos j\pi \frac{x}{a}\, m_{hj}\, j\pi \frac{\left(5 - j\pi\frac{h}{a}\,\mathfrak{Tg}\, j\pi\frac{h}{a}\right)\mathfrak{Sin}\, j\pi\frac{y}{a} + j\pi\frac{y}{a}\,\mathfrak{Cos}\, j\pi\frac{y}{a}}{3\,\mathfrak{Sin}\, j\pi\frac{h}{a} + \dfrac{j\pi\frac{h}{a}}{\mathfrak{Cos}\, j\pi\frac{h}{a}}}, \tag{k}$$

$$q_y = \frac{1}{a} \sum_{1,2\ldots}^{\infty} {}_j \sin j\pi \frac{x}{a}\, m_{hj}\, j\pi \frac{2\,\mathfrak{Cos}\, j\pi\frac{y}{a}}{3\,\mathfrak{Sin}\, j\pi\frac{h}{a} + \dfrac{j\pi\frac{h}{a}}{\mathfrak{Cos}\, j\pi\frac{h}{a}}}. \tag{l}$$

Rand $t$ $(y = 0)$:

$$S\beta_t = \sum_{1,2\ldots}^{\infty} {}_j \sin j\pi \frac{x}{a}\, m_{hj} \frac{a}{j\pi} \frac{-2 + j\pi\frac{h}{a}\,\mathfrak{Tg}\, j\pi\frac{h}{a}}{3\,\mathfrak{Sin}\, j\pi\frac{h}{a} + \dfrac{j\pi\frac{h}{a}}{\mathfrak{Cos}\, j\pi\frac{h}{a}}}, \tag{t — c}$$

$$q_t = \frac{1}{a} \sum_{1,2\ldots}^{\infty} {}_j \sin j\pi \frac{x}{a}\, m_{hj}\, j\pi \frac{2}{3\,\mathfrak{Sin}\, j\pi\frac{h}{a} + \dfrac{j\pi\frac{h}{a}}{\mathfrak{Cos}\, j\pi\frac{h}{a}}}, \tag{t — l}$$

$$\bar{q}_t = \frac{1}{a} \sum_{1,2\ldots}^{\infty} {}_j \sin j\pi \frac{x}{a} m_{hj}\, j\pi \frac{j\pi \frac{h}{a} \mathfrak{Tg}\, j\pi \frac{h}{a}}{3\, \mathfrak{Sin}\, j\pi \frac{h}{a} + \frac{j\pi \frac{h}{a}}{\mathfrak{Cof}\, j\pi \frac{h}{a}}}. \qquad \text{(t — n)}$$

Rand $h$ $(y = h)$:

$$m_{xh} = \sum_{1,2\ldots}^{\infty} {}_j \sin j\pi \frac{x}{a} m_{hj} \left[ -1 + \frac{2}{3 + \frac{2j\pi \frac{h}{a}}{\mathfrak{Sin}\, 2j\pi \frac{h}{a}}} \right], \qquad \text{(h — d)}$$

$$m_{xyh} = \sum_{1,2\ldots}^{\infty} {}_j \cos j\pi \frac{x}{a} m_{hj} \frac{2}{3\, \mathfrak{Tg}\, j\pi \frac{h}{a} + \frac{j\pi \frac{h}{a}}{\mathfrak{Cof}^2 j\pi \frac{h}{a}}}. \qquad \text{(h — f)}$$

Ecke $x = 0$, $y = h$:

$$\bar{q}_{sh} = \sum_{1,2\ldots}^{\infty} {}_j \frac{m_{hj}}{a} \cdot j\pi \left[ 1 + \frac{2}{3 + \frac{2j\pi \frac{h}{a}}{\mathfrak{Sin}\, 2j\pi \frac{h}{a}}} \right]. \qquad \text{(sh — k)}$$

**$F_3U$ — ***

## Beliebige Belastung

*1. Weg.* Grundfall **$F_2$ — ***. Dieser Weg ist bei Gleichlast und Dreiecklast vorteilhaft, wie im folgenden gezeigt wird.

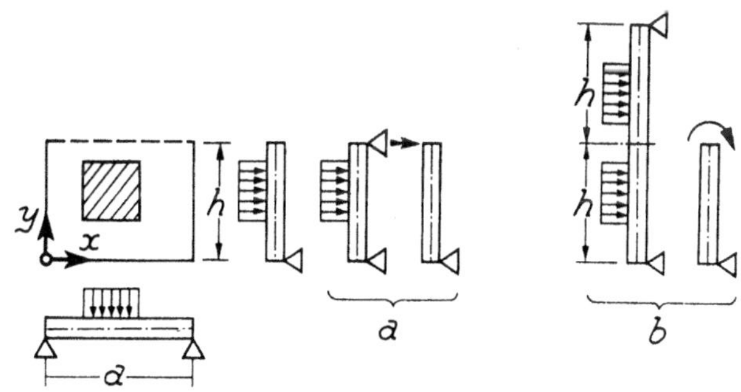


Abb. 115

*2. Weg.* Grundfall **$F_4$ — ***. Man berechnet für diesen Grundfall die Randkräfte am Rand $h$:

$$\bar{q}_h = \sum_{1,2\ldots}^{\infty} {}_j \sin j\pi \frac{x}{a} \bar{q}_{hj} \qquad (309)$$

und bringt Randlasten $p_{hj} = (-\bar{q}_{hj})$, nach abwärts positiv gerechnet, nach Fall **$F_3U$ — 01** an (Abb. 115 a).

*3. Weg.* Grundfall **$F_3V$ — ***. Der Fall ist identisch mit der Hälfte einer allseitig frei drehbar gestützten Rechteckplatte, deren Seitenlängen $a$ und $2h$ sind, unter zur Linie $y = h$ spiegelgleicher Belastung.

$\boxed{\mathrm{F_3U} - *}$ Es entstehen auf der Linie $y = h$ die Momente

$$m_{yh} = \sum_{1,2\ldots}^{\infty}{}_j \sin j\pi\frac{x}{a} M_{hj}. \tag{310}$$

Dann werden Randmomente $m_{hj} = -M_{hj}$ nach Fall $\boxed{\mathrm{F_3U} - 00}$ überlagert (Abb. 115 b).

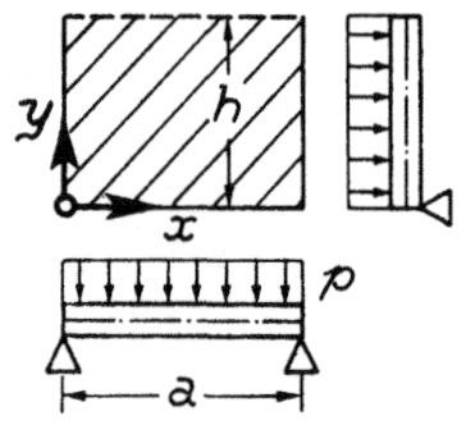

Abb. 116

$\boxed{\mathrm{F_3U} - 1}$ Gleichlast

Es werden zwei Darstellungen angegeben; die zweite ist dann vorteilhaft, wenn die Momente usw. für eine Rechteckplatte mit den Seitenlängen $a$ und $2h$ nach Fall $\boxed{\mathrm{F_4} - 1}$ bereits vorliegen.

I. Grundfall $\boxed{\mathrm{F_2} - 1}$; Überlagerung von Randkräften an den Rändern $t$ und $h$ nach Fall $\boxed{\mathrm{F_2UF} - 01}$ bzw. $\boxed{\mathrm{F_3U} - 01}$, so daß $S\zeta_t = 0$ und $\bar{q}_h = 0$ wird.

$$S\zeta = p a^4 \sum_{1,3\ldots}^{\infty}{}_j \sin j\pi\frac{x}{a}\frac{2}{j^5\pi^5}\left\{2 - \frac{1}{\operatorname{Sin} j\pi\frac{h}{a}}\left[\left(2 + j\pi\frac{h}{a}\operatorname{Cotg} j\pi\frac{h}{a}\right)\operatorname{Sin} j\pi\frac{h-y}{a} - j\pi\frac{h-y}{a}\operatorname{Cos} j\pi\frac{h-y}{a}\right] - \frac{3 + j\pi\frac{h}{a}\operatorname{Cotg} j\pi\frac{h}{a}}{3\operatorname{Sin} j\pi\frac{h}{a}\operatorname{Cos} j\pi\frac{h}{a} + j\pi\frac{h}{a}}\left[\left(2 + j\pi\frac{h}{a}\operatorname{Cotg} j\pi\frac{h}{a}\right)\operatorname{Sin} j\pi\frac{y}{a} - j\pi\frac{y}{a}\operatorname{Cos} j\pi\frac{y}{a}\right]\right\}. \tag{I a}$$

II. Grundfall $\boxed{\mathrm{F_3V} - 1}$ (= $\boxed{\mathrm{F_4} - 1}$ mit $b = 2h$); Überlagerung von Randmomenten am Rand $h$ nach Fall $\boxed{\mathrm{F_3U} - 00}$, so daß $m_h = 0$ wird.

$$S\zeta = S\zeta\left(\boxed{\mathrm{F_4} - 1},\ b = 2h\right) + p a^4 \sum_{1,3\ldots}^{\infty}{}_j \sin j\pi\frac{x}{a}\frac{2}{j^5\pi^5}\,\frac{j\pi\frac{h}{a}\operatorname{Tg} j\pi\frac{h}{a}}{3\operatorname{Sin} j\pi\frac{h}{a}\operatorname{Cos} j\pi\frac{h}{a} + j\pi\frac{h}{a}}\left[\left(1 - j\pi\frac{h}{a}\operatorname{Tg} j\pi\frac{h}{a}\right)\operatorname{Sin} j\pi\frac{y}{a} + j\pi\frac{y}{a}\operatorname{Cos} j\pi\frac{y}{a}\right]. \tag{II a}$$

Rand $t$:

$$S\beta_t = p a^3 \sum_{1,3\ldots}^{\infty}{}_j \sin j\pi\frac{x}{a}\cdot\frac{2}{j^4\pi^4}\,\frac{1 - \frac{1}{3}\left(\frac{j\pi\frac{h}{a}}{\operatorname{Sin} j\pi\frac{h}{a}}\right)^2}{\operatorname{Cotg} j\pi\frac{h}{a} + \frac{j\pi\frac{h}{a}}{3\operatorname{Sin}^2 j\pi\frac{h}{a}}}, \tag{t — c}$$

$$m_{xyt} = p a^2 \sum_{1,3\ldots}^{\infty}{}_j \cos j\pi\frac{x}{a}\cdot\frac{2}{j^3\pi^3}\,\frac{-1 + \frac{1}{3}\left(\frac{j\pi\frac{h}{a}}{\operatorname{Sin} j\pi\frac{h}{a}}\right)^2}{\operatorname{Cotg} j\pi\frac{h}{a} + \frac{j\pi\frac{h}{a}}{3\operatorname{Sin}^2 j\pi\frac{h}{a}}}, \tag{t — f}$$

$$q_t = p\,a \sum_{1,3\ldots}^{\infty} {}_j \sin j\pi\frac{x}{a}\cdot\frac{4}{j^2\pi^2}\,\frac{1}{\mathfrak{Cotg}\, j\pi\frac{h}{a}+\dfrac{j\pi\frac{h}{a}}{3\,\mathfrak{Sin}^2 j\pi\frac{h}{a}}}, \qquad (t-l)$$

$$\bar{q}_t = p\,a \sum_{1,3\ldots}^{\infty} {}_j \sin j\pi\frac{x}{a}\cdot\frac{2}{j^2\pi^2}\,\frac{3-\dfrac{1}{3}\left(\dfrac{j\pi\frac{h}{a}}{\mathfrak{Sin}\, j\pi\frac{h}{a}}\right)^2}{\mathfrak{Cotg}\, j\pi\frac{h}{a}+\dfrac{j\pi\frac{h}{a}}{3\,\mathfrak{Sin}^2 j\pi\frac{h}{a}}}. \qquad (t-n)$$

Rand $h$ $(y = h)$:

$$m_{xh} = p\,a^2\left\{\frac{1}{2}\,\frac{x}{a}\left(1-\frac{x}{a}\right)-\sum_{1,3\ldots}^{\infty} {}_j \sin j\pi\frac{x}{a}\,\frac{4}{j^3\pi^3}\,\frac{3+j\pi\frac{h}{a}\,\mathfrak{Cotg}\, j\pi\frac{h}{a}}{3\,\mathfrak{Cof}\, j\pi\frac{h}{a}+\dfrac{j\pi\frac{h}{a}}{\mathfrak{Sin}\, j\pi\frac{h}{a}}}\right\}, \qquad (h-d)$$

$$m_{xyh} = p\,a^2\sum_{1,3\ldots}^{\infty} {}_j \cos j\pi\frac{x}{a}\cdot\frac{4}{j^2\pi^2}\,\frac{-\frac{h}{a}}{3\,\mathfrak{Cof}\, j\pi\frac{h}{a}+\dfrac{j\pi\frac{h}{a}}{\mathfrak{Sin}\, j\pi\frac{h}{a}}}. \qquad (h-f)$$

Ecke $x = 0,\ y = h$:

$$\bar{q}_{sh} = p\,a\left\{\frac{1}{2}-\sum_{1,3\ldots}^{\infty} {}_j \frac{4}{j^2\pi^3}\,\frac{3+j\pi\frac{h}{a}\,\mathfrak{Cotg}\, j\pi\frac{h}{a}}{3\,\mathfrak{Cof}\, j\pi\frac{h}{a}+\dfrac{j\pi\frac{h}{a}}{\mathfrak{Sin}\, j\pi\frac{h}{a}}}\right\}. \qquad (sh-k)$$

**F₃U — 13** Dreiecklast, zum ungestützten Rand $h$ fallend

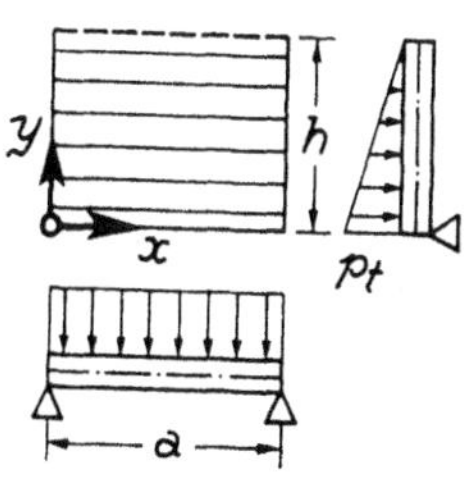


Abb. 117

Grundfall **F₄ — 13**; Überlagerung von Randkräften am Rand $h$ nach Fall **F₃U — 01**, so daß $\bar{q}_h = 0$ wird.

$$S\,\zeta = p_t\,a^4\sum_{1,3\ldots}^{\infty} {}_j \sin j\pi\frac{x}{a}\,\frac{2}{j^5\pi^5}\left\{2\left(1-\frac{y}{h}\right)-\right.$$

$$-\frac{1}{\mathfrak{Sin}\, j\pi\frac{h}{a}}\left[\left(2+j\pi\frac{h}{a}\,\mathfrak{Cotg}\, j\pi\frac{h}{a}\right)\mathfrak{Sin}\, j\pi\frac{h-y}{a}-j\pi\frac{h-y}{a}\,\mathfrak{Cof}\, j\pi\frac{h-y}{a}\right]+$$

$$\left.+\frac{4\dfrac{\mathfrak{Sin}\, j\pi\frac{h}{a}}{j\pi\frac{h}{a}}-3-j\pi\frac{h}{a}\,\mathfrak{Cotg}\, j\pi\frac{h}{a}}{3\,\mathfrak{Sin}\, j\pi\frac{h}{a}\,\mathfrak{Cof}\, j\pi\frac{h}{a}+j\pi\frac{h}{a}}\left[\left(2+j\pi\frac{h}{a}\,\mathfrak{Cotg}\, j\pi\frac{h}{a}\right)\mathfrak{Sin}\, j\pi\frac{y}{a}-j\pi\frac{y}{a}\,\mathfrak{Cof}\, j\pi\frac{y}{a}\right]\right\}. \qquad (a)$$

**$F_3U - 13$** Rand $t$:

$$S\,\beta_t = p_t\,a^3 \sum_{1,3\ldots}^{\infty} {}_j \sin j\pi\frac{x}{a}\,\frac{2}{j^4\pi^4}\left\{-\frac{2}{j\pi\frac{h}{a}} + \right.$$

$$\left. + \frac{1 + \frac{4}{3\,\mathfrak{Sin}\,j\pi\frac{h}{a}}\left(\mathfrak{Cotg}\,j\pi\frac{h}{a} + \frac{1}{j\pi\frac{h}{a}}\right) - \frac{1}{3}\left(\frac{j\pi\frac{h}{a}}{\mathfrak{Sin}\,j\pi\frac{h}{a}}\right)^2}{\mathfrak{Cotg}\,j\pi\frac{h}{a} + \frac{j\pi\frac{h}{a}}{3\,\mathfrak{Sin}^2 j\pi\frac{h}{a}}}\right\}, \qquad (t-c)$$

$$\bar{q}_t = p_t\,a\left\{-\frac{a}{h}\left[\frac{x}{a} - \left(\frac{x}{a}\right)^2\right] + \right.$$

$$\left. + \sum_{1,3\ldots}^{\infty} {}_j \sin j\pi\frac{x}{a}\,\frac{2}{j^2\pi^2}\,\frac{3 + \frac{4}{3\,\mathfrak{Sin}\,j\pi\frac{h}{a}}\left(\mathfrak{Cotg}\,j\pi\frac{h}{a} + \frac{3}{j\pi\frac{h}{a}}\right) - \frac{1}{3}\left(\frac{j\pi\frac{h}{a}}{\mathfrak{Sin}\,j\pi\frac{h}{a}}\right)^2}{\mathfrak{Cotg}\,j\pi\frac{h}{a} + \frac{j\pi\frac{h}{a}}{3\,\mathfrak{Sin}^2 j\pi\frac{h}{a}}}\right\}. \qquad (t-n)$$

**$F_2UF - 13$** Dreiecklast, zum ungestützten Rand $t$ steigend

Dem Grundfall **$F_2 - 13$** wird eine Randlast nach Fall **$F_2UF - 01$** überlagert, so daß $\bar{q}_t = 0$ wird.

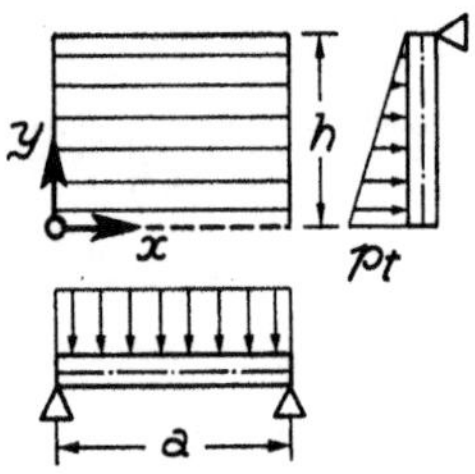


Abb. 118

$$S\,\zeta = p_t\,a^4 \sum_{1,3}^{\infty} {}_j \sin j\pi\frac{x}{a}\cdot\frac{4}{j^5\pi^5}\left\{1 - \frac{y}{h} - \right.$$

$$- \frac{2}{j\pi\frac{h}{a}\left(3\,\mathfrak{Cos}\,j\pi\frac{h}{a} + \frac{j\pi\frac{h}{a}}{\mathfrak{Sin}\,j\pi\frac{h}{a}}\right)}\left[\left(2 + j\pi\frac{h}{a}\,\mathfrak{Cotg}\,j\pi\frac{h}{a}\right)\mathfrak{Sin}\,j\pi\frac{h-y}{a} - \right.$$

$$\left.\left. - j\pi\frac{h-y}{a}\,\mathfrak{Cos}\,j\pi\frac{h-y}{a}\right]\right\}. \qquad (a)$$

**Rand $t$:**

$$m_{xt} = p_t\,a^2\left\{\frac{1}{2}\,\frac{x}{a}\left(1 - \frac{x}{a}\right) - \sum_{1,3\ldots}^{\infty} {}_j \sin j\pi\frac{x}{a}\,\frac{16}{j^4\pi^4\frac{h}{a}\left(3\,\mathfrak{Cotg}\,j\pi\frac{h}{a} + \frac{j\pi\frac{h}{a}}{\mathfrak{Sin}^2 j\pi\frac{h}{a}}\right)}\right\}. \qquad (t-d)$$

**$F_3U - 10$** Punktlast (Einflußflächen)

1. Wenn die entsprechende Einflußfläche für die allseitig frei drehbar gestützte Rechteckplatte (Fall **$F_4 - 10$**) bereits vorliegt, wird eine Zusatzfunktion nach Fall **$F_3U - 01$** überlagert, welche die Randbedingung des ungestützten Randes herstellt.

$$S\,\zeta = S\,\zeta^{(0)} + \sum_{1,2}^{\infty} {}_j N_j^{(\zeta)}\,V_j. \qquad (311)$$

$V_j$ ist die zur Biegefläche nach Fall **F₃U — 01** gehörige Funktion, aber mit $u$ und $v$ als Veränderliche:

$$V_j = \frac{\sin j\pi\frac{u}{a}\,\mathfrak{Sin}\,j\pi\frac{v}{a}}{3\,\mathfrak{Cof}\,j\pi\frac{h}{a}+\frac{j\pi\frac{h}{a}}{\mathfrak{Sin}\,j\pi\frac{h}{a}}}\left[2+j\pi\frac{h}{a}\mathfrak{Cotg}\,j\pi\frac{h}{a}-j\pi\frac{v}{a}\mathfrak{Cotg}\,j\pi\frac{v}{a}\right]. \tag{312}$$

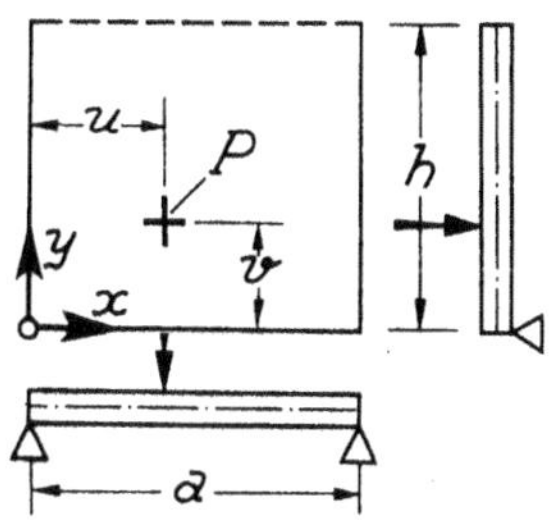

Abb. 119

Der von $x$ und $y$, den Koordinaten des Bezugspunktes, abhängige Beiwert ist:

$$N_j^{(\zeta)} = \frac{a^3}{j^3\pi^3}\left(\frac{\partial^3 S\zeta^{(0)}}{\partial v^3}+2\frac{\partial^3 S\,\zeta^{(0)}}{\partial u^2\,\partial v}\right)_{v=h} =$$

$$= \sin j\pi\frac{x}{a}\,\frac{a^2}{j^3\pi^3}\,\frac{\mathfrak{Sin}\,j\pi\frac{y}{a}}{\mathfrak{Sin}\,j\pi\frac{h}{a}}\left[2+j\pi\frac{h}{a}\mathfrak{Cotg}\,j\pi\frac{h}{a}-j\pi\frac{y}{a}\mathfrak{Cotg}\,j\pi\frac{y}{a}\right]. \tag{313 a}$$

Bei der Einflußfläche eines Moments $m_x$ ist statt $N_j^{(\zeta)}$ der Beiwert

$$N_j^{(m_x)} = -\frac{\partial^2}{\partial x^2}N_j^{(\zeta)} = \sin j\pi\frac{x}{a}\,\frac{1}{j\pi}\,\frac{\mathfrak{Sin}\,j\pi\frac{y}{a}}{\mathfrak{Sin}\,j\pi\frac{h}{a}}\left[2+j\pi\frac{h}{a}\mathfrak{Cotg}\,j\pi\frac{h}{a}-j\pi\frac{y}{a}\mathfrak{Cotg}\,j\pi\frac{y}{a}\right] \tag{313 d}$$

einzuführen; ebenso ist

$$N_j^{(m_y)} = -\frac{\partial^2}{\partial y^2}N_j^{(\zeta)} = \sin j\pi\frac{x}{a}\,\frac{1}{j\pi}\,\frac{\mathfrak{Sin}\,j\pi\frac{y}{a}}{\mathfrak{Sin}\,j\pi\frac{h}{a}}\left[-j\pi\frac{h}{a}\mathfrak{Cotg}\,j\pi\frac{h}{a}+j\pi\frac{y}{a}\mathfrak{Cotg}\,j\pi\frac{y}{a}\right], \tag{313 e}$$

$$N_j^{(m_{xy})} = -\frac{\partial^2}{\partial x\,\partial y}N_j^{(\zeta)} = \cos j\pi\frac{x}{a}\,\frac{1}{j\pi}\,\frac{\mathfrak{Cof}\,j\pi\frac{y}{a}}{\mathfrak{Sin}\,j\pi\frac{h}{a}}\left[-1-j\pi\frac{h}{a}\mathfrak{Cotg}\,j\pi\frac{h}{a}+\right.$$

$$\left.+j\pi\frac{y}{a}\mathfrak{Tg}\,j\pi\frac{y}{a}\right], \tag{313 f}$$

$$N_j^{(q_x)} = -\frac{\partial}{\partial x}\Delta N_j^{(\zeta)} = \frac{1}{a}\cos j\pi\frac{x}{a}\,\frac{2\,\mathfrak{Sin}\,j\pi\frac{y}{a}}{\mathfrak{Sin}\,j\pi\frac{h}{a}}, \tag{313 h}$$

$$N_j^{(\bar q_x)} = \frac{1}{a}\cos j\pi\frac{x}{a}\,\frac{\mathfrak{Sin}\,j\pi\frac{y}{a}}{\mathfrak{Sin}\,j\pi\frac{h}{a}}\left[2-j\pi\frac{h}{a}\mathfrak{Cotg}\,j\pi\frac{h}{a}+j\pi\frac{y}{a}\mathfrak{Cotg}\,j\pi\frac{y}{a}\right], \tag{313 k}$$

$$N_j^{(q_y)} = \frac{1}{a}\sin j\pi\frac{x}{a}\,\frac{2\,\mathfrak{Cof}\,j\pi\frac{y}{a}}{\mathfrak{Sin}\,j\pi\frac{h}{a}}, \tag{313 l}$$

$$N_j^{(\bar q_y)} = \frac{1}{a}\sin j\pi\frac{x}{a}\,\frac{\mathfrak{Cof}\,j\pi\frac{y}{a}}{\mathfrak{Sin}\,j\pi\frac{h}{a}}\left[3+j\pi\frac{h}{a}\mathfrak{Cotg}\,j\pi\frac{h}{a}-j\pi\frac{y}{a}\mathfrak{Tg}\,j\pi\frac{y}{a}\right]. \tag{313 n}$$

2. Ein zweiter Weg führt vom Ausgangsfall **F₃V — 10** durch Überlagerung einer Zusatzfunktion nach Fall **F₃U — 00** zur gesuchten Einflußfläche.

$$S\zeta = S\zeta^{(00)} - \sum_{1,2}^{\infty}{}_j\,K_j^{(\zeta)}F_j. \tag{314}$$

**$F_3U-10$** Der Ausgangsfall entspricht einer Rechteckplatte mit der Länge $2h$ und zwei zur Linie $y=h$ symmetrischen Punktlasten. Es gilt

im Bereich $0 \leqq v \leqq y$:

$$S\zeta^{(00)} = \sum_{1,2}^{\infty} j \sin j\pi\frac{x}{a}\sin j\pi\frac{u}{a}\frac{a^2}{j^3\pi^3}\frac{\mathfrak{Sin}\, j\pi\frac{v}{a}\mathfrak{Cos}\, j\pi\frac{h-y}{a}}{\mathfrak{Cos}\, j\pi\frac{h}{a}}\Big[1+j\pi\frac{h}{a}\mathfrak{Tg}\, j\pi\frac{h}{a} - j\pi\frac{v}{a}\mathfrak{Cotg}\, j\pi\frac{v}{a} - j\pi\frac{h-y}{a}\mathfrak{Tg}\, j\pi\frac{h-y}{a}\Big], \quad (315\,\alpha)$$

im Bereich $y \leqq v \leqq h$:

$$S\zeta^{(00)} = \sum_{1,2}^{\infty} j \sin j\pi\frac{x}{a}\sin j\pi\frac{u}{a}\frac{a^2}{j^3\pi^3}\frac{\mathfrak{Cos}\, j\pi\frac{h-v}{a}\mathfrak{Sin}\, j\pi\frac{y}{a}}{\mathfrak{Cos}\, j\pi\frac{h}{a}}\Big[1+j\pi\frac{h}{a}\mathfrak{Tg}\, j\pi\frac{h}{a} - j\pi\frac{h-v}{a}\mathfrak{Tg}\, j\pi\frac{h-v}{a} - j\pi\frac{y}{a}\mathfrak{Cotg}\, j\pi\frac{y}{a}\Big]. \quad (315\,\beta)$$

Die Funktion $F_j$ gehört zur Biegefläche nach Fall **$F_3U-00$**, aber mit $u$ und $v$ als Veränderlichen:

$$F_j = \frac{\sin j\pi\frac{u}{a}\,\mathfrak{Sin}\, j\pi\frac{v}{a}}{3\,\mathfrak{Sin}\, j\pi\frac{h}{a} + \frac{j\pi\frac{h}{a}}{\mathfrak{Cos}\, j\pi\frac{h}{a}}}\Big[-1+j\pi\frac{h}{a}\mathfrak{Tg}\, j\pi\frac{h}{a} - j\pi\frac{v}{a}\mathfrak{Cotg}\, j\pi\frac{v}{a}\Big]. \quad (316)$$

Der von $x$ und $y$, den Koordinaten des Bezugspunktes, abhängige Beiwert ist

$$K_j^{(\zeta)} = \frac{a^2}{j^2\pi^2}\Big(-\frac{\partial^2}{\partial v^2}S\zeta^{(00)}\Big)_{v=h} =$$

$$= \sin j\pi\frac{x}{a}\frac{a^2}{j^3\pi^3}\frac{\mathfrak{Sin}\, j\pi\frac{y}{a}}{\mathfrak{Cos}\, j\pi\frac{h}{a}}\Big[1-j\pi\frac{h}{a}\mathfrak{Tg}\, j\pi\frac{h}{a} + j\pi\frac{y}{a}\mathfrak{Cotg}\, j\pi\frac{y}{a}\Big]. \quad (317\text{ a})$$

Für die Einflußflächen von Momenten usw. gelten als Beiwerte $K_j$ die entsprechenden Ableitungen von $K_j^{(\zeta)}$ nach $x$ bzw. $y$.

3. Einflußflächen für Punkte des ungestützten Randes $y=h$ [mit $V_j$ nach Gl. (312)]:

$$S\zeta_h = \sum_{1,2}^{\infty} j \sin j\pi\frac{x}{a}\sin j\pi\frac{u}{a}\frac{a^2}{j^3\pi^3}2V_j \quad (318\text{ a})$$

$$m_{xh} = 2m_x + \frac{2}{3}m_y - \sum_{1,2}^{\infty} j \sin j\pi\frac{x}{a}\frac{2h}{3a\,\mathfrak{Cos}^2 j\pi\frac{h}{a}}F_j. \quad (318\text{ d})$$

Hierin sind $m_x$ und $m_y$ die Einflußflächen für die Mittellinie $y=h$ einer Platte mit der Länge $2h$.

$$m_{xyh} = \sum_{1,2}^{\infty} j \cos j\pi\frac{x}{a}\frac{2}{j\pi}F_j, \quad (318\text{ f})$$

$$q_{xh} = \bar{q}_{xh} = \frac{1}{a}\sum_{1,2}^{\infty} j \cos j\pi\frac{x}{a}\left\{\sin j\pi\frac{u}{a}\frac{2\,\mathfrak{Sin}\, j\pi\frac{v}{a}}{\mathfrak{Cos}\, j\pi\frac{h}{a}} + 2\,\mathfrak{Tg}\, j\pi\frac{h}{a}F_j\right\}. \quad (318\text{ h})$$

Im Bereich des Randes $h$ verwendet man die geschlossene Darstellung von Fall **$F_2U-10$** (mit $h-v$ an Stelle von $v$) und die Differenzreihe.

**F₃U — 0t** Randmoment am gestützten Querrand: $m_t = \sum_{1,2\ldots}^{\infty} {}_j\, m_{tj} \sin j\pi \frac{x}{a}$

Dem Fall **F₄ — 0tb** mit $b = 2h$ wird der Fall **F₃U — 00** so überlagert, daß am ungestützten Rand $y = h$ das Moment $m_y = 0$ wird.

$$S\zeta = a^2 \sum_{1,2\ldots}^{\infty} {}_j \sin j\pi \frac{x}{a} \frac{m_{tj}}{2j^2\pi^2} \left\{ \frac{j\pi \frac{h}{a} \mathfrak{Tg}\, j\pi \frac{h}{a} \mathfrak{Cof}\, j\pi \frac{h-y}{a} - j\pi \frac{h-y}{a} \mathfrak{Sin}\, j\pi \frac{h-y}{a}}{\mathfrak{Cof}\, j\pi \frac{h}{a}} + \right.$$

$$\left. + \frac{j\pi \frac{h}{a} \mathfrak{Tg}\, j\pi \frac{h}{a} - 2}{3\,\mathfrak{Sin}\, j\pi \frac{h}{a} \mathfrak{Cof}\, j\pi \frac{h}{a} + j\pi \frac{h}{a}} \left[ \left( j\pi \frac{h}{a} \mathfrak{Tg}\, j\pi \frac{h}{a} - 1 \right) \mathfrak{Sin}\, j\pi \frac{y}{a} - j\pi \frac{y}{a} \mathfrak{Cof}\, j\pi \frac{y}{a} \right] \right\}. \qquad \text{(a)}$$

Rand $t$ $(y = 0)$:

$$S\beta_t = \sum_{1,2\ldots}^{\infty} {}_j \sin j\pi \frac{x}{a} m_{tj} \frac{a}{2j\pi} \frac{3\,\mathfrak{Cof}^2 j\pi \frac{h}{a} + 1 + \left(j\pi \frac{h}{a}\right)^2}{3\,\mathfrak{Sin}\, j\pi \frac{h}{a} \mathfrak{Cof}\, j\pi \frac{h}{a} + j\pi \frac{h}{a}}, \qquad \text{(t — c)}$$

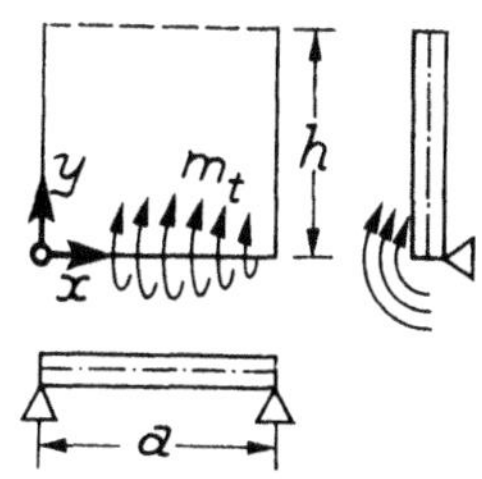



Abb. 120

$$m_{xyt} = -\sum_{1,2\ldots}^{\infty} {}_j \cos j\pi \frac{x}{a} \frac{m_{tj}}{2} \frac{3\,\mathfrak{Cof}^2 j\pi \frac{h}{a} + 1 + \left(j\pi \frac{h}{a}\right)^2}{3\,\mathfrak{Sin}\, j\pi \frac{h}{a} \mathfrak{Cof}\, j\pi \frac{h}{a} + j\pi \frac{h}{a}}, \qquad \text{(t — f)}$$

$$q_t = -\sum_{1,2\ldots}^{\infty} {}_j \sin j\pi \frac{x}{a} \frac{m_{tj}}{a} \frac{j\pi}{2} \frac{6\,\mathfrak{Sin}^2 j\pi \frac{h}{a} + 4}{3\,\mathfrak{Sin}\, j\pi \frac{h}{a} \mathfrak{Cof}\, j\pi \frac{h}{a} + j\pi \frac{h}{a}}, \qquad \text{(t — l)}$$

$$\bar{q}_t = -\sum_{1,2\ldots}^{\infty} {}_j \sin j\pi \frac{x}{a} \frac{m_{tj}}{a} \frac{j\pi}{2} \frac{3\,\mathfrak{Sin}^2 j\pi \frac{h}{a} - \left(j\pi \frac{h}{a}\right)^2}{3\,\mathfrak{Sin}\, j\pi \frac{h}{a} \mathfrak{Cof}\, j\pi \frac{h}{a} + j\pi \frac{h}{a}}. \qquad \text{(t — n)}$$

Rand $h$:

$$m_{xh} = \sum_{1,2\ldots}^{\infty} {}_j \sin j\pi \frac{x}{a} m_{tj} \frac{1 + j\pi \frac{h}{a} \mathfrak{Cotg}\, j\pi \frac{h}{a}}{3\,\mathfrak{Cof}\, j\pi \frac{h}{a} + \dfrac{j\pi \frac{h}{a}}{\mathfrak{Sin}\, j\pi \frac{h}{a}}}. \qquad \text{(h — d)}$$

Bei *kleinem* Seitenverhältnis $\frac{h}{a}$ ist für $j = 1$:

$$S\beta_t \doteq \sin \pi \frac{x}{a} m_{t1} \frac{a}{2\pi} \cdot \frac{a}{\pi h}, \qquad \text{(t — c*)}$$

$$m_{xyt} \doteq -\cos \pi \frac{x}{a} \frac{m_{t1}}{2} \frac{a}{\pi h}, \qquad \text{(t — f*)}$$

$$q_t \doteq -\sin \pi \frac{x}{a} \frac{m_{t1}}{2h}, \qquad \text{(t — l*)}$$

$$\bar{q}_t \doteq -\sin \pi \frac{x}{a} m_{t1} \frac{\pi^2 h}{4a^2}, \qquad \text{(t — n*)}$$

$$m_{xh} \doteq \sin \pi \frac{x}{a} \frac{m_{t1}}{2}. \qquad \text{(h — d*)}$$

## C.4. Die Rechteckplatte, ein Rand starr eingespannt, der gegenüberliegende Rand ungestützt, übrige Ränder frei drehbar gestützt

Das Koordinatensystem wird ohne Rücksicht darauf, welche Rechteckseite die kürzere ist, so gewählt, daß der Rand $t$ ($y = 0$) starr eingespannt und der Rand $h$ ($y = h$) ungestützt ist.

**F₂SU — ***

Beliebige Belastung

Als Grundfall dient die allseitig frei drehbar gestützte Rechteckplatte **F₄ — ***. Die Verdrehung des Randes $t$ im Grundfall ist

$$S\,\beta_t = \sum_{1,2}^{\infty}{}_j \sin j\pi \frac{x}{a} \frac{a}{2j\pi} B_{tj} \tag{192}$$

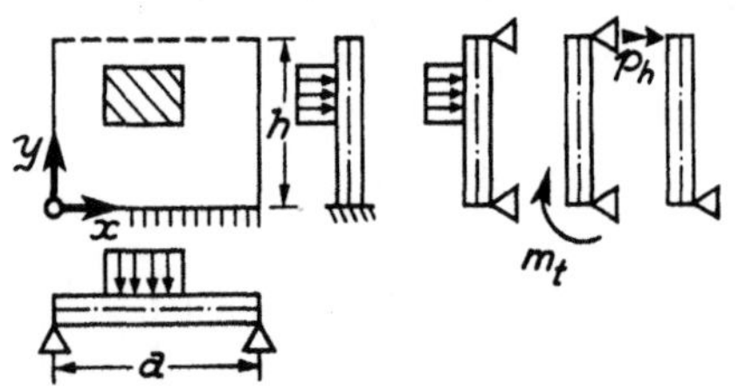


Abb. 121

(Belastungwerte $B_{tj}$ siehe unter C.2. — Grundlagen.) Die Randkräfte am Rand $h$ sind aus dem betreffenden Lastfall zu entnehmen und haben die Form

$$-\bar{q}_h = \sum_{1,2}^{\infty}{}_j \sin j\pi \frac{x}{a} \bar{Q}_{hj}. \tag{309}$$

Ein Randmoment nach Fall **F₄ — 0t** $m_t = \sum_{1,2}^{\infty}{}_j m_{tj} \sin j\pi \frac{x}{a}$ erzeugt die Randverdrehung

$$S\,\beta_t = \sum_{1,2}^{\infty}{}_j \sin j\pi \frac{x}{a} m_{tj} \frac{a}{2j\pi} C_j \text{ mit } C_j = \mathfrak{Cotg}\, j\pi\frac{h}{a} - \frac{j\pi\frac{h}{a}}{\mathfrak{Sin}^2 j\pi\frac{h}{a}} \qquad (203\,\mathrm{t})\ (204)$$

und die Randkräfte

$$-\bar{q}_h = \sum_{1,2}^{\infty}{}_j \sin j\pi \frac{x}{a} m_{tj} \frac{j\pi}{2a} v_j \text{ mit } v_j = \frac{j\pi\frac{h}{a}\mathfrak{Cotg}\, j\pi\frac{h}{a} + 1}{\mathfrak{Sin}\, j\pi\frac{h}{a}}. \tag{319}$$

Schließlich erzeugen Randlasten nach Fall **F₃U — 01** $p_h = \sum_{1,2}^{\infty}{}_j p_{hj} \sin j\pi \frac{x}{a}$ die Randverdrehungen

$$S\,\beta_t = \sum_{1,2}^{\infty}{}_j \sin j\pi \frac{x}{a} p_{hj} \frac{a^2}{j^2\pi^2} U_j \text{ mit } U_j = \frac{\mathfrak{Sin}\, j\pi\frac{h}{a} + j\pi\frac{h}{a}\mathfrak{Cos}\, j\pi\frac{h}{a}}{3\,\mathfrak{Sin}\, j\pi\frac{h}{a}\mathfrak{Cos}\, j\pi\frac{h}{a} + j\pi\frac{h}{a}}. \tag{320}$$

Bei Überlagerung des Grundfalles mit den Randmomenten $m_t$ und den Randlasten $p_h$ müssen die Randverdrehungen am Rand $t$ und die Randkräfte am Rand $h$ verschwinden; daher gilt für jedes $j$:

$$\left.\begin{aligned} B_{tj} + m_{tj} C_j + p_{hj} \frac{2a}{j\pi} U_j &= 0, \\ \bar{Q}_{hj} + m_{tj} \frac{j\pi}{2a} v_j - p_{hj} &= 0. \end{aligned}\right\} \tag{321}$$

Die Auflösung liefert

$$\left.\begin{aligned} -m_{tj} &= \frac{B_{tj} + \frac{2a}{j\pi}\bar{Q}_{hj}\cdot U_j}{C_j + v_j U_j}, \\ p_{hj} &= \frac{\bar{Q}_{hj} C_j - \frac{j\pi}{2a} B_{tj} v_j}{C_j + v_j U_j}. \end{aligned}\right\} \tag{322}$$

Nach Einsetzen der Ausdrücke für die Konstanten erhält man

$$\left.\begin{aligned}
-m_{tj} &= \frac{\left(3\,\mathfrak{Sin}\,j\pi\frac{h}{a}\,\mathfrak{Cof}\,j\pi\frac{h}{a}+j\pi\frac{h}{a}\right)B_{tj}+\left(\mathfrak{Sin}\,j\pi\frac{h}{a}+j\pi\frac{h}{a}\,\mathfrak{Cof}\,j\pi\frac{h}{a}\right)\frac{2a}{j\pi}\bar{Q}_{hj}}{3\,\mathfrak{Sin}^2 j\pi\frac{h}{a}+\left(j\pi\frac{h}{a}\right)^2+4}, \\
p_{hj} &= \frac{3\,\mathfrak{Sin}\,j\pi\frac{h}{a}\,\mathfrak{Cof}\,j\pi\frac{h}{a}+j\pi\frac{h}{a}}{3\,\mathfrak{Sin}^2 j\pi\frac{h}{a}+\left(j\pi\frac{h}{a}\right)^2+4}\left[\left(\mathfrak{Cotg}\,j\pi\frac{h}{a}-\frac{j\pi\frac{h}{a}}{\mathfrak{Sin}^2 j\pi\frac{h}{a}}\right)\bar{Q}_{hj}-\right. \\
&\qquad\left.-\frac{j\pi\frac{h}{a}\,\mathfrak{Cotg}\,j\pi\frac{h}{a}+1}{\mathfrak{Sin}\,j\pi\frac{h}{a}}\,\frac{j\pi}{2a}B_{tj}\right].
\end{aligned}\right\} \quad (322\text{ a})$$

Die endgültigen Momente in der Platte erhält man durch Überlagerung des Grundfalles **F$_4$ — *** mit $m_t$ nach Fall **F$_4$ — 0t** und $p_h$ nach Fall **F$_3$U — 01**.

Beispielsweise ist das Moment $m_x$ am Rand $h$:

$$m_{xh}=\sum_{1,2}^{\infty}{}_j \sin j\pi\frac{x}{a}\,\frac{a}{j\pi}\,\frac{p_{hj}}{3\,\mathfrak{Sin}\,j\pi\frac{h}{a}\,\mathfrak{Cof}\,j\pi\frac{h}{a}+j\pi\frac{h}{a}}\,2\,\mathfrak{Sin}^2 j\pi\frac{h}{a}, \qquad (\text{h} - \text{d})$$

und die Auflagerkraft am Rand $t$:

$$q_t=\sum_{1,2}^{\infty}{}_j \sin j\pi\frac{x}{a}\left[q_{tj}-m_{tj}\frac{j\pi}{a}\,\mathfrak{Cotg}\,j\pi\frac{h}{a}+p_{hj}\frac{2\,\mathfrak{Sin}\,j\pi\frac{h}{a}}{3\,\mathfrak{Sin}\,j\pi\frac{h}{a}\,\mathfrak{Cof}\,j\pi\frac{h}{a}+j\pi\frac{h}{a}}\right], \qquad (\text{t} - \text{l})$$

worin $q_{tj}$ die Reihenkoeffizienten der Querkraft $q_t$ im Grundfall **F$_4$ — *** bedeutet.

Ein zweiter Lösungsweg ergibt sich aus dem unter Fall **D$_3$U — *** (Abschnitt C.5.) beschriebenen Verfahren durch Weglassen der Randmomente $m_s$ und $m_a$. Für jedes Reihenglied $j$ ergeben sich zwei Gleichungen mit den zwei Unbekannten $m_{tj}$ und $m_{hj}$.

**F$_2$SU — 1** Gleichlast $p$

Auf dem unter **F$_2$SU — *** angegebenen Weg erhält man aus dem Grundfall **F$_4$ — 1** mit

$$B_{tj}=p\,a^2\frac{4}{j^3\pi^3}\left(\mathfrak{Tg}\,j\pi\frac{h}{2a}-\frac{j\pi\frac{h}{2a}}{\mathfrak{Cof}^2 j\pi\frac{h}{2a}}\right) \qquad (193)$$

und

$$\bar{Q}_{hj}=p\,a\frac{2}{j^2\pi^2}\left(3\,\mathfrak{Tg}\,j\pi\frac{h}{2a}-\frac{j\pi\frac{h}{2a}}{\mathfrak{Cof}^2 j\pi\frac{h}{2a}}\right) \qquad (323)$$

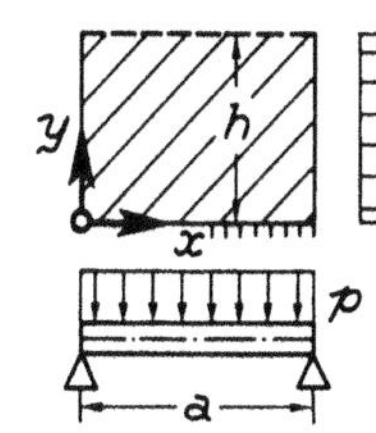

Abb. 122

die folgenden Formeln:

$$-m_t=p\,a^2\sum_{1,3}^{\infty}{}_j \sin j\pi\frac{x}{a}\,\frac{4}{j^3\pi^3}\,\frac{3\,\mathfrak{Sin}^2 j\pi\frac{h}{a}-\left(j\pi\frac{h}{a}\right)^2}{3\,\mathfrak{Sin}^2 j\pi\frac{h}{a}+\left(j\pi\frac{h}{a}\right)^2+4} \qquad (\text{t} - \text{e})$$

oder nach Abspaltung eines geschlossen darstellbaren Anteiles, der den Randmomenten im Fall **F$_2$S — 1** entspricht:

$$-m_t=p\,a^2\left\{\frac{1}{2}\left[\frac{x}{a}-\left(\frac{x}{a}\right)^2\right]-\sum_{1,3}^{\infty}{}_j \sin j\pi\frac{x}{a}\,\frac{8}{j^3\pi^3}\,\frac{\left(j\pi\frac{h}{a}\right)^2+2}{3\,\mathfrak{Sin}^2 j\pi\frac{h}{a}+\left(j\pi\frac{h}{a}\right)^2+4}\right\}, \qquad (\text{t} - \text{e}')$$

**F₂SU — 1**

$$p_{hj} = p\,a\,\frac{2}{j^2\pi^2}\,\frac{3\,\mathfrak{Sin}\,j\pi\frac{h}{a}\,\mathfrak{Cof}\,j\pi\frac{h}{a} + j\pi\frac{h}{a}}{3\,\mathfrak{Sin}^2 j\pi\frac{h}{a} + \left(j\pi\frac{h}{a}\right)^2 + 4}\left[3 + \frac{\left(j\pi\frac{h}{a}\right)^2 + 4 - 4\,\mathfrak{Cof}\,j\pi\frac{h}{a} - 2\,j\pi\frac{h}{a}\,\mathfrak{Sin}\,j\pi\frac{h}{a}}{\mathfrak{Sin}^2 j\pi\frac{h}{a}}\right]. \tag{324}$$

Daraus, wieder nach Abspaltung des geschlossen darstellbaren Anteiles, die Momente $m_x$ am ungestützten Rand (Größtwert von $m_x$):

$$m_{xh} = p\,a^2\left\{\frac{1}{2}\left[\frac{x}{a} - \left(\frac{x}{a}\right)^2\right] - \sum_{1,3}^{\infty}{}_j \sin j\pi\frac{x}{a}\,\frac{8}{j^3\pi^3}\,\frac{2\,\mathfrak{Cof}\,j\pi\frac{h}{a} + j\pi\frac{h}{a}\,\mathfrak{Sin}\,j\pi\frac{h}{a}}{3\,\mathfrak{Sin}^2 j\pi\frac{h}{a} + \left(j\pi\frac{h}{a}\right)^2 + 4}\right\}, \tag{h — d}$$

ferner die Auflagerkräfte am Rand $t$:

$$q_t = p\,a\sum_{1,3}^{\infty}{}_j \sin j\pi\frac{x}{a}\,\frac{8}{j^2\pi^2}\,\frac{3\,\mathfrak{Sin}\,j\pi\frac{h}{a}\,\mathfrak{Cof}\,j\pi\frac{h}{a} - j\pi\frac{h}{a}}{3\,\mathfrak{Sin}^2 j\pi\frac{h}{a} + \left(j\pi\frac{h}{a}\right)^2 + 4}. \tag{t — l}$$

Nach Abspaltung des Anteiles:

$$q_{t\infty} = p\,a\sum_{1,3}^{\infty}{}_j \sin j\pi\frac{x}{a}\,\frac{8}{j^2\pi^2},$$

der die Auflagerkräfte im Fall **F₂S — 1** darstellt und aus dem dort wiedergegebenen Diagramm entnommen werden kann, ist

$$q_t = q_{t\infty} - p\,a\sum_{1,3}^{\infty}{}_j \sin j\pi\frac{x}{a}\,\frac{8}{j^2\pi^2}\,\frac{\left(j\pi\frac{h}{a}\right)^2 + j\pi\frac{h}{a} + \frac{5}{2} + \frac{3}{2}\,e^{-2j\pi\frac{h}{a}}}{3\,\mathfrak{Sin}^2 j\pi\frac{h}{a} + \left(j\pi\frac{h}{a}\right)^2 + 4}. \tag{t — l'}$$

**F₂SU — 13** Dreiecklast $p_y = p_t\left(1 - \frac{y}{h}\right)$

Auf dem unter **F₂SU — *** angegebenen Wege erhält man aus dem Grundfall **F₄ — 13** mit

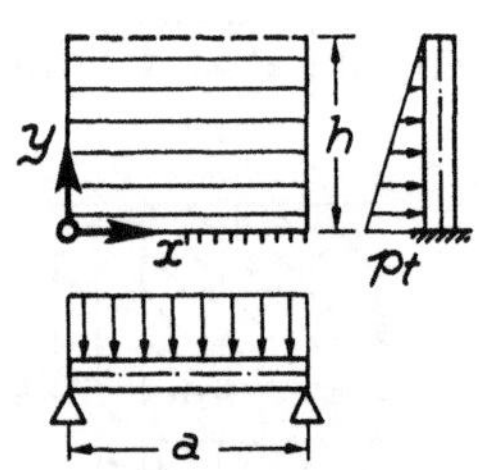

Abb. 123

$$B_{tj} = p_t a^2\,\frac{4}{j^3\pi^3}\left[\mathfrak{Cotg}\,j\pi\frac{h}{a} + \frac{j\pi\frac{h}{a}}{\mathfrak{Sin}^2 j\pi\frac{h}{a}} - \frac{2}{j\pi\frac{h}{a}}\right] \tag{195}$$

und

$$\bar{Q}_{hj} = p_t\,a\,\frac{2}{j^2\pi^2}\left[\frac{4}{j\pi\frac{h}{a}} - \frac{3 + j\pi\frac{h}{a}\,\mathfrak{Cotg}\,j\pi\frac{h}{a}}{\mathfrak{Sin}\,j\pi\frac{h}{a}}\right] \tag{325}$$

die Randmomente unter Abspaltung eines geschlossen darstellbaren Anteiles, welcher den Randmomenten im Fall **F₂S — 1** mit $p = p_t$ entspricht:

$$-m_t = p_t a^2\left\{\frac{1}{2}\left[\frac{x}{a} - \left(\frac{x}{a}\right)^2\right] - \right.$$

$$\left. - \sum_{1,3}^{\infty}{}_j \sin j\pi\frac{x}{a}\,\frac{8}{j^3\pi^3}\,\frac{1}{3\,\mathfrak{Sin}^2 j\pi\frac{h}{a} + \left(j\pi\frac{h}{a}\right)^2 + 4}\left[\frac{\mathfrak{Sin}\,j\pi\frac{h}{a}}{j\pi\frac{h}{a}}\left(3\,\mathfrak{Cof}\,j\pi\frac{h}{a} - 2\right) - 2\,\mathfrak{Cof}\,j\pi\frac{h}{a} + \left(j\pi\frac{h}{a}\right)^2 + 3\right]\right\} \tag{t — e}$$

sowie die Randlasten:

$$p_{hj} = p\,a\,\frac{4}{j^2\pi^2}\,\frac{3\,\mathfrak{Sin}\,j\pi\frac{h}{a}\,\mathfrak{Cof}\,j\pi\frac{h}{a} + j\pi\frac{h}{a}}{\left[3\,\mathfrak{Sin}^2\,j\pi\frac{h}{a} + \left(j\pi\frac{h}{a}\right)^2 + 4\right]\mathfrak{Sin}\,j\pi\frac{h}{a}}\left[\frac{2\,\mathfrak{Cof}\,j\pi\frac{h}{a}+1}{j\pi\frac{h}{a}} - j\pi\frac{h}{a} - \mathfrak{Cotg}\,j\pi\frac{h}{a} - \frac{2}{\mathfrak{Sin}\,j\pi\frac{h}{a}}\right]. \quad (326)$$

Die Momente $m_x$ haben ihren Größtwert nicht am Rand $h$, sobald $h > a$ ist.

Die Auflagerkräfte sind:

$$q_t = p\,a\sum_{1,3}^{\infty}{}_j \sin j\pi\frac{x}{a}\left\{\frac{8}{j^2\pi^2} - \frac{12}{j^3\pi^3\frac{h}{a}} + \frac{8}{j^2\pi^2}\,\frac{1}{3\,\mathfrak{Sin}^2 j\pi\frac{h}{a} + \left(j\pi\frac{h}{a}\right)^2 + 4}\left[2\,\mathfrak{Sin}\,j\pi\frac{h}{a} + \frac{4\,\mathfrak{Cof}\,j\pi\frac{h}{a}+2}{j\pi\frac{h}{a}} - \left(j\pi\frac{h}{a}\right)^2 - \frac{5}{2} - \frac{3}{2}e^{-2j\pi\frac{h}{a}}\right]\right\}. \quad (t-1)$$

Der erste Ausdruck in der Klammer stellt die Auflagerkräfte im Fall **$F_2S$ — 1** mit $p = p_t$ dar, die aus den dort wiedergegebenen Diagrammen zu entnehmen sind. Der zweite Ausdruck ist die Parabel, die auch im Fall **$F_2S$ — 13** auftritt:

$$p\,a\sum_{1,3}^{\infty}{}_j \sin j\pi\frac{x}{a}\,\frac{12}{j^3\pi^3\frac{h}{a}} = \frac{p\,a^2}{h}\,\frac{3}{2}\left[\frac{x}{a} - \left(\frac{x}{a}\right)^2\right]. \quad (327)$$

**$F_2SU$ — 10** Punktlast (Einflußflächen)

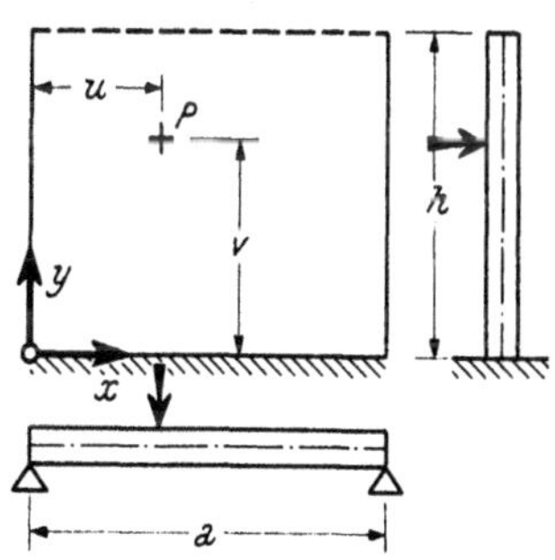

Abb. 124

1. Wenn die entsprechende Einflußfläche für die allseitig frei drehbar gestützte Rechteckplatte (Fall **$F_4$ — 10**) bereits vorliegt, werden zwei Zusatzfunktionen nach Fall **$F_4$ — 0t** bzw. Fall **$F_3U$ — 01** überlagert, welche zusammen die Randbedingungen an den Rändern $t$ und $h$ herstellen.

$$S\,\zeta = S\,\zeta^{(0)} + \sum_{1,2}^{\infty}{}_j \left[r_{tj}^{(\zeta)}\,B_{tj} + s_{hj}^{(\zeta)}\,V_{hj}\right]. \quad (328)$$

$B_{tj}$ ist die Einflußfläche der Belastungswerte als Funktion von $u$ und $v$ (vgl. Abschnitt C. 2. 1.), die gleichzeitig zur Biegefläche nach Fall **$F_4$ — 0t** gehört:

$$B_{tj} = \sin j\pi\frac{u}{a}\,\frac{2}{j\pi}\,\frac{\mathfrak{Sin}\,j\pi\frac{h-v}{a}}{\mathfrak{Sin}\,j\pi\frac{h}{a}}\left[j\pi\frac{h}{a}\,\mathfrak{Cotg}\,j\pi\frac{h}{a} - j\pi\frac{h-v}{a}\,\mathfrak{Cotg}\,j\pi\frac{h-v}{a}\right]. \quad (198)$$

$V_{hj}$ ist die zur Biegefläche nach Fall **$F_3U$ — 01** gehörige Funktion mit $u$ und $v$ als Veränderlichen:

$$V_{hj} = \frac{\sin j\pi\frac{u}{a}\,\mathfrak{Sin}\,j\pi\frac{v}{a}}{3\,\mathfrak{Cof}\,j\pi\frac{h}{a} + \frac{j\pi\frac{h}{a}}{\mathfrak{Sin}\,j\pi\frac{h}{a}}}\left[2 + j\pi\frac{h}{a}\,\mathfrak{Cotg}\,j\pi\frac{h}{a} - j\pi\frac{v}{a}\,\mathfrak{Cotg}\,j\pi\frac{v}{a}\right]. \quad (312)$$

**$F_2SU-10$** Die von $x$ und $y$, den Koordinaten des Bezugspunktes, abhängigen Beiwerte $r_{tj}^{(\zeta)}$ und $s_{hj}^{(\zeta)}$ erhält man aus den Bedingungen

$$\left.\begin{aligned}&\frac{\partial}{\partial v}S\zeta\Big|_{v=0}=0,\\&\left(\frac{\partial^3 S\zeta}{\partial v^3}+2\frac{\partial^3 S\zeta}{\partial u^2\,\partial v}\right)_{v=h}=0.\end{aligned}\right\}\tag{329}$$

Mit

$$R_{tj}^{(\zeta)}=\sin j\pi\frac{x}{a}\,\frac{a^2}{2j^2\pi^2}\,\frac{\mathfrak{Sin}\,j\pi\dfrac{h-y}{a}}{\mathfrak{Sin}\,j\pi\dfrac{h}{a}}\left[j\pi\frac{h}{a}\,\mathfrak{Cotg}\,j\pi\frac{h}{a}-j\pi\frac{h-y}{a}\,\mathfrak{Cotg}\,j\pi\frac{h-y}{a}\right]\tag{330}$$

und

$$N_{hj}^{(\zeta)}=\sin j\pi\frac{x}{a}\,\frac{a^2}{j^3\pi^3}\,\frac{\mathfrak{Sin}\,j\pi\dfrac{y}{a}}{\mathfrak{Sin}\,j\pi\dfrac{h}{a}}\left[2+j\pi\frac{h}{a}\,\mathfrak{Cotg}\,j\pi\frac{h}{a}-j\pi\frac{y}{a}\,\mathfrak{Cotg}\,j\pi\frac{y}{a}\right]\tag{313 a}$$

erhält man

$$\left.\begin{aligned}r_{tj}&=\frac{-\left(3\,\mathfrak{Sin}\,j\pi\frac{h}{a}\,\mathfrak{Cof}\,j\pi\frac{h}{a}+j\pi\frac{h}{a}\right)R_{tj}^{(\zeta)}-\left(\mathfrak{Sin}\,j\pi\frac{h}{a}+j\pi\frac{h}{a}\,\mathfrak{Cof}\,j\pi\frac{h}{a}\right)\frac{j\pi}{2}N_{hj}^{(\zeta)}}{3\,\mathfrak{Sin}^2 j\pi\frac{h}{a}+\left(j\pi\frac{h}{a}\right)^2+4},\\ s_{hj}&=-\frac{\left(3\,\mathfrak{Cof}\,j\pi\frac{h}{a}+\dfrac{j\pi\frac{h}{a}}{\mathfrak{Sin}\,j\pi\frac{h}{a}}\right)\left(1+j\pi\frac{h}{a}\,\mathfrak{Cotg}\,j\pi\frac{h}{a}\right)}{3\,\mathfrak{Sin}^2 j\pi\frac{h}{a}+\left(j\pi\frac{h}{a}\right)^2+4}\,\frac{2}{j\pi}R_{tj}^{(\zeta)}+\\&\quad+\left[1-\frac{\left(1+j\pi\frac{h}{a}\,\mathfrak{Cotg}\,j\pi\frac{h}{a}\right)^2}{3\,\mathfrak{Sin}^2 j\pi\frac{h}{a}+\left(j\pi\frac{h}{a}\right)^2+4}\right]N_{hj}^{(\zeta)}.\end{aligned}\right\}\tag{331}$$

$R_{tj}^{(\zeta)}$ ist die Durchbiegung im Bezugspunkt $x, y$ infolge eines Momentangriffs $m_t=1\cdot\sin j\pi\frac{u}{a}$ am Rand $t$ (Fall **$F_4-0t$**). Bei der Einflußfläche eines Biegemoments usw. treten an Stelle von $R_{tj}^{(\zeta)}$ und $N_{hj}^{(\zeta)}$ die entsprechenden Ableitungen nach $x$ bzw. $y$ (Ableitungen von $R_{tj}^{(\zeta)}$ nach Fall **$F_4-0t$**; Ableitungen von $N_{hj}^{(\zeta)}$ siehe Fall **$F_3U-10$**).

2. Ein zweiter Weg geht vom Fall **$F_3V-10$** aus, der einer Rechteckplatte mit der Länge $2h$ und zwei zur Linie $y=h$ symmetrischen Punktlasten entspricht.

$$S\zeta=S\zeta^{(00)}+\sum_{1,2}^{\infty}{}_j\,[\hat{r}_{tj}^{(\zeta)}\,\hat{B}_{tj}+r_{hj}^{(\zeta)}F_{hj}].\tag{332}$$

$S\zeta^{(00)}$ ist bei Fall **$F_3U-10$** angegeben, ebenso $F_{hj}$ (dort mit $F_j$ bezeichnet): die Funktion $\hat{B}_{tj}$ gehört zur Biegefläche der Platte mit der Länge $2h$ infolge gleicher Randmomentangriffe nach Fall **$F_4-0tb$**:

$$\hat{B}_{tj}=\sin j\pi\frac{u}{a}\,\frac{2}{j\pi}\,\frac{\mathfrak{Cof}\,j\pi\dfrac{h-v}{a}}{\mathfrak{Cof}\,j\pi\dfrac{h}{a}}\left[j\pi\frac{h}{a}\,\mathfrak{Tg}\,j\pi\frac{h}{a}-j\pi\frac{h-v}{a}\,\mathfrak{Tg}\,j\pi\frac{h-v}{a}\right].\tag{333}$$

Die Randbedingungen (329) führen mit

$$\hat{R}_{tj}^{(\zeta)}=\sin j\pi\frac{x}{a}\,\frac{a^2}{2j^2\pi^2}\,\frac{\mathfrak{Cof}\,j\pi\dfrac{h-y}{a}}{\mathfrak{Cof}\,j\pi\dfrac{h}{a}}\left[j\pi\frac{h}{a}\,\mathfrak{Tg}\,j\pi\frac{h}{a}-j\pi\frac{h-y}{a}\,\mathfrak{Tg}\,j\pi\frac{h-y}{a}\right]\tag{334}$$

und $K_{hj}^{(\zeta)}$ nach Gl. (317 a) (bei **$F_3U-10$**) auf folgende Formeln:

$$\left.\begin{aligned}
\hat{r}_{tj}^{(\zeta)} &= \frac{-\left(3\,\mathfrak{Sin}\,j\pi\frac{h}{a}\,\mathfrak{Cof}\,j\pi\frac{h}{a}+j\pi\frac{h}{a}\right)\hat{R}_{tj}^{(\zeta)}+\left(-\mathfrak{Cof}\,j\pi\frac{h}{a}+\frac{1}{2}j\pi\frac{h}{a}\,\mathfrak{Sin}\,j\pi\frac{h}{a}\right)j\pi K_{hj}^{(\zeta)}}{3\,\mathfrak{Sin}^2 j\pi\frac{h}{a}+\left(j\pi\frac{h}{a}\right)^2+4},\\
r_{hj}^{(\zeta)} &= \frac{\left(2-j\pi\frac{h}{a}\,\mathfrak{Tg}\,j\pi\frac{h}{a}\right)\left(3\,\mathfrak{Sin}\,j\pi\frac{h}{a}\,\mathfrak{Cof}\,j\pi\frac{h}{a}+j\pi\frac{h}{a}\right)}{\left[3\,\mathfrak{Sin}^2 j\pi\frac{h}{a}+\left(j\pi\frac{h}{a}\right)^2+4\right]\mathfrak{Cof}\,j\pi\frac{h}{a}}\cdot\frac{2}{j\pi}\hat{R}_{tj}^{(\zeta)}+\\
&\quad+\left[\frac{\left(2-j\pi\frac{h}{a}\,\mathfrak{Tg}\,j\pi\frac{h}{a}\right)^2}{3\,\mathfrak{Sin}^2 j\pi\frac{h}{a}+\left(j\pi\frac{h}{a}\right)^2+4}-1\right]\cdot K_{hj}^{(\zeta)}.
\end{aligned}\right\}\quad(335)$$

Bei den Einflußflächen für Biegemomente usw. sind an Stelle von $\hat{R}_{tj}^{(\zeta)}$ und $K_{hj}^{(\zeta)}$ die entsprechenden Ableitungen nach $x$ bzw. $y$ einzusetzen.

3. Einflußflächen für Punkte des Randes $t$ $(y=0)$:

$$\text{Einfl}\, m_t = \sum_{1,2}^{\infty} {}_j\, [\hat{r}_{tj}^{(m_t)}\hat{B}_{tj}+r_{hj}^{(m_t)}F_{hj}] \qquad (336)$$

mit

$$-\hat{r}_{tj}^{(m_t)} = \frac{3\,\mathfrak{Sin}\,j\pi\frac{h}{a}\,\mathfrak{Cof}\,j\pi\frac{h}{a}+j\pi\frac{h}{a}}{3\,\mathfrak{Sin}^2 j\pi\frac{h}{a}+\left(j\pi\frac{h}{a}\right)^2+4}\sin j\pi\frac{x}{a},$$

$$r_{hj}^{(m_t)} = -\hat{r}_{tj}^{(m_t)}\,\frac{2}{j\pi}\,\frac{2-j\pi\frac{h}{a}\,\mathfrak{Tg}\,j\pi\frac{h}{a}}{\mathfrak{Cof}\,j\pi\frac{h}{a}}.$$

$$\text{Einfl}\, q_t = \frac{1}{a}\sum_{1,2}^{\infty} {}_j \sin j\pi\frac{x}{a}\sin j\pi\frac{u}{a}\,\frac{2\,\mathfrak{Cof}\,j\pi\frac{h-v}{a}}{\mathfrak{Cof}\,j\pi\frac{h}{a}}+\sum_{1,2}^{\infty} {}_j\, [\hat{r}_{tj}^{(q_t)}\hat{B}_{tj}+r_{hj}^{(q_t)}F_{hj}] \qquad (337)$$

mit

$$\hat{r}_{tj}^{(q_t)} = \frac{3\,\mathfrak{Sin}^2 j\pi\frac{h}{a}+2}{3\,\mathfrak{Sin}^2 j\pi\frac{h}{a}+\left(j\pi\frac{h}{a}\right)^2+4}\,\frac{j\pi}{a}\sin j\pi\frac{x}{a},$$

$$r_{hj}^{(q_t)} = \frac{2}{a\,\mathfrak{Cof}\,j\pi\frac{h}{a}}\sin j\pi\frac{x}{a}-\hat{r}_{tj}^{(q_t)}\,\frac{2}{j\pi}\,\frac{2-j\pi\frac{h}{a}\,\mathfrak{Tg}\,j\pi\frac{h}{a}}{\mathfrak{Cof}\,j\pi\frac{h}{a}}.$$

In der Nähe des Randes $t$ ist die geschlossene Darstellung der Einflußflächen von Fall **$F_2S-10$** und die Differenzreihe zu verwenden.

4. Einflußflächen für Punkte des Randes $y=h$:

$$\text{Einfl}\, m_{xh} = 2\,m_x+\frac{2}{3}m_y+\sum_{1,2}^{\infty} {}_j\, [\hat{r}_{tj}^{(m_h)}\hat{B}_{tj}+r_{hj}^{(m_h)}F_{hj}] \qquad (338)$$

mit

$$\hat{r}_{tj}^{(m_h)} = -\frac{\mathfrak{Sin}\,j\pi\frac{h}{a}+j\pi\frac{h}{a}\,\mathfrak{Cof}\,j\pi\frac{h}{a}}{3\,\mathfrak{Sin}^2 j\pi\frac{h}{a}+\left(j\pi\frac{h}{a}\right)^2+4}\sin j\pi\frac{x}{a},$$

$$r_{hj}^{(m_h)} = \left[\frac{2}{j\pi}\,\frac{\left(j\pi\frac{h}{a}+\mathfrak{Tg}\,j\pi\frac{h}{a}\right)\left(2-j\pi\frac{h}{a}\,\mathfrak{Tg}\,j\pi\frac{h}{a}\right)}{3\,\mathfrak{Sin}^2 j\pi\frac{h}{a}+\left(j\pi\frac{h}{a}\right)^2+4}-\frac{2\frac{h}{a}}{3\,\mathfrak{Cof}^2 j\pi\frac{h}{a}}\right]\sin j\pi\frac{x}{a}.$$

**$F_2SU-10$** $m_x$ und $m_y$ sind die Einflußflächen für die Mittellinie $y = h$ einer Platte mit der Länge $2h$.

$$\left.\begin{aligned}
&\text{Einfl}\, m_{xyh} = \sum_{1,2}^{\infty} j\, [\hat{r}_{tj} \hat{B}_{tj} + r_{hj} F_{hj}] \\
&\text{mit} \\
&\hat{r}_{tj} = \frac{2 \operatorname{Cof} j\pi \frac{h}{a} - j\pi \frac{h}{a} \operatorname{Sin} j\pi \frac{h}{a}}{3 \operatorname{Sin}^2 j\pi \frac{h}{a} + \left(j\pi \frac{h}{a}\right)^2 + 4} \cos j\pi \frac{x}{a}, \\
&r_{hj} = \left[1 - \frac{\left(2 - j\pi \frac{h}{a} \operatorname{Tg} j\pi \frac{h}{a}\right)^2}{3 \operatorname{Sin}^2 j\pi \frac{h}{a} + \left(j\pi \frac{h}{a}\right)^2 + 4}\right] \frac{2}{j\pi} \cos j\pi \frac{x}{a}.
\end{aligned}\right\} \quad (339)$$

$$\left.\begin{aligned}
&\text{Einfl}\, q_{xh} = \frac{1}{a} \sum_{1,2}^{\infty} j \cos j\pi \frac{x}{a} \left\{\sin j\pi \frac{u}{a} \frac{2 \operatorname{Sin} j\pi \frac{v}{a}}{\operatorname{Cof} j\pi \frac{h}{a}} + 2 \operatorname{Tg} j\pi \frac{h}{a} F_{hj}\right\} + \\
&\qquad + \sum_{1,2}^{\infty} j\, [\hat{r}_{tj} \hat{B}_{tj} + \bar{r}_{hj} F_{hj}] \\
&\text{mit} \\
&\hat{r}_{tj} = -\frac{\operatorname{Sin} j\pi \frac{h}{a} + j\pi \frac{h}{a} \operatorname{Cof} j\pi \frac{h}{a}}{3 \operatorname{Sin}^2 j\pi \frac{h}{a} + \left(j\pi \frac{h}{a}\right)^2 + 4} \frac{j\pi}{a} \cos j\pi \frac{x}{a}, \\
&\bar{r}_{hj} = \frac{4 \operatorname{Tg} j\pi \frac{h}{a} + 2 j\pi \frac{h}{a} \left(1 + \frac{1}{\operatorname{Cof}^2 j\pi \frac{h}{a}} - j\pi \frac{h}{a} \operatorname{Tg} j\pi \frac{h}{a}\right)}{3 \operatorname{Sin}^2 j\pi \frac{h}{a} + \left(j\pi \frac{h}{a}\right)^2 + 4} \frac{1}{a} \cos j\pi \frac{x}{a}.
\end{aligned}\right\} \quad (340)$$

In der Nähe des Randes $h$ kann die geschlossene Darstellung der Einflußflächen von Fall **$F_2U-10$** (mit $h - v$ an Stelle von $v$) und die Differenzreihe verwendet werden.

## C.5. Die Rechteckplatte, ein Rand ungestützt, übrige Ränder (elastisch) eingespannt

**$D_3U-*$**

Beliebige Belastung

Es wird als Beispiel eine Durchlaufplatte behandelt, die an einem Rand ungestützt ist und ansonsten in beiden Richtungen über mehrere Felder durchläuft. In Abb. 125 sind die gewählten Bezeichnungen eingetragen. Die $x$-Richtung ist parallel zum ungestützten Rand, ohne Rücksicht auf die Seitenverhältnisse. Die Plattendicken können feldweise verschieden sein; sie werden mit $d_{\mathrm{I}}, d_{\mathrm{II}}, \ldots d_{\mathrm{XI}}, \ldots$ usw. bezeichnet. Eine beliebige Dicke $d_0$ wird als Vergleichsdicke eingeführt.

Als Ausgangsfall dient bei den Feldern I, II usw. die an drei Rändern frei drehbar gestützte und am Rand $h$ *verschieblich eingespannte* Rechteckplatte **$F_3V-*$**; der Fall ist identisch mit der Hälfte einer Rechteckplatte nach Fall **$F_4-*$**, jedoch mit $b = 2h$ und zur Linie $y = h$ symmetrischer Belastung. Am Rand $h$ entstehen Momente

$$m_{yh} = \sum_{1,2}^{\infty} j \sin j\pi \frac{x}{a} M_j, \qquad (310)$$

die später zum Verschwinden gebracht werden müssen. Es gilt bei Gleichlast $p$ (die Zeiger I, II usw. sind weggelassen):

$$M_j = p\,a^2\,\frac{2\,h}{a}\,\frac{\mathfrak{Tg}\,j\,\pi\,\frac{h}{a}}{j^2\,\pi^2\,\mathfrak{Cof}\,j\,\pi\,\frac{h}{a}}; \tag{341}$$

bei Dreiecklast $p = p_t\left(1 - \frac{y}{h}\right)$ (Hälfte von Fall **F₄—213**):

$$M_j = p_t\,a^2\,\frac{2}{j^3\,\pi^3}\left[\frac{j\,\pi\,\frac{h}{a}\,\mathfrak{Tg}\,j\,\pi\,\frac{h}{a}}{\mathfrak{Cof}\,j\,\pi\,\frac{h}{a}} - \frac{\mathfrak{Tg}\,j\,\pi\,\frac{h}{a}}{j\,\pi\,\frac{h}{a}} + \frac{1}{\mathfrak{Cof}^2\,j\,\pi\,\frac{h}{a}}\right]; \tag{342}$$

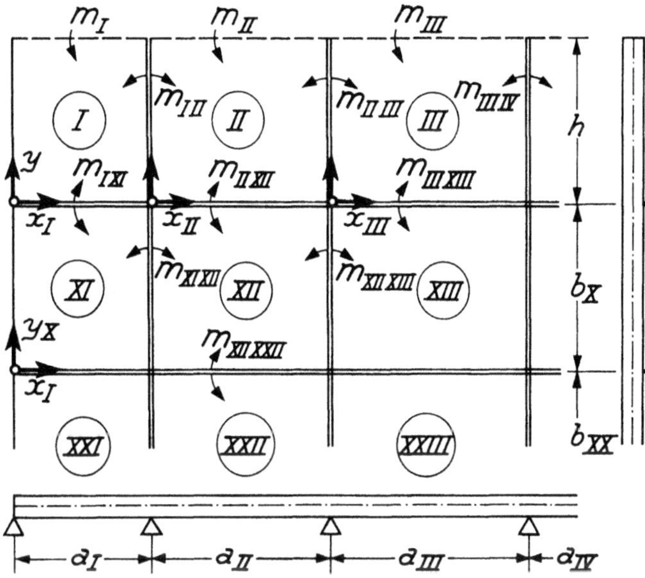


Abb. 125

bei Rechtecklast (Hälfte von Fall **F₄—212**):

$$M_j = P\sin j\,\pi\,\frac{u}{a}\,\frac{\sin j\,\pi\,\frac{c}{a}}{j\,\pi\,\frac{c}{a}}\,\frac{\mathfrak{Sin}\,j\,\pi\,\frac{d}{a}}{j\,\pi\,\frac{d}{a}}\,\frac{\mathfrak{Sin}\,j\,\pi\,\frac{v}{a}}{j\,\pi\,\mathfrak{Cof}\,j\,\pi\,\frac{h}{a}}\left[-j\,\pi\,\frac{h}{a}\,\mathfrak{Tg}\,j\,\pi\,\frac{h}{a} + \right.$$

$$\left. + j\,\pi\,\frac{v}{a}\,\mathfrak{Cotg}\,j\,\pi\,\frac{v}{a} + j\,\pi\,\frac{d}{a}\,\mathfrak{Cotg}\,j\,\pi\,\frac{d}{a}\right]. \tag{343}$$

Die Randverdrehungen des Feldes II im Grundfall sind:

$$\left.\begin{aligned}
&\text{am Rand II XII:} && S_{\mathrm{II}}\,\beta_{\mathrm{II\,XII}} = \sum_{1,2}^{\infty}{}^{j}\,\sin j\,\pi\,\frac{x_{\mathrm{II}}}{a_{\mathrm{II}}}\,\frac{a_{\mathrm{II}}}{2\,j\,\pi}\,B_{\mathrm{II\,XII}\,j},\\
&\text{am Rand I II:} && S_{\mathrm{II}}\,\beta_{\mathrm{II\,I}} = \sum_{1,3}^{\infty}{}^{k}\,\sin k\,\pi\,\frac{y}{2\,h}\,\frac{h}{k\,\pi}\,B_{\mathrm{II\,I}\,k},\\
&\text{am Rand II III:} && -S_{\mathrm{II}}\,\beta_{\mathrm{II\,III}} = \sum_{1,3}^{\infty}{}^{k}\,\sin k\,\pi\,\frac{y}{2\,h}\,\frac{h}{k\,\pi}\,B_{\mathrm{II\,III}\,k}.
\end{aligned}\right\} \tag{344}$$

Die Belastungswerte $B$ sind im Abschnitt C.2.1. für etliche Lastfälle zusammengestellt; es ist überall $h$ an Stelle von $\frac{b}{2}$ zu setzen. (Nur die zur Linie $y = h$ symmetrischen Fälle sind zu verwenden!)

**D$_3$U — *** Die Randverdrehungen der Felder XI, XII usw. im Grundfall **F$_4$ — *** sind ebenfalls durch die Belastungswerte $B$ gemäß Abschnitt C.2.1. gegeben. Jeder Belastungswert bekommt als ersten Index die Nummer des belasteten Feldes, als zweiten Index die Nummer des am betreffenden Rand anschließenden Feldes.

Die *gegenseitige* Verdrehung zweier aneinanderstoßender Felder, deren biegesteife Verbindung gelöst gedacht ist, setzt sich jeweils aus den Randverdrehungen der beiden Felder zusammen.

Um die gegenseitigen Verdrehungen zwischen I, II usw. zum Verschwinden zu bringen, werden gegenseitige Momente

$$\left.\begin{aligned} m_{\mathrm{I\,II}} &= \sum_{1,3}^{\infty} {}^{k}\, m_{\mathrm{I\,II}\,k} \sin k\pi \frac{y}{2h}, \\ m_{\mathrm{II\,III}} &= \sum_{1,3}^{\infty} {}^{k}\, m_{\mathrm{II\,III}\,k} \sin k\pi \frac{y}{2h} \quad \text{usw.} \end{aligned}\right\} \tag{345}$$

nach Fall **F$_4$ — 0s** mit $b = 2h$ angebracht. Sie erzeugen am Rand $h$ keine Randkräfte, aber Momente $m_{y\,h}$, die z. B. im Feld II als sin-Reihe entwickelt lauten:

$$m_{y\,h\,\mathrm{II}} = \sum_{1,2}^{\infty} {}^{j} \sin j\pi \frac{x_{\mathrm{II}}}{a_{\mathrm{II}}} \sum_{1,3}^{\infty} {}^{k} (m_{\mathrm{I\,II}\,k} - \cos j\pi \cdot m_{\mathrm{II\,III}\,k}) \sin \frac{k\pi}{2} \frac{2}{j\pi \left(\frac{2jh}{k\,a_{\mathrm{II}}} + \frac{k\,a_{\mathrm{II}}}{2jh}\right)^2}. \tag{346}$$

Die Randverdrehungen infolge der Momente $m_{\mathrm{I\,II}\,k}$ usw. sind aus Fall **F$_4$ — 0s** bekannt (vgl. Abschnitt C.2.1.).

An den Rändern I XI, II XII usw. werden gegenseitige Momente

$$m_{\mathrm{I\,XI}} = \sum_{1,2}^{\infty} {}^{j}\, m_{\mathrm{I\,XI}\,j} \sin j\pi \frac{x_{\mathrm{I}}}{a_{\mathrm{I}}} \quad \text{usw.} \tag{347}$$

angebracht, und zwar an den Feldern I, II usw. nach Fall **F$_4$ — 0tb**, d. h. es werden zur Linie $y = h$ symmetrische Randmomente an der gedachten Rechteckplatte mit $b = 2h$ angebracht. An den Feldern XI, XII usw. werden die gleichen Momente einseitig nach Fall **F$_4$ — 0b** angreifen gelassen. Die Momente nach Gl. (347) erzeugen am Rand $h$ keine Randkräfte, aber Momente

$$m_{y\,h\,\mathrm{I}} = \sum_{1,2}^{\infty} {}^{j}\, m_{\mathrm{I\,XI}\,j} \sin j\pi \frac{x_{\mathrm{I}}}{a_{\mathrm{I}}} \frac{2 - j\pi \frac{h}{a_{\mathrm{I}}} \operatorname{Tg} j\pi \frac{h}{a_{\mathrm{I}}}}{2 \operatorname{Cof} j\pi \frac{h}{a_{\mathrm{I}}}}. \tag{348}$$

Für die Randverdrehungen infolge der Momente $m_{\mathrm{I\,XI}\,j}$ usw. gelten die bekannten Formeln. An den Rändern XI XII, XII XIII, XI XXI usw. werden allenfalls gegenseitige Momente nach Fall **F$_4$ — 0s** bzw. **F$_4$ — 0t** angebracht.

Um die Randbedingung $m_y = 0$ am Rand $h$ herzustellen, müssen Randmomente

$$\left.\begin{aligned} m_{\mathrm{I}} &= \sum_{1,2}^{\infty} {}^{j}\, m_{\mathrm{I}\,j} \sin j\pi \frac{x_{\mathrm{I}}}{a_{\mathrm{I}}}, \\ m_{\mathrm{II}} &= \sum_{1,2}^{\infty} {}^{j}\, m_{\mathrm{II}\,j} \sin j\pi \frac{x_{\mathrm{II}}}{a_{\mathrm{II}}} \quad \text{usw.} \end{aligned}\right\} \tag{349}$$

nach Fall **F$_3$U — 00** hinzugefügt werden.

Die Momente $m_{\mathrm{II}\,j}$ erzeugen am Rand II I Verdrehungen, die in Reihenentwicklung lauten:

$$S_{\mathrm{II}}\,\beta_{\mathrm{II\,I}} = -\sum_{1,3}^{\infty} {}^{k} \sin k\pi \frac{y}{2h} \sin \frac{k\pi}{2} \sum_{1,2}^{\infty} {}^{j}\, m_{\mathrm{II}\,j} \frac{4\,a^2_{\mathrm{II}}}{j^2 \pi^2 h \left(\frac{2jh}{k\,a_{\mathrm{II}}} + \frac{k\,a_{\mathrm{II}}}{2jh}\right)^2 \left(3\,\mathfrak{Tg}\,j\pi \frac{h}{a_{\mathrm{II}}} + \frac{j\pi \frac{h}{a_{\mathrm{II}}}}{\mathfrak{Cof}^2\,j\pi \frac{h}{a_{\mathrm{II}}}}\right)}. \tag{350}$$

Für $-S_{\mathrm{II}}\,\beta_{\mathrm{II\,III}}$ gilt der gleiche Ausdruck mit dem zusätzlichen Faktor $(-\cos j\pi)$ unter dem zweiten Summenzeichen. Die Verdrehung am Rand II XII ist nach Fall **F₃U — 00**:

$$S_{\mathrm{II}}\,\beta_{\mathrm{II\,XII}} = \sum_{1,2}^{\infty} {}^{j}\, m_{\mathrm{II}\,j} \sin j\pi \frac{x_{\mathrm{II}}}{a_{\mathrm{II}}} \frac{a_{\mathrm{II}}}{j\pi} \frac{j\pi \frac{h}{a_{\mathrm{II}}} \mathfrak{Tg}\,j\pi \frac{h}{a_{\mathrm{II}}} - 2}{3\,\mathfrak{Sin}\,j\pi \frac{h}{a_{\mathrm{II}}} + \frac{j\pi \frac{h}{a_{\mathrm{II}}}}{\mathfrak{Cof}\,j\pi \frac{h}{a_{\mathrm{II}}}}}. \tag{351}$$

Mit den vorstehend angegebenen Größen können die Bedingungsgleichungen für sämtliche unbekannten Stützenmomente $m_{\mathrm{I\,II}\,k}$, $m_{\mathrm{II\,III}\,k}$, ..., $m_{\mathrm{I\,XI}\,j}$, $m_{\mathrm{II\,XII}\,j}$, ..., $m_{\mathrm{XI\,XII}\,k}$, $m_{\mathrm{XI\,XXI}\,j}$ usw. und die Randmomente $m_{\mathrm{I}\,j}$, $m_{\mathrm{II}\,j}$ ... aufgestellt werden. An allen Rändern, wo eine biegesteife Verbindung gelöst gedacht wurde, müssen die gegenseitigen Verdrehungen, d. h. jedes Reihenglied für sich, verschwinden. Am Rand $h$ müssen die Momente $m_{y\,h}$, wieder jedes Reihenglied für sich, verschwinden. An den Rändern I II, II III, ... ist $k = 1, 3, 5, \ldots$, an allen übrigen Rändern $k = 1, 2, 3, \ldots$ bzw. $j = 1, 2, 3$ zu setzen. Es werden so viele Reihenglieder berücksichtigt, als es die gewünschte Rechengenauigkeit erfordert. Es gelten die zum Großteil schon in früheren Fällen verwendeten Abkürzungen:

$$C\left(\frac{k\,a}{b}\right), \quad D\left(\frac{k\,a}{b}\right), \quad C\left(\frac{j\,b}{a}\right), \quad D\left(\frac{j\,b}{a}\right), \quad H\left(\frac{j\,b}{k\,a}\right) = H\left(\frac{k\,a}{j\,b}\right)$$

nach Gl. (204), ebenso:

$$\left.\begin{aligned} C\left(\frac{k\,a}{2h}\right) &= \mathfrak{Cotg}\,k\pi \frac{a}{2h} - \frac{k\pi \frac{a}{2h}}{\mathfrak{Sin}^2\,k\pi \frac{a}{2h}}, \qquad \hat{C}\left(\frac{2jh}{a}\right) = \mathfrak{Tg}\,j\pi \frac{h}{a} + \frac{j\pi \frac{h}{a}}{\mathfrak{Cof}^2\,j\pi \frac{h}{a}}, \\ D\left(\frac{k\,a}{2h}\right) &= \frac{k\pi \frac{a}{2h} \mathfrak{Cotg}\,k\pi \frac{a}{2h} - 1}{\mathfrak{Sin}\,k\pi \frac{a}{2h}}, \qquad H\left(\frac{2jh}{k\,a}\right) = H\left(\frac{k\,a}{2jh}\right) = \frac{4}{\pi \left(\frac{2jh}{k\,a} + \frac{k\,a}{2jh}\right)^2}, \end{aligned}\right\} \tag{352}$$

$$\hat{\mu}\left(\frac{jh}{a}\right) = \frac{2 - j\pi \frac{h}{a} \mathfrak{Tg}\,j\pi \frac{h}{a}}{2\,\mathfrak{Cof}\,j\pi \frac{h}{a}}, \tag{353}$$

$$G\left(\frac{jh}{a}\right) = 2 \frac{j\pi \frac{h}{a} \mathfrak{Tg}\,j\pi \frac{h}{a} - 2}{3\,\mathfrak{Sin}\,j\pi \frac{h}{a} + \frac{j\pi \frac{h}{a}}{\mathfrak{Cof}\,j\pi \frac{h}{a}}}, \tag{354}$$

$$L\left(\frac{2jh}{k\,a}\right) = \frac{4\,k\,a^2}{\pi j^2 h^2 \left(\frac{2jh}{k\,a} + \frac{k\,a}{2jh}\right)^2 \left(3\,\mathfrak{Tg}\,j\pi \frac{h}{a} + \frac{j\pi \frac{h}{a}}{\mathfrak{Cof}^2\,j\pi \frac{h}{a}}\right)}. \tag{355}$$

**D₃U — ***

Damit lautet beispielsweise die Bedingungsgleichung für $m_{\text{II III}\,k}$ $(k = 1, 3)$:

$$m_{\text{I II}\,k}\left(\frac{d_0}{d_{\text{II}}}\right)^3 D\left(\frac{k\,a_{\text{II}}}{2\,h}\right) + m_{\text{II III}\,k}\left[\left(\frac{d_0}{d_{\text{II}}}\right)^3 C\left(\frac{k\,a_{\text{II}}}{2\,h}\right) + \left(\frac{d_0}{d_{\text{III}}}\right)^3 C\left(\frac{k\,a_{\text{III}}}{2\,h}\right)\right] +$$

$$+ m_{\text{III IV}\,k}\left(\frac{d_0}{d_{\text{III}}}\right)^3 D\left(\frac{k\,a_{\text{III}}}{2\,h}\right) + \sum_{1,2}^{\infty}{}^{j}\,(-\cos j\,\pi)\,m_{\text{II XII}\,j}\left(\frac{d_0}{d_{\text{II}}}\right)^3 \frac{a_{\text{II}}}{j\,h}\,H\left(\frac{k\,a_{\text{II}}}{2\,j\,h}\right) +$$

$$+ \sum_{1,2}^{\infty}{}^{j}\,m_{\text{III XIII}\,j}\left(\frac{d_0}{d_{\text{III}}}\right)^3 \frac{a_{\text{III}}}{j\,h}\,H\left(\frac{k\,a_{\text{III}}}{2\,j\,h}\right) - \sin\frac{k\,\pi}{2}\sum_{1,2}^{\infty}{}^{j}\,(-\cos j\,\pi)\,m_{\text{II}\,j}\left(\frac{d_0}{d_{\text{II}}}\right)^3 L\left(\frac{2\,j\,h}{k\,a_{\text{II}}}\right) -$$

$$- \sin\frac{k\,\pi}{2}\sum_{1,2}^{\infty}{}^{j}\,m_{\text{III}\,j}\left(\frac{d_0}{d_{\text{III}}}\right)^3 L\left(\frac{2\,j\,h}{k\,a_{\text{III}}}\right) + \left(\frac{d_0}{d_{\text{II}}}\right)^3 B_{\text{II III}\,k} + \left(\frac{d_0}{d_{\text{III}}}\right)^3 B_{\text{III II}\,k} = 0. \qquad (356,\ \text{II III})$$

Diese Gleichung ist entsprechend für alle Unterstützungslinien I II, II III, ... usw., jedesmal für alle zu berücksichtigenden $k$, aufzustellen.

Anmerkung: Bei den Momenten $m_{\text{II XII}\,j}$ kommt als Faktor nicht $\frac{a}{2\,j\,h}$, sondern der *doppelte* Wert, weil diese Momente in gleicher Größe auch an dem gedachten Rand $y = 2\,h$ angreifen.

Die Bedingungsgleichung für das Moment $m_{\text{II XII}\,j}$ $(j = 1, 2, \ldots)$ lautet:

$$\sum_{1,3}^{\infty}{}^{k}\,(m_{\text{I II}\,k} - \cos j\,\pi\cdot m_{\text{II III}\,k})\left(\frac{d_0}{d_{\text{II}}}\right)^3 \frac{2\,h}{k\,a_{\text{II}}}\,H\left(\frac{2\,j\,h}{k\,a_{\text{II}}}\right) +$$

$$+ \sum_{1,2}^{\infty}{}^{k}\,(-\cos k\,\pi)\,(m_{\text{XI XII}\,k} - \cos j\,\pi\cdot m_{\text{XII XIII}\,k})\left(\frac{d_0}{d_{\text{XII}}}\right)^3 \frac{b_{\text{X}}}{k\,a_{\text{II}}}\,H\left(\frac{j\,b_{\text{X}}}{k\,a_{\text{II}}}\right) +$$

$$+ m_{\text{II}\,j}\left(\frac{d_0}{d_{\text{II}}}\right)^3 G\left(\frac{j\,h}{a_{\text{II}}}\right) + m_{\text{II XII}\,j}\left[\left(\frac{d_0}{d_{\text{II}}}\right)^3 \widehat{C}\left(\frac{2\,j\,h}{a_{\text{II}}}\right) + \left(\frac{d_0}{d_{\text{XII}}}\right)^3 C\left(\frac{j\,b_{\text{X}}}{a_{\text{II}}}\right)\right] +$$

$$+ m_{\text{XII XXII}\,j}\left(\frac{d_0}{d_{\text{XII}}}\right)^3 D\left(\frac{j\,b_{\text{X}}}{a_{\text{II}}}\right) + \left(\frac{d_0}{d_{\text{II}}}\right)^3 B_{\text{II XII}\,j} + \left(\frac{d_0}{d_{\text{XII}}}\right)^3 B_{\text{XII II}\,j} = 0. \qquad (357,\ \text{II XII})$$

Diese Gleichung ist für alle Unterstützungslinien I XI, II XII usw., jedesmal für alle zu berücksichtigenden $j$, aufzustellen. Die Bedingungsgleichungen für die Momente $m_{\text{XI XII}\,k}$, $m_{\text{XII XIII}\,k}$, ferner $m_{\text{XI XXI}\,j}$, $m_{\text{XII XXII}\,j}$ usw. sind die gleichen wie im Fall **D₄ — *** (Abschnitt C.2.7.).

Schließlich sind noch die Bedingungsgleichungen für den Rand $h$ aufzustellen. Sie lautet beispielsweise für $m_{\text{II}\,j}$ $(j = 1, 2, \ldots)$:

$$m_{\text{II}\,j} + m_{\text{II XII}\,j}\,\widehat{\mu}\left(\frac{j\,h}{a_{\text{II}}}\right) + \sum_{1,3}^{\infty}{}^{k}\,(m_{\text{I II}\,k} - \cos j\,\pi\cdot m_{\text{II III}\,k})\,\frac{\sin\frac{k\,\pi}{2}}{2\,j}\,H\left(\frac{2\,j\,h}{k\,a_{\text{II}}}\right) + M_{\text{II}\,j} = 0. \qquad (358,\ \text{II})$$

Die Gleichung ist für alle Ränder $h$ I, $h$ II, ... und alle $j$ aufzustellen. Nach Auflösung des Gleichungssystems ergeben sich die Momente usw. in jedem Plattenfeld durch Überlagerung des jeweiligen Grundfalles mit sämtlichen Randmomenten.

Bei *starrer Einspannung* eines Randes entfällt in den Gleichungen die Verdrehung des Anschlußfeldes.

Bei *frei drehbarer Stützung* eines Randes entfallen die Momente an diesem Rand *und die zugehörigen Gleichungen.*

**$D_3U-01$** Randlast am ungestützten Rand, auf der Strecke $2c$ gleichmäßig verteilt (Abb. 126)

Als Grundfall dient Fall **$F_4-12m$** mit $b=2h$, $d=0$ und $2P$ statt $P$.

Es wird

$$M_j = P \sin j\pi\frac{u}{a}\,\frac{\sin j\pi\frac{c}{a}}{j\pi\frac{c}{a}}\,\frac{1}{j\pi}\left[\mathfrak{Tg}\, j\pi\frac{h}{a} + \frac{j\pi\frac{h}{a}}{\mathfrak{Cof}^2 j\pi\frac{h}{a}}\right], \tag{359}$$

$$B_{tj} = P \sin j\pi\frac{u}{a}\,\frac{\sin j\pi\frac{c}{a}}{j\pi\frac{c}{a}}\cdot\frac{2h}{a}\,\frac{\mathfrak{Tg}\, j\pi\frac{h}{a}}{\mathfrak{Cof}\, j\pi\frac{h}{a}}, \tag{360}$$

$$B_{sk} \text{ und } B_{ak} \text{ nach Gl. (199) mit } \sin k\pi\frac{v}{2h}\,\frac{\sin k\pi\frac{d}{2h}}{k\pi\frac{d}{2h}} = \sin\frac{k\pi}{2}. \tag{361}$$

Diese Werte sind in die Gl. (356), (357), (358) einzusetzen.

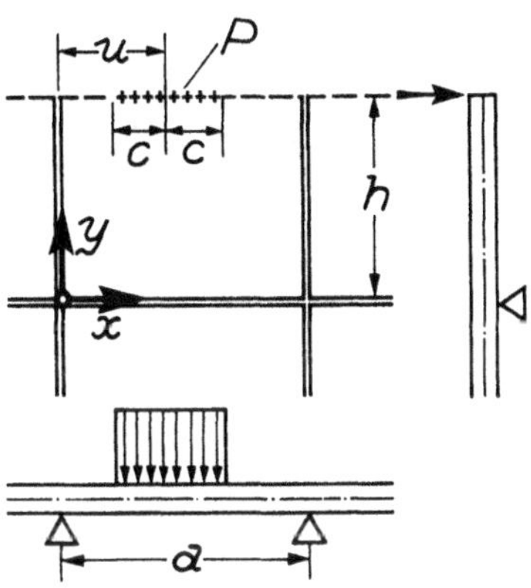

Abb. 126

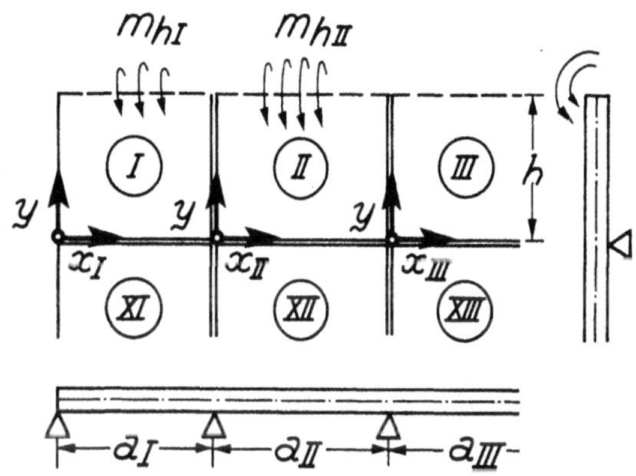

Abb. 127

**$D_3U-00$** Randmoment am ungestützten Rand (Abb. 127)

$$m_{h\,\mathrm{I}} = \sum_{1,2}^{\infty} {}^{j}\, m_{h\,\mathrm{I}\,j} \sin j\pi\frac{x_{\mathrm{I}}}{a_{\mathrm{I}}},\quad m_{h\,\mathrm{II}} = \sum_{1,2}^{\infty} {}^{j}\, m_{h\,\mathrm{II}\,j} \sin j\pi\frac{x_{\mathrm{II}}}{a_{\mathrm{II}}} \text{ usw.} \tag{362}$$

(Bei gleichmäßig verteiltem Randmoment $m_h$ ist $m_{hj} = \frac{4}{j\pi} m_h$).

Die Platte ist im Grundfall unbelastet, daher sämtliche $B=0$. Es werden wie früher unbekannte gegenseitige Momente $m_{\mathrm{I\,II}\,k}$, $m_{\mathrm{II\,III}\,k}$ $(k=1, 3, \ldots)$; $m_{\mathrm{I\,XI}\,j}$, $m_{\mathrm{II\,XII}\,j}, \ldots$ $(j=1, 2, 3)$ usw. und unbekannte Randmomente $m_{\mathrm{I}\,j}$, $m_{\mathrm{II}\,j}, \ldots$ $(j=1, 2, 3)$ nach Fall **$F_3U-00$** angebracht und alle gegenseitigen Verdrehungen $=0$ gesetzt [Gl. (356), (357) mit $B=0$, sonst unverändert]. Am Rand $h$ müssen die Momente $m_{yh}$ infolge aller unbekannten Randmomente den gegebenen Momenten $m_h$ gleich sein. Daher lautet die Gleichung für $m_{\mathrm{II}\,j}$:

$$m_{\mathrm{II}\,j} + m_{\mathrm{II\,XII}\,j}\,\hat{\mu}\left(\frac{jh}{a_{\mathrm{II}}}\right) + \sum_{1,3}^{\infty} {}^{k} \left(m_{\mathrm{I\,II}\,k} - \cos j\pi\cdot m_{\mathrm{II\,III}\,k}\right)\frac{\sin\frac{k\pi}{2}}{2j}\, H\left(\frac{2jh}{ka}\right) = m_{h\,\mathrm{II}\,j}. \tag{363}$$

Die Momente usw. im Feld II erhält man durch Überlagerung der Randmomente $m_{\mathrm{I\,II}\,k}$, $m_{\mathrm{II\,III}\,k}$, $m_{\mathrm{II\,XII}\,j}$ und $m_{\mathrm{II}\,j}$. Am Rand $h$ muß sich annähernd $m_{yh} = m_{h\,\mathrm{II}}$ ergeben.

**D₂FU — 0t** Momentangriff am frei drehbar gestützten Rand $t$ gegenüber dem ungestützten Rand

(In der Durchlaufplatte nach Abb. 128 soll ein Feld, z. B. XII, fehlen. Am frei drehbar gestützten Rand $t$ II greifen gegebene Randmomente an.)

Die Platte ist im Grundfall unbelastet. Die gegebenen Randmomente

$$m_{t\,\mathrm{II}} = \sum_{1,2}^{\infty} {}_j\, m_{t\,\mathrm{II}\,j} \sin j\,\pi \frac{x_{\mathrm{II}}}{a_{\mathrm{II}}}$$

werden als symmetrischer Momentangriff nach Fall **F₄ — 0tb** an einer Rechteckplatte mit $b = 2\,h$ angreifend gedacht.

Es werden unbekannte gegenseitige Momente $m_{\mathrm{I\,II}\,k}$, $m_{\mathrm{II\,III}\,k}$, ... ($k = 1, 3, \ldots$), $m_{\mathrm{I\,XI}\,j}$, $m_{\mathrm{III\,XIII}\,j}$ ($j = 1, 2, 3$) und am Rand $h$ unbekannte Randmomente $m_{\mathrm{I}\,j}$, $m_{\mathrm{II}\,j}$, ... ($j = 1, 2$) angebracht. In allen Gleichungen ist $B = 0$ und $M = 0$ zu setzen; statt der Momente $m_{\mathrm{II\,XII}\,j}$ sind die *gegebenen* Werte $m_{t\,\mathrm{II}\,j}$ einzusetzen. Die Gleichung für den Rand II XII ist gegenstandslos.

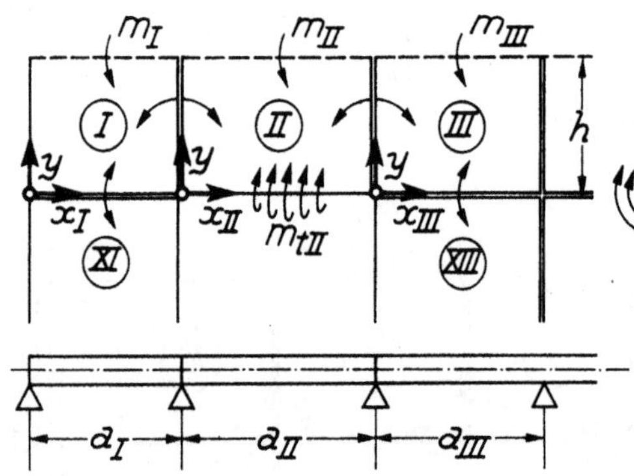

Abb. 128

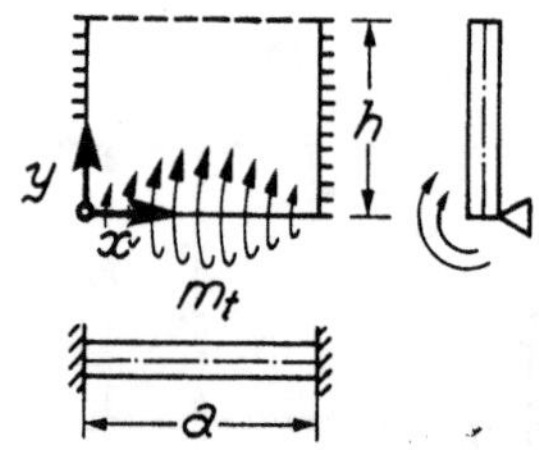

Abb. 129

**S₂FU — 0t** Rechteckplatte, zwei gegenüberliegende Ränder starr eingespannt, ein Rand ungestützt, mit Momentangriff am vierten, frei drehbar gestützten Rand (Abb. 129)

Das gegebene Randmoment sei sin-förmig mit ungerader Anzahl von Halbwellen:

$$m_t = m_{t\,i} \sin i\,\pi \frac{x}{a} \qquad (i = \text{ungerade Zahl}).$$

Die unbekannten Stützenmomente sind wegen der Symmetrie gleich groß: $m_{s\,k} = m_{a\,k}$; die unbekannten Randmomente $m_{h\,j}$ sind symmetrisch ($j = 1, 3, \ldots$). Die Gl. (356), (358) lauten für diesen Sonderfall:

Ränder $s$ und $a$:

$$\widehat{m}_{s\,k}\,\widehat{C}\left(\frac{k\,a}{2\,h}\right) + m_{t\,i}\frac{a}{i\,h} H\left(\frac{k\,a}{2\,i\,h}\right) - \sin\frac{k\,\pi}{2} \sum_{1,3}^{\infty} {}_j\, m_{h\,j} L\left(\frac{2\,j\,h}{k\,a}\right) = 0. \qquad (364)$$

Rand $h$:

$$m_{h\,j} + \left[m_{t\,i}\,\widehat{\mu}\left(\frac{i\,h}{a}\right)\right] + \sum_{1,3}^{\infty} {}_k\, \widehat{m}_{s\,k} \frac{\sin\frac{k\,\pi}{2}}{j} H\left(\frac{2\,j\,h}{k\,a}\right) = 0. \qquad (365)$$

Die erste Gleichung ist für $k = 1, 3, \ldots$ anzuschreiben, die zweite für $j = 1, 3, \ldots$ Das [Glied] mit $m_{t\,i}$ kommt nur in *einer* dieser Gleichungen vor, nämlich bei $j = i$, sonst entfällt es. Daraus sind die $\widehat{m}_{s\,k}$ und $m_{h\,j}$, etwa für $m_{t\,i} = 1$, zu berechnen. Die Momente usw. in der Platte erhält man durch Überlagerung der Wirkungen von $m_{t\,i}$ nach Fall **F₄ — 0tb** mit $b = 2\,h$, $m_{s\,k} = m_{a\,k}$ nach dem gleichen Fall mit vertauschten Richtungen, und $m_{h\,j}$ nach Fall **F₃U — 00**. Insbesondere ist die Verdrehung des Randes $t$:

$$S\beta_t = m_{ti}\sin i\pi\frac{x}{a}\frac{a}{2i\pi}\widehat{C}\left(\frac{2ih}{a}\right) + \sum_{1,3}^{\infty}{}^{j}\sin j\pi\frac{x}{a}\sum_{1,3}^{\infty}{}^{k}\widehat{m}_{sk}\frac{a}{2j\pi}\frac{4h}{ka}H\left(\frac{2jh}{ka}\right) + \\ + \sum_{1,3}^{\infty}{}^{j}\sin j\pi\frac{x}{a}m_{hj}\frac{a}{2j\pi}G\left(\frac{jh}{a}\right). \quad (366)$$

Die Verdrehung hat längs des Randes $t$ einen anderen Verlauf als das angreifende Randmoment. Will man bei sin-förmigem Randmoment mit *einer* Halbwelle ($i = 1$) nur das erste Reihenglied der Verdrehung berücksichtigen, z. B. beim Einspanngradverfahren, so ist

$$S\beta_{t1} = \frac{a}{2\pi}\left[m_{t1}\widehat{C}\left(\frac{2h}{a}\right) + \sum_{1,3}^{\infty}{}^{k}\widehat{m}_{sk}\frac{4h}{ka}H\left(\frac{2h}{ka}\right) + m_{h1}G\left(\frac{h}{a}\right)\right] = m_{t1}\frac{a}{2\pi}C'. \quad (366_1)$$

Die höheren Reihenglieder $m_{hj}$ ($j = 3, 5, \ldots$) kommen in der Formel selbst nicht vor; da sie aber die Randmomente $\widehat{m}_{sk}$ beeinflussen, macht ihre Vernachlässigung den gesuchten Verdrehungswert $C'$ ungenauer. Die „Steifheitszahl" der Rechteckplatte mit dem vorliegenden Lagerungsfall ist dann:

$$\lambda' = \frac{1}{C'}\frac{2\pi E d^3}{a\,12}. \quad (367)$$

**SFFU — 0t**

**Rechteckplatte mit ungestütztem Rand, ein benachbarter Rand starr eingespannt, übrige Ränder frei drehbar gestützt, mit Momentangriff gegenüber dem ungestützten Rand**

$m_t = m_{ti}\sin i\pi\frac{x}{a}$ ($i$ = beliebige ganze Zahl); dieser Fall liefert gleichzeitig die Lösung für Fall **$S_2$FU — 0t** mit der doppelten Länge $a$ und *geradem* $i$.

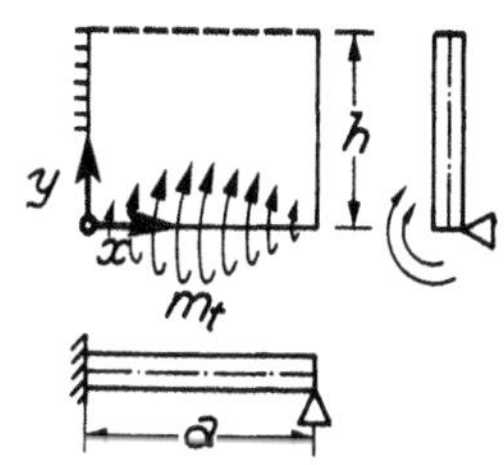

Abb. 130

Als Unbekannte treten $m_{sk}$ ($k = 1, 3, \ldots$) und $m_{hj}$ ($j = 1, 2$) auf. Die Gleichungen lauten:

Rand $s$:

$$m_{sk}C\left(\frac{ka}{2h}\right) + m_{ti}\frac{a}{ih}H\left(\frac{ka}{2ih}\right) - \sin\frac{k\pi}{2}\sum_{1,2}^{\infty}{}^{j}m_{hj}L\left(\frac{2jh}{ka}\right) = 0. \quad (368)$$

Rand $h$:

$$m_{hj} + \left[m_{ti}\widehat{\mu}\left(\frac{ih}{a}\right)\right] + \sum_{1,3}^{\infty}{}^{k}m_{sk}\frac{\sin\frac{k\pi}{2}}{2j}H\left(\frac{2jh}{ka}\right) = 0. \quad (369)$$

Die erste Gleichung ist für $k = 1, 3, \ldots$ anzuschreiben, die zweite für $j = 1, 2, \ldots$ Das [Glied] mit $m_{ti}$ kommt nur in einer Gleichung vor, nämlich bei $j = i$, sonst entfällt es. Nach Berechnung der $m_{sk}$ und $m_{hj}$, etwa für $m_{ti} = 1$, erhält man alle Größen durch Überlagerung der Wirkung von $m_{ti}$ nach Fall **$F_4$ — 0tb** mit $b = 2h$, von $m_{sk}$ nach Fall **$F_4$ — 0s** und $m_{hj}$ nach Fall **$F_3$U — 00**.

Die Verdrehung des Randes $t$ ist

$$S\beta_t = m_{ti}\sin i\pi\frac{x}{a}\frac{a}{2i\pi}\widehat{C}\left(\frac{2ih}{a}\right) + \sum_{1,2}^{\infty}{}^{j}\sin j\pi\frac{x}{a}\sum_{1,3}^{\infty}{}^{k}m_{sk}\frac{a}{2j\pi}\frac{2h}{ka}H\left(\frac{2jh}{ka}\right) + \\ + \sum_{1,2}^{\infty}{}^{j}\sin j\pi\frac{x}{a}m_{hj}\frac{a}{2j\pi}G\left(\frac{jh}{a}\right). \quad (370)$$

**SFFU – 0t**

Bei sin-förmigem Momentangriff mit $i = 1$ ist das erste Reihenglied der Randverdrehung:

$$S\,\beta_{t1} = \frac{a}{2\pi}\left[m_{t1}\widehat{C}\left(\frac{2h}{a}\right) + \sum_{1,3}^{\infty}{}_{k}\, m_{sk}\frac{2h}{ka}H\left(\frac{2h}{ka}\right) + m_{h1}G\left(\frac{h}{a}\right)\right] = m_{t1}\frac{a}{2\pi}C'. \qquad (370_1)$$

Die Steifheitszahl für eine derart gestützte Rechteckplatte ist wieder

$$\lambda' = \frac{1}{C'}\,\frac{2\pi}{a}\,\frac{E\,d^3}{12}. \qquad (371)$$

## C. 6. Die Rechteckplatte, zwei gegenüberliegende Ränder frei drehbar gestützt, übrige Ränder ungestützt (Einfeld-Plattenbrücke)

Die Koordinatenrichtungen werden ohne Rücksicht darauf, welche Rechteckseite die kürzere ist, stets so gewählt, daß die Ränder $t$ und $b$ ungestützt sind.

**$F_2U_2$ — 201**

Gleiche Randlasten an beiden Querrändern $t$ und $b$, $p_t = p_b = \sum_{1,2\ldots}^{\infty}{}_{j}\, \widehat{p}_{tj}\sin j\pi\frac{x}{a}$

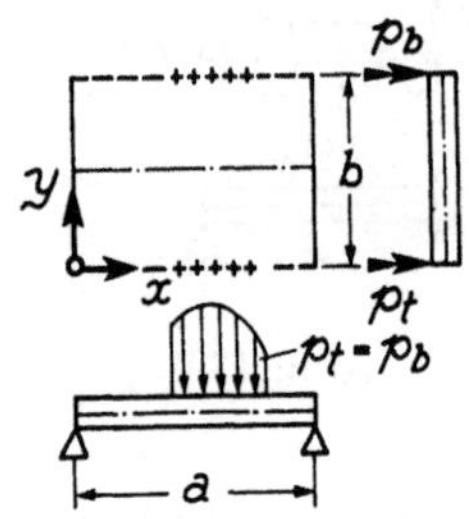


Abb. 131

$$S\,\zeta = a^3\sum_{1,2}^{\infty}{}_{j}\,\sin j\pi\frac{x}{a}\,\frac{\widehat{p}_{tj}}{j^3\pi^3\left(3\,\mathfrak{Sin}\,j\pi\frac{b}{2a} - \dfrac{j\pi\frac{b}{2a}}{\mathfrak{Cof}\,j\pi\frac{b}{2a}}\right)}\left[\left(2 + j\pi\frac{b}{2a}\,\mathfrak{Tg}\,j\pi\frac{b}{2a}\right)\mathfrak{Cof}\,j\pi\frac{\frac{b}{2}-y}{a} - j\pi\frac{\frac{b}{2}-y}{a}\,\mathfrak{Sin}\,j\pi\frac{\frac{b}{2}-y}{a}\right], \qquad (a)$$

$$m_y = a\sum_{1,2}^{\infty}{}_{j}\,\sin j\pi\frac{x}{a}\,\frac{\widehat{p}_{tj}}{j\pi\left(3\,\mathfrak{Sin}\,j\pi\frac{b}{2a} - \dfrac{j\pi\frac{b}{2a}}{\mathfrak{Cof}\,j\pi\frac{b}{2a}}\right)}\left[-j\pi\frac{b}{2a}\,\mathfrak{Tg}\,j\pi\frac{b}{2a}\,\mathfrak{Cof}\,j\pi\frac{\frac{b}{2}-y}{a} + j\pi\frac{\frac{b}{2}-y}{a}\,\mathfrak{Sin}\,j\pi\frac{\frac{b}{2}-y}{a}\right], \qquad (e)$$

$$q_x = \sum_{1,2}^{\infty}{}_{j}\,\cos j\pi\frac{x}{a}\,\frac{\widehat{p}_{tj}}{3\,\mathfrak{Sin}\,j\pi\frac{b}{2a} - \dfrac{j\pi\frac{b}{2a}}{\mathfrak{Cof}\,j\pi\frac{b}{2a}}}\,2\,\mathfrak{Cof}\,j\pi\frac{\frac{b}{2}-y}{a}, \qquad (h)$$

$$\bar{q}_x = \sum_{1,2}^{\infty}{}_{j}\,\cos j\pi\frac{x}{a}\,\frac{\widehat{p}_{tj}}{3\,\mathfrak{Sin}\,j\pi\frac{b}{2a} - \dfrac{j\pi\frac{b}{2a}}{\mathfrak{Cof}\,j\pi\frac{b}{2a}}}\left[\left(2 - j\pi\frac{b}{2a}\,\mathfrak{Tg}\,j\pi\frac{b}{2a}\right)\mathfrak{Cof}\,j\pi\frac{\frac{b}{2}-y}{a} + j\pi\frac{\frac{b}{2}-y}{a}\,\mathfrak{Sin}\,j\pi\frac{\frac{b}{2}-y}{a}\right], \qquad (k)$$

$$q_v = \sum_{1,2}^{\infty}{}_j \sin j\pi\frac{x}{a}\,\frac{\hat{p}_{tj}}{3\,\mathfrak{Sin}\,j\pi\frac{b}{2a}-\dfrac{j\pi\frac{b}{2a}}{\mathfrak{Cof}\,j\pi\frac{b}{2a}}}\left[-2\,\mathfrak{Sin}\,j\pi\frac{\frac{b}{2}-y}{a}\right]. \tag{l}$$

**$F_2U_2$ — 200** Gleiche Randmomente an beiden ungestützten Querrändern $t$

und $b$, $m_t = m_b = \sum_{1,2}^{\infty}{}_j \hat{m}_{tj}\sin j\pi\frac{x}{a}$

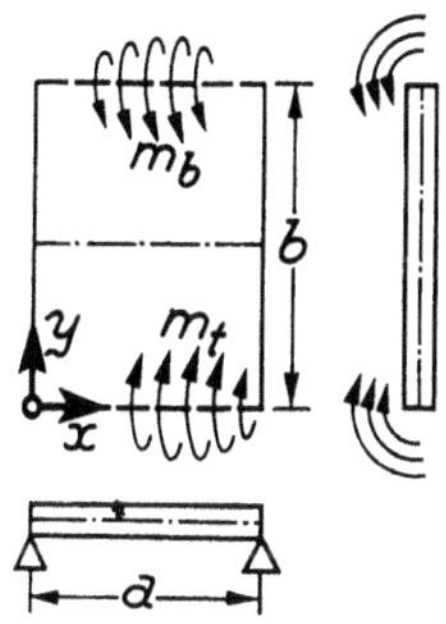


Abb. 132

$$S\zeta = a^2\sum_{1,2}^{\infty}{}_j \sin j\pi\frac{x}{a}\,\frac{\hat{m}_{tj}}{j^2\pi^2\left(3\,\mathfrak{Cof}\,j\pi\frac{b}{2a}-\dfrac{j\pi\frac{b}{2a}}{\mathfrak{Sin}\,j\pi\frac{b}{2a}}\right)}\Bigg[\Bigg(-1+$$

$$+j\pi\frac{b}{2a}\,\mathfrak{Cotg}\,j\pi\frac{b}{2a}\Bigg)\mathfrak{Cof}\,j\pi\frac{\frac{b}{2}-y}{a}-j\pi\frac{\frac{b}{2}-y}{a}\,\mathfrak{Sin}\,j\pi\frac{\frac{b}{2}-y}{a}\Bigg], \tag{a}$$

$$m_y = \sum_{1,2}^{\infty}{}_j \sin j\pi\frac{x}{a}\,\frac{\hat{m}_{tj}}{3\,\mathfrak{Cof}\,j\pi\frac{b}{2a}-\dfrac{j\pi\frac{b}{2a}}{\mathfrak{Sin}\,j\pi\frac{b}{2a}}}\Bigg[\Bigg(3-j\pi\frac{b}{2a}\,\mathfrak{Cotg}\,j\pi\frac{b}{2a}\Bigg)\mathfrak{Cof}\,j\pi\frac{\frac{b}{2}-y}{a}+$$

$$+j\pi\frac{\frac{b}{2}-y}{a}\,\mathfrak{Sin}\,j\pi\frac{\frac{b}{2}-y}{a}\Bigg], \tag{e}$$

$$q_x = \frac{1}{a}\cdot\sum_{1,2}^{\infty}{}_j \cos j\pi\frac{x}{a}\,\frac{\hat{m}_{tj}\,j\pi}{3\,\mathfrak{Cof}\,j\pi\frac{b}{2a}-\dfrac{j\pi\frac{b}{2a}}{\mathfrak{Sin}\,j\pi\frac{b}{2a}}}\,2\,\mathfrak{Cof}\,j\pi\frac{\frac{b}{2}-y}{a}, \tag{h}$$

$$\bar{q}_x = \frac{1}{a}\sum_{1,2}^{\infty}{}_j \cos j\pi\frac{x}{a}\,\frac{\hat{m}_{tj}\,j\pi}{3\,\mathfrak{Cof}\,j\pi\frac{b}{2a}-\dfrac{j\pi\frac{b}{2a}}{\mathfrak{Sin}\,j\pi\frac{b}{2a}}}\Bigg[\Bigg(5-j\pi\frac{b}{2a}\,\mathfrak{Cotg}\,j\pi\frac{b}{2a}\Bigg)\mathfrak{Cof}\,j\pi\frac{\frac{b}{2}-y}{a}+$$

$$+j\pi\frac{\frac{b}{2}-y}{a}\,\mathfrak{Sin}\,j\pi\frac{\frac{b}{2}-y}{a}\Bigg], \tag{k}$$

$$q_v = \frac{1}{a}\sum_{1,2}^{\infty}{}_j \sin j\pi\frac{x}{a}\,\frac{\hat{m}_{tj}\,j\pi}{3\,\mathfrak{Cof}\,j\pi\frac{b}{2a}-\dfrac{j\pi\frac{b}{2a}}{\mathfrak{Sin}\,j\pi\frac{b}{2a}}}\left[-2\,\mathfrak{Sin}\,j\pi\frac{\frac{b}{2}-y}{a}\right]. \tag{l}$$

**$F_2U_2$ — *** Beliebige Belastung

Die Berechnung der Momente $m_x$ infolge Gleichlast (Fall **$F_2$ — 1**) ist elementar.

An den ungestützten Rändern sind oft dünnere auskragende Gehwegplatten vorhanden. Die gleichmäßig verteilten Auflagerdrücke $g_t = g_b$ dieser Platten stellen eine Randbelastung nach Fall **$F_2U_2$ — 201** dar. Es ist $p_{tj} = \frac{4}{j\pi}\,g_t$ (Reihenentwicklung für Gleichlast) einzusetzen.

**$F_2U_2$—*** Die Querkraft $q_x$ ergibt sich bei diesem Lastfall an den Plattenecken unendlich groß; dieser Tatsache wird in der Praxis wohl keine Bedeutung zugemessen.

Die ebenfalls gleichmäßig verteilten Kragmomente $m_t = m_b$ der Gehwegplatten sind nach Fall **$F_2U_2$—200** zu behandeln; es ist wieder $m_{tj} = \frac{4}{j\pi} m_t$ einzusetzen.

Die *Verkehrslast* auf der Brücke besteht im allgemeinen aus mehreren Rechtecklasten. Man berechnet die Momente infolge dieser Lasten am besten zunächst für jede Last getrennt nach Fall **$F_2$—12**, also für einen unendlichen Plattenstreifen ohne Querränder, und über-

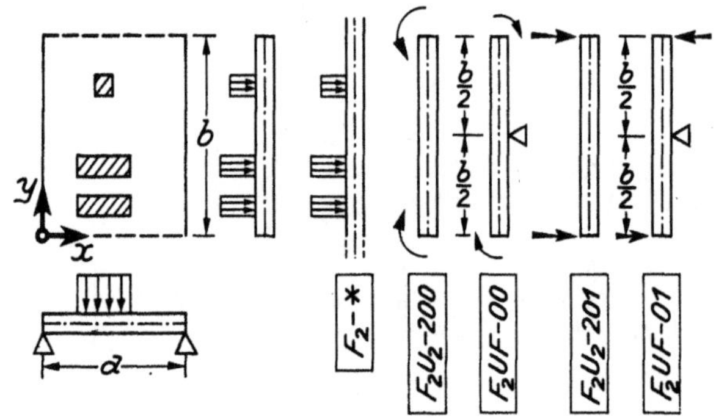


Abb. 133

lagert diese Momente. Sodann berechnet man nach dem gleichen Fall mit $y = 0$ die Momente $m_{tj\infty}$ und die Randkräfte $\bar{q}_{tj\infty}$, ebenso mit $y = b$ die Momente $m_{bj\infty}$ und die Randkräfte $(-\bar{q}_{bj\infty})$. Um die Randbedingungen $m_y = 0$ und $\bar{q}_y = 0$ an den ungestützten Rändern herzustellen, müssen folgende Randbelastungen hinzugefügt werden:

1. Randmomente $m_t = \sum_{1,2}^{\infty} {}^{j}\, \hat{m}_{tj} \sin j\pi \frac{x}{a}$ mit

$$\hat{m}_{tj} = -\frac{m_{tj\infty} + m_{bj\infty}}{2} \tag{372}$$

nach Fall **$F_2U_2$—200**.

2. Zur Mittellinie $y = \frac{b}{2}$ antisymmetrische Randmomente $m_t = -m_b = \sum_{1,2}^{\infty} {}^{j}\, \check{\hat{m}}_{tj} \sin j\pi \frac{x}{a}$

mit

$$\check{\hat{m}}_{tj} = -\frac{m_{tj\infty} - m_{bj\infty}}{2} \tag{373}$$

nach Fall **$F_2UF$—00** mit $h = \frac{b}{2}$ (die antisymmetrische Belastung erzeugt in der Mittellinie die Momente 0, was mit frei drehbarer Stützung in dieser Linie gleichbedeutend ist).

3. Nach abwärts positiv gerechnete Randlasten $p_{tj} = p_{bj} = \sum_{1,2}^{\infty} {}^{j}\, \hat{p}_{tj} \sin j\pi \frac{x}{a}$ mit

$$\hat{p}_{tj} = \frac{\bar{q}_{tj\infty} + (-\bar{q}_{bj\infty})}{2} \tag{374}$$

nach Fall **$F_2U_2$—201**.

4. Zur Mittellinie $y = \frac{b}{2}$ antisymmetrische, nach abwärts positiv gerechnete Randlasten

$p_{tj} = -p_{bj} = \sum_{1,2}^{\infty} {}^{j}\, \check{\hat{p}}_{tj} \sin j\pi \frac{x}{a}$ mit

$$\check{\hat{p}}_{tj} = \frac{\bar{q}_{tj\infty} - (-\bar{q}_{bj\infty})}{2} \tag{375}$$

nach Fall **$F_2UF$—01** mit $h = \frac{b}{2}$ (frei drehbare Stützung in der Mittellinie).

Die Randmomente $m_{t\infty}$ und $m_{b\infty}$ sind klein, wenn die Lasten nicht ganz nahe am Rand stehen; es ist daher praktisch höchstens das 1. Reihenglied ($j = 1$) zu berücksichtigen. Bei den Randlasten wird mitunter die Berechnung für $j = 1, 2, 3$ erforderlich.

Die Auflagerdrücke und Kragmomente der Gehwegplatten infolge Verkehrslast können, in einen zur Linie $y = \frac{b}{2}$ symmetrischen und einen antisymmetrischen Anteil zerlegt, zu den oben angeführten Randbelastungen hinzugerechnet werden.

Das größte Moment $m_x$ tritt in Randmitte auf, wenn die schwersten Lasten an den Rand gestellt werden und die übrige Platte ebenfalls belastet wird.

Das größte positive Moment $m_y$ tritt im Plattenmittelpunkt auf, wenn die Lasten nur in der Mittellinie $y = \frac{b}{2}$ stehen.

Das größte *negative* Moment $m_y$ tritt ebenfalls im Plattenmittelpunkt auf, wenn die Lasten an beiden Rändern stehen; es ist aber klein im Vergleich zum positiven Moment.

Bei großer Breite der Brücke $\left(\frac{b}{a} \geqq 1{,}5\right)$ werden die Verhältnisse in der Nähe eines Randes auch genügend genau erfaßt, wenn man den zweiten Querrand unberücksichtigt läßt, d. h. die Platte auf dieser Seite ins Unendliche verlängert denkt. Man hat dann Randmomente mit $m_{tj} = -m_{tj\infty}$ nach Fall $\boxed{\mathbf{F_2U - 00}}$ und nach abwärts positiv gerechnete Randlasten mit $p_{tj} = \bar{q}_{tj\infty}$ nach Fall $\boxed{\mathbf{F_2U - 01}}$ anzubringen. Das gilt dann auch für das Kragmoment und den Auflagerdruck der Gehwegplatte. Die praktische Anwendung des Rechenvorganges ist im Berechnungsbeispiel 8 gezeigt.

$\boxed{\mathbf{F_2U_2 - 10}}$ Punktlast (Einflußflächen)

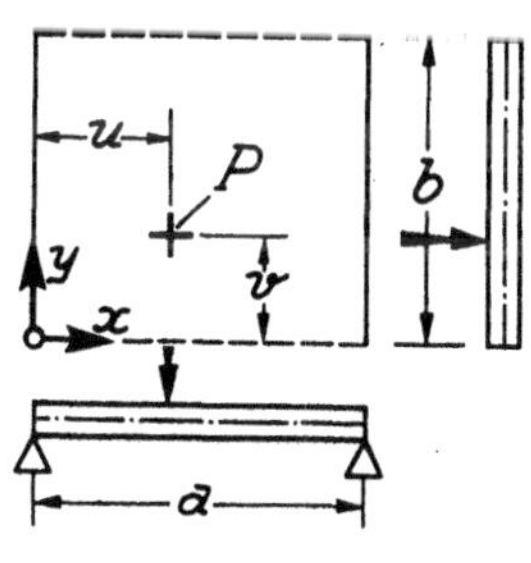


Abb. 134

Den Einflußflächen $S\,\zeta_\infty$ usw. nach Fall $\boxed{\mathbf{F_2 - 10}}$ werden vier Zusatzfunktionen gemäß $\boxed{\mathbf{F_2U_2 - *}}$, die im gesamten Bereich $0 \leqq y \leqq b$ gelten, überlagert. Als unabhängige Veränderliche sind jedoch $u$ und $v$ einzusetzen, während $x$ und $y$ die *festen* Koordinaten des Bezugspunktes bezeichnen.

$$S\,\zeta = S\,\zeta_\infty + \sum_{1,2}^{\infty}{}_j \left[-\hat{K}_j^{(\zeta)}\hat{F}_j - \check{K}_j^{(\zeta)}\check{F}_j + \hat{N}_j^{(\zeta)}\hat{V}_j + \check{N}_j^{(\zeta)}\check{V}_j\right]. \tag{376}$$

Die Funktionen $F$ und $V$ gehören zu den Biegeflächen nach Fall $\boxed{\mathbf{F_2U_2 - 200}}$, $\boxed{\mathbf{F_3U - 00}}$, $\boxed{\mathbf{F_2U_2 - 201}}$ bzw. $\boxed{\mathbf{F_3U - 01}}$ und lauten mit $u$ und $v$ als Veränderlichen:

**F₂U₂—10**

$$\left.\begin{aligned}
\widehat{F}_j &= \frac{\sin j\pi\frac{u}{a}\,\mathrm{Cof}\,j\pi\frac{\frac{b}{2}-v}{a}}{3\,\mathrm{Cof}\,j\pi\frac{b}{2a}-\frac{j\pi\frac{b}{2a}}{\mathrm{Sin}\,j\pi\frac{b}{2a}}}\left[-1+j\pi\frac{b}{2a}\,\mathrm{Cotg}\,j\pi\frac{b}{2a}-j\pi\frac{\frac{b}{2}-v}{a}\,\mathrm{Tg}\,j\pi\frac{\frac{b}{2}-v}{a}\right],\\
\widecheck{F}_j &= \frac{\sin j\pi\frac{u}{a}\,\mathrm{Sin}\,j\pi\frac{\frac{b}{2}-v}{a}}{3\,\mathrm{Sin}\,j\pi\frac{b}{2a}+\frac{j\pi\frac{b}{2a}}{\mathrm{Cof}\,j\pi\frac{b}{2a}}}\left[-1+j\pi\frac{b}{2a}\,\mathrm{Tg}\,j\pi\frac{b}{2a}-j\pi\frac{\frac{b}{2}-v}{a}\,\mathrm{Cotg}\,j\pi\frac{\frac{b}{2}-v}{a}\right],\\
\widehat{V}_j &= \frac{\sin j\pi\frac{u}{a}\,\mathrm{Cof}\,j\pi\frac{\frac{b}{2}-v}{a}}{3\,\mathrm{Sin}\,j\pi\frac{b}{2a}-\frac{j\pi\frac{b}{2a}}{\mathrm{Cof}\,j\pi\frac{b}{2a}}}\left[2+j\pi\frac{b}{2a}\,\mathrm{Tg}\,j\pi\frac{b}{2a}-j\pi\frac{\frac{b}{2}-v}{a}\,\mathrm{Tg}\,j\pi\frac{\frac{b}{2}-v}{a}\right],\\
\widecheck{V}_j &= \frac{\sin j\pi\frac{u}{a}\,\mathrm{Sin}\,j\pi\frac{\frac{b}{2}-v}{a}}{3\,\mathrm{Cof}\,j\pi\frac{b}{2a}+\frac{j\pi\frac{b}{2a}}{\mathrm{Sin}\,j\pi\frac{b}{2a}}}\left[2+j\pi\frac{b}{2a}\,\mathrm{Cotg}\,j\pi\frac{b}{2a}-j\pi\frac{\frac{b}{2}-v}{a}\,\mathrm{Cotg}\,j\pi\frac{\frac{b}{2}-v}{a}\right].
\end{aligned}\right\}\quad(377)$$

Die von $x$ und $y$ abhängigen Beiwerte $K$ und $N$ sind:

$$\left.\begin{aligned}
&\widehat{K}_j^{(\zeta)} = \frac{1}{2}\left[K_{tj}^{(\zeta)} + K_{bj}^{(\zeta)}\right] \quad\text{und}\quad \widecheck{K}_j^{(\zeta)} = \frac{1}{2}\left[K_{tj}^{(\zeta)} - K_{bj}^{(\zeta)}\right]\\
&\text{mit}\quad K_{tj}^{(\zeta)} = \frac{a^2}{j^2\pi^2}\left(-\frac{\partial^2}{\partial v^2}S\,\zeta_\infty\right)_{v=0},\\
&\qquad K_{bj}^{(\zeta)} = \frac{a^2}{j^2\pi^2}\left(-\frac{\partial^2}{\partial v^2}S\,\zeta_\infty\right)_{v=b},\\
&\widehat{N}_j^{(\zeta)} = \frac{1}{2}\left[N_{tj}^{(\zeta)} - N_{bj}^{(\zeta)}\right] \quad\text{und}\quad \widecheck{N}_j^{(\zeta)} = \frac{1}{2}\left[N_{tj}^{(\zeta)} + N_{bj}^{(\zeta)}\right]\\
&\text{mit}\quad N_{tj}^{(\zeta)} = \frac{a^3}{j^3\pi^3}\left(-\frac{\partial^3 S\,\zeta_\infty}{\partial v^3} - 2\,\frac{\partial^3 S\,\zeta_\infty}{\partial u^2\,\partial v}\right)_{v=0},\\
&\qquad N_{bj}^{(\zeta)} = \frac{a^3}{j^3\pi^3}\left(-\frac{\partial^3 S\,\zeta_\infty}{\partial v^3} - 2\,\frac{\partial^3 S\,\zeta_\infty}{\partial u^2\,\partial v}\right)_{v=b}.
\end{aligned}\right\}\quad(378)$$

Durch Einsetzen von $S\,\zeta_\infty$ nach Fall **F₂—10** erhält man:

$$\left.\begin{aligned}
\widehat{K}_j^{(\zeta)} &= \sin j\pi\frac{x}{a}\,\frac{a^2}{2j^3\pi^3}\,e^{-j\pi\frac{b}{2a}}\,\mathrm{Cof}\,j\pi\frac{\frac{b}{2}-y}{a}\left[1-j\pi\frac{b}{2a}+j\pi\frac{\frac{b}{2}-y}{a}\,\mathrm{Tg}\,j\pi\frac{\frac{b}{2}-y}{a}\right],\\
\widecheck{K}_j^{(\zeta)} &= \sin j\pi\frac{x}{a}\,\frac{a^2}{2j^3\pi^3}\,e^{-j\pi\frac{b}{2a}}\,\mathrm{Sin}\,j\pi\frac{\frac{b}{2}-y}{a}\left[1-j\pi\frac{b}{2a}+j\pi\frac{\frac{b}{2}-y}{a}\,\mathrm{Cotg}\,j\pi\frac{\frac{b}{2}-y}{a}\right],\\
\widehat{N}_j^{(\zeta)} &= \sin j\pi\frac{x}{a}\,\frac{a^2}{2j^3\pi^3}\,e^{-j\pi\frac{b}{2a}}\,\mathrm{Cof}\,j\pi\frac{\frac{b}{2}-y}{a}\left[2+j\pi\frac{b}{2a}-j\pi\frac{\frac{b}{2}-y}{a}\,\mathrm{Tg}\,j\pi\frac{\frac{b}{2}-y}{a}\right],\\
\widecheck{N}_j^{(\zeta)} &= \sin j\pi\frac{x}{a}\,\frac{a^2}{2j^3\pi^3}\,e^{-j\pi\frac{b}{2a}}\,\mathrm{Sin}\,j\pi\frac{\frac{b}{2}-y}{a}\left[2+j\pi\frac{b}{2a}-j\pi\frac{\frac{b}{2}-y}{a}\,\mathrm{Cotg}\,j\pi\frac{\frac{b}{2}-y}{a}\right].
\end{aligned}\right\}\quad(378\text{ a})$$

Bei der Einflußfläche eines Moments $m_x$ sind in Gl. (376) an Stelle von $K_j^{(\zeta)}$ und $N_j^{(\zeta)}$ die Werte $K_j^{(m_x)}$ und $N_j^{(m_x)}$ einzusetzen:

$$\widehat{K}_j^{(m_x)} = -\frac{\partial^2}{\partial x^2}\widehat{K}_j^{(\zeta)} = $$
$$= \sin j\pi\frac{x}{a}\frac{1}{2j\pi}e^{-j\pi\frac{b}{2a}}\mathfrak{Cos}\,j\pi\frac{\frac{b}{2}-y}{a}\left[1-j\pi\frac{b}{2a}+j\pi\frac{\frac{b}{2}-y}{a}\mathfrak{Tg}\,j\pi\frac{\frac{b}{2}-y}{a}\right] \text{ usw.} \tag{378 d}$$

Für die Einflußfläche eines Moments $m_y$ gelten die Werte:

$$\left.\begin{aligned}
\widehat{K}_j^{(m_y)} &= -\frac{\partial^2}{\partial y^2}\widehat{K}_j^{(\zeta)} = \\
&= \sin j\pi\frac{x}{a}\frac{1}{2j\pi}e^{-j\pi\frac{b}{2a}}\mathfrak{Cos}\,j\pi\frac{\frac{b}{2}-y}{a}\left[-3+j\pi\frac{b}{2a}-j\pi\frac{\frac{b}{2}-y}{a}\mathfrak{Tg}\,j\pi\frac{\frac{b}{2}-y}{a}\right],\\
\check{\widehat{K}}_j^{(m_y)} &= \sin j\pi\frac{x}{a}\frac{1}{2j\pi}e^{-j\pi\frac{b}{2a}}\mathfrak{Sin}\,j\pi\frac{\frac{b}{2}-y}{a}\left[-3+j\pi\frac{b}{2a}-j\pi\frac{\frac{b}{2}-y}{a}\mathfrak{Cotg}\,j\pi\frac{\frac{b}{2}-y}{a}\right],\\
\widehat{N}_j^{(m_y)} &= \sin j\pi\frac{x}{a}\frac{1}{2j\pi}e^{-j\pi\frac{b}{2a}}\mathfrak{Cos}\,j\pi\frac{\frac{b}{2}-y}{a}\left[-j\pi\frac{b}{2a}+j\pi\frac{\frac{b}{2}-y}{a}\mathfrak{Tg}\,j\pi\frac{\frac{b}{2}-y}{a}\right],\\
\check{\widehat{N}}_j^{(m_y)} &= \sin j\pi\frac{x}{a}\frac{1}{2j\pi}e^{-j\pi\frac{b}{2a}}\mathfrak{Sin}\,j\pi\frac{\frac{b}{2}-y}{a}\left[-j\pi\frac{b}{2a}+j\pi\frac{\frac{b}{2}-y}{a}\mathfrak{Cotg}\,j\pi\frac{\frac{b}{2}-y}{a}\right].
\end{aligned}\right\} \tag{378 e}$$

In gleicher Weise erhält man die Beiwerte bei den Einflußflächen von Drillmomenten und Querkräften bzw. Randkräften:

$$\left.\begin{aligned}
\widehat{K}_j^{(m_{xy})} &= -\frac{\partial^2}{\partial x\,\partial y}\widehat{K}_j^{(\zeta)} = \\
&= \cos j\pi\frac{x}{a}\frac{1}{2j\pi}e^{-j\pi\frac{b}{2a}}\mathfrak{Sin}\,j\pi\frac{\frac{b}{2}-y}{a}\left[2-j\pi\frac{b}{2a}+j\pi\frac{\frac{b}{2}-y}{a}\mathfrak{Cotg}\,j\pi\frac{\frac{b}{2}-y}{a}\right],\\
\check{\widehat{K}}_j^{(m_{xy})} &= \cos j\pi\frac{x}{a}\frac{1}{2j\pi}e^{-j\pi\frac{b}{2a}}\mathfrak{Cos}\,j\pi\frac{\frac{b}{2}-y}{a}\left[2-j\pi\frac{b}{2a}+j\pi\frac{\frac{b}{2}-y}{a}\mathfrak{Tg}\,j\pi\frac{\frac{b}{2}-y}{a}\right],\\
\widehat{N}_j^{(m_{xy})} &= \cos j\pi\frac{x}{a}\frac{1}{2j\pi}e^{-j\pi\frac{b}{2a}}\mathfrak{Sin}\,j\pi\frac{\frac{b}{2}-y}{a}\left[1+j\pi\frac{b}{2a}-j\pi\frac{\frac{b}{2}-y}{a}\mathfrak{Cotg}\,j\pi\frac{\frac{b}{2}-y}{a}\right],\\
\check{\widehat{N}}_j^{(m_{xy})} &= \cos j\pi\frac{x}{a}\frac{1}{2j\pi}e^{-j\pi\frac{b}{2a}}\mathfrak{Cos}\,j\pi\frac{\frac{b}{2}-y}{a}\left[1+j\pi\frac{b}{2a}-j\pi\frac{\frac{b}{2}-y}{a}\mathfrak{Tg}\,j\pi\frac{\frac{b}{2}-y}{a}\right].
\end{aligned}\right\} \tag{378 f}$$

$$\left.\begin{aligned}
\widehat{K}_j^{(q_x)} &= -\frac{\partial}{\partial x}\Delta\widehat{K}_j^{(\zeta)} = \\
&= -\frac{1}{a}\cos j\pi\frac{x}{a}e^{-j\pi\frac{b}{2a}}\mathfrak{Cos}\,j\pi\frac{\frac{b}{2}-y}{a},\\
\check{\widehat{K}}_j^{(q_x)} &= -\frac{1}{a}\cos j\pi\frac{x}{a}e^{-j\pi\frac{b}{2a}}\mathfrak{Sin}\,j\pi\frac{\frac{b}{2}-y}{a},\\
\widehat{N}_j^{(q_x)} &= \frac{1}{a}\cos j\pi\frac{x}{a}e^{-j\pi\frac{b}{2a}}\mathfrak{Cos}\,j\pi\frac{\frac{b}{2}-y}{a},\\
\check{\widehat{N}}_j^{(q_x)} &= \frac{1}{a}\cos j\pi\frac{x}{a}e^{-j\pi\frac{b}{2a}}\mathfrak{Sin}\,j\pi\frac{\frac{b}{2}-y}{a}.
\end{aligned}\right\} \tag{378 h}$$

**$F_2U_2$ — 10**

$$\left.\begin{aligned}
\widehat{K}_j^{(\bar{q}_x)} &= \left(-\frac{\partial^3}{\partial x^3} - 2\frac{\partial^3}{\partial x\,\partial y^2}\right)\widehat{K}_j^{(\zeta)} = \\
&= \frac{1}{2a}\cos j\pi\frac{x}{a}\,e^{-j\pi\frac{b}{2a}}\mathfrak{Cof}\,j\pi\frac{\frac{b}{2}-y}{a}\left[-5 + j\pi\frac{b}{2a} - j\pi\frac{\frac{b}{2}-y}{a}\mathfrak{Tg}\,j\pi\frac{\frac{b}{2}-y}{a}\right],\\
\widecheck{K}_j^{(\bar{q}_x)} &= \frac{1}{2a}\cos j\pi\frac{x}{a}\,e^{-j\pi\frac{b}{2a}}\mathfrak{Sin}\,j\pi\frac{\frac{b}{2}-y}{a}\left[-5 + j\pi\frac{b}{2a} - j\pi\frac{\frac{b}{2}-y}{a}\mathfrak{Cotg}\,j\pi\frac{\frac{b}{2}-y}{a}\right],\\
\widehat{N}_j^{(\bar{q}_x)} &= \frac{1}{2a}\cos j\pi\frac{x}{a}\,e^{-j\pi\frac{b}{2a}}\mathfrak{Cof}\,j\pi\frac{\frac{b}{2}-y}{a}\left[2 - j\pi\frac{b}{2a} + j\pi\frac{\frac{b}{2}-y}{a}\mathfrak{Tg}\,j\pi\frac{\frac{b}{2}-y}{a}\right],\\
\widecheck{N}_j^{(\bar{q}_x)} &= \frac{1}{2a}\cos j\pi\frac{x}{a}\,e^{-j\pi\frac{b}{2a}}\mathfrak{Sin}\,j\pi\frac{\frac{b}{2}-y}{a}\left[2 - j\pi\frac{b}{2a} + j\pi\frac{\frac{b}{2}-y}{a}\mathfrak{Cotg}\,j\pi\frac{\frac{b}{2}-y}{a}\right].
\end{aligned}\right\}\quad (378\,\mathrm{k})$$

$$\left.\begin{aligned}
\widehat{K}_j^{(q_y)} &= -\frac{\partial}{\partial y}\Delta\widehat{K}_j^{(\zeta)} = \frac{1}{a}\sin j\pi\frac{x}{a}\,e^{-j\pi\frac{b}{2a}}\mathfrak{Sin}\,j\pi\frac{\frac{b}{2}-y}{a},\\
\widecheck{K}_j^{(q_y)} &= \frac{1}{a}\sin j\pi\frac{x}{a}\,e^{-j\pi\frac{b}{2a}}\mathfrak{Cof}\,j\pi\frac{\frac{b}{2}-y}{a},\\
\widehat{N}_j^{(q_y)} &= -\frac{1}{a}\sin j\pi\frac{x}{a}\,e^{-j\pi\frac{b}{2a}}\mathfrak{Sin}\,j\pi\frac{\frac{b}{2}-y}{a},\\
\widecheck{N}_j^{(q_y)} &= -\frac{1}{a}\sin j\pi\frac{x}{a}\,e^{-j\pi\frac{b}{2a}}\mathfrak{Cof}\,j\pi\frac{\frac{b}{2}-y}{a}.
\end{aligned}\right\}\quad (378\,\mathrm{l})$$

Bei den höheren Reihengliedern verschwindet der gegenseitige Einfluß der beiden Querränder; dann kann die Zusatzfunktion von Fall **$F_2U$ — 10** verwendet werden.

Einflußflächen für Punkte des Randes $t$.

Man geht von den Einflußflächen des unendlichen Halbstreifens, Fall **$F_2U$ — 10** aus, die bereits die Randbedingungen am Rand $t$ erfüllen, d. h. $K_{tj} = N_{tj} = 0$. Die gesamten Einflußflächen lauten:

$$\begin{aligned}
m_{xt} &= \sum_{1,2}^{\infty} j \sin j\pi\frac{x}{a}\sin j\pi\frac{u}{a}\frac{2}{3j\pi}\left[2e^{-j\pi\frac{v}{a}} + j\pi\frac{v}{a}e^{-j\pi\frac{v}{a}}\right] + \\
&\quad + \sum_{1,2}^{\infty} j \sin j\pi\frac{x}{a}\sin j\pi\frac{u}{a}\frac{2}{j\pi\left[9\,\mathfrak{Sin}^2 j\pi\frac{b}{a} - \left(j\pi\frac{b}{a}\right)^2\right]}\left\{\left[j\pi\frac{b}{a} + \frac{1}{3}\left(j\pi\frac{b}{a}\right)^2 + \right.\right.\\
&\quad \left.\left. + \frac{3}{2}\left(1 - e^{-2j\pi\frac{b}{a}}\right)\right]\left[2\,\mathfrak{Cof}\,j\pi\frac{v}{a} - j\pi\frac{v}{a}\mathfrak{Sin}\,j\pi\frac{v}{a}\right] + \frac{1}{3}\left(j\pi\frac{b}{a}\right)^2\left[\mathfrak{Sin}\,j\pi\frac{v}{a} + j\pi\frac{v}{a}\mathfrak{Cof}\,j\pi\frac{v}{a}\right]\right\},
\end{aligned}\quad (\mathrm{t}-\mathrm{d})$$

$$\begin{aligned}
m_{xyt} &= \sum_{1,2}^{\infty} j \cos j\pi\frac{x}{a}\sin j\pi\frac{u}{a}\frac{2}{3j\pi}\left[e^{-j\pi\frac{v}{a}} - j\pi\frac{v}{a}e^{-j\pi\frac{v}{a}}\right] + \\
&\quad + \sum_{1,2}^{\infty} j \cos j\pi\frac{x}{a}\sin j\pi\frac{u}{a}\frac{2}{j\pi\left[9\,\mathfrak{Sin}^2 j\pi\frac{b}{a} - \left(j\pi\frac{b}{a}\right)^2\right]}\left\{\left[j\pi\frac{b}{a} - \frac{1}{3}\left(j\pi\frac{b}{a}\right)^2 + \right.\right.\\
&\quad \left.\left. + \frac{3}{2}\left(1 - e^{-2j\pi\frac{b}{a}}\right)\right]\left[\mathfrak{Sin}\,j\pi\frac{v}{a} + j\pi\frac{v}{a}\mathfrak{Cof}\,j\pi\frac{v}{a}\right] + \frac{1}{3}\left(j\pi\frac{b}{a}\right)^2\left[-2\,\mathfrak{Cof}\,j\pi\frac{v}{a} + j\pi\frac{v}{a}\mathfrak{Sin}\,j\pi\frac{v}{a}\right]\right\},
\end{aligned}\quad (\mathrm{t}-\mathrm{f})$$

$$q_{xt} = \bar{q}_{xt} = \frac{1}{a}\sum_{1,2}^{\infty} j \cos j\pi\frac{x}{a}\sin j\pi\frac{u}{a}\frac{2}{3}\left[2e^{-j\pi\frac{v}{a}} + j\pi\frac{v}{a}e^{-j\pi\frac{v}{a}}\right] +$$

$$+\frac{1}{a}\sum_{1,2}^{\infty} j \cos j\pi\frac{x}{a}\sin j\pi\frac{u}{a}\frac{2}{9\,\mathfrak{Sin}^2 j\pi\frac{b}{a} - \left(j\pi\frac{b}{a}\right)^2}\left\{\left[j\pi\frac{b}{a} + \frac{1}{3}\left(j\pi\frac{b}{a}\right)^2 +\right.\right.$$

$$\left.\left.+\frac{3}{2}\left(1 - e^{-2j\pi\frac{b}{a}}\right)\right]\left[2\,\mathfrak{Cof}\, j\pi\frac{v}{a} - j\pi\frac{v}{a}\mathfrak{Sin}\, j\pi\frac{v}{a}\right] + \frac{1}{3}\left(j\pi\frac{b}{a}\right)^2\left[\mathfrak{Sin}\, j\pi\frac{v}{a} + j\pi\frac{v}{a}\mathfrak{Cof}\, j\pi\frac{v}{a}\right]\right\}. \qquad (t-h)$$

## C.7. Die Rechteckplatte, Ränder *s* und *a* frei drehbar gestützt, Ränder *t* und *b* verschieblich eingespannt (Ausgangsfall für die durchlaufende Plattenbrücke)

**$F_2V_2$ — 12m** Rechtecklast auf der Mittellinie $y = \frac{b}{2}$

$\mathfrak{M}_x$ und $\mathfrak{Q}_x$ sind nach Fall **$F_2$ — 2** mit $p = \frac{P}{4cd}$ zu berechnen.

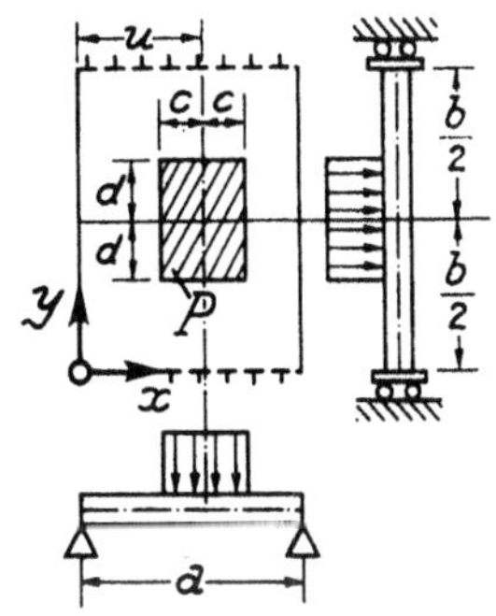


Abb. 135

α) Bereich $0 \leqq y \leqq \frac{b}{2} - d$:

$$S\zeta = P a^2 \sum_{1,2}^{\infty} j \sin j\pi\frac{x}{a}\sin j\pi\frac{u}{a}\frac{\sin j\pi\frac{c}{a}}{j\pi\frac{c}{a}}\frac{\mathfrak{Sin}\, j\pi\frac{d}{a}}{j\pi\frac{d}{a}}\frac{1}{2j^3\pi^3\,\mathfrak{Sin}\, j\pi\frac{b}{2a}}\left[\left(2 +\right.\right.$$

$$\left.\left.+ j\pi\frac{b}{2a}\mathfrak{Cotg}\, j\pi\frac{b}{2a} - j\pi\frac{d}{a}\mathfrak{Cotg}\, j\pi\frac{d}{a}\right)\mathfrak{Cof}\, j\pi\frac{y}{a} - j\pi\frac{y}{a}\mathfrak{Sin}\, j\pi\frac{y}{a}\right]. \qquad (\alpha - a)$$

β) Bereich $\frac{b}{2} - d \leqq y \leqq \frac{b}{2} + d$:

$$S\zeta = P a^2 \sum_{1,2}^{\infty} j \sin j\pi\frac{x}{a}\sin j\pi\frac{u}{a}\frac{\sin j\pi\frac{c}{a}}{j\pi\frac{c}{a}}\frac{1}{j^4\pi^4\frac{d}{a}}\left\{1 - \frac{\mathfrak{Sin}\, j\pi\frac{\frac{b}{2}-d}{a}}{2\,\mathfrak{Sin}\, j\pi\frac{b}{2a}}\left[\left(2 +\right.\right.\right.$$

$$\left.+ j\pi\frac{b}{2a}\mathfrak{Cotg}\, j\pi\frac{b}{2a} - j\pi\frac{\frac{b}{2}-d}{a}\mathfrak{Cotg}\, j\pi\frac{\frac{b}{2}-d}{a}\right)\mathfrak{Cof}\, j\pi\frac{\frac{b}{2}-y}{a} -$$

$$\left.\left. - j\pi\frac{\frac{b}{2}-y}{a}\mathfrak{Sin}\, j\pi\frac{\frac{b}{2}-y}{a}\right]\right\}. \qquad (\beta - a)$$

$\beta_v$) Linie $y = \frac{b}{2}$:

$$m_x = \mathfrak{M}_x - P\sum_{1,2}^{\infty} j \sin j\pi\frac{x}{a}\sin j\pi\frac{u}{a}\frac{\sin j\pi\frac{c}{a}}{j\pi\frac{c}{a}}\frac{1}{j^2\pi^2\frac{d}{a}}\frac{\mathfrak{Sin}\, j\pi\frac{\frac{b}{2}-d}{a}}{2\,\mathfrak{Sin}\, j\pi\frac{b}{2a}}\left(2 +\right.$$

$$\left.+ j\pi\frac{b}{2a}\mathfrak{Cotg}\, j\pi\frac{b}{2a} - j\pi\frac{\frac{b}{2}-d}{a}\mathfrak{Cotg}\, j\pi\frac{\frac{b}{2}-d}{a}\right), \qquad (v - d)$$

**$F_2V_2$ — 12m**

$$m_y = P\sum_{1,2}^{\infty} {}_j \sin j\pi\frac{x}{a}\sin j\pi\frac{u}{a}\frac{\sin j\pi\frac{c}{a}}{j\pi\frac{c}{a}}\frac{1}{j^2\pi^2\frac{d}{a}}\frac{\mathfrak{Sin}\, j\pi\frac{\frac{b}{2}-d}{a}}{2\,\mathfrak{Sin}\, j\pi\frac{b}{2a}}\Bigg(j\pi\frac{b}{2a}\mathfrak{Cotg}\, j\pi\frac{b}{2a} - j\pi\frac{\frac{b}{2}-d}{a}\mathfrak{Cotg}\, j\pi\frac{\frac{b}{2}-d}{a}\Bigg), \qquad (\text{v} - \text{e})$$

$$q_x = \mathfrak{Q}_x - \frac{P}{a}\sum_{1,2}^{\infty} {}_j \cos j\pi\frac{x}{a}\sin j\pi\frac{u}{a}\frac{\sin j\pi\frac{c}{a}}{j\pi\frac{c}{a}}\frac{1}{j\pi\frac{d}{a}}\frac{\mathfrak{Sin}\, j\pi\frac{\frac{b}{2}-d}{a}}{\mathfrak{Sin}\, j\pi\frac{b}{2a}}, \qquad (\text{v} - \text{h})$$

$$\bar{q}_x = \mathfrak{Q}_x - \frac{P}{a}\sum_{1,2}^{\infty} {}_j \cos j\pi\frac{x}{a}\sin j\pi\frac{u}{a}\frac{\sin j\pi\frac{c}{a}}{j\pi\frac{c}{a}}\frac{1}{j\pi\frac{d}{a}}\frac{\mathfrak{Sin}\, j\pi\frac{\frac{b}{2}-d}{a}}{2\,\mathfrak{Sin}\, j\pi\frac{b}{2a}}\Bigg(2 - j\pi\frac{b}{2a}\mathfrak{Cotg}\, j\pi\frac{b}{2a} + j\pi\frac{\frac{b}{2}-d}{a}\mathfrak{Cotg}\, j\pi\frac{\frac{b}{2}-d}{a}\Bigg). \qquad (\text{v} - \text{k})$$

$\gamma$) Bereich $\frac{b}{2} + d \leqq y \leqq b$:

In der Formel unter $\alpha$) ist $y$ durch $b - y$ zu ersetzen.

$\delta$) Linien $y = \frac{b}{2} - d$ und $y = \frac{b}{2} + d$:

$$m_x = \frac{1}{2}\mathfrak{M}_x - P\sum_{1,2}^{\infty} {}_j \sin j\pi\frac{x}{a}\sin j\pi\frac{u}{a}\frac{\sin j\pi\frac{c}{a}}{j\pi\frac{c}{a}}\frac{1}{j^2\pi^2\frac{d}{a}}\frac{\mathfrak{Sin}\, j\pi\frac{\frac{b}{2}-2d}{a}}{4\,\mathfrak{Sin}\, j\pi\frac{b}{2a}}\Bigg(2 + j\pi\frac{b}{2a}\mathfrak{Cotg}\, j\pi\frac{b}{2a} - j\pi\frac{\frac{b}{2}-2d}{a}\mathfrak{Cotg}\, j\pi\frac{\frac{b}{2}-2d}{a}\Bigg), \qquad (\delta - \text{d})$$

$$m_y = P\sum_{1,2}^{\infty} {}_j \sin j\pi\frac{x}{a}\sin j\pi\frac{u}{a}\frac{\sin j\pi\frac{c}{a}}{j\pi\frac{c}{a}}\frac{1}{j^2\pi^2\frac{d}{a}}\frac{\mathfrak{Sin}\, j\pi\frac{\frac{b}{2}-2d}{a}}{4\,\mathfrak{Sin}\, j\pi\frac{b}{2a}}\Bigg(j\pi\frac{b}{2a}\mathfrak{Cotg}\, j\pi\frac{b}{2a} - j\pi\frac{\frac{b}{2}-2d}{a}\mathfrak{Cotg}\, j\pi\frac{\frac{b}{2}-2d}{a}\Bigg), \qquad (\delta - \text{e})$$

$$q_x = \frac{1}{2}\mathfrak{Q}_x - \frac{P}{a}\sum_{1,2}^{\infty} {}_j \cos j\pi\frac{x}{a}\sin j\pi\frac{u}{a}\frac{\sin j\pi\frac{c}{a}}{j\pi\frac{c}{a}}\frac{1}{j\pi\frac{d}{a}}\frac{\mathfrak{Sin}\, j\pi\frac{\frac{b}{2}-2d}{a}}{2\,\mathfrak{Sin}\, j\pi\frac{b}{2a}}, \qquad (\delta - \text{h})$$

$$\bar{q}_x = \frac{1}{2}\mathfrak{Q}_x - \frac{P}{a}\sum_{1,2}^{\infty} {}_j \cos j\pi\frac{x}{a}\sin j\pi\frac{u}{a}\frac{\sin j\pi\frac{c}{a}}{j\pi\frac{c}{a}}\frac{1}{j\pi\frac{d}{a}}\frac{\mathfrak{Sin}\, j\pi\frac{\frac{b}{2}-2d}{a}}{4\,\mathfrak{Sin}\, j\pi\frac{b}{2a}}\Bigg(2 - j\pi\frac{b}{2a}\mathfrak{Cotg}\, j\pi\frac{b}{2a} + j\pi\frac{\frac{b}{2}-2d}{a}\mathfrak{Cotg}\, j\pi\frac{\frac{b}{2}-2d}{a}\Bigg), \qquad (\delta - \text{k})$$

$$q_y = \pm\frac{P}{a}\sum_{1,2}^{\infty} {}_j \sin j\pi\frac{x}{a}\sin j\pi\frac{u}{a}\frac{\sin j\pi\frac{c}{a}}{j\pi\frac{c}{a}}\frac{\mathfrak{Sin}\, j\pi\frac{d}{a}}{j\pi\frac{d}{a}}\frac{\mathfrak{Sin}\, j\pi\frac{\frac{b}{2}-d}{a}}{\mathfrak{Sin}\, j\pi\frac{b}{2a}}. \qquad (\delta - \text{l})$$

**F$_2$V$_2$ — 212** Zwei zur Linie $y = \frac{b}{2}$ symmetrische Rechtecklasten $\left(v + d < \frac{b}{2}\right)$

$\mathfrak{M}_x$ und $\mathfrak{Q}_x$ sind nach Fall **F$_2$ — 2** mit $p = \frac{P}{4\,c\,d}$ zu berechnen.

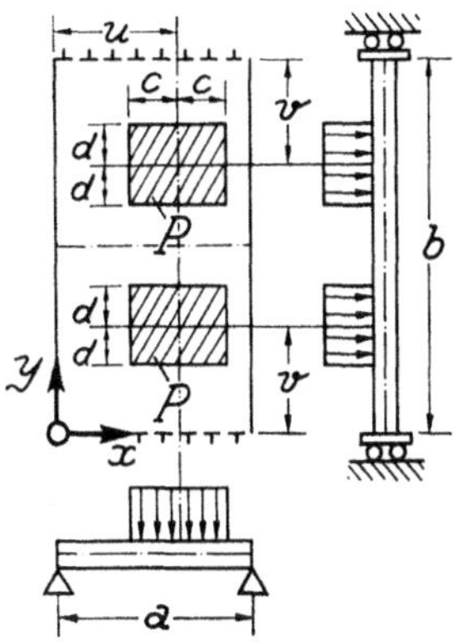


Abb. 136

$\alpha$) Bereich $0 \leqq y \leqq v - d$:

$$S\zeta = P a^2 \sum_{j=1,2}^{\infty} \sin j\pi\frac{x}{a} \sin j\pi\frac{u}{a} \frac{\sin j\pi\frac{c}{a}}{j\pi\frac{c}{a}} \frac{\mathfrak{Sin}\, j\pi\frac{d}{a}}{j\pi\frac{d}{a}} \frac{1}{j^3\pi^3} \frac{\mathfrak{Cof}\, j\pi\frac{\frac{b}{2}-v}{a}}{\mathfrak{Sin}\, j\pi\frac{b}{2a}} \left\{\left(2 + j\pi\frac{b}{2a}\mathfrak{Cotg}\, j\pi\frac{b}{2a} - j\pi\frac{\frac{b}{2}-v}{a}\mathfrak{Tg}\, j\pi\frac{\frac{b}{2}-v}{a} - j\pi\frac{d}{a}\mathfrak{Cotg}\, j\pi\frac{d}{a}\right)\mathfrak{Cof}\, j\pi\frac{y}{a} - j\pi\frac{y}{a}\mathfrak{Sin}\, j\pi\frac{y}{a}\right\}. \qquad (\alpha - \mathrm{a})$$

$\beta$) Bereich $v - d \leqq y \leqq v + d$:

$$S\zeta = P a^2 \sum_{j=1,2}^{\infty} \sin j\pi\frac{x}{a} \sin j\pi\frac{u}{a} \frac{\sin j\pi\frac{c}{a}}{j\pi\frac{c}{a}} \frac{1}{j^4\pi^4\frac{d}{a}} \left\{1 - \frac{\mathfrak{Sin}\, j\pi\frac{\frac{b}{2}-v-d}{a}}{2\,\mathfrak{Sin}\, j\pi\frac{b}{2a}} \left[\left(2 + j\pi\frac{b}{2a}\mathfrak{Cotg}\, j\pi\frac{b}{2a} - j\pi\frac{\frac{b}{2}-v-d}{a}\mathfrak{Cotg}\, j\pi\frac{\frac{b}{2}-v-d}{a}\right)\mathfrak{Cof}\, j\pi\frac{y}{a} - j\pi\frac{y}{a}\mathfrak{Sin}\, j\pi\frac{y}{a}\right] - \right.$$

$$\left. - \frac{\mathfrak{Sin}\, j\pi\frac{v-d}{a}}{2\,\mathfrak{Sin}\, j\pi\frac{b}{2a}} \left[\left(2 + j\pi\frac{b}{2a}\mathfrak{Cotg}\, j\pi\frac{b}{2a} - j\pi\frac{v-d}{a}\mathfrak{Cotg}\, j\pi\frac{v-d}{a}\right)\mathfrak{Cof}\, j\pi\frac{\frac{b}{2}-y}{a} - j\pi\frac{\frac{b}{2}-y}{a}\mathfrak{Sin}\, j\pi\frac{\frac{b}{2}-y}{a}\right]\right\}. \qquad (\beta - \mathrm{a})$$

$\beta_v$) Linie $y = v$:

$$m_x = \mathfrak{M}_x - P \sum_{j=1,2}^{\infty} \sin j\pi\frac{x}{a} \sin j\pi\frac{u}{a} \frac{\sin j\pi\frac{c}{a}}{j\pi\frac{c}{a}} \frac{1}{j^2\pi^2\frac{d}{a}} \left[\frac{\mathfrak{Sin}\, j\pi\frac{\frac{b}{2}-d}{a}}{2\,\mathfrak{Sin}\, j\pi\frac{b}{2a}} \left(2 + j\pi\frac{b}{2a}\mathfrak{Cotg}\, j\pi\frac{b}{2a} - j\pi\frac{\frac{b}{2}-d}{a}\mathfrak{Cotg}\, j\pi\frac{\frac{b}{2}-d}{a}\right) - \frac{\mathfrak{Sin}\, j\pi\frac{d}{a}\,\mathfrak{Cof}\, j\pi\frac{\frac{b}{2}-2v}{a}}{2\,\mathfrak{Sin}\, j\pi\frac{b}{2a}} \left(2 + j\pi\frac{b}{2a}\mathfrak{Cotg}\, j\pi\frac{b}{2a} - j\pi\frac{\frac{b}{2}-2v}{a}\mathfrak{Tg}\, j\pi\frac{\frac{b}{2}-2v}{a} - j\pi\frac{d}{a}\mathfrak{Cotg}\, j\pi\frac{d}{a}\right)\right], \qquad (\mathrm{v} - \mathrm{d})$$

**$F_2V_2$ — 212**

$$m_y = P \sum_{1,2}^{\infty}{}_j \sin j\pi \frac{x}{a} \mathfrak{Sin}\, j\pi \frac{u}{a} \frac{\sin j\pi \frac{c}{a}}{j\pi \frac{c}{a}} \frac{1}{j^2\pi^2 \frac{d}{a}} \left[ \frac{\mathfrak{Sin}\, j\pi \frac{\frac{b}{2}-d}{a}}{2\,\mathfrak{Sin}\, j\pi \frac{b}{2a}} \left( j\pi \frac{b}{2a} \mathfrak{Cotg}\, j\pi \frac{b}{2a} - \right.\right.$$

$$\left. - j\pi \frac{\frac{b}{2}-d}{a} \mathfrak{Cotg}\, j\pi \frac{\frac{b}{2}-d}{a} \right) - \frac{\mathfrak{Sin}\, j\pi \frac{d}{a} \mathfrak{Cof}\, j\pi \frac{\frac{b}{2}-2v}{a}}{2\,\mathfrak{Sin}\, j\pi \frac{b}{2a}} \left( j\pi \frac{b}{2a} \mathfrak{Cotg}\, j\pi \frac{b}{2a} - \right.$$

$$\left.\left. - j\pi \frac{\frac{b}{2}-2v}{a} \mathfrak{Tg}\, j\pi \frac{\frac{b}{2}-2v}{a} - j\pi \frac{d}{a} \mathfrak{Cotg}\, j\pi \frac{d}{a} \right) \right], \quad (\text{v} - \text{e})$$

$$q_x = \mathfrak{Q}_x - \frac{P}{a} \sum_{1,2}^{\infty}{}_j \cos j\pi \frac{x}{a} \sin j\pi \frac{u}{a} \frac{\sin j\pi \frac{c}{a}}{j\pi \frac{c}{a}} \frac{1}{j\pi \frac{d}{a} \mathfrak{Sin}\, j\pi \frac{b}{2a}} \left[ \mathfrak{Sin}\, j\pi \frac{\frac{b}{2}-d}{a} - \right.$$

$$\left. - \mathfrak{Sin}\, j\pi \frac{d}{a} \mathfrak{Cof}\, j\pi \frac{\frac{b}{2}-2v}{a} \right], \quad (\text{v} - \text{h})$$

$$\bar{q}_x = \mathfrak{Q}_x - \frac{P}{a} \sum_{1,2}^{\infty}{}_j \cos j\pi \frac{x}{a} \sin j\pi \frac{u}{a} \frac{\sin j\pi \frac{c}{a}}{j\pi \frac{c}{a}} \frac{1}{j\pi \frac{d}{a} 2\,\mathfrak{Sin}\, j\pi \frac{b}{2a}} \left[ \mathfrak{Sin}\, j\pi \frac{\frac{b}{2}-d}{a} \left( 2 - \right.\right.$$

$$\left. - j\pi \frac{b}{2a} \mathfrak{Cotg}\, j\pi \frac{b}{2a} + j\pi \frac{\frac{b}{2}-d}{a} \mathfrak{Cotg}\, j\pi \frac{\frac{b}{2}-d}{a} \right) - \mathfrak{Sin}\, j\pi \frac{d}{a} \mathfrak{Cof}\, j\pi \frac{\frac{b}{2}-2v}{a} \left( 2 - \right.$$

$$\left.\left. - j\pi \frac{b}{2a} \mathfrak{Cotg}\, j\pi \frac{b}{2a} + j\pi \frac{\frac{b}{2}-2v}{a} \mathfrak{Tg}\, j\pi \frac{\frac{b}{2}-2v}{a} + j\pi \frac{d}{a} \mathfrak{Cotg}\, j\pi \frac{d}{a} \right) \right]. \quad (\text{v} - \text{k})$$

$\gamma$) Bereich $v + d \leqq y \leqq b - v - d$:

In der Formel unter $\alpha$) ist $v$ und $\frac{b}{2} - y$ an Stelle von $\frac{b}{2} - v$ und $y$ zu setzen.

$\alpha$—$\beta$) Linie $y = v - d$:

$$m_x = \frac{1}{2} \mathfrak{M}_x - P \sum_{1,2}^{\infty}{}_j \sin j\pi \frac{x}{a} \sin j\pi \frac{u}{a} \frac{\sin j\pi \frac{c}{a}}{j\pi \frac{c}{a}} \frac{1}{j^2\pi^2 \frac{d}{a} 4\,\mathfrak{Sin}\, j\pi \frac{b}{2a}} \left[ \mathfrak{Sin}\, j\pi \frac{\frac{b}{2}-2v}{a} \left( 2 + \right.\right.$$

$$\left. + j\pi \frac{b}{2a} \mathfrak{Cotg}\, j\pi \frac{b}{2a} - j\pi \frac{\frac{b}{2}-2v}{a} \mathfrak{Cotg}\, j\pi \frac{\frac{b}{2}-2v}{a} \right) + \mathfrak{Sin}\, j\pi \frac{\frac{b}{2}-2d}{a} \left( 2 + \right.$$

$$\left. + j\pi \frac{b}{2a} \mathfrak{Cotg}\, j\pi \frac{b}{2a} - j\pi \frac{\frac{b}{2}-2d}{a} \mathfrak{Cotg}\, j\pi \frac{\frac{b}{2}-2d}{a} \right) - \mathfrak{Sin}\, j\pi \frac{\frac{b}{2}-2v+2d}{a} \left( 2 + \right.$$

$$\left.\left. + j\pi \frac{b}{2a} \mathfrak{Cotg}\, j\pi \frac{b}{2a} - j\pi \frac{\frac{b}{2}-2v+2d}{a} \mathfrak{Cotg}\, j\pi \frac{\frac{b}{2}-2v+2d}{a} \right) \right], \quad (\alpha\beta - \text{d})$$

$$m_y =$$

$$= P \sum_{1,2}^{\infty} j \sin j\pi \frac{x}{a} \sin j\pi \frac{u}{a} \frac{\sin j\pi \frac{c}{a}}{j\pi \frac{c}{a}} \frac{1}{j^2 \pi^2 \frac{d}{a} 4 \mathfrak{Sin}\, j\pi \frac{b}{2a}} \left[ \mathfrak{Sin}\, j\pi \frac{\frac{b}{2} - 2v}{a} \left( j\pi \frac{b}{2a} \mathfrak{Cotg}\, j\pi \frac{b}{2a} - \right.\right.$$

$$\left. - j\pi \frac{\frac{b}{2} - 2v}{a} \mathfrak{Cotg}\, j\pi \frac{\frac{b}{2} - 2v}{a} \right) + \mathfrak{Sin}\, j\pi \frac{\frac{b}{2} - 2d}{a} \left( j\pi \frac{b}{2a} \mathfrak{Cotg}\, j\pi \frac{b}{2a} - \right.$$

$$\left. - j\pi \frac{\frac{b}{2} - 2d}{a} \mathfrak{Cotg}\, j\pi \frac{\frac{b}{2} - 2d}{a} \right) - \mathfrak{Sin}\, j\pi \frac{\frac{b}{2} - 2v + 2d}{a} \left( j\pi \frac{b}{2a} \mathfrak{Cotg}\, j\pi \frac{b}{2a} - \right.$$

$$\left.\left. - j\pi \frac{\frac{b}{2} - 2v + 2d}{a} \mathfrak{Cotg}\, j\pi \frac{\frac{b}{2} - 2v + 2d}{a} \right) \right], \quad (\alpha\beta - \mathrm{e})$$

$$q_x = \frac{1}{2} \mathfrak{Q}_x - P \sum_{1,2}^{\infty} j \cos j\pi \frac{x}{a} \sin j\pi \frac{u}{a} \frac{\sin j\pi \frac{c}{a}}{j\pi \frac{c}{a}} \frac{1}{j\pi \frac{d}{a} 2 \mathfrak{Sin}\, j\pi \frac{b}{2a}} \left[ \mathfrak{Sin}\, j\pi \frac{\frac{b}{2} - 2v}{a} + \right.$$

$$\left. + \mathfrak{Sin}\, j\pi \frac{\frac{b}{2} - 2d}{a} - \mathfrak{Sin}\, j\pi \frac{\frac{b}{2} - 2v + 2d}{a} \right], \quad (\alpha\beta - \mathrm{h})$$

$$\bar{q}_x = \frac{1}{2} \mathfrak{Q}_x - P \sum_{1,2}^{\infty} j \cos j\pi \frac{x}{a} \sin j\pi \frac{u}{a} \frac{\sin j\pi \frac{c}{a}}{j\pi \frac{c}{a}} \frac{1}{j\pi \frac{d}{a} 4 \mathfrak{Sin}\, j\pi \frac{b}{2a}} \left[ \mathfrak{Sin}\, j\pi \frac{\frac{b}{2} - 2v}{a} \left( 2 - \right.\right.$$

$$\left. - j\pi \frac{b}{2a} \mathfrak{Cotg}\, j\pi \frac{b}{2a} + j\pi \frac{\frac{b}{2} - 2v}{a} \mathfrak{Cotg}\, j\pi \frac{\frac{b}{2} - 2v}{a} \right) + \mathfrak{Sin}\, j\pi \frac{\frac{b}{2} - 2d}{a} \left( 2 - \right.$$

$$\left. - j\pi \frac{b}{2a} \mathfrak{Cotg}\, j\pi \frac{b}{2a} + j\pi \frac{\frac{b}{2} - 2d}{a} \mathfrak{Cotg}\, j\pi \frac{\frac{b}{2} - 2d}{a} \right) - \mathfrak{Sin}\, j\pi \frac{\frac{b}{2} - 2v + 2d}{a} \left( 2 - \right.$$

$$\left.\left. - j\pi \frac{b}{2a} \mathfrak{Cotg}\, j\pi \frac{b}{2a} + j\pi \frac{\frac{b}{2} - 2v + 2d}{a} \mathfrak{Cotg}\, j\pi \frac{\frac{b}{2} - 2v + 2d}{a} \right) \right]. \quad (\alpha\beta - \mathrm{k})$$

$\beta$—$\gamma$) Linie $y = v + d$:

$$m_x = \frac{1}{2} \mathfrak{M}_x + P \sum_{1,2}^{\infty} j \sin j\pi \frac{x}{a} \sin j\pi \frac{u}{a} \frac{\sin j\pi \frac{c}{a}}{j\pi \frac{c}{a}} \frac{1}{j^2 \pi^2 \frac{d}{a} 4 \mathfrak{Sin}\, j\pi \frac{b}{2a}} \left[ \mathfrak{Sin}\, j\pi \frac{\frac{b}{2} - 2v}{a} \left( 2 + \right.\right.$$

$$\left. + j\pi \frac{b}{2a} \mathfrak{Cotg}\, j\pi \frac{b}{2a} - j\pi \frac{\frac{b}{2} - 2v}{a} \mathfrak{Cotg}\, j\pi \frac{\frac{b}{2} - 2v}{a} \right) - \mathfrak{Sin}\, j\pi \frac{\frac{b}{2} - 2d}{a} \left( 2 + \right.$$

$$\left. + j\pi \frac{b}{2a} \mathfrak{Cotg}\, j\pi \frac{b}{2a} - j\pi \frac{\frac{b}{2} - 2d}{a} \mathfrak{Cotg}\, j\pi \frac{\frac{b}{2} - 2d}{a} \right) - \mathfrak{Sin}\, j\pi \frac{\frac{b}{2} - 2v - 2d}{a} \left( 2 + \right.$$

$$\left.\left. + j\pi \frac{b}{2a} \mathfrak{Cotg}\, j\pi \frac{b}{2a} - j\pi \frac{\frac{b}{2} - 2v - 2d}{a} \mathfrak{Cotg}\, j\pi \frac{\frac{b}{2} - 2v - 2d}{a} \right) \right], \quad (\beta\gamma - \mathrm{d})$$

**$F_2V_2 — 212$**

$$m_y =$$

$$= P \sum_{1,2}^{\infty}{}_j \sin j\pi\frac{x}{a} \sin j\pi\frac{u}{a} \frac{\sin j\pi\frac{c}{a}}{j\pi\frac{c}{a}} \frac{1}{j^2\pi^2\frac{d}{a}\, 4\, \mathfrak{Sin}\, j\pi\frac{b}{2a}} \left[ -\mathfrak{Sin}\, j\pi\frac{\frac{b}{2}-2v}{a}\left(j\pi\frac{b}{2a}\mathfrak{Cotg}\, j\pi\frac{b}{2a} - \right.\right.$$

$$\left. - j\pi\frac{\frac{b}{2}-2v}{a}\mathfrak{Cotg}\, j\pi\frac{\frac{b}{2}-2v}{a}\right) + \mathfrak{Sin}\, j\pi\frac{\frac{b}{2}-2d}{a}\left(j\pi\frac{b}{2a}\mathfrak{Cotg}\, j\pi\frac{b}{2a} - \right.$$

$$\left. - j\pi\frac{\frac{b}{2}-2d}{a}\mathfrak{Cotg}\, j\pi\frac{\frac{b}{2}-2d}{a}\right) + \mathfrak{Sin}\, j\pi\frac{\frac{b}{2}-2v-2d}{a}\left(j\pi\frac{b}{2a}\mathfrak{Cotg}\, j\pi\frac{b}{2a} - \right.$$

$$\left.\left. - j\pi\frac{\frac{b}{2}-2v-2d}{a}\mathfrak{Cotg}\, j\pi\frac{\frac{b}{2}-2v-2d}{a}\right)\right], \qquad (\beta\gamma - \mathrm{e})$$

$$q_x = \frac{1}{2}\mathfrak{Q}_x + P\sum_{1,2}^{\infty}{}_j \cos j\pi\frac{x}{a}\sin j\pi\frac{u}{a}\frac{\sin j\pi\frac{c}{a}}{j\pi\frac{c}{a}}\frac{1}{j\pi\frac{d}{a}\, 2\, \mathfrak{Sin}\, j\pi\frac{b}{2a}}\left[\mathfrak{Sin}\, j\pi\frac{\frac{b}{2}-2v}{a} - \right.$$

$$\left. - \mathfrak{Sin}\, j\pi\frac{\frac{b}{2}-2d}{a} - \mathfrak{Sin}\, j\pi\frac{\frac{b}{2}-2v-2d}{a}\right], \qquad (\beta\gamma - \mathrm{h})$$

$$\bar{q}_x = \frac{1}{2}\mathfrak{Q}_x + P\sum_{1,2}^{\infty}{}_j \cos j\pi\frac{x}{a}\sin j\pi\frac{u}{a}\frac{\sin j\pi\frac{c}{a}}{j\pi\frac{c}{a}}\frac{1}{j\pi\frac{d}{a}\, 4\, \mathfrak{Sin}\, j\pi\frac{b}{2a}}\left[\mathfrak{Sin}\, j\pi\frac{\frac{b}{2}-2v}{a}\left(2 - \right.\right.$$

$$\left. - j\pi\frac{b}{2a}\mathfrak{Cotg}\, j\pi\frac{b}{2a} + j\pi\frac{\frac{b}{2}-2v}{a}\mathfrak{Cotg}\, j\pi\frac{\frac{b}{2}-2v}{a}\right) - \mathfrak{Sin}\, j\pi\frac{\frac{b}{2}-2d}{a}\left(2 - \right.$$

$$\left. - j\pi\frac{b}{2a}\mathfrak{Cotg}\, j\pi\frac{b}{2a} + j\pi\frac{\frac{b}{2}-2d}{a}\mathfrak{Cotg}\, j\pi\frac{\frac{b}{2}-2d}{a}\right) - \mathfrak{Sin}\, j\pi\frac{\frac{b}{2}-2v-2d}{a}\left(2 - \right.$$

$$\left.\left. - j\pi\frac{b}{2a}\mathfrak{Cotg}\, j\pi\frac{b}{2a} + j\pi\frac{\frac{b}{2}-2v-2d}{a}\mathfrak{Cotg}\, j\pi\frac{\frac{b}{2}-2v-2d}{a}\right)\right]. \qquad (\beta\gamma - \mathrm{k})$$

$\delta$) Bereich $b - v - d \leqq y \leqq b - v + d$:
In der Formel unter $\beta$) ist $y$ durch $b - y$ und $\frac{b}{2} - y$ durch $y - \frac{b}{2}$ zu ersetzen.

$\varepsilon$) Bereich $b - v + d \leqq y \leqq b$:
In der Formel unter $\alpha$) ist $y$ durch $b - y$ zu ersetzen.

## C.8. Die Rechteckplatte, zwei gegenüberliegende Ränder (elastisch) eingespannt, übrige Ränder ungestützt (eingespannte oder durchlaufende Plattenbrücke)

Die Koordinatenrichtungen werden ohne Rücksicht darauf, welche Rechteckseite die kürzere ist, so gewählt, daß die Ränder $t$ und $b$ ungestützt sind.

**$D_2U_2 — 12$**

### 8.1. Rechtecklast an beliebiger Stelle

#### *8.1.1. Grundfall*

Als Ausgangsfall dient die an den Rändern $s$ und $a$ frei drehbar gestützte, an den Rändern $t$ und $b$ hingegen *verschieblich eingespannte* Platte. Die Formeln für die Momente usw. erhält man, wenn man im Fall **$F_2V_2 — 212$** (Abschnitt C.7., S. 231) $b$ an Stelle von $\frac{b}{2}$ setzt, nachdem in diesem Fall nicht nur die gesamte Platte, sondern auch jede Platten*hälfte* die geforderten Randbedingungen erfüllt.

An den Rändern $t$ und $b$ entstehen Momente in der $y$-Richtung, die später zum Verschwinden gebracht werden; wir schreiben sie in der Form:

$$\left.\begin{aligned} m_{y\,t} &= \sum_{1,2}^{j} M_{t\,j} \sin j\,\pi\,\frac{x}{a}, \\ m_{y\,b} &= \sum_{1,2}^{j} M_{b\,j} \sin j\,\pi\,\frac{x}{a}. \end{aligned}\right\} \tag{379}$$

Die Ausdrücke für $M_{t\,j}$ und $M_{b\,j}$ erhält man aus den Formeln für $m_y$ mit $y = 0$ bzw. $y = b$. Der zur Mittellinie $y = \frac{b}{2}$ symmetrische Anteil jedes Reihenkoeffizienten ist

$$\hat{M}_j = \frac{M_{tj} + M_{bj}}{2}.$$

Der antisymmetrische Anteil ist

$$\check{\hat{M}}_j = \frac{M_{tj} - M_{bj}}{2}. \tag{380}$$

Um für die Randverdrehungen $S\,\beta_s$ und $S\,\beta_a$ geeignete Ausdrücke zu erhalten, entwickeln wir die Belastung $p = \frac{P}{2\,c \cdot 2\,d} = \text{konst.}$ im Bereich $v - d \leqq y \leqq v + d$ als cos-Reihe mit der Periode $2\,b$:

$$p = \frac{P}{2\,c \cdot b} + \frac{P}{2\,c \cdot b} \sum_{1,2\ldots}^{\infty k} \cos k\,\pi\,\frac{y}{b} \cos k\,\pi\,\frac{v}{b} \, \frac{2 \sin k\,\pi\,\frac{d}{b}}{k\,\pi\,\frac{d}{b}}. \tag{381}$$

Das von $y$ unabhängige „0te" Glied der Reihe stellt den Lastfall **$F_2$—2** mit über die Plattenbreite $b$ und die Streifenbreite $2\,c$ gleichmäßig verteilter Gesamtlast $P$ dar.

Zu den Reihengliedern $k = 1, 2$ der Belastung gehört die gleiche Durchbiegungsfunktion, somit auch die gleichen Randverdrehungswerte $B_{s\,k}$ und $B_{a\,k}$ wie im Fall **$F_4$—12** (siehe Abschnitt C.2.), nur daß jetzt $\cos k\,\pi\,\frac{y}{b} \cos k\,\pi\,\frac{v}{b}$ an Stelle von $\sin k\,\pi\,\frac{y}{b} \sin k\,\pi\,\frac{v}{b}$ steht. Die Glieder $k = 2, 4, \ldots$ stellen den zur Mittellinie $y = \frac{b}{2}$ symmetrischen, die Glieder $k = 1, 3, \ldots$ den antisymmetrischen Anteil der Randverdrehungen dar.

### *8.1.2. Zusatzfunktionen*

Um an den Rändern $s$ und $a$ die zum Grundfall gehörige frei drehbare Stützung herzustellen, mußten die biegesteifen Verbindungen mit den Anschlußplatten gelöst gedacht werden. Nunmehr werden die entstandenen gegenseitigen Verdrehungen durch Anbringen von gegenseitigen Momenten

$$\left.\begin{aligned} m_s &= m_{s\,0} + \sum_{1,2}^{\infty k} m_{s\,k} \cos k\,\pi\,\frac{y}{b}, \\ m_a &= m_{a\,0} + \sum_{1,2}^{\infty k} m_{a\,k} \cos k\,\pi\,\frac{y}{b} \end{aligned}\right\} \tag{382}$$

zum Verschwinden gebracht. Die gegenseitigen Verdrehungen infolge dieser Randmomente setzen sich jeweils aus dem Anteil der belasteten Platte und dem Anteil der Anschlußplatte zusammen. Die gleichmäßig über die Plattenbreite verteilten Stützenmomente $m_{s\,0}$ und $m_{a\,0}$ ergeben sich aus den Randverdrehungen nach Fall **$F_2$—2** nach einem der für den Durchlaufträger bekannten Verfahren. Für die eigentlichen Reihenglieder gelten die Formeln von Fall **$F_4$—0s**, wenn $\sin k\,\pi\,\frac{y}{b}$ durch $\cos k\,\pi\,\frac{y}{b}$ ersetzt wird, Gl. (203).

**D₂U₂—12**

Durch die Randmomente nach Gl. (382) entstehen an den Rändern $t$ und $b$ keine Randkräfte, aber Momente $m_{y\,t}$, die in gleicher Weise wie die Randverdrehungen $S\,\beta_t$ im Fall **F₄—0s** als sin-Reihe entwickelt werden und dann lauten:

$$m_{y\,t} = \sum_{1,2}^{\infty} {}^{j} \sin j\pi \frac{x}{a} \sum_{1,2}^{\infty} {}^{k} (m_{s\,k} - \cos j\pi \cdot m_{a\,k}) \frac{1}{2j} H\left(\frac{j\,b}{k\,a}\right). \qquad (383)$$

Zur Herstellung der Randbedingung $m_y = 0$ an den Rändern $t$ und $b$ müssen an diesen Rändern Momente

$$\left.\begin{aligned} m_t &= \sum_{1,2}^{\infty} {}^{j} (\widehat{m}_{t\,j} + \widehat{\widehat{m}}_{t\,j}) \sin j\pi \frac{x}{a}, \\ m_b &= \sum_{1,2}^{\infty} {}^{j} (\widehat{m}_{t\,j} - \widehat{\widehat{m}}_{t\,j}) \sin j\pi \frac{x}{a} \end{aligned}\right\} \qquad (384)$$

angebracht werden, und zwar der zur Mittellinie $y = \frac{b}{2}$ symmetrische Anteil $\widehat{m}_{t\,j}$ nach Fall **F₂U₂—200**, der antisymmetrische Anteil $\widehat{\widehat{m}}_{t\,j}$ nach Fall **F₂UF—00** mit $\frac{b}{2}$ an Stelle von $h$.

Die Randmomentangriffe $\sum_{1,2\ldots}^{\infty} {}^{j} \widehat{m}_{t\,j} \sin j\pi \frac{x}{a}$ erzeugen am Rand $s$ folgende Randverdrehungen:

$$S\,\beta_s = \sum_{1,2}^{\infty} {}^{j} \widehat{m}_{t\,j} \frac{a}{j\pi} \frac{1}{3\,\mathfrak{Cof}\, j\pi \frac{b}{2a} - \frac{j\pi \frac{b}{2a}}{\mathfrak{Sin}\, j\pi \frac{b}{2a}}} \left\{\left(-1 + j\pi \frac{b}{2a} \mathfrak{Cotg}\, j\pi \frac{b}{2a}\right) \mathfrak{Cof}\, j\pi \frac{\frac{b}{2} - y}{a} - \right.$$
$$\left. - j\pi \frac{\frac{b}{2} - y}{a} \mathfrak{Sin}\, j\pi \frac{\frac{b}{2} - y}{a}\right\}. \qquad (385)$$

Die Entwicklung dieses Ausdrucks als cos-Reihe mit der Periode $2\,b$ lautet:

$$S\,\beta_s = -\sum_{2,4}^{\infty} {}^{k} \cos k\pi \frac{y}{b} \sum_{1,2}^{\infty} {}^{j} \widehat{m}_{t\,j} \frac{8\,a^2}{j^2 \pi^2 b \left(\frac{j\,b}{k\,a} + \frac{k\,a}{j\,b}\right)^2 \left(3\,\mathfrak{Cotg}\, j\pi \frac{b}{2a} - \frac{j\pi \frac{b}{2a}}{\mathfrak{Sin}^2 j\pi \frac{b}{2a}}\right)}. \qquad (385\,\text{a})$$

Für die Verdrehung $-S\,\beta_a$ am Rand $a$ gilt der gleiche Ausdruck mit dem zusätzlichen Faktor $(-\cos j\pi)$ unter dem zweiten Summenzeichen.

Das „0te" Glied der cos-Reihe verschwindet, daher sind die gleichmäßig verteilten Stützenmomente von den übrigen Zusatzfunktionen unabhängig.

Die Randverdrehungen $S\,\beta_s$ infolge der Randmomentangriffe $\sum_{1,2}^{\infty} {}^{j} \widehat{\widehat{m}}_{t\,j} \sin j\pi \frac{x}{a}$ wurden bereits im Abschnitt C.5. angegeben [Gl. (350)].

### *8.1.3. Gleichungssystem*

Die Koeffizienten der symmetrischen und die der antisymmetrischen Zusatzfunktionen werden aus zwei voneinander unabhängigen Gleichungssystemen berechnet. Je nach der gewünschten Genauigkeit wird eine kleinere oder größere Anzahl von Reihengliedern berücksichtigt. Um in einer mehrfeldrigen Plattenbrücke die einzelnen Stützen- und Randmomente leicht unterscheiden zu können, werden die Bezeichnungen nach Abb. 137 eingeführt. $d_{\mathrm{I}}$, $d_{\mathrm{II}}$ usw. sind die Plattendicken in den einzelnen Feldern; $d_0$ ist eine beliebige Vergleichsdicke. Die Randverdrehungswerte $B_{\mathrm{II\,III}\,k}$ gelten für den gegen das Feld III gelegenen Rand des

Feldes II; entsprechend gelten die $B_{\mathrm{III\,II}\,k}$ für den gegen das Feld II gelegenen Rand des Feldes III.

Außer den bereits früher verwendeten Abkürzungen $C\left(\frac{k\,a}{b}\right)$, $D\left(\frac{k\,a}{b}\right)$ und $H\left(\frac{j\,b}{k\,a}\right)$ werden noch eingeführt:

$$\left.\begin{aligned} J\left(\frac{j\,b}{k\,a}\right) &= \left(\frac{a}{b}\right)^2 \frac{16\,k}{\pi j^2 \left(\frac{j\,b}{k\,a} + \frac{k\,a}{j\,b}\right)^2 \left(3\,\mathfrak{Cotg}\, j\,\pi \frac{b}{2\,a} - \frac{j\,\pi \frac{b}{2\,a}}{\mathfrak{Sin}^2 j\,\pi \frac{b}{2\,a}}\right)}, \\ L\left(\frac{j\,b}{k\,a}\right) &= \left(\frac{a}{b}\right)^2 \frac{16\,k}{\pi j^2 \left(\frac{j\,b}{k\,a} + \frac{k\,a}{j\,b}\right)^2 \left(3\,\mathfrak{Tg}\, j\,\pi \frac{b}{2\,a} + \frac{j\,\pi \frac{b}{2\,a}}{\mathfrak{Cof}^2 j\,\pi \frac{b}{2\,a}}\right)}. \end{aligned}\right\} \quad (386)$$

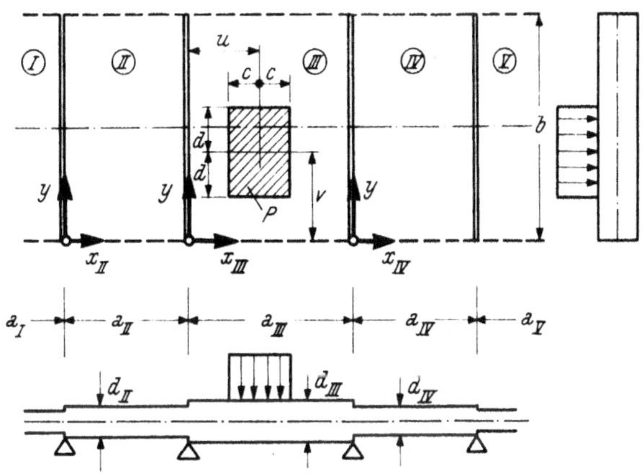

Abb. 137

Damit lautet die Gleichung für ein symmetrisches Stützenmoment $m_{\mathrm{II\,III}\,k}$ $(k = 2, 4, \ldots)$:

$$m_{\mathrm{I\,II}\,k} \left(\frac{d_0}{d_{\mathrm{II}}}\right)^3 D\left(\frac{k\,a_{\mathrm{II}}}{b}\right) + m_{\mathrm{II\,III}\,k} \left[\left(\frac{d_0}{d_{\mathrm{II}}}\right)^3 C\left(\frac{k\,a_{\mathrm{II}}}{b}\right) + \left(\frac{d_0}{d_{\mathrm{III}}}\right)^3 C\left(\frac{k\,a_{\mathrm{III}}}{b}\right)\right] +$$

$$+ m_{\mathrm{III\,IV}\,k} \left(\frac{d_0}{d_{\mathrm{III}}}\right)^3 D\left(\frac{k\,a_{\mathrm{III}}}{b}\right) - \sum_{1,2}^{\infty}{}_j\, (-\cos j\,\pi)\, \widehat{m}_{\mathrm{II}\,j} \left(\frac{d_0}{d_{\mathrm{II}}}\right)^3 J\left(\frac{j\,b}{k\,a_{\mathrm{II}}}\right) -$$

$$- \sum_{1,2}^{\infty}{}_j\, \widehat{m}_{\mathrm{III}\,j} \left(\frac{d_0}{d_{\mathrm{III}}}\right)^3 J\left(\frac{j\,b}{k\,a_{\mathrm{III}}}\right) + \left(\frac{d_0}{d_{\mathrm{II}}}\right)^3 B_{\mathrm{II\,III}\,k} + \left(\frac{d_0}{d_{\mathrm{III}}}\right)^3 B_{\mathrm{III\,II}\,k} = 0. \quad (387)$$

Diese Gleichung ist entsprechend für alle Stützen I II, II III usw. und alle geradzahligen $k$ aufzustellen.

Die Gleichung für ein symmetrisches Randmoment $\widehat{m}_{\mathrm{III}\,j}$ lautet:

$$\widehat{m}_{\mathrm{III}\,j} + \sum_{2,4\ldots}^{\infty}{}_k\, (m_{\mathrm{II\,III}\,k} - \cos j\,\pi\, m_{\mathrm{III\,IV}\,k}) \frac{1}{2\,j} H\left(\frac{j\,b}{k\,a_{\mathrm{III}}}\right) + \widehat{M}_{\mathrm{III}\,j} = 0. \quad (388)$$

Diese Gleichung ist für alle Felder I, II usw. und alle $j$ aufzustellen. Bei den unbelasteten Feldern entfällt das Glied $\widehat{M}_j$.

Die entsprechenden Gleichungen für die antisymmetrischen Stützen- bzw. Randmomente lauten:

**$D_2U_2 — 12$**

$$\left.\begin{aligned} & m_{\mathrm{I\,II}\,k}\left(\frac{d_0}{d_{\mathrm{II}}}\right)^3 D\left(\frac{k\,a_{\mathrm{II}}}{b}\right) + m_{\mathrm{II\,III}\,k}\left[\left(\frac{d_0}{d_{\mathrm{II}}}\right)^3 C\left(\frac{k\,a_{\mathrm{II}}}{b}\right) + \left(\frac{d_0}{d_{\mathrm{III}}}\right)^3 C\left(\frac{k\,a_{\mathrm{III}}}{b}\right)\right] + \\ & + m_{\mathrm{III\,IV}\,k}\left(\frac{d_0}{d_{\mathrm{III}}}\right)^3 D\left(\frac{k\,a_{\mathrm{III}}}{b}\right) - \sum_{1,2}^{\infty}{}^{j}\,(-\cos j\pi)\,\check{m}_{\mathrm{II}\,j}\left(\frac{d_0}{d_{\mathrm{II}}}\right)^3 L\left(\frac{j\,b}{k\,a_{\mathrm{II}}}\right) - \\ & - \sum_{1,2}^{\infty}{}^{j}\,\check{m}_{\mathrm{III}\,j}\left(\frac{d_0}{d_{\mathrm{III}}}\right)^3 L\left(\frac{j\,b}{k\,a_{\mathrm{III}}}\right) + \left(\frac{d_0}{d_{\mathrm{II}}}\right)^3 B_{\mathrm{II\,III}\,k} + \left(\frac{d_0}{d_{\mathrm{III}}}\right)^3 B_{\mathrm{III\,II}\,k} = 0. \end{aligned}\right\} \quad (389)$$

Diese Gleichung ist wieder für alle Stützen und alle ungeradzahligen $k$ aufzustellen.

$$\check{m}_{\mathrm{III}\,j} + \sum_{1,3}^{\infty}{}^{k}\,(m_{\mathrm{II\,III}\,k} - \cos j\pi \cdot m_{\mathrm{III\,IV}\,k})\,\frac{1}{2j}\,H\left(\frac{j\,b}{k\,a_{\mathrm{III}}}\right) + \check{M}_{\mathrm{III}\,j} = 0. \quad (390)$$

Die Gleichung ist wieder für alle Felder und alle $j$ aufzustellen.

### *8.1.4. Endgültige Momente*

Die endgültigen Momente erhält man durch Überlagerung des Grundfalles **$F_2V_2 — 12$** mit den Stützenmomenten des Durchlaufträgers $m_{\mathrm{I\,II}\,0}$ usw. (linearer Verlauf im Feld), den Stützenmomenten $m_{\mathrm{I\,II}\,k} \cos k\pi \frac{y}{b}$ usw. nach Fall **$F_4 — 0s$**, den Randmomenten $\hat{m}_{\mathrm{I}\,j} \sin j\pi \frac{x}{a}$ usw. nach Fall **$F_2U_2 — 200$** und den Randmomenten $\check{m}_{\mathrm{I}\,j} \sin j\pi \frac{x}{a}$ usw. nach Fall **$F_2UF — 00$**.

### *8.1.5. Sonderfälle mit Rechtecklasten*

Wenn zwei Rechtecklasten (Fahrzeuglasten) vorliegen, werden die Momente im Grundfall für beide Lasten getrennt berechnet und überlagert; die zu den beiden Lasten gehörigen Werte $\hat{M}_j$ und $\check{M}_j$ sowie $B_{sk}$ und $B_{ak}$ werden zusammengezählt und die Koeffizienten der Zusatzfunktionen für beide Lasten gemeinsam ermittelt.

Bei Stellung des Fahrzeugs in Brückenachse ergeben sich die Momente im Grundfall unmittelbar nach Fall **$F_2V_2 — 212$**; alle antisymmetrischen Zusatzfunktionen entfallen; die Werte $B_{sk}$ und $B_{ak}$ mit $k = 2, 4, \ldots$ sind doppelt so groß als für eine einzige Last in der Linie $y = v$.

Für eine einzige Rechtecklast in der Brückenachse ist Fall **$F_2V_2 — 12m$** als Grundfall zu verwenden; die antisymmetrischen Zusatzfunktionen kommen nicht vor.

Eine an den Plattenrand $y = 0$ anstoßende Rechtecklast ($v = d$) oder eine Linienlast ($v = d = 0$) wird nach P. 8.1.1. behandelt; die Formeln für den Grundfall vereinfachen sich, und der Bereich $0 \leqq y \leqq v - d$ kommt nicht vor.

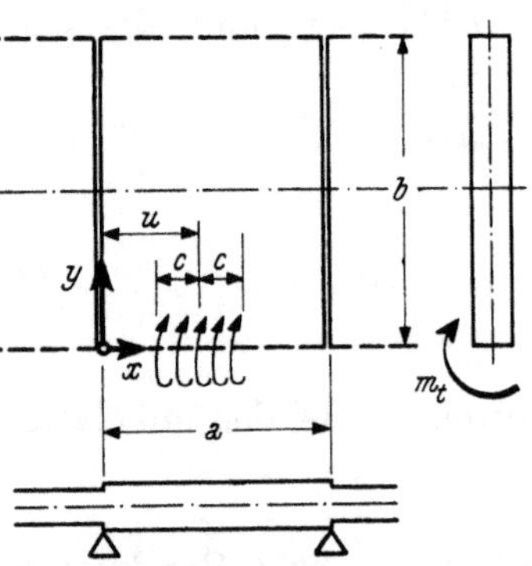

Abb. 138

**$D_2U_2 — 00$** 8.2. Momentangriff am Rand $t$

Greift auf einer Strecke des Randes $t$ von der Länge $2c$ ein gleichmäßig verteiltes Moment $m_t$ je Längeneinheit an (Abb. 138), z. B. das Kragmoment einer Gehwegplatte, so ist die unbelastete Platte als Grundfall zu betrachten, d. h.: $m_{s0} = m_{a0} = 0$; $B_{sk} = B_{ak} = 0$; $\hat{M}_{tj} = \check{M}_{tj} = 0$. Die Momentangriffe $\hat{m}_{tj}$ und $\check{m}_{tj}$ sind so zu bestimmen, daß die endgültigen Momente am Rand $t$ den gegebenen Momenten gleich sind, daher gilt für jenes Feld, wo das Kragmoment angreift:

$$\left.\begin{aligned}\hat{m}_{tj} + \sum_{2,4}^{\infty}{}_k (m_{sk} - \cos j\pi \cdot m_{ak}) \frac{1}{2j} H\left(\frac{jb}{ka}\right) &= m_t \frac{2}{j\pi} \sin j\pi \frac{u}{a} \sin j\pi \frac{c}{a}, \\ \check{m}_{tj} + \sum_{1,3}^{\infty}{}_k (m_{sk} - \cos j\pi \cdot m_{ak}) \frac{1}{2j} H\left(\frac{jb}{ka}\right) &= m_t \frac{2}{j\pi} \sin j\pi \frac{u}{a} \sin j\pi \frac{c}{a}.\end{aligned}\right\} \quad (391)$$

In den Gleichungen für die übrigen Felder ist die rechte Seite gleich Null. Für die Stützenmomente $m_{sk}$ und $m_{ak}$ gelten die Gleichungen nach P. 8.1.3. mit $B_k = 0$.

Die endgültigen Momente in der Platte erhält man durch Überlagerung der Momentangriffe $\hat{m}_{tj} \sin j\pi \frac{x}{a}$, $\check{m}_{tj} \sin j\pi \frac{x}{a}$, $m_{sk} \cos k\pi \frac{y}{b}$ und $m_{ak} \cos k\pi \frac{y}{b}$.

**D₂U₂ — 10**

## 8.3. Einflußflächen

### *8.3.1. Einflußflächen, deren Bezugspunkt nicht an einem Rand liegt*

*8.3.1.1.* Als *Grundfall* dient die Einflußfläche einer Rechteckplatte, die an den Rändern $s$ und $a$ frei drehbar gestützt und an den Rändern $t$ und $b$ verschieblich eingespannt ist (Fall **F₂V₂ — 10**).

Im Bereich $0 \leqq y \leqq v$ gilt:

$$S\zeta = \sum_{1,2\ldots}^{\infty}{}_j \sin j\pi \frac{x}{a} \sin j\pi \frac{u}{a} \frac{a^2}{j^3\pi^3} \frac{\mathfrak{Cof}\, j\pi \frac{b-v}{a} \mathfrak{Cof}\, j\pi \frac{y}{a}}{\mathfrak{Sin}\, j\pi \frac{b}{a}} \Big[1 + $$

$$+ j\pi \frac{b}{a} \mathfrak{Cotg}\, j\pi \frac{b}{a} - j\pi \frac{b-v}{a} \mathfrak{Tg}\, j\pi \frac{b-v}{a} - j\pi \frac{y}{a} \mathfrak{Tg}\, j\pi \frac{y}{a}\Big]. \quad (392)$$

Für den Bereich $v \leq y \leq b$ sind in obiger Formel $v$ und $y$ zu vertauschen. Die Funktion ist ebenso aufgebaut wie im Fall **F₄ — 10**, nur steht $\mathfrak{Cof}$ statt $\mathfrak{Sin}$ und umgekehrt. Das gleiche gilt für die Ableitungen.

Mit $u$ und $v$ als Veränderlichen stellt der obenstehende Ausdruck die Einflußfläche der Durchbiegung $S\zeta$ im Punkt $x$, $y$ dar. Die Ableitungen nach $x$ bzw. $y$ sind die Einflußflächen der Ableitungen von $S\zeta$ (Biegemomente usw.) im Punkt $x$, $y$.

Die negative Krümmung der Einflußfläche $S\zeta$ am Rand $t$ ($v = 0$) in Richtung $v$ ist:

$$-\frac{\partial^2}{\partial v^2} \text{Einfl}\, S\zeta_{v=0} = \sum_{1,2}^{\infty}{}_j \sin j\pi \frac{u}{a} \frac{j^2\pi^2}{a^2} K_{tj}^{(S\zeta)}.$$

Hierin ist

$$K_{tj}^{(S\zeta)} = \sin j\pi \frac{x}{a} \frac{a^2}{j^3\pi^3} \frac{\mathfrak{Cof}\, j\pi \frac{b-y}{a}}{\mathfrak{Sin}\, j\pi \frac{b}{a}} \Big[1 - j\pi \frac{b}{a} \mathfrak{Cotg}\, j\pi \frac{b}{a} + j\pi \frac{b-y}{a} \mathfrak{Tg}\, j\pi \frac{b-y}{a}\Big].$$

Für den Rand $b$ gilt entsprechend:

$$K_{bj}^{(S\zeta)} = \sin j\pi \frac{x}{a} \frac{a^2}{j^3\pi^3} \frac{\mathfrak{Cof}\, j\pi \frac{y}{a}}{\mathfrak{Sin}\, j\pi \frac{b}{a}} \Big[1 - j\pi \frac{b}{a} \mathfrak{Cotg}\, j\pi \frac{b}{a} + j\pi \frac{y}{a} \mathfrak{Tg}\, j\pi \frac{y}{a}\Big]. \quad (393\text{ a})$$

Wenn es sich um die Einflußfläche eines Moments $m_x$ handelt, sind ihre Randkrümmungen gegeben durch:

**$D_2U_2$—10**

$$
\left.
\begin{aligned}
K_{tj}^{(m_x)} &= -\frac{\partial^2}{\partial x^2} K_{tj}^{(S\zeta)} = \sin j\pi\frac{x}{a}\,\frac{1}{j\pi}\,\frac{\mathfrak{Cof}\, j\pi\frac{b-y}{a}}{\mathfrak{Sin}\, j\pi\frac{b}{a}}\left[1 - j\pi\frac{b}{a}\mathfrak{Cotg}\, j\pi\frac{b}{a} + j\pi\frac{b-y}{a}\mathfrak{Tg}\, j\pi\frac{b-y}{a}\right],\\
K_{bj}^{(m_x)} &= -\frac{\partial^2}{\partial x^2} K_{bj}^{(S\zeta)} = \sin j\pi\frac{x}{a}\,\frac{1}{j\pi}\,\frac{\mathfrak{Cof}\, j\pi\frac{y}{a}}{\mathfrak{Sin}\, j\pi\frac{b}{a}}\left[1 - j\pi\frac{b}{a}\mathfrak{Cotg}\, j\pi\frac{b}{a} + j\pi\frac{y}{a}\mathfrak{Tg}\, j\pi\frac{y}{a}\right].
\end{aligned}
\right\} \quad (393\,\mathrm{d})
$$

Zur Einflußfläche eines Moments $m_y$ gehören die Werte

$$
\left.
\begin{aligned}
K_{tj}^{(m_y)} &= -\frac{\partial^2}{\partial y^2} K_{tj}^{(S\zeta)} = \sin j\pi\frac{x}{a}\,\frac{1}{j\pi}\,\frac{\mathfrak{Cof}\, j\pi\frac{b-y}{a}}{\mathfrak{Sin}\, j\pi\frac{b}{a}}\left[-3 + j\pi\frac{b}{a}\mathfrak{Cotg}\, j\pi\frac{b}{a} - j\pi\frac{b-y}{a}\mathfrak{Tg}\, j\pi\frac{b-y}{a}\right],\\
K_{bj}^{(m_y)} &= -\frac{\partial^2}{\partial y^2} K_{bj}^{(S\zeta)} = \sin j\pi\frac{x}{a}\,\frac{1}{j\pi}\,\frac{\mathfrak{Cof}\, j\pi\frac{y}{a}}{\mathfrak{Sin}\, j\pi\frac{b}{a}}\left[-3 + j\pi\frac{b}{a}\mathfrak{Cotg}\, j\pi\frac{b}{a} - j\pi\frac{y}{a}\mathfrak{Tg}\, j\pi\frac{y}{a}\right].
\end{aligned}
\right\} \quad (393\,\mathrm{e})
$$

Der zur Mittellinie $v = \frac{b}{2}$ symmetrische Anteil der Randkrümmungswerte ist

$$\hat{K}_j = \frac{K_{tj} + K_{bj}}{2},$$

der antisymmetrische Anteil ist

$$\check{\hat{K}}_j = \frac{K_{tj} - K_{bj}}{2}. \qquad (394)$$

Die Randkrümmungen müssen durch Zusatzfunktionen zum Verschwinden gebracht werden.

In der Nähe der Linie $y = v$ ist die Auswertung der aus Gl. (392) abgeleiteten Formeln unbequem. In diesem Bereich bildet man die Summe aus der Einflußfläche des unendlichen Plattenstreifens (in geschlossener Darstellung) und der Differenzreihe, bei der wenige Glieder ausreichen.

Für die Randneigung einer Einflußfläche an den Rändern $s$ und $a$ gilt die Herleitung unter C.2.1.2. (S. 170); es ist nur $\cos k\pi\frac{y}{b}$ anstatt $\sin j\pi\frac{x}{a}$ zu schreiben, da die Punktlast diesmal als cos-Reihe entwickelt wird. Demnach hat die Einflußfläche für die Größe $R$ (Biegemoment usw.) im Punkt $x, y$ eine Neigung am Rand $s$, die durch folgende Reihenkoeffizienten gegeben ist:

$$\beta_{sk\,[\mathrm{Einfl}\,R(x,y)]} = \frac{2}{b} R_{x,y}\,(m_{sk} = 1) = \frac{2}{b}\,R_{sk}. \qquad (395\,\mathrm{s})$$

Auf der rechten Seite steht die Größe $R$ im Punkt $x, y$ infolge eines Randmomentangriffs $m_s = 1 \cos k\pi\frac{y}{b}$.

Ebenso ist

$$\beta_{ak\,[\mathrm{Einfl}\,R(x\,y)]} = \frac{2}{b}\,R_{x,y}\,(m_{ak} = 1) = \frac{2}{b} R_{ak}. \qquad (395\,\mathrm{a})$$

Diese Beziehungen gelten nicht für das „0te" Glied ($k = 0$) der cos-Reihe. Eine gleichmäßig verteilte Linienlast $p = \frac{1}{b}$ in der Linie $u$ erzeugt eine Biegefläche, deren Neigung am Rand $s$ gleich ist der Durchbiegung in der Linie $u$ infolge eines gleichförmig verteilten Randmomentangriffs $m_{s0} = \frac{1}{b}$ am Rand, also:

$$
\left.
\begin{aligned}
\beta_{s0\,[\mathrm{Einfl}\,R(x,y)]} &= \frac{1}{b}\,R_x\,(m_{s0} = 1) = \frac{1}{b}\,R_{s0},\\
\beta_{a0\,[\mathrm{Einfl}\,R(x\,y)]} &= \frac{1}{b}\,R_x\,(m_{a0} = 1) = \frac{1}{b}\,R_{a0}.
\end{aligned}
\right\} \quad (396\,\mathrm{a})
$$

Wenn $R_{(x,y)}$ ein Biegemoment $m_x$ ist, dann ist

$$R_{s0} = 1 - \frac{x}{a}, \quad R_{a0} = \frac{x}{a}. \tag{396 d}$$

Zur Einflußfläche einer Querkraft $q_x$ gehören die Werte

$$\left.\begin{aligned} R_{s0} &= -\frac{1}{a}, \\ R_{a0} &= +\frac{1}{a}. \end{aligned}\right\} \tag{396 h}$$

Bei den Einflußflächen für $m_y$, $m_{xy}$ und $q_y$ ist $R_{s0} = R_{a0} = 0$.

*8.3.1.2. Gleichungssystem für die Koeffizienten der Zusatzfunktionen.* Aus den Randneigungen $\beta_{s0}$ und $\beta_{a0}$ der Einflußfläche ergeben sich nach einem der für den Durchlaufträger bekannten Verfahren die „Stützenmomente" $m_{s0}$ und $m_{a0}$. Die Biegefläche infolge dieser „Momente" ist die von $y$ unabhängige Zusatzfunktion zur Einflußfläche. Man gelangt zum gleichen Ergebnis, wenn man die Einfluß*linien* für die Stützenmomente $M$ des Durchlaufträgers ermittelt und daraus folgende Summe bildet:

$$\text{Einfl}\, R(x, y)_0 = \frac{R_{s0}}{b} \cdot \text{Einfl}\, M_s + \frac{R_{a0}}{b}\, \text{Einfl}\, M_a. \tag{397}$$

Zur Ermittlung der Reihenkoeffizienten der übrigen Zusatzfunktionen wird zunächst die gegenseitige Verdrehung am Rand $s$ gleich Null gesetzt, wobei die Bezeichnungen nach Abb. 138 verwendet werden.

Für $k = 2, 4, \ldots$ gilt:

$$\begin{aligned} S_0 \beta_{sk} = {} & m_{\mathrm{I\,II}k} \frac{b}{2k\pi} \left(\frac{d_0}{d_{\mathrm{II}}}\right)^3 D\left(\frac{k\,a_{\mathrm{II}}}{b}\right) + m_{\mathrm{II\,III}k} \frac{b}{2k\pi} \left[\left(\frac{d_0}{d_{\mathrm{II}}}\right)^3 C\left(\frac{k\,a_{\mathrm{II}}}{b}\right) + \left(\frac{d_0}{d_{\mathrm{III}}}\right)^3 C\left(\frac{k\,a_{\mathrm{III}}}{b}\right)\right] + \\ & + m_{\mathrm{III\,IV}k} \frac{b}{2k\pi} \left(\frac{d_0}{d_{\mathrm{III}}}\right)^3 D\left(\frac{k\,a_{\mathrm{III}}}{b}\right) - \sum_{1,2\ldots}^{\infty}{}_j\, (-\cos j\pi)\, \widehat{m}_{\mathrm{II}j} \frac{b}{2k\pi} \left(\frac{d_0}{d_{\mathrm{II}}}\right)^3 J\left(\frac{j\,b}{k\,a_{\mathrm{II}}}\right) - \\ & - \sum_{1,2\ldots}^{\infty}{}_j\, \widehat{m}_{\mathrm{III}j} \frac{b}{2k\pi} \left(\frac{d_0}{d_{\mathrm{III}}}\right)^3 J\left(\frac{j\,b}{k\,a_{\mathrm{III}}}\right) + S_0 \frac{2}{b} R_{\mathrm{III\,II}k} = 0. \end{aligned} \tag{398}$$

Für das symmetrische Randmoment $\widehat{m}_{\mathrm{III}j}$ gilt die Gleichung:

$$\widehat{m}_{\mathrm{III}j} + \sum_{2,4\ldots}^{\infty}{}_j\, (m_{\mathrm{II\,III}k} - \cos j\pi \cdot m_{\mathrm{III\,IV}k}) \frac{1}{2j} H\left(\frac{j\,b}{k\,a_{\mathrm{III}}}\right) + S_{\mathrm{III}} \frac{j^2\pi^2}{a_{\mathrm{III}}^2} \widehat{K}_{\mathrm{III}j} = 0. \tag{399}$$

Es werden folgende neue Unbekannte eingeführt:

$$\left.\begin{aligned} r_{\mathrm{II\,I}k} &= \frac{b^2}{4k\pi} \left(\frac{d_0}{d_{\mathrm{II}}}\right)^3 C\left(\frac{k\,a_{\mathrm{II}}}{b}\right) \frac{m_{\mathrm{II\,I}k}}{S_0}, \\ r_{\mathrm{II\,III}k} &= \frac{b^2}{4k\pi} \left(\frac{d_0}{d_{\mathrm{II}}}\right)^3 C\left(\frac{k\,a_{\mathrm{II}}}{b}\right) \frac{m_{\mathrm{II\,III}k}}{S_0}, \\ r_{\mathrm{III\,II}k} &= \frac{b^2}{4k\pi} \left(\frac{d_0}{d_{\mathrm{III}}}\right)^3 C\left(\frac{k\,a_{\mathrm{III}}}{b}\right) \frac{m_{\mathrm{III\,II}k}}{S_0}, \\ r_{\mathrm{III\,IV}k} &= \frac{b^2}{4k\pi} \left(\frac{d_0}{d_{\mathrm{III}}}\right)^3 C\left(\frac{k\,a_{\mathrm{III}}}{b}\right) \frac{m_{\mathrm{III\,IV}k}}{S_0} \quad \text{usw. und} \\ \widehat{r}_{\mathrm{II}j} &= \frac{a_{\mathrm{II}}^2}{j^2\pi^2} \left(\frac{d_0}{d_{\mathrm{II}}}\right)^3 \frac{\widehat{m}_{\mathrm{II}j}}{S_0}, \\ \widehat{r}_{\mathrm{III}j} &= \frac{a_{\mathrm{III}}^2}{j^2\pi^2} \left(\frac{d_0}{d_{\mathrm{III}}}\right)^3 \frac{\widehat{m}_{\mathrm{III}j}}{S_0}. \end{aligned}\right\} \tag{400}$$

**D$_2$U$_2$—10**

Da beispielsweise $m_{\mathrm{II\,III}\,k} = m_{\mathrm{III\,II}\,k}$ ist, besteht die Beziehung

$$\frac{r_{\mathrm{II\,III}\,k}}{\left(\frac{d_0}{d_{\mathrm{II}}}\right)^3 C\left(\frac{k\,a_{\mathrm{II}}}{b}\right)} = \frac{r_{\mathrm{III\,II}\,k}}{\left(\frac{d_0}{d_{\mathrm{III}}}\right)^3 C\left(\frac{k\,a_{\mathrm{III}}}{b}\right)} \tag{401}$$

bei den übrigen Stützenmomenten entsprechend.

Damit nehmen die Gl. (398), (399) folgende Form an:

$$\left.\begin{aligned}
&r_{\mathrm{II\,I}\,k}\frac{D\left(\frac{k\,a_{\mathrm{II}}}{b}\right)}{C\left(\frac{k\,a_{\mathrm{II}}}{b}\right)} + r_{\mathrm{II\,III}\,k} + r_{\mathrm{III\,II}\,k} + r_{\mathrm{III\,IV}\,k}\frac{D\left(\frac{k\,a_{\mathrm{III}}}{b}\right)}{C\left(\frac{k\,a_{\mathrm{III}}}{b}\right)} - \\
&\quad - \sum_{1,2\ldots}^{\infty}{}^{j}\,(-\cos j\pi)\,\widehat{r}_{\mathrm{II}\,j}\frac{4}{\left(\frac{j\,b}{k\,a_{\mathrm{II}}}+\frac{k\,a_{\mathrm{II}}}{j\,b}\right)^2\left(3\,\mathfrak{Cotg}\,j\pi\frac{b}{2\,a_{\mathrm{II}}} - \frac{j\pi\frac{b}{2\,a_{\mathrm{II}}}}{\mathfrak{Sin}^2 j\pi\frac{b}{2\,a_{\mathrm{II}}}}\right)} - \\
&\quad - \sum_{1,2}^{\infty}{}^{j}\,\widehat{r}_{\mathrm{III}\,j}\frac{4}{\left(\frac{j\,b}{k\,a_{\mathrm{III}}}+\frac{k\,a_{\mathrm{III}}}{j\,b}\right)^2\left(3\,\mathfrak{Cotg}\,j\pi\frac{b}{2\,a_{\mathrm{III}}} - \frac{j\pi\frac{b}{2\,a_{\mathrm{III}}}}{\mathfrak{Sin}^2 j\pi\frac{b}{2\,a_{\mathrm{III}}}}\right)} + R_{\mathrm{III\,II}\,k} = 0, \\
&\widehat{r}_{\mathrm{III}\,j} + \sum_{2,4\ldots}^{\infty}{}^{k}\,(r_{\mathrm{III\,II}\,k} - \cos j\pi\cdot r_{\mathrm{III\,IV}\,k})\left(\frac{a_{\mathrm{III}}}{b}\right)^2\frac{8\,k}{\pi^2 j^3\left(\frac{j\,b}{k\,a_{\mathrm{III}}}+\frac{k\,a_{\mathrm{III}}}{j\,b}\right)^2 C\left(\frac{k\,a_{\mathrm{III}}}{b}\right)} + \widehat{K}_{\mathrm{III}\,j} = 0.
\end{aligned}\right\} \tag{402}$$

Die erste Gleichung ist für alle Stützen I II, II III usw. und alle geradzahligen $k$ aufzustellen. Wenn der Bezugspunkt der gesuchten Einflußfläche im Feld III liegt, ist $R_{\mathrm{I\,II}} = R_{\mathrm{IV\,V}} = 0$ einzusetzen.

Die zweite Gleichung ist für die Felder I, II usw. und alle $j$ aufzustellen. Dabei ist $\widehat{K}_{\mathrm{I}\,j} = \widehat{K}_{\mathrm{II}\,j} = \widehat{K}_{\mathrm{IV}\,j}$ usw. $= 0$.

Das Gleichungssystem für die Koeffizienten der antisymmetrischen Zusatzfunktionen ist ähnlich aufgebaut. Es gilt für $k = 1, 3, \ldots$:

$$\left.\begin{aligned}
&r_{\mathrm{II\,I}\,k}\frac{D\left(\frac{k\,a_{\mathrm{II}}}{b}\right)}{C\left(\frac{k\,a_{\mathrm{II}}}{b}\right)} + r_{\mathrm{II\,III}\,k} + r_{\mathrm{III\,II}\,k} + r_{\mathrm{III\,IV}\,k}\frac{D\left(\frac{k\,a_{\mathrm{III}}}{b}\right)}{C\left(\frac{k\,a_{\mathrm{III}}}{b}\right)} - \\
&\quad - \sum_{1,2}^{\infty}{}^{j}\,(-\cos j\pi)\,\widehat{\widehat{r}}_{\mathrm{II}\,j}\frac{4}{\left(\frac{j\,b}{k\,a_{\mathrm{II}}}+\frac{k\,a_{\mathrm{II}}}{j\,b}\right)^2\left(3\,\mathfrak{Tg}\,j\pi\frac{b}{2\,a_{\mathrm{II}}} + \frac{j\pi\frac{b}{2\,a_{\mathrm{II}}}}{\mathfrak{Cof}^2 j\pi\frac{b}{2\,a_{\mathrm{II}}}}\right)} - \\
&\quad - \sum_{1,2\ldots}^{\infty}{}^{j}\,\widehat{\widehat{r}}_{\mathrm{III}\,j}\frac{4}{\left(\frac{j\,b}{k\,a_{\mathrm{III}}}+\frac{k\,a_{\mathrm{III}}}{j\,b}\right)^2\left(3\,\mathfrak{Tg}\,j\pi\frac{b}{2\,a_{\mathrm{III}}} + \frac{j\pi\frac{b}{2\,a_{\mathrm{III}}}}{\mathfrak{Cof}^2 j\pi\frac{b}{2\,a_{\mathrm{III}}}}\right)} + R_{\mathrm{III\,II}\,k} = 0, \\
&\widehat{\widehat{r}}_{\mathrm{III}\,j} + \sum_{1,3\ldots}^{\infty}{}^{k}\,(r_{\mathrm{III\,II}\,k} - \cos j\pi\cdot r_{\mathrm{III\,IV}\,k})\left(\frac{a_{\mathrm{III}}}{b}\right)^2\frac{8\,k}{\pi^2 j^3\left(\frac{j\,b}{k\,a_{\mathrm{III}}}+\frac{k\,a_{\mathrm{III}}}{j\,b}\right)^2 C\left(\frac{k\,a_{\mathrm{III}}}{b}\right)} + \widehat{\widehat{K}}_{\mathrm{III}\,j} = 0.
\end{aligned}\right\} \tag{403}$$

*8.3.1.3. Die endgültige Einflußfläche.* Nach Auflösung der beiden Gleichungssysteme unter Heranziehung der Gl. (401) erhält man die Einflußfläche durch die Überlagerung des Grundfalles nach P. 8.3.1.1. mit den Biegeflächen infolge der errechneten Randmomente. Wie unter P. C.2.2.3.4. gezeigt wurde, ist die Biegefläche infolge eines Randmomentangriffs $m_s = m_{sk} \cos k\pi \frac{v}{b}$:

$$\left.\begin{aligned}
&\zeta_{sk} = r_{sk} \frac{\text{Einfl}\, B_{sk}}{C\left(\frac{k\,a}{b}\right)},\\
&\text{worin}\\
&\text{Einfl}\, B_{sk} = \cos k\pi \frac{v}{b} \frac{2}{k\pi} \frac{\mathfrak{Sin}\, k\pi \frac{a-u}{b}}{\mathfrak{Sin}\, k\pi \frac{a}{b}} \left(k\pi \frac{a}{b} \mathfrak{Cotg}\, k\pi \frac{a}{b} - k\pi \frac{a-u}{b} \mathfrak{Cotg}\, k\pi \frac{a-u}{b}\right).\\
&\text{Ebenso ist}\\
&\zeta_{ak} = r_{ak} \frac{\text{Einfl}\, B_{ak}}{C\left(\frac{k\,a}{b}\right)}\\
&\text{mit}\\
&\text{Einfl}\, B_{ak} = \cos k\pi \frac{v}{b} \frac{2}{k\pi} \frac{\mathfrak{Sin}\, k\pi \frac{u}{b}}{\mathfrak{Sin}\, k\pi \frac{a}{b}} \left(k\pi \frac{a}{b} \mathfrak{Cotg}\, k\pi \frac{a}{b} - k\pi \frac{u}{b} \mathfrak{Cotg}\, k\pi \frac{u}{b}\right).
\end{aligned}\right\} \quad (404)$$

Die Biegefläche infolge eines symmetrischen Randmomentangriffs $m_t = m_b = \hat{m}_j \sin j\pi \frac{u}{a}$ lautet gemäß Fall **F₂U₂ — 200** (mit $u$, $v$ als Veränderlichen):

$$\hat{\zeta}_j = \frac{\hat{m}_j}{S} \frac{a^2}{j^2 \pi^2} \hat{F}_j = \hat{r}_j \hat{F}_j. \quad (405)$$

Ein antisymmetrischer Momentangriff $m_t = -m_b = \check{m}_j \sin j\pi \frac{u}{a}$ erzeugt gemäß **F₃U—00** die Biegefläche

$$\check{\zeta}_j = \check{r}_j \check{F}_j \quad (406)$$

mit $\hat{F}_j$ und $\check{F}_j$ nach Gl. (377) (Fall **F₂U₂ — 10**).

Somit lautet die endgültige Einflußfläche in dem den Bezugspunkt enthaltenden Feld III:

$$\begin{aligned}
\text{Einfl}\, R(x, y) = {} & \text{Einfl}\, R(x, y) \,\boxed{\mathbf{F_2V_2 - 10}} + \frac{R_{\text{III II}\,0}}{b} \text{Einfl}\, M_{\text{III II}} + \frac{R_{\text{III IV}\,0}}{b} \text{Einfl}\, M_{\text{III IV}} + \\
& + \sum_{1,2\ldots}^{\infty} {}_k\, r_{\text{III II}\,k} \frac{\text{Einfl}\, B_{\text{III II}\,k}}{C\left(\frac{k\,a_{\text{III}}}{b}\right)} + \sum_{1,2\ldots}^{\infty} {}_k\, r_{\text{III IV}\,k} \frac{\text{Einfl}\, B_{\text{III IV}\,k}}{C\left(\frac{k\,a_{\text{III}}}{b}\right)} + \\
& + \sum_{1,2}^{\infty} {}_j \left[\hat{r}_{\text{III}\,j} \hat{F}_{\text{III}\,j} + \check{r}_{\text{III}\,j} \check{F}_{\text{III}\,j}\right].
\end{aligned} \quad (407)$$

Im Feld II lautet die Einflußfläche:

$$\begin{aligned}
\text{Einfl}\, R(x, y) = {} & \frac{R_{\text{III II}\,0}}{b} \text{Einfl}\, M_{\text{III II}} + \frac{R_{\text{III IV}\,0}}{b} \text{Einfl}\, M_{\text{III IV}} + \\
& + \sum_{1,2}^{\infty} {}_k\, r_{\text{II I}\,k} \frac{\text{Einfl}\, B_{\text{II I}\,k}}{C\left(\frac{k\,a_{\text{II}}}{b}\right)} + \sum_{1,2}^{\infty} {}_k\, r_{\text{II III}\,k} \frac{\text{Einfl}\, B_{\text{II III}\,k}}{C\left(\frac{k\,a_{\text{II}}}{b}\right)} + \sum_{1,2}^{\infty} {}_j \left[\hat{r}_{\text{II}\,j} \hat{F}_{\text{II}\,j} + \check{r}_{\text{II}\,j} \check{F}_{\text{II}\,j}\right].
\end{aligned} \quad (408)$$

Im Feld IV gilt dieselbe Formel mit entsprechenden Indizes. Als Einfl $M$ sind immer die in dem betreffenden Feld geltenden Einflußwerte des Durchlaufträgers (in tm/t) einzuführen.

**D₂U₂—10** *8.3.2. Einflußfläche für ein Moment $m_x$ am ungestützten Rand t*

Im Grundfall **F₂V₂ — 10** ist die Einflußfläche für $m_x$ im Punkt $x, y = 0$:

$$\text{Einfl}\, m_{xt} = \sum_{1,2}^{\infty} j \sin j\pi\frac{x}{a} \sin j\pi\frac{u}{a}\frac{1}{j\pi}\frac{\mathfrak{Cof}\, j\pi\frac{b-v}{a}}{\mathfrak{Sin}\, j\pi\frac{b}{a}}\Big[1 + j\pi\frac{b}{a}\mathfrak{Cotg}\, j\pi\frac{b}{a} - j\pi\frac{b-v}{a}\mathfrak{Tg}\, j\pi\frac{b-v}{a}\Big]. \quad (409)$$

Die in diesem Ausdruck enthaltene Singularität ist doppelt so groß wie in Einfl $m_{x\infty}$, der Einflußfläche des unendlichen Plattenstreifens (Fall **F₂ — 10**). Nachdem aber die Singularität am ungestützten Rand, wie aus Fall **F₂U — 10** bekannt ist, der Fläche Einfl$\left(2\, m_{x\infty} + \frac{2}{3}\, m_{y\infty}\right)$ entspricht, ist es zweckmäßig, als Grundfall die folgende Einflußfläche, wieder für den Fall **F₂V₂ — 10**, anzusetzen:

$$\text{Einfl}\left(m_{xt} + \frac{1}{3}\, m_{yt}\right) = \sum_{1,2}^{\infty} j \sin j\pi\frac{x}{a} \sin j\pi\frac{u}{a}\frac{2}{3j\pi}\frac{\mathfrak{Cof}\, j\pi\frac{b-v}{a}}{\mathfrak{Sin}\, j\pi\frac{b}{a}}\Big[2 + j\pi\frac{b}{a}\mathfrak{Cotg}\, j\pi\frac{b}{a} - j\pi\frac{b-v}{a}\mathfrak{Tg}\, j\pi\frac{b-v}{a}\Big]. \quad (410)$$

Die Krümmung dieser Fläche an den Rändern $t$ und $b$ ist gegeben durch [vgl. Gl. (393)]:

$$\left.\begin{aligned} K_{tj} &= K_{tj}^{(m_x)} + \frac{1}{3}K_{tj}^{(m_y)} = -\sin j\pi\frac{x}{a}\frac{2b}{3a\,\mathfrak{Sin}^2\, j\pi\frac{b}{a}}, \\ K_{bj} &= K_{bj}^{(m_x)} + \frac{1}{3}K_{bj}^{(m_y)} = -\sin j\pi\frac{x}{a}\frac{2b}{3a}\frac{\mathfrak{Cof}\, j\pi\frac{b}{a}}{\mathfrak{Sin}^2 j\pi\frac{b}{a}}. \end{aligned}\right\} \quad (411)$$

Daraus folgen die für die Berechnung von $\hat{r}_j$ und $\check{\hat{r}}_j$ benötigten Werte:

$$\left.\begin{aligned} \hat{K}_j &= -\sin j\pi\frac{x}{a}\frac{b}{6a\,\mathfrak{Sin}^2\, j\pi\frac{b}{2a}}, \\ \check{\hat{K}}_j &= +\sin j\pi\frac{x}{a}\frac{b}{6a\,\mathfrak{Cof}^2\, j\pi\frac{b}{2a}}. \end{aligned}\right\} \quad (412)$$

Der Beitrag der gleichmäßig verteilten Stützenmomente ist der gleiche wie bei der Einflußfläche für $m_x$ in einem Punkt im Innern der Platte.

Die Werte $R_{sk}$ sind die Momentensummen $m_x + \frac{1}{3}m_y$ im Bezugspunkt infolge eines Randmomentangriffs $m_s = 1 \cos k\pi\frac{v}{b}$, also

$$R_{sk} = \frac{\mathfrak{Sin}\, k\pi\frac{a-x}{b}}{3\,\mathfrak{Sin}\, k\pi\frac{a}{b}}\Big[3 - k\pi\frac{a}{b}\mathfrak{Cotg}\, k\pi\frac{a}{b} + k\pi\frac{a-x}{b}\mathfrak{Cotg}\, k\pi\frac{a-x}{b}\Big].$$

Ebenso ist (413)

$$R_{ak} = \frac{\mathfrak{Sin}\, k\pi\frac{x}{b}}{3\,\mathfrak{Sin}\, k\pi\frac{a}{b}}\Big[3 - k\pi\frac{a}{b}\mathfrak{Cotg}\, k\pi\frac{a}{b} + k\pi\frac{x}{b}\mathfrak{Cotg}\, k\pi\frac{x}{b}\Big].$$

Mit den angeführten Werten sind die $r_{sk}$, $r_{ak}$, $\hat{r}_j$ und $\check{\hat{r}}_j$ aus den beiden Gleichungssystemen Gl. (402) und (403) zu berechnen und die Überlagerung nach Gl. (407) und (408) durchzuführen. In der Nähe des Randes $t$ würde man im Grundfall sehr viele Reihenglieder benötigen; dort kann man die geschlossene Darstellung für $m_x$ am ungestützten Querrand des unendlichen Halbstreifens benützen und schreiben:

$$\text{Einfl}\left(m_{xt}+\frac{1}{3}\,m_{yt}\right)\boxed{\mathbf{F_2V_2-10}} = -\frac{1}{3\pi}\ln\frac{\mathfrak{Cof}\,\pi\frac{v}{a}-\cos\pi\frac{x-u}{a}}{\mathfrak{Cof}\,\pi\frac{v}{a}-\cos\pi\frac{x+u}{a}}+$$

$$+\frac{1}{6}\frac{v}{a}\,\mathfrak{Sin}\,\pi\frac{v}{a}\left[\frac{1}{\mathfrak{Cof}\,\pi\frac{v}{a}-\cos\pi\frac{x-u}{a}}-\frac{1}{\mathfrak{Cof}\,\pi\frac{v}{a}-\cos\pi\frac{x+u}{a}}\right]+$$

$$+\sum_{j=1,2\ldots}^{\infty}\sin j\pi\frac{x}{a}\sin j\pi\frac{u}{a}\,\frac{2}{3j\pi}\left\{\frac{\mathfrak{Cof}\,j\pi\frac{b-v}{a}}{\mathfrak{Sin}\,j\pi\frac{b}{a}}\left[2+j\pi\frac{b}{a}\,\mathfrak{Cotg}\,j\pi\frac{b}{a}-\right.\right.$$

$$\left.\left.-j\pi\frac{b-v}{a}\,\mathfrak{Tg}\,j\pi\frac{b-v}{a}\right]-e^{-j\pi\frac{v}{a}}\left[2+j\pi\frac{v}{a}\right]\right\}. \quad (414)$$

Der Reihenausdruck enthält nur wenige Glieder von berücksichtigungswerter Größe.

### *8.3.3. Einflußfläche für ein Stützenmoment*

Es sei die Einflußfläche für das Moment im Punkt $y$ der Stützungslinie II III zu ermitteln (Abb. 139).

Das von $y$ unabhängige 0te Glied der cos-Reihe erhält man, indem man die Einflußwerte für das Stützenmoment des Durchlaufträgers (in m) durch $b$ dividiert.

In die beiden Gleichungssysteme für die $r$-Werte ist einzusetzen:

$$R_{\mathrm{I\,II}\,k} = 0 = R_{\mathrm{III\,IV}\,k}.$$

$R_{\mathrm{II\,III}\,k} = \cos k\pi\frac{y}{b}$, da der Momentangriff $m_{\mathrm{II\,III}} = 1\cos k\pi\frac{v}{b}$ im Punkt $y$ das Moment $\cos k\pi\frac{y}{b}$ erzeugt.

$$\hat{K}_j = \check{\hat{K}}_j = 0.$$

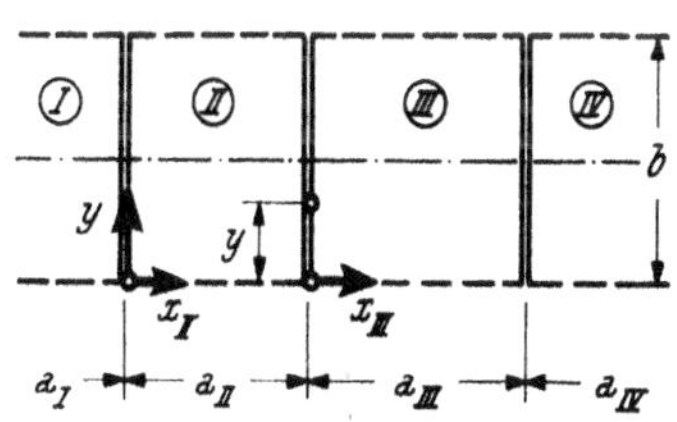

Abb. 139

Bei der Auflösung der Gleichungen ist folgende Substitution zweckmäßig:

$$\left.\begin{aligned} r_{\mathrm{II\,III}\,k} &= \frac{\left(\frac{d_0}{d_{\mathrm{II}}}\right)^3 c\left(\frac{k\,a_{\mathrm{II}}}{b}\right)}{\left(\frac{d_0}{d_{\mathrm{II}}}\right)^3 c\left(\frac{k\,a_{\mathrm{II}}}{b}\right)+\left(\frac{d_0}{d_{\mathrm{III}}}\right)^3 c\left(\frac{k\,a_{\mathrm{III}}}{b}\right)}\left(-\cos k\pi\frac{y}{b}+f_k\right),\\ r_{\mathrm{III\,II}\,k} &= \frac{\left(\frac{d_0}{d_{\mathrm{III}}}\right)^3 c\left(\frac{k\,a_{\mathrm{III}}}{b}\right)}{\left(\frac{d_0}{d_{\mathrm{II}}}\right)^3 c\left(\frac{k\,a_{\mathrm{II}}}{b}\right)+\left(\frac{d_0}{d_{\mathrm{III}}}\right)^3 c\left(\frac{k\,a_{\mathrm{III}}}{b}\right)}\left(-\cos k\pi\frac{y}{b}+f_k\right). \end{aligned}\right\} \quad (415)$$

Es ergibt sich eine Gleichungsgruppe für $f_k$ ohne absolutes Glied; in den Gleichungen für $\hat{r}_{\mathrm{II}\,j}$, $\hat{r}_{\mathrm{III}\,j}$, $\check{\hat{r}}_{\mathrm{II}\,j}$ und $\check{\hat{r}}_{\mathrm{III}\,j}$ tritt als absolutes Glied eine cos-Summe auf, die schlecht konvergiert. Die aufeinanderfolgenden Teilsummen bilden eine Wellenlinie, deren Grenzwert auf graphischem Wege abgeschätzt werden kann.

**D₂U₂—10**

Mit den berechneten $r$-Werten lautet die Einflußfläche im Feld I:

$$\text{Einfl}\, m_{\mathrm{II\,III}\,y} = \frac{1}{b}\,\text{Einfl}\, M_{\mathrm{II\,III}} + \sum_{1,2\ldots}^{\infty} {}_k\, r_{\mathrm{I\,II}k} \frac{\text{Einfl}\, B_{\mathrm{I\,II}k}}{C\left(\frac{k\,a_{\mathrm{I}}}{b}\right)} + \sum_{1,2}^{\infty} {}_j\, [\hat{r}_{\mathrm{I}j}\hat{F}_{\mathrm{I}j} + \check{\hat{r}}_{\mathrm{I}j}\check{\hat{F}}_{\mathrm{I}j}];$$

im Feld II:

$$\text{Einfl}\, m_{\mathrm{II\,III}\,y} = \frac{1}{b}\,\text{Einfl}\, M_{\mathrm{II\,III}} + \sum_{1,2\ldots}^{\infty} {}_k\, r_{\mathrm{II\,I}k} \frac{\text{Einfl}\, B_{\mathrm{II\,I}k}}{C\left(\frac{k\,a_{\mathrm{II}}}{b}\right)} + \sum_{1,2}^{\infty} {}_k\, r_{\mathrm{II\,III}k} \frac{\text{Einfl}\, B_{\mathrm{II\,III}k}}{C\left(\frac{k\,a_{\mathrm{II}}}{b}\right)} +$$

$$+ \sum_{1,2\ldots}^{\infty} {}_j\, [\hat{r}_{\mathrm{II}j}\hat{F}_{\mathrm{II}j} + \check{\hat{r}}_{\mathrm{II}j}\check{\hat{F}}_{\mathrm{II}j}]; \qquad (416)$$

im Feld III:

$$\text{Einfl}\, m_{\mathrm{II\,III}\,y} = \frac{1}{b}\,\text{Einfl}\, M_{\mathrm{II\,III}} + \sum_{1,2\ldots}^{\infty} {}_k\, r_{\mathrm{III\,II}k} \frac{\text{Einfl}\, B_{\mathrm{III\,II}k}}{C\left(\frac{k\,a_{\mathrm{III}}}{b}\right)} +$$

$$+ \sum_{1,2\ldots}^{\infty} {}_k\, r_{\mathrm{III\,IV}k} \frac{\text{Einfl}\, B_{\mathrm{III\,IV}k}}{C\left(\frac{k\,a_{\mathrm{III}}}{b}\right)} + \sum_{1,2\ldots}^{\infty} {}_j\, [\hat{r}_{\mathrm{III}j}\hat{F}_{\mathrm{III}j} + \check{\hat{r}}_{\mathrm{III}j}\check{\hat{F}}_{\mathrm{III}j}].$$

In der Nähe der Unterstützungslinie II III (etwa $\frac{a_{\mathrm{II}} - u_{\mathrm{II}}}{b} < 0{,}1$ und $\frac{u_{\mathrm{III}}}{b} < 0{,}1$) würde man nach obigen Formeln sehr viele Reihenglieder $k$ benötigen; mit Hilfe der geschlossenen Darstellung der Einflußfläche für den unendlichen Halbstreifen kann man dies vermeiden.

Für einen unendlichen Halbstreifen mit $a \to \infty$, der am Rand $s$ starr eingespannt und an den Rändern $t$ und $b$ verschieblich eingespannt ist, lautet die Einflußfläche für das Moment im Punkt $y$ des Randes $s$ in Reihen- und in geschlossener Darstellung [vgl. Abschnitt III.4., Gl. (92)]:

$$\text{Einfl}\, m_s = -\frac{u}{b} - \sum_{1,2\ldots}^{\infty} {}_k \cos k\pi\frac{y}{b}\cos k\pi\frac{v}{b}\,\frac{2u}{b}\, e^{-k\pi\frac{u}{b}} =$$

$$= -\frac{u}{2b}\,\mathfrak{Sin}\,\pi\frac{u}{b}\left(\frac{1}{\mathfrak{Cof}\,\pi\frac{u}{b} - \cos\pi\frac{y-v}{b}} + \frac{1}{\mathfrak{Cof}\,\pi\frac{u}{b} - \cos\pi\frac{y+v}{b}}\right). \qquad (417)$$

Für den Auflagerstreifen des Feldes III kann man somit schreiben:

$$\sum_{1,2\ldots}^{\infty} {}_k\, r_{\mathrm{III\,II}k} \frac{\text{Einfl}\, B_{\mathrm{III\,II}k}}{C\left(\frac{k\,a_{\mathrm{III}}}{b}\right)} = \frac{\left(\frac{d_0}{d_{\mathrm{III}}}\right)^3}{\left(\frac{d_0}{d_{\mathrm{II}}}\right)^3 + \left(\frac{d_0}{d_{\mathrm{III}}}\right)^3}\left[\frac{u_{\mathrm{III}}}{b} -\right.$$

$$\left. -\frac{u_{\mathrm{III}}}{2b}\,\mathfrak{Sin}\,\pi\frac{u_{\mathrm{III}}}{b}\left(\frac{1}{\mathfrak{Cof}\,\pi\frac{u_{\mathrm{III}}}{b} - \cos\pi\frac{y-v}{b}} + \frac{1}{\mathfrak{Cof}\,\pi\frac{u}{b} - \cos\pi\frac{y+v}{b}}\right)\right] +$$

$$+ \sum_{1,2}^{\infty} {}_k \left[\frac{\left(\frac{d_0}{d_{\mathrm{III}}}\right)^3}{\left(\frac{d_0}{d_{\mathrm{II}}}\right)^3 + \left(\frac{d_0}{d_{\mathrm{III}}}\right)^3}\cos k\pi\frac{y}{b}\cos k\pi\frac{v}{b}\,\frac{2u_{\mathrm{III}}}{b}\, e^{-k\pi\frac{u_{\mathrm{III}}}{b}} + r_{\mathrm{III\,II}k}\frac{\text{Einfl}\, B_{\mathrm{III\,II}k}}{C\left(\frac{k\,a_{\mathrm{III}}}{b}\right)}\right]. \qquad (418)$$

Der Reihenausdruck erstreckt sich nur auf wenige Glieder. Die übrigen Beiträge zur Einflußfläche bleiben unverändert. Im Auflagerstreifen des Feldes II gilt entsprechend:

$$\sum_{1,2\ldots}^{\infty} {}_k\, r_{\mathrm{II\,III}k} \frac{\text{Einfl}\, B_{\mathrm{II\,III}k}}{C\left(\frac{k\,a_{\mathrm{II}}}{b}\right)} = \frac{\left(\frac{d_0}{d_{\mathrm{II}}}\right)^3}{\left(\frac{d_0}{d_{\mathrm{II}}}\right)^3 + \left(\frac{d_0}{d_{\mathrm{III}}}\right)^3}\left[+\frac{a_{\mathrm{II}} - u_{\mathrm{II}}}{b} -\right.$$

$$\left. -\frac{a_{\mathrm{II}} - u_{\mathrm{II}}}{2b}\,\mathfrak{Sin}\,\pi\frac{a_{\mathrm{II}} - u_{\mathrm{II}}}{b}\left(\frac{1}{\mathfrak{Cof}\,\pi\frac{a_{\mathrm{II}} - u_{\mathrm{II}}}{b} - \cos\pi\frac{y-v}{b}} + \frac{1}{\mathfrak{Cof}\,\pi\frac{a_{\mathrm{II}} - u_{\mathrm{II}}}{b} - \cos\pi\frac{y+v}{b}}\right)\right] +$$

$$+\sum_{1,2\ldots}^{\infty}{}_k\left[\frac{\left(\frac{d_0}{d_{II}}\right)^3}{\left(\frac{d_0}{d_{II}}\right)^3+\left(\frac{d_0}{d_{III}}\right)^3}\cos k\pi\frac{y}{b}\cos k\pi\frac{v}{b}\,\frac{2\,(a_{II}-u_{II})}{b}\,e^{-k\pi\frac{a_{II}-u_{II}}{b}}+r_{II\,III\,k}\frac{\text{Einfl}\,B_{II\,III\,k}}{C\left(\frac{k\,a_{II}}{b}\right)}\right]. \tag{419}$$

### 8.3.4. *Einflußfläche für das durchschnittliche Stützenmoment im Randbereich*

Wollte man auf dem in P. 8.3.3. angegebenen Wege die Einflußfläche für das Stützenmoment im Punkt $y=0$ ermitteln, so ergibt sich die cos-Summe in den Gleichungen für $\hat{r}_{II\,j}$ usw., indem alle $\cos k\pi\frac{y}{b}=1$ zu setzen sind, unendlich groß. Die genannte Einflußfläche existiert also nicht. Um trotzdem einen für praktische Zwecke verwendbaren Wert zu bekommen, wird der *Durchschnittswert* des Stützenmoments in einem gewissen Bereich zwischen $y=0$ und $y=t$ ermittelt, wobei etwa $t=0{,}1\,a$ gewählt wird. Wenn als Grundfall verschiebliche Einspannung der Ränder $t$ und $b$ und starre Einspannung des Randes $a$ angenommen wird, ist das Stützenmoment infolge einer Last $P$ im Punkt $u$, $v$:

$$m_a=P\left\{-\frac{a}{2\,b}\frac{u}{a}\left[1-\left(\frac{u}{a}\right)^2\right]-\sum_{1,2\ldots}^{\infty}{}_k\cos k\pi\frac{y}{b}\cos k\pi\frac{v}{b}\frac{B_{a\,k}}{C\left(\frac{k\,a}{b}\right)}\right\}. \tag{420}$$

Der Durchschnittswert im Bereich $0\leq y\leq t$ ist dann:

$$[m_a]=P\left\{-\frac{a}{2\,b}\frac{u}{a}\left[1-\left(\frac{u}{a}\right)^2\right]-\sum_{1,2}^{\infty}{}_k\frac{\sin k\pi\frac{t}{b}}{k\pi\frac{t}{b}}\cos k\pi\frac{v}{b}\frac{B_{a\,k}}{C\left(\frac{k\,a}{b}\right)}\right\}. \tag{421}$$

Um die Einflußfläche für den Durchschnittswert des Stützenmoments in einer durchlaufenden Platte zu erhalten, muß man demnach in den Gl. (402), (403)

$$R_{II\,III\,k}=\frac{\sin k\pi\frac{t}{b}}{k\pi\frac{t}{b}} \tag{422}$$

einsetzen, während das Reihenglied $k=0$ ungeändert bleibt. Alles Weitere ist wie in P. 8.3.3.

In der Nähe der Unterstützungslinie ist wieder die geschlossene Darstellung der Einflußfläche im unendlichen Halbstreifen mit Vorteil zu verwenden. Sie lautet in Reihen- und in geschlossener Darstellung:

$$\text{Einfl}\,m_s=-\frac{u}{b}-\sum_{1,2\ldots}^{\infty}{}_k\frac{\sin k\pi\frac{t}{b}}{k\pi\frac{t}{b}}\cos k\pi\frac{v}{b}\frac{2\,u}{b}e^{-k\pi\frac{u}{b}}=$$

$$=-\frac{u}{b}-\frac{u}{\pi\,t}\left[\text{arctg}\frac{\sin\pi\frac{t+v}{b}}{e^{\pi\frac{u}{b}}-\cos\pi\frac{t+v}{b}}+\text{arctg}\frac{\sin\pi\frac{t-v}{b}}{e^{\pi\frac{u}{b}}-\cos\pi\frac{t-v}{b}}\right]. \tag{423}$$

Im Ausdruck für die Einflußfläche im Feld III ist demnach zu schreiben:

$$\sum_{1,2\ldots}^{\infty}{}_k r_{III\,II\,k}\frac{\text{Einfl}\,B_{III\,II\,k}}{C\left(\frac{k\,a_{III}}{b}\right)}=$$

$$=\frac{\left(\frac{d_0}{d_{III}}\right)^3}{\left(\frac{d_0}{d_{II}}\right)^3+\left(\frac{d_0}{d_{III}}\right)^3}\left(-\frac{u_{III}}{\pi\,t}\right)\left[\text{arctg}\frac{\sin\pi\frac{t+v}{b}}{e^{\pi\frac{u_{III}}{b}}-\cos\pi\frac{t+v}{b}}+\text{arctg}\frac{\sin\pi\frac{t-v}{b}}{e^{\pi\frac{u_{III}}{b}}-\cos\pi\frac{t-v}{b}}\right]+$$

$$+\sum_{1,2\ldots}^{\infty}{}_k\left[\frac{\left(\frac{d_0}{d_{III}}\right)^3}{\left(\frac{d_0}{d_{II}}\right)^3+\left(\frac{d_0}{d_{III}}\right)^3}\frac{\sin k\pi\frac{t}{b}}{k\pi\frac{t}{b}}\cos k\pi\frac{v}{b}\frac{2\,u_{III}}{b}e^{-k\pi\frac{u_{III}}{b}}+r_{III\,II\,k}\frac{\text{Einfl}\,B_{III\,II\,k}}{C\left(\frac{k\,a_{III}}{b}\right)}\right]. \tag{424}$$

**D₂U₂—10** Die übrigen Beiträge bleiben unverändert.
Im Feld II gilt der entsprechende Ausdruck (siehe P. 8.3.3.).

### *8.3.5. Einflußfläche für die Querkraft an der Unterstützungslinie*

Es sei die Einflußfläche für die Querkraft im Punkt $y$ der Unterstützungslinie II III, und zwar auf der Seite des Feldes II, zu ermitteln (Abb. 139).

Im Grundfall **F₂V₂—10** ist die $a_{\text{II}}$-fache Querkraft:

$$\left.\begin{aligned} &\text{Bereich } 0 \leqq v \leqq y: \quad -a_{\text{II}}\,q_a = \sum_{1,2\ldots}^{\infty} j\,(-\cos j\pi)\sin j\pi\frac{u_{\text{II}}}{a_{\text{II}}}\,\frac{2\,\mathfrak{Cos}\,j\pi\frac{v}{a_{\text{II}}}\,\mathfrak{Cos}\,j\pi\frac{b-y}{a_{\text{II}}}}{\mathfrak{Sin}\,j\pi\frac{b}{a_{\text{II}}}}.\\ &\text{Bereich } y \leqq v \leqq b: \quad -a_{\text{II}}\,q_a = \sum_{1,2\ldots}^{\infty} j\,(-\cos j\pi)\sin j\pi\frac{u_{\text{II}}}{a_{\text{II}}}\,\frac{2\,\mathfrak{Cos}\,j\pi\frac{b-v}{a_{\text{II}}}\,\mathfrak{Cos}\,j\pi\frac{y}{a_{\text{II}}}}{\mathfrak{Sin}\,j\pi\frac{b}{a_{\text{II}}}}.\end{aligned}\right\}\quad(425)$$

Die Krümmungswerte an den Rändern $t$ und $b$ ergeben sich aus Gl. (393 d, e):

$$\left.\begin{aligned} a_{\text{II}}\,K_{tj}^{(-q_a)} &= -a_{\text{II}}\frac{\partial}{\partial x}K_{tj}^{(m_x+m_y)} = (-\cos j\pi)\,\frac{-2\,\mathfrak{Cos}\,j\pi\frac{b-y}{a_{\text{II}}}}{\mathfrak{Sin}\,j\pi\frac{b}{a_{\text{II}}}},\\ a_{\text{II}}\,K_{bj}^{(-q_a)} &= (-\cos j\pi)\,\frac{-2\,\mathfrak{Cos}\,j\pi\frac{y}{a_{\text{II}}}}{\mathfrak{Sin}\,j\pi\frac{b}{a_{\text{II}}}}.\end{aligned}\right\}\quad(426)$$

Daraus folgt:

$$\left.\begin{aligned} a_{\text{II}}\,\widehat{K}_{\text{II}\,j} &= (-\cos j\pi)\,\frac{-\mathfrak{Cos}\,j\pi\frac{b-y}{a_{\text{II}}} - \mathfrak{Cos}\,j\pi\frac{y}{a_{\text{II}}}}{\mathfrak{Sin}\,j\pi\frac{b}{a_{\text{II}}}},\\ a_{\text{II}}\,\check{K}_{\text{II}\,j} &= (-\cos j\pi)\,\frac{-\mathfrak{Cos}\,j\pi\frac{b-y}{a_{\text{II}}} + \mathfrak{Cos}\,j\pi\frac{y}{a_{\text{II}}}}{\mathfrak{Sin}\,j\pi\frac{b}{a_{\text{II}}}}.\end{aligned}\right\}\quad(427)$$

Die Randverdrehungswerte $R_{ak}$ sind gleich der $a_{\text{II}}$-fachen Querkraft im Bezugspunkt infolge des Randmomentangriffs $m_a = 1\cdot\cos k\pi\frac{v}{b}$:

$$R_{ak}\,(=R_{\text{II III}\,k}) = -\frac{k\pi a_{\text{II}}}{b}\,\mathfrak{Cotg}\,k\pi\frac{a_{\text{II}}}{b}\cos k\pi\frac{y}{b}.$$

Ebenso ist

$$R_{sk}\,(=R_{\text{II I}\,k}) = \frac{k\pi a_{\text{II}}}{b\,\mathfrak{Sin}\,k\pi\frac{a_{\text{II}}}{b}}\cos k\pi\frac{y}{b}. \quad (428)$$

Die vorstehend angegebenen Größen sind in die Gleichungssysteme Gl. (402) und (403) einzusetzen.

Die Substitution

$$\left.\begin{aligned} r_{\text{II III}\,k} &= \frac{\left(\frac{d_0}{d_{\text{II}}}\right)^3 C\left(\frac{k a_{\text{II}}}{b}\right)}{\left(\frac{d_0}{d_{\text{II}}}\right)^3 C\left(\frac{k a_{\text{II}}}{b}\right) + \left(\frac{d_0}{d_{\text{III}}}\right)^3 C\left(\frac{k a_{\text{III}}}{b}\right)}\left(k\pi\frac{a_{\text{II}}}{b}\,\mathfrak{Cotg}\,k\pi\frac{a_{\text{II}}}{b}\cos k\pi\frac{y}{b} + f_k\right),\\ r_{\text{III II}\,k} &= \frac{\left(\frac{d_0}{d_{\text{III}}}\right)^3 C\left(\frac{k a_{\text{III}}}{b}\right)}{\left(\frac{d_0}{d_{\text{II}}}\right)^3 C\left(\frac{k a_{\text{II}}}{b}\right) + \left(\frac{d_0}{d_{\text{III}}}\right)^3 C\left(\frac{k a_{\text{III}}}{b}\right)}\left(k\pi\frac{a_{\text{II}}}{b}\,\mathfrak{Cotg}\,k\pi\frac{a_{\text{II}}}{b}\cos k\pi\frac{y}{b} + f_k\right)\end{aligned}\right\}\quad(429)$$

führt auf eine Gleichungsgruppe für $f_k$ ohne absolutes Glied; in den Gleichungen für die $\hat{r}_{\mathrm{II}\,j}$ tritt als absolutes Glied die Summe

$$U = \cos j\pi \cdot \frac{8\,a_{\mathrm{II}}}{j\pi b} \sum_{2,4}^{\infty}{}_k \frac{\left(\frac{d_0}{d_{\mathrm{II}}}\right)^3 \mathfrak{Cotg}\, k\pi \frac{a_{\mathrm{II}}}{b}}{\left(\frac{d_0}{d_{\mathrm{II}}}\right)^3 C\left(\frac{k\,a_{\mathrm{II}}}{b}\right) + \left(\frac{d_0}{d_{\mathrm{III}}}\right)^3 C\left(\frac{k\,a_{\mathrm{III}}}{b}\right)} \cdot \frac{\cos k\pi \frac{y}{b}}{\left[1 + \left(\frac{j\,b}{k\,a_{\mathrm{II}}}\right)^2\right]^2} \tag{430}$$

auf, die keinem Grenzwert zustrebt, sondern bis ins Unendliche um einen Mittelwert pendelt. Man kann formal diesen Mittelwert als Grenzwert nehmen. In den Gleichungen für die $\hat{r}_{\mathrm{III}\,j}$ steht ein ähnlicher Ausdruck. In den Gleichungen für $\hat{\check{r}}_{\mathrm{II}\,j}$ und $\hat{\check{r}}_{\mathrm{III}\,j}$ treten die analogen Summen über die ungeraden $k$ auf. Das 0te Glied der cos-Reihe ist die $a_{\mathrm{II}}$-fache Querkraft im Bezugspunkt infolge der Stützenmomente $m_{\mathrm{II}\,\mathrm{I}_0}$ und $m_{\mathrm{II}\,\mathrm{III}_0}$, d. h. wie in P. 8.3.3., die durch $b$ dividierten Einflußzahlen für die Stützenmomente des Durchlaufträgers.

Die endgültige Einflußfläche lautet im Feld II:

$$\mathrm{Einfl}\,(-a_{\mathrm{II}}\,q_a) = \frac{1}{b}\left(\mathrm{Einfl}\,M_{\mathrm{II}\,\mathrm{I}_0} - \mathrm{Einfl}\,M_{\mathrm{II}\,\mathrm{III}_0}\right) + \mathrm{Einfl}\,(-a_{\mathrm{II}}\,q_a)\,\boxed{\mathbf{F_2V_2-10}} +$$

$$+ \sum_{1,2\ldots}^{\infty}{}_k\, r_{\mathrm{II}\,\mathrm{I}_k} \frac{\mathrm{Einfl}\,B_{\mathrm{II}\,\mathrm{I}\,k}}{C\left(\frac{k\,a_{\mathrm{II}}}{b}\right)} + \sum_{1,2\ldots}^{\infty}{}_k\, r_{\mathrm{II}\,\mathrm{III}_k} \frac{\mathrm{Einfl}\,B_{\mathrm{II}\,\mathrm{III}\,k}}{C\left(\frac{k\,a_{\mathrm{II}}}{b}\right)} + \sum_{1,2\ldots}^{\infty}{}_j \left[\hat{r}_{\mathrm{II}\,j}\hat{F}_{\mathrm{II}\,j} + \hat{\check{r}}_{\mathrm{II}\,j}\hat{\check{F}}_{\mathrm{II}\,j}\right]. \tag{431}$$

Im Bereich kleiner Werte $\frac{y-v}{a}$ kann man die geschlossene Darstellung von $-q_a$ aus Fall $\boxed{\mathbf{F_2-10}}$ (seitenverkehrt zu $q_s$) und die Differenzreihe verwenden.

In der Nähe der Unterstützungslinie II III (auf beiden Seiten) kann die Summe

$$\sum_{1,2}^{\infty}{}_k\, r_{\mathrm{II}\,\mathrm{III}\,k} \frac{\mathrm{Einfl}\,B_{\mathrm{II}\,\mathrm{III}\,k}}{C\left(\frac{k\,a_{\mathrm{II}}}{b}\right)} \quad \text{bzw.} \quad \sum_{1,2}^{\infty}{}_k\, r_{\mathrm{III}\,\mathrm{II}\,k} \frac{\mathrm{Einfl}\,B_{\mathrm{III}\,\mathrm{II}\,k}}{C\left(\frac{k\,a_{\mathrm{III}}}{b}\right)}$$

durch folgende geschlossene Darstellung und die Differenzreihe ersetzt werden:

$$\frac{a_{\mathrm{II}}}{b} \sum_{1,2}^{\infty}{}_k \cos k\pi\frac{y}{b} \cos k\pi\frac{v}{b} \frac{k\pi u}{b} e^{-k\pi\frac{u}{b}} =$$

$$= \frac{a_{\mathrm{II}}}{b}\frac{\pi u}{4b}\left[\frac{\mathfrak{Cof}\,\pi\frac{u}{b}\cos\pi\frac{y-v}{b} - 1}{\left(\mathfrak{Cof}\,\pi\frac{u}{b} - \cos\pi\frac{y-v}{b}\right)^2} + \frac{\mathfrak{Cof}\,\pi\frac{u}{b}\cos\pi\frac{y+v}{b} - 1}{\left(\mathfrak{Cof}\,\pi\frac{u}{b} - \cos\pi\frac{y+v}{b}\right)^2}\right]. \tag{432}$$

### 8.3.5.a) Einflußfläche für die Auflagerkraft

Die Einflußfläche für die Auflagerkraft in irgendeinem Punkt $y$ der Unterstützungslinie II III erhält man als Summe der Einflußflächen für die Querkräfte links und rechts der Unterstützungslinie; bei ungleichen Feldern ist es notwendig, beide Einflußflächen auf eine Vergleichslänge, z. B. die Breite $b$, zu beziehen, d. h. die Einflußflächen

$$\mathrm{Einfl}\,(-b\,q_{a\,\mathrm{II}}) + \mathrm{Einfl}\,(b\,q_{s\,\mathrm{III}})$$

zu entwickeln.

### *8.3.6. Einflußfläche für die Summe der Querkräfte in einer Strecke von der Länge t*

Die Summe der Querkräfte $-Q_a$ in der Strecke von $y - \frac{t}{2}$ bis $y + \frac{t}{2}$ (Abb. 140) ergibt sich im Grundfall $\boxed{\mathbf{F_2V_2-10}}$ durch Integration von $-q_a$ nach Gl. (425) über $y$:

**D$_2$U$_2$—10** Bereich $0 \leqq v \leqq y - \frac{t}{2}$:

$$-Q_a = \sum_{1,2}^{\infty} {}_j (-\cos j\pi) \sin j\pi \frac{u}{a} \frac{4\,\mathfrak{Cof}\, j\pi \frac{v}{a}\,\mathfrak{Cof}\, j\pi \frac{b-y}{a}\,\mathfrak{Sin}\, j\pi \frac{t}{2a}}{j\pi\,\mathfrak{Sin}\, j\pi \frac{b}{a}}.$$

Bereich $y - \frac{t}{2} \leqq v \leqq y + \frac{t}{2}$:

$$-Q_a = \sum_{1,2}^{\infty} {}_j (-\cos j\pi) \sin j\pi \frac{u}{a} \frac{2}{j\pi} \left[1 - \frac{\mathfrak{Sin}\, j\pi \frac{y - \frac{t}{2}}{a}\,\mathfrak{Cof}\, j\pi \frac{b-v}{a} + \mathfrak{Sin}\, j\pi \frac{b - y - \frac{t}{2}}{a}\,\mathfrak{Cof}\, j\pi \frac{v}{a}}{\mathfrak{Sin}\, j\pi \frac{b}{a}}\right]. \tag{433}$$

Bereich $y + \frac{t}{2} \leqq v \leqq b$:

$$-Q_a = \sum_{1,2}^{\infty} {}_j (-\cos j\pi) \sin j\pi \frac{u}{a} \frac{4\,\mathfrak{Cof}\, j\pi \frac{b-v}{a}\,\mathfrak{Cof}\, j\pi \frac{y}{a}\,\mathfrak{Sin}\, j\pi \frac{t}{2a}}{j\pi\,\mathfrak{Sin}\, j\pi \frac{b}{a}}.$$

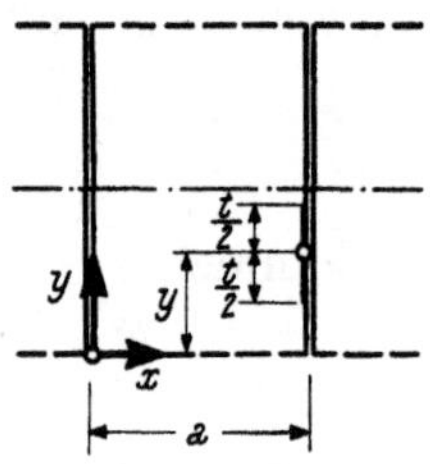


Abb. 140

Die Verformung, durch welche diese Einflußfläche entsteht, ist die Verschiebung $+1$ längs der Strecke $t$. Die zugehörigen Krümmungswerte sind:

$$\widehat{K}_j = (-\cos j\pi) \frac{2\,\mathfrak{Sin}\, j\pi \frac{t}{2a}\left(-\mathfrak{Cof}\, j\pi \frac{b-y}{a} - \mathfrak{Cof}\, j\pi \frac{y}{a}\right)}{j\pi\,\mathfrak{Sin}\, j\pi \frac{b}{a}},$$

$$\widecheck{K}_j = (-\cos j\pi) \frac{2\,\mathfrak{Sin}\, j\pi \frac{t}{2a}\left(-\mathfrak{Cof}\, j\pi \frac{b-y}{a} + \mathfrak{Cof}\, j\pi \frac{y}{a}\right)}{j\pi\,\mathfrak{Sin}\, j\pi \frac{b}{a}}. \tag{434}$$

Die Randverdrehungswerte $R_{ak}$ und $R_{sk}$ findet man ebenfalls durch Integration:

$$R_{ak} = -2\,\mathfrak{Cotg}\, k\pi \frac{a}{b} \sin k\pi \frac{t}{2b} \cos k\pi \frac{y}{b},$$

$$R_{sk} = \frac{2}{\mathfrak{Sin}\, k\pi \frac{a}{b}} \sin k\pi \frac{t}{2b} \cos k\pi \frac{y}{b}. \tag{435}$$

Diese Größen sind in das Gleichungssystem (402) und (403) einzusetzen. Das Glied $k = 0$ ist wie in Gl. (431), aber mit $\frac{t}{a}$ multipliziert.

*8.3.7. Einflußfläche für die Summe der lotrechten Schubkräfte in der Strecke* $0 \leqq y \leqq t$

Vgl. Fall **F$_2$U — 10**. Mit $y = \frac{t}{2}$ und den Bezeichnungen nach Abb. 139 nehmen die Gl. (433) die Form an:

Bereich $0 \leqq v \leqq t$:

$$-T_a = \sum_{1,2}^{\infty} {}_j (-\cos j\pi) \sin j\pi \frac{u_{II}}{a_{II}} \frac{2}{j\pi} \left[1 - \frac{\mathfrak{Sin}\, j\pi \frac{b-t}{a_{II}}\,\mathfrak{Cof}\, j\pi \frac{v}{a_{II}}}{\mathfrak{Sin}\, j\pi \frac{b}{a_{II}}}\right].$$

Bereich $t \leqq v \leqq b$:

$$-T_a = \sum_{1,2}^{\infty} {}_j (-\cos j\pi) \sin j\pi \frac{u_{II}}{a_{II}} \frac{2\,\mathfrak{Cof}\, j\pi \frac{b-v}{a_{II}}\,\mathfrak{Sin}\, j\pi \frac{t}{a_{II}}}{j\pi\,\mathfrak{Sin}\, j\pi \frac{b}{a_{II}}}. \tag{436}$$

$$\left.\begin{aligned} \widehat{K}_{\mathrm{II}\,j} &= (-\cos j\pi)\,\frac{\mathfrak{Sin}\, j\pi\frac{b-t}{a_{\mathrm{II}}} - \mathfrak{Sin}\, j\pi\frac{t}{a_{\mathrm{II}}}}{j\pi\,\mathfrak{Sin}\, j\pi\frac{b}{a_{\mathrm{II}}}},\\ \widehat{\widehat{K}}_{\mathrm{II}\,j} &= (-\cos j\pi)\,\frac{\mathfrak{Sin}\, j\pi\frac{b-t}{a_{\mathrm{II}}} + \mathfrak{Sin}\, j\pi\frac{t}{a_{\mathrm{II}}}}{j\pi\,\mathfrak{Sin}\, j\pi\frac{b}{a_{\mathrm{II}}}}. \end{aligned}\right\} \tag{437}$$

$$\left.\begin{aligned} R_{a\,k} &= R_{\mathrm{II\,III}\,k} = -\,\mathfrak{Cotg}\, k\pi\frac{a_{\mathrm{II}}}{b}\sin k\pi\frac{t}{b},\\ R_{s\,k} &= R_{\mathrm{II\,I}\,k} = \frac{\sin k\pi\frac{t}{b}}{\mathfrak{Sin}\, k\pi\frac{a_{\mathrm{II}}}{b}}. \end{aligned}\right\} \tag{438}$$

Mit der Substitution

$$\left.\begin{aligned} r_{\mathrm{II\,III}\,k} &= \frac{\left(\frac{d_0}{d_{\mathrm{II}}}\right)^3 C\left(\frac{k\,a_{\mathrm{II}}}{b}\right)}{\left(\frac{d_0}{d_{\mathrm{II}}}\right)^3 C\left(\frac{k\,a_{\mathrm{II}}}{b}\right) + \left(\frac{d_0}{d_{\mathrm{III}}}\right)^3 C\left(\frac{k\,a_{\mathrm{III}}}{b}\right)}\left(\mathfrak{Cotg}\, k\pi\frac{a_{\mathrm{II}}}{b}\sin k\pi\frac{t}{b} + f_k\right),\\ r_{\mathrm{III\,II}\,k} &= \frac{\left(\frac{d_0}{d_{\mathrm{III}}}\right)^3 C\left(\frac{k\,a_{\mathrm{III}}}{b}\right)}{\left(\frac{d_0}{d_{\mathrm{II}}}\right)^3 C\left(\frac{k\,a_{\mathrm{II}}}{b}\right) + \left(\frac{d_0}{d_{\mathrm{III}}}\right)^3 C\left(\frac{k\,a_{\mathrm{III}}}{b}\right)}\left(\mathfrak{Cotg}\, k\pi\frac{a_{\mathrm{II}}}{b}\sin k\pi\frac{t}{b} + f_k\right) \end{aligned}\right\} \tag{439}$$

erhält man aus den Gl. (402), (403) eine Gleichungsgruppe für $f_k$ ohne absolutes Glied; in den Gleichungen für die $\widehat{r}_{\mathrm{II}\,j}$ tritt als absolutes Glied die Summe

$$U = \cos j\pi\cdot\frac{8}{j\pi^2}\sum_{2,4}^{\infty}{}_k\,\frac{\left(\frac{d_0}{d_{\mathrm{II}}}\right)^3\mathfrak{Cotg}\, k\pi\frac{a_{\mathrm{II}}}{b}}{\left(\frac{d_0}{d_{\mathrm{II}}}\right)^3 C\left(\frac{k\,a_{\mathrm{II}}}{b}\right) + \left(\frac{d_0}{d_{\mathrm{III}}}\right)^3 C\left(\frac{k\,a_{\mathrm{III}}}{b}\right)}\cdot\frac{\sin k\pi\frac{t}{b}}{k\left[1+\left(\frac{j\,b}{k\,a_{\mathrm{II}}}\right)^2\right]^2} \tag{440}$$

auf; für die $\widehat{r}_{\mathrm{III}\,j}$ gilt ein ähnlicher Ausdruck. In den Gleichungen für $\widehat{\widehat{r}}_{\mathrm{II}\,j}$ und $\widehat{\widehat{r}}_{\mathrm{III}\,j}$ stehen die analogen Summen über die ungeraden $k$. Da diese Summen sehr schlecht konvergieren, setzt man für die Restsumme, z. B. von $k = 16$ an, näherungsweise:

$$\sum_{16,18\ldots}^{\infty}{}_k\,\frac{\sin k\pi\frac{t}{b}}{k} \doteq \int\limits_{k=15}^{\infty}\frac{\sin k\pi\frac{t}{b}}{k}\,\frac{d\,k}{2} = \frac{1}{2}\left(-\operatorname{si} 15\pi\frac{t}{b}\right). \tag{441}$$

Der Integralsinus (si) ist in Tafelwerken zu finden. Das Glied $k = 0$ lautet:

$$\frac{t}{a_{\mathrm{II}}\,b}\,(\text{Einfl}\, M_{\mathrm{II\,I}_0} - \text{Einfl}\, M_{\mathrm{II\,III}_0}).$$

Die Einflußfläche im Grundfall kann man durch nachstehende geschlossene Ausdrücke und Differenzreihen ersetzen:

$$\left.\begin{aligned} &\sum_{1,2}^{\infty}{}_j\,(-\cos j\pi)\sin j\pi\frac{u}{a}\,\frac{2}{j\pi}\left[1 - e^{-j\pi\frac{t}{a}}\,\mathfrak{Cof}\, j\pi\frac{v}{a}\right] =\\ &\qquad = \frac{u}{a} - \frac{1}{\pi}\operatorname{arctg}\frac{\sin\pi\frac{u}{a}}{e^{\pi\frac{t-v}{a}} + \cos\pi\frac{u}{a}} - \frac{1}{\pi}\operatorname{arctg}\frac{\sin\pi\frac{u}{a}}{e^{\pi\frac{t+v}{a}} + \cos\pi\frac{u}{a}},\\ &\sum_{1,2}^{\infty}{}_j\,(-\cos j\pi)\sin j\pi\frac{u}{a}\,\frac{2}{j\pi}\,e^{-j\pi\frac{v}{a}}\,\mathfrak{Sin}\, j\pi\frac{t}{a} =\\ &\qquad = \frac{1}{\pi}\operatorname{arctg}\frac{\sin\pi\frac{u}{a}}{e^{\pi\frac{v-t}{a}} + \cos\pi\frac{u}{a}} - \frac{1}{\pi}\operatorname{arctg}\frac{\sin\pi\frac{u}{a}}{e^{\pi\frac{v+t}{a}} + \cos\pi\frac{u}{a}}. \end{aligned}\right\} \tag{442}$$

**D₂U₂—10**

Ein Anteil von $\hat{r}_{\mathrm{II}\,j}$ ist $-\hat{K}_{\mathrm{II}\,j}$. Die Summe $\sum_{1,2}^{\infty j} (-\hat{K}_{\mathrm{II}\,j})\hat{F}_{\mathrm{II}\,j}$ läßt sich ebenfalls durch den folgenden geschlossenen Ausdruck und eine Differenzreihe ersetzen:

$$\sum_{1,2}^{\infty j} (-\cos j\pi)\sin j\pi\frac{u}{a}\frac{1}{j\pi}e^{-j\pi\frac{t}{a}}\frac{1}{3}e^{-j\pi\frac{v}{a}}\left(1-j\pi\frac{v}{a}\right) =$$

$$= \frac{1}{3\pi}\operatorname{arctg}\frac{\sin\pi\frac{u}{a}}{e^{\pi\frac{t+v}{a}}+\cos\pi\frac{u}{a}} - \frac{v}{6a}\frac{\sin\pi\frac{u}{a}}{\mathfrak{Cos}\,\pi\frac{t+v}{a}+\cos\pi\frac{u}{a}}. \quad (443)$$

Für die Summe $\sum_{1,2\ldots}^{\infty j} (-\check{\hat{K}}_{\mathrm{II}\,j})\check{\hat{F}}_{\mathrm{II}\,j}$ gilt der gleiche Ausdruck.

Die geschlossen darstellbaren Anteile des Grundfalles und der vorgenannten Zusatzfunktionen ergeben zusammen die Einflußfläche für $-T_a$, die Summe der lotrechten Schubkräfte im Fall **F₂U — 10**.

In der Nähe der Unterstützungslinie II III kann schließlich die Summe

$$\sum_{1,2}^{\infty k} r_{\mathrm{II\,III}\,k}\frac{\text{Einfl}\,B_{\mathrm{II\,III}\,k}}{C\left(\frac{k\,a_{\mathrm{II}}}{b}\right)}$$

durch den folgenden geschlossenen Ausdruck und die Differenzreihe ersetzt werden:

$$\sum_{1,2}^{\infty k}\cos k\pi\frac{v}{b}\sin k\pi\frac{t}{b}\frac{u}{b}e^{-k\pi\frac{u}{b}} = \frac{u}{4b}\left[\frac{\sin\pi\frac{t-v}{b}}{\mathfrak{Cos}\,\pi\frac{u}{b}-\cos\pi\frac{t-v}{b}} + \frac{\sin\pi\frac{t+v}{b}}{\mathfrak{Cos}\,\pi\frac{u}{b}-\cos\pi\frac{t+v}{b}}\right]. \quad (444)$$

8.3.7.a) Einflußfläche für die Summe der Auflagerkräfte in einer Strecke von der Länge $t$

Diese Einflußfläche erhält man als Summe der Einflußflächen für die Summe der Querkräfte bzw. der lotrechten Schubkräfte links und rechts der Unterstützungslinie.

## C.9. Die Rechteckplatte, zwei benachbarte Ränder ungestützt, übrige Ränder (elastisch) eingespannt

**DU DU — ***

Beliebige Belastung

Die nach zwei Richtungen auskragende Rechteckplatte, deren Seitenlängen mit $l$ und $h$ bezeichnet werden, wird als ein Viertel einer zweiachsig symmetrisch belasteten und gelagerten Rechteckplatte mit den Seitenlängen $2\,l$ und $2\,h$ betrachtet, die im Grundfall allseitig frei drehbar gestützt ist (Abb. 141).

Die Anschlußplatten, die am Rand $x_{\mathrm{I}} = l$ bzw. $y_{\mathrm{I}} = h$ ebenfalls ungestützt sein müssen, werden wie im Abschnitt C.5. zum *doppelten* Rechteck ergänzt gedacht.

Im Grundfall entstehen auf der Linie $x = l$ die Momente:

$$m_{x\,l} = \sum_{1,3}^{\infty k}\sin k\pi\frac{y_{\mathrm{I}}}{2h}M_{l\,k} \quad (445)$$

und auf der Linie $y = h$:

$$m_{y\,h} = \sum_{1,3}^{\infty j}\sin j\pi\frac{x_{\mathrm{I}}}{2l}M_{h\,j}. \quad (446)$$

Die Randverdrehungen im Grundfall sind:

$$\left.\begin{aligned} S\beta_s &= \sum_{1,3}^{\infty} {}^k \sin k\pi \frac{y_{\mathrm{I}}}{2h} \cdot \frac{h}{k\pi} B_{\mathrm{I\,II}k} \\ \text{und} \qquad & \\ S\beta_t &= \sum_{1,3}^{\infty} {}^j \sin j\pi \frac{x_{\mathrm{I}}}{2l} \cdot \frac{l}{j\pi} B_{\mathrm{I\,XI}j}. \end{aligned}\right\} \quad (447)$$

Die Belastungswerte $B$ erhält man, wenn man in den unter C.2.1. angeführten Formeln $\frac{a}{2} = l$ und $\frac{b}{2} = h$ einsetzt. Bei Rechtecklast ist $B_{tj}$ für Belastungsfall 212 doppelt zu nehmen, aber $j = 1, 3, \ldots$ und $B_{sk}$ daraus durch Vertauschen der Koordinatenrichtungen zu gewinnen.

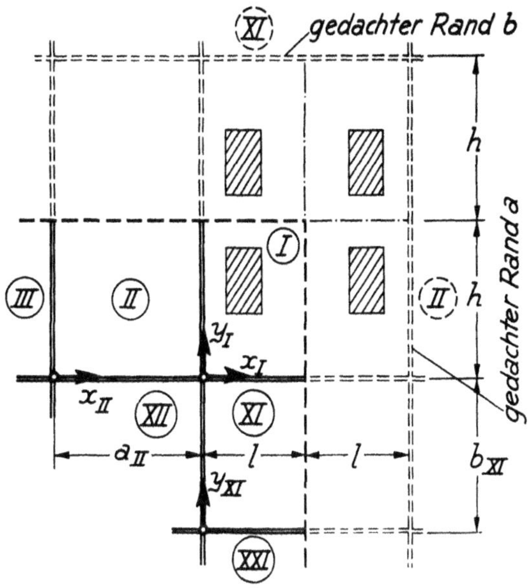


Abb. 141

Die an der Platte I nach Fall **F₄ — 0sa** und der Anschlußplatte II nach Fall **F₄ — 0a** angebrachten gegenseitigen Momente

$$m_s = m_a = \sum_{1,3}^{\infty} {}^k \sin k\pi \frac{y_{\mathrm{I}}}{2h} m_{\mathrm{I\,II}k} \quad (448)$$

erzeugen die aus Abschnitt C.2.1. bekannten *gegenseitigen* Verdrehungen.

Auf der Linie $x = l$ entstehen Momente:

$$\left.\begin{aligned} m_{xl} &= \sum_{1,3}^{\infty} {}^k \sin k\pi \frac{y_{\mathrm{I}}}{2h} m_{\mathrm{I\,II}k} \hat{\mu}\left(\frac{kl}{2h}\right) \\ \text{mit} \qquad & \\ \hat{\mu}\left(\frac{kl}{2h}\right) &= \frac{2 - k\pi \frac{l}{2h} \mathfrak{Tg}\, k\pi \frac{l}{2h}}{2\, \mathfrak{Cof}\, k\pi \frac{l}{2h}} \end{aligned}\right\} \quad (449)$$

und auf der Linie $y = h$ die Momente, als sin-Reihe entwickelt:

$$m_{yh} = \sum_{1,3}^{\infty} {}^j \sin j\pi \frac{x_{\mathrm{I}}}{2l} \sum_{1,3}^{\infty} {}^k m_{\mathrm{I\,II}k} \sin \frac{k\pi}{2} \frac{1}{j} H\left(\frac{kl}{jh}\right). \quad (450)$$

Die an der Platte I nach Fall **F₄ — 0tb** und an der Anschlußplatte XI nach Fall **F₄ — 0b** angebrachten gegenseitigen Momente

$$m_t = m_b = \sum_{1,3}^{\infty} {}^j \sin j\pi \frac{x_{\mathrm{I}}}{2l} m_{\mathrm{I\,XI}j} \quad (451)$$

erzeugen gegenseitige Verdrehungen nach den bekannten Formeln.

Auf der Linie $x = l$ entstehen Momente, als sin-Reihe entwickelt:

$$m_{xl} = \sum_{1,3}^{\infty} {}^k \sin k\pi \frac{y_{\mathrm{I}}}{2h} \sum_{1,3}^{\infty} {}^j m_{\mathrm{I\,XI}j} \sin \frac{j\pi}{2} \frac{1}{k} H\left(\frac{kl}{jh}\right) \quad (452)$$

und auf der Linie $y = h$:

$$\left.\begin{aligned} m_{yh} &= \sum_{1,3}^{\infty} {}^j \sin j\pi \frac{x_{\mathrm{I}}}{2l} m_{\mathrm{I\,XI}j} \hat{\mu}\left(\frac{jh}{2l}\right) \\ \text{mit} \qquad & \\ \hat{\mu}\left(\frac{jh}{2l}\right) &= \frac{2 - j\pi \frac{h}{2l} \mathfrak{Tg}\, j\pi \frac{h}{2l}}{2\, \mathfrak{Cof}\, j\pi \frac{h}{2l}}. \end{aligned}\right\} \quad (453)$$

**DU DU — ***

Um die Randbedingung $m_y = 0$ am Rand $y_I = h$ herzustellen, müssen Randmomente

$$\left.\begin{aligned} m_h &= \sum_{1,3}^{\infty} j \sin j\pi \frac{x_I}{2l} m_{hj}, \\ m_{II} &= \sum_{1,2}^{\infty} j \sin j\pi \frac{x_{II}}{a_{II}} m_{IIj} \text{ usw.} \end{aligned}\right\} \quad (454)$$

nach Fall **F$_3$U — 00** angebracht werden.

Die Momente $m_h$ erzeugen folgende Randverdrehungen (vgl. Abschnitt C.5.):

Am Rand $s$, als sin-Reihe entwickelt:

$$\left.\begin{aligned} S_I \beta_s &= -\sum_{1,3}^{\infty} k \sin k\pi \frac{y_I}{2h} \sin \frac{k\pi}{2} \frac{h}{k\pi} \sum_{1,3}^{\infty} j\, m_{hj} L\left(\frac{jh}{kl}\right) \\ \text{mit}\quad L\left(\frac{jh}{kl}\right) &= \frac{16\,k\,l^2}{\pi j^2 h^2 \left(\frac{jh}{kl} + \frac{kl}{jh}\right)^2 \left(3\,\mathfrak{Tg}\, j\pi \frac{h}{2l} + \dfrac{j\pi \frac{h}{2l}}{\mathfrak{Cof}^2\, j\pi \frac{h}{2l}}\right)}. \end{aligned}\right\} \quad (455)$$

Am Rand $t$:

$$\left.\begin{aligned} S_I \beta_t &= \sum_{1,3}^{\infty} j \sin j\pi \frac{x_I}{2l} m_{hj} \frac{l}{j\pi} G\left(\frac{jh}{2l}\right) \\ \text{mit}\quad G\left(\frac{jh}{2l}\right) &= 2\,\frac{j\pi \frac{h}{2l}\,\mathfrak{Tg}\, j\pi \frac{h}{2l} - 2}{3\,\mathfrak{Sin}\, j\pi \frac{h}{2l} + \dfrac{j\pi \frac{h}{2l}}{\mathfrak{Cof}\, j\pi \frac{h}{2l}}}. \end{aligned}\right\} \quad (456)$$

In der Linie $x = l$ entstehen Momente, ebenfalls als sin-Reihe entwickelt:

$$m_{xl} = -\sum_{1,3}^{\infty} k \sin k\pi \frac{y_I}{2h} \sin \frac{k\pi}{2} \sum_{1,3}^{\infty} j \sin \frac{j\pi}{2} \cdot m_{hj} L\left(\frac{jh}{kl}\right) \frac{jh}{2kl}. \quad (457)$$

Die Randbedingung $m_x = 0$ am Rand $x_I = l$ wird durch Randmomente

$$\left.\begin{aligned} m_l &= \sum_{1,3}^{\infty} k \sin k\pi \frac{y_I}{2h} m_{lk}, \\ m_{XI} &= \sum_{1,2}^{\infty} k \sin k\pi \frac{y_{XI}}{b_{XI}} m_{XIk} \text{ usw.} \end{aligned}\right\} \quad (458)$$

nach Fall **FUF$_2$ — 00** hergestellt.

Die Randverdrehungen infolge $m_l$ sind:

Am Rand $s$:

$$\left.\begin{aligned} S_I \beta_s &= \sum_{1,3}^{\infty} k \sin k\pi \frac{y_I}{2h} m_{lk} \cdot \frac{h}{k\pi} G\left(\frac{kl}{2h}\right) \\ \text{mit}\quad G\left(\frac{kl}{2h}\right) &= 2\,\frac{k\pi \frac{l}{2h}\,\mathfrak{Tg}\, k\pi \frac{l}{2h} - 2}{3\,\mathfrak{Sin}\, k\pi \frac{l}{2h} + \dfrac{k\pi \frac{l}{2h}}{\mathfrak{Cof}\, k\pi \frac{l}{2h}}}. \end{aligned}\right\} \quad (459)$$

Am Rand $t$, als sin-Reihe entwickelt:

mit

$$\left.\begin{aligned} S_{\mathrm{I}}\beta_t &= -\sum_{1,3}^{\infty} {}_j \sin j\pi \frac{x_{\mathrm{I}}}{2l} \sin\frac{j\pi}{2}\frac{l}{j\pi}\sum_{1,3}^{\infty} {}_k\, m_{lk} L\left(\frac{kl}{jh}\right) \\ L\left(\frac{kl}{jh}\right) &= \frac{16\, j h^2}{\pi k^2 l^2 \left(\frac{jh}{kl}+\frac{kl}{jh}\right)^2 \left(3\,\mathfrak{Tg}\, k\pi\frac{l}{2h} + \frac{k\pi\frac{l}{2h}}{\mathfrak{Cof}^2 k\pi\frac{l}{2h}}\right)}. \end{aligned}\right\} \tag{460}$$

In der Linie $y = h$ entstehen Momente, wieder als sin-Reihe entwickelt:

$$m_{yh} = -\sum_{1,3}^{\infty} {}_j \sin j\pi\frac{x_{\mathrm{I}}}{2l}\sin\frac{j\pi}{2}\sum_{1,3}^{\infty} {}_k \sin\frac{k\pi}{2}\cdot m_{lk} L\left(\frac{kl}{jh}\right)\frac{kl}{2jh}. \tag{461}$$

Mit den angeführten Größen können die Bedingungsgleichungen für die 4 Ränder der Platte I angeschrieben werden!

Rand $s$, Gleichung für $m_{\mathrm{I\,II}k}$, für $k = 1, 3\ldots$ aufzustellen:

$$\begin{aligned} & m_{\mathrm{II\,III}k}\left(\frac{d_0}{d_{\mathrm{II}}}\right)^3 D\left(\frac{k a_{\mathrm{II}}}{2h}\right) + m_{\mathrm{I\,II}k}\left[\left(\frac{d_0}{d_{\mathrm{II}}}\right)^3 C\left(\frac{k a_{\mathrm{II}}}{2h}\right) + \left(\frac{d_0}{d_{\mathrm{I}}}\right)^3 \widehat{C}\left(\frac{kl}{h}\right)\right] + m_{lk}\left(\frac{d_0}{d_{\mathrm{I}}}\right)^3 G\left(\frac{kl}{2h}\right) + \\ & + \sum_{1,2}^{\infty} {}_j (-\cos j\pi)\, m_{\mathrm{II\,XII}j}\left(\frac{d_0}{d_{\mathrm{II}}}\right)^3 \frac{a_{\mathrm{II}}}{jh} H\left(\frac{k a_{\mathrm{II}}}{2jh}\right) + \sum_{1,3}^{\infty} {}_j\, m_{\mathrm{I\,XI}j}\left(\frac{d_0}{d_{\mathrm{I}}}\right)^3 \frac{2l}{jh} H\left(\frac{kl}{jh}\right) - \\ & - \sin\frac{k\pi}{2}\sum_{1,2}^{\infty} {}_j (-\cos j\pi)\, m_{\mathrm{II}j}\left(\frac{d_0}{d_{\mathrm{II}}}\right)^3 L\left(\frac{2jh}{k a_{\mathrm{II}}}\right) - \sin\frac{k\pi}{2}\sum_{1,3}^{\infty} {}_j\, m_{hj}\left(\frac{d_0}{d_{\mathrm{I}}}\right)^3 L\left(\frac{jh}{kl}\right) + \\ & + \left(\frac{d_0}{d_{\mathrm{II}}}\right)^3 B_{\mathrm{II\,I}k} + \left(\frac{d_0}{d_{\mathrm{I}}}\right)^3 B_{\mathrm{I\,II}k} = 0. \end{aligned} \tag{462}$$

Rand $t$, Gleichung für $m_{\mathrm{I\,XI}j}$, für $j = 1, 3\ldots$ aufzustellen:

$$\begin{aligned} & M_{\mathrm{XI\,XXI}j}\left(\frac{d_0}{d_{\mathrm{XI}}}\right)^3 D\left(\frac{j b_{\mathrm{XI}}}{2l}\right) + m_{\mathrm{I\,XI}j}\left[\left(\frac{d_0}{d_{\mathrm{XI}}}\right)^3 C\left(\frac{j b_{\mathrm{XI}}}{2l}\right) + \left(\frac{d_0}{d_{\mathrm{I}}}\right)^3 \widehat{C}\left(\frac{jh}{l}\right)\right] + m_{hj}\left(\frac{d_0}{d_{\mathrm{I}}}\right)^3 G\left(\frac{jh}{2l}\right) + \\ & + \sum_{1,2}^{\infty} {}_k (-\cos k\pi)\, m_{\mathrm{XI\,XII}k}\left(\frac{d_0}{d_{\mathrm{XI}}}\right)^3 \frac{b_{\mathrm{XI}}}{kl} H\left(\frac{j b_{\mathrm{XI}}}{2kl}\right) + \sum_{1,3}^{\infty} {}_k\, m_{\mathrm{I\,II}k}\left(\frac{d_0}{d_{\mathrm{I}}}\right)^3 \frac{2h}{kl} H\left(\frac{jh}{kl}\right) - \\ & - \sin\frac{j\pi}{2}\sum_{1,2}^{\infty} {}_k (-\cos k\pi)\, m_{\mathrm{XI}k}\left(\frac{d_0}{d_{\mathrm{XI}}}\right)^3 L\left(\frac{2kl}{j b_{\mathrm{XI}}}\right) - \sin\frac{j\pi}{2}\sum_{1,3}^{\infty} {}_k\, m_{lk}\left(\frac{d_0}{d_{\mathrm{I}}}\right)^3 L\left(\frac{kl}{jh}\right) + \\ & + \left(\frac{d_0}{d_{\mathrm{XI}}}\right)^3 B_{\mathrm{XI\,I}j} + \left(\frac{d_0}{d_{\mathrm{I}}}\right)^3 B_{\mathrm{I\,XI}j} = 0. \end{aligned} \tag{463}$$

Rand $x_{\mathrm{I}} = l$, Gleichung für $m_{lk}$, für $k = 1, 3\ldots$ aufzustellen:

$$\begin{aligned} & m_{lk} + m_{\mathrm{I\,II}k}\,\widehat{\mu}\left(\frac{kl}{2h}\right) + \\ & + \sum_{1,3}^{\infty} {}_k\, m_{\mathrm{I\,XI}j}\frac{\sin\frac{j\pi}{2}}{k} H\left(\frac{kl}{jh}\right) - \sum_{1,3}^{\infty} {}_j\, m_{hj}\cdot\sin\frac{k\pi}{2}\sin\frac{j\pi}{2}\frac{jh}{2kl} L\left(\frac{jh}{kl}\right) + M_{lk} = 0. \end{aligned} \tag{464}$$

Rand $y_{\mathrm{I}} = h$, Gleichung für $m_{hj}$, für $j = 1, 3\ldots$ aufzustellen:

$$\begin{aligned} & m_{hj} + m_{\mathrm{I\,XI}j}\,\widehat{\mu}\left(\frac{jh}{2l}\right) + \\ & + \sum_{1,3}^{\infty} {}_k\, m_{\mathrm{I\,II}k}\frac{\sin\frac{k\pi}{2}}{j} H\left(\frac{jh}{kl}\right) - \sum_{1,3}^{\infty} {}_k\, m_{lk}\sin\frac{j\pi}{2}\sin\frac{k\pi}{2}\frac{kl}{2jh} L\left(\frac{kl}{jh}\right) + M_{hj} = 0. \end{aligned} \tag{465}$$

**DU DU — ***

Für alle übrigen Unterstützungslinien der Durchlaufplatte sind die Gleichungen wie im Abschnitt C.5. aufzustellen. Bei den Feldern XI, XXI usw. sind die Koordinatenrichtungen entsprechend zu vertauschen.

Die endgültigen Momente ergeben sich durch Überlagerung des Grundfalles mit sämtlichen Randmomenten. Da bei der Platte I ausschließlich zu den ungestützten Rändern symmetrische Fälle überlagert werden, entsteht an der ungestützten Ecke kein Drillmoment und somit keine Eckauflagerkraft.

Bei starrer Einspannung des Randes $s$ verschwinden in den Gleichungen für $m_{\mathrm{I\,II}k}$ alle Randverdrehungen der Platte II. Bei frei drehbarer Stützung des Randes $s$ ist $m_{\mathrm{I\,II}k} = 0$; die Gleichungen für diese Momente *entfallen*.

Das Entsprechende gilt für den Rand $t$.

Wenn sowohl der Rand $s$ als auch der Rand $t$ frei drehbar gestützt sind (Fall **FU FU — ***), sind nur die Gleichungen für $m_{lk}$ und für $m_{hj}$ aufzustellen.

## C.10. Die Rechteckplatte, ein Rand (elastisch) eingespannt, übrige Ränder ungestützt (Kragplatte)

**DU$_3$ — 12**

### 10.1. Rechtecklast an beliebiger Stelle

Es wird eine durchlaufende Plattenbrücke (Felder I und II) mit anschließender Kragplatte (Feld III) nach Abb. 142 behandelt.

#### *10.1.1. Grundfall*

Bei den Feldern I und II ist der Ausgangsfall die an den Rändern $s$ und $a$ frei drehbar gestützte, an den Rändern $t$ und $b$ verschieblich eingespannte Platte wie im Abschnitt C.8. (Fall **D$_2$U$_2$ — 12**). Der Ausgangsfall für das Kragfeld III ist eine *ebenso* gestützte Rechteckplatte, jedoch mit den Seitenlängen $2l$ und $b$. Die Belastung wird spiegelbildlich zur Linie $x_{\mathrm{III}} = l$ ergänzt. Es gelten die Formeln von Fall **F$_2$V$_2$ — 12**, wenn man $2l$ an Stelle von $a$, $2P$ an Stelle von $P$ setzt und alle geradzahligen Reihenglieder ($j = 2, 4$) wegläßt.

An den Rändern $t$ und $b$ entstehen Momente in der $y$-Richtung, die später zum Verschwinden gebracht werden; wir schreiben sie in der Form:

$$\left.\begin{aligned} m_{yt} &= \sum_{1,3\ldots}^{j} M_{tj} \sin j\pi \frac{x}{2l}, \\ m_{yb} &= \sum_{1,3\ldots}^{j} M_{bj} \sin j\pi \frac{x}{2l}. \end{aligned}\right\} \quad (466)$$

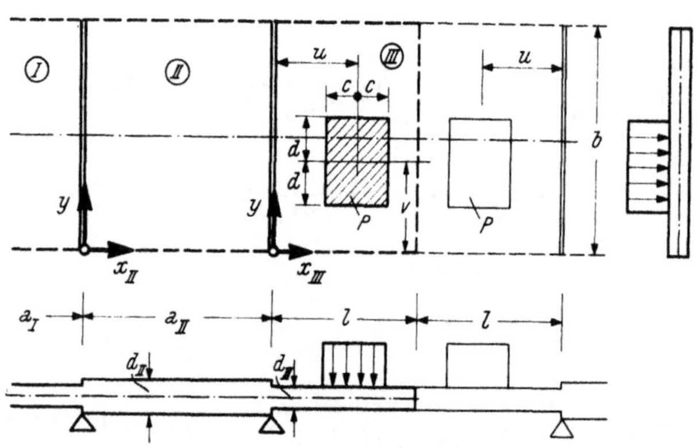


Abb. 142

Die Ausdrücke für $M_{tj}$ und $M_{bj}$ erhält man aus den Formeln für $m_y$ mit $y = 0$ bzw. $y = b$. Der zur Mittellinie $y = \frac{b}{2}$ symmetrische Anteil jedes Reihenkoeffizienten ist:

$$\left.\begin{aligned} &\widehat{M}_{\mathrm{III}j} = \frac{M_{tj} + M_{bj}}{2}, \\ &\text{der antisymmetrische Anteil ist:} \\ &\widecheck{M}_{\mathrm{III}j} = \frac{M_{tj} - M_{bj}}{2}. \end{aligned}\right\} \quad (467)$$

Geeignete Ausdrücke für die Randverdrehungen $S\beta_s = -S\beta_a$ ergeben sich wie im Abschnitt C.8. aus der Entwicklung der Rechtecklast als cos-Reihe mit der Periode $2b$ [siehe Gl. (381)]. Das von $y$ unabhängige 0te Glied der Reihe ist gegenstandslos, da eine gleichmäßige Verdrehung der Kragplatte biegungsfrei vor sich geht. Die Randverdrehungswerte $B_{sk} = B_{ak}$ mit $k = 1, 2, \ldots$ erhält man aus Fall **F₄ — 212**, indem man in der Formel für $B_{tj}$ (siehe Abschnitt C.2.) die Koordinatenrichtungen vertauscht und dann noch $l$ an Stelle von $\frac{a}{2}$ und $\cos k\pi\frac{v}{b}$ an Stelle von $\sin k\pi\frac{v}{b}$ schreibt:

$$B_{sk} = P\cos k\pi\frac{v}{b}\,\frac{\sin k\pi\frac{d}{b}}{k\pi\frac{d}{b}}\,\frac{\mathfrak{Sin}\,k\pi\frac{c}{b}}{k\pi\frac{c}{b}}\,\frac{2\,\mathfrak{Cof}\,k\pi\frac{l-u}{b}}{k\pi\,\mathfrak{Cof}\,k\pi\frac{l}{b}}\left[1 + \right.$$
$$\left. + k\pi\frac{l}{b}\,\mathfrak{Tg}\,k\pi\frac{l}{b} - k\pi\frac{c}{b}\,\mathfrak{Cotg}\,k\pi\frac{c}{b} - k\pi\frac{l-u}{b}\,\mathfrak{Tg}\,k\pi\frac{l-u}{b}\right]. \quad (468)$$

Die Glieder $k = 2, 4, \ldots$ stellen den zur Mittellinie $y = \frac{b}{2}$ symmetrischen, die Glieder $k = 1, 3, \ldots$ den antisymmetrischen Anteil der Randverdrehungen dar.

In der Linie $x_{III} = l$ entstehen im Grundfall Momente $m_x$; wir schreiben sie in der Form:

$$m_x = m_{l0} + \sum_{1,2}^{k} M_{lk}\cos k\pi\frac{y}{b}. \quad (469)$$

Das 0te Glied ist:

$$m_{l0} = P\frac{u}{b}. \quad (470)$$

Die Werte $M_{lk}$ ergeben sich analog den Werten $B_{sk}$ aus der Formel für $m_y$ in der Linie $y = \frac{b}{2}$ von Fall **F₄ — 212**:

$$M_{lk} = P\cos k\pi\frac{v}{b}\,\frac{\sin k\pi\frac{d}{b}}{k\pi\frac{d}{b}}\,\frac{\mathfrak{Sin}\,k\pi\frac{c}{b}}{k\pi\frac{c}{b}}\,\frac{\mathfrak{Sin}\,k\pi\frac{u}{b}}{k\pi\,\mathfrak{Cof}\,k\pi\frac{l}{b}}\left[-k\pi\frac{l}{b}\,\mathfrak{Tg}\,k\pi\frac{l}{b} + \right.$$
$$\left. + k\pi\frac{c}{b}\,\mathfrak{Cotg}\,k\pi\frac{c}{b} + k\pi\frac{u}{b}\,\mathfrak{Cotg}\,k\pi\frac{u}{b}\right]. \quad (471)$$

### *10.1.2. Zusatzfunktionen*

Um das gleichmäßig verteilte Moment $m_{l0}$ am Rand $x_{III} = l$ zum Verschwinden zu bringen, ist im gesamten Kragfeld III das *konstante* Moment $m_{x0} = -m_{l0}$ dem Grundfall zu überlagern. Der Verlauf der zugehörigen Momente $m_x$ in den Anschlußfeldern II und I ist wie bei einem Durchlaufträger mit Endmoment zu ermitteln.

Um die im Grundfall entstehenden, durch cos-Reihen gegebenen gegenseitigen Verdrehungen zwischen den Feldern I, II und III zum Verschwinden zu bringen, werden gegenseitige Momente angebracht, und zwar: zwischen Feld I und II die Momente

$$m_{I\,II} = \sum_{1,2\ldots}^{k} m_{I\,II\,k}\cos k\pi\frac{y}{b},$$

wie im Fall **D₂U₂ — 12** (Abschnitt C.8.); zwischen Feld II und III die Momente (472)

$$m_{II\,III} = \sum_{1,2\ldots}^{k} m_{II\,III\,k}\cos k\pi\frac{y}{b}.$$

Diese Momente wirken am Feld II einseitig nach Fall **F₂V₂ — 0a**, am Feld III mit der Länge $2l$ hingegen beidseitig nach Fall **F₂V₂ — 0sa**. Hiefür gelten die Formeln von Fall **F₄ — 0sa**, wenn $\sin k\pi\frac{y}{b}$ durch $\cos k\pi\frac{y}{b}$ und $\frac{a}{2}$ durch $l$ ersetzt wird.

**DU$_3$ — 12**

Die gegenseitigen Randverdrehungen sind durch die bekannten Beiwerte $C\left(\frac{k a}{b}\right)$, $D\left(\frac{k a}{b}\right)$ und $\widehat{C}\left(\frac{k\,2\,l}{b}\right)$ gegeben. Die an den Rändern $t$ und $b$ entstehenden Momente $m_y$ sind im Feld II nach Abschnitt C.8.:

$$m_{y\,t} = \sum_{1,2}^{\infty}{}_j \sin j\pi \frac{x_{\rm II}}{a_{\rm II}} \sum_{1,2}{}_k \left(m_{\rm I\,II\,\it k} - \cos j\pi \cdot m_{\rm II\,III\,\it k}\right) \frac{1}{2j} H\left(\frac{j b}{k a_{\rm II}}\right)$$

und im Feld III:

$$m_{y\,t} = \sum_{1,3}^{\infty}{}_j \sin j\pi \frac{x_{\rm III}}{2l} \sum_{1,2\ldots}{}_k m_{\rm II\,III\,\it k} \frac{1}{j} H\left(\frac{j b}{k\,2\,l}\right). \tag{473}$$

In der Linie $x_{\rm III} = l$ entstehen Momente $m_x$:

$$m_{x\,l} = \sum_{1,2}{}_k m_{\rm II\,III\,\it k} \cos k\pi \frac{y}{b} \widehat{\mu}\left(\frac{k l}{b}\right)$$

$$\text{mit } \widehat{\mu}\left(\frac{k l}{b}\right) = \frac{2 - k\pi \frac{l}{b} \mathfrak{Tg}\, k\pi \frac{l}{b}}{2\, \mathfrak{Cof}\, k\pi \frac{l}{b}}. \tag{474}$$

An den Rändern $t$ und $b$ des Feldes II werden, wie im Abschnitt C.8., zur Mittellinie symmetrische Momente $\sum_{1,2}{}_j \widehat{m}_{{\rm II}\,j} \sin j\pi \frac{x_{\rm II}}{a_{\rm II}}$ und antisymmetrische Momente $\sum_{1,2}{}_j \widehat{\widehat{m}}_{{\rm II}\,j} \sin j\pi \frac{x_{\rm II}}{a_{\rm II}}$ angebracht. Im Kragfeld III lauten diese Randmomente:

$$\sum_{1,3}{}_j \widehat{m}_{{\rm III}\,j} \sin j\pi \frac{x_{\rm III}}{2l}$$

und

$$\sum_{1,3}{}_j \widehat{\widehat{m}}_{{\rm III}\,j} \sin j\pi \frac{x_{\rm III}}{2l}. \tag{475}$$

Die zugehörigen Randverdrehungen sind:

$$S_{\rm III}\,\beta_s = -\sum_{2,4}^{\infty}{}_k \cos k\pi \frac{y}{b} \frac{b}{2k\pi} \sum_{1,3}{}_j \widehat{m}_{{\rm III}\,j} J\left(\frac{j b}{k\,2\,l}\right) - {}$$

$$- \sum_{1,3}^{\infty}{}_k \cos k\pi \frac{y}{b} \frac{b}{2k\pi} \sum_{1,3}{}_j \widehat{\widehat{m}}_{{\rm III}\,j} L\left(\frac{j b}{k\,2\,l}\right).$$

Hierin sind

$$J\left(\frac{j b}{k\,2\,l}\right) = \left(\frac{2l}{b}\right)^2 \frac{16\,k}{\pi j^2 \left(\frac{j b}{k\,2\,l} + \frac{k\,2\,l}{j b}\right)^2 \left(3\,\mathfrak{Cotg}\, j\pi \frac{b}{4l} - \frac{j\pi \frac{b}{4l}}{\mathfrak{Sin}^2 j\pi \frac{b}{4l}}\right)},$$

$$L\left(\frac{j b}{k\,2\,l}\right) = \left(\frac{2l}{b}\right)^2 \frac{16\,k}{\pi j^2 \left(\frac{j b}{k\,2\,l} + \frac{k\,2\,l}{j b}\right)^2 \left(3\,\mathfrak{Tg}\, j\pi \frac{b}{4l} + \frac{j\pi \frac{b}{4l}}{\mathfrak{Cof}^2 j\pi \frac{b}{4l}}\right)}. \tag{476}$$

In der Linie $x_{\mathrm{III}} = l$ entstehen Momente $m_x$, ebenfalls als cos-Reihe entwickelt:

$$\left.\begin{aligned}
m_{xl} = &-\sum_{2,4}^{\infty}{}_k \cos k\pi\frac{y}{b}\sum_{1,3}{}_j \widehat{m}_{\mathrm{III}\,j}\sin\frac{j\pi}{2}J'\left(\frac{jb}{k2l}\right) - \\
&-\sum_{1,3}^{\infty}{}_k \cos k\pi\frac{y}{b}\sum_{1,3}{}_j \widehat{m}_{\mathrm{III}\,j}\sin\frac{j\pi}{2}L'\left(\frac{jb}{k2l}\right)
\end{aligned}\right\}$$

mit

$$J'\left(\frac{jb}{k2l}\right) = \left(\frac{b}{2l}\right)\frac{j}{2k}J\left(\frac{jb}{k2l}\right) = \frac{2l}{b}\,\frac{8}{\pi j\left(\frac{jb}{k2l}+\frac{k2l}{jb}\right)^2\left(3\,\mathrm{Cotg}\,j\pi\frac{b}{4l} - \dfrac{j\pi\frac{b}{4l}}{\mathrm{Sin}^2 j\pi\frac{b}{4l}}\right)} \tag{477}$$

und

$$L'\left(\frac{jb}{k2l}\right) = \left(\frac{b}{2l}\right)\frac{j}{2k}L\left(\frac{jb}{k2l}\right) = \frac{2l}{b}\,\frac{8}{\pi j\left(\frac{jb}{k2l}+\frac{k2l}{jb}\right)^2\left(3\,\mathrm{Tg}\,j\pi\frac{b}{4l} + \dfrac{j\pi\frac{b}{4l}}{\mathrm{Cof}^2 j\pi\frac{b}{4l}}\right)}.$$

Um schließlich die Randbedingung $m_x = 0$ in der Linie $x_{\mathrm{III}} = l$ herzustellen, werden dort Momente

$$m_l = \sum_{1,2}{}_k m_{lk}\cos k\pi\frac{y}{b} \tag{478}$$

nach Fall **FUV$_2$—00** angebracht. Die zugehörigen Formeln erhält man aus Fall **F$_3$U—00**, indem man die Koordinatenrichtungen vertauscht (mit $l$ an Stelle von $h$) und dann $\cos k\pi\frac{y}{b}$ an Stelle von $\sin k\pi\frac{y}{b}$ schreibt. Am Rand $x_{\mathrm{III}} = 0$ entstehen Randverdrehungen:

$$\left.\begin{aligned}
&S_{\mathrm{III}}\,\beta_s = \sum_{1,2}{}_k \cos k\pi\frac{y}{b}\,\frac{b}{2k\pi}\,m_{lk}\,G\left(\frac{kl}{b}\right)\\
&\text{mit}\quad G\left(\frac{kl}{b}\right) = 2\,\frac{k\pi\frac{l}{b}\,\mathrm{Tg}\,k\pi\frac{l}{b} - 2}{3\,\mathrm{Sin}\,k\pi\frac{l}{b} + \dfrac{k\pi\frac{l}{b}}{\mathrm{Cof}\,k\pi\frac{l}{b}}}.
\end{aligned}\right\} \tag{479}$$

Am Rand $t$ entstehen Momente $m_y$, als sin-Reihe mit der Periode $4l$ entwickelt:

$$\left.\begin{aligned}
&m_{yt} = -\sum_{1,3}{}_j \sin j\pi\frac{x_{\mathrm{III}}}{2l}\sin\frac{j\pi}{2}\sum_{1,2}{}_k m_{lk}L'\left(\frac{k2l}{jb}\right)\\
&\text{mit}\quad L' = \left(\frac{k2l}{jb}\right) = \frac{b}{2l}\,\frac{8}{\pi k\left(\frac{jb}{k2l}+\frac{k2l}{jb}\right)^2\left(3\,\mathrm{Tg}\,k\pi\frac{l}{b} + \dfrac{k\pi\frac{l}{b}}{\mathrm{Cof}^2 k\pi\frac{l}{b}}\right)}.
\end{aligned}\right\} \tag{480}$$

### *10.1.3. Gleichungssysteme*

Die Koeffizienten der symmetrischen und die der antisymmetrischen Zusatzfunktionen werden aus zwei voneinander unabhängigen Gleichungssystemen berechnet. Falls die Plattendicken $d_{\mathrm{I}}$, $d_{\mathrm{II}}$, $d_{\mathrm{III}}$ verschieden sind, müssen sie in die Bedingungsgleichungen für die Randverdrehungen eingeführt werden; $d_0$ ist eine beliebige Vergleichsdicke.

Die Gleichungen für $m_{\mathrm{I\,II}k}$, $m_{\mathrm{I}j}$ und $m_{\mathrm{II}j}$ sind wie im Abschnitt C.8. Die Gleichungen für $m_{\mathrm{II\,III}k}$, $m_{lk}$ und $m_{\mathrm{III}j}$ werden nachstehend angeschrieben. Eine etwaige Belastung im

**DU₃ — 12** Feld II wird durch die Werte $B_{\mathrm{II\,III}\,k}$ erfaßt, während die zur Belastung im Feld III gehörigen Randverdrehungswerte [Gl. (468)] jetzt mit $B_{\mathrm{III}\,k}$ bezeichnet werden.

Gleichungen für die Koeffizienten der symmetrischen Zusatzfunktionen:

Stützenmoment $m_{\mathrm{II\,III}\,k}$ $(k = 2, 4, \ldots)$:

$$m_{\mathrm{I\,II}\,k}\left(\frac{d_0}{d_{\mathrm{II}}}\right)^3 D\left(\frac{k\,a_{\mathrm{II}}}{b}\right) + m_{\mathrm{II\,III}\,k}\left[\left(\frac{d_0}{d_{\mathrm{II}}}\right)^3 C\left(\frac{k\,a_{\mathrm{II}}}{b}\right) + \left(\frac{d_0}{d_{\mathrm{III}}}\right)^3 \widehat{C}\left(\frac{k\,2\,l}{b}\right)\right] + m_{l\,k}\left(\frac{d_0}{d_{\mathrm{III}}}\right)^3 G\left(\frac{k\,l}{b}\right) -$$
$$- \sum_{1,2}^{j} \widehat{m}_{\mathrm{II}\,j}(-\cos j\pi)\left(\frac{d_0}{d_{\mathrm{II}}}\right)^3 J\left(\frac{j\,b}{k\,a_{\mathrm{II}}}\right) - \sum_{1,3}^{j} \widehat{m}_{\mathrm{III}\,j}\left(\frac{d_0}{d_{\mathrm{III}}}\right)^3 J\left(\frac{j\,b}{k\,2\,l}\right) +$$
$$+ \left(\frac{d_0}{d_{\mathrm{II}}}\right)^3 B_{\mathrm{II\,III}\,k} + \left(\frac{d_0}{d_{\mathrm{III}}}\right)^3 B_{\mathrm{III}\,k} = 0.$$

Randmoment $m_{l\,k}$ $(k = 2, 4, \ldots)$: (481)

$$m_{l\,k} + m_{\mathrm{II\,III}\,k}\,\widehat{\mu}\left(\frac{k\,l}{b}\right) - \sum_{1,3}^{j} \widehat{m}_{\mathrm{III}\,j} \sin\frac{j\pi}{2}\,J'\left(\frac{j\,b}{k\,2\,l}\right) + M_{l\,k} = 0.$$

Randmoment $\widehat{m}_{\mathrm{III}\,j}$ $(j = 1, 3, \ldots)$:

$$\widehat{m}_{\mathrm{III}\,j} + \sum_{2,4}^{k} m_{\mathrm{II\,III}\,k}\,\frac{1}{j}\,H\left(\frac{j\,b}{k\,2\,l}\right) - \sin\frac{j\pi}{2}\sum_{2,4}^{k} m_{l\,k}\,L'\left(\frac{k\,2\,l}{j\,b}\right) + \widehat{M}_{\mathrm{III}\,j} = 0.$$

Gleichungen für die Koeffizienten der antisymmetrischen Zusatzfunktionen:

Stützenmoment $m_{\mathrm{II\,III}\,k}$ $(k = 1, 3, \ldots)$:

$$m_{\mathrm{I\,II}\,k}\left(\frac{d_0}{d_{\mathrm{II}}}\right)^3 D\left(\frac{k\,a_{\mathrm{II}}}{b}\right) + m_{\mathrm{II\,III}\,k}\left[\left(\frac{d_0}{d_{\mathrm{II}}}\right)^3 C\left(\frac{k\,a_{\mathrm{II}}}{b}\right) + \left(\frac{d_0}{d_{\mathrm{III}}}\right)^3 \widehat{C}\left(\frac{k\,2\,l}{b}\right)\right] + m_{l\,k}\,G\left(\frac{k\,l}{b}\right) -$$
$$- \sum_{1,2\ldots}^{j} \check{\widehat{m}}_{\mathrm{II}\,j}(-\cos j\pi)\left(\frac{d_0}{d_{\mathrm{II}}}\right)^3 L\left(\frac{j\,b}{k\,2\,l}\right) - \sum_{1,3\ldots}^{j} \check{\widehat{m}}_{\mathrm{III}\,j}\left(\frac{d_0}{d_{\mathrm{III}}}\right)^3 L\left(\frac{j\,b}{k\,2\,l}\right) +$$
$$+ \left(\frac{d_0}{d_{\mathrm{II}}}\right)^3 B_{\mathrm{II\,III}\,k} + \left(\frac{d_0}{d_{\mathrm{III}}}\right)^3 B_{\mathrm{III}\,k} = 0.$$

Randmoment $m_{l\,k}$ $(k = 1, 3, \ldots)$: (482)

$$m_{l\,k} + m_{\mathrm{II\,III}\,k}\,\widehat{\mu}\left(\frac{k\,l}{b}\right) - \sum_{1,3}^{j} \check{\widehat{m}}_{\mathrm{III}\,j} \sin\frac{j\pi}{2}\,L'\left(\frac{j\,b}{k\,2\,l}\right) + M_{l\,k} = 0.$$

Randmoment $\check{\widehat{m}}_{\mathrm{III}\,j}$ $(j = 1, 3 \ldots)$:

$$\check{\widehat{m}}_{\mathrm{III}\,j} + \sum_{1,3\ldots}^{k} m_{\mathrm{II\,III}\,k}\,\frac{1}{j}\,H\left(\frac{j\,b}{k\,2\,l}\right) - \sin\frac{j\pi}{2}\sum_{1,3\ldots}^{k} m_{l\,k}\,L'\left(\frac{k\,2\,l}{j\,b}\right) + \check{\widehat{M}}_{\mathrm{III}\,j} = 0.$$

### *10.1.4. Endgültige Momente im Kragfeld III*

Die endgültigen Momente erhält man durch Überlagerung des Grundfalles **F₂V₂ — 12** mit sämtlichen Zusatzfunktionen; diese sind:

Konstantes Moment $m_{x0}$,

Randmomente $m_{\mathrm{II\,III}\,k}\cos k\pi\frac{y}{b}$ nach Fall **F₂V₂ — 0sa** (wie **F₄ — 0sa**),

Randmomente $m_{l\,k}\cos k\pi\frac{y}{b}$ nach Fall **FUV₂ — 00** (wie **FUF₂—00**),

Randmomente $\widehat{m}_{\mathrm{III}\,j}\sin j\pi\frac{x_{\mathrm{III}}}{2\,l}$ nach Fall **F₂U₂ — 200**,

und Randmomente $\check{\widehat{m}}_{\mathrm{III}\,j}\sin j\pi\frac{x_{\mathrm{III}}}{2\,l}$ nach Fall **F₂UF — 00**.

### *10.1.5. Sonderfälle mit Rechtecklasten*

Es gelten alle im Abschnitt C.8. unter P. 8.1.5. stehenden Anmerkungen; alle Lasten sind spiegelbildlich zur Linie $x_{\mathrm{III}} = l$ zu ergänzen. Das Berechnungsbeispiel 10 zeigt die Anwendung des Verfahrens.

## 10.2. Momentangriff am Rand $t$

Es ist sinngemäß wie in P. 8.2. vorzugehen.

## 10.3. Sonderfall **FU₃ — ***, ein Rand frei drehbar gestützt, übrige Ränder ungestützt

Wenn der Rand $s$ der Platte III frei drehbar gestützt ist, muß die Summe der Momente aller äußeren Lasten um diesen Rand verschwinden. Dann verschwindet auch das Moment $m_{x0}$. Der Grundfall ist jedoch der gleiche wie im Fall **DU₃ — ***. Die Gleichungen für $m_{\mathrm{II\,III}\,k}$ entfallen; in den beiden übrigen Gleichungsgruppen ist $m_{\mathrm{II\,III}\,k} = 0$ zu setzen. Die Werte $M_{ik}$ sind für sämtliche Lasten, die über die Breite $b$ *nicht* gleichmäßig verteilt sind, aufzustellen. Im Berechnungsbeispiel 5.2. ist ein solcher Fall behandelt.

**DU₃ — 10**

## 10.4. Einflußflächen

### *10.4.1. Einflußflächen, deren Bezugspunkt im Kragfeld, jedoch nicht an einem Rand liegt*

*10.4.1.1. Grundfall.* Der Grundfall ist eine Rechteckplatte mit den Seitenlängen $2\,l$ und $b$, die an den Rändern $s$ und $a$ frei drehbar gestützt und an den Rändern $t$ und $b$ verschieblich eingespannt und die durch zwei symmetrisch zur Linie $x_{\mathrm{III}} = l$ stehende Punktlasten $P = 1$ belastet ist. Demnach sind in den Gl. (392) bis (394) (Abschnitt C.8., P. 8.3.1.1.) die ungeraden Reihenglieder zu verdoppeln und die geradzahligen wegzulassen; an Stelle von $a$ ist $2\,l$ zu setzen. An Stelle von Einfl $m_\infty$ ist jetzt die Summe aus der Einflußfläche für den Bezugspunkt $x$, $y$ und der Einflußfläche für den zum Bezugspunkt symmetrisch liegenden Punkt $2\,l - x$, $y$ einzuführen.

Die Werte $R_{\mathrm{III}\,k}$ bedeuten jetzt die Bezugsgröße infolge eines *beider*seitigen Randmomentangriffs $m_s = m_a = 1 \cos k\,\pi \frac{y}{b}$.

Das 0te Glied der Randneigung ist entsprechend

$$\beta_{s0\,[\mathrm{Einfl}\,R(x,\,y)]} = \frac{1}{b}\,R_x\,(m_{s0} = m_{a0} = 1) = \frac{1}{b}\,R_0. \tag{483}$$

$$\left.\begin{array}{l}\text{Wenn } R(x, y) \text{ ein Biegemoment } m_x \text{ ist, wird } R_0 = 1.\\ \text{Bei den Einflußflächen für } q_x,\ m_y,\ m_{xy} \text{ und } q_y \text{ ist } R_0 = 0.\end{array}\right\} \tag{484}$$

Die Durchbiegung im Punkt $x$, $y$ infolge zweier Punktlasten $P = 1$ in der Darstellung als cos-Reihe mit der Periode $2\,b$ lautet im Bereich $0 \leq x \leq u$:

$$S\,\zeta = \frac{P}{b}\,\frac{x}{6}\,[3\,u\,(2\,l - u) - x^2] + P \sum_{1,2\ldots}^{\infty} {}^{k} \cos k\,\pi \frac{y}{b} \cos k\,\pi \frac{v}{b}\,\frac{b^2}{k^3\,\pi^3}\,\frac{\mathfrak{Cof}\,k\,\pi \frac{l-u}{b}\;\mathfrak{Sin}\,k\,\pi \frac{x}{b}}{\mathfrak{Cof}\,k\,\pi \frac{l}{b}}\Bigg[1 +$$

$$+ k\,\pi \frac{l}{b}\,\mathfrak{Tg}\,k\,\pi \frac{l}{b} - k\,\pi \frac{l-u}{b}\,\mathfrak{Tg}\,k\,\pi \frac{l-u}{b} - k\,\pi \frac{x}{b}\,\mathfrak{Cotg}\,k\,\pi \frac{x}{b}\Bigg]. \tag{485}$$

Mit $u$ und $v$ als Veränderlichen stellt der obenstehende Ausdruck die Einflußfläche der Durchbiegung $S\,\zeta$ im Punkt $x$, $y$ dar. Die Ableitungen nach $x$ bzw. $y$ sind die Einflußflächen der Ableitungen von $S\,\zeta$ (Biegemomente usw.) im Punkt $x$, $y$. Die negative Krümmung der Einflußfläche $S\,\zeta$ in der Linie $u = l$ in Richtung $u$ ist:

$$-\frac{\partial^2}{\partial u^2}\,\mathrm{Einfl}\,S\,\zeta|_{u=l} = \frac{P}{b}\,x + P \sum_{1,2}^{\infty} {}^{k} \cos k\,\pi \frac{v}{b}\,\frac{k^2\,\pi^2}{b^2}\,K_{lk}^{(S\zeta)}.$$

**DU$_3$ — 10**

Hierin ist:

$$K_{lk}^{(S\zeta)} = \cos k\pi \frac{y}{b} \frac{b^2}{k^3\pi^3} \frac{\mathfrak{Sin}\, k\pi \frac{x}{b}}{\mathfrak{Cof}\, k\pi \frac{l}{b}} \left[1 - k\pi \frac{l}{b} \mathfrak{Tg}\, k\pi \frac{l}{b} + k\pi \frac{x}{b} \mathfrak{Cotg}\, k\pi \frac{x}{b}\right]. \tag{486 a}$$

Wenn es sich um die Einflußfläche eines Moments $m_x$ handelt, ist ihre Krümmung gegeben durch:

$$K_{lk}^{(m_x)} = -\frac{\partial^2}{\partial x^2} K_{lk}^{(S\zeta)} = \cos k\pi \frac{y}{b} \frac{1}{k\pi} \frac{\mathfrak{Sin}\, k\pi \frac{x}{b}}{\mathfrak{Cof}\, k\pi \frac{l}{b}} \left[-3 + k\pi \frac{l}{b} \mathfrak{Tg}\, k\pi \frac{l}{b} - k\pi \frac{x}{b} \mathfrak{Cotg}\, k\pi \frac{x}{b}\right]. \tag{486 d}$$

Für die Einflußfläche eines Moments $m_y$ gilt:

$$K_{lk}^{(m_y)} = -\frac{\partial^2}{\partial y^2} K_{lk}^{(S\zeta)} = \cos k\pi \frac{y}{b} \frac{1}{k\pi} \frac{\mathfrak{Sin}\, k\pi \frac{x}{b}}{\mathfrak{Cof}\, k\pi \frac{l}{b}} \left[1 - k\pi \frac{l}{b} \mathfrak{Tg}\, k\pi \frac{l}{b} + k\pi \frac{x}{b} \mathfrak{Cotg}\, k\pi \frac{x}{b}\right]. \tag{486 e}$$

Das 0te Glied der Krümmung verschwindet bei allen Einflußflächen für Momente und Querkräfte.

*10.4.1.2. Gleichungssysteme für die Koeffizienten der Zusatzfunktionen.* Um die von $y$ unabhängige Randneigung $\beta_{s0}$ zum Verschwinden zu bringen, muß das gesamte Kragfeld um den entgegengesetzten Betrag verdreht werden. Der Beitrag zu den Einflußwerten eines Moments $m_x$ ist demnach $-\frac{u}{b}$.

Bei der Einflußfläche für die *Durchbiegung* im Punkt $x$, $y$ ist dieser Beitrag $-\frac{u}{b}\frac{x}{2}(2l - x)$. Außerdem tritt hier eine Krümmung $\frac{x}{b}$ in der Linie $x = l$ auf, die durch ein konstantes Moment $m_x = -S\frac{x}{b}$ im gesamten Feld III zum Verschwinden gebracht werden muß. Dieses Moment pflanzt sich im Feld II wie bei einem Durchlaufträger fort. Die zugehörigen Durchbiegungen sind in *allen* Feldern als Beitrag zur Einflußfläche zu berücksichtigen.

Um die Koeffizienten der übrigen Zusatzfunktionen zu erhalten, werden die in P. 10.4.1.1. angegebenen Randneigungs- und Krümmungswerte in das Gleichungssystem (481) eingesetzt:

$$\left.\begin{aligned}
&\frac{2k\pi}{b} S_0 \beta_{sk} = m_{\mathrm{I\,II}\,k} \left(\frac{d_0}{d_{\mathrm{II}}}\right)^3 D\left(\frac{k a_{\mathrm{II}}}{b}\right) + m_{\mathrm{II\,III}\,k} \left[\left(\frac{d_0}{d_{\mathrm{II}}}\right)^3 C\left(\frac{k a_{\mathrm{II}}}{b}\right) + \left(\frac{d_0}{d_{\mathrm{III}}}\right)^3 \widehat{C}\left(\frac{k\,2l}{b}\right)\right] + \\
&\qquad + m_{lk} \left(\frac{d_0}{d_{\mathrm{III}}}\right)^3 G\left(\frac{kl}{b}\right) - \sum_{1,2}^{j} \widehat{m}_{\mathrm{II}\,j} (-\cos j\pi) \left(\frac{d_0}{d_{\mathrm{II}}}\right)^3 J\left(\frac{jb}{k a_{\mathrm{II}}}\right) - \\
&\qquad\qquad - \sum_{1,3}^{j} \widehat{m}_{\mathrm{III}\,j} \left(\frac{d_0}{d_{\mathrm{III}}}\right)^3 J\left(\frac{jb}{k\,2l}\right) + S_0 \frac{2k\pi}{b} \frac{2}{b} R_{\mathrm{III}\,k} = 0, \\
&m_{lk} + m_{\mathrm{II\,III}\,k} \widehat{\mu}\left(\frac{kl}{b}\right) - \sum_{1,3\ldots}^{j} \widehat{m}_{\mathrm{III}\,j} \sin\frac{j\pi}{2} J'\left(\frac{jb}{k\,2l}\right) + S_0 \left(\frac{d_{\mathrm{III}}}{d_0}\right)^3 \frac{k^2\pi^2}{b^2} K_{lk} = 0, \\
&\widehat{m}_{\mathrm{III}\,j} + \sum_{2,4}^{k} m_{\mathrm{II\,III}\,k} \frac{1}{j} H\left(\frac{jb}{k\,2l}\right) - \sin\frac{j\pi}{2} \sum_{2,4}^{k} m_{lk} L'\left(\frac{k\,2l}{jb}\right) + \\
&\qquad\qquad + S_0 \left(\frac{d_{\mathrm{III}}}{d_0}\right)^3 \frac{j^2\pi^2}{(2l)^2} \widehat{K}_{\mathrm{III}\,j} = 0.
\end{aligned}\right\} \tag{487}$$

Es werden folgende neue Unbekannte eingeführt:

$$\left.\begin{aligned}
r_{\mathrm{I\,II}k} &= \frac{b^2}{4k\pi}\left(\frac{d_0}{d_{\mathrm{I}}}\right)^3 C\left(\frac{k\,a_{\mathrm{I}}}{b}\right)\frac{m_{\mathrm{I\,II}k}}{S_0},\\
r_{\mathrm{II\,I}k} &= \frac{b^2}{4k\pi}\left(\frac{d_0}{d_{\mathrm{II}}}\right)^3 C\left(\frac{k\,a_{\mathrm{II}}}{b}\right)\frac{m_{\mathrm{II\,I}k}}{S_0},\\
r_{\mathrm{II\,III}k} &= \frac{b^2}{4k\pi}\left(\frac{d_0}{d_{\mathrm{II}}}\right)^3 C\left(\frac{k\,a_{\mathrm{II}}}{b}\right)\frac{m_{\mathrm{II\,III}k}}{S_0},\\
r_{\mathrm{III\,II}k} &= \frac{b^2}{4k\pi}\left(\frac{d_0}{d_{\mathrm{III}}}\right)^3 \widehat{C}\left(\frac{k\,2\,l}{b}\right)\frac{m_{\mathrm{II\,III}k}}{S_0},\\
r_{lk} &= \frac{b^2}{k^2\pi^2}\left(\frac{d_0}{d_{\mathrm{III}}}\right)^3\frac{m_{lk}}{S_0}\\
\widehat{r}_{\mathrm{I}j} &= \frac{a_{\mathrm{I}}^2}{j^2\pi^2}\left(\frac{d_0}{d_{\mathrm{I}}}\right)^3\frac{\widehat{m}_{\mathrm{I}j}}{S_0},\\
\widehat{r}_{\mathrm{II}j} &= \frac{a_{\mathrm{II}}^2}{j^2\pi^2}\left(\frac{d_0}{d_{\mathrm{II}}}\right)^3\frac{\widehat{m}_{\mathrm{II}j}}{S_0},\\
\widehat{r}_{\mathrm{III}j} &= \frac{(2\,l)^2}{j^2\pi^2}\left(\frac{d_0}{d_{\mathrm{III}}}\right)^3\frac{\widehat{m}_{\mathrm{III}j}}{S_0}.
\end{aligned}\right\}\quad(488)$$

Da $m_{\mathrm{I\,II}k} = m_{\mathrm{II\,I}k}$ ist, besteht die Beziehung:

$$\left.\begin{aligned}
&\frac{r_{\mathrm{I\,II}k}}{\left(\frac{d_0}{d_{\mathrm{I}}}\right)^3 C\left(\frac{k\,a_{\mathrm{I}}}{b}\right)} = \frac{r_{\mathrm{II\,I}k}}{\left(\frac{d_0}{d_{\mathrm{II}}}\right)^3 C\left(\frac{k\,a_{\mathrm{II}}}{b}\right)}.\\
&\text{Ebenso gilt}\\
&\frac{r_{\mathrm{II\,III}k}}{\left(\frac{d_0}{d_{\mathrm{II}}}\right)^3 C\left(\frac{k\,a_{\mathrm{II}}}{b}\right)} = \frac{r_{\mathrm{III\,II}k}}{\left(\frac{d_0}{d_{\mathrm{III}}}\right)^3 \widehat{C}\left(\frac{k\,2\,l}{b}\right)}.
\end{aligned}\right\}\quad(489)$$

Damit nehmen die Gl. (487) mit $k = 2, 4, \ldots$ folgende Form an:

$$\left.\begin{aligned}
&r_{\mathrm{II\,I}k}\frac{D\left(\frac{k\,a_{\mathrm{II}}}{b}\right)}{C\left(\frac{k\,a_{\mathrm{II}}}{b}\right)} + r_{\mathrm{II\,III}k} + r_{\mathrm{III\,II}k} + r_{lk}\frac{k\pi}{4}G\left(\frac{k\,l}{b}\right) -\\
&\quad - \sum_{1,2}^{j}(-\cos j\pi)\,\widehat{r}_{\mathrm{II}j}\frac{4}{\left(\frac{j\,b}{k\,a_{\mathrm{II}}}+\frac{k\,a_{\mathrm{II}}}{j\,b}\right)^2\left(3\,\mathfrak{Cotg}\,j\pi\frac{b}{2\,a_{\mathrm{II}}} - \frac{j\pi\frac{b}{2\,a_{\mathrm{II}}}}{\mathfrak{Sin}^2 j\pi\frac{b}{2\,a_{\mathrm{II}}}}\right)} -\\
&\quad - \sum_{1,3}^{j}\widehat{r}_{\mathrm{III}j}\frac{4}{\left(\frac{j\,b}{k\,2\,l}+\frac{k\,2\,l}{j\,b}\right)^2\left(3\,\mathfrak{Cotg}\,j\pi\frac{b}{4\,l} - \frac{j\pi\frac{b}{4\,l}}{\mathfrak{Sin}^2 j\pi\frac{b}{4\,l}}\right)} + R_{\mathrm{III}k} = 0,\\
&r_{lk} + r_{\mathrm{III\,II}k}\frac{4}{k\pi}\frac{\widehat{\mu}\left(\frac{k\,l}{b}\right)}{\widehat{C}\left(\frac{k\,2\,l}{b}\right)} -\\
&\quad - \sum_{1,3\ldots}^{j}\widehat{r}_{\mathrm{III}j}\sin\frac{j\pi}{2}\frac{b}{2\,l}\frac{8\,j}{\pi k^2\left(\frac{j\,b}{k\,2\,l}+\frac{k\,2\,l}{j\,b}\right)^2\left(3\,\mathfrak{Cotg}\,j\pi\frac{b}{4\,l} - \frac{j\pi\frac{b}{4\,l}}{\mathfrak{Sin}^2 j\pi\frac{b}{4\,l}}\right)} + K_{lk} = 0,\\
&\widehat{r}_{\mathrm{III}j} + \sum_{2,4}^{k} r_{\mathrm{III\,II}k}\left(\frac{2\,l}{b}\right)^2\frac{16\,k}{\pi^2 j^3\left(\frac{j\,b}{k\,2\,l}+\frac{k\,2\,l}{j\,b}\right)^2\widehat{C}\left(\frac{k\,2\,l}{b}\right)} -\\
&\quad - \sin\frac{j\pi}{2}\sum_{2,4}^{k} r_{lk}\frac{2\,l}{b}\frac{8\,k}{\pi j^2\left(\frac{j\,b}{k\,2\,l}+\frac{k\,2\,l}{j\,b}\right)^2\left(3\,\mathfrak{Tg}\,k\pi\frac{l}{b} + \frac{k\pi\frac{l}{b}}{\mathfrak{Cof}^2 k\pi\frac{l}{b}}\right)} + \widehat{K}_{\mathrm{III}j} = 0.
\end{aligned}\right\}\quad(490)$$

**DU₃ — 10** Die Gleichungen für die Koeffizienten der antisymmetrischen Zusatzfunktionen mit $k = 1, 3, \ldots$ lauten entsprechend:

$$\left.\begin{aligned}
&r_{\mathrm{II\,I}k}\frac{D\left(\frac{k\,a_{\mathrm{II}}}{b}\right)}{C\left(\frac{k\,a_{\mathrm{II}}}{b}\right)} + r_{\mathrm{II\,III}k} + r_{\mathrm{III\,II}k} + r_{lk}\frac{k\,\pi}{4}G\left(\frac{k\,l}{b}\right) - \\
&\quad - \sum_{1,2}^{j}(-\cos j\,\pi)\,\check{r}_{\mathrm{II}\,j}\frac{4}{\left(\frac{j\,b}{k\,a_{\mathrm{II}}} + \frac{k\,a_{\mathrm{II}}}{j\,b}\right)^2\left(3\,\mathfrak{Tg}\,j\,\pi\frac{b}{2\,a_{\mathrm{II}}} + \frac{j\,\pi\frac{b}{2\,a_{\mathrm{II}}}}{\mathfrak{Cof}^2\,j\,\pi\frac{b}{2\,a_{\mathrm{II}}}}\right)} - \\
&\quad - \sum_{1,3}^{j}\check{r}_{\mathrm{III}\,j}\frac{4}{\left(\frac{j\,b}{k\,2\,l} + \frac{k\,2\,l}{j\,b}\right)^2\left(3\,\mathfrak{Tg}\,j\,\pi\frac{b}{4\,l} + \frac{j\,\pi\frac{b}{4\,l}}{\mathfrak{Cof}^2\,j\,\pi\frac{b}{4\,l}}\right)} + R_{\mathrm{III}k} = 0. \\
&r_{lk} + r_{\mathrm{III\,II}k}\frac{4}{k\,\pi}\frac{\hat{\mu}\left(\frac{k\,l}{b}\right)}{\hat{C}\left(\frac{k\,2\,l}{b}\right)} - \\
&\quad - \sum_{1,3\ldots}^{j}\hat{r}_{\mathrm{III}\,j}\sin\frac{j\,\pi}{2}\frac{b}{2\,l}\frac{8\,j}{\pi\,k^2\left(\frac{j\,b}{k\,2\,l} + \frac{k\,2\,l}{j\,b}\right)^2\left(3\,\mathfrak{Tg}\,j\,\pi\frac{b}{4\,l} + \frac{j\,\pi\frac{b}{4\,l}}{\mathfrak{Cof}^2\,j\,\pi\frac{b}{4\,l}}\right)} + K_{lk} = 0, \\
&\check{r}_{\mathrm{III}\,j} + \sum_{1,3\ldots}^{k} r_{\mathrm{III\,II}k}\left(\frac{2\,l}{b}\right)^2\frac{16\,k}{\pi^2\,j^3\left(\frac{j\,b}{k\,2\,l} + \frac{k\,2\,l}{j\,b}\right)^2\hat{C}\left(\frac{k\,2\,l}{b}\right)} - \\
&\quad - \sin\frac{j\,\pi}{2}\sum_{1,3\ldots}^{k} r_{lk}\frac{2\,l}{b}\frac{8\,k}{\pi\,j^2\left(\frac{j\,b}{k\,2\,l} + \frac{k\,2\,l}{j\,b}\right)^2\left(3\,\mathfrak{Tg}\,k\,\pi\frac{l}{b} + \frac{k\,\pi\frac{l}{b}}{\mathfrak{Cof}^2\,k\,\pi\frac{l}{b}}\right)} + \check{K}_{\mathrm{III}\,j} = 0.
\end{aligned}\right\} \quad (491)$$

Die Gleichungen für $r_{\mathrm{I\,II}k}, r_{\mathrm{II\,I}k}$ mit $k = 2, 4, \ldots, \hat{r}_{\mathrm{I}\,j}, \hat{r}_{\mathrm{II}\,j}$ bzw.
$r_{\mathrm{I\,II}k}, r_{\mathrm{II\,I}k}$ mit $k = 1, 3, \ldots, \check{r}_{\mathrm{I}\,j}, \check{r}_{\mathrm{II}\,j}$
sind wie in Abschnitt C.8. [Gl. (402) und (403)] anzuschreiben.

*10.4.1.3. Die endgültige Einflußfläche.* Die Überlagerung des Grundfalles mit sämtlichen Zusatzfunktionen ergibt im Kragfeld III analog zu Abschnitt C.8. [Gl. (407)]:

$$\left.\begin{aligned}
&\text{Einfl}\,R_{(x,y)} = \text{Einfl}\,R_{(x,y)}\ \boxed{\mathrm{F_2V_2 - 10}} + \text{Beitrag}\ k = 0 + \\
&\quad + \sum_{1,2\ldots}^{k} r_{\mathrm{III\,II}k}\frac{\text{Einfl}\,(B_{sk} + B_{ak})_{\mathrm{III}}}{\hat{C}\left(\frac{k\,2\,l}{b}\right)} + \sum_{1,2\ldots}^{k} r_{lk}F_{lk} + \sum_{1,3\ldots}^{j}(\hat{r}_{\mathrm{III}\,j}\hat{F}_{\mathrm{III}\,j} + \check{r}_{\mathrm{III}\,j}\check{F}_{\mathrm{III}\,j}). \\
&\text{Hierin ist:} \\
&F_{lk} = \cos k\,\pi\frac{v}{b}\frac{\mathfrak{Sin}\,k\,\pi\frac{x}{b}}{3\,\mathfrak{Sin}\,k\,\pi\frac{l}{b} + \frac{k\,\pi\frac{l}{b}}{\mathfrak{Cof}\,k\,\pi\frac{l}{b}}}\left[-1 + k\,\pi\frac{l}{b}\,\mathfrak{Tg}\,k\,\pi\frac{l}{b} - k\,\pi\frac{x}{b}\,\mathfrak{Cotg}\,k\,\pi\frac{x}{b}\right].
\end{aligned}\right\} \quad (492)$$

$F_{lk}$ ist die gleiche Funktion wie $\check{F}_j$, nur mit vertauschten Koordinaten.

Für $\hat{F}_{\mathrm{III}\,j}$ und $\check{F}_{\mathrm{III}\,j}$ gelten die Gl. (377) mit $2\,l$ an Stelle von $a$.

Im Feld II lautet die endgültige Einflußfläche:

$$\text{Einfl}\, R(x, y) = \sum_{1,2\ldots}^{k} r_{\mathrm{II}\,\mathrm{I}_k} \frac{\text{Einfl}\, B_{\mathrm{II}\,\mathrm{I}k}}{C\left(\frac{k\, a_{\mathrm{II}}}{b}\right)} + \sum_{1,2\ldots}^{k} r_{\mathrm{II}\,\mathrm{III}_k} \frac{\text{Einfl}\, B_{\mathrm{II}\,\mathrm{III}k}}{C\left(\frac{k\, a_{\mathrm{II}}}{b}\right)} + \sum_{1,2\ldots}^{j} (\hat{r}_{\mathrm{II}\,j} \hat{F}_{\mathrm{II}\,j} + \hat{\hat{r}}_{\mathrm{II}\,j} \hat{\hat{F}}_{\mathrm{II}\,j}). \tag{493}$$

Bei der Einflußfläche für die Durchbiegung eines Punktes im Feld III kommt zu den Einflußwerten im Feld II noch der Beitrag $k = 0$.

### *10.4.2. Einflußfläche für ein Moment $m_x$ am Rand t im Kragfeld*

Wie im Abschnitt C.8. (P. 8.3.2.) wird als Grundfall folgende Einflußfläche angesetzt, diesmal für zwei zur Linie $x_{\mathrm{III}} = l$ symmetrische Punktlasten $P = 1$:

$$\text{Einfl}\left(m_{x\,t} + \frac{1}{3} m_{y\,t}\right) = \sum_{1,3\ldots}^{\infty} \sin j\pi \frac{x}{2l} \sin j\pi \frac{u}{2l} \frac{4}{3j\pi} \frac{\mathfrak{Cof}\, j\pi \frac{b-v}{2l}}{\mathfrak{Sin}\, j\pi \frac{b}{2l}} \Big[2 + $$

$$+ j\pi \frac{b}{2l} \mathfrak{Cotg}\, j\pi \frac{b}{2l} - j\pi \frac{b-v}{2l} \mathfrak{Tg}\, j\pi \frac{b-v}{2l}\Big]. \tag{494}$$

In der Nähe des Randes $t$ ist die geschlossene Darstellung für $b \to \infty$ anzuwenden:

$$\text{Einfl}\left(m_{x\,t} + \frac{1}{3} m_{y\,t}\right) \boxed{\mathbf{F_2V_2 — 10}} = -\frac{1}{3\pi} \ln \frac{\mathfrak{Cof}\, \pi \frac{v}{2l} - \cos\pi \frac{x-u}{2l}}{\mathfrak{Cof}\, \pi \frac{v}{2l} - \cos\pi \frac{x+u}{2l}} +$$

$$+ \frac{1}{6} \frac{v}{2l} \mathfrak{Sin}\, \pi \frac{v}{2l} \left[\frac{1}{\mathfrak{Cof}\, \pi \frac{v}{2l} - \cos\pi \frac{x-u}{2l}} - \frac{1}{\mathfrak{Cof}\, \pi \frac{v}{2l} - \cos\pi \frac{x+u}{2l}}\right] -$$

$$- \frac{1}{3\pi} \ln \frac{\mathfrak{Cof}\, \pi \frac{v}{2l} - \cos\pi \frac{2l-x-u}{2l}}{\mathfrak{Cof}\, \pi \frac{v}{2l} - \cos\pi \frac{2l-x+u}{2l}} + \frac{1}{6} \frac{v}{2l} \mathfrak{Sin}\, \pi \frac{v}{2l} \left| \frac{1}{\mathfrak{Cof}\, \pi \frac{v}{2l} - \cos\pi \frac{2l-x-u}{2l}} - \right.$$

$$\left. - \frac{1}{\mathfrak{Cof}\, \pi \frac{v}{2l} - \cos\pi \frac{2l-x+u}{2l}} \right| + \sum_{1,3}^{\infty} \sin j\pi \frac{x}{2l} \sin j\pi \frac{u}{2l} \frac{4}{3j\pi} \left\{ \frac{\mathfrak{Cof}\, j\pi \frac{b-v}{2l}}{\mathfrak{Sin}\, j\pi \frac{b}{2l}} \Big[2 + \right.$$

$$\left. + j\pi \frac{b}{2l} \mathfrak{Cotg}\, j\pi \frac{b}{2l} - j\pi \frac{b-v}{2l} \mathfrak{Tg}\, j\pi \frac{b-v}{2l}\Big] - e^{-j\pi \frac{v}{2l}} \left[2 + j\pi \frac{v}{2l}\right]\right\}. \tag{495}$$

Am Rand $t$ gilt mit $v = 0$:

$$\text{Einfl}\left(m_{x\,t} + \frac{1}{3} m_{y\,t}\right) \boxed{\mathbf{F_2V_2 — 10}} = -\frac{2}{3\pi} \ln \frac{\sin\pi \frac{x-u}{4l} \sin\pi \frac{2l-x-u}{4l}}{\sin\pi \frac{x+u}{4l} \sin\pi \frac{2l-x+u}{4l}} +$$

$$+ \sum_{1,3\ldots}^{\infty} \sin j\pi \frac{x}{2l} \sin j\pi \frac{u}{2l} \frac{4}{3j\pi} \left[\frac{2e^{-j\pi \frac{b}{2l}}}{\mathfrak{Sin}\, j\pi \frac{b}{2l}} + \frac{j\pi \frac{b}{2l}}{\mathfrak{Sin}^2\, j\pi \frac{b}{2l}}\right]. \tag{496}$$

Der Beitrag $k = 0$ ist der gleiche wie unter P. 10.4.1.

Als $R_{\mathrm{III}\,k}$ ist die Momentensumme $m_x + \frac{1}{3} m_y$ im Bezugspunkt infolge der Randmomentangriffe $m_s = m_a = 1 \cdot \cos k\pi \frac{v}{b}$ einzusetzen:

$$R_{\mathrm{III}\,k} = \frac{\mathfrak{Cof}\, k\pi \frac{l-x}{b}}{3\, \mathfrak{Cof}\, k\pi \frac{l}{b}} \left[3 - k\pi \frac{l}{b} \mathfrak{Tg}\, k\pi \frac{l}{b} + k\pi \frac{l-x}{b} \mathfrak{Tg}\, k\pi \frac{l-x}{b}\right]. \tag{497}$$

**DU₃ — 10** Die Krümmungswerte betragen [vgl. Gl. (411) bzw. Gl. (486)]:

$$\left.\begin{aligned} \widehat{K}_{\mathrm{III}\,j} &= -\sin j\pi\frac{x}{2l}\,\frac{b}{6\,l\,\mathfrak{Sin}^2 j\pi\frac{b}{4l}},\\ \widecheck{K}_{\mathrm{III}\,j} &= +\sin j\pi\frac{x}{2l}\,\frac{b}{6\,l\,\mathfrak{Cof}^2 j\pi\frac{b}{4l}},\\ K_{lk} = K_{lk}^{(m_x)} + \frac{1}{3}K_{lk}^{(m_y)} &= \frac{2}{3k\pi}\,\frac{\mathfrak{Sin}\,k\pi\frac{x}{b}}{\mathfrak{Cof}\,k\pi\frac{l}{b}}\left[-4 + k\pi\frac{l}{b}\,\mathfrak{Tg}\,k\pi\frac{l}{b} - k\pi\frac{x}{b}\,\mathfrak{Cotg}\,k\pi\frac{x}{b}\right]. \end{aligned}\right\}\quad(498)$$

Alles weitere wie unter P. 10.4.1.

### *10.4.3. Einflußfläche für ein Moment $m_y$ am Rand $x_{\mathrm{III}} = l$*

Als Grundfall wird im Bereich $0 \leqq y \leqq v$ angesetzt:

$$\mathrm{Einfl}\left(m_y + \frac{1}{3}m_x\right) = \sum_{1,3\ldots}^{\infty}{}_j \sin\frac{j\pi}{2}\sin j\pi\frac{u}{2l}\,\frac{8}{3j\pi}\,\frac{\mathfrak{Cof}\,j\pi\frac{b-v}{2l}\,\mathfrak{Cof}\,j\pi\frac{y}{2l}}{\mathfrak{Sin}\,j\pi\frac{b}{2l}}\left[2 - j\pi\frac{b}{2l}\,\mathfrak{Cotg}\,j\pi\frac{b}{2l} + j\pi\frac{b-v}{2l}\,\mathfrak{Tg}\,j\pi\frac{b-v}{2l} + j\pi\frac{y}{2l}\,\mathfrak{Tg}\,j\pi\frac{y}{2l}\right]. \quad (499)$$

In der Nähe der Linie $y = v$ gilt unter Heranziehung der geschlossenen Darstellung für $b \to \infty$:

$$\mathrm{Einfl}\left(m_y + \frac{1}{3}m_x\right) = -\frac{1}{3\pi}\ln\frac{\mathfrak{Cof}\,\pi\frac{v-y}{2l} - \sin\pi\frac{u}{2l}}{\mathfrak{Cof}\,\pi\frac{v-y}{2l} + \sin\pi\frac{u}{2l}} - \frac{1}{6}\,\frac{v-y}{2l}\,\mathfrak{Sin}\,\pi\frac{v-y}{2l}\left[\frac{1}{\mathfrak{Cof}\,\pi\frac{v-y}{2l} - \sin\pi\frac{u}{2l}} - \frac{1}{\mathfrak{Cof}\,\pi\frac{v-y}{2l} + \sin\pi\frac{u}{2l}}\right] +$$
$$+ \sum_{1,3}{}_j \sin\frac{j\pi}{2}\sin j\pi\frac{u}{2l}\,\frac{4}{3j\pi}\left\{\frac{2\,\mathfrak{Cof}\,j\pi\frac{b-v}{2l}\,\mathfrak{Cof}\,j\pi\frac{y}{2l}}{\mathfrak{Sin}\,j\pi\frac{b}{2l}}\left[2 - j\pi\frac{b}{2l}\,\mathfrak{Cotg}\,j\pi\frac{b}{2l} + j\pi\frac{b-v}{2l}\,\mathfrak{Tg}\,j\pi\frac{b-v}{2l} + j\pi\frac{y}{2l}\,\mathfrak{Tg}\,j\pi\frac{y}{2l}\right] - e^{-j\pi\frac{v-y}{2l}}\left[2 - j\pi\frac{v-y}{2l}\right]\right\}. \quad (500)$$

Das 0te Glied der Randneigung ist $\beta_{s0} = \frac{1}{3b}$, daher gilt im Feld III der Beitrag $-\frac{u}{3b}$.

Die weiteren Randverdrehungswerte sind:

$$R_{\mathrm{III}\,k} = \left(m_y + \frac{1}{3}m_x\right)_{x=l}\left(\text{infolge } m_s = m_a = 1\cdot\cos k\pi\frac{y}{b}\right) = \cos k\pi\frac{y}{b}\,\frac{1 + k\pi\frac{l}{b}\,\mathfrak{Tg}\,k\pi\frac{l}{b}}{3\,\mathfrak{Cof}\,k\pi\frac{l}{b}}. \quad (501)$$

Die Krümmungswerte sind [vgl. Gl. (393) und Gl. (486)]:

$$\left.\begin{aligned}
K_{tj} &= K_{tj}^{(m_y)} + \frac{1}{3} K_{tj}^{(m_x)} = \sin\frac{j\pi}{2}\,\frac{8}{3j\pi}\,\frac{\mathfrak{Cof}\, j\pi\frac{b-y}{2l}}{\mathfrak{Sin}\, j\pi\frac{b}{2l}}\Big[-4 + j\pi\frac{b}{2l}\mathfrak{Cotg}\, j\pi\frac{b}{2l} - \\
&\qquad - j\pi\frac{b-y}{2l}\mathfrak{Tg}\, j\pi\frac{b-y}{2l}\Big],\\
K_{bj} &= K_{bj}^{(m_y)} + \frac{1}{3} K_{bj}^{(m_x)} = \sin\frac{j\pi}{2}\,\frac{8}{3j\pi}\,\frac{\mathfrak{Cof}\, j\pi\frac{y}{2l}}{\mathfrak{Sin}\, j\pi\frac{b}{2l}}\Big[-4 + j\pi\frac{b}{2l}\mathfrak{Cotg}\, j\pi\frac{b}{2l} - \\
&\qquad - j\pi\frac{y}{2l}\mathfrak{Tg}\, j\pi\frac{y}{2l}\Big],\\
\widehat{K}_{\mathrm{III}\,j} &= \frac{K_{tj} + K_{bj}}{2},\\
\widehat{\widehat{K}}_{\mathrm{III}\,j} &= \frac{K_{tj} - K_{bj}}{2},\\
K_{lk} &= K_{lk}^{(m_y)} + \frac{1}{3} K_{lk}^{(m_x)} = \cos k\pi\frac{y}{b}\,\frac{2l}{3b}\,\frac{1}{\mathfrak{Cof}^2\, k\pi\frac{l}{b}}.
\end{aligned}\right\} \tag{502}$$

Mit diesen Werten sind die Gleichungssysteme Gl. (490) und (491) aufzulösen; die Überlagerung der Zusatzfunktionen geschieht wie in P. 10.4.1.

### *10.4.4. Einflußflächen, deren Bezugspunkt im Feld II liegt*

In sämtlichen Gleichungen sind die entsprechenden Werte $R_{\mathrm{II\,I}\,k}$, $R_{\mathrm{II\,III}\,k}$, $\widehat{K}_{\mathrm{II}\,j}$ und $\widehat{\widehat{K}}_{\mathrm{II}\,j}$ einzusetzen. $R_{\mathrm{III}\,k}$, $K_{lk}$, $\widehat{K}_{\mathrm{III}\,j}$ und $\widehat{\widehat{K}}_{\mathrm{III}\,j}$ verschwinden.

### *10.4.5. Einflußfläche für ein Stützenmoment*

Es sei die Einflußfläche für das Moment im Punkt $y$ der Unterstützungslinie II III zu ermitteln.

Das von $y$ unabhängige 0te Glied der cos-Reihe erstreckt sich nur auf das Feld III und beträgt $-\frac{u}{b}$.

In die beiden Gleichungssysteme Gl. (490) und (491) ist einzusetzen:

$$\left.\begin{aligned}
R_{\mathrm{III}\,k} &= \cos k\pi\frac{y}{b},\\
K_{lk} &= K_{\mathrm{II}\,j} = K_{\mathrm{III}\,j} = 0.
\end{aligned}\right\} \tag{503}$$

Die Substitution

$$\left.\begin{aligned}
r_{\mathrm{II\,III}\,k} &= \frac{\left(\frac{d_0}{d_{\mathrm{II}}}\right)^3 C\left(\frac{k\,a_{\mathrm{II}}}{b}\right)}{\left(\frac{d_0}{d_{\mathrm{II}}}\right)^3 C\left(\frac{k\,a_{\mathrm{II}}}{b}\right) + \left(\frac{d_0}{d_{\mathrm{III}}}\right)^3 \widehat{C}\left(\frac{k\,2\,l}{b}\right)}\left(-\cos k\pi\frac{y}{b} + f_k\right),\\
r_{\mathrm{III\,II}\,k} &= \frac{\left(\frac{d_0}{d_{\mathrm{III}}}\right)^3 \widehat{C}\left(\frac{k\,2\,l}{b}\right)}{\left(\frac{d_0}{d_{\mathrm{II}}}\right)^3 C\left(\frac{k\,a_{\mathrm{II}}}{b}\right) + \left(\frac{d_0}{d_{\mathrm{III}}}\right)^3 \widehat{C}\left(\frac{k\,2\,l}{b}\right)}\left(-\cos k\pi\frac{y}{b} + f_k\right)
\end{aligned}\right\} \tag{504}$$

führt auf eine Gleichungsgruppe ohne absolutes Glied für $f_k$; in den Gleichungen für $\widehat{r}_{\mathrm{II}\,j}$, $\widehat{r}_{\mathrm{III}\,j}$, $\widehat{\widehat{r}}_{\mathrm{II}\,j}$, $\widehat{\widehat{r}}_{\mathrm{III}\,j}$ tritt als absolutes Glied eine cos-Summe auf, die wie in Abschnitt C.8. zu behandeln ist.

Die endgültige Einflußfläche lautet im Feld II:

$$\text{Einfl}\, m_{\mathrm{II\,III}\,y} = \sum_{1,2}^{\infty}{}_k\, r_{\mathrm{II\,I}\,k}\,\frac{\text{Einfl}\, B_{\mathrm{II\,I}\,k}}{C\left(\frac{k\,a_{\mathrm{II}}}{b}\right)} + \sum_{1,2}^{\infty}{}_k\, r_{\mathrm{II\,III}\,k}\,\frac{\text{Einfl}\, B_{\mathrm{II\,III}\,k}}{C\left(\frac{k\,a_{\mathrm{II}}}{b}\right)} + \sum_{1,2}^{\infty}{}_j\,(\widehat{r}_{\mathrm{II}\,j}\,\widehat{F}_{\mathrm{II}\,j} + \widehat{\widehat{r}}_{\mathrm{II}\,j}\,\widehat{\widehat{F}}_{\mathrm{II}\,j}). \tag{505, II}$$

**DU₃ — 10** Im Feld III ist:

$$\text{Einfl}\, m_{\mathrm{II\,III}\,y} = -\frac{u}{b} + \sum_{1,2}^{\infty}{}_k\, r_{\mathrm{III\,II}\,k} \frac{\text{Einfl}\,(B_{sk}+B_{ak})_{\mathrm{III}}}{\widehat{C}\left(\frac{k\,2\,l}{b}\right)} + \sum_{1,2}^{\infty}{}_k\, r_{lk} F_{lk} +$$

$$+ \sum_{1,3}^{\infty}{}_j\, (\widehat{r}_{\mathrm{III}\,j} \widehat{F}_{\mathrm{III}\,j} + \widehat{\widehat{r}}_{\mathrm{III}\,j} \widehat{\widehat{F}}_{\mathrm{III}\,j}). \quad (505,\,\mathrm{III})$$

In der Nähe der Unterstützungslinie II III kann man mit Hilfe der geschlossenen Darstellung für $a_{\mathrm{II}} \to \infty$ bzw. $2\,l \to \infty$ die Berechnung erleichtern. Unter Verwendung von Gl. (417) (P. 8.3.3.) ist im Feld III:

$$\sum_{1,2}^{\infty}{}_k\, r_{\mathrm{III\,II}\,k} \frac{\text{Einfl}\,(B_{sk}+B_{ak})_{\mathrm{III}}}{\widehat{C}\left(\frac{k\,2\,l}{b}\right)} = \frac{\left(\frac{d_0}{d_{\mathrm{III}}}\right)^3}{\left(\frac{d_0}{d_{\mathrm{II}}}\right)^3 + \left(\frac{d_0}{d_{\mathrm{III}}}\right)^3} \left[\frac{u_{\mathrm{III}}}{b} - \right.$$

$$\left. - \frac{u_{\mathrm{III}}}{2\,b} \operatorname{Sin} \pi \frac{u_{\mathrm{III}}}{b} \left( \frac{1}{\operatorname{Cos} \pi \frac{u_{\mathrm{III}}}{b} - \cos \pi \frac{y-v}{b}} - \frac{1}{\operatorname{Cos} \pi \frac{u_{\mathrm{III}}}{b} - \cos \pi \frac{y+v}{b}} \right) \right] +$$

$$+ \sum_{1,2}^{\infty}{}_k \left[ \frac{\left(\frac{d_0}{d_{\mathrm{III}}}\right)^3}{\left(\frac{d_0}{d_{\mathrm{II}}}\right)^3 + \left(\frac{d_0}{d_{\mathrm{III}}}\right)^3} \cos k\,\pi \frac{y}{b} \cos k\,\pi \frac{v}{b} \frac{2\,u_{\mathrm{III}}}{b} e^{-k\pi \frac{u_{\mathrm{III}}}{b}} + r_{\mathrm{III\,II}\,k} \frac{\text{Einfl}\,(B_{sk}+B_{ak})_{\mathrm{III}}}{\widehat{C}\left(\frac{k\,2\,l}{b}\right)} \right]. \quad (506)$$

Im Feld II gilt Gl. (419) (P. 8.3.3.) unverändert.

### *10.4.6. Einflußfläche für das durchschnittliche Stützenmoment im Randbereich*

Die Einflußfläche für den Durchschnittswert von $m_{\mathrm{II\,III}}$ im Bereich $0 \leqq y \leqq t$ erhält man wie in Abschnitt C.8. (P. 8.3.4.), indem man $R_{\mathrm{III}\,k} = \dfrac{\sin k\,\pi \frac{t}{b}}{k\,\pi \frac{t}{b}}$ in die Gleichungen einführt, während das 0te Glied ungeändert bleibt. Die weitere Rechnung ist wie in P. 10.4.5. durchzuführen.

Wenn in der Nähe der Unterstützungslinie II III die geschlossene Darstellung zur Anwendung kommt, gilt die Gl. (424) (P. 8.3.4.) mit

$$\frac{\text{Einfl}\,(B_{sk}+B_{ak})_{\mathrm{III}}}{\widehat{C}\left(\frac{k\,2\,l}{b}\right)} \quad \text{an Stelle von} \quad \frac{\text{Einfl}\,B_{\mathrm{III\,II}\,k}}{C\left(\frac{k\,a_{\mathrm{III}}}{b}\right)}.$$

### *10.4.7. Einflußfläche für die Querkraft an der Unterstützungslinie*

Die Einflußfläche für die Querkraft in einem Punkt $y$ der Unterstützungslinie II III auf der Seite des Feldes II ist wie im Fall **D₂U₂ — 10** (Abschnitt C.8., P. 8.3.5.) zu ermitteln, nur gilt für die Koeffizienten $r_{\mathrm{II\,III}\,k}$, $r_{lk}$ und $r_{\mathrm{III}\,j}$ das Gleichungssystem nach *P.*10.4.1. Das Glied $k = 0$ der Randverdrehung ist $B_{\mathrm{II\,III}\,0} = \frac{1}{b}$, daher ist das Kragfeld um diesen Betrag zu drehen; es entstehen die Ordinaten $\frac{u_{\mathrm{III}}}{b}$. Für einen Punkt an der Unterstützungslinie II III, aber auf Seite des Kragfeldes III, ist als Grundfall die Einflußfläche für zwei zur Linie $x = l$ symmetrische Lasten anzusetzen, also:

Im Bereich $0 \leqq v \leqq y$:

$$2\,l\,(q_s - q_a) = \sum_{1,3}^{\infty}{}_j\, \sin j\,\pi \frac{u}{2\,l} \frac{4 \operatorname{Cos} j\,\pi \frac{v}{2\,l} \operatorname{Cos} j\,\pi \frac{b-y}{2\,l}}{\operatorname{Sin} j\,\pi \frac{b}{2\,l}},$$

im Bereich $y \leqq v \leqq b$:

$$2\,l\,(q_s - q_a) = \sum_{1,3}^{\infty}{}_j\, \sin j\,\pi \frac{u}{2\,l} \frac{4 \operatorname{Cos} j\,\pi \frac{b-v}{2\,l} \operatorname{Cos} j\,\pi \frac{y}{2\,l}}{\operatorname{Sin} j\,\pi \frac{b}{2\,l}}. \quad (507)$$

$$\left.\begin{aligned}\widehat{K}_{\mathrm{III}\,j} &= 2\,\frac{-\operatorname{Cof} j\pi\frac{b-y}{2l}-\operatorname{Cof} j\pi\frac{y}{2l}}{\operatorname{Sin} j\pi\frac{b}{2l}},\\ \widehat{\widehat{K}}_{\mathrm{III}\,j} &= 2\,\frac{-\operatorname{Cof} j\pi\frac{b-y}{2l}+\operatorname{Cof} j\pi\frac{y}{2l}}{\operatorname{Sin} j\pi\frac{b}{2l}}.\end{aligned}\right\} \tag{508}$$

Die Randverdrehungswerte sind entsprechend:

$$R_{\mathrm{III}\,k} = -\frac{k\pi 2l}{b}\operatorname{Tg} k\pi\frac{l}{b}\cos k\pi\frac{y}{b}. \tag{509}$$

In anderer Darstellung lautet die Einflußfläche im Grundfall:

$$2l(q_s-q_a) = \frac{2l}{b}+\frac{4l}{b}\sum_{1,2}^{\infty}{}_k \cos k\pi\frac{y}{b}\cos k\pi\frac{v}{b}\,\frac{\operatorname{Cof} k\pi\frac{l-u}{b}}{\operatorname{Cof} k\pi\frac{l}{b}}. \tag{510}$$

Daraus folgen die Krümmungswerte:

$$K_{l\,k} = -\frac{4l}{b\operatorname{Cof} k\pi\frac{l}{b}}\cos k\pi\frac{y}{b}. \tag{511}$$

Die Werte sind in das Gleichungssystem (490), (491) (P. 10.4.1.) einzusetzen.

Die Substitution

$$\left.\begin{aligned} r_{\mathrm{II\,III}\,k} &= \frac{\left(\frac{d_0}{d_{\mathrm{II}}}\right)^3 C\left(\frac{k a_{\mathrm{II}}}{b}\right)}{\left(\frac{d_0}{d_{\mathrm{II}}}\right)^3 C\left(\frac{k a_{\mathrm{II}}}{b}\right)+\left(\frac{d_0}{d_{\mathrm{III}}}\right)^3 \widehat{C}\left(\frac{k\,2l}{b}\right)}\left(k\pi\frac{2l}{b}\operatorname{Tg} k\pi\frac{l}{b}\cos k\pi\frac{y}{b}+f_k\right),\\ r_{\mathrm{III\,II}\,k} &= \frac{\left(\frac{d_0}{d_{\mathrm{III}}}\right)^3 \widehat{C}\left(\frac{k\,2l}{b}\right)}{\left(\frac{d_0}{d_{\mathrm{II}}}\right)^3 C\left(\frac{k a_{\mathrm{II}}}{b}\right)+\left(\frac{d_0}{d_{\mathrm{III}}}\right)^3 \widehat{C}\left(\frac{k\,2l}{b}\right)}\left(k\pi\frac{2l}{b}\operatorname{Tg} k\pi\frac{l}{b}\cos k\pi\frac{y}{b}+f_k\right)\end{aligned}\right\} \tag{512}$$

führt auf eine Gleichungsgruppe für $f_k$ ohne absolutes Glied; in den Gleichungen für $\widehat{r}_{\mathrm{III}\,j}$ tritt als absolutes Glied die Summe

$$U = \frac{32\,l}{j\pi b}\sum_{2,4}^{\infty}{}_k \frac{\left(\frac{d_0}{d_{\mathrm{III}}}\right)^3 \operatorname{Tg} k\pi\frac{l}{b}}{\left(\frac{d_0}{d_{\mathrm{II}}}\right)^3 C\left(\frac{k a_{\mathrm{II}}}{b}\right)+\left(\frac{d_0}{d_{\mathrm{III}}}\right)^3 \widehat{C}\left(\frac{k\,2l}{b}\right)}\cdot\frac{\cos k\pi\frac{y}{b}}{\left[1+\left(\frac{jb}{k\,2l}\right)^2\right]^2} \tag{513}$$

auf, als deren Grenzwert formal der Mittelwert, um den sie pendelt, zu nehmen ist.

Bei $\widehat{r}_{\mathrm{II}\,j}$ gilt ein ähnlicher Ausdruck.

Die endgültige Einflußfläche lautet im Feld II:

$$\text{Einfl } 2lq = \sum_{1,2}^{\infty}{}_k r_{\mathrm{II\,I}\,k}\frac{\text{Einfl } B_{\mathrm{II\,I}\,k}}{C\left(\frac{k a_{\mathrm{II}}}{b}\right)}+\sum_{1,2}^{\infty}{}_k r_{\mathrm{II\,III}\,k}\frac{\text{Einfl } B_{\mathrm{II\,III}\,k}}{C\left(\frac{k a_{\mathrm{II}}}{b}\right)}+\sum_{1,2}^{\infty}{}_j\left(\widehat{r}_{\mathrm{II}\,j}\widehat{F}_{\mathrm{II}\,j}+\widehat{\widehat{r}}_{\mathrm{II}\,j}\widehat{\widehat{F}}_{\mathrm{II}\,j}\right). \tag{514}$$

im Feld III:

$$\text{Einfl } 2lq = \text{Einfl } 2l(q_s-q_a)\,\boxed{\mathbf{F_2V_2-10}}+\sum_{1,2}^{\infty}{}_k r_{\mathrm{III\,II}\,k}\frac{\text{Einfl }(B_{s\,k}+B_{a\,k})_{\mathrm{III}}}{\widehat{C}\left(\frac{k\,2l}{b}\right)}+$$

$$+\sum_{1,2}^{\infty}{}_k r_{l\,k}F_{l\,k}+\sum_{1,3\ldots}^{\infty}{}_j\left(\widehat{r}_{\mathrm{III}\,j}\widehat{F}_{\mathrm{III}\,j}+\widehat{\widehat{r}}_{\mathrm{III}\,j}\widehat{\widehat{F}}_{\mathrm{III}\,j}\right). \tag{515}$$

Als geschlossene Darstellung des Grundfalles gilt die Formel für Einfl $q_s$ und Einfl $(-q_a)$ aus Fall $\boxed{\mathbf{F_2-10}}$; für die Zusatzfunktionen mit $r_{\mathrm{II\,III}\,k}$ bzw. $r_{\mathrm{III\,II}\,k}$ ist die Gl. (432) (Abschnitt C.8. P. 8.3.5.) zu verwenden.

**DU$_3$ — 10**

10.4.7.a) Einflußfläche für die Auflagerkraft

Es gilt sinngemäß P. 8.3.5.a) in Abschnitt C.8.

*10.4.8. Einflußfläche für die Summe der Querkräfte in einer Strecke von der Länge t*

Für die Querkraftsumme $Q_s$ auf Seite des Feldes III gelten die Gl. (433) und (434) aus P. 8.3.6. mit dem Faktor 2 an Stelle von $(-\cos j\pi)$ und $2l$ an Stelle von $a_{II}$ $(j = 1, 3, \ldots)$; ferner ist:

$$R_{III\,k} = -2\,\mathfrak{Tg}\,k\pi\frac{l}{b}\sin k\pi\frac{t}{2b}\cos k\pi\frac{y}{b} \qquad (516)$$

und

$$K_{lk} = -\frac{4}{k\pi\,\mathfrak{Cof}\,k\pi\frac{l}{b}}\sin k\pi\frac{t}{2b}\cos k\pi\frac{y}{b}. \qquad (517)$$

Diese Werte sind in das Gleichungssystem (490), (491) (P. 10.4.1.) einzusetzen.

*10.4.9. Einflußfläche für die Summe der lotrechten Schubkräfte in der Strecke $0 \leqq y \leqq t$*

Für die Schubkraft $T_s$ auf Seite des Feldes III gelten wieder die Gl. (436) und (437) aus P. 8.3.7. mit dem Faktor 2 an Stelle von $(-\cos j\pi)$ und $2l$ an Stelle von $a_{II}$ $(j = 1, 3, \ldots)$; ferner ist

$$R_{III\,k} = -\mathfrak{Tg}\,k\pi\frac{l}{b}\sin k\pi\frac{t}{b} \qquad (518)$$

und

$$K_{lk} = -\frac{2}{k\pi\,\mathfrak{Cof}\,k\pi\frac{l}{b}}\sin k\pi\frac{t}{b}. \qquad (519)$$

Der weitere Rechnungsgang ist sinngemäß nach P. 8.3.7. durchzuführen.

10.4.9.a) Einflußfläche für die Summe der Auflagerkräfte in einer Strecke von der Länge $t$

Es gilt P. 8.3.7.a) in Abschnitt C.8.

## C.11. Die Rechteckplatte, alle Ränder ungestützt

**U$_4$ — ***

Beliebige Belastung

Die angreifenden äußeren Kräfte müssen miteinander im Gleichgewicht stehen. Im allgemeinen Fall werden sie in vier Anteile zerlegt:

1. Zu beiden Mittellinien symmetrische Lasten.
2. Zur Mittellinie $y = \frac{b}{2}$ symmetrische, zur Mittellinie $x = \frac{a}{2}$ antisymmetrische Lasten.
3. Zur Mittellinie $x = \frac{a}{2}$ symmetrische, zur Mittellinie $y = \frac{b}{2}$ antisymmetrische Lasten.
4. Zu beiden Mittellinien antisymmetrische Lasten.

Beim 2. Lastanteil kann in $x = \frac{a}{2}$ frei drehbare Stützung angenommen werden; es liegt der Fall **FU$_3$ — *** vor, der nach Abschnitt C.10. behandelt wird.

Der 3. Lastanteil ist wie der 2. zu behandeln; es sind nur die Koordinatenrichtungen vertauscht.

Beim 4. Lastanteil ist in der Linie $x = \frac{a}{2}$ und in der Linie $y = \frac{b}{2}$ frei drehbare Stützung zugrunde zu legen; es liegt der Fall **FUFU — *** nach Abschnitt C.9. vor.

Im folgenden wird das Berechnungsverfahren für den 1. Lastanteil entwickelt, zur Vereinfachung an einem Beispiel mit *gleichmäßig* verteilten Lasten (Rechtecklasten und Gleichlast).

## $U_4$ — 212 — 1 Zwei Rechtecklasten von oben, Gleichlast von unten

Als Grundfall dient die an allen vier Rändern *verschieblich eingespannte* Platte. Um die Biegefläche für diesen Fall zu finden, werden alle Lasten als cos-Reihe mit der Periode $a$ entwickelt. Die Rechtecklasten $P$ liefern in den Bereichen $v - d \leqq y \leqq v + d$ und $b - v - d \leqq y \leqq b - v + d$ die Belastung:

$$p = \frac{P}{2\,d\,a} + \frac{P}{2\,d\,a} \sum_{2,4}^{\infty} {}_j \cos j\pi\left(\frac{1}{2} - \frac{x}{a}\right) \frac{2 \sin j\pi \frac{c}{a}}{j\pi \frac{c}{a}}. \qquad (520)$$

Die Gleichlast $p_u = -\frac{2\,P}{a\,b}$ im Bereich $0 \leqq y \leqq b$ stellt einen Beitrag zum 0ten Glied dar; zu den eigentlichen Reihengliedern liefert sie keinen Beitrag.

Das 0te Glied der Belastung, d. i. die über die Breite $a$ gleichmäßig verteilte Last, erzeugt ebensolche Momente $m_{y0}$ und Querkräfte $q_{y0}$; diese können unmittelbar für die ungestützte Platte ohne den Umweg über die verschieblich eingespannte Platte ermittelt werden (Abb. 143).

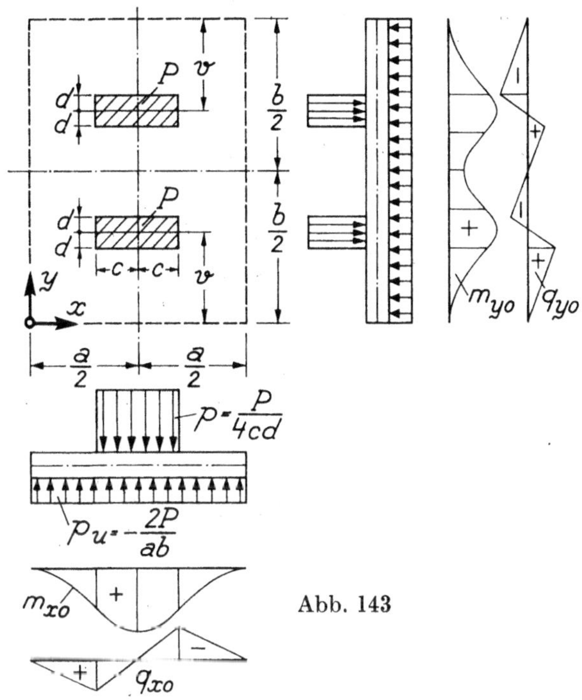


Abb. 143

Die durch die cos-Reihe dargestellte Belastung erzeugt im Grundfall eine Biegefläche wie im Fall $F_2V_2$ — 212, es ist nur $\cos j\pi\left(\frac{1}{2} - \frac{x}{a}\right)$ statt $\sin j\pi \frac{x}{a} \sin j\pi \frac{u}{a}$ zu schreiben. Die zugehörigen Momente $m_y$ und Querkräfte $q_y$ lauten:

$\alpha$) Bereich $0 \leqq y \leqq v - d$:

$$m_y = P \sum_{2,4}^{\infty} {}_j \cos j\pi\left(\frac{1}{2} - \frac{x}{a}\right) \frac{\sin j\pi \frac{c}{a}}{j\pi \frac{c}{a}} \frac{\mathfrak{Sin}\, j\pi \frac{d}{a}}{j\pi \frac{d}{a}} \frac{\mathfrak{Cof}\, j\pi \frac{\frac{b}{2} - v}{a}\, \mathfrak{Cof}\, j\pi \frac{y}{a}}{j\pi\, \mathfrak{Sin}\, j\pi \frac{b}{2a}} \left[-j\pi \frac{b}{2a} \mathfrak{Cotg}\, j\pi \frac{b}{2a} + \right.$$

$$\left. + j\pi \frac{\frac{b}{2} - v}{a} \mathfrak{Tg}\, j\pi \frac{\frac{b}{2} - v}{a} + j\pi \frac{d}{a} \mathfrak{Cotg}\, j\pi \frac{d}{a} + j\pi \frac{y}{a} \mathfrak{Tg}\, j\pi \frac{y}{a}\right], \qquad (\alpha - \mathrm{e})$$

$$q_y = \frac{P}{a} \sum_{2,4}^{\infty} {}_j \cos j\pi\left(\frac{1}{2} - \frac{x}{a}\right) \frac{\sin j\pi \frac{c}{a}}{j\pi \frac{c}{a}} \frac{\mathfrak{Sin}\, j\pi \frac{d}{a}}{j\pi \frac{d}{a}} \frac{2\, \mathfrak{Cof}\, j\pi \frac{\frac{b}{2} - v}{a}\, \mathfrak{Sin}\, j\pi \frac{y}{a}}{\mathfrak{Sin}\, j\pi \frac{b}{2a}}. \qquad (\alpha - 1)$$

$\beta$) Bereich $v - d \leqq y \leqq v + d$:

$$m_y = P \sum_{2,4}^{\infty} {}_j \cos j\pi\left(\frac{1}{2} - \right.$$

$$\left. - \frac{x}{a}\right) \frac{\sin j\pi \frac{c}{a}}{j\pi \frac{c}{a}} \frac{1}{2\, j^2 \pi^2 \frac{d}{a}\, \mathfrak{Sin}\, j\pi \frac{b}{2a}} \left\{ \mathfrak{Sin}\, j\pi \frac{\frac{b}{2} - v - d}{a}\, \mathfrak{Cof}\, j\pi \frac{y}{a} \left[ j\pi \frac{b}{2a} \mathfrak{Cotg}\, j\pi \frac{b}{2a} - \right.\right.$$

**U₄ — 212 — 1**

$$- j\pi \frac{\frac{b}{2}-v-d}{a}\, \mathfrak{Cotg}\, j\pi \frac{\frac{b}{2}-v-d}{a} - j\pi\frac{y}{a}\, \mathfrak{Tg}\, j\pi\frac{y}{a}\Bigg] +$$

$$+ \mathfrak{Sin}\, j\pi\frac{v-d}{a}\, \mathfrak{Cof}\, j\pi\frac{\frac{b}{2}-y}{a}\Bigg[j\pi\frac{b}{2a}\, \mathfrak{Cotg}\, j\pi\frac{b}{2a} - j\pi\frac{v-d}{a}\, \mathfrak{Cotg}\, j\pi\frac{v-d}{a} -$$

$$- j\pi\frac{\frac{b}{2}-y}{a}\, \mathfrak{Tg}\, j\pi\frac{\frac{b}{2}-y}{a}\Bigg]\Bigg\}, \qquad (\beta - \mathrm{e})$$

$$q_v = \frac{P}{a}\sum_{2,4}^{\infty} j \cos j\pi\left(\frac{1}{2}-\frac{x}{a}\right)\frac{\sin j\pi\frac{c}{a}}{j\pi\frac{c}{a}}\, \frac{1}{j\pi\frac{d}{a}\, \mathfrak{Sin}\, j\pi\frac{b}{2a}}\Bigg[\mathfrak{Sin}\, j\pi\frac{\frac{b}{2}-v-d}{a}\, \mathfrak{Sin}\, j\pi\frac{y}{a} -$$

$$- \mathfrak{Sin}\, j\pi\frac{v-d}{a}\, \mathfrak{Sin}\, j\pi\frac{\frac{b}{2}-y}{a}\Bigg]. \qquad (\beta - \mathrm{l})$$

$\gamma$) Bereich $v + d \leq y \leq b - v - d$:

$$m_y = P\sum_{2,4}^{\infty} j \cos j\pi\left(\frac{1}{2}-\frac{x}{a}\right)\frac{\sin j\pi\frac{c}{a}}{j\pi\frac{c}{a}}\, \frac{\mathfrak{Sin}\, j\pi\frac{d}{a}}{j\pi\frac{d}{a}}\, \frac{\mathfrak{Cof}\, j\pi\frac{v}{a}\, \mathfrak{Cof}\, j\pi\frac{\frac{b}{2}-y}{a}}{j\pi\, \mathfrak{Sin}\, j\pi\frac{b}{2a}}\Bigg[- j\pi\frac{b}{2a}\, \mathfrak{Cotg}\, j\pi\frac{b}{2a} +$$

$$+ j\pi\frac{v}{a}\, \mathfrak{Tg}\, j\pi\frac{v}{a} + j\pi\frac{d}{a}\, \mathfrak{Cotg}\, j\pi\frac{d}{a} + j\pi\frac{\frac{b}{2}-y}{a}\, \mathfrak{Tg}\, j\pi\frac{\frac{b}{2}-y}{a}\Bigg], \qquad (\gamma - \mathrm{e})$$

$$q_v = \frac{P}{a}\sum_{2,4}^{\infty} j \cos j\pi\left(\frac{1}{2}-\frac{x}{a}\right)\frac{\sin j\pi\frac{c}{a}}{j\pi\frac{c}{a}}\, \frac{\mathfrak{Sin}\, j\pi\frac{d}{a}}{j\pi\frac{d}{a}}\, \frac{2\, \mathfrak{Cof}\, j\pi\frac{v}{a}\, \mathfrak{Sin}\, j\pi\frac{\frac{b}{2}-y}{a}}{\mathfrak{Sin}\, j\pi\frac{b}{2a}}. \qquad (\gamma - \mathrm{l})$$

In gleicher Weise können die Drillmomente $m_{xy}$ aus Fall **F₂V₂ — 212** abgeleitet werden; dort ist $-\sin j\pi\left(\frac{1}{2}-\frac{x}{a}\right)$ statt $\cos j\pi\frac{x}{a}\sin j\pi\frac{u}{a}$ zu schreiben.

Am Rand $t$ $(y = 0)$ und am Rand $b$ $(y = b)$ ist

$$m_{yt} = m_{yb} = \sum_{2,4}^{\infty} j \cos j\pi\left(\frac{1}{2}-\frac{x}{a}\right)\hat{M}_{tj}$$

mit

$$\hat{M}_{tj} = P\frac{\sin j\pi\frac{c}{a}}{j\pi\frac{c}{a}}\, \frac{\mathfrak{Sin}\, j\pi\frac{d}{a}}{j\pi\frac{d}{a}}\, \frac{\mathfrak{Cof}\, j\pi\frac{\frac{b}{2}-v}{a}}{j\pi\, \mathfrak{Sin}\, j\pi\frac{b}{2a}}\Bigg[- j\pi\frac{b}{2a}\, \mathfrak{Cotg}\, j\pi\frac{b}{2a} +$$

$$+ j\pi\frac{\frac{b}{2}-v}{a}\, \mathfrak{Tg}\, j\pi\frac{\frac{b}{2}-v}{a} + j\pi\frac{d}{a}\, \mathfrak{Cotg}\, j\pi\frac{d}{a}\Bigg]. \qquad (521)$$

Die Entwicklung der beiden Rechtecklasten als cos-Reihe mit der Periode $b$ liefert im Bereich $\frac{a}{2} - c \leq x \leq \frac{a}{2} + c$:

$$p = \frac{P}{cb} + \frac{P}{cb}\sum_{2,4}^{\infty} k \cos k\pi\left(\frac{1}{2}-\frac{y}{b}\right)\cos k\pi\left(\frac{1}{2}-\frac{v}{b}\right)\frac{2\sin k\pi\frac{d}{b}}{k\pi\frac{d}{b}}. \qquad (522)$$

Das 0te Glied erzeugt zusammen mit $p_u$ die über die Breite $b$ gleichmäßig verteilten Momente $m_{x0}$ und die Querkräfte $q_{x0}$, die unmittelbar für die ungestützte Platte zu ermitteln sind (Abb. 143). Die durch die cos-Reihe in Gl. (522) dargestellte Belastung erzeugt im

Grundfall eine Biegefläche wie im Fall **$V_2F_2-12\,m$** (Fall **$F_2V_2-12\,m$** mit vertauschten Koordinaten), es ist nur $2\cos k\pi\left(\frac{1}{2}-\frac{y}{b}\right)\cos k\pi\left(\frac{1}{2}-\frac{v}{b}\right)$ statt $\sin k\pi\frac{y}{b}\sin k\pi\frac{v}{b}$ zu schreiben. Man erhält auf diese Weise die Momente $m_x$ und die Querkräfte $q_x$:

δ) Bereich $0 \leqq x \leqq \frac{a}{2}-c$:

$$m_x = P\sum_{2,4}^{\infty}{}^{k}\cos k\pi\left(\frac{1}{2}-\frac{y}{b}\right)\cos k\pi\left(\frac{1}{2}-\frac{v}{b}\right)\frac{\sin k\pi\frac{d}{b}}{k\pi\frac{d}{b}}\,\frac{\mathfrak{Sin}\,k\pi\frac{c}{b}}{k\pi\frac{c}{b}}\,\frac{\mathfrak{Cof}\,k\pi\frac{x}{b}}{k\pi\,\mathfrak{Sin}\,k\pi\frac{a}{2b}}\left[-k\pi\frac{a}{2b}\,\mathfrak{Cotg}\,k\pi\frac{a}{2b}+k\pi\frac{c}{b}\,\mathfrak{Cotg}\,k\pi\frac{c}{b}+k\pi\frac{x}{b}\,\mathfrak{Tg}\,k\pi\frac{x}{b}\right], \quad (\delta-\mathrm{d})$$

$$q_x = \frac{P}{b}\sum_{2,4}^{\infty}{}^{k}\cos k\pi\left(\frac{1}{2}-\frac{y}{b}\right)\cos k\pi\left(\frac{1}{2}-\frac{v}{b}\right)\frac{\sin k\pi\frac{d}{b}}{k\pi\frac{d}{b}}\,\frac{\mathfrak{Sin}\,k\pi\frac{c}{b}}{k\pi\frac{c}{b}}\,\frac{2\,\mathfrak{Sin}\,k\pi\frac{x}{b}}{\mathfrak{Sin}\,k\pi\frac{a}{2b}}. \quad (\delta-\mathrm{h})$$

ε) Bereich $\frac{a}{2}-c \leqq x \leqq \frac{a}{2}+c$:

$$m_x = P\sum_{2,4}^{\infty}{}^{k}\cos k\pi\left(\frac{1}{2}-\frac{y}{b}\right)\cos k\pi\left(\frac{1}{2}-\frac{v}{b}\right)\frac{\sin k\pi\frac{d}{b}}{k\pi\frac{d}{b}}\,\frac{\mathfrak{Sin}\,k\pi\frac{\frac{a}{2}-c}{b}\,\mathfrak{Cof}\,k\pi\frac{\frac{a}{2}-x}{b}}{k^2\pi^2\frac{c}{b}\,\mathfrak{Sin}\,k\pi\frac{a}{2b}}\left[k\pi\frac{a}{2b}\,\mathfrak{Cotg}\,k\pi\frac{a}{2b}-k\pi\frac{\frac{a}{2}-c}{b}\,\mathfrak{Cotg}\,k\pi\frac{\frac{a}{2}-c}{b}-k\pi\frac{\frac{a}{2}-x}{b}\,\mathfrak{Tg}\,k\pi\frac{\frac{a}{2}-x}{b}\right], \quad (\varepsilon-\mathrm{d})$$

$$q_x = \frac{P}{b}\sum_{2,4}^{\infty}{}^{k}\cos k\pi\left(\frac{1}{2}-\frac{y}{b}\right)\cos k\pi\left(\frac{1}{2}-\frac{v}{b}\right)\frac{\sin k\pi\frac{d}{b}}{k\pi\frac{d}{b}}\,\frac{2\,\mathfrak{Sin}\,k\pi\frac{\frac{a}{2}-c}{b}\,\mathfrak{Sin}\,k\pi\frac{\frac{a}{2}-x}{b}}{k\pi\frac{c}{b}\,\mathfrak{Sin}\,k\pi\frac{a}{2b}}. \quad (\varepsilon-\mathrm{h})$$

Am Rand $s$ $(x=0)$ und am Rand $a$ $(x=a)$ entstehen die Momente:

$$m_{xs} = m_{xa} = P\sum_{2,4}^{\infty}{}^{k}\cos k\pi\left(\frac{1}{2}-\frac{y}{b}\right)\widehat{M}_{sk}$$

mit

$$\widehat{M}_{sk} = P\cos k\pi\left(\frac{1}{2}-\frac{v}{b}\right)\frac{\sin k\pi\frac{d}{b}}{k\pi\frac{d}{b}}\,\frac{\mathfrak{Sin}\,k\pi\frac{c}{b}}{k\pi\frac{c}{b}}\,\frac{1}{k\pi\,\mathfrak{Sin}\,k\pi\frac{a}{2b}}\left[-k\pi\frac{a}{2b}\,\mathfrak{Cotg}\,k\pi\frac{a}{2b}+k\pi\frac{c}{b}\,\mathfrak{Cotg}\,k\pi\frac{c}{b}\right]. \quad (523)$$

Um die Randbedingung $m_y = 0$ an den Rändern $t$ und $b$ herzustellen, werden Randmomente

$$m_t = m_b = \sum_{2,4}^{\infty}{}^{j}\,\widehat{m}_{tj}\cos j\pi\left(\frac{1}{2}-\frac{x}{a}\right) \quad (524)$$

**U₄ — 212 — 1** nach Fall **F₂U₂ — 200** angebracht. Sie erzeugen Momente $m_x$ an den Rändern $s$ und $a$, die als cos-Reihe entwickelt lauten:

$$\left.\begin{aligned} m_{xs} = m_{xa} &= \sum_{2,4}^{\infty} {}_k \cos k\pi\left(\frac{1}{2} - \frac{y}{b}\right)\left(-\cos\frac{k\pi}{2}\right)\sum_{2,4}^{\infty} {}_j \hat{m}_{tj}\cos\frac{j\pi}{2} J'\left(\frac{jb}{ka}\right) \\ \text{mit}\quad J'\left(\frac{jb}{ka}\right) &= \frac{8a}{j\pi b\left(\frac{jb}{ka} + \frac{ka}{jb}\right)^2\left(3\,\mathrm{Cotg}\, j\pi\frac{b}{2a} - \frac{j\pi\frac{b}{2a}}{\mathrm{Sin}^2 j\pi\frac{b}{2a}}\right)}. \end{aligned}\right\} \qquad (525)$$

Ebenso werden an den Rändern $s$ und $a$ Randmomente

$$m_s = m_a = \sum_{2,4}^{\infty} {}_k \hat{m}_{sk}\cos k\pi\left(\frac{1}{2} - \frac{y}{b}\right) \qquad (526)$$

nach Fall **U₂F₂ — 200** angebracht. Sie erzeugen Momente $m_y$ an den Rändern $t$ und $b$, die als cos-Reihe dargestellt werden:

$$\left.\begin{aligned} m_{yt} = m_{yb} &= \sum_{2,4}^{\infty} {}_j \cos j\pi\left(\frac{1}{2} - \frac{x}{a}\right)\left(-\cos\frac{j\pi}{2}\right)\sum_{2,4}^{\infty} {}_k \hat{m}_{sk}\cos\frac{k\pi}{2} J'\left(\frac{ka}{jb}\right) \\ \text{mit}\quad J'\left(\frac{ka}{jb}\right) &= \frac{8b}{k\pi a\left(\frac{ka}{jb} + \frac{jb}{ka}\right)^2\left(3\,\mathrm{Cotg}\, k\pi\frac{a}{2b} - \frac{k\pi\frac{a}{2b}}{\mathrm{Sin}^2 k\pi\frac{a}{2b}}\right)}. \end{aligned}\right\} \qquad (527)$$

Die unbekannten Reihenkoeffizienten $\hat{m}_{tj}$ und $\hat{m}_{sk}$ ergeben sich aus der Bedingung, daß an allen Rändern die Momente senkrecht zum Rand verschwinden müssen:

Gleichungen für $\hat{m}_{tj}$ (für $j = 2, 4, \ldots$ aufzustellen):

$$\hat{m}_{tj} + \left(-\cos\frac{j\pi}{2}\right)\sum_{2,4}^{\infty} {}_k \hat{m}_{sk}\cos\frac{k\pi}{2} J'\left(\frac{ka}{jb}\right) + \hat{M}_{tj} = 0.$$

Gleichungen für $\hat{m}_{sk}$ (für $k = 2, 4, \ldots$ aufzustellen):

$$\hat{m}_{sk} + \left(-\cos\frac{k\pi}{2}\right)\sum_{2,4}^{\infty} {}_j \hat{m}_{tj}\cos\frac{j\pi}{2} J'\left(\frac{jb}{ka}\right) + \hat{M}_{sk} = 0. \qquad (528)$$

Nach Auflösung der Gleichungen ergeben sich die endgültigen Momente $m_y$ bzw. Querkräfte $q_y$ durch Überlagerung folgender Anteile:

$m_{y0}$ ($q_{y0}$),
$m_y$ ($q_y$) nach Gl. (e), (l) (Fall **F₂V₂ — 212**),
$m_y$ ($q_y$) infolge $m_t$ nach Fall **F₂U₂ — 200**
und $m_s$ nach Fall **U₂F₂ — 200**.

Die Momente $m_x$ bzw. Querkräfte $q_x$ erhält man aus:

$m_{x0}$ ($q_{x0}$)
$m_x$ ($q_x$) nach Gl. (d), (h) (Fall **V₂F₂ — 12 m**),
$m_x$ ($q_x$) infolge $m_t$ nach Fall **F₂U₂ — 200**
und $m_s$ nach Fall **U₂F₂ — 200**.

Die Drillmomente $m_{xy}$ erhält man aus Fall $\boxed{\mathbf{F_2V_2 - 212}}$ und den Randmomenten $m_t$ und $m_s$.

$\boxed{\mathbf{U_4 - 12\,m - 1}}$

Bei *einer* Rechtecklast $P$ in Plattenmitte ist in den Gl. (e) und (l) $\frac{1}{2}$ statt $\cos k\,\pi\left(\frac{1}{2}-\frac{v}{b}\right)$ zu setzen. Dieselben Formeln mit vertauschten Koordinaten gelten für die $y$-Richtung.

Das Berechnungsbeispiel 5.1. zeigt diesen Fall.

$\boxed{\mathbf{U_4 - 412 - 1}}$

Bei vier Rechtecklasten $P$, die zu beiden Mittellinien symmetrisch angeordnet sind, kommt in den Gl. (e), (l) der Faktor $2\cos j\,\pi\left(\frac{1}{2}-\frac{u}{a}\right)$ hinzu. Dieselben Formeln mit vertauschten Koordinaten gelten für die $x$-Richtung.

$\boxed{\mathbf{V_4 - 12\,m - 1}}$

Eine durchlaufende Fundamentplatte mit gleich großen Stützenlasten in gleichen Abständen kann aus allseitig verschieblich eingespannten Rechteckplatten mit Rechtecklast in Plattenmitte zusammengesetzt gedacht werden. Die Momente $m_{x0}$ bzw. $m_{y0}$ sind in diesem Fall wie bei einem Durchlaufträger zu ermitteln. Die im Fall $\boxed{\mathbf{U_4 - 12\,m - 1}}$ verwendete cos-Reihe liefert dann die ungleichmäßige Verteilung der Momente. Die Randmomente $m_t$ und $m_s$ entfallen.

Im Plattenmittelpunkt entsteht das Moment

$$m_{ym} = P\left\{\frac{b}{12\,a}\left[1-3\,\frac{d}{b}+2\left(\frac{d}{b}\right)^2\right]+\sum_{2,4}^{\infty}{}_j\,\frac{\sin j\,\pi\,\frac{c}{a}}{j\,\pi\,\frac{c}{a}}\,\frac{1}{2\,j^2\,\pi^2\,\frac{d}{a}}\,\frac{\mathfrak{Sin}\,j\,\pi\,\frac{\frac{b}{2}-d}{a}}{\mathfrak{Sin}\,j\,\pi\,\frac{b}{2\,a}}\cdot\right.$$

$$\left.\cdot\left[j\,\pi\,\frac{b}{2\,a}\,\mathfrak{Cotg}\,j\,\pi\,\frac{b}{2\,a}-j\,\pi\,\frac{\frac{b}{2}-d}{a}\,\mathfrak{Cotg}\,j\,\pi\,\frac{\frac{b}{2}\quad d}{a}\right]\right\}. \qquad (\mathrm{m-e})$$

Der Reihenausdruck ist ähnlich aufgebaut wie im Fall $\boxed{\mathbf{F_4 - 12\,m}}$; man kann ihn wie dort aus dem Ausdruck für den unendlichen Plattenstreifen (Fall $\boxed{\mathbf{V_2 - 12}}$) und einer Differenzreihe zusammensetzen. Bei *kleinen* Lastbreiten $\frac{c}{a}$ und $\frac{d}{a}$ läßt sich der Reihenausdruck wie im Fall $\boxed{\mathbf{F_2 - 12}}$ näherungsweise geschlossen darstellen. Auf diesem Wege ergibt sich

$$m_{ym} \doteq P\left\{\frac{b}{12\,a}+\frac{d^2}{6\,a\,b}-\frac{1}{8\,\pi}\ln\left[\left(\frac{c}{a}\right)^2+\left(\frac{d}{a}\right)^2\right]-\frac{d}{4\,\pi\,c}\,\mathrm{arctg}\,\frac{c}{d}+\frac{1}{4\,\pi}-\frac{1}{4\,\pi}\ln 2\,\pi+D\right\}. \qquad (\mathrm{m-e'})$$

Der Ausdruck unterscheidet sich nur durch einige Summanden von dem im Fall $\boxed{\mathbf{F_2 - 12\,m}}$, so daß die Tafel **F.14** benützt werden kann. $D$ ist der Zahlenwert der Differenzreihe; er beträgt für $\frac{b}{a}=1,\ c\to o,\ d\to o$:

$$D = -0{,}0016.$$

Damit ist schließlich

$$m_{ym} = P\left\{\frac{b}{12\,a}+\frac{d^2}{6\,a\,b}+\text{Tafelwert F.14}-0{,}1119\right\}. \qquad (\mathrm{m-e''})$$

Das Moment $m_{xm}$ ergibt sich durch Vertauschen der Koordinatenrichtungen.

# V. Zahlentafeln

## A. Funktionen

### A.1. Funktionen von $\pi z$ $(0 \leqq z \leqq 2{,}0,\ \Delta z = 0{,}005)$

| $z$ | $\pi z$ | $\sin \pi z$ | $\frac{\sin \pi z}{\pi z}$ | $e^{-\pi z}$ | $\mathfrak{Sin}\, \pi z$ | $\frac{\mathfrak{Sin}\, \pi z}{\pi z}$ | $\mathfrak{Cof}\, \pi z$ | $\mathfrak{Tg}\, \pi z$ | $\mathfrak{Cotg}\, \pi z$ | $\pi z\, \mathfrak{Tg}\, \pi z$ | $\pi z\, \mathfrak{Ctg}\, \pi z$ | $z$ |
|---|---|---|---|---|---|---|---|---|---|---|---|---|
| 0,000 | 0,00000 | 0,00000 | 1,00000 | 1,00000 | 0,00000 | 1,00000 | 1,00000 | 0,00000 | ∞ | 0,00000 | 1,00000 | 0,000 |
| 0,005 | 0,01571 | 0,01571 | 0,99996 | 0,98441 | 0,01571 | 1,00004 | 1,00012 | 0,01571 | 63,66722 | 0,00025 | 1,00008 | 0,005 |
| 0,010 | 0,03142 | 0,03141 | 0,99984 | 0,96907 | 0,03142 | 1,00016 | 1,00049 | 0,03140 | 31,84146 | 0,00099 | 1,00033 | 0,010 |
| 0,015 | 0,04712 | 0,04711 | 0,99963 | 0,95397 | 0,04714 | 1,00037 | 1,00111 | 0,04709 | 21,23630 | 0,00222 | 1,00074 | 0,015 |
| 0,020 | 0,06283 | 0,06279 | 0,99934 | 0,93910 | 0,06287 | 1,00066 | 1,00197 | 0,06275 | 15,93634 | 0,00394 | 1,00131 | 0,020 |
| 0,025 | 0,07854 | 0,07846 | 0,99897 | 0,92447 | 0,07862 | 1,00103 | 1,00309 | 0,07838 | 12,75857 | 0,00616 | 1,00207 | 0,025 |
| 0,030 | 0,09425 | 0,09411 | 0,99852 | 0,91006 | 0,09439 | 1,00148 | 1,00444 | 0,09397 | 10,64173 | 0,00886 | 1,00295 | 0,030 |
| 0,035 | 0,10996 | 0,10973 | 0,99799 | 0,89587 | 0,11018 | 1,00201 | 1,00605 | 0,10952 | 9,13120 | 0,01204 | 1,00404 | 0,035 |
| 0,040 | 0,12566 | 0,12533 | 0,99738 | 0,88191 | 0,12599 | 1,00262 | 1,00791 | 0,12500 | 7,99958 | 0,01571 | 1,00527 | 0,040 |
| 0,045 | 0,14137 | 0,14090 | 0,99667 | 0,86817 | 0,14184 | 1,00332 | 1,01001 | 0,14043 | 7,12062 | 0,01985 | 1,00666 | 0,045 |
| 0,050 | 0,15708 | 0,15643 | 0,99589 | 0,85464 | 0,15773 | 1,00410 | 1,01236 | 0,15580 | 6,41847 | 0,02447 | 1,00819 | 0,050 |
| 0,055 | 0,17279 | 0,17193 | 0,99504 | 0,84132 | 0,17365 | 1,00497 | 1,01497 | 0,17109 | 5,84492 | 0,02956 | 1,00994 | 0,055 |
| 0,060 | 0,18850 | 0,18738 | 0,99410 | 0,82820 | 0,18961 | 1,00592 | 1,01782 | 0,18629 | 5,36784 | 0,03512 | 1,01186 | 0,060 |
| 0,065 | 0,20420 | 0,20279 | 0,99307 | 0,81530 | 0,20563 | 1,00696 | 1,02092 | 0,20142 | 4,96496 | 0,04113 | 1,01382 | 0,065 |
| 0,070 | 0,21991 | 0,21814 | 0,99196 | 0,80259 | 0,22169 | 1,00808 | 1,02428 | 0,21643 | 4,62036 | 0,04760 | 1,01606 | 0,070 |
| 0,075 | 0,23562 | 0,23345 | 0,99078 | 0,79008 | 0,23781 | 1,00927 | 1,02789 | 0,23136 | 4,32238 | 0,05451 | 1,01843 | 0,075 |
| 0,080 | 0,25133 | 0,24869 | 0,98951 | 0,77777 | 0,25398 | 1,01055 | 1,03175 | 0,24616 | 4,06229 | 0,06187 | 1,02099 | 0,080 |
| 0,085 | 0,26704 | 0,26387 | 0,98816 | 0,76565 | 0,27022 | 1,01192 | 1,03587 | 0,26086 | 3,83343 | 0,06966 | 1,02368 | 0,085 |
| 0,090 | 0,28274 | 0,27899 | 0,98673 | 0,75371 | 0,28653 | 1,01337 | 1,04024 | 0,27545 | 3,63052 | 0,07788 | 1,02648 | 0,090 |
| 0,095 | 0,29845 | 0,29404 | 0,98524 | 0,74197 | 0,30290 | 1,01490 | 1,04487 | 0,28989 | 3,44952 | 0,08652 | 1,02952 | 0,095 |
| 0,100 | 0,31416 | 0,30902 | 0,98366 | 0,73040 | 0,31935 | 1,01652 | 1,04976 | 0,30421 | 3,28713 | 0,09557 | 1,03270 | 0,100 |
| 0,105 | 0,32987 | 0,32392 | 0,98196 | 0,71902 | 0,33588 | 1,01822 | 1,05490 | 0,31840 | 3,14069 | 0,10503 | 1,03603 | 0,105 |
| 0,110 | 0,34558 | 0,33874 | 0,98021 | 0,70781 | 0,35249 | 1,02000 | 1,06031 | 0,33244 | 3,00801 | 0,11488 | 1,03953 | 0,110 |
| 0,115 | 0,36128 | 0,35347 | 0,97838 | 0,69678 | 0,36919 | 1,02189 | 1,06598 | 0,34634 | 2,88731 | 0,12513 | 1,04314 | 0,115 |
| 0,120 | 0,37699 | 0,36812 | 0,97647 | 0,68592 | 0,38598 | 1,02385 | 1,07191 | 0,36009 | 2,77707 | 0,13575 | 1,04694 | 0,120 |
| 0,125 | 0,39270 | 0,38268 | 0,97448 | 0,67523 | 0,40287 | 1,02590 | 1,07810 | 0,37369 | 2,67605 | 0,14675 | 1,05088 | 0,125 |
| 0,130 | 0,40841 | 0,39715 | 0,97243 | 0,66471 | 0,41986 | 1,02804 | 1,08456 | 0,38712 | 2,58318 | 0,15810 | 1,05498 | 0,130 |
| 0,135 | 0,42412 | 0,41151 | 0,97027 | 0,65435 | 0,43694 | 1,03023 | 1,09129 | 0,40039 | 2,49757 | 0,16981 | 1,05927 | 0,135 |
| 0,140 | 0,43982 | 0,42578 | 0,96808 | 0,64415 | 0,45414 | 1,03256 | 1,09829 | 0,41350 | 2,41840 | 0,18187 | 1,06366 | 0,140 |
| 0,145 | 0,45553 | 0,43994 | 0,96578 | 0,63411 | 0,47145 | 1,03495 | 1,10556 | 0,42644 | 2,34503 | 0,19426 | 1,06823 | 0,145 |

| | | | | | | | | | | | | |
|---|---|---|---|---|---|---|---|---|---|---|---|---|
| 0,150 | 0,47124 | 0,45399 | 0,96339 | 0,62423 | 0,48887 | 1,03741 | 1,11310 | 0,43920 | 2,27688 | 0,20697 | 1,07296 | 0,150 |
| 0,155 | 0,48695 | 0,46793 | 0,96094 | 0,61450 | 0,50642 | 1,03998 | 1,12092 | 0,45179 | 2,21342 | 0,22000 | 1,07782 | 0,155 |
| 0,160 | 0,50265 | 0,48175 | 0,95842 | 0,60492 | 0,52409 | 1,04265 | 1,12901 | 0,46420 | 2,15423 | 0,23333 | 1,08282 | 0,160 |
| 0,165 | 0,51836 | 0,49546 | 0,95582 | 0,59549 | 0,54189 | 1,04539 | 1,13739 | 0,47643 | 2,09893 | 0,24696 | 1,08800 | 0,165 |
| 0,170 | 0,53407 | 0,50904 | 0,95313 | 0,58621 | 0,55982 | 1,04821 | 1,14604 | 0,48848 | 2,04716 | 0,26088 | 1,09333 | 0,170 |
| 0,175 | 0,54978 | 0,52250 | 0,95038 | 0,57708 | 0,57790 | 1,05115 | 1,15497 | 0,50036 | 1,99856 | 0,27509 | 1,09877 | 0,175 |
| 0,180 | 0,56549 | 0,53583 | 0,94755 | 0,56808 | 0,59611 | 1,05415 | 1,16419 | 0,51204 | 1,95298 | 0,28955 | 1,10439 | 0,180 |
| 0,185 | 0,58119 | 0,54902 | 0,94465 | 0,55923 | 0,61447 | 1,05726 | 1,17370 | 0,52353 | 1,91010 | 0,30427 | 1,11013 | 0,185 |
| 0,190 | 0,59690 | 0,56208 | 0,94167 | 0,55051 | 0,63298 | 1,06045 | 1,18350 | 0,53484 | 1,86973 | 0,31925 | 1,11604 | 0,190 |
| 0,195 | 0,61261 | 0,57501 | 0,93862 | 0,54193 | 0,65165 | 1,06373 | 1,19359 | 0,54596 | 1,83164 | 0,33446 | 1,12208 | 0,195 |
| 0,200 | 0,62832 | 0,58779 | 0,93549 | 0,53349 | 0,67043 | 1,06710 | 1,20397 | 0,55689 | 1,79568 | 0,34991 | 1,12826 | 0,200 |
| 0,205 | 0,64403 | 0,60042 | 0,93229 | 0,52517 | 0,68943 | 1,07057 | 1,21465 | 0,56764 | 1,76169 | 0,36558 | 1,13458 | 0,205 |
| 0,210 | 0,65973 | 0,61291 | 0,92903 | 0,51699 | 0,70865 | 1,07415 | 1,22563 | 0,57819 | 1,72953 | 0,38145 | 1,14102 | 0,210 |
| 0 215 | 0,67544 | 0,62524 | 0,92568 | 0,50893 | 0,72799 | 1,07780 | 1,23692 | 0,58855 | 1,69909 | 0,39753 | 1,14763 | 0,215 |
| 0,220 | 0,69115 | 0,63742 | 0,92226 | 0,50100 | 0,74751 | 1,08155 | 1,24850 | 0,59873 | 1,67021 | 0,41381 | 1,15437 | 0,220 |
| 0,225 | 0,70686 | 0,64945 | 0,91878 | 0,49319 | 0,76721 | 1,08538 | 1,26040 | 0,60870 | 1,64284 | 0,43027 | 1,16126 | 0,225 |
| 0,230 | 0,72257 | 0,66131 | 0,91522 | 0,48550 | 0,78710 | 1,08931 | 1,27261 | 0,61849 | 1,61683 | 0,44690 | 1,16827 | 0,230 |
| 0,235 | 0,73827 | 0,67301 | 0,91160 | 0,47794 | 0,80719 | 1,09335 | 1,28513 | 0,62810 | 1,59210 | 0,46371 | 1,17540 | 0,235 |
| 0,240 | 0,75398 | 0,68455 | 0,90792 | 0,47049 | 0,82748 | 1,09748 | 1,29797 | 0,63752 | 1,56858 | 0,48068 | 1,18268 | 0,240 |
| 0,245 | 0,76969 | 0,69591 | 0,90414 | 0,46316 | 0,84797 | 1,10170 | 1,31113 | 0,64675 | 1,54620 | 0,49780 | 1,19009 | 0,245 |
| 0,250 | 0,78540 | 0,70711 | 0,90032 | 0,45594 | 0,86867 | 1,10602 | 1,32461 | 0,65579 | 1,52487 | 0,51506 | 1,19763 | 0,250 |
| 0,255 | 0,80111 | 0,71813 | 0,89642 | 0,44883 | 0,88959 | 1,11045 | 1,33842 | 0,66466 | 1,50454 | 0,53247 | 1,20530 | 0,255 |
| 0,260 | 0,81681 | 0,72897 | 0,89246 | 0,44184 | 0,91072 | 1,11497 | 1,35256 | 0,67333 | 1,48515 | 0,55002 | 1,21309 | 0,260 |
| 0,265 | 0,83252 | 0,73963 | 0,88842 | 0,43495 | 0,93208 | 1,11959 | 1,36703 | 0,68183 | 1,46664 | 0,56764 | 1,22101 | 0,265 |
| 0,270 | 0,84823 | 0,75011 | 0,88432 | 0,42817 | 0,95367 | 1,12431 | 1,38184 | 0,69015 | 1,44897 | 0,58541 | 1,22906 | 0,270 |
| 0,275 | 0,86394 | 0,76041 | 0,88017 | 0,42150 | 0,97549 | 1,12912 | 1,39699 | 0,69828 | 1,43209 | 0,60327 | 1,23724 | 0,275 |
| 0,280 | 0,87965 | 0,77051 | 0,87593 | 0,41493 | 0,99756 | 1,13404 | 1,41249 | 0,70624 | 1,41594 | 0,62124 | 1,24553 | 0,280 |
| 0,285 | 0,89535 | 0,78043 | 0,87165 | 0,40846 | 1,01987 | 1,13907 | 1,42833 | 0,71403 | 1,40050 | 0,63931 | 1,25394 | 0,285 |
| 0,290 | 0,91106 | 0,79016 | 0,86730 | 0,40210 | 1,04243 | 1,14419 | 1,44453 | 0,72164 | 1,38573 | 0,65746 | 1,26248 | 0,290 |
| 0,295 | 0,92677 | 0,79968 | 0,86287 | 0,39583 | 1,06525 | 1,14942 | 1,46108 | 0,72908 | 1,37158 | 0,67569 | 1,27114 | 0,295 |
| 0,300 | 0,94248 | 0,80902 | 0,85839 | 0,38966 | 1,08834 | 1,15476 | 1,47800 | 0,73636 | 1,35803 | 0,69400 | 1,27992 | 0,300 |
| 0,305 | 0,95819 | 0,81815 | 0,85385 | 0,38359 | 1,11169 | 1,16020 | 1,49528 | 0,74347 | 1,34505 | 0,71239 | 1,28881 | 0,305 |
| 0,310 | 0,97389 | 0,82708 | 0,84925 | 0,37761 | 1,13531 | 1,16575 | 1,51292 | 0,75041 | 1,33261 | 0,73082 | 1,29782 | 0,310 |
| 0,315 | 0,98960 | 0,83581 | 0,84459 | 0,37172 | 1,15922 | 1,17140 | 1,53094 | 0,75719 | 1,32066 | 0,74932 | 1,30693 | 0,315 |
| 0,320 | 1,00531 | 0,84433 | 0,83987 | 0,36593 | 1,18341 | 1,17716 | 1,54934 | 0,76382 | 1,30922 | 0,76788 | 1,31617 | 0,320 |
| 0,325 | 1,02102 | 0,85264 | 0,83509 | 0,36023 | 1,20790 | 1,18303 | 1,56812 | 0,77029 | 1,29822 | 0,78648 | 1,32551 | 0,325 |
| 0,330 | 1,03673 | 0,86074 | 0,83025 | 0,35461 | 1,23268 | 1,18901 | 1,58729 | 0,77659 | 1,28767 | 0,80511 | 1,33497 | 0,330 |
| 0,335 | 1,05243 | 0,86863 | 0,82536 | 0,34909 | 1,25776 | 1,19510 | 1,60685 | 0,78275 | 1,27755 | 0,82379 | 1,34453 | 0,335 |
| 0,340 | 1,06814 | 0,87631 | 0,82041 | 0,34365 | 1,28316 | 1,20130 | 1,62681 | 0,78876 | 1,26782 | 0,84251 | 1,35421 | 0,340 |
| 0,345 | 1,08385 | 0,88377 | 0,81540 | 0,33829 | 1,30887 | 1,20761 | 1,64716 | 0,79462 | 1,25846 | 0,86125 | 1,36398 | 0,345 |

*(Fortsetzung der Tafel A.1)*

| $z$ | $\pi z$ | $\sin \pi z$ | $\frac{\sin \pi z}{\pi z}$ | $e^{-\pi z}$ | Sin $\pi z$ | $\frac{\text{Sin}\, \pi z}{\pi z}$ | Cof $\pi z$ | Tg $\pi z$ | Cotg $\pi z$ | $\pi z$ Tg $\pi z$ | $\pi z$ Ctg $\pi z$ | $z$ |
|---|---|---|---|---|---|---|---|---|---|---|---|---|
| 0,350 | 1,09956 | 0,89101 | 0,81033 | 0,33302 | 1,33491 | 1,21404 | 1,66793 | 0,80034 | 1,24947 | 0,88002 | 1,37387 | 0,350 |
| 0,355 | 1,11527 | 0,89803 | 0,80521 | 0,32783 | 1,36127 | 1,22058 | 1,68910 | 0,80591 | 1,24083 | 0,89881 | 1,38386 | 0,355 |
| 0,360 | 1,13097 | 0,90483 | 0,80005 | 0,32272 | 1,38798 | 1,22725 | 1,71070 | 0,81135 | 1,23251 | 0,91761 | 1,39393 | 0,360 |
| 0,365 | 1,14668 | 0,91140 | 0,79482 | 0,31769 | 1,41502 | 1,23401 | 1,73271 | 0,81665 | 1,22451 | 0,93644 | 1,40412 | 0,365 |
| 0,370 | 1,16239 | 0,91775 | 0,78954 | 0,31274 | 1,44241 | 1,24090 | 1,75515 | 0,82182 | 1,21682 | 0,95528 | 1,41442 | 0,370 |
| 0,375 | 1,17810 | 0,92388 | 0,78421 | 0,30786 | 1,47016 | 1,24791 | 1,77803 | 0,82685 | 1,20941 | 0,97411 | 1,42481 | 0,375 |
| 0,380 | 1,19381 | 0,92978 | 0,77884 | 0,30307 | 1,49827 | 1,25503 | 1,80134 | 0,83175 | 1,20228 | 0,99295 | 1,43529 | 0,380 |
| 0,385 | 1,20951 | 0,93544 | 0,77340 | 0,29834 | 1,52676 | 1,26230 | 1,82510 | 0,83653 | 1,19541 | 1,01179 | 1,44586 | 0,385 |
| 0,390 | 1,22522 | 0,94088 | 0,76793 | 0,29369 | 1,55561 | 1,26966 | 1,84931 | 0,84118 | 1,18880 | 1,03063 | 1,45654 | 0,390 |
| 0,395 | 1,24093 | 0,94609 | 0,76240 | 0,28912 | 1,58486 | 1,27716 | 1,87397 | 0,84572 | 1,18242 | 1,04948 | 1,46730 | 0,395 |
| 0,400 | 1,25664 | 0,95106 | 0,75683 | 0,28461 | 1,61449 | 1,28477 | 1,89910 | 0,85013 | 1,17628 | 1,06831 | 1,47816 | 0,400 |
| 0,405 | 1,27235 | 0,95579 | 0,75121 | 0,28017 | 1,64452 | 1,29251 | 1,92469 | 0,85443 | 1,17037 | 1,08713 | 1,48912 | 0,405 |
| 0,410 | 1,28805 | 0,96029 | 0,74554 | 0,27581 | 1,67496 | 1,30038 | 1,95076 | 0,85862 | 1,16466 | 1,10595 | 1,50014 | 0,410 |
| 0,415 | 1,30376 | 0,96456 | 0,73983 | 0,27151 | 1,70581 | 1,30838 | 1,97732 | 0,86269 | 1,15917 | 1,12474 | 1,51128 | 0,415 |
| 0,420 | 1,31947 | 0,96858 | 0,73407 | 0,26728 | 1,73708 | 1,31650 | 2,00436 | 0,86665 | 1,15387 | 1,14352 | 1,52250 | 0,420 |
| 0,425 | 1,33518 | 0,97237 | 0,72827 | 0,26311 | 1,76878 | 1,32475 | 2,03189 | 0,87051 | 1,14875 | 1,16229 | 1,53379 | 0,425 |
| 0,430 | 1,35088 | 0,97592 | 0,72243 | 0,25901 | 1,80091 | 1,33314 | 2,05993 | 0,87426 | 1,14383 | 1,18103 | 1,54518 | 0,430 |
| 0,435 | 1,36659 | 0,97922 | 0,71654 | 0,25497 | 1,83350 | 1,34166 | 2,08847 | 0,87792 | 1,13906 | 1,19976 | 1,55663 | 0,435 |
| 0,440 | 1,38230 | 0,98229 | 0,71062 | 0,25100 | 1,86653 | 1,35031 | 2,11753 | 0,88147 | 1,13447 | 1,21846 | 1,56818 | 0,440 |
| 0,445 | 1,39801 | 0,98511 | 0,70465 | 0,24709 | 1,90002 | 1,35909 | 2,14711 | 0,88492 | 1,13005 | 1,23713 | 1,57982 | 0,445 |
| 0,450 | 1,41372 | 0,98769 | 0,69865 | 0,24324 | 1,93398 | 1,36801 | 2,17722 | 0,88828 | 1,12577 | 1,25578 | 1,59152 | 0,450 |
| 0,455 | 1,42942 | 0,99002 | 0,69260 | 0,23945 | 1,96842 | 1,37708 | 2,20787 | 0,89155 | 1,12165 | 1,27440 | 1,60331 | 4,455 |
| 0,460 | 1,44513 | 0,99211 | 0,68652 | 0,23571 | 2,00335 | 1,38628 | 2,23906 | 0,89473 | 1,11766 | 1,29300 | 1,61516 | 0,460 |
| 0,465 | 1,46084 | 0,99396 | 0,68040 | 0,23204 | 2,03877 | 1,39561 | 2,27081 | 0,89782 | 1,11381 | 1,31157 | 1,62710 | 0,465 |
| 0,470 | 1,47655 | 0,99556 | 0,67425 | 0,22842 | 2,07469 | 1,40509 | 2,30312 | 0,90082 | 1,11010 | 1,33010 | 1,63912 | 0,470 |
| 0,475 | 1,49226 | 0,99692 | 0,66806 | 0,22486 | 2,11113 | 1,41472 | 2,33599 | 0,90374 | 1,10651 | 1,34862 | 1,65120 | 0,475 |
| 0,480 | 1,50796 | 0,99803 | 0,66184 | 0,22136 | 2,14808 | 1,42449 | 2,36944 | 0,90658 | 1,10305 | 1,36709 | 1,66336 | 0,480 |
| 0,485 | 1,52367 | 0,99889 | 0,65558 | 0,21791 | 2,18557 | 1,43441 | 2,40348 | 0,90934 | 1,09970 | 1,38553 | 1,67558 | 0,485 |
| 0,490 | 1,53938 | 0,99951 | 0,64929 | 0,21451 | 2,22359 | 1,44447 | 2,43811 | 0,91201 | 1,09647 | 1,40394 | 1,68788 | 0,490 |
| 0,495 | 1,55509 | 0,99988 | 0,64297 | 0,21117 | 2,26217 | 1,45469 | 2,47334 | 0,91462 | 1,09335 | 1,42232 | 1,70026 | 0,495 |
| 0,500 | 1,57080 | 1,00000 | 0,63662 | 0,20788 | 2,30130 | 1,46505 | 2,50918 | 0,91715 | 1,09033 | 1,44066 | 1,71269 | 0,500 |
| 0,505 | 1,58650 | 0,99988 | 0,63024 | 0,20464 | 2,34100 | 1,47558 | 2,54564 | 0,91961 | 1,08742 | 1,45896 | 1,72519 | 0,505 |
| 0,510 | 1,60221 | 0,99951 | 0,62383 | 0,20145 | 2,38128 | 1,48625 | 2,58273 | 0,92200 | 1,08460 | 1,47724 | 1,73776 | 0,510 |
| 0,515 | 1,61792 | 0,99889 | 0,61739 | 0,19831 | 2,42214 | 1,49707 | 2,62045 | 0,92432 | 1,08169 | 1,49548 | 1,75009 | 0,515 |
| 0,520 | 1,63363 | 0,99803 | 0,61093 | 0,19522 | 2,46360 | 1,50805 | 2,65882 | 0,92536 | 1,07924 | 1,51170 | 1,76500 | 0,520 |

| | | | | | | | | | | | | |
|---|---|---|---|---|---|---|---|---|---|---|---|---|
| 0,525 | 1,64934 | 0,99692 | 0,60444 | 0,19218 | 2,50567 | 1,51919 | 2,69785 | 0,92877 | 1,07670 | 1,53186 | 1,77584 | 0,525 |
| 0,530 | 1,66504 | 0,99556 | 0,59792 | 0,18918 | 2,54836 | 1,53051 | 2,73754 | 0,93089 | 1,07424 | 1,54997 | 1,78865 | 0,530 |
| 0,535 | 1,68075 | 0,99396 | 0,59138 | 0,18623 | 2,59168 | 1,54198 | 2,77791 | 0,93296 | 1,07186 | 1,56807 | 1,80153 | 0,535 |
| 0,540 | 1,69646 | 0,99211 | 0,58481 | 0,18333 | 2,63564 | 1,55361 | 2,81897 | 0,93497 | 1,06956 | 1,58614 | 1,81447 | 0,540 |
| 0,545 | 1,71217 | 0,99002 | 0,57823 | 0,18047 | 2,68024 | 1,56541 | 2,86072 | 0,93691 | 1,06734 | 1,60415 | 1,82747 | 0,545 |
| 0,550 | 1,72788 | 0,98769 | 0,57162 | 0,17766 | 2,72551 | 1,57737 | 2,90317 | 0,93880 | 1,06518 | 1,62213 | 1,84050 | 0,550 |
| 0,555 | 1,74358 | 0,98511 | 0,56499 | 0,17489 | 2,77145 | 1,58952 | 2,94635 | 0,94064 | 1,06311 | 1,64008 | 1,85362 | 0,555 |
| 0,560 | 1,75929 | 0,98229 | 0,55834 | 0,17217 | 2,81808 | 1,60183 | 2,99024 | 0,94243 | 1,06109 | 1,65801 | 1,86677 | 0,560 |
| 0,565 | 1,77500 | 0,97922 | 0,55167 | 0,16948 | 2,86540 | 1,61431 | 3,03488 | 0,94416 | 1,05915 | 1,67588 | 1,87999 | 0,565 |
| 0,570 | 1,79071 | 0,97592 | 0,54499 | 0,16684 | 2,91343 | 1,62697 | 3,08027 | 0,94584 | 1,05727 | 1,69373 | 1,89326 | 0,570 |
| 0,575 | 1,80642 | 0,97237 | 0,53829 | 0,16424 | 2,96217 | 1,63980 | 3,12641 | 0,94747 | 1,05545 | 1,71153 | 1,90659 | 0,575 |
| 0,580 | 1,82212 | 0,96858 | 0,53157 | 0,16168 | 3,01165 | 1,65283 | 3,17333 | 0,94905 | 1,05368 | 1,72928 | 1,91993 | 0,580 |
| 0,585 | 1,83783 | 0,96456 | 0,52484 | 0,15916 | 3,06187 | 1,66602 | 3,22103 | 0,95059 | 1,05198 | 1,74702 | 1,93336 | 0,585 |
| 0,590 | 1,85354 | 0,96029 | 0,51808 | 0,15668 | 3,11284 | 1,67940 | 3,26953 | 0,95208 | 1,05034 | 1,76472 | 1,94685 | 0,590 |
| 0,595 | 1,86925 | 0,95579 | 0,51132 | 0,15424 | 3,16459 | 1,69297 | 3,31883 | 0,95353 | 1,04874 | 1,78239 | 1,96036 | 0,595 |
| 0,600 | 1,88496 | 0,95106 | 0,50455 | 0,15184 | 3,21711 | 1,70673 | 3,36895 | 0,95493 | 1,04720 | 1,80000 | 1,97393 | 0,600 |
| 0,605 | 1,90066 | 0,94609 | 0,49777 | 0,14947 | 3,27043 | 1,72068 | 3,41990 | 0,95629 | 1,04571 | 1,81758 | 1,98754 | 0,605 |
| 0,610 | 1,91637 | 0,94088 | 0,49097 | 0,14714 | 3,32456 | 1,73482 | 3,47170 | 0,95762 | 1,04426 | 1,83515 | 2,00119 | 0,610 |
| 0,615 | 1,93208 | 0,93544 | 0,48416 | 0,14485 | 3,37950 | 1,74915 | 3,52435 | 0,95890 | 1,04286 | 1,85267 | 2,01489 | 0,615 |
| 0,620 | 1,94779 | 0,92978 | 0,47735 | 0,14259 | 3,43528 | 1,76368 | 3,57787 | 0,96017 | 1,04148 | 1,87021 | 2,02858 | 0,620 |
| 0,625 | 1,96350 | 0,92388 | 0,47053 | 0,14037 | 3,49191 | 1,77841 | 3,63228 | 0,96135 | 1,04019 | 1,88761 | 2,04241 | 0,625 |
| 0,630 | 1,97920 | 0,91775 | 0,46370 | 0,13818 | 3,54940 | 1,79184 | 3,68758 | 0,96171 | 1,03981 | 1,90342 | 2,05799 | 0,630 |
| 0,635 | 1,99491 | 0,91140 | 0,45686 | 0,13603 | 3,60776 | 1,80848 | 3,74379 | 0,96367 | 1,03770 | 1,92243 | 2,07012 | 0,635 |
| 0,640 | 2,01062 | 0,90483 | 0,45003 | 0,13391 | 3,66702 | 1,82383 | 3,80092 | 0,96477 | 1,03651 | 1,93979 | 2,08403 | 0,640 |
| 0,645 | 2,02633 | 0,89803 | 0,44318 | 0,13182 | 3,72718 | 1,83937 | 3,85900 | 0,96584 | 1,03537 | 1,95711 | 2,09800 | 0,645 |
| 0,650 | 2,04204 | 0,89101 | 0,43633 | 0,12976 | 3,78826 | 1,85514 | 3,91802 | 0,96688 | 1,03425 | 1,97441 | 2,11198 | 0,650 |
| 0,655 | 2,05774 | 0,88377 | 0,42949 | 0,12774 | 3,85027 | 1,87112 | 3,97801 | 0,96789 | 1,03318 | 1,99167 | 2,12602 | 0,655 |
| 0,660 | 2,07345 | 0,87631 | 0,42263 | 0,12575 | 3,91323 | 1,88730 | 4,03899 | 0,96886 | 1,03214 | 2,00888 | 2,14009 | 0,660 |
| 0,665 | 2,08916 | 0,86863 | 0,41578 | 0,12379 | 3,97716 | 1,90371 | 4,10096 | 0,96981 | 1,03113 | 2,02609 | 2,15420 | 0,665 |
| 0,670 | 2,10487 | 0,86074 | 0,40893 | 0,12186 | 4,04208 | 1,92035 | 4,16394 | 0,97073 | 1,03015 | 2,04326 | 2,16833 | 0,670 |
| 0,675 | 2,12058 | 0,85264 | 0,40208 | 0,11996 | 4,10798 | 1,93720 | 4,22795 | 0,97162 | 1,02920 | 2,06040 | 2,18250 | 0,675 |
| 0,680 | 2,13628 | 0,84433 | 0,39523 | 0,11809 | 4,17491 | 1,95429 | 4,29300 | 0,97249 | 1,02829 | 2,07751 | 2,19672 | 0,680 |
| 0,685 | 2,15199 | 0,83581 | 0,38839 | 0,11625 | 4,24286 | 1,97160 | 4,35911 | 0,97333 | 1,02740 | 2,09460 | 2,21095 | 0,685 |
| 0,690 | 2,16770 | 0,82708 | 0,38155 | 0,11444 | 4,31186 | 1,98914 | 4,42630 | 0,97415 | 1,02654 | 2,11166 | 2,22523 | 0,690 |
| 0,695 | 2,18341 | 0,81815 | 0,37471 | 0,11266 | 4,38192 | 2,00692 | 4,49458 | 0,97493 | 1,02571 | 2,12867 | 2,23955 | 0,695 |
| 0,700 | 2,19911 | 0,80902 | 0,36789 | 0,11090 | 4,45306 | 2,02494 | 4,56396 | 0,97570 | 1,02490 | 2,14567 | 2,25387 | 0,700 |
| 0,705 | 2,21482 | 0,79968 | 0,36106 | 0,10917 | 4,52531 | 2,04320 | 4,63448 | 0,97644 | 1,02412 | 2,16264 | 2,26820 | 0,705 |
| 0,710 | 2,23053 | 0,79016 | 0,35425 | 0,10747 | 4,59867 | 2,06169 | 4,70614 | 0,97716 | 1,02337 | 2,17958 | 2,28266 | 0,710 |
| 0,715 | 2,24624 | 0,78043 | 0,34744 | 0,10580 | 4,67316 | 2,08044 | 4,77896 | 0,97786 | 1,02264 | 2,19651 | 2,29709 | 0,715 |
| 0,720 | 2,26195 | 0,77051 | 0,34064 | 0,10415 | 4,74381 | 2,09943 | 4,85296 | 0,97854 | 1,02193 | 2,21341 | 2,31155 | 0,720 |

*(Fortsetzung der Tafel A.1)*

| $z$ | $\pi z$ | $\sin \pi z$ | $\frac{\sin \pi z}{\pi z}$ | $e^{-\pi z}$ | $\mathfrak{Sin}\, \pi z$ | $\frac{\mathfrak{Sin}\, \pi z}{\pi z}$ | $\mathfrak{Cof}\, \pi z$ | $\mathfrak{Tg}\, \pi z$ | $\mathfrak{Cotg}\, \pi z$ | $\pi z\, \mathfrak{Tg}\, \pi z$ | $\pi z\, \mathfrak{Cotg}\, \pi z$ | $z$ |
|---|---|---|---|---|---|---|---|---|---|---|---|---|
| 0,725 | 2,27765 | 0,76041 | 0,33386 | 0,10252 | 4,82563 | 2,11869 | 4,92815 | 0,97920 | 1,02124 | 2,23027 | 2,32603 | 0,725 |
| 0,730 | 2,29336 | 0,75011 | 0,32708 | 0,10093 | 4,90364 | 2,13819 | 5,00456 | 0,97983 | 1,02058 | 2,24710 | 2,34056 | 0,730 |
| 0,735 | 2,30907 | 0,73963 | 0,32032 | 0,09935 | 4,98286 | 2,15795 | 5,08221 | 0,98045 | 1,01994 | 2,26393 | 2,35511 | 0,735 |
| 0,740 | 2,32478 | 0,72897 | 0,31357 | 0,09781 | 5,06331 | 2,17797 | 5,16111 | 0,98105 | 1,01932 | 2,28073 | 2,36969 | 0,740 |
| 0,745 | 2,34049 | 0,71813 | 0,30683 | 0,09628 | 5,14500 | 2,19826 | 5,24128 | 0,98163 | 1,01871 | 2,29750 | 2,38428 | 0,745 |
| 0,750 | 2,35619 | 0,70711 | 0,30011 | 0,09478 | 5,22797 | 2,21882 | 5,32275 | 0,98219 | 1,01813 | 2,31423 | 2,39891 | 0,750 |
| 0,755 | 2,37190 | 0,69591 | 0,29340 | 0,09330 | 5,31223 | 2,23965 | 5,40553 | 0,98274 | 1,01756 | 2,33096 | 2,41355 | 0,755 |
| 0,760 | 2,38761 | 0,68455 | 0,28671 | 0,09185 | 5,39780 | 2,26075 | 5,48965 | 0,98327 | 1,01702 | 2,34767 | 2,42825 | 0,760 |
| 0,765 | 2,40332 | 0,67301 | 0,28003 | 0,09042 | 5,48470 | 2,28213 | 5,57512 | 0,98378 | 1,01649 | 2,36434 | 2,44295 | 0,765 |
| 0,770 | 2,41903 | 0,66131 | 0,27338 | 0,08901 | 5,57295 | 2,30380 | 5,66196 | 0,98428 | 1,01597 | 2,38100 | 2,45766 | 0,770 |
| 0,775 | 2,43473 | 0,64945 | 0,26674 | 0,08762 | 5,66258 | 2,32575 | 5,75020 | 0,98476 | 1,01547 | 2,39762 | 2,47240 | 0,775 |
| 0,780 | 2,45044 | 0,63742 | 0,26012 | 0,08626 | 5,75361 | 2,34799 | 5,83986 | 0,98523 | 1,01499 | 2,41425 | 2,48717 | 0,780 |
| 0,785 | 2,46615 | 0,62524 | 0,25353 | 0,08491 | 5,84605 | 2,37052 | 5,93097 | 0,98568 | 1,01453 | 2,43083 | 2,50198 | 0,785 |
| 0,790 | 2,48186 | 0,61291 | 0,24696 | 0,08359 | 5,93994 | 2,39334 | 6,02353 | 0,98612 | 1,01407 | 2,44741 | 2,51678 | 0,790 |
| 0,795 | 2,49757 | 0,60042 | 0,24040 | 0,08229 | 6,03530 | 2,41647 | 6,11758 | 0,98655 | 1,01363 | 2,46398 | 2,53161 | 0,795 |
| 0,800 | 2,51327 | 0,58779 | 0,23387 | 0,08100 | 6,13214 | 2,43990 | 6,21314 | 0,98696 | 1,01321 | 2,48050 | 2,54647 | 0,800 |
| 0,805 | 2,52898 | 0,57501 | 0,22737 | 0,07974 | 6,23050 | 2,46364 | 6,31024 | 0,98736 | 1,01280 | 2,49701 | 2,56135 | 0,805 |
| 0,810 | 2,54469 | 0,56208 | 0,22088 | 0,07850 | 6,33039 | 2,48769 | 6,40889 | 0,98775 | 1,01240 | 2,51351 | 2,57624 | 0,810 |
| 0,815 | 2,56040 | 0,54902 | 0,21443 | 0,07727 | 6,43185 | 2,51205 | 6,50912 | 0,98813 | 1,01201 | 2,53001 | 2,59115 | 0,815 |
| 0,820 | 2,57611 | 0,53583 | 0,20800 | 0,07607 | 6,53489 | 2,53673 | 6,61096 | 0,98849 | 1,01164 | 2,54846 | 2,60610 | 0,820 |
| 0,825 | 2,59181 | 0,52250 | 0,20160 | 0,07488 | 6,63954 | 2,56174 | 6,71443 | 0,98885 | 1,01128 | 2,56291 | 2,62105 | 0,825 |
| 0,830 | 2,60752 | 0,50904 | 0,19522 | 0,07372 | 6,74584 | 2,58707 | 6,81955 | 0,98919 | 1,01093 | 2,57935 | 2,63602 | 0,830 |
| 0,835 | 2,62323 | 0,49546 | 0,18887 | 0,07257 | 6,85380 | 2,61273 | 6,92636 | 0,98952 | 1,01059 | 2,59574 | 2,65101 | 0,835 |
| 0,840 | 2,63894 | 0,48175 | 0,18255 | 0,07144 | 6,96345 | 2,63875 | 7,03488 | 0,98985 | 1,01026 | 2,61215 | 2,66602 | 0,840 |
| 0,845 | 2,65465 | 0,46793 | 0,17627 | 0,07032 | 7,07481 | 2,66506 | 7,14514 | 0,99016 | 1,00994 | 2,62853 | 2,68104 | 0,845 |
| 0,850 | 2,67035 | 0,45399 | 0,17001 | 0,06923 | 7,18793 | 2,69176 | 7,25715 | 0,99046 | 1,00963 | 2,64487 | 2,69607 | 0,850 |
| 0,855 | 2,68606 | 0,43994 | 0,16379 | 0,06815 | 7,30281 | 2,71878 | 7,37096 | 0,99075 | 1,00933 | 2,66121 | 2,71112 | 0,855 |
| 0,860 | 2,70177 | 0,42578 | 0,15759 | 0,06709 | 7,41950 | 2,74616 | 7,48659 | 0,99104 | 1,00904 | 2,67756 | 2,72619 | 0,860 |
| 0,865 | 2,71748 | 0,41151 | 0,15143 | 0,06604 | 7,53802 | 2,77390 | 7,60406 | 0,99132 | 1,00876 | 2,69389 | 2,74129 | 0,865 |
| 0,870 | 2,73319 | 0,39715 | 0,14531 | 0,06501 | 7,65840 | 2,80200 | 7,72341 | 0,99158 | 1,00849 | 2,71018 | 2,75639 | 0,870 |
| 0,875 | 2,74889 | 0,38268 | 0,13921 | 0,06400 | 7,78067 | 2,83048 | 7,84467 | 0,99184 | 1,00823 | 2,72646 | 2,77151 | 0,875 |
| 0,880 | 2,76460 | 0,36812 | 0,13315 | 0,06300 | 7,90486 | 2,85931 | 7,96786 | 0,99209 | 1,00797 | 2,74273 | 2,78663 | 0,880 |
| 0,885 | 2,78031 | 0,35347 | 0,12713 | 0,06202 | 8,03100 | 2,88853 | 8,09301 | 0,99234 | 1,00772 | 2,75901 | 2,80177 | 0,885 |
| 0,890 | 2,79602 | 0,33874 | 0,12115 | 0,06105 | 8,15912 | 2,91812 | 8,22017 | 0,99257 | 1,00748 | 2,77525 | 2,81693 | 0,890 |
| 0,895 | 2,81173 | 0,32392 | 0,11520 | 0,06010 | 8,28925 | 2,94810 | 8,34935 | 0,99280 | 1,00725 | 2,79149 | 2,83212 | 0,895 |

| | | | | | | | | | | | | |
|---|---|---|---|---|---|---|---|---|---|---|---|---|
| 0,900 | 2,82743 | 0,30902 | 0,10929 | 0,05916 | 8,42143 | 2,97848 | 8,48059 | 0,99302 | 1,00702 | 2,80769 | 2,84728 | 0,900 |
| 0,905 | 2,84314 | 0,29404 | 0,10342 | 0,05824 | 8,55569 | 3,00924 | 8,61393 | 0,99324 | 1,00681 | 2,82392 | 2,86251 | 0,905 |
| 0,910 | 2,85885 | 0,27899 | 0,09759 | 0,05733 | 8,69206 | 3,04040 | 8,74939 | 0,99345 | 1,00660 | 2,84012 | 2,87772 | 0,910 |
| 0,915 | 2,87456 | 0,26387 | 0,09179 | 0,05644 | 8,83057 | 3,07197 | 8,88701 | 0,99365 | 1,00639 | 2,85631 | 2,89293 | 0,915 |
| 0,920 | 2,89027 | 0,24869 | 0,08604 | 0,05556 | 8,97126 | 3,10395 | 9,02682 | 0,99385 | 1,00619 | 2,87249 | 2,90816 | 0,920 |
| 0,925 | 2,90597 | 0,23345 | 0,08033 | 0,05470 | 9,11417 | 3,13636 | 9,16886 | 0,99404 | 1,00600 | 2,88865 | 2,92341 | 0,925 |
| 0,930 | 2,92168 | 0,21814 | 0,07466 | 0,05384 | 9,25932 | 3,16918 | 9,31316 | 0,99422 | 1,00581 | 2,90479 | 2,93865 | 0,930 |
| 0,935 | 2,93739 | 0,20279 | 0,06904 | 0,05300 | 9,40676 | 3,20242 | 9,45976 | 0,99440 | 1,00563 | 2,92094 | 2,95393 | 0,935 |
| 0,940 | 2,95310 | 0,18738 | 0,06345 | 0,05218 | 9,55652 | 3,23610 | 9,60870 | 0,99457 | 1,00546 | 2,93706 | 2,96922 | 0,940 |
| 0,945 | 2,96881 | 0,17193 | 0,05791 | 0,05136 | 9,70864 | 3,27021 | 9,76000 | 0,99474 | 1,00529 | 2,95319 | 2,98452 | 0,945 |
| 0,950 | 2,98451 | 0,15643 | 0,05241 | 0,05056 | 9,86315 | 3,30478 | 9,91372 | 0,99490 | 1,00513 | 2,96929 | 2,99982 | 0,950 |
| 0,955 | 3,00022 | 0,14090 | 0,04696 | 0,04978 | 10,02010 | 3,33979 | 10,06988 | 0,99506 | 1,00497 | 2,98540 | 3,01513 | 0,955 |
| 0,960 | 3,01593 | 0,12533 | 0,04156 | 0,04900 | 10,17952 | 3,37525 | 10,22852 | 0,99521 | 1,00481 | 3,00148 | 3,03044 | 0,960 |
| 0,965 | 3,03164 | 0,10973 | 0,03619 | 0,04824 | 10,34145 | 3,41117 | 10,38969 | 0,99536 | 1,00466 | 3,01757 | 3,04577 | 0,965 |
| 0,970 | 3,04734 | 0,09411 | 0,03088 | 0,04748 | 10,50594 | 3,44758 | 10,55342 | 0,99550 | 1,00452 | 3,03362 | 3,06111 | 0,970 |
| 0,975 | 3,06305 | 0,07846 | 0,02561 | 0,04674 | 10,67301 | 3,48444 | 10,71976 | 0,99564 | 1,00438 | 3,04970 | 3,07647 | 0,975 |
| 0,980 | 3,07876 | 0,06279 | 0,02039 | 0,04602 | 10,84272 | 3,52178 | 10,88874 | 0,99577 | 1,00424 | 3,06574 | 3,09181 | 0,980 |
| 0,985 | 3,09447 | 0,04711 | 0,01522 | 0,04530 | 11,01510 | 3,55961 | 11,06040 | 0,99590 | 1,00411 | 3,08178 | 3,10719 | 0,985 |
| 0,990 | 3,11018 | 0,03141 | 0,01010 | 0,04459 | 11,19021 | 3,59793 | 11,23480 | 0,99603 | 1,00398 | 3,09783 | 3,12256 | 0,990 |
| 0,995 | 3,12588 | 0,01571 | 0,00503 | 0,04390 | 11,36807 | 3,63676 | 11,41197 | 0,99615 | 1,00386 | 3,11385 | 3,13795 | 0,995 |
| 1,000 | 3,14159 | 0,00000 | 0,00000 | 0,04321 | 11,54874 | 3,67608 | 11,59195 | 0,99627 | 1,00374 | 3,12987 | 3,15333 | 1,000 |
| 1,005 | 3,15730 | —0,01571 | —0,00498 | 0,04254 | 11,73226 | 3,71592 | 11,77480 | 0,99639 | 1,00363 | 3,14590 | 3,16876 | 1,005 |
| 1,010 | 3,17301 | —0,03141 | —0,00990 | 0,04188 | 11,91867 | 3,75627 | 11,96055 | 0,99650 | 1,00351 | 3,16190 | 3,18415 | 1,010 |
| 1,015 | 3,18872 | —0,04711 | —0 01477 | 0,04122 | 12,10803 | 3,79714 | 12,14925 | 0,99661 | 1,00340 | 3,17791 | 3,19956 | 1,015 |
| 1,020 | 3,20442 | —0,06279 | —0,01959 | 0,04058 | 12,30037 | 3,83856 | 12,34095 | 0,99671 | 1,00329 | 3,19388 | 3,21496 | 1,020 |
| 1,025 | 3,22013 | —0,07846 | —0,02437 | 0,03995 | 12,49574 | 3,88051 | 12,53569 | 0,99681 | 1,00319 | 3,20986 | 3,23040 | 1,025 |
| 1,030 | 3,23584 | —0,09411 | —0,02908 | 0,03933 | 12,69420 | 3,92300 | 12,73353 | 0,99691 | 1,00310 | 3,22587 | 3,24587 | 1,030 |
| 1,035 | 3,25155 | —0,10973 | —0,03375 | 0,03871 | 12,89580 | 3,96605 | 12,93451 | 0,99701 | 1,00300 | 3,24183 | 3,26130 | 1,035 |
| 1,040 | 3,26726 | —0,12533 | —0,03836 | 0,03811 | 13,10057 | 4,00965 | 13,13868 | 0,99710 | 1,00291 | 3,25778 | 3,27677 | 1,040 |
| 1,045 | 3,28296 | —0,14090 | —0,04292 | 0,03752 | 13,30858 | 4,05384 | 13,34609 | 0,99719 | 1,00282 | 3,27373 | 3,29222 | 1,045 |
| 1,050 | 3,29867 | —0,15643 | —0,04742 | 0,03693 | 13,51987 | 4,09858 | 13,55680 | 0,99728 | 1,00273 | 3,28970 | 3,30768 | 1,050 |
| 1,055 | 3,31438 | —0,17193 | —0,05187 | 0,03636 | 13,73449 | 4,14391 | 13,77085 | 0,99736 | 1,00265 | 3,30563 | 3,32316 | 1,055 |
| 1,060 | 3,33009 | —0,18738 | —0,05627 | 0,03579 | 13,95251 | 4,18983 | 13,98830 | 0,99744 | 1,00257 | 3,32156 | 3,33865 | 1,060 |
| 1,065 | 3,34580 | —0,20279 | —0,06061 | 0,03523 | 14,17397 | 4,23635 | 14,20920 | 0,99752 | 1,00249 | 3,33750 | 3,35413 | 1,065 |
| 1,070 | 3,36150 | —0,21814 | —0,06489 | 0,03468 | 14,39392 | 4,28348 | 14,43360 | 0,99760 | 1,00241 | 3,35343 | 3,36960 | 1,070 |
| 1,075 | 3,37721 | —0,23345 | —0,06913 | 0,03414 | 14,62743 | 4,33122 | 14,66157 | 0,99767 | 1,00233 | 3,36934 | 3,38508 | 1,075 |
| 1,080 | 3,39292 | —0,24869 | —0,07330 | 0,03361 | 14,85955 | 4,37958 | 14,89316 | 0,99774 | 1,00226 | 3,38525 | 3,40059 | 1,080 |
| 1,085 | 3,40863 | —0,26387 | —0,07741 | 0,03309 | 15,09533 | 4,42856 | 15,12842 | 0,99781 | 1,00219 | 3,40117 | 3,41609 | 1,085 |
| 1,090 | 3,42434 | —0,27899 | —0,08147 | 0,03257 | 15,33434 | 4,47819 | 15,36741 | 0,99788 | 1,00212 | 3,41708 | 3,43160 | 1,090 |
| 1,095 | 3,44004 | —0,29404 | —0,08548 | 0,03206 | 15,57813 | 4,52847 | 15,61020 | 0,99795 | 1,00206 | 3,43299 | 3,44713 | 1,095 |

*(Fortsetzung der Tafel A.1)*

| $z$ | $\pi z$ | $\sin \pi z$ | $\frac{\sin \pi z}{\pi z}$ | $e^{-\pi z}$ | $\mathfrak{Sin}\, \pi z$ | $\frac{\mathfrak{Sin}\, \pi z}{\pi z}$ | $\mathfrak{Cof}\, \pi z$ | $\mathfrak{Tg}\, \pi z$ | $\mathfrak{Cotg}\, \pi z$ | $\pi z\, \mathfrak{Tg}\, \pi z$ | $\pi z\, \mathfrak{Cotg}\, \pi z$ | $z$ |
|---|---|---|---|---|---|---|---|---|---|---|---|---|
| 1,100 | 3,45575 | —0,30902 | —0,08942 | 0,03156 | 15,82527 | 4,57940 | 15,85683 | 0,99801 | 1,00199 | 3,44887 | 3,46263 | 1,100 |
| 1,105 | 3,47146 | —0,32392 | —0,09331 | 0,03107 | 16,07631 | 4,63099 | 16,10738 | 0,99807 | 1,00193 | 3,46476 | 3,47816 | 1,105 |
| 1,110 | 3,48717 | —0,33874 | —0,09714 | 0,03059 | 16,33132 | 4,68326 | 16,36191 | 0,99813 | 1,00187 | 3,48065 | 3,49369 | 1,110 |
| 1,115 | 3,50288 | —0,35347 | —0,10091 | 0,03011 | 16,59036 | 4,73621 | 16,62047 | 0,99819 | 1,00181 | 3,49654 | 3,50922 | 1,115 |
| 1,120 | 3,51858 | —0,36812 | —0,10462 | 0,02964 | 16,85349 | 4,78986 | 16,88313 | 0,99824 | 1,00176 | 3,51239 | 3,52477 | 1,120 |
| 1,125 | 3,53429 | —0,38268 | —0,10828 | 0,02918 | 17,12078 | 4,84419 | 17,14996 | 0,99830 | 1,00170 | 3,52828 | 3,54030 | 1,125 |
| 1,130 | 3,54999 | —0,39715 | —0,11187 | 0,02872 | 17,39229 | 4,89925 | 17,42102 | 0,99835 | 1,00165 | 3,54413 | 3,55585 | 1,130 |
| 1,135 | 3,56571 | —0,41151 | —0,11541 | 0,02828 | 17,66810 | 4,95500 | 17,69637 | 0,99840 | 1,00160 | 3,56000 | 3,57142 | 1,135 |
| 1,140 | 3,58141 | —0,42578 | —0,11889 | 0,02784 | 17,94826 | 5,01151 | 17,97610 | 0,99845 | 1,00155 | 3,57586 | 3,58696 | 1,140 |
| 1,145 | 3,59712 | —0,43994 | —0,12230 | 0,02740 | 18,23286 | 5,06874 | 18,26026 | 0,99850 | 1,00150 | 3,59172 | 3,60252 | 1,145 |
| 1,150 | 3,61283 | —0,45399 | —0,12566 | 0,02697 | 18,52195 | 5,12672 | 18,54892 | 0,99855 | 1,00145 | 3,60759 | 3,61807 | 1,150 |
| 1,155 | 3,62854 | —0,46793 | —0,12896 | 0,02655 | 18,81561 | 5,18545 | 18,84217 | 0,99859 | 1,00141 | 3,62342 | 3,63366 | 1,155 |
| 1,160 | 3,64425 | —0,48175 | —0,13219 | 0,02614 | 19,11392 | 5,24495 | 19,14006 | 0,99863 | 1,00137 | 3,63926 | 3,64924 | 1,160 |
| 1,165 | 3,65995 | —0,49546 | —0,13537 | 0,02573 | 19,41694 | 5,30525 | 19,44267 | 0,99868 | 1,00133 | 3,65512 | 3,66482 | 1,165 |
| 1,170 | 3,67566 | —0,50904 | —0,13849 | 0,02533 | 19,72475 | 5,36632 | 19,75008 | 0,99872 | 1,00128 | 3,67096 | 3,68036 | 1,170 |
| 1,175 | 3,69137 | —0,52250 | —0,14155 | 0,02494 | 20,03743 | 5,42818 | 20,06237 | 0,99876 | 1,00124 | 3,68679 | 3,69595 | 1,175 |
| 1,180 | 3,70708 | —0,53583 | —0,14454 | 0,02455 | 20,35506 | 5,49086 | 20,37960 | 0,99880 | 1,00120 | 3,70263 | 3,71153 | 1,180 |
| 1,185 | 3,72279 | —0,54902 | —0,14748 | 0,02417 | 20,67770 | 5,55436 | 20,70187 | 0,99883 | 1,00116 | 3,71843 | 3,72711 | 1,185 |
| 1,190 | 3,73849 | —0,56208 | —0,15035 | 0,02379 | 21,00545 | 5,61870 | 21,02924 | 0,99887 | 1,00113 | 3,73427 | 3,74271 | 1,190 |
| 1,195 | 3,75420 | —0,57501 | —0,15316 | 0,02342 | 21,33838 | 5,68387 | 21,36180 | 0,99890 | 1,00110 | 3,75007 | 3,75833 | 1,195 |
| 1,200 | 3,76991 | —0,58779 | —0,15592 | 0,02305 | 21,67658 | 5,74989 | 21,69963 | 0,99894 | 1,00106 | 3,76591 | 3,77391 | 1,200 |
| 1,205 | 3,78562 | —0,60042 | —0,15861 | 0,02269 | 22,02012 | 5,81678 | 22,04282 | 0,99897 | 1,00103 | 3,78172 | 3,78952 | 1,205 |
| 1,210 | 3,80133 | —0,61291 | —0,16124 | 0,02234 | 22,36910 | 5,88455 | 22,39144 | 0,99900 | 1,00100 | 3,79753 | 3,80513 | 1,210 |
| 1,215 | 3,81703 | —0,62524 | —0,16380 | 0,02199 | 22,72360 | 5,95321 | 22,74559 | 0,99903 | 1,00097 | 3,81333 | 3,82073 | 1,215 |
| 1,220 | 3,83274 | —0,63742 | —0,16631 | 0,02165 | 23,08371 | 6,02277 | 23,10536 | 0,99906 | 1,00094 | 3,82914 | 3,83634 | 1,220 |
| 1,225 | 3,84845 | —0,64945 | —0,16876 | 0,02131 | 23,44951 | 6,09323 | 23,47082 | 0,99909 | 1,00091 | 3,84495 | 3,85195 | 1,225 |
| 1,230 | 3,86416 | —0,66131 | —0,17114 | 0,02098 | 23,82109 | 6,16462 | 23,84207 | 0,99912 | 1,00088 | 3,86076 | 3,86756 | 1,230 |
| 1,235 | 3,87987 | —0,67301 | —0,17346 | 0,02065 | 24,19856 | 6,23695 | 24,21921 | 0,99915 | 1,00085 | 3,87657 | 3,88317 | 1,235 |
| 1,240 | 3,89557 | —0,68455 | —0,17573 | 0,02033 | 24,58199 | 6,31024 | 24,60233 | 0,99917 | 1,00082 | 3,89234 | 3,89876 | 1,240 |
| 1,245 | 3,91128 | —0,69591 | —0,17792 | 0,02001 | 24,97150 | 6,38448 | 24,99151 | 0,99920 | 1,00080 | 3,90815 | 3,91441 | 1,245 |
| 1,250 | 3,92699 | —0,70711 | —0,18006 | 0,01970 | 25,36716 | 6,45970 | 25,38686 | 0,99922 | 1,00078 | 3,92393 | 3,93005 | 1,250 |
| 1,255 | 3,94270 | —0,71813 | —0,18214 | 0,01940 | 25,76908 | 6,53589 | 25,78848 | 0,99925 | 1,00075 | 3,93974 | 3,94566 | 1,255 |
| 1,260 | 3,95841 | —0,72897 | —0,18416 | 0,01910 | 26,17736 | 6,61310 | 26,19645 | 0,99927 | 1,00073 | 3,95552 | 3,96130 | 1,260 |
| 1,265 | 3,97411 | —0,73963 | —0,18611 | 0,01880 | 26,59210 | 6,69133 | 26,61090 | 0,99929 | 1,00071 | 3,97129 | 3,97693 | 1,265 |
| 1,270 | 3,98982 | —0,75011 | —0,18801 | 0,01850 | 27,01340 | 6,70058 | 27,03190 | 0,99931 | 1,00068 | 3,99253 | 3,99253 | 1,270 |

| | | | | | | | | | | | | |
|---|---|---|---|---|---|---|---|---|---|---|---|---|
| 1,275 | 4,00553 | —0,76041 | —0,18984 | 0,01821 | 27,44137 | 6,85087 | 27,45958 | 0,99934 | 1,00066 | 4,00289 | 4,00817 | 1,275 |
| 1,280 | 4,02124 | —0,77051 | —0,19161 | 0,01793 | 27,87610 | 6,93221 | 27,89404 | 0,99936 | 1,00064 | 4,01983 | 4,02381 | 1,280 |
| 1,285 | 4,03695 | —0,78043 | —0,19332 | 0,01765 | 28,31772 | 7,01463 | 28,33537 | 0,99938 | 1,00062 | 4,03445 | 4,03848 | 1,285 |
| 1,290 | 4,05265 | —0,79016 | —0,19497 | 0,01738 | 28,76632 | 7,09815 | 28,78370 | 0,99940 | 1,00060 | 4,05022 | 4,05508 | 1,290 |
| 1,295 | 4,06836 | —0,79968 | —0,19656 | 0,01711 | 29,22202 | 7,18275 | 29,23913 | 0,99942 | 1,00059 | 4,06600 | 4,07076 | 1,295 |
| 1,300 | 4,08407 | —0,80902 | —0,19809 | 0,01684 | 29,68494 | 7,26847 | 29,70177 | 0,99943 | 1,00057 | 4,08174 | 4,08640 | 1,300 |
| 1,305 | 4,09978 | —0,81815 | —0,19956 | 0,01658 | 30,15517 | 7,35531 | 30,17175 | 0,99945 | 1,00055 | 4,09753 | 4,10203 | 1,305 |
| 1,310 | 4,11549 | —0,82708 | —0,20097 | 0,01632 | 30,63285 | 7,44330 | 30,64917 | 0,99947 | 1,00053 | 4,11351 | 4,11767 | 1,310 |
| 1,315 | 4,13119 | —0,83581 | —0,20232 | 0,01606 | 31,11808 | 7,53247 | 31,13415 | 0,99948 | 1,00052 | 4,12904 | 4,13334 | 1,315 |
| 1,320 | 4,14690 | —0,84433 | —0,20361 | 0,01581 | 31,61100 | 7,62280 | 31,62681 | 0,99950 | 1,00050 | 4,14483 | 4,14897 | 1,320 |
| 1,325 | 4,16261 | —0,85264 | —0,20483 | 0,01557 | 32,11171 | 7,71432 | 32,12728 | 0,99952 | 1,00048 | 4,16061 | 4,16463 | 1,325 |
| 1,330 | 4,17832 | —0,86074 | —0,20600 | 0,01533 | 32,62055 | 7,80705 | 32,63567 | 0,99953 | 1,00047 | 4,17636 | 4,18028 | 1,330 |
| 1,335 | 4,19403 | —0,86863 | —0,20711 | 0,01509 | 33,13703 | 7,90100 | 33,15212 | 0,99954 | 1,00046 | 4,19210 | 4,19593 | 1,335 |
| 1,340 | 4,20973 | —0,87631 | —0,20816 | 0,01485 | 33,66189 | 7,99621 | 33,67674 | 0,99956 | 1,00044 | 4,20788 | 4,21150 | 1,340 |
| 1,345 | 4,22544 | —0,88377 | —0,20915 | 0,01462 | 34,19506 | 8,09266 | 34,20968 | 0,99957 | 1,00043 | 4,22362 | 4,22726 | 1,345 |
| 1,350 | 4,24115 | —0,89101 | —0,21009 | 0,01439 | 34,73667 | 8,19039 | 34,75106 | 0,99959 | 1,00041 | 4,23941 | 4,24291 | 1,350 |
| 1,355 | 4,25686 | —0,89803 | —0,21096 | 0,01417 | 35,28384 | 8,28941 | 35,30101 | 0,99960 | 1,00040 | 4,25516 | 4,25856 | 1,350 |
| 1,360 | 4,27257 | —0,90483 | —0,21178 | 0,01395 | 35,84572 | 8,38973 | 35,85967 | 0,99961 | 1,00039 | 4,27090 | 4,27424 | 1,360 |
| 1,365 | 4,28827 | —0,91140 | —0,21253 | 0,01373 | 36,41345 | 8,49141 | 36,42718 | 0,99962 | 1,00038 | 4,28664 | 4,28990 | 1,365 |
| 1,370 | 4,30398 | —0,91775 | —0,21323 | 0,01351 | 36,99017 | 8,59441 | 37,00368 | 0,99963 | 1,00037 | 4,30239 | 4,30555 | 1,370 |
| 1,375 | 4,31969 | —0,92388 | —0,21388 | 0,01330 | 37,57601 | 8,69877 | 37,58931 | 0,99965 | 1,00035 | 4,31818 | 4,32120 | 1,375 |
| 1,380 | 4,33540 | —0,92978 | —0,21446 | 0,01310 | 38,17112 | 8,80452 | 38,18421 | 0,99966 | 1,00034 | 4,33393 | 4,33687 | 1,380 |
| 1,385 | 4,35110 | —0,93544 | —0,21499 | 0,01289 | 38,77535 | 8,91169 | 38,78854 | 0,99967 | 1,00033 | 4,34966 | 4,35254 | 1,385 |
| 1,390 | 4,36681 | —0,94088 | —0,21546 | 0,01269 | 39,38974 | 9,02026 | 39,40244 | 0,99968 | 1,00032 | 4,36821 | 4,36821 | 1,390 |
| 1,395 | 4,38252 | —0,94609 | —0,21588 | 0,01249 | 40,01356 | 9,13026 | 40,02606 | 0,99969 | 1,00031 | 4,38116 | 4,38388 | 1,395 |
| 1,400 | 4,39823 | —0,95106 | —0,21624 | 0,01230 | 40,64725 | 9,24173 | 40,65955 | 0,99970 | 1,00030 | 4,39691 | 4,39955 | 1,400 |
| 1,405 | 4,41394 | —0,95579 | —0,21654 | 0,01211 | 41,29097 | 9,35467 | 41,30308 | 0,99971 | 1,00029 | 4,41266 | 4,41522 | 1,405 |
| 1.410 | 4,42964 | —0,96029 | —0,21679 | 0,01192 | 41,94488 | 9,46914 | 41,95680 | 0,99972 | 1,00028 | 4,42838 | 4,43090 | 1,410 |
| 1,415 | 4,44535 | —0,96456 | —0,21698 | 0,01173 | 42,60914 | 9,58510 | 42,62087 | 0,99972 | 1,00027 | 4,44427 | 4,44657 | 1,415 |
| 1,420 | 4,46106 | —0,96858 | —0,21712 | 0,01155 | 43,28391 | 9,70260 | 43,29546 | 0,99973 | 1,00026 | 4,45987 | 4,46225 | 1,420 |
| 1,425 | 4,47677 | —0,97237 | —0,21720 | 0,01137 | 43,96936 | 9,82167 | 43,98073 | 0,99974 | 1,00025 | 4,47561 | 4,47793 | 1,425 |
| 1,430 | 4,49248 | —0,97592 | —0,21723 | 0,01119 | 44,66566 | 9,94232 | 44,67685 | 0,99975 | 1,00025 | 4,49135 | 4,49360 | 1,430 |
| 1,435 | 4,50818 | —0,97922 | —0,21721 | 0,01102 | 45,37298 | 10,05501 | 45,38400 | 0,99976 | 1,00024 | 4,50708 | 4,50927 | 1,435 |
| 1,440 | 4,52389 | —0,98229 | —0,21713 | 0,01085 | 46,09150 | 10,18846 | 46,10235 | 0,99976 | 1,00024 | 4,52282 | 4,52495 | 1,440 |
| 1,445 | 4,53960 | —0,98511 | —0,21700 | 0,01068 | 46,82139 | 10,31399 | 46,83207 | 0,99977 | 1,00023 | 4,53856 | 4,54064 | 1,445 |
| 1,450 | 4,55531 | —0,98769 | —0,21682 | 0,01051 | 47,56283 | 10,44118 | 47,57335 | 0,99978 | 1,00022 | 4,55430 | 4,55632 | 1,450 |
| 1,455 | 4,57102 | —0,99002 | —0,21659 | 0,01035 | 48,31601 | 10,57007 | 48,32636 | 0,99979 | 1,00021 | 4,57004 | 4,57200 | 1,455 |
| 1,460 | 4,58672 | —0,99211 | —0,21630 | 0,01019 | 49,08[illegible]11 | 10,70069 | 49,09130 | 0,99979 | 1,00021 | 4,58577 | 4,58767 | 1,460 |
| 1,465 | 4,60243 | —0,99396 | —0,21596 | 0,01003 | 49,85833 | 10,83304 | 49,86835 | 0,99980 | 1,00020 | 4,60150 | 4,60335 | 1,465 |
| 1,470 | 4,61814 | —0,99556 | —0,21558 | 0,00987 | 50,64784 | 10,96715 | 50,65771 | 0,99981 | 1,00019 | 4,61724 | 4,61904 | 1,470 |

*(Fortsetzung der Tafel A.1)*

| $z$ | $\pi z$ | $\sin \pi z$ | $\frac{\sin \pi z}{\pi z}$ | $e^{-\pi z}$ | Sin $\pi z$ | $\frac{\text{Sin}\, \pi z}{\pi z}$ | Cos $\pi z$ | Tg $\pi z$ | Cotg $\pi z$ | $\pi z$ Tg $\pi z$ | $\pi z$ Cotg $\pi z$ | $z$ |
|---|---|---|---|---|---|---|---|---|---|---|---|---|
| 1,475 | 4,63385 | —0,99692 | —0,21514 | 0,00972 | 51,44985 | 11,10304 | 51,45957 | 0,99981 | 1,00018 | 4,63297 | 4,63472 | 1,475 |
| 1,480 | 4,64956 | —0,99803 | —0,21465 | 0,00957 | 52,26456 | 11,24075 | 52,27412 | 0,99982 | 1,00018 | 4,64871 | 4,65041 | 1,480 |
| 1,485 | 4,66526 | —0,99889 | —0,21411 | 0,00942 | 53,09216 | 11,38032 | 53,10157 | 0,99982 | 1,00018 | 4,66443 | 4,66609 | 1,485 |
| 1,490 | 4,68097 | —0,99951 | —0,21353 | 0,00927 | 53,93286 | 11,52172 | 53,94213 | 0,99983 | 1,00017 | 4,68016 | 4,68177 | 1,490 |
| 1,495 | 4,69668 | —0,99988 | —0,21289 | 0,00913 | 54,78687 | 11,66502 | 54,79600 | 0,99983 | 1,00016 | 4,69590 | 4,69746 | 1,495 |
| 1,500 | 4,71239 | —1,00000 | —0,21221 | 0,00898 | 55,65440 | 11,81022 | 55,66338 | 0,99984 | 1,00016 | 4,71163 | 4,71315 | 1,500 |
| 1,505 | 4,72810 | —0,99988 | —0,21148 | 0,00884 | 56,53566 | 11,95737 | 56,54450 | 0,99984 | 1,00015 | 4,72736 | 4,72884 | 1,505 |
| 1,510 | 4,74380 | —0,99951 | —0,21070 | 0,00871 | 57,43087 | 12,10651 | 57,43057 | 0,99985 | 1,00015 | 4,74308 | 4,74452 | 1,510 |
| 1,515 | 4,75951 | —0,99889 | —0,20987 | 0,00857 | 58,34025 | 12,25761 | 58,34881 | 0,99985 | 1,00015 | 4,75881 | 4,76020 | 1,515 |
| 1,520 | 4,77522 | —0,99803 | —0,20900 | 0,00844 | 59,26403 | 12,41074 | 59,27246 | 0,99986 | 1,00014 | 4,77451 | 4,77590 | 1,520 |
| 1,525 | 4,79093 | —0,99692 | —0,20808 | 0,00830 | 60,20243 | 12,56591 | 60,21073 | 0,99986 | 1,00014 | 4,79027 | 4,79159 | 1,525 |
| 1,530 | 4,80664 | —0,99556 | —0,20712 | 0,00818 | 61,15568 | 12,72316 | 61,16386 | 0,99987 | 1,00013 | 4,80600 | 4,80728 | 1,530 |
| 1,535 | 4,82234 | —0,99396 | —0,20612 | 0,00805 | 62,12402 | 12,88880 | 62,13207 | 0,99987 | 1,00013 | 4,82171 | 4,82296 | 1,535 |
| 1,540 | 4,83805 | —0,99211 | —0,20506 | 0,00792 | 63,10770 | 13,04403 | 63,11562 | 0,99987 | 1,00013 | 4,83744 | 4,83865 | 1,540 |
| 1,545 | 4,85376 | —0,99002 | —0,20397 | 0,00780 | 64,10694 | 13,20768 | 64,11474 | 0,99988 | 1,00012 | 4,85319 | 4,85435 | 1,545 |
| 1,550 | 4,86947 | —0,98769 | —0,20283 | 0,00768 | 65,12200 | 13,37352 | 65,12968 | 0,99988 | 1,00012 | 4,86890 | 4,87004 | 1,550 |
| 1,555 | 4,88518 | —0,98511 | —0,20165 | 0,00756 | 66,15313 | 13,54159 | 66,16069 | 0,99988 | 1,00011 | 4,88462 | 4,88574 | 1,555 |
| 1,560 | 4,90088 | —0,98229 | —0,20043 | 0,00744 | 67,20059 | 13,71194 | 67,20803 | 0,99989 | 1,00011 | 4,90034 | 4,90142 | 1,560 |
| 1,565 | 4,91659 | —0,97922 | —0,19917 | 0,00732 | 68,26462 | 13,88454 | 68,27194 | 0,99989 | 1,00011 | 4,91606 | 4,91712 | 1,565 |
| 1,570 | 4,93230 | —0,97592 | —0,19786 | 0,00721 | 69,34550 | 14,05946 | 69,35271 | 0,99989 | 1,00010 | 4,93179 | 4,93281 | 1,570 |
| 1,575 | 4,94801 | —0,97237 | —0,19652 | 0,00710 | 70,44349 | 14,23673 | 70,45059 | 0,99990 | 1,00010 | 4,94751 | 4,94850 | 1,575 |
| 1,580 | 4,96372 | —0,96858 | —0,19513 | 0,00699 | 71,55886 | 14,41637 | 71,56585 | 0,99990 | 1,00010 | 4,96323 | 4,96420 | 1,580 |
| 1,585 | 4,97942 | —0,96456 | —0,19371 | 0,00688 | 72,69189 | 14,59846 | 72,69877 | 0,99991 | 1,00009 | 4,97895 | 4,97989 | 1,585 |
| 1,590 | 4,99513 | —0,96029 | —0,19225 | 0,00677 | 73,84286 | 14,78297 | 73,84963 | 0,99991 | 1,00009 | 4,99467 | 4,99558 | 1,590 |
| 1,595 | 5,01084 | —0,95579 | —0,19074 | 0,00667 | 75,01204 | 14,96995 | 75,01871 | 0,99991 | 1,00009 | 5,01039 | 5,01128 | 1,595 |
| 1,600 | 5,02655 | —0,95106 | —0,18921 | 0,00656 | 76,19974 | 15,15945 | 76,20630 | 0,99991 | 1,00009 | 5,02611 | 5,02698 | 1,600 |
| 1,605 | 5,04226 | —0,94609 | —0,18763 | 0,00646 | 77,40623 | 15,35149 | 77,41269 | 0,99992 | 1,00008 | 5,04184 | 5,04267 | 1,605 |
| 1,610 | 5,05796 | —0,94088 | —0,18602 | 0,00636 | 78,63183 | 15,54615 | 78,63819 | 0,99992 | 1,00008 | 5,05755 | 5,05836 | 1,610 |
| 1,615 | 5,07367 | —0,93544 | —0,18437 | 0,00626 | 79,87683 | 15,74340 | 79,88309 | 0,99992 | 1,00008 | 5,07327 | 5,07407 | 1,615 |
| 1,620 | 5,08938 | —0,92978 | —0,18269 | 0,00616 | 81,14153 | 15,94330 | 81,14769 | 0,99992 | 1,00008 | 5,08879 | 5,08976 | 1,620 |
| 1,625 | 5,10509 | —0,92388 | —0,18097 | 0,00607 | 82,42626 | 16,14589 | 82,43233 | 0,99993 | 1,00007 | 5,10471 | 5,10546 | 1,625 |
| 1,630 | 5,12079 | —0,91775 | —0,17922 | 0,00597 | 83,73133 | 16,35125 | 83,73730 | 0,99993 | 1,00007 | 5,12042 | 5,12115 | 1,630 |
| 1,635 | 5,13650 | —0,91140 | —0,17744 | 0,00588 | 85,05705 | 16,55984 | 85,06293 | 0,99993 | 1,00007 | 5,13614 | 5,13685 | 1,635 |
| 1,640 | 5,15221 | —0,90483 | —0,17562 | 0,00579 | 86,40377 | 16,77023 | 86,40955 | 0,99993 | 1,00007 | 5,15186 | 5,15255 | 1,640 |
| 1,645 | 5,16792 | —0,89803 | —0,17377 | 0,00570 | 87,77180 | 16,98397 | 87,77750 | 0,99994 | 1,00006 | 5,16758 | 5,16825 | 1,645 |

| | | | | | | | | | | | | |
|---|---|---|---|---|---|---|---|---|---|---|---|---|
| 1,650 | 5,18363 | —0,89101 | —0,17189 | 0,00561 | 89,16149 | 17,20058 | 89,16710 | 0,99994 | 1,00006 | 5,18330 | 5,18395 | 1,650 |
| 1,655 | 5,19933 | —0,88377 | —0,16998 | 0,00552 | 90,57318 | 17,42016 | 90,57870 | 0,99994 | 1,00006 | 5,19901 | 5,19964 | 1,655 |
| 1,660 | 5,21504 | —0,87631 | —0,16804 | 0,00543 | 92,00722 | 17,64266 | 92,01266 | 0,99994 | 1,00006 | 5,21476 | 5,21535 | 1,660 |
| 1,665 | 5,23075 | —0,86863 | —0,16606 | 0,00535 | 93,46397 | 17,86817 | 93,46931 | 0,99994 | 1,00006 | 5,23045 | 5,23105 | 1,665 |
| 1,670 | 5,24646 | —0,86074 | —0,16406 | 0,00527 | 94,94377 | 18,09672 | 94,94904 | 0,99994 | 1,00006 | 5,24617 | 5,24675 | 1,670 |
| 1,675 | 5,26217 | —0,85264 | —0,16203 | 0,00518 | 96,44700 | 18,32837 | 96,45218 | 0,99995 | 1,00005 | 5,26189 | 5,26245 | 1,675 |
| 1,680 | 5,27787 | —0,84433 | —0,15998 | 0,00510 | 97,97403 | 18,56317 | 97,97913 | 0,99995 | 1,00005 | 5,27759 | 5,27814 | 1,680 |
| 1,685 | 5,29358 | —0,83581 | —0,15789 | 0,00502 | 99,52523 | 18,80111 | 99,53026 | 0,99995 | 1,00005 | 5,29331 | 5,29384 | 1,685 |
| 1,690 | 5,30929 | —0,82708 | —0,15578 | 0,00495 | 101,10099 | 19,04228 | 101,10594 | 0,99995 | 1,00005 | 5,30903 | 5,30954 | 1,690 |
| 1,695 | 5,32499 | —0,81815 | —0,15364 | 0,00487 | 102,70170 | 19,28674 | 102,70657 | 0,99995 | 1,00005 | 5,32473 | 5,32524 | 1,695 |
| 1,700 | 5,34071 | —0,80902 | —0,15148 | 0,00479 | 104,32775 | 19,53443 | 104,33254 | 0,99995 | 1,00005 | 5,34046 | 5,34096 | 1,700 |
| 1,705 | 5,35641 | —0,79968 | —0,14929 | 0,00472 | 105,97954 | 19,78555 | 105,98425 | 0,99996 | 1,00004 | 5,35614 | 5,35665 | 1,705 |
| 1,710 | 5,37212 | —0,79016 | —0,14709 | 0,00464 | 107,65748 | 20,04003 | 107,66212 | 0,99996 | 1,00004 | 5,37188 | 5,37235 | 1,710 |
| 1,715 | 5,38783 | —0,78043 | —0,14485 | 0,00457 | 109,36198 | 20,29796 | 109,36655 | 0,99996 | 1,00004 | 5,38760 | 5,38805 | 1,715 |
| 1,720 | 5,40354 | —0,77051 | —0,14259 | 0,00450 | 111,09347 | 20,55938 | 111,09797 | 0,99996 | 1,00004 | 5,40332 | 5,40376 | 1,720 |
| 1,725 | 5,41925 | —0,76041 | —0,14032 | 0,00443 | 112,85237 | 20,82435 | 112,85680 | 0,99996 | 1,00004 | 5,41903 | 5,41946 | 1,725 |
| 1,730 | 5,43495 | —0,75011 | —0,13802 | 0,00436 | 114,63912 | 21,09294 | 114,64348 | 0,99996 | 1,00004 | 5,43474 | 5,43516 | 1,730 |
| 1,735 | 5,45066 | —0,73963 | —0,13570 | 0,00429 | 116,45415 | 21,36514 | 116,45844 | 0,99996 | 1,00004 | 5,45046 | 5,45086 | 1,735 |
| 1,740 | 5,46637 | —0,72897 | —0,13336 | 0,00423 | 118,29795 | 21,64098 | 118,30214 | 0,99996 | 1,00004 | 5,46617 | 5,46656 | 1,740 |
| 1,745 | 5,48208 | —0,71813 | —0,13099 | 0,00416 | 120,17087 | 21,92067 | 120,17504 | 0,99996 | 1,00003 | 5,48189 | 5,48227 | 1,745 |
| 1,750 | 5,49779 | —0,70711 | —0,12862 | 0,00410 | 122,07348 | 22,20410 | 122,07758 | 0,99997 | 1,00003 | 5,49760 | 5,49797 | 1,750 |
| 1,755 | 5,51349 | —0,69591 | —0,12622 | 0,00403 | 124,00621 | 22,49141 | 124,01024 | 0,99997 | 1,00003 | 5,51331 | 5,51367 | 1,755 |
| 1,760 | 5,52920 | —0,68455 | —0,12381 | 0,00397 | 125,96954 | 22,78259 | 125,97351 | 0,99997 | 1,00003 | 5,52902 | 5,52937 | 1,760 |
| 1,765 | 5,54491 | —0,67301 | —0,12137 | 0,00391 | 127,96395 | 23,07773 | 127,96786 | 0,99997 | 1,00003 | 5,54474 | 5,54508 | 1,765 |
| 1,770 | 5,56062 | —0,66131 | —0,11893 | 0,00385 | 129,98993 | 23,37687 | 129,99378 | 0,99997 | 1,00003 | 5,56045 | 5,56078 | 1,770 |
| 1,775 | 5,57633 | —0,64945 | —0,11647 | 0,00379 | 132,04799 | 23,68008 | 132,05178 | 0,99997 | 1,00003 | 5,57617 | 5,57649 | 1,775 |
| 1,780 | 5,59203 | —0,63742 | —0,11399 | 0,00373 | 134,13863 | 23,98746 | 134,14236 | 0,99997 | 1,00003 | 5,59187 | 5,59218 | 1,780 |
| 1,785 | 5,60774 | —0,62524 | —0,11150 | 0,00367 | 136,26237 | 24,29963 | 136,26604 | 0,99997 | 1,00003 | 5,60759 | 5,60789 | 1,785 |
| 1,790 | 5,62345 | —0,61291 | —0,10899 | 0,00361 | 138,41973 | 24,61473 | 138,42335 | 0,99997 | 1,00003 | 5,62330 | 5,62360 | 1,790 |
| 1,795 | 5,63916 | —0,60042 | —0,10647 | 0,00356 | 140,61124 | 24,93478 | 140,61481 | 0,99997 | 1,00003 | 5,63901 | 5,63930 | 1,795 |
| 1,800 | 5,65487 | —0,58779 | —0,10394 | 0,00350 | 142,83746 | 25,25921 | 142,84096 | 0,99998 | 1,00002 | 5,65444 | 5,65501 | 1,800 |
| 1,805 | 5,67057 | —0,57501 | —0,10140 | 0,00345 | 145,09892 | 25,58806 | 145,10236 | 0,99998 | 1,00002 | 5,67043 | 5,67071 | 1,805 |
| 1,810 | 5,68628 | —0,56208 | —0,09885 | 0,00339 | 147,39617 | 25,92137 | 147,39956 | 0,99998 | 1,00002 | 5,68615 | 5,68641 | 1,810 |
| 1,815 | 5,70199 | —0,54902 | —0,09629 | 0,00334 | 149,72931 | 26,25922 | 149,73313 | 0,99998 | 1,00002 | 5,70186 | 5,70212 | 1,815 |
| 1,820 | 5,71770 | —0,53583 | —0,09371 | 0,00329 | 152,10037 | 26,60167 | 152,10366 | 0,99998 | 1,00002 | 5,71757 | 5,71782 | 1,820 |
| 1,825 | 5,73341 | —0,52250 | —0,09113 | 0,00324 | 154,50847 | 26,94891 | 154,51171 | 0,99998 | 1,00002 | 5,73329 | 5,73352 | 1,825 |
| 1,830 | 5,74911 | —0,50904 | —0,08854 | 0,00319 | 156,95470 | 27,30069 | 156,95789 | 0,99998 | 1,00002 | 5,74899 | 5,74922 | 1,830 |
| 1,835 | 5,76482 | —0,49546 | —0,08595 | 0,00314 | 159,43965 | 27,65735 | 159,44279 | 0,99998 | 1,00002 | 5,76470 | 5,76493 | 1,835 |
| 1,840 | 5,78053 | —0,48175 | —0,08334 | 0,00309 | 161,96395 | 28,01887 | 161,96703 | 0,99998 | 1,00002 | 5,78041 | 5,78064 | 1,840 |
| 1,845 | 5,79624 | —0,46793 | —0,08073 | 0,00304 | 164,52820 | 28,38533 | 164,53125 | 0,99998 | 1,00002 | 5,79613 | 5,79634 | 1,845 |

*(Fortsetzung der Tafel A.1)*

| $z$ | $\pi z$ | $\sin \pi z$ | $\frac{\sin \pi z}{\pi z}$ | $e^{-\pi z}$ | $\mathfrak{Sin}\, \pi z$ | $\frac{\mathfrak{Sin}\, \pi z}{\pi z}$ | $\mathfrak{Cof}\, \pi z$ | $\mathfrak{Tg}\, \pi z$ | $\mathfrak{Cotg}\, \pi z$ | $\pi z\, \mathfrak{Tg}\, \pi z$ | $\pi z\, \mathfrak{Cotg}\, \pi z$ | $z$ |
|---|---|---|---|---|---|---|---|---|---|---|---|---|
| 1,850 | 5,81195 | —0,45399 | —0,07811 | 0,00299 | 167,13306 | 28,75679 | 167,13605 | 0,99998 | 1,00002 | 5,81185 | 5,81205 | 1,850 |
| 1,855 | 5,82765 | —0,43994 | —0,07549 | 0,00294 | 169,77917 | 29,13338 | 169,78210 | 0,99998 | 1,00002 | 5,82755 | 5,82775 | 1,855 |
| 1,860 | 5,84336 | —0,42578 | —0,07287 | 0,00290 | 172,46714 | 29,51506 | 172,47004 | 0,99998 | 1,00002 | 5,84326 | 5,84345 | 1,860 |
| 1,865 | 5,85907 | —0,41151 | —0,07023 | 0,00285 | 175,19769 | 29,90196 | 175,20054 | 0,99998 | 1,00002 | 5,85897 | 5,85916 | 1,865 |
| 1,870 | 5,87478 | —0,39715 | —0,06760 | 0,00281 | 177,97146 | 30,29414 | 177,97427 | 0,99998 | 1,00002 | 5,87469 | 5,87487 | 1,870 |
| 1,875 | 5,89049 | —0,38268 | —0,06497 | 0,00277 | 180,78914 | 30,69169 | 180,79191 | 0,99998 | 1,00002 | 5,89040 | 5,89057 | 1,875 |
| 1,880 | 5,90619 | —0,36812 | —0,06233 | 0,00272 | 183,65144 | 31,09473 | 183,65416 | 0,99999 | 1,00001 | 5,90610 | 5,90628 | 1,880 |
| 1,885 | 5,92190 | —0,35347 | —0,05969 | 0,00268 | 186,55906 | 31,50239 | 186,56172 | 0,99999 | 1,00001 | 5,92181 | 5,92198 | 1,885 |
| 1,890 | 5,93761 | —0,33874 | —0,05705 | 0,00264 | 189,51269 | 31,91733 | 189,51533 | 0,99999 | 1,00001 | 5,93753 | 5,93769 | 1,890 |
| 1,895 | 5,95332 | —0,32392 | —0,05441 | 0,00260 | 192,51309 | 32,33709 | 192,51569 | 0,99999 | 1,00001 | 5,95324 | 5,95340 | 1,895 |
| 1,900 | 5,96902 | —0,30902 | —0,05177 | 0,00256 | 195,56100 | 32,76266 | 195,56355 | 0,99999 | 1,00001 | 5,96894 | 5,96910 | 1,900 |
| 1,905 | 5,98473 | —0,29404 | —0,04913 | 0,00252 | 198,65715 | 33,28136 | 198,65967 | 0,99999 | 1,00001 | 5,98465 | 5,98480 | 1,905 |
| 1,910 | 6,00044 | —0,27899 | —0,04649 | 0,00248 | 201,80233 | 33,63125 | 201,80481 | 0,99999 | 1,00001 | 6,00036 | 6,00051 | 1,910 |
| 1,915 | 6,01615 | —0,26387 | —0,04386 | 0,00244 | 204,99729 | 34,07449 | 204,99974 | 0,99999 | 1,00001 | 6,01608 | 6,01622 | 1,915 |
| 1,920 | 6,03186 | —0,24869 | —0,04123 | 0,00240 | 208,24285 | 34,52382 | 208,24525 | 0,99999 | 1,00001 | 6,03179 | 6,03193 | 1,920 |
| 1,925 | 6,04756 | —0,23345 | —0,03860 | 0,00236 | 211,53978 | 34,97936 | 211,54215 | 0,99999 | 1,00001 | 6,04749 | 6,04763 | 1,925 |
| 1,930 | 6,06327 | —0,21814 | —0,03598 | 0,00233 | 214,88892 | 35,44109 | 214,89124 | 0,99999 | 1,00001 | 6,06320 | 6,06333 | 1,930 |
| 1,935 | 6,07898 | —0,20279 | —0,03336 | 0,00229 | 218,29107 | 35,90916 | 218,29336 | 0,99999 | 1,00001 | 6,07891 | 6,07904 | 1,935 |
| 1,940 | 6,09469 | —0,18738 | —0,03074 | 0,00225 | 221,74709 | 36,38365 | 221,74934 | 0,99999 | 1,00001 | 6,09462 | 6,09475 | 1,940 |
| 1,945 | 6,11040 | —0,17193 | —0,02814 | 0,00222 | 225,25782 | 36,86466 | 225,26004 | 0,99999 | 1,00001 | 6,11034 | 6,11045 | 1,945 |
| 1,950 | 6,12610 | —0,15643 | —0,02554 | 0,00219 | 228,82413 | 37,35233 | 228,82632 | 0,99999 | 1,00001 | 6,12604 | 6,12616 | 1,950 |
| 1,955 | 6,14181 | —0,14090 | —0,02294 | 0,00215 | 232,44690 | 37,84664 | 232,44905 | 0,99999 | 1,00001 | 6,14175 | 6,14187 | 1,955 |
| 1,960 | 6,15752 | —0,12533 | —0,02035 | 0,00212 | 236,12703 | 38,34774 | 236,12915 | 0,99999 | 1,00001 | 6,15746 | 6,15757 | 1,960 |
| 1,965 | 6,17323 | —0,10973 | —0,01778 | 0,00208 | 239,86543 | 38,85574 | 239,86761 | 0,99999 | 1,00001 | 6,17317 | 6,17328 | 1,965 |
| 1,970 | 6,18894 | —0,09411 | —0,01521 | 0,00205 | 243,66300 | 39,37071 | 243,66506 | 0,99999 | 1,00001 | 6,18888 | 6,18899 | 1,970 |
| 1,975 | 6,20464 | —0,07846 | —0,01265 | 0,00202 | 247,52070 | 39,89283 | 247,52272 | 0,99999 | 1,00001 | 6,20458 | 6,20469 | 1,975 |
| 1,980 | 6,22035 | —0,06279 | —0,01009 | 0,00199 | 251,43948 | 40,42207 | 251,44147 | 0,99999 | 1,00001 | 6,22030 | 6,22039 | 1,980 |
| 1,985 | 6,23606 | —0,04711 | —0,00755 | 0,00196 | 255,42029 | 40,95860 | 255,42225 | 0,99999 | 1,00001 | 6,23601 | 6,23610 | 1,985 |
| 1,990 | 6,25177 | —0,03141 | —0,00502 | 0,00193 | 259,46414 | 41,50250 | 259,46606 | 0,99999 | 1,00001 | 6,25172 | 6,25181 | 1,990 |
| 1,995 | 6,26748 | —0,01571 | —0,00251 | 0,00190 | 263,57200 | 42,05390 | 263,57389 | 0,99999 | 1,00001 | 6,26743 | 6,26752 | 1,995 |
| 2,000 | 6,28318 | 0,00000 | 0,00000 | 0,00187 | 267,74489 | 42,61295 | 267,74676 | 0,99999 | 1,00001 | 6,28314 | 6,28322 | 2,000 |

Für $z > 2$ ist: $e^{-\pi z} = e^{-2\pi} \cdot e^{-\pi(z-2)} = \left(e^{-\pi \frac{z}{2}}\right)^2$

$$\frac{1}{\mathfrak{Sin}\, \pi z} \doteq \frac{1}{\mathfrak{Cof}\, \pi z} \doteq 2\, e^{-\pi z}$$

$$\frac{\mathfrak{Sin}\, \pi (z - z_1)}{\mathfrak{Sin}\, \pi z} \doteq \frac{\mathfrak{Cof}\, \pi (z - z_1)}{\mathfrak{Cof}\, \pi z} \doteq e^{-\pi z_1}$$

$$\mathfrak{Tg}\, \pi z \doteq \mathfrak{Cotg}\, \pi z \doteq 1$$

$$\pi z\, \mathfrak{Tg}\, \pi z \doteq \pi z\, \mathfrak{Cotg}\, \pi z \doteq \pi z$$

## A.2. Hyperbelfunktionen von $\pi\frac{a}{b}$ und $\pi\frac{a}{2b}$ $\left(1{,}0 \leqq \frac{b}{a} \leqq 2{,}0\right)$

| $\frac{b}{a}$ | 1,0 | 1,05 | 1,1 | 1,15 | 1,2 | 1,25 | 1,3 | 1,4 | 1,5 | 1,6 | 1,7 | 1,8 | 1,9 | 2,0 |
|---|---|---|---|---|---|---|---|---|---|---|---|---|---|---|
| $\pi\frac{a}{b}$ | 3,1416 | 2,9920 | 2,8560 | 2,7318 | 2,6180 | 2,5133 | 2,4166 | 2,2440 | 2,0944 | 1,9635 | 1,8480 | 1,7453 | 1,6535 | 1,5708 |
| $e^{-\pi\frac{a}{b}}$ | 0,0432 | 0,0503 | 0,0576 | 0,0651 | 0,0730 | 0,0810 | 0,0893 | 0,1061 | 0,1231 | 0,1404 | 0,1574 | 0,1746 | 0,1913 | 0,2079 |
| $\mathfrak{Sin}\,\pi\frac{a}{b}$ | 11,5487 | 9,9377 | 8,6672 | 7,6477 | 6,8178 | 6,1321 | 5,5593 | 4,6625 | 3,9988 | 3,4919 | 3,0950 | 2,7766 | 2,5170 | 2,3013 |
| $\mathfrak{Cof}\,\pi\frac{a}{b}$ | 11,5919 | 9,9880 | 8,7248 | 7,7128 | 6,8908 | 6,2131 | 5,6486 | 4,7686 | 4,1219 | 3,6323 | 3,2524 | 2,9512 | 2,7083 | 2,5092 |
| $\mathfrak{Tg}\,\pi\frac{a}{b}$ | 0,99627 | 0,99496 | 0,99340 | 0,99156 | 0,98941 | 0,98696 | 0,98419 | 0,97763 | 0,97013 | 0,96134 | 0,95162 | 0,94085 | 0,92940 | 0,91717 |
| $\mathfrak{Cotg}\,\pi\frac{a}{b}$ | 1,00374 | 1,00506 | 1,00664 | 1,00851 | 1,01070 | 1,01320 | 1,01607 | 1,02288 | 1,03078 | 1,04020 | 1,05085 | 1,06288 | 1,07600 | 1,09033 |
| $\pi\frac{a}{b}\,\mathfrak{Tg}\,\pi\frac{a}{b}$ | 3,1299 | 2,9770 | 2,8372 | 2,7088 | 2,5903 | 2,4805 | 2,3784 | 2,1941 | 2,0318 | 1,8876 | 1,7585 | 1,6421 | 1,5366 | 1,4407 |
| $\pi\frac{a}{b}\,\mathfrak{Cotg}\,\pi\frac{a}{b}$ | 3,1533 | 3,0071 | 2,8749 | 2,7551 | 2,6460 | 2,5465 | 2,4554 | 2,2950 | 2,1589 | 2,0424 | 1,9421 | 1,8551 | 1,7792 | 1,7127 |
| $\pi\frac{a}{2b}$ | 1,5708 | 1,4960 | 1,4280 | 1,3659 | 1,3090 | 1,2566 | 1,2083 | 1,1220 | 1,0472 | 0,9817 | 0,9240 | 0,8727 | 0,8267 | 0,7854 |
| $e^{-\pi\frac{a}{2b}}$ | 0,2079 | 0,2240 | 0,2397 | 0,2552 | 0,2701 | 0,2846 | 0,2988 | 0,3256 | 0,3509 | 0,3747 | 0,3969 | 0,4177 | 0,4376 | 0,4559 |
| $\mathfrak{Sin}\,\pi\frac{a}{2b}$ | 2,3013 | 2,1199 | 1,9653 | 1,8320 | 1,7162 | 1,6145 | 1,5245 | 1,3727 | 1,2494 | 1,1472 | 1,0612 | 0,9878 | 0,9241 | 0,8687 |
| $\mathfrak{Cof}\,\pi\frac{a}{2b}$ | 2,5092 | 2,3439 | 2,2050 | 2,0872 | 1,9863 | 1,8991 | 1,8233 | 1,6983 | 1,6003 | 1,5219 | 1,4581 | 1,4055 | 1,3617 | 1,3246 |
| $\mathfrak{Tg}\,\pi\frac{a}{2b}$ | 0,9172 | 0,9044 | 0,8913 | 0,8776 | 0,8640 | 0,8501 | 0,8361 | 0,8083 | 0,7808 | 0,7540 | 0,7278 | 0,7029 | 0,6787 | 0,6558 |
| $\mathfrak{Cotg}\,\pi\frac{a}{2b}$ | 1,0903 | 1,1056 | 1,1220 | 1,1394 | 1,1574 | 1,1762 | 1,1960 | 1,2371 | 1,2807 | 1,3264 | 1,3740 | 1,4229 | 1,4735 | 1,5249 |
| $\pi\frac{a}{2b}\,\mathfrak{Tg}\,\pi\frac{a}{2b}$ | 1,4407 | 1,3530 | 1,2727 | 1,1990 | 1,1310 | 1,0683 | 1,0103 | 0,9069 | 0,8175 | 0,7401 | 0,6725 | 0,6133 | 0,5612 | 0,5151 |
| $\pi\frac{a}{2b}\,\mathfrak{Cotg}\,\pi\frac{a}{2b}$ | 1,7127 | 1,6541 | 1,6040 | 1,5561 | 1,5150 | 1,4782 | 1,4450 | 1,3882 | 1,3413 | 1,3024 | 1,2696 | 1,2418 | 1,2181 | 1,1976 |

# B. Die Rechteckplatte mit Gleichlast

Ränder frei drehbar gestützt oder starr eingespannt. Durchbiegung des Plattenmittelpunktes; Randverdrehungen (in Tafel B.1); Mitten- und Größtwerte der Momente und Randkräfte; in den Tafeln B.1 bis B.5 und B.9 außerdem Momente, Querkräfte und Belastungswerte der unterstützenden Träger.

**$F_4 - 1$**

**B.1. Alle Ränder frei**

Beispiel für Momentenverlauf

| Seitenverhältnis | | $\frac{b}{a} =$ | 1,0 | 1,05 | 1,1 |
|---|---|---|---|---|---|
| Durchbiegung im Plattenmittelpunkt | | $S\,\zeta_m = p\,a^4$. | 0,00406 | 0,00447 | 0,00487 |
| Randverdrehungen 1. Reihenglied (Belastungswerte) | Querränder | $\frac{2\pi}{a} S\,\beta_t = \sin \pi \frac{x}{a} \cdot p\,a^2$. | 0,0861 | 0,0906 | 0,0947 |
| | Längsränder | $\frac{2\pi}{b} S\,\beta_s = \sin \pi \frac{y}{b} p\,a^2$. | 0,0861 | 0,0899 | 0,0936 |
| Momente | Plattenmittelpunkt | $m_{xm} = p\,a^2$. | 0,0368 | 0,0408 | 0,0447 |
| | | $m_{ym} = p\,a^2$. | 0,0368 | 0,0365 | 0,0358 |
| | Größtwert $m_y$ | $\frac{y}{a}$ und $\frac{b-y}{a} =$ | | Im Platten- | |
| | | $\max m_y = p\,a^2$. | | | |
| | Eckdrillmoment = halbe Eckauflagerkraft | $\pm\, m_{xyE} = p\,a^2$. | 0,0464 | 0,0486 | 0,0507 |
| Randkräfte | Mitte der Querränder | $q_{tm} = p\,a$. | 0,338 | 0,342 | 0,346 |
| | | $\bar{q}_{tm} = p\,a$. | 0,456 | 0,467 | 0,477 |
| | Mitte der Längsränder | $q_{sm} = p\,a$. | 0,338 | 0,349 | 0,360 |
| | | $\bar{q}_{sm} = p\,a$. | 0,456 | 0,466 | 0,474 |
| Träger unter einem Querrand | Mittenmoment | $M_m = p\,a^3$. | 0,0507 | 0,0519 | 0,0529 |
| | Querkraft am Auflager | $Q_s = p\,a^2$. | 0,1714 | 0,1752 | 0,1785 |
| | Belastungswert | $B_s = p\,a^3$. | 0,0987 | 0,1010 | 0,1029 |
| Träger unter einem Längsrand | Mittenmoment | $M_m = p\,a\,b^2$. | 0,0507 | 0,0520 | 0,0530 |
| | Querkraft am Auflager | $Q_t = p\,a\,b$. | 0,1714 | 0,1758 | 0,1800 |
| | Belastungswert | $B_t = p\,a\,b^2$. | 0,0987 | 0,1011 | 0,1033 |

drehbar gestützt
usw. siehe Abb. 89 (S. 131)

| 1,15 | 1,2 | 1,25 | 1,3 | 1,4 | 1,5 | 1,6 | 1,7 | 1,8 | 1,9 | 2,0 | ∞ | Maßeinheit |
|---|---|---|---|---|---|---|---|---|---|---|---|---|
| 0,00526 | 0,00565 | 0,00602 | 0,00639 | 0,00708 | 0,00772 | 0,00831 | 0,00884 | 0,00931 | 0,00975 | 0,01013 | 0,01302 | tm² |
| 0,0984 | 0,1018 | 0,1048 | 0,1076 | 0,1122 | 0,1160 | 0,1190 | 0,1212 | 0,1231 | 0,1244 | 0,1256 | 0,1290 | tm/m |
| 0,0961 | 0,0990 | 0,1010 | 0,1031 | 0,1060 | 0,1080 | 0,1093 | 0,1094 | 0,1092 | 0,1080 | 0,1074 | — | tm/m |
| 0,0485 | 0,0523 | 0,0560 | 0,0596 | 0,0664 | 0,0728 | 0,0785 | 0,0837 | 0,0884 | 0,0927 | 0,0965 | 0,1250 | tm/m |
| 0,0352 | 0,0344 | 0,0334 | 0,0325 | 0,0302 | 0,0280 | 0,0257 | 0,0235 | 0,0213 | 0,0193 | 0,0174 | 0,0000 | tm/m |
| mittelpunkt | | | | 0,488 | 0,432 | 0,398 | 0,378 | 0,363 | 0,352 | 0,342 | 0,328 | — |
| | | | | 0,0305 | 0,0288 | 0,0277 | 0,0268 | 0,0260 | 0,0253 | 0,0248 | 0,0234 | tm/m |
| 0,0525 | 0,0542 | 0,0557 | 0,0571 | 0,0594 | 0,0613 | 0,0628 | 0,0639 | 0,0648 | 0,0655 | 0,0661 | 0,0678 | tm/m |
| 0,350 | 0,353 | 0,356 | 0,358 | 0,361 | 0,364 | 0,366 | 0,367 | 0,368 | 0,369 | 0,370 | 0,371 | t/m |
| 0,486 | 0,495 | 0,503 | 0,510 | 0,521 | 0,529 | 0,536 | 0,541 | 0,545 | 0,548 | 0,550 | 0,557 | t/m |
| 0,370 | 0,379 | 0,388 | 0,396 | 0,411 | 0,424 | 0,435 | 0,444 | 0,452 | 0,459 | 0,465 | 0,500 | t/m |
| 0,482 | 0,488 | 0,494 | 0,499 | 0,507 | 0,512 | 0,516 | 0,518 | 0,519 | 0,520 | 0,520 | 0,500 | t/m |
| 0,0539 | 0,0547 | 0,0555 | 0,0561 | 0,0573 | 0,0581 | 0,0588 | 0,0593 | 0,0597 | 0,0600 | 0,0602 | 0,0609 | tm |
| 0,1815 | 0,1842 | 0,1865 | 0,1886 | 0,1920 | 0,1946 | 0,1968 | 0,1985 | 0,1996 | 0,2006 | 0,2014 | 0,2035 | t |
| 0,1048 | 0,1064 | 0,1079 | 0,1090 | 0,1112 | 0,1128 | 0,1141 | 0,1151 | 0,1158 | 0,1163 | 0,1168 | 0,1181 | tm |
| 0,0540 | 0,0549 | 0,0557 | 0,0564 | 0,0576 | 0,0585 | 0,0593 | 0,0599 | 0,0604 | 0,0608 | 0,0611 | 0,0625 | tm |
| 0,1836 | 0,1870 | 0,1900 | 0,1928 | 0,1977 | 0,2020 | 0,2055 | 0,2086 | 0,2112 | 0,2134 | 0,2155 | 0,2500 | t |
| 0,1052 | 0,1070 | 0,1086 | 0,1101 | 0,1125 | 0,1145 | 0,1161 | 0,1175 | 0,1186 | 0,1195 | 0,1202 | 0,1250 | tm |

**SF$_3$—1**

**B.2. Ein Längsrand**

| Seitenverhältnis | | $\frac{b}{a} =$ | 1,0 | 1,1 |
|---|---|---|---|---|
| Durchbiegung im Plattenmittelpunkt | | $S\,\zeta_m = p\,a^4 \cdot$ | 0,00278 | 0,00317 |
| Momente | Mitte des Randes $s$ | $-m_{sm} = p\,a^2 \cdot$ | 0,0839 | 0,0915 |
| | Plattenmittelpunkt | $m_{xm} = p\,a^2 \cdot$ | 0,0319 | 0,0367 |
| | | $m_{ym} = p\,a^2 \cdot$ | 0,0243 | 0,0222 |
| | Größtes Feldmoment $m_x$ | $y = \frac{b}{2}$ $\quad \frac{x}{a} =$ | 0,61 | . |
| | | $+\max m_x = p\,a^2 \cdot$ | 0,0341 | 0,0397 |
| | Größtmoment $m_y$ | $\frac{x}{a} =$ | 0,6 | . |
| | | $\frac{y}{a}$ und $\frac{b-y}{a} =$ | 0,50 | . |
| | | $\max m_y = p\,a^2 \cdot$ | 0,0250 | 0,0228 |
| | Eckdrillmoment $x = a$ | $\pm\, m_{xyE} = p\,a^2 \cdot$ | 0,0382 | 0,0402 |
| | Größtwert des Drillmoments an den Querrändern, $\frac{x}{a} \doteq 0{,}23$ | $\pm\, m_{xy} = p\,a^2 \cdot$ | 0,0263 | 0,0278 |
| Randkräfte | Mitte der Querränder | $q_{tm} = -q_{bm} = p\,a \cdot$ | 0,2825 | 0,2836 |
| | | $\bar{q}_{tm} = -\bar{q}_{bm} = p\,a \cdot$ | 0,3861 | 0,3935 |
| | Größtwerte an den Querrändern $\frac{x}{a} \doteq 0{,}6$ | $\max q_t = -\max q_b = p\,a \cdot$ | 0,291 | 0,293 |
| | | $\max \bar{q}_t = -\max \bar{q}_b = p\,a \cdot$ | 0,401 | 0,409 |
| | Mitte des Randes $s$ | $q_{sm} = \bar{q}_{sm} = p\,a \cdot$ | 0,581 | 0,600 |
| | Mitte des Randes $a$ | $-q_{am} = p\,a \cdot$ | 0,314 | 0,328 |
| | | $-\bar{q}_{am} = p\,a \cdot$ | 0,407 | 0,413 |
| Träger unter einem Querrand | Mittenmoment | $M_m = p\,a^3 \cdot$ | 0,0380 | 0,0384 |
| | Größtmoment, $\frac{x}{a} \doteq 0{,}55$ | $\max M = p\,a^3 \cdot$ | 0,0383 | 0,0388 |
| | Querkraft am Auflager, $x = 0$ | $Q_s = p\,a^2 \cdot$ | 0,0590 | 0,0572 |
| | Querkraft am Auflager, $x = a$ | $-Q_a = p\,a^2 \cdot$ | 0,1422 | 0,1446 |
| | Belastungswert, $x = 0$ | $B_s = p\,a^3 \cdot$ | 0,0679 | 0,0685 |
| | Belastungswert, $x = a$ | $B_a = p\,a^3 \cdot$ | 0,0751 | 0,0760 |
| Träger unter dem Rand $s$ | Mittenmoment | $M_m = p\,a\,b^2 \cdot$ | 0,0648 | 0,0673 |
| | Querkraft am Auflager | $Q_t = -Q_b = p\,a\,b \cdot$ | 0,2199 | 0,2293 |
| | Belastungswert | $B = p\,a\,b^2 \cdot$ | 0,1262 | 0,1312 |
| Träger unter dem Rand $a$ | Mittenmoment | $M_m = p\,a\,b^2 \cdot$ | 0,0457 | 0,0468 |
| | Querkraft am Auflager | $Q_t = -Q_b = p\,a\,b \cdot$ | 0,1556 | 0,1604 |
| | Belastungswert | $B = p\,a\,b^2 \cdot$ | 0,0889 | 0,0914 |

eingespannt (hierzu Abb. 144 auf S. 294)

| 1,2 | 1,3 | 1,4 | 1,5 | 1,6 | 1,7 | 1,8 | 1,9 | 2,0 | ∞ | Maß-einheit |
|---|---|---|---|---|---|---|---|---|---|---|
| 0,00350 | 0,00379 | 0,00404 | 0,00425 | 0,00442 | 0,00457 | 0,00468 | 0,00479 | 0,00487 | 0,00521 | tm² |
| 0,0979 | 0,1032 | 0,1076 | 0,1112 | 0,1142 | 0,1165 | 0,1186 | 0,1201 | 0,1212 | 0,1250 | tm/m |
| 0,0409 | 0,0446 | 0,0477 | 0,0504 | 0,0526 | 0,0545 | 0,0560 | 0,0573 | 0,0583 | 0,0625 | tm/m |
| 0,0199 | 0,0176 | 0,0154 | 0,0134 | 0,0116 | 0,0098 | 0,0085 | 0,0072 | 0,0060 | 0 | tm/m |
| 0,62 | . | . | . | . | . | . | . | . | 0,625 | — |
| 0,0444 | 0,0486 | 0,0522 | 0,0554 | 0,0580 | 0,0603 | 0,0622 | 0,0638 | 0,0650 | 0,0703 | tm/m |
| 0,58 | . | . | . | 0,56 | . | . | . | . | 0,56 | — |
| 0,40 | . | . | . | 0,29 | . | . | . | . | 0,26 | — |
| 0,0210 | 0,0197 | 0,0188 | 0,0183 | 0,0179 | 0,0176 | 0,0174 | 0,0173 | 0,0172 | 0,0170 | tm/m |
| 0,0417 | 0,0426 | 0,0434 | 0,0438 | 0,0441 | 0,0443 | 0,0445 | 0,0445 | 0,0445 | 0,0446 | tm/m |
| 0,0286 | 0,0292 | 0,0296 | 0,0299 | 0,0300 | 0,0300 | 0,0300 | 0,0301 | 0,0301 | 0,0301 | tm/m |
| 0,2838 | 0,2836 | 0,2832 | 0,2828 | 0,2823 | 0,2820 | 0,2817 | 0,2815 | 0,2814 | 0,2808 | t/m |
| 0,3982 | 0,4010 | 0,4026 | 0,4035 | 0,4038 | 0,4040 | 0,4040 | 0,4040 | 0,4040 | 0,4036 | t/m |
| 0,294 | 0,294 | 0,294 | 0,294 | 0,294 | 0,294 | 0,294 | 0,293 | 0,293 | 0,293 | t/m |
| 0,416 | 0,420 | 0,424 | 0,425 | 0,426 | 0,426 | 0,427 | 0,427 | 0,427 | 0,426 | t/m |
| 0,613 | 0,623 | 0,629 | 0,633 | 0,637 | 0,638 | 0,639 | 0,639 | 0,638 | 0,625 | t/m |
| 0,340 | 0,349 | 0,356 | 0,362 | 0,366 | 0,369 | 0,372 | 0,373 | 0,375 | 0,375 | t/m |
| 0,416 | 0,417 | 0,416 | 0,414 | 0,412 | 0,409 | 0,406 | 0,402 | 0,399 | 0,375 | t/m |
| 0,0388 | 0,0390 | 0,0391 | 0,0391 | 0,0391 | 0,0391 | 0,0391 | 0,0391 | 0,0391 | 0,0389 | tm |
| 0,0393 | 0,0395 | 0,0396 | 0,0396 | 0,0396 | 0,0396 | 0,0396 | 0,0396 | 0,0396 | 0,0394 | tm |
| 0,0562 | 0,0553 | 0,0547 | 0,0542 | 0,0539 | 0,0537 | 0,0536 | 0,0535 | 0,0534 | 0,0533 | t |
| 0,1462 | 0,1472 | 0,1473 | 0,1481 | 0,1483 | 0,1485 | 0,1485 | 0,1485 | 0,1485 | 0,1482 | t |
| 0,0689 | 0,0689 | 0,0690 | 0,0690 | 0,0690 | 0,0690 | 0,0690 | 0,0690 | 0,0689 | 0,0685 | tm |
| 0,0768 | 0,0770 | 0,0773 | 0,0774 | 0,0774 | 0,0775 | 0,0775 | 0,0774 | 0,0774 | 0,0770 | tm |
| 0,0693 | 0,0708 | 0,0721 | 0,0730 | 0,0738 | 0,0744 | 0,0749 | 0,0753 | 0,0756 | 0,0781 | tm |
| 0,2370 | 0,2433 | 0,2487 | 0,2534 | 0,2573 | 0,2607 | 0,2637 | 0,2662 | 0,2686 | 0,3125 | t |
| 0,1352 | 0,1384 | 0,1409 | 0,1430 | 0,1447 | 0,1462 | 0,1473 | 0,1483 | 0,1490 | 0,1562 | tm |
| 0,0476 | 0,0481 | 0,0483 | 0,0484 | 0,0485 | 0,0485 | 0,0485 | 0,0485 | 0,0485 | 0,0469 | tm |
| 0,1640 | 0,1666 | 0,1686 | 0,1703 | 0,1716 | 0,1727 | 0,1737 | 0,1744 | 0,1753 | 0,1875 | t |
| 0,0931 | 0,0942 | 0,0948 | 0,0953 | 0,0956 | 0,0958 | 0,0960 | 0,0960 | 0,0960 | 0,0938 | tm |

**F₂SF — 1**

**B.3. Ein Querrand**

| | | Seitenverhältnis $\frac{b}{a} =$ |
|---|---|---|
| Durchbiegung im Plattenmittelpunkt | | $S\,\zeta_m = p\,a^4\cdot$ |
| Momente | Mitte des Randes $t$ | $-m_{tm} = p\,a^2\cdot$ |
| | Plattenmittelpunkt | $m_{xm} = p\,a^2\cdot$<br>$m_{ym} = p\,a^2\cdot$ |
| | Größtmoment $m_x$, $\frac{x}{a} = 0{,}5$, $y \doteq \frac{b}{2} + 0{,}1\,a$ | $\max m_x = p\,a^2\cdot$ |
| | Größtes Feldmoment $m_y$, $\frac{x}{a} = 0{,}5$ | $\frac{b-y}{a} =$<br>$\max m_y = p\,a^2\cdot$ |
| | Größtwert des Drillmomentes an den Längsrändern, $\frac{y}{a} \doteq 0{,}3$ | $\pm m_{xyE} = p\,a^2\cdot$ |
| | Eckdrillmoment, $y = b$ | $\pm m_{xyE} = p\,a^2\cdot$ |
| Randkräfte | Mitte des Randes $t$ | $q_{tm} = \bar{q}_{tm} = p\,a\cdot$ |
| | Mitte des Randes $b$ | $-q_{bm} = p\,a\cdot$<br>$-\bar{q}_{bm} = p\,a\cdot$ |
| | Mitte der Längsränder | $q_{sm} = -q_{am} = p\,a\cdot$<br>$\bar{q}_{sm} = -\bar{q}_{am} = p\,a\cdot$ |
| | Größtwerte an den Längsrändern, $y \doteq \frac{b}{2} + 0{,}1\,a$ | $\max q_s = -\max q_a = p\,a\cdot$<br>$\max \bar{q}_s = -\max \bar{q}_a = p\,a\cdot$ |
| Träger unter dem Rand $t$ | Mittenmoment | $M_m = p\,a^3\cdot$ |
| | Querkraft am Auflager | $Q_s = -Q_a = p\,a^2\cdot$ |
| | Belastungswert | $B = p\,a^3\cdot$ |
| Träger unter dem Rand $b$ | Mittenmoment | $M_m = p\,a^3\cdot$ |
| | Querkraft am Auflager | $Q_s = -Q_a = p\,a^2\cdot$ |
| | Belastungswert | $B = p\,a^3\cdot$ |
| Träger unter einem Längsrand | Mittenmoment | $M_m = p\,a\,b^2\cdot$ |
| | Querkraft am Auflager $y = 0$ | $Q_t = p\,a\,b\cdot$ |
| | Querkraft am Auflager $y = b$ | $-Q_b = p\,a\,b\cdot$ |
| | Belastungswert $y = 0$ | $B_t = p\,a\,b^2\cdot$ |
| | Belastungswert $y = b$ | $B_b = p\,a\,b^2\cdot$ |

eingespannt (hierzu Abb. 145 auf S. 295)

| 1,0 | 1,1 | 1,2 | 1,3 | 1,4 | 1,5 | 1,6 | 1,7 | 1,8 | 1,9 | 2,0 | ∞ | Maß-einheit |
|---|---|---|---|---|---|---|---|---|---|---|---|---|
| 0,00278 | 0,00352 | 0,00427 | 0,00502 | 0,00574 | 0,00644 | 0,00710 | 0,00772 | 0,00828 | 0,00880 | 0,00926 | 0,01302 | tm² |
| 0,0839 | 0,0918 | 0,0985 | 0,1040 | 0,1085 | 0,1121 | 0,1150 | 0,1173 | 0,1191 | 0,1205 | 0,1215 | 0,1250 | tm/m |
| 0,0243 | 0,0314 | 0,0387 | 0,0461 | 0,0533 | 0,0601 | 0,0666 | 0,0727 | 0,0782 | 0,0834 | 0,0880 | 0,1250 | tm/m |
| 0,0319 | 0,0327 | 0,0328 | 0,0322 | 0,0312 | 0,0297 | 0,0280 | 0,0262 | 0,0243 | 0,0223 | 0,0205 | 0 | tm/m |
| 0,0250 | 0,0322 | 0,0397 | 0,0471 | 0,0542 | 0,0612 | 0,0676 | 0,0736 | 0,0792 | 0,0842 | 0,0888 | 0,1250 | tm/m |
| 0,39 | 0,42 | 0,46 | 0,49 | 0,50 | 0,49 | 0,46 | 0,41 | 0,38 | 0,37 | 0,36 | 0,328 | — |
| 0,0341 | 0,0348 | 0,0347 | 0,0338 | 0,0327 | 0,0312 | 0,0297 | 0,0285 | 0,0275 | 0,0266 | 0,0259 | 0,0234 | tm/m |
| 0,0263 | 0,0299 | 0,0330 | 0,0357 | 0,0331 | 0,0402 | 0,0420 | 0,0434 | 0,0444 | 0,0452 | 0,0459 | 0,0482 | tm/m |
| 0,0382 | 0,0432 | 0,0477 | 0,0516 | 0,0547 | 0,0574 | 0,0596 | 0,0614 | 0,0628 | 0,0640 | 0,0648 | 0,0678 | tm/m |
| 0,581 | 0,614 | 0,641 | 0,663 | 0,681 | 0,695 | 0,706 | 0,714 | 0,721 | 0,726 | 0,730 | 0,742 | t/m |
| 0,314 | 0,328 | 0,338 | 0,347 | 0,353 | 0,358 | 0,361 | 0,364 | 0,366 | 0,367 | 0,369 | 0,371 | t/m |
| 0,407 | 0,436 | 0,461 | 0,481 | 0,498 | 0,511 | 0,521 | 0,530 | 0,536 | 0,541 | 0,545 | 0,557 | t/m |
| 0,283 | 0,308 | 0,332 | 0,353 | 0,373 | 0,390 | 0,405 | 0,418 | 0,430 | 0,440 | 0,448 | 0,500 | t/m |
| 0,386 | 0,413 | 0,437 | 0,456 | 0,471 | 0,484 | 0,494 | 0,501 | 0,507 | 0,511 | 0,513 | 0,500 | t/m |
| 0,291 | 0,316 | 0,339 | 0,360 | 0,379 | 0,396 | 0,410 | 0,423 | 0,434 | 0,443 | 0,451 | 0,500 | t/m |
| 0,401 | 0,427 | 0,449 | 0,466 | 0,480 | 0,491 | 0,500 | 0,507 | 0,512 | 0,515 | 0,516 | 0,507 | t/m |
| 0,0648 | 0,0682 | 0,0710 | 0,0732 | 0,0750 | 0,0764 | 0,0775 | 0,0784 | 0,0790 | 0,0795 | 0,0799 | 0,0812 | tm |
| 0,2199 | 0,2304 | 0,2391 | 0,2461 | 0,2517 | 0,2562 | 0,2596 | 0,2624 | 0,2645 | 0,2661 | 0,2673 | 0,2713 | t |
| 0,1262 | 0,1326 | 0,1379 | 0,1422 | 0,1456 | 0,1483 | 0,1504 | 0,1521 | 0,1534 | 0,1543 | 0,1551 | 0,1575 | tm |
| 0,0457 | 0,0487 | 0,0512 | 0,0533 | 0,0550 | 0,0563 | 0,0573 | 0,0582 | 0,0589 | 0,0593 | 0,0597 | 0,0609 | tm |
| 0,1556 | 0,1649 | 0,1727 | 0,1792 | 0,1845 | 0,1887 | 0,1920 | 0,1947 | 0,1968 | 0,1983 | 0,1995 | 0,2035 | t |
| 0,0889 | 0,0946 | 0,0994 | 0,1034 | 0,1065 | 0,1091 | 0,1111 | 0,1128 | 0,1140 | 0,1149 | 0,1157 | 0,1181 | tm |
| 0,0382 | 0,0413 | 0,0439 | 0,0463 | 0,0483 | 0,0502 | 0,0517 | 0,0530 | 0,0541 | 0,0551 | 0,0560 | 0,0625 | tm |
| 0,0590 | 0,0662 | 0,0737 | 0,0816 | 0,0888 | 0,0961 | 0,1028 | 0,1093 | 0,1154 | 0,1211 | 0,1266 | 0,2500 | t |
| 0,1422 | 0,1532 | 0,1629 | 0,1704 | 0,1778 | 0,1840 | 0,1895 | 0,1941 | 0,1982 | 0,2018 | 0,2049 | 0,2500 | t |
| 0,0679 | 0,0736 | 0,0789 | 0,0836 | 0,0878 | 0,0916 | 0,0949 | 0,978 | 0,1004 | 0,1027 | 0,1047 | 0,1250 | tm |
| 0,0751 | 0,0791 | 0,0831 | 0,0869 | 0,0904 | 0,0936 | 0,0965 | 0,0991 | 0,1015 | 0,1036 | 0,1055 | 0,1250 | tm |

**$S_2F_2 = 1$**

**B.4. Beide Längs-**

| | Seitenverhältnis | $\frac{b}{a} =$ |
|---|---|---|
| Durchbiegung im Plattenmittelpunkt | | $S\,\zeta_m = p\,a^4 \cdot$ |
| Momente | Mitte der Längsränder | $-m_{sm} = -m_{am} = p\,a^2 \cdot$ |
| | Plattenmittelpunkt | $m_{xm} = p\,a^2 \cdot$<br>$m_{ym} = p\,a^2 \cdot$ |
| | Größtes Feldmoment $m_y$, $\frac{x}{a} = 0{,}5$ | $\frac{y}{a}$ und $\frac{b-y}{a} =$<br>$\pm \max m_y =$ |
| | Größtwert des Drillmoments an den Querrändern, $\frac{x}{a} \doteq 0{,}2$ | $\pm \max m_{xy} = p\,a^2 \cdot$ |
| Randkräfte | Mitte der Querränder | $q_{tm} = -q_{bm} = p\,a \cdot$<br>$\bar{q}_{tm} = -\bar{q}_{bm} = p\,a \cdot$ |
| | Mitte der Längsränder | $q_{sm} = \bar{q}_{sm} = -q_{am} = -\bar{q}_{am} = p\,a \cdot$ |
| Träger unter einem Querrand | Mittenmoment | $M_m = p\,a^3 \cdot$ |
| | Querkraft am Auflager | $Q_s = -Q_a = p\,a^2 \cdot$ |
| | Belastungswert | $B = p\,a^3 \cdot$ |
| Träger unter einem Längsrand | Mittenmoment | $M_m = p\,a\,b^2 \cdot$ |
| | Querkraft am Auflager | $Q_t = -Q_b = p\,a\,b \cdot$ |
| | Belastungswert | $B = p\,a\,b^2 \cdot$ |

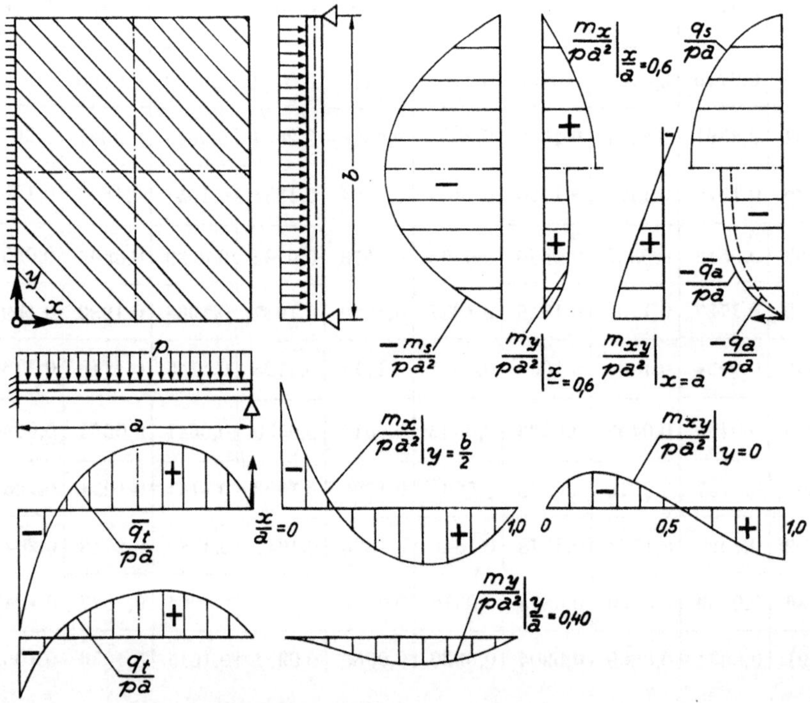

Abb. 144. **$SF_3 - 1$** Beispiel zu Tafel B.2 mit $\frac{b}{a} = 1{,}2$

ränder eingespannt (hierzu Abb. 146 auf S. 296)

| 1,0 | 1,1 | 1,2 | 1,3 | 1,4 | 1,5 | 1,6 | 1,7 | 1,8 | 1,9 | 2,0 | ∞ | Maß-einheit |
|---|---|---|---|---|---|---|---|---|---|---|---|---|
| 0,00192 | 0,00209 | 0,00222 | 0,00233 | 0,00241 | 0,00248 | 0,00252 | 0,00255 | 0,00257 | 0,00259 | 0,00261 | 0,00261 | tm² |
| 0,0698 | 0,0739 | 0,0770 | 0,0792 | 0,0810 | 0,0821 | 0,0831 | 0,0836 | 0,0841 | 0,0843 | 0,0843 | 0,0833 | tm/m |
| 0,0285 | 0,0316 | 0,0340 | 0,0360 | 0,0376 | 0,0388 | 0,0397 | 0,0404 | 0,0409 | 0,0412 | 0,0415 | 0,0417 | tm/m |
| 0,0158 | 0,0135 | 0,0113 | 0,0094 | 0,0077 | 0,0062 | 0,0049 | 0,0039 | 0,0030 | 0,0022 | 0,0017 | 0 | tm/m |
| 0,33 | 0,28 | 0,25 | 0,24 | 0,24 | 0,23 | 0,23 | 0,23 | 0,23 | 0,23 | 0,23 | 0,23 | — |
| 0,0162 | 0,0149 | 0,0140 | 0,0136 | 0,0134 | 0,0132 | 0,0130 | 0,0130 | 0,0130 | 0,0130 | 0,0130 | 0,0129 | tm/m |
| 0,0206 | 0,0210 | 0,0212 | . | . | 0,0213 | . | . | . | . | . | 0,0209 | tm/m |
| 0,245 | 0,243 | 0,242 | 0,241 | 0,240 | 0,240 | 0,239 | 0,239 | 0,239 | 0,239 | 0,239 | 0,239 | t/m |
| 0,338 | 0,340 | 0,340 | 0,340 | 0,339 | 0,338 | 0,338 | 0,338 | 0,337 | 0,337 | 0,338 | 0,336 | t/m |
| 0,517 | 0,523 | 0,526 | 0,527 | 0,526 | 0,524 | 0,522 | 0,520 | 0,518 | 0,515 | 0,512 | 0,500 | t/m |
| 0,0292 | 0,0291 | 0,0290 | 0,0289 | 0,0289 | 0,0288 | 0,0288 | 0,0288 | 0,0287 | 0,287 | 0,0287 | 0,0287 | tm |
| 0,0507 | 0,0498 | 0,0490 | 0,0487 | 0,0485 | 0,0485 | 0,0485 | 0,0485 | 0,0485 | 0,0485 | 0,0485 | 0,0485 | t |
| 0,0526 | 0,0524 | 0,0522 | 0,0520 | 0,0519 | 0,0518 | 0,0517 | 0,0516 | 0,0516 | 0,0515 | 0,0515 | 0,0515 | tm |
| 0,0583 | 0,0591 | 0,0604 | 0,0610 | 0,0615 | 0,0618 | 0,0620 | 0,0622 | 0,0623 | 0,0624 | 0,0624 | 0,0625 | tm |
| 0,1993 | 0,2047 | 0,2091 | 0,2125 | 0,2153 | 0,2177 | 0,2197 | 0,2215 | 0,2231 | 0,2245 | 0,2258 | 0,2500 | t |
| 0,1136 | 0,1165 | 0,1182 | 0,1197 | 0,1208 | 0,1215 | 0,1221 | 0,1226 | 0,1229 | 0,1232 | 0,1234 | 0,1250 | tm |

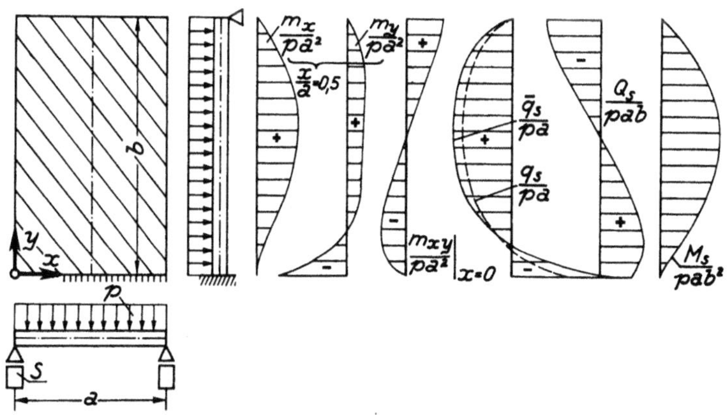


Abb. 145. **$F_2SF-1$** Beispiel zu Tafel B.3 mit $\frac{b}{a} = 1,6$

**$F_2S_2 — 1$**

**B.5. Beide Querränder**

| | | Seitenverhältnis $\frac{b}{a} =$ |
|---|---|---|
| Durchbiegung im Plattenmittelpunkt | | $S\,\zeta_m = p\,a^4 \cdot$ |
| Momente | Mitte der Querränder | $-m_{tm} = -m_{bm} = p\,a^2 \cdot$ |
| | Plattenmittelpunkt | $m_{xm} = p\,a^2 \cdot$<br>$m_{ym} = p\,a^2 \cdot$ |
| | Größtwert des Drillmoments an den Längsrändern, $\frac{y}{a}$ und $\frac{b-y}{a} = 0{,}2$ bis $0{,}3$ | $+\max m_{xy} = p\,a^2 \cdot$ |
| Randkräfte | Mitte der Querränder | $-q_{tm} = -q_{bm} = p\,a \cdot$ |
| | Mitte der Längsränder | $q_{sm} = -q_{am} = p\,a \cdot$<br>$\bar{q}_{sm} = -\bar{q}_{am} = p\,a \cdot$ |
| Träger unter einem Querrand | Mittenmoment | $M_m = p\,a^3 \cdot$ |
| | Querkraft am Auflager[2] | $Q_s = -Q_a = p\,a^2 \cdot$ |
| | Belastungswert | $B = p\,a^3 \cdot$ |
| Träger unter einem Längsrand | Mittenmoment | $M_m = p\,a\,b^2 \cdot$ |
| | Querkraft am Auflager[2] | $Q_t = -Q_b = p\,a\,b \cdot$ |
| | Belastungswert | $B = p\,a\,b^2 \cdot$ |

[1] $+\max m_y = 0{,}0173\,p\,a^2$ in $\frac{y}{a} \doteq 0{,}65$; der Größtwert liegt erst bei $\frac{b}{a} \geqq 2$ außerhalb des Plattenmittelpunktes.

[2] $Q_s + Q_t = \frac{1}{4}\,p\,a\,b$.

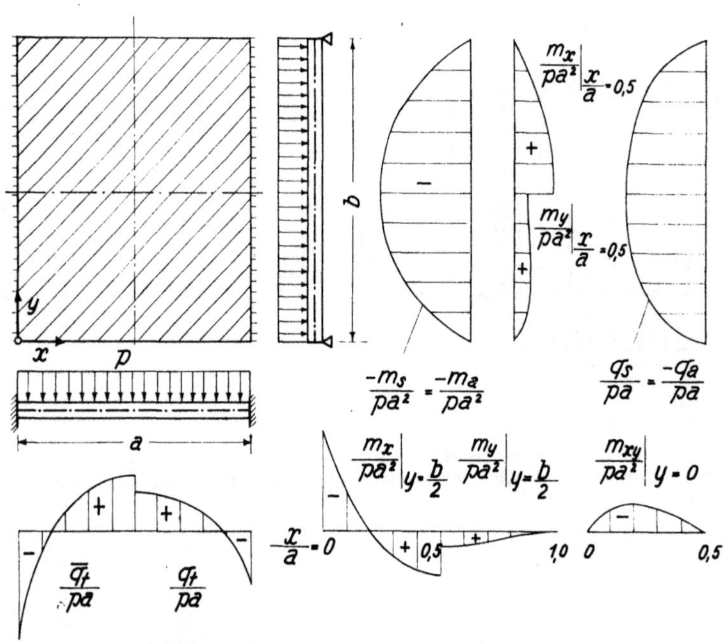


Abb. 146. $S_2F_2 — 1$ Beispiel zu Tafel B.4 mit $\frac{b}{a} = 1{,}2$

eingespannt (hierzu Abb. 147)

| 1,0 | 1,1 | 1,2 | 1,3 | 1,4 | 1,5 | 1,6 | 1,7 | 1,8 | 1,9 | 2,0 | ∞ | Maß-einheit |
|---|---|---|---|---|---|---|---|---|---|---|---|---|
| 0,00192 | 0,00252 | 0,00319 | 0,00389 | 0,00460 | 0,00532 | 0,00601 | 0,00668 | 0,00731 | 0,00790 | 0,00843 | 0,01302 | tm² |
| 0,0698 | 0,0788 | 0,0868 | 0,0938 | 0,0998 | 0,1049 | 0,1090 | 0,1124 | 0,1152 | 0,1174 | 0,1191 | 0,1250 | tm/m |
| 0,0158 | 0,0217 | 0,0282 | 0,0351 | 0,0421 | 0,0491 | 0,0559 | 0,0625 | 0,0687 | 0,0745 | 0,0798 | 0,1250 | tm/m |
| 0,0285 | 0,0304 | 0,0316 | 0,0321 | 0,0319 | 0,0312 | 0,0301 | 0,0287 | 0,0270 | 0,0252 | 0,0234 | [1] | tm/m |
| 0,0206 | 0,0243 | 0,0277 | 0,0308 | 0,0337 | 0,0363 | 0,0385 | 0,0404 | 0,0420 | 0,0434 | 0,0445 | 0,0482 | tm/m |
| 0,517 | 0,557 | 0,591 | 0,621 | 0,646 | 0,666 | 0,682 | 0,696 | 0,706 | 0,715 | 0,721 | 0,742 | t/m |
| 0,245 | 0,270 | 0,295 | 0,318 | 0,340 | 0,360 | 0,378 | 0,394 | 0,409 | 0,421 | 0,432 | 0,500 | t/m |
| 0,338 | 0,369 | 0,396 | 0,420 | 0,441 | 0,459 | 0,473 | 0,485 | 0,494 | 0,501 | 0,506 | 0,500 | t/m |
| 0,0583 | 0,0625 | 0,0659 | 0,0689 | 0,0715 | 0,0735 | 0,0752 | 0,0765 | 0,0775 | 0,0783 | 0,0791 | 0,0812 | tm |
| 0,1993 | 0,2123 | 0,2232 | 0,2326 | 0,2405 | 0,2471 | 0,2523 | 0,2565 | 0,2597 | 0,2620 | 0,2644 | 0,2713 | t |
| 0,1136 | 0,1216 | 0,1281 | 0,1340 | 0,1387 | 0,1427 | 0,1459 | 0,1485 | 0,1504 | 0,1517 | 0,1532 | 0,1575 | tm |
| 0,0292 | 0,0321 | 0,0350 | 0,0377 | 0,0402 | 0,0424 | 0,0445 | 0,0464 | 0,0480 | 0,0494 | 0,0507 | 0,0625 | tm |
| 0,0507 | 0,0569 | 0,0640 | 0,0711 | 0,0782 | 0,0853 | 0,0922 | 0,0991 | 0,1057 | 0,1121 | 0,1178 | 0,2500 | t |
| 0,0526 | 0,0581 | 0,0635 | 0,0686 | 0,0735 | 0,0780 | 0,0821 | 0,0859 | 0,0892 | 0,0924 | 0,0952 | 0,1250 | tm |

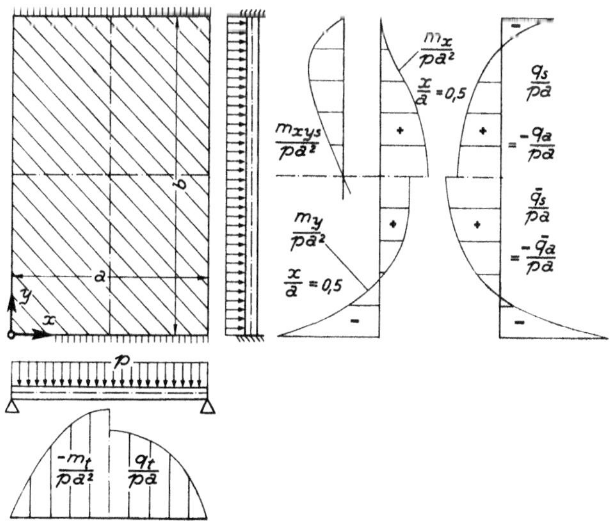


Abb. 147. **$F_2S_2$ — 1** Beispiel zu Tafel B.5 mit $\frac{b}{a} = 1,5$

**SFSF — 1**

**B. 6. Ein Längsrand und ein**

| | | Seitenverhältnis $\frac{b}{a} =$ |
|---|---|---|
| Durchbiegung im Plattenmittelpunkt | | $S\,\zeta_m = p\,a^4 \cdot$ |
| Momente | Mitte des Randes $s$ | $-m_{sm} = p\,a^2 \cdot$ |
| | Größtwert am Rand $s$, $\frac{y}{b} \doteq 0{,}58$ | $-\max m_s = p\,a^2 \cdot$ |
| | Mitte des Randes $t$ | $-m_{tm} = p\,a^2 \cdot$ |
| | Größtwert am Rand $t$, $\frac{x}{a} \doteq 0{,}60$ | $-\max m_t = p\,a^2 \cdot$ |
| | Plattenmittelpunkt | $m_{xm} = p\,a^2 \cdot$<br>$m_{ym} = p\,a^2 \cdot$ |
| | Größtes Feldmoment $m_x$, $\frac{x}{a} \doteq 0{,}63$ | $+\max m_x = p\,a^2 \cdot$ |
| | Größtes Feldmoment $m_y$, $\frac{x}{a} \doteq 0{,}60$ | $\frac{b-y}{a} =$<br>$+\max m_y = p\,a^2 \cdot$ |
| | Größtwert des Drillmoments am Rand $a$, $\frac{y}{a} \doteq 0{,}25$; | $+\max m_{xya} = p\,a^2 \cdot$ |
| | Größtwert des Drillmoments am Rand $b$, $\frac{x}{a} \doteq 0{,}2$; | $+\max m_{xyb} = p\,a^2 \cdot$ |
| | Eckdrillmoment, $x = a$, $y = b$ | $-m_{xyE} = p\,a^2 \cdot$ |
| Randkräfte | Mitte des Randes $s$ | $q_{sm} = \bar{q}_{sm} = p\,a \cdot$ |
| | Größtwert am Rand $s$ | $\max q_s = p\,a \cdot$ |
| | Mitte des Randes $a$ | $-q_{am} = p\,a \cdot$<br>$-\bar{q}_{am} = p\,a \cdot$ |
| | Größtwerte am Rand $a$ | $-\max q_a = p\,a \cdot$<br>$-\max \bar{q}_a = p\,a \cdot$ |
| | Mitte des Randes $t$ | $q_{tm} = \bar{q}_{tm} = p\,a \cdot$ |
| | Größtwert am Rand $t$ | $\max q_t = p\,a \cdot$ |
| | Mitte des Randes $b$ | $-q_{bm} = p\,a \cdot$<br>$-\bar{q}_{bm} = p\,a \cdot$ |
| | Größtwerte am Rand $b$ | $-\max q_b = p\,a \cdot$<br>$-\max \bar{q}_b = p\,a \cdot$ |

Querrand eingespannt (hierzu Abb. 148 auf S. 300)

| 1,0 | 1,1 | 1,2 | 1,3 | 1,4 | 1,5 | 2,0 | ∞ | Maß-einheit |
|---|---|---|---|---|---|---|---|---|
| 0,00210 | 0,00252 | 0,00290 | 0,00324 | 0,00355 | 0,00383 | 0,00468 | 0,00521 | tm² |
| 0,0677 | 0,0768 | 0,0848 | 0,0918 | 0,0979 | 0,1026 | 0,1177 | 0,1250 | tm/m |
| 0,0694 | 0,0784 | 0,0863 | 0,0929 | 0,0989 | 0,1036 | 0,1185 | 1,1250 | tm/m |
| 0,0677 | 0,0715 | 0,0740 | 0,0758 | 0,0769 | 0,0774 | 0,0785 | 0,0786 | tm/m |
| 0,0694 | 0,0734 | 0,0762 | 0,0781 | 0,0794 | 0,0802 | 0,0814 | 0,0814 | tm/m |
| 0,0234<br>0,0234 | 0,0285<br>0,0225 | 0,0333<br>0,0212 | 0,0377<br>0,0195 | 0,0415<br>0,0177 | 0,0449<br>0,0159 | 0,0559<br>0,0079 | 0,0625<br>0 | tm/m<br>tm/m |
| 0,0256 | 0,0312 | 0,0366 | 0,0415 | 0,0460 | 0,0498 | 0,0625 | 0,0703 | tm/m |
| 0,37<br>0,0256 | .<br>0,0244 | .<br>0,0233 | .<br>0,0216 | .<br>0,0202 | 0,32<br>0,0194 | .<br>0,0171 | 0,26<br>0,0170 | —<br>tm/m |
| 0,0231 | 0,0255 | 0,0269 | 0,0280 | 0,0288 | 0,0292 | 0,0305 | 0,0311 | tm/m |
| 0,0231 | 0,0255 | 0,0269 | 0,0280 | 0,0288 | 0,0292 | 0,0300 | 0,0301 | tm/m |
| 0,0336 | 0,0366 | 0,0389 | 0,0407 | 0,0419 | 0,0428 | 0,0444 | 0,0446 | tm/m |
| 0,510 | 0,548 | 0,572 | 0,591 | 0,606 | 0,611 | 0,631 | 0,625 | t/m |
| 0,529 | 0,564 | 0,586 | 0,603 | 0,616 | 0,620 | 0,633 | 0,632 | t/m |
| 0,274<br>0,363 | 0,294<br>0,380 | 0,311<br>0,392 | 0,325<br>0,400 | 0,337<br>0,405 | 0,346<br>0,407 | 0,370<br>0,402 | 0,375<br>0,375 | t/m<br>t/m |
| 0,281<br>0,373 | 0,300<br>0,389 | 0,316<br>0,399 | 0,329<br>0,406 | 0,341<br>0,410 | 0,349<br>0,411 | 0,372<br>0,407 | 0,375<br>0,396 | t/m<br>t/m |
| 0,510 | 0,527 | 0,536 | 0,541 | 0,545 | 0,547 | 0,549 | 0,552 | t/m |
| 0,529 | 0,549 | 0,560 | 0,566 | 0,571 | 0,574 | 0,576 | 0,576 | t/m |
| 0,274<br>0,363 | 0,279<br>0,377 | 0,281<br>0,387 | 0,283<br>0,394 | 0,283<br>0,398 | 0,283<br>0,401 | 0,282<br>0,404 | 0,281<br>0,404 | t/m<br>t/m |
| 0,281<br>0,373 | 0,287<br>0,390 | 0,290<br>0,402 | 0,293<br>0,411 | 0,294<br>0,416 | 0,294<br>0,420 | 0,293<br>0,426 | 0,293<br>0,426 | t/m<br>t/m |

**$S_3F$ — 1**

**B.7. Beide Längsränder und**

| | | Seitenverhältnis $\frac{b}{a}$ = |
|---|---|---|
| Durchbiegung im Plattenmittelpunkt | | $S\,\zeta_m = p\,a^4\,\cdot$ |
| Momente | Mitte der Längsränder | $-m_{sm} = -m_{am} = p\,a^2\,\cdot$ |
| | Größtwert an den Längsrändern | $-\max m_s = -\max m_a = p\,a^2\,\cdot$ |
| | Mitte des Randes $t$ | $-m_{tm} = p\,a^2\,\cdot$ |
| | Plattenmittelpunkt | $m_{xm} = p\,a^2\,\cdot$ <br> $m_{ym} = p\,a^2\,\cdot$ |
| | Größtes Feldmoment $m_x$, $\frac{x}{a} = 0{,}5$; $y \doteq 0{,}55\,b$ | $+\max m_x = p\,a^2\,\cdot$ |
| | Größtes Feldmoment $m_y$ | $\frac{x}{a} = 0{,}5$; $\frac{b-y}{a} =$ <br> $+\max m_y = p\,a^2\,\cdot$ |
| | Größtwert des Drillmomentes am Rand $b$, $\frac{x}{a}$ bzw. $1 - \frac{x}{a} \doteq 0{,}2$ | $\pm\max m_{xy} = p\,a^2\,\cdot$ |
| Randkräfte | Mitte der Längsränder | $q_{sm} = -q_{am} = p\,a\,\cdot$ |
| | Größtwert an den Längsrändern | $\max q_s = -\max q_a = p\,a\,\cdot$ |
| | Mitte des Randes $t$ | $q_{tm} = p\,a\,\cdot$ |
| | Mitte des Randes $b$ | $-q_{bm} = p\,a\,\cdot$ <br> $-\bar{q}_{bm} = p\,a\,\cdot$ |

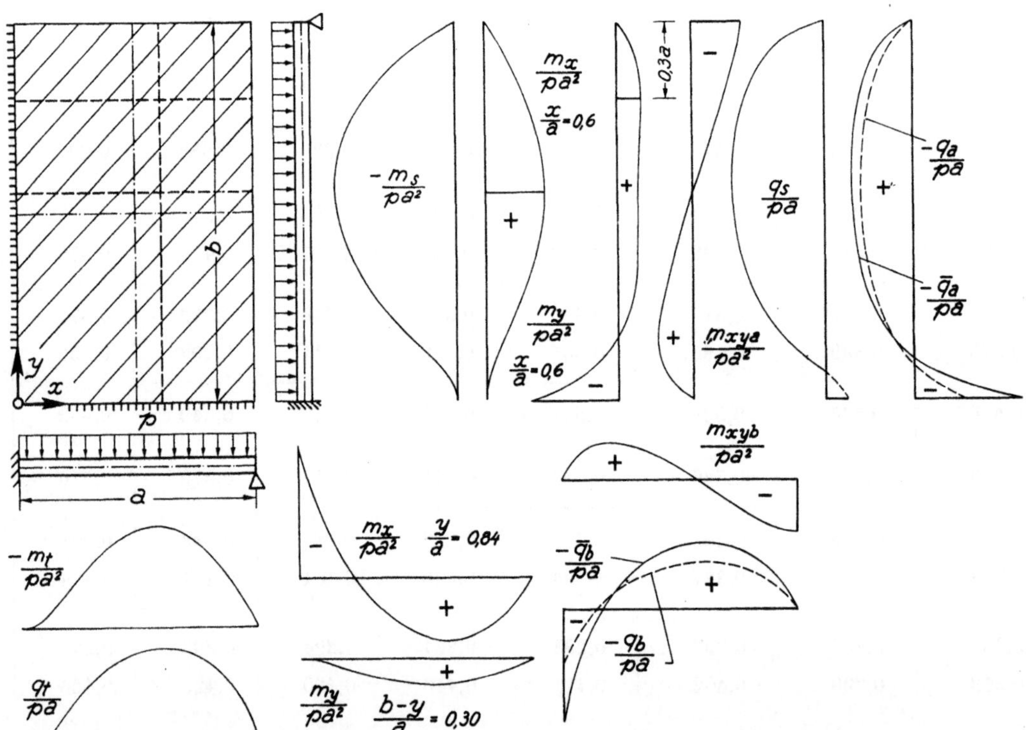


Abb. 148. **SFSF — 1** Beispiel zu Tafel B.6 mit $\frac{b}{a} = 1{,}5$

ein Querrand eingespannt (hierzu Abb. 149)

| 1,0 | 1,1 | 1,2 | 1,3 | 1,4 | 1,5 | 2,0 | ∞ | Maß-einheit |
|---|---|---|---|---|---|---|---|---|
| 0,00157 | 0,00179 | 0,00197 | 0,00211 | 0,00223 | 0,00233 | 0,00258 | 0,00261 | $tm^2$ |
| 0,0600 | 0,0659 | 0,0705 | 0,0743 | 0,0770 | 0,0788 | 0,0834 | 0,0833 | tm/m |
| 0,0613 | 0,0669 | 0,0714 | 0,0751 | 0,0777 | 0,0794 | 0,0837 | 0,0833 | tm/m |
| 0,0547 | 0,0566 | 0,0573 | 0,0574 | 0,0576 | 0,0569 | 0,0566 | 0,0570 | tm/m |
| 0,0227 | 0,0264 | 0,0296 | 0,0323 | 0,0345 | 0,0362 | 0,0408 | 0,0417 | tm/m |
| 0,0168 | 0,0151 | 0,0133 | 0,0114 | 0,0097 | 0,0082 | 0,0028 | 0 | tm/m |
| 0,0232 | 0,0268 | 0,0300 | 0,0326 | 0,0348 | 0,0365 | 0,0410 | 0,0417 | tm/m |
| 0,33 | 0,27 | 0,24 | 0,23 | 0,23 | 0,23 | 0,23 | 0,23 | — |
| 0,0180 | 0,0166 | 0,0151 | 0,0145 | 0,0139 | 0,0133 | 0,0130 | 0,0129 | tm/m |
| 0,0192 | 0,0194 | 0,0200 | 0,0208 | 0,0211 | 0,0212 | 0,0210 | 0,0209 | tm/m |
| 0,475 | 0,498 | 0,510 | 0,517 | 0,521 | 0,517 | 0,512 | 0,500 | t/m |
| 0,488 | 0,506 | 0,516 | 0,523 | 0,527 | 0,523 | 0,518 | 0,512 | t/m |
| 0,452 | 0,475 | 0,478 | 0,475 | 0,474 | 0,473 | 0,472 | 0,472 | t/m |
| 0,243 | 0,244 | 0,243 | 0,242 | 0,241 | 0,241 | 0,241 | 0,239 | t/m |
| 0,329 | 0,349 | 0,355 | 0,358 | 0,360 | 0,360 | 0,358 | 0,336 | t/m |

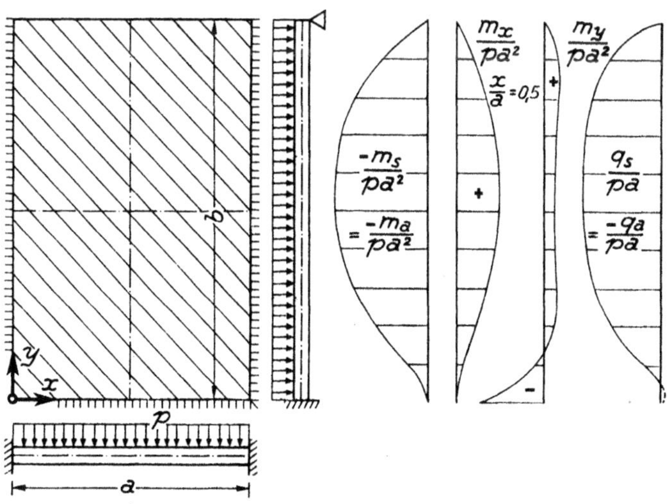


Abb. 149. **S₃F — 1** Beispiel zu Tafel B.7 mit $\frac{b}{a} = 1,5$

**$SFS_2 — 1$**

**B. 8. Ein Längsrand und**

| Seitenverhältnis | | $\frac{b}{a} =$ |
|---|---|---|
| Durchbiegung im Plattenmittelpunkt | | $S\,\zeta_m = p\,a^4 \cdot$ |
| Momente | Mitte des Randes $s$ | $-m_{sm} = p\,a^2 \cdot$ |
| | Mitte der Querränder | $-m_{tm} = -m_{bm} = p\,a^2 \cdot$ |
| | Größtwert an den Querrändern, $\frac{x}{a} \doteq 0{,}6\ldots$ | $\max m_t = p\,a^2 \cdot$ |
| | Plattenmittelpunkt | $m_{xm} = p\,a^2 \cdot$<br>$m_{ym} = p\,a^2 \cdot$ |
| | Größtes Feldmoment $m_x$ | $y = \frac{b}{2},\ \frac{x}{a} =$<br>$+\max m_x = p\,a^2 \cdot$ |
| | Größtes Feldmoment $m_y$ | $\frac{x}{a} = 0{,}57;\ \frac{y}{a}$ und $\frac{b-y}{a} =$<br>$+\max m_y = p\,a^2 \cdot$ |
| | Größtwert des Drillmoments am Rand $a$, $\frac{y}{a}$ bzw. $\frac{b-y}{a} \doteq 0{,}2$ | $\pm\max m_{xy} = p\,a^2 \cdot$ |
| Randkräfte | Mitte der Querränder | $q_{tm} = -q_{bm} = p\,a \cdot$ |
| | Größtwert an den Querrändern, $\frac{x}{a} \doteq 0{,}6$ | $\max q_t = -\max q_b = p\,a \cdot$ |
| | Mitte des Randes $s$ | $q_{sm} = p\,a \cdot$ |
| | Mitte des Randes $a$ | $-q_{am} = p\,a \cdot$<br>$-\bar{q}_{am} = p\,a \cdot$ |

Querränder eingespannt (hierzu Abb. 150 auf S. 304)

| 1,0 | 1,1 | 1,2 | 1,3 | 1,4 | 1,5 | 2,0 | ∞ | Maß-einheit |
|---|---|---|---|---|---|---|---|---|
| 0,00157 | 0,00196 | 0,00236 | 0,00274 | 0,00309 | 0,00341 | 0,00449 | 0,00521 | $tm^2$ |
| 0,0547 | 0,0648 | 0,0737 | 0,0817 | 0,0891 | 0,0942 | 0,1139 | 0,1250 | tm/m |
| 0,0600 | 0,0653 | 0,0692 | 0,0723 | 0,0744 | 0,0758 | 0,0783 | 0,0786 | tm/m |
| 0,0613 | 0,0668 | 0,0710 | 0,0743 | 0,0766 | 0,0783 | 0,0811 | 0,0814 | tm/m |
| 0,0168 | 0,0217 | 0,0267 | 0,0314 | 0,0358 | 0,0397 | 0,0534 | 0,0625 | tm/m |
| 0,0227 | 0,0229 | 0,0223 | 0,0213 | 0,0199 | 0,0182 | 0,0099 | 0 | tm/m |
| 0,67 | 0,63 | . | . | . | 0,63 | 0,625 | 0,625 | — |
| 0,0180 | 0,0232 | 0,0287 | 0,0340 | 0,0389 | 0,0432 | 0,0589 | 0,0703 | tm/m |
| 0,50 | 0,55 | 0,60 | 0,65 | 0,70 | 0,75 | 0,54 | 0,53 | — |
| 0,0232 | 0,0234 | 0,0228 | 0,0218 | 0,0205 | 0,0188 | 0,0136 | 0,0124 | tm/m |
| 0,0192 | 0,0219 | 0,0243 | 0,0262 | 0,0275 | 0,0285 | 0,0304 | 0,0311 | tm/m |
| 0,475 | 0,501 | 0,521 | 0,532 | 0,537 | 0,541 | 0,548 | 0,552 | t/m |
| 0,488 | 0,516 | 0,537 | 0,551 | 0,560 | 0,566 | 0,572 | 0,576 | t/m |
| 0,452 | 0,498 | 0,529 | 0,553 | 0,568 | 0,583 | 0,620 | 0,625 | t/m |
| 0,243 | 0,266 | 0,286 | 0,303 | 0,318 | 0,330 | 0,365 | 0,375 | t/m |
| 0,329 | 0,352 | 0,370 | 0,384 | 0,394 | 0,400 | 0,404 | 0,375 | t/m |

**$S_4$ — 1**

**B.9. Alle Ränder**

| | | Seitenverhältnis $\frac{b}{a}$ = |
|---|---|---|
| Durchbiegung im Plattenmittelpunkt | | $S\,\zeta_m = p\,a^4 \cdot$ |
| Momente | Mitte der Längsränder<br>Mitte der Querränder | $-m_{sm} = -m_{am} = p\,a^2 \cdot$<br>$-m_{tm} = -m_{bm} = p\,a^2 \cdot$ |
| | Plattenmittelpunkt | $m_{xm} = p\,a^2 \cdot$<br>$m_{ym} = p\,a^2 \cdot$ |
| | Größtes Feldmoment $m_y$ | $\frac{x}{a} = 0{,}5,\ \frac{y}{a}$ und $\frac{b-y}{a} =$<br>$\max m_y = p\,a^2 \cdot$ |
| Randkräfte | Mitte der Längsränder<br>Mitte der Querränder | $q_{sm} = -q_{am} = p\,a \cdot$<br>$q_{tm} = -q_{bm} = p\,a \cdot$ |
| Träger unter einem Längsrand | Mittenmoment<br>Querkraft am Auflager<br>Belastungswert | $M_m = p\,a\,b^2 \cdot$<br>$Q = p\,a\,b \cdot$<br>$B = p\,a\,b^2 \cdot$ |
| Träger unter einem Querrand | Mittenmoment<br>Querkraft am Auflager<br>Belastungswert | $M_m = p\,a^3 \cdot$<br>$Q = p\,a^2 \cdot$<br>$B = p\,a^3 \cdot$ |

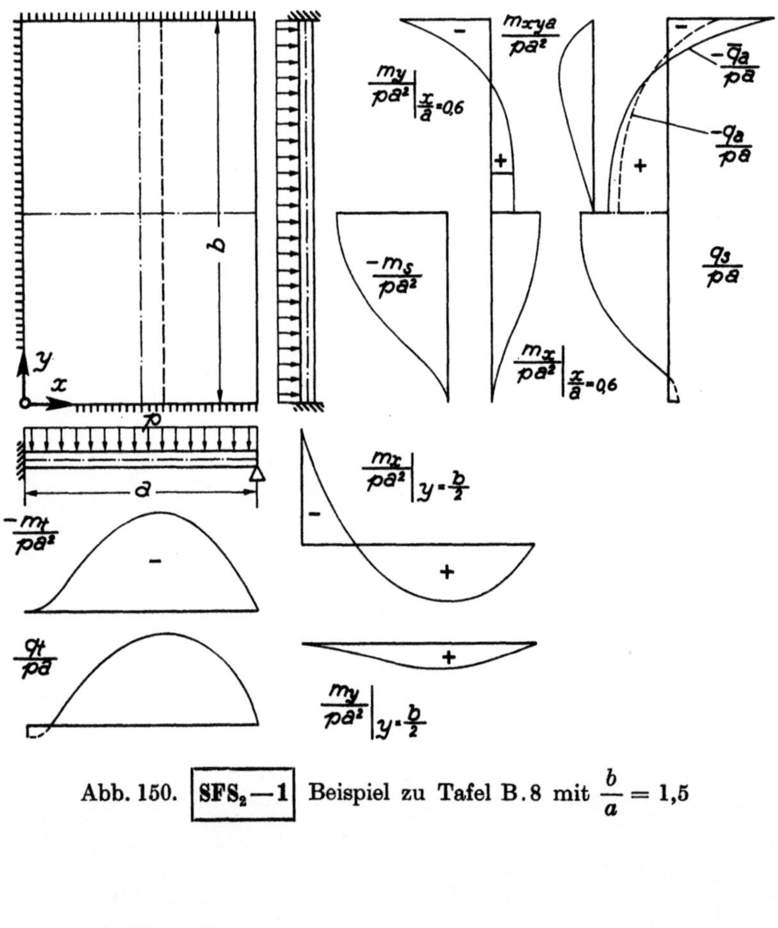


Abb. 150. **SFS₂—1** Beispiel zu Tafel B.8 mit $\frac{b}{a} = 1{,}5$

eingespannt (hierzu Abb. 151)

| 1,0 | 1,1 | 1,2 | 1,3 | 1,4 | 1,5 | 2,0 | ∞ | Maßeinheit |
|---|---|---|---|---|---|---|---|---|
| 0,00127 | 0,00151 | 0,00172 | 0,00191 | 0,00207 | 0,00220 | 0,00253 | 0,00261 | $tm^2$ |
| 0,0515<br>0,0515 | 0,0585<br>0,0543 | 0,0644<br>0,0558 | 0,0692<br>0,0568 | 0,0732<br>0,0572 | 0,0759<br>0,0572 | 0,0832<br>0,0572 | 0,0833<br>0,0570 | tm/m<br>tm/m |
| 0,0176<br>0,0176 | 0,0217<br>0,0166 | 0,0254<br>0,0152 | 0,0287<br>0,0136 | 0,0314<br>0,0118 | 0,0337<br>0,0102 | 0,0400<br>0,0038 | 0,0417<br>0 | tm/m<br>tm/m |
| Im Plattenmittelpunkt | | | | 0,50<br>0,0120 | 0,45<br>0,0107 | 0,45<br>0,0095 | 0,45<br>0,0093 | —<br>tm/m |
| 0,446<br>0,446 | 0,478<br>0,464 | 0,497<br>0,471 | 0,511<br>0,475 | 0,520<br>0,477 | 0,521<br>0,476 | 0,523<br>0,472 | 0,500<br>0,472 | t/m<br>t/m |
| 0,0432<br>0,1250<br>0,0814 | 0,0464<br>0,1358<br>0,0896 | 0,0490<br>0,1404<br>0,0962 | 0,0512<br>0,1535<br>0,1013 | 0,0529<br>0,1606<br>0,1054 | 0,0542<br>0,1667<br>0,1085 | 0,0580<br>0,1887<br>0,1174 | 0,0625<br>0,2500<br>0,1250 | tm<br>t<br>tm |
| 0,0432<br>0,1250<br>0,0814 | 0,0436<br>0,1257<br>0,0824 | 0,0438<br>0,1256<br>0,0829 | 0,0441<br>0,1254<br>0,0831 | .<br>.<br>. | .<br>.<br>. | .<br>.<br>. | 0,0441<br>0,1262<br>0,0827 | tm<br>t<br>tm |

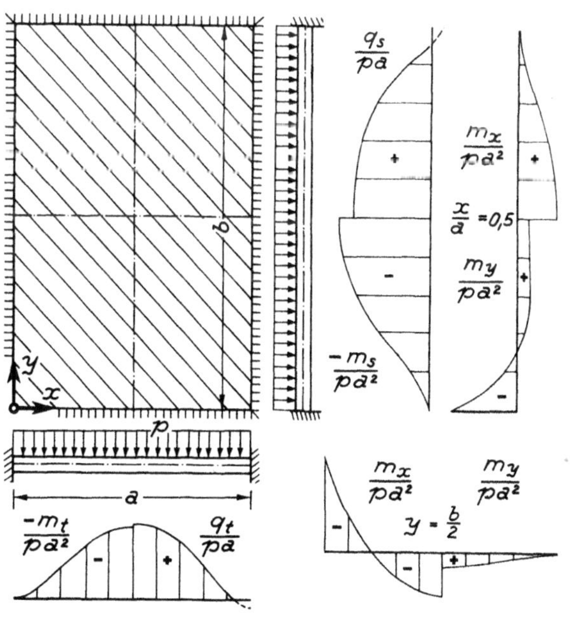

Abb. 151. $S_4 - 1$ Beispiel zu Tafel B.9 mit $\frac{b}{a} = 1,5$

# C. Die Rechteckplatte mit Dreiecklast

Ränder frei drehbar gestützt oder starr eingespannt. Mitten- und Größtwerte der Momente und Randkräfte; in den Tafeln C.11 und C.12 außerdem Randverdrehungen sowie Momente, Querkräfte und Belastungswerte der unterstützenden Träger.

**$F_4$—3**

**C. 11. Alle Ränder frei drehbar gestützt;**

| Seitenverhältnis | | $\frac{b}{a} =$ | 1,0 | 1,05 | 1,10 |
|---|---|---|---|---|---|
| Randverdrehungen 1. Reihenglied (Belastungswerte) | Querränder | $\frac{2\pi}{a} S\beta_t = \sin\pi\frac{x}{a} \cdot p_s a^2 \cdot$ | 0,0431 | 0,0453 | 0,0473 |
| | Belasteter Längsrand $s$ | $\frac{2\pi}{b} S\beta_s = \sin\pi\frac{y}{b} \cdot p_s a^2 \cdot$ | 0,0504 | 0,0522 | 0,0539 |
| | Unbelasteter Längsrand $a$ | $\frac{2\pi}{b} S\beta_a = \sin\pi\frac{y}{b} \cdot p_s a^2 \cdot$ | 0,0357 | 0,0375 | 0,0395 |
| Momente | Plattenmittelpunkt | $m_{xm} = p_s a^2 \cdot$ | 0,0184 | 0,0204 | 0,0224 |
| | | $m_{ym} = p_s a^2 \cdot$ | 0,0184 | 0,0183 | 0,0180 |
| | Größtwert $m_x$ $\left(y = \frac{b}{2}\right)$ | $\frac{x}{a} =$ | 0,30 | 0,32 | 0,33 |
| | | $\max m_x = p_s a^2 \cdot$ | 0,0220 | 0,0238 | 0,0257 |
| | Größtwert $m_y$ $\left(x \approx \frac{a}{2}\right)$ | $\frac{y}{a}$ und $\frac{b-y}{a} =$ | | Nahezu | |
| | | $\max m_y = p_s a^2 \cdot$ | | | |
| | Eckdrillmomente = halbe Eckauflagerkräfte | $x = 0, \mp m_{xys} = p_s a^2 \cdot$ | 0,0279 | 0,0290 | 0,0301 |
| | | $y = b, \pm m_{xya} = p_s a^2 \cdot$ | 0,0185 | 0,0196 | 0,0206 |
| Randkräfte | Querränder, Mitte | $q_{tm} = p_s a \cdot$ | 0,169 | 0,171 | 0,173 |
| | | $\bar{q}_{tm} = p_s a \cdot$ | 0,228 | 0,234 | 0,239 |
| | Größtwert $q_t$ | $\frac{x}{a} =$ | 0,32 | . | . |
| | | $\max q_t = p_s a \cdot$ | 0,191 | 0,193 | 0,195 |
| | Größtwert $\bar{q}_t$ | $\frac{x}{a} =$ | 0,30 | 0,31 | 0,31 |
| | | $\max \bar{q}_t = p_s a \cdot$ | 0,265 | 0,270 | 0,275 |
| | Mitte des belasteten Längsrandes $s$ | $q_{sm} = p_s a \cdot$ | 0,248 | 0,254 | 0,260 |
| | | $\bar{q}_{sm} = p_s a \cdot$ | 0,314 | 0,319 | 0,323 |
| | Mitte des unbelasteten Längsrandes $a$ | $-q_{am} = p_s a \cdot$ | 0,090 | 0,095 | 0,100 |
| | | $-\bar{q}_{am} = p_s a \cdot$ | 0,142 | 0,148 | 0,152 |
| Träger unter einem Querrand | Mittenmoment | $M_m = p_s a^3 \cdot$ | 0,0254 | 0,0260 | 0,0265 |
| | Größtmoment | $\frac{x}{a} =$ | 0,45 | 0,46 | 0,46 |
| | | $\max M = p_s a^3 \cdot$ | 0,0256 | 0,0262 | 0,0267 |
| | Querkräfte | $x = 0 \quad Q_s = p_s a^2 \cdot$ | 0,1000 | 0,1017 | 0,1034 |
| | | $x = a \quad -Q_a = p_s a^2 \cdot$ | 0,0714 | 0,0733 | 0,0750 |
| | Belastungswerte | $x = 0 \quad B_s = p_s a^3 \cdot$ | 0,0512 | 0,0525 | 0,0533 |
| | | $x = a \quad B_a = p_s a^3 \cdot$ | 0,0475 | 0,0486 | 0,0495 |
| Träger unter dem belasteten Längsrand $s$ | Mittenmoment | $M_m = p_s a b^2 \cdot$ | 0,0356 | 0,0362 | 0,0368 |
| | Querkraft am Auflager | $Q = p_s a b \cdot$ | 0,1225 | 0,1250 | 0,1272 |
| | Belastungswert | $B = p_s a b^2 \cdot$ | 0,0695 | 0,0708 | 0,0720 |
| Träger unter dem unbelasteten Längsrand $a$ | Mittenmoment | $M_m = p_s a b^2 \cdot$ | 0,0151 | 0,0157 | 0,0162 |
| | Querkraft am Auflager | $Q = p_s a b \cdot$ | 0,0489 | 0,0509 | 0,0527 |
| | Belastungswert | $B = p_s a b^2 \cdot$ | 0,0291 | 0,0303 | 0,0313 |

Dreiecklast $p_x = p_s \left(1 - \frac{x}{a}\right)$ (Längsrand belastet)

| 1,15 | 1,20 | 1,25 | 1,30 | 1,40 | 1,50 | 1,60 | 1,70 | 1,80 | 1,90 | 2,0 | ∞ | Maßeinheit |
|---|---|---|---|---|---|---|---|---|---|---|---|---|
| 0,0492 | 0,0509 | 0,0524 | 0,0538 | 0,0561 | 0,0580 | 0,0595 | 0,0606 | 0,0615 | 0,0628 | 0,0628 | 0,0645 | tm/m |
| 0,0551 | 0,0563 | 0,0572 | 0,0578 | 0,0589 | 0,0598 | 0,0604 | 0,0604 | 0,0602 | 0,0591 | 0,0588 | — | tm/m |
| 0,0410 | 0,0425 | 0,0440 | 0,0451 | 0,0468 | 0,0479 | 0,0485 | 0,0492 | 0,0490 | 0,0489 | 0,0485 | — | tm/m |
| 0,0243 | 0,0262 | 0,0280 | 0,0298 | 0,0332 | 0,0364 | 0,0393 | 0,0419 | 0,0442 | 0,0464 | 0,0482 | 0,0625 | tm/m |
| 0,0176 | 0,0172 | 0,0167 | 0,0163 | 0,0151 | 0,0140 | 0,0129 | 0,0113 | 0,0107 | 0,0097 | 0,0087 | 0 | tm/m |
| 0,33 | 0,34 | 0,35 | 0,35 | 0,36 | 0,37 | 0,38 | 0,39 | 0,40 | 0,40 | 0,40 | 0,423 | — |
| 0,0275 | 0,0293 | 0,0310 | 0,0328 | 0,0360 | 0,0390 | 0,0417 | 0,0442 | 0,0465 | 0,0485 | 0,0503 | 0,06415 | tm/m |
| wie $m_{ym}$ | | | | 0,488 | 0,432 | 0,398 | 0,378 | 0,363 | 0,352 | 0,342 | 0,328 | — |
| | | | | 0,0153 | 0,0144 | 0,0139 | 0,0134 | 0,0130 | 0,0127 | 0,0124 | 0,0117 | tm/m |
| 0,0310 | 0,0318 | 0,0326 | 0,0333 | 0,0344 | 0,0354 | 0,0361 | 0,0367 | 0,0371 | 0,0375 | 0,0378 | 0,0387 | tm/m |
| 0,0216 | 0,0224 | 0,0231 | 0,0238 | 0,0250 | 0,0259 | 0,0267 | 0,0272 | 0,0277 | 0,0280 | 0,0283 | 0,0291 | tm/m |
| 0,175 | 0,177 | 0,178 | 0,179 | 0,181 | 0,182 | 0,183 | 0,184 | 0,184 | 0,185 | 0,185 | 0,186 | t/m |
| 0,243 | 0,248 | 0,252 | 0,255 | 0,260 | 0,264 | 0,268 | 0,270 | 0,272 | 0,274 | 0,275 | 0,279 | t/m |
| . | . | . | 0,33 | . | . | . | . | . | . | . | 0,335 | — |
| 0,197 | 0,198 | 0,199 | 0,200 | 0,202 | 0,203 | 0,203 | 0,204 | 0,204 | 0,205 | 0,205 | 0,206 | t/m |
| 0,315 | 0,32 | 0,32 | 0,32 | 0,32 | 0,32 | 0,32 | 0,325 | 0,33 | 0,33 | 0,33 | 0,335 | — |
| 0,279 | 0,283 | 0,286 | 0,288 | 0,293 | 0,296 | 0,299 | 0,302 | 0,303 | 0,304 | 0,305 | 0,309 | t/m |
| 0,266 | 0,271 | 0,275 | 0,280 | 0,288 | 0,294 | 0,300 | 0,305 | 0,309 | 0,313 | 0,316 | 0,333 | t/m |
| 0,327 | 0,330 | 0,332 | 0,335 | 0,338 | 0,341 | 0,342 | 0,343 | 0,343 | 0,344 | 0,344 | 0,333 | t/m |
| 0,104 | 0,109 | 0,113 | 0,117 | 0,124 | 0,130 | 0,135 | 0,139 | 0,143 | 0,147 | 0,149 | 0,167 | t/m |
| 0,156 | 0,159 | 0,162 | 0,165 | 0,169 | 0,172 | 0,174 | 0,175 | 0,176 | 0,176 | 0,176 | 0,167 | t/m |
| 0,0270 | 0,0274 | 0,0278 | 0,0281 | 0,0287 | 0,0291 | 0,0294 | 0,0297 | 0,0299 | 0,0300 | 0,0301 | 0,0305 | tm |
| 0,46 | 0,46 | 0,46 | 0,46 | 0,46 | 0,46 | 0,46 | 0,46 | 0,46 | 0,46 | 0,46 | 0,46 | — |
| 0,0271 | 0,0276 | 0,0279 | 0,0283 | 0,0289 | 0,0293 | 0,0296 | 0,0298 | 0,0300 | 0,0302 | 0,0303 | 0,0307 | tm |
| 0,1049 | 0,1063 | 0,1075 | 0,1085 | 0,1104 | 0,1116 | 0,1126 | 0,1134 | 0,1141 | 0,1145 | 0,1149 | 0,1160 | t |
| 0,0764 | 0,0777 | 0,0789 | 0,0799 | 0,0818 | 0,0830 | 0,0840 | 0,0848 | 0,0855 | 0,0859 | 0,0863 | 0,0874 | t |
| 0,0542 | 0,0550 | 0,0557 | 0,0563 | 0,0575 | 0,0582 | 0,0589 | 0,0593 | 0,0597 | 0,0600 | 0,0602 | 0,0609 | tm |
| 0,0504 | 0,0512 | 0,0519 | 0,0525 | 0,0537 | 0,0544 | 0,0551 | 0,0555 | 0,0559 | 0,0562 | 0,0564 | 0,0571 | tm |
| 0,0373 | 0,0378 | 0,0382 | 0,0386 | 0,0392 | 0,0396 | 0,0401 | 0,0404 | 0,0406 | 0,0408 | 0,0410 | 0,0417 | tm |
| 0,1293 | 0,1311 | 0,1329 | 0,1344 | 0,1371 | 0,1395 | 0,1414 | 0,1431 | 0,1446 | 0,1459 | 0,1470 | 0,1667 | t |
| 0,0730 | 0,0740 | 0,0748 | 0,0756 | 0,0769 | 0,0779 | 0,0787 | 0,0794 | 0,0800 | 0,0805 | 0,0809 | 0,0833 | tm |
| 0,0167 | 0,0171 | 0,0175 | 0,0178 | 0,0184 | 0,0188 | 0,0192 | 0,0195 | 0,0198 | 0,0200 | 0,0201 | 0,0208 | tm |
| 0,0543 | 0,0558 | 0,0572 | 0,0585 | 0,0607 | 0,0625 | 0,0641 | 0,0654 | 0,0666 | 0,0676 | 0,0684 | 0,0833 | t |
| 0,0322 | 0,0330 | 0,0338 | 0,0345 | 0,0356 | 0,0366 | 0,0374 | 0,0380 | 0,0386 | 0,0390 | 0,0393 | 0,0417 | tm |

**$F_4$ — 13**

**C.12. Alle Ränder frei drehbar gestützt;**

| | | Seitenverhältnis $\frac{b}{a}$ = | 1,0 | 1,05 | 1,1 |
|---|---|---|---|---|---|
| Randverdrehungen 1. Reihenglied (Belastungswerte) | Belasteter Querrand $t$ | $\frac{2\pi}{a} S\,\beta_t = \sin\pi\frac{x}{a}\cdot p_t\,a^2\cdot$ | 0,0504 | 0,0535 | 0,0564 |
| | Unbelasteter Querrand $b$ | $\frac{2\pi}{a} S\,\beta_b = \sin\pi\frac{x}{a}\cdot p_t\,a^2\cdot$ | 0,0357 | 0,0371 | 0,0383 |
| | Längsränder | $\frac{2\pi}{b} S\,\beta_s = \sin\pi\frac{y}{b}\cdot p_t\,a^2\cdot$ | 0,0431 | 0,0450 | 0,0468 |
| Momente | Plattenmittelpunkt | $m_{xm} = p_t\,a^2\cdot$ | 0,0184 | 0,0204 | 0,0224 |
| | | $m_{ym} = p_t\,a^2\cdot$ | 0,0184 | 0,0183 | 0,0180 |
| | Größtwert $m_x$ $\left(x = \frac{a}{2}\right)$ | $\frac{y}{a} =$ | 0,46 | 0,48 | 0,50 |
| | | $\max m_x = p_t\,a^2\cdot$ | 0,0185 | 0,0205 | 0,0226 |
| | Größtwert $m_y$ $\left(x = \frac{a}{2}\right)$ | $\frac{y}{a} =$ | 0,30 | 0,31 | . |
| | | $\max m_y = p_t\,a^2\cdot$ | 0,0220 | 0,0224 | 0,0226 |
| | Eckdrillmomente = halbe Eckauflagerkräfte | $y = 0,\ \mp m_{xyt} = p_t\,a^2\cdot$ | 0,0279 | 0,0294 | 0,0310 |
| | | $y = b,\ \pm m_{xyb} = p_t\,a^2\cdot$ | 0,0185 | 0,0192 | 0,0197 |
| Randkräfte | Mitte des belasteten Querrandes $t$ | $q_{tm} = p_t\,a\cdot$ | 0,248 | 0,253 | 0.258 |
| | | $\bar{q}_{tm} = p_t\,a\cdot$ | 0,314 | 0,325 | 0,334 |
| | Mitte des unbelasteten Querrandes $b$ | $-q_{bm} = p_t\,a\cdot$ | 0,090 | 0,089 | 0,088 |
| | | $-\bar{q}_{bm} = p_t\,a\cdot$ | 0,142 | 0,143 | 0,145 |
| | Längsränder: Mitte $\left(y = \frac{b}{2}\right)$ | $q_{sm} = p_t\,a\cdot$ | 0,169 | 0,175 | 0,180 |
| | | $\bar{q}_{sm} = p_t\,a\cdot$ | 0,228 | 0,233 | 0,237 |
| | Längsränder: Größtwert $q_s$ | $\frac{y}{a} =$ | 0,32 | 0,33 | 0,34 |
| | | $\max q_s = p_t\,a\cdot$ | 0,191 | 0,198 | 0,205 |
| | Längsränder: Größtwert $\bar{q}_s$ | $\frac{y}{a} =$ | 0,30 | 0,31 | 0,32 |
| | | $\max \bar{q}_s = p_t\,a\cdot$ | 0,265 | 0,273 | 0,281 |
| Träger unter dem belasteten Querrand $t$ | Mittenmoment | $M_m = p_t\,a^3\cdot$ | 0,0356 | 0,0367 | 0,0376 |
| | Querkraft am Auflager | $Q = p_t\,a^2\cdot$ | 0,1225 | 0,1260 | 0,1290 |
| | Belastungswert | $B = p_t\,a^3\cdot$ | 0,0695 | 0,0717 | 0,0735 |
| Träger unter dem unbelasteten Querrand $b$ | Mittenmoment | $M_m = p_t\,a^3\cdot$ | 0,0151 | 0,0152 | 0,0153 |
| | Querkraft am Auflager | $Q = p_t\,a^2\cdot$ | 0,0489 | 0,0492 | 0,0495 |
| | Belastungswert | $B = p_t\,a^3$ | 0,0291 | 0,0293 | 0,0294 |
| Träger unter einem Längsrand | Mittenmoment | $M_m = p_t\,a\,b^2\cdot$ | 0,0254 | 0,0260 | 0,0265 |
| | Größtmoment | $\frac{y}{b} =$ | 0,45 | . | |
| | | $\max M = p_t\,a\,b^2\cdot$ | 0,0256 | 0,0262 | 0,0268 |
| | Querkräfte | $y = 0,\ Q_t = p_t\,a\,b\cdot$ | 0,1000 | 0,1030 | 0,1058 |
| | | $y = b,\ -Q_b = p_t\,a\,b\cdot$ | 0,0714 | 0,0728 | 0,0742 |
| | Belastungswerte | $y = 0,\ B_t = p_t\,a\,b^2$ | 0,0512 | 0,0526 | 0,0537 |
| | | $y = b,\ B_b = p_t\,a\,b^2$ | 0,0475 | 0,0485 | 0,0496 |

Dreiecklast $p_y = p_t \left(1 - \frac{y}{b}\right)$ (Querrand belastet)

| 1,15 | 1,2 | 1,25 | 1,3 | 1,4 | 1,5 | 1,6 | 1,7 | 1,8 | 1,9 | 2,0 | ∞ | Maßeinheit |
|---|---|---|---|---|---|---|---|---|---|---|---|---|
| 0,0592 | 0,0618 | 0,0642 | 0,0665 | 0,0707 | 0,0744 | 0,0778 | 0,0808 | 0,0835 | 0,0858 | 0,0880 | 0,1290 | tm/m |
| 0,0392 | 0,0400 | 0,0406 | 0,0410 | 0,0416 | 0,0415 | 0,0411 | 0,0405 | 0,0396 | 0,0386 | 0,0376 | 0 | tm/m |
| 0,0481 | 0,0495 | 0,0505 | 0,0516 | 0,0530 | 0,0540 | 0,0547 | 0,0547 | 0,0546 | 0,0540 | 0,0537 | — | tm/m |
| 0,0243 | 0,0262 | 0,0280 | 0,0298 | 0,0332 | 0,0364 | 0,0393 | 0,0419 | 0,0442 | 0,0464 | 0,0482 | 0,0625 | tm/m |
| 0,0176 | 0,0172 | 0,0167 | 0,0163 | 0,0151 | 0,0140 | 0,0129 | 0,0118 | 0,0107 | 0,0097 | 0,0087 | 0 | tm/m |
| 0,52 | 0,54 | 0,56 | 0,57 | 0,60 | 0,64 | 0,67 | 0,70 | 0,73 | 0,75 | 0,77 | — | — |
| 0,0246 | 0,0266 | 0,0285 | 0,0304 | 0,0340 | 0,0374 | 0,0405 | 0,0435 | 0,0463 | 0,0490 | 0,0516 | 0,1250 | tm/m |
| 0,32 | . | . | . | . | . | . | . | . | . | . | 0,328 | — |
| 0,0228 | 0,0229 | 0,0230 | 0,0231 | 0,0232 | 0,0233 | 0,0233 | 0,0233 | 0,0233 | 0,0233 | 0,0233 | 0,0234 | tm/m |
| 0,0324 | 0,0337 | 0,0349 | 0,0361 | 0,0382 | 0,0401 | 0,0417 | 0,0431 | 0,0445 | 0,0458 | 0,0470 | 0,0678 | tm/m |
| 0,0201 | 0,0205 | 0,0208 | 0,0210 | 0,0212 | 0,0212 | 0,0211 | 0,0208 | 0,0203 | 0,0197 | 0,0191 | — | tm/m |
| 0,263 | 0,268 | 0,272 | 0,275 | 0,282 | 0,288 | 0,293 | 0,298 | 0,302 | 0,305 | 0,309 | 0,371 | t/m |
| 0,343 | 0,351 | 0,359 | 0,366 | 0,379 | 0,391 | 0,402 | 0,411 | 0,418 | 0,425 | 0,432 | 0,557 | t/m |
| 0,087 | 0,086 | 0,084 | 0,083 | 0,079 | 0,076 | 0,073 | 0,070 | 0,067 | 0,064 | 0,061 | — | t/m |
| 0,145 | 0,145 | 0,144 | 0,144 | 0,142 | 0,139 | 0,136 | 0,132 | 0,128 | 0,123 | 0,118 | — | t/m |
| 0,185 | 0,190 | 0,194 | 0,198 | 0,206 | 0,212 | 0,218 | 0,223 | 0,227 | 0,230 | 0,233 | 0,250 | t/m |
| 0,241 | 0,244 | 0,247 | 0,250 | 0,254 | 0,256 | 0,257 | 0,258 | 0,259 | 0,260 | 0,260 | 0,250 | t/m |
| 0,36 | 0,37 | 0,38 | 0,39 | 0,41 | 0,43 | 0,45 | 0,47 | 0,49 | 0,51 | 0,53 | — | — |
| 0,212 | 0,219 | 0,225 | 0,230 | 0,241 | 0,252 | 0,261 | 0,269 | 0,277 | 0,284 | 0,291 | 0,500 | t/m |
| 0,32 | 0,33 | 0,34 | 0,35 | 0,37 | 0,38 | 0,40 | 0,41 | 0,43 | 0,44 | 0,45 | 1,00 | — |
| 0,288 | 0,294 | 0,300 | 0,305 | 0,316 | 0,325 | 0,333 | 0,340 | 0,347 | 0,354 | 0,360 | 0,510 | t/m |
| 0,0386 | 0,0394 | 0,0403 | 0,0410 | 0,0424 | 0,0436 | 0,0447 | 0,0456 | 0,0465 | 0,0472 | 0,0479 | 0,0609 | tm |
| 0,1321 | 0,1349 | 0,1374 | 0,1399 | 0,1442 | 0,1480 | 0,1515 | 0,1547 | 0,1572 | 0,1597 | 0,1620 | 0,2035 | t |
| 0,0753 | 0,0769 | 0,0786 | 0,0799 | 0,0826 | 0,0849 | 0,0870 | 0,0888 | 0,0904 | 0,0918 | 0,0933 | 0,1181 | tm |
| 0,0153 | 0,0153 | 0,0152 | 0,0151 | 0,0149 | 0,0145 | 0,0141 | 0,0137 | 0,0132 | 0,0128 | 0,0123 | — | tm |
| 0,0494 | 0,0493 | 0,0491 | 0,0487 | 0,0478 | 0,0466 | 0,0453 | 0,0438 | 0,0424 | 0,0409 | 0,0394 | — | t |
| 0,0295 | 0,0295 | 0,0293 | 0,0291 | 0,0286 | 0,0279 | 0,0271 | 0,0263 | 0,0254 | 0,0245 | 0,0236 | — | tm |
| 0,0270 | 0,0275 | 0,0278 | 0,0282 | 0,0288 | 0,0293 | 0,0297 | 0,0300 | 0,0302 | 0,0304 | 0,0306 | 0,0313 | tm |
| . | 0,45 | . | . | . | . | . | . | . | . | 0,43 | 0,423 | — |
| 0,0273 | 0,0278 | 0,0281 | 0,0286 | 0,0292 | 0,0297 | 0,0302 | 0,0305 | 0,0307 | 0,0310 | 0,0312 | 0,0321 | tm |
| 0,1082 | 0,1106 | 0,1126 | 0,1146 | 0,1181 | 0,1215 | 0,1243 | 0,1268 | 0,1290 | 0,1309 | 0,1328 | 0,1667 | t |
| 0,0754 | 0,0764 | 0,0774 | 0,0782 | 0,0795 | 0,0805 | 0,0812 | 0,0818 | 0,0822 | 0,0825 | 0,0827 | 0,0833 | t |
| 0,0547 | 0,0557 | 0,0566 | 0,0575 | 0,0588 | 0,0599 | 0,0608 | 0,0617 | 0,0623 | 0,0629 | 0,0633 | 0,0667 | tm |
| 0,0505 | 0,0513 | 0,0520 | 0,0526 | 0,0537 | 0,0546 | 0,0553 | 0,0558 | 0,0563 | 0,0566 | 0,0569 | 0,0583 | tm |

**SF$_3$ — 3**

**C.21. Belasteter Längs-**

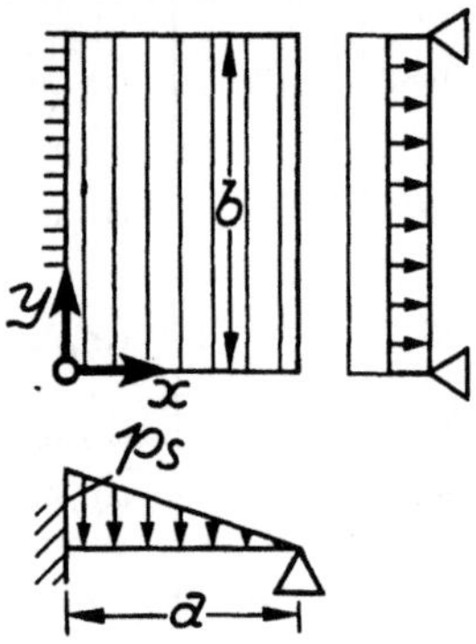


Abb. 152

| | Seitenverhältnis | $\frac{b}{a}$ = |
|---|---|---|
| Momente | Mitte des Randes $s$ | $-m_{sm} = p_s\, a^2 \cdot$ |
| | Plattenmittelpunkt | $m_{xm} = p_s\, a^2 \cdot$<br>$m_{ym} = p_s\, a^2 \cdot$ |
| | Größtes Feldmoment $m_x$ | $y = \frac{b}{2}$, $\frac{x}{a} =$<br>$+\, max\, m_x = p_s\, a^2 \cdot$ |
| | Größtmoment $m_y$ | $\frac{x}{a} \doteq 0{,}5$, $\frac{y}{a}$ und $\frac{b-y}{a} =$<br>$max\, m_y = p_s\, a^2 \cdot$ |
| | Eckdrillmoment, $x = a$ | $\pm\, m_{xyE} = p_s\, a^2 \cdot$ |
| | Größtwert des Drillmoments an den Querrändern $\frac{x}{a} \doteq 0{,}2$, | $\mp\, m_{xy} = p_s\, a^2 \cdot$ |
| Randkräfte | Mitte der Querränder | $q_{tm} = -q_{bm} = p_s\, a \cdot$<br>$\bar{q}_{tm} = -\bar{q}_{bm} = p_s\, a \cdot$ |
| | Größtwert an den Querrändern, $\frac{x}{a} = 0{,}45$ | $max\, q_t = -\, max\, q_b = p_s\, a \cdot$<br>$max\, \bar{q}_t = -\, max\, \bar{q}_b = p_s\, a \cdot$ |
| | Mitte des Randes $s$ | $q_{sm} = \bar{q}_{sm} = p_s\, a \cdot$ |
| | Mitte des Randes $a$ | $-q_{am} = p_s\, a \cdot$<br>$-\bar{q}_{am} = p_s\, a \cdot$ |

rand eingespannt

| 1,0 | 1,1 | 1,2 | 1,3 | 1,4 | 1,5 | 2,0 | ∞ | Maß-einheit |
|---|---|---|---|---|---|---|---|---|
| 0,0483 | 0,0523 | 0,0549 | 0,0573 | 0,0593 | 0,0609 | 0,0653 | 0,0667 | tm/m |
| 0,0155 | 0,0177 | 0,0196 | 0,0213 | 0,0227 | 0,0239 | 0,0274 | 0,0292 | tm/m |
| 0,0111 | 0,0100 | 0,0090 | 0,0079 | 0,0069 | 0,0060 | 0,0026 | 0 | tm/m |
| 0,46 | 0,48 | 0,50 | 0,52 | 0,53 | 0,54 | 0,55 | 0,553 | — |
| 0,0157 | 0,0178 | 0,0196 | 0,0214 | 0,0228 | 0,0242 | 0,0280 | 0,0298 | tm/m |
| 0,43 | 0,38 | 0,34 | 0,31 | 0,30 | 0,28 | 0,26 | 0,26 | — |
| 0,0112 | 0,0102 | 0,0095 | 0,0090 | 0,0086 | 0,0083 | 0,0078 | 0,0078 | tm/m |
| 0,0137 | 0,0145 | 0,0152 | 0,0156 | 0,0159 | 0,0161 | 0,0164 | 0,0164 | tm/m |
| 0,0135 | 0,0140 | 0,0144 | 0,0147 | 0,0148 | 0,0149 | 0,0149 | 0,0149 | tm/m |
| 0,136 | 0,137 | 0,137 | 0,137 | 0,137 | 0,136 | 0,136 | 0,135 | t/m |
| 0,187 | 0,190 | 0,192 | 0,193 | 0,194 | 0,194 | 0,194 | 0,194 | t/m |
| 0,142 | 0,141 | 0,141 | 0,140 | 0,140 | 0,139 | 0,139 | 0,138 | t/m |
| 0,194 | 0,195 | 0,196 | 0,197 | 0,197 | 0,197 | 0,197 | 0,197 | t/m |
| 0,384 | 0,393 | 0,397 | 0,401 | 0,404 | 0,405 | 0,406 | 0,400 | t/m |
| 0,076 | 0,081 | 0,086 | 0,090 | 0,093 | 0,095 | 0,100 | 0,100 | t/m |
| 0,113 | 0,116 | 0,118 | 0,118 | 0,118 | 0,117 | 0,110 | 0,110 | t/m |

**$F_2SF$ — 13**

**C.22.** Belasteter

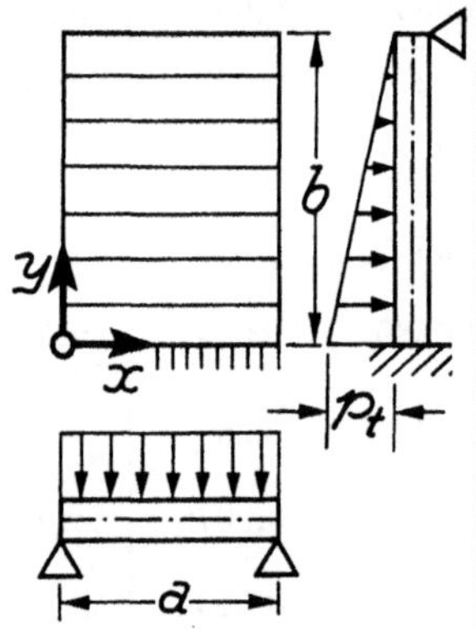


Abb. 153

| | Seitenverhältnis | $\frac{b}{a}$ = |
|---|---|---|
| | Mitte des Randes $t$ | $-m_{tm} = p_t a^2 \cdot$ |
| | Plattenmittelpunkt | $m_{xm} = p_t a^2 \cdot$<br>$m_{ym} = p_t a^2 \cdot$ |
| | Größtmoment $m_x$ | $\frac{x}{a} = 0{,}5, \quad \frac{y}{a} =$<br>$\max m_x = p_t a^2 \cdot$ |
| | Größtes Feldmoment $m_y$ | $\frac{x}{a} = 0{,}5, \quad \frac{y}{a} =$<br>$+ \max m_y = p_t a^2 \cdot$ |
| | Größtwert des Drillmoments an den Längsrändern | $\frac{y}{a} =$<br>$\mp \max m_{xy} = p_t a^2 \cdot$ |
| Momente | Eckdrillmoment, $y = b$ | $\pm m_{xyE} = p_t a^2 \cdot$ |
| | Mitte des Randes $t$ | $q_{tm} = \bar{q}_{tm} = p_t a \cdot$ |
| | Mitte des Randes $b$ | $-q_{bm} = p_t a \cdot$<br>$-\bar{q}_{bm} = p_t a \cdot$ |
| Randkräfte | Mitte der Längsränder | $q_{sm} = -q_{am} = p_t a \cdot$<br>$\bar{q}_{sm} = -\bar{q}_{am} = p_t a \cdot$ |
| | Größtwerte an den Längsrändern, $y = 0{,}4\,b$ | $\max q_s = -\max q_a = p_t a \cdot$<br>$\max \bar{q}_s = -\max \bar{q}_a = p_t a \cdot$ |

Querrand eingespannt

| 1,0 | 1,1 | 1,2 | 1,3 | 1,4 | 1,5 | 2,0 | ∞ | Maß-einheit |
|---|---|---|---|---|---|---|---|---|
| 0,0483 | 0,0538 | 0,0589 | 0,0634 | 0,0675 | 0,0711 | 0,0844 | 0,1250 | tm/m |
| 0,0111 | 0,0144 | 0,0179 | 0,0214 | 0,0249 | 0,0283 | 0,0423 | 0,0625 | tm/m |
| 0,0155 | 0,0161 | 0,0162 | 0,0161 | 0,0157 | 0,0151 | 0,0108 | 0 | tm/m |
| 0,54 | 0,58 | 0,63 | 0,67 | 0,71 | 0,75 | 0,87 | — | — |
| 0,0112 | 0,0145 | 0,0180 | 0,0214 | 0,0249 | 0,0283 | 0,0430 | 0,1250 | tm/m |
| 0,46 | 0,48 | 0,50 | 0,52 | 0,53 | 0,54 | 0,56 | 0,65 | — |
| 0,0157 | 0,0165 | 0,0169 | 0,0173 | 0,0176 | 0,0177 | 0,0177 | 0,0173 | tm/m |
| 0,17 | 0,19 | 0,20 | 0,21 | 0,22 | 0,23 | 0,25 | 0,30 | — |
| 0,0135 | 0,0155 | 0,0176 | 0,0193 | 0,0210 | 0,0225 | 0,0287 | 0,0482 | tm/m |
| 0,0137 | 0,0153 | 0,0165 | 0,0175 | 0,0182 | 0,0186 | 0,0182 | 0 | tm/m |
| 0,384 | 0,411 | 0,436 | 0,457 | 0,476 | 0,493 | 0,555 | 0,742 | t/m |
| 0,076 | 0,077 | 0,077 | 0,075 | 0,074 | 0,072 | 0,060 | 0 | t/m |
| 0,113 | 0,119 | 0,124 | 0,126 | 0,127 | 0,127 | 0,114 | 0 | t/m |
| 0,136 | 0,149 | 0,161 | 0,171 | 0,181 | 0,190 | 0,221 | 0,250 | t/m |
| 0,187 | 0,201 | 0,213 | 0,223 | 0,231 | 0,238 | 0,255 | 0,250 | t/m |
| 0,140 | 0,154 | 0,168 | 0,180 | 0,192 | 0,203 | 0,251 | 0,500 | t/m |
| 0,192 | 0,209 | 0,223 | 0,236 | 0,249 | 0,260 | 0,303 | 0,507 | t/m |

**SFSF — 3**

C.31. Belasteter Längsrand

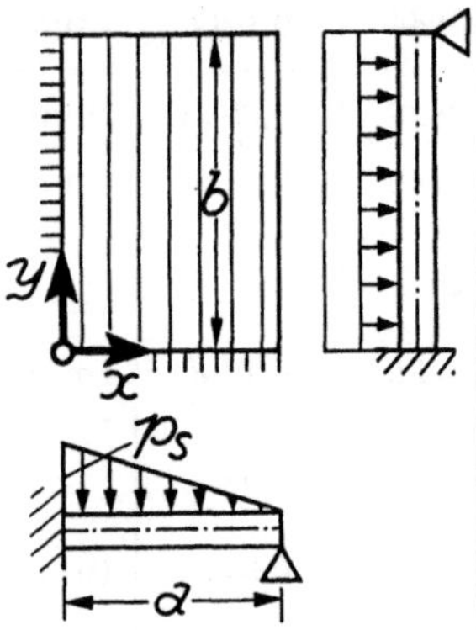


Abb. 154

| | | Seitenverhältnis $\frac{b}{a}$ = |
|---|---|---|
| Momente | Mitte des Randes $s$ | $-m_{sm} = p_s a^2 \cdot$ |
| | Größtwert am Rand $s$, $y = 0{,}56\,b$ | $-\max m_s = p_s a^2 \cdot$ |
| | Mitte des Randes $t$ | $-m_{tm} = p_s a^2 \cdot$ |
| | Größtwert am Rand $t$, $\frac{x}{a} \doteq 0{,}47$ | $-\max m_t = p_s a^2 \cdot$ |
| | Plattenmittelpunkt | $m_{xm} = p_s a^2 \cdot$<br>$m_{ym} = p_s a^2 \cdot$ |
| | Größtes Feldmoment $m_x$ | $y \doteq 0{,}55\,b,\ \frac{x}{a} =$<br>$+\max m_x = p_s a^2 \cdot$ |
| | Größtes Feldmoment $m_y$ | $\frac{x}{a} \doteq 0{,}5,\ \frac{b-y}{a} =$<br>$+\max m_y = p_s a^2 \cdot$ |
| | Größtwert des Drillmoments am Rand $a$, $\frac{y}{a} \doteq 0{,}25$ | $+\max m_{xya} = p_s a^2 \cdot$ |
| | Größtwert des Drillmoments am Rand $b$, $\frac{x}{a} \doteq 0{,}18$ | $+\max m_{xyb} = p_s a^2 \cdot$ |
| | Eckdrillmoment, $x = a$, $y = b$ | $-m_{xyE} = p_s a^2 \cdot$ |
| Randkräfte | Mitte des Randes $s$ | $q_{sm} = \bar{q}_{sm} = p_s a \cdot$ |
| | Größtwert am Rand $s$, $y \doteq 0{,}6\,b$ | $\max q_s = p_s a \cdot$ |
| | Mitte des Randes $a$ | $-q_{am} = p_s a \cdot$<br>$-\bar{q}_{am} = p_s a \cdot$ |
| | Größtwert am Rand $a$, $y \doteq 0{,}6\,b$ | $-\max q_a = p_s a \cdot$<br>$-\max \bar{q}_a = p_s a \cdot$ |
| | Mitte des Randes $t$ | $q_{tm} = \bar{q}_{tm} = p_s a \cdot$ |
| | Größtwert am Rand $t$, $\frac{x}{a} \doteq 0{,}46$ | $\max q_t = p_s a \cdot$ |
| | Mitte des Randes $b$ | $-q_{bm} = p_s a \cdot$<br>$-\bar{q}_{bm} = p_s a \cdot$ |
| | Größtwert am Rand $b$, $\frac{x}{a} \doteq 0{,}43$ | $-\max q_b = p_s a \cdot$<br>$-\max \bar{q}_b = p_s a \cdot$ |

und ein Querrand eingespannt

| 1,0 | 1,1 | 1,2 | 1,3 | 1,4 | 1,5 | 2,0 | ∞ | Maß-einheit |
|---|---|---|---|---|---|---|---|---|
| 0,0407 | 0,0451 | 0,0488 | 0,0521 | 0,0548 | 0,0569 | 0,0636 | 0,0667 | tm/m |
| 0,0415 | 0,0460 | 0,0499 | 0,0532 | 0,0558 | 0,0578 | 0,0641 | 0,0667 | tm/m |
| 0,0319 | 0,0338 | 0,0348 | 0,0356 | 0,0361 | 0,0362 | 0,0366 | 0,0368 | tm/m |
| 0,0323 | 0,0340 | 0,0350 | 0,0358 | 0,0363 | 0,364 | 0,0367 | 0,0368 | tm/m |
| 0,0116 | 0,0140 | 0,0162 | 0,0182 | 0,0199 | 0,0215 | 0,0263 | 0,0292 | tm/m |
| 0,0108 | 0,0103 | 0,0096 | 0,0088 | 0,0079 | 0,0071 | 0,0035 | 0 | tm/m |
| 0,43 | 0,45 | 0,46 | 0,47 | 0,48 | 0,49 | 0,52 | 0,553 | — |
| 0,0123 | 0,0144 | 0,0167 | 0,0185 | 0,0202 | 0,0218 | 0,0266 | 0,0298 | tm/m |
| 0,36 | 0,38 | 0,38 | 0,36 | 0,34 | 0,32 | 0,27 | 0,26 | — |
| 0,0115 | 0,0110 | 0,0103 | 0,0098 | 0,0093 | 0,0089 | 0,0079 | 0,0078 | tm/m |
| 0,0084 | 0,0094 | 0,0101 | 0,0106 | 0,0111 | 0,0115 | 0,0121 | 0,0133 | tm/m |
| 0,0120 | 0,0129 | 0,0135 | 0,0139 | 0,0142 | 0,0144 | 0,0147 | 0,0149 | tm/m |
| 0,0117 | 0,0129 | 0,0139 | 0,0147 | 0,0153 | 0,0157 | 0,0164 | 0,0164 | tm/m |
| 0,354 | 0,369 | 0,379 | 0,387 | 0,394 | 0,398 | 0,406 | 0,400 | t/m |
| 0,361 | 0,375 | 0,385 | 0,393 | 0,399 | 0,403 | 0,411 | 0,402 | t/m |
| 0,059 | 0,067 | 0,074 | 0,080 | 0,084 | 0,088 | 0,098 | 0,100 | t/m |
| 0,094 | 0,101 | 0,107 | 0,110 | 0,112 | 0,114 | 0,111 | 0,100 | t/m |
| 0,062 | 0,070 | 0,076 | 0,081 | 0,086 | 0,089 | 0,098 | 0,100 | t/m |
| 0,099 | 0,106 | 0,111 | 0,113 | 0,115 | 0,116 | 0,112 | 0,110 | t/m |
| 0,252 | 0,259 | 0,263 | 0,266 | 0,268 | 0,269 | 0,270 | 0,266 | t/m |
| 0,258 | 0,263 | 0,266 | 0,268 | 0,269 | 0,270 | 0,271 | 0,272 | t/m |
| 0,133 | 0,135 | 0,136 | 0,137 | 0,137 | 0,137 | 0,137 | 0,135 | t/m |
| 0,177 | 0,183 | 0,187 | 0,190 | 0,192 | 0,193 | 0,195 | 0,194 | t/m |
| 0,139 | 0,140 | 0,141 | 0,141 | 0,141 | 0,141 | 0,141 | 0,138 | t/m |
| 0,185 | 0,189 | 0,193 | 0,195 | 0,196 | 0,197 | 0,200 | 0,197 | t/m |

**SFSF — 13**

C.32. Belasteter Querrand

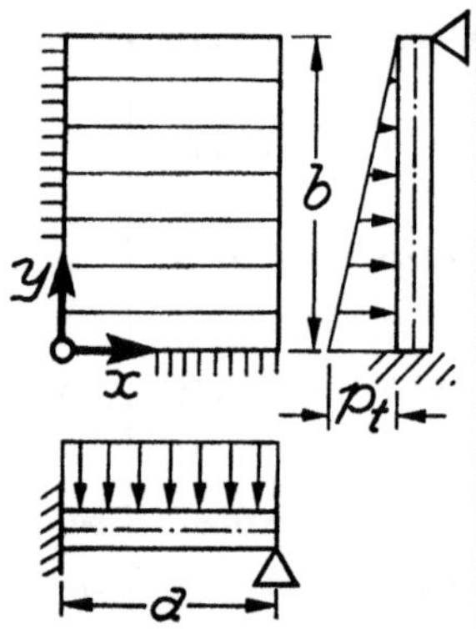


Abb. 155

| | Seitenverhältnis | $\frac{b}{a} =$ |
|---|---|---|
| Momente | Mitte des Randes $s$ | $-m_{sm} = p_t a^2 \cdot$ |
| | Größtwert am Rand $s$ | $\frac{y}{a} =$ <br> $-\max m_s = p_t a^2 \cdot$ |
| | Mitte des Randes $t$ | $-m_{tm} = p_t a^2 \cdot$ |
| | Größtwert am Rand $t$, $\frac{x}{a} \doteq 0.56$ | $-\max m_t = p_t a^2 \cdot$ |
| | Plattenmittelpunkt | $m_{xm} = p_t a^2 \cdot$ <br> $m_{ym} = p_t a^2 \cdot$ |
| | Größtes Feldmoment $m_x$, $\frac{x}{a} \doteq 0{,}63$, $y \doteq \frac{b}{2}$ | $+\max m_x = p_t a^2 \cdot$ |
| | Größtes Feldmoment $m_y$ | $\frac{x}{a} \doteq 0{,}55$, $\frac{y}{a} =$ <br> $+\max m_y = p_t a^2 \cdot$ |
| | Größtwert des Drillmoments am Rand $a$, $\frac{y}{a} \doteq 0{,}18$ | $+\max m_{xya} = p_t a^2 \cdot$ |
| | Größtwert des Drillmoments am Rand $b$, $\frac{x}{a} \doteq 0{,}24$ | $+\max m_{xyb} = p_t a^2 \cdot$ |
| | Eckdrillmoment, $x = a$, $y = b$ | $-m_{xyE} = p_t a^2 \cdot$ |
| Randkräfte | Mitte des Randes $s$ | $q_{sm} = \bar{q}_{sm} = p_t a \cdot$ |
| | Größtwert am Rand $s$, $\frac{y}{a} \doteq 0{,}45$ | $\max q_s = p_t a \cdot$ |
| | Mitte des Randes $a$ | $-q_{am} = p_t a \cdot$ <br> $-\bar{q}_{am} = p_t a \cdot$ |
| | Größtwert am Rand $a$, $\frac{y}{a} \doteq 0{,}5$ | $-\max q_a = p_t a \cdot$ <br> $-\max \bar{q}_a = p_t a \cdot$ |
| | Mitte des Randes $t$ | $q_{tm} = \bar{q}_{tm} = p_t a \cdot$ |
| | Größtwert am Rand $t$, $\frac{x}{a} \doteq 0{,}58$ | $\max q_t = p_t a \cdot$ |
| | Mitte des Randes $b$ | $-q_{bm} = p_t a \cdot$ <br> $-\bar{q}_{bm} = p_t a \cdot$ |
| | Größtwert am Rand $b$, $\frac{x}{a} \doteq 0{,}6$ | $-\max q_b = p_t a \cdot$ <br> $-\max \bar{q}_b = p_t a \cdot$ |

und ein Längsrand eingespannt

| 1,0 | 1,1 | 1,2 | 1,3 | 1,4 | 1,5 | 2,0 | ∞ | Maß-einheit |
|---|---|---|---|---|---|---|---|---|
| 0,0319 | 0,0366 | 0,0406 | 0,0442 | 0,0473 | 0,0495 | 0,0577 | 0,0625 | tm/m |
| 0,47 | 0,51 | 0,55 | 0,58 | 0,61 | 0,64 | 0,74 | — | — |
| 0,0323 | 0,0369 | 0,0412 | 0,0450 | 0,0483 | 0,0523 | 0,0652 | 0,1250 | tm/m |
| 0,0407 | 0,0442 | 0,0471 | 0,0496 | 0,0516 | 0,0532 | 0,0595 | 0,0786 | tm/m |
| 0,0415 | 0,0454 | 0,0484 | 0,0510 | 0,0532 | 0,0550 | 0,0617 | 0,0814 | tm/m |
| 0,0108 | 0,0132 | 0,0156 | 0,0178 | 0,0197 | 0,0214 | 0,0273 | 0,3125 | tm/m |
| 0,0116 | 0,0113 | 0,0108 | 0,0100 | 0,0093 | 0,0084 | 0,0044 | 0 | tm/m |
| 0,0116 | 0,0142 | 0,0168 | 0,0194 | 0,0216 | 0,0236 | 0,0320 | 0,0703 | tm/m |
| 0,43 | 0,45 | 0,46 | 0,47 | 0,48 | 0,49 | 0,50 | 0,53 | — |
| 0,0123 | 0,0125 | 0,0125 | 0,0125 | 0,0125 | 0,0125 | 0,0125 | 0,0123 | tm/m |
| 0,0120 | 0,0135 | 0,0148 | 0,0160 | 0,0170 | 0,0179 | 0,0209 | 0,0311 | tm/m |
| 0,0084 | 0,0088 | 0,0090 | 0,0090 | 0,0088 | 0,0084 | 0,0072 | 0 | tm/m |
| 0,0117 | 0,0124 | 0,0127 | 0,0129 | 0,0127 | 0,0122 | 0,0104 | 0 | tm/m |
| 0,252 | 0,267 | 0,280 | 0,290 | 0,299 | 0,306 | 0,320 | 0,3125 | t/m |
| 0,258 | 0,276 | 0,300 | 0,317 | 0,338 | 0,350 | 0,405 | 0,625 | t/m |
| 0,133 | 0,143 | 0,151 | 0,159 | 0,165 | 0,170 | 0,183 | 0,1875 | t/m |
| 0,177 | 0,186 | 0,192 | 0,197 | 0,200 | 0,202 | 0,201 | 0,1875 | t/m |
| 0,139 | 0,150 | 0,161 | 0,171 | 0,180 | 0,189 | 0,222 | 0,375 | t/m |
| 0,185 | 0,197 | 0,209 | 0,219 | 0,227 | 0,235 | 0,266 | 0,375 | t/m |
| 0,354 | 0,374 | 0,389 | 0,400 | 0,413 | 0,383 | 0,456 | 0,552 | t/m |
| 0,361 | 0,382 | 0,398 | 0,412 | 0,425 | 0,435 | 0,472 | 0,576 | t/m |
| 0,059 | 0,057 | 0,054 | 0,050 | 0,047 | 0,044 | 0,032 | 0 | t/m |
| 0,094 | 0,094 | 0,092 | 0,090 | 0,085 | 0,081 | 0,063 | 0 | t/m |
| 0,062 | 0,060 | 0,057 | 0,054 | 0,051 | 0,048 | 0,036 | 0 | t/m |
| 0,099 | 0,100 | 0,099 | 0,096 | 0,093 | 0,089 | 0,070 | 0 | t/m |

**SFS$_2$ — 3**

C.41. Belasteter Längsrand und

| | | Seitenverhältnis | $\frac{b}{a}=$ |
|---|---|---|---|
| 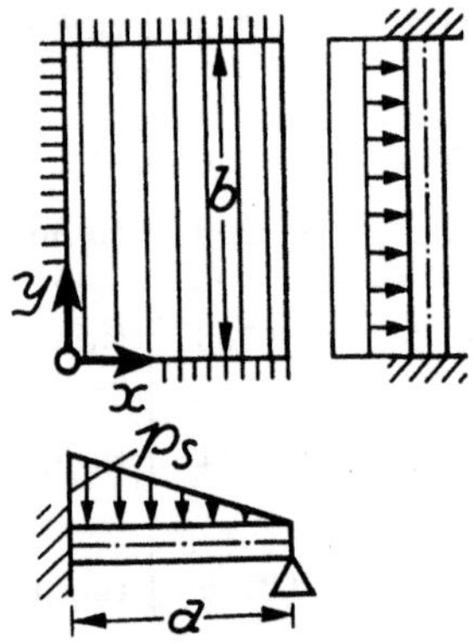 Abb. 156 | Mitte des Randes $s$ | | $-m_{sm}=p_s a^2\cdot$ |
| | Mitte der Querränder | | $-m_{tm}=-m_{tm}=p_s a^2\cdot$ |
| | Größtwert an den Querrändern, $\frac{x}{a}\doteq 0{,}48$ | | $-\max m_t=-\max m_b=p_s a^2\cdot$ |
| | Plattenmittelpunkt | | $m_{xm}=p_s a^2\cdot$<br>$m_{ym}=p_s a^2\cdot$ |
| | Größtes Feldmoment $m_x$ | | $y=\frac{b}{2}$, $\frac{x}{a}=$<br>$+\max m_x=p_s a^2\cdot$ |
| Momente | Größtes Feldmoment $m_y$ | | $\frac{x}{a}\doteq 0{,}5$, $\frac{y}{a}$ und $\frac{b-y}{a}=$<br>$+\max m_y=p_s a^2\cdot$ |
| | Größtwert des Drillmoments am Rand $a$, $\frac{y}{a}$ und $\frac{b-y}{a}\doteq 0{,}25$ | | $\pm\max m_{xya}=p_s a^2\cdot$ |
| | Mitte des Randes $s$ | | $q_{sm}=p_s a\cdot$ |
| | Mitte des Randes $a$ | | $-q_{am}=p_s a\cdot$<br>$-\bar{q}_{am}=p_s a\cdot$ |
| Randkräfte | Mitte der Querränder | | $q_{tm}=-q_{bm}=p_s a\cdot$ |
| | Größtwert an den Querrändern, $\frac{x}{a}\doteq 0{,}45$ | | $\max q_t=-\max q_b=p_s a\cdot$ |

beide Querränder eingespannt

| 1,0 | 1,1 | 1,2 | 1,3 | 1,4 | 1,5 | 2,0 | ∞ | Maßeinheit |
|---|---|---|---|---|---|---|---|---|
| 0,0345 | 0,0395 | 0,0437 | 0,0475 | 0,0509 | 0,0531 | 0,0618 | 0,0667 | tm/m |
| 0,0285 | 0,0310 | 0,0328 | 0,0341 | 0,0350 | 0,0354 | 0,0365 | 0,0368 | tm/m |
| 0,0290 | 0,0312 | 0,0330 | 0,0342 | 0,0351 | 0,0355 | 0,0366 | 0,0368 | tm/m |
| 0,0085 | 0,0109 | 0,0131 | 0,0153 | 0,0173 | 0,0191 | 0,0252 | 0,0292 | tm/m |
| 0,0105 | 0,0105 | 0,0102 | 0,0097 | 0,0089 | 0,0082 | 0,0043 | 0 | tm/m |
| 0,38 | 0,42 | 0,45 | 0,47 | 0,49 | 0,50 | 0,53 | 0,553 | — |
| 0,0096 | 0,0115 | 0,0133 | 0,0154 | 0,0173 | 0,0191 | 0,0254 | 0,0298 | tm/m |
| Plattenmittelpunkt | | | | | | 0,50 | 0,50 | — |
| | | | | | | 0,0057 | 0,0056 | tm/m |
| 0,0066 | 0,0077 | 0,0087 | 0,0096 | 0,0103 | 0,0108 | 0,0120 | 0,0133 | tm/m |
| 0,322 | 0,341 | 0,354 | 0,365 | 0,374 | 0,382 | 0,397 | 0,400 | t/m |
| 0,047 | 0,055 | 0,063 | 0,070 | 0,076 | 0,081 | 0,096 | 0,100 | t/m |
| 0,079 | 0,089 | 0,097 | 0,103 | 0,107 | 0,110 | 0,112 | 0,100 | t/m |
| 0,236 | 0,247 | 0,255 | 0,260 | 0,264 | 0,266 | 0,270 | 0,266 | t/m |
| 0,246 | 0,252 | 0,257 | 0,260 | 0,264 | 0,266 | 0,270 | 0,272 | t/m |

**S₃F — 13**

C.42. Belasteter Querrand und

| | Seitenverhältnis | $\frac{b}{a} =$ |
|---|---|---|
| 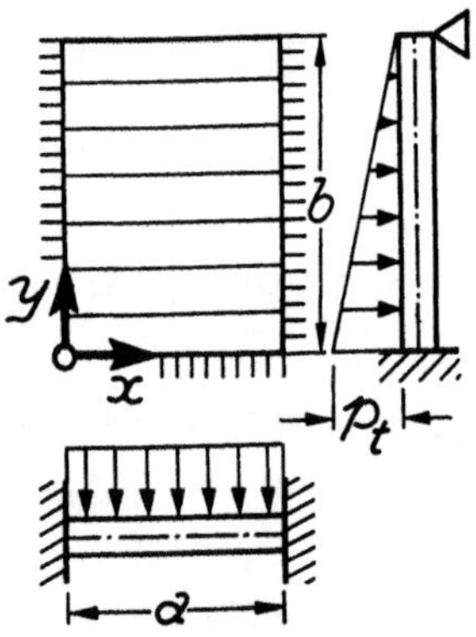<br>Abb. 157 | Mitte der Längsränder | $-m_{sm} = -m_{am} = p_t a^2 \cdot$ |
| | Größtwert an den Längsrändern | $\frac{y}{a} =$<br>$-\max m_s = -\max m_a = p_t a^2 \cdot$ |
| | Mitte des Randes $t$ | $-m_{tm} = p_t a^2 \cdot$ |
| | Plattenmittelpunkt | $m_{xm} = p_t a^2 \cdot$<br>$m_{ym} = p_t a^2 \cdot$ |
| | Größtes Feldmoment $m_x$, $\frac{x}{a} = 0{,}5$ | $\frac{y}{a} =$<br>$+\max m_x = p_t a^2 \cdot$ |
| Momente | Größtes Feldmoment $m_y$, $\frac{x}{a} = 0{,}5$ | $\frac{y}{a} =$<br>$+\max m_y = p_t a^2 \cdot$ |
| | Größtwert des Drillmoments am Rand $b$, $\frac{x}{a}$ bzw. $1 - \frac{x}{a} \doteq 0{,}2$ | $\pm \max m_{xy} = p_t a^2 \cdot$ |
| | Mitte der Längsränder | $q_{sm} = -q_{am} = p_t a \cdot$ |
| | Größtwert an den Längsrändern, $y \doteq 0{,}3\, b$ | $\max q_s = -\max q_a = p_t a \cdot$ |
| Randkräfte | Mitte des Randes $t$ | $q_{tm} = p_t a \cdot$ |
| | Mitte des Randes $b$ | $-q_{bm} = p_t a \cdot$<br>$-\bar{q}_{bm} = p_t a \cdot$ |

beide Längsränder eingespannt

| 1,0 | 1,1 | 1,2 | 1,3 | 1,4 | 1,5 | 2,0 | ∞ | Maß-einheit |
|---|---|---|---|---|---|---|---|---|
| 0,0285 | 0,0316 | 0,0340 | 0,0360 | 0,0376 | 0,0386 | 0,0413 | 0,0417 | tm/m |
| 0,45 | 0,48 | 0,51 | 0,54 | 0,56 | 0,58 | 0,67 | — | — |
| 0,0290 | 0,0320 | 0,0348 | 0,0374 | 0,0397 | 0,0420 | 0,0497 | 0,0833 | tm/m |
| 0,0345 | 0,0371 | 0,0388 | 0,0402 | 0,0413 | 0,0422 | 0,0456 | 0,0570 | tm/m |
| 0,0105 | 0,0123 | 0,0140 | 0,0154 | 0,0165 | 0,0175 | 0,0202 | 0,0208 | tm/m |
| 0,0085 | 0,0078 | 0,0070 | 0,0062 | 0,0054 | 0,0046 | 0,0017 | 0 | tm/m |
| 0,50 | 0,54 | 0,58 | 0,61 | 0,63 | 0,65 | 0,73 | — | — |
| 0,0105 | 0,0123 | 0,0141 | 0,0155 | 0,0168 | 0,0181 | 0,0226 | 0,0417 | tm/m |
| 0,38 | . | 0,41 | . | . | . | 0,44 | 0,45 | — |
| 0,0096 | 0,0095 | 0,0095 | 0,0095 | 0,0094 | 0,0094 | 0,0094 | 0,0093 | tm/m |
| 0,0067 | 0,0065 | 0,0063 | 0,0060 | 0,0057 | 0,0054 | 0,0041 | 0 | tm/m |
| 0,236 | 0,246 | 0,253 | 0,258 | 0,261 | 0,263 | 0,262 | 0,250 | t/m |
| 0,244 | 0,263 | 0,281 | 0,296 | 0,308 | 0,320 | 0,354 | 0,500 | t/m |
| 0,322 | 0,334 | 0,345 | 0,353 | 0,361 | 0,366 | 0,385 | 0,472 | t/m |
| 0,047 | 0,043 | 0,039 | 0,035 | 0,032 | 0,029 | 0,021 | 0 | t/m |
| 0,079 | 0,075 | 0,071 | 0,066 | 0,062 | 0,057 | 0,042 | 0 | t/m |

**$S_4 - 3$**

**C.51. Alle Ränder eingespannt,**

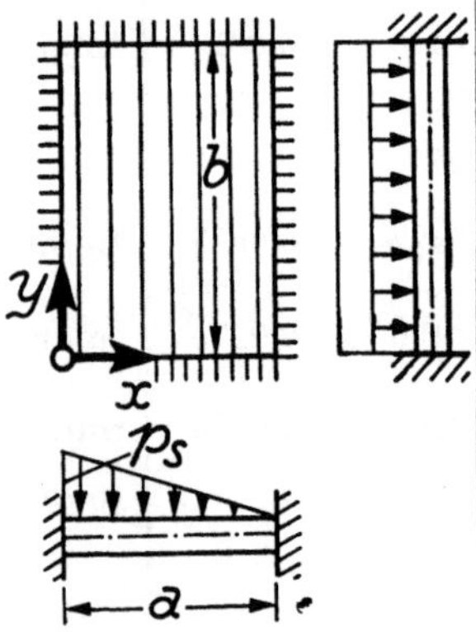


Abb. 158

| | Seitenverhältnis | $\frac{b}{a} =$ |
|---|---|---|
| Momente | Mitte des Randes $s$ | $-m_{sm} = p_s a^2 \cdot$ |
| | Mitte des Randes $a$ | $-m_{am} = p_s a^2 \cdot$ |
| | Mitte der Querränder | $-m_{tm} = -m_{bm} = p_s a^2 \cdot$ |
| | Größtwert an den Querrändern; $\frac{x}{a} \doteq 0{,}42$ | $-\max m_t = -\max m_b = p_s a^2 \cdot$ |
| | Plattenmittelpunkt | $m_{xm} = p_s a^2 \cdot$<br>$m_{ym} = p_s a^2 \cdot$ |
| | Größtes Feldmoment $m_x$; $y = \frac{b}{2}$ | $\frac{x}{a} =$<br>$+\max m_x = p_s a^2 \cdot$ |
| | Größtes Feldmoment $m_y$; $\frac{x}{a} \doteq 0{,}5$ | $\frac{y}{a}$ und $\frac{b-y}{a} =$<br>$+\max m_y = p_s a^2 \cdot$ |
| Randkräfte | Mitte des Randes $s$ | $q_{sm} = \bar{q}_{sm} = p_s a \cdot$ |
| | Mitte des Randes $a$ | $-q_{am} = -\bar{q}_{am} = p_s a \cdot$ |
| | Mitte der Querränder | $q_{tm} = -q_{bm} = p_s a \cdot$ |
| | Größtwert an den Querrändern; $\frac{x}{a} \doteq 0{,}35$ | $\max q_t = -\max q_b = p_s a \cdot$ |

Längsrand *s* belastet

| 1,0 | 1,1 | 1,2 | 1,3 | 1,4 | 1,5 | 2,0 | ∞ | Maß-einheit |
|---|---|---|---|---|---|---|---|---|
| 0,0333 | 0,0374 | 0,0404 | 0,0429 | 0,0450 | 0,0459 | 0,0494 | 0,0500 | tm/m |
| 0,0178 | 0,0212 | 0,0240 | 0,0263 | 0,0282 | 0,0294 | 0,0329 | 0,0333 | tm/m |
| 0,0257 | 0,0271 | 0,0280 | 0,0284 | 0,0286 | 0,0285 | 0,0285 | 0,0285 | tm/m |
| 0,0271 | 0,0278 | 0,0285 | 0,0289 | 0,0291 | 0,0296 | 0,0296 | 0,0294 | tm/m |
| 0,0088 | 0,0109 | 0,0127 | 0,0143 | 0,0157 | 0,0169 | 0,0200 | 0,0208 | tm/m |
| 0,0088 | 0,0083 | 0,0076 | 0,0068 | 0,0059 | 0,0051 | 0,0019 | 0 | tm/m |
| 0,37 | 0,38 | 0,40 | 0,41 | 0,42 | 0,44 | 0,45 | 0,452 | — |
| 0,0102 | 0,0121 | 0,0137 | 0,0152 | 0,0165 | 0,0176 | 0,0206 | 0,0214 | tm/m |
| Im Plattenmittelpunkt | | | | 0,50 | 0,50 | 0,45 | 0,45 | — |
| | | | | 0,0060 | 0,0055 | 0,0048 | 0,0047 | tm/m |
| 0,325 | 0,342 | 0,350 | 0,350 | 0,350 | 0,350 | 0,350 | 0,350 | t/m |
| 0,121 | 0,136 | 0,150 | 0,150 | 0,150 | 0,150 | 0,150 | 0,150 | t/m |
| 0,223 | 0,232 | 0,237 | 0,238 | 0,238 | 0,238 | 0,236 | 0,236 | t/m |
| 0,242 | 0,244 | 0,245 | 0,246 | 0,246 | 0,247 | 0,245 | 0,24 | t/m |

**$S_4$ — 13**

**C.52. Alle Ränder eingespannt,**

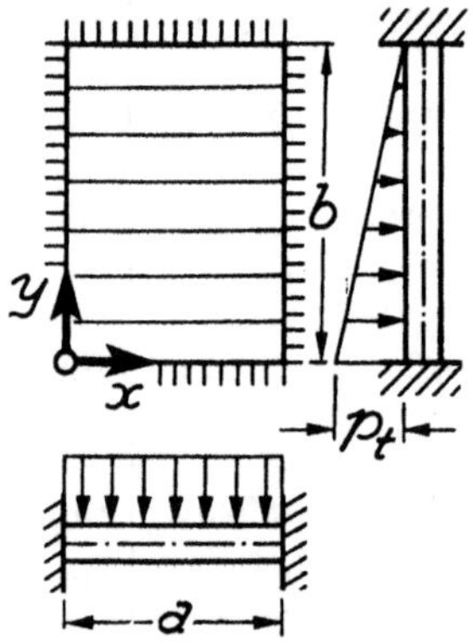


Abb. 159

| | | **Seitenverhältnis** $\frac{b}{a} =$ |
|---|---|---|
| Momente | Mitte der Längsränder | $-m_{sm} = -m_{am} = p_t a^2 \cdot$ |
| | Größtwert an den Längsrändern | $\frac{y}{a} =$ <br> $-\max m_s = -\max m_a = p_t a^2 \cdot$ |
| | Mitte des Randes $t$ | $-m_{tm} = p_t a^2 \cdot$ |
| | Mitte des Randes $b$ | $-m_{bm} = p_t a^2 \cdot$ |
| | Plattenmittelpunkt | $m_{xm} = p_t a^2 \cdot$ <br> $m_{ym} = p_t a^2 \cdot$ |
| | Größtes Feldmoment $m_x$ | $\frac{x}{a} = 0{,}5, \quad \frac{y}{a} =$ <br> $+\max m_x = p_t a^2 \cdot$ |
| | Größtes Feldmoment $m_y$ | $\frac{x}{a} = 0{,}5, \quad \frac{y}{a} =$ <br> $+\max m_y = p_t a^2 \cdot$ |
| Randkräfte | Mitte der Längsränder | $q_{sm} = -q_{am} = p_t a \cdot$ |
| | Größtwert an den Längsrändern, $y \doteq 0{,}3\, b$ | $\max q_s = -\max q_a = p_t a \cdot$ |
| | Mitte des Randes $t$ | $q_{tm} = p_t a \cdot$ |
| | Mitte des Randes $b$ | $-q_{bm} = p_t a \cdot$ |

Querrand *t* belastet

| 1,0 | 1,1 | 1,2 | 1,3 | 1,4 | 1,5 | 2,0 | ∞ | Maß-einheit |
|---|---|---|---|---|---|---|---|---|
| 0,0257 | 0,0293 | 0,0322 | 0,0346 | 0,0366 | 0,0379 | 0,0416 | 0,0417 | tm/m |
| 0,42 | 0,44 | 0,48 | 0,52 | 0,53 | 0,55 | 0,65 | — | — |
| 0,0271 | 0,0302 | 0,0336 | 0,0366 | 0,0390 | 0,0418 | 0,0495 | 0,0833 | tm/m |
| 0,0333 | 0,0363 | 0,0384 | 0,0394 | 0,0414 | 0,0420 | 0,0457 | 0,0570 | tm/m |
| 0,0178 | 0,0180 | 0,0175 | 0,0167 | 0,0159 | 0,0149 | 0,0108 | 0 | tm/m |
| 0,0088 | 0,0109 | 0,0127 | 0,0143 | 0,0157 | 0,0169 | 0,0200 | 0,0208 | tm/m |
| 0,0088 | 0,0083 | 0,0076 | 0,0068 | 0,0059 | 0,0051 | 0,0019 | 0 | tm/m |
| 0,50 | 0,53 | 0,56 | 0,59 | 0,62 | 0,65 | 0,73 | — | — |
| 0,0088 | 0,0110 | 0,0130 | 0,0147 | 0,0163 | 0,0177 | 0,0226 | 0,0417 | tm/m |
| 0,37 | 0,39 | 0,41 | 0,43 | 0,44 | 0,45 | 0,45 | 0,45 | — |
| 0,0102 | 0,0102 | 0,0101 | 0,0100 | 0,0098 | 0,0096 | 0,0095 | 0,0093 | tm/m |
| 0,223 | 0,239 | 0,249 | 0,256 | 0,260 | 0,261 | 0,262 | 0,250 | t/m |
| 0,242 | 0,259 | 0,279 | 0,295 | 0,308 | 0,319 | 0,353 | 0,500 | t/m |
| 0,325 | 0,345 | 0,357 | 0,365 | 0,371 | 0,378 | 0,401 | 0,472 | t/m |
| 0,121 | 0,119 | 0,114 | 0,106 | 0,101 | 0,093 | 0,070 | 0 | t/m |

# D. Die Rechteckplatte mit sin-förmig verteiltem Randmoment

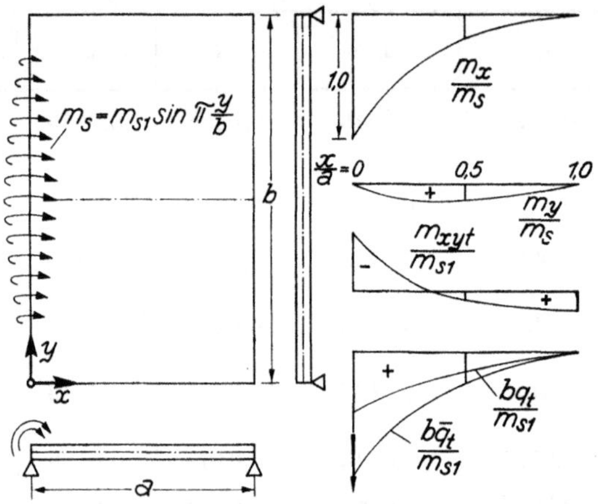


Abb. 160. Verlauf der Momente und Randkräfte; Beispiel mit $\frac{b}{a} = 1,5$

**$F_4$ — 0s**

**D.1.** Alle Ränder frei drehbar gestützt, Randverdrehungen, Momente

| | | | $\frac{b}{a} =$ | 1,0 | 1,05 | 1,1 |
|---|---|---|---|---|---|---|
| Verdrehungsbeiwerte | | Rand $s$ | $C\left(\frac{a}{b}\right) =$ | 0,9802 | 0,9748 | 0,9687 |
| | | Rand $a$ | $D\left(\frac{a}{b}\right) =$ | 0,1865 | 0,2019 | 0,2162 |
| | | Ränder $t$ und $b$ | $\frac{b}{a} H\left(\frac{a}{b}\right) =$ | 0,3183 | 0,3332 | 0,3471 |
| Momente im Plattenmittelpunkt | | | $m_{xm} = m_{s1} \cdot$ | 0,0558 | 0,0691 | 0,0827 |
| | | | $m_{ym} = m_{s1} \cdot$ | 0,1434 | 0,1442 | 0,1443 |
| Randkräfte | Rand $s$ | | $-q_s = \sin \pi \frac{y}{b} \cdot \frac{m_{s1}}{a} \cdot$ | 3,153 | 3,007 | 2,875 |
| | | | $-\bar{q}_s = \sin \pi \frac{y}{b} \cdot \frac{m_{s1}}{a} \cdot$ | 1,614 | 1,548 | 1,492 |
| | Rand $a$ | | $-q_a = \sin \pi \frac{y}{b} \cdot \frac{m_{s1}}{a} \cdot$ | 0,272 | 0,301 | 0,329 |
| | | | $-\bar{q}_a = \sin \pi \frac{y}{b} \cdot \frac{m_{s1}}{a} \cdot$ | 0,565 | 0,604 | 0,638 |
| | Mitte der Querränder $\left(\frac{x}{a} = 0,5\right)$ | | $q_{tm} = -q_{bm} = \frac{m_{s1}}{a} \cdot$ | 0,626 | 0,638 | 0,647 |
| | | | $\bar{q}_{tm} = -\bar{q}_{bm} = \frac{m_{s1}}{a} \cdot$ | 0,802 | 0,847 | 0,883 |

Randmoment $m_s = m_{s1} \sin \pi \frac{y}{b}$ an einem Längsrand.
im Plattenmittelpunkt, Randkräfte

| 1,15 | 1,2 | 1,25 | 1,3 | 1,4 | 1,5 | 1,6 | 1,7 | 1,8 | 1,9 | 2,0 | ∞ | Maßeinheit |
|---|---|---|---|---|---|---|---|---|---|---|---|---|
| 0,9618 | 0,9544 | 0,9464 | 0,9379 | 0,9197 | 0,8998 | 0,8792 | 0,8570 | 0,8366 | 0,8149 | 0,7937 | — | — |
| 0,2294 | 0,2413 | 0,2522 | 0,2618 | 0,2778 | 0,2897 | 0,2975 | 0,3042 | 0,3081 | 0,3094 | 0,3097 | — | — |
| 0,3590 | 0,3698 | 0,3787 | 0,3867 | 0,3985 | 0,4069 | 0,4112 | 0,4136 | 0,4130 | 0,4110 | 0,4073 | — | — |
| 0,0961 | 0,1095 | 0,1226 | 0,1357 | 0,1610 | 0,1847 | 0,2067 | 0,2277 | 0,2465 | 0,2642 | 0,2803 | 0,5000 | tm/m |
| 0,1436 | 0,1423 | 0,1406 | 0,1386 | 0,1333 | 0,1278 | 0,1216 | 0,1152 | 0,1092 | 0,1030 | 0,0972 | 0 | tm/m |
| 2,755 | 2,646 | 2,546 | 2,455 | 2,295 | 2,159 | 2,043 | 1,942 | 1,855 | 1,779 | 1,713 | 1,000 | t/m |
| 1,441 | 1,398 | 1,357 | 1,321 | 1,262 | 1,217 | 1,180 | 1,150 | 1,125 | 1,106 | 1,090 | 1,000 | t/m |
| 0,357 | 0,384 | 0,410 | 0,435 | 0,481 | 0,523 | 0,561 | 0,596 | 0,628 | 0,656 | 0,682 | 1,000 | t/m |
| 0,672 | 0,700 | 0,726 | 0,751 | 0,793 | 0,827 | 0,855 | 0,878 | 0,897 | 0,913 | 0,926 | 1,000 | t/m |
| 0,654 | 0,659 | 0,662 | 0,662 | 0,661 | 0,654 | 0,645 | 0,634 | 0,621 | 0,607 | 0,593 | — | t/m |
| 0,916 | 0,944 | 0,970 | 0,991 | 1,023 | 1,042 | 1,050 | 1,054 | 1,051 | 1,042 | 1,032 | — | t/m |

**$F_4$ — 0t**

**D.2.** Alle Ränder frei drehbar gestützt, Randverdrehungen, Momente

| | | | $\frac{b}{a}$ = | 1,0 | 1,05 | 1,1 | 1,15 | 1,2 |
|---|---|---|---|---|---|---|---|---|
| Verdrehungsbeiwerte | | Rand $t$ | $C\left(\frac{b}{a}\right) =$ | 0,9802 | 0,9846 | 0,9880 | 0,9910 | 0,9931 |
| | | Rand $b$ | $D\left(\frac{b}{a}\right) =$ | 0,1865 | 0,1706 | 0,1557 | 0,1413 | 0,1280 |
| | | Ränder $s$ und $a$ | $\frac{a}{b} H\left(\frac{b}{a}\right) =$ | 0,3183 | 0,3023 | 0,2870 | 0,2712 | 0,2568 |
| Momente im Plattenmittelpunkt | | | $m_{xm} = m_{t1} \cdot$ | 0,1434 | 0,1420 | 0,1397 | 0,1369 | 0,1336 |
| | | | $m_{ym} = m_{t1} \cdot$ | 0,0558 | 0,0433 | 0,0325 | 0,0231 | 0,0148 |
| Randkräfte | Rand $t$ | | $-q_t = \sin \pi \frac{x}{a} \cdot \frac{m_{t1}}{a} \cdot$ | 3,153 | 3,150 | 3,148 | 3,146 | 3,145 |
| | | | $-\bar{q}_t = \sin \pi \frac{x}{a} \cdot \frac{m_{t1}}{a} \cdot$ | 1,614 | 1,605 | 1,595 | 1,590 | 1,585 |
| | Rand $b$ | | $-q_b = \sin \pi \frac{x}{a} \cdot \frac{m_{t1}}{a} \cdot$ | 0,272 | 0,232 | 0,199 | 0,170 | 0,145 |
| | | | $-\bar{q}_b = \sin \pi \frac{x}{a} \cdot \frac{m_{t1}}{a} \cdot$ | 0,565 | 0,500 | 0,443 | 0,391 | 0,346 |
| | Mitte der Längsränder $\left(y = \frac{b}{2}\right)$ | | $q_{sm} = -q_{am} = \frac{m_{t1}}{a} \cdot$ | 0,626 | 0,582 | 0,541 | 0,502 | 0,456 |
| | | | $\bar{q}_{sm} = -\bar{q}_{am} = \frac{m_{t1}}{a} \cdot$ | 0,802 | 0,719 | 0,645 | 0,575 | 0,513 |

Randmoment $m_t = m_{t1} \sin \pi \frac{x}{a}$ an einem Querrand
im Plattenmittelpunkt, Randkräfte

| 1,25 | 1,3 | 1,4 | 1,5 | 1,6 | 1,7 | 1,8 | 1,9 | 2,0 | ∞ | Maß-einheit |
|---|---|---|---|---|---|---|---|---|---|---|
| 0,9947 | 0,9960 | 0,9977 | 0,9987 | 0,9992 | 0,9995 | 0,9997 | 0,9998 | 0,9999 | 1,0000 | — |
| 0,1155 | 0,1039 | 0,0836 | 0,0667 | 0,0528 | 0,0416 | 0,0326 | 0,0254 | 0,0197 | 0 | — |
| 0,2423 | 0,2290 | 0,2033 | 0,1809 | 0,1606 | 0,1433 | 0,1274 | 0,1140 | 0,1018 | 0 | — |
| 0,1299 | 0,1260 | 0,1176 | 0,1087 | 0,0988 | 0,0912 | 0,0828 | 0,0749 | 0,0675 | 0 | tm/m |
| 0,0078 | 0,0016 | —0,0080 | —0,0148 | —0,0196 | —0,0223 | —0,0239 | —0,0245 | —0,0244 | 0 | tm/m |
| 3,144 | 3,143 | 3,142 | 3,142 | 3,142 | 3,142 | 3,142 | 3,142 | 3,142 | 3,142 | t/m |
| 1,581 | 1,578 | 1,575 | 1,573 | 1,572 | 1,571 | 1,571 | 1,571 | 1,571 | 1,571 | t/m |
| 0,124 | 0,106 | 0,077 | 0,056 | 0,041 | 0,030 | 0,022 | 0,016 | 0,012 | 0 | t/m |
| 0,305 | 0,269 | 0,209 | 0,161 | 0,124 | 0,096 | 0,073 | 0,056 | 0,043 | 0 | t/m |
| 0,432 | 0,401 | 0,344 | 0,295 | 0,254 | 0,216 | 0,185 | 0,158 | 0,136 | 0 | t/m |
| 0,457 | 0,406 | 0,319 | 0,249 | 0,192 | 0,151 | 0,110 | 0,082 | 0,059 | 0 | t/m |

**$F_4$ — 0**

**D.3.** Beiwerte zum Einspanngradverfahren

| $\frac{b}{a} =$ | 1,0 | 1,05 | 1,1 | 1,15 | 1,2 | 1,25 | 1,3 | 1,4 | 1,5 | 1,6 | 1,7 | 1,8 | 1,9 | 2,0 |
|---|---|---|---|---|---|---|---|---|---|---|---|---|---|---|
| $\lambda_x = 1 : C\left(\frac{a}{b}\right)$ | 1,020 | 1,026 | 1,032 | 1,040 | 1,048 | 1,056 | 1,066 | 1,087 | 1,111 | 1,138 | 1,166 | 1,196 | 1,228 | 1,260 |
| $\varphi_x = D\left(\frac{a}{b}\right) : C\left(\frac{a}{b}\right)$ | 0,190 | 0,207 | 0,223 | 0,239 | 0,253 | 0,266 | 0,279 | 0,302 | 0,322 | 0,338 | 0,355 | 0,368 | 0,380 | 0,390 |
| $\Psi_x = \frac{a}{b} H\left(\frac{a}{b}\right) : C\left(\frac{a}{b}\right)$ | 0,325 | 0,310 | 0,296 | 0,282 | 0,269 | 0,256 | 0,244 | 0,221 | 0,201 | 0,183 | 0,167 | 0,152 | 0,140 | 0,128 |
| $\lambda_y = 1 : C\left(\frac{b}{a}\right)$ | 1,020 | 1,016 | 1,012 | 1,010 | 1,007 | 1,005 | 1,004 | 1,002 | 1,001 | 1,001 | 1,000 | 1,000 | 1,000 | 1,000 |
| $\varphi_y = D\left(\frac{b}{a}\right) : C\left(\frac{b}{a}\right)$ | 0,190 | 0,173 | 0,158 | 0,143 | 0,129 | 0,116 | 0,104 | 0,084 | 0,067 | 0,053 | 0,042 | 0,033 | 0,025 | 0,020 |
| $\psi_y = \frac{b}{a} H\left(\frac{b}{a}\right) : C\left(\frac{b}{a}\right)$ | 0,325 | 0,338 | 0,351 | 0,363 | 0,372 | 0,381 | 0,388 | 0,399 | 0,407 | 0,412 | 0,414 | 0,413 | 0,411 | 0,407 |
| $\psi_x \cdot \psi_y$ | 0,106 | 0,105 | 0,104 | 0,102 | 0,100 | 0,098 | 0,095 | 0,088 | 0,082 | 0,075 | 0,069 | 0,063 | 0,058 | 0,052 |

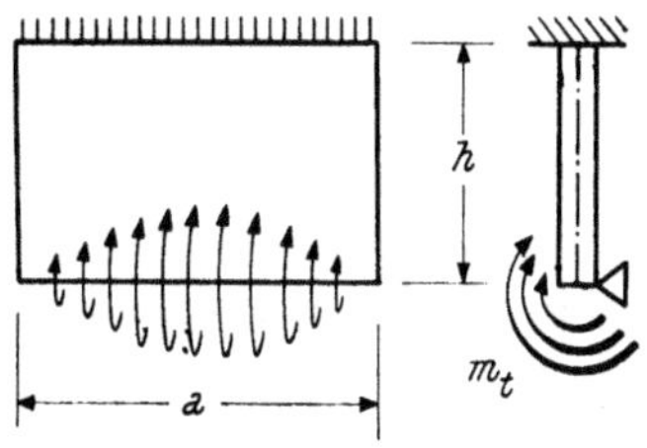


Abb. 161

**D.4.** Steifheitszahlen $\lambda'$ von Rechteckplatten bei Momentangriff $m = 1 \cdot \sin \pi \frac{x}{a}$ am frei drehbar gestützten Rand mit der Länge $a$

| $\frac{h}{a}$ | Lagerung | | | | | | | | | Faktor |
|---|---|---|---|---|---|---|---|---|---|---|
| | $F_4$ | $F_3S$ | $SF_3$ | $S_2F_2$ | SFFS | $S_2FS$ | $F_3U$ | SFFU | $S_2FU$ | |
| ∞ | 1,000 | 1,000 | 1,174 | 1,330 | 1,174 | 1,330 | 1,000 | 1,174 | 1,330 | $\frac{2\pi}{a}\frac{E d^3}{12}$ |
| 1,0 | 1,020 | 1,058 | 1,175 | 1,330 | 1,195 | 1,333 | 0,978 | 1,168 | 1,328 | $\frac{2\pi}{a}\frac{E d^3}{12}$ |
| 0,8 | 1,057 | 1,138 | 1,191 | 1,330 | 1,246 | 1,355 | 0,948 | 1,152 | 1,320 | $\frac{2\pi}{a}\frac{E d^3}{12}$ |
| 0,6 | 1,156 | 1,316 | 1,253 | 1,358 | 1,385 | 1,458 | 0,890 | 1,002 | 1,288 | $\frac{2\pi}{a}\frac{E d^3}{12}$ |
| 0,5 | 1,259 | 1,487 | 1,333 | 1,415 | 1,538 | 1,591 | 0,845 | 1,052 | 1,247 | $\frac{2\pi}{a}\frac{E d^3}{12}$ |
| 0,4 | 1,441 | 1,761 | 1,492 | 1,548 | 1,796 | 1,830 | 0,780 | 0,972 | 1,160 | $\frac{2\pi}{a}\frac{E d^3}{12}$ |
| 0,35 | 1,582 | 1,968 | 1,623 | 1,667 | 1,995 | 2,023 | 0,736 | 0,912 | 1,091 | $\frac{2\pi}{a}\frac{E d^3}{12}$ |
| 0,3 | 1,778 | 2,247 | 1,809 | 1,840 | 2,267 | 2,288 | 0,683 | 0,836 | 0,998 | $\frac{2\pi}{a}\frac{E d^3}{12}$ |
| 0,25 | 2,066 | 2,655 | 2,090 | 2,112 | 2,669 | 2,684 | 0,616 | 0,741 | 0,877 | $\frac{2\pi}{a}\frac{E d^3}{12}$ |
| 0,2 | 2,512 | 3,268 | 2,526 | 2,541 | 3,276 | 3,285 | 0,531 | 0,618 | 0,716 | $\frac{2\pi}{a}\frac{E d^3}{12}$ |
| 0,175 | 2,838 | 3,690 | 2,849 | 2,860 | 3,696 | 3,703 | 0,481 | 0,551 | 0,631 | $\frac{2\pi}{a}\frac{E d^3}{12}$ |
| 0,15 | 3,279 | 4,300 | 3,287 | 3,294 | 4,304 | 4,309 | 0,425 | 0,477 | 0,538 | $\frac{2\pi}{a}\frac{E d^3}{12}$ |
| 0,125 | 3,897 | 5,145 | 3,903 | 3,908 | 5,148 | 5,151 | 0,365 | 0,402 | 0,446 | $\frac{2\pi}{a}\frac{E d^3}{12}$ |
| 0,1 | 4,842 | 6,405 | 4,846 | 4,850 | 6,407 | 6,409 | 0,300 | 0,324 | 0,353 | $\frac{2\pi}{a}\frac{E d^3}{12}$ |
| → 0 | — | — | — | — | — | — | $\pi\frac{h}{a}$ | $\pi\frac{h}{a}$ | $\pi\frac{h}{a}$ | $\frac{2\pi}{a}\frac{E d^3}{12}$ |
| | 3,0 | 4,0 | 3,0 | 3,0 | 4,0 | 4,0 | — | — | — | $\frac{1}{h}\frac{E d^3}{12}$ |

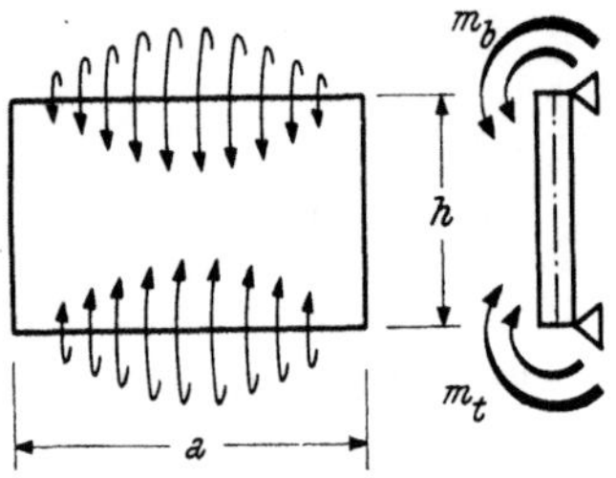


Abb. 162

**D.5.** Steifheitszahlen $\hat{\lambda}$ von Rechteckplatten bei gleichem Momentangriff $m = 1 \cdot \sin \pi \frac{x}{a}$ an zwei gegenüberliegenden frei drehbar gestützten Rändern mit der Länge $a$

| $\frac{h}{a}$ | Lagerung | | | Faktor |
|---|---|---|---|---|
| | $F_4$ | $SF_3$ | $S_2F_2$ | |
| $\infty$ | 1,000 | 1,174 | 1,330 | $\frac{2\pi}{a}\frac{E d^3}{12}$ |
| 2,0 | 0,981 | 1,171 | 1,330 | $\frac{2\pi}{a}\frac{E d^3}{12}$ |
| 1,5 | 0,938 | 1,150 | 1,326 | $\frac{2\pi}{a}\frac{E d^3}{12}$ |
| 1,0 | 0,857 | 1,053 | 1,251 | $\frac{2\pi}{a}\frac{E d^3}{12}$ |
| 0,8 | 0,834 | 0,990 | 1,164 | $\frac{2\pi}{a}\frac{E d^3}{12}$ |
| 0,6 | 0,856 | 0,958 | 1,075 | $\frac{2\pi}{a}\frac{E d^3}{12}$ |
| 0,5 | 0,906 | 0,980 | 1,064 | $\frac{2\pi}{a}\frac{E d^3}{12}$ |
| 0,4 | 1,010 | 1,046 | 1,100 | $\frac{2\pi}{a}\frac{E d^3}{12}$ |
| 0,35 | 1,096 | 1,134 | 1,173 | $\frac{2\pi}{a}\frac{E d^3}{12}$ |
| 0,3 | 1,220 | 1,250 | 1,280 | $\frac{2\pi}{a}\frac{E d^3}{12}$ |
| 0,25 | 1,406 | 1,427 | 1,447 | $\frac{2\pi}{a}\frac{E d^3}{12}$ |
| 0,2 | 1,697 | 1,711 | 1,724 | $\frac{2\pi}{a}\frac{E d^3}{12}$ |
| 0,175 | 1,913 | 1,922 | 1,932 | $\frac{2\pi}{a}\frac{E d^3}{12}$ |
| 0,15 | 2,202 | 2,210 | 2,218 | $\frac{2\pi}{a}\frac{E d^3}{12}$ |
| 0,125 | 2,667 | 2,672 | 2,677 | $\frac{2\pi}{a}\frac{E d^3}{12}$ |
| 0,1 | 3,236 | 3,239 | 3,242 | $\frac{2\pi}{a}\frac{E d^3}{12}$ |
| $\to 0$ | 2,0 | 2,0 | 2,0 | $\frac{1}{h}\frac{E d^3}{12}$ |

**D.6.** Rechteckplatte mit Momentangriff $m_t = 1 \cdot \sin \pi \frac{x}{a}$ am frei drehbar gestützten Rand $t$ bzw. an den Rändern $t$ und $b$.

Größtwerte der Momente an den starr eingespannten Rändern (Momentenfortpflanzung)

| $\frac{h}{a}$ | Momentangriff am Rand $t$ | | | | | | | | | Momentangriff an den Rändern $t$ und $b$ | |
|---|---|---|---|---|---|---|---|---|---|---|---|
| | Lagerung | | | | | | | | | | |
| | $F_2FS$ | $SFF_2$ | $S_2F_2$ | SFFS | | $S_2FS$ | | SFFU | $S_2FU$ | $SFF_2$ | $S_2F_2$ |
| | $-m_{b\,m}$ | $-\max m_s$ | $-\max m_s = -\max m_a$ | $-\max m_s$ | $-\max m_b$ | $-\max m_s = -\max m_a$ | $-m_{b\,m}$ | $-\max m_s$ | $-\max m_s = -\max m_a$ | $-\max m_s$ | $-\max m_s = -\max m_a$ |
| $\infty$ | — | 0,488 | 0,461 | 0,488 | — | 0,461 | — | 0,488 | 0,461 | 0,488 | 0,461 |
| 1,0 | 0,1903 | 0,488 | 0,461 | 0,487 | 0,132 | 0,461 | 0,076 | 0,489 | 0,462 | 0,554 | 0,499 |
| 0,8 | 0,2663 | 0,486 | 0,461 | 0,471 | 0,218 | 0,457 | 0,170 | 0,500 | 0,468 | 0,621 | 0,561 |
| 0,6 | 0,3498 | 0,469 | 0,457 | 0,422 | 0,327 | 0,420 | 0,298 | 0,530 | 0,486 | 0,708 | 0,674 |
| 0,5 | 0,3900 | 0,442 | 0,437 | 0,380 | 0,377 | 0,379 | 0,360 | 0,556 | 0,502 | 0,714 | 0,698 |
| 0,4 | 0,4267 | 0,400 | 0,398 | 0,330 | 0,422 | 0,330 | 0,418 | 0,76*) | 0,59*) | 0,674 | 0,670 |
| 0,35 | 0,4425 | 0,363 | 0,363 | 0,297 | 0,439 | 0,297 | 0,437 | 0,96*) | 0,78*) | 0,632 | 0,631 |
| 0,3 | 0,4575 | 0,332 | 0,332 | 0,264 | 0,456 | 0,264 | 0,455 | 1,20*) | 1,01*) | 0,580 | 0,580 |
| 0,25 | 0,4705 | 0,290 | 0,290 | 0,225 | 0,470 | 0,225 | 0,470 | 1,48*) | 1,30*) | 0,511 | 0,511 |
| 0,2 | 0,4805 | 0,241 | 0,241 | 0,182 | 0,480 | 0,182 | 0,480 | 1,89*) | 1,73*) | 0,428 | 0,428 |
| 0,175 | 0,4845 | 0,214 | 0,214 | 0,160 | 0,484 | 0,100 | 0,484 | 2,18*) | 2,05*) | 0,382 | 0,382 |
| 0,15 | 0,4889 | 0,186 | 0,186 | 0,138 | 0,489 | 0,138 | 0,489 | 2,58*) | 2,48*) | 0,333 | 0,333 |
| 0,125 | 0,4922 | 0,157 | 0,157 | 0,115 | 0,492 | 0,115 | 0,492 | 3,12*) | 3,05*) | 0,282 | 0,282 |
| 0,1 | 0,4951 | 0,127 | 0,127 | 0,092 | 0,495 | 0,092 | 0,495 | 3,85*) | 3,80*) | 0,228 | 0,228 |
| $\to 0$ | 0,5000 | $1{,}29 \cdot \frac{h}{a}$ | $1{,}29 \cdot \frac{h}{a}$ | $0{,}93 \cdot \frac{h}{a}$ | 0,500 | $0{,}93 \cdot \frac{h}{a}$ | 0,500 | $\infty$ | $\infty$ | $2{,}33 \cdot \frac{h}{a}$ | $2{,}33 \cdot \frac{h}{a}$ |

Anmerkung 1. Momentangriff am Rand $t$:

Bei $\frac{h}{a} > 0{,}7$ ist der Verlauf von $-m_s$ ähnlich wie im Fall **$SF_2 - 0t$** bzw. **$S_2F - 0t$**. (Siehe Diagramm auf S. 101 und 103.)

Bei *kleinem* $\frac{h}{a}$ liegt der Größtwert $-\max m_s$ im Abstand $y^*$ vom Rand $t$:

Lagerungsfall $SFF_2$ und $S_2F_2$ ... $y^* \doteq 0{,}33\,h$,
Lagerungsfall SFFS und $S_2FS$ ... $y^* \doteq 0{,}25\,h$.

Im Lagerungsfall SFFU und $S_2FU$ gilt für $\frac{h}{a} < 0{,}4$ ... $y^* = h$.

Der Momentenverlauf weist an der Ecke eine steile Spitze auf; die mit *) bezeichneten Tafelwerte sind das *durchschnittliche* Moment im Bereich $0{,}8\,h \leqq y \leqq h$.

Anmerkung 2. Momentangriff an den Rändern $t$ und $b$:

Für $\frac{h}{a} < 0{,}7$ ist $y^* = \frac{h}{2}$,

bei $\frac{h}{a} = 1{,}0$ ist $-m_s$ nahezu gleichbleibend im Bereich $0{,}18\,h < y < 0{,}82\,h$.

# E. Die Rechteckplatte, alle Ränder frei drehbar gestützt

Die Zahl vor dem Strich / in der Tafelnummer gibt das Seitenverhältnis $\frac{b}{a}$ an

**E.1,0/11. Momente infolge Gleichlast, Dreiecklast und Randmoment $m_s$ (Verlauf in der $x$-Richtung)**

| Tafel | | $\frac{x}{a}$ | 0 | 0,05 | 0,1 | 0,15 | 0,2 | 0,25 | 0,3 | 0,35 | 0,4 | 0,45 | Faktor |
|---|---|---|---|---|---|---|---|---|---|---|---|---|---|
| F₄—1 | $m_x$ | $\left(y = \frac{b}{2}\right)$ | 0 | 0,0098 | 0,0174 | 0,0233 | 0,0277 | 0,0310 | 0,0334 | 0,0350 | 0,0361 | 0,0366 | $p\,a^2$ |
| F₄—13 | $m_y$ | | 0 | 0,0059 | 0,0116 | 0,0170 | 0,0220 | 0,0264 | 0,0300 | 0,0330 | 0,0351 | 0,0364 | $\frac{p_t}{2}\,a^2$ |
| F₄—3 | $m_x$ | $\left(y = \frac{b}{2}\right)$ | 0 | 0,0079 | 0,0137 | 0,0176 | 0,0202 | 0,0215 | 0,0220 | 0,0217 | 0,0210 | 0,0198 | $p_s\,a^2$ |
| | $m_y$ | | 0 | 0,0033 | 0,0064 | 0,0094 | 0,0120 | 0,0142 | 0,0161 | 0,0173 | 0,0182 | 0,0185 | $p_s\,a^2$ |
| F₄—0s | $m_x$ | $k = 1$ | 1,0000 | 0,7884 | 0,6170 | 0,4801 | 0,3696 | 0,2818 | 0,2118 | 0,1572 | 0,1143 | 0,0811 | $m_{s1} \sin \pi \frac{y}{b}$ |
| | | $k = 2$ | 1,0000 | 0,6156 | 0,3659 | 0,2061 | 0,1058 | 0,0446 | 0,0088 | — 0,0110 | — 0,0206 | — 0,0243 | $m_{s2} \sin 2\pi \frac{y}{b}$ |
| | | $k = 3$ | 1,0000 | 0,4771 | 0,2060 | 0,0712 | 0,0087 | — 0,0170 | — 0,0245 | — 0,0240 | — 0,0204 | — 0,0161 | $m_{s3} \sin 3\pi \frac{y}{b}$ |
| | $m_y$ | $k = 1$ | 0 | 0,0655 | 0,1117 | 0,1422 | 0,1611 | 0,1708 | 0,1747 | 0,1708 | 0,1642 | 0,1549 | $m_{s1} \sin \pi \frac{y}{b}$ |
| | | $k = 2$ | 0 | 0,1148 | 0,1676 | 0,1836 | 0,1788 | 0,1633 | 0,1430 | 0,1219 | 0,1016 | 0,0834 | $m_{s2} \sin 2\pi \frac{y}{b}$ |
| | | $k = 3$ | 0 | 0,1471 | 0,1837 | 0,1720 | 0,1431 | 0,1116 | 0,0836 | 0,0609 | 0,0434 | 0,0305 | $m_{s3} \sin 3\pi \frac{y}{b}$ |

| Tafel | | $\frac{x}{a}$ | 0,5 | 0,55 | 0,6 | 0,65 | 0,7 | 0,75 | 0,8 | 0,85 | 0,9 | 0,95 | Faktor |
|---|---|---|---|---|---|---|---|---|---|---|---|---|---|
| F₄—1 | $m_x$ | $\left(y = \frac{b}{2}\right)$ | 0,0368 | 0,0366 | 0,0361 | 0,0350 | 0,0334 | 0,0310 | 0,0277 | 0,0233 | 0,0174 | 0,0098 | $p\,a^2$ |
| F₄—13 | $m_y$ | | 0,0368 | 0,0364 | 0,0351 | 0,0330 | 0,0300 | 0,0264 | 0,0220 | 0,0170 | 0,0116 | 0,0059 | $\frac{p_t}{2}\,a^2$ |
| F₄—3 | $m_x$ | $\left(y = \frac{b}{2}\right)$ | 0,0184 | 0,0168 | 0,0151 | 0,0132 | 0,0114 | 0,0095 | 0,0076 | 0,0057 | 0,0038 | 0,0019 | $p_s\,a^2$ |
| | $m_y$ | | 0,0184 | 0,0179 | 0,0169 | 0,0156 | 0,0140 | 0,0121 | 0,0099 | 0,0076 | 0,0052 | 0,0026 | $p_s\,a^2$ |
| F₄—0s | $m_x$ | $k = 1$ | 0,0558 | 0,0369 | 0,0226 | 0,0127 | 0,0059 | 0,0016 | — 0,0008 | — 0,0017 | — 0,0016 | — 0,0010 | $m_{s1} \sin \pi \frac{y}{b}$ |
| | | $k = 2$ | — 0,0244 | — 0,0225 | — 0,0199 | — 0,0169 | — 0,0138 | — 0,0110 | — 0,0084 | — 0,0060 | — 0,0038 | — 0,0017 | $m_{s2} \sin 2\pi \frac{y}{b}$ |
| | | $k = 3$ | — 0,0122 | — 0,0089 | — 0,0060 | — 0,0045 | — 0,0032 | — 0,0021 | — 0,0014 | — 0,0009 | — 0,0004 | — 0,0002 | $m_{s3} \sin 3\pi \frac{y}{b}$ |
| | $m_y$ | $k = 1$ | 0,1434 | 0,1306 | 0,1171 | 0,1029 | 0,0883 | 0,0736 | 0,0588 | 0,0440 | 0,0293 | 0,0147 | $m_{s1} \sin \pi \frac{y}{b}$ |
| | | $k = 2$ | 0,0675 | 0,0540 | 0,0428 | 0,0335 | 0,0258 | 0,0196 | 0,0144 | 0,0101 | 0,0063 | 0,0029 | $m_{s2} \sin 2\pi \frac{y}{b}$ |
| | | $k = 3$ | [illegible] | 0,0146 | 0,0095 | 0,0067 | 0,0045 | 0,0030 | 0,0019 | 0,0012 | 0,0006 | 0,0003 | $m_{s3} \sin 3\pi \frac{y}{b}$ |

E.1,0/31. Mittenmomente $m_{xm}$ bei mittiger Rechtecklast

| $\frac{2d}{a}$ | $\frac{2c}{a}$ | | | | | | | | | | | | Faktor |
|---|---|---|---|---|---|---|---|---|---|---|---|---|---|
| | 1,0 | 0,9 | 0,8 | 0,7 | 0,6 | 0,5 | 0,4 | 0,3 | 0,2 | 0,1 | 0,05 | 0 | |
| 1,0 | 0,0368 | 0,0407 | 0,0451 | 0,0500 | 0,0556 | 0,0620 | 0,0693 | 0,0777 | 0,0871 | 0,0978 | 0,1036 | 0,1099 | $P$ |
| 0,9 | 0,0405 | 0,0447 | 0,0495 | 0,0549 | 0,0611 | 0,0683 | 0,0764 | 0,0855 | 0,0959 | 0,1077 | 0,1142 | 0,1211 | $P$ |
| 0,8 | 0,0439 | 0,0485 | 0,0536 | 0,0595 | 0,0664 | 0,0741 | 0,0831 | 0,0933 | 0,1049 | 0,1181 | 0,1253 | 0,1330 | $P$ |
| 0,7 | 0,0471 | 0,0520 | 0,0576 | 0,0641 | 0,0715 | 0,0800 | 0,0897 | 0,1011 | 0,1141 | 0,1290 | 0,1372 | 0,1459 | $P$ |
| 0,6 | 0,0500 | 0,0554 | 0,0614 | 0,0682 | 0,0762 | 0,0854 | 0,0962 | 0,1089 | 0,1236 | 0,1407 | 0,1501 | 0,1602 | $P$ |
| 0,5 | 0,0527 | 0,0582 | 0,0646 | 0,0719 | 0,0805 | 0,0906 | 0,1025 | 0,1166 | 0,1334 | 0,1532 | 0,1644 | 0,1765 | $P$ |
| 0,4 | 0,0549 | 0,0608 | 0,0675 | 0,0753 | 0,0843 | 0,0952 | 0,1083 | 0,1241 | 0,1434 | 0,1671 | 0,1807 | 0,1957 | $P$ |
| 0,3 | 0,0567 | 0,0628 | 0,0697 | 0,0779 | 0,0875 | 0,0992 | 0,1134 | 0,1312 | 0,1536 | 0,1826 | 0,2000 | 0,2198 | $P$ |
| 0,2 | 0,0581 | 0,0643 | 0,0715 | 0,0799 | 0,0900 | 0,1023 | 0,1178 | 0,1372 | 0,1634 | 0,2001 | 0,2241 | 0,2528 | $P$ |
| 0,1 | 0,0589 | 0,0652 | 0,0725 | 0,0811 | 0,0915 | 0,1042 | 0,1203 | 0,1415 | 0,1713 | 0,2186 | 0,2556 | 0,3084 | $P$ |
| 0,05 | 0,0591 | 0,0655 | 0,0728 | 0,0814 | 0,0919 | 0,1047 | 0,1211 | 0,1427 | 0,1737 | 0,2260 | 0,2737 | 0,3638 | $P$ |
| 0 | 0,0591 | 0,0655 | 0,0728 | 0,0815 | 0,0920 | 0,1049 | 0,1213 | 0,1432 | 0,1746 | 0,2291 | 0,2843 | $\infty$ | $P$ |

E.1,0/33. Größtmomente $m_y$ bei Rechtecklast

stimmen mit den Mittenmomenten überein.

E.1,0/34. Belastungsglieder $\omega_s = \omega_a$ bei Rechtecklast auf der Linie $\frac{u}{a} = 0,5$

| $\frac{2c}{a}$ | | | | | | | | | | | | Faktor |
|---|---|---|---|---|---|---|---|---|---|---|---|---|
| 1,0 | 0,9 | 0,8 | 0,7 | 0,6 | 0,5 | 0,4 | 0,3 | 0,2 | 0,1 | 0,05 | 0 | |
| 0,0879 | 0,0957 | 0,1020 | 0,1067 | 0,1104 | 0,1132 | 0,1154 | 0,1170 | 0,1180 | 0,1186 | 0,1186 | 0,1186 | $P \frac{b}{2d} \sin \pi \frac{d}{b} \sin \pi \frac{v}{b}$ |

E.1,0/41. Einflußfläche für $m_{xm}$

| $\frac{v}{a}$ | $\frac{u}{a}$ | | | | |
|---|---|---|---|---|---|
| | 0,1 | 0,2 | 0,3 | 0,4 | 0,5 |
| 0,5 | 0,0092 | 0,0226 | 0,0468 | 0,0962 | $\infty$ |
| 0,4 | 0,0100 | 0,0249 | 0,0520 | 0,1067 | 0,1719 |
| 0,3 | 0,0109 | 0,0266 | 0,0520 | 0,0882 | 0,1107 |
| 0,2 | 0,0095 | 0,0221 | 0,0400 | 0,0597 | 0,0692 |
| 0,1 | 0,0055 | 0,0124 | 0,0213 | 0,0298 | 0,0336 |

E.1,0/43. Einflußfläche für $m_y$ im Punkt $\frac{x}{a} = 0,5$, $\frac{y}{a} = 0,35$

| $\frac{v}{a}$ | $\frac{u}{a}$ | | | | |
|---|---|---|---|---|---|
| | 0,1 | 0,2 | 0,3 | 0,4 | 0,5 |
| 0,9 | 0,0017 | 0,0027 | 0,0027 | 0,0023 | 0,0020 |
| 0,8 | 0,0044 | 0,0073 | 0,0078 | 0,0068 | 0,0061 |
| 0,7 | 0,0092 | 0,0159 | 0,0182 | 0,0165 | 0,0150 |
| 0,6 | 0,0168 | 0,0304 | 0,0375 | 0,0357 | 0,0323 |
| 0,5 | 0,0258 | 0,0501 | 0,0693 | 0,0743 | 0,0663 |
| 0,4 | 0,0324 | 0,0665 | 0,1044 | 0,1499 | 0,1503 |
| 0,35 | 0,0333 | 0,0688 | 0,1108 | 0,1721 | $\infty$ |
| 0,3 | 0,0315 | 0,0653 | 0,1036 | 0,1499 | 0,1507 |
| 0,2 | 0,0240 | 0,0473 | 0,0667 | 0,0723 | 0,0645 |
| 0,1 | 0,0124 | 0,0232 | 0,0298 | 0,0292 | 0,0265 |

**E.1,0/2.**

| Randbedingung | Reihenkoeffizienten | | | | | | | | |
|---|---|---|---|---|---|---|---|---|---|
| | $m_{s1}$ | $m_{s2}$ | $m_{s3}$ | $m_{a1}$ | $m_{a2}$ | $m_{a3}$ | $m_{t1}$ | $m_{t2}$ | $m_{t3}$ |
| *s* 1 | 0,9802 | — | — | 0,1865 | — | — | 0,3183 | 0,1019 | 0,0382 |
| *s* 2 | — | 0,9999 | — | — | 0,0197 | — | 0,2037 | 0,1592 | 0,0904 |
| *s* 3 | — | — | 1,0000 | — | — | 0,0014 | 0,1146 | 0,1356 | 0,1061 |
| *a* 1 | 0,1865 | — | — | 0,9802 | — | — | 0,3183 | — 0,1019 | 0,0382 |
| *a* 2 | — | 0,0197 | — | — | 0,9999 | — | 0,2037 | — 0,1592 | 0,0904 |
| *a* 3 | — | — | 0,0014 | — | — | 1,0000 | 0,1146 | — 0,1356 | 0,1061 |
| *t* 1 | 0,3183 | 0,1019 | 0,0382 | 0,3183 | 0,1019 | 0,0382 | 0,9802 | — | — |
| *t* 2 | 0,2037 | 0,1592 | 0,0904 | — 0,2037 | — 0,1592 | — 0,0904 | — | 0,9999 | — |
| *t* 3 | 0,1146 | 0,1356 | 0,1061 | 0,1146 | 0,1356 | 0,1061 | — | — | 1,0000 |
| *b* 1 | 0,3183 | — 0,1019 | 0,0382 | 0,3183 | — 0,1019 | 0,0382 | 0,1865 | — | — |
| *b* 2 | 0,2037 | — 0,1592 | 0,0904 | — 0,2037 | 0,1592 | — 0,0904 | — | 0,0197 | — |
| *b* 3 | 0,1146 | — 0,1356 | 0,1061 | 0,1146 | — 0,1356 | 0,1061 | — | — | 0,0014 |

**E.1,0/44.**

| $\frac{u}{a}$ | | | | | | | | | | |
|---|---|---|---|---|---|---|---|---|---|---|
| 0 | 0,05 | 0,1 | 0,15 | 0,2 | 0,25 | 0,3 | 0,35 | 0,4 | 0,45 | 0,5 |
| [0] | 0,0852 | 0,1450 | 0,1848 | 0,2093 | 0,2218 | 0,2253 | 0,2219 | 0,2134 | 0,2012 | 0,1865 |

**E.1,0/45.** Einflußfläche $\sum_{3,5}^{\infty} k \sin \frac{k\pi}{2} B_{sk}$

| $\frac{v}{a}$ | $\frac{u}{a}$ | | | | | | | | | |
|---|---|---|---|---|---|---|---|---|---|---|
| | 0 | 0,1 | 0,2 | 0,3 | 0,4 | 0,5 | 0,6 | 0,7 | 0,8 | 0,9 |
| 0,5 | [0,3183] | 0,1671 | 0,0848 | 0,0418 | 0,0192 | 0,0094 | 0,0042 | 0,0019 | 0,0009 | 0,0003 |
| 0,4 | 0 | 0,0149 | 0,0310 | 0,0203 | 0,0108 | 0,0053 | 0,0025 | 0,0011 | 0,0005 | 0,0002 |
| 0,3 | 0 | —0,0605 | —0,0362 | —0,0165 | —0,0072 | —0,0032 | —0,0013 | —0,0006 | —0,0003 | —0,0001 |
| 0,2 | 0 | —0,0610 | —0,0540 | —0,0330 | —0,0174 | —0,0085 | —0,0040 | —0,0018 | —0,0009 | —0,0003 |
| 0,1 | 0 | —0,0353 | —0,0353 | —0,0239 | —0,0135 | —0,0069 | —0,0034 | —0,0015 | —0,0007 | —0,0002 |

Gleichungssystem

| der Randmomente | | | Werte $B$ für Belastungsfall | | |
|---|---|---|---|---|---|
| $m_{b1}$ | $m_{b2}$ | $m_{b3}$ | 1 | 3 | 13 |
| 0,3183 | 0,1019 | 0,0382 | $0{,}0861 \cdot p \cdot a^2$ | $0{,}0504 \cdot p_s \cdot a^2$ | $0{,}0431 \cdot p_t \cdot a^2$ |
| — 0,2037 | — 0,1592 | — 0,0904 | — | — | $0{,}0078 \cdot p_t \cdot a^2$ |
| 0,1146 | 0,1356 | 0,1061 | $0{,}0048 \cdot p \cdot a^2$ | $0{,}0038 \cdot p_s \cdot a^2$ | $0{,}0024 \cdot p_t \cdot a^2$ |
| 0,3183 | — 0,1019 | 0,0382 | $0{,}0861 \cdot p \cdot a^2$ | $0{,}0357 \cdot p_s \cdot a^2$ | $0{,}0431 \cdot p_t \cdot a^2$ |
| — 0,2037 | 0,1592 | — 0,0904 | — | — | $0{,}0078 \cdot p_t \cdot a^2$ |
| 0,1146 | — 0,1356 | 0,1061 | $0{,}0048 \cdot p \cdot a^2$ | $0{,}0010 \cdot p_s \cdot a^2$ | $0{,}0024 \cdot p_t \cdot a^2$ |
| 0,1865 | — | — | $0{,}0861 \cdot p \cdot a^2$ | $0{,}0431 \cdot p_s \cdot a^2$ | $0{,}0504 \cdot p_t \cdot a^2$ |
| — | 0,0197 | — | — | $0{,}0078 \cdot p_s \cdot a^2$ | — |
| — | — | 0,0014 | $0{,}0048 \cdot p \cdot a^2$ | $0{,}0024 \cdot p_s \cdot a^2$ | $0{,}0038 \cdot p_t \cdot a^2$ |
| 0,9802 | — | — | $0{,}0861 \cdot p \cdot a^2$ | $0{,}0431 \cdot p_s \cdot a^2$ | $0{,}0357 \cdot p_t \cdot a^2$ |
| — | 0,9999 | — | — | $0{,}0078 \cdot p_s \cdot a^2$ | — |
| — | — | 1,0000 | $0{,}0048 \cdot p \cdot a^2$ | $0{,}0024 \cdot p_s \cdot a^2$ | $0{,}0010 \cdot p_t \cdot a^2$ |

Einflußfläche für $\omega_s$

| $\frac{u}{a}$ | | | | | | | | | Faktor |
|---|---|---|---|---|---|---|---|---|---|
| 0,55 | 0,6 | 0,65 | 0,7 | 0,75 | 0,8 | 0,85 | 0,9 | 0,95 | |
| 0,1699 | 0,1521 | 0,1336 | 0,1147 | 0,0956 | 0,0764 | 0,0572 | 0,0381 | 0,0190 | $\sin \pi \frac{v}{b}$ |

E.1,0/12. Momente, Verlauf in der $y$-Richtung ........................ aus E.1,0/11

E.1,0/32. Mittenmomente $m_{ym}$ bei mittiger Rechtecklast ............ aus E.1,0/31

E.1,0/35. Belastungsglieder $\omega_t$ bei Rechtecklast auf der Linie $\frac{v}{b} = 0{,}5$; ... aus E.1,0/34

E.1,0/42. Einflußfläche für $m_{ym}$ ........................................ aus E.1,0/41

E.1,0/46. Einflußfläche für $\omega_t$ ........................................ aus E.1,0/44

E.1,0/47. Einflußfläche $\sum_{3,5}^{\infty} j \sin \frac{j\pi}{2} \cdot B_{tj}$ .................................. aus E.1,0/45

(E.1,0/12 bis E.1,0/47: durch Vertauschen der Koordinatenrichtungen)

**E.1,1/11.** Hyperbelfunktionen von $\pi \frac{x}{b}$; Momente infolge Gleichlast,

| | | $\frac{x}{a}$ | 0 | 0,1 | 0,2 | 0,25 | 0,3 | 0,35 | 0,4 | 0,45 |
|---|---|---|---|---|---|---|---|---|---|---|
| | | $\pi \frac{x}{b}$ | 0 | 0,2856 | 0,5712 | 0,7140 | 0,8568 | 0,9996 | 1,1424 | 1,2852 |
| | | $e^{-\pi \frac{x}{b}}$ | 1,0000 | 0,7516 | 0,5648 | 0,4897 | 0,4246 | 0,3680 | 0,3191 | 0,2766 |
| | | $\mathfrak{Sin}\, \pi \frac{x}{b}$ | 0 | 0,2895 | 0,6028 | 0,7762 | 0,9655 | 1,1746 | 1,4076 | 1,6694 |
| | | $\mathfrak{Cof}\, \pi \frac{x}{b}$ | 1,0000 | 1,0411 | 1,1676 | 1,2659 | 1,3901 | 1,5426 | 1,7267 | 1,9460 |
| | | $\pi \frac{x}{b}\, \mathfrak{Tg}\, \pi \frac{x}{b}$ | 0 | 0,0795 | 0,2949 | 0,4379 | 0,5951 | 0,7611 | 0,9313 | 1,0995 |
| | | $\pi \frac{x}{b}\, \mathfrak{Cotg}\, \pi \frac{x}{b}$ | 1,0000 | 1,0301 | 1,1065 | 1,1645 | 1,2335 | 1,3128 | 1,4013 | 1,4981 |
| **$F_4$—1** / **$F_4$—13** | | $m_x\left(y = \frac{b}{2}\right)$ | 0 | 0,0200 | 0,0325 | 0,0366 | 0,0398 | 0,0420 | 0,0436 | 0,0445 |
| **$F_4$—3** | $m_x$ | $y = \frac{b}{2}$ | 0 | 0,0152 | 0,0229 | 0,0248 | 0,0256 | 0,0256 | 0,0250 | 0,0239 |
| | $m_y$ | $y = \frac{b}{2}$ | 0 | 0,0061 | 0,0115 | 0,0137 | 0,0154 | 0,0168 | 0,0176 | 0,0180 |
| **$F_4$—0s** | $m_x$ | $k = 1$ | 1,0000 | 0,6467 | 0,4084 | 0,3213 | 0,2506 | 0,1943 | 0,1478 | 0,1111 |
| | $m_x$ | $k = 2$ | 1,0000 | 0,4035 | 0,1368 | 0,0685 | 0,0259 | 0 | —0,0147 | —0,0224 |
| | $m_x$ | $k = 3$ | 1,0000 | 0,2426 | 0,0259 | —0,0083 | —0,0218 | —0,0249 | —0,0231 | —0,0196 |
| | $m_y$ | $k = 1$ | 0 | 0,1028 | 0,1521 | 0,1630 | 0,1676 | 0,1668 | 0,1620 | 0,1543 |
| | $m_y$ | $k = 2$ | 0 | 0,1613 | 0,1823 | 0,1712 | 0,1545 | 0,1354 | 0,1165 | 0,0990 |
| | $m_y$ | $k = 3$ | 0 | 0,1820 | 0,1545 | 0,1256 | 0,0984 | 0,0748 | 0,0556 | 0,0408 |

**E.1,1/2.**

| Randbedingung | Reihenkoeffizienten der | | | | | | | | |
|---|---|---|---|---|---|---|---|---|---|
| | $m_{s1}$ | $m_{s2}$ | $m_{s3}$ | $m_{a1}$ | $m_{a2}$ | $m_{a3}$ | $m_{t1}$ | $m_{t2}$ | $m_{t3}$ |
| $s$ 1 | 0,9686 | — | — | 0,2163 | — | — | 0,2868 | 0,0821 | 0,0297 |
| $s$ 2 | — | 0,9998 | — | — | 0,0312 | — | 0,2064 | 0,1434 | 0,0758 |
| $s$ 3 | — | — | 1,0000 | — | — | 0,0029 | 0,1209 | 0,1316 | 0,0956 |
| $a$ 1 | 0,2163 | — | — | 0,9686 | — | — | 0,2868 | —0,0821 | 0,0297 |
| $a$ 2 | — | 0,0312 | — | — | 0,9998 | — | 0,2064 | —0,1434 | 0,0758 |
| $a$ 3 | — | — | 0,0029 | — | — | 1,0000 | 0,1209 | —0,1316 | 0,0956 |
| $t$ 1 | 0,3470 | 0,1249 | 0,0488 | 0,3470 | 0,1249 | 0,0488 | 0,9882 | — | — |
| $t$ 2 | 0,1988 | 0,1735 | 0,1062 | —0,1988 | —0,1735 | —0,1062 | — | 1,0000 | — |
| $t$ 3 | 0,1079 | 0,1376 | 0,1156 | 0,1079 | 0,1376 | 0,1156 | — | — | 1,0000 |
| $b$ 1 | 0,3470 | —0,1249 | 0,0488 | 0,3470 | —0,1249 | 0,0488 | 0,1556 | — | — |
| $b$ 2 | 0,1988 | —0,1735 | 0,1062 | —0,1988 | 0,1735 | —0,1062 | — | 0,0118 | — |
| $b$ 3 | 0,1079 | —0,1376 | 0,1156 | 0,1079 | —0,1376 | 0,1156 | — | — | 0,0006 |

Tafel E.1,1/12 auf S. 342

Dreiecklast und Randmoment $m_s$ (Verlauf in der $x$-Richtung)

| 0,5 | 0,55 | 0,6 | 0,65 | 0,7 | 0,75 | 0,8 | 0,9 | 1,0 | Faktor |
|---|---|---|---|---|---|---|---|---|---|
| 1,4280 | 1,5708 | 1,7136 | 1,8564 | 1,9992 | 2,1420 | 2,2848 | 2,5704 | 2,8560 | |
| 0,2397 | 0,2079 | 0,1804 | 0,1563 | 0,1354 | 0,1174 | 0,1018 | 0,0766 | 0,0576 | |
| 1,9653 | 2,3013 | 2,6842 | 3,1222 | 3,6239 | 4,200 | 4,861 | 6,496 | 8,667 | |
| 2,2050 | 2,5092 | 2,8646 | 3,2785 | 3,7593 | 4,317 | 4,963 | 6,574 | 8,725 | |
| 1,2727 | 1,4407 | 1,6058 | 1,7679 | 1,9272 | 2,0837 | 2,2379 | 2,5417 | 2,8372 | |
| 1,6040 | 1,7127 | 1,8287 | 1,9493 | 2,0739 | 2,2019 | 2,3326 | 2,6007 | 2,8749 | |
| 0,0447 | 0,0445 | 0,0436 | 0,0420 | 0,0398 | 0,0366 | 0,0325 | 0,0200 | 0 | $\begin{cases} p\,a^2 \\ \frac{p_t}{2}\,a^2 \end{cases}$ |
| 0,0224 | 0,0211 | 0,0186 | 0,0164 | 0,0142 | 0,0119 | 0,0096 | 0,0048 | 0 | $p_s\,a^2$ |
| 0,0180 | 0,0175 | 0,0166 | 0,0153 | 0,0138 | 0,0119 | 0,0098 | 0,0051 | 0 | $p_s\,a^2$ |
| 0,0827 | 0,0601 | 0,0426 | 0,0296 | 0,0200 | 0,0130 | 0,0081 | 0,0025 | 0 | $m_{s1}\sin\pi\frac{y}{b}$ |
| —0,0239 | —0,0239 | —0,0222 | —0,0196 | —0,0167 | —0,0137 | —0,0108 | —0,0052 | 0 | $m_{s2}\sin 2\pi\frac{y}{b}$ |
| —0,0158 | —0,0122 | —0,0092 | —0,0068 | —0,0050 | —0,0035 | —0,0024 | —0,0010 | 0 | $m_{s3}\sin 3\pi\frac{y}{b}$ |
| 0,1443 | 0,1325 | 0,1198 | 0,1059 | 0,0914 | 0,0766 | 0,0615 | 0,0309 | 0 | $m_{s1}\sin\pi\frac{y}{b}$ |
| 0,0812 | 0,0668 | 0,0543 | 0,0436 | 0,0344 | 0,0268 | 0,0201 | 0,0092 | 0 | $m_{s2}\sin 2\pi\frac{y}{b}$ |
| 0,0296 | 0,0212 | 0,0150 | 0,0106 | 0,0075 | 0,0051 | 0,0304 | 0,0014 | 0 | $m_{s3}\sin 3\pi\frac{y}{b}$ |

Gleichungssystem

| Randmomente | | | Werte $B$ für Belastungsfall | | |
|---|---|---|---|---|---|
| $m_{b1}$ | $m_{b2}$ | $m_{b3}$ | 1 | 3 | 13 |
| 0,2868 | 0,0821 | 0,0297 | $0{,}0933\cdot p\cdot a^2$ | $0{,}0538\cdot p_s\cdot a^2$ | $0{,}0466\cdot p_t\cdot a^2$ |
| —0,2064 | —0,1434 | —0,0758 | — | — | $0{,}0093\cdot p_t\cdot a^2$ |
| 0,1209 | 0,1316 | 0,0956 | $0{,}0058\cdot p\cdot a^2$ | $0{,}0044\cdot p_s\cdot a^2$ | $0{,}0029\cdot p_t\cdot a^2$ |
| 0,2868 | —0,0821 | 0,0297 | $0{,}0933\cdot p\cdot a^2$ | $0{,}0395\cdot p_s\cdot a^2$ | $0{,}0466\cdot p_t\cdot a^2$ |
| —0,2064 | 0,1434 | —0,0758 | — | — | $0{,}0093\cdot p_t\cdot a^2$ |
| 0,1209 | —0,1316 | 0,0956 | $0{,}0058\cdot p\cdot a^2$ | $0{,}0013\cdot p_s\cdot a^2$ | $0{,}0029\cdot p_t\cdot a^2$ |
| 0,1556 | — | — | $0{,}0947\cdot p\cdot a^2$ | $0{,}0473\cdot p_s\cdot a^2$ | $0{,}0564\cdot p_t\cdot a^2$ |
| — | 0,0118 | — | — | $0{,}0079\cdot p_s\cdot a^2$ | — |
| — | — | 0,0006 | $0{,}0048\cdot p\cdot a^2$ | $0{,}0024\cdot p_s\cdot a^2$ | $0{,}0039\cdot p_t\cdot a^2$ |
| 0,9882 | — | — | $0{,}0947\cdot p\cdot a^2$ | $0{,}0473\cdot p_s\cdot a^2$ | $0{,}0383\cdot p_t\cdot a^2$ |
| — | 1,0000 | — | — | $0{,}0079\cdot p_s\cdot a^2$ | — |
| — | — | 1,0000 | $0{,}0048\cdot p\cdot a^2$ | $0{,}0024\cdot p_s\cdot a^2$ | $0{,}0009\cdot p_t\cdot a^2$ |

### E.1,1/31. Mittenmomente $m_{xm}$ bei mittiger Rechtecklast

| $\frac{2d}{a}$ | $\frac{2c}{a}$ = 1,0 | 0,9 | 0,8 | 0,7 | 0,6 | 0,5 | 0,4 | 0,3 | 0,2 | 0,1 | 0,05 | 0 | Faktor |
|---|---|---|---|---|---|---|---|---|---|---|---|---|---|
| 1,1 | 0,0406 | 0,0449 | 0,0495 | 0,0546 | 0,0604 | 0,0667 | 0,0739 | 0,0819 | 0,0908 | 0,1007 | 0,1060 | 0,1115 | $P$ |
| 1,0 | 0,0443 | 0,0489 | 0,0540 | 0,0596 | 0,0658 | 0,0728 | 0,0806 | 0,0894 | 0,0991 | 0,1100 | 0,1158 | 0,1219 | $P$ |
| 0,9 | 0,0478 | 0,0528 | 0,0582 | 0,0643 | 0,0711 | 0,0787 | 0,0873 | 0,0969 | 0,1076 | 0,1196 | 0,1261 | 0,1328 | $P$ |
| 0,8 | 0,0511 | 0,0564 | 0,0623 | 0,0688 | 0,0762 | 0,0845 | 0,0938 | 0,1044 | 0,1163 | 0,1297 | 0,1369 | 0,1445 | $P$ |
| 0,7 | 0,0542 | 0,0599 | 0,0661 | 0,0732 | 0,0811 | 0,0901 | 0,1003 | 0,1120 | 0,1253 | 0,1403 | 0,1486 | 0,1573 | $P$ |
| 0,6 | 0,0570 | 0,0630 | 0,0697 | 0,0771 | 0,0857 | 0,0954 | 0,1066 | 0,1196 | 0,1346 | 0,1518 | 0,1613 | 0,1714 | $P$ |
| 0,5 | 0,0596 | 0,0658 | 0,0728 | 0,0808 | 0,0899 | 0,1004 | 0,1126 | 0,1272 | 0,1442 | 0,1642 | 0,1754 | 0,1875 | $P$ |
| 0,4 | 0,0617 | 0,0682 | 0,0756 | 0,0839 | 0,0936 | 0,1049 | 0,1184 | 0,1345 | 0,1541 | 0,1779 | 0,1916 | 0,2065 | $P$ |
| 0,3 | 0,0635 | 0,0702 | 0,0778 | 0,0865 | 0,0967 | 0,1088 | 0,1234 | 0,1415 | 0,1642 | 0,1932 | 0,2107 | 0,2304 | $P$ |
| 0,2 | 0,0648 | 0,0716 | 0,0794 | 0,0885 | 0,0991 | 0,1118 | 0,1275 | 0,1475 | 0,1739 | 0,2106 | 0,2347 | 0,2634 | $P$ |
| 0,1 | 0,0656 | 0,0725 | 0,0805 | 0,0896 | 0,1005 | 0,1137 | 0,1302 | 0,1517 | 0,1817 | 0,2291 | 0,2662 | 0,3190 | $P$ |
| 0,05 | 0,0658 | 0,0728 | 0,0807 | 0,0900 | 0,1009 | 0,1142 | 0,1309 | 0,1529 | 0,1841 | 0,2366 | 0,2843 | 0,3741 | $P$ |
| 0 | 0,0658 | 0,0728 | 0,0808 | 0,0901 | 0,1011 | 0,1144 | 0,1312 | 0,1533 | 0,1850 | 0,2397 | 0,2948 | $\infty$ | $P$ |

### E.1,1/32. Mittenmomente $m_{ym}$ bei mittiger Rechtecklast

| $\frac{2d}{a}$ | $\frac{2c}{a}$ = 1,0 | 0,9 | 0,8 | 0,7 | 0,6 | 0,5 | 0,4 | 0,3 | 0,2 | 0,1 | 0,05 | 0 | Faktor |
|---|---|---|---|---|---|---|---|---|---|---|---|---|---|
| 1,1 | 0,0326 | 0,0358 | 0,0388 | 0,0417 | 0,0442 | 0,0465 | 0,0485 | 0,0500 | 0,0511 | 0,0518 | 0,0520 | 0,0521 | $P$ |
| 1,0 | 0,0358 | 0,0393 | 0,0426 | 0,0457 | 0,0485 | 0,0510 | 0,0532 | 0,0549 | 0,0561 | 0,0569 | 0,0571 | 0,0572 | $P$ |
| 0,9 | 0,0394 | 0,0432 | 0,0469 | 0,0503 | 0,0535 | 0,0562 | 0,0586 | 0,0605 | 0,0620 | 0,0628 | 0,0630 | 0,0631 | $P$ |
| 0,8 | 0,0435 | 0,0477 | 0,0518 | 0,0556 | 0,0591 | 0,0623 | 0,0650 | 0,0672 | 0,0688 | 0,0697 | 0,0700 | 0,0701 | $P$ |
| 0,7 | 0,0482 | 0,0529 | 0,0575 | 0,0617 | 0,0657 | 0,0694 | 0,0725 | 0,0751 | 0,0770 | 0,0782 | 0,0785 | 0,0786 | $P$ |
| 0,6 | 0,0536 | 0,0590 | 0,0640 | 0,0689 | 0,0735 | 0,0777 | 0,0814 | 0,0845 | 0,0869 | 0,0883 | 0,0887 | 0,0888 | $P$ |
| 0,5 | 0,0599 | 0,0659 | 0,0717 | 0,0773 | 0,0826 | 0,0876 | 0,0921 | 0,0960 | 0,0990 | 0,1009 | 0,1014 | 0,1016 | $P$ |
| 0,4 | 0,0672 | 0,0739 | 0,0805 | 0,0870 | 0,0933 | 0,0994 | 0,1051 | 0,1101 | 0,1142 | 0,1169 | 0,1176 | 0,1179 | $P$ |
| 0,3 | 0,0755 | 0,0830 | 0,0906 | 0,0982 | 0,1059 | 0,1134 | 0,1208 | 0,1277 | 0,1337 | 0,1380 | 0,1391 | 0,1395 | $P$ |
| 0,2 | 0,0849 | 0,0935 | 0,1022 | 0,1112 | 0,1205 | 0,1301 | 0,1401 | 0,1501 | 0,1598 | 0,1677 | 0,1701 | 0,1709 | $P$ |
| 0,1 | 0,0955 | 0,1053 | 0,1154 | 0,1261 | 0,1375 | 0,1500 | 0,1637 | 0,1790 | 0,1964 | 0,2150 | 0,2224 | 0,2256 | $P$ |
| 0,05 | 0,1013 | 0,1117 | 0,1226 | 0,1343 | 0,1470 | 0,1611 | 0,1773 | 0,1965 | 0,2205 | 0,2520 | 0,2700 | 0,2806 | $P$ |
| 0 | 0,1074 | 0,1184 | 0,1302 | 0,1429 | 0,1571 | 0,1732 | 0,1923 | 0,2162 | 0,2492 | 0,3048 | 0,3599 | $\infty$ | $P$ |

### E.1,1/33. Größtmomente $m_y$ bei Rechtecklast $\left(\frac{x}{a} = 0,5\right)$

| $\frac{2d}{a}$ | $\frac{y}{a}$ | $\frac{2c}{a}$ = 1,0 | 0,9 | 0,8 | 0,7 | 0,6 | 0,5 | 0,4 | 0,3 | 0,2 | 0,1 | 0,05 | 0 | Faktor |
|---|---|---|---|---|---|---|---|---|---|---|---|---|---|---|
| >0,77 | 0,55 | Mittenmomente nach Tafel 32 | | | | | | | | | | | | |
| 0,7 | 0,475 | 0,0482 | 0,0529 | 0,0576 | 0,0618 | 0,0658 | 0,0695 | 0,0726 | 0,0752 | 0,0771 | 0,0783 | 0,0786 | 0,0787 | $P$ |
| 0,6 | 0,425 | 0,0538 | 0,0592 | 0,0642 | 0,0692 | 0,0738 | 0,0780 | 0,0818 | 0,0849 | 0,0873 | 0,0888 | 0,0892 | 0,0893 | $P$ |
| 0,5 | 0,400 | 0,0603 | 0,0663 | 0,0722 | 0,0778 | 0,0832 | 0,0883 | 0,0928 | 0,0968 | 0,0998 | 0,1018 | 0,1023 | 0,1025 | $P$ |
| 0,4 | 0,380 | 0,0678 | 0,0745 | 0,0812 | 0,0878 | 0,0942 | 0,1004 | 0,1062 | 0,1113 | 0,1154 | 0,1182 | 0,1189 | 0,1192 | $P$ |
| 0,3 | 0,365 | 0,0763 | 0,0839 | 0,0916 | 0,0993 | 0,1071 | 0,1147 | 0,1222 | 0,1292 | 0,1353 | 0,1397 | 0,1408 | 0,1412 | $P$ |
| 0,2 | 0,355 | 0,0859 | 0,0946 | 0,1034 | 0,1125 | 0,1219 | 0,1317 | 0,1418 | 0,1519 | 0,1617 | 0,1697 | 0,1721 | 0,1729 | $P$ |
| 0,1 | 0,350 | 0,0966 | 0,1065 | 0,1167 | 0,1276 | 0,1391 | 0,1518 | 0,1656 | 0,1810 | 0,1985 | 0,2171 | 0,2245 | 0,2273 | $P$ |
| 0,05 | 0,350 | 0,1024 | 0,1129 | 0,1239 | 0,1358 | 0,1486 | 0,1629 | 0,1792 | 0,1985 | 0,2226 | 0,2542 | 0,2722 | 0,2828 | $P$ |
| 0 | 0,350 | 0,1085 | 0,1196 | 0,1315 | 0,1444 | 0,1587 | 0,1750 | 0,1942 | 0,2182 | 0,2513 | 0,3070 | 0,3621 | $\infty$ | $P$ |

E.1,1/41. Einflußfläche für $m_{xm}$

| $\frac{v}{a}$ | $\frac{u}{a}$ | | | | |
|---|---|---|---|---|---|
| | 0,1 | 0,2 | 0,3 | 0,4 | 0,5 |
| 0,55 | 0,0124 | 0,0287 | 0,0551 | 0,1063 | $\boxed{\infty}$ |
| 0,45 | 0,0132 | 0,0310 | 0,0606 | 0,1168 | 0,1827 |
| 0,35 | 0,0141 | 0,0328 | 0,0610 | 0,0991 | 0,1222 |
| 0,25 | 0,0129 | 0,0289 | 0,0496 | 0,0713 | 0,0815 |
| 0,15 | 0,0090 | 0,0195 | 0,0315 | 0,0426 | 0,0473 |

E.1,1/42. Einflußfläche für $m_{ym}$

| $\frac{v}{a}$ | $\frac{u}{a}$ | | | | |
|---|---|---|---|---|---|
| | 0,1 | 0,2 | 0,3 | 0,4 | 0,5 |
| 0,55 | 0,0325 | 0,0671 | 0,1080 | 0,1684 | $\boxed{\infty}$ |
| 0,45 | 0,0288 | 0,0577 | 0,0855 | 0,1032 | 0,0928 |
| 0,35 | 0,0205 | 0,0384 | 0,0496 | 0,0490 | 0,0436 |
| 0,25 | 0,0120 | 0,0212 | 0,0250 | 0,0229 | 0,0206 |
| 0,15 | 0,0058 | 0,0099 | 0,0110 | 0,0097 | 0,0087 |

E.1,1/43. Einflußfläche für $m_y$ im Punkt $\frac{x}{a} = 0,5$, $\frac{y}{a} = 0,35$

| $\frac{v}{a}$ | $\frac{u}{a}$ | | | | |
|---|---|---|---|---|---|
| | 0,1 | 0,2 | 0,3 | 0,4 | 0,5 |
| 1,0 | + 0,0002 | + 0,0002 | — 0,0003 | — 0,0008 | — 0,0010 |
| 0,9 | + 0,0011 | + 0,0015 | + 0,0010 | 0 | — 0,0005 |
| 0,8 | + 0,0035 | + 0,0056 | + 0,0054 | + 0,0039 | + 0,0030 |
| 0,7 | 0,0083 | 0,0141 | 0,0156 | 0,0134 | 0,0117 |
| 0,6 | 0,0159 | 0,0287 | 0,0351 | 0,0329 | 0,0294 |
| 0,5 | 0,0250 | 0,0486 | 0,0673 | 0,0720 | 0,0638 |
| 0,4 | 0,0318 | 0,0652 | 0,1027 | 0,1479 | 0,1482 |
| 0,35 | 0,0327 | 0,0678 | 0,1093 | 0,1704 | $\boxed{\infty}$ |
| 0,3 | 0,0310 | 0,0644 | 0,1024 | 0,1484 | 0,1491 |
| 0,2 | 0,0237 | 0,0467 | 0,0658 | 0,0713 | 0,0636 |
| 0,1 | 0,0122 | 0,0229 | 0,0294 | 0,0287 | 0,0260 |

**E.1,1/12.** $\sin\pi\frac{y}{b}$; Momente infolge Gleichlast, Dreiecklast und Randmoment $m_{t1}$ (Verlauf in der $y$-Richtung)

| $\frac{y}{a}$ | $\sin\pi\frac{y}{b}$ | F₄–1 / F₄–3: $m_x$ | F₄–1 / F₄–3: $m_y$ | F₄–13: $m_x$ | F₄–13: $m_y$ | F₄–0t: $m_x$ | F₄–0t: $m_y$ |
|---|---|---|---|---|---|---|---|
| | | $\frac{x}{a}=0,5$ | | $\frac{x}{a}=0,5$ | | | |
| 1,0 | 0,2817 | 0,0130 | 0,0170 | 0,0056 | 0,0032 | 0,0245 | — 0,0043 |
| 0,9 | 0,5406 | 0,0247 | 0,0269 | 0,0109 | 0,0064 | 0,0495 | — 0,0071 |
| 0,8 | 0,7557 | 0,0342 | 0,0322 | 0,0155 | 0,0097 | 0,0751 | — 0,0063 |
| 0,75 | 0,8412 | 0,0379 | 0,0337 | 0,0175 | 0,0114 | 0,0881 | — 0,0038 |
| 0,7 | 0,9096 | 0,0409 | 0,0348 | 0,0192 | 0,0131 | 0,1012 | — 0,0008 |
| 0,6 | 0,9898 | 0,0443 | 0,0358 | 0,0217 | 0,0164 | 0,1273 | 0,0182 |
| 0,55 | 1,0000 | 0,0447 | 0,0359 | 0,0224 | 0,0180 | 0,1397 | 0,0325 |
| 0,5 | 0,9898 | 0,0443 | 0,0358 | 0,0226 | 0,0194 | 0,1513 | 0,0518 |
| 0,4 | 0,9096 | 0,0409 | 0,0348 | 0,0216 | 0,0217 | 0,1701 | 0,1112 |
| 0,35 | 0,8412 | 0,0379 | 0,0337 | 0,0204 | 0,0224 | 0,1757 | 0,1546 |
| 0,3 | 0,7557 | 0,0342 | 0,0322 | 0,0187 | 0,0225 | 0,1776 | 0,2096 |
| 0,2 | 0,5406 | 0,0247 | 0,0269 | 0,0138 | 0,0205 | 0,1637 | 0,3682 |
| 0,1 | 0,2817 | 0,0130 | 0,0170 | 0,0073 | 0,0138 | 0,1129 | 0,6171 |
| 0 | 0 | 0 | 0 | 0 | 0 | 0 | 1,0000 |
| Faktor | | $p\,a^2$ bzw. $\frac{p_s}{2}\,a^2$ | | $p_t\,a^2$ | | $m_{t1}\sin\pi\frac{x}{a}$ | |

**E.1,1/34.** Belastungsglieder $\omega_s = \omega_a$ bei Rechtecklast auf der Linie $\frac{u}{a} = 0,5$

| $\frac{2c}{a}$ = 1,0 | 0,9 | 0,8 | 0,7 | 0,6 | 0,5 | 0,4 | 0,3 | 0,2 | 0,1 | 0,05 | 0 | Faktor |
|---|---|---|---|---|---|---|---|---|---|---|---|---|
| 0,0875 | 0,0954 | 0,1018 | 0,1069 | 0,1109 | 0,1142 | 0,1168 | 0,1184 | 0,1197 | 0,1204 | 0,1206 | 0,1208 | $P\frac{b}{2d}\sin\pi\frac{d}{b}\sin\pi\frac{v}{b}$ |

**E.1,1/44.** Einflußfläche für $\omega_s$ (obere Zahl) und $\sum_{3,5}^{\infty} k\sin\frac{k\pi}{2}B_{sk}$ (untere Zahl)

| $\frac{v}{a}$ | $\frac{u}{a}$ = 0 | 0,1 | 0,2 | 0,3 | 0,4 | 0,5 | 0,6 | 0,7 | 0,8 | 0,9 |
|---|---|---|---|---|---|---|---|---|---|---|
| 0,55 | 0 | 0,1351 | 0,2000 | 0,2203 | 0,2131 | 0,1897 | 0,1574 | 0,1202 | 0,0809 | 0,0406 |
| | + 0,3183 | + 0,1774 | + 0,0962 | + 0,0509 | + 0,0263 | + 0,0136 | + 0,0066 | + 0,0032 | + 0,0015 | + 0,0006 |
| 0,45 | 0 | 0,1297 | 0,1919 | 0,2114 | 0,2044 | 0,1821 | 0,1510 | 0,1154 | 0,0776 | 0,0389 |
| | | + 0,0235 | + 0,0403 | + 0,0275 | + 0,0157 | + 0,0083 | + 0,0042 | + 0,0021 | + 0,0010 | + 0,0004 |
| 0,35 | 0 | 0,1137 | 0,1683 | 0,1854 | 0,1793 | 0,1596 | 0,1324 | 0,1012 | 0,0680 | 0,0342 |
| | | —0,0550 | —0,0321 | —0,0139 | —0,0058 | —0,0025 | —0,0011 | —0,0004 | —0,0002 | —0,0001 |
| 0,25 | 0 | 0,0882 | 0,1305 | 0,1439 | 0,1391 | 0,1239 | 0,1027 | 0,0784 | 0,0528 | 0,0265 |
| | | —0,0631 | —0,0578 | —0,0370 | —0,0206 | —0,0108 | —0,0055 | —0,0026 | —0,0012 | —0,0005 |
| 0,15 | 0 | 0,0561 | 0,0831 | 0,0916 | 0,0886 | 0,0788 | 0,0654 | 0,0500 | 0,0336 | 0,0169 |
| | | —0,0447 | —0,0471 | —0,0341 | —0,0207 | —0,0114 | —0,0060 | —0,0030 | —0,0014 | —0,0006 |

**E.1,1/35.** Belastungsglieder $\omega_t$ bei Rechtecklast auf den Linien $\frac{v}{a} = 0{,}55$ und $\frac{v}{a} = 0{,}35$

| $\frac{2d}{a}$ | $\frac{v}{a}$ | | Faktor |
|---|---|---|---|
| | 0,55 | 0,35 | |
| 1,1 | 0,0870 | — | $P \frac{a}{2c} \sin \pi \frac{c}{a} \sin \pi \frac{u}{a}$ |
| 1,0 | 0,0941 | — | $P \frac{a}{2c} \sin \pi \frac{c}{a} \sin \pi \frac{u}{a}$ |
| 0,9 | 0,0996 | — | $P \frac{a}{2c} \sin \pi \frac{c}{a} \sin \pi \frac{u}{a}$ |
| 0,8 | 0,1038 | — | $P \frac{a}{2c} \sin \pi \frac{c}{a} \sin \pi \frac{u}{a}$ |
| 0,7 | 0,1070 | 0,1135 | $P \frac{a}{2c} \sin \pi \frac{c}{a} \sin \pi \frac{u}{a}$ |
| 0,6 | 0,1095 | 0,1226 | $P \frac{a}{2c} \sin \pi \frac{c}{a} \sin \pi \frac{u}{a}$ |
| 0,5 | 0,1112 | 0,1296 | $P \frac{a}{2c} \sin \pi \frac{c}{a} \sin \pi \frac{u}{a}$ |
| 0,4 | 0,1126 | 0,1352 | $P \frac{a}{2c} \sin \pi \frac{c}{a} \sin \pi \frac{u}{a}$ |
| 0,3 | 0,1136 | 0,1395 | $P \frac{a}{2c} \sin \pi \frac{c}{a} \sin \pi \frac{u}{a}$ |
| 0,2 | 0,1141 | 0,1420 | $P \frac{a}{2c} \sin \pi \frac{c}{a} \sin \pi \frac{u}{a}$ |
| 0,1 | 0,1145 | 0,1436 | $P \frac{a}{2c} \sin \pi \frac{c}{a} \sin \pi \frac{u}{a}$ |
| 0,05 | 0,1146 | 0,1440 | $P \frac{a}{2c} \sin \pi \frac{c}{a} \sin \pi \frac{u}{a}$ |
| 0 | 0,1147 | 0,1441 | $P \frac{a}{2c} \sin \pi \frac{c}{a} \sin \pi \frac{u}{a}$ |

**E.1,1/45.** Einflußfläche für $\omega_t$

| $\frac{v}{a}$ | $\frac{b-v}{a}$ | $w_t$ | Faktor |
|---|---|---|---|
| 1,05 | 0,05 | 0,0158 | $\sin \pi \frac{u}{a}$ |
| 1,00 | 0,1 | 0,0316 | $\sin \pi \frac{u}{a}$ |
| 0,95 | 0,15 | 0,0476 | $\sin \pi \frac{u}{a}$ |
| 0,9 | 0,2 | 0,0638 | $\sin \pi \frac{u}{a}$ |
| 0,85 | 0,25 | 0,0802 | $\sin \pi \frac{u}{a}$ |
| 0,8 | 0,3 | 0,0967 | $\sin \pi \frac{u}{a}$ |
| 0,75 | 0,35 | 0,1135 | $\sin \pi \frac{u}{a}$ |
| 0,7 | 0,4 | 0,1305 | $\sin \pi \frac{u}{a}$ |
| 0,65 | 0,45 | 0,1474 | $\sin \pi \frac{u}{a}$ |
| 0,6 | 0,5 | 0,1640 | $\sin \pi \frac{u}{a}$ |
| 0,55 | 0,55 | 0,1801 | $\sin \pi \frac{u}{a}$ |
| 0,5 | 0,6 | 0,1950 | $\sin \pi \frac{u}{a}$ |
| 0,45 | 0,65 | 0,2083 | $\sin \pi \frac{u}{a}$ |
| 0,4 | 0,7 | 0,2191 | $\sin \pi \frac{u}{a}$ |
| 0,35 | 0,75 | 0,2265 | $\sin \pi \frac{u}{a}$ |
| 0,3 | 0,8 | 0,2287 | $\sin \pi \frac{u}{a}$ |
| 0,25 | 0,85 | 0,2243 | $\sin \pi \frac{u}{a}$ |
| 0,2 | 0,9 | 0,2110 | $\sin \pi \frac{u}{a}$ |
| 0,15 | 0,95 | 0,1858 | $\sin \pi \frac{u}{a}$ |
| 0,1 | 1,00 | 0,1454 | $\sin \pi \frac{u}{a}$ |
| 0,05 | 1,05 | 0,0853 | $\sin \pi \frac{u}{a}$ |
| 0 | 1,1 | 0 | |

**E 1,2/11.** Hyperbelfunktionen von $\pi \frac{x}{b}$; Momente infolge Gleichlast,

| | | $\frac{x}{a}$ | 0 | 0,1 | 0,2 | 0,25 | 0,3 | 0,35 | 0,4 | 0,45 |
|---|---|---|---|---|---|---|---|---|---|---|
| | | $\pi \frac{x}{b}$ | 0 | 0,2618 | 0,5236 | 0,6545 | 0,7854 | 0,9163 | 1,0472 | 1,1781 |
| | | $e^{-\pi \frac{x}{b}}$ | 1,000 | 0,7697 | 0,5924 | 0,5197 | 0,4559 | 0,4000 | 0,3509 | 0,3078 |
| | | $\mathfrak{Sin}\, \pi \frac{x}{b}$ | 0 | 0,2648 | 0,5478 | 0,7022 | 0,8687 | 1,0500 | 1,2494 | 1,4702 |
| | | $\mathfrak{Cof}\, \pi \frac{x}{b}$ | 1,000 | 1,0345 | 1,1403 | 1,2220 | 1,3246 | 1,4500 | 1,6003 | 1,7780 |
| | | $\pi \frac{x}{b} \mathfrak{Tg}\, \pi \frac{x}{b}$ | 0 | 0,0671 | 0,2516 | 0,3762 | 0,5151 | 0,6635 | 0,8175 | 0,9741 |
| | | $\pi \frac{x}{b} \mathfrak{Cotg}\, \pi \frac{x}{b}$ | 1,000 | 1,0228 | 1,0898 | 1,1395 | 1,1976 | 1,2654 | 1,3413 | 1,4248 |
| **F₄—1**, **F₄—13** | | $m_x \left(y = \frac{b}{2}\right)$ | 0 | 0,0224 | 0,0371 | 0,0422 | 0,0461 | 0,0490 | 0,0509 | 0,0520 |
| **F₄—3** | | $m_x \left(y = \frac{b}{2}\right)$ | 0 | 0,0166 | 0,0255 | 0,0278 | 0,0291 | 0,0293 | 0,0288 | 0,0277 |
| | | $m_y \left(y = \frac{b}{2}\right)$ | 0 | 0,0058 | 0,0109 | 0,0129 | 0,0146 | 0,0159 | 0,0168 | 0,0172 |
| **F₄—0s** | $m_x$ | $k = 1$ | 1,0000 | 0,6703 | 0,4434 | 0,3577 | 0,2866 | 0,2279 | 0,1803 | 0,1408 |
| | $m_x$ | $k = 2$ | 1,0000 | 0,4376 | 0,1674 | 0,0937 | 0,0450 | 0,0139 | —0,0050 | —0,0160 |
| | $m_x$ | $k = 3$ | 1,0000 | 0,2769 | 0,0446 | 0,0024 | —0,0169 | —0,0240 | —0,0246 | —0,0224 |
| | $m_y$ | $k = 1$ | 0 | 0,0947 | 0,1429 | 0,1546 | 0,1601 | —0,1609 | 0,1574 | 0,1511 |
| | $m_y$ | $k = 2$ | 0 | 0,1550 | 0,1836 | 0,1763 | 0,1630 | 0,1459 | 0,1280 | 0,1105 |
| | $m_y$ | $k = 3$ | 0 | 0,1790 | 0,1633 | 0,1380 | 0,1117 | 0,0880 | 0,0678 | 0,0516 |

**E.1,2/2.**

| Rand-bedingung | Reihenkoeffizienten der | | | | | | | | |
|---|---|---|---|---|---|---|---|---|---|
| | $m_{s1}$ | $m_{s2}$ | $m_{s3}$ | $m_{a1}$ | $m_{a2}$ | $m_{a3}$ | $m_{t1}$ | $m_{t2}$ | $m_{t3}$ |
| *s* 1 | 0,9544 | — | — | 0,2414 | — | — | 0,2567 | 0,0669 | 0,0235 |
| *s* 2 | — | 0,9995 | — | — | 0,0451 | — | 0,2065 | 0,1283 | 0,0637 |
| *s* 3 | — | — | 1,0000 | — | — | 0,0053 | 0,1262 | 0,1262 | 0,0855 |
| *a* 1 | 0,2414 | — | — | 0,9544 | — | — | 0,2567 | —0,0669 | 0,0235 |
| *a* 2 | — | 0,0451 | — | — | 0,9995 | — | 0,2065 | —0,1283 | 0,0637 |
| *a* 3 | — | — | 0,0053 | — | — | 1,0000 | 0,1262 | —0,1262 | 0,0855 |
| *t* 1 | 0,3695 | 0,1487 | 0,0606 | 0,3695 | 0,1487 | 0,0606 | 0,9931 | — | — |
| *t* 2 | 0,1926 | 0,1848 | 0,1212 | —0,1926 | —0,1848 | —0,1212 | — | 1,0000 | — |
| *t* 3 | 0,1016 | 0,1377 | 0,1231 | 0,1016 | 0,1377 | 0,1231 | — | — | 1,0000 |
| *b* 1 | 0,3695 | —0,1487 | 0,0606 | 0,3695 | —0,1487 | 0,0606 | 0,1280 | — | — |
| *b* 2 | 0,1926 | —0,1848 | 0,1212 | —0,1926 | 0,1848 | —0,1212 | — | 0,0069 | — |
| *b* 3 | 0,1016 | —0,1377 | 0,1231 | 0,1016 | —0,1377 | 0,1231 | — | — | 0,0003 |

Tafel E. 1,2/12 auf S. 348

Dreiecklast und Randmoment $m_s$ (Verlauf in der $x$-Richtung)

| 0,5 | 0,55 | 0,6 | 0,65 | 0,7 | 0,75 | 0,8 | 0,9 | 1,0 | Faktor |
|---|---|---|---|---|---|---|---|---|---|
| 1,3090 | 1,4399 | 1,5708 | 1,7017 | 1,8326 | 1,9635 | 2,0944 | 2,3562 | 2,6180 | |
| 0,2701 | 0,2371 | 0,2079 | 0,1824 | 0,1600 | 0,1404 | 0,1231 | 0,0948 | 0,0730 | |
| 1,7162 | 1,9897 | 2,3012 | 2,6504 | 3,0451 | 3,4919 | 3,9988 | 5,228 | 6,818 | |
| 1,9863 | 2,2268 | 2,5091 | 2,8328 | 3,2051 | 3,6323 | 4,1218 | 5,323 | 6,890 | |
| 1,1310 | 1,3239 | 1,4407 | 1,5981 | 1,7411 | 1,8876 | 2,0318 | 2,3142 | 2,5903 | |
| 1,5150 | 1,6351 | 1,7127 | 1,8231 | 1,9289 | 2,0424 | 2,1589 | 2,3989 | 2,6460 | |
| 0,0523 | 0,0520 | 0,0509 | 0,0490 | 0,0461 | 0,0422 | 0,0371 | 0,0224 | 0 | $\begin{cases} p\,a^2 \\ \frac{p_t}{2}\,a^2 \end{cases}$ |
| 0,0262 | 0,0241 | 0,0221 | 0,0197 | 0,0171 | 0,0144 | 0,0116 | 0,0058 | 0 | $p_s\,a^2$ |
| 0,0172 | 0,0168 | 0,0160 | 0,0148 | 0,0133 | 0,0115 | 0,0095 | 0,0050 | 0 | $p_s\,a^2$ |
| 0,1095 | 0,0840 | 0,0637 | 0,0477 | 0,0352 | 0,0253 | 0,0178 | 0,0072 | 0 | $m_{s1} \sin \pi \frac{y}{b}$ |
| —0,0216 | —0,0234 | —0,0230 | —0,0212 | —0,0187 | —0,0157 | —0,0128 | —0,0062 | 0 | $m_{s2} \sin 2\pi \frac{y}{b}$ |
| —0,0190 | —0,0153 | —0,0122 | —0,0091 | —0,0070 | —0,0050 | —0,0037 | —0,0015 | 0 | $m_{s3} \sin 3\pi \frac{y}{b}$ |
| 0,1423 | 0,1318 | 0,1196 | 0,1064 | 0,0923 | 0,0777 | 0,0626 | 0,0316 | 0 | $m_{s1} \sin \pi \frac{y}{b}$ |
| 0,0942 | 0,0790 | 0,0656 | 0,0536 | 0,0432 | 0,0340 | 0,0261 | 0,0121 | 0 | $m_{s2} \sin 2\pi \frac{y}{b}$ |
| 0,0387 | 0,0286 | 0,0211 | 0,0151 | 0,0111 | 0,0078 | 0,0055 | 0,0022 | 0 | $m_{s3} \sin 3\pi \frac{y}{b}$ |

Gleichungssystem

| Randmomente | | | Werte $B$ für Belastungsfall | | |
|---|---|---|---|---|---|
| $m_{b1}$ | $m_{b2}$ | $m_{b3}$ | 1 | 3 | 13 |
| 0,2567 | 0,0669 | 0,0235 | $0,0989 \cdot p \cdot a^2$ | $0,0563 \cdot p_s \cdot a^2$ | $0,0494 \cdot p_t \cdot a^2$ |
| —0,2065 | —0,1283 | —0,0637 | — | — | $0,0108 \cdot p_t \cdot a^2$ |
| 0,1262 | 0,1262 | 0,0855 | $0,0068 \cdot p \cdot a^2$ | $0,0051 \cdot p_s \cdot a^2$ | $0,0034 \cdot p_t \cdot a^2$ |
| 0,2567 | —0,0669 | 0,0235 | $0,0989 \cdot p \cdot a^2$ | $0,0426 \cdot p_s \cdot a^2$ | $0,0494 \cdot p_t \cdot a^2$ |
| —0,2065 | 0,1283 | —0,0637 | — | — | $0,0108 \cdot p_t \cdot a^2$ |
| 0,1262 | —0,1262 | 0,0855 | $0,0068 \cdot p \cdot a^2$ | $0,0017 \cdot p_s \cdot a^2$ | $0,0034 \cdot p_t \cdot a^2$ |
| 0,1280 | — | — | $0,1018 \cdot p \cdot a^2$ | $0,0509 \cdot p_s \cdot a^2$ | $0,0617 \cdot p_t \cdot a^2$ |
| — | 0,0069 | — | — | $0,0080 \cdot p_s \cdot a^2$ | — |
| — | — | 0,0003 | $0,0048 \cdot p \cdot a^2$ | $0,0024 \cdot p_s \cdot a^2$ | $0,0039 \cdot p_t \cdot a^2$ |
| 0,9931 | — | — | $0,1018 \cdot p \cdot a^2$ | $0,0509 \cdot p_s \cdot a^2$ | $0,0400 \cdot p_t \cdot a^2$ |
| — | 1,0000 | — | — | $0,0080 \cdot p_s \cdot a^2$ | — |
| — | — | 1,0000 | $0,0048 \cdot p \cdot a^2$ | $0,0024 \cdot p_s \cdot a^2$ | $0,0008 \cdot p_t \cdot a^2$ |

**E.1,2/31.** Mittenmomente $m_{xm}$ bei mittiger Rechtecklast

| $\frac{2d}{a}$ | $\frac{2c}{a}$ 1,0 | 0,9 | 0,8 | 0,7 | 0,6 | 0,5 | 0,4 | 0,3 | 0,2 | 0,1 | 0,05 | 0 | Faktor |
|---|---|---|---|---|---|---|---|---|---|---|---|---|---|
| 1,2 | 0,0436 | 0,0482 | 0,0530 | 0,0583 | 0,0640 | 0,0703 | 0,0773 | 0,0850 | 0,0934 | 0,1026 | 0,1075 | 0,1126 | $P$ |
| 1,0 | 0,0507 | 0,0559 | 0,0616 | 0,0678 | 0,0745 | 0,0820 | 0,0902 | 0,0993 | 0,1093 | 0,1202 | 0,1261 | 0,1322 | $P$ |
| 0,9 | 0,0541 | 0,0597 | 0,0657 | 0,0723 | 0,0796 | 0,0877 | 0,0966 | 0,1065 | 0,1175 | 0,1296 | 0,1361 | 0,1429 | $P$ |
| 0,8 | 0,0572 | 0,0632 | 0,0696 | 0,0767 | 0,0845 | 0,0932 | 0,1029 | 0,1138 | 0,1259 | 0,1394 | 0,1467 | 0,1543 | $P$ |
| 0,7 | 0,0602 | 0,0665 | 0,0733 | 0,0808 | 0,0892 | 0,0986 | 0,1092 | 0,1212 | 0,1347 | 0,1499 | 0,1581 | 0,1668 | $P$ |
| 0,6 | 0,0629 | 0,0695 | 0,0767 | 0,0847 | 0,0936 | 0,1038 | 0,1154 | 0,1286 | 0,1438 | 0,1611 | 0,1706 | 0,1807 | $P$ |
| 0,5 | 0,0654 | 0,0722 | 0,0797 | 0,0822 | 0,0977 | 0,1086 | 0,1213 | 0,1360 | 0,1532 | 0,1733 | 0,1846 | 0,1966 | $P$ |
| 0,4 | 0,0675 | 0,0745 | 0,0824 | 0,0912 | 0,1013 | 0,1130 | 0,1268 | 0,1432 | 0,1630 | 0,1869 | 0,2006 | 0,2155 | $P$ |
| 0,3 | 0,0692 | 0,0764 | 0,0845 | 0,0937 | 0,1043 | 0,1168 | 0,1318 | 0,1500 | 0,1729 | 0,2021 | 0,2197 | 0,2394 | $P$ |
| 0,2 | 0,0704 | 0,0778 | 0,0861 | 0,0956 | 0,1067 | 0,1198 | 0,1358 | 0,1559 | 0,1826 | 0,2194 | 0,2435 | 0,2723 | $P$ |
| 0,1 | 0,0712 | 0,0787 | 0,0871 | 0,0968 | 0,1081 | 0,1217 | 0,1384 | 0,1601 | 0,1904 | 0,2379 | 0,2750 | 0,3278 | $P$ |
| 0,05 | 0,0714 | 0,0789 | 0,0873 | 0,0971 | 0,1084 | 0,1221 | 0,1391 | 0,1613 | 0,1927 | 0,2454 | 0,2931 | 0,3829 | $P$ |
| 0 | 0,0714 | 0,0789 | 0,0874 | 0,0972 | 0,1086 | 0,1223 | 0,1394 | 0,1617 | 0,1936 | 0,2485 | 0,3036 | $\infty$ | $P$ |

**E.1,2/32.** Mittenmomente $m_{ym}$ bei mittiger Rechtecklast

| $\frac{2d}{a}$ | $\frac{2c}{a}$ 1,0 | 0,9 | 0,8 | 0,7 | 0,6 | 0,5 | 0,4 | 0,3 | 0,2 | 0,1 | 0,05 | 0 | Faktor |
|---|---|---|---|---|---|---|---|---|---|---|---|---|---|
| 1,2 | 0,0286 | 0,0314 | 0,0341 | 0,0365 | 0,0388 | 0,0407 | 0,0424 | 0,0437 | 0,0447 | 0,0453 | 0,0455 | 0,0455 | $P$ |
| 1,0 | 0,0341 | 0,0375 | 0,0406 | 0,0436 | 0,0463 | 0,0486 | 0,0506 | 0,0522 | 0,0534 | 0,0541 | 0,0543 | 0,0544 | $P$ |
| 0,9 | 0,0376 | 0,0412 | 0,0447 | 0,0480 | 0,0510 | 0,0535 | 0,0559 | 0,0576 | 0,0590 | 0,0598 | 0,0600 | 0‘0601 | $P$ |
| 0,8 | 0,0415 | 0,0456 | 0,0495 | 0,0531 | 0,0565 | 0,0595 | 0,0620 | 0,0641 | 0,0657 | 0,0666 | 0,0669 | 0,0670 | $P$ |
| 0,7 | 0,0461 | 0,0506 | 0,0550 | 0,0591 | 0,0630 | 0,0665 | 0,0695 | 0,0720 | 0,0737 | 0,0749 | 0,0752 | 0,0753 | $P$ |
| 0,6 | 0,0515 | 0,0565 | 0,0615 | 0,0662 | 0,0706 | 0,0747 | 0,0782 | 0,0813 | 0,0835 | 0,0849 | 0,0853 | 0,0854 | $P$ |
| 0,5 | 0,0578 | 0,0635 | 0,0691 | 0,0745 | 0,0796 | 0,0845 | 0,0889 | 0,0926 | 0,0956 | 0,0974 | 0,0979 | 0,0981 | $P$ |
| 0,4 | 0,0649 | 0,0714 | 0,0778 | 0,0841 | 0,0903 | 0,0962 | 0,1017 | 0,1067 | 0,1107 | 0,1133 | 0,1140 | 0,1143 | $P$ |
| 0,3 | 0,0732 | 0,0805 | 0,0879 | 0,0953 | 0,1028 | 0,1102 | 0,1174 | 0,1243 | 0,1302 | 0,1344 | 0,1355 | 0,1359 | $P$ |
| 0,2 | 0,0826 | 0,0909 | 0,0995 | 0,1083 | 0,1174 | 0,1269 | 0,1367 | 0,1467 | 0,1563 | 0,1641 | 0,1664 | 0,1673 | $P$ |
| 0,1 | 0,0932 | 0,1027 | 0,1126 | 0,1231 | 0,1344 | 0,1467 | 0,1603 | 0,1755 | 0,1929 | 0,2113 | 0,2187 | 0,2219 | $P$ |
| 0,05 | 0,0989 | 0,1091 | 0,1198 | 0,1313 | 0,1438 | 0,1578 | 0,1739 | 0,1930 | 0,2169 | 0,2483 | 0,2664 | 0,2769 | $P$ |
| 0 | 0,1051 | 0,1159 | 0,1274 | 0,1400 | 0,1540 | 0,1699 | 0,1889 | 0,2127 | 0,2456 | 0,3011 | 0,3562 | $\infty$ | $P$ |

**E.1,2/33.** Größtmomente $m_y$ bei Rechtecklast $\left(\frac{x}{a} = 0,5\right)$

| $\frac{2d}{a}$ | $\frac{y}{a}$ | $\frac{2c}{a}$ 1,0 | 0,9 | 0,8 | 0,7 | 0,6 | 0,5 | 0,4 | 0,3 | 0,2 | 0,1 | 0,05 | 0 | Faktor |
|---|---|---|---|---|---|---|---|---|---|---|---|---|---|---|
| 1,2 | 0,6 | 0,0286 | 0,0314 | 0,0341 | 0,0365 | 0,0388 | 0,0407 | 0,0424 | 0,0437 | 0,0447 | 0,0453 | 0,0455 | 0,0455 | $P$ |
| 1,0 | 0,540 | 0,0341 | 0,0375 | 0,0406 | 0,0436 | 0,0463 | 0,0486 | 0,0507 | 0,0523 | 0,0535 | 0,0542 | 0,0544 | 0,0545 | $P$ |
| 0,9 | 0,475 | 0,0377 | 0,0414 | 0,0449 | 0,0482 | 0,0513 | 0,0538 | 0,0563 | 0,0580 | 0,0595 | 0,0603 | 0,0605 | 0,0606 | $P$ |
| 0,8 | 0,440 | 0,0419 | 0,0460 | 0,0500 | 0,0536 | 0,0571 | 0,0602 | 0,0628 | 0,0650 | 0,0666 | 0,0676 | 0,0679 | 0,0680 | $P$ |
| 0,7 | 0,415 | 0,0468 | 0,0514 | 0,0559 | 0,0601 | 0,0641 | 0,0677 | 0,0708 | 0,0734 | 0,0752 | 0,0765 | 0,0768 | 0,0769 | $P$ |
| 0,6 | 0,390 | 0,0526 | 0,0577 | 0,0628 | 0,0677 | 0,0722 | 0,0765 | 0,0801 | 0,0833 | 0,0856 | 0,0871 | 0,0875 | 0,0876 | $P$ |
| 0,5 | 0,375 | 0,0593 | 0,0651 | 0,0709 | 0,0765 | 0,0818 | 0,0868 | 0,0914 | 0,0953 | 0,0984 | 0,1003 | 0,1008 | 0,1010 | $P$ |
| 0,4 | 0,360 | 0,0667 | 0,0734 | 0,0800 | 0,0865 | 0,0929 | 0,0991 | 0,1048 | 0,1099 | 0,1141 | 0,1168 | 0,1175 | 0,1178 | $P$ |
| 0,3 | 0,350 | 0,0754 | 0,0829 | 0,0905 | 0,0981 | 0,1059 | 0,1135 | 0,1210 | 0,1280 | 0,1341 | 0,1348 | 0,1394 | 0,1398 | $P$ |
| 0,2 | 0,340 | 0,0850 | 0,0935 | 0,1024 | 0,1115 | 0,1208 | 0,1306 | 0,1406 | 0,1508 | 0,1606 | 0,1685 | 0,1708 | 0,1717 | $P$ |
| 0,1 | 0,335 | 0,0958 | 0,1055 | 0,1157 | 0,1265 | 0,1380 | 0,1506 | 0,1645 | 0,1799 | 0,1974 | 0,2160 | 0,2234 | 0,2266 | $P$ |
| 0,05 | 0,335 | 0,1015 | 0,1120 | 0,1229 | 0,1347 | 0,1475 | 0,1618 | 0,1781 | 0,1974 | 0,2215 | 0,2530 | 0,2711 | 0,2816 | $P$ |
| 0 | 0,335 | 0,1077 | 0,1188 | 0,1305 | 0,1434 | 0,1577 | 0,1739 | 0,1931 | 0,2171 | 0,2502 | 0,3058 | 0,3609 | $\infty$ | $P$ |

**E.1,2/41.** Einflußfläche für $m_{xm}$

| $\frac{v}{a}$ | $\frac{u}{a}$ | | | | |
|---|---|---|---|---|---|
| | 0,1 | 0,2 | 0,3 | 0,4 | 0,5 |
| 0,6 | 0,0151 | 0,0340 | 0,0623 | 0,1145 | $\infty$ |
| 0,5 | 0,0159 | 0,0363 | 0,0678 | 0,1264 | 0,1917 |
| 0,4 | 0,0171 | 0,0385 | 0,0687 | 0,1082 | 0,1319 |
| 0,3 | 0,0160 | 0,0349 | 0,0579 | 0,0812 | 0,0919 |
| 0,2 | 0,0123 | 0,0259 | 0,0407 | 0,0537 | 0,0591 |
| 0,1 | 0,0066 | 0,0136 | 0,0208 | 0,0267 | 0,0290 |

**E.1,2/42.** Einflußfläche für $m_{ym}$

| $\frac{v}{a}$ | $\frac{u}{a}$ | | | | |
|---|---|---|---|---|---|
| | 0,1 | 0,2 | 0,3 | 0,4 | 0,5 |
| 0,6 | 0,0314 | 0,0649 | 0,1050 | 0,1650 | $\infty$ |
| 0,5 | 0,0277 | 0,0556 | 0,0826 | 0,0998 | 0,0892 |
| 0,4 | 0,0195 | 0,0365 | 0,0470 | 0,0459 | 0,0403 |
| 0,3 | 0,0112 | 0,0197 | 0,0228 | 0,0203 | 0,0178 |
| 0,2 | 0,0055 | 0,0091 | 0,0097 | 0,0080 | 0,0069 |
| 0,1 | 0,0021 | 0,0034 | 0,0033 | 0,0025 | 0,0021 |

**E.1,2/43.** Einflußfläche für $m_y$ im Punkt $\frac{x}{a} = 0,5$, $\frac{y}{a} = 0,35$

| $\frac{v}{a}$ | $\frac{u}{a}$ | | | | |
|---|---|---|---|---|---|
| | 0,1 | 0,2 | 0,3 | 0,4 | 0,5 |
| 1,1 | — 0,0005 | — 0,0012 | — 0,0018 | — 0,0023 | — 0,0025 |
| 1,0 | — 0,0007 | — 0,0016 | — 0,0027 | — 0,0038 | — 0,0042 |
| 0,9 | + 0,0002 | — 0,0004 | — 0,0017 | — 0,0032 | — 0,0039 |
| 0,8 | + 0,0026 | + 0,0038 | + 0,0029 | + 0,0009 | — 0,0002 |
| 0,7 | + 0,0084 | + 0,0125 | + 0,0134 | + 0,0108 | + 0,0089 |
| 0,6 | 0,0151 | 0,0273 | 0,0332 | 0,0307 | 0,0270 |
| 0,5 | 0,0244 | 0,0475 | 0,0658 | 0,0701 | 0,0619 |
| 0,4 | 0,0313 | 0,0643 | 0,1015 | 0,1465 | 0,1467 |
| 0,35 | 0,0324 | 0,0670 | 0,1083 | 0,1692 | $\infty$ |
| 0,3 | 0,0307 | 0,0637 | 0,1015 | 0,1473 | 0,1480 |
| 0,2 | 0,0235 | 0,0463 | 0,0652 | 0,0706 | 0,0629 |
| 0,1 | + 0,0121 | + 0,0227 | + 0,0292 | + 0,0284 | + 0,0257 |

E.1,2/12. $\sin \pi \frac{y}{b}$, Momente infolge Gleichlast, Dreiecklast und Randmoment $m_{t1}$ (Verlauf in der $y$-Richtung)

| $\frac{y}{a}$ | $\sin \pi \frac{y}{b}$ | F₄–1 / F₄–3 $m_x$ | F₄–1 / F₄–3 $m_y$ | F₄–13 $m_x$ | F₄–13 $m_y$ | F₄–0t $m_x$ | F₄–0t $m_y$ |
|---|---|---|---|---|---|---|---|
| | | $\frac{x}{a} = 0{,}5$ | | $\frac{x}{a} = 0{,}5$ | | | |
| 1,1 | 0,2588 | 0,0141 | 0,0165 | 0,0059 | 0,0026 | 0,0201 | — 0,0054 |
| 1,0 | 0,5000 | 0,0270 | 0,0260 | 0,0116 | 0,0053 | 0,0409 | — 0,0100 |
| 0,9 | 0,7071 | 0,0377 | 0,0309 | 0,0167 | 0,0081 | 0,0626 | — 0,0124 |
| 0,85 | 0,7933 | 0,0421 | 0,0323 | 0,0190 | 0,0096 | 0,0739 | — 0,0123 |
| 0,8 | 0,8660 | 0,0457 | 0,0332 | 0,0211 | 0,0110 | 0,0854 | — 0,0110 |
| 0,7 | 0,9659 | 0,0507 | 0,0341 | 0,0243 | 0,0141 | 0,1093 | — 0,0032 |
| 0,6 | 1,0000 | 0,0523 | 0,0343 | 0,0262 | 0,0172 | 0,1336 | 0,0148 |
| 0,5 | 0,9659 | 0,0507 | 0,0341 | 0,0264 | 0,0200 | 0,1561 | 0,0494 |
| 0,4 | 0,8660 | 0,0457 | 0,0332 | 0,0248 | 0,0222 | 0,1735 | 0,1095 |
| 0,35 | 0,7933 | 0,0421 | 0,0323 | 0,0232 | 0,0228 | 0,1786 | 0,1534 |
| 0,3 | 0,7071 | 0,0377 | 0,0309 | 0,0210 | 0,0229 | 0,1801 | 0,2083 |
| 0,2 | 0,5000 | 0,0270 | 0,0260 | 0,0154 | 0,0207 | 0,1653 | 0,3672 |
| 0,1 | 0,2588 | 0,0141 | 0,0165 | 0,0082 | 0,0139 | 0,1135 | 0,6165 |
| 0 | 0 | 0 | 0 | 0 | 0 | 0 | 1,0000 |
| Faktor | | $p\,a^2$ bzw. $\frac{p_s}{2}\,a^2$ | | $p_t\,a^2$ | | $m_{t1} \sin \pi \frac{x}{a}$ | |

E.1,2/34. Belastungsglieder $\omega_s = \omega_a$ bei Rechtecklast auf der Linie $\frac{u}{a} = 0{,}5$

| $\frac{2c}{a}$: 1,0 | 0,9 | 0,8 | 0,7 | 0,6 | 0,5 | 0,4 | 0,3 | 0,2 | 0,1 | 0,05 | 0 | Faktor |
|---|---|---|---|---|---|---|---|---|---|---|---|---|
| 0,0863 | 0,0943 | 0,1005 | 0,1059 | 0,1104 | 0,1141 | 0,1164 | 0,1185 | 0,1199 | 0,1207 | 0,1210 | 0,1210 | $P \frac{b}{2d} \sin \pi \frac{d}{b} \sin \pi \frac{v}{b}$ |

E.1,2/44. Einflußfläche für $\omega_s$ (obere Zahl) und $\sum_{3,5\ldots}^{\infty} k \sin \frac{k\pi}{2} B_{sk}$ (untere Zahl)

| $\frac{v}{a}$ \ $\frac{u}{a}$ | 0 | 0,1 | 0,2 | 0,3 | 0,4 | 0,5 | 0,6 | 0,7 | 0,8 | 0,9 |
|---|---|---|---|---|---|---|---|---|---|---|
| 0,6 | 0 | 0,1264 | 0,1908 | 0,2136 | 0,2102 | 0,1900 | 0,1595 | 0,1231 | 0,0835 | 0,0421 |
| | + 0,3183 | + 0,1864 | + 0,1067 | + 0,0598 | + 0,0328 | + 0,0177 | + 0,0094 | + 0,0048 | + 0,0023 | + 0,0009 |
| 0,5 | 0 | 0,1220 | 0,1842 | 0,2063 | 0,2030 | 0,1835 | 0,1541 | 0,1189 | 0,0806 | 0,0407 |
| | | + 0,0316 | + 0,0495 | + 0,0352 | + 0,0211 | + 0,0119 | + 0,0065 | + 0,0033 | + 0,0017 | + 0,0006 |
| 0,4 | 0 | 0,1095 | 0,1653 | 0,1850 | 0,1821 | 0,1646 | 0,1381 | 0,1065 | 0,0723 | 0,0365 |
| | | —0,0514 | —0,0273 | —0,0103 | —0,0035 | —0,0011 | —0,0003 | — 0,0001 | 0 | 0 |
| 0,3 | 0 | 0,0894 | 0,1350 | 0,1510 | 0,1487 | 0,1344 | 0,1128 | 0,0870 | 0,0590 | 0,0298 |
| | | —0,0634 | —0,0589 | —0,0388 | —0,0225 | —0,0124 | —0,0066 | —0,0034 | —0,0017 | —0,0006 |
| 0,2 | 0 | 0,0632 | 0,0954 | 0,1068 | 0,1051 | 0,0950 | 0,0798 | 0,0616 | 0,0418 | 0,0211 |
| | | —0,0507 | —0,0553 | —0,0418 | —0,0268 | —0,0158 | —0,0088 | —0,0047 | —0,0023 | —0,0009 |
| 0,1 | 0 | 0,0327 | 0,0494 | 0,0552 | 0,0544 | 0,0492 | 0,0413 | 0,0319 | 0,0216 | 0,0109 |
| | | —0,0275 | —0,0320 | —0,0257 | —0,0174 | —0,0100 | —0,0060 | —0,0032 | —0,0017 | —0,0006 |

**E.1,2/35.** Belastungsglieder $\omega_t$ bei Rechtecklast auf den Linien $\frac{v}{a} = 0{,}6$ und $\frac{v}{a} = 0{,}35$

| $\frac{2d}{a}$ | $\frac{v}{a}$ = 0,6 | $\frac{v}{a}$ = 0,35 | Faktor |
|---|---|---|---|
| 1,2 | 0,0854 | — | $P\frac{a}{2c}\sin\pi\frac{c}{a}\sin\pi\frac{u}{a}$ |
| 1,0 | 0,0966 | — | $P\frac{a}{2c}\sin\pi\frac{c}{a}\sin\pi\frac{u}{a}$ |
| 0,9 | 0,1002 | — | $P\frac{a}{2c}\sin\pi\frac{c}{a}\sin\pi\frac{u}{a}$ |
| 0,8 | 0,1030 | — | $P\frac{a}{2c}\sin\pi\frac{c}{a}\sin\pi\frac{u}{a}$ |
| 0,7 | 0,1051 | 0,1159 | $P\frac{a}{2c}\sin\pi\frac{c}{a}\sin\pi\frac{u}{a}$ |
| 0,6 | 0,1064 | 0,1248 | $P\frac{a}{2c}\sin\pi\frac{c}{a}\sin\pi\frac{u}{a}$ |
| 0,5 | 0,1075 | 0,1319 | $P\frac{a}{2c}\sin\pi\frac{c}{a}\sin\pi\frac{u}{a}$ |
| 0,4 | 0,1082 | 0,1378 | $P\frac{a}{2c}\sin\pi\frac{c}{a}\sin\pi\frac{u}{a}$ |
| 0,3 | 0,1087 | 0,1413 | $P\frac{a}{2c}\sin\pi\frac{c}{a}\sin\pi\frac{u}{a}$ |
| 0,2 | 0,1089 | 0,1439 | $P\frac{a}{2c}\sin\pi\frac{c}{a}\sin\pi\frac{u}{a}$ |
| 0,1 | 0,1091 | 0,1455 | $P\frac{a}{2c}\sin\pi\frac{c}{a}\sin\pi\frac{u}{a}$ |
| 0,05 | 0,1091 | 0,1457 | $P\frac{a}{2c}\sin\pi\frac{c}{a}\sin\pi\frac{u}{a}$ |
| 0 | 0,1091 | 0,1458 | $P\frac{a}{2c}\sin\pi\frac{c}{a}\sin\pi\frac{u}{a}$ |

**E.1,2/45.** Einflußfläche für $\omega_t$

| $\frac{v}{a}$ | $\frac{b-v}{a}$ | $\omega_t$ | Faktor |
|---|---|---|---|
| 1,15 | 0,05 | 0,0129 | $\sin\pi\frac{u}{a}$ |
| 1,1 | 0,1 | 0,0258 | $\sin\pi\frac{u}{a}$ |
| 1,05 | 0,15 | 0,0391 | $\sin\pi\frac{u}{a}$ |
| 1,0 | 0,2 | 0,0524 | $\sin\pi\frac{u}{a}$ |
| 0,95 | 0,25 | 0,0662 | $\sin\pi\frac{u}{a}$ |
| 0,9 | 0,3 | 0,0802 | $\sin\pi\frac{u}{a}$ |
| 0,85 | 0,35 | 0,0947 | $\sin\pi\frac{u}{a}$ |
| 0,8 | 0,4 | 0,1096 | $\sin\pi\frac{u}{a}$ |
| 0,75 | 0,45 | 0,1248 | $\sin\pi\frac{u}{a}$ |
| 0,7 | 0,5 | 0,1401 | $\sin\pi\frac{u}{a}$ |
| 0,65 | 0,55 | 0,1558 | $\sin\pi\frac{u}{a}$ |
| 0,6 | 0,6 | 0,1713 | $\sin\pi\frac{u}{a}$ |
| 0,55 | 0,65 | 0,1863 | $\sin\pi\frac{u}{a}$ |
| 0,5 | 0,7 | 0,2002 | $\sin\pi\frac{u}{a}$ |
| 0,45 | 0,75 | 0,2127 | $\sin\pi\frac{u}{a}$ |
| 0,4 | 0,8 | 0,2226 | $\sin\pi\frac{u}{a}$ |
| 0,35 | 0,85 | 0,2290 | $\sin\pi\frac{u}{a}$ |
| 0,3 | 0,9 | 0,2308 | $\sin\pi\frac{u}{a}$ |
| 0,25 | 0,95 | 0,2256 | $\sin\pi\frac{u}{a}$ |
| 0,2 | 1,0 | 0,2120 | $\sin\pi\frac{u}{a}$ |
| 0,15 | 1,05 | 0,1864 | $\sin\pi\frac{u}{a}$ |
| 0,1 | 1,1 | 0,1457 | $\sin\pi\frac{u}{a}$ |
| 0,05 | 1,15 | 0,0854 | $\sin\pi\frac{u}{a}$ |
| 0 | 1,2 | 0 | |

**E.1,3/11. Hyperbelfunktionen von $\pi \frac{x}{b}$; Momente infolge Gleichlast,**

| | $\frac{x}{a}$ | 0 | 0,1 | 0,2 | 0,25 | 0,3 | 0,35 | 0,4 | 0,45 |
|---|---|---|---|---|---|---|---|---|---|
| | $\pi \frac{x}{b}$ | 0 | 0,2417 | 0,4833 | 0,6042 | 0,7250 | 0,8458 | 0,9666 | 1,0875 |
| | $e^{-\pi \frac{x}{b}}$ | 1,0000 | 0,7853 | 0,6167 | 0,5466 | 0,4844 | 0,4292 | 0,3803 | 0,3370 |
| | $\mathfrak{Sin}\, \pi \frac{x}{b}$ | 0 | 0,2440 | 0,5024 | 0,6416 | 0,7902 | 0,9503 | 1,1244 | 1,3149 |
| | $\mathfrak{Cof}\, \pi \frac{x}{b}$ | 1,0000 | 1,0293 | 1,1191 | 1,1882 | 1,2746 | 1,3795 | 1,5047 | 1,6519 |
| | $\pi \frac{x}{b} \mathfrak{Tg}\, \pi \frac{x}{b}$ | 0 | 0,0573 | 0,2170 | 0,3263 | 0,4495 | 0,5827 | 0,7223 | 0,8656 |
| | $\pi \frac{x}{b} \mathfrak{Cotg}\, \pi \frac{x}{b}$ | 1,0000 | 1,0194 | 1,0767 | 1,1188 | 1,1694 | 1,2278 | 1,2937 | 1,3663 |
| $F_4$—1, $F_4$—13 | $m_x\left(y = \frac{b}{2}\right)$ | 0 | 0,0247 | 0,0414 | 0,0474 | 0,0520 | 0,0554 | 0,0578 | 0,0582 |
| $F_4$—3 | $m_x$, $y = \frac{b}{2}$ | 0 | 0,0179 | 0,0279 | 0,0307 | 0,0323 | 0,0328 | 0,0324 | 0,0314 |
| | $m_y$, $y = \frac{b}{2}$ | 0 | 0,0054 | 0,0101 | 0,0121 | 0,0137 | 0,0149 | 0,0158 | 0,0162 |
| $F_4$—0s | $m_x$, $k = 1$ | 1,0000 | 0,6940 | 0,4748 | 0,3904 | 0,3196 | 0,2602 | 0,2104 | 0,1695 |
| | $m_x$, $k = 2$ | 1,0000 | 0,4680 | 0,1970 | 0,1189 | 0,0653 | 0,0295 | 0,0063 | —0,0082 |
| | $m_x$, $k = 3$ | 1,0000 | 0,3089 | 0,0646 | 0,0154 | —0,0099 | —0,0211 | —0,0247 | —0,0255 |
| | $m_y$, $k = 1$ | 0 | 0,0874 | 0,1338 | 0,1459 | 0,1521 | 0,1537 | 0,1518 | 0,1464 |
| | $m_y$, $k = 2$ | 0 | 0,1487 | 0,1832 | 0,1797 | 0,1689 | 0,1544 | 0,1383 | 0,1216 |
| | $m_y$, $k = 3$ | 0 | 0,1755 | 0,1699 | 0,1479 | 0,1235 | 0,1002 | 0,0798 | 0,0639 |

**E.1,3/2.**

| Randbedingung | Reihenkoeffizienten der | | | | | | | | |
|---|---|---|---|---|---|---|---|---|---|
| | $m_{s1}$ | $m_{s2}$ | $m_{s3}$ | $m_{a1}$ | $m_{a2}$ | $m_{a3}$ | $m_{t1}$ | $m_{t2}$ | $m_{t3}$ |
| $s\,1$ | 0,9379 | — | — | 0,2618 | — | — | 0,2288 | 0,0550 | 0,0189 |
| $s\,2$ | — | 0,9989 | — | — | 0,0610 | — | 0,2045 | 0,1144 | 0,0538 |
| $s\,3$ | — | — | 1,0000 | — | — | 0,0089 | 0,1304 | 0,1200 | 0,0762 |
| $a\,1$ | 0,2618 | — | — | 0,9379 | — | — | 0,2288 | —0,0550 | 0,0189 |
| $a\,2$ | — | 0,0610 | — | — | 0,9989 | — | 0,2045 | —0,1144 | 0,0538 |
| $a\,3$ | — | — | 0,0089 | — | — | 1,0000 | 0,1304 | —0,1200 | 0,0762 |
| $t\,1$ | 0,3866 | 0,1728 | 0,0734 | 0,3866 | 0,1728 | 0,0734 | 0,9959 | — | — |
| $t\,2$ | 0,1858 | 0,1933 | 0,1351 | —0,1858 | —0,1933 | —0,1351 | — | 1,0000 | — |
| $t\,3$ | 0,0958 | 0,1364 | 0,1289 | 0,0958 | 0,1364 | 0,1289 | — | — | 1,0000 |
| $b\,1$ | 0,3866 | —0,1728 | 0,0734 | 0,3866 | —0,1728 | 0,0734 | 0,1040 | — | — |
| $b\,2$ | 0,1858 | —0,1933 | 0,1351 | —0,1858 | 0,1933 | —0,1351 | — | 0,0041 | — |
| $b\,3$ | 0,0958 | —0,1364 | 0,1289 | 0,0958 | —0,1364 | 0,1289 | — | — | 0,0001 |

Tafel E. 1,3/12 auf S. 354

Dreiecklast und Randmoment $m_s$ (Verlauf in der $x$-Richtung)

| 0,5 | 0,55 | 0,6 | 0,65 | 0,7 | 0,75 | 0,8 | 0,9 | 1,0 | Faktor |
|---|---|---|---|---|---|---|---|---|---|
| 1,2083 | 1,3291 | 1,4500 | 1,5708 | 1,6916 | 1,8125 | 1,9333 | 2,1750 | 2,4166 | |
| 0,2988 | 0,2648 | 0,2345 | 0,2079 | 0,1842 | 0,1633 | 0,1448 | 0,1136 | 0,0893 | |
| 1,5245 | 1,7565 | 2,0143 | 2,3012 | 2,6220 | 2,9812 | 3,3837 | 4,3443 | 5,5593 | |
| 1,8233 | 2,0213 | 2,2488 | 2,5091 | 2,8062 | 3,1445 | 3,5285 | 4,4579 | 5,6486 | |
| 1,0103 | 1,1551 | 1,2987 | 1,4407 | 1,5806 | 1,7184 | 1,8540 | 2,1195 | 2,3784 | |
| 1,4450 | 1,5295 | 1,6188 | 1,7127 | 1,8105 | 1,9117 | 2,0159 | 2,2318 | 2,4554 | |
| 0,0596 | 0,0582 | 0,0578 | 0,0554 | 0,0520 | 0,0474 | 0,0414 | 0,0247 | 0 | $\begin{cases} p\,a^2 \\ \frac{p_t}{2}\,a^2 \end{cases}$ |
| 0,0298 | 0,0278 | 0,0254 | 0,0227 | 0,0198 | 0,0167 | 0,0135 | 0,0068 | 0 | $p_s\,a^2$ |
| 0,0162 | 0,0159 | 0,0151 | 0,0140 | 0,0126 | 0,0110 | 0,0091 | 0,0047 | 0 | $p_s\,a^2$ |
| 0,1357 | 0,1076 | 0,0847 | 0,0660 | 0,0511 | 0,0384 | 0,0282 | 0,0126 | 0 | $m_{s1} \sin \pi \frac{y}{b}$ |
| —0,0167 | —0,0206 | —0,0219 | —0,0213 | —0,0194 | —0,0168 | —0,0137 | —0,0069 | 0 | $m_{s2} \sin 2\pi \frac{y}{b}$ |
| —0,0211 | —0,0178 | —0,0146 | —0,0115 | —0,0093 | —0,0072 | —0,0052 | —0,0023 | 0 | $m_{s3} \sin 3\pi \frac{y}{b}$ |
| 0,1386 | 0,1290 | 0,1175 | 0,1049 | 0,0912 | 0,0771 | 0,0622 | 0,0313 | 0 | $m_{s1} \sin \pi \frac{y}{b}$ |
| 0,1052 | 0,0898 | 0,0758 | 0,0631 | 0,0515 | 0,0411 | 0,0316 | 0,0149 | 0 | $m_{s2} \sin 2\pi \frac{y}{b}$ |
| 0,0473 | 0,0360 | 0,0273 | 0,0203 | 0,0155 | 0,0114 | 0,0081 | 0,0034 | 0 | $m_{s3} \sin 3\pi \frac{y}{b}$ |

Gleichungssystem

| Randmomente | | | Werte $B$ für Belastungsfall | | |
|---|---|---|---|---|---|
| $m_{b1}$ | $m_{b2}$ | $m_{b3}$ | 1 | 3 | 13 |
| 0,2288 | 0,0550 | 0,0189 | $0,1030 \cdot p \cdot a^2$ | $0,0581 \cdot p_s \cdot a^2$ | $0,0515 \cdot p_t \cdot a^2$ |
| —0,2045 | —0,1144 | —0,0538 | — | — | $0,0124 \cdot p_t \cdot a^2$ |
| 0,1304 | 0,1200 | 0,0762 | $0,0080 \cdot p \cdot a^2$ | $0,0058 \cdot p_s \cdot a^2$ | $0,0040 \cdot p_t \cdot a^2$ |
| 0,2288 | —0,0550 | 0,0189 | $0,1030 \cdot p \cdot a^2$ | $0,0449 \cdot p_s \cdot a^2$ | $0,0515 \cdot p_t \cdot a^2$ |
| —0,2045 | 0,1144 | —0,0538 | — | — | $0,0124 \cdot p_t \cdot a^2$ |
| 0,1304 | —0,1200 | 0,0762 | $0,0080 \cdot p \cdot a^2$ | $0,0021 \cdot p_s \cdot a^2$ | $0,0040 \cdot p_t \cdot a^2$ |
| 0,1040 | — | — | $0,1076 \cdot p \cdot a^2$ | $0,0538 \cdot p_s \cdot a^2$ | $0,0665 \cdot p_t \cdot a^2$ |
| — | 0,0041 | — | — | $0,0080 \cdot p_s \cdot a^2$ | — |
| — | — | 0,0001 | $0,0048 \cdot p \cdot a^2$ | $0,0024 \cdot p_s \cdot a^2$ | $0,0040 \cdot p_t \cdot a^2$ |
| 0,9959 | — | — | $0,1076 \cdot p \cdot a^2$ | $0,0538 \cdot p_s \cdot a^2$ | $0,0411 \cdot p_t \cdot a^2$ |
| — | 1,0000 | — | — | $0,0080 \cdot p_s \cdot a^2$ | — |
| — | — | 1,0000 | $0,0048 \cdot p \cdot a^2$ | $0,0024 \cdot p_s \cdot a^2$ | $0,0008 \cdot p_t \cdot a^2$ |

**E.1,3/31. Mittenmomente $m_{xm}$ bei mittiger Rechtecklast**

| $\frac{2d}{a}$ | $\frac{2c}{a}$ | | | | | | | | | | | | Faktor |
|---|---|---|---|---|---|---|---|---|---|---|---|---|---|
| | 1,0 | 0,9 | 0,8 | 0,7 | 0,6 | 0,5 | 0,4 | 0,3 | 0,2 | 0,1 | 0,05 | 0 | |
| 1,3 | 0,0459 | 0,0506 | 0,0556 | 0,0609 | 0,0667 | 0,0730 | 0,0797 | 0,0871 | 0,0950 | 0,1036 | 0,1082 | 0,1129 | $P$ |
| 1,0 | 0,0561 | 0,0618 | 0,0680 | 0,0747 | 0,0818 | 0,0896 | 0,0982 | 0,1075 | 0,1177 | 0,1287 | 0,1347 | 0,1408 | $P$ |
| 0,9 | 0,0593 | 0,0654 | 0,0720 | 0,0790 | 0,0867 | 0,0951 | 0,1043 | 0,1145 | 0,1256 | 0,1378 | 0,1444 | 0,1512 | $P$ |
| 0,8 | 0,0623 | 0,0687 | 0,0757 | 0,0832 | 0,0914 | 0,1005 | 0,1105 | 0,1216 | 0,1339 | 0,1474 | 0,1548 | 0,1624 | $P$ |
| 0,7 | 0,0652 | 0,0719 | 0,0792 | 0,0872 | 0,0959 | 0,1057 | 0,1166 | 0,1287 | 0,1424 | 0,1576 | 0,1660 | 0,1747 | $P$ |
| 0,6 | 0,0678 | 0,0748 | 0,0825 | 0,0909 | 0,1002 | 0,1107 | 0,1225 | 0,1360 | 0,1513 | 0,1687 | 0,1783 | 0,1884 | $P$ |
| 0,5 | 0,0702 | 0,0774 | 0,0854 | 0,0942 | 0,1042 | 0,1154 | 0,1283 | 0,1432 | 0,1606 | 0,1807 | 0,1921 | 0,2041 | $P$ |
| 0,4 | 0,0722 | 0,0796 | 0,0880 | 0,0972 | 0,1077 | 0,1197 | 0,1337 | 0,1503 | 0,1703 | 0,1942 | 0,2080 | 0,2230 | $P$ |
| 0,3 | 0,0738 | 0,0815 | 0,0900 | 0,0996 | 0,1106 | 0,1234 | 0,1386 | 0,1571 | 0,1801 | 0,2093 | 0,2270 | 0,2467 | $P$ |
| 0,2 | 0,0750 | 0,0828 | 0,0916 | 0,1015 | 0,1128 | 0,1263 | 0,1425 | 0,1629 | 0,1897 | 0,2266 | 0,2507 | 0,2795 | $P$ |
| 0,1 | 0,0757 | 0,0836 | 0,0925 | 0,1026 | 0,1142 | 0,1281 | 0,1452 | 0,1671 | 0,1974 | 0,2449 | 0,2821 | 0,3350 | $P$ |
| 0,05 | 0,0759 | 0,0838 | 0,0928 | 0,1029 | 0,1146 | 0,1286 | 0,1459 | 0,1683 | 0,1998 | 0,2524 | 0,3002 | 0,3899 | $P$ |
| 0 | 0,0759 | 0,0838 | 0,0928 | 0,1030 | 0,1147 | 0,1288 | 0,1461 | 0,1686 | 0,2006 | 0,2557 | 0,3108 | $\infty$ | $P$ |

**E.1,3/32. Mittenmomente $m_{ym}$ bei mittiger Rechtecklast**

| $\frac{2d}{a}$ | $\frac{2c}{a}$ | | | | | | | | | | | | Faktor |
|---|---|---|---|---|---|---|---|---|---|---|---|---|---|
| | 1,0 | 0,9 | 0,8 | 0,7 | 0,6 | 0,5 | 0,4 | 0,3 | 0,2 | 0,1 | 0,05 | 0 | |
| 1,3 | 0,0250 | 0,0274 | 0,0297 | 0,0318 | 0,0337 | 0,0354 | 0,0369 | 0,0380 | 0,0388 | 0,0393 | 0,0395 | 0,0395 | $P$ |
| 1,0 | 0,0323 | 0,0354 | 0,0384 | 0,0412 | 0,0438 | 0,0460 | 0,0479 | 0,0494 | 0,0505 | 0,0512 | 0,0514 | 0,0514 | $P$ |
| 0,9 | 0,0356 | 0,0391 | 0,0424 | 0,0455 | 0,0484 | 0,0508 | 0,0530 | 0,0547 | 0,0560 | 0,0568 | 0,0570 | 0,0570 | $P$ |
| 0,8 | 0,0395 | 0,0434 | 0,0471 | 0,0506 | 0,0538 | 0,0566 | 0,0591 | 0,0611 | 0,0626 | 0,0635 | 0,0637 | 0,0637 | $P$ |
| 0,7 | 0,0441 | 0,0484 | 0,0526 | 0,0565 | 0,0602 | 0,0635 | 0,0664 | 0,0688 | 0,0706 | 0,0716 | 0,0719 | 0,0720 | $P$ |
| 0,6 | 0,0495 | 0,0543 | 0,0591 | 0,0636 | 0,0678 | 0,0717 | 0,0752 | 0,0781 | 0,0803 | 0,0817 | 0,0820 | 0,0821 | $P$ |
| 0,5 | 0,0557 | 0,0612 | 0,0666 | 0,0718 | 0,0768 | 0,0815 | 0,0858 | 0,0894 | 0,0923 | 0,0941 | 0,0946 | 0,0948 | $P$ |
| 0,4 | 0,0628 | 0,0691 | 0,0753 | 0,0814 | 0,0874 | 0,0932 | 0,0986 | 0,1035 | 0,1074 | 0,1100 | 0,1107 | 0,1110 | $P$ |
| 0,3 | 0,0711 | 0,0782 | 0,0854 | 0,0926 | 0,0999 | 0,1072 | 0,1143 | 0,1210 | 0,1269 | 0,1311 | 0,1322 | 0,1326 | $P$ |
| 0,2 | 0,0805 | 0,0886 | 0,0969 | 0,1056 | 0,1145 | 0,1239 | 0,1336 | 0,1434 | 0,1530 | 0,1607 | 0,1631 | 0,1639 | $P$ |
| 0,1 | 0,0911 | 0,1004 | 0,1101 | 0,1204 | 0,1316 | 0,1437 | 0,1571 | 0,1723 | 0,1896 | 0,2080 | 0,2154 | 0,2186 | $P$ |
| 0,05 | 0,0968 | 0,1068 | 0,1173 | 0,1286 | 0,1410 | 0,1548 | 0,1708 | 0,1898 | 0,2136 | 0,2450 | 0,2630 | 0,2736 | $P$ |
| 0 | 0,1029 | 0,1135 | 0,1249 | 0,1373 | 0,1511 | 0,1669 | 0,1857 | 0,2094 | 0,2423 | 0,2978 | 0,3528 | $\infty$ | $P$ |

**E.1,3/33. Größtmomente $m_y$ bei Rechtecklast $\left(\frac{x}{a} = 0{,}5\right)$**

| $\frac{2d}{a}$ | $\frac{y}{a}$ | $\frac{2c}{a}$ | | | | | | | | | | | | Faktor |
|---|---|---|---|---|---|---|---|---|---|---|---|---|---|---|
| | | 1,0 | 0,9 | 0,8 | 0,7 | 0,6 | 0,5 | 0,4 | 0,3 | 0,2 | 0,1 | 0,05 | 0 | |
| 1,3 | 0,65 | 0,0250 | 0,0274 | 0,0297 | 0,0318 | 0,0337 | 0,0354 | 0,0369 | 0,0380 | 0,0388 | 0,0393 | 0,0395 | 0,0395 | $P$ |
| 0,884 | 0,442 | 0,0364 | 0,0400 | 0,0433 | 0,0466 | 0,0495 | 0,0522 | 0,0545 | 0,0563 | 0,0577 | 0,0585 | 0,0587 | 0,0587 | $P$ |
| 0,8 | 0,415 | 0,0409 | 0,0449 | 0,0488 | 0,0525 | 0,0559 | 0,0588 | 0,0615 | 0,0637 | 0,0653 | 0,0663 | 0,0665 | 0,0665 | $P$ |
| 0,7 | 0,395 | 0,0460 | 0,0505 | 0,0549 | 0,0590 | 0,0629 | 0,0665 | 0,0696 | 0,0722 | 0,0741 | 0,0752 | 0,0755 | 0,0756 | $P$ |
| 0,6 | 0,375 | 0,0519 | 0,0569 | 0,0620 | 0,0668 | 0,0712 | 0,0754 | 0,0791 | 0,0822 | 0,0846 | 0,0861 | 0,0864 | 0,0865 | $P$ |
| 0,5 | 0,360 | 0,0586 | 0,0644 | 0,0701 | 0,0756 | 0,0809 | 0,0859 | 0,0904 | 0,0943 | 0,0973 | 0,0993 | 0,0998 | 0,1000 | $P$ |
| 0,4 | 0,350 | 0,0661 | 0,0728 | 0,0793 | 0,0858 | 0,0921 | 0,0982 | 0,1039 | 0,1091 | 0,1132 | 0,1159 | 0,1166 | 0,1169 | $P$ |
| 0,3 | 0,340 | 0,0748 | 0,0823 | 0,0899 | 0,0975 | 0,1051 | 0,1128 | 0,1202 | 0,1272 | 0,1333 | 0,1376 | 0,1387 | 0,1391 | $P$ |
| 0,2 | 0,330 | 0,0845 | 0,0930 | 0,1017 | 0,1108 | 0,1201 | 0,1298 | 0,1399 | 0,1499 | 0,1597 | 0,1676 | 0,1700 | 0,1708 | $P$ |
| 0,1 | 0,325 | 0,0953 | 0,1050 | 0,1151 | 0,1258 | 0,1374 | 0,1499 | 0,1637 | 0,1791 | 0,1967 | 0,2152 | 0,2226 | 0,2258 | $P$ |
| 0,05 | 0,325 | 0,1010 | 0,1114 | 0,1224 | 0,1341 | 0,1469 | 0,1611 | 0,1774 | 0,1967 | 0,2207 | 0,2523 | 0,2703 | 0,2809 | $P$ |
| 0 | 0,325 | 0,1071 | 0,1181 | 0,1300 | 0,1428 | 0,1570 | 0,1732 | 0,1923 | 0,2163 | 0,2494 | 0,3051 | 0,3601 | $\infty$ | $P$ |

**E.1,3/41. Einflußfläche für $m_{xm}$**

| $\frac{v}{a}$ | $\frac{u}{a}$ | | | | |
|---|---|---|---|---|---|
| | 0,1 | 0,2 | 0,3 | 0,4 | 0,5 |
| 0,65 | 0,0173 | 0,0380 | 0,0680 | 0,1214 | $\boxed{\infty}$ |
| 0,55 | 0,0182 | 0,0405 | 0,0737 | 0,1323 | 0,1990 |
| 0,45 | 0,0194 | 0,0429 | 0,0750 | 0,1156 | 0,1396 |
| 0,35 | 0,0184 | 0,0396 | 0,0648 | 0,0896 | 0,1009 |
| 0,25 | 0,0152 | 0,0315 | 0,0486 | 0,0630 | 0,0689 |
| 0,15 | 0,0099 | 0,0199 | 0,0296 | 0,0374 | 0,0405 |

**E.1,3/42. Einflußfläche für $m_{ym}$**

| $\frac{v}{a}$ | $\frac{u}{a}$ | | | | |
|---|---|---|---|---|---|
| | 0,1 | 0,2 | 0,3 | 0,4 | 0,5 |
| 0,65 | 0,0303 | 0,0629 | 0,1023 | 0,1617 | $\boxed{\infty}$ |
| 0,55 | 0,0267 | 0,0536 | 0,0799 | 0,0966 | 0,0859 |
| 0,45 | 0,0185 | 0,0346 | 0,0444 | 0,0429 | 0,0371 |
| 0,35 | 0,0104 | 0,0180 | 0,0204 | 0,0174 | 0,0147 |
| 0,25 | 0,0048 | 0,0077 | 0,0077 | 0,0056 | 0,0043 |
| 0,15 | 0,0018 | 0,0026 | 0,0021 | 0,0009 | 0,0003 |

**E.1,3/43. Einflußfläche für $m_y$ im Punkt $\frac{x}{a} = 0{,}5$, $\frac{y}{a} = 0{,}35$**

| $\frac{v}{a}$ | $\frac{u}{a}$ | | | | |
|---|---|---|---|---|---|
| | 0,1 | 0,2 | 0,3 | 0,4 | 0,5 |
| 1,1 | 0,0015 | — 0,0031 | — 0,0045 | — 0,0055 | — 0,0059 |
| 1,0 | — 0,0016 | — 0,0034 | — 0,0053 | — 0,0068 | — 0,0073 |
| 0,8 | + 0,0018 | + 0,0024 | + 0,0009 | — 0,0015 | — 0,0026 |
| 0,7 | + 0,0068 | + 0,0113 | + 0,0117 | + 0,0088 | + 0,0068 |
| 0,6 | 0,0146 | 0,0263 | 0,0318 | 0,0291 | 0,0253 |
| 0,5 | 0,0240 | 0,0467 | 0,0647 | 0,0689 | 0,0606 |
| 0,4 | 0,0310 | 0,0637 | 0,1007 | 0,1455 | 0,1457 |
| 0,35 | 0,0321 | 0,0665 | 0,1076 | 0,1683 | $\boxed{\infty}$ |
| 0,3 | 0,0305 | 0,0633 | 0,1009 | 0,1466 | 0,1473 |
| 0,2 | 0,0234 | 0,0460 | 0,0649 | 0,0701 | 0,0624 |
| 0,1 | 0,0120 | 0,0226 | 0,0289 | 0,0282 | 0,0254 |

**E.1,3/12.** $\sin \pi \frac{y}{b}$; Momente infolge Gleichlast, Dreiecklast und Randmoment $m_{t1}$ (Verlauf in der $y$-Richtung)

| $\frac{y}{a}$ | $\sin \pi \frac{y}{b}$ | F₄—1 / F₄—3 $m_x$ ($\frac{x}{a}=0,5$) | F₄—1 / F₄—3 $m_y$ ($\frac{x}{a}=0,5$) | F₄—13 $m_x$ ($\frac{x}{a}=0,5$) | F₄—13 $m_y$ ($\frac{x}{a}=0,5$) | F₄—0t $m_x$ | F₄—0t $m_y$ |
|---|---|---|---|---|---|---|---|
| 1,2 | 0,2393 | 0,0150 | 0,0161 | 0,0061 | 0,0021 | 0,0164 | — 0,0056 |
| 1,1 | 0,4647 | 0,0289 | 0,0251 | 0,0120 | 0,0043 | 0,0333 | — 0,0107 |
| 1,0 | 0,6631 | 0,0407 | 0,0297 | 0,0175 | 0,0066 | 0,0514 | — 0,0147 |
| 0,95 | 0,7485 | 0,0456 | 0,0309 | 0,0200 | 0,0079 | 0,0609 | — 0,0159 |
| 0,9 | 0,8230 | 0,0498 | 0,0316 | 0,0223 | 0,0092 | 0,0709 | — 0,0165 |
| 0,8 | 0,9350 | 0,0561 | 0,0323 | 0,0262 | 0,0119 | 0,0919 | — 0,0144 |
| 0,7 | 0,9927 | 0,0592 | 0,0325 | 0,0289 | 0,0148 | 0,1145 | — 0,0061 |
| 0,65 | 1,0000 | 0,0596 | 0,0325 | 0,0298 | 0,0163 | 0,1260 | 0,0016 |
| 0,6 | 0,9927 | 0,0592 | 0,0325 | 0,0303 | 0,0177 | 0,1374 | 0,0126 |
| 0,5 | 0,9350 | 0,0561 | 0,0323 | 0,0299 | 0,0204 | 0,1591 | 0,0475 |
| 0,4 | 0,8230 | 0,0498 | 0,0316 | 0,0275 | 0,0225 | 0,1757 | 0,1080 |
| 0,35 | 0,7485 | 0,0456 | 0,0309 | 0,0257 | 0,0230 | 0,1805 | 0,1517 |
| 0,3 | 0,6631 | 0,0407 | 0,0297 | 0,0232 | 0,0230 | 0,1815 | 0,2076 |
| 0,2 | 0,4647 | 0,0289 | 0,0251 | 0,0168 | 0,0209 | 0,1663 | 0,3668 |
| 0,1 | 0,2393 | 0,0150 | 0,0161 | 0,0089 | 0,0140 | 0,1141 | 0,6161 |
| 0 | 0 | 0 | 0 | 0 | 0 | 0 | 1,0000 |
| Faktor | | $p\,a^2$ bzw. $\frac{p_s}{2}\,a^2$ | | $p_t\,a^2$ | | $m_{t1} \sin \pi \frac{x}{a}$ | |

**E.1,3/34.** Belastungsglieder $\omega_s = \omega_a$ bei Rechtecklast auf der Linie $\frac{u}{a} = 0,5$

| $\frac{2c}{a}$ = 1,0 | 0,9 | 0,8 | 0,7 | 0,6 | 0,5 | 0,4 | 0,3 | 0,2 | 0,1 | 0,05 | 0 | Faktor |
|---|---|---|---|---|---|---|---|---|---|---|---|---|
| 0,0845 | 0,0923 | 0,0987 | 0,1044 | 0,1086 | 0,1121 | 0,1150 | 0,1171 | 0,1186 | 0,1194 | 0,1195 | 0,1196 | $P \frac{b}{2d} \sin \pi \frac{d}{b} \sin \pi \frac{v}{b}$ |

**E.1,3/44.** Einflußfläche für $\omega_s$ (obere Zahl) und $\sum_{3,5\ldots}^{\infty} k \sin \frac{k\pi}{2} B_{sk}$ (untere Zahl)

| $\frac{v}{a}$ | $\frac{u}{a}$ = 0 | 0,1 | 0,2 | 0,3 | 0,4 | 0,5 | 0,6 | 0,7 | 0,8 | 0,9 |
|---|---|---|---|---|---|---|---|---|---|---|
| 0,65 | 0 | 0,1185 | 0,1816 | 0,2066 | 0,2058 | 0,1881 | 0,1595 | 0,1239 | 0,0845 | 0,0425 |
| | + 0,3183 | + 0,1945 | + 0,1165 | + 0,0686 | + 0,0396 | + 0,0225 | + 0,0126 | + 0,0068 | + 0,0035 | + 0,0014 |
| 0,55 | 0 | 0,1151 | 0,1765 | 0,2007 | 0,1999 | 0,1827 | 0,1549 | 0,1203 | 0,0821 | 0,0413 |
| | | + 0,0388 | + 0,0581 | + 0,0428 | + 0,0270 | + 0,0160 | + 0,0092 | + 0,0062 | + 0,0026 | + 0,0010 |
| 0,45 | 0 | 0,1050 | 0,1609 | 0,1830 | 0,1823 | 0,1666 | 0,1413 | 0,1096 | 0,0748 | 0,0376 |
| | | —0,0466 | —0,0218 | —0,0059 | —0,0003 | + 0,0009 | + 0,0009 | + 0,0006 | + 0,0003 | + 0,0002 |
| 0,35 | 0 | 0,0897 | 0,1360 | 0,1546 | 0,1540 | 0,1409 | 0,1194 | 0,0927 | 0,0632 | 0,0319 |
| | | —0,0623 | —0,0585 | —0,0390 | —0,0233 | —0,0132 | —0,0074 | —0,0039 | —0,0020 | —0,0008 |
| 0,25 | 0 | 0,0673 | 0,1032 | 0,1174 | 0,1169 | 0,1069 | 0,0906 | 0,0704 | 0,0480 | 0,0241 |
| | | —0,0542 | —0,0606 | —0,0475 | —0,0318 | —0,0196 | —0,0115 | —0,0064 | —0,0033 | —0,0014 |
| 0,15 | 0 | 0,0420 | 0,0644 | 0,0732 | 0,0730 | 0,0667 | 0,0566 | 0,0439 | 0,0300 | 0,0151 |
| | | —0,0356 | —0,0430 | —0,0361 | —0,0256 | —0,0165 | —0,0099 | —0,0057 | —0,0029 | —0,0012 |

E.1,3/35. Belastungsglieder $\omega_t$ bei Rechtecklast auf den Linien $\frac{v}{a} = 0{,}65$ und $\frac{v}{a} = 0{,}35$

| $\frac{2d}{a}$ | $\frac{v}{a}$ 0,65 | $\frac{v}{a}$ 0,35 | Faktor |
|---|---|---|---|
| 1,3 | 0,0831 | — | $P \frac{a}{2c} \sin \pi \frac{c}{a} \sin \pi \frac{u}{a}$ |
| 1,0 | 0,0960 | — | $P \frac{a}{2c} \sin \pi \frac{c}{a} \sin \pi \frac{u}{a}$ |
| 0,9 | 0,0983 | — | $P \frac{a}{2c} \sin \pi \frac{c}{a} \sin \pi \frac{u}{a}$ |
| 0,8 | 0,1000 | — | $P \frac{a}{2c} \sin \pi \frac{c}{a} \sin \pi \frac{u}{a}$ |
| 0,7 | 0,1009 | 0,1171 | $P \frac{a}{2c} \sin \pi \frac{c}{a} \sin \pi \frac{u}{a}$ |
| 0,6 | 0,1016 | 0,1260 | $P \frac{a}{2c} \sin \pi \frac{c}{a} \sin \pi \frac{u}{a}$ |
| 0,5 | 0,1020 | 0,1328 | $P \frac{a}{2c} \sin \pi \frac{c}{a} \sin \pi \frac{u}{a}$ |
| 0,4 | 0,1023 | 0,1383 | $P \frac{a}{2c} \sin \pi \frac{c}{a} \sin \pi \frac{u}{a}$ |
| 0,3 | 0,1025 | 0,1424 | $P \frac{a}{2c} \sin \pi \frac{c}{a} \sin \pi \frac{u}{a}$ |
| 0,2 | 0,1026 | 0,1451 | $P \frac{a}{2c} \sin \pi \frac{c}{a} \sin \pi \frac{u}{a}$ |
| 0,1 | 0,1026 | 0,1467 | $P \frac{a}{2c} \sin \pi \frac{c}{a} \sin \pi \frac{u}{a}$ |
| 0,05 | 0,1026 | 0,1469 | $P \frac{a}{2c} \sin \pi \frac{c}{a} \sin \pi \frac{u}{a}$ |
| 0 | 0,1026 | 0,1470 | $P \frac{a}{2c} \sin \pi \frac{c}{a} \sin \pi \frac{u}{a}$ |

E.1,3/45. Einflußfläche für $\omega_t$

| $\frac{v}{a}$ | $\frac{b-v}{a}$ | $w_t$ | Faktor |
|---|---|---|---|
| 1,25 | 0,05 | 0,0104 | $\sin \pi \frac{u}{a}$ |
| 1,2 | 0,1 | 0,0210 | $\sin \pi \frac{u}{a}$ |
| 1,15 | 0,15 | 0,0317 | $\sin \pi \frac{u}{a}$ |
| 1,1 | 0,2 | 0,0426 | $\sin \pi \frac{u}{a}$ |
| 1,05 | 0,25 | 0,0540 | $\sin \pi \frac{u}{a}$ |
| 1,0 | 0,3 | 0,0657 | $\sin \pi \frac{u}{a}$ |
| 0,95 | 0,35 | 0,0780 | $\sin \pi \frac{u}{a}$ |
| 0,9 | 0,4 | 0,0906 | $\sin \pi \frac{u}{a}$ |
| 0,85 | 0,45 | 0,1039 | $\sin \pi \frac{u}{a}$ |
| 0,8 | 0,5 | 0,1176 | $\sin \pi \frac{u}{a}$ |
| 0,75 | 0,55 | 0,1318 | $\sin \pi \frac{u}{a}$ |
| 0,7 | 0,6 | 0,1464 | $\sin \pi \frac{u}{a}$ |
| 0,65 | 0,65 | 0,1611 | $\sin \pi \frac{u}{a}$ |
| 0,6 | 0,7 | 0,1757 | $\sin \pi \frac{u}{a}$ |
| 0,55 | 0,75 | 0,1901 | $\sin \pi \frac{u}{a}$ |
| 0,5 | 0,8 | 0,2033 | $\sin \pi \frac{u}{a}$ |
| 0,45 | 0,85 | 0,2152 | $\sin \pi \frac{u}{a}$ |
| 0,4 | 0,9 | 0,2247 | $\sin \pi \frac{u}{a}$ |
| 0,35 | 0,95 | 0,2308 | $\sin \pi \frac{u}{a}$ |
| 0,3 | 1,00 | 0,2320 | $\sin \pi \frac{u}{a}$ |
| 0,25 | 1,05 | 0,2269 | $\sin \pi \frac{u}{a}$ |
| 0,2 | 1,1 | 0,2126 | $\sin \pi \frac{u}{a}$ |
| 0,15 | 1,15 | 0,1868 | $\sin \pi \frac{u}{a}$ |
| 0,1 | 1,2 | 0,1459 | $\sin \pi \frac{u}{a}$ |
| 0,05 | 1,25 | 0,0854 | $\sin \pi \frac{u}{a}$ |
| 0 | 1,3 | $\boxed{0}$ | $\sin \pi \frac{u}{a}$ |

**E.1,4/11.** Hyperbelfunktionen von $\pi \frac{x}{b}$; Momente infolge Gleichlast,

| | | $\frac{x}{a}$ | 0 | 0,1 | 0,2 | 0,25 | 0,3 | 0,35 | 0,4 | 0,45 |
|---|---|---|---|---|---|---|---|---|---|---|
| | | $\pi \frac{x}{b}$ | 0 | 0,2244 | 0,4488 | 0,5610 | 0,6732 | 0,7854 | 0,8976 | 1,0098 |
| | | $e^{-\pi \frac{x}{b}}$ | 1,0000 | 0,7990 | 0,6384 | 0,5706 | 0,5101 | 0,4559 | 0,4075 | 0,3643 |
| | | $\mathfrak{Sin}\, \pi \frac{x}{b}$ | 0 | 0,2263 | 0,4640 | 0,5909 | 0,7252 | 0,8687 | 1,0231 | 1,1904 |
| | | $\mathfrak{Cof}\, \pi \frac{x}{b}$ | 1,0000 | 1,0253 | 1,1024 | 1,1615 | 1,2352 | 1,3246 | 1,4306 | 1,5547 |
| | | $\pi \frac{x}{b} \mathfrak{Tg}\, \pi \frac{x}{b}$ | 0 | 0,0496 | 0,1889 | 0,2854 | 0,3952 | 0,5151 | 0,6419 | 0,7732 |
| | | $\pi \frac{x}{b} \mathfrak{Cotg}\, \pi \frac{x}{b}$ | 1,0000 | 1,0168 | 1,0663 | 1,1028 | 1,1467 | 1,1976 | 1,2552 | 1,3188 |
| $F_4 - 1$ / $F_4 - 13$ | | $m_x \left(y = \frac{b}{2}\right)$ | 0 | 0,0269 | 0,0455 | 0,0522 | 0,0576 | 0,0616 | 0,0643 | 0,0659 |
| $F_4 - 3$ | $m_x$ | $y = \frac{b}{2}$ | 0 | 0,0191 | 0,0302 | 0,0333 | 0,0353 | 0,0360 | 0,0358 | 0,0348 |
| | $m_y$ | $y = \frac{b}{2}$ | 0 | 0,0050 | 0,0093 | 0,0112 | 0,0127 | 0,0139 | 0,0147 | 0,0151 |
| $F_4 - 0s$ | $m_x$ | $k = 1$ | 1,0000 | 0,7164 | 0,5029 | 0,4200 | 0,3499 | 0,2901 | 0,2397 | 0,1969 |
| | | 2 | 1,0000 | 0,4955 | 0,2253 | 0,1440 | 0,0862 | 0,0460 | 0,0190 | 0,0010 |
| | | 3 | 1,0000 | 0,3385 | 0,0850 | 0,0295 | —0,0012 | —0,0167 | —0,0229 | —0,0253 |
| | $m_y$ | $k = 1$ | 0 | 0,0774 | 0,1249 | 0,1371 | 0,1437 | 0,1460 | 0,1447 | 0,1403 |
| | | 2 | 0 | 0,1428 | 0,1819 | 0,1813 | 0,1735 | 0,1613 | 0,1464 | 0,1308 |
| | | 3 | 0 | 0,1716 | 0,1752 | 0,1564 | 0,1339 | 0,1115 | 0,0906 | 0,0730 |

**E.1,4/2.**

| Randbedingung | Reihenkoeffizienten der | | | | | | | | |
|---|---|---|---|---|---|---|---|---|---|
| | $m_{s1}$ | $m_{s2}$ | $m_{s3}$ | $m_{a1}$ | $m_{a2}$ | $m_{a3}$ | $m_{t1}$ | $m_{t2}$ | $m_{t3}$ |
| $s\,1$ | 0,9195 | — | — | 0,2778 | — | — | 0,2034 | 0,0456 | 0,0154 |
| $s\,2$ | — | 0,9980 | — | — | 0,0785 | — | 0,2007 | 0,1017 | 0,0457 |
| $s\,3$ | — | — | 1,0000 | — | — | 0,0137 | 0,1336 | 0,1131 | 0,0678 |
| $a\,1$ | 0,2778 | — | — | 0,9195 | — | — | 0,2034 | —0,0456 | 0,0154 |
| $a\,2$ | — | 0,0785 | — | — | 0,9980 | — | 0,2007 | —0,1017 | 0,0457 |
| $a\,3$ | — | — | 0,0137 | — | — | 1,0000 | 0,1336 | —0,1131 | 0,0678 |
| $t\,1$ | 0,3988 | 0,1967 | 0,0873 | 0,3988 | 0,1967 | 0,0873 | 0,9976 | — | — |
| $t\,2$ | 0,1788 | 0,1994 | 0,1479 | —0,1788 | —0,1994 | —0,1479 | — | 1,0000 | — |
| $t\,3$ | 0,0905 | 0,1343 | 0,1329 | 0,0905 | 0,1343 | 0,1329 | — | — | 1,0000 |
| $b\,1$ | 0,3988 | —0,1967 | 0,0873 | 0,3988 | —0,1967 | 0,0873 | 0,0836 | — | — |
| $b\,2$ | 0,1788 | —0,1994 | 0,1479 | —0,1788 | 0,1994 | —0,1479 | — | 0,0024 | — |
| $b\,3$ | 0,0905 | —0,1343 | 0,1329 | 0,0905 | —0,1343 | 0,1329 | — | — | 0,0000 |

Tafel E. 1,4/12 auf S. 360

Dreiecklast und Randmoment $m_s$ (Verlauf in der $x$-Richtung)

| 0,5 | 0,55 | 0,6 | 0,65 | 0,7 | 0,75 | 0,8 | 0,9 | 1,0 | Faktor |
|---|---|---|---|---|---|---|---|---|---|
| 1,1220 | 1,2342 | 1,3464 | 1,4586 | 1,5708 | 1,6830 | 1,7952 | 2,0196 | 2,2440 | |
| 0,3256 | 0,2911 | 0,2602 | 0,2326 | 0,2079 | 0,1859 | 0,1661 | 0,1327 | 0,1061 | |
| 1,3727 | 1,5723 | 1,7917 | 2,0337 | 2,3012 | 2,5979 | 2,9273 | 3,7013 | 4,6625 | |
| 1,6983 | 1,8634 | 2,0519 | 2,2663 | 2,5091 | 2,7838 | 3,0934 | 3,8340 | 4,7686 | |
| 0,9069 | 1,0414 | 1,1757 | 1,3089 | 1,4407 | 1,5706 | 1,6988 | 1,9497 | 2,1941 | |
| 1,3882 | 1,4627 | 1,5419 | 1,6254 | 1,7127 | 1,8200 | 1,8971 | 2,0920 | 2,2950 | |
| 0,0665 | 0,0659 | 0,0643 | 0,0616 | 0,0576 | 0,0522 | 0,0455 | 0,0269 | 0 | $\begin{cases} p\,a^2 \\ \frac{p_t}{2}\,a^2 \end{cases}$ |
| 0,0332 | 0,0311 | 0,0285 | 0,0256 | 0,0224 | 0,0190 | 0,0153 | 0,0078 | 0 | $p_s\,a^2$ |
| 0,0151 | 0,0148 | 0,0141 | 0,0131 | 0,0118 | 0,0103 | 0,0085 | 0,0044 | 0 | $p_s\,a^2$ |
| 0,1610 | 0,1308 | 0,1056 | 0,0841 | 0,0644 | 0,0513 | 0,0385 | 0,0175 | 0 | $m_{s1} \sin \pi \frac{y}{b}$ |
| —0,0102 | —0,0165 | —0,0195 | —0,0200 | —0,0192 | —0,0170 | —0,0142 | —0,0074 | 0 | $m_{s2} \sin 2\pi \frac{y}{b}$ |
| —0,0232 | —0,0205 | —0,0174 | —0,0142 | —0,0115 | —0,0091 | —0,0068 | —0,0031 | 0 | $m_{s3} \sin 3\pi \frac{y}{b}$ |
| 0,1333 | 0,1246 | 0,1140 | 0,1023 | 0,0891 | 0,0755 | 0,0611 | 0,0310 | 0 | $m_{s1} \sin \pi \frac{y}{b}$ |
| 0,1151 | 0,0998 | 0,0854 | 0,0718 | 0,0595 | 0,0479 | 0,0372 | 0,0179 | 0 | $m_{s2} \sin 2\pi \frac{y}{b}$ |
| 0,0577 | 0,0451 | 0,0350 | 0,0268 | 0,0204 | 0,0153 | 0,0111 | 0,0048 | 0 | $m_{s3} \sin 3\pi \frac{y}{b}$ |

Gleichungssystem

| Randmomente | | | Werte $B$ für Belastungsfall | | |
|---|---|---|---|---|---|
| $m_{b1}$ | $m_{b2}$ | $m_{b3}$ | 1 | 3 | 13 |
| 0,2034 | 0,0456 | 0,0154 | $0{,}1060 \cdot p \cdot a^2$ | $0{,}0593 \cdot p_s \cdot a^2$ | $0{,}0530 \cdot p_t \cdot a^2$ |
| —0,2007 | —0,1017 | —0,0457 | — | — | $0{,}0139 \cdot p_t \cdot a^2$ |
| 0,1336 | 0,1131 | 0,0678 | $0{,}0092 \cdot p \cdot a^2$ | $0{,}0066 \cdot p_s \cdot a^2$ | $0{,}0046 \cdot p_t \cdot a^2$ |
| 0,2034 | —0,0456 | 0,0154 | $0{,}1060 \cdot p \cdot a^2$ | $0{,}0467 \cdot p_s \cdot a^2$ | $0{,}0530 \cdot p_t \cdot a^2$ |
| —0,2007 | 0,1017 | —0,0457 | — | — | $0{,}0139 \cdot p_t \cdot a^2$ |
| 0,1336 | —0,1131 | 0,0678 | $0{,}0092 \cdot p \cdot a^2$ | $0{,}0026 \cdot p_s \cdot a^2$ | $0{,}0046 \cdot p_t \cdot a^2$ |
| 0,0836 | — | — | $0{,}1122 \cdot p \cdot a^2$ | $0{,}0561 \cdot p_s \cdot a^2$ | $0{,}0707 \cdot p_t \cdot a^2$ |
| — | 0,0024 | — | — | $0{,}0080 \cdot p_s \cdot a^2$ | — |
| — | — | 0,0000 | $0{,}0048 \cdot p \cdot a^2$ | $0{,}0024 \cdot p_s \cdot a^2$ | $0{,}0041 \cdot p_t \cdot a^2$ |
| 0,9976 | — | — | $0{,}1122 \cdot p \cdot a^2$ | $0{,}0561 \cdot p_s \cdot a^2$ | $0{,}0415 \cdot p_t \cdot a^2$ |
| — | 1,0000 | — | — | $0{,}0080 \cdot p_s \cdot a^2$ | — |
| — | — | 1,0000 | $0{,}0048 \cdot p \cdot a^2$ | $0{,}0024 \cdot p_s \cdot a^2$ | $0{,}0007 \cdot p_t \cdot a^2$ |

### E.1,4/31. Mittenmomente $m_{xm}$ bei mittiger Rechtecklast

| $\frac{2d}{a}$ | $\frac{2c}{a}$ = 1,0 | 0,9 | 0,8 | 0,7 | 0,6 | 0,5 | 0,4 | 0,3 | 0,2 | 0,1 | 0,05 | 0 | Faktor |
|---|---|---|---|---|---|---|---|---|---|---|---|---|---|
| 1,4 | 0,0475 | 0,0523 | 0,0574 | 0,0628 | 0,0685 | 0,0747 | 0,0812 | 0,0883 | 0,0959 | 0,1040 | 0,1082 | 0,1126 | $P$ |
| 1,0 | 0,0606 | 0,0668 | 0,0733 | 0,0803 | 0,0878 | 0,0960 | 0,1048 | 0,1143 | 0,1246 | 0,1358 | 0,1419 | 0,1478 | $P$ |
| 0,9 | 0,0636 | 0,0701 | 0,0771 | 0,0845 | 0,0925 | 0,1012 | 0,1106 | 0,1210 | 0,1324 | 0,1446 | 0,1512 | 0,1580 | $P$ |
| 0,8 | 0,0665 | 0,0734 | 0,0807 | 0,0885 | 0,0970 | 0,1064 | 0,1165 | 0,1279 | 0,1404 | 0,1540 | 0,1613 | 0,1690 | $P$ |
| 0,7 | 0,0693 | 0,0764 | 0,0840 | 0,0923 | 0,1013 | 0,1114 | 0,1225 | 0,1349 | 0,1487 | 0,1640 | 0,1723 | 0,1810 | $P$ |
| 0,6 | 0,0718 | 0,0792 | 0,0872 | 0,0959 | 0,1055 | 0,1163 | 0,1283 | 0,1420 | 0,1574 | 0,1749 | 0,1845 | 0,1946 | $P$ |
| 0,5 | 0,0740 | 0,0817 | 0,0900 | 0,0991 | 0,1093 | 0,1209 | 0,1339 | 0,1491 | 0,1666 | 0,1868 | 0,1981 | 0,2102 | $P$ |
| 0,4 | 0,0760 | 0,0839 | 0,0925 | 0,1020 | 0,1127 | 0,1251 | 0,1392 | 0,1560 | 0,1761 | 0,2002 | 0,2140 | 0,2289 | $P$ |
| 0,3 | 0,0775 | 0,0856 | 0,0945 | 0,1044 | 0,1156 | 0,1287 | 0,1440 | 0,1627 | 0,1859 | 0,2152 | 0,2328 | 0,2525 | $P$ |
| 0,2 | 0,0787 | 0,0869 | 0,0960 | 0,1062 | 0,1177 | 0,1315 | 0,1479 | 0,1685 | 0,1954 | 0,2324 | 0,2566 | 0,2853 | $P$ |
| 0,1 | 0,0794 | 0,0877 | 0,0969 | 0,1073 | 0,1191 | 0,1333 | 0,1505 | 0,1726 | 0,2031 | 0,2507 | 0,2879 | 0,3408 | $P$ |
| 0,05 | 0,0796 | 0,0879 | 0,0971 | 0,1076 | 0,1195 | 0,1338 | 0,1512 | 0,1738 | 0,2055 | 0,2581 | 0,3060 | 0,3956 | $P$ |
| 0 | 0,0796 | 0,0880 | 0,0972 | 0,1077 | 0,1197 | 0,1340 | 0,1515 | 0,1742 | 0,2063 | 0,2614 | 0,3165 | $\infty$ | $P$ |

### E.1,4/32. Mittenmomente $m_{ym}$ bei mittiger Rechtecklast

| $\frac{2d}{a}$ | $\frac{2c}{a}$ = 1,0 | 0,9 | 0,8 | 0,7 | 0,6 | 0,5 | 0,4 | 0,3 | 0,2 | 0,1 | 0,05 | 0 | Faktor |
|---|---|---|---|---|---|---|---|---|---|---|---|---|---|
| 1,4 | 0,0216 | 0,0237 | 0,0257 | 0,0276 | 0,0292 | 0,0307 | 0,0319 | 0,0329 | 0,0336 | 0,0340 | 0,0341 | 0,0342 | $P$ |
| 1,0 | 0,0305 | 0,0334 | 0,0363 | 0,0389 | 0,0413 | 0,0434 | 0,0452 | 0,0466 | 0,0476 | 0,0483 | 0,0484 | 0,0485 | $P$ |
| 0,9 | 0,0338 | 0,0371 | 0,0402 | 0,0431 | 0,0458 | 0,0482 | 0,0502 | 0,0519 | 0,0531 | 0,0539 | 0,0541 | 0,0541 | $P$ |
| 0,8 | 0,0377 | 0,0414 | 0,0449 | 0,0482 | 0,0512 | 0,0540 | 0,0563 | 0,0582 | 0,0596 | 0,0606 | 0,0608 | 0,0608 | $P$ |
| 0,7 | 0,0422 | 0,0464 | 0,0504 | 0,0542 | 0,0577 | 0,0609 | 0,0636 | 0,0659 | 0,0676 | 0,0687 | 0,0690 | 0,0690 | $P$ |
| 0,6 | 0,0476 | 0,0523 | 0,0568 | 0,0612 | 0,0653 | 0,0690 | 0,0724 | 0,0752 | 0,0774 | 0,0787 | 0,0790 | 0,0792 | $P$ |
| 0,5 | 0,0538 | 0,0591 | 0,0643 | 0,0694 | 0,0743 | 0,0788 | 0,0830 | 0,0866 | 0,0894 | 0,0911 | 0,0916 | 0,0918 | $P$ |
| 0,4 | 0,0609 | 0,0670 | 0,0730 | 0,0791 | 0,0849 | 0,0905 | 0,0958 | 0,1006 | 0,1045 | 0,1070 | 0,1077 | 0,1080 | $P$ |
| 0,3 | 0,0692 | 0,0762 | 0,0832 | 0,0902 | 0,0974 | 0,1045 | 0,1115 | 0,1182 | 0,1240 | 0,1281 | 0,1292 | 0,1296 | $P$ |
| 0,2 | 0,0786 | 0,0866 | 0,0947 | 0,1032 | 0,1120 | 0,1212 | 0,1308 | 0,1406 | 0,1501 | 0,1578 | 0,1601 | 0,1610 | $P$ |
| 0,1 | 0,0892 | 0,0983 | 0,1079 | 0,1180 | 0,1290 | 0,1410 | 0,1544 | 0,1694 | 0,1866 | 0,2051 | 0,2124 | 0,2156 | $P$ |
| 0,05 | 0,0950 | 0,1047 | 0,1150 | 0,1262 | 0,1384 | 0,1522 | 0,1680 | 0,1869 | 0,2107 | 0,2420 | 0,2601 | 0,2706 | $P$ |
| 0 | 0,1010 | 0,1115 | 0,1226 | 0,1349 | 0,1485 | 0,1642 | 0,1829 | 0,2066 | 0,2394 | 0,2948 | 0,3400 | $\infty$ | $P$ |

### E.1,4/33. Größtmomente $m_y$ bei Rechtecklast $\left(\frac{x}{a} = 0,5\right)$

| $\frac{2d}{a}$ | $\frac{y}{a}$ | $\frac{2c}{a}$ = 1,0 | 0,9 | 0,8 | 0,7 | 0,6 | 0,5 | 0,4 | 0,3 | 0,2 | 0,1 | 0,05 | 0 | Faktor |
|---|---|---|---|---|---|---|---|---|---|---|---|---|---|---|
| 1,4 | 0,488 | 0,0218 | 0,0239 | 0,0259 | 0,0278 | 0,0295 | 0,0310 | 0,0323 | 0,0333 | 0,0341 | 0,0345 | 0,0346 | 0,0346 | $P$ |
| 0,83 | 0,415 | 0,0385 | 0,0423 | 0,0459 | 0,0493 | 0,0525 | 0,0554 | 0,0579 | 0,0599 | 0,0614 | 0,0624 | 0,0626 | 0,0626 | $P$ |
| 0,8 | 0,405 | 0,0403 | 0,0443 | 0,0481 | 0,0517 | 0,0550 | 0,0581 | 0,0607 | 0,0628 | 0,0644 | 0,0655 | 0,0657 | 0,0657 | $P$ |
| 0,7 | 0,385 | 0,0454 | 0,0500 | 0,0543 | 0,0584 | 0,0623 | 0,0658 | 0,0688 | 0,0714 | 0,0733 | 0,0745 | 0,0748 | 0,0748 | $P$ |
| 0,6 | 0,370 | 0,0514 | 0,0564 | 0,0614 | 0,0662 | 0,0707 | 0,0748 | 0,0785 | 0,0816 | 0,0840 | 0,0855 | 0,0858 | 0,0859 | $P$ |
| 0,5 | 0,355 | 0,0582 | 0,0639 | 0,0695 | 0,0751 | 0,0804 | 0,0853 | 0,0899 | 0,0938 | 0,0968 | 0,0987 | 0,0992 | 0,0994 | $P$ |
| 0,4 | 0,340 | 0,0657 | 0,0723 | 0,0788 | 0,0854 | 0,0915 | 0,0977 | 0,1034 | 0,1086 | 0,1127 | 0,1154 | 0,1161 | 0,1164 | $P$ |
| 0,3 | 0,330 | 0,0744 | 0,0820 | 0,0895 | 0,0970 | 0,1047 | 0,1123 | 0,1197 | 0,1267 | 0,1328 | 0,1371 | 0,1382 | 0,1386 | $P$ |
| 0,2 | 0,325 | 0,0841 | 0,0927 | 0,1014 | 0,1104 | 0,1198 | 0,1294 | 0,1395 | 0,1496 | 0,1594 | 0,1673 | 0,1697 | 0,1706 | $P$ |
| 0,1 | 0,320 | 0,0949 | 0,1046 | 0,1148 | 0,1254 | 0,1370 | 0,1495 | 0,1633 | 0,1787 | 0,1962 | 0,2148 | 0,2222 | 0,2254 | $P$ |
| 0,05 | 0,320 | 0,1008 | 0,1110 | 0,1219 | 0,1337 | 0,1464 | 0,1607 | 0,1770 | 0,1963 | 0,2204 | 0,2518 | 0,2700 | 0,2805 | $P$ |
| 0 | 0,320 | 0,1068 | 0,1178 | 0,1295 | 0,1424 | 0,1565 | 0,1727 | 0,1919 | 0,2160 | 0,2491 | 0,3046 | 0,3500 | $\infty$ | $P$ |

E.1,4/41. Einflußfläche für $m_{xm}$

| $\frac{v}{a}$ | $\frac{u}{a}$ | | | | |
|---|---|---|---|---|---|
| | 0,1 | 0,2 | 0,3 | 0,4 | 0,5 |
| 0,7 | 0,0190 | 0,0415 | 0,0727 | 0,1269 | $\boxed{\infty}$ |
| 0,6 | 0,0200 | 0,0441 | 0,0786 | 0,1390 | 0,2050 |
| 0,5 | 0,0213 | 0,0467 | 0,0811 | 0,1217 | 0,1460 |
| 0,4 | 0,0208 | 0,0440 | 0,0706 | 0,0961 | 0,1078 |
| 0,3 | 0,0176 | 0,0362 | 0,0551 | 0,0707 | 0,0770 |
| 0,2 | 0,0126 | 0,0253 | 0,0373 | 0,0464 | 0,0499 |
| 0,1 | 0,0065 | 0,0129 | 0,0187 | 0,0230 | 0,0246 |

E.1,4/42. Einflußfläche für $m_{ym}$

| $\frac{v}{a}$ | $\frac{u}{a}$ | | | | |
|---|---|---|---|---|---|
| | 0,1 | 0,2 | 0,3 | 0,4 | 0,5 |
| 0,7 | + 0,0294 | + 0,0612 | + 0,0999 | + 0,1589 | $\boxed{\infty}$ |
| 0,6 | + 0,0258 | + 0,0519 | + 0,0775 | + 0,0938 | + 0,0829 |
| 0,5 | + 0,0176 | + 0,0328 | + 0,0420 | + 0,0400 | + 0,0341 |
| 0,4 | + 0,0095 | + 0,0163 | + 0,0180 | + 0,0145 | + 0,0117 |
| 0,3 | + 0,0040 | + 0,0061 | + 0,0055 | + 0,0029 | + 0,0014 |
| 0,2 | + 0,0012 | + 0,0014 | + 0,0003 | — 0,0014 | — 0,0022 |
| 0,1 | + 0,0001 | — 0,0001 | — 0,0008 | — 0,0016 | — 0,0020 |

E.1,4/43. Einflußfläche für $m_y$ im Punkt $\frac{x}{a} = 0{,}5$, $\frac{y}{a} = 0{,}35$

| $\frac{v}{a}$ | $\frac{u}{a}$ | | | | |
|---|---|---|---|---|---|
| | 0,1 | 0,2 | 0,3 | 0,4 | 0,5 |
| 1,2 | — 0,0018 | — 0,0036 | — 0,0050 | — 0,0061 | — 0,0064 |
| 1,0 | — 0,0024 | — 0,0049 | — 0,0073 | — 0,0091 | — 0,0098 |
| 0,8 | + 0,0013 | + 0,0013 | — 0,0005 | — 0,0031 | — 0,0044 |
| 0,7 | + 0,0064 | + 0,0104 | + 0,0106 | + 0,0075 | + 0,0054 |
| 0,6 | 0,0143 | 0,0257 | 0,0310 | 0,0280 | 0,0242 |
| 0,5 | 0,0237 | 0,0462 | 0,0640 | 0,0680 | 0,0597 |
| 0,4 | 0,0308 | 0,0634 | 0,1001 | 0,1449 | 0,1451 |
| 0,35 | 0,0319 | 0,0662 | 0,1071 | 0,1678 | $\boxed{\infty}$ |
| 0,3 | 0,0303 | 0,0630 | 0,1005 | 0,1462 | 0,1468 |
| 0,2 | 0,0233 | 0,0459 | 0,0646 | 0,0699 | 0,0621 |
| 0,1 | + 0,0120 | + 0,0225 | + 0,0288 | + 0,0280 | + 0,0253 |

**E. 1,4/12.** $\sin \pi \frac{y}{b}$; Momente infolge Gleichlast, Dreiecklast **und** Randmoment $m_{t1}$ (Verlauf in der $y$-Richtung)

| $\frac{y}{a}$ | $\sin \pi \frac{y}{b}$ | F₄—1 / F₄—3 $m_x$ | F₄—1 / F₄—3 $m_y$ | F₄—13 $m_x$ | F₄—13 $m_y$ | F₄—0t $m_x$ | F₄—0t $m_y$ |
|---|---|---|---|---|---|---|---|
| | | $\frac{x}{a} = 0,5$ | | $\frac{x}{a} = 0,5$ | | | |
| 1,3 | 0,2225 | 0,0157 | 0,0157 | 0,0062 | 0,0017 | 0,0135 | — 0,0056 |
| 1,2 | 0,4339 | 0,0304 | 0,0244 | 0,0122 | 0,0035 | 0,0270 | — 0,0105 |
| 1,1 | 0,6235 | 0,0431 | 0,0286 | 0,0179 | 0,0054 | 0,0417 | — 0,0149 |
| 1,05 | 0,7071 | 0,0485 | 0,0295 | 0,0206 | 0,0064 | 0,0496 | — 0,0167 |
| 1,0 | 0,7818 | 0,0532 | 0,0302 | 0,0231 | 0,0075 | 0,0580 | — 0,0183 |
| 0,9 | 0,9010 | 0,0606 | 0,0305 | 0,0275 | 0,0098 | 0,0760 | — 0,0194 |
| 0,8 | 0,9749 | 0,0649 | 0,0304 | 0,0309 | 0,0124 | 0,0960 | — 0,0168 |
| 0,7 | 1,0000 | 0,0665 | 0,0304 | 0,0332 | 0,0152 | 0,1176 | — 0,0080 |
| 0,6 | 0,9749 | 0,0649 | 0,0304 | 0,0340 | 0,0180 | 0,1397 | 0,0112 |
| 0,5 | 0,9010 | 0,0606 | 0,0305 | 0,0330 | 0,0207 | 0,1608 | 0,0464 |
| 0,4 | 0,7818 | 0,0532 | 0,0302 | 0,0300 | 0,0227 | 0,1771 | 0,1070 |
| 0,35 | 0,7071 | 0,0485 | 0,0295 | 0,0279 | 0,0232 | 0,1817 | 0,1509 |
| 0,3 | 0,6235 | 0,0431 | 0,0286 | 0,0251 | 0,0232 | 0,1825 | 0,2068 |
| 0,2 | 0,4339 | 0,0304 | 0,0244 | 0,0181 | 0,0209 | 0,1669 | 0,3664 |
| 0,1 | 0,2225 | 0,0157 | 0,0157 | 0,0095 | 0,0140 | 0,1144 | 0,6159 |
| 0 | 0 | 0 | 0 | 0 | 0 | 0 | 1,0000 |
| Faktor | | $p\,a^2$ bzw. $\frac{p_s}{2}\,a^2$ | | $p_t\,a^2$ | | $m_{t1} \sin \pi \frac{x}{a}$ | |

**E. 1,4/34.** Belastungsglieder $\omega_s = \omega_a$ bei Rechtecklast auf der Linie $\frac{u}{a} = 0,5$

| $\frac{2c}{a}$ = 1,0 | 0,9 | 0,8 | 0,7 | 0,6 | 0,5 | 0,4 | 0,3 | 0,2 | 0,1 | 0,05 | 0 | Faktor |
|---|---|---|---|---|---|---|---|---|---|---|---|---|
| 0,0823 | 0,0899 | 0,0961 | 0,1016 | 0,1059 | 0,1097 | 0,1125 | 0,1149 | 0,1163 | 0,1172 | 0,1173 | 0,1174 | $P \frac{b}{2d} \sin \pi \frac{d}{b} \sin \pi \frac{v}{b}$ |

**E. 1,4/44.** Einflußfläche für $\omega_s$ (obere Zahl) und $\sum_{3,5\ldots}^{\infty} k \sin \frac{k\pi}{2} B_{sk}$ (untere Zahl)

| $\frac{v}{a}$ \ $\frac{u}{a}$ | 0 | 0,1 | 0,2 | 0,3 | 0,4 | 0,5 | 0,6 | 0,7 | 0,8 | 0,9 |
|---|---|---|---|---|---|---|---|---|---|---|
| 0,7 | 0<br>+ 0,3183 | 0,1114<br>+ 0,2018 | 0,1737<br>+ 0,1255 | 0,1989<br>+ 0,0768 | 0,2001<br>+ 0,0463 | 0,1846<br>+ 0,0276 | 0,1576<br>+ 0,0126 | 0,1234<br>+ 0,0091 | 0,0845<br>+ 0,0048 | 0,0429<br>+ 0,0020 |
| 0,6 | 0 | 0,1086<br>+ 0,0452 | 0,1695<br>+ 0,0662 | 0,1940<br>+ 0,0502 | 0,1951<br>+ 0,0329 | 0,1800<br>+ 0,0204 | 0,1537<br>+ 0,0123 | 0,1203<br>+ 0,0070 | 0,0824<br>+ 0,0037 | 0,0419<br>+ 0,0016 |
| 0,5 | 0 | 0,1004<br>— 0,0420 | 0,1565<br>— 0,0163 | 0,1791<br>— 0,0010 | 0,1804<br>+ 0,0034 | 0,1664<br>+ 0,0036 | 0,1420<br>+ 0,0027 | 0,1111<br>+ 0,0017 | 0,0762<br>+ 0,0009 | 0,0387<br>+ 0,0005 |
| 0,4 | 0 | 0,0871<br>— 0,0605 | 0,1359<br>— 0,0568 | 0,1555<br>— 0,0379 | 0,1565<br>— 0,0228 | 0,1444<br>— 0,0133 | 0,1232<br>— 0,0075 | 0,0964<br>— 0,0042 | 0,0660<br>— 0,0021 | 0,0335<br>— 0,0009 |
| 0,3 | 0 | 0,0694<br>— 0,0559 | 0,1084<br>— 0,0637 | 0,1240<br>— 0,0510 | 0,1248<br>— 0,0352 | 0,1151<br>— 0,0225 | 0,0982<br>— 0,0138 | 0,0769<br>— 0,0079 | 0,0527<br>— 0,0042 | 0,0268<br>— 0,0018 |
| 0,2 | 0 | 0,0483<br>— 0,0414 | 0,0754<br>— 0,0511 | 0,0862<br>— 0,0444 | 0,0868<br>— 0,0328 | 0,0801<br>— 0,0219 | 0,0684<br>— 0,0140 | 0,0535<br>— 0,0081 | 0,0367<br>— 0,0045 | 0,0186<br>— 0,0020 |
| 0,1 | 0 | 0,0248<br>— 0,0215 | 0,0387<br>— 0,0279 | 0,0443<br>— 0,0252 | 0,0445<br>— 0,0192 | 0,0411<br>— 0,0133 | 0,0351<br>— 0,0086 | 0,0275<br>— 0,0050 | 0,0188<br>— 0,0028 | 0,0096<br>— 0,0013 |

**E.1,4/35.** Belastungsglieder $\omega_t$ bei Rechtecklast auf den Linien $\frac{v}{a} = 0{,}70$ und $\frac{v}{a} = 0{,}35$

| $\frac{2d}{a}$ | $\frac{v}{a}$ | | Faktor |
|---|---|---|---|
| | 0,70 | 0,35 | |
| 1,4 | 0,0803 | — | $P \frac{a}{2c} \sin \pi \frac{c}{a} \sin \pi \frac{u}{a}$ |
| 1,0 | 0,0935 | — | $P \frac{a}{2c} \sin \pi \frac{c}{a} \sin \pi \frac{u}{a}$ |
| 0,9 | 0,0947 | — | $P \frac{a}{2c} \sin \pi \frac{c}{a} \sin \pi \frac{u}{a}$ |
| 0,8 | 0,0954 | — | $P \frac{a}{2c} \sin \pi \frac{c}{a} \sin \pi \frac{u}{a}$ |
| 0,7 | 0,0958 | 0,1179 | $P \frac{a}{2c} \sin \pi \frac{c}{a} \sin \pi \frac{u}{a}$ |
| 0,6 | 0,0959 | 0,1268 | $P \frac{a}{2c} \sin \pi \frac{c}{a} \sin \pi \frac{u}{a}$ |
| 0,5 | 0,0959 | 0,1338 | $P \frac{a}{2c} \sin \pi \frac{c}{a} \sin \pi \frac{u}{a}$ |
| 0,4 | 0,0959 | 0,1391 | $P \frac{a}{2c} \sin \pi \frac{c}{a} \sin \pi \frac{u}{a}$ |
| 0,3 | 0,0958 | 0,1431 | $P \frac{a}{2c} \sin \pi \frac{c}{a} \sin \pi \frac{u}{a}$ |
| 0,2 | 0,0957 | 0,1456 | $P \frac{a}{2c} \sin \pi \frac{c}{a} \sin \pi \frac{u}{a}$ |
| 0,1 | 0,0956 | 0,1472 | $P \frac{a}{2c} \sin \pi \frac{c}{a} \sin \pi \frac{u}{a}$ |
| 0,05 | 0,0956 | 0,1475 | $P \frac{a}{2c} \sin \pi \frac{c}{a} \sin \pi \frac{u}{a}$ |
| 0 | 0,0956 | 0,1478 | $P \frac{a}{2c} \sin \pi \frac{c}{a} \sin \pi \frac{u}{a}$ |

**E.1,4/45.** Einflußfläche für $\omega_t$

| $\frac{v}{a}$ | $\frac{b-v}{a}$ | $\omega_t$ | Faktor |
|---|---|---|---|
| 1,35 | 0,05 | 0,0084 | $\sin \pi \frac{u}{a}$ |
| 1,3 | 0,1 | 0,0172 | $\sin \pi \frac{u}{a}$ |
| 1,25 | 0,15 | 0,0255 | $\sin \pi \frac{u}{a}$ |
| 1,2 | 0,2 | 0,0345 | $\sin \pi \frac{u}{a}$ |
| 1,15 | 0,25 | 0,0437 | $\sin \pi \frac{u}{a}$ |
| 1,1 | 0,3 | 0,0532 | $\sin \pi \frac{u}{a}$ |
| 1,05 | 0,35 | 0,0633 | $\sin \pi \frac{u}{a}$ |
| 1,0 | 0,4 | 0,0740 | $\sin \pi \frac{u}{a}$ |
| 0,95 | 0,45 | 0,0852 | $\sin \pi \frac{u}{a}$ |
| 0,9 | 0,5 | 0,0970 | $\sin \pi \frac{u}{a}$ |
| 0,85 | 0,55 | 0,1095 | $\sin \pi \frac{u}{a}$ |
| 0,8 | 0,6 | 0,1225 | $\sin \pi \frac{u}{a}$ |
| 0,75 | 0,65 | 0,1360 | $\sin \pi \frac{u}{a}$ |
| 0,7 | 0,7 | 0,1501 | $\sin \pi \frac{u}{a}$ |
| 0,65 | 0,75 | 0,1642 | $\sin \pi \frac{u}{a}$ |
| 0,6 | 0,8 | 0,1784 | $\sin \pi \frac{u}{a}$ |
| 0,55 | 0,85 | 0,1922 | $\sin \pi \frac{u}{a}$ |
| 0,5 | 0,9 | 0,2052 | $\sin \pi \frac{u}{a}$ |
| 0,45 | 0,95 | 0,2168 | $\sin \pi \frac{u}{a}$ |
| 0,4 | 0,1 | 0,2260 | $\sin \pi \frac{u}{a}$ |
| 0,35 | 1,05 | 0,2320 | $\sin \pi \frac{u}{a}$ |
| 0,3 | 1,1 | 0,2330 | $\sin \pi \frac{u}{a}$ |
| 0,25 | 1,15 | 0,2271 | $\sin \pi \frac{u}{a}$ |
| 0,2 | 1,2 | 0,2130 | $\sin \pi \frac{u}{a}$ |
| 0,15 | 1,25 | 0,1870 | $\sin \pi \frac{u}{a}$ |
| 0,1 | 1,3 | 0,1460 | $\sin \pi \frac{u}{a}$ |
| 0,05 | 1,35 | 0,0854 | $\sin \pi \frac{u}{a}$ |
| 0 | 1,4 | 0 | $\sin \pi \frac{u}{a}$ |

E.1,5/11. Hyperbelfunktionen von $\pi \frac{x}{b}$; Momente infolge Gleichlast,

| | $\frac{x}{a}$ | 0 | 0,1 | 0,2 | 0,25 | 0,3 | 0,35 | 0,4 | 0,45 |
|---|---|---|---|---|---|---|---|---|---|
| | $\pi \frac{x}{b}$ | 0 | 0,2094 | 0,4189 | 0,5236 | 0,6283 | 0,7330 | 0,8378 | 0,9425 |
| | $e^{-\pi \frac{x}{b}}$ | 1,0000 | 0,8113 | 0,6578 | 0,5924 | 0,5335 | 0,4804 | 0,4326 | 0,3897 |
| | $\mathfrak{Sin}\, \pi \frac{x}{b}$ | 0 | 0,2110 | 0,4312 | 0,5479 | 0,6705 | 0,8005 | 0,9393 | 1,0883 |
| | $\mathfrak{Cof}\, \pi \frac{x}{b}$ | 1,0000 | 1,0223 | 1,0890 | 1,1403 | 1,2040 | 1,2809 | 1,3719 | 1,4780 |
| | $\pi \frac{x}{b} \mathfrak{Tg}\, \pi \frac{x}{b}$ | 0 | 0,0432 | 0,1660 | 0,2516 | 0,3499 | 0,4581 | 0,5736 | 0,6940 |
| | $\pi \frac{x}{b} \mathfrak{Ctg}\, \pi \frac{x}{b}$ | 1,0000 | 1,0146 | 1,0585 | 1,0898 | 1,1283 | 1,1730 | 1,2235 | 1,2799 |
| $F_4$—1, $F_4$—18 | $m_x\left(y = \frac{b}{2}\right)$ | 0 | 0,0288 | 0,0492 | 0,0568 | 0,0627 | 0,0672 | 0,0703 | 0,0721 |
| $F_4$—8 | $m_x$, $y = \frac{b}{2}$ | 0 | 0,0201 | 0,0322 | 0,0357 | 0,0380 | 0,0389 | 0,0389 | 0,0380 |
| | $m_y$, $y = \frac{b}{2}$ | 0 | 0,0045 | 0,0086 | 0,0103 | 0,0117 | 0,0128 | 0,0135 | 0,0139 |
| $F_4$—0s | $m_x$, $k = 1$ | 1,0000 | 0,7304 | 0,5279 | 0,4472 | 0,3774 | 0,3175 | 0,2662 | 0,2223 |
| | $m_x$, $k = 2$ | 1,0000 | 0,5205 | 0,2525 | 0,1686 | 0,1076 | 0,0639 | 0,0311 | 0,0120 |
| | $m_x$, $k = 3$ | 1,0000 | 0,3659 | 0,1058 | 0,0447 | 0,0088 | —0,0108 | —0,0204 | —0,0240 |
| | $m_y$, $k = 1$ | 0 | 0,0744 | 0,1166 | 0,1283 | 0,1354 | 0,1382 | 0,1375 | 0,1339 |
| | $m_y$, $k = 2$ | 0 | 0,1371 | 0,1797 | 0,1817 | 0,1763 | 0,1659 | 0,1549 | 0,1383 |
| | $m_y$, $k = 3$ | 0 | 0,1676 | 0,1788 | 0,1632 | 0,1430 | 0,1217 | 0,1014 | 0,0832 |

**E.1,5/2.**

| Randbedingung | Reihenkoeffizienten der | | | | | | | | |
|---|---|---|---|---|---|---|---|---|---|
| | $m_s 1$ | $m_s 2$ | $m_s 3$ | $m_a 1$ | $m_a 2$ | $m_a 3$ | $m_t 1$ | $m_t 2$ | $m_t 3$ |
| *s* 1 | 0,8998 | — | — | 0,2898 | — | — | 0,1808 | 0,0382 | 0,0127 |
| *s* 2 | — | 0,9969 | — | — | 0,0968 | — | 0,1956 | 0,0904 | 0,0390 |
| *s* 3 | — | — | 0,9999 | — | — | 0,0197 | 0,1358 | 0,1061 | 0,0603 |
| *a* 1 | 0,2898 | — | — | 0,8998 | — | — | 0,1808 | —0,0382 | 0,0127 |
| *a* 2 | — | 0,0968 | — | — | 0,9969 | — | 0,1956 | —0,0904 | 0,0390 |
| *a* 3 | — | — | 0,0197 | — | — | 0,9999 | 0,1358 | —0,1061 | 0,0603 |
| *t* 1 | 0,4068 | 0,2200 | 0,1019 | 0,4068 | 0,2200 | 0,1019 | 0,9986 | — | — |
| *t* 2 | 0,1719 | 0,2034 | 0,1592 | —0,1719 | —0,2034 | —0,1592 | — | 1,0000 | — |
| *t* 3 | 0,0856 | 0,1315 | 0,1356 | 0,0856 | 0,1315 | 0,1356 | — | — | 1,0000 |
| *b* 1 | 0,4068 | —0,2200 | 0,1019 | 0,4068 | —0,2200 | 0,1019 | 0,0667 | — | — |
| *b* 2 | 0,1719 | —0,2034 | 0,1592 | —0,1719 | 0,2034 | —0,1592 | — | 0,0014 | — |
| *b* 3 | 0,0856 | —0,1315 | 0,1356 | 0,0856 | —0,1315 | 0,1356 | — | — | 0,0000 |

Tafel E. 1,5/12 auf S. 366

Dreiecklast und Randmoment $m_s$ (Verlauf in der $x$-Richtung)

| 0,5 | 0,55 | 0,6 | 0,65 | 0,7 | 0,75 | 0,8 | 0,9 | 1,0 | Faktor |
|---|---|---|---|---|---|---|---|---|---|
| 1,0472 | 1,1519 | 1,2566 | 1,3614 | 1,4661 | 1,5708 | 1,6755 | 1,8850 | 2,0944 | |
| 0,3509 | 0,3160 | 0,2846 | 0,2563 | 0,2308 | 0,2079 | 0,1872 | 0,1518 | 0,1231 | |
| 1,2494 | 1,4241 | 1,6145 | 1,8227 | 2,0508 | 2,3013 | 2,5772 | 3,2171 | 3,9988 | |
| 1,6003 | 1,7401 | 1,8991 | 2,0790 | 2,2816 | 2,5092 | 2,7644 | 3,3689 | 4,1219 | |
| 0,8175 | 0,9427 | 1,0683 | 1,1928 | 1,3177 | 1,4407 | 1,5620 | 1,8000 | 2,0318 | |
| 1,3413 | 1,4075 | 1,4782 | 1,5528 | 1,6311 | 1,7127 | 1,7972 | 1,9739 | 2,1589 | |
| 0,0728 | 0,0721 | 0,0703 | 0,0672 | 0,0627 | 0,0568 | 0,0492 | 0,0288 | 0 | $\begin{cases} p\,a^2 \\ \frac{p_t}{2}\,a^2 \end{cases}$ |
| 0,0364 | 0,0342 | 0,0315 | 0,0283 | 0,0248 | 0,0211 | 0,0171 | 0,0087 | 0 | $p_s\,a^2$ |
| 0,0140 | 0,0137 | 0,0131 | 0,0122 | 0,0110 | 0,0096 | 0,0079 | 0,0041 | 0 | $p_s\,a^2$ |
| 0,1847 | 0,1564 | 0,1251 | 0,1013 | 0,0813 | 0,0637 | 0,0487 | 0,0227 | 0 | $m_{s1} \sin \pi \frac{y}{b}$ |
| —0,0019 | —0,0105 | —0,0155 | —0,0174 | —0,0174 | —0,0161 | —0,0138 | —0,0073 | 0 | $m_{s2} \sin 2\pi \frac{y}{b}$ |
| —0,0244 | —0,0226 | —0,0198 | —0,0168 | —0,0138 | —0,0110 | —0,0085 | —0,0038 | 0 | $m_{s3} \sin 3\pi \frac{y}{b}$ |
| 0,1278 | 0,1196 | 0,1098 | 0,0988 | 0,0863 | 0,0733 | 0,0592 | 0,0301 | 0 | $m_{s1} \sin \pi \frac{y}{b}$ |
| 0,1232 | 0,1081 | 0,0937 | 0,0797 | 0,0664 | 0,0540 | 0,0423 | 0,0204 | 0 | $m_{s2} \sin 2\pi \frac{y}{b}$ |
| 0,0675 | 0,0541 | 0,0427 | 0,0335 | 0,0258 | 0,0196 | 0,0145 | 0,0065 | 0 | $m_{s3} \sin 3\pi \frac{y}{b}$ |

Gleichungssystem

| Randmomente | | | Werte $B$ für Belastungsfall | | |
|---|---|---|---|---|---|
| $m_{b1}$ | $m_{b2}$ | $m_{b3}$ | 1 | 3 | 13 |
| 0,1808 | 0,0382 | 0,0127 | $0{,}1079 \cdot p \cdot a^2$ | $0\ 0600 \cdot p_s \cdot a^2$ | $0{,}0539 \cdot p_t \cdot a^2$ |
| —0,1956 | —0,0904 | —0,0390 | — | — | $0{,}0154 \cdot p_t \cdot a^2$ |
| 0,1358 | 0,1061 | 0,0603 | $0{,}0105 \cdot p \cdot a^2$ | $0{,}0073 \cdot p_s \cdot a^2$ | $0{,}0052 \cdot p_t \cdot a^2$ |
| 0,1808 | —0,0382 | 0,0127 | $0{,}1079 \cdot p \cdot a^2$ | $0{,}0479 \cdot p_s \cdot a^2$ | $0{,}0539 \cdot p_t \cdot a^2$ |
| —0,1956 | 0,0904 | —0,0390 | — | — | $0{,}0154 \cdot p_t \cdot a^2$ |
| 0,1358 | —0,1061 | 0,0603 | $0{,}0105 \cdot p \cdot a^2$ | $0{,}0031 \cdot p_s \cdot a^2$ | $0{,}0052 \cdot p_t \cdot a^2$ |
| 0,0667 | — | — | $0{,}1160 \cdot p \cdot a^2$ | $0{,}0580 \cdot p_s \cdot a^2$ | $0{,}0745 \cdot p_t \cdot a^2$ |
| — | 0,0014 | — | — | $0{,}0080 \cdot p_s \cdot a^2$ | — |
| — | — | 0,0000 | $0{,}0048 \cdot p \cdot a^2$ | $0{,}0024 \cdot p_s \cdot a^2$ | $0{,}0041 \cdot p_t \cdot a^2$ |
| 0,9986 | — | — | $0{,}1160 \cdot p \cdot a^2$ | $0{,}0580 \cdot p_s \cdot a^2$ | $0{,}0415 \cdot p_t \cdot a^2$ |
| — | 1,0000 | — | — | $0{,}0080 \cdot p_s \cdot a^2$ | — |
| — | — | 1,0000 | $0{,}0048 \cdot p \cdot a^2$ | $0{,}0024 \cdot p_s \cdot a^2$ | $0{,}0007 \cdot p_t \cdot a^2$ |

### E.1,5/31. Mittenmomente $m_{xm}$ bei mittiger Rechtecklast

| $\frac{2d}{a}$ | $\frac{2c}{a}$ = 1,0 | 0,9 | 0,8 | 0,7 | 0,6 | 0,5 | 0,4 | 0,3 | 0,2 | 0,1 | 0,05 | 0 | Faktor |
|---|---|---|---|---|---|---|---|---|---|---|---|---|---|
| 1,5 | 0,0485 | 0,0535 | 0,0586 | 0,0640 | 0,0696 | 0,0757 | 0,0821 | 0,0888 | 0,0961 | 0,1037 | 0,1077 | 0,1118 | $P$ |
| 1,0 | 0,0642 | 0,0707 | 0,0777 | 0,0849 | 0,0927 | 0,1011 | 0,1100 | 0,1197 | 0,1302 | 0,1414 | 0,1474 | 0,1535 | $P$ |
| 0,9 | 0,0671 | 0,0739 | 0,0812 | 0,0889 | 0,0972 | 0,1061 | 0,1158 | 0,1263 | 0,1377 | 0,1501 | 0,1566 | 0,1634 | $P$ |
| 0,8 | 0,0699 | 0,0770 | 0,0846 | 0,0927 | 0,1016 | 0,1111 | 0,1216 | 0,1330 | 0,1455 | 0,1593 | 0,1666 | 0,1742 | $P$ |
| 0,7 | 0,0725 | 0,0800 | 0,0879 | 0,0965 | 0,1058 | 0,1160 | 0,1273 | 0,1398 | 0,1538 | 0,1691 | 0,1774 | 0,1862 | $P$ |
| 0,6 | 0,0749 | 0,0827 | 0,0910 | 0,1000 | 0,1098 | 0,1208 | 0,1330 | 0,1468 | 0,1624 | 0,1799 | 0,1894 | 0,1996 | $P$ |
| 0,5 | 0,0771 | 0,0851 | 0,0938 | 0,1031 | 0,1135 | 0,1253 | 0,1385 | 0,1538 | 0,1714 | 0,1917 | 0,2030 | 0,2151 | $P$ |
| 0,4 | 0,0790 | 0,0871 | 0,0960 | 0,1060 | 0,1169 | 0,1294 | 0,1438 | 0,1607 | 0,1808 | 0,2050 | 0,2188 | 0,2337 | $P$ |
| 0,3 | 0,0805 | 0,0889 | 0,0980 | 0,1082 | 0,1197 | 0,1329 | 0,1486 | 0,1673 | 0,1905 | 0,2198 | 0,2374 | 0,2572 | $P$ |
| 0,2 | 0,0816 | 0,0901 | 0,0995 | 0,1099 | 0,1218 | 0,1357 | 0,1524 | 0,1730 | 0,2000 | 0,2370 | 0,2613 | 0,2899 | $P$ |
| 0,1 | 0,0823 | 0,0909 | 0,1004 | 0,1110 | 0,1232 | 0,1375 | 0,1549 | 0,1771 | 0,2078 | 0,2555 | 0,2926 | 0,3455 | $P$ |
| 0,05 | 0,0825 | 0,0911 | 0,1006 | 0,1113 | 0,1235 | 0,1380 | 0,1556 | 0,1783 | 0,2102 | 0,2628 | 0,3106 | 0,4004 | $P$ |
| 0 | 0,0826 | 0,0912 | 0,1007 | 0,1114 | 0,1236 | 0,1381 | 0,1558 | 0,1785 | 0,2111 | 0,2660 | 0,3211 | $\infty$ | $P$ |

### E.1,5/32. Mittenmomente $m_{ym}$ bei mittiger Rechtecklast

| $\frac{2d}{a}$ | $\frac{2c}{a}$ = 1,0 | 0,9 | 0,8 | 0,7 | 0,6 | 0,5 | 0,4 | 0,3 | 0,2 | 0,1 | 0,05 | 0 | Faktor |
|---|---|---|---|---|---|---|---|---|---|---|---|---|---|
| 1,5 | 0,0187 | 0,0205 | 0,0222 | 0,0238 | 0,0252 | 0,0265 | 0,0275 | 0,0284 | 0,0290 | 0,0293 | 0,0294 | 0,0295 | $P$ |
| 1,0 | 0,0288 | 0,0316 | 0,0343 | 0,0367 | 0,0390 | 0,0410 | 0,0427 | 0,0440 | 0,0450 | 0,0457 | 0,0458 | 0,0459 | $P$ |
| 0,9 | 0,0321 | 0,0352 | 0,0382 | 0,0410 | 0,0436 | 0,0458 | 0,0478 | 0,0493 | 0,0505 | 0,0512 | 0,0514 | 0,0514 | $P$ |
| 0,8 | 0,0360 | 0,0395 | 0,0429 | 0,0461 | 0,0490 | 0,0516 | 0,0539 | 0,0557 | 0,0571 | 0,0579 | 0,0581 | 0,0582 | $P$ |
| 0,7 | 0,0406 | 0,0446 | 0,0484 | 0,0520 | 0,0554 | 0,0585 | 0,0612 | 0,0634 | 0,0651 | 0,0661 | 0,0664 | 0,0665 | $P$ |
| 0,6 | 0,0459 | 0,0505 | 0,0549 | 0,0591 | 0,0631 | 0,0667 | 0,0700 | 0,0727 | 0,0748 | 0,0761 | 0,0765 | 0,0766 | $P$ |
| 0,5 | 0,0521 | 0,0572 | 0,0624 | 0,0673 | 0,0721 | 0,0765 | 0,0806 | 0,0841 | 0,0868 | 0,0886 | 0,0891 | 0,0892 | $P$ |
| 0,4 | 0,0593 | 0,0652 | 0,0711 | 0,0770 | 0,0827 | 0,0882 | 0,0935 | 0,0981 | 0,1020 | 0,1045 | 0,1052 | 0,1054 | $P$ |
| 0,3 | 0,0676 | 0,0744 | 0,0812 | 0,0882 | 0,0952 | 0,1022 | 0,1092 | 0,1157 | 0,1215 | 0,1255 | 0,1267 | 0,1271 | $P$ |
| 0,2 | 0,0770 | 0,0848 | 0,0928 | 0,1011 | 0,1098 | 0,1189 | 0,1284 | 0,1381 | 0,1476 | 0,1553 | 0,1576 | 0,1584 | $P$ |
| 0,1 | 0,0876 | 0,0965 | 0,1059 | 0,1160 | 0,1268 | 0,1387 | 0,1520 | 0,1670 | 0,1842 | 0,2024 | 0,2097 | 0,2130 | $P$ |
| 0,05 | 0,0933 | 0,1029 | 0,1131 | 0,1242 | 0,1363 | 0,1499 | 0,1656 | 0,1845 | 0,2082 | 0,2394 | 0,2576 | 0,2680 | $P$ |
| 0 | 0,0994 | 0,1097 | 0,1207 | 0,1328 | 0,1464 | 0,1619 | 0,1806 | 0,2041 | 0,2369 | 0,2923 | 0,3474 | $\infty$ | $P$ |

### E.1,5/33. Größtmomente $m_y$ bei Rechtecklast $\left(\frac{x}{a} = 0,5\right)$

| $\frac{2d}{a}$ | $\frac{y}{a}$ | $\frac{2c}{a}$ = 1,0 | 0,9 | 0,8 | 0,7 | 0,6 | 0,5 | 0,4 | 0,3 | 0,2 | 0,1 | 0,05 | 0 | Faktor |
|---|---|---|---|---|---|---|---|---|---|---|---|---|---|---|
| 1,5 | 0,432 | 0,0192 | 0,0211 | 0,0229 | 0,0246 | 0,0261 | 0,0275 | 0,0287 | 0,0296 | 0,0303 | 0,0307 | 0,0308 | 0,0309 | $P$ |
| 0,808 | 0,404 | 0,0395 | 0,0434 | 0,0471 | 0,0506 | 0,0539 | 0,0569 | 0,0595 | 0,0615 | 0,0631 | 0,0641 | 0,0643 | 0,0643 | $P$ |
| 0,7 | 0,380 | 0,0451 | 0,0496 | 0,0539 | 0,0580 | 0,0618 | 0,0653 | 0,0684 | 0,0709 | 0,0729 | 0,0741 | 0,0744 | 0,0745 | $P$ |
| 0,6 | 0,365 | 0,0511 | 0,0562 | 0,0611 | 0,0658 | 0,0703 | 0,0744 | 0,0781 | 0,0812 | 0,0836 | 0,0851 | 0,0855 | 0,0856 | $P$ |
| 0,5 | 0,350 | 0,0579 | 0,0635 | 0,0693 | 0,0748 | 0,0800 | 0,0850 | 0,0896 | 0,0934 | 0,0965 | 0,0984 | 0,0990 | 0,0992 | $P$ |
| 0,4 | 0,340 | 0,0658 | 0,0721 | 0,0786 | 0,0851 | 0,0914 | 0,0975 | 0,1032 | 0,1083 | 0,1124 | 0,1152 | 0,1159 | 0,1162 | $P$ |
| 0,3 | 0,330 | 0,0742 | 0,0817 | 0,0892 | 0,0968 | 0,1044 | 0,1120 | 0,1195 | 0,1265 | 0,1326 | 0,1368 | 0,1380 | 0,1384 | $P$ |
| 0,2 | 0,325 | 0,0839 | 0,0924 | 0,1012 | 0,1102 | 0,1195 | 0,1292 | 0,1392 | 0,1494 | 0,1591 | 0,1671 | 0,1694 | 0,1702 | $P$ |
| 0,1 | 0,320 | 0,0947 | 0,1044 | 0,1145 | 0,1252 | 0,1367 | 0,1492 | 0,1630 | 0,1785 | 0,1960 | 0,2145 | 0,2218 | 0,2255 | $P$ |
| 0,05 | 0,320 | 0,1005 | 0,1109 | 0,1218 | 0,1335 | 0,1463 | 0,1605 | 0,1767 | 0,1961 | 0,2201 | 0,2515 | 0,2698 | 0,2804 | $P$ |
| 0 | 0,320 | 0,1066 | 0,1177 | 0,1294 | 0,1421 | 0,1564 | 0,1725 | 0,1917 | 0,2157 | 0,2488 | 0,3044 | 0,3596 | $\infty$ | $P$ |

E.1,5/41. Einflußfläche für $m_{xm}$

| $\frac{v}{a}$ | $\frac{u}{a}$ | | | | |
|---|---|---|---|---|---|
| | 0,1 | 0,2 | 0,3 | 0,4 | 0,5 |
| 0,75 | 0,0205 | 0,0442 | 0,0765 | 0,1314 | $\infty$ |
| 0,65 | 0,0215 | 0,0468 | 0,0823 | 0,1425 | 0,2097 |
| 0,55 | 0,0229 | 0,0497 | 0,0843 | 0,1265 | 0,1511 |
| 0,45 | 0,0224 | 0,0472 | 0,0752 | 0,1018 | 0,1138 |
| 0,35 | 0,0197 | 0,0401 | 0,0604 | 0,0770 | 0,0837 |
| 0,2 | 0,0122 | 0,0241 | 0,0347 | 0,0427 | 0,0457 |

E.1,5/42. Einflußfläche für $m_{ym}$

| $\frac{v}{a}$ | $\frac{u}{a}$ | | | | |
|---|---|---|---|---|---|
| | 0,1 | 0,2 | 0,3 | 0,4 | 0,5 |
| 0,75 | + 0,0286 | + 0,0597 | + 0,0978 | + 0,1565 | $\infty$ |
| 0,65 | + 0,0250 | + 0,0504 | + 0,0755 | + 0,0914 | + 0,0803 |
| 0,55 | + 0,0167 | + 0,0313 | + 0,0398 | + 0,0375 | + 0,0315 |
| 0,45 | + 0,0087 | + 0,0147 | + 0,0158 | + 0,0120 | + 0,0091 |
| 0,35 | + 0,0032 | + 0,0046 | + 0,0033 | + 0,0003 | — 0,0013 |
| 0,2 | — 0,0002 | — 0,0011 | — 0,0026 | — 0,0043 | — 0,0050 |

E.1,5/43. Einflußfläche für $m_y$ im Punkt $\frac{x}{a} = 0,5$, $\frac{y}{a} = 0,35$

| $\frac{v}{a}$ | $\frac{u}{a}$ | | | | |
|---|---|---|---|---|---|
| | 0,1 | 0,2 | 0,3 | 0,4 | 0,5 |
| 1,2 | — 0,0026 | — 0,0051 | — 0,0071 | — 0,0084 | — 0,0089 |
| 1,0 | — 0,0029 | — 0,0059 | — 0,0087 | — 0,0108 | — 0,0116 |
| 0,8 | + 0,0009 | + 0,0006 | — 0,0014 | — 0,0042 | — 0,0056 |
| 0,7 | + 0,0061 | + 0,0099 | + 0,0098 | + 0,0066 | + 0,0045 |
| 0,6 | 0,0140 | 0,0253 | 0,0304 | 0,0274 | 0,0235 |
| 0,5 | 0,0236 | 0,0459 | 0,0636 | 0,0675 | 0,0592 |
| 0,4 | 0,0307 | 0,0631 | 0,0998 | 0,1445 | 0,1447 |
| 0,35 | 0,0318 | 0,0660 | 0,1068 | 0,1675 | $\infty$ |
| 0,3 | 0,0302 | 0,0628 | 0,1003 | 0,1459 | 0,1465 |
| 0,2 | 0,0232 | 0,0458 | 0,0645 | 0,0697 | 0,0619 |
| 0,1 | + 0,0120 | + 0,0225 | + 0,0288 | + 0,0279 | + 0,0252 |

**E.1,5/12.** $\sin \pi \frac{y}{b}$; **Momente infolge Gleichlast, Dreiecklast und Randmoment** $m_{t1}$ (Verlauf in der $y$-Richtung)

| $\frac{y}{a}$ | $\sin \pi \frac{y}{b}$ | F₄—1 / F₄—3 $m_x$ | | F₄—13 $m_x$ | | F₄—0t $m_x$ | $m_y$ |
|---|---|---|---|---|---|---|---|
| | | $m_x$ | $m_y$ | $m_x$ | $m_y$ | | |
| | | $\frac{x}{a} = 0,5$ | | $\frac{x}{a} = 0,5$ | | | |
| 1,4 | 0,2079 | 0,0163 | 0,0154 | 0,0062 | 0,0014 | 0,0106 | — 0,0049 |
| 1,3 | 0,4067 | 0,0316 | 0,0237 | 0,0123 | 0,0028 | 0,0216 | — 0,0096 |
| 1,2 | 0,5878 | 0,0449 | 0,0275 | 0,0181 | 0,0043 | 0,0335 | — 0,0139 |
| 1,15 | 0,6691 | 0,0507 | 0,0284 | 0,0209 | 0,0052 | 0,0401 | — 0,0161 |
| 1,1 | 0,7431 | 0,0559 | 0,0288 | 0,0235 | 0,0061 | 0,0470 | — 0,0180 |
| 1,0 | 0,8660 | 0,0642 | 0,0288 | 0,0283 | 0,0080 | 0,0620 | — 0,0207 |
| 0,9 | 0,9511 | 0,0697 | 0,0284 | 0,0323 | 0,0102 | 0,0792 | — 0,0214 |
| 0,8 | 0,9945 | 0,0724 | 0,0281 | 0,0353 | 0,0127 | 0,0983 | — 0,0183 |
| 0,75 | 1,0000 | 0,0727 | 0,0280 | 0,0364 | 0,0140 | 0,1087 | — 0,0148 |
| 0,7 | 0,9945 | 0,0724 | 0,0281 | 0,0371 | 0,0154 | 0,1193 | — 0,0091 |
| 0,6 | 0,9511 | 0,0697 | 0,0284 | 0,0373 | 0,0182 | 0,1411 | + 0,0102 |
| 0,5 | 0,8660 | 0,0642 | 0,0288 | 0,0358 | 0,0208 | 0,1619 | 0,0456 |
| 0,4 | 0,7431 | 0,0559 | 0,0288 | 0,0323 | 0,0227 | 0,1778 | 0,1066 |
| 0,35 | 0,6691 | 0,0507 | 0,0284 | 0,0299 | 0,0232 | 0,1822 | 0,1506 |
| 0,3 | 0,5878 | 0,0449 | 0,0275 | 0,0268 | 0,0232 | 0,1829 | 0,2066 |
| 0,2 | 0,4067 | 0,0316 | 0,0237 | 0,0193 | 0,0209 | 0,1671 | 0,3663 |
| 0,1 | 0,2079 | 0,0163 | 0,0154 | 0,0101 | 0,0140 | 0,1146 | 0,6158 |
| 0 | 0 | 0 | 0 | 0 | 0 | 0 | 1,0000 |
| Faktor | | $p\,a^2$ bzw. $\frac{p_s}{2}\,a^2$ | | $p_t\,a^2$ | | $m_{t1} \sin \pi \frac{x}{a}$ | |

**E.1,5/34.** **Belastungsglieder** $\omega_s = \omega_a$ **bei Rechtecklast auf der Linie** $\frac{u}{a} = 0,5$

| $\frac{2c}{a}$: 1,0 | 0,9 | 0,8 | 0,7 | 0,6 | 0,5 | 0,4 | 0,3 | 0,2 | 0,1 | 0,05 | 0 | Faktor |
|---|---|---|---|---|---|---|---|---|---|---|---|---|
| 0,0798 | 0,0870 | 0,0934 | 0,0988 | 0,1033 | 0,1070 | 0,1098 | 0,1120 | 0,1137 | 0,1145 | 0,1147 | 0,1148 | $P\,\frac{b}{2d} \sin \pi \frac{d}{b} \sin \pi \frac{v}{b}$ |

**E.1,5/44.** **Einflußfläche für** $\omega_s$ (obere Zahl) und $\sum_{3,5\ldots}^{\infty} k \sin \frac{k\pi}{2} B_{sk}$ (untere Zahl)

| $\frac{v}{a}$ | $\frac{u}{a}$ = 0 | 0,1 | 0,2 | 0,3 | 0,4 | 0,5 | 0,6 | 0,7 | 0,8 | 0,9 |
|---|---|---|---|---|---|---|---|---|---|---|
| 0,75 | 0 | 0,1050 | 0,1646 | 0,1912 | 0,1941 | 0,1805 | 0,1552 | 0,1221 | 0,0838 | 0,0426 |
| | + 0,3183 | + 0,2078 | + 0,1338 | + 0,0848 | + 0,0531 | + 0,0327 | + 0,0190 | + 0,0116 | + 0,0065 | + 0,0028 |
| 0,6 | 0 | 0,0998 | 0,1565 | 0,1818 | 0,1845 | 0,1716 | 0,1476 | 0,1161 | 0,0797 | 0,0405 |
| | | —0,0073 | + 0,0275 | + 0,0310 | + 0,0242 | + 0,0166 | + 0,0107 | + 0,0065 | + 0,0037 | + 0,0016 |
| 0,45 | 0 | 0,0850 | 0,1331 | 0,1546 | 0,1569 | 0,1460 | 0,1255 | 0,0988 | 0,0678 | 0,0345 |
| | | —0,0583 | —0,0544 | —0,0362 | —0,0216 | —0,0126 | —0,0071 | —0,0040 | —0,0021 | —0,0009 |
| 0,3 | 0 | 0,0617 | 0,0968 | 0,1123 | 0,1140 | 0,1060 | 0,0913 | 0,0717 | 0,0493 | 0,0251 |
| | | —0,0514 | —0,0629 | —0,0540 | —0,0398 | —0,0269 | —0,0172 | —0,0105 | —0,0060 | —0,0027 |
| 0,15 | 0 | 0,0324 | 0,0509 | 0,0591 | 0,0600 | 0,0558 | 0,0480 | 0,0377 | 0,0259 | 0,0132 |
| | | —0,0288 | —0,0379 | —0,0353 | —0,0280 | —0,0200 | —0,0133 | —0,0083 | —0,0049 | —0,0023 |

**E.1,5/35.** Belastungsglieder $\omega_t$ bei Rechtecklast auf den Linien $\frac{v}{a} = 0{,}75$ und $\frac{v}{a} = 0{,}35$

| $\frac{2d}{a}$ | $\frac{v}{a}$ | | Faktor |
|---|---|---|---|
| | 0,75 | 0,35 | |
| 1,5 | 0,0775 | — | $P\frac{a}{2c}\sin\pi\frac{c}{a}\sin\pi\frac{u}{a}$ |
| 1,0 | 0,0895 | — | $P\frac{a}{2c}\sin\pi\frac{c}{a}\sin\pi\frac{u}{a}$ |
| 0,9 | 0,0899 | — | $P\frac{a}{2c}\sin\pi\frac{c}{a}\sin\pi\frac{u}{a}$ |
| 0,8 | 0,0900 | — | $P\frac{a}{2c}\sin\pi\frac{c}{a}\sin\pi\frac{u}{a}$ |
| 0,7 | 0,0898 | 0,1183 | $P\frac{a}{2c}\sin\pi\frac{c}{a}\sin\pi\frac{u}{a}$ |
| 0,6 | 0,0895 | 0,1270 | $P\frac{a}{2c}\sin\pi\frac{c}{a}\sin\pi\frac{u}{a}$ |
| 0,5 | 0,0892 | 0,1341 | $P\frac{a}{2c}\sin\pi\frac{c}{a}\sin\pi\frac{u}{a}$ |
| 0,4 | 0,0889 | 0,1393 | $P\frac{a}{2c}\sin\pi\frac{c}{a}\sin\pi\frac{u}{a}$ |
| 0,3 | 0,0886 | 0,1431 | $P\frac{a}{2c}\sin\pi\frac{c}{a}\sin\pi\frac{u}{a}$ |
| 0,2 | 0,0884 | 0,1459 | $P\frac{a}{2c}\sin\pi\frac{c}{a}\sin\pi\frac{u}{a}$ |
| 0,1 | 0,0883 | 0,1475 | $P\frac{a}{2c}\sin\pi\frac{c}{a}\sin\pi\frac{u}{a}$ |
| 0,05 | 0,0881 | 0,1477 | $P\frac{a}{2c}\sin\pi\frac{c}{a}\sin\pi\frac{u}{a}$ |
| 0 | 0,0879 | 0,1479 | $P\frac{a}{2c}\sin\pi\frac{c}{a}\sin\pi\frac{u}{a}$ |

**E.1,5/45.** Einflußfläche für $\omega_t$

| $\frac{v}{a}$ | $\frac{b-v}{a}$ | $\omega_t$ | Faktor |
|---|---|---|---|
| 1,45 | 0,05 | 0,0067 | $\sin\pi\frac{u}{a}$ |
| 1,4 | 0,1 | 0,0135 | $\sin\pi\frac{u}{a}$ |
| 1,35 | 0,15 | 0,0204 | $\sin\pi\frac{u}{a}$ |
| 1,3 | 0,2 | 0,0275 | $\sin\pi\frac{u}{a}$ |
| 1,25 | 0,25 | 0,0350 | $\sin\pi\frac{u}{a}$ |
| 1,2 | 0,3 | 0,0427 | $\sin\pi\frac{u}{a}$ |
| 1,15 | 0,35 | 0,0510 | $\sin\pi\frac{u}{a}$ |
| 1,1 | 0,4 | 0,0598 | $\sin\pi\frac{u}{a}$ |
| 1,05 | 0,45 | 0,0692 | $\sin\pi\frac{u}{a}$ |
| 1,0 | 0,5 | 0,0790 | $\sin\pi\frac{u}{a}$ |
| 0,95 | 0,55 | 0,0898 | $\sin\pi\frac{u}{a}$ |
| 0,9 | 0,6 | 0,1008 | $\sin\pi\frac{u}{a}$ |
| 0,85 | 0,65 | 0,1129 | $\sin\pi\frac{u}{a}$ |
| 0,8 | 0,7 | 0,1253 | $\sin\pi\frac{u}{a}$ |
| 0,75 | 0,75 | 0,1386 | $\sin\pi\frac{u}{a}$ |
| 0,7 | 0,8 | 0,1520 | $\sin\pi\frac{u}{a}$ |
| 0,65 | 0,85 | 0,1662 | $\sin\pi\frac{u}{a}$ |
| 0,6 | 0,9 | 0,1797 | $\sin\pi\frac{u}{a}$ |
| 0,55 | 0,95 | 0,1935 | $\sin\pi\frac{u}{a}$ |
| 0,5 | 1,0 | 0,2062 | $\sin\pi\frac{u}{a}$ |
| 0,45 | 1,05 | 0,2177 | $\sin\pi\frac{u}{a}$ |
| 0,4 | 1,1 | 0,2264 | $\sin\pi\frac{u}{a}$ |
| 0,35 | 1,15 | 0,2322 | $\sin\pi\frac{u}{a}$ |
| 0,3 | 1,2 | 0,2330 | $\sin\pi\frac{u}{a}$ |
| 0,25 | 1,25 | 0,2276 | $\sin\pi\frac{u}{a}$ |
| 0,2 | 1,3 | 0,2129 | $\sin\pi\frac{u}{a}$ |
| 0,15 | 1,35 | 0,1872 | $\sin\pi\frac{u}{a}$ |
| 0,1 | 1,4 | 0,1460 | $\sin\pi\frac{u}{a}$ |
| 0,05 | 1,45 | 0,0854 | $\sin\pi\frac{u}{a}$ |
| 0 | 1,5 | 0 | |

**E.2,0/11. Momente infolge Gleichlast, Dreiecklast**

| | $\frac{x}{a}$ | 0 | 0,05 | 0,1 | 0,15 | 0,2 | 0,25 | 0,3 | 0,35 | 0,4 | 0,45 |
|---|---|---|---|---|---|---|---|---|---|---|---|
| $F_4$—1, $F_4$—13 | $m_x\left(y=\frac{b}{2}\right)$ | 0 | 0,0193 | 0,0362 | 0,0507 | 0,0632 | 0,0736 | 0,0819 | 0,0883 | 0,0929 | 0,0955 |
| $F_4$—8 | $m_x\left(y=\frac{b}{2}\right)$ | 0 | 0,0132 | 0,0240 | 0,0327 | 0,0395 | 0,0445 | 0,0478 | 0,0497 | 0,0503 | 0,0498 |
| | $m_y\left(y=\frac{b}{2}\right)$ | 0 | 0,0014 | 0,0028 | 0,0040 | 0,0052 | 0,0063 | 0,0071 | 0,0078 | 0,0084 | 0,0086 |
| $F_4$—0s, $m_x$ | $k=1$ | 1,0000 | 0,8900 | 0,7890 | 0,6998 | 0,6195 | 0,5472 | 0,4818 | 0,4230 | 0,3707 | 0,3231 |
| | $k=2$ | 1,0000 | 0,7884 | 0,6170 | 0,4801 | 0,3696 | 0,2818 | 0,2118 | 0,1572 | 0,1143 | 0,0811 |
| | $k=3$ | 1,0000 | 0,6967 | 0,4770 | 0,3191 | 0,2063 | 0,1271 | 0,0722 | 0,0348 | 0,0101 | —0,0055 |
| | $k=4$ | 1,0000 | 0,6156 | 0,3659 | 0,2061 | 0,1058 | 0,0446 | 0,0088 | —0,0110 | —0,0206 | —0,0243 |
| | $k=5$ | 1,0000 | 0,5425 | 0,2769 | 0,1265 | 0,0446 | 0,0026 | —0,0169 | —0,0240 | —0,0247 | —0,0224 |
| | $k=6$ | 1,0000 | 0,4771 | 0,2061 | 0,0712 | 0,0087 | —0,0170 | —0,0245 | —0,0240 | —0,0204 | —0,0161 |
| | $k=7$ | 1,0000 | 0,4178 | 0,1500 | 0,0337 | —0,0110 | —0,0240 | —0,0240 | —0,0197 | —0,0147 | —0,0104 |
| | $k=8$ | 1,0000 | 0,3658 | 0,1058 | 0,0087 | —0,0206 | —0,0244 | —0,0199 | —0,0138 | —0,0084 | —0,0060 |
| $m_y$ | $k=1$ | 0 | 0,0282 | 0,0509 | 0,0687 | 0,0823 | 0,0920 | 0,0983 | 0,1016 | 0,1023 | 0,1008 |
| | $k=2$ | 0 | 0,0655 | 0,1117 | 0,1422 | 0,1611 | 0,1708 | 0,1747 | 0,1708 | 0,1642 | 0,1549 |
| | $k=3$ | 0 | 0,0928 | 0,1470 | 0,1739 | 0,1829 | 0,1803 | 0,1706 | 0,1571 | 0,1411 | 0,1249 |
| | $k=4$ | 0 | 0,1148 | 0,1676 | 0,1836 | 0,1788 | 0,1633 | 0,1430 | 0,1219 | 0,1016 | 0,0834 |
| | $k=5$ | 0 | 0,1325 | 0,1790 | 0,1815 | 0,1632 | 0,1378 | 0,1116 | 0,0879 | 0,0678 | 0,0516 |
| | $k=6$ | 0 | 0,1471 | 0,1837 | 0,1720 | 0,1431 | 0,1116 | 0,0836 | 0,0609 | 0,0434 | 0,0305 |
| | $k=7$ | 0 | 0,1587 | 0,1830 | 0,1585 | 0,1220 | 0,0879 | 0,0609 | 0,0410 | 0,0270 | 0,0175 |
| | $k=8$ | 0 | 0,1676 | 0,1789 | 0,1431 | 0,1017 | 0,0679 | 0,0434 | 0,0270 | 0,0165 | 0,0099 |

und Randmoment $m_s$ (Verlauf in der $x$-Richtung)

| 0,5 | 0,55 | 0,6 | 0,65 | 0,7 | 0,75 | 0,8 | 0,85 | 0,9 | 0,95 | Faktor |
|---|---|---|---|---|---|---|---|---|---|---|
| 0,0964 | 0,0955 | 0,0929 | 0,0883 | 0,0819 | 0,0736 | 0,0632 | 0,0507 | 0,0362 | 0,0193 | $p\,a^2$<br>$\frac{p_t}{2}\,a^2$ |
| 0,0482 | 0,0458 | 0,0425 | 0,0388 | 0,0341 | 0,0291 | 0,0237 | 0,0171 | 0,0122 | 0,0061 | $p_s\,a^2$ |
| 0,0087 | 0,0086 | 0,0082 | 0,0077 | 0,0070 | 0,0061 | 0,0050 | 0,0039 | 0,0026 | 0,0013 | $p_s\,a^2$ |
| 0,2802 | 0,2414 | 0,2062 | 0,1741 | 0,1445 | 0,1171 | 0,0917 | 0,0575 | 0,0444 | 0,0220 | $m_{s1} \sin \pi \frac{y}{b}$ |
| 0,0558 | 0,0369 | 0,0226 | 0,0127 | 0,0059 | 0,0016 | —0,0008 | —0,0017 | —0,0016 | —0,0010 | $m_{s2} \sin 2\pi \frac{y}{b}$ |
| —0,0148 | —0,0196 | —0,0212 | —0,0211 | —0,0195 | —0,0170 | —0,0138 | —0,0107 | —0,0072 | —0,0036 | $m_{s3} \sin 3\pi \frac{y}{b}$ |
| —0,0244 | —0,0225 | —0,0199 | —0,0169 | —0,0138 | —0,0110 | —0,0084 | —0,0060 | —0,0038 | —0,0017 | $m_{s4} \sin 4\pi \frac{y}{b}$ |
| —0,0190 | —0,0154 | —0,0121 | —0,0094 | —0,0070 | —0,0051 | —0,0037 | —0,0026 | —0,0016 | —0,0008 | $m_{s5} \sin 5\pi \frac{y}{b}$ |
| —0,0122 | —0,0089 | —0,0060 | —0,0045 | —0,0038 | —0,0021 | —0,0014 | —0,0009 | —0,0004 | —0,0002 | $m_{s6} \sin 6\pi \frac{y}{b}$ |
| —0,0071 | —0,0048 | —0,0031 | —0,0020 | —0,0013 | —0,0008 | —0,0005 | —0,0003 | —0,0002 | —0,0001 | $m_{s7} \sin 7\pi \frac{y}{b}$ |
| —0,0040 | —0,0024 | —0,0015 | —0,0009 | —0,0005 | —0,0003 | —0,0002 | —0,0001 | — | — | $m_{s8} \sin 8\pi \frac{y}{b}$ |
| 0,0972 | 0,0919 | 0,0851 | 0,0771 | 0,0680 | 0,0580 | 0,0472 | 0,0358 | 0,0241 | 0,0121 | $m_{s1} \sin \pi \frac{y}{b}$ |
| 0,1434 | 0,1306 | 0,1171 | 0,1029 | 0,0883 | 0,0736 | 0,0588 | 0,0440 | 0,0293 | 0,0147 | $m_{s2} \sin 2\pi \frac{y}{b}$ |
| 0,1087 | 0,0933 | 0,0792 | 0,0661 | 0,0542 | 0,0434 | 0,0335 | 0,0245 | 0,0160 | 0,0079 | $m_{s3} \sin 3\pi \frac{y}{b}$ |
| 0,0675 | 0,0540 | 0,0428 | 0,0335 | 0,0258 | 0,0196 | 0,0164 | 0,0101 | 0,0063 | 0,0029 | $m_{s4} \sin 4\pi \frac{y}{b}$ |
| 0,0386 | 0,0286 | 0,0211 | 0,0154 | 0,0111 | 0,0080 | 0,0055 | 0,0036 | 0,0022 | 0,0010 | $m_{s5} \sin 5\pi \frac{y}{b}$ |
| 0,0212 | 0,0146 | 0,0095 | 0,0067 | 0,0045 | 0,0030 | 0,0019 | 0,0012 | 0,0006 | 0,0003 | $m_{s6} \sin 6\pi \frac{y}{b}$ |
| 0,0112 | 0,0071 | 0,0045 | 0,0028 | 0,0017 | 0,0011 | 0,0007 | 0,0004 | 0,0002 | 0,0001 | $m_{s7} \sin 7\pi \frac{y}{b}$ |
| 0,0059 | 0,0034 | 0,0020 | 0,0012 | 0,0007 | 0,0004 | 0,0002 | 0,0001 | — | — | $m_{s8} \sin 8\pi \frac{y}{b}$ |

**E.2,0/12. Momente infolge Gleichlast, Dreiecklast und Randmoment $m_{t1}$ (Verlauf in der $y$-Richtung)**

| $\frac{y}{a}$ | F₄–1 / F₄–3 $m_x$ | F₄–1 / F₄–3 $m_y$ | F₄–13 $m_x$ | F₄–13 $m_y$ | F₄–0t $m_x$ | F₄–0t $m_y$ |
|---|---|---|---|---|---|---|
| | $\frac{x}{a} = 0{,}5$ | | $\frac{x}{a} = 0{,}5$ | | | |
| 1,95 | 0,0090 | 0,0083 | 0,0029 | 0,0002 | 0,0016 | — 0,0010 |
| 1,9 | 0,0179 | 0,0145 | 0,0057 | 0,0004 | 0,0031 | — 0,0019 |
| 1,85 | 0,0264 | 0,0189 | 0,0086 | 0,0006 | 0,0047 | — 0,0029 |
| 1,8 | 0,0347 | 0,0218 | 0,0114 | 0,0008 | 0,0065 | — 0,0039 |
| 1,75 | 0,0426 | 0,0237 | 0,0141 | 0,0011 | 0,0083 | — 0,0050 |
| 1,7 | 0,0499 | 0,0246 | 0,0169 | 0,0013 | 0,0102 | — 0,0061 |
| 1,65 | 0,0566 | 0,0249 | 0,0198 | 0,0016 | 0,0122 | — 0,0072 |
| 1,6 | 0,0629 | 0,0247 | 0,0223 | 0,0019 | 0,0145 | — 0,0085 |
| 1,55 | 0,0686 | 0,0242 | 0,0250 | 0,0022 | 0,0170 | — 0,0097 |
| 1,5 | 0,0736 | 0,0235 | 0,0276 | 0,0025 | 0,0196 | — 0,0110 |
| 1,45 | 0,0781 | 0,0226 | 0,0302 | 0,0029 | 0,0226 | — 0,0124 |
| 1,4 | 0,0821 | 0,0217 | 0,0326 | 0,0033 | 0,0259 | — 0,0139 |
| 1,35 | 0,0856 | 0,0208 | 0,0350 | 0,0038 | 0,0295 | — 0,0154 |
| 1,3 | 0,0886 | 0,0200 | 0,0373 | 0,0043 | 0,0335 | — 0,0169 |
| 1,25 | 0,0910 | 0,0192 | 0,0395 | 0,0049 | 0,0379 | — 0,0184 |
| 1,2 | 0,0930 | 0,0186 | 0,0415 | 0,0055 | 0,0428 | — 0,0199 |
| 1,15 | 0,0945 | 0,0181 | 0,0435 | 0,0062 | 0,0481 | — 0,0213 |
| 1,1 | 0,0956 | 0,0177 | 0,0452 | 0,0070 | 0,0540 | — 0,0226 |
| 1,05 | 0,0962 | 0,0175 | 0,0468 | 0,0078 | 0,0604 | — 0,0236 |
| 1,0 | 0,0964 | 0,0174 | 0,0482 | 0,0087 | 0,0675 | — 0,0244 |
| 0,95 | 0,0962 | 0,0175 | 0,0494 | 0,0097 | 0,0751 | — 0,0246 |
| 0,9 | 0,0956 | 0,0177 | 0,0504 | 0,0107 | 0,0832 | — 0,0242 |
| 0,85 | 0,0945 | 0,0181 | 0,0511 | 0,0119 | 0,0921 | — 0,0230 |
| 0,8 | 0,0930 | 0,0186 | 0,0515 | 0,0131 | 0,1015 | — 0,0206 |
| 0,75 | 0,0910 | 0,0192 | 0,0515 | 0,0144 | 0,1113 | — 0,0167 |
| 0,7 | 0,0886 | 0,0200 | 0,0513 | 0,0157 | 0,1217 | — 0,0108 |
| 0,65 | 0,0856 | 0,0208 | 0,0506 | 0,0171 | 0,1324 | — 0,0026 |
| 0,6 | 0,0821 | 0,0217 | 0,0495 | 0,0184 | 0,1429 | 0,0088 |
| 0,55 | 0,0781 | 0,0226 | 0,0480 | 0,0197 | 0,1532 | 0,0243 |
| 0,5 | 0,0736 | 0,0235 | 0,0460 | 0,0210 | 0,1631 | 0,0447 |
| 0,45 | 0,0686 | 0,0242 | 0,0435 | 0,0221 | 0,1718 | 0,0715 |
| 0,4 | 0,0629 | 0,0247 | 0,0405 | 0,0229 | 0,1787 | 0,1059 |
| 0,35 | 0,0566 | 0,0249 | 0,0370 | 0,0233 | 0,1829 | 0,1500 |
| 0,3 | 0,0499 | 0,0246 | 0,0330 | 0,0233 | 0,1835 | 0,2061 |
| 0,25 | 0,0426 | 0,0237 | 0,0285 | 0,0225 | 0,1791 | 0,2768 |
| 0,2 | 0,0347 | 0,0218 | 0,0234 | 0,0210 | 0,1676 | 0,3660 |
| 0,15 | 0,0264 | 0,0189 | 0,0179 | 0,0183 | 0,1471 | 0,4772 |
| 0,1 | 0,0179 | 0,0145 | 0,0120 | 0,0141 | 0,1148 | 0,6155 |
| 0,05 | 0,0090 | 0,0083 | 0,0061 | 0,0081 | 0,0672 | 0,7878 |
| 0 | 0 | 0 | 0 | 0 | 0 | 1,0000 |
| Faktor | $p\,a^2$ bzw. $\frac{p_s}{2}\,a^2$ | | $p_t\,a^2$ | | $m_{t1} \sin \pi \frac{x}{a}$ | |

**E.2,0/21. Gleichungssystem**

| Rand-bedingung | Reihenkoeffizienten der Randmomente | | | | | | | | | | | | Werte $B$ für Belastungsfall | | |
|---|---|---|---|---|---|---|---|---|---|---|---|---|---|---|---|
| | $m_{s1}$ | $m_{s2}$ | $m_{s3}$ | $m_{a1}$ | $m_{a2}$ | $m_{a3}$ | $m_{t1}$ | $m_{t2}$ | $m_{t3}$ | $m_{b1}$ | $m_{b2}$ | $m_{b3}$ | 1 | 3 | 13 |
| $s\,1$ | 0,7937 | — | — | 0,3097 | — | — | 0,1019 | 0,0177 | 0,0056 | 0,1019 | 0,0177 | 0,0056 | $0{,}1074 \cdot p \cdot a^2$ | $0{,}0587 \cdot p_s \cdot a^2$ | $0{,}0537 \cdot p_t \cdot a^2$ |
| $s\,2$ | — | 0,9802 | — | — | 0,1865 | — | 0,1592 | 0,0509 | 0,0191 | −0,1592 | −0,0509 | −0,0191 | — | — | $0{,}0215 \cdot p_t \cdot a^2$ |
| $s\,3$ | — | — | 0,9985 | — | — | 0,0667 | 0,1356 | 0,0733 | 0,0340 | 0,1356 | 0,0733 | 0,0340 | $0{,}0172 \cdot p \cdot a^2$ | $0{,}0110 \cdot p_s \cdot a^2$ | $0{,}0086 \cdot p_t \cdot a^2$ |
| $a\,1$ | 0,3097 | — | — | 0,7937 | — | — | 0,1019 | −0,0177 | 0,0056 | 0,1019 | −0,0177 | 0,0056 | $0{,}1074 \cdot p \cdot a^2$ | $0{,}0488 \cdot p_s \cdot a^2$ | $0{,}0537 \cdot p_t \cdot a^2$ |
| $a\,2$ | — | 0,1865 | — | — | 0,9802 | — | 0,1592 | −0,0509 | 0,0191 | −0,1592 | 0,0509 | −0,0191 | — | — | $0{,}0215 \cdot p_t \cdot a^2$ |
| $a\,3$ | — | — | 0,0667 | — | — | 0,9985 | 0,1356 | −0,0733 | 0,0340 | 0,1356 | −0,0733 | 0,0340 | $0{,}0172 \cdot p \cdot a^2$ | $0{,}0061 \cdot p_s \cdot a^2$ | $0{,}0086 \cdot p_t \cdot a^2$ |
| $t\,1$ | 0,4074 | 0,3183 | 0,1808 | 0,4074 | 0,3183 | 0,1808 | 0,9999 | — | — | 0,0197 | — | — | $0{,}1255 \cdot p \cdot a^2$ | $0{,}0628 \cdot p_s \cdot a^2$ | $0{,}0880 \cdot p_t \cdot a^2$ |
| $t\,2$ | 0,1415 | 0,2037 | 0,1956 | −0,1415 | −0,2037 | −0,1956 | — | 1,0000 | — | — | 0,0001 | — | — | $0{,}0081 \cdot p_s \cdot a^2$ | — |
| $t\,3$ | 0,0670 | 0,1146 | 0,1358 | 0,0670 | 0,1146 | 0,1358 | — | — | 1,0000 | — | — | 0,0000 | $0{,}0048 \cdot p \cdot a^2$ | $0{,}0024 \cdot p_s \cdot a^2$ | $0{,}0043 \cdot p_t \cdot a^2$ |
| $b\,1$ | 0,4070 | −0,3183 | 0,1808 | 0,4070 | −0,3183 | 0,1808 | 0,0197 | — | — | 0,9999 | — | — | $0{,}1255 \cdot p \cdot a^2$ | $0{,}0628 \cdot p_s \cdot a^2$ | $0{,}0375 \cdot p_t \cdot a^2$ |
| $b\,2$ | 0,1415 | −0,2037 | 0,1956 | −0,1415 | 0,2037 | −0,1956 | — | 0,0001 | — | — | 1,0000 | — | — | $0{,}0081 \cdot p_s \cdot a^2$ | — |
| $b\,3$ | 0,0670 | −0,1146 | 0,1358 | 0,0670 | −0,1146 | 0,1358 | — | — | 0,0000 | — | — | 1,0000 | $0{,}0048 \cdot p \cdot a^2$ | $0{,}0024 \cdot p_s \cdot a^2$ | $0{,}0005 \cdot p_t \cdot a^2$ |

**E.2,0/22. Verdrehungsbeiwerte $C$ und $D$**

| $k$ | $C\left(\frac{k a}{b}\right)$ | $D\left(\frac{k a}{b}\right)$ | $\widehat{C}\left(\frac{k a}{b}\right)$ |
|---|---|---|---|
| 1 | 0,7937 | 0,3097 | 1,1034 |
| 2 | 0,9802 | 0,1865 | 1,1667 |
| 3 | 0,9985 | 0,0667 | 1,0652 |
| 4 | 0,9999 | 0,0198 | 1,0197 |
| 5 | 1,0000 | 0,0053 | 1,0053 |
| 6 | 1,0000 | 0,0014 | 1,0014 |
| 7 | 1,0000 | 0,0003 | 1,0003 |
| 8 | 1,0000 | 0,0001 | 1,0001 |
| $9 \to \infty$ | 1,0000 | 0 | 1,0000 |

$$j = 1 \ldots C\left(\frac{b}{a}\right) = 0{,}9999$$

**E.2,0/23. Verdrehungsbeiwerte**

| $k$ | $j$ = 1 | 2 | 3 | 4 | 5 | 6 | 7 | 8 | 9 | 10 |
|---|---|---|---|---|---|---|---|---|---|---|
| 1 | 0,1600 | 0,0554 | 0,0263 | 0,0152 | 0,0098 | 0,0069 | 0,0051 | 0,0039 | 0,0031 | 0,0025 |
| 2 | 0,2500 | 0,1600 | 0,0900 | 0,0554 | 0,0370 | 0,0263 | 0,0196 | 0,0152 | 0,0120 | 0,0098 |
| 3 | 0,2130 | 0,2304 | 0,1600 | 0,1080 | 0,0757 | 0,0554 | 0,0420 | 0,0328 | 0,0263 | 0,0215 |
| 4 | 0,1600 | 0,2500 | 0,2130 | 0,1600 | 0,1189 | 0,0900 | 0,0697 | 0,0554 | 0,0448 | 0,0370 |
| 5 | 0,1189 | 0,2379 | 0,2419 | 0,2021 | 0,1600 | 0,1260 | 0,1004 | 0,0811 | 0,0666 | 0,0554 |
| 6 | 0,0900 | 0,2130 | 0,2500 | 0,2304 | 0,1947 | 0,1600 | 0,1311 | 0,1080 | 0,0900 | 0,0757 |
| 7 | 0,0697 | 0,1854 | 0,2441 | 0,2455 | 0,2208 | 0,1895 | 0,1600 | 0,1348 | 0,1140 | 0,0971 |
| 8 | 0,0554 | 0,1600 | 0,2304 | 0,2500 | 0,2379 | 0,2130 | 0,1854 | 0,1600 | 0,1378 | 0,1189 |
| 9 | 0,0448 | 0,1378 | 0,2130 | 0,2466 | 0,2473 | 0,2304 | 0,2069 | 0,1823 | 0,1600 | 0,1400 |
| 10 | 0,0370 | 0,1189 | 0,1947 | 0,2379 | 0,2500 | 0,2419 | 0,2235 | 0,2021 | 0,1803 | 0,1600 |

**E.2,0/31. Mittenmomente $m_{xm}$ bei mittiger Rechtecklast**

| $\frac{2d}{a}$ | $\frac{2c}{a}$ = 1,0 | 0,9 | 0,8 | 0,7 | 0,6 | 0,5 | 0,4 | 0,3 | 0,2 | 0,1 | 0,05 | 0 | Faktor |
|---|---|---|---|---|---|---|---|---|---|---|---|---|---|
| 2,0 | 0,0482 | 0,0531 | 0,0580 | 0,0631 | 0,0683 | 0,0736 | 0,0790 | 0,0846 | 0,0904 | 0,0964 | 0,0994 | 0,1025 | $P$ |
| 1,5 | 0,0607 | 0,0668 | 0,0731 | 0,0795 | 0,0861 | 0,0929 | 0,1000 | 0,1073 | 0,1149 | 0,1228 | 0,1269 | 0,1310 | $P$ |
| 1,0 | 0,0736 | 0,0811 | 0,0889 | 0,0970 | 0,1055 | 0,1145 | 0,1240 | 0,1341 | 0,1448 | 0,1562 | 0,1622 | 0,1684 | $P$ |
| 0,9 | 0,0762 | 0,0839 | 0,0920 | 0,1005 | 0,1094 | 0,1189 | 0,1291 | 0,1400 | 0,1517 | 0,1643 | 0,1709 | 0,1778 | $P$ |
| 0,8 | 0,0786 | 0,0866 | 0,0950 | 0,1039 | 0,1134 | 0,1235 | 0,1344 | 0,1462 | 0,1590 | 0,1729 | 0,1803 | 0,1879 | $P$ |
| 0,7 | 0,0809 | 0,0892 | 0,0979 | 0,1072 | 0,1172 | 0,1280 | 0,1397 | 0,1526 | 0,1668 | 0,1824 | 0,1907 | 0,1992 | $P$ |
| 0,6 | 0,0831 | 0,0916 | 0,1007 | 0,1104 | 0,1209 | 0,1323 | 0,1450 | 0,1592 | 0,1750 | 0,1927 | 0,2023 | 0,2122 | $P$ |
| 0,5 | 0,0851 | 0,0938 | 0,1032 | 0,1132 | 0,1243 | 0,1365 | 0,1502 | 0,1658 | 0,1837 | 0,2042 | 0,2155 | 0,2275 | $P$ |
| 0,4 | 0,0868 | 0,0957 | 0,1053 | 0,1159 | 0,1274 | 0,1404 | 0,1552 | 0,1725 | 0,1929 | 0,2171 | 0,2309 | 0,2457 | $P$ |
| 0,3 | 0,0882 | 0,0973 | 0,1071 | 0,1179 | 0,1300 | 0,1437 | 0,1597 | 0,1789 | 0,2023 | 0,2319 | 0,2494 | 0,2690 | $P$ |
| 0,2 | 0,0892 | 0,0985 | 0,1085 | 0,1195 | 0,1320 | 0,1464 | 0,1634 | 0,1845 | 0,2116 | 0,2489 | 0,2731 | 0,3017 | $P$ |
| 0,1 | 0,0898 | 0,0992 | 0,1093 | 0,1206 | 0,1333 | 0,1481 | 0,1659 | 0,1885 | 0,2192 | 0,2672 | 0,3044 | 0,3571 | $P$ |
| 0,05 | 0,0900 | 0,0994 | 0,1095 | 0,1208 | 0,1336 | 0,1485 | 0,1666 | 0,1896 | 0,2216 | 0,2746 | 0,3224 | 0,4123 | $P$ |
| 0 | 0,0901 | 0,0995 | 0,1096 | 0,1209 | 0,1337 | 0,1486 | 0,1668 | 0,1900 | 0,2222 | 0,2779 | 0,3330 | $\infty$ | $P$ |

**E.2,0/41. Einflußfläche für $m_{xm}$**

| $\frac{v}{a}$ | $\frac{u}{a}$ = 0,1 | 0,2 | 0,3 | 0,4 | 0,5 |
|---|---|---|---|---|---|
| 1,0 | 0,0241 | 0,0511 | 0,0860 | 0,1426 | $\infty$ |
| 0,9 | 0,0252 | 0,0539 | 0,0921 | 0,1540 | 0,2218 |
| 0,8 | 0,0270 | 0,0574 | 0,0950 | 0,1391 | 0,1643 |
| 0,7 | 0,0270 | 0,0560 | 0,0874 | 0,1161 | 0,1288 |
| 0,6 | 0,0251 | 0,0505 | 0,0749 | 0,0940 | 0,1015 |
| 0,5 | 0,0215 | 0,0423 | 0,0609 | 0,0743 | 0,0792 |
| 0,4 | 0,0172 | 0,0333 | 0,0471 | 0,0566 | 0,0600 |
| 0,2 | 0,0084 | 0,0161 | 0,0223 | 0,0264 | 0,0279 |

**E.2,0/42. Einflußfläche für $m_{ym}$**

| $\frac{v}{a}$ | $\frac{u}{a}$ = 0,1 | 0,2 | 0,3 | 0,4 | 0,5 |
|---|---|---|---|---|---|
| 1,0 | 0,0264 | 0,0554 | 0,0920 | 0,1496 | $\infty$ |
| 0,9 | 0,0227 | 0,0460 | 0,0695 | 0,0843 | 0,0729 |
| 0,8 | 0,0143 | 0,0267 | 0,0335 | 0,0301 | 0,0237 |
| 0,7 | 0,0061 | 0,0098 | 0,0090 | 0,0040 | 0,0006 |
| 0,6 | 0,0003 | — 0,0009 | — 0,0042 | — 0,0085 | — 0,0106 |
| 0,5 | — 0,0027 | — 0,0061 | — 0,0100 | — 0,0136 | — 0,0150 |
| 0,4 | — 0,0038 | — 0,0077 | — 0,0114 | — 0,0142 | — 0,0153 |
| 0,2 | — 0,0027 | — 0,0052 | — 0,0074 | — 0,0089 | — 0,0094 |

$$\frac{\pi}{4} H\left(\frac{j\,b}{k\,a}\right) = \frac{\pi}{4} H\left(\frac{k\,a}{j\,b}\right) = \frac{1}{\left(\frac{j\,b}{k\,a} + \frac{k\,a}{j\,b}\right)^2}$$

| $j$ | | | | | | | | | | |
|---|---|---|---|---|---|---|---|---|---|---|
| 11 | 12 | 13 | 14 | 15 | 16 | 17 | 18 | 19 | 20 | 21 |
| 0,0021 | 0,0017 | 0,0015 | 0,0013 | 0,0011 | 0,0010 | 0,0009 | 0,0008 | 0,0007 | 0,0006 | 0,0006 |
| 0,0082 | 0,0068 | 0,0059 | 0,0050 | 0,0044 | 0,0039 | 0,0034 | 0,0031 | 0,0028 | 0,0025 | 0,0023 |
| 0,0180 | 0,0152 | 0,0130 | 0,0106 | 0,0098 | 0,0087 | 0,0077 | 0,0069 | 0,0062 | 0,0056 | 0,0050 |
| 0,0310 | 0,0263 | 0,0226 | 0,0196 | 0,0172 | 0,0152 | 0,0135 | 0,0120 | 0,0108 | 0,0098 | 0,0089 |
| 0,0468 | 0,0399 | 0,0345 | 0,0300 | 0,0263 | 0,0232 | 0,0207 | 0,0186 | 0,0167 | 0,0152 | 0,0138 |
| 0,0645 | 0,0554 | 0,0481 | 0,0420 | 0,0370 | 0,0328 | 0,0293 | 0,0263 | 0,0237 | 0,0215 | 0,0196 |
| 0,0842 | 0,0712 | 0,0630 | 0,0554 | 0,0490 | 0,0436 | 0,0391 | 0,0351 | 0,0318 | 0,0288 | 0,0263 |
| 0,1031 | 0,0900 | 0,0790 | 0,0697 | 0,0620 | 0,0554 | 0,0497 | 0,0448 | 0,0407 | 0,0370 | 0,0338 |
| 0,1221 | 0,1080 | 0,0956 | 0,0849 | 0,0757 | 0,0679 | 0,0612 | 0,0554 | 0,0503 | 0,0459 | 0,0420 |
| 0,1420 | 0,1260 | 0,1123 | 0,1004 | 0,0900 | 0,0811 | 0,0734 | 0,0666 | 0,0606 | 0,0554 | 0,0508 |

## E.2,0/32. Mittenmomente $m_{ym}$ bei mittiger Rechtecklast

| $\frac{2d}{a}$ | $\frac{2c}{a}$ | | | | | | | | | | | Faktor |
|---|---|---|---|---|---|---|---|---|---|---|---|---|
| | 1,0 | 0,9 | 0,8 | 0,7 | 0,6 | 0,5 | 0,4 | 0,3 | 0,2 | 0,1 | 0,05 | 0 | |
| 2,0 | 0,0087 | 0,0096 | 0,0104 | 0,0111 | 0,0118 | 0,0123 | 0,0128 | 0,0132 | 0,0135 | 0,0136 | 0,0137 | 0,0137 | $P$ |
| 1,5 | 0,0128 | 0,0141 | 0,0153 | 0,0164 | 0,0173 | 0,0182 | 0,0189 | 0,0195 | 0,0199 | 0,0201 | 0,0202 | 0,0202 | $P$ |
| 1,0 | 0,0235 | 0,0258 | 0,0280 | 0,0300 | 0,0319 | 0,0335 | 0,0349 | 0,0360 | 0,0369 | 0,0374 | 0,0375 | 0,0375 | $P$ |
| 0,9 | 0,0269 | 0,0295 | 0,0321 | 0,0344 | 0,0366 | 0,0385 | 0,0402 | 0,0415 | 0,0425 | 0,0431 | 0,0433 | 0,0433 | $P$ |
| 0,8 | 0,0309 | 0,0340 | 0,0369 | 0,0396 | 0,0421 | 0,0444 | 0,0464 | 0,0480 | 0,0492 | 0,0500 | 0,0502 | 0,0503 | $P$ |
| 0,7 | 0,0356 | 0,0391 | 0,0425 | 0,0457 | 0,0487 | 0,0515 | 0,0539 | 0,0559 | 0,0574 | 0,0583 | 0,0585 | 0,0587 | $P$ |
| 0,6 | 0,0410 | 0,0451 | 0,0490 | 0,0528 | 0,0565 | 0,0598 | 0,0628 | 0,0653 | 0,0673 | 0,0685 | 0,0688 | 0,0690 | $P$ |
| 0,5 | 0,0473 | 0,0520 | 0,0567 | 0,0612 | 0,0656 | 0,0697 | 0,0735 | 0,0768 | 0,0794 | 0,0811 | 0,0815 | 0,0817 | $P$ |
| 0,4 | 0,0546 | 0,0600 | 0,0655 | 0,0709 | 0,0763 | 0,0815 | 0,0865 | 0,0909 | 0,0946 | 0,0971 | 0,0977 | 0,0980 | $P$ |
| 0,3 | 0,0629 | 0,0692 | 0,0756 | 0,0822 | 0,0889 | 0,0956 | 0,1023 | 0,1086 | 0,1142 | 0,1182 | 0,1193 | 0,1197 | $P$ |
| 0,2 | 0,0723 | 0,0796 | 0,0872 | 0,0952 | 0,1035 | 0,1123 | 0,1215 | 0,1311 | 0,1403 | 0,1480 | 0,1503 | 0,1511 | $P$ |
| 0,1 | 0,0829 | 0,0914 | 0,1004 | 0,1101 | 0,1206 | 0,1321 | 0,1452 | 0,1600 | 0,1770 | 0,1952 | 0,2024 | 0,2060 | $P$ |
| 0,05 | 0,0887 | 0,0978 | 0,1076 | 0,1182 | 0,1300 | 0,1433 | 0,1588 | 0,1775 | 0,2010 | 0,2323 | 0,2503 | 0,2609 | $P$ |
| 0 | 0,0948 | 0,1045 | 0,1152 | 0,1269 | 0,1401 | 0,1554 | 0,1738 | 0,1971 | 0,2298 | 0,2852 | 0,3405 | $\infty$ | $P$ |

## E.2,0/43. Einflußwerte $B_{sk}$ für $k = 1$ bis 10

| $k$ | $\frac{u}{a}$ | | | | | | | | | Faktor |
|---|---|---|---|---|---|---|---|---|---|---|
| | 0,1 | 0,2 | 0,3 | 0,4 | 0,5 | 0,6 | 0,7 | 0,8 | 0,9 | |
| 1 | 0,0648 | 0,1047 | 0,1250 | 0,1303 | 0,1237 | 0,1082 | 0,0860 | 0,0598 | 0,0307 | $\sin \pi \frac{v}{b}$ |
| 2 | 0,0712 | 0,1026 | 0,1104 | 0,1046 | 0,0913 | 0,0746 | 0,0562 | 0,0374 | 0,0187 | $\sin 2\pi \frac{v}{b}$ |
| 3 | 0,0624 | 0,0778 | 0,0726 | 0,0601 | 0,0462 | 0,0337 | 0,0231 | 0,0143 | 0,0068 | $\sin 3\pi \frac{v}{b}$ |
| 4 | 0,0533 | 0,0569 | 0,0455 | 0,0324 | 0,0215 | 0,0136 | 0,0082 | 0,0046 | 0,0020 | $\sin 4\pi \frac{v}{b}$ |
| 5 | 0,0456 | 0,0416 | 0,0284 | 0,0173 | 0,0099 | 0,0054 | 0,0029 | 0,0016 | 0,0006 | $\sin 5\pi \frac{v}{b}$ |
| 6 | 0,0390 | 0,0304 | 0,0178 | 0,0093 | 0,0045 | 0,0021 | 0,0010 | 0,0005 | 0,0002 | $\sin 6\pi \frac{v}{b}$ |
| 7 | 0,0333 | 0,0221 | 0,0111 | 0,0049 | 0,0020 | 0,0008 | 0,0003 | 0,0001 | | $\sin 7\pi \frac{v}{b}$ |
| 8 | 0,0285 | 0,0162 | 0,0068 | 0,0026 | 0,0010 | 0,0004 | 0,0001 | | | $\sin 8\pi \frac{v}{b}$ |
| 9 | 0,0243 | 0,0118 | 0,0043 | 0,0014 | 0,0004 | 0,0001 | | | | $\sin 9\pi \frac{v}{b}$ |
| 10 | 0,0208 | 0,0087 | 0,0027 | 0,0008 | 0,0002 | | | | | $\sin 10\pi \frac{v}{b}$ |

**E.2,0/44.** Einflußwerte $\widehat{B}_{sk} = B_{sk} + B_{ak}$ für $k = 1$ bis 10

| $k$ | $\frac{u}{a}$ | | | | | Faktor |
|---|---|---|---|---|---|---|
| | 0,1 | 0,2 | 0,3 | 0,4 | 0,5 | |
| 1 | 0,0955 | 0,1645 | 0,2110 | 0,2385 | 0,2474 | $\sin \pi \frac{v}{b}$ |
| 2 | 0,0898 | 0,1400 | 0,1666 | 0,1792 | 0,1826 | $\sin 2\pi \frac{v}{b}$ |
| 3 | 0,0692 | 0,0921 | 0,0957 | 0,0938 | 0,0924 | $\sin 3\pi \frac{v}{b}$ |
| 4 | 0,0554 | 0,0616 | 0,0538 | 0,0460 | 0,0430 | $\sin 4\pi \frac{v}{b}$ |
| 5 | 0,0462 | 0,0430 | 0,0313 | 0,0227 | 0,0199 | $\sin 5\pi \frac{v}{b}$ |
| 6 | 0,0392 | 0,0308 | 0,0187 | 0,0114 | 0,0090 | $\sin 6\pi \frac{v}{b}$ |
| 7 | 0,0333 | 0,0223 | 0,0114 | 0,0057 | 0,0041 | $\sin 7\pi \frac{v}{b}$ |
| 8 | 0,0285 | 0,0163 | 0,0069 | 0,0029 | 0,0019 | $\sin 8\pi \frac{v}{b}$ |
| 9 | 0,0243 | 0,0118 | 0,0043 | 0,0015 | 0,0008 | $\sin 9\pi \frac{v}{b}$ |
| 10 | 0,0208 | 0,0087 | 0,0027 | 0,0008 | 0,0004 | $\sin 10\pi \frac{v}{b}$ |

**E.2,0/45.** Einflußwerte $B_{tj}$ für $j = 1$ bis 10

| $\frac{v}{a}$ | $j$ | | | | | | | | | |
|---|---|---|---|---|---|---|---|---|---|---|
| | 1 | 2 | 3 | 4 | 5 | 6 | 7 | 8 | 9 | 10 |
| 1,9 | 0,0040 | | | | | | | | | |
| 1,8 | 0,0082 | | | | | | | | | |
| 1,7 | 0,0129 | | | | | | | | | |
| 1,6 | 0,0183 | 0,0001 | | | | | | | | |
| 1,5 | 0,0249 | 0,0002 | | | | | | | | |
| 1,4 | 0,0328 | 0,0004 | | | | | | | | |
| 1,3 | 0,0426 | 0,0007 | | | | | | | | |
| 1,2 | 0,0544 | 0,0013 | | | | | | | | |
| 1,1 | 0,0688 | 0,0022 | | | | | | | | |
| 1,0 | 0,0859 | 0,0037 | 0,0002 | | | | | | | |
| 0,9 | 0,1061 | 0,0063 | 0,0004 | | | | | | | |
| 0,8 | 0,1293 | 0,0105 | 0,0009 | 0,0001 | | | | | | |
| 0,7 | 0,1550 | 0,0172 | 0,0019 | 0,0002 | | | | | | |
| 0,6 | 0,1820 | 0,0276 | 0,0042 | 0,0006 | 0,0001 | | | | | |
| 0,5 | 0,2079 | 0,0432 | 0,0090 | 0,0019 | 0,0004 | 0,0001 | | | | |
| 0,4 | 0,2277 | 0,0648 | 0,0184 | 0,0053 | 0,0015 | 0,0004 | 0,0001 | | | |
| 0,3 | 0,2338 | 0,0911 | 0,0355 | 0,0138 | 0,0054 | 0,0021 | 0,0008 | 0,0003 | 0,0001 | |
| 0,2 | 0,2134 | 0,1138 | 0,0607 | 0,0324 | 0,0173 | 0,0092 | 0,0049 | 0,0026 | 0,0014 | 0,0007 |
| 0,1 | 0,1461 | 0,1067 | 0,0779 | 0,0569 | 0,0416 | 0,0304 | 0,0222 | 0,0162 | 0,0118 | 0,0086 |
| Faktor | $\sin \pi \frac{u}{a}$ | $\sin 2\pi \frac{u}{a}$ | $\sin 3\pi \frac{u}{a}$ | $\sin 4\pi \frac{u}{a}$ | $\sin 5\pi \frac{u}{a}$ | $\sin 6\pi \frac{u}{a}$ | $\sin 7\pi \frac{u}{a}$ | $\sin 8\pi \frac{u}{a}$ | $\sin 9\pi \frac{u}{a}$ | $\sin 10\pi \frac{u}{a}$ |

**E.4,0/3. Einflußflächen für die Randverdrehungswerte $\omega_{sk} = \frac{B_{sk}}{C\left(\frac{k a}{b}\right)}$**

| $k$ | $\pm \frac{y-v}{a}$ | $\frac{u}{a}$ = 0 | 0,1 | 0,2 | 0,3 | 0,4 | 0,5 | 0,6 | 0,7 | 0,8 | 0,9 | Faktor |
|---|---|---|---|---|---|---|---|---|---|---|---|---|
| 1 | — | 0 | 0,0422 | 0,0705 | 0,0865 | 0,0924 | 0,0896 | 0,0799 | 0,0645 | 0,0453 | 0,0232 | $\cos \frac{\pi}{4} \frac{y-v}{a}$ |
| 3 | — | 0 | 0,0387 | 0,0595 | 0,0680 | 0,0680 | 0,0624 | 0,0530 | 0,0414 | 0,0282 | 0,0143 | $\cos \frac{3\pi}{4} \frac{y-v}{a}$ |
| 5 | — | 0 | 0,0337 | 0,0452 | 0,0455 | 0,0404 | 0,0333 | 0,0258 | 0,0186 | 0,0120 | 0,0059 | $\cos \frac{5\pi}{4} \frac{y-v}{a}$ |
| 7 | — | 0 | 0,0289 | 0,0333 | 0,0288 | 0,0221 | 0,0158 | 0,0108 | 0,0070 | 0,0041 | 0,0019 | $\cos \frac{7\pi}{4} \frac{y-v}{a}$ |
| 9 | — | 0 | 0,0247 | 0,0243 | 0,0180 | 0,0118 | 0,0073 | 0,0043 | 0,0024 | 0,0013 | 0,0005 | $\cos \frac{9\pi}{4} \frac{y-v}{a}$ |
| $\sum k = 11$ bis $k = \infty$ | 0 | 0,3183 | + 0,1450 | + 0,0660 | + 0,0299 | + 0,0135 | + 0,0061 | + 0,0027 | + 0,0012 | + 0,0005 | + 0,0001 | — |
| | 0,1 | 0 | 0 | + 0,0185 | + 0,0126 | + 0,0067 | + 0,0033 | + 0,0015 | + 0,0008 | + 0,0003 | + 0,0001 | — |
| | 0,2 | 0 | — 0,0584 | — 0,0334 | — 0,0141 | — 0,0057 | — 0,0022 | — 0,0009 | — 0,0003 | — 0,0001 | 0 | — |
| | 0,3 | 0 | — 0,0413 | — 0,0362 | — 0,0213 | — 0,0109 | — 0,0052 | — 0,0024 | — 0,0011 | — 0,0005 | — 0,0002 | — |
| | 0,4 | 0 | — 0,0084 | — 0,0130 | — 0,0106 | — 0,0067 | — 0,0036 | — 0,0019 | — 0,0010 | — 0,0004 | — 0,0002 | — |
| | 0,5 | 0 | + 0,0164 | + 0,0103 | + 0,0043 | + 0,0013 | + 0,0002 | 0 | — 0,0001 | — 0,0001 | 0 | — |
| | 0,6 | 0 | + 0,0245 | + 0,0207 | + 0,0127 | + 0,0067 | + 0,0033 | + 0,0015 | + 0,0007 | + 0,0003 | + 0,0001 | — |
| | 0,7 | 0 | + 0,0172 | + 0,0165 | + 0,0112 | + 0,0067 | + 0,0036 | + 0,0018 | + 0,0009 | + 0,0004 | + 0,0002 | — |
| | 0,8 | 0 | + 0,0020 | + 0,0036 | + 0,0034 | + 0,0025 | + 0,0016 | + 0,0009 | + 0,0006 | + 0,0003 | + 0,0001 | — |
| | 0,9 | 0 | — 0,0112 | — 0,0088 | — 0,0051 | — 0,0028 | — 0,0010 | — 0,0005 | — 0,0003 | — 0,0001 | 0 | — |
| | 1,0 | 0 | — 0,0160 | — 0,0142 | — 0,0093 | — 0,0053 | — 0,0028 | — 0,0014 | — 0,0007 | — 0,0002 | — 0,0001 | — |

**E.4,0/11.** Momente infolge

| | $k$ | $\frac{x}{a}=$ 0 | 0,1 | 0,2 | 0,3 | 0,4 | 0,42 | 0,44 | 0,46 | 0,48 | 0,5 |
|---|---|---|---|---|---|---|---|---|---|---|---|
| $m_x$ | 1 | 1,0000 | 0,8664 | 0,7444 | 0,6320 | 0,5274 | 0,5073 | 0,4860 | 0,4680 | 0,4488 | 0,4292 |
| | 3 | 1,0000 | 0,7002 | 0,4840 | 0,3298 | 0,2205 | 0,2030 | 0,1866 | 0,1715 | 0,1574 | 0,1443 |
| | 5 | 1,0000 | 0,5485 | 0,2783 | 0,1290 | 0,0483 | 0,0380 | 0,0284 | 0,0204 | 0,0136 | 0,0077 |
| | 7 | 1,0000 | 0,4182 | 0,1500 | 0,0340 | —0,0105 | —0,0148 | —0,0180 | —0,0204 | —0,0221 | 0,0232 |
| | 9 | 1,0000 | 0,3188 | 0,0712 | —0,0072 | —0,0244 | —0,0248 | —0,0247 | —0,0241 | —0,0233 | —0,0223 |
| $m_y$ | 1 | 0 | 0,0161 | 0,0268 | 0,0329 | 0,0351 | 0,0351 | 0,0350 | 0,0348 | 0,0345 | 0,0340 |
| | 3 | 0 | 0,0850 | 0,1306 | 0,1492 | 0,1491 | 0,1477 | 0,1445 | 0,1432 | 0,1402 | 0,1370 |
| | 5 | 0 | 0,1316 | 0,1769 | 0,1777 | 0,1579 | 0,1526 | 0,1473 | 0,1415 | 0,1360 | 0,1300 |
| | 7 | 0 | 0,1586 | 0,1829 | 0,1581 | 0,1213 | 0,1140 | 0,1068 | 0,1000 | 0,0932 | 0,0868 |
| | 9 | 0 | 0,1743 | 0,1718 | 0,1272 | 0,0836 | 0,0761 | 0,0692 | 0,0628 | 0,0569 | 0,0514 |

**E.4,0/2.** Verdrehungsbeiwerte

| $k$ | $C\left(\frac{ka}{b}\right)$ | $D\left(\frac{ka}{b}\right)$ | $\varphi_{xk}=\frac{D\left(\frac{ka}{b}\right)}{C\left(\frac{ka}{b}\right)}$ | $\lambda_x=\frac{1}{C\left(\frac{ka}{b}\right)}$ |
|---|---|---|---|---|
| 1 | 0,48404 | 0,22752 | 0,4700 | 2,066 |
| 3 | 0,93202 | 0,26759 | 0,2871 | 1,073 |
| 5 | 0,99467 | 0,11550 | 0,1161 | 1,005 |
| 7 | 0,99966 | 0,03684 | 0,0368 | 1,000 |
| 9 | 0,99998 | 0,01034 | 0,0103 | 1,000 |
| 11 | 1,00000 | 0,00270 | 0,0027 | 1,000 |
| 13 | 1,00000 | 0,00068 | 0,0007 | 1,000 |
| 15 | 1,00000 | 0,00017 | 0,0002 | 1,000 |

Tafel E.4,0/3 auf S. 375

Randmomentangriff $m_{sk} \sin k\pi \frac{y}{b}$

| $\frac{x}{a}$ = 0,52 | 0,54 | 0,56 | 0,58 | 0,6 | 0,7 | 0,8 | 0,9 | 1,0 | Faktor |
|---|---|---|---|---|---|---|---|---|---|
| 0,4109 | 0,3920 | 0,3737 | 0,3554 | 0,3373 | 0,2492 | 0,1644 | 0,0816 | 0 | $m_{s1} \sin \frac{\pi}{4} \frac{y}{a}$ |
| 0,1321 | 0,1210 | 0,1103 | 0,1005 | 0,0916 | 0,0559 | 0,0315 | 0,0141 | 0 | $m_{s3} \sin \frac{3\pi}{4} \frac{y}{a}$ |
| 0,0028 | —0,0014 | —0,0048 | —0,0076 | —0,0099 | —0,0146 | —0,0125 | —0,0070 | 0 | $m_{s5} \sin \frac{5\pi}{4} \frac{y}{a}$ |
| —0,0238 | —0,0239 | —0,0237 | —0,0233 | —0,0227 | —0,0176 | —0,0116 | —0,0057 | 0 | $m_{s7} \sin \frac{7\pi}{4} \frac{y}{a}$ |
| —0,0211 | —0,0198 | —0,0185 | —0,0172 | —0,0159 | —0,0101 | —0,0057 | —0,0025 | 0 | $m_{s9} \sin \frac{9\pi}{4} \frac{y}{a}$ |
| 0,0335 | 0,0328 | 0,0320 | 0,0312 | 0,0303 | 0,0245 | 0,0172 | 0,0088 | 0 | $m_{s1} \sin \frac{\pi}{4} \frac{y}{a}$ |
| 0,1334 | 0,1293 | 0,1253 | 0,1210 | 0,1164 | 0,0908 | 0,0620 | 0,0314 | 0 | $m_{s3} \sin \frac{3\pi}{4} \frac{y}{a}$ |
| 0,1241 | 0,1183 | 0,1123 | 0,1064 | 0,1006 | 0,0726 | 0,0469 | 0,0229 | 0 | $m_{s5} \sin \frac{5\pi}{4} \frac{y}{a}$ |
| 0,0807 | 0,0749 | 0,0694 | 0,0641 | 0,0592 | 0,0382 | 0,0226 | 0,0104 | 0 | $m_{s7} \sin \frac{7\pi}{4} \frac{y}{a}$ |
| 0,0464 | 0,0418 | 0,0376 | 0,0337 | 0,0303 | 0,0171 | 0,0090 | 0,0038 | 0 | $m_{s9} \sin \frac{9\pi}{4} \frac{y}{a}$ |

E.4,0/12. Momente infolge Gleichlast; Verlauf in der $y$-Richtung

| $\frac{y}{a}$ | $m_x$ ($\frac{x}{a} = 0,5$) | $m_y$ ($\frac{x}{a} = 0,5$) |
|---|---|---|
| 2,0 | 0,12300 | 0,00152 |
| 1,95 | 0,12299 | 0,00153 |
| 1,9 | 0,12294 | 0,00156 |
| 1,85 | 0,12284 | 0,00163 |
| 1,8 | 0,12270 | 0,00172 |
| 1,75 | 0,12252 | 0,00184 |
| 1,7 | 0,12229 | 0,00199 |
| 1,65 | 0,12203 | 0,00217 |
| 1,6 | 0,12169 | 0,00239 |
| 1,55 | 0,12131 | 0,00263 |
| 1,5 | 0,12086 | 0,00293 |
| 1,45 | 0,12032 | 0,00327 |
| 1,4 | 0,11974 | 0,00363 |
| Faktor | $p\,a^2$ | |

| $\frac{y}{a}$ | $m_x$ ($\frac{x}{a} = 0,5$) | $m_y$ ($\frac{x}{a} = 0,5$) |
|---|---|---|
| 1,35 | 0,11905 | 0,00406 |
| 1,3 | 0,11825 | 0,00455 |
| 1,25 | 0,11735 | 0,00509 |
| 1,2 | 0,11632 | 0,00569 |
| 1,15 | 0,11513 | 0,00636 |
| 1,1 | 0,11381 | 0,00710 |
| 1,05 | 0,11231 | 0,00791 |
| 1,0 | 0,11060 | 0,00881 |
| 0,95 | 0,10870 | 0,00978 |
| 0,9 | 0,10656 | 0,01084 |
| 0,85 | 0,10410 | 0,01196 |
| 0,8 | 0,10137 | 0,01316 |
| 0,75 | 0,09834 | 0,01443 |
| Faktor | $p\,a^2$ | |

| $\frac{y}{a}$ | $m_x$ ($\frac{x}{a} = 0,5$) | $m_y$ ($\frac{x}{a} = 0,5$) |
|---|---|---|
| 0,7 | 0,09498 | 0,01575 |
| 0,65 | 0,09115 | 0,01711 |
| 0,6 | 0,08688 | 0,01844 |
| 0,55 | 0,08236 | 0,01974 |
| 0,5 | 0,07723 | 0,02099 |
| 0,45 | 0,07162 | 0,02206 |
| 0,4 | 0,06569 | 0,02289 |
| 0,35 | 0,05888 | 0,02334 |
| 0,3 | 0,05189 | 0,02333 |
| 0,25 | 0,04398 | 0,02263 |
| 0,2 | 0,03600 | 0,02103 |
| 0,15 | 0,02728 | 0,01826 |
| 0,1 | 0,01838 | 0,01406 |
| 0,05 | 0,00944 | 0,00791 |
| Faktor | $p\,a^2$ | |

F₂—12m

# F. Der unendliche Plattenstreifen, Ränder frei drehbar gestützt

## F.11. Mittenmoment $m_{xm}$ bei mittiger Rechtecklast

| $\frac{2d}{a}$ | $\frac{2c}{a}$ | | | | | | | | | | | | Faktor |
|---|---|---|---|---|---|---|---|---|---|---|---|---|---|
| | 1,0 | 0,9 | 0,8 | 0,7 | 0,6 | 0,5 | 0,4 | 0,3 | 0,2 | 0,1 | 0,05 | 0 | |
| ∞ | 0,1250 | 0,1375 | 0,1500 | 0,1625 | 0,1750 | 0,1875 | 0,2000 | 0,2125 | 0,2250 | 0,2375 | 0,2438 | 0,2500 | $\frac{Pa}{2d}$ |
| 3,0 | 0,1211 | 0,1332 | 0,1454 | 0,1576 | 0,1698 | 0,1820 | 0,1943 | 0,2066 | 0,2190 | 0,2314 | 0,2377 | 0,2439 | $\frac{Pa}{2d}$ |
| 2,0 | 0,1106 | 0,1218 | 0,1329 | 0,1442 | 0,1557 | 0,1672 | 0,1789 | 0,1908 | 0,2029 | 0,2151 | 0,2213 | 0,2275 | $\frac{Pa}{2d}$ |
| 1,5 | 0,0983 | 0,1083 | 0,1183 | 0,1286 | 0,1391 | 0,1498 | 0,1608 | 0,1722 | 0,1838 | 0,1958 | 0,2019 | 0,2081 | $\frac{Pa}{2d}$ |
| 1,2 | 0,0870 | 0,0958 | 0,1047 | 0,1141 | 0,1237 | 0,1336 | 0,1438 | 0,1547 | 0,1659 | 0,1777 | 0,1838 | 0,1900 | $\frac{Pa}{2d}$ |
| 1,0 | 0,0773 | 0,0851 | 0,0932 | 0,1016 | 0,1104 | 0,1196 | 0,1293 | 0,1396 | 0,1504 | 0,1620 | 0,1679 | 0,1741 | $P$ |
| 0,9 | 0,0796 | 0,0877 | 0,0961 | 0,1049 | 0,1141 | 0,1238 | 0,1342 | 0,1452 | 0,1571 | 0,1697 | 0,1763 | 0,1832 | $P$ |
| 0,8 | 0,0819 | 0,0903 | 0,0990 | 0,1081 | 0,1178 | 0,1282 | 0,1393 | 0,1512 | 0,1641 | 0,1781 | 0,1855 | 0,1931 | $P$ |
| 0,7 | 0,0841 | 0,0927 | 0,1017 | 0,1112 | 0,1215 | 0,1324 | 0,1444 | 0,1574 | 0,1716 | 0,1874 | 0,1957 | 0,2042 | $P$ |
| 0,6 | 0,0862 | 0,0950 | 0,1043 | 0,1142 | 0,1250 | 0,1366 | 0,1495 | 0,1638 | 0,1796 | 0,1975 | 0,2070 | 0,2169 | $P$ |
| 0,5 | 0,0880 | 0,0971 | 0,1067 | 0,1170 | 0,1283 | 0,1407 | 0,1546 | 0,1703 | 0,1882 | 0,2088 | 0,2201 | 0,2321 | $P$ |
| 0,4 | 0,0897 | 0,0989 | 0,1087 | 0,1195 | 0,1312 | 0,1444 | 0,1594 | 0,1768 | 0,1973 | 0,2216 | 0,2355 | 0,2503 | $P$ |
| 0,3 | 0,0910 | 0,1004 | 0,1104 | 0,1215 | 0,1338 | 0,1477 | 0,1638 | 0,1831 | 0,2067 | 0,2363 | 0,2539 | 0,2734 | $P$ |
| 0,2 | 0,0920 | 0,1015 | 0,1118 | 0,1230 | 0,1357 | 0,1503 | 0,1675 | 0,1887 | 0,2160 | 0,2533 | 0,2775 | 0,3061 | $P$ |
| 0,1 | 0,0926 | 0,1022 | 0,1126 | 0,1241 | 0,1370 | 0,1520 | 0,1700 | 0,1926 | 0,2237 | 0,2716 | 0,3088 | 0,3615 | $P$ |
| 0,05 | 0,0927 | 0,1023 | 0,1128 | 0,1243 | 0,1373 | 0,1524 | 0,1706 | 0,1937 | 0,2261 | 0,2788 | 0,3268 | 0,4167 | $P$ |
| 0 | 0,0928 | 0,1024 | 0,1129 | 0,1244 | 0,1374 | 0,1526 | 0,1708 | 0,1941 | 0,2267 | 0,2821 | 0,3374 | ∞ | $P$ |

## F.12. Mittenmoment $m_{ym}$ bei mittiger Rechtecklast

| $\frac{2d}{a}$ | $\frac{2c}{a}$ | | | | | | | | | | | | Faktor |
|---|---|---|---|---|---|---|---|---|---|---|---|---|---|
| | 1,0 | 0,9 | 0,8 | 0,7 | 0,6 | 0,5 | 0,4 | 0,3 | 0,2 | 0,1 | 0,05 | 0 | |
| 1,0 | 0,0210 | 0,0230 | 0,0250 | 0,0268 | 0,0285 | 0,0299 | 0,0312 | 0,0322 | 0,0330 | 0,0334 | 0,0335 | 0,0335 | $P$ |
| 0,9 | 0,0245 | 0,0269 | 0,0292 | 0,0313 | 0,0333 | 0,0351 | 0,0366 | 0,0378 | 0,0388 | 0,0393 | 0,0395 | 0,0395 | $P$ |
| 0,8 | 0,0286 | 0,0314 | 0,0341 | 0,0366 | 0,0390 | 0,0411 | 0,0430 | 0,0445 | 0,0456 | 0,0463 | 0,0465 | 0,0466 | $P$ |
| 0,7 | 0,0333 | 0,0366 | 0,0398 | 0,0428 | 0,0457 | 0,0483 | 0,0506 | 0,0525 | 0,0539 | 0,0548 | 0,0550 | 0,0552 | $P$ |
| 0,6 | 0,0388 | 0,0427 | 0,0464 | 0,0501 | 0,0535 | 0,0567 | 0,0596 | 0,0620 | 0,0639 | 0,0651 | 0,0654 | 0,0656 | $P$ |
| 0,5 | 0,0452 | 0,0496 | 0,0541 | 0,0585 | 0,0627 | 0,0667 | 0,0704 | 0,0736 | 0,0761 | 0,0778 | 0,0782 | 0,0784 | $P$ |
| 0,4 | 0,0525 | 0,0578 | 0,0630 | 0,0683 | 0,0735 | 0,0786 | 0,0834 | 0,0878 | 0,0914 | 0,0938 | 0,0945 | 0,0948 | $P$ |
| 0,3 | 0,0608 | 0,0670 | 0,0732 | 0,0796 | 0,0861 | 0,0927 | 0,0993 | 0,1055 | 0,1111 | 0,1150 | 0,1161 | 0,1165 | $P$ |
| 0,2 | 0,0703 | 0,0774 | 0,0849 | 0,0926 | 0,1008 | 0,1095 | 0,1186 | 0,1280 | 0,1372 | 0,1449 | 0,1471 | 0,1479 | $P$ |
| 0,1 | 0,0809 | 0,0892 | 0,0981 | 0,1075 | 0,1179 | 0,1293 | 0,1422 | 0,1569 | 0,1739 | 0,1921 | 0,1993 | 0,2029 | $P$ |
| 0,05 | 0,0867 | 0,0957 | 0,1053 | 0,1157 | 0,1273 | 0,1405 | 0,1558 | 0,1745 | 0,1979 | 0,2292 | 0,2472 | 0,2578 | $P$ |
| 0 | 0,0928 | 0,1024 | 0,1129 | 0,1244 | 0,1374 | 0,1526 | 0,1708 | 0,1941 | 0,2267 | 0,2821 | 0,3374 | ∞ | $P$ |

## F.13. Mittenmoment $m_{xm}$ bei kleiner Lastfläche

| $\frac{2d}{a}$ | $\frac{2c}{a}$ | | | | | | | | | Faktor |
|---|---|---|---|---|---|---|---|---|---|---|
| | 0,10 | 0,08 | 0,06 | 0,05 | 0,04 | 0,03 | 0,02 | 0,01 | 0 | |
| 0,10 | 0,2716 | 0,2849 | 0,3002 | 0,3088 | 0,3179 | 0,3277 | 0,3382 | 0,3495 | 0,3615 | $P$ |
| 0,08 | 0,2748 | 0,2895 | 0,3062 | 0,3159 | 0,3264 | 0,3380 | 0,3507 | 0,3644 | 0,3794 | $P$ |
| 0,06 | 0,2778 | 0,2933 | 0,3123 | 0,3234 | 0,3357 | 0,3494 | 0,3651 | 0,3827 | 0,4024 | $P$ |
| 0,04 | 0,2801 | 0,2966 | 0,3177 | 0,3301 | 0,3446 | 0,3616 | 0,3818 | 0,4058 | 0,4347 | $P$ |
| 0,02 | 0,2814 | 0,2991 | 0,3216 | 0,3354 | 0,3520 | 0,3727 | 0,3997 | 0,4370 | 0,4896 | $P$ |
| 0 | 0,2821 | 0,2999 | 0,3229 | 0,3374 | 0,3552 | 0,3781 | 0,4101 | 0,4654 | ∞ | $P$ |

**F.14.** Mittenmoment $m_{ym}$ bei kleiner Lastfläche

| $\frac{2d}{a}$ | $\frac{2c}{a}$ | | | | | | Faktor |
|---|---|---|---|---|---|---|---|
| | 0,10 | 0,08 | 0,06 | 0,04 | 0,02 | 0 | |
| 0,10 | 0,1921 | 0,1952 | 0,1982 | 0,2005 | 0,2018 | 0,2029 | $P$ |
| 0,08 | 0,2053 | 0,2099 | 0,2137 | 0,2170 | 0,2195 | 0,2203 | $P$ |
| 0,06 | 0,2206 | 0,2266 | 0,2327 | 0,2381 | 0,2420 | 0,2433 | $P$ |
| 0,05 | 0,2292 | 0,2363 | 0,2438 | 0,2505 | 0,2558 | 0,2578 | $P$ |
| 0,04 | 0,2383 | 0,2468 | 0,2561 | 0,2650 | 0,2724 | 0,2756 | $P$ |
| 0,03 | 0,2481 | 0,2584 | 0,2698 | 0,2820 | 0,2931 | 0,2985 | $P$ |
| 0,02 | 0,2586 | 0,2711 | 0,2855 | 0,3022 | 0,3201 | 0,3305 | $P$ |
| 0,01 | 0,2699 | 0,2848 | 0,3031 | 0,3262 | 0,3574 | 0,3858 | $P$ |
| 0 | 0,2821 | 0,2999 | 0,3229 | 0,3552 | 0,4101 | $\infty$ | $P$ |

**F.15.** $-\frac{1}{4\pi}\ln\sin\pi z = -\frac{1}{4\pi}\ln\sin\pi(1-z)$

| z | 0 | 0,1 | 0,2 | 0,3 | 0,4 |
|---|---|---|---|---|---|
| 0,00 | $\infty$ | 0,0935 | 0,0423 | 0,0169 | 0,0040 |
| 0,005 | 0,3307 | 0,0898 | 0,0406 | 0,0160 | 0,0036 |
| 0,01 | 0,2754 | 0,0862 | 0,0390 | 0,0152 | 0,0032 |
| 0,015 | 0,2433 | 0,0828 | 0,0374 | 0,0143 | 0,0029 |
| 0,02 | 0,2202 | 0,0795 | 0,0359 | 0,0135 | 0,0026 |
| 0,025 | 0,2027 | 0,0764 | 0,0344 | 0,0127 | 0,0023 |
| 0,03 | 0,1882 | 0,0734 | 0,0329 | 0,0120 | 0,0020 |
| 0,035 | 0,1760 | 0,0706 | 0,0315 | 0,0112 | 0,0017 |
| 0,04 | 0,1653 | 0,0679 | 0,0302 | 0,0105 | 0,0014 |
| 0,045 | 0,1560 | 0,0653 | 0,0289 | 0,0098 | 0,0012 |
| 0,05 | 0,1477 | 0,0628 | 0,0276 | 0,0092 | 0,0010 |
| 0,055 | 0,1402 | 0,0604 | 0,0264 | 0,0086 | 0,0008 |
| 0,06 | 0,1333 | 0,0581 | 0,0252 | 0,0080 | 0,0007 |
| 0,065 | 0,1271 | 0,0559 | 0,0241 | 0,0074 | 0,0005 |
| 0,07 | 0,1212 | 0,0537 | 0,0230 | 0,0069 | 0,0004 |
| 0,075 | 0,1158 | 0,0516 | 0,0219 | 0,0063 | 0,0003 |
| 0,08 | 0,1108 | 0,0496 | 0,0208 | 0,0058 | 0,0002 |
| 0,085 | 0,1061 | 0,0477 | 0,0198 | 0,0053 | 0,0001 |
| 0,09 | 0,1016 | 0,0458 | 0,0188 | 0,0049 | 0,0000 |
| 0,095 | 0,0974 | 0,0440 | 0,0178 | 0,0044 | 0,0000 |

Bei der Berechnung der Momente im Mittelpunkt einer Rechtecklast mit *kleiner* Lastfläche und Stellung im Punkt $u$ geben die Tafelwerte mit $z = \frac{u}{a}$ die *Abminderung* gegenüber *mittiger* Laststellung (Tafel F.13 bzw. F.14). Die Tafel dient außerdem zur Berechnung der Momenten-Einflußwerte auf der Linie $v = y$.

**F₄ — 12**

**F. 16.** Rechteckplatte, alle Ränder frei drehbar gestützt; Berechnung der Momente im Lastmittelpunkt bei kleiner Lastfläche:

Laststellung: $u$ beliebig, $v = \frac{b}{2}$

Differenzen gegen entsprechende Momente $m_\infty$ im unendlichen Plattenstreifen (Fall **F₂ — 12**)

| $\frac{b}{a}$ | $m_x - m_{x\infty}$ | $m_y - m_{y\infty}$ | Faktor |
|---|---|---|---|
| 1,0 | — 0,0529 | + 0,0265 | $P \sin^2 \pi \frac{u}{a}$ |
| 1,1 | — 0,0423 | + 0,0229 | $P \sin^2 \pi \frac{u}{a}$ |
| 1,2 | — 0,0336 | + 0,0192 | $P \sin^2 \pi \frac{u}{a}$ |
| 1,3 | — 0,0264 | + 0,0158 | $P \sin^2 \pi \frac{u}{a}$ |
| 1,4 | — 0,0207 | + 0,0129 | $P \sin^2 \pi \frac{u}{a}$ |
| 1,5 | — 0,0160 | + 0,0104 | $P \sin^2 \pi \frac{u}{a}$ |
| 2,0 | — 0,0045 | + 0,0028 | $P \sin^2 \pi \frac{u}{a}$ |

**F. 17.** Randkräfte bei kleiner Lastfläche neben dem Rand bzw. an der Ecke (Fall **F₂U — 12**), $2d$ = Lastbreite parallel zum Rand, $2c$ = Lastbreite senkrecht zum Rand

| Lagerungsfall | Kraft | $\frac{c}{d}$ | | | | | | | | | | | | | | Faktor |
|---|---|---|---|---|---|---|---|---|---|---|---|---|---|---|---|---|
| | | 0 | 0,2 | 0,4 | 0,6 | 0,8 | 1,0 | 1,2 | 1,4 | 1,6 | 1,8 | 2,0 | 3,0 | 5,0 | 10,0 | |
| **F₂ — 12** | $q_s$ | 1,000 | 0,876 | 0,767 | 0,679 | 0,608 | 0,551 | 0,505 | 0,466 | 0,434 | 0,406 | 0,382 | 0,297 | 0,211 | 0,127 | $\frac{P}{2d}$ |
| | $\bar{q}_s$ | 1,000 | 0,935 | 0,866 | 0,797 | 0,735 | 0,679 | 0,631 | 0,590 | 0,554 | 0,522 | 0,494 | 0,392 | 0,284 | 0,175 | $\frac{P}{2d}$ |
| **SF — 12** | $q_s = \bar{q}_s$ | 1,000 | 0,994 | 0,964 | 0,915 | 0,861 | 0,807 | 0,758 | 0,714 | 0,674 | 0,638 | 0,607 | 0,488 | 0,357 | 0,223 | $\frac{P}{2d}$ |
| **F₂U — 12** | $q_s = \bar{q}_s$ | 1,000 | 0,916 | 0,836 | 0,765 | 0,702 | 0,647 | 0,600 | 0,560 | 0,524 | 0,493 | 0,466 | 0,368 | 0,264 | 0,162 | $\frac{P}{2d}$ |

**F$_2$ — 10**

**F.21.** Einflußfläche für $m_x$ im Punkt $\frac{x}{a} = 0{,}5$

| $\pm \frac{y-v}{a}$ | $\frac{u}{a}$ | | | | |
|---|---|---|---|---|---|
| | 0,1 | 0,2 | 0,3 | 0,4 | 0,5 |
| 0 | 0,0254 | 0,0536 | 0,0894 | 0,1466 | $\infty$ |
| 0,1 | 0,0266 | 0,0565 | 0,0957 | 0,1582 | 0,2262 |
| 0,2 | 0,0285 | 0,0603 | 0,0990 | 0,1437 | 0,1693 |
| 0,3 | 0,0288 | 0,0594 | 0,0920 | 0,1215 | 0,1346 |
| 0,4 | 0,0273 | 0,0546 | 0,0805 | 0,1007 | 0,1085 |
| 0,5 | 0,0242 | 0,0474 | 0,0679 | 0,0825 | 0,0879 |
| 0,6 | 0,0205 | 0,0398 | 0,0560 | 0,0670 | 0,0710 |
| 0,7 | 0,0170 | 0,0327 | 0,0455 | 0,0540 | 0,0570 |
| 0,8 | 0,0138 | 0,0264 | 0,0366 | 0,0432 | 0,0455 |
| 0,9 | 0,0111 | 0,0211 | 0,0291 | 0,0343 | 0,0362 |
| 1,0 | 0,0088 | 0,0167 | 0,0230 | 0,0271 | 0,0285 |
| 1,2 | 0,0054 | 0,0103 | 0,0142 | 0,0166 | 0,0175 |
| 1,5 | 0,0025 | 0,0048 | 0,0066 | 0,0078 | 0,0082 |
| 2,0 | 0,0007 | 0,0013 | 0,0018 | 0,0021 | 0,0022 |

**F.22.** Einflußfläche für $m_y$ im Punkt $\frac{x}{a} = 0{,}5$

| $\pm \frac{y-v}{a}$ | $\frac{u}{a}$ | | | | |
|---|---|---|---|---|---|
| | 0,1 | 0,2 | 0,3 | 0,4 | 0,5 |
| 0 | + 0,0254 | + 0,0536 | + 0,0894 | + 0,1466 | $+\infty$ |
| 0,1 | + 0,0217 | + 0,0441 | + 0,0669 | + 0,0812 | + 0,0697 |
| 0,2 | + 0,0132 | + 0,0246 | + 0,0307 | + 0,0267 | + 0,0201 |
| 0,3 | + 0,0048 | + 0,0074 | + 0,0058 | + 0,0001 | — 0,0034 |
| 0,4 | — 0,0011 | — 0,0036 | — 0,0080 | 0,0130 | — 0,0154 |
| 0,5 | — 0,0045 | — 0,0094 | — 0,0146 | — 0,0190 | — 0,0207 |
| 0,6 | — 0,0059 | — 0,0117 | — 0,0170 | — 0,0208 | — 0,0222 |
| 0,7 | — 0,0062 | — 0,0121 | — 0,0170 | — 0,0204 | — 0,0216 |
| 0,8 | — 0,0059 | — 0,0113 | — 0,0157 | — 0,0187 | — 0,0197 |
| 0,9 | — 0,0053 | — 0,0100 | — 0,0139 | — 0,0164 | — 0,0173 |
| 1,0 | — 0,0045 | — 0,0086 | — 0,0119 | — 0,0140 | — 0,0148 |
| 1,2 | — 0,0031 | — 0,0060 | — 0,0082 | — 0,0096 | — 0,0101 |
| 1,5 | — 0,0016 | — 0,0031 | — 0,0043 | — 0,0050 | — 0,0053 |
| 2,0 | — 0,0005 | — 0,0009 | — 0,0013 | — 0,0015 | — 0,0016 |

**$F_2$ — 10**

**F.23. Einflußfläche für $m_x$ im Punkt $\frac{x}{a} = 0,6$**

| $\pm\frac{y-v}{a}$ | $\frac{u}{a}$ | | | | | | | | |
|---|---|---|---|---|---|---|---|---|---|
| | 0,1 | 0,2 | 0,3 | 0,4 | 0,5 | 0,6 | 0,7 | 0,8 | 0,9 |
| 0 | 0,0184 | 0,0383 | 0,0619 | 0,0934 | 0,1466 | ∞ | 0,1385 | 0,0766 | 0,0353 |
| 0,1 | 0,0191 | 0,0399 | 0,0650 | 0,0998 | 0,1582 | 0,2222 | 0,1498 | 0,0825 | 0,0375 |
| 0,2 | 0,0204 | 0,0426 | 0,0692 | 0,1035 | 0,1438 | 0,1649 | 0,1348 | 0,0848 | 0,0399 |
| 0,3 | 0,0212 | 0,0437 | 0,0690 | 0,0966 | 0,1214 | 0,1298 | 0,1120 | 0,0773 | 0,0384 |
| 0,4 | 0,0208 | 0,0421 | 0,0641 | 0,0850 | 0,1005 | 0,1037 | 0,0911 | 0,0656 | 0,0338 |
| 0,5 | 0,0192 | 0,0384 | 0,0567 | 0,0724 | 0,0825 | 0,0833 | 0,0732 | 0,0537 | 0,0281 |
| 0,6 | 0,0170 | 0,0336 | 0,0484 | 0,0603 | 0,0670 | 0,0666 | 0,0584 | 0,0431 | 0,0228 |
| 0,7 | 0,0145 | 0,0284 | 0,0405 | 0,0494 | 0,0540 | 0,0531 | 0,0463 | 0,0341 | 0,0182 |
| 0,8 | 0,0121 | 0,0235 | 0,0331 | 0,0400 | 0,0432 | 0,0421 | 0,0366 | 0,0270 | 0,0143 |
| 0,9 | 0,0100 | 0,0191 | 0,0267 | 0,0319 | 0,0343 | 0,0332 | 0,0288 | 0,0212 | 0,0112 |
| 1,0 | 0,0080 | 0,0153 | 0,0213 | 0,0254 | 0,0271 | 0,0262 | 0,0226 | 0,0165 | 0,0088 |
| 1,2 | 0,0050 | 0,0096 | 0,0133 | 0,0157 | 0,0167 | 0,0160 | 0,0137 | 0,0100 | 0,0053 |
| 1,5 | 0,0024 | 0,0046 | 0,0063 | 0,0074 | 0,0078 | 0,0074 | 0,0063 | 0,0046 | 0,0024 |
| 2,0 | 0,0006 | 0,0012 | 0,0016 | 0,0019 | 0,0021 | 0,0019 | 0,0016 | 0,0012 | 0,0006 |

**F.24. Einflußfläche für $m_y$ im Punkt $\frac{x}{a} = 0,6$**

| $\pm\frac{y-v}{a}$ | $\frac{u}{a}$ | | | | | | | | |
|---|---|---|---|---|---|---|---|---|---|
| | 0,1 | 0,2 | 0,3 | 0,4 | 0,5 | 0,6 | 0,7 | 0,8 | 0,9 |
| 0 | 0,0184 | 0,0383 | 0,0619 | 0,0934 | 0,1466 | ∞ | 0,1385 | 0,0766 | 0,0353 |
| 0,1 | 0,0163 | 0,0333 | 0,0517 | 0,0706 | 0,0813 | 0,0659 | 0,0738 | 0,0552 | 0,0279 |
| 0,2 | 0,0112 | 0,0218 | 0,0304 | 0,0337 | 0,0268 | 0,0173 | 0,0210 | 0,0220 | 0,0133 |
| 0,3 | 0,0054 | 0,0097 | 0,0109 | 0,0076 | 0,0002 | — 0,0052 | — 0,0032 | 0,0009 | 0,0019 |
| 0,4 | 0,0007 | 0,0002 | — 0,0023 | — 0,0073 | — 0,0130 | — 0,0160 | — 0,0143 | — 0,0094 | — 0,0043 |
| 0,5 | — 0,0025 | — 0,0057 | — 0,0099 | — 0,0148 | — 0,0190 | — 0,0206 | — 0,0186 | — 0,0135 | — 0,0069 |
| 0,6 | — 0,0042 | — 0,0086 | — 0,0133 | — 0,0177 | — 0,0208 | — 0,0215 | — 0,0192 | — 0,0142 | — 0,0075 |
| 0,7 | — 0,0049 | — 0,0097 | — 0,0143 | — 0,0181 | — 0,0204 | — 0,0204 | — 0,0181 | — 0,0135 | — 0,0072 |
| 0,8 | — 0,0049 | — 0,0097 | — 0,0138 | — 0,0170 | — 0,0187 | — 0,0185 | — 0,0161 | — 0,0120 | — 0,0064 |
| 0,9 | — 0,0046 | — 0,0089 | — 0,0125 | — 0,0151 | — 0,0163 | — 0,0160 | — 0,0140 | — 0,0103 | — 0,0055 |
| 1,0 | — 0,0040 | — 0,0078 | — 0,0109 | — 0,0130 | — 0,0140 | — 0,0136 | — 0,0118 | — 0,0087 | — 0,0046 |
| 1,2 | — 0,0028 | — 0,0055 | — 0,0076 | — 0,0091 | — 0,0097 | — 0,0093 | — 0,0080 | — 0,0058 | — 0,0031 |
| 1,5 | — 0,0016 | — 0,0030 | — 0,0041 | — 0,0048 | — 0,0051 | — 0,0048 | — 0,0041 | — 0,0030 | — 0,0016 |
| 2,0 | — 0,0005 | — 0,0009 | — 0,0012 | — 0,0014 | — 0,0015 | — 0,0014 | — 0,0012 | — 0,0009 | — 0,0005 |

**F.25. Einflußfläche des Randdrillmoments $m_{xys}$**

| $\frac{y-v}{a}$ | $\frac{u}{a}$ | | | | | | | |
|---|---|---|---|---|---|---|---|---|
| | 0 | 0,1 | 0,2 | 0,3 | 0,4 | 0,5 | 0,6 | 0,8 |
| 0 | 0,0796 | 0 | 0 | 0 | 0 | 0 | 0 | 0 |
| 0,1 | 0 | 0,0783 | 0,0611 | 0,0438 | 0,0321 | 0,0238 | 0,0175 | 0,0079 |
| 0,2 | 0 | 0,0611 | 0,0744 | 0,0656 | 0,0531 | 0,0415 | 0,0314 | 0,0146 |
| 0,3 | 0 | 0,0440 | 0,0658 | 0,0680 | 0,0610 | 0,0507 | 0,0399 | 0,0193 |
| 0,4 | 0 | 0,0326 | 0,0540 | 0,0616 | 0,0598 | 0,0526 | 0,0430 | 0,0218 |
| 0,5 | 0 | 0,0248 | 0,0432 | 0,0526 | 0,0540 | 0,0497 | 0,0422 | 0,0222 |
| 0,6 | 0 | 0,0192 | 0,0344 | 0,0436 | 0,0467 | 0,0445 | 0,0388 | 0,0211 |
| 0,8 | 0 | 0,0118 | 0,0218 | 0,0288 | 0,0322 | 0,0322 | 0,0292 | 0,0168 |
| 1,0 | 0 | 0,0072 | 0,0136 | 0,0184 | 0,0211 | 0,0215 | 0,0200 | 0,0122 |
| 1,2 | 0 | 0,0045 | 0,0084 | 0,0115 | 0,0133 | 0,0138 | 0,0130 | 0,0078 |
| 1,5 | 0 | 0,0021 | 0,0041 | 0,0055 | 0,0065 | 0,0068 | 0,0064 | 0,0039 |

Die Einflußfläche ist zur Linie $v = y$ antisymmetrisch.

**F.26.** Einflußfläche der Querkraft $q_s$

| $\pm \frac{y-v}{a}$ | $\frac{u}{a}$ | | | | | | | | Faktor |
|---|---|---|---|---|---|---|---|---|---|
| | 0 | 0,1 | 0,2 | 0,3 | 0,4 | 0,5 | 0,6 | 0,8 | |
| 0 | $\boxed{\infty}$ | 3,157 | 1,539 | 0,981 | 0,688 | 0,500 | 0,363 | 0,163 | $\frac{1}{a}$ |
| 0,1 | 0 | 1,565 | 1,221 | 0,876 | 0,642 | 0,476 | 0,350 | 0,158 | $\frac{1}{a}$ |
| 0,2 | 0 | 0,611 | 0,744 | 0,656 | 0,531 | 0,415 | 0,314 | 0,146 | $\frac{1}{a}$ |
| 0,3 | 0 | 0,293 | 0,439 | 0,454 | 0,407 | 0,338 | 0,266 | 0,129 | $\frac{1}{a}$ |
| 0,4 | 0 | 0,163 | 0,270 | 0,308 | 0,299 | 0,263 | 0,215 | 0,109 | $\frac{1}{a}$ |
| 0,5 | 0 | 0,099 | 0,173 | 0,210 | 0,216 | 0,199 | 0,169 | 0,089 | $\frac{1}{a}$ |
| 0,6 | 0 | 0,064 | 0,115 | 0,145 | 0,156 | 0,148 | 0,129 | 0,070 | $\frac{1}{a}$ |
| 0,8 | 0 | 0,029 | 0,054 | 0,072 | 0,080 | 0,080 | 0,073 | 0,042 | $\frac{1}{a}$ |
| 1,0 | 0 | 0,014 | 0,027 | 0,037 | 0,042 | 0,043 | 0,040 | 0,024 | $\frac{1}{a}$ |
| 1,2 | 0 | 0,007 | 0,014 | 0,019 | 0,022 | 0,023 | 0,022 | 0,013 | $\frac{1}{a}$ |

**F.27.** Einflußfläche der Auflagerkraft $\bar{q}_s$

| $\pm \frac{y-v}{a}$ | $\frac{u}{a}$ | | | | | | | | Faktor |
|---|---|---|---|---|---|---|---|---|---|
| | 0 | 0,1 | 0,2 | 0,3 | 0,4 | 0,5 | 0,6 | 0,8 | |
| 0 | $\boxed{\infty}$ | 4,735 | 2,309 | 1,471 | 1,032 | 0,750 | 0,545 | 0,245 | $\frac{1}{a}$ |
| 0,1 | 0 | 1,553 | 1,578 | 1,219 | 0,920 | 0,691 | 0,511 | 0,233 | $\frac{1}{a}$ |
| 0,2 | 0 | 0,407 | 0,719 | 0,759 | 0,672 | 0,550 | 0,427 | 0,204 | $\frac{1}{a}$ |
| 0,3 | 0 | 0,155 | 0,322 | 0,420 | 0,432 | 0,390 | 0,323 | 0,164 | $\frac{1}{a}$ |
| 0,4 | 0 | 0,070 | 0,154 | 0,224 | 0,258 | 0,255 | 0,224 | 0,122 | $\frac{1}{a}$ |
| 0,5 | 0 | 0,035 | 0,076 | 0,118 | 0,147 | 0,155 | 0,145 | 0,085 | $\frac{1}{a}$ |
| 0,6 | 0 | 0,016 | 0,036 | 0,059 | 0,079 | 0,089 | 0,088 | 0,054 | $\frac{1}{a}$ |
| 0,8 | 0 | 0,001 | 0,006 | 0,009 | 0,016 | 0,021 | 0,023 | 0,017 | $\frac{1}{a}$ |

SF — 12

# G. Der unendliche Plattenstreifen, Rand *s* starr eingespannt, Rand *a* frei drehbar gestützt

**G.11.** Verminderung des größtmöglichen Feldmoments $m_x$ infolge wandernder Rechtecklast gegenüber beiderseitiger frei drehbarer Stützung

$$\left(\frac{u}{a} = 0{,}50 \text{ bis } 0{,}66,\ \frac{x}{a} = 0{,}62 \text{ bis } 0{,}66\right)$$

| $\frac{2d}{a}$ | $\frac{2c}{a}$ | | | | | | Faktor |
|---|---|---|---|---|---|---|---|
| | 1,0 | 0,8 | 0,6 | 0,4 | 0,2 | 0 | |
| 0 bis 1,0 | 0,0252 | 0,0292 | 0,0311 | 0,0323 | 0,0328 | 0,0332 | $P$ |

**G.12.** Verminderung des größtmöglichen Feldmoments $m_y$ infolge wandernder Rechtecklast gegenüber beiderseitiger frei drehbarer Stützung

$$\left(\frac{u}{a} = 0{,}50 \text{ bis } 0{,}58,\ \frac{x}{a} \doteq 0{,}58\right)$$

| $\frac{2d}{a}$ | $\frac{2c}{a}$ | | | | | | Faktor |
|---|---|---|---|---|---|---|---|
| | 1,0 | 0,8 | 0,6 | 0,4 | 0,2 | 0 | |
| 1,0 | 0,0079 | 0,0092 | 0,0099 | 0,0103 | 0,0106 | 0,0106 | $P$ |
| 0,8 | 0,0094 | 0,0107 | 0,0114 | 0,0118 | 0,0120 | 0,0120 | $P$ |
| 0,6 | 0,0106 | 0,0120 | 0,0128 | 0,0132 | 0,0134 | 0,0134 | $P$ |
| 0,4 | 0,0119 | 0,0133 | 0,0140 | 0,0144 | 0,0146 | 0,0146 | $P$ |
| 0,2 | 0,0125 | 0,0141 | 0,0147 | 0,0151 | 0,0153 | 0,0153 | $P$ |
| 0 | 0,0127 | 0,0143 | 0,0149 | 0,0153 | 0,0155 | 0,0155 | $P$ |

SF — 10

**G.21.** Einflußfläche für $m_{xm}$

| $\pm\frac{y-v}{a}$ | $\frac{u}{a}$ | | | | | | | | |
|---|---|---|---|---|---|---|---|---|---|
| | 0,1 | 0,2 | 0,3 | 0,4 | 0,5 | 0,6 | 0,7 | 0,8 | 0,9 |
| 0 | 0,0034 | 0,0163 | 0,0434 | 0,0978 | $\infty$ | 0,1048 | 0,0557 | 0,0301 | 0,0133 |
| 0,1 | 0,0043 | 0,0191 | 0,0498 | 0,1095 | 0,1794 | 0,1167 | 0,0623 | 0,0332 | 0,0146 |
| 0,2 | 0,0057 | 0,0229 | 0,0538 | 0,0959 | 0,1234 | 0,1029 | 0,0662 | 0,0375 | 0,0168 |
| 0,3 | 0,0060 | 0,0226 | 0,0480 | 0,0752 | 0,0901 | 0,0821 | 0,0604 | 0,0374 | 0,0175 |
| 0,4 | 0,0055 | 0,0195 | 0,0385 | 0,0566 | 0,0663 | 0,0633 | 0,0505 | 0,0337 | 0,0166 |
| 0,5 | 0,0042 | 0,0148 | 0,0287 | 0,0415 | 0,0486 | 0,0476 | 0,0399 | 0,0278 | 0,0142 |
| 0,6 | 0,0031 | 0,0110 | 0,0209 | 0,0298 | 0,0351 | 0,0351 | 0,0303 | 0,0218 | 0,0113 |
| 0,7 | 0,0023 | 0,0078 | 0,0149 | 0,0218 | 0,0250 | 0,0253 | 0,0225 | 0,0165 | 0,0087 |
| 0,8 | 0,0017 | 0,0054 | 0,0102 | 0,0147 | 0,0175 | 0,0181 | 0,0161 | 0,0120 | 0,0064 |
| 0,9 | 0,0010 | 0,0036 | 0,0068 | 0,0099 | 0,0122 | 0,0125 | 0,0113 | 0,0086 | 0,0046 |
| 1,0 | 0,0007 | 0,0023 | 0,0045 | 0,0067 | 0,0083 | 0,0086 | 0,0079 | 0,0060 | 0,0032 |

### G.22. Einflußfläche für $m_{ym}$

| $\pm \frac{y-v}{a}$ | $\frac{u}{a}$ | | | | | | | | |
|---|---|---|---|---|---|---|---|---|---|
| | 0,1 | 0,2 | 0,3 | 0,4 | 0,5 | 0,6 | 0,7 | 0,8 | 0,9 |
| 0 | 0,0093 | 0,0322 | 0,0674 | 0,1261 | ∞ | 0,1321 | 0,0784 | 0,0462 | 0,0217 |
| 0,1 | 0,0074 | 0,0245 | 0,0463 | 0,0620 | 0,0528 | 0,0674 | 0,0564 | 0,0370 | 0,0182 |
| 0,2 | 0,0029 | 0,0096 | 0,0142 | 0,0107 | 0,0057 | 0,0148 | 0,0216 | 0,0184 | 0,0101 |
| 0,3 | — 0,0006 | — 0,0019 | — 0,0054 | — 0,0116 | — 0,0141 | — 0,0091 | — 0,0015 | 0,0024 | 0,0022 |
| 0,4 | — 0,0022 | — 0,0072 | — 0,0136 | — 0,0193 | — 0,0220 | — 0,0190 | — 0,0129 | — 0,0071 | — 0,0029 |
| 0,5 | — 0,0027 | — 0,0087 | — 0,0155 | — 0,0211 | — 0,0234 | — 0,0220 | — 0,0172 | — 0,0114 | — 0,0055 |
| 0,6 | — 0,0026 | — 0,0082 | — 0,0144 | — 0,0193 | — 0,0216 | — 0,0210 | — 0,0175 | — 0,0122 | — 0,0062 |
| 0,7 | — 0,0022 | — 0,0067 | — 0,0121 | — 0,0164 | — 0,0187 | — 0,0184 | — 0,0158 | — 0,0115 | — 0,0059 |
| 0,8 | — 0,0017 | — 0,0052 | — 0,0095 | — 0,0132 | — 0,0151 | — 0,0152 | — 0,0133 | — 0,0097 | — 0,0051 |
| 0,9 | — 0,0012 | — 0,0039 | — 0,0072 | — 0,0102 | — 0,0119 | — 0,0119 | — 0,0107 | — 0,0079 | — 0,0043 |
| 1,0 | — 0,0008 | — 0,0029 | — 0,0054 | — 0,0075 | — 0,0090 | — 0,0092 | — 0,0076 | — 0,0061 | — 0,0032 |

### G.23. Einflußfläche für $m_x$ im Punkt $\frac{x}{a} = 0{,}6$

| $\pm \frac{y-v}{a}$ | $\frac{u}{a}$ | | | | | | | | |
|---|---|---|---|---|---|---|---|---|---|
| | 0,1 | 0,2 | 0,3 | 0,4 | 0,5 | 0,6 | 0,7 | 0,8 | 0,9 |
| 0 | 0,0023 | 0,0110 | 0,0280 | 0,0573 | 0,1115 | ∞ | 0,1133 | 0,0590 | 0,0262 |
| 0,1 | 0,0029 | 0,0125 | 0,0311 | 0,0637 | 0,1233 | 0,1912 | 0,1248 | 0,0650 | 0,0285 |
| 0,2 | 0,0037 | 0,0150 | 0,0355 | 0,0679 | 0,1093 | 0,1343 | 0,1101 | 0,0676 | 0,0310 |
| 0,3 | 0,0048 | 0,0162 | 0,0357 | 0,0616 | 0,0877 | 0,1000 | 0,0880 | 0,0605 | 0,0298 |
| 0,4 | 0,0041 | 0,0153 | 0,0319 | 0,0512 | 0,0681 | 0,0750 | 0,0681 | 0,0495 | 0,0255 |
| 0,5 | 0,0035 | 0,0132 | 0,0263 | 0,0405 | 0,0517 | 0,0562 | 0,0513 | 0,0385 | 0,0203 |
| 0,6 | 0,0028 | 0,0105 | 0,0204 | 0,0308 | 0,0386 | 0,0414 | 0,0381 | 0,0289 | 0,0156 |
| 0,7 | 0,0022 | 0,0080 | 0,0154 | 0,0228 | 0,0282 | 0,0301 | 0,0277 | 0,0211 | 0,0116 |
| 0,8 | 0,0016 | 0,0057 | 0,0111 | 0,0163 | 0,0203 | 0,0215 | 0,0200 | 0,0153 | 0,0083 |
| 0,9 | 0,0012 | 0,0042 | 0,0078 | 0,0115 | 0,0142 | 0,0151 | 0,0141 | 0,0111 | 0,0059 |
| 1,0 | 0,0007 | 0,0032 | 0,0053 | 0,0078 | 0,0098 | 0,0106 | 0,0099 | 0,0077 | 0,0041 |

### G.24. Einflußfläche für $m_y$ im Punkt $\frac{x}{a} = 0{,}6$

| $\pm \frac{y-v}{a}$ | $\frac{u}{a}$ | | | | | | | | |
|---|---|---|---|---|---|---|---|---|---|
| | 0,1 | 0,2 | 0,3 | 0,4 | 0,5 | 0,6 | 0,7 | 0,8 | 0,9 |
| 0 | 0,0063 | 0,0216 | 0,0443 | 0,0769 | 0,1321 | ∞ | 0,1294 | 0,0705 | 0,0322 |
| 0,1 | 0,0052 | 0,0178 | 0,0352 | 0,0549 | 0,0674 | 0,0544 | 0,0650 | 0,0493 | 0,0249 |
| 0,2 | 0,0028 | 0,0094 | 0,0167 | 0,0204 | 0,0148 | 0,0073 | 0,0133 | 0,0168 | 0,0106 |
| 0,3 | 0,0003 | 0,0015 | 0,0012 | — 0,0023 | — 0,0090 | — 0,0131 | — 0,0094 | — 0,0034 | — 0,0003 |
| 0,4 | — 0,0011 | — 0,0037 | — 0,0077 | — 0,0134 | — 0,0191 | — 0,0214 | — 0,0187 | — 0,0125 | — 0,0059 |
| 0,5 | — 0,0018 | — 0,0060 | — 0,0115 | — 0,0173 | — 0,0219 | — 0,0235 | — 0,0211 | — 0,0153 | — 0,0078 |
| 0,6 | — 0,0019 | — 0,0063 | — 0,0118 | — 0,0172 | — 0,0210 | — 0,0221 | — 0,0199 | — 0,0148 | — 0,0078 |
| 0,7 | — 0,0017 | — 0,0058 | — 0,0107 | — 0,0154 | — 0,0184 | — 0,0192 | — 0,0173 | — 0,0130 | — 0,0070 |
| 0,8 | — 0,0014 | — 0,0049 | — 0,0089 | — 0,0127 | — 0,0152 | — 0,0159 | — 0,0143 | — 0,0108 | — 0,0058 |
| 0,9 | — 0,0011 | — 0,0038 | — 0,0071 | — 0,0100 | — 0,0119 | — 0,0125 | — 0,0114 | — 0,0086 | — 0,0046 |
| 1,0 | — 0,0008 | — 0,0029 | — 0,0054 | — 0,0076 | — 0,0092 | — 0,0097 | — 0,0088 | — 0,0067 | — 0,0036 |

SF — 10

G.25. Einflußfläche des Randmoments $-m_s$

| $\pm\frac{y-v}{a}$ | $\frac{u}{a}$ | | | | | | | | | |
|---|---|---|---|---|---|---|---|---|---|---|
| | 0 | 0,1 | 0,2 | 0,3 | 0,4 | 0,5 | 0,6 | 0,7 | 0,8 | 0,9 |
| 0 | 0,3183 | 0,3131 | 0,2988 | 0,2768 | 0,2482 | 0,2145 | 0,1765 | 0,1361 | 0,0914 | 0,0460 |
| 0,1 | 0 | 0,1542 | 0,2354 | 0,2453 | 0,2302 | 0,2031 | 0,1690 | 0,1302 | 0,0885 | 0,0446 |
| 0,2 | 0 | 0,0586 | 0,1401 | 0,1800 | 0,1867 | 0,1737 | 0,1490 | 0,1169 | 0,0803 | 0,0408 |
| 0,3 | 0 | 0,0271 | 0,0796 | 0,1203 | 0,1383 | 0,1370 | 0,1223 | 0,0983 | 0,0687 | 0,0351 |
| 0,4 | 0 | 0,0142 | 0,0463 | 0,0776 | 0,0970 | 0,1021 | 0,0948 | 0,0783 | 0,0556 | 0,0287 |
| 0,5 | 0 | 0,0080 | 0,0277 | 0,0496 | 0,0660 | 0,0728 | 0,0703 | 0,0585 | 0,0431 | 0,0225 |
| 0,6 | 0 | 0,0046 | 0,0169 | 0,0316 | 0,0439 | 0,0503 | 0,0502 | 0,0435 | 0,0320 | 0,0167 |
| 0,7 | 0 | 0,0028 | 0,0103 | 0,0200 | 0,0288 | 0,0338 | 0,0347 | 0,0308 | 0,0228 | 0,0122 |
| 0,8 | 0 | 0,0016 | 0,0063 | 0,0126 | 0,0186 | 0,0226 | 0,0235 | 0,0210 | 0,0160 | 0,0085 |
| 0,9 | 0 | 0,0010 | 0,0037 | 0,0078 | 0,0118 | 0,0135 | 0,0154 | 0,0144 | 0,0107 | 0,0060 |
| 1,0 | 0 | 0,0006 | 0,0024 | 0,0047 | 0,0073 | 0,0093 | 0,0100 | 0,0092 | 0,0071 | 0,0038 |

G.26. Einflußfläche der Randquerkraft $q_s$

| $\pm\frac{y-v}{a}$ | $\frac{u}{a}$ | | | | | | | | Faktor |
|---|---|---|---|---|---|---|---|---|---|
| | 0 | 0,1 | 0,2 | 0,3 | 0,4 | 0,5 | 0,6 | 0,8 | |
| 0 | $\infty$ | 6,356 | 3,141 | 2,048 | 1,472 | 1,087 | 0,803 | 0,367 | $\frac{1}{a}$ |
| 0,1 | 0 | 1,582 | 2,004 | 1,647 | 1,292 | 0,994 | 0,750 | 0,351 | $\frac{1}{a}$ |
| 0,2 | 0 | 0,246 | 0,765 | 0,947 | 0,905 | 0,770 | 0,616 | 0,304 | $\frac{1}{a}$ |
| 0,3 | 0 | 0,056 | 0,273 | 0,465 | 0,545 | 0,522 | 0,451 | 0,240 | $\frac{1}{a}$ |
| 0,4 | 0 | 0,015 | 0,100 | 0,202 | 0,299 | 0,323 | 0,301 | 0,174 | $\frac{1}{a}$ |
| 0,5 | 0 | 0,002 | 0,026 | 0,095 | 0,151 | 0,174 | 0,186 | 0,119 | $\frac{1}{a}$ |
| 0,6 | 0 | — | 0,010 | 0,038 | 0,073 | 0,096 | 0,105 | 0,072 | $\frac{1}{a}$ |
| 0,8 | 0 | — | — | — | 0,006 | 0,015 | 0,023 | 0,020 | $\frac{1}{a}$ |

$S_2$ — 12m

## H. Der unendliche Plattenstreifen, beide Ränder starr eingespannt

H.11. Verminderung des Mittenmoments $m_{xm}$ gegenüber Fall $F_2$ — 12m

| $\frac{2d}{a}$ | $\frac{2c}{a}$ | | | | | | Faktor |
|---|---|---|---|---|---|---|---|
| | 1,0 | 0,8 | 0,6 | 0,4 | 0,2 | 0 | |
| 1,0 | 0,0421 | 0,0495 | 0,0551 | 0,0591 | 0,0614 | 0,0621 | $P$ |
| 0,8 | 0,0430 | 0,0505 | 0,0563 | 0,0603 | 0,0627 | 0,0635 | $P$ |
| 0,6 | 0,0437 | 0,0512 | 0,0571 | 0,0612 | 0,0637 | 0,0645 | $P$ |
| 0,4 | 0,0441 | 0,0517 | 0,0576 | 0,0619 | 0,0644 | 0,0652 | $P$ |
| 0,2 | 0,0443 | 0,0519 | 0,0579 | 0,0622 | 0,0648 | 0,0656 | $P$ |
| 0 | 0,0443 | 0,0519 | 0,0580 | 0,0623 | 0,0649 | 0,0657 | $P$ |

**H.12.** Verminderung des Mittenmoments $m_{ym}$ gegenüber Fall **$F_2$—12m**

| $\frac{2d}{a}$ | $\frac{2c}{a}$ 1,0 | 0,8 | 0,6 | 0,4 | 0,2 | 0 | Faktor |
|---|---|---|---|---|---|---|---|
| 1,0 | 0,0129 | 0,0153 | 0,0167 | 0,0176 | 0,0182 | 0,0183 | $P$ |
| 0,8 | 0,0152 | 0,0183 | 0,0198 | 0,0208 | 0,0213 | 0,0214 | $P$ |
| 0,6 | 0,0174 | 0,0211 | 0,0229 | 0,0237 | 0,0241 | 0,0242 | $P$ |
| 0,4 | 0,0193 | 0,0235 | 0,0251 | 0,0260 | 0,0265 | 0,0266 | $P$ |
| 0,2 | 0,0205 | 0,0252 | 0,0268 | 0,0277 | 0,0281 | 0,0282 | $P$ |
| 0 | 0,0211 | 0,0258 | 0,0274 | 0,0283 | 0,0287 | 0,0288 | $P$ |

**$S_2$—10**

**H.21.** Einflußfläche für $m_{xm}$

| $\pm\frac{y-v}{a}$ | $\frac{u}{a}$ 0,1 | 0,2 | 0,3 | 0,4 | 0,5 |
|---|---|---|---|---|---|
| 0 | 0,0019 | 0,0115 | 0,0340 | 0,0835 | $\infty$ |
| 0,1 | 0,0028 | 0,0144 | 0,0404 | 0,0954 | 0,1610 |
| 0,2 | 0,0042 | 0,0183 | 0,0444 | 0,0819 | 0,1052 |
| 0,3 | 0,0047 | 0,0182 | 0,0389 | 0,0617 | 0,0726 |
| 0,4 | 0,0043 | 0,0154 | 0,0301 | 0,0440 | 0,0497 |
| 0,5 | 0,0032 | 0,0114 | 0,0213 | 0,0300 | 0,0335 |
| 0,6 | 0,0021 | 0,0079 | 0,0141 | 0,0196 | 0,0217 |
| 0,7 | 0,0013 | 0,0049 | 0,0088 | 0,0122 | 0,0136 |
| 0,8 | 0,0008 | 0,0029 | 0,0052 | 0,0073 | 0,0081 |
| 0,9 | 0,0005 | 0,0016 | 0,0028 | 0,0040 | 0,0046 |
| 1,0 | 0,0002 | 0,0008 | 0,0015 | 0,0021 | 0,0024 |

**H.22.** Einflußfläche für $m_{ym}$

| $\pm\frac{y-v}{a}$ | $\frac{u}{a}$ 0,1 | 0,2 | 0,3 | 0,4 | 0,5 |
|---|---|---|---|---|---|
| 0 | 0,0087 | 0,0296 | 0,0623 | 0,1181 | $\infty$ |
| 0,1 | 0,0067 | 0,0220 | 0,0415 | 0,0544 | + 0,0425 |
| 0,2 | 0,0024 | 0,0075 | 0,0102 | 0,0046 | — 0,0026 |
| 0,3 | — 0,0009 | — 0,0032 | — 0,0081 | — 0,0156 | — 0,0197 |
| 0,4 | — 0,0025 | — 0,0080 | — 0,0151 | — 0,0217 | — 0,0247 |
| 0,5 | — 0,0028 | — 0,0088 | — 0,0157 | — 0,0213 | — 0,0235 |
| 0,6 | — 0,0024 | — 0,0076 | — 0,0135 | — 0,0180 | — 0,0197 |
| 0,7 | — 0,0018 | — 0,0060 | — 0,0105 | — 0,0140 | — 0,0153 |
| 0,8 | — 0,0013 | — 0,0043 | — 0,0076 | — 0,0102 | — 0,0111 |
| 0,9 | — 0,0008 | — 0,0029 | — 0,0052 | — 0,0070 | — 0,0077 |
| 1,0 | — 0,0005 | — 0,0019 | — 0,0034 | — 0,0046 | — 0,0051 |

**$S_2$ — 10**

### H.23. Einflußfläche für $m_x$ im Punkt $\frac{x}{a} = 0,6$

| $\pm \frac{y-v}{a}$ | $\frac{u}{a}$ | | | | | | | | |
|---|---|---|---|---|---|---|---|---|---|
| | 0,1 | 0,2 | 0,3 | 0,4 | 0,5 | 0,6 | 0,7 | 0,8 | 0,9 |
| 0 | 0 | 0,0026 | 0,0114 | 0,0320 | 0,0787 | $\infty$ | 0,0737 | 0,0245 | 0,0045 |
| 0,1 | 0,0004 | 0,0042 | 0,0147 | 0,0388 | 0,0907 | 0,1532 | 0,0854 | 0,0304 | 0,0063 |
| 0,2 | 0,0014 | 0,0070 | 0,0196 | 0,0436 | 0,0778 | 0,0975 | 0,0716 | 0,0333 | 0,0084 |
| 0,3 | 0,0021 | 0,0087 | 0,0208 | 0,0388 | 0,0580 | 0,0651 | 0,0515 | 0,0278 | 0,0079 |
| 0,4 | 0,0022 | 0,0084 | 0,0182 | 0,0304 | 0,0409 | 0,0432 | 0,0347 | 0,0198 | 0,0059 |
| 0,5 | 0,0018 | 0,0070 | 0,0141 | 0,0220 | 0,0268 | 0,0282 | 0,0223 | 0,0131 | 0,0038 |
| 0,6 | 0,0014 | 0,0050 | 0,0099 | 0,0149 | 0,0180 | 0,0176 | 0,0138 | 0,0080 | 0,0024 |
| 0,7 | 0,0009 | 0,0035 | 0,0065 | 0,0095 | 0,0112 | 0,0106 | 0,0081 | 0,0045 | 0,0014 |
| 0,8 | 0,0005 | 0,0022 | 0,0039 | 0,0057 | 0,0066 | 0,0061 | 0,0045 | 0,0026 | 0,0007 |
| 0,9 | 0,0003 | 0,0012 | 0,0021 | 0,0030 | 0,0036 | 0,0032 | 0,0024 | 0,0014 | 0,0004 |
| 1,0 | 0,0002 | 0,0006 | 0,0011 | 0,0016 | 0,0019 | 0,0017 | 0,0012 | 0,0007 | 0,0002 |

### H.24. Einflußfläche für $m_y$ im Punkt $\frac{x}{a} = 0,6$

| $\pm \frac{y-v}{a}$ | $\frac{u}{a}$ | | | | | | | | |
|---|---|---|---|---|---|---|---|---|---|
| | 0,1 | 0,2 | 0,3 | 0,4 | 0,5 | 0,6 | 0,7 | 0,8 | 0,9 |
| 0 | 0,0054 | 0,0184 | 0,0380 | 0,0669 | 0,1182 | $\infty$ | 0,1085 | 0,0484 | 0,0142 |
| 0,1 | 0,0045 | 0,0148 | 0,0293 | 0,0457 | 0,0545 | 0,0381 | 0,0461 | 0,0298 | 0,0096 |
| 0,2 | 0,0021 | 0,0070 | 0,0119 | 0,0129 | 0,0046 | — 0,0052 | — 0,0005 | 0,0036 | 0,0016 |
| 0,3 | — 0,0001 | — 0,0002 | — 0,0011 | — 0,0073 | — 0,0155 | — 0,0205 | — 0,0168 | — 0,0091 | — 0,0029 |
| 0,4 | — 0,0014 | — 0,0046 | — 0,0094 | — 0,0157 | — 0,0217 | — 0,0239 | — 0,0201 | — 0,0122 | — 0,0040 |
| 0,5 | — 0,0019 | — 0,0061 | — 0,0116 | — 0,0172 | — 0,0213 | — 0,0219 | — 0,0182 | — 0,0111 | — 0,0036 |
| 0,6 | — 0,0017 | — 0,0058 | — 0,0107 | — 0,0152 | — 0,0180 | — 0,0178 | — 0,0144 | — 0,0086 | — 0,0027 |
| 0,7 | — 0,0014 | — 0,0048 | — 0,0088 | — 0,0122 | — 0,0140 | — 0,0134 | — 0,0106 | — 0,0063 | — 0,0020 |
| 0,8 | — 0,0010 | — 0,0036 | — 0,0066 | — 0,0091 | — 0,0102 | — 0,0096 | — 0,0074 | — 0,0043 | — 0,0013 |
| 0,9 | — 0,0007 | — 0,0026 | — 0,0046 | — 0,0062 | — 0,0069 | — 0,0065 | — 0,0050 | — 0,0028 | — 0,0008 |
| 1,0 | — 0,0005 | — 0,0017 | — 0,0031 | — 0,0041 | — 0,0046 | — 0,0043 | — 0,0033 | — 0,0018 | — 0,0005 |

### H.25. Einflußfläche des Randmoments $-m_s$

| $\pm \frac{y-v}{a}$ | $\frac{u}{a}$ | | | | | | | | | |
|---|---|---|---|---|---|---|---|---|---|---|
| | 0 | 0,1 | 0,2 | 0,3 | 0,4 | 0,5 | 0,6 | 0,7 | 0,8 | 0,9 |
| 0 | 0,3183 | 0,3098 | 0,2871 | 0,2538 | 0,2127 | 0,1677 | 0,1216 | 0,0774 | 0,0389 | 0,0111 |
| 0,1 | 0 | 0,1509 | 0,2239 | 0,2227 | 0,1952 | 0,1571 | 0,1152 | 0,0738 | 0,0371 | 0,0106 |
| 0,2 | 0 | 0,0555 | 0,1293 | 0,1585 | 0,1535 | 0,1302 | 0,0983 | 0,0639 | 0,0322 | 0,0093 |
| 0,3 | 0 | 0,0242 | 0,0696 | 0,1007 | 0,1079 | 0,0973 | 0,0762 | 0,0506 | 0,0256 | 0,0074 |
| 0,4 | 0 | 0,0116 | 0,0374 | 0,0602 | 0,0701 | 0,0670 | 0,0545 | 0,0369 | 0,0186 | 0,0054 |
| 0,5 | 0 | 0,0058 | 0,0200 | 0,0346 | 0,0428 | 0,0429 | 0,0361 | 0,0249 | 0,0125 | 0,0036 |
| 0,6 | 0 | 0,0029 | 0,0104 | 0,0193 | 0,0247 | 0,0257 | 0,0222 | 0,0156 | 0,0077 | 0,0022 |
| 0,7 | 0 | 0,0013 | 0,0052 | 0,0100 | 0,0134 | 0,0143 | 0,0127 | 0,0090 | 0,0044 | 0,0012 |
| 0,8 | 0 | 0,0005 | 0,0022 | 0,0047 | 0,0064 | 0,0071 | 0,0065 | 0,0046 | 0,0032 | 0,0005 |
| 0,9 | 0 | 0,0001 | 0,0007 | 0,0017 | 0,0026 | 0,0030 | 0,0029 | 0,0020 | 0,0009 | 0,0002 |
| 1,0 | 0 | — | — | 0,0003 | 0,0006 | 0,0008 | 0,0008 | 0,0006 | 0,0002 | — |

**H.26.** Einflußfläche der Randquerkraft $q_s$

| $\pm \frac{y-v}{a}$ | $\frac{u}{a}$ | | | | | | | | Faktor |
|---|---|---|---|---|---|---|---|---|---|
| | 0 | 0,1 | 0,2 | 0,3 | 0,4 | 0,5 | 0,6 | 0,8 | |
| 0 | $\boxed{\infty}$ | 6,306 | 3,107 | 1,963 | 1,343 | 0,920 | 0,605 | 0,175 | $\frac{1}{a}$ |
| 0,1 | 0 | 1,570 | 1,965 | 1,564 | 1,165 | 0,829 | 0,558 | 0,163 | $\frac{1}{a}$ |
| 0,2 | 0 | 0,234 | 0,724 | 0,869 | 0,691 | 0,617 | 0,437 | 0,130 | $\frac{1}{a}$ |
| 0,3 | 0 | 0,047 | 0,236 | 0,396 | 0,535 | 0,388 | 0,292 | 0,095 | $\frac{1}{a}$ |
| 0,4 | 0 | 0,006 | 0,070 | 0,156 | 0,209 | 0,208 | 0,169 | 0,058 | $\frac{1}{a}$ |
| 0,5 | 0 | — | 0,013 | 0,047 | 0,081 | 0,091 | 0,077 | 0,028 | $\frac{1}{a}$ |
| 0,6 | 0 | — | — | 0,002 | 0,018 | 0,025 | 0,024 | 0,008 | $\frac{1}{a}$ |

# I. Der unendliche Plattenstreifen, ein Rand starr eingespannt, ein Rand ungestützt (Kragplatte)

**SU — 10**

## I.1. Einflußfläche des Stützenmoments $-m_s$

| $\pm \frac{y-v}{l}$ | $\frac{u}{l}$ | | | | | |
|---|---|---|---|---|---|---|
| | 0 | 0,2 | 0,4 | 0,6 | 0,8 | 1,0 |
| 0 | 0,3183 | 0,3256 | 0,3464 | 0,3775 | 0,4174 | 0,4646 |
| 0,1 | 0 | 0,2619 | 0,3290 | 0,3682 | 0,4111 | 0,4595 |
| 0,2 | 0 | 0,1659 | 0,2827 | 0,3425 | 0,3932 | 0,4445 |
| 0,3 | 0 | 0,1041 | 0,2300 | 0,3065 | 0,3660 | 0,4211 |
| 0,4 | 0 | 0,0691 | 0,1848 | 0,2669 | 0,3330 | 0,3917 |
| 0,5 | 0 | 0,0486 | 0,1435 | 0,2286 | 0,2980 | 0,3583 |
| 0,6 | 0 | 0,0356 | 0,1109 | 0,1939 | 0,2625 | 0,3238 |
| 0,8 | 0 | 0,0207 | 0,0723 | 0,1373 | 0,1989 | 0,2567 |
| 1,0 | 0 | 0,0128 | 0,0493 | 0,0969 | 0,1479 | 0,1985 |
| 1,2 | 0 | 0,0086 | 0,0337 | 0,0691 | 0,1094 | 0,1514 |
| 1,4 | 0 | 0,0060 | 0,0232 | 0,0496 | 0,0816 | 0,1147 |
| 1,6 | 0 | 0,0043 | 0,0162 | 0,0361 | 0,0607 | 0,0873 |
| 1,8 | 0 | 0,0031 | 0,0120 | 0,0270 | 0,0458 | 0,0668 |
| 2,0 | 0 | 0,0023 | 0,0091 | 0,0204 | 0,0352 | 0,0510 |
| 2,2 | 0 | 0,0018 | 0,0072 | 0,0160 | 0,0271 | 0,0394 |
| 2,4 | 0 | 0,0013 | 0,0057 | 0,0121 | 0,0207 | 0,0304 |
| 2,6 | 0 | 0,0010 | 0,0041 | 0,0095 | 0,0161 | 0,0235 |
| 2,8 | 0 | 0,0008 | 0,0029 | 0,0073 | 0,0125 | 0,0181 |
| 3,0 | 0 | 0,0006 | 0,0020 | 0,0059 | 0,0096 | 0,0142 |

## I.2. Einflußfläche für $m_y$ am ungestützten Rand

| $\pm \frac{y-v}{l}$ | $\frac{u}{l}$ | | | | |
|---|---|---|---|---|---|
| | 0,2 | 0,4 | 0,6 | 0,8 | 1,0 |
| 0 | 0,0172 | 0,0614 | 0,1350 | 0,2708 | ∞ |
| 0,2 | 0,0138 | 0,0481 | 0,0981 | 0,1513 | 0,1596 |
| 0,4 | 0,0064 | 0,0219 | 0,0381 | 0,0425 | 0,0318 |
| 0,6 | 0 | 0,0005 | — 0,0020 | — 0,0113 | — 0,0247 |
| 0,8 | — 0,0033 | — 0,0108 | — 0,0214 | — 0,0350 | — 0,0499 |
| 1,0 | — 0,0047 | — 0,0149 | — 0,0281 | — 0,0429 | — 0,0575 |
| 1,2 | — 0,0044 | — 0,0149 | — 0,0282 | — 0,0424 | — 0,0566 |
| 1,4 | — 0,0038 | — 0,0131 | — 0,0252 | — 0,0383 | — 0,0513 |
| 1,6 | — 0,0031 | — 0,0107 | — 0,0210 | — 0,0325 | — 0,0440 |
| 1,8 | — 0,0024 | — 0,0084 | — 0,0170 | — 0,0266 | — 0,0365 |
| 2,0 | — 0,0018 | — 0,0067 | — 0,0135 | — 0,0212 | — 0,0298 |
| 2,2 | — 0,0013 | — 0,0052 | — 0,0105 | — 0,0168 | — 0,0238 |
| 2,4 | — 0,0010 | — 0,0040 | — 0,0080 | — 0,0131 | — 0,0188 |
| 2,6 | — 0,0007 | — 0,0030 | — 0,0064 | — 0,0103 | — 0,0149 |
| 2,8 | — 0,0005 | — 0,0023 | — 0,0049 | — 0,0081 | — 0,0117 |
| 3,0 | — 0,0004 | — 0,0017 | — 0,0037 | — 0,0063 | — 0,0091 |

Abminderung bei Rechtecklast im Bezugspunkt gegenüber $2\, m_{y\,\infty} + \frac{2}{3} m_{x\,\infty}$ (nach Tafeln F) . . . 0,1338 $P$.

### I.3. Einflußfläche des Moments $m_x$ im Punkt $\frac{x}{l} = 0{,}5$

| $\pm \frac{y-v}{l}$ | $\frac{u}{l}$ | | | | | |
|---|---|---|---|---|---|---|
| | 0,2 | 0,4 | 0,5 | 0,6 | 0,8 | 1,0 |
| 0 | + 0,0045 | + 0,0548 | $+\infty$ | + 0,0168 | — 0,1145 | — 0,2096 |
| 0,2 | + 0,0114 | + 0,0543 | + 0,0621 | + 0,0189 | — 0,0991 | — 0,1943 |
| 0,4 | + 0,0095 | + 0,0204 | + 0,0125 | — 0,0104 | — 0,0845 | — 0,1642 |
| 0,6 | + 0,0029 | — 0,0005 | — 0,0101 | — 0,0269 | — 0,0772 | — 0,1378 |
| 0,8 | — 0,0016 | — 0,0105 | — 0,0198 | — 0,0335 | — 0,0710 | — 0,1163 |
| 1,0 | — 0,0033 | — 0,0140 | — 0,0226 | — 0,0342 | — 0,0636 | — 0,0984 |
| 1,2 | — 0,0036 | — 0,0141 | — 0,0218 | — 0,0316 | — 0,0554 | — 0,0828 |
| 1,5 | — 0,0028 | — 0,0112 | — 0,0181 | — 0,0248 | — 0,0430 | — 0,0624 |
| 2,0 | — 0,0020 | — 0,0072 | — 0,0111 | — 0,0154 | — 0,0258 | — 0,0371 |

Abminderung bei Rechtecklast im Bezugspunkt gegenüber $m_{x\infty}$ (nach Tafel F. 11) . . . 0,1115 $P$.

### I.4. Einflußfläche des Moments $m_y$ im Punkt $\frac{x}{l} = 0{,}5$

| $\pm \frac{y-v}{l}$ | $\frac{u}{l}$ | | | | | |
|---|---|---|---|---|---|---|
| | 0,2 | 0,4 | 0,5 | 0,6 | 0,8 | 1,0 |
| 0 | + 0,0372 | + 0,1115 | $+\infty$ | + 0,1676 | + 0,1063 | + 0,0937 |
| 0,1 | + 0,0293 | + 0,0783 | + 0,0772 | + 0,1014 | + 0,0943 | + 0,0857 |
| 0,2 | + 0,0137 | + 0,0251 | + 0,0272 | + 0,0442 | + 0,0684 | + 0,0716 |
| 0,4 | — 0,0048 | — 0,0111 | — 0,0097 | — 0,0027 | + 0,0177 | + 0,0305 |
| 0,6 | — 0,0075 | — 0,0173 | — 0,0189 | — 0,0179 | — 0,0095 | + 0,0002 |
| 0,8 | — 0,0063 | — 0,0161 | — 0,0190 | — 0,0205 | — 0,0196 | — 0,0158 |
| 1,0 | — 0,0045 | — 0,0127 | — 0,0158 | — 0,0186 | — 0,0213 | — 0,0212 |
| 1,2 | — 0,0030 | — 0,0090 | — 0,0116 | — 0,0152 | — 0,0190 | — 0,0213 |
| 1,5 | — 0,0019 | — 0,0049 | — 0,0071 | — 0,0090 | — 0,0143 | — 0,0171 |
| 2,0 | — 0,0009 | — 0,0027 | — 0,0036 | — 0,0046 | — 0,0070 | — 0,0096 |

Erhöhung bei Rechtecklast im Bezugspunkt gegenüber $m_{y\infty}$ (nach Tafel F. 12) . . . 0,0079 $P$.

### I.5. Einflußfläche der Randquerkraft $q_s$

| $\pm \frac{y-v}{l}$ | $\frac{u}{l}$ | | | | | | | Faktor |
|---|---|---|---|---|---|---|---|---|
| | 0 | 0,1 | 0,2 | 0,4 | 0,6 | 0,8 | 1,0 | |
| 0 | $\infty$ | 6,370 | 3,197 | 1,639 | 1,156 | 0,947 | 0,837 | $\frac{1}{l}$ |
| 0,1 | 0 | 1,594 | 2,052 | 1,456 | 1,097 | 0,917 | 0,817 | $\frac{1}{l}$ |
| 0,2 | 0 | 0,267 | 0,808 | 1,070 | 0,943 | 0,826 | 0,763 | $\frac{1}{l}$ |
| 0,4 | 0 | 0,024 | 0,135 | 0,426 | 0,563 | 0,594 | 0,586 | $\frac{1}{l}$ |
| 0,6 | 0 | 0,006 | 0,035 | 0,162 | 0,286 | 0,357 | 0,391 | $\frac{1}{l}$ |
| 0,8 | 0 | 0,001 | 0,006 | 0,059 | 0,132 | 0,190 | 0,231 | $\frac{1}{l}$ |
| 1,0 | 0 | — | — | 0,017 | 0,052 | 0,089 | 0,122 | $\frac{1}{l}$ |
| 1,2 | 0 | — | — | — | 0,014 | 0,033 | 0,055 | $\frac{1}{l}$ |

# K. Der unendliche Halbstreifen, alle Ränder frei drehbar gestützt

**$F_3 - 1$** K.1. Momente infolge Gleichlast und Randmoment $m_{tj} \sin j\pi \frac{x}{a}$

| Für $F_3-1$ $\frac{y}{a}=$ / Für $F_3-0t$ $j\frac{y}{a}=$ | $F_3-1$ $m_x$ ($\frac{x}{a}=0,5$) | $F_3-1$ $m_y$ ($\frac{x}{a}=0,5$) | $F_3-0t$ $m_x$ | $F_3-0t$ $m_y$ |
|---|---|---|---|---|
| 3,0 | 0,12494 | 0,00005 | 0,0004 | — 0,0003 |
| 2,9 | 0,12492 | 0,00006 | 0,0005 | — 0,0004 |
| 2,8 | 0,12489 | 0,00009 | 0,0007 | — 0,0005 |
| 2,7 | 0,12486 | 0,00011 | 0,0009 | — 0,0007 |
| 2,6 | 0,12481 | 0,00015 | 0,0012 | — 0,0009 |
| 2,5 | 0,12475 | 0,00020 | 0,0015 | — 0,0011 |
| 2,4 | 0,12467 | 0,00026 | 0,0020 | — 0,0015 |
| 2,3 | 0,12456 | 0,00034 | 0,0026 | — 0,0019 |
| 2,2 | 0,12443 | 0,00044 | 0,0034 | — 0,0025 |
| 2,1 | 0,12425 | 0,00058 | 0,0045 | — 0,0031 |
| 2,0 | 0,12400 | 0,00076 | 0,0059 | — 0,0040 |
| 1,95 | 0,12385 | 0,00086 | 0,0067 | — 0,0045 |
| 1,9 | 0,12369 | 0,00098 | 0,0076 | — 0,0051 |
| 1,85 | 0,12350 | 0,00112 | 0,0087 | — 0,0057 |
| 1,8 | 0,12327 | 0,00128 | 0,0099 | — 0,0064 |
| 1,75 | 0,12302 | 0,00145 | 0,0112 | — 0,0071 |
| 1,7 | 0,12273 | 0,00165 | 0,0128 | — 0,0080 |
| 1,65 | 0,12241 | 0,00187 | 0,0145 | — 0,0089 |
| 1,6 | 0,12202 | 0,00213 | 0,0165 | — 0,0099 |
| 1,55 | 0,12160 | 0,00241 | 0,0187 | — 0,0110 |
| 1,5 | 0,12111 | 0,00273 | 0,0212 | — 0,0122 |
| 1,45 | 0,12054 | 0,00310 | 0,0240 | — 0,0134 |
| 1,4 | 0,11993 | 0,00348 | 0,0270 | — 0,0147 |
| 1,35 | 0,11921 | 0,00393 | 0,0305 | — 0,0161 |
| 1,3 | 0,11839 | 0,00444 | 0,0344 | — 0,0176 |
| 1,25 | 0,11747 | 0,00499 | 0,0387 | — 0,0190 |
| 1,2 | 0,11643 | 0,00560 | 0,0434 | — 0,0204 |
| 1,15 | 0,11524 | 0,00628 | 0,0487 | — 0,0218 |
| 1,1 | 0,11389 | 0,00704 | 0,0545 | — 0,0230 |
| 1,05 | 0,11238 | 0,00786 | 0,0609 | — 0,0240 |
| 1,0 | 0,11066 | 0,00876 | 0,0679 | — 0,0247 |
| 0,95 | 0,10874 | 0,00974 | 0,0755 | — 0,0249 |
| 0,9 | 0,10660 | 0,01080 | 0,0836 | — 0,0245 |
| 0,85 | 0,10413 | 0,01193 | 0,0924 | — 0,0232 |
| 0,8 | 0,10140 | 0,01313 | 0,1018 | — 0,0208 |
| 0,75 | 0,09837 | 0,01440 | 0,1116 | — 0,0169 |
| 0,7 | 0,09500 | 0,01573 | 0,1220 | — 0,0110 |
| 0,65 | 0,09117 | 0,01709 | 0,1326 | — 0,0027 |
| 0,6 | 0,08690 | 0,01842 | 0,1431 | 0,0087 |
| 0,55 | 0,08237 | 0,01973 | 0,1534 | 0,0242 |
| 0,5 | 0,07724 | 0,02098 | 0,1633 | 0,0446 |
| 0,45 | 0,07163 | 0,02205 | 0,1720 | 0,0714 |
| 0,4 | 0,06570 | 0,02288 | 0,1789 | 0,1058 |
| 0,35 | 0,05889 | 0,02333 | 0,1830 | 0,1500 |
| 0,3 | 0,05190 | 0,02332 | 0,1836 | 0,2061 |
| 0,25 | 0,04399 | 0,02262 | 0,1791 | 0,2768 |
| 0,2 | 0,03600 | 0,02103 | 0,1676 | 0,3660 |
| 0,15 | 0,02728 | 0,01826 | 0,1471 | 0,4772 |
| 0,1 | 0,01838 | 0,01406 | 0,1148 | 0,6155 |
| 0,05 | 0,00944 | 0,00791 | 0,0672 | 0,7878 |
| 0 | 0 | 0 | 0 | 1,0000 |
| Faktor | $p a^2$ | | $m_{tj} \sin j\pi \frac{x}{a}$ | |

**$F_3$ — 12**

**K. 2.** Größtmomente $\max m_y$ bei Rechtecklast, $\frac{u}{a} = 0{,}5$

Die angegebenen Werte $\frac{v^*}{a}$ gelten annähernd für alle $\frac{2c}{a}$

| $\frac{2d}{a}$ | $\frac{v^*}{a}$ | $\frac{2c}{a}$ = 1,0 | 0,9 | 0,8 | 0,7 | 0,6 | 0,5 | 0,4 | 0,3 | 0,2 | 0,1 | 0,05 | 0 | Faktor |
|---|---|---|---|---|---|---|---|---|---|---|---|---|---|---|
| ∞ | 0,318 | 0,0235 | 0,0258 | 0,0281 | 0,0302 | 0,0321 | 0,0339 | 0,0354 | 0,0366 | 0,0375 | 0,0381 | 0,0382 | 0,0382 | $P\frac{a}{2d}$ |
| 0,782 | 0,391 | 0,0402 | 0,0442 | 0,0480 | 0,0517 | 0,0547 | 0,0583 | 0,0608 | 0,0630 | 0,0646 | 0,0656 | 0,0659 | 0,0659 | $P$ |
| 0,7 | 0,375 | 0,0446 | 0,0490 | 0,0533 | 0,0574 | 0,0612 | 0,0644 | 0,0677 | 0,0703 | 0,0722 | 0,0734 | 0,0737 | 0,0738 | $P$ |
| 0,6 | 0,360 | 0,0507 | 0,0557 | 0,0605 | 0,0653 | 0,0697 | 0,0739 | 0,0775 | 0,0806 | 0,0830 | 0,0845 | 0,0849 | 0,0851 | $P$ |
| 0,5 | 0,345 | 0,0575 | 0,0631 | 0,0688 | 0,0743 | 0,0796 | 0,0845 | 0,0890 | 0,0929 | 0,0960 | 0,0979 | 0,0984 | 0,0987 | $P$ |
| 0,4 | 0,335 | 0,0652 | 0,0717 | 0,0782 | 0,0846 | 0,0909 | 0,0970 | 0,1027 | 0,1078 | 0,1119 | 0,1147 | 0,1154 | 0,1157 | $P$ |
| 0,3 | 0,325 | 0,0739 | 0,0814 | 0,0889 | 0,0964 | 0,1040 | 0,1116 | 0,1191 | 0,1261 | 0,1321 | 0,1364 | 0,1376 | 0,1380 | $P$ |
| 0,2 | 0,320 | 0,0836 | 0,0921 | 0,1008 | 0,1098 | 0,1191 | 0,1287 | 0,1386 | 0,1489 | 0,1587 | 0,1666 | 0,1690 | 0,1698 | $P$ |
| 0,1 | 0,315 | 0,0944 | 0,1041 | 0,1142 | 0,1249 | 0,1364 | 0,1489 | 0,1627 | 0,1781 | 0,1956 | 0,2141 | 0,2214 | 0,2251 | $P$ |
| 0,05 | 0,315 | 0,1003 | 0,1106 | 0,1215 | 0,1331 | 0,1459 | 0,1601 | 0,1763 | 0,1957 | 0,2197 | 0,2512 | 0,2694 | 0,2800 | $P$ |
| 0 | 0,315 | 0,1064 | 0,1173 | 0,1291 | 0,1419 | 0,1560 | 0,1722 | 0,1913 | 0,2153 | 0,2485 | 0,3042 | 0,3596 | ∞ | $P$ |

Bei kleiner Lastfläche $\left(\frac{2c}{a} \text{ und } \frac{2d}{a} < 0{,}1\right)$ ist $\max m_y \doteq m_{ym}$ **$F_2$ — 12** $+ 0{,}0222\,P$.

**$F_3$ — 10**

**K. 31.** Einflußfläche für $m_y$ im Punkt $\frac{x}{a} = 0{,}5$, $\frac{y}{a} = 0{,}35$

| $\frac{v}{a}$ | $\frac{u}{a}$ = 0,1 | 0,2 | 0,3 | 0,4 | 0,5 |
|---|---|---|---|---|---|
| 2,0 | — 0,0010 | — 0,0018 | — 0,0025 | — 0,0029 | — 0,0031 |
| 1,5 | — 0,0028 | — 0,0053 | — 0,0072 | — 0,0085 | — 0,0089 |
| 1,2 | — 0,0041 | — 0,0079 | — 0,0110 | — 0,0131 | — 0,0138 |
| 1,0 | 0,0040 | 0,0077 | 0,0112 | 0,0138 | — 0,0147 |
| 0,9 | — 0,0026 | — 0,0055 | — 0,0088 | — 0,0116 | — 0,0127 |
| 0,8 | + 0,0004 | — 0,0005 | — 0,0030 | — 0,0060 | — 0,0075 |
| 0,7 | 0,0056 | + 0,0090 | + 0,0086 | + 0,0052 | + 0,0030 |
| 0,6 | 0,0137 | 0,0246 | 0,0295 | 0,0263 | 0,0224 |
| 0,5 | 0,0233 | 0,0454 | 0,0629 | 0,0667 | 0,0583 |
| 0,4 | 0,0305 | 0,0628 | 0,0994 | 0,1440 | 0,1441 |
| 0,35 | 0,0316 | 0,0657 | 0,1064 | 0,1670 | ∞ |
| 0,3 | 0,0301 | 0,0626 | 0,0999 | 0,1455 | 0,1461 |
| 0,2 | 0,0231 | 0,0456 | 0,0643 | 0,0694 | 0,0617 |
| 0,1 | 0,0119 | 0,0224 | 0,0286 | 0,0278 | 0,0251 |

**F₃ — 10**

**K.32.** Einflußfläche der Querkraft $q_{tm}$ in der Mitte des Randes $t$

| $\frac{v}{a}$ | $\frac{u}{a}$ 0,1 | 0,2 | 0,3 | 0,4 | 0,5 | Faktor |
|---|---|---|---|---|---|---|
| 1,5 | 0,006 | 0,011 | 0,015 | 0,017 | 0,018 | $\frac{1}{a}$ |
| 1,2 | 0,014 | 0,027 | 0,037 | 0,044 | 0,046 | $\frac{1}{a}$ |
| 1,0 | 0,027 | 0,051 | 0,070 | 0,082 | 0,086 | $\frac{1}{a}$ |
| 0,8 | 0,050 | 0,095 | 0,131 | 0,154 | 0,163 | $\frac{1}{a}$ |
| 0,6 | 0,088 | 0,172 | 0,244 | 0,293 | 0,311 | $\frac{1}{a}$ |
| 0,5 | 0,115 | 0,227 | 0,330 | 0,406 | 0,435 | $\frac{1}{a}$ |
| 0,4 | 0,142 | 0,291 | 0,443 | 0,568 | 0,619 | $\frac{1}{a}$ |
| 0,3 | 0,161 | 0,348 | 0,576 | 0,809 | 0,919 | $\frac{1}{a}$ |
| 0,2 | 0,154 | 0,358 | 0,683 | 1,170 | 1,491 | $\frac{1}{a}$ |
| 0,1 | 0,098 | 0,248 | 0,576 | 1,539 | 3,132 | $\frac{1}{a}$ |
| 0 | 0 | 0 | 0 | 0 | $\infty$ | |

**K.33.** Einflußfläche der Auflagerkraft $\bar{q}_{tm}$ in der Mitte des Randes $t$

| $\frac{v}{a}$ | $\frac{u}{a}$ 0,1 | 0,2 | 0,3 | 0,4 | 0,5 | Faktor |
|---|---|---|---|---|---|---|
| 1,5 | 0,019 | 0,035 | 0,049 | 0,057 | 0,060 | $\frac{1}{a}$ |
| 1,2 | 0,041 | 0,078 | 0,108 | 0,127 | 0,133 | $\frac{1}{a}$ |
| 1,0 | 0,068 | 0,130 | 0,180 | 0,212 | 0,223 | $\frac{1}{a}$ |
| 0,8 | 0,109 | 0,210 | 0,294 | 0,351 | 0,371 | $\frac{1}{a}$ |
| 0,6 | 0,162 | 0,321 | 0,468 | 0,577 | 0,618 | $\frac{1}{a}$ |
| 0,5 | 0,184 | 0,379 | 0,578 | 0,741 | 0,806 | $\frac{1}{a}$ |
| 0,4 | 0,193 | 0,420 | 0,693 | 0,959 | 1,077 | $\frac{1}{a}$ |
| 0,3 | 0,175 | 0,412 | 0,778 | 1,249 | 1,507 | $\frac{1}{a}$ |
| 0,2 | 0,125 | 0,320 | 0,733 | 1,599 | 2,332 | $\frac{1}{a}$ |
| 0,1 | 0,059 | 0,155 | 0,415 | 1,565 | 4,751 | $\frac{1}{a}$ |
| 0 | 0 | 0 | 0 | 0 | $\infty$ | |

**$F_3$—10**

**K.34.** Einflußfläche des Mittenmoments $M_{T_m}$ im Träger unter dem Rand $t$

| $\frac{v}{a}$ | $\frac{u}{a}$ 0,1 | 0,2 | 0,3 | 0,4 | 0,5 | Faktor |
|---|---|---|---|---|---|---|
| 1,5 | 0,0019 | 0,0036 | 0,0049 | 0,0058 | 0,0061 | $a$ |
| 1,2 | 0,0042 | 0,0079 | 0,0109 | 0,0128 | 0,0135 | $a$ |
| 1,0 | 0,0070 | 0,0132 | 0,0182 | 0,0214 | 0,0225 | $a$ |
| 0,8 | 0,0114 | 0,0217 | 0,0300 | 0,0352 | 0,0371 | $a$ |
| 0,6 | 0,0182 | 0,0349 | 0,0483 | 0,0570 | 0,0601 | $a$ |
| 0,5 | 0,0227 | 0,0437 | 0,0606 | 0,0720 | 0,0759 | $a$ |
| 0,4 | 0,0279 | 0,0538 | 0,0755 | 0,0903 | 0,0955 | $a$ |
| 0,3 | 0,0335 | 0,0652 | 0,0928 | 0,1124 | 0,1197 | $a$ |
| 0,2 | 0,0393 | 0,0774 | 0,1120 | 0,1389 | 0,1498 | $a$ |
| 0,1 | 0,0448 | 0,0892 | 0,1317 | 0,1695 | 0,1887 | $a$ |
| 0 | 0,0500 | 0,1000 | 0,1500 | 0,2000 | 0,2500 | $a$ |

**K.35.** Einflußfläche der Auflager-Querkraft $Q_{T_s}$ im Träger unter dem Rand $t$

| $\frac{v}{a}$ | $\frac{u}{a}$ 0 | 0,1 | 0,2 | 0,3 | 0,4 | 0,5 | 0,6 | 0,7 | 0,8 | 0,9 |
|---|---|---|---|---|---|---|---|---|---|---|
| 1,5 | 0 | 0,006 | 0,011 | 0,016 | 0,018 | 0,019 | 0,018 | 0,016 | 0,011 | 0,006 |
| 1,2 | 0 | 0,014 | 0,026 | 0,035 | 0,041 | 0,042 | 0,040 | 0,033 | 0,024 | 0,013 |
| 1,0 | 0 | 0,023 | 0,044 | 0,060 | 0,069 | 0,071 | 0,066 | 0,055 | 0,039 | 0,020 |
| 0,8 | 0 | 0,041 | 0,076 | 0,101 | 0,115 | 0,116 | 0,106 | 0,088 | 0,062 | 0,032 |
| 0,6 | 0 | 0,073 | 0,134 | 0,173 | 0,189 | 0,185 | 0,165 | 0,133 | 0,093 | 0,047 |
| 0,5 | 0 | 0,100 | 0,179 | 0,226 | 0,241 | 0,230 | 0,201 | 0,160 | 0,111 | 0,057 |
| 0,4 | 0 | 0,142 | 0,245 | 0,295 | 0,304 | 0,282 | 0,242 | 0,189 | 0,130 | 0,066 |
| 0,3 | 0 | 0,208 | 0,337 | 0,384 | 0,376 | 0,332 | 0,284 | 0,219 | 0,149 | 0,075 |
| 0,2 | 0 | 0,328 | 0,470 | 0,489 | 0,454 | 0,395 | 0,324 | 0,248 | 0,166 | 0,084 |
| 0,1 | 0 | 0,562 | 0,637 | 0,599 | 0,529 | 0,449 | 0,363 | 0,275 | 0,184 | 0,092 |
| 0 | 1,000 | 0,900 | 0,800 | 0,700 | 0,600 | 0,500 | 0,400 | 0,300 | 0,200 | 0,100 |

# L. Der unendliche Halbstreifen, Längsränder frei drehbar gestützt, Querrand starr eingespannt

**$F_2$S — 10**

**L.11.** Einflußfläche für das Randmoment $-m_{tm}$

| $\frac{v}{a}$ | $\frac{u}{a}$ 0,1 | 0,2 | 0,3 | 0,4 | 0,5 |
|---|---|---|---|---|---|
| 2,0 | 0,0023 | 0,0044 | 0,0060 | 0,0071 | 0,0075 |
| 1,5 | 0,0083 | 0,0158 | 0,0218 | 0,0256 | 0,0269 |
| 1,2 | 0,0171 | 0,0325 | 0,0447 | 0,0526 | 0,0553 |
| 1,0 | 0,0267 | 0,0508 | 0,0699 | 0,0822 | 0,0864 |
| 0,9 | 0,0325 | 0,0620 | 0,0857 | 0,1011 | 0,1069 |
| 0,8 | 0,0396 | 0,0757 | 0,1047 | 0,1235 | 0,1305 |
| 0,7 | 0,0465 | 0,0895 | 0,1250 | 0,1488 | 0,1572 |
| 0,6 | 0,0529 | 0,1031 | 0,1461 | 0,1758 | 0,1864 |
| 0,5 | 0,0573 | 0,1137 | 0,1649 | 0,2030 | 0,2173 |
| 0,4 | 0,0568 | 0,1164 | 0,1770 | 0,2273 | 0,2469 |
| 0,3 | 0,0483 | 0,0945 | 0,1727 | 0,2426 | 0,2756 |
| 0,2 | 0,0307 | 0,0715 | 0,1366 | 0,2340 | 0,2982 |
| 0,1 | 0,0098 | 0,0248 | 0,0577 | 0,1539 | 0,3132 |
| 0 | 0 | 0 | 0 | 0 | 0,3183 |

$F_2S - 10$

L. 12. Einflußflächenanteil $\sum_{j=3,5}^{\infty} \sin \frac{j\pi}{2} B_{tj}$

| $\frac{v}{a}$ | $\frac{u}{a}$ | | | | |
|---|---|---|---|---|---|
| | 0,1 | 0,2 | 0,3 | 0,4 | 0,5 |
| 1,0 | — 0,0001 | — 0,0002 | — | + 0,0001 | + 0,0002 |
| 0,9 | — 0,0003 | — 0,0004 | — 0,0001 | + 0,0003 | + 0,0004 |
| 0,8 | — 0,0007 | — 0,0009 | — 0,0003 | + 0,0005 | + 0,0009 |
| 0,7 | — 0,0015 | — 0,0018 | — 0,0006 | + 0,0011 | + 0,0019 |
| 0,6 | — 0,0034 | — 0,0040 | — 0,0013 | + 0,0025 | + 0,0042 |
| 0,5 | — 0,0069 | — 0,0085 | — 0,0032 | + 0,0053 | + 0,0094 |
| 0,4 | — 0,0135 | — 0,0174 | — 0,0072 | + 0,0108 | + 0,0192 |
| 0,3 | — 0,0239 | — 0,0330 | — 0,0165 | + 0,0203 | + 0,0418 |
| 0,2 | — 0,0353 | — 0,0540 | — 0,0362 | + 0,0310 | + 0,0848 |
| 0,1 | — 0,0353 | — 0,0610 | — 0,0605 | + 0,0149 | + 0,1671 |
| 0 | 0 | 0 | 0 | 0 | + 0,3183 |

L. 21. Einflußfläche für das Randmoment $-m_t$ im Punkt $\frac{x}{a} = 0,6$

| $\frac{v}{a}$ | $\frac{u}{a}$ | | | | | | | | |
|---|---|---|---|---|---|---|---|---|---|
| | 0,1 | 0,2 | 0,3 | 0,4 | 0,5 | 0,6 | 0,7 | 0,8 | 0,9 |
| 2,0 | 0,0022 | 0,0042 | 0,0058 | 0,0068 | 0,0071 | 0,0068 | 0,0058 | 0,0042 | 0,0022 |
| 1,5 | 0,0078 | 0,0150 | 0,0206 | 0,0243 | 0,0256 | 0,0245 | 0,0208 | 0,0152 | 0,0080 |
| 1,2 | 0,0158 | 0,0302 | 0,0418 | 0,0496 | 0,0526 | 0,0505 | 0,0432 | 0,0316 | 0,0168 |
| 1,0 | 0,0240 | 0,0461 | 0,0644 | 0,0770 | 0,0823 | 0,0796 | 0,0686 | 0,0503 | 0,0266 |
| 0,9 | 0,0290 | 0,0558 | 0,0784 | 0,0943 | 0,1015 | 0,0986 | 0,0854 | 0,0629 | 0,0333 |
| 0,8 | 0,0341 | 0,0662 | 0,0937 | 0,1140 | 0,1238 | 0,1212 | 0,1055 | 0,0778 | 0,0413 |
| 0,7 | 0,0390 | 0,0763 | 0,1094 | 0,1350 | 0,1487 | 0,1473 | 0,1289 | 0,0952 | 0,0509 |
| 0,6 | 0,0426 | 0,0844 | 0,1237 | 0,1561 | 0,1758 | 0,1764 | 0,1553 | 0,1146 | 0,0605 |
| 0,5 | 0,0434 | 0,0880 | 0,1331 | 0,1744 | 0,2029 | 0,2078 | 0,1835 | 0,1342 | 0,0701 |
| 0,4 | 0,0401 | 0,0838 | 0,1329 | 0,1849 | 0,2271 | 0,2400 | 0,2106 | 0,1498 | 0,0762 |
| 0,3 | 0,0314 | 0,0682 | 0,1163 | 0,1780 | 0,2425 | 0,2700 | 0,2307 | 0,1525 | 0,0730 |
| 0,2 | 0,0183 | 0,0417 | 0,0777 | 0,1395 | 0,2340 | 0,2953 | 0,2275 | 0,1255 | 0,0531 |
| 0,1 | 0,0053 | 0,0129 | 0,0266 | 0,0585 | 0,1539 | 0,3123 | 0,1520 | 0,0545 | 0,0194 |
| 0 | 0 | 0 | 0 | 0 | 0 | 0,3183 | 0 | 0 | 0 |

L. 22. Einflußflächenanteil $\sum_{j=2,3}^{\infty} \sin 0,6\,\pi \cdot B_{tj}$

| $\frac{v}{a}$ | $\frac{u}{a}$ | | | | | | | | |
|---|---|---|---|---|---|---|---|---|---|
| | 0,1 | 0,2 | 0,3 | 0,4 | 0,5 | 0,6 | 0,7 | 0,8 | 0,9 |
| 1,3 | — 0,0003 | — 0,0004 | — 0,0004 | — 0,0003 | 0 | + 0,0003 | + 0,0004 | + 0,0004 | + 0,0003 |
| 1,2 | — 0,0004 | — 0,0007 | — 0,0007 | — 0,0004 | 0 | + 0,0004 | + 0,0007 | + 0,0007 | + 0,0004 |
| 1,1 | — 0,0008 | — 0,0012 | — 0,0012 | — 0,0008 | 0 | + 0,0008 | + 0,0012 | + 0,0012 | + 0,0008 |
| 1,0 | — 0,0014 | — 0,0022 | — 0,0021 | — 0,0012 | + 0,0001 | + 0,0014 | + 0,0021 | + 0,0020 | + 0,0012 |
| 0,9 | — 0,0023 | — 0,0037 | — 0,0036 | — 0,0020 | + 0,0002 | + 0,0023 | + 0,0034 | + 0,0033 | + 0,0020 |
| 0,8 | — 0,0040 | — 0,0063 | — 0,0060 | — 0,0033 | + 0,0005 | + 0,0040 | + 0,0058 | + 0,0054 | + 0,0032 |
| 0,7 | — 0,0066 | — 0,0105 | — 0,0101 | — 0,0055 | + 0,0011 | + 0,0068 | + 0,0094 | + 0,0084 | + 0,0053 |
| 0,6 | — 0,0109 | — 0,0174 | — 0,0165 | — 0,0087 | + 0,0025 | + 0,0116 | + 0,0151 | + 0,0128 | + 0,0070 |
| 0,5 | — 0,0176 | — 0,0281 | — 0,0268 | — 0,0136 | + 0,0053 | + 0,0198 | + 0,0236 | + 0,0181 | + 0,0091 |
| 0,4 | — 0,0267 | — 0,0434 | — 0,0422 | — 0,0211 | + 0,0108 | + 0,0340 | + 0,0356 | + 0,0226 | + 0,0094 |
| 0,3 | — 0,0373 | — 0,0624 | — 0,0636 | — 0,0333 | + 0,0203 | + 0,0587 | + 0,0508 | + 0,0219 | + 0,0043 |
| 0,2 | — 0,0444 | — 0,0776 | — 0,0865 | — 0,0535 | + 0,0310 | + 0,1023 | + 0,0633 | + 0,0062 | — 0,0096 |
| 0,1 | — 0,0376 | — 0,0687 | — 0,0857 | — 0,0736 | + 0,0150 | + 0,1802 | + 0,0397 | — 0,0271 | — 0,0235 |
| 0 | 0 | 0 | 0 | 0 | 0 | + 0,3183 | 0 | 0 | 0 |

L.3. Einflußfläche der Querkraft $q_{tm}$ in der Mitte des Querrandes

| $\frac{v}{a}$ | $\frac{u}{a}$ | | | | | Faktor |
|---|---|---|---|---|---|---|
| | 0,1 | 0,2 | 0,3 | 0,4 | 0,5 | |
| 1,5 | 0,032 | 0,060 | 0,083 | 0,098 | 0,103 | $\frac{1}{a}$ |
| 1,2 | 0,068 | 0,129 | 0,178 | 0,209 | 0,220 | $\frac{1}{a}$ |
| 1,0 | 0,110 | 0,210 | 0,290 | 0,342 | 0,360 | $\frac{1}{a}$ |
| 0,8 | 0,169 | 0,326 | 0,457 | 0,546 | 0,578 | $\frac{1}{a}$ |
| 0,6 | 0,235 | 0,470 | 0,692 | 0,860 | 0,924 | $\frac{1}{a}$ |
| 0,5 | 0,255 | 0,531 | 0,827 | 1,076 | 1,179 | $\frac{1}{a}$ |
| 0,4 | 0,244 | 0,549 | 0,944 | 1,348 | 1,533 | $\frac{1}{a}$ |
| 0,3 | 0,188 | 0,477 | 0,980 | 1,689 | 2,096 | $\frac{1}{a}$ |
| 0,2 | 0,095 | 0,282 | 0,782 | 2,027 | 3,173 | $\frac{1}{a}$ |
| 0,1 | 0,019 | 0,062 | 0,249 | 1,591 | 6,370 | $\frac{1}{a}$ |
| 0 | 0 | 0 | 0 | 0 | $\infty$ | |

L.4. Einflußfläche des Mittenmoments $M_{Tm}$ im Träger unter dem Rand $t$

| $\frac{v}{a}$ | $\frac{u}{a}$ | | | | | Faktor |
|---|---|---|---|---|---|---|
| | 0,1 | 0,2 | 0,3 | 0,4 | 0,5 | |
| 1,5 | 0,0032 | 0,0061 | 0,0084 | 0,0099 | 0,0104 | $a$ |
| 1,2 | 0,0069 | 0,0131 | 0,0180 | 0,0212 | 0,0223 | $a$ |
| 1,0 | 0,0112 | 0,0213 | 0,0293 | 0,0345 | 0,0362 | $a$ |
| 0,8 | 0,0177 | 0,0338 | 0,0466 | 0,0549 | 0,0577 | $a$ |
| 0,6 | 0,0270 | 0,0516 | 0,0716 | 0,0847 | 0,0892 | $a$ |
| 0,5 | 0,0326 | 0,0626 | 0,0874 | 0,1037 | 0,1095 | $a$ |
| 0,4 | 0,0383 | 0,0742 | 0,1045 | 0,1254 | 0,1327 | $a$ |
| 0,3 | 0,0435 | 0,0852 | 0,1221 | 0,1489 | 0,1590 | $a$ |
| 0,2 | 0,0477 | 0,0944 | 0,1380 | 0,1731 | 0,1876 | $a$ |
| 0,1 | 0,0497 | 0,0992 | 0,1480 | 0,1933 | 0,2183 | $a$ |
| 0 | 0,0500 | 0,1000 | 0,1500 | 0,2000 | 0,2500 | $a$ |

**$F_2S$ — 10** L.5. Einflußfläche der Auflager-Querkraft $Q_{T_s}$ im Träger unter dem Rand $t$

| $\frac{v}{a}$ | $\frac{u}{a}$ | | | | | | | | | |
|---|---|---|---|---|---|---|---|---|---|---|
| | 0 | 0,1 | 0,2 | 0,3 | 0,4 | 0,5 | 0,6 | 0,7 | 0,8 | 0,9 |
| 1,5 | 0 | 0,010 | 0,020 | 0,027 | 0,031 | 0,033 | 0,031 | 0,026 | 0,019 | 0,010 |
| 1,2 | 0 | 0,022 | 0,042 | 0,058 | 0,067 | 0,070 | 0,066 | 0,055 | 0,040 | 0,021 |
| 1,0 | 0 | 0,038 | 0,071 | 0,096 | 0,111 | 0,114 | 0,106 | 0,088 | 0,063 | 0,033 |
| 0,8 | 0 | 0,064 | 0,120 | 0,159 | 0,179 | 0,180 | 0,164 | 0,135 | 0,096 | 0,049 |
| 0,6 | 0 | 0,112 | 0,202 | 0,260 | 0,282 | 0,274 | 0,242 | 0,194 | 0,135 | 0,069 |
| 0,5 | 0 | 0,150 | 0,266 | 0,331 | 0,348 | 0,330 | 0,291 | 0,226 | 0,155 | 0,079 |
| 0,4 | 0 | 0,207 | 0,352 | 0,419 | 0,423 | 0,387 | 0,328 | 0,254 | 0,173 | 0,087 |
| 0,3 | 0 | 0,296 | 0,469 | 0,520 | 0,498 | 0,440 | 0,363 | 0,277 | 0,187 | 0,094 |
| 0,2 | 0 | 0,450 | 0,619 | 0,620 | 0,560 | 0,478 | 0,387 | 0,293 | 0,196 | 0,098 |
| 0,1 | 0 | 0,718 | 0,760 | 0,687 | 0,594 | 0,497 | 0,398 | 0,299 | 0,200 | 0,100 |
| 0 | 1,000 | 0,900 | 0,800 | 0,700 | 0,600 | 0,500 | 0,400 | 0,300 | 0,200 | 0,100 |

L.6. Einflußfläche für das Torsionsmoment $D_{T_s}$ im Träger unter dem Rand $t$

| $\frac{v}{a}$ | $\frac{u}{a}$ | | | | | | | | | | Faktor |
|---|---|---|---|---|---|---|---|---|---|---|---|
| | 0 | 0,1 | 0,2 | 0,3 | 0,4 | 0,5 | 0,6 | 0,7 | 0,8 | 0,9 | |
| 2,0 | 0 | 0,0007 | 0,0014 | 0,0019 | 0,0023 | 0,0024 | 0,0023 | 0,0019 | 0,0014 | 0,0007 | $a$ |
| 1,5 | 0 | 0,0027 | 0,0051 | 0,0070 | 0,0082 | 0,0086 | 0,0081 | 0,0069 | 0,0050 | 0,0026 | $a$ |
| 1,4 | 0 | 0,0034 | 0,0065 | 0,0089 | 0,0105 | 0,0110 | 0,0104 | 0,0088 | 0,0064 | 0,0033 | $a$ |
| 1,3 | 0 | 0,0044 | 0,0083 | 0,0114 | 0,0133 | 0,0139 | 0,0132 | 0,0112 | 0,0081 | 0,0042 | $a$ |
| 1,2 | 0 | 0,0056 | 0,0105 | 0,0144 | 0,0169 | 0,0176 | 0,0166 | 0,0141 | 0,0102 | 0,0053 | $a$ |
| 1,1 | 0 | 0,0070 | 0,0133 | 0,0182 | 0,0212 | 0,0221 | 0,0208 | 0,0176 | 0,0127 | 0,0066 | $a$ |
| 1,0 | 0 | 0,0089 | 0,0168 | 0,0228 | 0,0265 | 0,0275 | 0,0258 | 0,0217 | 0,0156 | 0,0082 | $a$ |
| 0,9 | 0 | 0,0111 | 0,0209 | 0,0283 | 0,0328 | 0,0338 | 0,0316 | 0,0265 | 0,0190 | 0,0099 | $a$ |
| 0,8 | 0 | 0,0138 | 0,0260 | 0,0350 | 0,0402 | 0,0412 | 0,0382 | 0,0318 | 0,0228 | 0,0118 | $a$ |
| 0,7 | 0 | 0,0170 | 0,0318 | 0,0427 | 0,0485 | 0,0492 | 0,0453 | 0,0375 | 0,0266 | 0,0138 | $a$ |
| 0,6 | 0 | 0,0209 | 0,0387 | 0,0512 | 0,0575 | 0,0576 | 0,0524 | 0,0429 | 0,0303 | 0,0157 | $a$ |
| 0,5 | 0 | 0,0254 | 0,0464 | 0,0602 | 0,0663 | 0,0652 | 0,0585 | 0,0473 | 0,0332 | 0,0170 | $a$ |
| 0,4 | 0 | 0,0305 | 0,0545 | 0,0684 | 0,0734 | 0,0706 | 0,0621 | 0,0496 | 0,0344 | 0,0176 | $a$ |
| 0,3 | 0 | 0,0361 | 0,0617 | 0,0742 | 0,0762 | 0,0710 | 0,0610 | 0,0479 | 0,0330 | 0,0167 | $a$ |
| 0,2 | 0 | 0,0411 | 0,0642 | 0,0714 | 0,0695 | 0,0624 | 0,0523 | 0,0404 | 0,0275 | 0,0139 | $a$ |
| 0,1 | 0 | 0,0405 | 0,0516 | 0,0511 | 0,0466 | 0,0402 | 0,0328 | 0,0250 | 0,0168 | 0,0084 | $a$ |
| 0 | 0 | 0 | 0 | 0 | 0 | 0 | 0 | 0 | 0 | 0 | |

Bei **elastischer** Einspannung der Platte im Querträger sind die Einflußwerte mit dem entsprechenden Einspanngrad $\varepsilon$ zu multiplizieren.

# M. Der unendliche Halbstreifen, Längsrand *s* und Querrand starr eingespannt, Längsrand *a* frei drehbar gestützt

**SFS — 10**

M.1. Einflußfläche für das Randmoment $-m_{tm}$

| $\frac{v}{a}$ | $\frac{u}{a}$ 0,1 | 0,2 | 0,3 | 0,4 | 0,5 | 0,6 | 0,7 | 0,8 | 0,9 |
|---|---|---|---|---|---|---|---|---|---|
| 1,7 | — 0,0011 | — 0,0013 | — 0,0009 | — 0,0003 | + 0,0004 | 0,0008 | 0,0011 | 0,0010 | 0,0005 |
| 1,6 | — 0,0013 | — 0,0013 | — 0,0006 | + 0,0003 | 0,0011 | 0,0019 | 0,0021 | 0,0018 | 0,0009 |
| 1,5 | — 0,0011 | — 0,0010 | + 0,0002 | 0,0018 | 0,0030 | 0,0038 | 0,0040 | 0,0033 | 0,0017 |
| 1,4 | — 0,0008 | — 0,0001 | + 0,0019 | 0,0042 | 0,0059 | 0,0068 | 0,0068 | 0,0054 | 0,0030 |
| 1,3 | — 0,0004 | + 0,0014 | 0,0046 | 0,0078 | 0,0102 | 0,0115 | 0,0109 | 0,0086 | 0,0045 |
| 1,2 | + 0,0004 | 0,0036 | 0,0084 | 0,0131 | 0,0165 | 0,0180 | 0,0168 | 0,0131 | 0,0070 |
| 1,1 | 0,0016 | 0,0069 | 0,0139 | 0,0207 | 0,0254 | 0,0271 | 0,0248 | 0,0190 | 0,0103 |
| 1,0 | 0,0032 | 0,0110 | 0,0214 | 0,0311 | 0,0375 | 0,0391 | 0,0356 | 0,0268 | 0,0143 |
| 0,9 | 0,0050 | 0,0167 | 0,0314 | 0,0445 | 0,0534 | 0,0549 | 0,0493 | 0,0370 | 0,0197 |
| 0,8 | 0,0074 | 0,0241 | 0,0440 | 0,0626 | 0,0738 | 0,0751 | 0,0668 | 0,0494 | 0,0262 |
| 0,7 | 0,0103 | 0,0339 | 0,0613 | 0,0853 | 0,0996 | 0,1002 | 0,0876 | 0,0641 | 0,0335 |
| 0,6 | 0,0137 | 0,0447 | 0,0815 | 0,1131 | 0,1310 | 0,1297 | 0,1110 | 0,0796 | 0,0409 |
| 0,5 | 0,0175 | 0,0567 | 0,1043 | 0,1457 | 0,1676 | 0,1623 | 0,1355 | 0,0934 | 0,0471 |
| 0,4 | 0,0199 | 0,0659 | 0,1250 | 0,1794 | 0,2064 | 0,1948 | 0,1529 | 0,1006 | 0,0489 |
| 0,3 | 0,0193 | 0,0658 | 0,1342 | 0,2081 | 0,2471 | 0,2201 | 0,1562 | 0,0939 | 0,0429 |
| 0,2 | 0,0127 | 0,0485 | 0,1142 | 0,2149 | 0,2827 | 0,2220 | 0,1278 | 0,0659 | 0,0279 |
| 0,1 | 0,0036 | 0,0171 | 0,0505 | 0,1479 | 0,3086 | 0,1502 | 0,0554 | 0,0233 | 0,0091 |
| 0 | 0 | 0 | 0 | 0 | 0,3183 | 0 | 0 | 0 | 0 |

M.2. Einflußfläche für das Randmoment $-m_t$ im Punkt $\frac{x}{a} = 0{,}6$

| $\frac{v}{a}$ | $\frac{u}{a}$ 0,1 | 0,2 | 0,3 | 0,4 | 0,5 | 0,6 | 0,7 | 0,8 | 0,9 |
|---|---|---|---|---|---|---|---|---|---|
| 1,7 | — 0,0003 | — 0,0005 | — 0,0002 | + 0,0006 | 0,0012 | 0,0015 | 0,0016 | 0,0013 | 0,0007 |
| 1,6 | — 0,0004 | — 0,0004 | + 0,0003 | 0,0015 | 0,0024 | 0,0030 | 0,0030 | 0,0024 | 0,0013 |
| 1,5 | — 0,0003 | 0 | 0,0014 | 0,0031 | 0,0044 | 0,0054 | 0,0051 | 0,0040 | 0,0022 |
| 1,4 | 0 | 0,0009 | 0,0031 | 0,0057 | 0,0076 | 0,0087 | 0,0083 | 0,0062 | 0,0035 |
| 1,3 | 0,0004 | 0,0025 | 0,0060 | 0,0095 | 0,0122 | 0,0137 | 0,0127 | 0,0099 | 0,0055 |
| 1,2 | 0,0009 | 0,0048 | 0,0099 | 0,0148 | 0,0189 | 0,0205 | 0,0191 | 0,0147 | 0,0079 |
| 1,1 | 0,0018 | 0,0077 | 0,0152 | 0,0223 | 0,0280 | 0,0302 | 0,0278 | 0,0213 | 0,0117 |
| 1,0 | 0,0030 | 0,0115 | 0,0226 | 0,0329 | 0,0403 | 0,0428 | 0,0395 | 0,0301 | 0,0162 |
| 0,9 | 0,0047 | 0,0167 | 0,0320 | 0,0463 | 0,0564 | 0,0593 | 0,0546 | 0,0417 | 0,0224 |
| 0,8 | 0,0069 | 0,0233 | 0,0438 | 0,0631 | 0,0766 | 0,0809 | 0,0742 | 0,0563 | 0,0302 |
| 0,7 | 0,0095 | 0,0309 | 0,0575 | 0,0835 | 0,1018 | 0,1076 | 0,0983 | 0,0744 | 0,0404 |
| 0,6 | 0,0117 | 0,0383 | 0,0725 | 0,1065 | 0,1314 | 0,1394 | 0,1271 | 0,0956 | 0,0508 |
| 0,5 | 0,0134 | 0,0447 | 0,0855 | 0,1302 | 0,1640 | 0,1758 | 0,1594 | 0,1181 | 0,0619 |
| 0,4 | 0,0135 | 0,0467 | 0,0942 | 0,1487 | 0,1960 | 0,2146 | 0,1921 | 0,1375 | 0,0700 |
| 0,3 | 0,0114 | 0,0412 | 0,0885 | 0,1526 | 0,2210 | 0,2529 | 0,2191 | 0,1443 | 0,0688 |
| 0,2 | 0,0066 | 0,0262 | 0,0621 | 0,1255 | 0,2222 | 0,2861 | 0,2210 | 0,1213 | 0,0510 |
| 0,1 | 0,0015 | 0,0080 | 0,0220 | 0,0545 | 0,1504 | 0,3097 | 0,1502 | 0,0535 | 0,0187 |
| 0 | 0 | 0 | 0 | 0 | 0 | 0,3183 | 0 | 0 | 0 |

# N. Der unendliche Halbstreifen, alle Ränder starr eingespannt

$S_3$ — 10

## N.1. Einflußfläche für das Randmoment $-m_{tm}$

| $\frac{v}{a}$ | $\frac{u}{a}$ | | | | |
|---|---|---|---|---|---|
| | 0,1 | 0,2 | 0,3 | 0,4 | 0,5 |
| 1,3 | 0,0001 | 0,0005 | 0,0010 | 0,0013 | 0,0014 |
| 1,2 | 0,0003 | 0,0013 | 0,0027 | 0,0037 | 0,0040 |
| 1,1 | 0,0007 | 0,0028 | 0,0055 | 0,0078 | 0,0084 |
| 1,0 | 0,0014 | 0,0053 | 0,0103 | 0,0142 | 0,0155 |
| 0,9 | 0,0025 | 0,0094 | 0,0177 | 0,0240 | 0,0264 |
| 0,8 | 0,0043 | 0,0155 | 0,0287 | 0,0386 | 0,0423 |
| 0,7 | 0,0070 | 0,0242 | 0,0440 | 0,0592 | 0,0650 |
| 0,6 | 0,0106 | 0,0352 | 0,0641 | 0,0867 | 0,0954 |
| 0,5 | 0,0142 | 0,0479 | 0,0879 | 0,1211 | 0,1340 |
| 0,4 | 0,0169 | 0,0585 | 0,1114 | 0,1591 | 0,1779 |
| 0,3 | 0,0171 | 0,0610 | 0,1245 | 0,1933 | 0,2265 |
| 0,2 | 0,0115 | 0,0456 | 0,1090 | 0,2066 | 0,2713 |
| 0,1 | 0,0034 | 0,0164 | 0,0491 | 0,1456 | 0,3051 |
| 0 | 0 | 0 | 0 | 0 | 0,3183 |

## N.2. Einflußfläche für das Randmoment $-m_t$ im Punkt $\frac{x}{a} = 0,6$

| $\frac{v}{a}$ | $\frac{u}{a}$ | | | | | | | | |
|---|---|---|---|---|---|---|---|---|---|
| | 0,1 | 0,2 | 0,3 | 0,4 | 0,5 | 0,6 | 0,7 | 0,8 | 0,9 |
| 1,3 | 0,0001 | 0,0005 | 0,0010 | 0,0012 | 0,0013 | 0,0012 | 0,0010 | 0,0005 | 0,0001 |
| 1,2 | 0,0003 | 0,0011 | 0,0024 | 0,0031 | 0,0034 | 0,0032 | 0,0025 | 0,0013 | 0,0004 |
| 1,1 | 0,0006 | 0,0023 | 0,0050 | 0,0066 | 0,0073 | 0,0068 | 0,0052 | 0,0027 | 0,0009 |
| 1,0 | 0,0010 | 0,0045 | 0,0091 | 0,0123 | 0,0137 | 0,0127 | 0,0095 | 0,0052 | 0,0016 |
| 0,9 | 0,0019 | 0,0080 | 0,0152 | 0,0208 | 0,0234 | 0,0217 | 0,0165 | 0,0090 | 0,0027 |
| 0,8 | 0,0034 | 0,0129 | 0,0243 | 0,0334 | 0,0381 | 0,0358 | 0,0270 | 0,0151 | 0,0044 |
| 0,7 | 0,0056 | 0,0193 | 0,0364 | 0,0507 | 0,0585 | 0,0558 | 0,0434 | 0,0245 | 0,0074 |
| 0,6 | 0,0078 | 0,0266 | 0,0508 | 0,0726 | 0,0857 | 0,0838 | 0,0662 | 0,0384 | 0,0118 |
| 0,5 | 0,0097 | 0,0340 | 0,0661 | 0,0979 | 0,1199 | 0,1204 | 0,0968 | 0,0565 | 0,0176 |
| 0,4 | 0,0106 | 0,0380 | 0,0771 | 0,1213 | 0,1580 | 0,1653 | 0,1339 | 0,0773 | 0,0238 |
| 0,3 | 0,0093 | 0,0350 | 0,0767 | 0,1328 | 0,1926 | 0,2154 | 0,1723 | 0,0945 | 0,0285 |
| 0,2 | 0,0058 | 0,0240 | 0,0556 | 0,1155 | 0,2065 | 0,2641 | 0,1931 | 0,0898 | 0,0246 |
| 0,1 | 0,0014 | 0,0069 | 0,0198 | 0,0508 | 0,1455 | 0,3026 | 0,1408 | 0,0423 | 0,0091 |
| 0 | 0 | 0 | 0 | 0 | 0 | 0,3183 | 0 | 0 | 0 |

**$S_3$ — 10** N.3. Einflußfläche der Querkraft $q_{tm}$ in der Mitte des Querrandes

| $\frac{v}{a}$ | $\frac{u}{a}$ 0,1 | 0,2 | 0,3 | 0,4 | 0,5 | Faktor |
|---|---|---|---|---|---|---|
| 1,2 | 0,002 | 0,005 | 0,011 | 0,014 | 0,016 | $\frac{1}{a}$ |
| 1,0 | 0,007 | 0,026 | 0,046 | 0,063 | 0,070 | $\frac{1}{a}$ |
| 0,8 | 0,022 | 0,076 | 0,142 | 0,193 | 0,214 | $\frac{1}{a}$ |
| 0,6 | 0,056 | 0,188 | 0,364 | 0,492 | 0,550 | $\frac{1}{a}$ |
| 0,5 | 0,075 | 0,260 | 0,511 | 0,740 | 0,838 | $\frac{1}{a}$ |
| 0,4 | 0,085 | 0,318 | 0,679 | 1,072 | 1,254 | $\frac{1}{a}$ |
| 0,3 | 0,072 | 0,311 | 0,793 | 1,494 | 1,899 | $\frac{1}{a}$ |
| 0,2 | 0,032 | 0,190 | 0,679 | 1,920 | 3,067 | $\frac{1}{a}$ |
| 0,1 | 0,001 | 0,034 | 0,217 | 1,558 | 6,337 | $\frac{1}{a}$ |
| 0 | 0 | 0 | 0 | 0 | $\infty$ | |

# O. Der unendliche Halbstreifen, Längsränder frei drehbar gestützt, Querrand ungestützt

**$F_2U$ — 10** O.1. Einflußfläche für das Moment $m_{xtm}$ in der Mitte des Querrandes

| $\frac{v}{a}$ | $\frac{u}{a}$ 0,1 | 0,2 | 0,3 | 0,4 | 0,5 |
|---|---|---|---|---|---|
| 1,5 | 0,0040 | 0,0076 | 0,0103 | 0,0123 | 0,0129 |
| 1,2 | 0,0088 | 0,0166 | 0,0229 | 0,0268 | 0,0283 |
| 1,0 | 0,0146 | 0,0277 | 0,0381 | 0,0449 | 0,0471 |
| 0,9 | 0,0187 | 0,0355 | 0,0489 | 0,0577 | 0,0609 |
| 0,8 | 0,0237 | 0,0453 | 0,0627 | 0,0739 | 0,0778 |
| 0,7 | 0,0299 | 0,0573 | 0,0797 | 0,0944 | 0,0996 |
| 0,6 | 0,0371 | 0,0718 | 0,1007 | 0,1201 | 0,1272 |
| 0,5 | 0,0454 | 0,0885 | 0,1261 | 0,1523 | 0,1620 |
| 0,4 | 0,0539 | 0,1068 | 0,1557 | 0,1927 | 0,2067 |
| 0,3 | 0,0608 | 0,1237 | 0,1879 | 0,2431 | 0,2669 |
| 0,2 | 0,0658 | 0,1370 | 0,2185 | 0,3052 | 0,3520 |
| 0,1 | 0,0677 | 0,1424 | 0,2360 | 0,3706 | 0,4989 |
| 0 | 0,0678 | 0,1430 | 0,2386 | 0,3910 | $\infty$ |

**$F_2U$ — 10**

### 0.2. Einflußfläche für das Moment $m_x$ im Punkt $\frac{x}{a} = 0{,}6$, $y = 0$

| $\frac{v}{a}$ | $\frac{u}{a}$ | | | | | | | | |
|---|---|---|---|---|---|---|---|---|---|
| | 0,1 | 0,2 | 0,3 | 0,4 | 0,5 | 0,6 | 0,7 | 0,8 | 0,9 |
| 1,5 | 0,0038 | 0,0072 | 0,0099 | 0,0116 | 0,0122 | 0,0116 | 0,0099 | 0,0072 | 0,0038 |
| 1,2 | 0,0080 | 0,0155 | 0,0214 | 0,0253 | 0,0268 | 0,0257 | 0,0220 | 0,0161 | 0,0085 |
| 1,0 | 0,0132 | 0,0254 | 0,0354 | 0,0420 | 0,0449 | 0,0433 | 0,0373 | 0,0273 | 0,0145 |
| 0,9 | 0,0169 | 0,0323 | 0,0451 | 0,0539 | 0,0576 | 0,0558 | 0,0482 | 0,0355 | 0,0188 |
| 0,8 | 0,0210 | 0,0405 | 0,0569 | 0,0686 | 0,0739 | 0,0720 | 0,0624 | 0,0460 | 0,0244 |
| 0,7 | 0,0258 | 0,0503 | 0,0714 | 0,0867 | 0,0945 | 0,0925 | 0,0804 | 0,0593 | 0,0315 |
| 0,6 | 0,0312 | 0,0614 | 0,0880 | 0,1086 | 0,1202 | 0,1189 | 0,1039 | 0,0767 | 0,0406 |
| 0,5 | 0,0368 | 0,0730 | 0,1068 | 0,1350 | 0,1523 | 0,1528 | 0,1341 | 0,0984 | 0,0517 |
| 0,4 | 0,0420 | 0,0844 | 0,1266 | 0,1653 | 0,1924 | 0,1967 | 0,1727 | 0,1248 | 0,0646 |
| 0,3 | 0,0460 | 0,0939 | 0,1452 | 0,1984 | 0,2430 | 0,2561 | 0,2218 | 0,1553 | 0,0781 |
| 0,2 | 0,0483 | 0,0999 | 0,1588 | 0,2294 | 0,3056 | 0,3413 | 0,2837 | 0,1844 | 0,0889 |
| 0,1 | 0,0490 | 0,1019 | 0,1644 | 0,2467 | 0,3704 | 0,4882 | 0,3487 | 0,2018 | 0,0935 |
| 0 | 0,0491 | 0,1021 | 0,1649 | 0,2492 | 0,3909 | $\infty$ | 0,3691 | 0,2042 | 0,0940 |

### 0.3. Einflußfläche des Eckdrillmoments $m_{xyE}$

| $\frac{v}{a}$ | $\frac{u}{a}$ | | | | | | | | | |
|---|---|---|---|---|---|---|---|---|---|---|
| | 0 | 0,1 | 0,2 | 0,3 | 0,4 | 0,5 | 0,6 | 0,7 | 0,8 | 0,9 |
| 1,5 | 0 | —0,0022 | —0,0042 | —0,0058 | —0,0068 | —0,0071 | —0,0067 | —0,0057 | —0,0041 | —0,0021 |
| 1,2 | 0 | —0,0045 | —0,0084 | —0,0114 | —0,0132 | —0,0135 | —0,0127 | —0,0106 | —0,0076 | —0,0040 |
| 1,0 | 0 | —0,0068 | —0,0126 | —0,0169 | —0,0194 | —0,0196 | —0,0180 | —0,0150 | —0,0106 | —0,0055 |
| 0,9 | 0 | —0,0082 | —0,0153 | —0,0203 | —0,0228 | —0,0229 | —0,0207 | —0,0169 | —0,0120 | —0,0063 |
| 0,8 | 0 | —0,0099 | —0,0183 | —0,0239 | —0,0263 | —0,0258 | —0,0230 | —0,0185 | —0,0129 | —0,0066 |
| 0,7 | 0 | —0,0119 | —0,0214 | —0,0271 | —0,0291 | —0,0276 | —0,0240 | —0,0188 | —0,0129 | —0,0063 |
| 0,6 | 0 | —0,0140 | —0,0244 | —0,0298 | —0,0303 | —0,0274 | —0,0227 | —0,0171 | —0,0112 | —0,0056 |
| 0,5 | 0 | —0,0162 | —0,0267 | —0,0300 | —0,0279 | —0,0230 | —0,0173 | —0,0119 | —0,0080 | —0,0036 |
| 0,4 | 0 | —0,0180 | —0,0264 | —0,0250 | —0,0185 | —0,0113 | —0,0063 | —0,0021 | —0,0003 | +0,0002 |
| 0,3 | 0 | —0,0185 | —0,0192 | —0,0084 | +0,0032 | +0,0113 | +0,0146 | +0,0141 | +0,0109 | +0,0059 |
| 0,2 | 0 | —0,0129 | +0,0076 | +0,0315 | +0,0450 | +0,0486 | +0,0452 | +0,0373 | +0,0264 | +0,0135 |
| 0,1 | 0 | +0,0307 | +0,0903 | +0,1118 | +0,1122 | +0,1020 | +0,0859 | +0,0668 | +0,0453 | +0,0230 |
| 0 | +0,3333 | +0,3000 | +0,2667 | +0,2333 | +0,2000 | +0,1667 | +0,1333 | +0,1000 | +0,0667 | +0,0333 |

## 0.4. Einflußfläche der Auflagerkraft $q_s = \bar{q}_s$ an der Ecke

| $\frac{v}{a}$ | $\frac{u}{a}$: 0 | 0,1 | 0,2 | 0,3 | 0,4 | 0,5 | 0,6 | 0,8 | Faktor |
|---|---|---|---|---|---|---|---|---|---|
| 1,2 | 0 | 0,029 | 0,055 | 0,075 | 0,086 | 0,089 | 0,083 | 0,049 | $\frac{1}{a}$ |
| 1,0 | 0 | 0,052 | 0,097 | 0,130 | 0,146 | 0,147 | 0,135 | 0,078 | $\frac{1}{a}$ |
| 0,8 | 0 | 0,096 | 0,175 | 0,227 | 0,247 | 0,241 | 0,212 | 0,118 | $\frac{1}{a}$ |
| 0,6 | 0 | 0,192 | 0,335 | 0,405 | 0,413 | 0,375 | 0,314 | 0,161 | $\frac{1}{a}$ |
| 0,5 | 0 | 0,285 | 0,475 | 0,544 | 0,525 | 0,457 | 0,369 | 0,182 | $\frac{1}{a}$ |
| 0,4 | 0 | 0,450 | 0,694 | 0,729 | 0,653 | 0,537 | 0,419 | 0,200 | $\frac{1}{a}$ |
| 0,3 | 0 | 0,784 | 1,035 | 0,955 | 0,780 | 0,607 | 0,456 | 0,211 | $\frac{1}{a}$ |
| 0,2 | 0 | 1,494 | 1,522 | 1,108 | 0,874 | 0,650 | 0,477 | 0,215 | $\frac{1}{a}$ |
| 0,1 | 0 | 3,149 | 1,968 | 1,296 | 0,914 | 0,665 | 0,483 | 0,216 | $\frac{1}{a}$ |
| 0 | $\boxed{\infty}$ | 4,210 | 2,052 | 1,308 | 0,918 | 0,667 | 0,485 | 0,217 | $\frac{1}{a}$ |

## 0.5. Einflußfläche für die Summe der lotrechten Randschubkräfte $T_s$ auf der Strecke $0 \leqq y \leqq 0{,}1\,a$

| $\frac{v}{a}$ | $\frac{u}{a}$: 0 | 0,1 | 0,2 | 0,3 | 0,4 | 0,5 | 0,6 | 0,7 | 0,8 | 0,9 |
|---|---|---|---|---|---|---|---|---|---|---|
| 1,2 | 0 | —0,0017 | —0,0032 | —0,0043 | —0,0050 | —0,0053 | —0,0050 | —0,0042 | —0,0030 | —0,0016 |
| 1,0 | 0 | —0,0018 | —0,0034 | —0,0047 | —0,0054 | —0,0055 | —0,0052 | —0,0043 | —0,0031 | —0,0016 |
| 0,9 | 0 | —0,0016 | —0,0030 | —0,0040 | —0,0046 | —0,0047 | —0,0044 | —0,0036 | —0,0025 | —0,0013 |
| 0,8 | 0 | —0,0008 | —0,0016 | —0,0021 | —0,0024 | —0,0025 | —0,0024 | —0,0019 | —0,0014 | —0,0007 |
| 0,7 | 0 | 0,0009 | 0,0015 | 0,0018 | 0,0019 | 0,0018 | 0,0016 | 0,0014 | 0,0010 | 0,0003 |
| 0,6 | 0 | 0,0042 | 0,0075 | 0,0094 | 0,0100 | 0,0097 | 0,0086 | 0,0070 | 0,0050 | 0,0025 |
| 0,5 | 0 | 0,0111 | 0,0191 | 0,0232 | 0,0241 | 0,0228 | 0,0200 | 0,0160 | 0,0112 | 0,0057 |
| 0,4 | 0 | 0,0251 | 0,0412 | 0,0474 | 0,0472 | 0,0434 | 0,0372 | 0,0293 | 0,0202 | 0,0103 |
| 0,3 | 0 | 0,0575 | 0,0838 | 0,0883 | 0,0839 | 0,0739 | 0,0619 | 0,0482 | 0,0335 | 0,0165 |
| 0,2 | 0 | 0,1434 | 0,1649 | 0,1538 | 0,1362 | 0,1163 | 0,0947 | 0,0720 | 0,0485 | 0,0244 |
| 0,1 | $\boxed{1{,}0}$ | 0,3750 | 0,2970 | 0,2466 | 0,2066 | 0,1703 | 0,1355 | 0,1012 | 0,0674 | 0,0336 |
| 0 | | 0,6299 | 0,4564 | 0,3593 | 0,2897 | 0,2332 | 0,1812 | 0,1337 | 0,0881 | 0,0438 |

# P. Der unendliche Halbstreifen, ein Längsrand starr eingespannt, ein Längsrand frei drehbar gestützt, Querrand ungestützt

SFU — 10 **P.1.** Einflußfläche für das Moment $m_{xtm}$ in der Mitte des Querrandes

| $\frac{v}{a}$ | $\frac{u}{a}$ | | | | | | | | |
|---|---|---|---|---|---|---|---|---|---|
| | 0,1 | 0,2 | 0,3 | 0,4 | 0,5 | 0,6 | 0,7 | 0,8 | 0,9 |
| 1,2 | 0,0003 | 0,0008 | 0,0019 | 0,0030 | 0,0040 | 0,0045 | 0,0042 | 0,0031 | 0,0018 |
| 1,0 | 0,0008 | 0,0026 | 0,0054 | 0,0085 | 0,0107 | 0,0114 | 0,0105 | 0,0080 | 0,0044 |
| 0,9 | 0,0013 | 0,0045 | 0,0089 | 0,0134 | 0,0168 | 0,0175 | 0,0160 | 0,0122 | 0,0067 |
| 0,8 | 0,0020 | 0,0071 | 0,0142 | 0,0207 | 0,0253 | 0,0263 | 0,0240 | 0,0178 | 0,0096 |
| 0,7 | 0,0033 | 0,0112 | 0,0218 | 0,0317 | 0,0382 | 0,0392 | 0,0349 | 0,0257 | 0,0137 |
| 0,6 | 0,0047 | 0,0169 | 0,0329 | 0,0475 | 0,0566 | 0,0571 | 0,0498 | 0,0360 | 0,0188 |
| 0,5 | 0,0070 | 0,0246 | 0,0482 | 0,0696 | 0,0823 | 0,0815 | 0,0692 | 0,0486 | 0,0250 |
| 0,4 | 0,0096 | 0,0345 | 0,0684 | 0,1008 | 0,1185 | 0,1147 | 0,0931 | 0,0640 | 0,0316 |
| 0,3 | 0,0117 | 0,0461 | 0,0924 | 0,1428 | 0,1711 | 0,1586 | 0,1282 | 0,0764 | 0,0367 |
| 0,2 | 0,0134 | 0,0518 | 0,1174 | 0,1982 | 0,2497 | 0,2150 | 0,1454 | 0,0866 | 0,0401 |
| 0,1 | 0,0130 | 0,0530 | 0,1286 | 0,2579 | 0,3911 | 0,2755 | 0,1609 | 0,0893 | 0,0406 |
| 0 | 0,0115 | 0,0505 | 0,1269 | 0,2734 | $\infty$ | 0,2915 | 0,1589 | 0,0874 | 0,0394 |

Abminderung im Bezugspunkt gegenüber Tafel O.1 ... 0,1126.

**P.2.** Einflußfläche für das Moment $m_x$ im Punkt $\frac{x}{a} = 0,6$, $y = 0$

| $\frac{v}{a}$ | $\frac{u}{a}$ | | | | | | | | |
|---|---|---|---|---|---|---|---|---|---|
| | 0,1 | 0,2 | 0,3 | 0,4 | 0,5 | 0,6 | 0,7 | 0,8 | 0,9 |
| 1,2 | 0,0003 | 0,0012 | 0,0028 | 0,0043 | 0,0055 | 0,0061 | 0,0058 | 0,0045 | 0,0025 |
| 1,0 | 0,0010 | 0,0034 | 0,0071 | 0,0107 | 0,0135 | 0,0147 | 0,0139 | 0,0107 | 0,0059 |
| 0,9 | 0,0015 | 0,0055 | 0,0109 | 0,0163 | 0,0204 | 0,0220 | 0,0208 | 0,0161 | 0,0088 |
| 0,8 | 0,0023 | 0,0082 | 0,0163 | 0,0244 | 0,0303 | 0,0328 | 0,0306 | 0,0236 | 0,0129 |
| 0,7 | 0,0033 | 0,0120 | 0,0237 | 0,0354 | 0,0444 | 0,0477 | 0,0442 | 0,0338 | 0,0185 |
| 0,6 | 0,0046 | 0,0168 | 0,0334 | 0,0501 | 0,0636 | 0,0686 | 0,0634 | 0,0482 | 0,0260 |
| 0,5 | 0,0061 | 0,0224 | 0,0453 | 0,0700 | 0,0895 | 0,0972 | 0,0894 | 0,0672 | 0,0357 |
| 0,4 | 0,0077 | 0,0284 | 0,0590 | 0,0940 | 0,1239 | 0,1361 | 0,1242 | 0,0909 | 0,0473 |
| 0,3 | 0,0089 | 0,0335 | 0,0724 | 0,1218 | 0,1696 | 0,1912 | 0,1698 | 0,1190 | 0,0606 |
| 0,2 | 0,0094 | 0,0363 | 0,0821 | 0,1485 | 0,2280 | 0,2728 | 0,2288 | 0,1461 | 0,0691 |
| 0,1 | 0,0088 | 0,0359 | 0,0846 | 0,1625 | 0,2896 | 0,4167 | 0,2913 | 0,1617 | 0,0730 |
| 0 | 0,0080 | 0,0343 | 0,0825 | 0,1621 | 0,3071 | $\infty$ | 0,3096 | 0,1626 | 0,0726 |

Abminderung im Bezugspunkt gegen Tafel O.2 ... 0,0742, gegen Tafel O.1 ... 0,0848.

**SFU — 10**

P.3. Einflußfläche für den Durchschnittswert des Randmoments [— $m_s$] im Bereich $0 \leqq y \leqq 0{,}1\,a$

| $\frac{v}{a}$ | $\frac{u}{a}$ 0 | 0,1 | 0,2 | 0,3 | 0,4 | 0,5 | 0,6 | 0,7 | 0,8 | 0,9 |
|---|---|---|---|---|---|---|---|---|---|---|
| 1,0 | 0 | — | 0,001 | 0,003 | 0,004 | 0,006 | 0,007 | 0,007 | 0,006 | 0,003 |
| 0,9 | 0 | — | 0,003 | 0,006 | 0,010 | 0,013 | 0,014 | 0,013 | 0,010 | 0,006 |
| 0,8 | 0 | 0,001 | 0,006 | 0,012 | 0,019 | 0,024 | 0,026 | 0,024 | 0,018 | 0,010 |
| 0,7 | 0 | 0,002 | 0,011 | 0,023 | 0,034 | 0,042 | 0,044 | 0,040 | 0,030 | 0,016 |
| 0,6 | 0 | 0,006 | 0,022 | 0,042 | 0,060 | 0,071 | 0,072 | 0,063 | 0,046 | 0,024 |
| 0,5 | 0 | 0,012 | 0,041 | 0,075 | 0,101 | 0,114 | 0,112 | 0,096 | 0,069 | 0,036 |
| 0,4 | 0 | 0,022 | 0,077 | 0,131 | 0,165 | 0,176 | 0,166 | 0,139 | 0,099 | 0,052 |
| 0,3 | 0 | 0,052 | 0,147 | 0,222 | 0,259 | 0,262 | 0,238 | 0,194 | 0,136 | 0,071 |
| 0,2 | 0 | 0,129 | 0,284 | 0,365 | 0,389 | 0,371 | 0,326 | 0,260 | 0,180 | 0,092 |
| 0,1 | 0 | 0,350 | 0,502 | 0,552 | 0,543 | 0,496 | 0,424 | 0,332 | 0,228 | 0,116 |
| 0 | 0 | 0,597 | 0,741 | 0,755 | 0,709 | 0,629 | 0,525 | 0,407 | 0,278 | 0,142 |

P.4. Einflußfläche für die Summe der Randquerkräfte $Q_s$ auf der Strecke $0 \leqq y \leqq 0{,}1\,a$

| $\frac{v}{a}$ | $\frac{u}{a}$ 0 | 0,1 | 0,2 | 0,3 | 0,4 | 0,5 | 0,6 | 0,7 | 0,8 | 0,9 |
|---|---|---|---|---|---|---|---|---|---|---|
| 1,2 | 0 | — 0,001 | — 0,003 | — 0,006 | — 0,008 | — 0,010 | — 0,010 | — 0,009 | — 0,007 | — 0,004 |
| 1,0 | 0 | — 0,002 | — 0,006 | — 0,011 | — 0,015 | — 0,017 | — 0,017 | — 0,015 | — 0,010 | — 0,005 |
| 0,9 | 0 | — 0,002 | — 0,008 | — 0,014 | — 0,019 | — 0,020 | — 0,020 | — 0,017 | — 0,012 | — 0,006 |
| 0,8 | 0 | — 0,003 | — 0,011 | — 0,018 | — 0,022 | — 0,024 | — 0,022 | — 0,018 | — 0,013 | — 0,007 |
| 0,7 | 0 | — 0,004 | — 0,013 | — 0,021 | — 0,025 | — 0,024 | — 0,021 | — 0,017 | — 0,011 | — 0,006 |
| 0,6 | 0 | — 0,006 | — 0,016 | — 0,022 | — 0,022 | — 0,019 | — 0,014 | — 0,010 | — 0,006 | — 0,003 |
| 0,5 | 0 | — 0,007 | — 0,015 | — 0,016 | — 0,011 | — 0,004 | 0,001 | 0,004 | 0,004 | 0,002 |
| 0,4 | 0 | — 0,007 | — 0,006 | 0,007 | 0,021 | 0,029 | 0,032 | 0,029 | 0,022 | 0,012 |
| 0,3 | 0 | 0,001 | 0,033 | 0,067 | 0,086 | 0,091 | 0,084 | 0,070 | 0,051 | 0,026 |
| 0,2 | 0 | 0,068 | 0,162 | 0,197 | 0,201 | 0,187 | 0,160 | 0,125 | 0,086 | 0,044 |
| 0,1 | 1,0 | 0,485 | 0,456 | 0,415 | 0,369 | 0,315 | 0,257 | 0,200 | 0,132 | 0,066 |
| 0 | | 0,992 | 0,825 | 0,689 | 0,570 | 0,465 | 0,369 | 0,275 | 0,182 | 0,091 |

# Q. Der unendliche Halbstreifen, Längsränder starr eingespannt, Querrand ungestützt

**$S_2U$ — 10**

Q.1. Einflußfläche für das Moment $m_{xtm}$ in der Mitte des Querrandes

| $\frac{v}{a}$ | $\frac{u}{a}$ 0,1 | 0,2 | 0,3 | 0,4 | 0,5 |
|---|---|---|---|---|---|
| 1,0 | 0,0001 | 0,0003 | 0,0008 | 0,0012 | 0,0014 |
| 0,9 | 0,0004 | 0,0013 | 0,0027 | 0,0040 | 0,0045 |
| 0,8 | 0,0008 | 0,0029 | 0,0058 | 0,0082 | 0,0093 |
| 0,7 | 0,0017 | 0,0058 | 0,0116 | 0,0158 | 0,0177 |
| 0,6 | 0,0029 | 0,0105 | 0,0205 | 0,0282 | 0,0315 |
| 0,5 | 0,0048 | 0,0171 | 0,0334 | 0,0469 | 0,0526 |
| 0,4 | 0,0073 | 0,0258 | 0,0515 | 0,0748 | 0,0844 |
| 0,3 | 0,0092 | 0,0346 | 0,0736 | 0,1139 | 0,1331 |
| 0,2 | 0,0103 | 0,0413 | 0,0957 | 0,1666 | 0,2084 |
| 0,1 | 0,0099 | 0,0420 | 0,1066 | 0,2243 | 0,3471 |
| 0 | 0,0081 | 0,0386 | 0,1036 | 0,2381 | ∞ |

Abminderung im Bezugspunkt gegenüber Tafel O.1 ... 0,1587.

**S₂U — 10** Q.2. Einflußfläche für das Moment $m_x$ im Punkt $\frac{x}{a} = 0{,}6$, $y = 0$

| $\frac{v}{a}$ | $\frac{u}{a}$ | | | | | | | | |
|---|---|---|---|---|---|---|---|---|---|
| | 0,1 | 0,2 | 0,3 | 0,4 | 0,5 | 0,6 | 0,7 | 0,8 | 0,9 |
| 1,0 | — | 0,0001 | 0,0004 | 0,0006 | 0,0007 | 0,0006 | 0,0004 | 0,0001 | — |
| 0,9 | 0,0003 | 0,0008 | 0,0018 | 0,0026 | 0,0030 | 0,0027 | 0,0019 | 0,0009 | 0,0003 |
| 0,8 | 0,0006 | 0,0020 | 0,0042 | 0,0060 | 0,0070 | 0,0066 | 0,0048 | 0,0025 | 0,0008 |
| 0,7 | 0,0011 | 0,0040 | 0,0082 | 0,0120 | 0,0140 | 0,0131 | 0,0099 | 0,0053 | 0,0015 |
| 0,6 | 0,0019 | 0,0070 | 0,0139 | 0,0207 | 0,0253 | 0,0246 | 0,0191 | 0,0105 | 0,0033 |
| 0,5 | 0,0028 | 0,0105 | 0,0219 | 0,0340 | 0,0429 | 0,0430 | 0,0323 | 0,0191 | 0,0058 |
| 0,4 | 0,0039 | 0,0145 | 0,0316 | 0,0520 | 0,0688 | 0,0720 | 0,0579 | 0,0321 | 0,0094 |
| 0,3 | 0,0044 | 0,0177 | 0,0413 | 0,0739 | 0,1068 | 0,1175 | 0,0931 | 0,0503 | 0,0142 |
| 0,2 | 0,0044 | 0,0185 | 0,0472 | 0,0953 | 0,1582 | 0,1911 | 0,1433 | 0,0691 | 0,0183 |
| 0,1 | 0,0034 | 0,0163 | 0,0464 | 0,1043 | 0,2136 | 0,3280 | 0,1988 | 0,0788 | 0,0187 |
| 0 | 0,0019 | 0,0130 | 0,0413 | 0,0997 | 0,2259 | $\boxed{\infty}$ | 0,2116 | 0,0754 | 0,0161 |

Abminderung im Bezugspunkt gegen Tafel O.2 ... 0,1685, gegen Tafel O.1 ... 0,1791.

Q.3. Einflußfläche für den Durchschnittswert des Randmoments $[-m_s]$ im Bereich $0 \leqq y \leqq 0{,}1\,a$

| $\frac{v}{a}$ | $\frac{u}{a}$ | | | | | | | | | |
|---|---|---|---|---|---|---|---|---|---|---|
| | 0 | 0,1 | 0,2 | 0,3 | 0,4 | 0,5 | 0,6 | 0,7 | 0,8 | 0,9 |
| 0,7 | 0 | — | 0,002 | 0,006 | 0,009 | 0,010 | 0,008 | 0,004 | 0,002 | — |
| 0,6 | 0 | 0,002 | 0,010 | 0,020 | 0,026 | 0,027 | 0,023 | 0,014 | 0,007 | 0,002 |
| 0,5 | 0 | 0,007 | 0,027 | 0,046 | 0,058 | 0,058 | 0,047 | 0,031 | 0,016 | 0,004 |
| 0,4 | 0 | 0,017 | 0,059 | 0,095 | 0,111 | 0,106 | 0,085 | 0,056 | 0,028 | 0,007 |
| 0,3 | 0 | 0,046 | 0,126 | 0,180 | 0,194 | 0,177 | 0,139 | 0,091 | 0,046 | 0,012 |
| 0,2 | 0 | 0,122 | 0,259 | 0,315 | 0,313 | 0,271 | 0,208 | 0,137 | 0,070 | 0,018 |
| 0,1 | $\boxed{0}$ | 0,342 | 0,472 | 0,495 | 0,457 | 0,382 | 0,288 | 0,191 | 0,099 | 0,028 |
| 0 | $\boxed{0}$ | 0,587 | 0,707 | 0,692 | 0,613 | 0,505 | 0,379 | 0,250 | 0,131 | 0,040 |

Q.4. Einflußfläche für die Summe der Randquerkräfte $Q_s$ auf der Strecke $0 \leqq y \leqq 0{,}1\,a$

| $\frac{v}{a}$ | $\frac{u}{a}$ | | | | | | | | | |
|---|---|---|---|---|---|---|---|---|---|---|
| | 0 | 0,1 | 0,2 | 0,3 | 0,4 | 0,5 | 0,6 | 0,7 | 0,8 | 0,9 |
| 1,2 | 0 | — 0,001 | — 0,002 | — 0,004 | — 0,005 | — 0,005 | — 0,004 | — 0,003 | — 0,002 | — 0,001 |
| 1,0 | 0 | — 0,001 | — 0,005 | — 0,009 | — 0,012 | — 0,012 | — 0,011 | — 0,008 | — 0,005 | — 0,001 |
| 0,9 | 0 | — 0,002 | — 0,008 | — 0,013 | — 0,017 | — 0,017 | — 0,015 | — 0,011 | — 0,006 | — 0,002 |
| 0,8 | 0 | — 0,003 | — 0,010 | — 0,017 | — 0,022 | — 0,023 | — 0,020 | — 0,015 | — 0,008 | — 0,002 |
| 0,7 | 0 | — 0,005 | — 0,014 | — 0,022 | — 0,027 | — 0,027 | — 0,023 | — 0,017 | — 0,010 | — 0,003 |
| 0,6 | 0 | — 0,007 | — 0,018 | — 0,026 | — 0,029 | — 0,027 | — 0,023 | — 0,017 | — 0,010 | — 0,004 |
| 0,5 | 0 | — 0,008 | — 0,019 | — 0,024 | — 0,023 | — 0,019 | — 0,015 | — 0,012 | — 0,008 | — 0,003 |
| 0,4 | 0 | — 0,009 | — 0,012 | — 0,006 | 0,002 | 0,005 | 0,005 | 0,002 | — | — |
| 0,3 | 0 | — 0,002 | 0,025 | 0,049 | 0,060 | 0,056 | 0,043 | 0,028 | 0,014 | 0,003 |
| 0,2 | 0 | 0,065 | 0,150 | 0,174 | 0,166 | 0,140 | 0,105 | 0,068 | 0,034 | 0,010 |
| 0,1 | $\boxed{1{,}0}$ | 0,480 | 0,440 | 0,386 | 0,325 | 0,257 | 0,189 | 0,122 | 0,063 | 0,018 |
| 0 | | 0,986 | 0,806 | 0,653 | 0,516 | 0,397 | 0,287 | 0,187 | 0,099 | 0,032 |

# R. Der unendliche Halbstreifen, Längsrand *s* starr eingespannt, Längsrand *a* ungestützt, Querrand frei drehbar gestützt

**SUF — 10**

**R.1.** Einflußfläche für das Moment $m_y$ im Punkt $x = l$, $y = 0{,}6\,l$

| $\frac{v}{l}$ | $\frac{u}{l}$ | | | | |
|---|---|---|---|---|---|
| | 0,2 | 0,4 | 0,6 | 0,8 | 1,0 |
| 3,0 | — 0,0007 | — 0,0031 | — 0,0061 | — 0,0101 | — 0,0144 |
| 2,8 | — 0,0010 | — 0,0042 | — 0,0083 | — 0,0132 | — 0,0183 |
| 2,6 | — 0,0014 | — 0,0054 | — 0,0105 | — 0,0163 | — 0,0226 |
| 2,4 | — 0,0021 | — 0,0068 | — 0,0133 | — 0,0202 | — 0,0273 |
| 2,2 | — 0,0026 | — 0,0086 | — 0,0161 | — 0,0243 | — 0,0322 |
| 2,0 | — 0,0029 | — 0,0101 | — 0,0187 | — 0,0278 | — 0,0363 |
| 1,8 | — 0,0032 | — 0,0107 | — 0,0201 | — 0,0292 | — 0,0378 |
| 1,6 | — 0,0031 | — 0,0094 | — 0,0176 | — 0,0260 | — 0,0339 |
| 1,4 | — 0,0018 | — 0,0042 | — 0,0079 | — 0,0136 | — 0,0200 |
| 1,2 | 0,0021 | 0,0089 | 0,0150 | 0,0154 | 0,0119 |
| 1,0 | 0,0095 | 0,0328 | 0,0592 | 0,0750 | 0,0760 |
| 0,8 | 0,0184 | 0,0616 | 0,1235 | 0,1895 | 0,2109 |
| 0,6 | 0,0220 | 0,0765 | 0,1635 | 0,3133 | $\infty$ |
| 0,4 | 0,0183 | 0,0631 | 0,1261 | 0,1943 | 0,2165 |
| 0,2 | 0,0092 | 0,0325 | 0,0594 | 0,0774 | 0,0817 |

Abminderung im Bezugspunkt gegenüber $2\,m_{y\,\infty} + \frac{2}{3}\,m_{x\,\infty}$ (Tafeln F) . . . 0,0771.

**R.2.** Einflußfläche für die Summe der lotrechten Randschubkräfte $T_t$ in der Strecke $0{,}8\,l \leqq x \leqq l$

| $\frac{v}{l}$ | $\frac{u}{l}$ | | | | |
|---|---|---|---|---|---|
| | 0,2 | 0,4 | 0,6 | 0,8 | 1,0 |
| 2,0 | 0,003 | 0,012 | 0,026 | 0,043 | 0,063 |
| 1,8 | 0,004 | 0,015 | 0,032 | 0,054 | 0,080 |
| 1,6 | 0,005 | 0,019 | 0,040 | 0,068 | 0,100 |
| 1,4 | 0,006 | 0,023 | 0,050 | 0,086 | 0,126 |
| 1,2 | 0,007 | 0,028 | 0,062 | 0,107 | 0,159 |
| 1,0 | 0,009 | 0,035 | 0,077 | 0,134 | 0,200 |
| 0,8 | 0,011 | 0,042 | 0,095 | 0,168 | 0,254 |
| 0,6 | 0,012 | 0,050 | 0,116 | 0,211 | 0,326 |
| 0,4 | 0,013 | 0,054 | 0,135 | 0,269 | 0,431 |
| 0,2 | 0,009 | 0,041 | 0,128 | 0,360 | 0,616 |
| 0 | 0 | 0 | 0 | 1,0 | |

**SUF — 10** R.3. Einflußfläche für das Einspannmoment $-M_{T_s}$ im Kragträger unter dem Querrand

| $\frac{v}{l}$ | $\frac{u}{l}$ 0 | 0,2 | 0,4 | 0,6 | 0,8 | 1,0 | Faktor |
|---|---|---|---|---|---|---|---|
| 3,0 | 0 | 0,001 | 0,004 | 0,010 | 0,017 | 0,025 | $l$ |
| 2,0 | 0 | 0,004 | 0,015 | 0,033 | 0,057 | 0,083 | $l$ |
| 1,8 | 0 | 0,005 | 0,019 | 0,042 | 0,073 | 0,106 | $l$ |
| 1,6 | 0 | 0,006 | 0,025 | 0,054 | 0,093 | 0,136 | $l$ |
| 1,4 | 0 | 0,008 | 0,032 | 0,071 | 0,121 | 0,176 | $l$ |
| 1,2 | 0 | 0,011 | 0,044 | 0,095 | 0,160 | 0,230 | $l$ |
| 1,0 | 0 | 0,015 | 0,060 | 0,128 | 0,210 | 0,299 | $l$ |
| 0,8 | 0 | 0,022 | 0,084 | 0,174 | 0,279 | 0,390 | $l$ |
| 0,6 | 0 | 0,033 | 0,121 | 0,239 | 0,371 | 0,506 | $l$ |
| 0,4 | 0 | 0,053 | 0,179 | 0,332 | 0,490 | 0,649 | $l$ |
| 0,2 | 0 | 0,097 | 0,271 | 0,455 | 0,636 | 0,817 | $l$ |
| 0 | 0 | 0,200 | 0,400 | 0,600 | 0,800 | 1,000 | $l$ |

R.4. Einflußfläche der Auflagerquerkraft $Q_{T_s}$ im Kragträger unter dem Querrand

| $\frac{v}{l}$ | $\frac{u}{l}$ 0 | 0,2 | 0,4 | 0,6 | 0,8 | 1,0 |
|---|---|---|---|---|---|---|
| 2,0 | 0 | — 0,002 | — 0,008 | — 0,015 | — 0,021 | — 0,027 |
| 1,8 | 0 | — 0,003 | — 0,011 | — 0,019 | — 0,027 | — 0,032 |
| 1,6 | 0 | — 0,004 | — 0,014 | — 0,024 | — 0,031 | — 0,034 |
| 1,4 | 0 | — 0,006 | — 0,017 | — 0,027 | — 0,031 | — 0,031 |
| 1,2 | 0 | — 0,007 | — 0,019 | — 0,025 | — 0,025 | — 0,018 |
| 1,0 | 0 | — 0,008 | — 0,016 | — 0,013 | — 0,001 | + 0,017 |
| 0,8 | 0 | — 0,006 | — 0,001 | + 0,022 | + 0,053 | 0,086 |
| 0,6 | 0 | + 0,002 | + 0,040 | 0,102 | 0,159 | 0,208 |
| 0,4 | 0 | 0,032 | 0,139 | 0,267 | 0,349 | 0,404 |
| 0,2 | 0 | 0,176 | 0,431 | 0,568 | 0,637 | 0,675 |
| 0 | 1,0 | 1,000 | 1,000 | 1,000 | 1,000 | 1,000 |

## S. Der unendliche Halbstreifen, Längsrand *s* und Querrand starr eingespannt, Längsrand *a* ungestützt

**SUS — 10** S.1. Einflußfläche für den Durchschnittswert des Randmoments $[-m_t]$ im Bereich $0{,}8\,l \leqq x \leqq l$

| $\frac{v}{l}$ | $\frac{u}{l}$ 0,2 | 0,4 | 0,6 | 0,8 | 1,0 |
|---|---|---|---|---|---|
| 3,0 | 0,003 | 0,011 | 0,023 | 0,037 | 0,053 |
| 2,8 | 0,004 | 0,014 | 0,030 | 0,049 | 0,071 |
| 2,6 | 0,005 | 0,018 | 0,040 | 0,065 | 0,093 |
| 2,4 | 0,006 | 0,024 | 0,051 | 0,084 | 0,120 |
| 2,2 | 0,008 | 0,031 | 0,065 | 0,107 | 0,154 |
| 2,0 | 0,010 | 0,040 | 0,083 | 0,137 | 0,195 |
| 1,8 | 0,013 | 0,051 | 0,107 | 0,174 | 0,245 |
| 1,6 | 0,017 | 0,064 | 0,135 | 0,218 | 0,307 |
| 1,4 | 0,022 | 0,082 | 0,168 | 0,270 | 0,379 |
| 1,2 | 0,028 | 0,111 | 0,205 | 0,330 | 0,461 |
| 1,0 | 0,033 | 0,119 | 0,243 | 0,391 | 0,548 |
| 0,8 | 0,036 | 0,131 | 0,274 | 0,447 | 0,631 |
| 0,6 | 0,033 | 0,127 | 0,280 | 0,480 | 0,697 |
| 0,4 | 0,022 | 0,094 | 0,236 | 0,462 | 0,710 |
| 0,2 | 0,007 | 0,034 | 0,115 | 0,340 | 0,548 |
| 0 | 0 | 0 | 0 | 0 | 0 |

**S.2.** Einflußfläche für die Summe der Randquerkräfte $Q_t$ im Bereich $0{,}8\,l \leqq x \leqq l$

| $\frac{v}{l}$ | $\frac{u}{l}$ | | | | |
|---|---|---|---|---|---|
| | 0,2 | 0,4 | 0,6 | 0,8 | 1,0 |
| 2,8 | 0,003 | 0,012 | 0,027 | 0,044 | 0,063 |
| 2,4 | 0,006 | 0,021 | 0,044 | 0,073 | 0,105 |
| 2,0 | 0,009 | 0,033 | 0,070 | 0,117 | 0,167 |
| 1,8 | 0,011 | 0,041 | 0,088 | 0,145 | 0,209 |
| 1,6 | 0,013 | 0,050 | 0,108 | 0,180 | 0,261 |
| 1,4 | 0,015 | 0,061 | 0,131 | 0,221 | 0,320 |
| 1,2 | 0,018 | 0,071 | 0,155 | 0,266 | 0,391 |
| 1,0 | 0,019 | 0,078 | 0,178 | 0,315 | 0,474 |
| 0,8 | 0,018 | 0,078 | 0,194 | 0,365 | 0,569 |
| 0,6 | 0,012 | 0,065 | 0,193 | 0,411 | 0,683 |
| 0,4 | 0,003 | 0,036 | 0,160 | 0,452 | 0,822 |
| 0,2 | — 0,003 | 0,003 | 0,068 | 0,486 | 0,985 |
| 0 | 0 | 0 | 0 | | 1,000 |

**S.3.** Einflußfläche für das Einspannmoment $-M_{Ts}$ im Kragträger unter dem Querrand

| $\frac{v}{l}$ | $\frac{u}{l}$ | | | | | Faktor |
|---|---|---|---|---|---|---|
| | 0,2 | 0,4 | 0,6 | 0,8 | 1,0 | |
| 2,8 | 0,002 | 0,008 | 0,019 | 0,033 | 0,047 | $l$ |
| 2,4 | 0,004 | 0,015 | 0,033 | 0,056 | 0,082 | $l$ |
| 2,0 | 0,007 | 0,026 | 0,057 | 0,092 | 0,136 | $l$ |
| 1,8 | 0,009 | 0,035 | 0,074 | 0,122 | 0,175 | $l$ |
| 1,6 | 0,012 | 0,045 | 0,096 | 0,158 | 0,225 | $l$ |
| 1,4 | 0,016 | 0,060 | 0,126 | 0,203 | 0,288 | $l$ |
| 1,2 | 0,021 | 0,080 | 0,165 | 0,263 | 0,369 | $l$ |
| 1,0 | 0,030 | 0,108 | 0,217 | 0,340 | 0,469 | $l$ |
| 0,8 | 0,040 | 0,146 | 0,284 | 0,433 | 0,585 | $l$ |
| 0,6 | 0,059 | 0,198 | 0,368 | 0,542 | 0,714 | $l$ |
| 0,4 | 0,087 | 0,266 | 0,464 | 0,658 | 0,845 | $l$ |
| 0,2 | 0,135 | 0,350 | 0,557 | 0,758 | 0,954 | $l$ |
| 0 | 0,200 | 0,400 | 0,600 | 0,800 | 1,000 | $l$ |

**S.4.** Einflußfläche für die Querkraft im Kragträger unter dem Querrand, Punkt $x = 0{,}2\,l$

| $\frac{v}{l}$ | $\frac{u}{l}$ | | | | |
|---|---|---|---|---|---|
| | 0,2 | 0,4 | 0,6 | 0,8 | 1,0 |
| 2,8 | 0,002 | 0,008 | 0,018 | 0,030 | 0,044 |
| 2,4 | 0,004 | 0,015 | 0,031 | 0,051 | 0,074 |
| 2,0 | 0,008 | 0,026 | 0,053 | 0,085 | 0,122 |
| 1,8 | 0,011 | 0,031 | 0,069 | 0,113 | 0,159 |
| 1,6 | 0,014 | 0,046 | 0,092 | 0,148 | 0,206 |
| 1,4 | 0,020 | 0,065 | 0,127 | 0,198 | 0,272 |
| 1,2 | 0,027 | 0,092 | 0,177 | 0,266 | 0,355 |
| 1,0 | 0,041 | 0,137 | 0,253 | 0,363 | 0,464 |
| 0,8 | 0,067 | 0,212 | 0,365 | 0,492 | 0,598 |
| 0,6 | 0,114 | 0,335 | 0,523 | 0,652 | 0,747 |
| 0,4 | 0,211 | 0,535 | 0,726 | 0,823 | 0,879 |
| 0,2 | 0,378 | 0,822 | 0,922 | 0,954 | 0,970 |
| 0 | 0 | 1,000 | 1,000 | 1,000 | 1,000 |

# T. Der unendliche Halbstreifen, Längsrand *s* starr eingespannt, übrige Ränder ungestützt

**SUU — 10**

T.1. Einflußfläche für den Durchschnittswert des Randmoments $[-m_s]$ im Bereich $0 \leqq y \leqq 0{,}2\,l$

| $\frac{v}{l}$ | $\frac{u}{l}$ | | | | | |
|---|---|---|---|---|---|---|
| | 0 | 0,2 | 0,4 | 0,6 | 0,8 | 1,0 |
| 3,0 | 0 | — | 0,004 | 0,008 | 0,014 | 0,020 |
| 2,8 | 0 | — | 0,005 | 0,010 | 0,018 | 0,026 |
| 2,6 | 0 | — | 0,006 | 0,013 | 0,023 | 0,034 |
| 2,4 | 0 | — | 0,007 | 0,017 | 0,030 | 0,044 |
| 2,2 | 0 | — | 0,009 | 0,022 | 0,038 | 0,058 |
| 2,0 | 0 | 0,003 | 0,012 | 0,029 | 0,050 | 0,075 |
| 1,8 | 0 | 0,004 | 0,016 | 0,037 | 0,066 | 0,099 |
| 1,6 | 0 | 0,005 | 0,022 | 0,051 | 0,090 | 0,133 |
| 1,4 | 0 | 0,008 | 0,031 | 0,072 | 0,123 | 0,180 |
| 1,2 | 0 | 0,012 | 0,048 | 0,105 | 0,173 | 0,247 |
| 1,0 | 0 | 0,020 | 0,076 | 0,153 | 0,248 | 0,341 |
| 0,8 | 0 | 0,035 | 0,125 | 0,240 | 0,356 | 0,468 |
| 0,6 | 0 | 0,068 | 0,213 | 0,367 | 0,506 | 0,636 |
| 0,4 | 0 | 0,152 | 0,372 | 0,552 | 0,704 | 0,840 |
| 0,2 | 0 | 0,380 | 0,617 | 0,790 | 0,937 | 1,074 |
| 0 | 0 | 0,640 | 0,884 | 1,046 | 1,185 | 1,319 |

T.2. Einflußfläche für die Summe der Randquerkräfte $Q_s$ im Bereich $0 \leqq y \leqq 0{,}2\,l$

| $\frac{v}{l}$ | $\frac{u}{l}$ | | | | | |
|---|---|---|---|---|---|---|
| | 0 | 0,2 | 0,4 | 0,6 | 0,8 | 1,0 |
| 2,4 | 0 | — 0,002 | — 0,006 | — 0,012 | — 0,019 | — 0,027 |
| 2,0 | 0 | — 0,003 | — 0,011 | — 0,021 | — 0,032 | — 0,041 |
| 1,8 | 0 | — 0,004 | — 0,015 | — 0,027 | — 0,039 | — 0,049 |
| 1,6 | 0 | — 0,006 | — 0,019 | — 0,033 | — 0,046 | — 0,057 |
| 1,4 | 0 | — 0,008 | — 0,023 | — 0,039 | — 0,051 | — 0,060 |
| 1,2 | 0 | — 0,010 | — 0,027 | — 0,041 | — 0,048 | — 0,052 |
| 1,0 | 0 | — 0,010 | — 0,025 | — 0,032 | — 0,029 | — 0,024 |
| 0,8 | 0 | — 0,008 | — 0,010 | 0,003 | 0,019 | 0,036 |
| 0,6 | 0 | 0,003 | 0,042 | 0,086 | 0,120 | 0,145 |
| 0,4 | 0 | 0,076 | 0,189 | 0,253 | 0,292 | 0,317 |
| 0,2 | 1,000 | 0,500 | 0,510 | 0,522 | 0,538 | 0,553 |
| 0 | | 1,018 | 0,913 | 0,856 | 0,831 | 0,832 |

T.3. Einflußfläche für das Moment $m_x$ am Querrand, Punkt $x = 0{,}5\,l$

| $\frac{v}{l}$ | $\frac{u}{l}$ | | | | | |
|---|---|---|---|---|---|---|
| | 0,2 | 0,4 | 0,5 | 0,6 | 0,8 | 1,0 |
| 2,8 | — 0,001 | — 0,006 | — 0,008 | — 0,012 | — 0,020 | — 0,029 |
| 2,4 | — 0,003 | — 0,009 | — 0,014 | — 0,020 | — 0,033 | — 0,047 |
| 2,0 | — 0,004 | — 0,015 | — 0,022 | — 0,032 | — 0,053 | — 0,075 |
| 1,8 | — 0,005 | — 0,019 | — 0,028 | — 0,040 | — 0,066 | — 0,094 |
| 1,6 | — 0,006 | — 0,023 | — 0,034 | — 0,049 | — 0,080 | — 0,115 |
| 1,4 | — 0,007 | — 0,027 | — 0,041 | — 0,058 | — 0,097 | — 0,141 |
| 1,2 | — 0,008 | — 0,031 | — 0,047 | — 0,067 | — 0,115 | — 0,170 |
| 1,0 | — 0,008 | — 0,032 | — 0,051 | — 0,074 | — 0,133 | — 0,201 |
| 0,8 | — 0,006 | — 0,028 | — 0,047 | — 0,074 | — 0,148 | — 0,235 |
| 0,6 | 0,001 | — 0,010 | — 0,029 | — 0,062 | — 0,157 | — 0,272 |
| 0,4 | 0,016 | 0,032 | 0,017 | — 0,025 | — 0,164 | — 0,318 |
| 0,2 | 0,029 | 0,115 | 0,123 | 0,048 | — 0,181 | — 0,375 |
| 0 | 0,021 | 0,175 | $\infty$ | 0,096 | — 0,222 | — 0,432 |

Abminderung im Bezugspunkt gegenüber $2\,m_{x\infty} + \frac{2}{3}\,m_{y\infty}$ (Tafel O mit $a = 2\,l$) ... 0,403.

# VI. Berechnungsbeispiele

## Berechnungsbeispiel 1: Deckenplatte, in beiden Richtungen durchlaufend

### 1. Rechnungsannahmen

Die Stützweiten sind in Abb. 163 dargestellt. Die Plattendicke sei in allen Feldern gleich. Die einzelnen Plattenfelder sind untereinander biegesteif verbunden, aber an den Grenzlinien sowie an den Außenrändern frei drehbar gestützt. Die Stützung erfolgt durch Träger, die so steif sind, daß ihre Durchbiegung auf die Platte einen verschwindenden Einfluß hat. Die Träger sind Durchlaufträger und in allen Kreuzungspunkten frei drehbar gestützt. Die Momente und Querkräfte in den Trägern werden — von ihrem Eigengewicht abgesehen — ebenfalls ermittelt unter der Annahme, daß der Querschnitt über die gesamte Trägerlänge gleich bleibt.

Es werden folgende Belastungen behandelt:

a) Ständige Last $g$, in allen Feldern gleich und gleichzeitig;

b) Nutzlast $p$, in allen Feldern gleich, aber feldweise wirkend.

Der Verlauf der Größtmomente wird unter der Annahme $g = p$ zeichnerisch dargestellt.

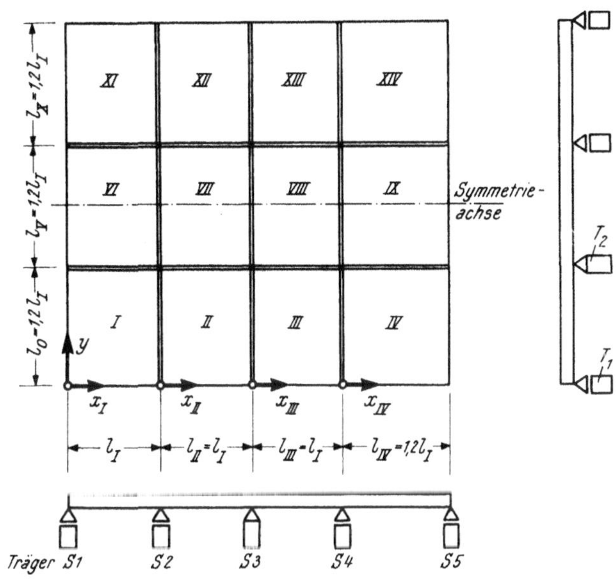


Abb. 163

### 2. Berechnung der Platte

2.1. Näherungsberechnung mit Ausgleich der Stützenmomente

*2.1.1. Ständige Last*

*2.1.1.1. Starre Einspannung.* Bei *starrer* Einspannung an Stelle der Durchlaufwirkung ergeben sich nach den Tafeln B. 6, 7, 8 und 9 die folgenden Größtwerte der *Rand*momente; dabei bedeutet der 1. Index jenes Feld, für welches das Randmoment berechnet wird, der 2. Index das an den betreffenden Rand angrenzende Feld.

$- \overline{m}_{\mathrm{I\,II}} = g\, l_{\mathrm{I}}^2 \cdot 0{,}0863,$ $\qquad - \overline{m}_{\mathrm{II\,I}} = g\, l_{\mathrm{I}}^2 \cdot 0{,}0714,$

$- \overline{m}_{\mathrm{II\,III}} = - \overline{m}_{\mathrm{III\,II}} = g\, l_{\mathrm{I}}^2 \cdot 0{,}0714,$

$- \overline{m}_{\mathrm{III\,IV}} = g\, l_{\mathrm{I}}^2 \cdot 0{,}0714,$ $\qquad - \overline{m}_{\mathrm{IV\,III}} = g\, l_{\mathrm{IV}}^2 \cdot 0{,}0694 = g\, l_{\mathrm{I}}^2 \cdot 0{,}1000,$

$- \overline{m}_{\mathrm{I\,VI}} = g\, l_{\mathrm{I}}^2 \cdot 0{,}0762,$ $\qquad - \overline{m}_{\mathrm{VI\,I}} = g\, l_{\mathrm{I}}^2 \cdot 0{,}0710,$

$- \overline{m}_{\mathrm{II\,VII}} = - \overline{m}_{\mathrm{III\,VIII}} = g\, l_{\mathrm{I}}^2 \cdot 0{,}0573,$ $\qquad - \overline{m}_{\mathrm{VII\,II}} = - \overline{m}_{\mathrm{VIII\,III}} = g\, l_{\mathrm{I}}^2 \cdot 0{,}0558,$

$- \overline{m}_{\mathrm{IV\,IX}} = g\, l_{\mathrm{IV}}^2 \cdot 0{,}0694 = g\, l_{\mathrm{I}}^2 \cdot 0{,}1000,$ $\qquad - \overline{m}_{\mathrm{IX\,IV}} = g\, l_{\mathrm{IV}}^2 \cdot 0{,}0613 = g\, l_{\mathrm{I}}^2 \cdot 0{,}0883,$

$- \overline{m}_{\mathrm{VI\,VII}} = g\, l_{\mathrm{I}}^2 \cdot 0{,}0737,$ $\qquad - \overline{m}_{\mathrm{VII\,VI}} = g\, l_{\mathrm{I}}^2 \cdot 0{,}0644,$

$- \overline{m}_{\mathrm{VII\,VIII}} = - \overline{m}_{\mathrm{VIII\,VII}} = g\, l_{\mathrm{I}}^2 \cdot 0{,}0644,$

$- \overline{m}_{\mathrm{VIII\,IX}} = g\, l_{\mathrm{I}}^2 \cdot 0{,}0644,$ $\qquad - \overline{m}_{\mathrm{IX\,VIII}} = g\, l_{\mathrm{IV}}^2 \cdot 0{,}0547 = g\, l_{\mathrm{I}}^2 \cdot 0{,}0788.$

Die Größtwerte der Feldmomente sind:

$m_{\mathrm{I}\,x} = g\,l_{\mathrm{I}}^2 \cdot 0{,}0366,$ $\qquad m_{\mathrm{I}\,y} = g\,l_{\mathrm{I}}^2 \cdot 0{,}0233,$

$m_{\mathrm{II}\,x} = m_{\mathrm{III}\,x} = g\,l_{\mathrm{I}}^2 \cdot 0{,}0300,$ $\qquad m_{\mathrm{II}\,y} = m_{\mathrm{III}\,y} = g\,l_{\mathrm{I}}^2 \cdot 0{,}0151,$

$m_{\mathrm{IV}\,x} = g\,l_{\mathrm{IV}}^2\, 0{,}0256 = g\,l_{\mathrm{I}}^2 \cdot 0{,}0369,$ $\qquad m_{\mathrm{IV}\,y} = g\,l_{\mathrm{IV}}^2\, 0{,}0256 = g\,l_{\mathrm{I}}^2 \cdot 0{,}0369,$

$m_{\mathrm{VI}\,x} = g\,l_{\mathrm{I}}^2 \cdot 0{,}0287,$ $\qquad m_{\mathrm{VI}\,y} = g\,l_{\mathrm{I}}^2 \cdot 0{,}0228,$

$m_{\mathrm{VII}\,x} = m_{\mathrm{VIII}\,x} = g\,l_{\mathrm{I}}^2 \cdot 0{,}0254,$ $\qquad m_{\mathrm{VII}\,y} = m_{\mathrm{VIII}\,y} = g\,l_{\mathrm{I}}^2 \cdot 0{,}0152,$

$m_{\mathrm{IX}\,x} = g\,l_{\mathrm{IV}}^2 \cdot 0{,}0180 = g\,l_{\mathrm{I}}^2 \cdot 0{,}0259,$ $\qquad m_{\mathrm{IX}\,y} = g\,l_{\mathrm{IV}}^2\, 0{,}0232 = g\,l_{\mathrm{I}}^2 \cdot 0{,}0334.$

Die Felder XI bis XIV sind symmetrisch zu I bis IV.

*2.1.1.2. Ausgleich der Stützenmomente.* Wo sich zu beiden Seiten einer Unterstützungslinie in P. 2.1.1.1. *verschiedene* Momentenwerte ergeben haben, werden sie ausgeglichen, indem die Differenz auf beide angrenzenden Felder im Verhältnis ihrer Steifheitszahlen aufgeteilt wird. Dabei wird außer acht gelassen, daß die von beiden Seiten herrührenden *Größt*werte nicht genau an der gleichen Stelle der Unterstützungslinie auftreten und daß sie die Summe mehrerer Reihenglieder sind, während die verwendeten Steifheitszahlen nur für das 1. Reihenglied gelten.

Die Steifheitszahlen werden aus Tafel D.4 bzw. D.5 entnommen, wobei die Durchlaufwirkung an benachbarten und gegenüberliegenden Rändern durch starre Einspannung ersetzt gedacht wird. Eine *Fortpflanzung* der Ausgleichsmomente zu den übrigen Rändern wird *nicht* vorgenommen, weil sie zu langwierig wäre.

Der Momentenausgleich ergibt:

$$-m_{\mathrm{I\,II}} = g\,l_{\mathrm{I}}^2 \left(0{,}0863 - 0{,}0149\,\frac{1{,}19}{1{,}19 + 1{,}24}\right) = g\,l_{\mathrm{I}}^2 \cdot 0{,}0790,$$

$$-m_{\mathrm{III\,IV}} = g\,l_{\mathrm{I}}^2 \left(0{,}0714 + 0{,}0286\,\frac{1{,}24}{1{,}24 + 1{,}17}\right) = g\,l_{\mathrm{I}}^2 \cdot 0{,}0861,$$

$$-m_{\mathrm{I\,VI}} = g\,l_{\mathrm{I}}^2 \left(0{,}0762 - 0{,}0052\,\frac{1{,}17}{1{,}17 + 1{,}10}\right) = g\,l_{\mathrm{I}}^2 \cdot 0{,}0735,$$

$$-m_{\mathrm{II\,VII}} = -m_{\mathrm{III\,VIII}} = g\,l_{\mathrm{I}}^2 \left(0{,}0573 - 0{,}0015\,\frac{1}{2}\right) = g\,l_{\mathrm{I}}^2 \cdot 0{,}0566,$$

$$-m_{\mathrm{IV\,IX}} = g\,l_{\mathrm{I}}^2 \left(0{,}1000 - 0{,}0117\,\frac{1{,}17}{1{,}17 + 1{,}05}\right) = g\,l_{\mathrm{I}}^2 \cdot 0{,}0939,$$

$$-m_{\mathrm{VI\,VII}} = g\,l_{\mathrm{I}}^2 \left(0{,}0737 - 0{,}0093\,\frac{1{,}33}{1{,}33 + 1{,}35}\right) = g\,l_{\mathrm{I}}^2 \cdot 0{,}0691,$$

$$-m_{\mathrm{VIII\,IX}} = g\,l_{\mathrm{I}}^2 \left(0{,}0644 + 0{,}0144\,\frac{1{,}35}{1{,}35 + 1{,}33}\right) = g\,l_{\mathrm{I}}^2 \cdot 0{,}0717.$$

Man erkennt, daß die Aufteilung der Differenz zu *gleichen* Teilen, d. h. das arithmetische Mittel der beiden Randmomente als Endwert, auch hinreichend genau wäre.

Die Wirkung des Momentenausgleichs auf die *Feld*momente wird mit Hilfe der Tafeln D.1 und D.2 ermittelt, wobei die Wirkung in Feld*mitte* an Stelle des genauen Ortes des Größtmoments (aus den Tafeln B.6 usw. ersichtlich) eingesetzt wird.

$$m_{\mathrm{I}\,x} = g\,l_{\mathrm{I}}^2\,(0{,}0366 + 0{,}0073 \cdot 0{,}1095 + 0{,}0027 \cdot 0{,}1336) = g\,l_{\mathrm{I}}^2\, 0{,}0378,$$
$$m_{\mathrm{I}\,y} = g\,l_{\mathrm{I}}^2\,(0{,}0233 + 0{,}0073 \cdot 0{,}1423 + 0{,}0027 \cdot 0{,}0148) = g\,l_{\mathrm{I}}^2\, 0{,}0244,$$
$$m_{\mathrm{IV}\,x} = g\,l_{\mathrm{I}}^2\,(0{,}0369 + 0{,}0139 \cdot 0{,}0558 + 0{,}0061 \cdot 0{,}1434) = g\,l_{\mathrm{I}}^2\, 0{,}0386,$$
$$m_{\mathrm{IV}\,y} = g\,l_{\mathrm{I}}^2\,(0{,}0369 + 0{,}0139 \cdot 0{,}1434 + 0{,}0061 \cdot 0{,}0558) = g\,l_{\mathrm{I}}^2\, 0{,}0392,$$
$$m_{\mathrm{VI}\,x} = g\,l_{\mathrm{I}}^2\,(0{,}0287 + 0{,}0046 \cdot 0{,}1095 - 2 \cdot 0{,}0025 \cdot 0{,}1336) = g\,l_{\mathrm{I}}^2\, 0{,}0286,$$
$$m_{\mathrm{VI}\,y} = g\,l_{\mathrm{I}}^2\,(0{,}0228 + 0{,}0046 \cdot 0{,}1423 - 2 \cdot 0{,}0025 \cdot 0{,}0148) = g\,l_{\mathrm{I}}^2\, 0{,}0234,$$
$$m_{\mathrm{IX}\,x} = g\,l_{\mathrm{I}}^2\,(0{,}0259 + 0{,}0071 \cdot 0{,}0558 - 2 \cdot 0{,}0056 \cdot 0{,}1434) = g\,l_{\mathrm{I}}^2\, 0{,}0247,$$
$$m_{\mathrm{IX}\,y} = g\,l_{\mathrm{I}}^2\,(0{,}0334 + 0{,}0071 \cdot 0{,}1434 - 2 \cdot 0{,}0056 \cdot 0{,}0558) = g\,l_{\mathrm{I}}^2\, 0{,}0338.$$

Von der Verminderung der Feldmomente in den übrigen Feldern wird abgesehen.

### 2.1.2. *Nutzlast*

*2.1.2.1. Größte Feldmomente.* Die größten Feldmomente entstehen bei schachbrettartiger Anordnung der Belastung $p$. Diese kann man zusammengesetzt denken aus der Belastung $+\frac{p}{2}$ in allen Feldern und einer schachbrettartig abwechselnden Belastung $+\frac{p}{2}$ und $-\frac{p}{2}$.

Den ersten Anteil kann man aus der ständigen Last (P. 2.1.1.) umrechnen; der zweite Anteil entspricht allseitig frei drehbar gestützten Feldern, wenn man von der Verschiedenheit der Randverdrehung zwischen ungleichen Feldern (z. B. III und IV) absieht. Demnach erhält man die Beiwerte für die Feldmomente als arithmetisches Mittel aus den Werten nach P. 2.1.1. und den Werten aus Tafel B.1, wobei außer acht gelassen wird, daß die beiden Werte nicht für die gleiche Stelle gelten.

$$m_{\mathrm{I}\,x} = p\, l_{\mathrm{I}}^2 \frac{0{,}0378 + 0{,}0523}{2} = p\, l_{\mathrm{I}}^2\, 0{,}0451,$$

$$m_{\mathrm{I}\,y} = p\, l_{\mathrm{I}}^2 \frac{0{,}0244 + 0{,}0344}{2} = p\, l_{\mathrm{I}}^2\, 0{,}0294,$$

$$m_{\mathrm{II}\,x} = m_{\mathrm{III}\,x} = p\, l_{\mathrm{I}}^2 \frac{0{,}0300 + 0{,}0523}{2} = p\, l_{\mathrm{I}}^2\, 0{,}0412,$$

$$m_{\mathrm{II}\,y} = m_{\mathrm{III}\,y} = p\, l_{\mathrm{I}}^2 \frac{0{,}0151 + 0{,}0344}{2} = p\, l_{\mathrm{I}}^2\, 0{,}0248,$$

$$m_{\mathrm{IV}\,x} = p\, l_{\mathrm{I}}^2 \frac{0{,}0386 + 0{,}0368 \cdot 1{,}2^2}{2} = p\, l_{\mathrm{I}}^2\, 0{,}0458,$$

$$m_{\mathrm{IV}\,y} = p\, l_{\mathrm{I}}^2 \frac{0{,}0392 + 0{,}0368 \cdot 1{,}2^2}{2} = p\, l_{\mathrm{I}}^2\, 0{,}0461,$$

$$m_{\mathrm{VI}\,x} = p\, l_{\mathrm{I}}^2 \frac{0{,}0286 + 0{,}0523}{2} = p\, l_{\mathrm{I}}^2\, 0{,}0405,$$

$$m_{\mathrm{VI}\,y} = p\, l_{\mathrm{I}}^2 \frac{0{,}0234 + 0{,}0344}{2} = p\, l_{\mathrm{I}}^2\, 0{,}0289,$$

$$m_{\mathrm{VII}\,x} = m_{\mathrm{VIII}\,x} = p\, l_{\mathrm{I}}^2 \frac{0{,}0254 + 0{,}0523}{2} = p\, l_{\mathrm{I}}^2\, 0{,}0389,$$

$$m_{\mathrm{VII}\,y} = m_{\mathrm{VIII}\,y} = p\, l_{\mathrm{I}}^2 \frac{0{,}0152 + 0{,}0344}{2} = p\, l_{\mathrm{I}}^2\, 0{,}0248,$$

$$m_{\mathrm{IX}\,x} = p\, l_{\mathrm{I}}^2 \frac{0{,}0247 + 0{,}0368 \cdot 1{,}2^2}{2} = p\, l_{\mathrm{I}}^2\, 0{,}0389,$$

$$m_{\mathrm{IX}\,y} = p\, l_{\mathrm{I}}^2 \frac{0{,}0338 + 0{,}0368 \cdot 1{,}2^2}{2} = p\, l_{\mathrm{I}}^2\, 0{,}0434.$$

*2.1.2.2. Größte Stützenmomente.* Der Größtwert eines Stützenmoments entsteht, wenn *beide* angrenzenden Felder sowie deren zweitbenachbarte Felder mit $p$ belastet sind. (Siehe Abb. 164c bis k in P. 2.2.2.) Diese Lastanordnung kann man zusammengesetzt denken aus der Belastung $+\frac{p}{2}$ auf allen Feldern und der abwechselnden Belastung $+\frac{p}{2}$ und $-\frac{p}{2}$ nebeneinander liegender Felderpaare und schachbrettartig versetzter Einzelfelder in den weiteren Reihen.

Der erste Anteil entspricht der ständigen Last nach P. 2.1.1.; der zweite Anteil kann näherungsweise aus zwei Feldern gerechnet werden, die miteinander biegesteif verbunden und an allen übrigen Rändern frei drehbar gestützt sind. Wenn es sich um zwei gleich große Felder handelt, können die Werte des Stützenmoments unmittelbar aus Tafel B.2 bzw. B.3 entnommen werden; bei ungleichen Feldern sind die zu beiden Feldern gehörigen Tafelwerte zu mitteln. Man erhält auf diese Weise:

$$- m_{\text{I II}} = p\, l_{\text{I}}^2 \frac{0{,}0790 + 0{,}0979}{2} = p\, l_{\text{I}}^2\, 0{,}0890,$$

$$- m_{\text{II III}} = p\, l_{\text{I}}^2 \frac{0{,}0714 + 0{,}0979}{2} = p\, l_{\text{I}}^2\, 0{,}0847,$$

$$- m_{\text{III IV}} = p\, l_{\text{I}}^2 \frac{2 \cdot 0{,}0861 + 0{,}0979 + 0{,}0839 \cdot 1{,}2^2}{4} = p\, l_{\text{I}}^2\, 0{,}0977,$$

$$- m_{\text{I VI}} = p\, l_{\text{I}}^2 \frac{0{,}0735 + 0{,}0985}{2} = p\, l_{\text{I}}^2\, 0{,}0860,$$

$$- m_{\text{II VII}} = - m_{\text{III VIII}} = p\, l_{\text{I}}^2 \frac{0{,}0566 + 0{,}0985}{2} = p\, l_{\text{I}}^2\, 0{,}0776,$$

$$- m_{\text{IV IX}} = p\, l_{\text{I}}^2 \frac{0{,}0939 + 0{,}0839 \cdot 1{,}2^2}{2} = p\, l_{\text{I}}^2\, 0{,}1074,$$

$$- m_{\text{VI VII}} = p\, l_{\text{I}}^2 \frac{0{,}0691 + 0{,}0979}{2} = p\, l_{\text{I}}^2\, 0{,}0835,$$

$$- m_{\text{VII VIII}} = p\, l_{\text{I}}^2 \frac{0{,}0644 + 0{,}0979}{2} = p\, l_{\text{I}}^2\, 0{,}0812,$$

$$- m_{\text{VIII IX}} = p\, l_{\text{I}}^2 \frac{2 \cdot 0{,}0717 + 0{,}0979 + 0{,}0939 \cdot 1{,}2^2}{4} = p\, l_{\text{I}}^2\, 0{,}0905.$$

Alle vorstehend ermittelten Momentenwerte sind in Tafel 11 den genauer berechneten Werten (P. 2.2.) gegenübergestellt. Es ergibt sich recht gute Übereinstimmung. Das Näherungsverfahren wird aber unverläßlich, wenn die aneinandergrenzenden Plattenfelder stark voneinander verschieden sind.

## 2.2. Ausführliche Berechnung

### *2.2.1. Rechnungsgang*

Es wird das im Abschnitt C.2.4.1. beschriebene Verfahren angewendet. Für jedes Stützenmoment werden die Koeffizienten der Reihenglieder 1, 2 und 3 als Unbekannte angesetzt. Die in den Gleichungen vorkommenden Beiwerte werden aus den Tafeln E.2 entnommen, ebenso die Belastungswerte *B*. Die zu einer Unterstützungslinie gehörigen, von *beiden* angrenzenden Plattenfeldern herrührenden Zahlen sind zusammenzuzählen. Es werden die folgenden Lastfälle behandelt:

a) Symmetrische Lastfälle:

Gleichlast $g$ auf allen Feldern (muß mit der Summe aus allen nachstehenden Lastfällen übereinstimmen):

Gleichlast $p$ auf den Feldern I und XI,
„ $p$ „ „ „ II „ XII,
„ $p$ „ „ „ III „ XIII,
„ $p$ „ „ „ IV „ XIV;

Gleichlast $p$ am Feld VI,
„ $p$ „ „ VII,
„ $p$ „ „ VIII,
„ $p$ „ „ IX.

b) Antisymmetrische Lastfälle:

Gleichlast $p$ am Feld I und $-p$ am Feld XI,
„ $p$ „ „ II „ $-p$ „ „ XII,
„ $p$ „ „ III „ $-p$ „ „ XIII,
„ $p$ „ „ IV „ $-p$ „ „ XIV.

Für jede Gruppe von Lastfällen gilt ein eigenes Gleichungssystem. In den symmetrischen Fällen ist $m_{\text{I VI}} = m_{\text{VI XI}}$, $m_{\text{II VII}} = m_{\text{VII XII}}$ usw. und bei den Stützenmomenten $m_{\text{VI VII}}$,

$m_{\mathrm{VII\,VIII}}$, $m_{\mathrm{VIII\,IX}}$ verschwindet das 2. Reihenglied; in den antisymmetrischen Fällen ist $m_{\mathrm{I\,VI}} = -m_{\mathrm{VI\,XI}}$ usw. und bei den Stützenmomenten der mittleren Reihe verschwinden die ungeraden Reihenglieder. Hier wurde außer dem 2. noch das 4. Reihenglied berechnet; sein Einfluß erwies sich jedoch als vernachlässigbar. Der Lastfall: $p$ am Feld I allein ergibt sich durch Überlagerung des symmetrischen und antisymmetrischen Lastfalles, beide mit den halben Werten. Das gleiche gilt für die Felder II, III und IV.

### *2.2.2. Gleichungssysteme*

Die Tafel 5 zeigt den Aufbau des Gleichungssystems für die symmetrischen Lastfälle. Alle in einer Zeile stehenden Zahlen, mit den betreffenden Unbekannten multipliziert, müssen die Summe 0 ergeben. Bei den Stützenmomenten $m_{\mathrm{I\,VI}}$, $m_{\mathrm{II\,VII}}$ usw. erscheinen jeweils die Werte $2\,C\left(\frac{j\,l_0}{l_{\mathrm{I}}}\right) + D\left(\frac{j\,l_0}{l_{\mathrm{I}}}\right)$, wobei der zweite Summand vom Stützenmoment $m_{\mathrm{VI\,XI}\,j} = m_{\mathrm{I\,VI}\,j}$ usw. herrührt.

Bei den Belastungswerten der Felder IV und IX müssen die Tafelwerte (aus Tafel E.1,0/2) mit $\left(\frac{l_{\mathrm{IV}}}{l_{\mathrm{I}}}\right)^2 = 1{,}44$ vervielfacht werden, um die Werte $\frac{B}{p\,l_{\mathrm{I}}^2}$ zu bekommen.

In der Tafel 6 ist in gleicher Weise das Gleichungssystem für die antisymmetrischen Lastfälle wiedergegeben. Es unterscheidet sich vom ersten System durch das Minuszeichen bei $D\left(\frac{j\,l_0}{l_{\mathrm{I}}}\right)$, weil jetzt $m_{\mathrm{VI\,XI}\,j} = -m_{\mathrm{I\,VI}\,j}$ ist, und dadurch, daß bei den Stützenmomenten $m_{\mathrm{VI\,VII}}$, $m_{\mathrm{VII\,VIII}}$, $m_{\mathrm{VIII\,IX}}$ das *gerad*zahlige Reihenglied $k = 2$ vorkommt. Die Belastungswerte sind die gleichen wie bei den symmetrischen Lastfällen.

Die Auflösung der Gleichungen erfolgt am besten durch Iteration. In der Tafel 7 sind die aus den beiden Gleichungssystemen berechneten Werte $\frac{m_{k(j)}}{p\,l_{\mathrm{I}}^2}$ bereits für Belastung je eines einzigen Feldes überlagert. Die Tafel enthält sodann als Lastfälle a) und b) die Summen für schachbrettartige Belastung zur Berechnung der ungünstigsten Feldmomente und als Lastfälle c) bis k) die Summen für die ungünstigsten Stützenmomente. Das erste Reihenglied der Stützenmomente $m_{\mathrm{VI\,XI}}$ bis $m_{\mathrm{IX\,XIV}}$ ist angegeben, um den Momentenverlauf in den Feldern VI bis IX bei nichtsymmetrischen Lastfällen ermitteln zu können. Die genannten Lastfälle sind in Abb. 164 veranschaulicht. Die zuletzt dargestellten Lastfälle l) bis n) gehören zur Berechnung der Träger (P. 3.).

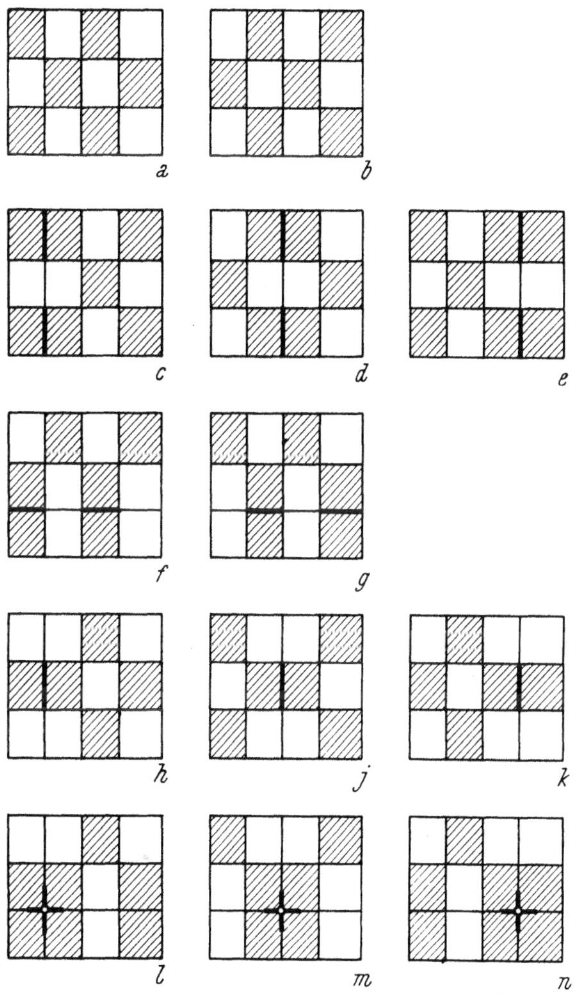


Abb. 164

### *2.2.3. Größtwerte der Stützenmomente*

In der Tafel 7 sind die drei Reihenkoeffizienten jedes Stützenmoments für den jeweils ungünstigsten Lastfall angegeben. Bei symmetrischer Verteilung längs der Unterstützungslinie, z. B. bei $m_{\mathrm{VI\,VII}}$, liegt der Größtwert in der Mitte und beträgt

$$\max m_{\mathrm{VI\,VII}} = m_{\mathrm{VI\,VII}\,1} \sin\frac{\pi}{2} + m_{\mathrm{VI\,VII}\,3} \sin\frac{3\,\pi}{2} = m_{\mathrm{VI\,VII}\,1} - m_{\mathrm{VI\,VII}\,3}.$$

**Tafel 5. Gleichungssystem für symmetrische Lastfälle**

| Gleichung für die Unterstützungslinie | Reihenglied | Unbekannte | | | | | |
|---|---|---|---|---|---|---|---|
| | | $m_{I\,II\,1}$ | $m_{I\,II\,2}$ | $m_{I\,II\,3}$ | $m_{II\,III\,1}$ | $m_{II\,III\,2}$ | $m_{II\,III\,3}$ |
| I II | $k = 1$ | 2 · 0,9544 | — | — | 0,2414 | — | — |
| | 2 | — | 2 · 0,9995 | — | — | 0,0451 | — |
| | 3 | — | — | 2 · 1,0000 | — | — | 0,0053 |
| II III | $k = 1$ | 0,2414 | — | — | 2 · 0,9544 | — | — |
| | 2 | — | 0,0451 | — | — | 2 · 0,9995 | — |
| | 3 | — | — | 0,0053 | — | — | 2 · 1,0000 |
| III IV | $k = 1$ | — | — | — | 0,2414 | — | — |
| | 2 | — | — | — | — | 0,0451 | — |
| | 3 | — | — | — | — | — | 0,0053 |
| I VI | $j = 1$ | 0,3695 | — 0,1487 | 0,0606 | — | — | — |
| | 2 | — 0,1926 | 0,1848 | — 0,1212 | — | — | — |
| | 3 | 0,1016 | — 0,1377 | 0,1231 | — | — | — |
| II VII | $j = 1$ | 0,3695 | — 0,1487 | 0,0606 | 0,3695 | — 0,1487 | 0,0606 |
| | 2 | 0,1926 | — 0,1848 | 0,1212 | — 0,1926 | 0,1848 | — 0,1212 |
| | 3 | 0,1016 | — 0,1377 | 0,1231 | 0,1016 | — 0,1377 | 0,1231 |
| III VIII | $j = 1$ | — | — | — | 0,3695 | — 0,1487 | 0,0606 |
| | 2 | — | — | — | 0,1926 | — 0,1848 | 0,1212 |
| | 3 | — | — | — | 0,1016 | — 0,1377 | 0,1231 |
| IV IX | $j = 1$ | — | — | — | — | — | — |
| | 2 | — | — | — | — | — | — |
| | 3 | — | — | — | — | — | — |
| VI VII | $k = 1$ | — | — | — | — | — | — |
| | 3 | — | — | — | — | — | — |
| VII VIII | $k = 1$ | — | — | — | — | — | — |
| | 3 | — | — | — | — | — | — |
| VIII IX | $k = 1$ | — | — | — | — | — | — |
| | 3 | — | — | — | — | — | — |

*(Fortsetzung der Tafel 5)*

| Gleichung für die Unterstützungslinie | Reihenglied | Unbekannte | | | | | |
|---|---|---|---|---|---|---|---|
| | | $m_{\text{III IV 1}}$ | $m_{\text{III IV 2}}$ | $m_{\text{III IV 3}}$ | $m_{\text{I VI 1}}$ | $m_{\text{I VI 2}}$ | $m_{\text{I VI 3}}$ |
| I II | $k = 1$ | — | — | — | 0,2567 | — 0,0669 | 0,0235 |
| | 2 | — | — | — | — 0,2065 | 0,1283 | — 0,0637 |
| | 3 | — | — | — | 0,1262 | — 0,1262 | 0,0855 |
| II III | $k = 1$ | 0,2414 | — | — | — | — | — |
| | 2 | — | 0,0451 | — | — | — | — |
| | 3 | — | — | 0,0053 | — | — | — |
| III IV | $k = 1$ | 0,9544<br>+ 0,9802 | — | — | — | — | — |
| | 2 | — | 0,9995<br>+ 0,9999 | — | — | — | — |
| | 3 | — | — | 1,0000<br>+ 1,0000 | — | — | — |
| I VI | $j = 1$ | — | — | — | 2 · 0,9931<br>+ 0,1280 | — | — |
| | 2 | — | — | — | — | 2 · 1,0000<br>+ 0,0069 | — |
| | 3 | — | — | — | — | — | 2 · 1,0000<br>+ 0,0003 |
| II VII | $j = 1$ | — | — | — | — | — | — |
| | 2 | — | — | — | — | — | — |
| | 3 | — | — | — | — | — | — |
| III VIII | $j = 1$ | 0,3695 | — 0,1487 | 0,0606 | — | — | — |
| | 2 | — 0,1926 | 0,1848 | — 0,1212 | — | — | — |
| | 3 | 0,1016 | — 0,1377 | 0,1231 | — | — | — |
| IV IX | $j = 1$ | 0,3183 | — 0,1019 | 0,0382 | — | — | — |
| | 2 | 0,2037 | — 0,1592 | 0,0904 | — | — | — |
| | 3 | 0,1146 | — 0,1356 | 0,1041 | — | — | — |
| VI VII | $k = 1$ | — | — | — | 2 · 0,2567 | — 2 · 0,0669 | 2 · 0,0235 |
| | 3 | — | — | — | 2 · 0,1262 | — 2 · 0,1262 | 2 · 0,0855 |
| VII VIII | $k = 1$ | — | — | — | — | — | — |
| | 3 | — | — | — | — | — | — |
| VIII IX | $k = 1$ | — | — | — | — | — | — |
| | 3 | — | — | — | — | — | — |

*(Fortsetzung der Tafel 5)*

| Gleichung für die Unterstützungslinie | Reihenglied | Unbekannte | | | | | |
|---|---|---|---|---|---|---|---|
| | | $m_{II\,VII\,1}$ | $m_{II\,VII\,2}$ | $m_{II\,VII\,3}$ | $m_{III\,VIII\,1}$ | $m_{III\,VIII\,2}$ | $m_{III\,VIII\,3}$ |
| I II | $k = 1$ | 0,2567 | 0,0669 | 0,0235 | — | — | — |
| | 2 | — 0,2065 | — 0,1283 | — 0,0637 | — | — | — |
| | 3 | 0,1262 | 0,1262 | 0,0855 | — | — | — |
| II III | $k = 1$ | 0,2567 | — 0,0669 | 0,0235 | 0,2567 | 0,0669 | 0,0235 |
| | 2 | — 0,2065 | 0,1283 | — 0,0637 | — 0,2065 | — 0,1283 | — 0,0637 |
| | 3 | 0,1262 | — 0,1262 | 0,0855 | 0,1262 | 0,1262 | 0,0855 |
| III IV | $k = 1$ | — | — | — | 0,2567 | — 0,0669 | 0,0235 |
| | 2 | — | — | — | — 0,2065 | 0,1283 | — 0,0637 |
| | 3 | — | — | — | 0,1262 | — 0,1262 | 0,0855 |
| I VI | $j = 1$ | — | — | — | — | — | — |
| | 2 | — | — | — | — | — | — |
| | 3 | — | — | — | — | — | — |
| II VII | $j = 1$ | 2,1142 | — | — | — | — | — |
| | 2 | — | 2,0069 | — | — | — | — |
| | 3 | — | — | 2,0003 | — | — | — |
| III VIII | $j = 1$ | — | — | — | 2,1142 | — | — |
| | 2 | — | — | — | — | 2,0069 | — |
| | 3 | — | — | — | — | — | 2,0003 |
| IV IX | $j = 1$ | — | — | — | — | — | — |
| | 2 | — | — | — | — | — | — |
| | 3 | — | — | — | — | — | — |
| VI VII | $k = 1$ | 2 · 0,2567 | 2 · 0,0669 | 2 · 0,0235 | — | — | — |
| | 3 | 2 · 0,1262 | 2 · 0,1262 | 2 · 0,0855 | — | — | — |
| VII VIII | $k = 1$ | 2 · 0,2567 | — 2 · 0,0669 | 2 · 0,0235 | 2 · 0,2567 | 2 · 0,0669 | 2 · 0,0235 |
| | 3 | 2 · 0,1262 | — 2 · 0,1262 | 2 · 0,0855 | 2 · 0,1262 | 2 · 0,1262 | 2 · 0,0855 |
| VIII IX | $k = 1$ | — | — | — | 2 · 0,2567 | — 2 · 0,0669 | 2 · 0,0235 |
| | 3 | — | — | — | 2 · 0,1262 | — 2 · 0,1262 | 2 · 0,0855 |

*(Fortsetzung der Tafel 5)*

| Gleichung für die Unterstützungslinie | Reihenglied | Unbekannte | | | | | | |
| --- | --- | --- | --- | --- | --- | --- | --- | --- |
| | | $m_{\text{IV IX 1}}$ | $m_{\text{IV IX 2}}$ | $m_{\text{IV IX 3}}$ | $m_{\text{VI VII 1}}$ | $m_{\text{VI VII 3}}$ | $m_{\text{VII VIII 1}}$ | $m_{\text{VII VIII 3}}$ |
| I II | $k = 1$ | — | — | — | — | — | — | — |
| | 2 | — | — | — | — | — | — | — |
| | 3 | — | — | — | — | — | — | — |
| II III | $k = 1$ | — | — | — | — | — | — | — |
| | 2 | — | — | — | — | — | — | — |
| | 3 | — | — | — | — | — | — | — |
| III IV | $k = 1$ | 0,3183 | 0,1019 | 0,0382 | — | — | — | — |
| | 2 | — 0,2037 | — 0,1592 | — 0,0904 | — | — | — | — |
| | 3 | 0,1146 | 0,1356 | 0,1061 | — | — | — | — |
| I VI | $j = 1$ | — | — | — | 0,3695 | 0,0606 | — | — |
| | 2 | — | — | — | — 0,1926 | — 0,1212 | — | — |
| | 3 | — | — | — | 0,1016 | 0,1231 | — | — |
| II VII | $j = 1$ | — | — | — | 0,3695 | 0,0606 | 0,3695 | 0,0606 |
| | 2 | — | — | — | 0,1926 | 0,1212 | — 0,1926 | — 0,1212 |
| | 3 | — | — | — | 0,1016 | 0,1231 | 0,1016 | 0,1231 |
| III VIII | $j = 1$ | — | — | — | — | — | 0,3695 | 0,0606 |
| | 2 | — | — | — | — | — | 0,1926 | 0,1212 |
| | 3 | — | — | — | — | — | 0,1016 | 0,1231 |
| IV IX | $j = 1$ | 2 · 0,9802 + 0,1865 | — | — | — | — | — | — |
| | 2 | — | 2 · 0,9999 + 0,0197 | — | — | — | — | — |
| | 3 | — | — | 2 · 1,0000 + 0,0014 | — | — | — | — |
| VI VII | $k = 1$ | — | — | — | 2 · 0,9544 | — | 0,2414 | — |
| | 3 | — | — | — | — | 2 · 1,0000 | — | 0,0053 |
| VII VIII | $k = 1$ | — | — | — | 0,2414 | — | 2 · 0,9544 | — |
| | 3 | — | — | — | — | 0,0053 | — | 2 · 1,0000 |
| VIII IX | $k = 1$ | 2 · 0,3183 | 2 · 0,1019 | 2 · 0,0382 | — | — | 0,2414 | — |
| | 3 | 2 · 0,1146 | 2 · 0,1356 | 2 · 0,1061 | — | — | — | 0,0053 |

*(Fortsetzung der Tafel 5)*

| Gleichung für die Unterstützungslinie | Reihenglied | Unbekannte | | Belastungswerte $\frac{B}{g l_I^2}$ bzw. $\frac{B}{p l_I^2}$ für Lastfall | | | |
|---|---|---|---|---|---|---|---|
| | | $m_{VIII\,IX\,1}$ | $m_{VIII\,IX\,3}$ | $g$ | $p_{I + XI}$ | $p_{II + XII}$ | $p_{III + XIII}$ |
| I II | $k = 1$ | — | — | $2 \cdot 0{,}0989$ | 0,0989 | 0,0989 | — |
| | 2 | — | — | 0 | 0 | 0 | — |
| | 3 | — | — | $2 \cdot 0{,}0068$ | 0,0068 | 0,0068 | — |
| II III | $k = 1$ | — | — | $2 \cdot 0{,}0989$ | — | 0,0989 | 0,0989 |
| | 2 | — | — | 0 | — | 0 | 0 |
| | 3 | — | — | $2 \cdot 0{,}0068$ | — | 0,0068 | 0,0068 |
| III IV | $k = 1$ | — | — | 0,0989<br>$+ 0{,}0861 \cdot 1{,}2^2$ | — | — | 0,0989 |
| | 2 | — | — | 0 | — | — | 0 |
| | 3 | — | — | 0,0068<br>$+ 0{,}0048 \cdot 1{,}2^2$ | — | — | 0,0068 |
| I VI | $j = 1$ | — | — | $2 \cdot 0{,}1018$ | 0,1018 | — | — |
| | 2 | — | — | 0 | 0 | — | — |
| | 3 | — | — | $2 \cdot 0{,}0048$ | 0,0048 | — | — |
| II VII | $j = 1$ | — | — | $2 \cdot 0{,}1018$ | — | 0,1018 | — |
| | 2 | — | — | 0 | — | 0 | — |
| | 3 | — | — | $2 \cdot 0{,}0048$ | — | 0,0048 | — |
| III VIII | $j = 1$ | 0,3695 | 0,0606 | $2 \cdot 0{,}1018$ | — | — | 0,1018 |
| | 2 | — 0,1926 | — 0,1212 | 0 | — | — | 0 |
| | 3 | 0,1016 | 0,1231 | $2 \cdot 0{,}0048$ | — | — | 0,0048 |
| IV IX | $j = 1$ | 0,3183 | 0,0382 | $2 \cdot 0{,}0861 \cdot 1{,}2^2$ | — | — | — |
| | 2 | 0,2037 | 0,0904 | 0 | — | — | — |
| | 3 | 0,1146 | 0,1061 | $2 \cdot 0{,}0048 \cdot 1{,}2^2$ | — | — | — |
| VI VII | $k = 1$ | — | — | $2 \cdot 0{,}0989$ | — | — | — |
| | 3 | — | — | $2 \cdot 0{,}0068$ | — | — | — |
| VII VIII | $k = 1$ | 0,2414 | — | $2 \cdot 0{,}0989$ | — | — | — |
| | 3 | — | 0,0053 | $2 \cdot 0{,}0068$ | — | — | — |
| VIII IX | $k = 1$ | 0,9544<br>+ 0,9802 | — | 0,0989<br>$+ 0{,}0861 \cdot 1{,}2^2$ | — | — | — |
| | 3 | — | 1,0000<br>+ 1,0000 | 0,0068<br>$+ 0{,}0048 \cdot 1{,}2^2$ | — | — | — |

*(Fortsetzung der Tafel 5)*

| Gleichung für die Unterstützungslinie | Reihenglied | Belastungswerte $\frac{B}{p\,l_I^2}$ für Lastfall | | | | |
|---|---|---|---|---|---|---|
| | | $p_{IV+XIV}$ | $p_{VI}$ | $p_{VII}$ | $p_{VIII}$ | $p_{IX}$ |
| I II | $k = 1$ | — | — | — | — | — |
| | 2 | — | — | — | — | — |
| | 3 | — | — | — | — | — |
| II III | $k = 1$ | — | — | — | — | — |
| | 2 | — | — | — | — | — |
| | 3 | — | — | — | — | — |
| III IV | $k = 1$ | $0{,}0861 \cdot 1{,}2^2$ | — | — | — | — |
| | 2 | 0 | — | — | — | — |
| | 3 | $0{,}0048 \cdot 1{,}2^2$ | — | — | — | — |
| I VI | $j = 1$ | — | 0,1018 | — | — | — |
| | 2 | — | 0 | — | — | — |
| | 3 | — | 0,0048 | — | — | — |
| II VII | $j = 1$ | — | — | 0,1018 | — | — |
| | 2 | — | — | 0 | — | — |
| | 3 | — | — | 0,0048 | — | — |
| III VIII | $j = 1$ | — | — | — | 0,1018 | — |
| | 2 | — | — | — | 0 | — |
| | 3 | — | — | — | 0,0048 | — |
| IV IX | $j = 1$ | $0{,}0861 \cdot 1{,}2^2$ | — | — | — | $0{,}0861 \cdot 1{,}2^2$ |
| | 2 | 0 | — | — | — | 0 |
| | 3 | $0{,}0048 \cdot 1{,}2^2$ | — | — | — | $0{,}0048 \cdot 1{,}2^2$ |
| VI VII | $k = 1$ | — | 0,0989 | 0,0989 | — | — |
| | 3 | — | 0,0068 | 0,0068 | — | — |
| VII VIII | $k = 1$ | — | — | 0,0989 | 0,0989 | — |
| | 3 | — | — | 0,0068 | 0,0068 | — |
| VIII IX | $k = 1$ | — | — | — | 0,0989 | $0{,}0861 \cdot 1{,}2^2$ |
| | 3 | — | — | — | 0,0068 | $0{,}0048 \cdot 1{,}2^2$ |

Tafel 6. Gleichungssystem für antisymmetrische Lastfälle

| Gleichung für die Unterstützungslinie | Reihenglied | Unbekannte | | | | | | |
|---|---|---|---|---|---|---|---|---|
| | | $m_{I\,II\,1}$ | $m_{I\,II\,2}$ | $m_{I\,II\,3}$ | $m_{II\,III\,1}$ | $m_{II\,III\,2}$ | $m_{II\,III\,3}$ | $m_{III\,IV\,1}$ |
| | $k = 1$ | 2 · 0,9544 | — | — | 0,2414 | — | — | — |
| I II | 2 | — | 2 · 0,9995 | — | — | 0,0451 | — | — |
| | 3 | — | — | 2 · 1,0000 | — | — | 0,0053 | — |
| | $k = 1$ | 0,2414 | — | — | 2 · 0,9544 | — | — | 0,2414 |
| II III | 2 | — | 0,0451 | — | — | 2 · 0,9995 | — | — |
| | 3 | — | — | 0,0053 | — | — | 2 · 1,0000 | — |
| | $k = 1$ | — | — | — | 0,2414 | — | — | 0,9544 + 0,9802 |
| III IV | 2 | — | — | — | — | 0,0451 | — | — |
| | 3 | — | — | — | — | — | 0,0053 | — |
| | $j = 1$ | 0,3695 | — 0,1487 | 0,0606 | — | — | — | — |
| I VI | 2 | — 0,1926 | 0,1848 | — 0,1212 | — | — | — | — |
| | 3 | 0,1016 | — 0,1377 | 0,1231 | — | — | — | — |
| | $j = 1$ | 0,3695 | — 0,1487 | 0,0606 | 0,3695 | — 0,1487 | 0,0606 | — |
| II VII | 2 | 0,1926 | — 0,1848 | 0,1212 | — 0,1926 | 0,1848 | — 0,1212 | — |
| | 3 | 0,1016 | — 0,1377 | 0,1231 | 0,1016 | — 0,1377 | 0,1231 | — |
| | $j = 1$ | — | — | — | 0,3695 | — 0,1487 | 0,0606 | 0,3695 |
| III VIII | 2 | — | — | — | 0,1926 | — 0,1848 | 0,1212 | — 0,1926 |
| | 3 | — | — | — | 0,1016 | — 0,1377 | 0,1231 | 0,1016 |
| | $j = 1$ | — | — | — | — | — | — | 0,3183 |
| IV IX | 2 | — | — | — | — | — | — | 0,2037 |
| | 3 | — | — | — | — | — | — | 0,1146 |
| VI VII | $k = 2$ | — | — | — | — | — | — | — |
| VII VIII | $k = 2$ | — | — | — | — | — | — | — |
| VIII IX | $k = 2$ | — | — | — | — | — | — | — |

*(Fortsetzung der Tafel 6)*

| Gleichung für die Unter-stützungs-linie | Reihen-glied | Unbekannte | | | | | | |
|---|---|---|---|---|---|---|---|---|
| | | $m_{III\,IV\,2}$ | $m_{III\,IV\,3}$ | $m_{I\,VI\,1}$ | $m_{I\,VI\,2}$ | $m_{I\,VI\,3}$ | $m_{II\,VII\,1}$ | $m_{II\,VII\,2}$ |
| | $k = 1$ | — | — | 0,2567 | — 0,0669 | 0,0235 | 0,2567 | 0,0669 |
| I II | 2 | — | — | — 0,2065 | 0,1283 | — 0,0637 | — 0,2065 | — 0,1283 |
| | 3 | — | — | 0,1262 | — 0,1262 | 0,0855 | 0,1262 | 0,1262 |
| | $k = 1$ | — | — | — | — | — | 0,2567 | — 0,0669 |
| II III | 2 | 0,0451 | — | — | — | — | — 0,2065 | 0,1283 |
| | 3 | — | 0,0053 | — | — | — | 0,1262 | — 0,1262 |
| | $k = 1$ | — | — | — | — | — | — | — |
| III IV | 2 | 0,9995 + 0,9999 | — | — | — | — | — | — |
| | 3 | — | 1,0000 + 1,0000 | — | — | — | — | — |
| | $j = 1$ | — | — | 2 · 0,9931 — 0,1280 | — | — | — | — |
| I VI | 2 | — | — | — | 2 · 1,0000 — 0,0069 | — | — | — |
| | 3 | — | — | — | — | 2 · 1,0000 — 0,0003 | — | — |
| | $j = 1$ | — | — | — | — | — | 1,8582 | — |
| II VII | 2 | — | — | — | — | — | — | 1,9931 |
| | 3 | — | — | — | — | — | — | — |
| | $j = 1$ | — 0,1487 | 0,0606 | — | — | — | — | — |
| III VIII | 2 | 0,1848 | — 0,1212 | — | — | — | — | — |
| | 3 | — 0,1377 | 0,1231 | — | — | — | — | |
| | $j = 1$ | — 0,1019 | 0,0382 | — | — | — | — | — |
| IV IX | 2 | — 0,1592 | 0,0904 | — | — | — | — | — |
| | 3 | — 0,1356 | 0,1041 | — | — | — | — | — |
| VI VII | $k = 2$ | — | — | 2 · 0,2065 | — 2 · 0,1283 | 2 · 0,0637 | 2 · 0,2065 | 2 · 0,1283 |
| VII VIII | $k = 2$ | — | — | — | — | — | 2 · 0,2065 | — 2 · 0,1283 |
| VIII IX | $k = 2$ | — | — | — | — | — | — | — |

*(Fortsetzung der Tafel 6)*

| Gleichung für die Unterstützungslinie | Reihenglied | Unbekannte | | | | | | |
|---|---|---|---|---|---|---|---|---|
| | | $m_{II\,VII\,3}$ | $m_{III\,VIII\,1}$ | $m_{III\,VIII\,2}$ | $m_{III\,VIII\,3}$ | $m_{IV\,IX\,1}$ | $m_{IV\,IX\,2}$ | $m_{IV\,IX\,3}$ |
| I II | $k = 1$ | 0,0235 | — | — | — | — | — | — |
| | 2 | — 0,0637 | — | — | — | — | — | — |
| | 3 | 0,0855 | — | — | — | — | — | — |
| II III | $k = 1$ | 0,0235 | 0,2567 | 0,0669 | 0,0235 | — | — | — |
| | 2 | — 0,0637 | — 0,2065 | — 0,1283 | — 0,0637 | — | — | — |
| | 3 | 0,0855 | 0,1262 | 0,1262 | 0,0855 | — | — | — |
| III IV | $k = 1$ | — | 0,2567 | — 0,0669 | 0,0235 | 0,3183 | 0,1019 | 0,0382 |
| | 2 | — | — 0,2065 | 0,1283 | — 0,0637 | — 0,2037 | — 0,1592 | — 0,0904 |
| | 3 | — | 0,1262 | — 0,1262 | 0,0855 | 0,1146 | 0,1356 | 0,1061 |
| I VI | $j = 1$ | — | — | — | — | — | — | — |
| | 2 | — | — | — | — | — | — | — |
| | 3 | — | — | — | — | — | — | — |
| II VII | $j = 1$ | — | — | — | — | — | — | — |
| | 2 | — | — | — | — | — | — | — |
| | 3 | 1,9997 | — | — | — | — | — | — |
| III VIII | $j = 1$ | — | 1,8582 | — | — | — | — | — |
| | 2 | — | — | 1,9931 | — | — | — | — |
| | 3 | — | — | — | 1,9997 | — | — | — |
| IV IX | $j = 1$ | — | — | — | — | 2 · 0,9802<br>— 0,1865 | — | — |
| | 2 | — | — | — | — | — | 2 · 0,9999<br>— 0,0197 | — |
| | 3 | — | — | — | — | — | — | 2 · 1,0000<br>— 0,0014 |
| VI VII | $k = 2$ | 2 · 0,0637 | — | — | — | — | — | — |
| VII VIII | $k = 2$ | 2 · 0,0637 | 2 · 0,2065 | 2 · 0,1283 | 2 · 0,0637 | — | — | — |
| VIII IX | $k = 2$ | — | 2 · 0,2065 | — 2 · 0,1283 | 2 · 0,0637 | 2 · 0,2037 | 2 · 0,1592 | 2 · 0,0904 |

*(Fortsetzung der Tafel 6)*

| Gleichung für die Unterstützungslinie | Reihenglied | Unbekannte | | | Belastungswerte $\frac{B}{p l_I^2}$ für Lastfall | | | |
|---|---|---|---|---|---|---|---|---|
| | | $m_{VI\,VII\,2}$ | $m_{VII\,VIII\,2}$ | $m_{VIII\,IX\,2}$ | $p_{I-XI}$ | $p_{II-XII}$ | $p_{III-XIII}$ | $p_{IV-XIV}$ |
| I II | $k = 1$ | — | — | — | 0,0989 | 0,0989 | — | — |
| | 2 | — | — | — | 0 | 0 | — | — |
| | 3 | — | — | — | 0,0068 | 0,0068 | — | — |
| II III | $k = 1$ | — | — | — | — | 0,0989 | 0,0989 | — |
| | 2 | — | — | — | — | 0 | 0 | — |
| | 3 | — | — | — | — | 0,0068 | 0,0068 | — |
| III IV | $k = 1$ | — | — | — | — | — | 0,0989 | $0,0861 \cdot 1,2^2$ |
| | 2 | — | — | — | — | — | 0 | 0 |
| | 3 | — | — | — | — | — | 0,0068 | $0,0048 \cdot 1,2^2$ |
| I VI | $j = 1$ | 0,1487 | — | — | 0,1018 | — | — | — |
| | 2 | — 0,1848 | — | — | 0 | — | — | — |
| | 3 | 0,1377 | — | — | 0,0048 | — | — | — |
| II VII | $j = 1$ | 0,1487 | 0,1487 | — | — | 0,1018 | — | — |
| | 2 | 0,1848 | — 0,1848 | — | — | 0 | — | — |
| | 3 | 0,1377 | 0,1377 | — | — | 0,0048 | — | — |
| III VIII | $j = 1$ | — | 0,1487 | 0,1487 | — | — | 0,1018 | — |
| | 2 | — | 0,1848 | — 0,1848 | — | — | 0 | — |
| | 3 | — | 0,1377 | 0,1377 | — | — | 0,0048 | — |
| IV IX | $j = 1$ | — | — | 0,1019 | — | — | — | $0,0861 \cdot 1,2^2$ |
| | 2 | — | — | 0,1592 | — | — | — | 0 |
| | 3 | — | — | 0,1356 | — | — | — | $0,0048 \cdot 1,2^2$ |
| VI VII | $k = 2$ | $2 \cdot 0,9995$ | 0,0451 | — | — | — | — | — |
| VII VIII | $k = 2$ | 0,0451 | $2 \cdot 0,9995$ | 0,0451 | — | — | — | — |
| VIII IX | $k = 2$ | — | 0,0451 | 0,9995 + 0,9999 | — | — | — | — |

Tafel 7. Werte $\frac{m_{k(j)}}{g l_I^2}$ bzw. $\frac{m_{k(j)}}{p l_I^2}$ für die Stützenmomente, 1. bis 3. Reihenglied

| Lastfall | Unterstützungslinie I—II | | | Unterstützungslinie II—III | | |
|---|---|---|---|---|---|---|
| | $k = 1$ | $k = 2$ | $k = 3$ | $k = 1$ | $k = 2$ | $k = 3$ |
| $g$ | —0,0789 | —0,0112 | —0,0004 | —0,0696 | —0,0093 | —0,0010 |
| $p$ am Feld I | —0,0478 | —0,0033 | —0,0016 | +0,0054 | +0,0005 | —0,0002 |
| $p$ „ „ II | —0,0424 | —0,0028 | —0,0018 | —0,0430 | —0,0029 | —0,0017 |
| $p$ „ „ III | +0,0048 | +0,0005 | —0,0002 | —0,0431 | —0,0029 | —0,0017 |
| $p$ „ „ IV | —0,0008 | 0 | 0 | +0,0065 | +0,0005 | —0,0002 |
| $p$ „ „ VI | +0,0047 | —0,0032 | +0,0018 | —0,0012 | +0,0004 | —0,0002 |
| $p$ „ „ VII | +0,0034 | —0,0028 | +0,0016 | +0,0037 | —0,0028 | +0,0016 |
| $p$ „ „ VIII | —0,0011 | +0,0004 | —0,0002 | +0,0037 | —0,0028 | +0,0016 |
| $p$ „ „ IX | +0,0003 | 0 | 0 | —0,0017 | +0,0005 | —0,0002 |
| $p$ „ „ XI | —0,0001 | 0 | 0 | +0,0001 | 0 | 0 |
| $p$ „ „ XII | 0 | 0 | 0 | —0,0001 | +0,0001 | 0 |
| $p$ „ „ XIII | +0,0001 | 0 | 0 | —0,0001 | +0,0001 | 0 |
| $p$ „ „ XIV | 0 | 0 | 0 | +0,0002 | 0 | 0 |
| a) $p$ auf den Feldern I, III; VII, IX; XI, XIII | —0,0393 | —0,0056 | —0,0002 | —0,0357 | —0,0046 | —0,0005 |
| b) $p$ „ „ „ II, IV; VI, VIII; XII, XIV | —0,0396 | —0,0056 | —0,0002 | —0,0339 | —0,0047 | —0,0005 |
| c) $p$ „ „ „ I, II, IV; VIII; XI, XII, XIV | —0,0922 | —0,0057 | —0,0036 | —0,0272 | —0,0046 | —0,0005 |
| d) $p$ „ „ „ II, III; VI, IX; XII, XIII | —0,0325 | —0,0055 | —0,0002 | —0,0892 | —0,0047 | —0,0038 |
| e) $p$ „ „ „ I, III, IV; VII; XI, XIII, XIV | —0,0401 | —0,0056 | —0,0002 | —0,0273 | —0,0046 | —0,0005 |
| f) $p$ „ „ „ I, III; VI, VIII; XII, XIV | —0,0394 | —0,0056 | —0,0002 | —0,0351 | —0,0047 | —0,0005 |
| g) $p$ „ „ „ II, IV; VII, IX; XI, XIII | —0,0395 | —0,0056 | —0,0002 | —0,0345 | —0,0046 | —0,0005 |
| h) $p$ „ „ „ III; VI, VII, IX; XIII | — | — | — | — | — | — |
| j) $p$ „ „ „ I, IV; VII, VIII; XI, XIV | — | — | — | — | — | — |
| k) $p$ „ „ „ II; VI, VIII, IX; XII | — | — | — | — | — | — |

| Lastfall | Unterstützungslinie III—VIII | | IV—IX | | | VI—VII | | | VII—VIII | | |
|---|---|---|---|---|---|---|---|---|---|---|---|
| | $j = 2$ | $j = 3$ | $j = 1$ | $j = 2$ | $j = 3$ | $k = 1$ | $k = 2$ | $k = 3$ | $k = 1$ | $k = 2$ | $k = 3$ |
| $g$ | —0,0012 | +0,0074 | —0,0938 | +0,0139 | +0,0006 | —0,0643 | 0 | +0,0061 | —0,0609 | 0 | +0,0046 |
| I | —0,0003 | —0,0001 | +0,0001 | 0 | 0 | +0,0047 | +0,0035 | +0,0018 | —0,0013 | —0,0006 | —0,0002 |
| II | +0,0035 | +0,0015 | —0,0006 | —0,0003 | —0,0001 | +0,0034 | +0,0029 | +0,0016 | +0,0036 | +0,0030 | +0,0016 |
| III | 0 | +0,0007 | +0,0060 | +0,0034 | +0,0018 | —0,0011 | —0,0005 | —0,0002 | +0,0037 | +0,0030 | +0,0016 |
| IV | —0,0042 | +0,0016 | —0,0561 | +0,0043 | —0,0013 | +0,0003 | +0,0001 | 0 | —0,0017 | —0,0007 | —0,0002 |
| VI | —0,0002 | —0,0001 | 0 | 0 | 0 | —0,0432 | 0 | +0,0002 | +0,0043 | 0 | —0,0004 |
| VII | +0,0033 | +0,0015 | —0,0003 | —0,0002 | —0,0001 | —0,0390 | 0 | —0,0002 | —0,0394 | 0 | —0,0001 |
| VIII | +0,0001 | +0,0007 | +0,0051 | +0,0033 | +0,0018 | +0,0038 | 0 | —0,0003 | —0,0394 | 0 | —0,0001 |
| IX | —0,0037 | +0,0016 | —0,0517 | +0,0038 | —0,0014 | —0,0005 | 0 | 0 | +0,0050 | 0 | —0,0004 |
| XI | +0,0001 | 0 | 0 | 0 | 0 | +0,0047 | —0,0035 | +0,0018 | —0,0013 | +0,0006 | —0,0002 |
| XII | —0,0002 | 0 | +0,0002 | +0,0001 | 0 | +0,0034 | —0,0029 | +0,0016 | +0,0036 | —0,0030 | +0,0016 |
| XIII | 0 | 0 | —0,0010 | —0,0001 | 0 | —0,0011 | +0,0005 | —0,0002 | +0,0037 | —0,0030 | +0,0016 |
| XIV | +0,0004 | 0 | +0,0045 | —0,0004 | —0,0001 | +0,0003 | —0,0001 | 0 | —0,0017 | +0,0007 | —0,0002 |
| a) | —0,0006 | +0,0037 | —0,0469 | +0,0069 | +0,0003 | —0,0323 | 0 | +0,0030 | —0,0296 | 0 | +0,0023 |
| b) | —0,0006 | +0,0037 | —0,0469 | +0,0070 | +0,0003 | —0,0320 | 0 | +0,0031 | —0,0313 | 0 | +0,0023 |
| c) | — | — | —0,0468 | — | — | +0,0206 | 0 | +0,0065 | —0,0382 | 0 | +0,0023 |
| d) | —0,0006 | +0,0037 | —0,0471 | — | — | —0,0391 | 0 | +0,0030 | +0,0239 | 0 | +0,0056 |
| e) | —0,0007 | +0,0037 | —0,0468 | +0,0070 | +0,0003 | — | — | — | —0,0380 | 0 | +0,0023 |
| f) | —0,0002 | +0,0012 | +0,0159 | +0,0064 | +0,0035 | —0,0321 | 0 | +0,0031 | —0,0308 | +0,0001 | +0,0023 |
| g) | — | — | —0,1097 | +0,0075 | —0,0029 | —0,0322 | 0 | +0,0030 | —0,0301 | —0,0001 | +0,0023 |
| h) | — | — | — | — | — | —0,0849 | 0 | —0,0004 | —0,0227 | 0 | +0,0023 |
| j) | —0,0006 | +0,0037 | — | — | — | —0,0252 | 0 | +0,0031 | —0,0848 | 0 | —0,0010 |
| k) | —0,0005 | +0,0037 | —0,0470 | +0,0069 | +0,0003 | — | — | — | —0,0229 | 0 | +0,0023 |

| Lastfall | Unterstützungslinie III — IV $k=1$ | III — IV $k=2$ | III — IV $k=3$ | I — VI $j=1$ | I — VI $j=2$ | I — VI $j=3$ | II — VII $j=1$ | II — VII $j=2$ | II — VII $j=3$ | III — VIII $j=1$ |
|---|---|---|---|---|---|---|---|---|---|---|
| $g$ | —0,0854 | —0,0129 | +0,0003 | —0,0722 | —0,0124 | +0,0012 | —0,0500 | +0,0009 | +0,0072 | —0,0489 |
| I | —0,0006 | 0 | 0 | —0,0439 | —0,0035 | —0,0008 | +0,0069 | +0,0037 | +0,0015 | —0,0006 |
| II | +0,0047 | +0,0004 | —0,0002 | +0,0069 | —0,0032 | +0,0015 | —0,0376 | 0 | +0,0007 | +0,0063 |
| III | —0,0419 | —0,0028 | —0,0017 | —0,0006 | +0,0002 | —0,0001 | +0,0063 | —0,0035 | +0,0015 | —0,0377 |
| IV | —0,0571 | —0,0043 | —0,0012 | 0 | 0 | 0 | —0,0007 | +0,0003 | —0,0001 | +0,0078 |
| VI | +0,0002 | 0 | 0 | —0,0417 | —0,0033 | —0,0008 | +0,0059 | +0,0036 | +0,0015 | —0,0004 |
| VII | —0,0011 | +0,0005 | —0,0002 | +0,0060 | —0,0031 | +0,0015 | —0,0362 | 0 | +0,0007 | +0,0056 |
| VIII | +0,0033 | —0,0028 | +0,0017 | —0,0004 | +0,0002 | —0,0001 | +0,0056 | —0,0033 | +0,0015 | —0,0362 |
| IX | +0,0076 | —0,0041 | +0,0020 | 0 | 0 | 0 | —0,0004 | +0,0002 | —0,0001 | +0,0065 |
| XI | 0 | 0 | 0 | +0,0022 | +0,0002 | 0 | —0,0009 | —0,0002 | 0 | +0,0002 |
| XII | +0,0001 | 0 | 0 | —0,0009 | +0,0001 | 0 | +0,0016 | 0 | 0 | —0,0007 |
| XIII | —0,0001 | 0 | 0 | +0,0002 | 0 | 0 | —0,0007 | +0,0002 | 0 | +0,0015 |
| XIV | —0,0005 | +0,0002 | —0,0001 | 0 | 0 | 0 | +0,0002 | —0,0001 | 0 | —0,0012 |
| a) | —0,0361 | —0,0064 | +0,0001 | —0,0361 | —0,0062 | +0,0006 | —0,0250 | +0,0004 | +0,0036 | —0,0245 |
| b) | —0,0493 | —0,0065 | +0,0002 | —0,0361 | —0,0062 | +0,0006 | —0,0250 | +0,0005 | +0,0036 | —0,0244 |
| c) | —0,0501 | —0,0065 | +0,0002 | —0,0361 | —0,0062 | +0,0006 | —0,0249 | +0,0004 | +0,0036 | —0,0244 |
| d) | —0,0294 | —0,0065 | +0,0001 | —0,0361 | — | — | —0,0249 | +0,0005 | +0,0036 | —0,0245 |
| e) | —0,1013 | —0,0064 | —0,0032 | —0,0361 | — | — | —0,0251 | — | — | —0,0244 |
| f) | —0,0394 | —0,0054 | —0,0001 | —0,0875 | —0,0063 | —0,0018 | +0,0265 | +0,0004 | +0,0060 | —0,0768 |
| g) | —0,0460 | —0,0075 | +0,0004 | — | — | — | —0,0765 | +0,0005 | +0,0012 | — |
| h) | — | — | — | —0,0361 | —0,0062 | +0,0006 | —0,0251 | +0,0005 | +0,0036 | — |
| j) | — | — | — | — | — | — | —0,0251 | +0,0004 | +0,0036 | —0,0244 |
| k) | — | — | — | — | — | — | — | — | — | —0,0245 |

| Lastfall | Unterstützungslinie VIII — IX $k=1$ | VIII — IX $k=2$ | VIII — IX $k=3$ | VI — XI $j=1$ | VII — XII $j=1$ | VIII — XIII $j=1$ | IX — XIV $j=1$ |
|---|---|---|---|---|---|---|---|
| $g$ | — 0,0654 | 0 | + 0,0072 | — 0,0722 | — 0,0500 | — 0,0489 | — 0,0938 |
| I | + 0,0002 | + 0,0001 | 0 | + 0,0022 | — 0,0009 | + 0,0002 | 0 |
| II | — 0,0010 | — 0,0005 | — 0,0002 | — 0,0009 | + 0,0016 | — 0,0007 | + 0,0002 |
| III | + 0,0033 | + 0,0029 | + 0,0016 | + 0,0002 | — 0,0007 | + 0,0015 | — 0,0010 |
| IV | + 0,0075 | + 0,0046 | + 0,0020 | 0 | + 0,0002 | — 0,0012 | + 0,0045 |
| VI | — 0,0004 | 0 | + 0,0001 | — 0,0417 | + 0,0059 | — 0,0004 | 0 |
| VII | + 0,0038 | 0 | — 0,0003 | + 0,0060 | — 0,0362 | + 0,0056 | — 0,0003 |
| VIII | — 0,0387 | 0 | — 0,0001 | — 0,0004 | + 0,0056 | — 0,0362 | + 0,0051 |
| IX | — 0,0501 | 0 | + 0,0007 | 0 | — 0,0004 | + 0,0065 | — 0,0517 |
| XI | + 0,0002 | — 0,0001 | 0 | — 0,0439 | + 0,0069 | — 0,0006 | + 0,0001 |
| XII | — 0,0010 | + 0,0005 | — 0,0002 | + 0,0069 | — 0,0376 | + 0,0063 | — 0,0006 |
| XIII | + 0,0033 | — 0,0029 | + 0,0016 | — 0,0006 | + 0,0063 | — 0,0377 | + 0,0060 |
| XIV | + 0,0075 | — 0,0046 | + 0,0020 | 0 | — 0,0007 | + 0,0078 | — 0,0561 |
| a) | — 0,0393 | 0 | + 0,0036 | — 0,0361 | — 0,0250 | — 0,0245 | — 0,0469 |
| b) | — 0,0261 | 0 | + 0,0036 | — 0,0361 | — 0,0250 | — 0,0244 | — 0,0469 |
| c) | — | — | — | — | — | — | — |
| d) | — 0,0459 | 0 | + 0,0036 | — | — | — | — |
| e) | + 0,0258 | 0 | + 0,0069 | — | — | — | — |
| f) | — 0,0293 | — 0,0011 | + 0,0034 | — 0,0328 | — 0,0284 | — 0,0208 | — 0,0526 |
| g) | — 0,0363 | + 0,0011 | + 0,0038 | — | — 0,0216 | — | — 0,0412 |
| h) | — | — | — | — 0,0361 | — 0,0251 | — | — |
| j) | — 0,0195 | 0 | + 0,0036 | — | — 0,0251 | — 0,0244 | — |
| k) | — 0,0912 | 0 | + 0,0003 | — | — | — 0,0245 | — 0,0470 |

Das gleiche gilt hinreichend genau auch dann, wenn nahezu symmetrische Verteilung vorliegt, d. h. wenn das 2. Reihenglied klein ist, wie bei $m_{\mathrm{II\,VII}}$ und $m_{\mathrm{III\,VIII}}$.

Bei stärkerer Unsymmetrie rückt der Größtwert von der Mitte weg. Als Beispiel ist in Tafel 8 die Verteilung von $m_{\mathrm{IV\,IX}}$ berechnet. Mit $g = p = \frac{q}{2}$ ist

$$\frac{m_{\mathrm{IV\,IX}\,1}}{q\,l_{\mathrm{I}}^2} = \frac{1}{2}(-\,0{,}0938 - 0{,}1097) = -\,0{,}1018,$$

$$\frac{m_{\mathrm{IV\,IX}\,2}}{q\,l_{\mathrm{I}}^2} = \frac{1}{2}(+\,0{,}0139 + 0{,}0075) = +\,0{,}0107,$$

$$\frac{m_{\mathrm{IV\,IX}\,3}}{q\,l_{\mathrm{I}}^2} = \frac{1}{2}(+\,0{,}0006 - 0{,}0029) = -\,0{,}0012.$$

Der Größtwert liegt bei $\frac{x_{\mathrm{IV}}}{l_{\mathrm{IV}}} = 0{,}57$ und beträgt $\max m_{\mathrm{IV\,IX}} = -\,0{,}10295\,q\,l_{\mathrm{I}}^2$. In der Tafel 11 sind die Größtwerte aller Stützenmomente getrennt für $g$ und $p$ angegeben. In Abb. 165 ist die Verteilung des Stützenmoments $m_{\mathrm{IV\,IX}}$ nach Tafel 8 und einiger weiterer Stützenmomente dargestellt.

Tafel 8. Verteilung des Stützenmoments $m_{\mathrm{IV\,IX}}$ (Faktor $q\,l_{\mathrm{I}}^2$)

| $\frac{x_{\mathrm{IV}}}{l_{\mathrm{IV}}}$ | 0,1 | 0,2 | 0,3 | 0,4 | 0,5 |
|---|---|---|---|---|---|
| $m_{\mathrm{IV\,IX}\,1} \sin \pi \frac{x_{\mathrm{IV}}}{l_{\mathrm{IV}}}$ ........ | — 0,0316 | — 0,0598 | — 0,0824 | — 0,0968 | — 0,1018 |
| $m_{\mathrm{IV\,IX}\,2} \sin 2\pi \frac{x_{\mathrm{IV}}}{l_{\mathrm{IV}}}$ ........ | + 0,0063 | + 0,0102 | + 0,0102 | + 0,0063 | 0 |
| $m_{\mathrm{IV\,IX}\,3} \sin 3\pi \frac{x_{\mathrm{IV}}}{l_{\mathrm{IV}}}$ ........ | — 0,0010 | — 0,0011 | — 0,0004 | + 0,0007 | + 0,0012 |
| $m_{\mathrm{IV\,IX}}$ ........ | — 0,0263 | — 0,0507 | — 0,0726 | — 0,0898 | — 0,1006 |

| $\frac{x_{\mathrm{IV}}}{l_{\mathrm{IV}}}$ | 0,57 | 0,6 | 0,7 | 0,8 | 0,9 |
|---|---|---|---|---|---|
| $m_{\mathrm{IV\,IX}\,1} \sin \pi \frac{x_{\mathrm{IV}}}{l_{\mathrm{IV}}}$ ........ | — 0,09935 | — 0,0968 | — 0,0824 | — 0,0598 | — 0,0316 |
| $m_{\mathrm{IV\,IX}} \sin 2\pi \frac{x_{\mathrm{IV}}}{l_{\mathrm{IV}}}$ ........ | — 0,00455 | — 0,0063 | — 0,0102 | — 0,0102 | — 0,0063 |
| $m_{\mathrm{IV\,IX}\,3} \sin 3\pi \frac{x_{\mathrm{IV}}}{l_{\mathrm{IV}}}$ ........ | + 0,00095 | + 0,0007 | — 0,0004 | — 0,0011 | — 0,0010 |
| $m_{\mathrm{IV\,IX}}$ ........ | **— 0,10295** | — 0,1024 | — 0,0930 | — 0,0711 | — 0,0389 |

### *2.2.4. Verlauf und Größtwerte der Feldmomente*

*2.2.4.1. Mittelfelder.* In den Mittelfeldern VII und VIII treten die positiven Größtwerte der Momente $m_x$ und $m_y$ nahezu in Feldmitte auf. Für das Feld VII erhält man mit $g = p = \frac{q}{2}$ im ungünstigsten Lastfall (a in Tafel 7):

$$\frac{m_{\mathrm{VI\,VII}\,1} + m_{\mathrm{VII\,VIII}\,1}}{q\,l_{\mathrm{I}}^2} = \frac{1}{2}(-\,0{,}0643 - 0{,}0323 - 0{,}0609 - 0{,}0296) = -\,0{,}0935,$$

$$\frac{m_{\mathrm{VI\,VII}\,3} + m_{\mathrm{VII\,VIII}\,3}}{q\,l_{\mathrm{I}}^2} = \frac{1}{2}(+\,0{,}0061 + 0{,}0030 + 0{,}0046 + 0{,}0023) = +\,0{,}0080,$$

$$\frac{m_{\mathrm{II\,VII}\,1} + m_{\mathrm{VII\,XII}\,1}}{q\,l_{\mathrm{I}}^2} = -\,0{,}0500 - 0{,}0250 = -\,0{,}0750,$$

$$\frac{m_{\mathrm{II\,VII}\,2} + m_{\mathrm{VII\,XII}\,2}}{q\,l_{\mathrm{I}}^2} = +\,0{,}0009 + 0{,}0004 = +\,0{,}0013,$$

$$\frac{m_{\mathrm{II\,VII}\,3} + m_{\mathrm{VII\,XII}\,3}}{q\,l_{\mathrm{I}}^2} = +\,0{,}0072 + 0{,}0036 = +\,0{,}0108.$$

Damit sind die Feldmittenmomente unter Verwendung der Tafeln E.1,2/11 und 12 sowie K.1:

$$\frac{m_{xm}}{q\,l_I^2} = \begin{cases} \text{Grundfall } \boxed{\mathbf{F_4-1}} & = +\,0{,}0523 \\ m_{\text{VI VII}_1} + m_{\text{VII VIII}_1} \ldots -0{,}0935 \cdot 0{,}1095 & = -\,0{,}0102 \\ m_{\text{VI VII}_3} + m_{\text{VII VIII}_3} \ldots +0{,}0080\,(-\,0{,}0190)\sin\frac{3\pi}{2} & = +\,0{,}0001 \\ m_{\text{II VII}_1} + m_{\text{VII XII}_1} \ldots -0{,}0750 \cdot 0{,}1336 & = -\,0{,}0100 \\ m_{\text{II VII}_2} + m_{\text{VII XII}_2} \ldots & = 0 \\ m_{\text{II VII}_3} + m_{\text{VII XII}_3} \ldots +0{,}0108 \cdot 0{,}0099 \cdot \sin\frac{3\pi}{2} & = \underline{-\,0{,}0001} \\ & \phantom{=}\ +\,0{,}0321 \end{cases}$$

$$\frac{m_{ym}}{q\,l_I^2} = \begin{cases} \text{Grundfall } \boxed{\mathbf{F_4-1}} & = \phantom{+}\,0{,}0343 \\ m_{\text{VI VII}_1} + m_{\text{VII VIII}_1} \ldots -0{,}0935 \cdot 0{,}1423 & = -\,0{,}0133 \\ m_{\text{VI VII}_3} + m_{\text{VII VIII}_3} \ldots +0{,}0080 \cdot 0{,}0387 \sin\frac{3\pi}{2} & = -\,0{,}0003 \\ m_{\text{II VII}_1} + m_{\text{VII XII}_1} \ldots -0{,}0750 \cdot 0{,}0148 & = -\,0{,}0011 \\ m_{\text{II VII}_2} + m_{\text{VII XII}_2} \ldots & = 0 \\ m_{\text{II VII}_3} + m_{\text{VII XII}_3} \ldots +0{,}0108\,(-\,0{,}0064)\sin\frac{3\pi}{2} & = \underline{+\,0{,}0001} \\ & \phantom{=}\ \ 0{,}0197 \end{cases}$$

*2.2.4.2. Randfelder VI und IX.* In den Feldern VI und IX liegen die Größtwerte auf der Mittellinie $y_V = \frac{l_V}{2}$, aber außerhalb des Feldmittelpunktes. In Abb. 165 ist der Verlauf von $m_x$ längs der genannten Mittellinie dargestellt. Im Feld VI liegt der Größtwert infolge $g$ allein im Punkt $x_I = 0{,}37\,l_I$, der Größtwert infolge $p$ allein im Punkt $x_I = 0{,}44\,l_I$. Für das Feld IX gilt entsprechend $x_{IV} = 0{,}68\,l_{IV}$ bzw. $x_{IV} = 0{,}57\,l_{IV}$. Die Größtwerte von $m_y$ liegen sehr nahe beim Feldmittelpunkt.

*2.2.4.3. Randfelder II und III.* In den Feldern II und III liegen die Größtwerte der Momente annähernd auf der Mittellinie $x_{II} = \frac{l_{II}}{2}$ bzw. $x_{III} = \frac{l_{III}}{2}$, und zwar: $m_x$ infolge $g$ allein im Punkt $y = 0{,}52\,l_I$, $m_x$ infolge $p$ allein im Punkt $y = 0{,}57\,l_I$, also nahezu im Feldmittelpunkt. Der Größtwert von $m_y$ infolge $g$ allein liegt im Punkt $y = 0{,}26\,l_I$, $m_y$ infolge $p$ allein im Punkt $y = 0{,}45\,l_I$.

*2.2.4.4. Eckfeld I.* In der Tafel 9 ist die Ermittlung des Verlaufes von $m_x$ im Feld I und das Aufsuchen des Größtwerts wiedergegeben. Mit $g = p = \frac{q}{2}$ sind die Stützenmomente bei Überlagerung der Lastfälle „$g$“ und a) nach Tafel 7:

$$\frac{m_{\text{I II}_1}}{q\,l_I^2} = \frac{1}{2}(-\,0{,}0789 - 0{,}0393) = -\,0{,}0591,$$

$$\frac{m_{\text{I II}_2}}{q\,l_I^2} = \frac{1}{2}(-\,0{,}0112 - 0{,}0056) = -\,0{,}0084,$$

$$\frac{m_{\text{I II}_3}}{q\,l_I^2} = \frac{1}{2}(-\,0{,}0004 - 0{,}0002) = -\,0{,}0003,$$

$$\frac{m_{\text{I VI}_1}}{q\,l_I^2} = \frac{1}{2}(-\,0{,}0722 - 0{,}0361) = -\,0{,}0541,$$

$$\frac{m_{\text{I VI}_2}}{q\,l_I^2} = \frac{1}{2}(-\,0{,}0124 - 0{,}0062) = -\,0{,}0093,$$

$$\frac{m_{\text{I VI}_3}}{q\,l_I^2} = \frac{1}{2}(+\,0{,}0012 + 0{,}0006) = +\,0{,}0009.$$

Zunächst wird der Verlauf von $m_x$ längs der Mittellinie $y = 0{,}6\,l_I$ ermittelt. Die Momentenwerte im Grundfall $\boxed{\mathbf{F_4-1}}$ werden aus der Tafel E.1,2/11 entnommen, ebenso der Verlauf

Tafel 9. Verlauf von $\frac{m_x}{q\,l_I^2}$ im Feld I

$y = 0{,}6\,l_I = \frac{1}{2}\,l_0$

| $\frac{x_I}{l_I} =$ | 0,1 | 0,2 | 0,3 | 0,35 | 0,4 | 0,45 | 0,5 | 0,6 | 0,7 | 0,8 | 0,9 | 1,0 |
|---|---|---|---|---|---|---|---|---|---|---|---|---|
| **F₄—1** | +0,0224 | +0,0371 | +0,0461 | +0,0490 | +0,0509 | +0,0520 | +0,0523 | +0,0509 | +0,0461 | +0,0371 | +0,0224 | 0 |
| $\frac{m_{I\,II\,1}}{q\,l_I^2} = -0{,}0591$ | −0,0004 | −0,0010 | −0,0021 | −0,0028 | −0,0038 | −0,0050 | −0,0065 | −0,0106 | −0,0170 | −0,0262 | −0,0402 | −0,0591 |
| $\frac{m_{I\,II\,2}}{q\,l_I^2} = -0{,}0084$ | — | — | — | — | — | — | — | — | — | — | — | 0 |
| $\frac{m_{I\,II\,3}}{q\,l_I^2} = -0{,}0003$ | — | — | — | — | — | — | — | — | — | — | +0,0001 | +0,0003 |
| $\frac{m_{I\,VI\,1}}{q\,l_I^2} = -0{,}0541$ | −0,0022 | −0,0043 | −0,0058 | −0,0065 | −0,0069 | −0,0071 | −0,0072 | −0,0069 | −0,0058 | −0,0043 | −0,0022 | 0 |
| $\frac{m_{I\,VI\,2}}{q\,l_I^2} = -0{,}0093$ | −0,0002 | −0,0004 | −0,0004 | −0,0003 | −0,0002 | −0,0001 | 0 | +0,0002 | +0,0004 | +0,0004 | +0,0002 | 0 |
| $\frac{m_{I\,VI\,3}}{q\,l_I^2} = +0{,}0009$ | — | — | — | — | — | — | — | — | — | — | — | 0 |
| $\frac{m_x}{q\,l_I^2} =$ | +0,0196 | +0,0314 | +0,0378 | +0,0394 | +0,0400 | +0,0398 | +0,0386 | +0,0336 | +0,0237 | +0,0070 | −0,0197 | −0,0588 |

$x = 0{,}4\,l_I$

| $\frac{y_I}{l_I} =$ | 0,1 | 0,2 | 0,3 | 0,4 | 0,5 | 0,6 | 0,7 | 0,8 | 0,9 | 1,0 | 1,1 | 1,2 |
|---|---|---|---|---|---|---|---|---|---|---|---|---|
| **F₄—1** | +0,0138 | +0,0264 | +0,0376 | +0,0443 | +0,0493 | +0,0509 | +0,0493 | +0,0443 | +0,0376 | +0,0264 | +0,0138 | 0 |
| $m_{I\,II\,1}$ | −0,0010 | −0,0019 | −0,0027 | −0,0032 | −0,0037 | −0,0038 | −0,0037 | −0,0032 | −0,0027 | −0,0019 | −0,0010 | 0 |
| $m_{I\,II\,2}$ | +0,0001 | +0,0002 | +0,0002 | +0,0002 | +0,0001 | 0 | −0,0001 | −0,0002 | −0,0002 | −0,0002 | −0,0001 | 0 |
| $m_{I\,II\,3}$ | — | — | — | — | — | — | — | — | — | — | — | — |
| $m_{I\,VI\,1}$ | −0,0010 | −0,0021 | −0,0032 | −0,0044 | −0,0056 | −0,0069 | −0,0080 | −0,0089 | −0,0092 | −0,0085 | −0,0058 | 0 |
| $m_{I\,VI\,2}$ | — | — | — | −0,0001 | −0,0001 | −0,0002 | −0,0003 | −0,0005 | −0,0008 | −0,0010 | −0,0009 | 0 |
| $m_{I\,VI\,3}$ | — | — | — | — | — | — | — | — | — | −0,0001 | −0,0001 | 0 |
| $\frac{m_x}{q\,l_I^2} =$ | +0,0119 | +0,0226 | +0,0319 | +0,0368 | +0,0400 | +0,0400 | +0,0372 | +0,0315 | +0,0247 | +0,0147 | +0,0059 | 0 |

von $m_x$ infolge der Stützenmomente $m_{\mathrm{I\,II}\,1}$ und $m_{\mathrm{I\,II}\,3}$. Der Beitrag des Stützenmoments $m_{\mathrm{I\,VI}\,1}$ folgt aus Tafel E.1,2/12, während der Beitrag von $m_{\mathrm{I\,VI}\,2}$ nach Tafel K.1 einzusetzen ist; der Beitrag von $m_{\mathrm{I\,VI}\,3}$ ist verschwindend klein.

Der größte Wert $m_x$ auf der Mittellinie liegt annähernd im Punkt $x_{\mathrm{I}} = 0{,}4\, l_{\mathrm{I}}$. Man kann annehmen, daß der überhaupt größte Wert $m_x$ auf der Linie $x_{\mathrm{I}} = 0{,}4\, l_{\mathrm{I}}$ auftritt; es wird daher im zweiten Teil der Tafel 9 der Verlauf längs dieser Linie untersucht.

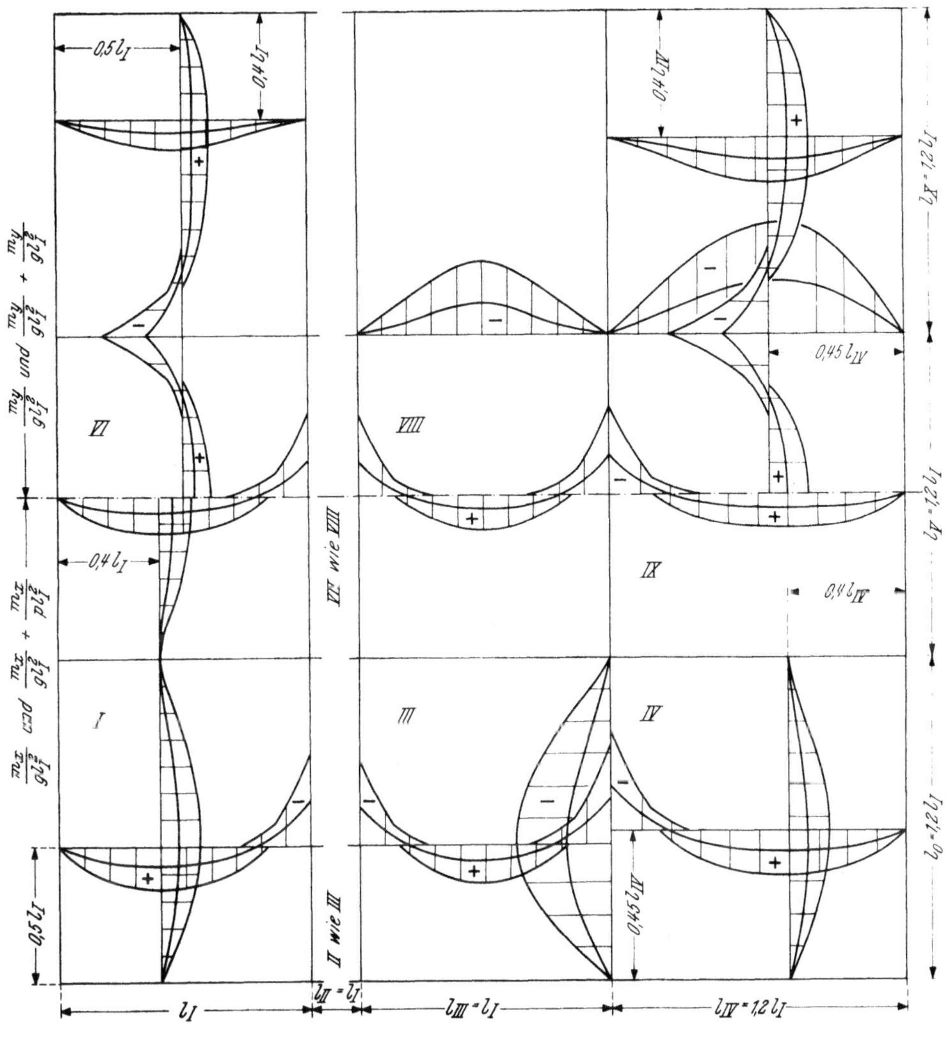

Abb. 165. Momentenverlauf (untere Hälfte $m_x$, obere Hälfte $m_y$)

Die Momentenwerte im Grundfall **$F_4$ — 1** erhält man durch Umrechnung aus der Tafel E.1,2/31 gemäß den Angaben bei Fall **$F_4$ — 1** (S. 135): Die Zahlen der Spalte $\frac{2c}{a} = 0{,}8$ (entsprechend $\frac{x_{\mathrm{I}}}{l_{\mathrm{I}}} = 0{,}4$) werden mit 0,8 und den zugehörigen Zahlen $\frac{2d}{a}$ multipliziert und liefern die gesuchten Momentenwerte in den entsprechenden Punkten $\frac{y}{l_{\mathrm{I}}}$.

Der Beitrag von $m_{\mathrm{I\,II}\,1}$ in der Mittellinie wird mit den Zahlen $\sin \pi \frac{y}{l_0}$ nach Tafel E.1,2/12 multipliziert; der Beitrag von $m_{\mathrm{I\,VI}\,1}$ ergibt sich mit Hilfe der gleichen Tafel ($m_x$ infolge $m_{t1}$ in verkehrter Reihenfolge). Für die Reihenglieder $m_{\mathrm{I\,VI}\,2}$ und $m_{\mathrm{I\,VI}\,3}$ wird die Tafel K.1 herangezogen.

Der gesuchte Größtwert von $m_x$ liegt etwa bei $y = 0{,}55\, l_{\mathrm{I}}$; durch Auftragen eines Teilstückes der Linie in großem Maßstab findet man $\max \frac{m_x}{q\, l_{\mathrm{I}}^2} = 0{,}0405$.

Tafel 10. Verlauf von $\frac{m_y}{q\,l_I^2}$ im Feld IV

$x_{IV} = 0{,}55\,l_{IV}$

| $\frac{y_{IV}}{l_{IV}}$ = | 0,1 | 0,2 | 0,3 | 0,35 | 0,4 | 0,45 | 0,5 | 0,6 | 0,7 | 0,8 | 0,9 | 1,0 |
|---|---|---|---|---|---|---|---|---|---|---|---|---|
| **$F_4 - 1$** | +0,0249 | +0,0396 | +0,0475 | +0,0498 | +0,0513 | +0,0521 | +0,0525 | +0,0513 | +0,0475 | +0,0396 | +0,0249 | 0 |
| $\frac{m_{III\,IV\,1}}{q\,l_I^2} = -0{,}0673$ | —0,0027 | —0,0052 | —0,0071 | —0,0078 | —0,0083 | —0,0087 | —0,0088 | —0,0083 | —0,0071 | —0,0052 | —0,0027 | 0 |
| $\frac{m_{III\,IV\,2}}{q\,l_I^2} = -0{,}0097$ | —0,0003 | —0,0005 | —0,0005 | —0,0004 | —0,0003 | —0,0002 | 0 | +0,0003 | +0,0005 | +0,0005 | +0,0003 | 0 |
| $\frac{m_{III\,IV\,3}}{q\,l_I^2} = +0{,}0002$ | — | — | — | — | — | — | — | — | — | — | — | 0 |
| $\frac{m_{IV\,IX\,1}}{q\,l_I^2} = -0{,}0703$ | +0,0001 | +0,0001 | —0,0004 | —0,0009 | —0,0015 | —0,0025 | —0,0039 | —0,0079 | —0,0147 | —0,0257 | —0,0428 | —0,0694 |
| $\frac{m_{IV\,IX\,2}}{q\,l_I^2} = +0{,}0104$ | — | — | — | — | — | +0,0001 | +0,0001 | — | — | —0,0003 | —0,0012 | —0,0032 |
| $\frac{m_{IV\,IX\,3}}{q\,l_I^2} = +0{,}0004$ | — | — | — | — | — | — | — | — | — | — | —0,0001 | —0,0004 |
| $\frac{m_y}{q\,l_I^2}$ = | +0,0220 | +0,0340 | +0,0395 | +0,0407 | +0,0412 | +0,0408 | +0,0399 | +0,0354 | +0,0262 | +0,0089 | —0,0216 | —0,0730 |

Der Größtwert von $m_y$ findet sich in ähnlicher Weise; man wird zuerst den Verlauf in der Mittellinie $x_{\mathrm{I}} = \frac{l_{\mathrm{I}}}{2}$ ermitteln und sodann in der entsprechenden Linie senkrecht dazu fortschreiten. Für $g$ allein liegt der Größtwert von $m_y$ im Punkt $x_{\mathrm{I}} = 0{,}44\, l_{\mathrm{I}}$, $y_{\mathrm{I}} = 0{,}4\, l_{\mathrm{I}}$; für $p$ allein gilt der Punkt $x_{\mathrm{I}} = 0{,}47\, l_{\mathrm{I}}$, $y_{\mathrm{I}} = 0{,}5\, l_{\mathrm{I}}$.

*2.2.4.5. Eckfeld IV.* Das Aufsuchen der Größtmomente im Feld IV geschieht in der gleichen Weise wie im Feld I. Der Größtwert von $m_x$ ergibt sich für $g$ allein im Punkt $x_{\mathrm{IV}} = 0{,}62\, l_{\mathrm{IV}}$, $y_{\mathrm{IV}} = 0{,}44\, l_{\mathrm{IV}}$, für $p$ allein im Punkt $x_{\mathrm{IV}} = 0{,}58\, l_{\mathrm{IV}}$, $y_{\mathrm{IV}} = 0{,}47\, l_{\mathrm{IV}}$.

Die Ermittlung des Größtwertes $m_y$ ist in Tafel 10 gezeigt. Es wird der Verlauf von $\frac{m_y}{q\, l_{\mathrm{I}}^2}$ mit $g = p = \frac{q}{2}$ in der Linie $x_{\mathrm{IV}} = 0{,}55\, l_{\mathrm{IV}}$ untersucht; eine Kontrollrechnung zeigt, daß der Größtwert tatsächlich in dieser Linie auftritt.

Die Momentenwerte $\frac{m_y}{q\, l_{\mathrm{IV}}^2}$ im Grundfall $\boxed{\mathbf{F_4 - 1}}$ werden, wie unter P. 2.2.4.4., aus der Tafel E.1,0/31 umgerechnet. Beim Seitenverhältnis 1,0 hat $m_y$ in der Linie $x_{\mathrm{IV}} = 0{,}55\, l_{\mathrm{IV}}$ den gleichen Verlauf wie $m_x$ in der Linie $y_{\mathrm{IV}} = 0{,}45\, l_{\mathrm{IV}}$; in der Tafel E.1,0/31 sind daher die Zahlen für $\frac{2d}{a} = 0{,}9$ mit $0{,}9\, \frac{2c}{a}$ zu multiplizieren. Um auf $\frac{m_y}{q\, l_{\mathrm{I}}^2}$ zu kommen, muß außerdem noch mit $\left(\frac{l_{\mathrm{IV}}}{l_{\mathrm{I}}}\right)^2 = 1{,}44$ multipliziert werden.

Die Stützenmomente sind bei Überlagerung des Lastfalles „$g$“ mit Lastfall b) in Tafel 7:

$$\frac{m_{\mathrm{III\,IV}\,1}}{q\, l_{\mathrm{I}}^2} = \frac{1}{2}(-\,0{,}0854 - 0{,}0493) = -\,0{,}0673,$$

$$\frac{m_{\mathrm{III\,IV}\,2}}{q\, l_{\mathrm{I}}^2} = \frac{1}{2}(-\,0{,}0129 - 0{,}0065) = -\,0{,}0097,$$

$$\frac{m_{\mathrm{III\,IV}\,3}}{q\, l_{\mathrm{I}}^2} = \frac{1}{2}(+\,0{,}0003 + 0{,}0002) = +\,0{,}0002,$$

$$\frac{m_{\mathrm{IV\,IX}\,1}}{q\, l_{\mathrm{I}}^2} = \frac{1}{2}(-\,0{,}0938 - 0{,}0469) = -\,0{,}0703,$$

$$\frac{m_{\mathrm{IV\,IX}\,2}}{q\, l_{\mathrm{I}}^2} = \frac{1}{2}(+\,0{,}0139 + 0{,}0070) = +\,0{,}0104,$$

$$\frac{m_{\mathrm{IV\,IX}\,3}}{q\, l_{\mathrm{I}}^2} = \frac{1}{2}(+\,0{,}0006 + 0{,}0003) = +\,0{,}0004.$$

Die Beiträge der drei Reihenglieder von $m_{\mathrm{III\,IV}}$ ergeben sich aus Tafel E.1,0/11 ($m_y$ für $\frac{x_{\mathrm{IV}}}{l_{\mathrm{IV}}} = 0{,}55$). Die Beiträge der drei Reihenglieder von $m_{\mathrm{IV\,IX}}$ sind nach der gleichen Tafel mit vertauschten Koordinatenrichtungen zu berechnen (die Zahlen für „$m_x$“ werden mit $\sin j\pi\, 0{,}55$ multipliziert). Der Größtwert $m_y$ findet sich im Punkt $y_{\mathrm{IV}} = 0{,}4\, l_{\mathrm{IV}}$ mit $\frac{m_y}{q\, l_{\mathrm{I}}^2} = 0{,}0412$.

## 2.3. Gekürzte Berechnung

Das unter P. 2.2. wiedergegebene Verfahren wird weniger zeitraubend, wenn von allen Stützenmomenten nur das 1. Reihenglied berechnet wird. In den Gleichungssystemen nach Tafel 5 und 6 verbleiben nach Streichung der höheren Reihenglieder statt 27 nur 10 Unbekannte, die wieder am besten durch Iteration zu ermitteln sind; sie unterscheiden sich etwas von den Werten nach Tafel 7 und geben unmittelbar die annähernden Größtwerte der Stützenmomente an. Der Verlauf der Momente in den einzelnen Feldern und ihre positiven Größtwerte werden ebenso ermittelt, wie in P. 2.2.4. beschrieben, es fehlen nur die Beiträge der höheren Reihenglieder der Stützenmomente. Die Ergebnisse sind in den beiden letzten Zeilen der Tafel 11 eingetragen. Es zeigen sich gewisse Abweichungen von den genaueren Werten, die bei den Feldmomenten durchwegs auf der sicheren Seite liegen; die angenäherten Werte der Stützenmomente sind zum Teil zu klein. Der Fehler des Mittelwertes aus $g$ und $p$ beträgt bis zu 5% des größten vorkommenden Stützenmomentes ($m_{\mathrm{IV\,IX}}$).

Tafel 11. Zusammenstellung

$x$-Richtung

| | | Feld I | Stütze I II | Feld II | Stütze II III | Feld III | Stütze III IV |
|---|---|---|---|---|---|---|---|
| Näherungsrechnung | $m_x = g\, l_I^2 \cdot$ | 0,0378 | — 0,0790 | 0,0300 | — 0,0714 | 0,0300 | — 0,0861 |
| nach P. 2.1. | $= p\, l_I^2 \cdot$ | 0,0451 | — 0,0890 | 0,0412 | — 0,0847 | 0,0412 | — 0,0977 |
| Berechnung | $= g\, l_I^2 \cdot$ | 0,0371 | — 0,0816 | 0,0298 | — 0,0712 | 0,0291 | — 0,0892 |
| nach P. 2.2. | $= p\, l_I^2 \cdot$ | 0,0441 | — 0,0897 | 0,0410 | — 0,0862 | 0,0413 | — 0,0992 |
| Gekürzte Berechnung | $= g\, l_I^2 \cdot$ | 0,0373 | — 0,0786 | 0,0300 | — 0,0701 | 0,0293 | — 0,0848 |
| nach P. 2.3. | $= p\, l_I^2 \cdot$ | 0,0441 | — 0,0920 | 0,0412 | — 0,0894 | 0,0413 | — 0,1009 |

$y$-Richtung

| | | Feld I | Stütze I VI | Feld VI | Feld II |
|---|---|---|---|---|---|
| Näherungsrechnung | $m_y = g\, l_I^2 \cdot$ | 0,0244 | — 0,0735 | 0,0234 | 0,0151 |
| nach P. 2.1. | $= p\, l_I^2 \cdot$ | 0,0294 | — 0,0860 | 0,0289 | 0,0248 |
| Berechnung | $= g\, l_I^2 \cdot$ | 0,0239 | — 0,0768 | 0,0230 | 0,0148 |
| nach P. 2.2. | $= p\, l_I^2 \cdot$ | 0,0288 | — 0,0868 | 0,0286 | 0,0236 |
| Gekürzte Berechnung | $= g\, l_I^2 \cdot$ | 0,0248 | — 0,0714 | 0,0232 | 0,0167 |
| nach P. 2.3. | $= p\, l_I^2 \cdot$ | 0,0290 | — 0,0872 | 0,0287 | 0,0244 |

## 3. Berechnung der Träger

### 3.1. Ausführliche Berechnung

#### *3.1.1. Rechnungsgang*

Die Belastung eines Trägers setzt sich zusammen aus den Auflagerkräften des bzw. der beiden aufliegenden Plattenfelder bei allseitig frei drehbarer Stützung (Grundfall $\boxed{F_4 - 1}$) und den Auflagerkräften infolge der Stützenmomente der Platte. Der Verlauf der Auflagerkräfte braucht jedoch nicht berechnet zu werden; man kann unmittelbar die Momente und Querkräfte im Träger, zunächst in jedem Feld für sich als frei drehbar gestützter Träger, ermitteln. Außerdem berechnet man die zugehörigen „Belastungswerte" $B = \frac{6\,E\,J\,\beta}{l}$, aus welchen sich in bekannter Weise die Stützenmomente des Durchlaufträgers ergeben. Im folgenden wird der Rechnungsgang für den Träger S 4 (siehe Abb. 163) wiedergegeben. Dieser Träger besitzt drei Felder mit den gleichen Stützweiten $l_0$.

#### *3.1.2. Auflagerkräfte der Platte im Grundfall*

Bei Fall $\boxed{F_4 - 1}$ (S. 133) finden sich Formeln für den Träger unter dem kürzeren Rand mit der Länge $a$; für den Träger unter dem längeren Rand mit der Länge $b$ erhält man durch Vertauschen der Koordinatenrichtungen:

$$\text{Momente} \quad M_S = p\, b^3 \sum_{1,3}^{\infty} {}_k \sin k\pi \frac{y}{b} \frac{2}{k^4 \pi^4} \left( 3\,\mathfrak{Tg}\, k\pi \frac{a}{2b} - \frac{k\pi \frac{a}{2b}}{\mathfrak{Cof}^2\, k\pi \frac{a}{2b}} \right), \tag{529}$$

$$\text{Querkräfte} \quad Q_S = p\, b^2 \sum_{1,3}^{\infty} {}_k \cos k\pi \frac{y}{b} \frac{2}{k^3 \pi^3} \left( 3\,\mathfrak{Tg}\, k\pi \frac{a}{2b} - \frac{k\pi \frac{a}{2b}}{\mathfrak{Cof}^2\, k\pi \frac{a}{2b}} \right). \tag{530}$$

Beim unendlichen Halbstreifen mit $a \to \infty$ ist der Klammerausdruck $= 3$. Die zugehörigen Zahlen $\frac{M}{p\,b^3}$ und $\frac{Q}{p\,b^2}$ findet man im Diagramm bei Fall $\boxed{F_3 - 1}$ (S. 81). Die Differenz im Klammerausdruck gegenüber der Rechteckplatte erstreckt sich lediglich auf das 1. Reihenglied. Für die Felder III, VIII, XIII mit $\frac{a}{b} = \frac{l_I}{l_0} = \frac{1}{1{,}2}$ ergibt sich der Klammerausdruck der Momenten-Größtwerte

$x$-Richtung

| Feld IV | Feld VI | Stütze VI VII | Feld VII | Stütze VII VIII | Feld VIII | Stütze VIII IX | Feld IX |
|---|---|---|---|---|---|---|---|
| 0,0386 | 0,0286 | — 0,0691 | 0,0254 | — 0,0644 | 0,0254 | — 0,0717 | 0,0247 |
| 0,0458 | 0,0405 | — 0,0835 | 0,0389 | — 0,0812 | 0,0389 | — 0,0905 | 0,0389 |
| 0,0374 | 0,0280 | — 0,0704 | 0,0253 | — 0,0655 | 0,0255 | — 0,0726 | 0,0242 |
| 0,0443 | 0,0397 | — 0,0845 | 0,0389 | — 0,0838 | 0,0396 | — 0,0915 | 0,0378 |
| 0,0380 | 0,0290 | — 0,0635 | 0,0256 | — 0,0618 | 0,0259 | — 0,0642 | 0,0260 |
| 0,0448 | 0,0400 | — 0,0846 | 0,0390 | — 0,0851 | 0,0398 | — 0,0907 | 0,0384 |

$y$-Richtung

| Stütze II VII | Feld VII | Feld III | Stütze III VIII | Feld VIII | Feld IV | Stütze IV IX | Feld IX |
|---|---|---|---|---|---|---|---|
| — 0,0566 | 0,0152 | 0,0151 | — 0,0566 | 0,0152 | 0,0392 | — 0,0939 | 0,0338 |
| — 0,0776 | 0,0248 | 0,0248 | — 0,0776 | 0,0248 | 0,0461 | — 0,1074 | 0,0434 |
| — 0,0572 | 0,0147 | 0,0138 | — 0,0563 | 0,0145 | 0,0384 | — 0,0980 | 0,0338 |
| — 0,0777 | 0,0246 | 0,0238 | — 0,0780 | 0,0252 | 0,0442 | — 0,1081 | 0,0423 |
| — 0,0483 | 0,0151 | 0,0161 | — 0,0472 | 0,0149 | 0,0388 | — 0,0934 | 0,0335 |
| — 0,0758 | 0,0248 | 0,0246 | — 0,0761 | 0,0255 | 0,0448 | — 0,1094 | 0,0423 |

unter Verwendung der Tafel A.2 (S. 287) zu 2,2602. Für die Felder IV, IX, XIV mit $\frac{a}{b} = 1$ ist der Klammerausdruck = 2,5017. Damit ergeben sich die in Tafel 12 angegebenen Zahlen. Die Belastungswerte sind aus Tafel B.1 (S. 288) zu entnehmen und betragen

für die Felder III, VIII, XIII ... $B_S \;= p\,a\,b^2 \cdot 0{,}1070$

$$\text{oder } \frac{B_S}{p\,l_0^3} = \frac{0{,}1070}{1{,}2} = 0{,}08915;$$

für die Felder IV, IX, XIV ... $\frac{B_S}{p\,l_0^3} = 0{,}0987.$

Tafel 12. Momente und Querkräfte des Trägers S 4 im Grundfall

| Plattenfeld | | $\frac{y}{l_0}$ = 0 | 0,1 | 0,2 | 0,3 | 0,4 | 0,5 |
|---|---|---|---|---|---|---|---|
| III, VIII, XIII | $\frac{M}{p\,l_0^3}$ | 0 | 0,0151 | 0,0280 | 0,0377 | 0,0437 | 0,0458 |
| | $\frac{Q}{p\,l_0^2}$ | 0,1558 | 0,1422 | 0,1144 | 0,0793 | 0,0405 | 0 |
| IV, IX, XIV | $\frac{M}{p\,l_0^3}$ | 0 | 0,0166 | 0,0309 | 0,0417 | 0,0485 | 0,0507 |
| | $\frac{Q}{p\,l_0^2}$ | 0,1714 | 0,1570 | 0,1270 | 0,0884 | 0,0453 | 0 |

### *3.1.3. Auflagerkräfte infolge der Stützenmomente der Platte*

Ein am Rand $s$ angreifendes Moment $m_s = m_{sk} \sin k\pi \frac{y}{b}$ nach Fall **F$_4$—0s** erzeugt im Träger unter dem gleichen Rand die Momente

$$M_S = -\,m_{sk} \sin k\pi \frac{y}{b}\,\frac{b}{2k\pi}\left(\mathfrak{Cotg}\,k\pi\frac{a}{b} + \frac{k\pi\frac{a}{b}}{\mathfrak{Sin}^2\,k\pi\frac{a}{b}}\right). \qquad \text{(S — e)}$$

Für die Felder III, VIII, XIII gilt dann mit den Bezeichnungen nach Abb. 163:

$$\frac{M_S}{p\,l_0^3} = -\frac{m_{sk}}{p\,l_I^2}\sin k\pi\frac{y}{l_0}\left(\frac{l_I}{l_0}\right)^2\frac{1}{2k\pi}\left(\mathfrak{Cotg}\,k\pi\frac{l_{III}}{l_0}+\frac{k\pi\frac{l_{III}}{l_0}}{\mathfrak{Sin}^2\,k\pi\frac{l_{III}}{l_0}}\right); \qquad (531)$$

$$\frac{Q_S}{p\,l_0^2} = -\frac{m_{sk}}{p\,l_I^2}\cos k\pi\frac{y}{l_0}\left(\frac{l_I}{l_0}\right)^2\frac{1}{2}\left(\mathfrak{Cotg}\,k\pi\frac{l_{III}}{l_0}+\frac{k\pi\frac{l_{III}}{l_0}}{\mathfrak{Sin}^2\,k\pi\frac{l_{III}}{l_0}}\right); \qquad (532)$$

$$\frac{B_{St}}{p\,l_0^3} = \frac{M_{S_m}}{p\,l_0^3}\,\frac{6}{k\pi}, \qquad \left(M_{S_m} = M_S \text{ in } \frac{ky}{l_0} = \frac{1}{2}\right), \qquad \frac{B_{S_b}}{p\,l_0^3} = \frac{B_{St}}{p\,l_0^3}\,(-\cos k\pi).$$

Ein am gegenüberliegenden Rand $a$ angreifendes Moment $m_a = m_{ak}\sin k\pi\frac{y}{b}$ erzeugt im Träger unter dem Rand $s$ die Momente

$$\frac{M_S}{p\,l_0^3} = \frac{m_{ak}}{p\,l_I^2}\sin k\pi\frac{y}{l_0}\left(\frac{l_I}{l_0}\right)^2\frac{1}{2k\pi}\,\frac{k\pi\frac{l_{III}}{l_0}\,\mathfrak{Cotg}\,k\pi\frac{l_{III}}{l_0}+1}{\mathfrak{Sin}\,k\pi\frac{l_{III}}{l_0}}; \qquad (533)$$

Querkräfte und Belastungswerte entsprechend.

Für die Felder IV, IX, XIV ist in obigen Formeln $l_{IV} = l_0$ an Stelle von $l_{III}$ zu setzen. Es ergeben sich die Zahlen nach Tafel 13.

Tafel 13. Momente, Querkräfte und Belastungswerte des Trägers S 4 infolge von Randmomentangriffen $m_{sk}\sin k\pi\frac{y}{l_0}$ über dem Träger bzw. $m_{ak}\sin k\pi\frac{y}{l_0}$ am gegenüberliegenden Rand

| Plattenfeld | Momentangriff | | $k = 1$ | $k = 2$ | $k = 3$ |
|---|---|---|---|---|---|
| III, VIII, XIII | Über dem Träger | $\frac{M}{p\,l_0^3} = \frac{m_{sk}}{p\,l_I^2}\sin k\pi\frac{y}{l_0}$ | — 0,1181 | — 0,0552 | — 0,0368 |
| | | $\frac{Q}{p\,l_0^2} = \frac{m_{sk}}{p\,l_I^2}\cos k\pi\frac{y}{l_0}$ | — 0,3705 | — 0,3472 | — 0,3472 |
| | | $\frac{B}{p\,l_0^3} = \frac{m_{sk}}{p\,l_I^2}$ | — 0,2257 | ∓ 0,0528 | — 0,0235 |
| | Gegenüber | $\frac{M}{p\,l_0^3} = \frac{m_{ak}}{p\,l_I^2}\sin k\pi\frac{y}{l_0}$ | 0,0592 | 0,0037 | — |
| | | $\frac{Q}{p\,l_0^2} = \frac{m_{ak}}{p\,l_I^2}\cos k\pi\frac{y}{l_0}$ | 0,1855 | 0,0230 | — |
| | | $\frac{B}{p\,l_0^3} = \frac{m_{ak}}{p\,l_I^2}$ | 0,1130 | ± 0,0035 | — |
| IV, IX, XIV | Über dem Träger | $\frac{M}{p\,l_0^3} = \frac{m_{sk}}{p\,l_I^2}\sin k\pi\frac{y}{l_0}$ | — 0,1135 | — 0,0552 | — 0,0368 |
| | | $\frac{Q}{p\,l_0^2} = \frac{m_{sk}}{p\,l_I^2}\cos k\pi\frac{y}{l_0}$ | — 0,3565 | — 0,3472 | — 0,3472 |
| | | $\frac{B}{p\,l_0^3} = \frac{m_{sk}}{p\,l_I^2}$ | — 0,2170 | ∓ 0,0528 | — 0,0235 |
| | Gegenüber | $\frac{M}{p\,l_0^3} = \frac{m_{ak}}{p\,l_I^2}\sin k\pi\frac{y}{l_0}$ | 0,0398 | 0,0015 | — |
| | | $\frac{Q}{p\,l_0^2} = \frac{m_{ak}}{p\,l_I^2}\cos k\pi\frac{y}{l_0}$ | 0,1250 | 0,0094 | — |
| | | $\frac{B}{p\,l_0^3} = \frac{m_{ak}}{p\,l_I^2}$ | 0,0760 | ± 0,0014 | — |

Ein am Rand $t$ angreifendes Moment $m_t = m_{tj} \sin j\pi \frac{x}{a}$ nach Fall **$F_4$—0t** erzeugt im Träger unter dem Rand $s$ die Momente

$$M_s = m_{tj} \frac{a}{j\pi}\left\{1 - \frac{y}{b} - \frac{\mathfrak{Sin}\, j\pi \frac{b-y}{a}}{2\,\mathfrak{Sin}\, j\pi \frac{b}{a}}\left[2 - j\pi \frac{b}{a}\mathfrak{Cotg}\, j\pi\frac{b}{a} + j\pi\frac{b-y}{a}\mathfrak{Cotg}\, j\pi\frac{b-y}{a}\right]\right\}.$$

Für den Träger unter dem Rand $a$ gilt die gleiche Formel mit dem zusätzlichen Faktor $(-\cos j\pi)$. Ein am Querrand der Plattenfelder III, VIII oder XIII angreifendes Moment erzeugt somit im Träger S 4 die Momente

$$\frac{M}{p\,l_0^3} = \frac{m_{tj}}{p\,l_I^2}\left(\frac{l_I}{l_0}\right)^2 (-\cos j\pi)\frac{l_{III}}{j\pi l_0}\left\{1 - \frac{y}{l_0} - \frac{\mathfrak{Sin}\, j\pi\frac{l_0-y}{l_{III}}}{2\,\mathfrak{Sin}\, j\pi\frac{l_0}{l_{III}}}\left[2 - j\pi\frac{l_0}{l_{III}}\mathfrak{Cotg}\, j\pi\frac{l_0}{l_{III}} + {}\right.\right.$$
$$\left.\left. + j\pi\frac{l_0-y}{l_{III}}\mathfrak{Cotg}\, j\pi\frac{l_0-y}{l_{III}}\right]\right\}. \qquad (534)$$

Der nach $1 - \frac{y}{l_0}$ stehende Ausdruck ist das Moment $m_y$ in der Platte längs der Linie $j\frac{x}{l_{III}} = \frac{1}{2}$. Die in der Tafel E.1,2/12 enthaltenen Zahlen können jedoch nicht verwendet werden, weil sie die Momente in den Zwölftelpunkten der Stützweite $b$ angeben, während hier die Werte in den Zehntelpunkten benötigt werden. Für die Querkräfte im Träger S 4 gilt die Formel

$$\frac{Q}{p\,l_0^2} = \frac{m_{tj}}{p\,l_I^2}\left(\frac{l_I}{l_0}\right)^2 (-\cos j\pi)\left\{-\frac{l_{III}}{j\pi l_0} + \frac{\mathfrak{Cof}\, j\pi\frac{l_0-y}{l_{III}}}{2\,\mathfrak{Sin}\, j\pi\frac{l_0}{l_{III}}}\left[3 - j\pi\frac{l_0}{l_{III}}\mathfrak{Cotg}\, j\pi\frac{l_0}{l_{III}} + {}\right.\right.$$
$$\left.\left. + j\pi\frac{l_0-y}{l_{III}}\mathfrak{Tg}\, j\pi\frac{l_0-y}{l_{III}}\right]\right\}. \qquad (535)$$

Schließlich sind die Belastungswerte

$$\left.\begin{aligned}\frac{B_t}{p\,l_0^3} &= \frac{m_{tj}}{p\,l_I^2}\left(\frac{l_I}{l_0}\right)^2(-\cos j\pi)\frac{l_{III}}{j\pi l_0}\left\{2 - \frac{3\,l_{III}}{j\pi l_0}C\left(\frac{j\,l_0}{l_{III}}\right)\right\},\\ \frac{B_b}{p\,l_0^3} &= \frac{m_{tj}}{p\,l_I^2}\left(\frac{l_I}{l_0}\right)^2(-\cos j\pi)\frac{l_{III}}{j\pi l_0}\left\{1 - \frac{3\,l_{III}}{j\pi l_0}D\left(\frac{j\,l_0}{l_{III}}\right)\right\}.\end{aligned}\right\} \qquad (536)$$

Die Werte $C\left(\frac{l_0}{l_{III}}\right) = 0{,}9931$ und $D\left(\frac{l_0}{l_{III}}\right) = 0{,}1280$ (mit $j = 1$) können aus Tafel D.2 entnommen werden. Für höhere $j$ ist $C\left(\frac{j\,l_0}{l_{III}}\right) = 1$ und $D\left(\frac{j\,l_0}{l_I}\right) \doteq 0$.

Für ein am Querrand der Felder IV, IX oder XIV angreifendes Moment gelten die gleichen Formeln mit $l_{IV} = l_0$ an Stelle von $l_{III}$ und ohne den Faktor $(-\cos j\pi)$. Hier können die Werte „$m_y$ in der Platte" aus Tafel E.1,0/11 entnommen werden, wegen der Vertauschung der Koordinatenrichtungen jedoch aus der Zeile für $m_x$. Die Tafel D.2 liefert die benötigten Werte für $j = 1$ und $j = 2$.

In den Tafeln 14 und 15 sind alle nach den angeführten Formeln berechneten Zahlen zusammengestellt. Die vorkommenden Hyperbelfunktionen sind in der Tafel A.1 zu finden.

Bei Momentangriff am Rand $b$ ist $l_0 - y$ durch $y$ zu ersetzen; bei der Querkraft $Q$ ist außerdem das Vorzeichen zu wechseln.

### *3.1.4. Berechnung des Trägers S 4*

Die Tafel 16 zeigt die Berechnung der Momente im Träger S 4 für feldweise Nutzlast, und zwar für den Lastfall e), der die größten Feldmomente in den *End*feldern und die größten negativen Momente im Mittelfeld hervorruft (Abb. 166).

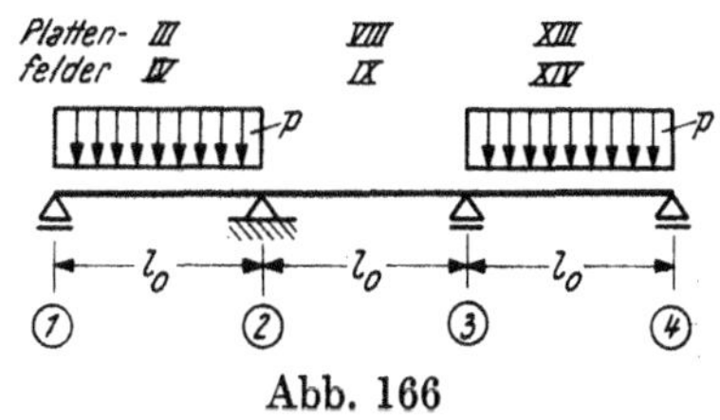

Abb. 166

Den Momenten des belasteten Feldes im Grundfall (Tafel 12) werden die Momente infolge sämtlicher Stützenmomente der Platte, die aus Tafel 7 für Lastfall e) entnommen werden,

Tafel 14. Momente $\frac{M}{p\,l_0^3}$ und Belastungswerte $\frac{B}{p\,l_0^3}$ des Trägers S 4 infolge von Randmomentangriffen $m_{tj} \sin j\,\pi \frac{x}{l}$ am Querrand $y = 0$

| Plattenfeld | $\frac{B}{p\,l_0^3}$ | $\frac{M}{p\,l_0^3}$ in $\frac{y}{l_0}$ = | | | | | | | | | $\frac{B}{p\,l_0^3}$ | Faktor |
|---|---|---|---|---|---|---|---|---|---|---|---|---|
| | $y = 0$ | 0,1 | 0,2 | 0,3 | 0,4 | 0,5 | 0,6 | 0,7 | 0,8 | 0,9 | $y = l_0$ | |
| III, VIII, XIII | 0,2229 | 0,0630 | 0,0930 | 0,1025 | 0,0996 | 0,0894 | 0,0747 | 0,0575 | 0,0389 | 0,0196 | 0,1654 | $\frac{m_{t1}}{p\,l_I^2}$ |
| | 0,1476 | 0,0568 | 0,0686 | 0,0658 | 0,0576 | 0,0479 | 0,0381 | 0,0284 | 0,0188 | 0,0094 | 0,0921 | $-\frac{m_{t2}}{p\,l_I^2}$ |
| | 0,1065 | 0,0473 | 0,0500 | 0,0445 | 0,0377 | 0,0311 | 0,0248 | 0,0185 | 0,0123 | 0,0061 | 0,0614 | $\frac{m_{t3}}{p\,l_I^2}$ |
| IV, IX, XIV | 0,2352 | 0,0626 | 0,0952 | 0,1080 | 0,1074 | 0,0983 | 0,0834 | 0,0650 | 0,0444 | 0,0225 | 0,1818 | $\frac{m_{t1}}{p\,l_I^2}$ |
| | 0,1684 | 0,0590 | 0,0768 | 0,0764 | 0,0686 | 0,0580 | 0,0464 | 0,0347 | 0,0230 | 0,0115 | 0,1095 | $\frac{m_{t2}}{p\,l_I^2}$ |
| | 0,1240 | 0,0511 | 0,0583 | 0,0534 | 0,0457 | 0,0377 | 0,0299 | 0,0223 | 0,0148 | 0,0074 | 0,0737 | $\frac{m_{t3}}{p\,l_I^2}$ |

Tafel 15. Querkräfte $\frac{Q}{p\,l_0^2}$ des Trägers S 4 infolge von Randmomentangriffen $m_{tj} \sin j\,\pi \frac{x}{l}$ am Querrand $y = 0$

| Plattenfeld | $\frac{Q}{p\,l_0^2}$ in $\frac{y}{l_0}$ = | | | | | | | | | | | Faktor |
|---|---|---|---|---|---|---|---|---|---|---|---|---|
| | 0 | 0,1 | 0,2 | 0,3 | 0,4 | 0,5 | 0,6 | 0,7 | 0,8 | 0,9 | 1,0 | |
| III, VIII, XIII | 0,8574 | 0,4789 | 0,1809 | 0,0230 | — 0,0723 | — 0,1289 | — 0,1618 | — 0,1804 | — 0,1904 | — 0,1953 | — 0,1967 | $\frac{m_{t1}}{p\,l_I^2}$ |
| | 0,950 | 0,285 | 0,023 | — 0,065 | — 0,092 | — 0,098 | — 0,098 | — 0,096 | — 0,095 | — 0,094 | — 0,094 | $-\frac{m_{t2}}{p\,l_I^2}$ |
| | 0,980 | 0,148 | — 0,034 | — 0,057 | — 0,067 | — 0,064 | — 0,062 | — 0,061 | — 0,061 | — 0,061 | — 0,061 | $\frac{m_{t3}}{p\,l_I^2}$ |
| IV, IX, XIV | 0,8163 | 0,4561 | 0,2136 | 0,0522 | — 0,0542 | — 0,1239 | — 0,1689 | — 0,1971 | — 0,2140 | — 0,2229 | — 0,2257 | $\frac{m_{t1}}{p\,l_I^2}$ |
| | 0,931 | 0,329 | 0,062 | — 0,052 | — 0,097 | — 0,113 | — 0,117 | — 0,117 | — 0,116 | — 0,115 | — 0,115 | $\frac{m_{t2}}{p\,l_I^2}$ |
| | 0,968 | 0,204 | — 0,014 | — 0,071 | — 0,080 | — 0,079 | — 0,077 | — 0,076 | — 0,075 | — 0,074 | — 0,074 | $\frac{m_{t3}}{p\,l_I^2}$ |

Tafel 16. Berechnung der Momente $\frac{M}{p\,l_0^3}$ im Träger S 4 bei feldweiser Nutzlast, Lastfall e)

Feld 1 — 2

| Plattenfeld | Stützenmomente der Platte | $\frac{M}{p\,l_0^3}$ in $\frac{y}{l_0}$ = 0,1 | 0,2 | 0,3 | 0,4 | 0,5 | 0,6 | 0,7 | 0,8 | 0,9 | 1,0 | $\frac{B_{21}}{p\,l_0^3}$ |
|---|---|---|---|---|---|---|---|---|---|---|---|---|
| III Grund-<br>IV fall | —<br>— | 0,0151<br>0,0166 | 0,0280<br>0,0309 | 0,0377<br>0,0417 | 0,0437<br>0,0485 | 0,0458<br>0,0507 | 0,0437<br>0,0485 | 0,0377<br>0,0417 | 0,0280<br>0,0309 | 0,0151<br>0,0166 | 0<br>0 | 0,0891<br>0,0987 |
| III | $\frac{m_{II\,III\,1}}{p\,l_I^2} = -0{,}0273$ | | | | | —0,0016 | | | | | | —0,0031 |
| III<br>IV | $\frac{m_{III\,IV\,1}}{p\,l_I^2} = -0{,}1013$ | 0,0068 | 0,0129 | 0,0177 | 0,0208 | 0,0120<br>0,0115 | 0,0208 | 0,0177 | 0,0129 | 0,0068 | 0 | 0,0228<br>0,0220 |
| III, IV | $\frac{m_{III\,IV\,2}}{p\,l_I^2} = -0{,}0064$ | 0,0004 | 0,0006 | 0,0006 | 0,0004 | 0 | —0,0004 | —0,0006 | —0,0006 | —0,0004 | 0 | —0,0007 |
| III, IV | $\frac{m_{III\,IV\,3}}{p\,l_I^2} = -0{,}0032$ | 0,0002 | 0,0002 | 0,0001 | —0,0001 | —0,0002 | —0,0001 | 0,0001 | 0,0002 | 0,0002 | 0 | 0,0002 |
| III | $\frac{m_{VIII\,XIII\,1}}{p\,l_I^2} = -0{,}0244$ | —0,0005 | —0,0009 | —0,0014 | —0,0018 | —0,0022 | —0,0024 | —0,0025 | —0,0023 | —0,0015 | 0 | —0,0054 |
| III | $\frac{m_{III\,VIII\,2}}{p\,l_I^2} = -0{,}0007$ | — | — | — | — | — | — | — | — | — | 0 | 0,0001 |
| III | $\frac{m_{III\,VIII\,3}}{p\,l_I^2} = +0{,}0037$ | — | — | — | 0,0001 | 0,0001 | 0,0001 | 0,0002 | 0,0002 | 0,0002 | 0 | 0,0004 |
| IV | $\frac{m_{IV\,IX\,1}}{p\,l_I^2} = -0{,}0468$ | —0,0011 | —0,0021 | —0,0030 | —0,0039 | —0,0046 | —0,0050 | —0,0051 | —0,0045 | —0,0029 | 0 | —0,0110 |
| IV | $\frac{m_{IV\,IX\,2}}{p\,l_I^2} = +0{,}0070$ | 0,0001 | 0,0002 | 0,0002 | 0,0003 | 0,0004 | 0,0005 | 0,0005 | 0,0005 | 0,0004 | 0 | 0,0012 |
| IV | $\frac{m_{IV\,IX\,3}}{p\,l_I^2} = +0{,}0003$ | — | — | — | — | — | — | — | — | — | 0 | — |
| | $\frac{M_2}{p\,l_0^3}\,\frac{y}{l_0}$ | —0,0034 | —0,0069 | —0,0103 | —0,0138 | —0,0172 | —0,0207 | —0,0241 | —0,0275 | —0,0310 | —0,0344 | — |
| | Summe... | **0,0342** | **0,0629** | **0,0833** | **0,0942** | **0,0947** | **0,0850** | **0,0656** | **0,0378** | **0,0035** | **—0,0344** | 0,2143 |

*(Fortsetzung der Tafel 16)*

Feld 2 — 3

| Plattenfeld | Stützenmomente der Platte | $\frac{B_{23}}{p\, l_0^3}$ | $\frac{M}{p\, l_0^3}$ in $\frac{y}{l_0}$ = 0,1 | 0,2 | 0,3 | 0,4 | 0,5 |
|---|---|---|---|---|---|---|---|
| Grundfall | — | — | — | — | — | — | — |
| VIII | $\frac{m_{\mathrm{VII\,VIII}\,1}}{p\, l_{\mathrm{I}}^2} = -0{,}0380$ | — 0,0043 | | | | | — 0,0022 |
| VIII<br>IX | $\frac{m_{\mathrm{VIII\,IX}\,1}}{p\, l_{\mathrm{I}}^2} = +0{,}0258$ | — 0,0058<br>— 0,0056 | — 0,0025 | — 0,0048 | — 0,0066 | — 0,0078 | — 0,0031<br>— 0,0029 |
| VIII, IX | $\frac{m_{\mathrm{VIII\,IX}\,3}}{p\, l_{\mathrm{I}}^2} = +0{,}0069$ | — 0,0003 | — 0,0004 | — 0,0005 | — 0,0002 | 0,0003 | 0,0005 |
| VIII | $\frac{m_{\mathrm{III\,VIII}\,1}}{p\, l_{\mathrm{I}}^2} = -0{,}0244$ | — 0,0054 | — 0,0015 | — 0,0023 | — 0,0025 | — 0,0024 | — 0,0022 |
| VIII | $\frac{m_{\mathrm{VIII\,XIII}\,1}}{p\, l_{\mathrm{I}}^2} = -0{,}0244$ | — 0,0040 | — 0,0005 | — 0,0009 | — 0,0014 | — 0,0018 | — 0,0022 |
| VIII | $\frac{m_{\mathrm{III\,VIII}\,2}}{p\, l_{\mathrm{I}}^2} = -0{,}0007$ | 0,0001 | — | — | — | — | — |
| VIII | $\frac{m_{\mathrm{VIII\,XIII}\,2}}{p\, l_{\mathrm{I}}^2} = -0{,}0007$ | 0,0001 | — | — | — | — | — |
| VIII | $\frac{m_{\mathrm{III\,VIII}\,3}}{p\, l_{\mathrm{I}}^2} = +0{,}0037$ | 0,0004 | 0,0002 | 0,0002 | 0,0002 | 0,0001 | 0,0001 |
| VIII | $\frac{m_{\mathrm{VIII\,XIII}\,3}}{p\, l_{\mathrm{I}}^2} = +0{,}0037$ | 0,0002 | — | — | — | 0,0001 | 0,0001 |
| IX | $\frac{m_{\mathrm{IV\,IX}\,1}}{p\, l_{\mathrm{I}}^2} = -0{,}0468$ | — 0,0110 | — 0,0029 | — 0,0045 | — 0,0051 | — 0,0050 | — 0,0046 |
| IX | $\frac{m_{\mathrm{IX\,XIV}\,1}}{p\, l_{\mathrm{I}}^2} = -0{,}0468$ | — 0,0085 | — 0,0011 | — 0,0021 | — 0,0030 | — 0,0039 | — 0,0046 |
| IX | $\frac{m_{\mathrm{IV\,IX}\,2}}{p\, l_{\mathrm{I}}^2} = +0{,}0070$ | 0,0012 | 0,0004 | 0,0005 | 0,0005 | 0,0005 | 0,0004 |
| IX | $\frac{m_{\mathrm{IX\,XIV}\,2}}{p\, l_{\mathrm{I}}^2} = +0{,}0070$ | 0,0008 | 0,0001 | 0,0002 | 0,0002 | 0,0003 | 0,0004 |
| IX | $\frac{m_{\mathrm{IV\,IX}\,3}}{p\, l_{\mathrm{I}}^2} = +0{,}0003$ | — | — | — | — | — | — |
| | $\frac{M_2}{p\, l_0^3}$ | — | — 0,0344 | — 0,0344 | — 0,0344 | — 0,0344 | — 0,0344 |
| | Summe... | — 0,0421 | **— 0,0426** | **— 0,0486** | **— 0,0523** | **— 0,0540** | **— 0,0547** |

Tafel 17. Berechnung der Stützenmomente im Träger S 4 bei feldweiser Nutzlast, Lastfall n)

| Feld 1—2 | | | Feld 2—3 | | | | Feld 3—4 | | |
|---|---|---|---|---|---|---|---|---|---|
| Plattenfeld | Stützenmomente der Platte | $\frac{B_{21}}{p\,l_0^3}$ | Plattenfeld | Stützenmomente der Platte | $\frac{B_{23}}{p\,l_0^3}$ | $\frac{B_{32}}{p\,l_0^3}$ | Plattenfeld | Stützenmomente der Platte | $\frac{B_{34}}{p\,l_0^3}$ |
| III | — | 0,0891 | VIII | — | 0,0891 | 0,0891 | — | — | — |
| IV | — | 0,0987 | IX | — | 0,0987 | 0,0987 | — | — | — |
| III | $\frac{m_{\mathrm{II\,III}\,1}}{p\,l_{\mathrm{I}}^2} = -0{,}0305$ | —0,0034 | VIII | $\frac{m_{\mathrm{VII\,VIII}\,1}}{p\,l_{\mathrm{I}}^2} = -0{,}0258$ | —0,0029 | —0,0029 | XIII | $\frac{m_{\mathrm{XII\,XIII}\,1}}{p\,l_{\mathrm{I}}^2} = -0{,}0420$ | —0,0047 |
| III | $\frac{m_{\mathrm{III\,IV}\,1}}{p\,l_{\mathrm{I}}^2} = -0{,}0884$ | +0,0199 | VIII | $\frac{m_{\mathrm{VIII\,IX}\,1}}{p\,l_{\mathrm{I}}^2} = -0{,}0792$ | +0,0179 | +0,0179 | XIII | $\frac{m_{\mathrm{XIII\,XIV}\,1}}{p\,l_{\mathrm{I}}^2} = +0{,}0152$ | —0,0034 |
| IV | | +0,0192 | IX | | +0,0172 | +0,0172 | XIV | | —0,0033 |
| III, IV | $\frac{m_{\mathrm{III\,IV}\,2}}{p\,l_{\mathrm{I}}^2} = -0{,}0140$ | —0,0015 | VIII, IX | $\frac{m_{\mathrm{VIII\,IX}\,2}}{p\,l_{\mathrm{I}}^2} = +0{,}0081$ | —0,0009 | +0,0009 | XIII, XIV | $\frac{m_{\mathrm{XIII\,XIV}\,2}}{p\,l_{\mathrm{I}}^2} = +0{,}0063$ | —0,0007 |
| III, IV | $\frac{m_{\mathrm{III\,IV}\,3}}{p\,l_{\mathrm{I}}^2} = +0{,}0008$ | — | VIII, IX | $\frac{m_{\mathrm{VIII\,IX}\,3}}{p\,l_{\mathrm{I}}^2} = +0{,}0041$ | —0,0002 | —0,0002 | XIII, XIV | $\frac{m_{\mathrm{XIII\,XIV}\,3}}{p\,l_{\mathrm{I}}^2} = +0{,}0034$ | —0,0002 |
| III | Wie Feld 2—3 | —0,0137 | VIII | $\frac{m_{\mathrm{III\,VIII}\,1}}{p\,l_{\mathrm{I}}^2} = -0{,}0613$ | —0,0137 | —0,0102 | | — | — |
| III | | +0,0013 | VIII | $\frac{m_{\mathrm{III\,VIII}\,2}}{p\,l_{\mathrm{I}}^2} = -0{,}0085$ | +0,0013 | +0,0008 | | — | — |
| III | | +0,0005 | VIII | $\frac{m_{\mathrm{III\,VIII}\,3}}{p\,l_{\mathrm{I}}^2} = +0{,}0044$ | +0,0005 | +0,0003 | | — | — |
| IV | | —0,0227 | IX | $\frac{m_{\mathrm{IV\,IX}\,1}}{p\,l_{\mathrm{I}}^2} = -0{,}0964$ | —0,0227 | —0,0175 | | — | — |
| IV | | +0,0025 | IX | $\frac{m_{\mathrm{IV\,IX}\,2}}{p\,l_{\mathrm{I}}^2} = +0{,}0149$ | +0,0025 | +0,0016 | | — | — |
| IV | | +0,0001 | IX | $\frac{m_{\mathrm{IV\,IX}\,3}}{p\,l_{\mathrm{I}}^2} = +0{,}0009$ | +0,0001 | — | | — | — |
| | — | — | VIII | $\frac{m_{\mathrm{VIII\,XIII}\,1}}{p\,l_{\mathrm{I}}^2} = -0{,}0233$ | —0,0039 | —0,0052 | XIII | Wie Feld 2—3 | —0,0052 |
| | — | — | VIII | $\frac{m_{\mathrm{VIII\,XIII}\,2}}{p\,l_{\mathrm{I}}^2} = +0{,}0002$ | — | — | XIII | | — |
| | — | — | VIII | $\frac{m_{\mathrm{VIII\,XIII}\,3}}{p\,l_{\mathrm{I}}^2} = +0{,}0037$ | +0,0002 | +0,0004 | XIII | | +0,0004 |
| | — | — | IX | $\frac{m_{\mathrm{IX\,XIV}\,1}}{p\,l_{\mathrm{I}}^2} = -0{,}0437$ | —0,0079 | —0,0103 | XIV | | —0,0103 |
| | — | — | IX | $\frac{m_{\mathrm{IX\,XIV}\,2}}{p\,l_{\mathrm{I}}^2} = +0{,}0062$ | +0,0007 | +0,0010 | XIV | | +0,0001 |
| | — | — | IX | $\frac{m_{\mathrm{IX\,XIV}\,3}}{p\,l_{\mathrm{I}}^2} = +0{,}0002$ | — | — | XIV | | — |
| | | +0,1900 | | | +0,1760 | +0,1816 | | | —0,0264 |

$$\frac{M_2}{p\,l_0^3} = \frac{1}{15}(-4 \cdot 0{,}3660 + 0{,}1552) = -0{,}0873 \qquad \frac{M_3}{p\,l_0^3} = \frac{1}{15}(0{,}3660 - 4 \cdot 0{,}1552) = -0{,}0171$$

Tafel 18. Berechnung der Querkräfte $\frac{Q}{p\,l_0^2}$ im Feld 1 — 2

| Plattenfeld | Stützenmomonte der Platte | $\frac{Q}{p\,l_0^2}$ in $\frac{y}{l_0}$ = 0,4 | 0,5 | 0,6 | 0,7 | 0,8 | 0,9 | 1,0 |
|---|---|---|---|---|---|---|---|---|
| III | — | 0,0405 | 0 | —0,0405 | —0,0793 | —0,1144 | —0,1422 | —0,1558 |
| IV | — | 0,0453 | 0 | —0,0453 | —0,0884 | —0,1270 | —0,1570 | —0,1714 |
| III | $\frac{m_{II\,III\,1}}{p\,l_I^2}$ = — 0,0305 | | | | | | | + 0,0057 |
| III | $\frac{m_{III\,IV\,1}}{p\,l_I^2}$ = — 0,0884 | + 0,0181 | 0 | —0,0181 | —0,0345 | —0,0474 | —0,0558 | —0,0328 |
| IV | | | | | | | | —0,0315 |
| III, IV | $\frac{m_{III\,IV\,2}}{p\,l_I^2}$ = — 0,0140 | —0,0078 | —0,0097 | —0,0078 | —0,0030 | + 0,0030 | + 0,0078 | + 0,0097 |
| III, IV | $\frac{m_{III\,IV\,3}}{p\,l_I^2}$ = + 0,0008 | + 0,0005 | 0 | —0,0005 | —0,0006 | —0,0002 | + 0,0004 | + 0,0006 |
| III | $\frac{m_{III\,VIII\,1}}{p\,l_I^2}$ = — 0,0613 | —0,0099 | —0,0079 | —0,0044 | + 0,0014 | + 0,0111 | + 0,0294 | + 0,0525 |
| III | $\frac{m_{III\,VIII\,2}}{p\,l_I^2}$ = — 0,0085 | + 0,0008 | + 0,0008 | + 0,0008 | + 0,0006 | —0,0002 | —0,0024 | —0,0081 |
| III | $\frac{m_{III\,VIII\,3}}{p\,l_I^2}$ = + 0,0044 | + 0,0003 | + 0,0003 | + 0,0003 | + 0,0002 | + 0,0001 | —0,0006 | —0,0043 |
| IV | $\frac{m_{IV\,IX\,1}}{p\,l_I^2}$ = — 0,0964 | —0,0163 | —0,0120 | —0,0052 | + 0,0050 | + 0,0206 | + 0,0439 | + 0,0787 |
| IV | $\frac{m_{IV\,IX\,2}}{p\,l_I^2}$ = + 0,0149 | + 0,0017 | + 0,0017 | + 0,0014 | + 0,0008 | —0,0009 | —0,0049 | —0,0139 |
| IV | $\frac{m_{IV\,IX\,3}}{p\,l_I^2}$ = + 0,0009 | — | — | — | — | — | —0,0002 | —0,0009 |
| | $\frac{M_2}{p\,l_0^3}$ | —0,0873 | —0,0873 | —0,0873 | —0,0873 | —0,0873 | —0,0873 | —0,0873 |
| | Summe... | —0,0141 | —0,1141 | —0,2066 | —0,2851 | —0,3426 | —0,3689 | —0,3588 |

Träger S 4 bei feldweiser Nutzlast, Lastfall n)

Feld 2 — 3

| Plattenfeld | Stützenmomente der Platte | $\frac{Q}{p\,l_0^2}$ in $\frac{y}{l_0}$ = 0 | 0,1 | 0,2 | 0,3 | 0,4 | 0,5 | 0,6 |
|---|---|---|---|---|---|---|---|---|
| VIII | — | 0,1558 | 0,1422 | 0,1144 | 0,0793 | 0,0405 | 0 | —0,0405 |
| IX | — | 0,1714 | 0,1570 | 0,1270 | 0,0884 | 0,0453 | 0 | —0,0453 |
| VIII | $\frac{m_{\mathrm{VII\,VIII}\,1}}{p\,l_{\mathrm{I}}^2}$ = — 0,0258 | —0,0048 | | | | | | |
| VIII | $\frac{m_{\mathrm{VIII\,IX}\,1}}{p\,l_{\mathrm{I}}^2}$ = — 0,0792 | + 0,0294 | + 0,0502 | + 0,0427 | + 0,0310 | + 0,0163 | 0 | —0,0163 |
| IX | | + 0,0282 | | | | | | |
| VIII, IX | $\frac{m_{\mathrm{VIII\,IX}\,2}}{p\,l_{\mathrm{I}}^2}$ = + 0,0081 | —0,0056 | —0,0045 | —0,0017 | + 0,0017 | + 0,0045 | + 0,0056 | + 0,0045 |
| VIII, IX | $\frac{m_{\mathrm{VIII\,IX}\,3}}{p\,l_{\mathrm{I}}^2}$ = + 0,0041 | —0,0028 | —0,0016 | + 0,0009 | + 0,0027 | + 0,0023 | 0 | —0,0023 |
| VIII | $\frac{m_{\mathrm{III\,VIII}\,1}}{p\,l_{\mathrm{I}}^2}$ = — 0,0613 | —0,0525 | —0,0294 | —0,0111 | —0,0014 | + 0,0044 | + 0,0079 | + 0,0099 |
| VIII | $\frac{m_{\mathrm{III\,VIII}\,2}}{p\,l_{\mathrm{I}}^2}$ = — 0,0085 | + 0,0081 | + 0,0024 | + 0,0002 | —0,0006 | —0,0008 | —0,0008 | —0,0008 |
| VIII | $\frac{m_{\mathrm{III\,VII}\,3}}{p\,l_{\mathrm{I}}^2}$ = + 0,0044 | + 0,0043 | + 0,0006 | —0,0001 | —0,0002 | —0,0003 | —0,0003 | —0,0003 |
| IX | $\frac{m_{\mathrm{IV\,IX}\,1}}{p\,l_{\mathrm{I}}^2}$ = — 0,0064 | —0,0787 | 0,0430 | 0,0206 | —0,0050 | + 0,0052 | + 0,0120 | + 0,0163 |
| IX | $\frac{m_{\mathrm{IV\,IX}\,2}}{p\,l_{\mathrm{I}}^2}$ = + 0,0149 | + 0,0139 | + 0,0049 | + 0,0009 | —0,0008 | —0,0014 | —0,0017 | —0,0017 |
| IX | $\frac{m_{\mathrm{IV\,IX}\,3}}{p\,l_{\mathrm{I}}^2}$ = + 0,0009 | + 0,0009 | + 0,0002 | — | — | — | — | — |
| VIII | $\frac{m_{\mathrm{VIII\,XIII}\,1}}{p\,l_{\mathrm{I}}^2}$ = — 0,0233 | —0,0046 | —0,0045 | —0,0044 | —0,0042 | —0,0038 | —0,0030 | —0,0017 |
| VIII | $\frac{m_{\mathrm{VIII\,XIII}\,2}}{p\,l_{\mathrm{I}}^2}$ = + 0,0002 | — | — | — | — | — | — | — |
| VIII | $\frac{m_{\mathrm{VIII\,XIII}\,3}}{p\,l_{\mathrm{I}}^2}$ = + 0,0037 | + 0,0002 | + 0,0002 | + 0,0002 | + 0,0002 | + 0,0002 | + 0,0002 | + 0,0002 |
| IX | $\frac{m_{\mathrm{IX\,XIV}\,1}}{p\,l_{\mathrm{I}}^2}$ = — 0,0437 | —0,0098 | —0,0097 | —0,0093 | —0,0086 | —0,0074 | —0,0054 | —0,0024 |
| IX | $\frac{m_{\mathrm{IX\,XIV}\,2}}{p\,l_{\mathrm{I}}^2}$ = + 0,0062 | + 0,0007 | + 0,0007 | + 0,0007 | + 0,0007 | + 0,0007 | + 0,0007 | + 0,0006 |
| IX | $\frac{m_{\mathrm{IX\,XIV}\,3}}{p\,l_{\mathrm{I}}^2}$ = + 0,0002 | — | — | — | — | — | — | — |
| | $-\frac{M_2}{p\,l_0^3} + \frac{M_3}{p\,l_0^3}$ | + 0,0702 | + 0,0702 | + 0,0702 | + 0,0702 | + 0,0702 | + 0,0702 | + 0,0702 |
| | Summe... | + 0,3243 | + 0,3350 | + 0,3100 | + 0,2534 | + 0,1759 | + 0,0854 | —0,0096 |

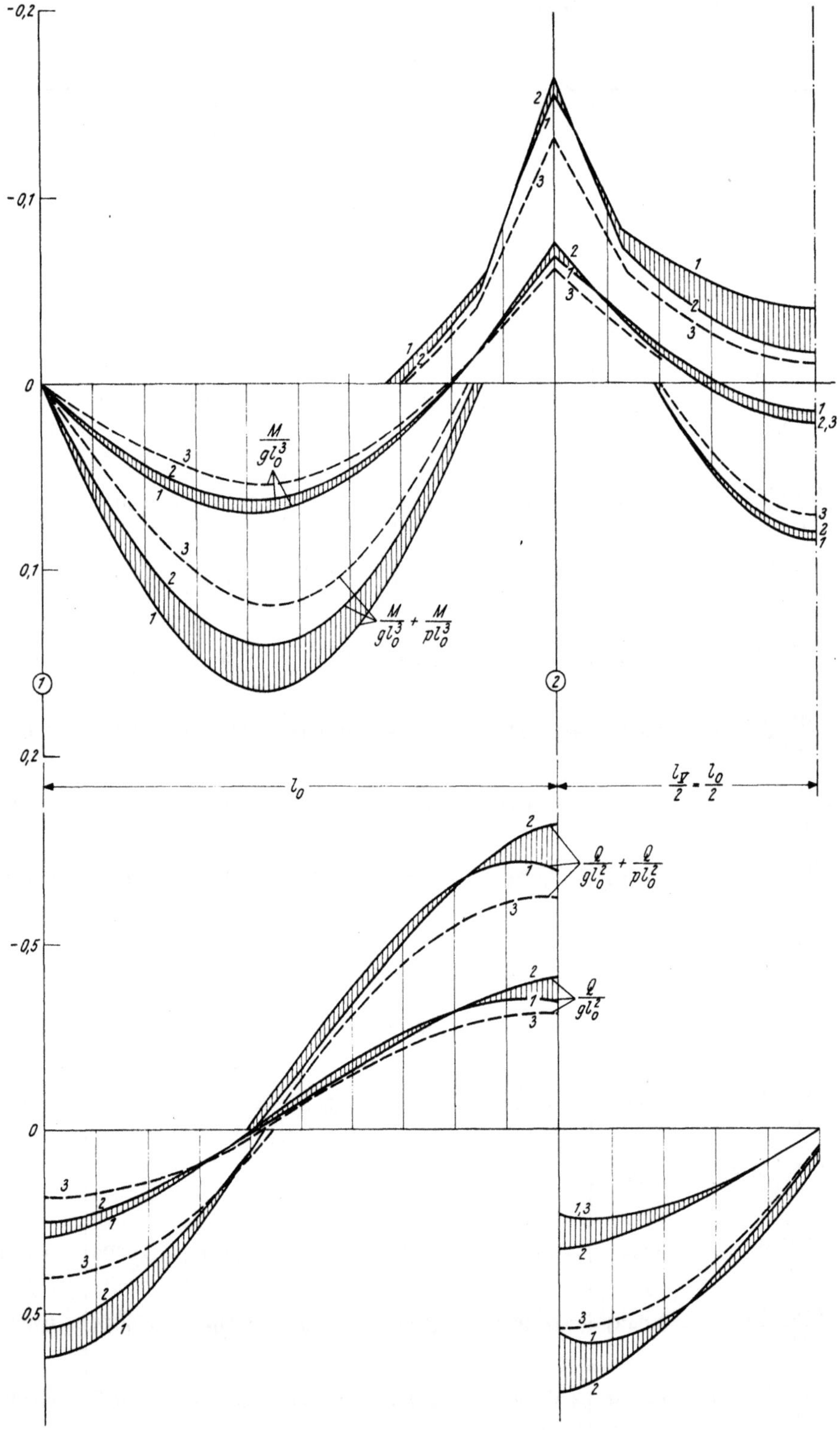

Abb. 167. Momente und Querkräfte im Träger S 4

überlagert (Tafeln 13 und 14); im unbelasteten Mittelfeld wirken nur die Stützenmomente der Platte. Gleichzeitig werden die zugehörigen Belastungswerte $\frac{B}{p\, l^3_0}$ ermittelt. $B_{21}$ ist der vom Trägerfeld 1—2, $B_{23}$ der vom Trägerfeld 2—3 herrührende Belastungswert an der Stütze 2. Wegen der Symmetrie sind die Stützenmomente

$$M_2 = M_3 = -\frac{1}{5}(B_{21} + B_{23}). \tag{537}$$

Ihr Beitrag wird am Schluß hinzugefügt.

Die hier nicht wiedergegebene, analoge Berechnung für den Lastfall k) liefert die größten Feldmomente im *Mittelfeld* des Trägers S 4. Die Lastfälle e) und k) zusammen ergeben die ständige Last $g$ auf allen Feldern.

In der Tafel 17 werden die Belastungswerte für Nutzlast, Lastfall n), der das größtmögliche Stützenmoment — $M_2$ im Träger erzeugt, berechnet. Die in der Tafel eingetragenen Stützenmomente der Platte wurden aus Tafel 7 durch entsprechendes Zusammenzählen gewonnen. Beim 2. Reihenglied der Stützenmomente $m_{\text{XII XIII}}$ und $m_{\text{XIII XIV}}$ ist zu beachten, daß z. B. der Wert $m_{\text{XII XIII}\,2}$ infolge $p$ am Feld III und der Wert $m_{\text{II III}\,2}$ infolge $p$ am Feld XIII entgegengesetztes Vorzeichen haben. Die Stützenmomente des Trägers sind beim nichtsymmetrischen Lastfall

$$\left.\begin{aligned} M_2 &= -\frac{4}{15}(B_{21} + B_{23}) + \frac{1}{15}(B_{32} + B_{34}), \\ M_3 &= \frac{1}{15}(B_{21} + B_{23}) - \frac{4}{15}(B_{32} + B_{34}). \end{aligned}\right\} \tag{538}$$

Schließlich zeigt die Tafel 18 die Berechnung der Querkräfte im Träger S 4, ebenfalls für Lastfall n), und zwar in jenem Bereich, wo dieser Lastfall der ungünstigste ist. Den Querkräften im Grundfall nach Tafel 12 werden die Beiträge der Stützenmomente der Platte gemäß Tafeln 13 und 15 und schließlich der Beitrag der Stützenmomente des Trägers, die aus Tafel 17 bekannt sind, überlagert.

In der Abb. 167 sind alle Ergebnisse als Linien 1 aufgetragen: zunächst die Zahlen $\frac{M}{g\,l^3_0}$ bzw. $\frac{Q}{g\,l^2_0}$ für ständige Last, sodann diesen überlagert die Zahlen $\frac{M}{p\,l^3_0}$ bzw. $\frac{Q}{p\,l^2_0}$ für feldweise Nutzlast, jeweils in ungünstigster Anordnung. Auffällig ist das *Ab*nehmen der Querkraft gegen die Innenstütze hin, bedingt durch die von den Stützenmomenten an den Querrändern der Plattenfelder herrührenden negativen Auflagerkräfte im Bereich der Ecken.

## 3.2. Näherungsberechnungen

Die Berechnung eines Trägers, beispielsweise des Trägers S 4, wird wesentlich abgekürzt, wenn man den Beitrag der Stützenmomente der Platte wegläßt. In den Tafeln 16, 17 und 18 verbleiben dann nur die beiden ersten Zeilen von den frei drehbar gestützten Platten und die letzte Zeile von den Stützenmomenten des Trägers. Die Ergebnisse dieser Rechnung für den Träger S 4 sind in der Abb. 167 als Linien 2 in gleicher Weise wie die Linien 1 aufgetragen. Man erkennt, daß sich die Feldmomente im Endfeld bei der gekürzten Berechnung *zu klein* ergeben, während die Unterschiede beim Stützenmoment und im Mittelfeld geringfügig sind. Eine starke Abweichung zeigt sich bei den *negativen* Momenten im Mittelfeld; die negativen Auflagerkräfte des unbelasteten Plattenfeldes infolge der Stützenmomente der Platte vergrößern die negative Biegung des Trägers beträchtlich.

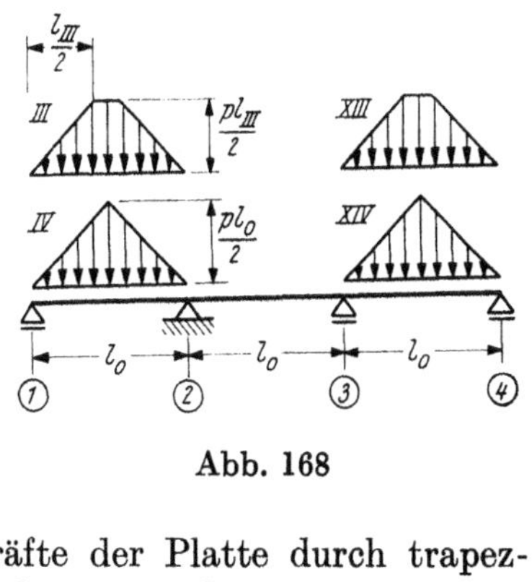

Abb. 168

Als weitere Vereinfachung ist der Ersatz der Auflagerkräfte der Platte durch trapez- bzw. dreieckförmige Belastung nach Abb. 168 gebräuchlich und in den Normen angegeben. Die Abb. 167 enthält auch die Ergebnisse dieser Näherung als gestrichelte Linien 3. Letztere weisen durchwegs kleinere Ordinaten als die Linien 2 auf, nachdem ja die Auflagerkräfte der frei drehbar gestützten Rechteckplatte in ihrer Summe größer sind als die Ersatzlast; der Unterschied entspricht den negativen Eckkräften.

### 3.3. Ergebnisse

Nach den drei in P. 3.1. und P. 3.2. angegebenen Berechnungsverfahren wurden sämtliche Träger (siehe Abb. 163) durchgerechnet. Die Tafel 19 enthält die Momenten-Größtwerte in den Trägern S 1 bis S 5, die Abb. 169 zeigt die Momente und Querkräfte im Randträger S 5.

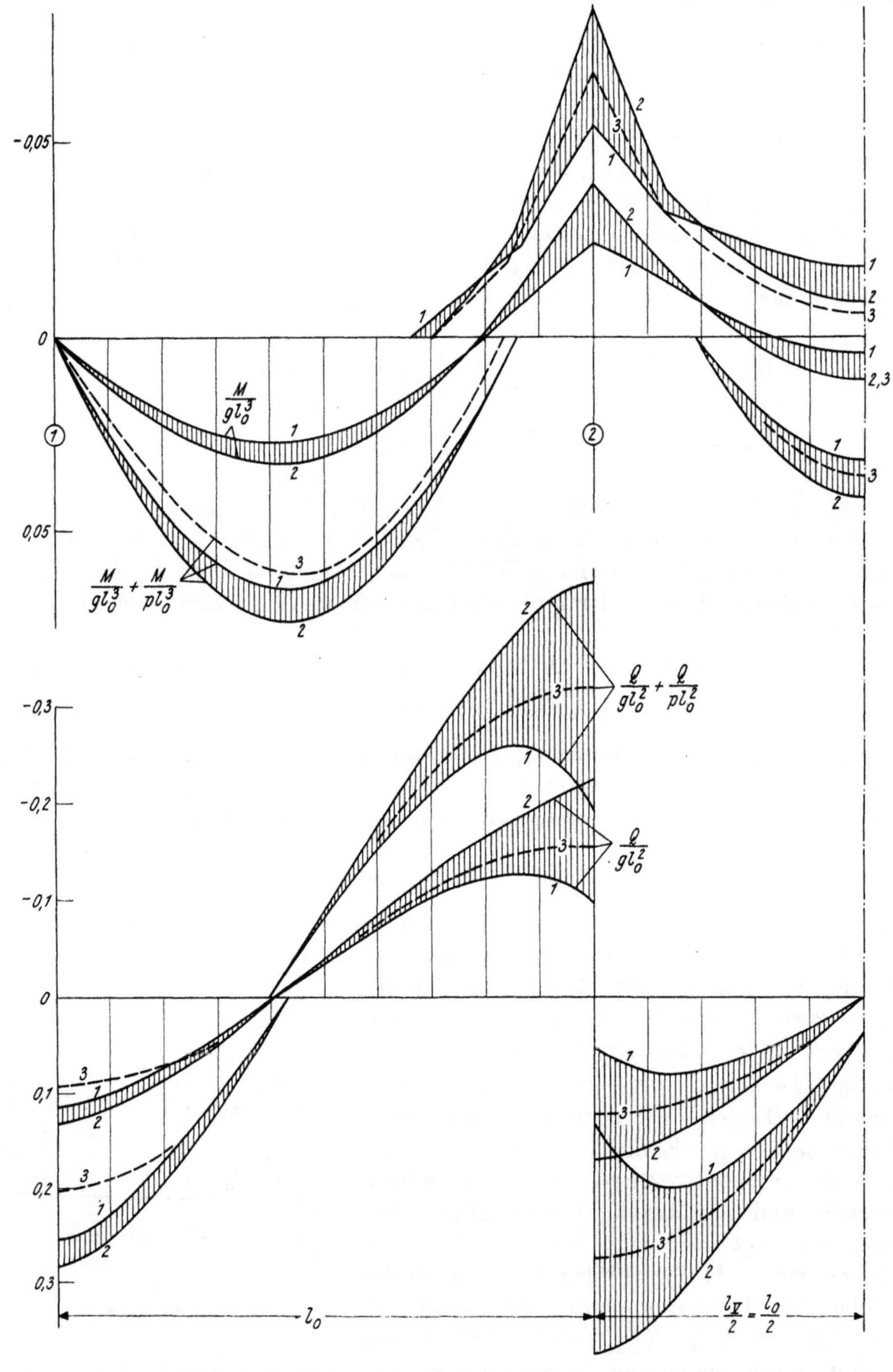


Abb. 169. Momente und Querkräfte im Träger S 5

Der Innenträger T 2 zeigt ein ähnliches Bild wie der Innenträger S 4. Bei den Randträgern S 5 und T 1 weisen die Linien 2 durchwegs zu große Ordinaten auf; die Linie 3 verläuft zum Teil *zwischen* den Linien 1 und 2.

Tafel 19. Momenten-Größtwerte $\frac{M}{g\,l_0^3}$ bzw. $\frac{M}{p\,l_0^3}$ in den Trägern S 1 bis S 5

| Träger | Berechnung mit den Stützenmomenten der Platte | | | | | |
|---|---|---|---|---|---|---|
| | Endfeld | | Stütze | | Mittelfeld | |
| | g | p | g | p | g | p |
| S 1 | 0,0244 | 0,0346 | — 0,0227 | — 0,0295 | 0,0052 | 0,0255 |
| S 2 | 0,0665 | 0,0905 | — 0,0677 | — 0,0850 | 0,0158 | 0,0663 |
| S 3 | 0,0614 | 0,0891 | — 0,0648 | — 0,0848 | 0,0168 | 0,0679 |
| S 4 | 0,0699 | 0,0958 | — 0,0688 | — 0,0873 | 0,0149 | 0,0694 |
| S 5 | 0,0273 | 0,0382 | — 0,0238 | — 0,0308 | 0,0044 | 0,0273 |

| Träger | Berechnung ohne Stützenmomente der Platte | | | | | |
|---|---|---|---|---|---|---|
| | Endfeld | | Stütze | | Mittelfeld | |
| | g | p | g | p | g | p |
| S 1 | 0,0295 | 0,0372 | — 0,0357 | — 0,0416 | 0,0101 | 0,0279 |
| S 2 | 0,0590 | 0,0745 | — 0,0713 | — 0,0832 | 0,0202 | 0,0558 |
| S 3 | 0,0590 | 0,0745 | — 0,0713 | — 0,0832 | 0,0202 | 0,0558 |
| S 4 | 0,0622 | 0,0785 | — 0,0751 | — 0,0877 | 0,0213 | 0,0589 |
| S 5 | 0,0327 | 0,0413 | — 0,0395 | — 0,0461 | 0,0112 | 0,0310 |

| Träger | Berechnung mit Trapezbelastung | | | | | |
|---|---|---|---|---|---|---|
| | Endfeld | | Stütze | | Mittelfeld | |
| | g | p | g | p | g | p |
| S 1 | 0,0260 | 0,0328 | — 0,0302 | — 0,0352 | 0,0098 | 0,0249 |
| S 2 | 0,0521 | 0,0655 | — 0,0604 | — 0,0705 | 0,0196 | 0,0499 |
| S 3 | 0,0521 | 0,0655 | — 0,0604 | — 0,0705 | 0,0196 | 0,0499 |
| S 4 | 0,0531 | 0,0669 | — 0,0615 | — 0,0717 | 0,0202 | 0,0510 |
| S 5 | 0,0271 | 0,0341 | — 0,0313 | — 0,0365 | 0,0104 | 0,0261 |

## Berechnungsbeispiel 2: Geschlossener Behälter

Grundrißmaße: $l_x = 6{,}0$ m, $l_y = 7{,}80$ m.
Höhe: $l_z = 6{,}50$ m.
Dicke der Deckenplatte: $d_{\mathrm{I}} = 16$ cm.
Dicke der Wände: $d_{\mathrm{II}} = d_{\mathrm{III}} = 24$ cm.
Die Wände sind im Grundkörper starr eingespannt.
Belastung der Deckenplatte: $p = 1{,}2$ t/m² (Gleichlast).
Höhe der Wasserfüllung: 6,30 m.
Wandbelastung: $p_u = 6{,}3$ t/m². (Dreiecklast von innen, vereinfacht über die ganze Höhe gerechnet.)

### 1. Vorberechnung

Zur Festlegung der erforderlichen Plattendicken wird eine Schätzung der Momente durchgeführt. (Die zugehörige Mindestdicke richtet sich nach den jeweils geltenden Vorschriften; die hier angenommenen Dicken sind willkürlich gewählt.)

#### 1.1. Deckenplatte I

$$\frac{l_y}{l_x} = \frac{7{,}8}{6{,}0} = 1{,}30.$$

Feldmoment $m_{x\,m}$ bei allseitig frei drehbarer Stützung:

$$m_{x\,m} = c_1\,p\,l_x^2 = 0{,}0596 \cdot 1{,}2 \cdot 6{,}0^2 = 2{,}6 \text{ tm/m}$$

($c_1$ aus Tafel B.1).

Momente $m_x$ bei allseitig starrer Einspannung:

Feld $\overline{m}_{xm} = 0{,}0287 \cdot 1{,}2 \cdot 6{,}0^2 = 1{,}25$ tm/m,

Rand $-\overline{m}_{sm} = 0{,}0692 \cdot 1{,}2 \cdot 6{,}0^2 = 3{,}0$ tm/m

(Tafelwerte aus Tafel B.9).

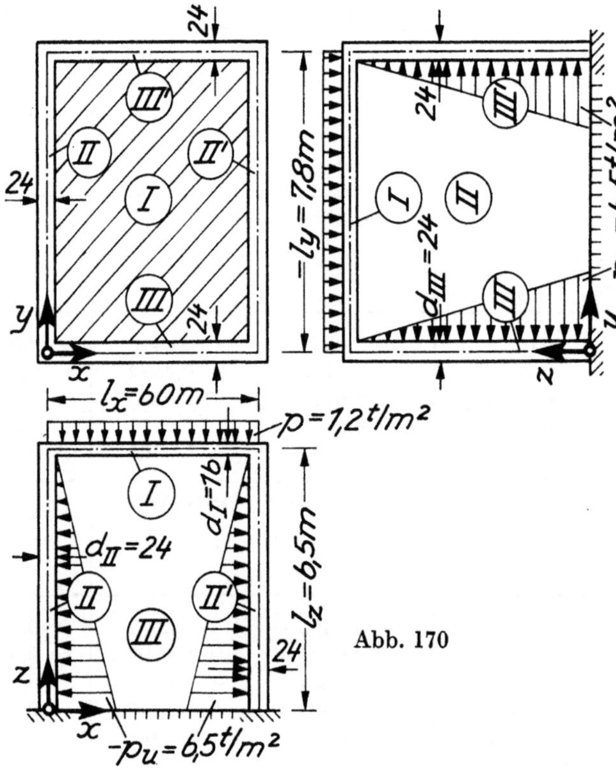


Abb. 170

Das größtmögliche Randmoment $-m_{sm}$ entsteht bei leerem Behälter und wird mit $\frac{3}{4}(-\overline{m}_{sm}) \doteq 2{,}3$ tm/m geschätzt.

Durch den Innendruck wird die Einspannung der Deckenplatte stark verringert, das größtmögliche Feldmoment $m_{xm}$ tritt daher bei *gefülltem* Behälter auf; es wird ebenfalls mit 2,3 tm/m geschätzt. Die Plattendicke $d_{\mathrm{I}} = 16$ cm erscheint angemessen. Die Auflagerkräfte der Wände bei Innendruck erzeugen in der Deckenplatte Zug; dadurch wird die Bewehrung, nicht aber die erforderliche Plattendicke vermehrt.

### 1.2. Wand II

$$\frac{l_y}{l_z} = \frac{7{,}80}{6{,}50} = 1{,}20.$$

Bei frei drehbarer Stützung des oberen Randes und starrer Einspannung der drei übrigen Ränder sind die Momente nach Tafel C.41. mit $l_z$ an Stelle von $a$:

Feld $\max m_z = 0{,}0133 \cdot 6{,}3 \cdot 6{,}5^2 = 3{,}5$ tm/m,

Unterer Rand $-\overline{m}_s = 0{,}0437 \cdot 6{,}3 \cdot 6{,}5^2 = 11{,}6$ tm/m,

Lotrechter Rand $-\overline{m}_{tm} = 0{,}0328 \cdot 6{,}3 \cdot 6{,}5^2 = 8{,}7$ tm/m.

### 1.3. Wand III

$$\frac{l_z}{l_x} = \frac{6{,}5}{6{,}0} = 1{,}08 \doteq 1{,}1.$$

Bei frei drehbarer Stützung des oberen Randes und starrer Einspannung der übrigen Ränder ist das Moment am lotrechten Rand nach Tafel C.42.:

$$-\overline{m}_{sm} = 0{,}0316.\ 6{,}3 \cdot 6{,}0^2 = 7{,}2 \text{ tm/m}.$$

Für das Moment an der lotrechten Kante ist ein Größtwert von etwa 8,2 tm/m zu erwarten. Danach wird die Dicke der Wände mit 24 cm gewählt. Die Wand **II** soll am unteren Rand nach Bedarf durch eine Schräge verstärkt werden.

## 2. Ausführliche Berechnung

Als praktisch ausreichende Näherung wird das 1. bis 3. Reihenglied der Stützenmomente nach dem für Durchlaufplatten entwickelten Verfahren (siehe Abschnitt IV C, P.2.8.) berechnet. Alle benötigten Zahlenwerte für die Deckenplatte **I** und die Wand **II** finden sich in den Tafeln E.11, 12 und 2, jeweils für das betreffende Seitenverhältnis. Bei der Wand **III** mit dem Seitenverhältnis 1,08 werden die Festwerte aus Tafel D.1, D.2 bzw. B.1 und C.12 interpoliert und außerdem neu ermittelt, um auch diese Berechnung an einem Beispiel zu zeigen.

Die beiden Lastfälle: a) Gleichlast auf der Deckenplatte, b) Innendruck werden getrennt, aber im gleichen Rechnungsgang behandelt, d. h. die Matrix der Gleichungen wird nur einmal angeschrieben und die Belastungswerte für die beiden Lastfälle hintereinander angeführt.

### 2.1. Vorzeichenregel

Die Belastung der Deckenplatte wird von oben nach unten, die der Wände von außen nach innen positiv gerechnet; demnach ist ein Biegemoment positiv, wenn es in der Deckenplatte *unten*, in den Wänden *innen* Zug erzeugt. Die Belastungswerte $B$ haben das gleiche Vorzeichen wie die Last. Die Auflagerkräfte (als Aktion) sind in Richtung der Belastung positiv. Positive Auflagerkräfte erzeugen *Druck* in der anschließenden Platte.

### 2.2. Bezeichnungen

Stützenmomente: $m_{\mathrm{II\,III}\,2}$ ist beispielsweise der Koeffizient des 2. Reihengliedes vom Stützenmoment zwischen Wand **II** und Wand **III**.

Der Grundkörper wird mit **0** bezeichnet; demnach ist $m_{0\,\mathrm{II}\,3}$ der Koeffizient des 3. Reihengliedes vom Fußmoment der Wand **II**.

Belastungswerte: $B_{\mathrm{II\,III}\,2}$ ist der zum 2. Reihenglied gehörige Belastungswert der Wand **II** am Rande gegen Wand **III**.

### 2.3. Aufbau der Gleichungen für die Stützenmomente

Aus Symmetriegründen sind die Momente an zwei gegenüberliegenden Rändern der Deckenplatte **I** gleich; das 2. Reihenglied entfällt. Auch bei den Momenten am unteren Rand der Wände **II** und **III** entfällt das 2. Reihenglied. Die Momente an allen lotrechten Kanten sind gleich. Die Wanddicke $d_{\mathrm{II}} = d_{\mathrm{III}}$ wird als Vergleichsdicke benutzt. Daraus ergibt sich folgender Aufbau der Gleichungen:

Rand 0 II ($k = 1, 3$):

$$\boxed{m_{0\,\mathrm{II}\,k}\, C\left(\frac{k\,l_z}{l_y}\right)} + m_{\mathrm{I\,II}\,k}\, D\left(\frac{k\,l_z}{l_y}\right) + \sum_{1,2,3}^{i} 2\, m_{\mathrm{II\,III}\,i}\, \frac{l_z}{i\,l_y} H\left(\frac{k\,l_z}{i\,l_y}\right) + B_{0\,\mathrm{II}\,k} = 0. \qquad (539)$$

Kante I II ($k = 1,3$):

$$m_{0\,\mathrm{II}\,k} D\left(\frac{k\,l_z}{l_y}\right) + \boxed{m_{\mathrm{I\,II}\,k}\, C\left(\frac{k\,l_z}{l_y}\right) + \left(\frac{d_{\mathrm{II}}}{d_{\mathrm{I}}}\right)^3 m_{\mathrm{I\,II}\,k}\, \hat{C}\left(\frac{k\,l_x}{l_y}\right)} + \sum_{1,2,3}^{i} 2\, m_{\mathrm{II\,III}\,i} (-\cos i\,\pi) \frac{l_z}{i\,l_y} H\left(\frac{k\,l_z}{i\,l_y}\right) + B_{\mathrm{II\,I}\,k} +$$
$$+ \sum_{1,3}^{j} \left(\frac{d_{\mathrm{II}}}{d_{\mathrm{I}}}\right)^3 m_{\mathrm{I\,III}\,j} \frac{l_x}{j\,l_y} H\left(\frac{k\,l_x}{j\,l_y}\right) + \left(\frac{d_{\mathrm{II}}}{d_{\mathrm{I}}}\right)^3 B_{\mathrm{I\,II}\,k} = 0. \qquad (540)$$

Rand 0 III und Kante I III entsprechend für $j = 1, 3$.

Kante II III ($i = 1, 2, 3$):

$$\boxed{m_{\mathrm{II\,III}\,i}\,\hat{C}\left(\frac{i\,l_y}{l_z}\right)} + \sum_{1,3}^{k} \left[m_{0\,\mathrm{II}\,k} + (-\cos i\,\pi)\, m_{\mathrm{I\,II}\,k}\right] \frac{l_y}{k\,l_z} H\left(\frac{i\,l_y}{k\,l_z}\right) + B_{\mathrm{II\,III}\,i} +$$

$$+ \boxed{m_{\mathrm{II\,III}\,i}\,\hat{C}\left(\frac{i\,l_x}{l_z}\right)} + \sum_{1,3}^{j} \left[m_{0\,\mathrm{III}\,j} + (-\cos i\,\pi)\, m_{\mathrm{I\,III}\,j}\right] \frac{l_x}{j\,l_z} H\left(\frac{i\,l_x}{j\,l_z}\right) + B_{\mathrm{III\,II}\,i} = 0. \qquad (541)$$

### 2.4. Festwerte $C$, $\hat{C}$, $D$ und $H$ sowie Belastungswerte $B$

Die zur Wand **II** gehörigen Zahlenwerte können unmittelbar aus Tafel E.1,2/2 (für das Seitenverhältnis $\frac{l_y}{l_z} = \frac{7{,}80}{6{,}50} = 1{,}20$) entnommen werden. Der Rand $s$ laut Tafel heißt jetzt 0 II, der Rand $a$ heißt I II und der Rand $t$ heißt II III. Statt $a$ ist $l_z$ zu setzen.

Es gelten die $B$-Werte für Lastfall 3.

Die zur Platte **I** gehörigen Zahlen finden sich in Tafel E.1,3/2 für das Seitenverhältnis $\frac{l_y}{l_x} = \frac{7{,}80}{6{,}00} = 1{,}30$. Der Rand $s$ laut Tafel ist jetzt der Rand I II, der Rand $t$ heißt jetzt II III. Die Werte $C$ und $D$ sind zu addieren: $\hat{C} = C + D$.

Statt $a$ ist $l_x$ zu setzen. Es gilt Lastfall 1.

Alle Tafelwerte sind mit $\left(\frac{d_{\mathrm{II}}}{d_{\mathrm{I}}}\right)^3 = \left(\frac{24}{16}\right)^3 = 3{,}37$ zu multiplizieren.

Die Wand **III** hat das Seitenverhältnis $\frac{l_y}{l_x} = \frac{6{,}50}{6{,}00} = 1{,}083$. Wenn man die Ungenauigkeit in Kauf nehmen will, kann man Tafel E.1,1/2 für $\frac{b}{a} = 1{,}1$ verwenden. Genauere Werte $C$, $D$ und $H$ erhält man aus Tafel D.1 bzw. D.2 durch Interpolation, zunächst für das 1. Reihenglied ($j = 1$ und $i = 1$). Für das Reihenglied $i = 2$ ist das Seitenverhältnis $\frac{i\,l_x}{l_z} = \frac{2 \cdot 6{,}0}{6{,}50} = 1{,}846$. Daraus folgt $\hat{C}\left(\frac{2\,l_x}{l_z}\right)$ und $H\left(\frac{2\,l_x}{l_z}\right)$. Für $i = 3$ ist $\hat{C}\left(\frac{3\,l_x}{l_z}\right) \doteq 1$, ebenso ist für $j = 3$: $C\left(\frac{3\,l_z}{l_x}\right) = 1$, $D\left(\frac{3\,l_z}{l_x}\right) \doteq 0$.

Sämtliche Festwerte für Wand **III** sind nachstehend nach den Formeln aus Abschnitt III, P. C.2.1., unter Verwendung der Funktionentafel A.1, berechnet.

$$C\left(\frac{j\,l_z}{l_x}\right) = \mathfrak{Cotg}\, j\,\pi \frac{l_z}{l_x} - \frac{j\,\pi \frac{l_z}{l_x}}{\mathfrak{Sin}^2\, j\,\pi \frac{l_z}{l_x}},$$

$$j = 1 \qquad C\left(\frac{l_z}{l_x}\right) = 1{,}0022 - \frac{3{,}4034}{15{,}02^2} = 0{,}9871,$$

$$j = 3 \qquad C\left(\frac{3\,l_z}{l_x}\right) = 1{,}0000,$$

$$D\left(\frac{j\,l_z}{l_x}\right) = \frac{j\,\pi \frac{l_z}{l_x}\,\mathfrak{Cotg}\, j\,\pi \frac{l_z}{l_x} - 1}{\mathfrak{Sin}\, j\,\pi \frac{l_z}{l_x}},$$

$$j = 1 \qquad D\left(\frac{l_z}{l_x}\right) = \frac{3{,}411 - 1}{15{,}02} = 0{,}1605,$$

$$j = 3 \qquad D\left(\frac{3\,l_z}{l_x}\right) = (3 \cdot 3{,}4034 - 1) \cdot 0{,}00007 = 0{,}0007,$$

$$\hat{C}\left(\frac{i\,l_x}{l_z}\right) = \mathfrak{Tg}\, i\,\pi \frac{l_x}{2\,l_z} + \frac{i\,\pi \frac{l_x}{2\,l_z}}{\mathfrak{Cof}^2\, i\,\pi \frac{l_x}{2\,l_z}},$$

$$i = 1 \qquad \hat{C}\left(\frac{l_x}{l_z}\right) = 0{,}89565 + \frac{\pi\, 0{,}4615}{2{,}2486^2} = 1{,}1826,$$

$$i = 2 \qquad \hat{C}\left(\frac{2\,l_x}{l_z}\right) = 0{,}9940 + \frac{\pi\, 0{,}9230}{9{,}111^2} = 1{,}0289,$$

$$i = 3 \qquad \hat{C}\left(\frac{3\,l_x}{l_z}\right) = 0{,}9997 + \frac{\pi\,1{,}3845}{38{,}78^2} = 1{,}0026,$$

$$H\left(\frac{i\,l_x}{j\,l_z}\right) = H\left(\frac{j\,l_z}{i\,l_x}\right) = \frac{4}{\pi}\,\frac{1}{\left(\frac{j\,l_z}{i\,l_x} + \frac{i\,l_x}{j\,l_z}\right)^2},$$

$$j = 1,\; i = 1 \quad H\left(\frac{l_z}{l_x}\right) = \frac{4}{\pi}\,\frac{1}{\left[1{,}083 + \frac{1}{1{,}083}\right]^2} = 0{,}3163,$$

$$j = 1,\; i = 2 \quad H\left(\frac{l_z}{2\,l_x}\right) = \frac{4}{\pi}\,\frac{1}{\left[\frac{1{,}083}{2} + \frac{2}{1{,}083}\right]^2} = 0{,}2234,$$

$$j = 1,\; i = 3 \quad H\left(\frac{l_z}{3\,l_x}\right) = \frac{4}{\pi}\,\frac{1}{\left[\frac{1{,}083}{3} + \frac{3}{1{,}083}\right]^2} = 0{,}1300,$$

$$j = 3,\; i = 1 \quad H\left(\frac{3\,l_z}{l_x}\right) = \frac{4}{\pi}\,\frac{1}{\left[3\cdot 1{,}083 + \frac{1}{3\cdot 1{,}083}\right]^2} = 0{,}1006,$$

$$j = 3,\; i = 2 \quad H\left(\frac{3\,l_z}{2\,l_x}\right) = \frac{4}{\pi}\,\frac{1}{\left[\frac{3}{2}\,1{,}083 + \frac{2}{3\cdot 1{,}083}\right]^2} = 0{,}2539,$$

$$j = 3,\; i = 3 \quad H\left(\frac{3\,l_z}{3\,l_x}\right) = H\left(\frac{l_z}{l_x}\right) = 0{,}3163.$$

Die Belastungswerte $B_{\text{III}\,0\,1}$, $B_{\text{III}\,\text{I}\,1}$ und $B_{\text{III}\,\text{II}\,1}$ erhält man aus Tafel C.12 durch Interpolation. Diese und die restlichen Werte werden nachstehend ermittelt. (Formel nach Abschnitt III, C.2.1., Lastfall 13.)

$$B_{\text{III}\,0\,j} = p_u\,l_x^2\,\frac{4}{j^3\,\pi^3}\left[\mathfrak{Cotg}\,j\,\pi\,\frac{l_z}{l_x} + \frac{j\,\pi\,\frac{l_z}{l_x}}{\mathfrak{Sin}^2\,j\,\pi\,\frac{l_z}{l_x}} - \frac{2}{j\,\pi\,\frac{l_z}{l_x}}\right],$$

$$B_{\text{III}\,0\,1} = p_u\,l_x^2\,\frac{4}{31{,}006}\left[1{,}0022 + \frac{3{,}4034}{15{,}02^2} - \frac{2}{3{,}4034}\right] = 0{,}0554\,p_u\,l_x^2,$$

$$B_{\text{III}\,0\,2} = p_u\,l_x^2\,\frac{4}{27\cdot 31{,}006}\left[1 - \frac{2}{3\cdot 3{,}4034}\right] = 0{,}00385\,p_u\,l_x^2,$$

$$B_{\text{III}\,\text{I}\,j} = p_u\,l_x^2\,\frac{4}{j^3\,\pi^3}\left[\frac{2}{j\,\pi\,\frac{l_z}{l_x}} - \frac{j\,\pi\,\frac{l_z}{l_x}\,\mathfrak{Cotg}\,j\,\pi\,\frac{l_z}{l_x} + 1}{\mathfrak{Sin}\,j\,\pi\,\frac{l_z}{l_x}}\right],$$

$$B_{\text{III}\,\text{I}\,1} = p_u\,l_x^2\,\frac{4}{31{,}006}\left[\frac{2}{3{,}4034} - \frac{3{,}411 + 1}{15{,}02}\right] = 0{,}0379\,p_u\,l_x^2,$$

$$B_{\text{III}\,\text{I}\,3} = p_u\,l_x^2\,\frac{4}{27\cdot 31{,}006}\left[\frac{2}{3\cdot 3{,}4034} - (3\cdot 3{,}4034 + 1)\cdot 0{,}00007\right] = 0{,}00095\,p_u\,l_x^2,$$

$$B_{\text{III}\,\text{II}\,i} = p_u\,l_z^2\,\frac{2}{i^3\,\pi^3}\left[\mathfrak{Tg}\,i\,\pi\,\frac{l_x}{2\,l_z} - \frac{i\,\pi\,\frac{l_x}{2\,l_z}}{\mathfrak{Cof}^2\,i\,\pi\,\frac{l_x}{2\,l_z}}\right],$$

$$B_{\text{III}\,\text{II}\,1} = p_u\,l_z^2\,\frac{2}{31{,}006}\left[0{,}89565 - \frac{\pi\cdot 0{,}4615}{2{,}2486^2}\right] = 0{,}0393\,p_u\,l_z^2 = 0{,}0461\,p_u\,l_x^2,$$

$$B_{\text{III}\,\text{II}\,2} = p_u\,l_z^2\,\frac{2}{8\cdot 31{,}006}\left[0{,}9940 - \frac{\pi\cdot 0{,}9230}{9{,}111^2}\right] = 0{,}0077^5\,p_u\,l_z^2 = 0{,}0091\,p_u\,l_x^2,$$

$$B_{\text{III}\,\text{II}\,3} = p_u\,l_z^2\,\frac{2}{27\cdot 31{,}006}\left[0{,}9997 - \frac{\pi\cdot 1{,}3845}{38{,}78^2}\right] = 0{,}0024\,p_u\,l_z^2 = 0{,}0028\,p_u\,l_x^2.$$

### 2.5. Gleichungssystem für die Reihenkoeffizienten der Stützenmomente

Die Auflösung des Gleichungssystems nach Tafel 20 (mittels Iteration) liefert die in Tafel 21 zusammengestellten Werte.

Tafel 20. Gleichungssystem für die

| Randbedingung | Von Feld | $m_{0\,II\,1}$ | $m_{0\,II\,3}$ | $m_{I\,II\,1}$ | $m_{I\,II\,3}$ | $m_{0\,III\,1}$ | $m_{0\,III\,3}$ | $m_{I\,III\,1}$ |
|---|---|---|---|---|---|---|---|---|
| 0 II 1 | II | 0,9544 | — | 0,2414 | — | — | — | — |
| 0 II 3 | II | — | 1,0000 | — | 0,0053 | — | — | — |
| I II 1 | II | 0,2414 | — | 0,9544 | — | — | — | — |
| | I | — | — | $3{,}37 \cdot 1{,}1997$ | — | — | — | $3{,}37 \cdot 2 \cdot 0{,}2288$ |
| I II 3 | II | — | 0,0053 | — | 1,0000 | — | — | — |
| | I | — | — | — | $3{,}37 \cdot 1{,}0089$ | — | — | $3{,}37 \cdot 2 \cdot 0{,}1304$ |
| 0 III 1 | III | — | — | — | — | 0,9871 | — | 0,1605 |
| 0 III 3 | III | — | — | — | — | — | 1,0000 | — |
| I III 1 | III | — | — | — | — | 0,1605 | — | 0,9871 |
| | I | — | — | $3{,}37 \cdot 2 \cdot 0{,}3866$ | $3{,}37 \cdot 2 \cdot 0{,}0734$ | — | — | $3{,}37 \cdot 1{,}0999$ |
| I III 3 | III | — | — | — | — | — | 0,0007 | — |
| | I | — | — | $3{,}37 \cdot 2 \cdot 0{,}0958$ | $3{,}37 \cdot 2 \cdot 0{,}1289$ | — | — | — |
| II III 1 | II | 0,3695 | 0,0606 | 0,3695 | 0,0606 | — | — | — |
| | III | — | — | — | — | $\frac{1}{1{,}083}\,0{,}3163$ | $\frac{1}{3 \cdot 1{,}083}\,0{,}1006$ | $\frac{1}{1{,}083}\,0{,}3163$ |
| II III 2 | II | 0,1926 | 0,1212 | — 0,1926 | — 0,1212 | — | — | — |
| | III | — | — | — | — | $\frac{1}{1{,}083}\,0{,}2234$ | $\frac{1}{3 \cdot 1{,}083}\,0{,}2539$ | $\frac{-1}{1{,}083}\,0{,}2234$ |
| II III 3 | II | 0,1016 | 0,1231 | 0,1016 | 0,1231 | — | — | — |
| | III | — | — | — | — | $\frac{1}{1{,}083}\,0{,}1300$ | $\frac{1}{3 \cdot 1{,}083}\,0{,}3163$ | $\frac{1}{1{,}083}\,0{,}1300$ |

## 2.6. Berechnung der maßgebenden Biegemomente

### *2.6.1. Deckenplatte*

Randmomente bei leerem Behälter, in Randmitte:

$$m_{I\,II\,m} = -\,2{,}43 \sin\frac{\pi}{2} + 0{,}07 \sin\frac{3\pi}{2} = -\,2{,}50 \text{ tm/m},$$

$$m_{I\,III\,m} = -\,2{,}11 - 0{,}12 = -\,2{,}23 \text{ tm/m}.$$

Feldmomente bei gefülltem Behälter, in Plattenmitte:

$$m_{x\,m} = \begin{cases} \text{Fall } \boxed{F_4-1} & 1{,}2 \cdot 6{,}0^2 \cdot 0{,}0596 & +\,2{,}58 \text{ tm/m} \\ m_{I\,II\,1} & -\,1{,}47 \cdot 2 \cdot 0{,}1357 & -\,0{,}40 \text{ tm/m} \\ m_{I\,II\,3} \sin\frac{3\pi}{2} & +\,0{,}19 \cdot 2\,(-\,0{,}0211) & -\,0{,}01 \text{ tm/m} \\ m_{I\,III\,1} & -\,2{,}10 \cdot 2 \cdot 0{,}1260 & -\,0{,}53 \text{ tm/m} \\ m_{I\,III\,3} \sin\frac{3\pi}{2} & +\,0{,}26 \cdot 2 \cdot 0{,}0067 & +\,0{,}00 \text{ tm/m} \end{cases}$$

$$m_{x\,m} = +\,1{,}64 \text{ tm/m}$$

Reihenkoeffizienten der Stützenmomente

| $m_{I\,III\,3}$ | $m_{II\,III\,1}$ | $m_{II\,III\,2}$ | $m_{II\,III\,3}$ | $B$ in tm/m für Lastfall: $p$ auf **I** | $B$ in tm/m für Lastfall: $p_u$ auf **II** und **III** |
|---|---|---|---|---|---|
| — | $2 \cdot 0{,}2567$ | $2 \cdot 0{,}0669$ | $2 \cdot 0{,}0235$ | — | $-0{,}0563 \cdot 6{,}3 \cdot 6{,}50^2$ |
| — | $2 \cdot 0{,}1262$ | $2 \cdot 0{,}1262$ | $2 \cdot 0{,}0855$ | — | $-0{,}0051 \cdot 6{,}3 \cdot 6{,}50^2$ |
| — | $2 \cdot 0{,}2567$ | $-2 \cdot 0{,}0669$ | $2 \cdot 0{,}0235$ | — | $-0{,}0426 \cdot 6{,}3 \cdot 6{,}50^2$ |
| $3{,}37 \cdot 2 \cdot 0{,}0189$ | — | — | — | $3{,}37 \cdot 0{,}1030 \cdot 1{,}2 \cdot 6{,}0^2$ | — |
| — | $2 \cdot 0{,}1262$ | $-2 \cdot 0{,}1262$ | $2 \cdot 0{,}0855$ | — | $-0{,}0017 \cdot 6{,}3 \cdot 6{,}50^2$ |
| $3{,}37 \cdot 2 \cdot 0{,}0762$ | — | — | — | $3{,}37 \cdot 0{,}0080 \cdot 1{,}2 \cdot 6{,}0^2$ | — |
| — | $2 \cdot 1{,}083 \cdot 0{,}3163$ | $1{,}083 \cdot 0{,}2234$ | $\frac{2}{3}\, 1{,}083 \cdot 0{,}1300$ | — | $-0{,}0554 \cdot 6{,}3 \cdot 6{,}0^2$ |
| $0{,}0007$ | $2 \cdot 1{,}083 \cdot 0{,}1006$ | $1{,}083 \cdot 0{,}2539$ | $\frac{2}{3}\, 1{,}083 \cdot 0{,}3163$ | — | $-0{,}0038 \cdot 6{,}3 \cdot 6{,}0^2$ |
| — | $2 \cdot 1{,}083 \cdot 0{,}3163$ | $-1{,}083 \cdot 0{,}2234$ | $\frac{2}{3}\, 1{,}083 \cdot 0{,}1300$ | — | $-0{,}0379 \cdot 6{,}3 \cdot 6{,}0^2$ |
| — | — | — | — | $3{,}37 \cdot 0{,}1076 \cdot 1{,}2 \cdot 6{,}0^2$ | — |
| $\boxed{1{,}0000}$ | $2 \cdot 1{,}083 \cdot 0{,}1006$ | $-1{,}083 \cdot 0{,}2539$ | $\frac{2}{3}\, 1{,}083 \cdot 0{,}3163$ | — | $-0{,}0009 \cdot 6{,}3 \cdot 6{,}0^2$ |
| $\boxed{3{,}37 \cdot 1{,}0001}$ | — | — | — | $3{,}37 \cdot 0{,}0048 \cdot 1{,}2 \cdot 6{,}0^2$ | — |
| — | $\boxed{1{,}1211}$ | — | — | — | $-0{,}0509 \cdot 6{,}3 \cdot 6{,}50^2$ |
| $\frac{1}{3 \cdot 1{,}083}\, 0{,}1006$ | $\boxed{1{,}1826}$ | — | — | — | $-0{,}0393 \cdot 6{,}3 \cdot 6{,}50^2$ |
| — | — | $\boxed{1{,}0069}$ | — | — | $-0{,}0080 \cdot 6{,}3 \cdot 6{,}50^2$ |
| $\frac{-1}{3 \cdot 1{,}083}\, 0{,}2539$ | — | $\boxed{1{,}0289}$ | — | — | $0{,}0077 \cdot 6{,}3 \cdot 6{,}50^2$ |
| — | — | — | $\boxed{1{,}0003}$ | — | $-0{,}0024 \cdot 6{,}3 \cdot 6{,}50^2$ |
| $\frac{1}{3 \cdot 1{,}083}\, 0{,}3163$ | — | — | $\boxed{1{,}0026}$ | — | $-0{,}0024 \cdot 6{,}3 \cdot 6{,}50^2$ |

$$m_{y\,m} = \begin{cases} \text{Fall } \boxed{F_4-1} & 1{,}2 \cdot 6{,}0^2 \cdot 0{,}0325 & +\,1{,}40 \text{ tm/m} \\ m_{I\,II\,1} & -\,1{,}47 \cdot 2 \cdot 0{,}1386 & -\,0{,}41 \text{ tm/m} \\ m_{I\,II\,3} \sin\frac{3\pi}{2} & +\,0{,}19 \cdot 2 \cdot 0{,}0473 & +\,0{,}02 \text{ tm/m} \\ m_{I\,III\,1} & -\,2{,}10 \cdot 2 \cdot 0{,}0016 & -\,0{,}01 \text{ tm/m} \\ m_{I\,III\,3} \sin\frac{3\pi}{2} & +\,0{,}26 \cdot 2\,(-\,0{,}0045) & -\,0{,}00 \text{ tm/m} \end{cases}$$

$$m_{y\,m} = +\,1{,}00 \text{ tm/m}$$

Die Beiwerte für frei drehbare Stützung sind aus Tafel B.1 oder E.1, 3/12, der Einfluß der Randmomente aus Tafel D.1, D.2 oder aus Tafel E. 1,3/11 und 12 zu entnehmen. Der Einfluß von $m_{I\,III\,3}$ ergibt sich aus Tafel K.1 (für $b = \infty$) mit $\frac{y}{a} = \frac{3\,l_y}{2\,l_z} = 1{,}95$. Das 3. Reihenglied hat aber in Plattenmitte keinen merklichen Einfluß.

Tafel 21. Stützenmomente

| Reihenkoeffizient | Lastfall | | |
|---|---|---|---|
| | $p$ auf **I** | $p_u$ auf **II** und **III** | $p + p_u$ |
| $m_{0\,II\,1}$ | + 0,33 tm/m | + 11,37 tm/m | + 11,70 tm/m |
| $m_{0\,II\,3}$ | — 0,08 tm/m | — 0,58 tm/m | — 0,66 tm/m |
| $m_{I\,II\,1}$ | — 2,43 tm/m | + 0,96 tm/m | — 1,47 tm/m |
| $m_{I\,II\,3}$ | + 0,07 tm/m | — 0,26 tm/m | — 0,19 tm/m |
| $m_{0\,III\,1}$ | + 0,01 tm/m | + 7,44 tm/m | + 7,45 tm/m |
| $m_{0\,III\,3}$ | — 0,06 tm/m | — 0,81 tm/m | — 0,87 tm/m |
| $m_{I\,III\,1}$ | — 2,11 tm/m | + 0,01 tm/m | — 2,10 tm/m |
| $m_{I\,III\,3}$ | + 0,12 tm/m | — 0,38 tm/m | — 0,26 tm/m |
| $m_{II\,III\,1}$ | + 0,61 tm/m | + 7,54 tm/m | + 8,15 tm/m |
| $m_{II\,III\,2}$ | — 0,46 tm/m | + 0,35 tm/m | — 0,11 tm/m |
| $m_{II\,III\,3}$ | + 0,22 tm/m | — 0,31 tm/m | — 0,09 tm/m |

### 2.6.2. *Wand II (Lastfall $p + p_u$)*

Einspannmoment am unteren Rand, in Randmitte:

$$m_{0\,II\,m} = +\,11{,}70 + 0{,}66 = +\,12{,}36 \text{ tm/m}.$$

Moment an der lotrechten Kante, in halber Höhe:

$$m_{II\,III\,m} = +\,8{,}15 + 0{,}09 = +\,8{,}24 \text{ tm/m}.$$

Momente in Plattenmitte (die Größtwerte liegen außerhalb der Plattenmitte!):

$$m_{z\,m} = \begin{cases} \text{Fall } \boxed{\mathbf{F_4 - 8}} & -\,6{,}3 \cdot 6{,}50^2 \cdot 0{,}0262 & -\,6{,}96 \text{ tm/m} \\ m_{0\,II\,1} + m_{I\,II\,1} & (+\,11{,}70 - 1{,}47)\,0{,}1095 & +\,1{,}12 \text{ tm/m} \\ (m_{0\,II\,3} + m_{I\,II\,3}) \sin\frac{3\pi}{2} & (+\,0{,}66 + 0{,}19)\,(-\,0{,}0190) & -\,0{,}01 \text{ tm/m} \\ m_{II\,III\,1} & +\,8{,}15 \cdot 2 \cdot 0{,}1336 & +\,2{,}18 \text{ tm/m} \end{cases}$$

$$m_{z\,m} = -\,3{,}67 \text{ tm/m}$$

$$m_{y\,m} = \begin{cases} \text{Fall } \boxed{\mathbf{F_4 - 8}} & -\,6{,}3 \cdot 6{,}50^2 \cdot 0{,}0172 & -\,4{,}57 \text{ tm/m} \\ m_{0\,II\,1} + m_{I\,II\,1} & (+\,11{,}70 - 1{,}47)\,0{,}1423 & +\,1{,}46 \text{ tm/m} \\ (m_{0\,II\,3} + m_{I\,II\,3}) \sin\frac{3\pi}{2} & (+\,0{,}66 + 0{,}19)\,0{,}0387 & +\,0{,}03 \text{ tm/m} \\ m_{II\,III\,1} & +\,8{,}15 \cdot 2 \cdot 0{,}0148 & +\,0{,}24 \text{ tm/m} \end{cases}$$

$$m_{y\,m} = -\,2{,}84 \text{ tm/m}$$

### 2.6.3. *Wand III (Lastfall $p + p_u$)*

Einspannmoment am unteren Rand, in Randmitte:

$$m_{0\,III\,m} = +\,7{,}45 + 0{,}87 = +\,8{,}32 \text{ tm/m}.$$

Momente in Plattenmitte:

$$m_{x\,m} = \begin{cases} \text{Fall } \boxed{\mathbf{F_4 - 18}} & -\,6{,}3 \cdot 6{,}0^2 \cdot 0{,}0217 & -\,4{,}92 \text{ tm/m} \\ m_{II\,III\,1} & +\,8{,}15 \cdot 2 \cdot 0{,}0782 & +\,1{,}28 \text{ tm/m} \\ m_{0\,III\,1} + m_{I\,III\,1} & (+\,7{,}45 - 2{,}10) \cdot 0{,}1405 & +\,0{,}75 \text{ tm/m} \\ (m_{0\,III\,3} + m_{I\,III\,3}) \sin\frac{3\pi}{2} & (+\,0{,}87 + 0{,}26) \cdot 0{,}0155 & +\,0{,}02 \text{ tm/m} \end{cases}$$

$$m_{x\,m} = -\,2{,}87 \text{ tm/m}$$

$$m_{z\,m} = \begin{cases} \text{Fall } \boxed{\mathbf{F_4-13}} & -\,6{,}3 \cdot 6{,}0^2 \cdot 0{,}0181 & -\,4{,}10\ \text{tm/m} \\ m_{\text{II III}\,1} & +\,8{,}15 \cdot 2 \cdot 0{,}1443 & +\,2{,}35\ \text{tm/m} \\ m_{0\,\text{III}\,1} + m_{\text{I III}\,1} & (+\,7{,}45 - 2{,}10) \cdot 0{,}0361 & +\,0{,}19\ \text{tm/m} \\ (m_{0\,\text{III}\,3} + m_{\text{I III}\,3}) \sin \frac{3\pi}{2} & (+\,0{,}87 + 0{,}26) \cdot (-\,0{,}0094) & -\,0{,}01\ \text{tm/m} \end{cases}$$

$$m_{z\,m} = -\,1{,}57\ \text{tm/m}$$

Die Beiwerte zu Fall $\boxed{\mathbf{F_4-13}}$ sind in Tafel C.12 interpoliert, der Einfluß der Randmomente ebenso in den Tafeln D.1 und D.2; das 3. Reihenglied nach Tafel K.1 mit $\frac{y}{a} = \frac{3\,l_z}{2\,l_z} = 1{,}625$.

## 2.7. Berechnung der Auflagerkräfte, jeweils in Randmitte, für Lastfall $p + p_u$

### *2.7.1. Deckenplatte (Druckkräfte in den Wänden)*

$$\text{Langseite } \bar{q}_{\text{I II}\,m} = \begin{cases} \boxed{\mathbf{F_4-1}} & +\,1{,}2 \cdot 6{,}0 \cdot 0{,}499 & +\,3{,}59\ \text{t/m} \\ m_{\text{I II}\,1} & +\,\frac{1{,}47}{6{,}0}(1{,}321 - 0{,}751) & +\,0{,}14\ \text{t/m} \\ m_{\text{I II}\,3} & -\,\frac{0{,}19}{7{,}8}\,\frac{3\pi}{2} & -\,0{,}11\ \text{t/m} \\ m_{\text{I III}\,1} & -\,\frac{2{,}10}{6{,}0}\,2 \cdot 0{,}406 & -\,0{,}28\ \text{t/m} \\ m_{\text{I III}\,3} & -\,\frac{0{,}26}{6{,}0}\,\frac{3\pi}{2}\,\frac{4 - 6{,}13}{228{,}8} & - \end{cases}$$

$$\bar{q}_{\text{I II}\,m} = +\,3{,}34\ \text{t/m}$$

$$\text{Schmalseite } \bar{q}_{\text{I III}\,m} = \begin{cases} \boxed{\mathbf{F_4-1}} & +\,1{,}2 \cdot 6{,}0 \cdot 0{,}510 & +\,3{,}67\ \text{t/m} \\ m_{\text{I II}\,1} & -\,\frac{1{,}47}{6{,}0}\,2 \cdot 0{,}991 & -\,0{,}49\ \text{t/m} \\ m_{\text{I II}\,3} & -\,\frac{0{,}19}{7{,}8}\,\frac{3\pi}{2}\,\frac{4 - 3{,}625}{18{,}6} & - \\ m_{\text{I III}\,1} & +\,\frac{2{,}10}{6{,}0}(1{,}578 - 0{,}269) & +\,0{,}46\ \text{t/m} \\ m_{\text{I III}\,3} & -\,\frac{0{,}26}{6{,}0}\,\frac{3\pi}{2} & -\,0{,}20\ \text{t/m} \end{cases}$$

$$\bar{q}_{\text{I III}\,m} = +\,3{,}44\ \text{t/m}$$

Die Beiwerte für frei drehbare Stützung sind aus Tafel B.1, der Einfluß der Randmomente aus Tafel D.1 bzw. D.2 entnommen. Bei beiderseitigem Momentangriff werden die Tafelwerte für beide Momente eingesetzt. Für das 3. Reihenglied gelten die Formeln von Fall $\boxed{\mathbf{F_4-0sa}}$ bzw. $\boxed{\mathbf{F_4-0tb}}$ mit $\mathfrak{Tg}\,3\pi\frac{l_x}{l_y} = \mathfrak{Tg}\,3\pi\frac{l_y}{l_x} \doteq 1$:

Am Rand $l_x$ mit Momentangriff

$$q = -\frac{m_j}{l_x}\,j\,\pi, \quad \bar{q} = -\frac{m_j}{l_x}\,\frac{j\,\pi}{2}. \tag{542}$$

In Mitte des Randes $l_y$

$$\bar{q} = +\frac{m_j}{l_x}\,\frac{j\,\pi}{2\,\mathfrak{Cof}\,j\,\pi\frac{l_y}{2\,l_x}}\left(4 - j\,\pi\frac{l_y}{2\,l_x}\right). \tag{543}$$

*2.7.2. Wand II (Druckkräfte in den Anschlußplatten positiv)*

$$\text{Unterer Rand } \bar{q}_{0\,\mathrm{II}\,m} = q_{0\,\mathrm{II}\,m} = \begin{cases} \boxed{\mathrm{F_4-8}} & -6{,}3\cdot 6{,}50\cdot 0{,}271 & -11{,}10\ \mathrm{t/m} \\ m_{0\,\mathrm{II}\,1} & -\dfrac{11{,}70}{6{,}50}\,2{,}646 & -4{,}76\ \mathrm{t/m} \\ m_{0\,\mathrm{II}\,3} & -\dfrac{0{,}66}{7{,}80}\,3\pi & -0{,}80\ \mathrm{t/m} \\ m_{\mathrm{I}\,\mathrm{II}\,1} & -\dfrac{1{,}47}{6{,}50}\,0{,}384 & -0{,}09\ \mathrm{t/m} \\ m_{\mathrm{II}\,\mathrm{III}\,1} & +\dfrac{8{,}15}{6{,}50}\,2\cdot 0{,}456 & +1{,}14\ \mathrm{t/m} \end{cases}$$

$$q_{0\,\mathrm{II}\,m} = -15{,}61\ \mathrm{t/m}$$

$$\text{Oberer Rand } \bar{q}_{\mathrm{I}\,\mathrm{II}\,m} = \begin{cases} \boxed{\mathrm{F_4-8}} & -6{,}3\cdot 6{,}50\cdot 0{,}159 & -6{,}52\ \mathrm{t/m} \\ m_{0\,\mathrm{II}\,1} & +\dfrac{11{,}70}{6{,}50}\,0{,}700 & +1{,}26\ \mathrm{t/m} \\ m_{\mathrm{I}\,\mathrm{II}\,1} & +\dfrac{1{,}47}{6{,}50}\,1{,}398 & +0{,}32\ \mathrm{t/m} \\ m_{\mathrm{I}\,\mathrm{II}\,3} & -\dfrac{0{,}19}{7{,}8}\,\dfrac{3\pi}{2} & -0{,}11\ \mathrm{t/m} \\ m_{\mathrm{II}\,\mathrm{III}\,1} & +\dfrac{8{,}15}{6{,}50}\,2\cdot 0{,}513 & +1{,}29\ \mathrm{t/m} \end{cases}$$

$$\bar{q}_{\mathrm{I}\,\mathrm{II}\,m} = -3{,}76\ \mathrm{t/m}$$

$$\text{Lotrechte Ränder } \bar{q}_{\mathrm{II}\,\mathrm{III}\,m} = \begin{cases} \boxed{\mathrm{F_4-8}}\ -6{,}3\cdot 6{,}50\cdot 0{,}248 & -10{,}16\ \mathrm{t/m} \\ m_{0\,\mathrm{II}\,1} + m_{\mathrm{I}\,\mathrm{II}\,1}\colon & \\ \dfrac{1}{6{,}50}(+11{,}70-1{,}47)\cdot 0{,}944 & +\ 1{,}49\ \mathrm{t/m} \\ m_{\mathrm{II}\,\mathrm{III}\,1} - \dfrac{8{,}15}{6{,}50}(1{,}585-0{,}346) & -\ 1{,}55\ \mathrm{t/m} \\ m_{\mathrm{II}\,\mathrm{III}\,3} - \dfrac{0{,}09}{6{,}5}\,\dfrac{3\pi}{2} & -\ 0{,}07\ \mathrm{t/m} \end{cases}$$

$$\bar{q}_{\mathrm{II}\,\mathrm{III}\,m} = -10{,}29\ \mathrm{t/m}$$

Die Beiwerte für frei drehbare Stützung sind aus Tafel C.11 entnommen.

*2.7.3. Wand III*

$$\text{Unterer Rand } q_{0\,\mathrm{III}\,m} = \bar{q}_{0\,\mathrm{III}\,m} = \begin{cases} \boxed{\mathrm{F_4-18}} & -6{,}3\cdot 6{,}0\cdot 0{,}256 & -9{,}68\ \mathrm{t/m} \\ m_{0\,\mathrm{III}\,1} & -\dfrac{7{,}45}{6{,}0}\,3{,}149 & -3{,}91\ \mathrm{t/m} \\ m_{0\,\mathrm{III}\,3} & -\dfrac{0{,}87}{6{,}0}\,3\pi & -1{,}37\ \mathrm{t/m} \\ m_{\mathrm{I}\,\mathrm{III}\,1} & -\dfrac{2{,}10}{6{,}0}\,0{,}210 & -0{,}07\ \mathrm{t/m} \\ m_{\mathrm{II}\,\mathrm{III}\,1} & +\dfrac{8{,}15}{6{,}0}\,2\cdot 0{,}644 & +1{,}75\ \mathrm{t/m} \end{cases}$$

$$q_{0\,\mathrm{III}\,m} = -13{,}28\ \mathrm{t/m}$$

| | | |
|---|---|---|
| Oberer Rand $\bar{q}_{I\,III\,m} =$ | **F₄—18** $-\ 6{,}3 \cdot 6{,}0 \cdot 0{,}144$ | $-\ 5{,}45$ t/m |
| | $m_{0\,III\,1}\quad + \frac{7{,}45}{6{,}0}\, 0{,}462$ | $+\ 0{,}57$ t/m |
| | $m_{I\,III\,1}\quad + \frac{2{,}10}{6{,}0}\, 1{,}592$ | $+\ 0{,}56$ t/m |
| | $m_{I\,III\,3}\quad - \frac{0{,}26}{6{,}0}\, \frac{3\pi}{2}$ | $-\ 0{,}20$ t/m |
| | $m_{II\,III\,1}\quad + \frac{8{,}15}{6{,}0}\, 2 \cdot 0{,}871$ | $+\ 2{,}37$ t/m |
| | $\bar{q}_{I\,III\,m} =$ | $-\ 2{,}15$ t/m |

| | | |
|---|---|---|
| Lotrechte Ränder $\bar{q}_{II\,III\,m} =$ | **F₄—18** $-\ 6{,}3 \cdot 6{,}0 \cdot 0{,}236$ | $-\ 8{,}88$ t/m |
| | $m_{0\,III\,1} + m_{I\,III\,1}$: | |
| | $\frac{1}{6{,}0}(+\ 7{,}45 - 2{,}10) \cdot 0{,}666$ | $+\ 0{,}59$ t/m |
| | $m_{II\,III\,1}\quad - \frac{8{,}15}{6{,}0}(1{,}511 - 0{,}627)$ | $-\ 1{,}20$ t/m |
| | $m_{II\,III\,3}\quad - \frac{0{,}09}{6{,}50}\, \frac{3\pi}{2}$ | $-\ 0{,}07$ t/m |
| | $\bar{q}_{II\,III\,m} =$ | $-\ 9{,}56$ t/m |

Die Beiwerte für frei drehbare Stützung sind aus Tafel C. 12 durch Interpolation gewonnen.

### 2.8. Ermittlung des Momentenverlaufs längs der Platten-Mittellinien (Lastfall $p + p_u$)

Sämtliche benötigten Zahlenwerte aus den Tafeln E. 11 und 12. Momente in tm/m. Bei beiderseitigem Momentangriff sind die Tafelwerte für $\frac{x}{a}$ und $1 - \frac{x}{a}$ zusammenzuzählen.

#### 2.8.1. *Deckenplatte* I $\left(\frac{l_y}{l_x} = 1{,}30\right)$

Tafel 22. Momente in der Mittellinie $y = \frac{l_y}{2}$

| $\frac{x}{l_x}$ | 0 | 0,1 | 0,2 | 0,3 | 0,4 | 0,5 |
|---|---|---|---|---|---|---|
| $m_x$ **F₄—1** $1{,}2 \cdot 6{,}0^2 \cdot c_1$ | 0 | + 1,07 | + 1,79 | + 2,25 | + 2,50 | + 2,58 |
| $m_{I\,II\,1} = -\ 1{,}47$ | — 1,47 | — 1,04 | — 0,74 | — 0,54 | — 0,43 | — 0,40 |
| $m_{I\,III\,3} \sin \frac{3\pi}{2} = +\ 0{,}19$ | + 0,19 | + 0,06 | + 0,01 | — | — 0,01 | — 0,01 |
| $m_{I\,III\,1}\ -\ 2{,}10 \cdot 2 \cdot 0{,}1260 \sin \pi \frac{x}{l_x}$ | 0 | — 0,16 | — 0,31 | — 0,43 | — 0,50 | — 0,53 |
| $m_x =$ | — 1,28 | — 0,07 | + 0,75 | + 1,28 | + 1,56 | + 1,64 |
| $m_y$ **F₄—1** $1{,}2 \cdot 6{,}0^2 \cdot 0{,}0325 \sin \pi \frac{x}{l_x}$ | 0 | + 0,43 | + 0,82 | + 1,13 | + 1,33 | + 1,40 |
| $m_{I\,II\,1} = -\ 1{,}47$ | 0 | — 0,24 | — 0,29 | — 0,36 | — 0,40 | — 0,41 |
| $m_{I\,II\,3} \sin \frac{3\pi}{2} = +\ 0{,}19$ | 0 | + 0,03 | + 0,03 | + 0,03 | + 0,02 | + 0,02 |
| $m_{I\,III\,1}\ -\ 2{,}10 \cdot 2 \cdot 0{,}0016 \cdot \sin \pi \frac{x}{l_x}$ | 0 | — | — | — 0,01 | — 0,01 | — 0,01 |
| $m_y =$ | 0 | + 0,32 | + 0,54 | + 0,79 | + 0,94 | + 1,00 |

Tafel 23. Momente in der Mittellinie $x = \frac{l_x}{2}$

| | $\frac{y}{l_x} =$ | 0 | 0,1 | 0,2 | 0,3 | 0,4 | 0,5 | 0,6 | 0,65 |
|---|---|---|---|---|---|---|---|---|---|
| $m_x$ | **F₄—1** $1{,}2 \cdot 6{,}0^2 \cdot c_1{}'$ ................ | 0 | +0,65 | +1,25 | +1,76 | +2,15 | +2,42 | +2,56 | +2,58 |
| | $m_{\mathrm{I\,II}\,1}$ — $1{,}47 \cdot 2 \cdot 0{,}1357 \sin \pi \frac{y}{l_y}$ ..... | 0 | —0,10 | —0,19 | —0,27 | —0,33 | —0,37 | —0,40 | —0,40 |
| | $m_{\mathrm{I\,II}\,3}$ — $0{,}19 \cdot 2 \cdot (—\,0{,}0211) \sin 3\pi \frac{y}{l_y}$ | 0 | +0,01 | +0,01 | +0,01 | — | — | —0,01 | —0,01 |
| | $m_{\mathrm{I\,III}\,1} = —\,2{,}10$ .................. | 0 | —0,27 | —0,42 | —0,49 | —0,52 | —0,55 | —0,53 | —0,53 |
| | $m_{\mathrm{I\,III}\,3}$ — $0{,}26 \cdot 2 \cdot 0{,}0067 \sin 3\pi \frac{y}{l_y}$ ... | | — | — | — | — | — | — | — |
| | $m_x =$ | 0 | +0,29 | +0,65 | +1,01 | +1,30 | +1,50 | +1,62 | +1,64 |
| $m_y$ | **F₄—1** $1{,}2 \cdot 6{,}0^2 \cdot c_2$ ................ | 0 | +0,69 | +1,09 | +1,28 | +1,37 | +1,40 | +1,40 | +1,40 |
| | $m_{\mathrm{I\,II}\,1}$ — $1{,}47 \cdot 2 \cdot 0{,}1386 \sin \pi \frac{y}{l_y}$ ..... | 0 | —0,10 | —0,19 | —0,27 | —0,34 | —0,38 | —0,41 | —0,41 |
| | $m_{\mathrm{I\,II}\,3}$ — $0{,}19 \cdot 2 \cdot 0{,}0473 \sin 3\pi \frac{y}{l_y}$ ... | | —0,01 | —0,02 | —0,02 | — | +0,01 | +0,02 | +0,02 |
| | $m_{\mathrm{I\,III}\,1} = —\,2{,}10$ .................. | —2,10 | —1,28 | —0,75 | —0,40 | —0,19 | —0,07 | —0,01 | —0,01 |
| | $m_{\mathrm{I\,III}\,3} \sin \frac{3\pi}{2} = +\,0{,}26$ ............. | +0,26 | +0,05 | +0,02 | —0,01 | —0,01 | — | — | — |
| | $m_y =$ | —1,84 | —0,65 | +0,15 | +0,58 | +0,83 | +0,96 | +1,00 | +1,00 |

## *2.8.2. Wand* **II** $\left(\frac{l_y}{l_z} = 1{,}20\right)$

Tafel 24. Momente in der

| | $\frac{z}{l_z} =$ | 0 | 0,1 | 0,2 | 0,3 | 0,4 |
|---|---|---|---|---|---|---|
| $m_z$ | **F₄—3** — $6{,}3 \cdot 6{,}5^2 \cdot c_1$ .......... | 0 | — 4,42 | — 6,79 | — 7,74 | — 7,66 |
| | $m_{0\,\mathrm{II}\,1} = +\,11{,}70$ ............... | + 11,70 | + 7,84 | + 5,18 | + 3,35 | + 2,11 |
| | $m_{0\,\mathrm{II}\,3} \sin \frac{3\pi}{2} = +\,0{,}66$ ........... | + 0,66 | + 0,18 | + 0,03 | — 0,01 | — 0,02 |
| | $m_{\mathrm{I\,II}\,1} = —\,1{,}47$ ................ | 0 | — 0,01 | — 0,03 | — 0,05 | — 0,09 |
| | $m_{\mathrm{I\,II}\,3} \sin \frac{3\pi}{2} = +\,0{,}19$ ........... | 0 | — | — | — | — |
| | $m_{\mathrm{II\,III}\,1}$ + $8{,}15 \cdot 2 \cdot 0{,}1336 \sin \pi \frac{z}{l_z}$ | 0 | + 0,67 | + 1,28 | + 1,76 | + 2,08 |
| | $m_z =$ | + 12,36 | + 4,26 | — 0,33 | — 2,69 | — 3,58 |
| $m_y$ | **F₄—3** — $6{,}3 \cdot 6{,}5^2 \cdot c_2$ .......... | 0 | — 1,55 | — 2,90 | — 3,89 | — 4,48 |
| | $m_{0\,\mathrm{II}\,1} = +\,11{,}70$ ............... | 0 | + 1,11 | + 1,67 | + 1,87 | + 1,84 |
| | $m_{0\,\mathrm{II}\,3} \sin \frac{3\pi}{2} = +\,0{,}66$ .......... | 0 | + 0,12 | + 0,11 | + 0,07 | + 0,04 |
| | $m_{\mathrm{I\,II}\,1} = —\,1{,}47$ ................ | 0 | — 0,05 | — 0,09 | — 0,14 | — 0,18 |
| | $m_{\mathrm{I\,II}\,3} \sin \frac{3\pi}{2} = +\,0{,}19$ ......... | 0 | — | — | — | — |
| | $m_{\mathrm{II\,III}\,1}$ + $8{,}15 \cdot 2 \cdot 0{,}0148 \sin \pi \frac{z}{l_z}$ | 0 | + 0,07 | + 0,14 | + 0,19 | + 0,23 |
| | $m_y =$ | 0 | — 0,30 | — 1,07 | — 1,90 | — 2,55 |

Tafel 25. Momente in der Mittellinie $z = \frac{l_z}{2}$

| | $\frac{y}{l_z} =$ | 0 | 0,1 | 0,2 | 0,3 | 0,4 | 0,5 | 0,6 |
|---|---|---|---|---|---|---|---|---|
| $m_z$ | **F₄—8** ............................ | 0 | — 1,88 | — 3,59 | — 5,02 | — 6,09 | — 6,75 | — 6,96 |
| | $(m_{0\,II\,1} + m_{I\,II\,1})\ 0{,}1095 \sin \pi \frac{y}{l_y}$ .......... | 0 | + 0,29 | + 0,56 | + 0,79 | + 0,97 | + 1,08 | + 1,12 |
| | $(m_{0\,II\,3} + m_{I\,II\,3})\ (-0{,}0190) \sin 3\pi \frac{y}{l_y}$ .... | 0 | + 0,01 | + 0,01 | + 0,01 | 0 | — 0,01 | — 0,01 |
| | $m_{II\,III\,1} = +\ 8{,}15$ ...................... | 0 | + 1,09 | + 1,68 | + 1,98 | + 2,11 | + 2,16 | + 2,18 |
| | $m_{II\,III\,3} \sin \frac{3\pi}{2} = +\ 0{,}09$ ................ | 0 | + 0,02 | + 0,01 | + 0,01 | — | — | — |
| | $m_z =$ | 0 | — 0,47 | — 1,33 | — 2,23 | — 3,01 | — 3,52 | — 3,67 |
| $m_y$ | **F₄—8** ............................ | 0 | — 2,20 | — 3,46 | — 4,11 | — 4,42 | — 4,54 | — 4,57 |
| | $(m_{0\,II\,1} + m_{I\,II\,1})\ 0{,}1423 \sin \pi \frac{y}{l_y}$ ......... | 0 | + 0,38 | + 0,73 | + 1,03 | + 1,27 | + 1,41 | + 1,46 |
| | $(m_{0\,II\,3} + m_{I\,II\,3})\ 0{,}0387 \sin 3\pi \frac{y}{l_y}$ ........ | 0 | — 0,02 | — 0,03 | — 0,02 | 0 | + 0,02 | + 0,03 |
| | $m_{II\,III\,1} = +\ 8{,}15$ ...................... | + 8,15 | + 4,98 | + 2,91 | + 1,60 | + 0,80 | + 0,38 | + 0,24 |
| | $m_{II\,III\,3} \sin \frac{3\pi}{2} = +\ 0{,}09$ ................ | + 0,09 | + 0,02 | — | — | — | — | — |
| | $m_y =$ | + 8,24 | + 3,16 | + 0,15 | — 1,50 | — 2,35 | — 2,73 | — 2,84 |

Mittellinie $y = \frac{l_y}{2}$

| 0,45 | 0,5 | 0,55 | 0,6 | 0,7 | 0,8 | 0,9 | 1,0 |
|---|---|---|---|---|---|---|---|
| — 7,38 | — 6,96 | — 6,41 | — 5,89 | — 4,56 | — 3,09 | — 1,55 | 0 |
| + 1,65 | + 1,28 | + 0,98 | + 0,75 | + 0,41 | + 0,21 | + 0,08 | 0 |
| — 0,01 | — 0,01 | — 0,01 | — 0,01 | — | — | — | 0 |
| — 0,12 | — 0,16 | — 0,21 | — 0,27 | — 0,42 | — 0,65 | — 0,99 | — 1,47 |
| — | — | — | — | — | + 0,01 | + 0,05 | + 0,19 |
| + 2,16 | + 2,18 | + 2,16 | + 2,08 | + 1,76 | + 1,28 | + 0,67 | 0 |
| — 3,70 | — 3,67 | — 3,49 | — 3,34 | — 2,81 | — 2,24 | — 1,75 | — 1,28 |
| — 4,57 | — 4,57 | — 4,48 | — 4,26 | — 3,54 | — 2,53 | — 1,33 | 0 |
| + 1,77 | + 1,67 | + 1,54 | + 1,40 | + 1,08 | + 0,73 | + 0,37 | 0 |
| + 0,03 | + 0,03 | + 0,02 | + 0,01 | + 0,01 | — | — | 0 |
| — 0,19 | — 0,21 | — 0,22 | — 0,23 | — 0,23 | — 0,21 | — 0,14 | 0 |
| — | — | + 0,01 | + 0,01 | + 0,02 | + 0,03 | + 0,03 | 0 |
| + 0,24 | + 0,24 | + 0,24 | + 0,23 | + 0,19 | + 0,14 | + 0,07 | 0 |
| — 2,72 | — 2,84 | — 2,89 | — 2,84 | — 2,47 | — 1,84 | — 1,00 | 0 |

Tafel 26. Verteilung des Einspannmoments $m_{0\,\mathrm{II}}$

| $\frac{y}{l_z}$ | 0 | 0,1 | 0,2 | 0,3 | 0,4 | 0,5 | 0,6 |
|---|---|---|---|---|---|---|---|
| $m_{0\,\mathrm{II}\,1} \cdot \sin \pi \frac{y}{l_y}$ .................. | 0 | + 3,03 | + 5,85 | + 8,26 | + 10,13 | + 11,30 | + 11,70 |
| $m_{0\,\mathrm{II}\,3} \cdot \sin 3\pi \frac{y}{l_y}$ ................. | 0 | — 0,47 | — 0,66 | — 0,47 | 0 | + 0,47 | + 0,66 |
| $m_{0\,\mathrm{II}} =$ | 0 | + 2,56 | + 5,19 | + 7,79 | + 10,13 | + 11,77 | + 12,36 |

Tafel 27. Verteilung des Kantenmoments $m_{\mathrm{II}\,\mathrm{III}}$

| $\frac{z}{l_z}$ | 0 | 0,1 | 0,2 | 0,3 | 0,4 | 0,5 | 0,6 | 0,7 | 0,8 | 0,9 | 1,0 |
|---|---|---|---|---|---|---|---|---|---|---|---|
| $m_{\mathrm{II}\,\mathrm{III}\,1} \sin \pi \frac{z}{l_z}$ ....... | 0 | + 2,52 | + 4,79 | + 6,59 | + 7,75 | + 8,15 | + 7,75 | + 6,59 | + 4,79 | + 2,52 | 0 |
| $m_{\mathrm{II}\,\mathrm{III}\,2} \sin 2\pi \frac{z}{l_z}$ ....... | 0 | — 0,06 | — 0,10 | — 0,10 | — 0,06 | 0 | + 0,06 | + 0,10 | + 0,10 | + 0,06 | 0 |
| $m_{\mathrm{II}\,\mathrm{III}\,3} \sin 3\pi \frac{z}{l_z}$ ....... | 0 | — 0,07 | — 0,09 | — 0,03 | + 0,05 | + 0,09 | + 0,05 | — 0,03 | — 0,09 | — 0,07 | 0 |
| $m_{\mathrm{II}\,\mathrm{III}} =$ | 0 | + 2,39 | + 4,60 | + 6,46 | + 7,74 | + 8,24 | + 7,86 | + 6,66 | + 4,80 | + 2,51 | 0 |

### *2.8.3. Wand* III $\left(\frac{l_z}{l_x} = 1{,}083\right)$

Die Momente im Plattenmittelpunkt sind von P. 2.6.3. übernommen; der übrige Verlauf wurde in Anlehnung an Tafel E.1,1/11 und 12 ermittelt.

Tafel 28. Momente in der Mittellinie $z = \frac{l_z}{2}$

| | $\frac{x}{l_x} =$ | 0 | 0,1 | 0,2 | 0,3 | 0,4 | 0,5 |
|---|---|---|---|---|---|---|---|
| $m_x$ | **F₄—18** ................................. | 0 | — 2,20 | — 3,58 | — 4,39 | — 4,80 | — 4,92 |
| | $m_{\mathrm{II}\,\mathrm{III}\,1} = + 8{,}15$ ........................... | + 8,15 | + 5,30 | + 3,38 | + 2,17 | + 1,50 | + 1,28 |
| | $m_{\mathrm{II}\,\mathrm{III}\,3} \sin \frac{3\pi}{2} = + 0{,}09$ ...................... | + 0,09 | + 0,02 | — | — | — | — |
| | $(m_{0\,\mathrm{III}\,1} + m_{\mathrm{I}\,\mathrm{III}\,1})\ 0{,}1405 \sin \pi \frac{x}{l_x}$ ............... | 0 | + 0,23 | + 0,44 | + 0,61 | + 0,71 | + 0,75 |
| | $(m_{0\,\mathrm{III}\,3} + m_{\mathrm{I}\,\mathrm{III}\,3})\ 0{,}0155 \sin 3\pi \frac{x}{l_x}$ ............. | 0 | — 0,02 | — 0,02 | — 0,01 | + 0,01 | + 0,02 |
| | $m_x =$ | + 8,24 | + 3,33 | + 0,22 | — 1,62 | — 2,58 | — 2,87 |
| $m_z$ | **F₄—18** ................................. | 0 | — 1,27 | — 2,41 | — 3,32 | — 3,90 | — 4,10 |
| | $m_{\mathrm{II}\,\mathrm{III}\,1} = + 8{,}15$ ........................... | 0 | + 1,09 | + 1,74 | + 2,11 | + 2,30 | + 2,35 |
| | $m_{\mathrm{II}\,\mathrm{III}\,3} \sin \frac{3\pi}{2} = + 0{,}09$ ...................... | 0 | + 0,02 | + 0,01 | + 0,01 | — | — |
| | $(m_{0\,\mathrm{III}\,1} + m_{\mathrm{I}\,\mathrm{III}\,1})\ 0{,}0361 \sin \pi \frac{x}{l_x}$ ............... | 0 | + 0,06 | + 0,11 | + 0,15 | + 0,18 | + 0,19 |
| | $(m_{0\,\mathrm{III}\,3} + m_{\mathrm{I}\,\mathrm{III}\,3})\ (— 0{,}0094) \sin 3\pi \frac{x}{l_x}$ .......... | 0 | + 0,01 | + 0,01 | — | — | — 0,01 |
| | $m_z =$ | 0 | — 0,09 | — 0,54 | — 1,05 | — 1,42 | — 1,57 |

Tafel 29. Momente in der Mittellinie $x = \frac{l_x}{2}$

| | $\frac{z}{l_z}$ | 0 | $\frac{1}{11}$ | $\frac{2}{11}$ | $\frac{3}{11}$ | $\frac{4}{11}$ | $\frac{5}{11}$ | $\frac{1}{2}$ | $\frac{6}{11}$ | $\frac{7}{11}$ | $\frac{8}{11}$ | $\frac{9}{11}$ | $\frac{10}{11}$ | 1,0 |
|---|---|---|---|---|---|---|---|---|---|---|---|---|---|---|
| $m_x$ | F₄—13 | 0 | — 1,61 | — 3,04 | — 4,11 | — 4,75 | — 4,97 | — 4,92 | — 4,77 | — 4,23 | — 3,41 | — 2,40 | — 1,23 | 0 |
| | $m_{II\,III_1} \cdot 2 \cdot 0{,}0782 \sin \pi \frac{z}{l_z}$ | 0 | + 0,36 | + 0,69 | + 0,97 | + 1,16 | + 1,27 | + 1,28 | + 1,27 | + 1,16 | + 0,97 | + 0,69 | + 0,36 | 0 |
| | $m_{0\,III_1} = + 7{,}45$ | 0 | + 0,84 | + 1,22 | + 1,32 | + 1,27 | + 1,13 | + 1,04 | + 0,95 | + 0,75 | + 0,56 | + 0,37 | + 0,18 | 0 |
| | $m_{0\,III_3} \sin \frac{3\pi}{2} = + 0{,}87$ | 0 | + 0,16 | + 0,12 | + 0,07 | + 0,04 | + 0,02 | + 0,02 | + 0,01 | — | — | — | — | 0 |
| | $m_{I\,III_1} = - 2{,}10$ | 0 | — 0,05 | — 0,10 | — 0,16 | — 0,21 | — 0,27 | — 0,29 | — 0,32 | — 0,36 | — 0,37 | — 0,34 | — 0,24 | 0 |
| | $m_{I\,III_3} \sin \frac{3\pi}{2} = + 0{,}26$ | 0 | — | — | — | — | — | — | + 0,01 | + 0,01 | + 0,02 | + 0,04 | + 0,05 | 0 |
| | $m_x =$ | 0 | — 0,30 | — 1,11 | — 1,91 | — 2,49 | — 2,82 | — 2,87 | — 2,85 | — 2,67 | — 2,23 | — 1,64 | — 0,88 | 0 |
| $m_z$ | F₄—13 | 0 | — 3,14 | — 4,67 | — 5,13 | — 4,95 | — 4,42 | — 4,10 | — 3,74 | — 2,98 | — 2,21 | — 1,46 | — 0,73 | 0 |
| | $m_{II\,III_1} \cdot 2 \cdot 0{,}1443 \sin \pi \frac{z}{l_z}$ | 0 | + 0,66 | + 1,27 | + 1,78 | + 2,14 | + 2,33 | + 2,35 | + 2,33 | + 2,14 | + 1,78 | + 1,27 | + 0,66 | 0 |
| | $m_{0\,III_1} = + 7{,}45$ | + 7,45 | + 4,60 | + 2,74 | + 1,57 | + 0,84 | + 0,41 | + 0,27 | + 0,16 | 0 | — 0,04 | — 0,05 | — 0,03 | 0 |
| | $m_{0\,III_3} \sin \frac{3\pi}{2} = + 0{,}87$ | + 0,87 | + 0,18 | + 0,01 | — 0,02 | — 0,02 | — 0,01 | — 0,01 | — | — | — | — | — | 0 |
| | $m_{I\,III_1} = - 2{,}10$ | 0 | + 0,01 | + 0,02 | + 0,01 | 0 | — 0,05 | — 0,08 | — 0,12 | — 0,24 | — 0,44 | — 0,77 | — 1,30 | — 2,10 |
| | $m_{I\,III_3} \sin \frac{3\pi}{2} = + 0{,}26$ | 0 | — | — | — | — | — | — | — | — 0,01 | — 0,01 | — | + 0,05 | + 0,26 |
| | $m_z =$ | + 8,32 | + 2,31 | — 0,63 | — 1,79 | — 1,99 | — 1,74 | — 1,57 | — 1,37 | — 1,09 | — 0,92 | — 1,01 | — 1,35 | — 1,84 |

### *2.8.4. Graphische Darstellung*

Die Abb. 171 zeigt alle berechneten Momente in ihrem Verlauf. Man erkennt daraus, daß in der Wand **II** die größten negativen Momente annähernd im Plattenmittelpunkt auftreten, während in der Wand **III** das waagrechte Moment $m_x$ ebenfalls im Plattenmittelpunkt, das lotrechte Moment $m_z$ hingegen in etwa 0,35 der Höhe seinen negativen Größtwert annimmt.

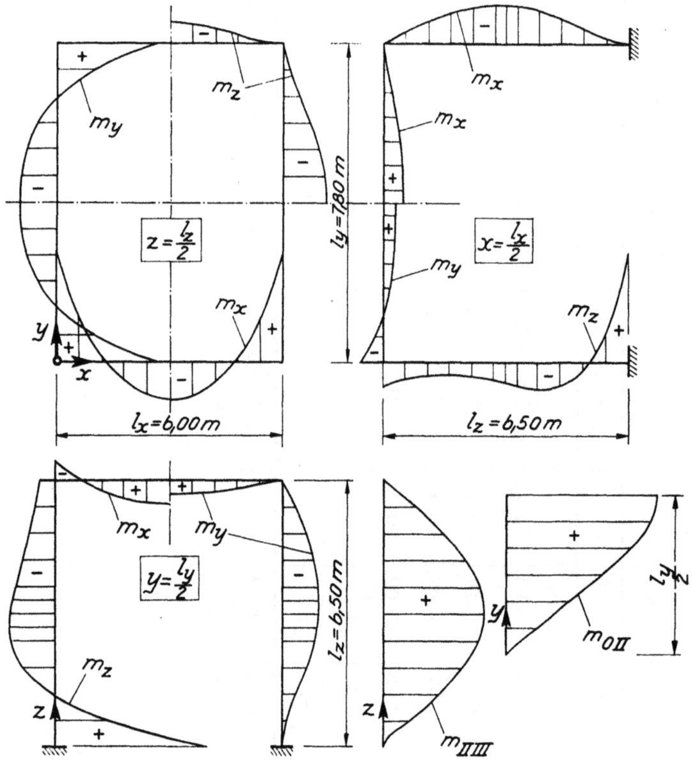


Abb. 171

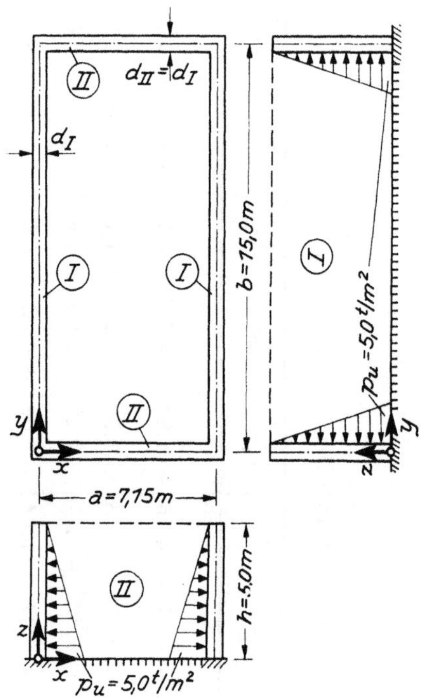


Abb. 172

## Berechnungsbeispiel 3: Offener Behälter

Grundrißmaße: 7,15 m/15,0 m, Höhe: 5,0 m.

Alle Wände haben die gleiche Dicke und sind im Grundkörper starr eingespannt.

Wasserfüllung: $p_u = 5{,}0\ \mathrm{t/m^2}$ (Dreieckbelastung).

Die Berechnung erfolgt nach dem unter C.5. (S. 214) entwickelten Verfahren.

### 1. Bezeichnungen

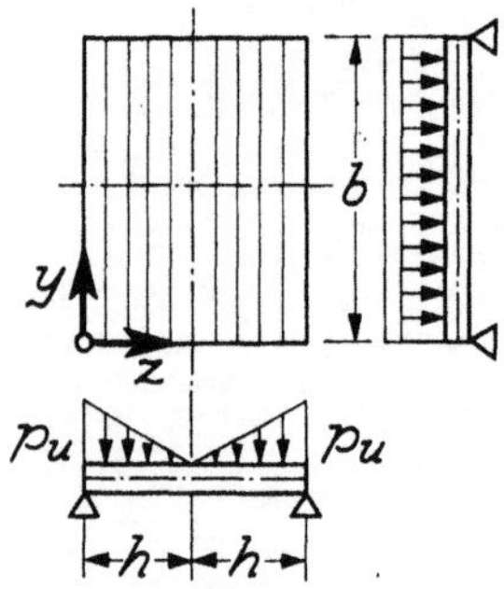


Abb. 173

Die längere Wand wird mit I, die kürzere mit II, der Grundkörper mit 0 bezeichnet. Die Bezeichnungen der Seitenlängen und Koordinaten geht aus Abb. 172 hervor. Die Belastung wird von innen nach außen positiv gerechnet.

### 2. Wand I

#### 2.1. Grundfall

Der Grundfall ist eine allseitig frei drehbar gestützte Rechteckplatte mit den Seitenlängen $b$ und $2\,h$ unter Doppeldreieckbelastung (Abb. 173). Seitenverhältnis $\frac{b}{2\,h} = \frac{15{,}0}{10{,}0} = 1{,}5$.

Tafel 30. Wand I, Grundfall; Momente in der Mittellinie $y = \frac{b}{2}$

| | | $\frac{z}{h} =$ | 0 | 0,2 | 0,4 | 0,6 | 0,8 | 1,0 |
|---|---|---|---|---|---|---|---|---|
| | | $\frac{1}{2}\left(\frac{z}{h}\right) - \frac{1}{2}\left(\frac{z}{h}\right)^2 + \frac{1}{6}\left(\frac{z}{h}\right)^3 =$ | 0 | 0,08133 | 0,13067 | 0,15600 | 0,16533 | 0,16667 |
| $i = 1$ | $\frac{b}{4h} = 0,75$ | $-\sin \pi \frac{z}{2h} \frac{8}{\pi^3}\left(1 - \frac{2}{\pi}\right) \frac{2 + 2,314}{5,323} =$ | 0 | — 0,02349 | — 0,04468 | — 0,06150 | — 0,07230 | — 0,07600 |
| $i = 3$ | $3\frac{b}{4h} = 2,25$ | $-\sin 3\pi \frac{z}{2h} \frac{8}{27\pi^3}\left(1 + \frac{2}{3\pi}\right)(2 + 7,069)\, 2 \cdot 0,00085 =$ | 0 | — 0,00015 | — 0,00017 | — 0,00005 | + 0,00011 | + 0,00018 |
| | | $m_z = p_u h^2 \cdot$ | 0 | 0,05769 | 0,08582 | 0,09445 | 0,09314 | 0,09085 |
| $i = 1$ | | $\sin \pi \frac{z}{2h} \frac{8}{\pi^3}\left(1 - \frac{2}{\pi}\right) \frac{2,314}{5,323} =$ | 0 | 0,01261 | 0,02398 | 0,03302 | 0,03882 | 0,04080 |
| $i = 3$ | | $\sin 3\pi \frac{z}{2h} \frac{8}{27\pi^3}\left(1 + \frac{2}{3\pi}\right) 7,069 \cdot 2 \cdot 0,00085 =$ | 0 | 0,00011 | 0,00013 | 0,00004 | — 0,00008 | — 0,00014 |
| | | $m_y = p_u h^2 \cdot$ | 0 | 0,01272 | 0,02411 | 0,03306 | 0,03874 | 0,04066 |

Tafel 31. Wand I, Grundfall;

| | | |
|---|---|---|
| | $\frac{y}{2h} =$ | 0 |
| | $\frac{\frac{b}{2}-y}{2h} =$ | 0,75 |
| $i = 1$ | $\mathfrak{Cos}\,\pi\frac{\frac{b}{2}-y}{2h} =$ | 5,3227 |
| | $\pi\frac{b}{4h}\,\mathfrak{Tg}\,\pi\frac{b}{4h} - \pi\frac{\frac{b}{2}-y}{2h}\,\mathfrak{Tg}\,\pi\frac{\frac{b}{2}-y}{2h} =$ | 0 |
| | $\frac{8}{\pi^3}\left(1-\frac{2}{\pi}\right)\frac{\mathfrak{Cos}\,\pi\frac{\frac{b}{2}-y}{2h}}{\mathfrak{Cos}\,\pi\frac{b}{4h}}\left[\pi\frac{b}{4h}\,\mathfrak{Tg}\,\pi\frac{b}{4h} - \pi\frac{\frac{b}{2}-y}{2h}\,\mathfrak{Tg}\,\pi\frac{\frac{b}{2}-y}{2h}\right] =$ | 0 |
| $i = 3$ | $\frac{\mathfrak{Cos}\,3\pi\frac{\frac{b}{2}-y}{2h}}{\mathfrak{Cos}\,3\pi\frac{b}{4h}} =$ | 1,0000 |
| | $3\pi\frac{b}{4h}\,\mathfrak{Tg}\,3\pi\frac{b}{4h} - 3\pi\frac{\frac{b}{2}-y}{2h}\,\mathfrak{Tg}\,3\pi\frac{\frac{b}{2}-y}{2h} =$ | 0 |
| | $-\frac{8}{27\pi^3}\left(1+\frac{2}{3\pi}\right)\frac{\mathfrak{Cos}\,3\pi\frac{\frac{b}{2}-y}{2h}}{\mathfrak{Cos}\,3\pi\frac{b}{4h}}\left[3\pi\frac{b}{4h}\,\mathfrak{Tg}\,3\pi\frac{b}{4h} - 3\pi\frac{\frac{b}{2}-y}{2h}\,\mathfrak{Tg}\,3\pi\frac{\frac{b}{2}-y}{2h}\right] =$ | 0 |
| $i = 5$ | $\frac{\mathfrak{Cos}\,5\pi\frac{\frac{b}{2}-y}{2h}}{\mathfrak{Cos}\,5\pi\frac{b}{4h}} \doteq e^{-5\pi\frac{y}{2h}} =$ | 1,0000 |
| | $+\frac{8}{125\pi^3}\left(1-\frac{2}{5\pi}\right)e^{-5\pi\frac{y}{2h}}\cdot 5\pi\frac{y}{2h} =$ | 0 |
| $i = 7$ | $e^{-7\pi\frac{y}{2h}} =$ | 1,0000 |
| | $-\frac{8}{343\pi^3}\left(1+\frac{2}{7\pi}\right)e^{-7\pi\frac{y}{2h}}\cdot 7\pi\frac{y}{2h} =$ | 0 |
| $i = 9$ | $e^{-9\pi\frac{y}{2h}} =$ | 1,0000 |
| | $+\frac{8}{729\pi^3}\left(1-\frac{2}{9\pi}\right)e^{-9\pi\frac{y}{2h}}\cdot 9\pi\frac{y}{2h} =$ | 0 |
| | $m_y = p_u h^2 \cdot$ | 0 |

Momente $m_y$ in der Linie $z = h$

| 0,1 | 0,2 | 0,3 | 0,4 | 0,5 | 0,6 | 0,7 | 0,75 |
|---|---|---|---|---|---|---|---|
| 0,65 | 0,55 | 0,45 | 0,35 | 0,25 | 0,15 | 0,05 | 0 |
| 3,9180 | 2,9032 | 2,1772 | 1,6679 | 1,3246 | 1,1131 | 1,0124 | 1,0000 |
| 0,3225 | 0,6921 | 1,0584 | 1,4342 | 1,7991 | 2,1072 | 2,2897 | 2,3142 |
| 0,02226 | 0,03542 | 0,04062 | 0,04215 | 0,04200 | 0,04132 | 0,04087 | 0,04080 |
| 0,3897 | 0,1518 | 0,0592 | 0,0231 | 0,0089 | 0,0037 | 0,0019 | 0,0017 |
| 0,942 | 1,885 | 2,829 | 3,779 | 4,755 | 5,813 | 6,862 | 7,069 |
| — 0,00425 | — 0,00331 | — 0,00194 | — 0,00101 | — 0,00049 | — 0,00025 | — 0,00015 | — 0,00014 |
| 0,2079 | 0,0432 | 0,0090 | 0,0019 | 0,0004 | — | — | — |
| + 0,00059 | + 0,00024 | + 0,00008 | + 0,00002 | + 0,00001 | — | — | — |
| 0,1109 | 0,0123 | — | — | — | — | — | — |
| — 0,00020 | — 0,00004 | — | — | — | — | — | — |
| 0,0592 | — | — | — | — | — | — | — |
| + 0,00005 | — | — | — | — | — | — | — |
| 0,01845 | 0,03231 | 0,03876 | 0,04116 | 0,04152 | 0,04107 | 0,04072 | 0,04066 |

Reihendarstellung der Belastung:

$$p = p_u \sum_{1,3}^{\infty} {}_i \sin \pi \frac{z}{2h} \frac{4}{i\pi} \left(1 - \frac{2}{i\pi} \sin \frac{i\pi}{2}\right). \tag{544}$$

(Von Lastfall 1 ist Lastfall 23 abzuziehen.)

*2.1.1. Momente (Fall* $\boxed{F_4 - *}$ *mit 2 h an Stelle von a)*

$$m_z = p_u h^2 \left\{\frac{z}{2h} - \frac{1}{2}\left(\frac{z}{h}\right)^2 + \frac{1}{6}\left(\frac{z}{h}\right)^3 - \right.$$
$$- \sum_{1,3}^{\infty} {}_i \sin i\pi \frac{z}{2h} \frac{8}{i^3\pi^3}\left(1 - \frac{2}{i\pi}\sin\frac{i\pi}{2}\right) \frac{\mathfrak{Cos}\, i\pi \frac{\frac{b}{2} - y}{2h}}{\mathfrak{Cos}\, i\pi \frac{b}{4h}} \left[2 + i\pi \frac{b}{4h} \mathfrak{Tg}\, i\pi \frac{b}{4h} - \right.$$
$$\left.\left. - i\pi \frac{\frac{b}{2} - y}{2h} \mathfrak{Tg}\, i\pi \frac{\frac{b}{2} - y}{2h}\right]\right\}, \tag{545}$$

$$m_y = p_u h^2 \sum_{1,3}^{\infty} {}_i \sin i\pi \frac{z}{2h} \frac{8}{i^3\pi^3}\left(1 - \frac{2}{i\pi}\sin\frac{i\pi}{2}\right) \frac{\mathfrak{Cos}\, i\pi \frac{\frac{b}{2} - y}{2h}}{\mathfrak{Cos}\, i\pi \frac{b}{4h}} \left[i\pi \frac{b}{4h} \mathfrak{Tg}\, i\pi \frac{b}{4h} - \right.$$
$$\left. - i\pi \frac{\frac{b}{2} - y}{2h} \mathfrak{Tg}\, i\pi \frac{\frac{b}{2} - y}{2h}\right]. \tag{546}$$

In der Mittellinie $y = \frac{b}{2}$ gilt:

$$m_z = p_u h^2 \left\{\frac{z}{2h} - \frac{1}{2}\left(\frac{z}{h}\right)^2 + \frac{1}{6}\left(\frac{z}{h}\right)^3 - \sum_{1,3}^{\infty} {}_i \sin i\pi \frac{z}{2h} \frac{8}{i^3\pi^3}\left(1 - \frac{2}{i\pi}\sin\frac{i\pi}{2}\right) \frac{2 + i\pi \frac{b}{4h} \mathfrak{Tg}\, i\pi \frac{b}{4h}}{\mathfrak{Cos}\, i\pi \frac{b}{4h}}\right\}, \tag{547}$$

$$m_y = p_u h^2 \sum_{1,3}^{\infty} {}_i \sin i\pi \frac{z}{2h} \frac{8}{i^3\pi^3}\left(1 - \frac{2}{i\pi}\sin\frac{i\pi}{2}\right) \frac{i\pi \frac{b}{4h} \mathfrak{Tg}\, i\pi \frac{b}{4h}}{\mathfrak{Cos}\, i\pi \frac{b}{4h}}. \tag{548}$$

Die Tafel 30 zeigt die Berechnung dieser Momente in den Fünftelpunkten von $h$; in Tafel 31 sind die Momente $m_y$ längs der Linie $z = h$ berechnet. Die benötigten Hyperbelfunktionen sind aus Tafel A.1 entnommen.

*2.1.2. Auflagerkräfte*

Querkraft am unteren Rand:

$$q_{I\,0} = p_u y \left\{\frac{1}{2} - \sum_{1,3}^{\infty} {}_i \frac{8}{i^2\pi^2}\left(1 - \frac{2}{i\pi}\sin\frac{i\pi}{2}\right) \frac{\mathfrak{Cos}\, i\pi \frac{\frac{b}{2} - y}{2h}}{\mathfrak{Cos}\, i\pi \frac{b}{4h}}\right\}. \tag{549}$$

In Randmitte $\left(y = \frac{b}{2}\right)$ ist

$$q_{I\,0\,m} = p_u h \left\{\frac{1}{2} - \sum_{1,3}^{\infty} {}_i \frac{8}{i^2\pi^2}\left(1 - \frac{2}{i\pi}\sin\frac{i\pi}{2}\right) \frac{1}{\mathfrak{Cos}\, i\pi \frac{b}{4h}}\right\}, \tag{550}$$

| | | |
|---|---|---|
| | | 0,5000 |
| $i = 1$ | $-\frac{8}{\pi^2}\left(1 - \frac{2}{\pi}\right)\frac{1}{5,323}$ | $-$ 0,0554 |
| $i = 3$ | $-\frac{8}{9\pi^2}\left(1 + \frac{2}{3\pi}\right)$ 0,00170 | $-$ 0,0002 |

$$q_{I\,0\,m} = p_u h \cdot 0{,}4444$$

Auflagerkräfte am lotrechten Rand:

$$\bar{q}_{\text{I II}} = p_u h \sum_{1,3}^{\infty} {}_i \sin i\pi \frac{z}{2h} \frac{12}{i^2\pi^2}\left(1 - \frac{2}{i\pi}\sin\frac{i\pi}{2}\right)\left(\mathfrak{Tg}\, i\pi\frac{b}{4h} - \frac{i\pi\frac{b}{4h}}{3\,\mathfrak{Cof}^2 i\pi\frac{b}{4h}}\right) =$$

$$= p_u h \left\{\sum_{1,3}^{\infty} {}_i \sin i\pi\frac{z}{2h}\frac{12}{i^2\pi^2} - \sum_{1,3}^{\infty} {}_i \sin i\pi\frac{z}{2h}\sin\frac{i\pi}{2}\frac{24}{i^3\pi^3} - \right.$$

$$\left. - \sum_{1,3}^{\infty} {}_i \sin i\pi\frac{z}{2h}\frac{12}{i^2\pi^2}\left(1 - \frac{2}{i\pi}\sin\frac{\pi}{2}\right)\left(1 - \mathfrak{Tg}\, i\pi\frac{b}{4h} + \frac{i\pi\frac{b}{4h}}{3\,\mathfrak{Cof}^2 i\pi\frac{b}{4h}}\right)\right\}. \qquad (551)$$

Die erste Summe im obigen Klammerausdruck ist die Auflagerkraft am Querrand des unendlichen Halbstreifens unter Gleichlast. Wegen $a = 2h$ sind die Zahlen im Diagramm bei Fall **F₃—1** mit 2 zu multiplizieren. Die zweite Summe muß berechnet werden; sie konvergiert leidlich. Bei der dritten Summe genügt das 1. Glied. Die Tafel **32** enthält die Berechnung für die Fünftelpunkte von $h$.

Tafel **32**. Wand I, Grundfall; Auflagerkräfte am lotrechten Rand

| $\frac{z}{h} =$ | 0,2 | 0,4 | 0,6 | 0,8 | 1,0 |
|---|---|---|---|---|---|
| $\bar{q}_t$ **F₃—1** = | 0,548 | 0,824 | 0,984 | 1,084 | 1,114 |
| $-\sin\pi\frac{z}{2h}\frac{24}{\pi^3}$ = | — 0,239 | — 0,455 | — 0,626 | — 0,736 | — 0,774 |
| $+\sin 3\pi\frac{z}{2h}\frac{24}{27\pi^3}$ = | + 0,023 | + 0,027 | + 0,009 | — 0,017 | — 0,029 |
| $-\sin 5\pi\frac{z}{2h}\frac{24}{125\pi^3}$ = | — 0,006 | 0 | + 0,006 | 0 | — 0,006 |
| $+\sin 7\pi\frac{z}{2h}\frac{24}{343\pi^3}$ = | + 0,002 | — 0,002 | + 0,001 | + 0,001 | — 0,002 |
| $-\sin\pi\frac{z}{2h}\frac{12}{\pi^2}\left(1-\frac{2}{\pi}\right)0{,}0455$ = | — 0,006 | — 0,012 | — 0,016 | — 0,019 | — 0,020 |
| $\bar{q}_{\text{I II}} = p_u h\cdot$ | **0,322** | **0,382** | **0,358** | **0,313** | **0,283** |

## 2.2. Wand I; Momentangriff am ungestützten Rand

### *2.2.1. Momente*

Nach Fall **F₃U—00** (mit geänderten Koordinaten) sind die Momente infolge des Momentangriffs $m_{\text{I}\,h} = \sum_{1,3}^{\infty} {}_k\, m_{\text{I}\,h\,k} \sin k\pi\frac{y}{b}$:

$$m_y = \sum_{1,3}^{\infty} {}_k \sin k\pi\frac{y}{b}\,\frac{m_{\text{I}\,h\,k}\,\mathfrak{Sin}\,k\pi\frac{z}{b}}{3\,\mathfrak{Sin}\,k\pi\frac{h}{b} + \frac{k\pi\frac{h}{b}}{\mathfrak{Cof}\,k\pi\frac{h}{b}}}\left[-1 + k\pi\frac{h}{b}\mathfrak{Tg}\,k\pi\frac{h}{b} - k\pi\frac{z}{b}\mathfrak{Cotg}\,k\pi\frac{z}{b}\right], \qquad (552)$$

$$m_z = \sum_{1,3}^{\infty} {}_k \sin k\pi\frac{y}{b}\,\frac{m_{\text{I}\,h\,k}\,\mathfrak{Sin}\,k\pi\frac{z}{b}}{3\,\mathfrak{Sin}\,k\pi\frac{h}{b} + \frac{k\pi\frac{h}{b}}{\mathfrak{Cof}\,k\pi\frac{h}{b}}}\left[3 - k\pi\frac{h}{b}\mathfrak{Tg}\,k\pi\frac{h}{b} + k\pi\frac{z}{b}\mathfrak{Cotg}\,k\pi\frac{z}{b}\right]. \qquad (553)$$

Tafel 33. Momentenverlauf in Wand I infolge Momentangriff am ungestützten Rand

| | $\frac{z}{h} =$ | 0 | 0,2 | 0,4 | 0,6 | 0,8 | 1,0 |
|---|---|---|---|---|---|---|---|
| $k = 1$ | $\mathfrak{Sin}\,\pi \frac{z}{b}$ | 0 | 0,2110 | 0,4312 | 0,6705 | 0,9393 | 1,2494 |
| $3\,\mathfrak{Sin}\,\pi \frac{h}{b} + \frac{\pi \frac{h}{b}}{\mathfrak{Cof}\,\pi \frac{h}{b}} = 4{,}402$ | $\pi \frac{z}{b} \mathfrak{Cotg}\,\pi \frac{z}{b}$ | 1,0000 | 1,0146 | 1,0585 | 1,1283 | 1,2235 | 1,3413 |
| | $-1 + \pi \frac{h}{b} \mathfrak{Tg}\,\pi \frac{h}{b} - \pi \frac{z}{b} \mathfrak{Cotg}\,\pi \frac{z}{b}$ | — 1,1825 | — 1,1971 | — 1,2410 | — 1,3108 | — 1,4060 | — 1,5238 |
| | $3 - \pi \frac{h}{b} \mathfrak{Tg}\,\pi \frac{h}{b} + \pi \frac{z}{b} \mathfrak{Cotg}\,\pi \frac{z}{b}$ | 3,1825 | 3,1971 | 3,2410 | 3,3108 | 3,4060 | 3,5238 |
| | $m_y = \sin \pi \frac{y}{b} m_{I\,h\,1} \cdot$ | 0 | — 0,0574 | — 0,1216 | — 0,1997 | — 0,3002 | — 0,4326 |
| | $m_z = \sin \pi \frac{y}{b} m_{I\,h\,1} \cdot$ | 0 | 0,1532 | 0,3177 | 0,5040 | 0,7264 | 1,0000 |
| $k = 3$ | $\mathfrak{Sin}\,3\pi \frac{z}{b}$ | 0 | 0,6705 | 1,6145 | 3,2171 | 6,1321 | 11,549 |
| $3\,\mathfrak{Sin}\,3\pi \frac{h}{b} + \frac{3\pi \frac{h}{b}}{\mathfrak{Cof}\,3\pi \frac{h}{b}} = 34{,}917$ | $3\pi \frac{z}{b} \mathfrak{Cotg}\,3\pi \frac{z}{b}$ | 1,0000 | 1,1283 | 1,4782 | 1,9739 | 2,5465 | 3,1533 |
| | $-1 + 3\pi \frac{h}{b} \mathfrak{Tg}\,3\pi \frac{h}{b} - 3\pi \frac{z}{b} \mathfrak{Cotg}\,3\pi \frac{z}{b}$ | 1,1299 | 1,0016 | 0,6517 | 0,1560 | — 0,4166 | — 1,0234 |
| | $3 - 3\pi \frac{h}{b} \mathfrak{Tg}\,3\pi \frac{h}{b} + 3\pi \frac{z}{b} \mathfrak{Cotg}\,3\pi \frac{z}{b}$ | 0,8701 | 0,9984 | 1,3483 | 1,8440 | 2,4166 | 3,0234 |
| | $m_y = \sin 3\pi \frac{y}{b} m_{I\,h\,3} \cdot$ | 0 | 0,0192 | 0,0301 | 0,0144 | — 0,0732 | — 0,3383 |
| | $m_z = \sin 3\pi \frac{y}{b} m_{I\,h\,3} \cdot$ | 0 | 0,0192 | 0,0623 | 0,1698 | 0,4243 | 1,0000 |
| $k = 5$ | $m_y = \sin 5\pi \frac{y}{b} m_{I\,h\,5} \cdot$ | 0 | 0,013 | 0,028 | 0,045 | 0,006 | — 0,333 |
| | $m_z = \sin 5\pi \frac{y}{b} m_{I\,h\,5} \cdot$ | 0 | — 0,004 | — 0,000 | 0,037 | 0,229 | 1,000 |
| $k = 7$ | $m_y = \sin 7\pi \frac{y}{b} m_{I\,h\,7} \cdot$ | — | — | — | 0,034 | 0,036 | — 0,333 |
| | $m_z = \sin 7\pi \frac{y}{b} m_{I\,h\,7} \cdot$ | — | — | — | 0,001 | 0,118 | 1,000 |
| $k = 9$ | $m_y = \sin 9\pi \frac{y}{b} m_{I\,h\,9} \cdot$ | — | — | — | — | 0,045 | — 0,333 |
| | $m_z = \sin 9\pi \frac{y}{b} m_{I\,h\,9} \cdot$ | — | — | — | — | 0,056 | 1,000 |

Für $k > 5$ vereinfachen sich diese Funktionen auf die Funktionen nach Fall **F₂U — 00**

$$m_y = \sum_k \sin k\pi \frac{y}{b} \frac{m_{\mathrm{I}hk}}{3} \left[-1 + k\pi \frac{h-z}{b}\right] e^{-k\pi\frac{h-z}{b}}, \tag{554}$$

$$m_z = \sum_k \sin k\pi \frac{y}{b} m_{\mathrm{I}hk} \left[1 - \frac{1}{3} k\pi \frac{h-z}{b}\right] e^{-k\pi\frac{h-z}{b}}. \tag{555}$$

In der Tafel 33 ist der Momentenverlauf unter Benützung der Hyperbelfunktionen aus Tafel E.1,5/11 ermittelt.

## 3. Wand II

### 3.1. Grundfall

Der Grundfall ist eine allseitig frei drehbar gestützte Rechteckplatte mit den Seitenlängen $a$ und $2h$ unter Doppeldreiecklast, Fall **F₄ — 213**.

Seitenverhältnis $\frac{2h}{a} = \frac{10{,}0}{7{,}15} = 1{,}4$.

#### *3.1.1. Momente*

Die Momente sind:

$$m_x = p_u a^2 \left\{ \frac{1}{2}\left[\frac{x}{a} - \left(\frac{x}{a}\right)^2\right]\left(1 - \frac{z}{h}\right) + \sum_{1,3}^{\infty} {}_j \sin j\pi \frac{x}{a} \frac{2}{j^3\pi^3} \left[ \frac{\operatorname{Cof} j\pi \frac{h-z}{a}}{\operatorname{Cof} j\pi \frac{h}{a}} \left(-2 - j\pi \frac{h}{a} \operatorname{Tg} j\pi \frac{h}{a} + {} \right.\right.\right.$$
$$\left.\left.\left. + j\pi \frac{h-z}{a} \operatorname{Tg} j\pi \frac{h-z}{a}\right) + \frac{\operatorname{Sin} j\pi \frac{z}{a}}{j\pi \frac{h}{a} \operatorname{Cof} j\pi \frac{h}{a}} \left(3 + j\pi \frac{h}{a} \operatorname{Tg} j\pi \frac{h}{a} - j\pi \frac{z}{a} \operatorname{Cotg} j\pi \frac{z}{a}\right)\right]\right\}, \tag{556}$$

$$m_z = p_u a^2 \sum_{1,3}^{\infty} {}_j \sin j\pi \frac{x}{a} \frac{2}{j^3\pi^3} \left[ \frac{\operatorname{Cof} j\pi \frac{h-z}{a}}{\operatorname{Cof} j\pi \frac{h}{a}} \left(j\pi \frac{h}{a} \operatorname{Tg} j\pi \frac{h}{a} - j\pi \frac{h-z}{a} \operatorname{Tg} j\pi \frac{h-z}{a}\right) + {} \right.$$
$$\left. + \frac{\operatorname{Sin} j\pi \frac{z}{a}}{j\pi \frac{h}{a} \operatorname{Cof} j\pi \frac{h}{a}} \left(-1 - j\pi \frac{h}{a} \operatorname{Tg} j\pi \frac{h}{a} + j\pi \frac{z}{a} \operatorname{Cotg} j\pi \frac{z}{a}\right)\right]. \tag{557}$$

Die Tafeln 34 und 35 zeigen die Berechnung von $m_x$ und $m_z$ in der Mittellinie $x = \frac{a}{2}$ (Hyperbelfunktionen aus Tafel A.1.)

### 3.2. Momentangriff am ungestützten Rand

Die Momente in der Wand infolge des Momentangriffs $m_{\mathrm{II}h} = \sum_{1,3}^{\infty} {}_j m_{\mathrm{II}hj} \sin j\pi \frac{x}{a}$ sind in gleicher Weise zu berechnen wie bei Wand I (P. 2.2.). Es kommen die gleichen Hyperbelfunktionen wie in Tafel 34 vor.

## 4. Gleichungen für die Reihenkoeffizienten der Randmomente

### 4.1. Aufbau der Gleichungen

Aus Symmetriegründen kommen bei den Momenten am unteren Rand ($m_{0\mathrm{I}k}$ nach Fall **F₄ — 0sa** bzw. $m_{0\mathrm{II}j}$ nach Fall **F₄ — 0tb** an der Platte mit der Seitenlänge $2h$) und bei den Momenten am ungestützten Rand, $m_{\mathrm{I}k}$ und $m_{\mathrm{II}j}$, nur die ungeraden Reihenglieder in Betracht.

Die Momente $m_{\mathrm{I\,II}i}$ mit $i = 1, 3, \ldots$ sind an allen lotrechten Kanten gleich.

Tafel 34. Wand II, Grundfall; Momente

| | $\frac{z}{a} =$ |
|---|---|
| | $\frac{1}{8}\left(1-\frac{z}{h}\right)$ |
| $j=1$ | $\mathfrak{Cof}\,\pi\frac{h-z}{a}$ |
| | $\pi\frac{h-z}{a}\,\mathfrak{Tg}\,\pi\frac{h-z}{a}$ |
| | $-2-\pi\frac{h}{a}\,\mathfrak{Tg}\,\pi\frac{h}{a}+\pi\frac{h-z}{a}\,\mathfrak{Tg}\,\pi\frac{h-z}{a}$ |
| | $\frac{2}{\pi^3}\frac{\mathfrak{Cof}\,\pi\frac{h-z}{a}}{\mathfrak{Cof}\,\pi\frac{h}{a}}\left(-2-\pi\frac{h}{a}\,\mathfrak{Tg}\,\pi\frac{h}{a}+\pi\frac{h-z}{a}\,\mathfrak{Tg}\,\pi\frac{h-z}{a}\right)$ |
| | $\mathfrak{Sin}\,\pi\frac{z}{a}$ |
| | $\pi\frac{z}{a}\,\mathfrak{Cotg}\,\pi\frac{z}{a}$ |
| | $3+\pi\frac{h}{a}\,\mathfrak{Tg}\,\pi\frac{h}{a}-\pi\frac{z}{a}\,\mathfrak{Cotg}\,\pi\frac{z}{a}$ |
| | $\frac{2}{\pi^4\frac{h}{a}}\frac{\mathfrak{Sin}\,\pi\frac{z}{a}}{\mathfrak{Cof}\,\pi\frac{h}{a}}\left(3+\pi\frac{h}{a}\,\mathfrak{Tg}\,\pi\frac{h}{a}-\pi\frac{z}{a}\,\mathfrak{Cotg}\,\pi\frac{z}{a}\right)$ |
| $j=3$ | $\frac{1}{\mathfrak{Cof}\,3\pi\frac{h}{a}}=0{,}00273\quad\mathfrak{Cof}\,3\pi\frac{h-z}{a}$ |
| | $3\pi\frac{h-z}{a}\,\mathfrak{Tg}\,3\pi\frac{h-z}{a}$ |
| | $-2-3\pi\frac{h}{a}\,\mathfrak{Tg}\,3\pi\frac{h}{a}+3\pi\frac{h-z}{a}\,\mathfrak{Tg}\,3\pi\frac{h-z}{a}$ |
| | $-\frac{2}{27\pi^3}\frac{\mathfrak{Cof}\,3\pi\frac{h-z}{a}}{\mathfrak{Cof}\,3\pi\frac{h}{a}}\left(-2-3\pi\frac{h}{a}\,\mathfrak{Tg}\,3\pi\frac{h}{a}+3\pi\frac{h-z}{a}\,\mathfrak{Tg}\,3\pi\frac{h-z}{a}\right)$ |
| | $\mathfrak{Sin}\,3\pi\frac{z}{a}$ |
| | $3\pi\frac{z}{a}\,\mathfrak{Cotg}\,3\pi\frac{z}{a}$ |
| | $3+3\pi\frac{h}{a}\,\mathfrak{Tg}\,3\pi\frac{h}{a}-3\pi\frac{z}{a}\,\mathfrak{Cotg}\,3\pi\frac{z}{a}$ |
| | $-\frac{2}{81\pi^4\frac{h}{a}}\frac{\mathfrak{Sin}\,3\pi\frac{z}{a}}{\mathfrak{Cof}\,3\pi\frac{h}{a}}\left(3+3\pi\frac{h}{a}\,\mathfrak{Tg}\,3\pi\frac{h}{a}-3\pi\frac{z}{a}\,\mathfrak{Cotg}\,3\pi\frac{z}{a}\right)$ |
| $j=5$ | $+\frac{2}{125\pi^3}e^{-5\pi\frac{z}{a}}\left(-2-5\pi\frac{z}{a}\right)$ |
| | $+\frac{2}{625\pi^4\frac{h}{a}}e^{-5\pi\frac{h-z}{a}}\left(3+5\pi\frac{h-z}{a}\right)$ |
| $j=7$ | |
| $j=9$ | |
| | $m_x=p_u\,a^2\cdot$ |
| | $=p_u\,h^2\cdot$ |

$m_x$ in der Mittellinie $x = \frac{a}{2}$

| 0 | 0,1 | 0,2 | 0,3 | 0,4 | 0,5 | 0,6 | 0,7 |
|---|---|---|---|---|---|---|---|
| 0,12500 | 0,10714 | 0,08928 | 0,07143 | 0,05357 | 0,03571 | 0,01786 | 0 |
| 4,5640 | 3,3690 | 2,5092 | 1,8991 | 1,4780 | 1,2040 | 1,0498 | 1,0000 |
| 2,1457 | 1,8000 | 1,4407 | 1,0683 | 0,6940 | 0,3499 | 0,0956 | 0 |
| — 2,0000 | — 2,3457 | — 2,7050 | — 3,0774 | — 3,4517 | — 3,7958 | — 4,0501 | — 4,1457 |
| — 0,12900 | — 0,11173 | — 0,09598 | — 0,08262 | — 0,07210 | — 0,06460 | — 0,06013 | — 0,05858 |
| 0 | 0,3194 | 0,6705 | 1,0883 | 1,6145 | 2,3013 | 3,2171 | 4,4531 |
| 1,0000 | 1,0327 | 1,1283 | 1,2799 | 1,4782 | 1,7127 | 1,9739 | 2,2539 |
| 4,1457 | 4,1130 | 4,0174 | 3,8658 | 3,6675 | 3,4330 | 3,1718 | 2,8918 |
| 0 | + 0,00845 | + 0,01732 | + 0,02704 | + 0,03808 | + 0,05080 | + 0,06560 | + 0,08280 |
| — | 142,841 | 55,663 | 21,700 | 8,4806 | 3,3690 | 1,4780 | 1,0000 |
| 6,5973 | 5,6544 | 4,7116 | 3,7659 | 2,8077 | 1,8000 | 0,6940 | 0 |
| — 2,0000 | — 2,9420 | — 3,8857 | — 4,8314 | — 5,7896 | — 6,7973 | — 7,9033 | — 8,5973 |
| + 0,00478 | + 0,00274 | + 0,00141 | + 0,00068 | + 0,00032 | + 0,00015 | + 0,00008 | + 0,00006 |
| 0 | 1,088 | 3,217 | 8,421 | 21,676 | 55,654 | 142,837 | — |
| 1,0000 | 1,2799 | 1,9739 | 2,8473 | 3,7739 | 4,7132 | 5,6550 | 6,5973 |
| 8,5973 | 8,3174 | 7,6234 | 6,7500 | 5,8234 | 4,8841 | 3,9423 | 3,0000 |
| 0 | — 0,00001 | — 0,00002 | — 0,00006 | — 0,00013 | — 0,00027 | — 0,00056 | — 0,00109 |
| — 0,00103 | — 0,00038 | — 0,00011 | — 0,00003 | — 0,00001 | — | — | — |
| — | — | — | — | — | + 0,00001 | + 0,00004 | + 0,00014 |
| + 0,00038 | + 0,00009 | + 0,00001 | — | — | — | — 0,00001 | — 0,00004 |
| — 0,00018 | — 0,00003 | — | — | — | — | — | + 0,00001 |
| 0 | + 0,00627 | + 0,01191 | + 0,01644 | + 0,01973 | + 0,02180 | + 0,02288 | + 0,02330 |
| 0 | 0,01280 | 0,02432 | 0,03357 | 0,04030 | 0,04440 | 0,04670 | 0,04757 |

**Tafel 35. Wand II, Grundfall; Momente $m_z$ in der Mittellinie $x = \frac{a}{2}$**

| | $\frac{z}{a} =$ | 0 | 0,1 | 0,2 | 0,3 | 0,4 | 0,5 | 0,6 | 0,7 |
|---|---|---|---|---|---|---|---|---|---|
| $j = 1$ | $\frac{2}{\pi^3} \frac{\mathfrak{Cof}\,\pi \frac{h-z}{a}}{\mathfrak{Cof}\,\pi \frac{h}{a}} \left(\pi \frac{h}{a} \mathfrak{Tg}\,\pi \frac{h}{a} - \pi \frac{h-z}{a} \mathfrak{Tg}\,\pi \frac{h-z}{a}\right)$ | 0 | + 0,01645 | + 0,02501 | + 0,02894 | + 0,03032 | + 0,03059 | + 0,03042 | + 0,03033 |
| | $\frac{2}{\pi^4 \frac{h}{a}} \frac{\mathfrak{Sin}\,\pi \frac{z}{a}}{\mathfrak{Cof}\,\pi \frac{h}{a}} \left(-1 - \pi \frac{h}{a} \mathfrak{Tg}\,\pi \frac{h}{a} + \pi \frac{z}{a} \mathfrak{Cotg}\,\pi \frac{z}{a}\right)$ | 0 | — 0,00434 | — 0,00869 | — 0,01306 | — 0,01732 | — 0,02121 | — 0,02424 | — 0,02554 |
| $j = 3$ | $-\frac{2}{27\pi^3} \frac{\mathfrak{Cof}\,3\pi \frac{h-z}{a}}{\mathfrak{Cof}\,3\pi \frac{h}{a}} \left(3\pi \frac{h}{a} \mathfrak{Tg}\,3\pi \frac{h}{a} - 3\pi \frac{h-z}{a} \mathfrak{Tg}\,3\pi \frac{h-z}{a}\right)$ | 0 | — 0,00088 | — 0,00068 | — 0,00040 | — 0,00021 | — 0,00010 | — 0,00006 | — 0,00004 |
| | $-\frac{2}{81\pi^4 \frac{h}{a}} \frac{\mathfrak{Sin}\,3\pi \frac{z}{a}}{\mathfrak{Cof}\,3\pi \frac{h}{a}} \left(-1 - 3\pi \frac{h}{a} \mathfrak{Tg}\,3\pi \frac{h}{a} + 3\pi \frac{z}{a} \mathfrak{Cotg}\,3\pi \frac{z}{a}\right)$ | 0 | + 0,00001 | + 0,00002 | + 0,00004 | + 0,00008 | + 0,00016 | + 0,00027 | + 0,00036 |
| $j = 5$ | $\frac{2}{125\pi^3} e^{-5\pi\frac{z}{a}}\, 5\pi \frac{z}{a}$ | 0 | + 0,00017 | + 0,00007 | + 0,00002 | — | — | — | — |
| | $\frac{2}{625\pi^4 \frac{h}{a}} e^{-5\pi\frac{h-z}{a}} \left(-1 - 5\pi \frac{h-z}{a}\right)$ | 0 | — | — | — | — | — 0,00001 | — 0,00002 | — 0,00005 |
| $j = 7$ | | 0 | — 0,00005 | — 0,00001 | — | — | — | — | + 0,00001 |
| $j = 9$ | | 0 | + 0,00001 | — | — | — | — | — | — |
| | $m_z = p_u a^2 \cdot$ | 0 | + 0,01137 | + 0,01572 | + 0,01554 | + 0,01287 | + 0,00943 | + 0,00637 | + 0,00507 |
| | $= p_u h^2 \cdot$ | 0 | 0,02322 | 0,03210 | 0,03171 | 0,02629 | 0,01925 | 0,01300 | 0,01035 |

Gleichung für $m_{0\,\mathrm{I}\,k}$:

$$2\sum_{1,3}^{\infty} {}^{i}\, m_{\mathrm{I\,II}\,i}\frac{2h}{ib}H\left(\frac{k\,2h}{ib}\right)+m_{0\,\mathrm{I}\,k}\hat{C}\left(\frac{k\,2h}{b}\right)+m_{\mathrm{I}\,k}G\left(\frac{k\,h}{b}\right)+B_{0\,\mathrm{I}\,k}=0. \tag{558}$$

Gleichung für $m_{\mathrm{I}\,k}$:

$$m_{\mathrm{I}\,k}+m_{0\,\mathrm{I}\,k}\cdot\mu\left(\frac{k\,h}{b}\right)+2\sum_{1,3}^{\infty} {}^{i}\, m_{\mathrm{I\,II}\,i}\frac{\sin\frac{i\pi}{2}}{2k}H\left(\frac{k\,2h}{ib}\right)+M_{\mathrm{I}\,k}=0. \tag{559}$$

Gleichung für $m_{0\,\mathrm{II}\,j}$:

$$2\sum_{1,3}^{\infty} {}^{i}\, m_{\mathrm{I\,II}\,j}\frac{2h}{ia}H\left(\frac{j\,2h}{ia}\right)+m_{0\,\mathrm{II}\,j}\hat{C}\left(\frac{j\,2h}{a}\right)+m_{\mathrm{II}\,j}G\left(\frac{j\,h}{a}\right)+B_{0\,\mathrm{II}\,j}=0. \tag{560}$$

Gleichung für $m_{\mathrm{II}\,j}$:

$$m_{\mathrm{II}\,j}+m_{0\,\mathrm{II}\,j}\,\mu\left(\frac{j\,h}{a}\right)+2\sum_{1,3}^{\infty} {}^{i}\, m_{\mathrm{I\,II}\,i}\frac{\sin\frac{i\pi}{2}}{2j}H\left(\frac{j\,2h}{ia}\right)+M_{\mathrm{II}\,j}=0. \tag{561}$$

Gleichung für $m_{\mathrm{I\,II}\,i}$:

$$m_{\mathrm{I\,II}\,i}\left[\hat{C}\left(\frac{ib}{2h}\right)+\hat{C}\left(\frac{ia}{2h}\right)\right]+\sum_{1,3}^{\infty} {}^{k}\, m_{0\,\mathrm{I}\,k}\frac{b}{kh}H\left(\frac{k\,2h}{ib}\right)+\sum_{1,3}^{\infty} {}^{j}\, m_{0\,\mathrm{II}\,j}\frac{a}{jh}H\left(\frac{j\,2h}{ia}\right)-$$
$$-\sin\frac{i\pi}{2}\sum_{1,3}^{\infty} {}^{k}\, m_{\mathrm{I}\,k}L\left(\frac{k\,2h}{ib}\right)-\sin\frac{i\pi}{2}\sum_{1,3}^{\infty} {}^{i}\, m_{\mathrm{II}\,j}\,L\left(\frac{j\,2h}{ia}\right)+B_{\mathrm{I\,II}\,i}+B_{\mathrm{II\,I}\,i}=0. \tag{562}$$

Alle Randmomente, daher auch die Belastungsglieder $B$ und $M$, werden als Vielfache von $p_u\,h^2$ ausgedrückt.

## 4.2. Beiwerte und Belastungsglieder

Alle Verdrehungsbeiwerte für Randmomente an *gestützten* Rändern ($\hat{C}=C+D$, $\frac{b}{kh}H\left(\frac{k\,2h}{ib}\right)$ usw.), 1. und 3. Reihenglied, können aus Tafel E.2 (Wand I mit $\frac{b}{2h}=1{,}5$, Wand II mit $\frac{2h}{a}=1{,}4$) entnommen werden. Die Beiwerte

$$\mu\left(\frac{k\,h}{b}\right)=\frac{2-k\pi\frac{h}{b}\,\mathfrak{Tg}\,k\pi\frac{h}{b}}{2\,\mathfrak{Cof}\,k\pi\frac{h}{b}}\quad\text{bzw.}\quad\mu\left(\frac{j\,h}{a}\right)=\frac{2-j\pi\frac{h}{a}\,\mathfrak{Tg}\,j\pi\frac{h}{a}}{2\,\mathfrak{Cof}\,j\pi\frac{h}{a}} \tag{563}$$

geben das Moment in der Linie $z=h$ infolge *beiderseitiger* Momentangriffe in *deren Richtung* an. Die Zahlen für das 1. und 3. Reihenglied finden sich in Tafel E.11 bzw. E.12 (die Tafelwerte sind *doppelt* zu nehmen).

Die Werte

$$G\left(\frac{j\,h}{a}\right)=2\,\frac{j\pi\frac{h}{a}\,\mathfrak{Tg}\,j\pi\frac{h}{a}-2}{3\,\mathfrak{Sin}\,j\pi\frac{h}{a}+\dfrac{j\pi\frac{h}{a}}{\mathfrak{Cof}\,j\pi\frac{h}{a}}},\quad G\left(\frac{k\,h}{b}\right)=2\,\frac{k\pi\frac{h}{b}\,\mathfrak{Tg}\,k\pi\frac{h}{b}-2}{3\,\mathfrak{Sin}\,k\pi\frac{h}{b}+\dfrac{k\pi\frac{h}{b}}{\mathfrak{Cof}\,k\pi\frac{h}{b}}} \tag{564}$$

und

$$L\left(\frac{j\,2h}{ia}\right)=\frac{4\,i\,a^2}{\pi\,j^2h^2\left(\frac{2jh}{ia}+\frac{ia}{2jh}\right)^2\left(3\,\mathfrak{Tg}\,j\pi\frac{h}{a}+\dfrac{j\pi\frac{h}{a}}{\mathfrak{Cof}^2\,j\pi\frac{h}{a}}\right)}, \tag{565}$$

$$L\left(\frac{k\,2\,h}{i\,b}\right) = \frac{4\,i\,b^2}{\pi\,k^2\,h^2\left(\frac{2\,k\,h}{i\,b} + \frac{i\,b}{2\,k\,h}\right)^2\left(3\,\mathfrak{Tg}\,k\,\pi\frac{h}{b} + \frac{k\,\pi\frac{h}{b}}{\mathfrak{Cof}^2\,k\,\pi\frac{h}{b}}\right)} \tag{566}$$

müssen neu berechnet werden.

Die Belastungswerte lauten nach Fall **$F_4$ — 213** für Wand II und mit geänderten Koordinaten für Wand I (siehe Zusammenstellung unter C.2.1.):

$$B_{0\,\mathrm{I}\,k} = p_u\,h^2\frac{4\left(\frac{b}{h}\right)^2}{k^3\,\pi^3}\left[\mathfrak{Tg}\,k\,\pi\frac{h}{b} + \frac{\mathfrak{Sin}\,k\,\pi\frac{h}{b} - k\,\pi\frac{h}{b}}{\mathfrak{Cof}^2\,k\,\pi\frac{h}{b}} - \frac{2}{k\,\pi\frac{h}{b}}\left(1 - \frac{1}{\mathfrak{Cof}\,k\,\pi\frac{h}{b}}\right)\right], \tag{567}$$

$$B_{\mathrm{I}\,\mathrm{II}\,i} = p_u\,h^2\frac{16}{i^3\,\pi^3}\left(1 - \frac{\sin\frac{i\,\pi}{2}}{\frac{i\,\pi}{2}}\right)\left(\mathfrak{Tg}\,i\,\pi\frac{b}{4\,h} - \frac{i\,\pi\frac{b}{4\,h}}{\mathfrak{Cof}^2\,i\,\pi\frac{b}{4\,h}}\right), \tag{568}$$

$$B_{0\,\mathrm{II}\,j} = p_u\,h^2\frac{4}{j^3\,\pi^3\left(\frac{h}{a}\right)^2}\left[\mathfrak{Tg}\,j\,\pi\frac{h}{a} + \frac{\mathfrak{Sin}\,j\,\pi\frac{h}{a} - j\,\pi\frac{h}{a}}{\mathfrak{Cof}^2\,j\,\pi\frac{h}{a}} - \frac{2}{j\,\pi\frac{h}{a}}\left(1 - \frac{1}{\mathfrak{Cof}\,j\,\pi\frac{h}{a}}\right)\right], \tag{569}$$

$$B_{\mathrm{II}\,\mathrm{I}\,i} = p_u\,h^2\frac{16}{i^3\,\pi^3}\left(1 - \frac{\sin\frac{i\,\pi}{2}}{\frac{i\,\pi}{2}}\right)\left(\mathfrak{Tg}\,i\,\pi\frac{a}{4\,h} - \frac{i\,\pi\frac{a}{4\,h}}{\mathfrak{Cof}^2\,i\,\pi\frac{a}{4\,h}}\right). \tag{570}$$

Davon können die Werte $B_{\mathrm{I}\,\mathrm{II}\,i}$ und $B_{\mathrm{II}\,\mathrm{I}\,i}$ aus den Werten für Gleichlast in Tafel E.2 umgerechnet werden.

Schließlich sind die Momente $m_z$ in der Linie $z = h$ im Grundfall (**$F_4$ — 213** bei Wand II) gegeben durch:

$$M_{\mathrm{I}\,k} = p_u\,h^2\frac{2\left(\frac{b}{h}\right)^2}{k^3\,\pi^3}\left[\frac{k\,\pi\frac{h}{b}\,\mathfrak{Tg}\,k\,\pi\frac{h}{b}}{\mathfrak{Cof}\,k\,\pi\frac{h}{b}} - \frac{\mathfrak{Tg}\,k\,\pi\frac{h}{b}}{k\,\pi\frac{h}{b}} + \frac{1}{\mathfrak{Cof}^2\,k\,\pi\frac{h}{b}}\right], \tag{571}$$

$$M_{\mathrm{II}\,j} = p_u\,h^2\frac{2}{j^3\,\pi^3\left(\frac{h}{a}\right)^2}\left[\frac{j\,\pi\frac{h}{a}\,\mathfrak{Tg}\,j\,\pi\frac{h}{a}}{\mathfrak{Cof}\,j\,\pi\frac{h}{a}} - \frac{\mathfrak{Tg}\,j\,\pi\frac{h}{a}}{j\,\pi\frac{h}{a}} + \frac{1}{\mathfrak{Cof}^2\,j\,\pi\frac{h}{a}}\right]. \tag{572}$$

Die Werte $M_{\mathrm{II}\,j}$ können aus der Berechnung des Momentenverlaufs (Tafel 35) übernommen werden; die Werte $M_{\mathrm{I}\,k}$ sind gesondert zu berechnen.

### 4.3. Zahlenmäßige Auswertung

Das Gleichungssystem ist in Tafel 36 wiedergegeben; die Auflösung liefert:

$m_{0\,\mathrm{I}\,1} = -\,0{,}1318\,p_u\,h^2$, $m_{0\,\mathrm{II}\,1} = -\,0{,}0449\,p_u\,h^2$,

$m_{0\,\mathrm{I}\,3} = -\,0{,}0036\,p_u\,h^2$, $m_{0\,\mathrm{II}\,3} = +\,0{,}0045\,p_u\,h^2$,

$m_{\mathrm{I}\,1} = -\,0{,}0248\,p_u\,h^2$, $m_{\mathrm{II}\,1} = +\,0{,}0072\,p_u\,h^2$,

$m_{\mathrm{I}\,3} = +\,0{,}0049\,p_u\,h^2$, $m_{\mathrm{II}\,3} = +\,0{,}0020\,p_u\,h^2$,

$m_{\mathrm{I}\,\mathrm{II}\,1} = -\,0{,}0625\,p_u\,h^2$,

$m_{\mathrm{I}\,\mathrm{II}\,3} = -\,0{,}0006\,p_u\,h^2$.

Tafel 36. Gleichungssystem für das 1. und 3. Reihenglied der Randmomente

| Rand-bedingung | von Wand | $m_{0\,I\,1}$ | $m_{0\,I\,3}$ | $m_{I\,1}$ | $m_{I\,3}$ | $m_{0\,II\,1}$ | $m_{0\,II\,3}$ | $m_{II\,1}$ | $m_{II\,3}$ | $m_{I\,II\,1}$ | $m_{I\,II\,3}$ | $\frac{B}{p_u h^2}$; $\frac{M}{p_u h^2}$ |
|---|---|---|---|---|---|---|---|---|---|---|---|---|
| 0 I 1 | I | 1,1896 | — | — 0,5370 | — | — | — | — | — | + 0,3616 | + 0,0254 | + 0,1651 |
| 0 I 3 | I | — | 1,0196 | — | + 0,0647 | — | — | — | — | + 0,2716 | + 0,1206 | + 0,0205 |
| I *h* 1 | I | + 0,3694 | — | 1 | — | — | — | — | — | + 0,2711 | — 0,0572 | + 0,0904 |
| I *h* 3 | I | — | — 0,0488 | — | 1 | — | — | — | — | + 0,0679 | — 0,0904 | — 0,0008 |
| 0 II 1 | II | — | — | — | — | 1,0812 | — | + 0,0210 | — | + 0,7976 | + 0,1745 | + 0,0984 |
| 0 II 3 | II | — | — | — | — | — | 1,0000 | — | + 0,0084 | + 0,1812 | + 0,2658 | + 0,0070 |
| II *h* 1 | II | — | — | — | — | — 0,0160 | — | 1 | — | + 0,2848 | — 0,1869 | + 0,0098 |
| II *h* 3 | II | — | — | — | — | — | — 0,0062 | — | 1 | + 0,0215 | — 0,0950 | — 0,0006 |
| I II 1 | I | + 0,8136 | + 0,2038 | — 0,8872 | — 0,0676 | — | — | — | — | 1,0653 | — | + 0,1686 |
|  | II | — | — | — | — | + 0,4068 | + 0,0308 | — 0,1915 | — 0,0049 | 1,1973 | — | + 0,0786 |
| I II 3 | I | + 0,1712 | + 0,2712 | + 0,5600 | + 0,2700 | — | — | — | — | — | 1,0000 | + 0,0232 |
|  | II | — | — | — | — | + 0,2672 | + 0,1356 | + 0,3770 | + 0,0646 | — | 1,0137 | + 0,0227 |

Um die Verläßlichkeit dieser Ergebnisse zu überprüfen, wurden bei jedem Randmoment noch vier weitere Reihenglieder (bis $k = j = i = 11$) berechnet. Dabei ergaben sich die nachstehenden Zahlen:

$$m_{0\,\mathrm{I}\,1} = -\,0{,}1318\,p_u\,h^2, \qquad m_{0\,\mathrm{II}\,1} = -\,0{,}0449\,p_u\,h^2,$$
$$m_{0\,\mathrm{I}\,3} = -\,0{,}0036\,p_u\,h^2, \qquad m_{0\,\mathrm{II}\,3} = +\,0{,}0043\,p_u\,h^2,$$
$$m_{0\,\mathrm{I}\,5} = +\,0{,}0022\,p_u\,h^2, \qquad m_{0\,\mathrm{II}\,5} = +\,0{,}0023\,p_u\,h^2,$$
$$m_{0\,\mathrm{I}\,7} = +\,0{,}0021\,p_u\,h^2, \qquad m_{0\,\mathrm{II}\,7} = +\,0{,}0012\,p_u\,h^2,$$
$$m_{0\,\mathrm{I}\,9} = +\,0{,}0015\,p_u\,h^2, \qquad m_{0\,\mathrm{II}\,9} = +\,0{,}0007\,p_u\,h^2,$$
$$m_{0\,\mathrm{I}\,11} = +\,0{,}0011\,p_u\,h^2, \qquad m_{0\,\mathrm{II}\,11} = +\,0{,}0005\,p_u\,h^2,$$

$$m_{\mathrm{I}\,1} = -\,0{,}0248\,p_u\,h^2, \qquad m_{\mathrm{II}\,1} = +\,0{,}0073\,p_u\,h^2,$$
$$m_{\mathrm{I}\,3} = +\,0{,}0049\,p_u\,h^2, \qquad m_{\mathrm{II}\,3} = +\,0{,}0023\,p_u\,h^2,$$
$$m_{\mathrm{I}\,5} = +\,0{,}0019\,p_u\,h^2, \qquad m_{\mathrm{II}\,5} = +\,0{,}0007\,p_u\,h^2,$$
$$m_{\mathrm{I}\,7} = +\,0{,}0008\,p_u\,h^2, \qquad m_{\mathrm{II}\,7} = +\,0{,}0003\,p_u\,h^2,$$
$$m_{\mathrm{I}\,9} = +\,0{,}0004\,p_u\,h^2, \qquad m_{\mathrm{II}\,9} = +\,0{,}0002\,p_u\,h^2,$$
$$m_{\mathrm{I}\,11} = +\,0{,}0003\,p_u\,h^2, \qquad m_{\mathrm{II}\,11} = +\,0{,}0001\,p_u\,h^2,$$

$$m_{\mathrm{I\,II}\,1} = -\,0{,}0625\,p_u\,h^2,$$
$$m_{\mathrm{I\,II}\,3} = -\,0{,}0013\,p_u\,h^2,$$
$$m_{\mathrm{I\,II}\,5} = +\,0{,}0004\,p_u\,h^2,$$
$$m_{\mathrm{I\,II}\,7} = +\,0{,}0031\,p_u\,h^2,$$
$$m_{\mathrm{I\,II}\,9} = -\,0{,}0001\,p_u\,h^2,$$
$$m_{\mathrm{I\,II}\,11} = +\,0{,}0015\,p_u\,h^2.$$

## 5. Gesamtmomente

### 5.1. Größtwerte der Stützenmomente

(In Randmitte, bei $m_{\mathrm{I\,II}}$ an der oberen Ecke $z = h$)

Mit zwei Reihengliedern erhält man:

$$m_{0\,\mathrm{I}\,m} = (-\,0{,}1318 + 0{,}0036)\,p_u\,h^2 = -\,0{,}1282\,p_u\,h^2,$$
$$m_{0\,\mathrm{II}\,m} = (-\,0{,}0449 - 0{,}0045)\,p_u\,h^2 = -\,0{,}0494\,p_u\,h^2,$$
$$m_{\mathrm{I\,II}\,h} = (-\,0{,}0625 + 0{,}0006)\,p_u\,h^2 = -\,0{,}0619\,p_u\,h^2.$$

Bei Berücksichtigung der weiteren berechneten Reihenglieder erhält man:

$$m_{0\,\mathrm{I}\,m} = -\,0{,}1277\,p_u\,h^2,$$
$$m_{0\,\mathrm{II}\,m} = -\,0{,}0479\,p_u\,h^2,$$
$$m_{\mathrm{I\,II}\,h} = -\,0{,}0655\,p_u\,h^2.$$

Am unteren Rand ergibt sich, wie man sieht, *kein* nennenswerter Unterschied. An der oberen Ecke erhöht sich das Moment. Bei den Feldmomenten wirkt sich die Ungenauigkeit kaum aus.

### 5.2. Feldmomente

Die Momente ergeben sich durch Überlagerung des Grundfalles mit der Wirkung sämtlicher Randmomente. Für die Momente an den gestützten Rändern sind die Zahlen aus Tafel E.11 bzw. E.12 zu entnehmen; der Momentangriff am ungestützten Rand ist unter P. 2.2. behandelt. Als Beispiel werden in Tafel 37 die Momente $m_y$ längs der Mittellinie $y = \frac{b}{2}$ der Wand I berechnet, wobei zur Vereinfachung nur das 1. und 3. Reihenglied der Randmomente berücksichtigt wird. Die Abb. 174 zeigt den Momentenverlauf längs der Ränder und lotrechten Mittellinien unter Einbeziehung *aller* berechneten Reihenglieder. Der Größtwert der waagrechten Feldmomente liegt bei Wand I am oberen Rand, bei Wand II etwas unterhalb des oberen Randes.

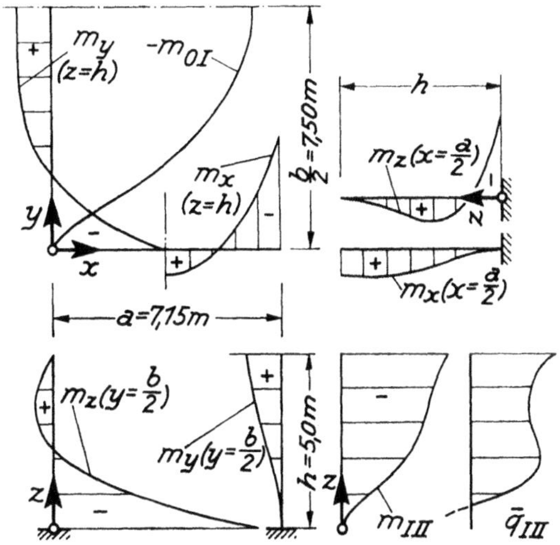


Abb. 174

Tafel 37. Wand I, Verlauf von $m_y$ längs der Mittellinie $y = \frac{b}{2}$

| $\frac{z}{h} =$ | 0,2 | 0,4 | 0,6 | 0,8 | 1,0 |
|---|---|---|---|---|---|
| Grundfall | 0,01272 | 0,02411 | 0,03306 | 0,03874 | 0,04066 |
| $m_{0\,\mathrm{I}1} = -0{,}1318\, p_u h^2$ | $-0{,}01378$ | $-0{,}02318$ | $-0{,}02922$ | $-0{,}03261$ | $-0{,}03368$ |
| $m_{0\,\mathrm{I}3} \sin \frac{3\pi}{2} = +0{,}0036\, p_u h^2$ | $+0{,}00063$ | $+0{,}00070$ | $+0{,}00061$ | $+0{,}00052$ | $+0{,}00048$ |
| $m_{\mathrm{I}1} = -0{,}0248\, p_u h^2$ | $+0{,}00143$ | $+0{,}00302$ | $+0{,}00495$ | $+0{,}00744$ | $+0{,}01074$ |
| $m_{\mathrm{I}3} \sin \frac{3\pi}{2} = -0{,}0049\, p_u h^2$ | $-0{,}00009$ | $-0{,}00015$ | $-0{,}00007$ | $+0{,}00036$ | $+0{,}00166$ |
| $m_{\mathrm{I\,II}1} = -0{,}0625\, p_u h^2$ | $+0{,}00057$ | $+0{,}00109$ | $+0{,}00150$ | $+0{,}00176$ | $+0{,}00185$ |
| $m_y = p_u h^2 \cdot$ | $+0{,}00148$ | $+0{,}00559$ | $+0{,}01083$ | $+0{,}01621$ | $+0{,}02171$ |

## 6. Auflagerkräfte

### 6.1. Wand I, Querkraft in der Mitte des unteren Randes

Der zum Grundfall gehörige Wert ist unter P. 2.1.2. berechnet. Die Randmomente $m_{0\,\mathrm{I}\,k}$ erzeugen Querkräfte nach Fall **F$_4$ — 0sa**:

$$q_{\mathrm{I}\,0\,m} = -\sum_{1,3}^{\infty} k \sin\frac{k\pi}{2}\,\frac{m_{0\,\mathrm{I}k}}{h}\,k\pi\frac{h}{b}\,\mathfrak{Tg}\,k\pi\frac{h}{b}. \tag{573}$$

Für die Wirkung des Moments $m_{\mathrm{I\,II}1}$ gilt Tafel D.2; der Beitrag der weiteren Reihenglieder wäre nach Fall **F$_4$ — 0tb**:

$$q_{\mathrm{I}\,0\,m} = \sum_{3}^{\infty} i\,\frac{m_{\mathrm{I\,II}i}}{2h}\,\frac{i\pi}{\mathfrak{Cof}\, i\pi\frac{b}{4h}}. \tag{574}$$

Er ergibt sich aber sehr klein.

Die Querkraft infolge des Momentangriffs am ungestützten Rand ist nach Fall **F₃U — 00** mit $b$ an Stelle von $a$:

$$q_{\mathrm{I}0m} = \sum_{1,3}^{\infty} {}_k \sin\frac{k\pi}{2}\frac{m_{\mathrm{I}k}}{h}\frac{2k\pi\frac{h}{b}}{3\,\mathfrak{Sin}\,k\pi\frac{h}{b} + \frac{k\pi\frac{h}{b}}{\mathfrak{Cos}\,k\pi\frac{h}{b}}}. \tag{575}$$

Berechnung von $q_{\mathrm{I}0m}$:

| | | |
|---|---|---|
| Grundfall: | | $0{,}4444\,p_u\,h$ |
| $m_{0\,\mathrm{I}1}$ | $0{,}1318 \cdot 0{,}8175$ | $+\,0{,}1078\,p_u\,h$ |
| $m_{0\,\mathrm{I}3}$ | $-\,0{,}0036 \cdot 3{,}13$ | $-\,0{,}0113\,p_u\,h$ |
| $m_{\mathrm{I}1}$ | $-\,0{,}0248 \cdot \frac{2{,}094}{4{,}402}$ | $-\,0{,}0118\,p_u\,h$ |
| $m_{\mathrm{I}3}$ | $-\,0{,}0049 \cdot \frac{6{,}28}{34{,}92}$ | $-\,0{,}0009\,p_u\,h$ |
| $m_{\mathrm{I\,II}1}$ | $-\,0{,}0625 \cdot 0{,}295$ | $-\,0{,}0184\,p_u\,h$ |
| | | $q_{\mathrm{I}0m} = 0{,}5098\,p_u\,h$ |

### 6.2. Wand I, Auflagerkräfte am lotrechten Rand

Der Verlauf von $\bar{q}_{\mathrm{I\,II}}$ im Grundfall ist unter P. 2.1.2. angegeben. Der Beitrag der verschiedenen Randmomente ist nach Fall **F₄ — 0sa**, **F₃U — 00** und **F₄ — 0tb**:

$$\bar{q}_{\mathrm{I\,II}} = \sum_{1,3}^{\infty} {}_k \frac{m_{0\,\mathrm{I}k}}{h}\frac{k\pi\frac{h}{b}}{2\,\mathfrak{Cos}\,k\pi\frac{h}{b}}\mathfrak{Cos}\,k\pi\frac{h-z}{b}\left(4 - k\pi\frac{h}{b}\mathfrak{Tg}\,k\pi\frac{h}{b} + k\pi\frac{h-z}{b}\mathfrak{Tg}\,k\pi\frac{h-z}{b}\right) +$$

$$+ \sum_{1,3}^{\infty} {}_k \frac{m_{\mathrm{I}k}}{h}\frac{k\pi\frac{h}{b}\,\mathfrak{Sin}\,k\pi\frac{z}{b}}{3\,\mathfrak{Sin}\,k\pi\frac{h}{b} + \frac{k\pi\frac{h}{b}}{\mathfrak{Cos}\,k\pi\frac{h}{b}}}\left(5 - k\pi\frac{h}{b}\mathfrak{Tg}\,k\pi\frac{h}{b} + k\pi\frac{z}{b}\mathfrak{Tg}\,k\pi\frac{z}{b}\right) -$$

$$- \sum_{1,3}^{\infty} {}_i \sin i\pi\frac{z}{2h}\frac{m_{\mathrm{I\,II}i}}{h}\frac{i\pi}{4}\left(\mathfrak{Tg}\,i\pi\frac{b}{4h} - \frac{i\pi\frac{b}{4h}}{\mathfrak{Cos}^2\,i\pi\frac{b}{4h}}\right). \tag{576}$$

Es ergab sich die in Abb. 174 dargestellte Linie. Der Größtwert an der oberen Ecke beträgt etwa $0{,}27\,p_u\,h$; der Beitrag der weiteren, nicht mehr berechneten Reihenglieder von $m_{\mathrm{I\,II}}$ sowie von $m_{\mathrm{I}}$ ist merklich und wurde geschätzt.

## Berechnungsbeispiel 4: Rechteckplatte, zwei benachbarte Ränder starr eingespannt, übrige Ränder ungestützt, mit Gleichlast $p$

**Seitenverhältnis $\frac{h}{l} = 1{,}2$**

Als Grundfall dient eine Rechteckplatte mit den Seitenlängen $2\,l$ und $2\,h$, alle Ränder frei drehbar gestützt, mit Gleichlast (Fall **F₄ — 1**) nach Abb. 175.

Es werden beiderseitige Randmomente $m_s$ nach Fall **F₄ — 0sa** und beiderseitige Randmomente $m_t$ nach Fall **F₄ — 0tb** angebracht. Außerdem werden Momente $m_h$ am ungestützten

Rand $y = h$ einer Platte mit den Seiten $2l$ und $h$ nach Fall **F₃U — 00** und Momente $m_l$ am ungestützten Rand $x = l$ einer Platte mit den Seiten $2h$ und $l$ nach dem analogen Fall, nur mit vertauschten Richtungen, überlagert.

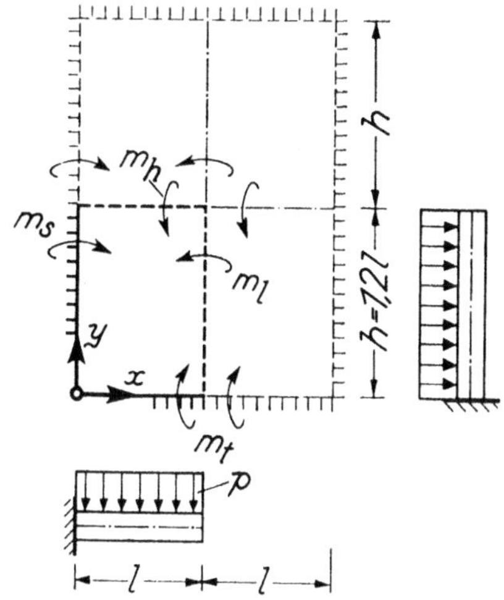


Abb. 175

In den Gl. (462) und (464) (Abschnitt C.9.) sind nur die Randverdrehungen des Feldes I zu berücksichtigen; demnach lautet Gl. (462)

$$m_{sk}\,\hat{C}\left(\frac{kl}{h}\right) + m_{lk}\,G\left(\frac{kl}{2h}\right) + \sum_{1,3}^{j} m_{tj}\frac{2l}{jh}H\left(\frac{kl}{jh}\right) - \sin\frac{k\pi}{2}\sum_{1,3}^{j} m_{hj}\,L\left(\frac{jh}{kl}\right) + B_{sk} = 0$$

oder nach $m_{sk}$ aufgelöst:

$$m_{sk} = -\frac{B_{sk}}{\hat{C}\left(\frac{kl}{h}\right)} - \frac{G\left(\frac{kl}{2h}\right)}{\hat{C}\left(\frac{kl}{h}\right)}m_{lk} - \sum_{1,3}^{j}\frac{\frac{2l}{jh}H\left(\frac{kl}{jh}\right)}{\hat{C}\left(\frac{kl}{h}\right)}m_{tj} + \sin\frac{k\pi}{2}\sum_{1,3}^{j}\frac{L\left(\frac{jh}{kl}\right)}{\hat{C}\left(\frac{kl}{h}\right)}m_{hj}; \tag{577}$$

aus Gl. (464) folgt

$$m_{lk} = -M_{lk} - \mu\left(\frac{kl}{2h}\right)m_{sk} -$$

$$-\sum_{1,3}^{j}\sin\frac{j\pi}{2}\cdot\frac{1}{k}H\left(\frac{kl}{jh}\right)m_{tj} + \sin\frac{k\pi}{2}\sum_{1,3}^{j}\sin\frac{j\pi}{2}\frac{jh}{2kl}L\left(\frac{jh}{kl}\right)m_{hj}. \tag{578}$$

In der anderen Richtung gelten die analogen Formeln mit vertauschten Koordinaten:

$$m_{tj} = -\frac{B_{tj}}{\hat{C}\left(\frac{jh}{l}\right)} - \frac{G\left(\frac{jh}{2l}\right)}{\hat{C}\left(\frac{jh}{l}\right)}m_{hj} - \sum_{1,3}^{k}\frac{\frac{2h}{kl}H\left(\frac{jh}{kl}\right)}{\hat{C}\left(\frac{jh}{l}\right)}m_{sk} + \sin\frac{j\pi}{2}\sum_{1,3}^{k}\frac{L\left(\frac{kl}{jh}\right)}{\hat{C}\left(\frac{jh}{l}\right)}m_{lk}, \tag{579}$$

$$m_{hj} = -M_{hj} - \mu\left(\frac{jh}{jl}\right)m_{tj} -$$

$$-\sum_{1,3}^{k}\sin\frac{k\pi}{2}\frac{1}{j}H\left(\frac{jh}{kl}\right)m_{sk} + \sin\frac{j\pi}{2}\sum_{1,3}^{k}\sin\frac{k\pi}{2}\frac{kl}{2jh}L\left(\frac{kl}{jh}\right)m_{lk}. \tag{580}$$

Die Formeln für die Beiwerte lauten:

$$\left.\begin{aligned}
&\hat{C}\left(\frac{k\,l}{h}\right) = \mathfrak{Tg}\,k\,\pi\frac{l}{2\,h} + \frac{k\,\pi\frac{l}{2\,h}}{\mathfrak{Cof}^2\,k\,\pi\frac{l}{2\,h}}, \qquad \hat{C}\left(\frac{j\,h}{l}\right) = \mathfrak{Tg}\,j\,\pi\frac{h}{2\,l} + \frac{j\,\pi\frac{h}{2\,l}}{\mathfrak{Cof}^2\,j\,\pi\frac{h}{2\,l}},\\
&H\left(\frac{k\,l}{j\,h}\right) = H\left(\frac{j\,h}{k\,l}\right) = \frac{4}{\pi\left(\frac{j\,h}{k\,l} + \frac{k\,l}{j\,h}\right)^2},\\
&G\left(\frac{k\,l}{2\,h}\right) = 2\,\frac{k\,\pi\frac{l}{2\,h}\,\mathfrak{Tg}\,k\,\pi\frac{l}{2\,h} - 2}{3\,\mathfrak{Sin}\,k\,\pi\frac{l}{2\,h} + \frac{k\,\pi\frac{l}{2\,h}}{\mathfrak{Cof}\,k\,\pi\frac{l}{2\,h}}}, \qquad G\left(\frac{j\,h}{2\,l}\right) = 2\,\frac{j\,\pi\frac{h}{2\,l}\,\mathfrak{Tg}\,j\,\pi\frac{h}{2\,l} - 2}{3\,\mathfrak{Sin}\,j\,\pi\frac{h}{2\,l} + \frac{j\,\pi\frac{h}{2\,l}}{\mathfrak{Cof}\,j\,\pi\frac{h}{2\,l}}},\\
&L\left(\frac{j\,h}{k\,l}\right) = \left(\frac{2\,l}{h}\right)^2\cdot\frac{k\,H\left(\frac{j\,h}{k\,l}\right)}{j^2\left(3\,\mathfrak{Tg}\,j\,\pi\frac{h}{2\,l} + \frac{j\,\pi\frac{h}{2\,l}}{\mathfrak{Cof}^2\,j\,\pi\frac{h}{2\,l}}\right)},\\
&L\left(\frac{k\,l}{j\,h}\right) = \left(\frac{2\,h}{l}\right)^2\cdot\frac{j\,H\left(\frac{k\,l}{j\,h}\right)}{k^2\left(3\,\mathfrak{Tg}\,k\,\pi\frac{l}{2\,h} + \frac{k\,\pi\frac{l}{2\,h}}{\mathfrak{Cof}^2\,k\,\pi\frac{l}{2\,h}}\right)},\\
&\mu\left(\frac{k\,l}{2\,h}\right) = \frac{2 - k\,\pi\frac{l}{2\,h}\,\mathfrak{Tg}\,k\,\pi\frac{l}{2\,h}}{2\,\mathfrak{Cof}\,k\,\pi\frac{l}{2\,h}}, \qquad \mu\left(\frac{j\,h}{2\,l}\right) = \frac{2 - j\,\pi\frac{h}{2\,l}\,\mathfrak{Tg}\,j\,\pi\frac{h}{2\,l}}{2\,\mathfrak{Cof}\,j\,\pi\frac{h}{2\,l}}.
\end{aligned}\right\} \quad (581)$$

Die Belastungswerte erhält man aus den Formeln für Gleichlast in Abschnitt C.2.1. mit $2\,l$ statt $a$ und $2\,h$ statt $b$:

$$B_{s\,k} = p\,l^2\,\frac{16}{k^3\,\pi^3}\left(\frac{h}{l}\right)^2\left(\mathfrak{Tg}\,k\,\pi\frac{l}{2\,h} - \frac{k\,\pi\frac{l}{2\,h}}{\mathfrak{Cof}^2\,k\,\pi\frac{l}{2\,h}}\right),$$

$$B_{t\,j} = p\,l^2\,\frac{16}{j^3\,\pi^3}\left(\mathfrak{Tg}\,j\,\pi\frac{h}{2\,l} - \frac{j\,\pi\frac{h}{2\,l}}{\mathfrak{Cof}^2\,j\,\pi\frac{h}{2\,l}}\right). \qquad (582)$$

Nach Fall **F$_4$ — 1** ist das Moment $m_y$ auf der Mittellinie $y = \frac{b}{2}$:

$$m_y = p\,a^2\sum_{1,3}^{\infty}{}_j \sin j\,\pi\frac{x}{a}\,\frac{\frac{b}{a}\,\mathfrak{Tg}\,j\,\pi\frac{b}{2\,a}}{j^2\,\pi^2\,\mathfrak{Cof}\,j\,\pi\frac{b}{2\,a}}.$$

Mit $a = 2\,l$ und $b = 2\,h$ erhält man daraus

$$M_{h\,j} = p\,l^2\,\frac{4\frac{h}{l}\,\mathfrak{Tg}\,j\,\pi\frac{h}{2\,l}}{j^2\,\pi^2\,\mathfrak{Cof}\,j\,\pi\frac{h}{2\,l}} \qquad (583)$$

und mit vertauschten Koordinatenrichtungen

$$M_{l\,k} = p\,l^2\,\frac{4\frac{h}{l}\,\mathfrak{Tg}\,k\,\pi\frac{l}{2\,h}}{k^2\,\pi^2\,\mathfrak{Cof}\,k\,\pi\frac{l}{2\,h}}. \qquad (584)$$

Tafel 38. Gleichungssystem

| Faktor | $\frac{m_{s\,1}}{p\,l^2} =$ | $\frac{m_{s\,3}}{p\,l^2} =$ | $\frac{m_{s\,5}}{p\,l^2} =$ | $\frac{m_{s\,7}}{p\,l^2} =$ | $\frac{m_{s\,9}}{p\,l^2} =$ | $\frac{m_{s\,11}}{p\,l^2} =$ | $\frac{m_{s\,13}}{p\,l^2} =$ |
|---|---|---|---|---|---|---|---|
| — | —0,3309 | —0,0272 | —0,0059 | —0,0022 | —0,0010 | —0,0006 | —0,0003 |
| — | +0,2500 $m_{l\,1}$ | —0,0501 $m_{l\,3}$ | —0,0093 $m_{l\,5}$ | — | — | — | — |
| $m_{t\,1} : p\,l^2$....... | —0,4290 | —0,2512 | —0,1093 | —0,0587 | —0,0365 | —0,0246 | —0,0178 |
| $m_{t\,3} : p\,l^2$....... | —0,0394 | —0,1705 | —0,1588 | —0,1170 | —0,0840 | —0,0620 | —0,0468 |
| $m_{t\,5} : p\,l^2$....... | —0,0093 | —0,0676 | —0,1026 | —0,1035 | —0,0903 | —0,0751 | —0,0614 |
| $m_{t\,7} : p\,l^2$....... | —0,0035 | —0,0303 | —0,0587 | —0,0732 | —0,0755 | —0,0705 | —0,0631 |
| $m_{t\,9} : p\,l^2$....... | — | —0,0156 | —0,0342 | —0,0491 | —0,0570 | —0,0589 | —0,0570 |
| $m_{t\,11} : p\,l^2$....... | — | —0,0090 | —0,0212 | —0,0330 | —0,0417 | —0,0466 | —0,0482 |
| $m_{t\,13} : p\,l^2$....... | — | —0,0056 | —0,0138 | —0,0228 | —0,0305 | —0,0362 | —0,0395 |
| $m_{h\,1} : p\,l^2$....... | +0,2360 | —0,4138 | +0,3010 | —0,2265 | +0,1806 | —0,1485 | +0,1280 |
| $m_{h\,3} : p\,l^2$....... | +0,0073 | —0,0943 | +0,1472 | —0,1516 | +0,1400 | —0,1260 | +0,1126 |
| $m_{h\,5} : p\,l^2$....... | — | —0,0225 | +0,0570 | —0,0805 | +0,0903 | —0,0917 | +0,0888 |
| $m_{h\,7} : p\,l^2$....... | — | —0,0072 | +0,0232 | —0,0407 | +0,0540 | —0,0620 | +0,0650 |
| $m_{h\,9} : p\,l^2$....... | — | — | — | — | +0,0317 | —0,0400 | +0,0457 |
| $m_{h\,11} : p\,l^2$....... | — | — | — | — | +0,0190 | —0,0258 | +0,0317 |

| Faktor | $\frac{m_{l\,1}}{p\,l^2} =$ | $\frac{m_{l\,3}}{p\,l^2} =$ | $\frac{m_{l\,5}}{p\,l^2} =$ | $\frac{m_{l\,7}}{p\,l^2} =$ | $\frac{m_{l\,9}}{p\,l^2} =$ | $\frac{m_{l\,11}}{p\,l^2} =$ |
|---|---|---|---|---|---|---|
| — | — 0,2114 | — 0,0021 | — 0,0001 | — | — | — |
| — | — 0,2190 $m_{s\,1}$ | + 0,0379 $m_{s\,3}$ | — | — | — | — |
| $m_{t\,1} : p\,l^2$....... | — 0,3080 | — 0,0506 | — 0,0131 | — 0,0050 | — 0,0024 | — 0,0013 |
| $m_{t\,3} : p\,l^2$....... | + 0,0847 | + 0,1028 | + 0,0572 | + 0,0301 | + 0,0168 | + 0,0101 |
| $m_{t\,5} : p\,l^2$....... | — 0,0335 | — 0,0680 | — 0,0615 | — 0,0446 | — 0,0301 | — 0,0205 |
| $m_{t\,7} : p\,l^2$....... | + 0,0176 | + 0,0427 | + 0,0492 | + 0,0440 | + 0,0353 | + 0,0269 |
| $m_{t\,9} : p\,l^2$....... | — 0,0107 | — 0,0282 | — 0,0369 | — 0,0378 | — 0,0342 | — 0,0289 |
| $m_{t\,11} : p\,l^2$....... | + 0,0072 | + 0,0198 | + 0,0279 | + 0,0312 | + 0,0306 | + 0,0280 |
| $m_{t\,13} : p\,l^2$....... | — 0,0052 | — 0,0146 | — 0,0215 | — 0,0254 | — 0,0265 | — 0,0257 |
| $m_{h\,1} : p\,l^2$....... | + 0,1693 | — 0,0832 | + 0,0361 | — 0,0194 | + 0,0121 | — 0,0081 |
| $m_{h\,3} : p\,l^2$....... | — 0,0157 | + 0,0570 | — 0,0530 | + 0,0390 | — 0,0280 | + 0,0206 |
| $m_{h\,5} : p\,l^2$....... | + 0,0037 | — 0,0226 | + 0,0342 | — 0,0345 | + 0,0301 | — 0,0250 |
| $m_{h\,7} : p\,l^2$....... | — 0,0014 | + 0,0101 | — 0,0195 | + 0,0244 | — 0,0252 | + 0,0237 |
| $m_{h\,9} : p\,l^2$....... | — | — | — | — | — | — |
| $m_{h\,11} : p\,l^2$....... | — | — | — | — | — | — |

| Faktor | $\frac{m_{t\,1}}{p\,l^2} =$ | $\frac{m_{t\,3}}{p\,l^2} =$ | $\frac{m_{t\,5}}{p\,l^2} =$ | $\frac{m_{t\,7}}{p\,l^2} =$ | $\frac{m_{t\,9}}{p\,l^2} =$ | $\frac{m_{t\,11}}{p\,l^2} =$ | $\frac{m_{t\,13}}{p\,l^2} =$ |
|---|---|---|---|---|---|---|---|
| — | —0,3630 | —0,0191 | —0,0041 | —0,0015 | —0,0007 | —0,0004 | —0,0002 |
| — | +0,0350 $m_{h\,1}$ | —0,0170 $m_{h\,3}$ | — | — | — | — | — |
| $m_{s\,1} : p\,l^2$....... | —0,6593 | —0,2032 | —0,0804 | —0,0421 | —0,0258 | —0,0174 | —0,0124 |
| $m_{s\,3} : p\,l^2$....... | —0,1081 | —0,2462 | —0,1630 | —0,1022 | —0,0677 | —0,0475 | —0,0350 |
| $m_{s\,5} : p\,l^2$....... | —0,0281 | —0,1372 | —0,1477 | —0,1181 | —0,0887 | —0,0670 | —0,0516 |
| $m_{s\,7} : p\,l^2$....... | —0,0108 | —0,0722 | —0,1066 | —0,1056 | —0,0910 | —0,0747 | —0,0609 |
| $m_{s\,9} : p\,l^2$....... | — | —0,0404 | —0,0722 | —0,0846 | —0,0822 | —0,0735 | —0,0636 |
| $m_{s\,11} : p\,l^2$....... | — | —0,0243 | —0,0491 | —0,0647 | —0,0695 | —0,0673 | —0,0617 |
| $m_{s\,13} : p\,l^2$....... | — | —0,0156 | —0,0340 | —0,0489 | —0,0569 | —0,0588 | —0,0569 |
| $m_{l\,1} : p\,l^2$....... | +0,5410 | —0,5010 | +0,3300 | —0,2422 | +0,1900 | —0,1568 | +0,1326 |
| $m_{l\,3} : p\,l^2$....... | +0,0287 | —0,1970 | +0,2176 | —0,1910 | +0,1636 | —0,1402 | +0,1217 |
| $m_{l\,5} : p\,l^2$....... | +0,0045 | —0,0658 | +0,1185 | —0,1324 | +0,1280 | —0,1185 | +0,1075 |
| $m_{l\,7} : p\,l^2$....... | — | —0,0247 | +0,0608 | —0,0844 | +0,0934 | —0,0938 | +0,0906 |
| $m_{l\,9} : p\,l^2$....... | — | — | +0,0321 | —0,0526 | +0,0658 | —0,0718 | +0,0735 |
| $m_{l\,11} : p\,l^2$....... | — | — | +0,0179 | —0,0328 | +0,0452 | —0,0538 | +0,0580 |

*(Fortsetzung der Tabelle 38)*

| Faktor | $\frac{m_{h1}}{p l^2} =$ | $\frac{m_{h3}}{p l^2} =$ | $\frac{m_{h5}}{p l^2} =$ | $\frac{m_{h7}}{p l^2} =$ | $\frac{m_{h9}}{p l^2} =$ | $\frac{m_{h11}}{p l^2} =$ |
|---|---|---|---|---|---|---|
| — | — 0,1379 | — 0,0004 | — | — | — | — |
| — | — 0,0297 $m_{t1}$ | + 0,0128 $m_{t3}$ | — | — | — | — |
| $m_{s1} : p l^2$ ....... | — 0,3080 | — 0,0282 | — 0,0067 | — 0,0025 | — 0,0012 | — 0,0007 |
| $m_{s3} : p l^2$ ....... | + 0,1514 | + 0,1026 | + 0,0407 | + 0,0183 | + 0,0094 | + 0,0054 |
| $m_{s5} : p l^2$ ....... | — 0,0656 | — 0,0953 | — 0,0616 | — 0,0352 | — 0,0205 | — 0,0126 |
| $m_{s7} : p l^2$ ....... | + 0,0353 | + 0,0703 | + 0,0622 | + 0,0440 | + 0,0295 | + 0,0198 |
| $m_{s9} : p l^2$ ....... | — 0,0219 | — 0,0505 | — 0,0541 | — 0,0452 | — 0,0342 | — 0,0251 |
| $m_{s11} : p l^2$ ....... | + 0,0148 | + 0,0371 | + 0,0450 | + 0,0423 | + 0,0354 | + 0,0280 |
| $m_{s13} : p l^2$ ....... | — 0,0107 | — 0,0281 | — 0,0369 | — 0,0379 | — 0,0342 | — 0,0290 |
| $m_{l1} : p l^2$ ....... | + 0,2528 | — 0,0695 | + 0,0275 | — 0,0144 | + 0,0088 | — 0,0059 |
| $m_{l3} : p l^2$ ....... | — 0,0403 | + 0,0820 | — 0,0544 | + 0,0341 | — 0,0227 | + 0,0159 |
| $m_{l5} : p l^2$ ....... | + 0,0105 | — 0,0457 | + 0,0492 | — 0,0394 | + 0,0296 | — 0,0224 |
| $m_{l7} : p l^2$ ....... | — | + 0,0241 | — 0,0353 | + 0,0352 | — 0,0303 | + 0,0249 |
| $m_{l9} : p l^2$ ....... | — | — 0,0134 | + 0,0241 | — 0,0282 | + 0,0274 | — 0,0245 |
| $m_{l11} : p l^2$ ....... | — | + 0,0081 | — 0,0164 | + 0,0215 | — 0,0231 | + 0,0224 |

In der Tafel E.1,2/2 $\left(\frac{b}{a} = 1,2\right)$ findet man einige Zahlenwerte für $k = 1$, $k = 3$, $j = 1$ und $j = 3$, und zwar:

$$\hat{C} = C + D \quad \text{und} \quad \frac{l}{j h} H\left(\frac{k l}{j h}\right) \quad \text{bzw.} \quad \frac{h}{k l} H\left(\frac{j h}{k l}\right).$$

Die Zahlen der $B$-Werte sind vierfach zu nehmen, da mit $p l^2$ statt mit $p a^2$ gerechnet wird. Für $k \geqq 5$ ist

$$\hat{C}\left(\frac{k l}{h}\right) \doteq 1 \quad \text{und} \quad B_{s k} \doteq p l^2 \frac{16}{k^3 \pi^3} \left(\frac{h}{l}\right)^2. \tag{585}$$

Schließlich findet man die Werte $\frac{1}{2} \mu \left(\frac{l}{2 h}\right)$ und $\frac{1}{2} \mu \left(\frac{3 l}{2 h}\right)$ aus Tafel E.1,2/11 unter $m_{x m}$ infolge $m_s$ und $\frac{1}{2} \mu \left(\frac{h}{2 l}\right)$ aus Tafel E.1,2/12 unter $m_{y m}$ infolge $m_t$. Alle übrigen Zahlen müssen aus den Formeln berechnet werden.

Nach Einsetzen der Zahlenwerte erhält man das Gleichungssystem nach Tafel 38, worin jene Glieder, deren Beitrag vernachlässigbar ist, weggelassen sind.

Durch Iteration ergeben sich für die unbekannten Reihenkoeffizienten die Zahlenwerte nach Tafel 39.

Tafel 39

| $k$ | $\frac{m_{s k}}{p l^2}$ | $\frac{m_{l k}}{p l^2}$ | $j$ | $\frac{m_{t j}}{p l^2}$ | $\frac{m_{h j}}{p l^2}$ |
|---|---|---|---|---|---|
| 1 | — 0,2668 | — 0,0846 | 1 | — 0,2392 | — 0,0634 |
| 3 | + 0,0457 | + 0,0266 | 3 | + 0,0596 | + 0,0227 |
| 5 | — 0,0046 | + 0,0053 | 5 | — 0,0118 | + 0,0019 |
| 7 | + 0,0153 | + 0,0071 | 7 | + 0,0186 | + 0,0053 |
| 9 | — 0,0054 | + 0,0019 | 9 | — 0,0078 | + 0,0002 |
| 11 | + 0,0072 | + 0,0033 | 11 | + 0,0100 | + 0,0023 |
| 13 | — 0,0043 | — | 13 | — 0,0053 | — |

In der Abb. 176 ist der Verlauf der Stützenmomente

$$m_s = \sum_{1,3}^{k} m_{s k} \sin k \pi \frac{y}{2 h}$$

und

$$m_t = \sum_{1,3}^{j} m_{t j} \sin k \pi \frac{x}{2 l}$$

aufgetragen. Die Linien mußten ausgeglichen werden, da die obigen Zahlenwerte — wegen des Fehlens der weiteren, noch nicht sehr kleinen Reihenglieder — einen welligen Verlauf ergeben. An den Ecken, wo die ungestützten Ränder anschließen, weisen die Linien steile Spitzen auf.

Die Momente in der Platte ergeben sich durch Überlagerung des Grundfalles $\boxed{\mathbf{F_4 - 1}}$ mit den Stützenmomenten nach Fall $\boxed{\mathbf{F_4 - 0sa}}$ und $\boxed{\mathbf{F_4 - 0tb}}$, alles mit den Seitenlängen

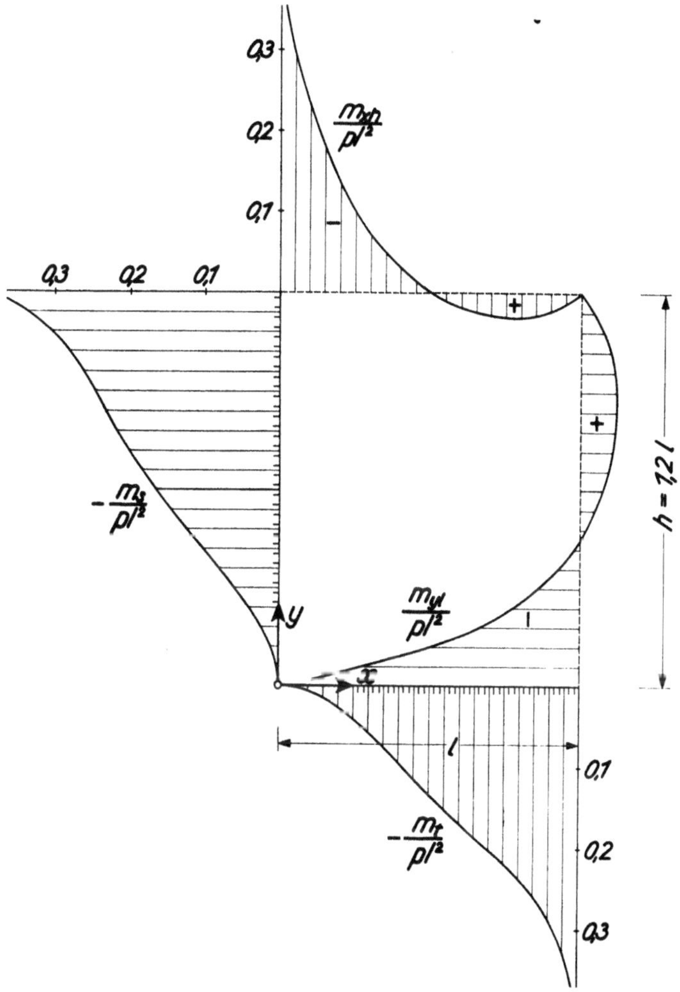


Abb. 176

$a = 2\,l$ und $b = 2\,h$. Schließlich sind die Momente $m_h$ nach Fall $\boxed{\mathbf{F_3U - 00}}$ mit den Seitenlängen $a = 2\,l$ und $h$, sowie die Momente $m_l$ nach dem analogen Fall, nur mit vertauschten Richtungen und den Seitenlängen $2\,h$ und $l$, zu überlagern. Beispielsweise sind die Momente $m_x$ infolge der Randmomente $m_l$:

$$m_x = \sum_{1,3}^{k} \sin k\pi \frac{y}{2h} m_{lk} \frac{\mathfrak{Sin}\, k\pi \frac{x}{2h}}{3\,\mathfrak{Sin}\, k\pi \frac{l}{2h} + \frac{k\pi \frac{l}{2h}}{\mathfrak{Cof}\, k\pi \frac{l}{2h}}} \cdot$$

$$\cdot \left[3 - k\pi \frac{l}{2h} \mathfrak{Tg}\, k\pi \frac{l}{2h} + k\pi \frac{x}{2h} \mathfrak{Cotg}\, k\pi \frac{x}{2h}\right]. \qquad (586)$$

Die ungestützten Ränder sind die Mittellinien im Grundfall; für diese Linien kann man die Momente infolge Gleichlast aus Tafel E.1,2/11 bzw. E.1,2/12 entnehmen, man muß nur die Tafelwerte mit 4 multiplizieren, da $\frac{m}{p\,l^2} \doteq 4\,\frac{m}{p\,a^2}$ ist. Aus den gleichen Tafeln erhält man auch die Momente $m_x$ infolge $m_{s1}$ und $m_{s3}$ sowie $m_y$ infolge $m_{t1}$ und $m_{t3}$, wenn man jeweils die Zahlen für $\frac{x}{a}$ und $1 - \frac{x}{a}$ bzw. $\frac{y}{a}$ und $\frac{b-y}{a}$ addiert, weil die Randmomente *beider*seitig angebracht werden.

Die Momente $m_x$ infolge $m_t$ sind nach der obigen Formel mit $y = h$ zu berechnen; die Funktionen $\mathfrak{Sin}\,\pi\,\frac{x}{2\,h}$ usw. finden sich in der Tafel E.1,2/11. Für $k \geqq 5$ vereinfacht sich die Formel (vgl. Fall **F₂U — 00**) auf:

$$m_x \doteq \sum_{5,7}^{k} \sin k\,\pi\,\frac{y}{2\,h}\,m_{t\,k}\,e^{-k\,\pi\,\frac{l-x}{2\,h}}\left(1 - \frac{k\,\pi}{3}\,\frac{l-x}{2\,h}\right). \tag{587}$$

Die Exponentialfunktion ist ebenfalls in der vorgenannten Tafel enthalten. Die Momente $m_x$ auf der Linie $y = h$ infolge $m_h$ lauten:

$$m_x = \sum_{1,3}^{\infty} j \sin j\,\pi\,\frac{x}{2\,l}\,m_{h\,j}\left[-1 + \frac{2}{3 + \dfrac{j\,\pi\,\frac{h}{l}}{\mathfrak{Sin}\,j\,\pi\,\frac{h}{l}}}\right]. \tag{588}$$

Die Abb. 176 zeigt die Werte $\frac{m_x}{p\,l^2}$ längs der Linie $y = h$ und die Werte $\frac{m_y}{p\,l^2}$ längs der Linie $x = l$, wie sie sich aus der vorbeschriebenen Überlagerung ergeben. Im Bereich der ungestützten Ecke sind die Momente *positiv*, weil die Drillmomente an den ungestützten Rändern Querkräfte hervorrufen und dadurch gewissermaßen eine Stützung dieser Ränder zustande kommt; die Stützkräfte müssen längs des Randes abgeleitet werden. Es liegt hier ein Fall vor, wo die klassische Plattentheorie nicht mehr ausreicht, um einen befriedigenden Einblick in das Kräftespiel zu bekommen, so daß die Ergänzung nach Abschnitt I, P. 1.2. heranzuziehen ist.

## Berechnungsbeispiel 5: Plattenförmiger Grundkörper

Gegeben sei ein plattenförmiger Grundkörper nach Abb. 177 mit den Seitenlängen $a$ und $b = 1{,}6\,a$, der im Mittelpunkt durch eine Stütze mit den Querschnittbreiten $2\,c = 0{,}2\,a$ und $2\,d = 0{,}4\,a$ belastet ist.

### 1. Achslast in der Stütze

1.1. Grundfall

Die Achslast $N$ wird über den Stützenquerschnitt gleichmäßig verteilt angenommen. Die Bodenpressung $-p = \frac{N}{a\,b}$ ist über die gesamte Plattenfläche gleichmäßig verteilt.

Die Berechnung wird nach dem unter C.11. beschriebenen Verfahren durchgeführt (Fall **U₄ — 12 m — 1**). Als Grundfall dient die allseitig verschieblich eingespannte Platte (Fall **V₄ — 12 m**). Zur Ermittlung der Momente $m_y$ im Grundfall wird die Belastung in eine cos-Reihe mit der Periode $a$ entwickelt. Das 0te Glied dieser Reihe enthält die Bodenpressungen $-p$ und die auf einen Streifen mit den Breiten $a$ und $2\,d$ gleichmäßig verteilte Last $N$. Die zugehörigen Momente $m_{y0}$ können gleich für den Fall der ungestützten Ränder angeschrieben werden:

Im Bereich $0 \leqq y \leqq \frac{b}{2} - d$:

$$m_{y\,0} = (-p)\frac{y^2}{2} = N\frac{y^2}{2\,a\,b}. \tag{589}$$

Im Stützenbereich $\frac{b}{2} - d \leqq y \leqq \frac{b}{2} + d$:

$$m_{y\,0} = N\left[\frac{y^2}{2\,a\,b} - \frac{\left(y - \frac{b}{2} + d\right)^2}{4\,a\,d}\right] \tag{590}$$

und in der Mittellinie $y = \frac{b}{2}$

$$m_{y\,0} = \frac{N}{4}\left[\frac{b}{2\,a} - \frac{d}{a}\right]. \tag{591}$$

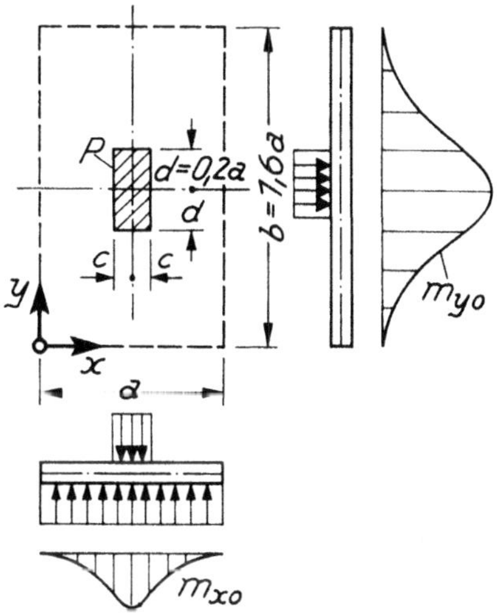


Abb. 177

Die Zahlenwerte sind in der ersten Zeile der Tafel 42 für einige Abstände $y$ eingetragen.

Für den durch die cos-Reihe gegebenen Anteil von $N$ gelten die Formeln nach Fall **$F_2V_2$ — 12** mit dem Unterschied, daß statt $\sin j\,\pi\,\frac{x}{a}$ mit $j = 1, 2 \ldots$ jetzt $\cos j\,\pi\left(\frac{1}{2} - \frac{x}{a}\right)$ mit $j = 2, 4, \ldots$ steht. Demnach ist im Bereich $0 \leqq y \leqq \frac{b}{2} - d$:

$$m_y = N\sum_{2,4}^{\infty} j\cos j\,\pi\left(\frac{1}{2} - \frac{x}{a}\right)\frac{\sin j\,\pi\,\frac{c}{a}}{j\,\pi\,\frac{c}{a}}\;\frac{\mathrm{Sin}\,j\,\pi\,\frac{d}{a}}{j\,\pi\,\frac{d}{a}}\;\frac{\mathrm{Cof}\,j\,\pi\,\frac{y}{a}}{2\,j\,\pi\,\mathrm{Sin}\,j\,\pi\,\frac{b}{2\,a}}\cdot$$

$$\cdot\left[-j\,\pi\,\frac{b}{2\,a}\,\mathrm{Cotg}\,j\,\pi\,\frac{b}{2\,a} + j\,\pi\,\frac{d}{a}\,\mathrm{Cotg}\,j\,\pi\,\frac{d}{a} + j\,\pi\,\frac{y}{a}\,\mathrm{Tg}\,j\,\pi\,\frac{y}{a}\right]. \tag{592}$$

Bei $j \geqq 4$ gilt hinreichend genau:

$$m_y = N\sum_{4,6}^{\infty} j\cos j\,\pi\left(\frac{1}{2} - \frac{x}{a}\right)\frac{\sin j\,\pi\,\frac{c}{a}}{j\,\pi\,\frac{c}{a}}\;\frac{\mathrm{Sin}\,j\,\pi\,\frac{d}{a}}{j\,\pi\,\frac{d}{a}}\;\frac{e^{-j\,\pi\,\frac{\frac{b}{2} - y}{a}}}{2\,j\,\pi}\cdot$$

$$\cdot\left[j\,\pi\,\frac{d}{a}\,\mathrm{Cotg}\,j\,\pi\,\frac{d}{a} - j\,\pi\,\frac{\frac{b}{2} - y}{a}\right]. \tag{593}$$

Im Bereich $\frac{b}{2} - d \leqq y \leqq \frac{b}{2} + d$:

$$m_y = N \sum_{2,6}^{\infty}{}_{j} \cos j\pi\left(\frac{1}{2} - \frac{x}{a}\right) \frac{\sin j\pi \frac{c}{a}}{j\pi \frac{c}{a}} \frac{\mathfrak{Sin}\, j\pi \frac{\frac{b}{2} - d}{a}\, \mathfrak{Cof}\, j\pi \frac{\frac{b}{2} - y}{a}}{2 j^2 \pi^2 \frac{d}{a}\, \mathfrak{Sin}\, j\pi \frac{b}{2a}} \cdot$$

$$\cdot \left[ j\pi \frac{b}{2a}\, \mathfrak{Cotg}\, j\pi \frac{b}{2a} - j\pi \frac{\frac{b}{2} - d}{a}\, \mathfrak{Cotg}\, j\pi \frac{\frac{b}{2} - d}{a} - j\pi \frac{\frac{b}{2} - y}{a}\, \mathfrak{Tg}\, j\pi \frac{\frac{b}{2} - y}{a} \right]. \qquad (594)$$

Bei $j \geqq 4$ gilt wieder:

$$m_y = N \sum_{4,6}^{\infty}{}_{j} \cos j\pi\left(\frac{1}{2} - \frac{x}{a}\right) \frac{\sin j\pi \frac{c}{a}}{j\pi \frac{c}{a}} \frac{e^{-j\pi \frac{d}{a}}\, \mathfrak{Cof}\, j\pi \frac{\frac{b}{2} - y}{a}}{2 j^2 \pi^2 \frac{d}{a}} \cdot$$

$$\cdot \left[ j\pi \frac{d}{a} - j\pi \frac{\frac{b}{2} - y}{a}\, \mathfrak{Tg}\, j\pi \frac{\frac{b}{2} - y}{a} \right]. \qquad (595)$$

Für $y = \frac{b}{2}$ geht die letztere Formel über in

$$m_y = N \sum_{4,6}^{\infty}{}_{j} \cos j\pi\left(\frac{1}{2} - \frac{x}{a}\right) \frac{\sin j\pi \frac{c}{a}}{j\pi \frac{c}{a}} \frac{e^{-j\pi \frac{d}{a}}}{2 j \pi}. \qquad (596)$$

Die zweite und die folgenden Zeilen der Tafel 42 enthalten die nach obigen Formeln berechneten Zahlenwerte der Reihenglieder $j = 2$ bis 6, für die Mittellinie $\frac{x}{a} = \frac{1}{2}$.

Zur Ermittlung der Momente $m_x$ im Grundfall werden in allen vorstehenden Formeln die Koordinatenrichtungen vertauscht. Es ist demnach das 0te Glied

im Bereich $0 \leqq x \leqq \frac{a}{2} - c$: $\quad m_{x0} = N \frac{a}{2b}\left(\frac{x}{a}\right)^2, \qquad (597)$

im Bereich $\frac{a}{2} - c \leqq x \leqq \frac{a}{2} + c$: $\quad m_{x0} = N \frac{a}{2b}\left[\left(\frac{x}{a}\right)^2 - \frac{\left(\frac{x}{a} - \frac{1}{2} + \frac{c}{a}\right)^2}{2\frac{c}{a}}\right], \qquad (598)$

und in der Mittellinie $x = \frac{a}{2}$: $\quad m_{x0} = N \frac{a}{4b}\left[\frac{1}{2} - \frac{c}{a}\right]. \qquad (599)$

Für die cos-Reihe gilt

im Bereich $0 \leqq x \leqq \frac{a}{2} - c$:

$$m_x = N \sum_{2,4}^{\infty}{}_{k} \cos k\pi\left(\frac{1}{2} - \frac{y}{b}\right) \frac{\sin k\pi \frac{d}{b}}{k\pi \frac{d}{b}} \frac{\mathfrak{Sin}\, k\pi \frac{c}{b}}{k\pi \frac{c}{b}} \frac{\mathfrak{Cof}\, k\pi \frac{x}{b}}{2 k\pi\, \mathfrak{Sin}\, k\pi \frac{a}{2b}} \cdot$$

$$\cdot \left[ - k\pi \frac{a}{2b}\, \mathfrak{Cotg}\, k\pi \frac{a}{2b} + k\pi \frac{c}{b}\, \mathfrak{Cotg}\, k\pi \frac{c}{b} + k\pi \frac{x}{b}\, \mathfrak{Tg}\, k\pi \frac{x}{b} \right]. \qquad (600)$$

Die Vereinfachung ist hier erst bei $k \geqq 8$ anzuwenden:

$$m_x = N \sum_{8}^{\infty}{}_{k} \cos k\pi\left(\frac{1}{2} - \frac{y}{b}\right) \frac{\sin k\pi \frac{d}{b}}{k\pi \frac{d}{b}} \frac{\mathfrak{Sin}\, k\pi \frac{c}{b}}{k\pi \frac{c}{b}} \frac{e^{-k\pi \frac{\frac{a}{2} - x}{b}}}{2 k\pi} \cdot$$

$$\cdot \left[ k\pi \frac{c}{b}\, \mathfrak{Cotg}\, k\pi \frac{c}{b} - k\pi \frac{\frac{a}{2} - x}{b} \right]. \qquad (601)$$

Im Bereich $\frac{a}{2} - c \leqq x \leqq \frac{a}{2} + c$:

$$m_x = N \sum_{2,4}^{\infty} k \cos k\pi\left(\frac{1}{2} - \frac{y}{b}\right) \frac{\sin k\pi \frac{d}{b}}{k\pi \frac{d}{b}} \frac{\mathfrak{Sin}\, k\pi \frac{\frac{a}{2} - c}{b}\, \mathfrak{Cos}\, k\pi \frac{\frac{a}{2} - x}{b}}{2k^2\pi^2 \frac{c}{b}\, \mathfrak{Sin}\, k\pi \frac{a}{2b}} \cdot$$

$$\cdot \left[k\pi \frac{a}{2b}\, \mathfrak{Cotg}\, k\pi \frac{a}{2b} - k\pi \frac{\frac{a}{2} - c}{b}\, \mathfrak{Cotg}\, k\pi \frac{\frac{a}{2} - c}{b} - k\pi \frac{\frac{a}{2} - x}{b}\, \mathfrak{Tg}\, k\pi \frac{\frac{a}{2} - x}{b}\right] \quad (602)$$

und für große $k$:

$$m_x = N \sum_{8}^{\infty} k \cos k\pi\left(\frac{1}{2} - \frac{y}{b}\right) \frac{\sin k\pi \frac{d}{b}}{k\pi \frac{d}{b}} \frac{e^{-k\pi \frac{c}{b}}\, \mathfrak{Cos}\, k\pi \frac{\frac{a}{2} - x}{b}}{2k^2\pi^2 \frac{c}{b}} \cdot$$

$$\cdot \left[k\pi \frac{c}{b} - k\pi \frac{\frac{a}{2} - x}{b}\, \mathfrak{Tg}\, k\pi \frac{\frac{a}{2} - x}{b}\right], \quad (603)$$

schließlich für große $k$ in der Mittellinie $x = \frac{a}{2}$:

$$m_x = N \sum_{8}^{\infty} k \cos k\pi\left(\frac{1}{2} - \frac{y}{b}\right) \frac{\sin k\pi \frac{d}{b}}{k\pi \frac{d}{b}} \frac{e^{-k\pi \frac{c}{b}}}{2k\pi}. \quad (604)$$

Die Zahlenwerte der einzelnen Reihenglieder von $m_x$ sind für die Mittellinie $y = \frac{b}{2}$ in den obersten Zeilen der Tafel 43 eingetragen.

### 1.2. Die Zusatzfunktionen

An den Rändern $t$ und $b$ werden Momente

$$m_t = m_b = \sum_{2,4} j\, m_{tj} \cos j\pi\left(\frac{1}{2} - \frac{x}{a}\right)$$

als „Momente am ungestützten Rand" nach Fall **$F_2U_2 - 200$** angebracht. Die zugehörigen Biegemomente in der Platte sind:

$$m_x = \sum_{2,4} j\, m_{tj} \cos j\pi\left(\frac{1}{2} - \frac{x}{a}\right) \frac{\mathfrak{Cos}\, j\pi \frac{\frac{b}{2} - y}{a}}{3\, \mathfrak{Cos}\, j\pi \frac{b}{2a} - \frac{j\pi \frac{b}{2a}}{\mathfrak{Sin}\, j\pi \frac{b}{2a}}} \cdot$$

$$\cdot \left[-1 + j\pi \frac{b}{2a}\, \mathfrak{Cotg}\, j\pi \frac{b}{2a} - j\pi \frac{\frac{b}{2} - y}{a}\, \mathfrak{Tg}\, j\pi \frac{\frac{b}{2} - y}{a}\right], \quad (605)$$

$$m_y = \sum_{2,4} j\, m_{tj} \cos j\pi\left(\frac{1}{2} - \frac{x}{a}\right) \frac{\mathfrak{Cos}\, j\pi \frac{\frac{b}{2} - y}{a}}{3\, \mathfrak{Cos}\, j\pi \frac{b}{2a} - \frac{j\pi \frac{b}{2a}}{\mathfrak{Sin}\, j\pi \frac{b}{2a}}} \cdot$$

$$\cdot \left[3 - j\pi \frac{b}{2a}\, \mathfrak{Cotg}\, j\pi \frac{b}{2a} + j\pi \frac{\frac{b}{2} - y}{a}\, \mathfrak{Tg}\, j\pi \frac{\frac{b}{2} - y}{a}\right]. \quad (606)$$

Ebenso werden an den Rändern $s$ und $a$ die Momente

$$m_s = m_a = \sum_{2,4}^{k} m_{sk} \cos k\pi \left(\frac{1}{2} - \frac{y}{b}\right)$$

angebracht. Die Momente in der Platte erhält man durch Vertauschen der Koordinatenrichtungen in den obenstehenden Formeln:

$$m_x = \sum_{2,4}^{k} m_{sk} \cos k\pi \left(\frac{1}{2} - \frac{y}{b}\right) \frac{\mathfrak{Cof}\, k\pi \dfrac{\frac{a}{2} - x}{b}}{3\,\mathfrak{Cof}\, k\pi \dfrac{a}{2b} - \dfrac{k\pi \frac{a}{2b}}{\mathfrak{Sin}\, k\pi \frac{a}{2b}}} \cdot \left[3 - k\pi \frac{a}{2b} \mathfrak{Cotg}\, k\pi \frac{a}{2b} + k\pi \frac{\frac{a}{2} - x}{b} \mathfrak{Tg}\, k\pi \frac{\frac{a}{2} - x}{b}\right], \quad (607)$$

$$m_y = \sum_{2,4}^{k} m_{sk} \cos k\pi \left(\frac{1}{2} - \frac{y}{b}\right) \frac{\mathfrak{Cof}\, k\pi \dfrac{\frac{a}{2} - x}{b}}{3\,\mathfrak{Cof}\, k\pi \dfrac{a}{2b} - \dfrac{k\pi \frac{a}{2b}}{\mathfrak{Sin}\, k\pi \frac{a}{2b}}} \cdot \left[-1 + k\pi \frac{a}{2b} \mathfrak{Cotg}\, k\pi \frac{a}{2b} - k\pi \frac{\frac{a}{2} - x}{b} \mathfrak{Tg}\, k\pi \frac{\frac{a}{2} - x}{b}\right]. \quad (608)$$

Die in den Tafeln 40 und 41 enthaltenen Zahlenwerte sind nach vorstehenden Formeln berechnet.

### 1.3. Das Gleichungssystem für die Reihenkoeffizienten $m_{tj}$ und $m_{sk}$

Für jedes $m_{tj}$ gilt die Gleichung

$$\left.\begin{aligned} & m_{tj} - \cos\frac{j\pi}{2} \sum_{2,4}^{k} m_{sk} \cos\frac{k\pi}{2} J'\left(\frac{ka}{jb}\right) + \hat{M}_{tj} = 0. \\ & \text{Hierin ist } J'\left(\frac{ka}{jb}\right) = \frac{8b}{k\pi a \left(\dfrac{ka}{jb} + \dfrac{jb}{ka}\right)^2 \left(3\,\mathfrak{Cotg}\, k\pi \dfrac{a}{2b} - \dfrac{k\pi \frac{a}{2b}}{\mathfrak{Sin}^2 k\pi \frac{a}{2b}}\right)}. \end{aligned}\right\} \quad (609)$$

$\hat{M}_{tj}$ ist der Momentenwert $m_y$ am Rand $t$ im Grundfall und ist in Tafel 42 unter $y = 0$ zu finden. Für jedes $m_{sk}$ gilt entsprechend die Gleichung

$$\left.\begin{aligned} & m_{sk} - \cos\frac{k\pi}{2} \sum_{2,4}^{j} m_{tj} \cos\frac{j\pi}{2} J'\left(\frac{jb}{ka}\right) + \hat{M}_{sk} = 0, \\ & \text{hierin ist } J'\left(\frac{jb}{ka}\right) = \frac{8a}{j\pi b \left(\dfrac{jb}{ka} + \dfrac{ka}{jb}\right)^2 \left(3\,\mathfrak{Cotg}\, j\pi \dfrac{b}{2a} - \dfrac{j\pi \frac{b}{2a}}{\mathfrak{Sin}^2 j\pi \frac{b}{2a}}\right)}. \end{aligned}\right\} \quad (610)$$

Die Werte $\hat{M}_{sk}$ sind in der Tafel 43 aus der Spalte $x = 0$ zu entnehmen.

Es werden im vorliegenden Fall die Reihenglieder $j = 2$; $k = 2$ und $k = 4$ benötigt. Die höheren Glieder liefern keinen merkbaren Beitrag zu den Momenten in der Platte. Die Gleichungen lauten demnach:

$$\left.\begin{aligned} m_{t2} - 0{,}139\, m_{s2} + 0{,}081\, m_{s4} - 0{,}0045\, N &= 0, \\ m_{s2} - 0{,}054\, m_{t2} - 0{,}0209\, N &= 0, \\ m_{s4} + 0{,}063\, m_{t2} - 0{,}0030\, N &= 0. \end{aligned}\right\} \tag{611}$$

Sie liefern die Werte

$$m_{t2} = +\,0{,}0073\, N, \quad m_{s2} = +\,0{,}0213\, N, \quad m_{s4} = +\,0{,}0025\, N.$$

### 1.4. Die endgültigen Momente

Die Randmomente ergeben, mit den Zahlen der Tafel 40 bzw. 41 multipliziert, die letzten Zeilen der Tafeln 42 und 43, die zum Grundfall zuzuzählen sind, um die endgültigen Momente

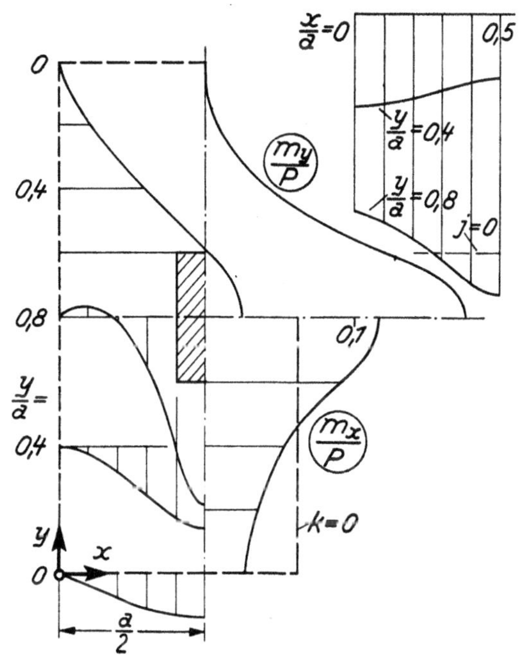


Abb. 178

Tafel 40. Momente infolge des Randmomentangriffs $m_t = m_b = m_{t2} \cos 2\pi \left(\frac{1}{2} - \frac{x}{a}\right)$

| $\frac{y}{a}$ | 0 | 0,2 | 0,4 | 0,6 | 0,7 | 0,8 | Faktor |
|---|---|---|---|---|---|---|---|
| $m_x$ | − 0,3330 | + 0,0248 | + 0,0421 | + 0,0246 | + 0,0194 | + 0,0176 | $m_{t2} \cos 2\pi \left(\frac{1}{2} - \frac{x}{a}\right)$ |
| $m_y$ | + 1,0000 | + 0,1654 | + 0,0126 | − 0,0080 | − 0,0088 | − 0,0089 | |

Tafel 41. Momente infolge der Randmomentangriffe
$m_s = m_a = m_{s2} \cos 2\pi \left(\frac{1}{2} - \frac{y}{b}\right)$ und $m_{s4} \cos 4\pi \left(\frac{1}{2} - \frac{y}{b}\right)$

| $\frac{x}{a}$ | 0 | 0,1 | 0,2 | 0,3 | 0,4 | 0,5 | Faktor |
|---|---|---|---|---|---|---|---|
| $m_x$ | + 1,0000 | + 0,5820 | + 0,3323 | + 0,1888 | + 0,1151 | + 0,0927 | $m_{s2} \cos 2\pi \left(\frac{1}{2} - \frac{y}{b}\right)$ |
| $m_y$ | − 0,2970 | − 0,0967 | + 0,0118 | + 0,0676 | + 0,0934 | + 0,1010 | |
| $m_x$ | + 1,0000 | + 0,3353 | + 0,0970 | + 0,0169 | − 0,0072 | − 0,0123 | $m_{s4} \cos 4\pi \left(\frac{1}{2} - \frac{y}{b}\right)$ |
| $m_y$ | − 0,3318 | − 0,0305 | + 0,0431 | + 0,0491 | + 0,0421 | + 0,0385 | |

**Tafel 42.** Momente $\frac{m_y}{N}$ längs der Mittellinien $x = \frac{a}{2}$ und $y = \frac{b}{2}$

| | | $\frac{x}{a} = 0{,}5$ | | | | | 0,5 | 0,4 | 0,3 | 0,2 | 0,1 | 0 |
|---|---|---|---|---|---|---|---|---|---|---|---|---|
| | $\frac{y}{a} =$ | 0 | 0,2 | 0,4 | 0,6 | 0,7 | 0,8 | $\frac{y}{a} = 0{,}8$ | | | | |
| Grundfall | $j = 0$ | 0 | + 0,0125 | + 0,0500 | + 0,1125 | + 0,1406 | + 0,1500 | + 0,1500 | + 0,1500 | + 0,1500 | + 0,1500 | + 0,1500 |
| | $j = 2$ | — 0,0045 | — 0,0059 | — 0,0083 | + 0,0059 | + 0,0183 | + 0,0211 | + 0,0171 | + 0,0065 | — 0,0065 | — 0,0171 | — 0,0211 |
| | $j = 4$ | — | — 0,0002 | — 0,0012 | + 0,0002 | + 0,0027 | + 0,0024 | + 0,0007 | — 0,0019 | — 0,0019 | + 0,0007 | + 0,0024 |
| | $j = 6$ | — | — | — 0,0002 | — | + 0,0005 | + 0,0003 | — 0,0001 | — 0,0002 | + 0,0002 | + 0,0001 | — 0,0003 |
| $m_t$ | $j = 2$ | + 0,0073 | + 0,0012 | — | — | — | — | — | — | — | — | — |
| $m_s$ | $k = 2$ | — 0,0022 | — 0,0015 | 0 | + 0,0015 | + 0,0020 | + 0,0022 | + 0,0020 | + 0,0014 | + 0,0003 | — 0,0021 | — 0,0063 |
| | $k = 4$ | — | — | — | — | — | — | — | — | — | — | — 0,0008 |
| | $\frac{m_y}{N}$ | — | + 0,0061 | + 0,0403 | + 0,1201 | + 0,1641 | + 0,1760 | + 0,1697 | + 0,1558 | + 0,1421 | + 0,1316 | + 0,1239 |

**Tafel 43.** Momente $\frac{m_x}{N}$ längs der Mittellinien $y = \frac{b}{2}$ und $x = \frac{a}{2}$

| | | 0 | 0,1 | 0,2 | 0,3 | 0,4 | 0,5 | $\frac{x}{a} = 0{,}5$ | | | |
|---|---|---|---|---|---|---|---|---|---|---|---|
| | $\frac{x}{a} =$ | $\frac{y}{a} = 0{,}8$ | | | | | 0,8 | 0,6 | 0,4 | 0,2 | 0 |
| Grundfall | $k = 0$ | 0 | + 0,0031 | + 0,0125 | + 0,0281 | + 0,0500 | + 0,0625 | + 0,0625 | + 0,0625 | + 0,0625 | + 0,0625 |
| | $k = 2$ | — 0,0209 | — 0,0192 | — 0,0133 | — 0,0007 | + 0,0237 | + 0,0396 | + 0,0280 | 0 | — 0,0280 | — 0,0396 |
| | $k = 4$ | — 0,0030 | — 0,0032 | — 0,0036 | — 0,0025 | + 0,0051 | + 0,0114 | 0 | — 0,0114 | 0 | + 0,0114 |
| | $k = 6$ | — 0,0002 | — 0,0003 | — 0,0006 | — 0,0009 | + 0,0008 | + 0,0024 | — 0,0017 | 0 | + 0,0017 | — 0,0024 |
| | $k = 8$ | 0 | 0 | 0 | 0 | 0 | 0 | 0 | 0 | 0 | 0 |
| | $k = 10$ | — | — | + 0,0001 | + 0,0002 | — 0,0001 | — 0,0004 | + 0,0003 | 0 | — 0,0003 | + 0,0004 |
| | $k = 12$ | — | — | — | — | — | — 0,0003 | 0 | + 0,0003 | 0 | — 0,0003 |
| $m_t$ | $j = 2$ | — | — | — | — | — | — | + 0,0002 | + 0,0003 | + 0,0002 | — 0,0024 |
| $m_s$ | $k = 2$ | + 0,0213 | + 0,0124 | + 0,0071 | + 0,0040 | + 0,0024 | + 0,0020 | + 0,0014 | 0 | — 0,0014 | — 0,0020 |
| | $k = 4$ | + 0,0025 | + 0,0008 | + 0,0002 | — | — | — | — | — | — | — |
| | $\frac{m_x}{N}$ | — | — 0,0064 | + 0,0024 | + 0,0282 | + 0,0819 | + 0,1172 | + 0,0907 | + 0,0517 | + 0,0347 | + 0,0276 |

in der Platte zu erhalten. Man erkennt, daß die Randmomente nur einen geringen Beitrag zu den im Plattenmittelpunkt auftretenden Größtwerten liefern. Die Querverteilung der Momente ergibt sich durch Multiplikation mit $\cos j\pi\left(\frac{1}{2}-\frac{x}{a}\right)$ bzw. $\cos k\pi\left(\frac{1}{2}-\frac{y}{b}\right)$. Außer dem Verlauf längs der beiden Mittellinien wurde noch der Verlauf längs des Randes und auf der Linie $y=\frac{b}{4}$ berechnet und in Abb. 178 dargestellt.

## 2. Moment in der Stütze

### 2.1. Rechnungsannahmen und Verfahren

Durch die Stütze soll nach Abb. 179 ein in der $y$-Richtung wirkendes Moment übertragen werden. Das Moment wird für die Berechnung der Platte durch ein Paar von Linienlasten $\pm P$ mit der Breite $2c$ und dem Hebelarm $2v = 0{,}8 \cdot 2d = 0{,}32\,a$ ersetzt. Dem Moment $P \cdot 2v$ hält die doppeldreieckförmig verteilte Bodenpressung mit dem Randwert $-p_b = P \cdot 2v \frac{6}{a\,b^2}$ das Gleichgewicht. (Es wird angenommen, daß die Zugspannungen in der Bodenfuge durch die lotrechten Lasten überdrückt werden.) Es liegt ein zur Mittellinie $y=\frac{b}{2}$ antisymmetrischer Fall vor; die Plattenhälfte ist in dieser Linie als frei drehbar gestützt anzusehen, die drei übrigen Ränder sind ungestützt.

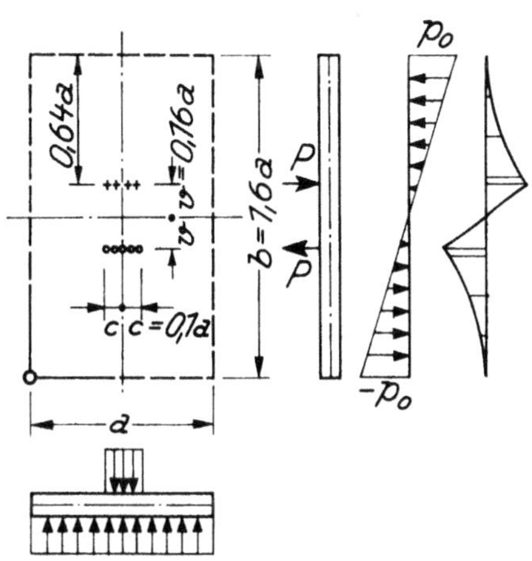

Abb. 179

Bezüglich der Mittellinie $x=\frac{a}{2}$ herrscht Symmetrie. Im folgenden wird die obere Hälfte der Platte mit der nach unten wirkenden Linienlast $+P$ berechnet, und zwar nach dem im Abschnitt C.10. beschriebenen Verfahren. Die Koordinatenrichtungen sind hier vertauscht; statt $b$ ist $a$ und statt $l$ ist $\frac{b}{2}$ zu schreiben. Das im Berechnungsverfahren vorkommende Moment am *gestützten* Rand entfällt hier. Um die Formeln im übrigen ungeändert zu lassen, wird die Ordinate $\overline{y}$ vom gestützten Rand aus gezählt. Die Platte wird symmetrisch zum ungestützten Rand $\overline{y}=\frac{b}{2}$ ergänzt gedacht.

### 2.2. Der Grundfall

Der Grundfall ist eine Rechteckplatte, die in den Linien $\overline{y}=0$ und $\overline{y}=b=1{,}6\,a$ frei drehbar gestützt und an den Rändern $s$ und $a$ verschieblich eingespannt ist. Die Belastung besteht aus zwei Linienlasten $P$ mit der Breite $2c = 0{,}2\,a$ und dem Abstand $v = 0{,}16\,a$ vom gestützten Rand; außerdem wirkt eine zur Mittellinie $\overline{y}=\frac{b}{2}$ steigende Doppeldreiecklast.

Zur Ermittlung der Momente $m_y$ im Grundfall wird die Belastung (wie in P. 1.2.) in eine cos-Reihe mit der Periode $a$ entwickelt. Das 0te Glied enthält die Bodenpressungen und die auf die Gesamtbreite $a$ gleichmäßig verteilte Linienlast $P$. Im Bereich $v \leqq \overline{y} \leqq \frac{b}{2}$ sind die Momente

$$m_{y\,0} = (-p_b)\left[\frac{1}{2}\left(\frac{b}{2}-\overline{y}\right)^2 - \frac{1}{3\,b}\left(\frac{b}{2}-\overline{y}\right)^3\right] = P\,\frac{v}{a}\,\frac{4}{b^2}\left(\frac{b}{2}-\overline{y}\right)^2\left[1+\frac{\overline{y}}{b}\right]. \qquad (612)$$

Die erste Zeile der Tafel 46 enthält die Zahlenwerte für einige Abstände $\overline{y}$. Im Bereich $0 \leqq \overline{y} \leqq v$ sind die Momente annähernd linear; es wurde kein Zwischenwert ermittelt.

Für den durch die cos-Reihe gegebenen Anteil von $P$ gelten die Formeln nach Fall **F₄ — 212** mit dem Unterschied, daß statt $\sin j\pi\frac{x}{a}$ mit $j = 1, 2, \ldots$ jetzt $\cos j\pi\left(\frac{1}{2}-\frac{x}{a}\right)$ mit $j = 2, 4, \ldots$ steht. Außerdem ist $d = 0$, daher $\dfrac{\mathfrak{Sin}\, j\pi\frac{d}{a}}{j\pi\frac{d}{a}} = j\pi\frac{d}{a}\,\mathfrak{Cotg}\, j\pi\frac{d}{a} = 1.$

Demnach ist im Bereich $v \leqq \bar{y} \leqq \frac{b}{2}$:

$$m_y = P\sum_{2,4}^{\infty} j \cos j\pi\left(\frac{1}{2}-\frac{x}{a}\right)\frac{\sin j\pi\frac{c}{a}}{j\pi\frac{c}{a}}\,\frac{\mathfrak{Sin}\, j\pi\frac{v}{a}\,\mathfrak{Cof}\, j\pi\dfrac{\frac{b}{2}-\bar{y}}{a}}{j\pi\,\mathfrak{Cof}\, j\pi\frac{b}{2a}}\cdot$$

$$\cdot\left[1 - j\pi\frac{b}{2a}\,\mathfrak{Tg}\, j\pi\frac{b}{2a} + j\pi\frac{v}{a}\,\mathfrak{Cotg}\, j\pi\frac{v}{a} + j\pi\frac{\frac{b}{2}-\bar{y}}{a}\,\mathfrak{Tg}\, j\pi\frac{\frac{b}{2}-\bar{y}}{a}\right]. \quad (613)$$

Bei $j \geqq 4$ gilt hinreichend genau

$$m_y = P\sum_{4}^{\infty} j \cos j\pi\left(\frac{1}{2}-\frac{x}{a}\right)\frac{\sin j\pi\frac{c}{a}}{j\pi\frac{c}{a}}\,\frac{\mathfrak{Sin}\, j\pi\frac{v}{a}\cdot e^{-j\pi\frac{\bar{y}}{a}}}{j\pi}\cdot$$

$$\cdot\left[1 + j\pi\frac{v}{a}\,\mathfrak{Cotg}\, j\pi\frac{v}{a} - j\pi\frac{\bar{y}}{a}\right]. \quad (614)$$

Bei $j \geqq 10$ vereinfacht sich die Formel weiter auf

$$m_y = P\sum_{10}^{\infty} j \cos j\pi\left(\frac{1}{2}-\frac{x}{a}\right)\frac{\sin j\pi\frac{c}{a}}{j\pi\frac{c}{a}}\,\frac{e^{-j\pi\frac{\bar{y}-v}{a}}}{2j\pi}\left[1 - j\pi\frac{\bar{y}-v}{a}\right] \quad (614\text{a})$$

und geht für $\bar{y} = v$ über in

$$m_y = P\sum_{10}^{\infty} j \cos j\pi\left(\frac{1}{2}-\frac{x}{a}\right)\frac{\sin j\pi\frac{c}{a}}{j\pi\frac{c}{a}}\,\frac{1}{2j\pi}. \quad (615)$$

In der Tafel 46 sind die nach obigen Formeln berechneten Zahlen eingetragen. Für den Punkt $\bar{y} = v$ wurde der Wert der Restreihe von $j = 22$ aufwärts geschätzt.

Zur Berechnung der Momente $m_x$ im Grundfall werden die Linienlasten als sin-Reihe mit der Periode $2b$ entwickelt, während die Doppeldreiecklast keinen Beitrag liefert. Es liegt der Fall **F₂V₂ — 12 m** mit vertauschten Koordinatenrichtungen vor. Wegen der beiden symmetrischen Lasten verdoppeln sich die ungeraden und entfallen die geradzahligen Reihenglieder; nachdem $d = 0$ ist, wird $\dfrac{\sin k\pi\frac{d}{b}}{k\pi\frac{d}{b}} = 1.$

Im Bereich $0 \leqq x \leqq \frac{a}{2} - c$ gilt

$$m_x = P\sum_{1,3}^{\infty} k \sin k\pi\frac{\bar{y}}{b}\sin k\pi\frac{v}{b}\,\frac{\mathfrak{Sin}\, k\pi\frac{c}{b}}{k\pi\frac{c}{b}}\,\frac{\mathfrak{Cof}\, k\pi\frac{x}{b}}{k\pi\,\mathfrak{Sin}\, k\pi\frac{a}{2b}}\cdot$$

$$\cdot\left[-k\pi\frac{a}{2b}\,\mathfrak{Cotg}\, k\pi\frac{a}{2b} + k\pi\frac{c}{b}\,\mathfrak{Cotg}\, k\pi\frac{c}{b} + k\pi\frac{x}{b}\,\mathfrak{Tg}\, k\pi\frac{x}{b}\right]. \quad (616)$$

Die Tafel 47 enthält die Zahlen bis $k = 17$ für $\bar{y} = \frac{b}{2}$.

Im Bereich $\frac{a}{2} - c \leqq x \leqq \frac{a}{2}$ wird kein Zwischenpunkt berechnet. In der Linie $x = \frac{a}{2}$ ist

$$m_x = P \sum_{1,3}^{\infty} k \sin k\pi \frac{\bar{y}}{b} \sin k\pi \frac{v}{b} \frac{\mathfrak{Sin}\, k\pi \frac{\frac{a}{2} - c}{b}}{k^2 \pi^2 \frac{c}{b} \mathfrak{Sin}\, k\pi \frac{a}{2b}} \cdot \left[ k\pi \frac{a}{2b} \mathfrak{Cotg}\, k\pi \frac{a}{2b} - k\pi \frac{\frac{a}{2} - c}{b} \mathfrak{Cotg}\, k\pi \frac{\frac{a}{2} - c}{b} \right]. \quad (617)$$

Bei $k \geqq 5$ wird

$$m_x = P \sum_{5}^{\infty} k \sin k\pi \frac{\bar{y}}{b} \sin k\pi \frac{v}{b} \frac{e^{-k\pi \frac{c}{b}}}{k\pi}. \quad (618)$$

Die obige Summe einschließlich der Glieder $k = 1$ und 3 gilt für den unendlichen Plattenstreifen ($a = \infty$) und läßt sich geschlossen darstellen. Schreibt man

$$\sum_{1,3}^{\infty} k \sin k\pi \frac{\bar{y}}{b} \sin k\pi \frac{v}{b} \frac{e^{-k\pi \frac{c}{b}}}{k\pi} = \sum_{1,2}^{\infty} k \sin k\pi \frac{\bar{y}}{b} \sin k\pi \frac{v}{b} \frac{e^{-k\pi \frac{c}{b}}}{2k\pi} + \sum_{1,2}^{\infty} k \sin k\pi \frac{\bar{y}}{b} \sin k\pi \left(1 - \frac{v}{b}\right) \frac{e^{-k\pi \frac{c}{b}}}{2k\pi}, \quad (619)$$

so erhält man das Moment für die Platte mit der Breite $a$ aus der geschlossenen Darstellung der vorstehenden Reihen (vgl. Abschnitt III, P. 4., S. 45) zuzüglich der Differenz zum unendlichen Plattenstreifen, die sich auf die Reihenglieder $k = 1$ und $k = 3$ beschränkt.

$$m_x = -\frac{P}{8\pi} \ln \frac{\left(\mathfrak{Cof}\, \pi \frac{c}{b} - \cos \pi \frac{\bar{y} - v}{b}\right)\left(\mathfrak{Cof}\, \pi \frac{c}{b} + \cos \pi \frac{\bar{y} + v}{b}\right)}{\left(\mathfrak{Cof}\, \pi \frac{c}{b} - \cos \pi \frac{\bar{y} + v}{b}\right)\left(\mathfrak{Cof}\, \pi \frac{c}{b} + \cos \pi \frac{\bar{y} - v}{b}\right)} + P \sum_{1,3} k \sin k\pi \frac{\bar{y}}{b} \sin k\pi \frac{v}{b} \frac{1}{k\pi} \cdot \left\{ \frac{\mathfrak{Sin}\, k\pi \frac{\frac{a}{2} - c}{b}}{k\pi \frac{c}{b} \mathfrak{Sin}\, k\pi \frac{a}{2b}} \left[ k\pi \frac{a}{2b} \mathfrak{Cotg}\, k\pi \frac{a}{2b} - k\pi \frac{\frac{a}{2} - c}{b} \mathfrak{Cotg}\, k\pi \frac{\frac{a}{2} - c}{b} \right] - e^{-k\pi \frac{c}{b}} \right\}. \quad (620)$$

Im zweiten Teil der Tafel 47 ist dieser Ausdruck ausgewertet.

## 2.3. Zusatzfunktionen

In der Linie $y = 0$ oder $\bar{y} = \frac{b}{2}$ werden „Momente am ungestützten Rand“

$$m_t = \sum_{2,4} j\, m_{tj} \cos j\pi \left(\frac{1}{2} - \frac{x}{a}\right)$$

nach Fall **F₂UF — 00** angebracht. In den Formeln von Fall **F₃U — 00** ist $\frac{b}{2}$ statt $h$ und $\bar{y}$ statt $y$ zu schreiben:

$$m_x = \sum_{2,4} j\, m_{tj} \cos j\pi \left(\frac{1}{2} - \frac{x}{a}\right) \frac{\mathfrak{Sin}\, j\pi \frac{\bar{y}}{a}}{3\, \mathfrak{Sin}\, j\pi \frac{b}{2a} + \frac{j\pi \frac{b}{2a}}{\mathfrak{Cof}\, j\pi \frac{b}{2a}}} \cdot \left[ -1 + j\pi \frac{b}{2a} \mathfrak{Tg}\, j\pi \frac{b}{2a} - j\pi \frac{\bar{y}}{a} \mathfrak{Cotg}\, j\pi \frac{\bar{y}}{a} \right], \quad (621)$$

$$m_y = \sum_{2,4}^{j} m_{tj} \cos j\pi \left(\frac{1}{2} - \frac{x}{a}\right) \frac{\mathfrak{Sin}\, j\pi \frac{\bar{y}}{a}}{3\,\mathfrak{Sin}\, j\pi \frac{b}{2a} + \frac{j\pi \frac{b}{2a}}{\mathfrak{Cof}\, j\pi \frac{b}{2a}}} \cdot \left[3 - j\pi \frac{b}{2a} \mathfrak{Tg}\, j\pi \frac{b}{2a} + j\pi \frac{\bar{y}}{a} \mathfrak{Cotg}\, j\pi \frac{\bar{y}}{a}\right]. \quad (622)$$

An den Rändern $s$ und $a$ werden Momente

$$m_s = m_a = \sum_{1,3}^{k} m_{sk} \sin k\pi \frac{y}{b}$$

als Momente am ungestützten Rand angebracht. Die Formeln sind die gleichen wie in P. 1.3., nur steht $\sin k\pi \frac{y}{b}$ mit $k = 1, 3$ an Stelle von $\cos k\pi \frac{y}{b}$ mit $k = 2, 4, \ldots$:

$$m_x = \sum_{1,3}^{k} \sin k\pi \frac{y}{b} \frac{\mathfrak{Cof}\, k\pi \frac{\frac{a}{2} - x}{b}}{3\,\mathfrak{Cof}\, k\pi \frac{a}{2b} - \frac{k\pi \frac{a}{2b}}{\mathfrak{Sin}\, k\pi \frac{a}{2b}}} \cdot \left[3 - k\pi \frac{a}{2b} \mathfrak{Cotg}\, k\pi \frac{a}{2b} + k\pi \frac{\frac{a}{2} - x}{b} \mathfrak{Tg}\, k\pi \frac{\frac{a}{2} - x}{b}\right], \quad (623)$$

$$m_y = \sum_{1,3}^{k} \sin k\pi \frac{y}{b} \frac{\mathfrak{Cof}\, k\pi \frac{\frac{a}{2} - x}{b}}{3\,\mathfrak{Cof}\, k\pi \frac{a}{2b} - \frac{k\pi \frac{a}{2b}}{\mathfrak{Sin}\, k\pi \frac{a}{2b}}} \cdot \left[-1 + k\pi \frac{a}{2b} \mathfrak{Cotg}\, k\pi \frac{a}{2b} - k\pi \frac{\frac{a}{2} - x}{b} \mathfrak{Tg}\, k\pi \frac{\frac{a}{2} - x}{b}\right]. \quad (624)$$

Die Tafeln 44 und 45 enthalten die nach obigen Formeln berechneten Zahlenwerte.

### 2.4. Das Gleichungssystem für die Reihenkoeffizienten $m_{tj}$ und $m_{sk}$

Für jedes $m_{tj}$ gilt eine Gleichung

$$m_{tj} - \cos \frac{j\pi}{2} \sum_{1,3}^{k} m_{sk} \sin \frac{k\pi}{2} \cdot J'\left(\frac{ka}{jb}\right) + M_{tj} = 0.$$

Hierin ist

$$J'\left(\frac{ka}{jb}\right) = \frac{8b}{\pi k a \left(\frac{ka}{jb} + \frac{jb}{ka}\right)^2 \left(3\,\mathfrak{Cotg}\, k\pi \frac{a}{2b} - \frac{k\pi \frac{a}{2b}}{\mathfrak{Sin}^2 k\pi \frac{a}{2b}}\right)}. \quad (625)$$

$M_{tj}$ ist der Momentenwert $m_y$ für $y = 0$ oder $\bar{y} = \frac{b}{2}$ und ist aus der Tafel 46 zu entnehmen.

Für jedes $m_{s\,k}$ gilt die Gleichung

$$\left.\begin{aligned} & m_{s\,k} - \sin\frac{k\pi}{2}\sum_{2,4} j\, m_{t\,j} \cos\frac{j\pi}{2}\cdot L'\left(\frac{j\,b}{k\,a}\right) + \widehat{M}_{s\,k} = 0. \\ & \text{Hierin ist } L'\left(\frac{j\,b}{k\,a}\right) = \frac{8\,a}{\pi\, j\, b\left(\frac{j\,b}{k\,a}+\frac{k\,a}{j\,b}\right)^2\left(3\,\mathfrak{Tg}\, j\,\pi\frac{b}{2\,a} + \dfrac{j\,\pi\frac{b}{2\,a}}{\mathfrak{Cof}^2\, j\,\pi\frac{b}{2\,a}}\right)}. \end{aligned}\right\} \quad (626)$$

Die Werte $\widehat{M}_{s\,k}$ sind aus der Tafel 47, Spalte $x = 0$, zu entnehmen. Im vorliegenden Fall werden die Reihenglieder $j = 2$, $k = 1$, 3 und 5 berücksichtigt. Die Gleichungen lauten:

$$\left.\begin{aligned} & m_{t\,2} + 0{,}102\, m_{s\,1} - 0{,}113\, m_{s\,3} + 0{,}056\, m_{s\,5} - 0{,}0063\, P = 0, \\ & m_{s\,1} + 0{,}022\, m_{t\,2} - 0{,}0250\, P = 0, \\ & m_{s\,3} - 0{,}066\, m_{t\,2} - 0{,}0177\, P = 0, \\ & m_{s\,5} + 0{,}055\, m_{t\,2} - 0{,}0040\, P = 0. \\ & \text{Die Auflösung ergibt } m_{t\,2} = +\,0{,}0056\, P \quad m_{s\,1} = +\,0{,}0249\, P, \\ & \qquad m_{s\,3} = +\,0{,}0180\, P, \\ & \qquad m_{s\,5} = +\,0{,}0037\, P. \end{aligned}\right\} \quad (627)$$

## 2.5. Die endgültigen Momente

Die Randmomentwerte ergeben, mit den Zahlen aus Tafel 44 bzw. 45 multipliziert, die letzten Zeilen der Tafeln 46 und 47. Die Querverteilung ergibt sich durch Multiplikation mit $\cos\left(\frac{1}{2} - \frac{x}{a}\right)$ bzw. $\sin k\,\pi\,\frac{\overline{y}}{b}$; insbesondere erhält man die Momente $m_x$ auf der Linie $\overline{y} = v$ durch Multiplikation der Glieder $k$ (Summe aus Grundfall und Randmoment $m_{s\,k}$) mit $\sin k\,\pi\,\frac{v}{b}$.

Tafel 44. Momente infolge des Randmomentangriffs $m_t = m_{t2}\cos 2\pi\left(\frac{1}{2} - \frac{x}{a}\right)$

| $\frac{y}{a} =$ | 0 | 0,16 | 0,2 | 0,32 | 0,4 | 0,48 | 0,6 | 0,64 | Faktor |
|---|---|---|---|---|---|---|---|---|---|
| $\frac{\overline{y}}{a} =$ | 0,8 | 0,64 | 0,6 | 0,48 | 0,4 | 0,32 | 0,2 | 0,16 | |
| $m_x$ | −0,3336 | +0,0003 | (+0,0239) | +0,0443 | (+0,0397) | +0,0312 | (+0,0180) | +0,0141 | $m_{t2}\cos 2\pi\left(\frac{1}{2} - \frac{x}{a}\right)$ |
| $m_y$ | +1,0000 | — | +0,1658 | — | +0,0140 | — | −0,0039 | −0,0037 | |

Tafel 45. Momente infolge der Randmomentangriffe $m_s = m_a = m_{sk}\sin k\pi\frac{\overline{y}}{b}$

| | $\frac{x}{a} =$ | 0 | 0,1 | 0,2 | 0,3 | 0,4 | 0,5 | Faktor |
|---|---|---|---|---|---|---|---|---|
| $k = 1$ | $m_x$ | + 1,0000 | + 0,7596 | + 0,6380 | + 0,5360 | + 0,4770 | + 0,4578 | $m_{s1}\sin\pi\frac{\overline{y}}{b}$ |
| | $m_y$ | — 0,1796 | — 0,1117 | — 0,0030 | + 0,0452 | + 0,0726 | + 0,0816 | |
| $k = 3$ | $m_x$ | + 1,0000 | + 0,4430 | + 0,1817 | + 0,0636 | + 0,0146 | + 0,0014 | $m_{s3}\sin 3\pi\frac{\overline{y}}{b}$ |
| | $m_y$ | — 0,3262 | — 0,0664 | + 0,0314 | + 0,0621 | + 0,0687 | + 0,0694 | |
| $k = 5$ | $m_x$ | + 1,0000 | + 0,2518 | + 0,0479 | — 0,0004 | — 0,0088 | — 0,0094 | $m_{s5}\sin 5\pi\frac{\overline{y}}{b}$ |
| | $m_y$ | — 0,3330 | — 0,0018 | + 0,0460 | + 0,0361 | + 0,0237 | + 0,0192 | |

Die Abb. 180 zeigt den Verlauf der Momente längs der charakteristischen Linien. Die Momente sind auf beiden Plattenhälften positiv aufgetragen, obwohl sie entgegengesetztes Vorzeichen haben. Der Momentenmaßstab ist halb so groß gewählt wie in Abb. 178, nachdem die Kraft $P$ in praktischen Fällen höchstens etwa $\frac{N}{2}$ betragen wird; der Vergleich der beiden Schaubilder gibt somit unmittelbar ein mögliches Größenverhältnis zwischen den beiden Lastfällen.

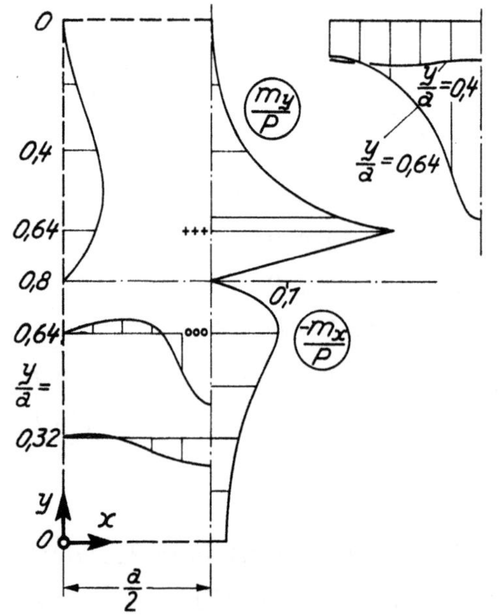


Abb. 180

Tafel 46. Momente $\frac{m_y}{P}$ längs der Mittellinie $x = \frac{a}{2}$ und der Linie $\bar{y} = v$

| | | | | | | | | | | | |
|---|---|---|---|---|---|---|---|---|---|---|---|
| | $\frac{x}{a}$ = 0,5 | | | | | 0,5 | 0,4 | 0,3 | 0,2 | 0,1 | 0 |
| $\frac{y}{a}$ = | | 0 | 0,2 | 0,4 | 0,6 | 0,64 | $\frac{y}{a}$ = 0,64 | | | | |
| $\frac{\bar{y}}{a}$ = | | 0,8 | 0,6 | 0,4 | 0,2 | 0,16 | $\frac{\bar{y}}{a}$ = 0,16 | | | | |
| Grundfall | $j = 0$ | 0 | +0,0138 | +0,0500 | +0,1013 | +0,1126 | +0,1126 | +0,1126 | +0,1126 | +0,1126 | +0,1126 |
| | $j = 2$ | —0,0063 | —0,0072 | —0,0033 | +0,0530 | +0,0845 | +0,0683 | +0,0261 | —0,0261 | —0,0683 | —0,0845 |
| | $j = 4$ | — | —0,0005 | —0,0028 | +0,0102 | +0,0318 | +0,0098 | —0,0257 | —0,0257 | +0,0098 | +0,0318 |
| | $j = 6$ | — | — | —0,0005 | +0,0016 | +0,0134 | —0,0041 | —0,0108 | +0,0108 | +0,0041 | —0,0134 |
| | $j = 8$ | — | — | — | — | +0,0047 | —0,0038 | +0,0014 | +0,0014 | —0,0038 | +0,0047 |
| | $j = 10$ | — | — | — | — | 0 | 0 | 0 | 0 | 0 | 0 |
| | $j = 12$ | — | — | — | — | —0,0021 | +0,0017 | —0,0006 | —0,0006 | +0,0017 | —0,0021 |
| | $j = 14$ | — | — | — | — | —0,0025 | +0,0008 | +0,0020 | —0,0020 | —0,0008 | +0,0025 |
| | $j = 16$ | — | — | — | — | —0,0019 | —0,0006 | +0,0015 | +0,0015 | —0,0006 | —0,0019 |
| | $j = 18$ | — | — | — | — | —0,0009 | —0,0007 | —0,0003 | +0,0003 | +0,0007 | +0,0009 |
| | Rest | — | — | — | — | +0,0017 | — | — | — | — | — |
| $m_t$ | $j = 2$ | +0,0056 | +0,0009 | — | — | — | — | — | — | — | — |
| $m_s$ | $k = 1$ | +0,0020 | +0,0018 | +0,0014 | +0,0008 | +0,0006 | +0,0005 | +0,0003 | — | —0,0008 | —0,0014 |
| | $k = 3$ | —0,0012 | —0,0005 | +0,0009 | +0,0011 | +0,0010 | +0,0010 | +0,0009 | +0,0005 | —0,0010 | —0,0048 |
| | $k = 5$ | — | — | — | — | — | — | — | +0,0002 | — | —0,0012 |
| $\frac{m_y}{P}$ | | — | +0,0083 | +0,0457 | +0,1680 | +0,2429 | +0,1855 | +0,1074 | +0,0729 | +0,0536 | +0,0432 |

Tafel 47. Momente $\frac{m_x}{P}$, Reihenkoeffizienten; Linien $\bar{y} = v$ und Mittellinie $x = \frac{a}{2}$

| $\frac{x}{a} =$ | | 0 | 0,1 | 0,2 | 0,3 | 0,4 | 0,5 V₂F₂—12 | 0,5 F₂—12 | Faktor |
|---|---|---|---|---|---|---|---|---|---|
| Grundfall | $k = 1$ | —0,0250 | —0,0221 | —0,0133 | +0,0023 | +0,0258 | +0,0397 | +0,0808 | $\sin k\pi \frac{\bar{y}}{b}$ |
| | $k = 3$ | —0,0177 | —0,0174 | —0,0149 | —0,0052 | +0,0238 | +0,0452 | +0,0476 | |
| | $k = 5$ | —0,0040 | —0,0048 | —0,0069 | —0,0071 | +0,0089 | +0,0238 | +0,0238 | |
| | $k = 7$ | —0,0005 | —0,0009 | —0,0021 | —0,0038 | +0,0023 | — | — | |
| | $k = 9$ | — | — | —0,0003 | —0,0008 | +0,0003 | — | — | |
| | $k = 11$ | — | — | — | +0,0005 | — | — | — | |
| | $k = 13$ | — | — | — | +0,0008 | — | — | — | |
| | $k = 15$ | — | — | — | +0,0006 | — | — | — | |
| | $k = 17$ | — | — | — | +0,0003 | — | — | — | |
| $m_s$ | $k = 1$ | +0,0249 | +0,0189 | +0,0159 | +0,0133 | +0,0119 | +0,0114 | | |
| | $k = 3$ | +0,0180 | +0,0080 | +0,0033 | +0,0011 | +0,0003 | — | | |
| | $k = 5$ | +0,0037 | +0,0009 | +0,0002 | — | — | — | | |
| Grundfall + $m_s$ | $k = 1$ | — | —0,0032 | +0,0026 | +0,0156 | +0,0377 | — | | |
| | $k = 3$ | — | —0,0094 | —0,0116 | —0,0041 | +0,0241 | — | | |
| | $k = 5$ | — | —0,0039 | —0,0067 | —0,0071 | +0,0089 | — | | |

| $\frac{x}{a} =$ | | 0 | 0,1 | 0,2 | 0,3 | 0,4 | $\frac{x}{a} = 0{,}5$ | | | | |
|---|---|---|---|---|---|---|---|---|---|---|---|
| | | $\frac{\bar{y}}{a} = 0{,}16$ | | | | $\frac{\bar{y}}{a} =$ | 0,16 | 0,32 | 0,48 | 0,64 | 0,80 |
| | | | | | | $\frac{y}{a} =$ | 0,64 | 0,48 | 0,32 | 0,16 | 0 |
| | | | F₂—12 | | | | +0,0996 | +0,0814 | +0,0611 | +0,0523 | +0,0498 |
| | | | V₂F₂—12 — F₂—12 | | | $k = 1$ | —0,0127 | 0,0242 | —0,0333 | —0,0391 | —0,0411 |
| | | | | | | $k = 3$ | —0,0020 | —0,0023 | —0,0008 | +0,0014 | +0,0024 |
| | | | | | $m_t$ | $j = 2$ | — | +0,0002 | +0,0002 | — | —0,0019 |
| | | | | | $m_s$ | $k = 1$ | +0,0035 | +0,0067 | +0,0092 | +0,0108 | +0,0114 |
| | $k = 1$ | — | —0,0010 | +0,0008 | +0,0048 | +0,0116 | | | | | |
| | $k = 3$ | — | —0,0076 | —0,0094 | —0,0033 | +0,0195 | | | | | |
| | $k = 5$ | — | —0,0039 | —0,0067 | —0,0071 | +0,0089 | | | | | |
| | $k = 7$ | — | —0,0007 | —0,0017 | —0,0031 | +0,0019 | | | | | |
| | $k = 9$ | — | — | —0,0001 | —0,0002 | +0,0001 | | | | | |
| | $k = 11$ | — | — | — | —0,0002 | — | | | | | |
| | $k = 13$ | — | — | — | —0,0006 | — | | | | | |
| | $k = 15$ | — | — | — | —0,0006 | — | | | | | |
| | $k = 17$ | — | — | — | —0,0002 | — | | | | | |
| $\frac{m_x}{P}$ | | — | —0,0132 | —0,0171 | —0,0105 | +0,0420 | +0,0884 | +0,0618 | +0,0364 | +0,0254 | +0,0206 |

## Vorbemerkung zu den Berechnungsbeispielen 6 bis 10

Die folgenden Berechnungsbeispiele betreffen Straßenbrücken.

1. Die *ständige Last* wird nur im Beispiel 6 und im zweiten Teil des Beispiels 7 behandelt; in den übrigen Fällen ist die Berechnung elementar wie bei einem Träger, nachdem bei den Plattenbrücken (Beispiele 8 bis 10) keine seitlich auskragenden Gehwegplatten angenommen werden.

2. Als *Verkehrslast* werden folgende Fahrzeuge eingeführt:

a) Raupenfahrzeug nach ÖNORM B 4002, 1. Teil (Österreichische Norm für Straßenbrücken); Gesamtgewicht $\Sigma P = 60$ t, Lastflächen nach Abb. 181.

b) Schwerlastwagen (SLW) nach DIN 1072 (Deutsche Norm für Straßenbrücken); Gesamtgewicht $\Sigma P = 60$ t, Lastflächen nach Abb. 182.

c) Lastkraftwagen (LKW) nach ÖNORM B 4002, 1. Teil; Gesamtgewicht 25 t, Lastanordnung nach Abb. 183.

d) Gleichlast $p = 0{,}5$ t/m².

3. Alle Fahrzeuglasten sind mit dem *Schwingbeiwert* (dynamischen Beiwert) $\varphi$ zu erhöhen. Bei den Fahrbahnplatten (Beispiele 6 und 7) wurde $\varphi = 1{,}4$, bei den Plattenbrücken mit der Stützweite 10 m wurde $\varphi = 1{,}34$ angenommen.

4. Eine Vergrößerung der Lastflächen durch eine „*lastverteilende Deckschicht*" wurde nicht vorgenommen. Die Frage, wieweit in der Platte selbst eine die Momente verringernde Druckausbreitung stattfindet, fällt außerhalb des Rahmens dieses Buches.

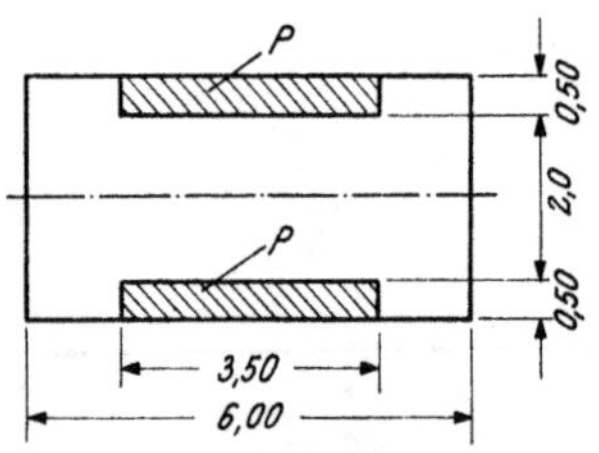


Abb. 181

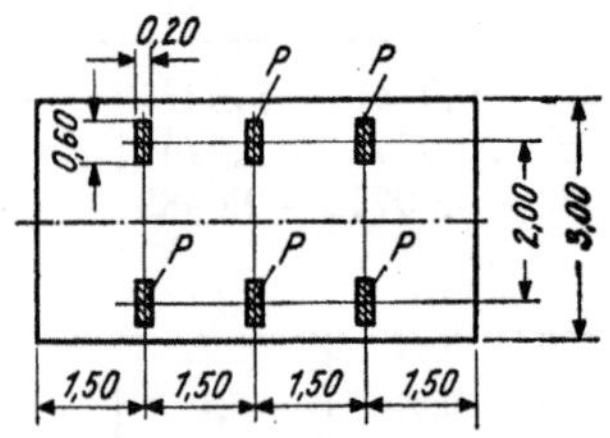


Abb. 182

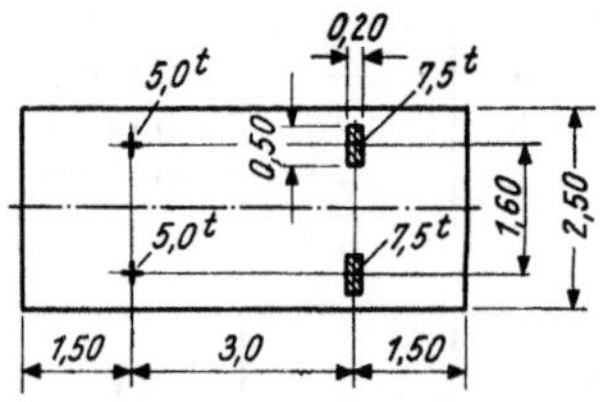


Abb. 183

5. Als Belastung des „*Fahrstreifens*" werden die Fahrzeuge gemäß 2 a) und 2 b) behandelt; eine Beschränkung auf die Fahrbahn*mitte* mit geringer beiderseitiger Abweichung, etwa nach ÖNORM B 4002, 1. Teil, wird nicht vorgenommen.

Als Belastung des „*Randstreifens*" bzw. der *Gehwegplatte* wird der LKW gemäß 2 c) als zufällige Last, daher ohne Schwingbeiwert, sowie die Gleichlast nach 2 d) verwendet.

6. Das Raupenfahrzeug (2 a) und der SLW (2 b) mit gleichem Gesamtgewicht ergeben annähernd die gleichen Beanspruchungen der Platte. Die großen Lastflächen des einen und die kleinen Lastflächen des andern Fahrzeugs bedingen jedoch Verschiedenheiten im Berechnungsgang sowie in der maßgebenden Laststellung; daher wurde in allen Beispielen die Berechnung für *beide* Fahrzeuge in gleicher Ausführlichkeit wiedergegeben. Etwaige *andere* Fahrzeuge sind, den gegebenen Lastflächen entsprechend, nach dem einen oder dem anderen Muster zu behandeln.

## Berechnungsbeispiel 6: Fahrbahnplatte einer Stahlbetonbrücke (Rechteckplatte, allseitig elastisch eingespannt)

### 1. Berechnungsgrundlagen

#### 1.1. Abmessungen (Abb. 184)

Abstand der Hauptträgermitten 7,00 m,
Ausladung der Kragplatten 1,75 m,
Abstand der Querträgermitten 7,70 m,
Dicke der Fahrbahnplatte, gemittelt, 26 cm,
Dicke der Hauptträgerstege 60 cm,
Höhe der Hauptträgerstege, von Mitte Fahrbahnplatte gemessen, 1,40 m,
Dicke der Querträgerstege 30 cm,
Höhe der Querträgerstege 1,20 m.

### 1.2. Belastung

Ständige Belastung der Fahrbahnplatte $g = 0{,}90\ \mathrm{t/m^2}$,
Kragmoment der Gehsteigplatte $-m_0 = 2{,}20\ \mathrm{tm/m}$,
Eigengewicht des Querträgersteges $g = 1{,}0\ \mathrm{t/m}$.
Verkehrslast auf der Fahrbahnplatte:

a) Raupenfahrzeug nach Abb. 181, Gesamtgewicht 60 t,

b) Schwerlastwagen (SLW) nach Abb. 182, Gesamtgewicht 60 t.

Beide Fahrzeuge in beliebiger Stellung.

Verkehrslast auf den Kragplatten:

c) Lastkraftwagen nach Abb. 183.

Die Dicke der lastverteilenden Deckschicht wird mit Null angenommen.

Schwingbeiwert $\varphi = 1{,}40$.

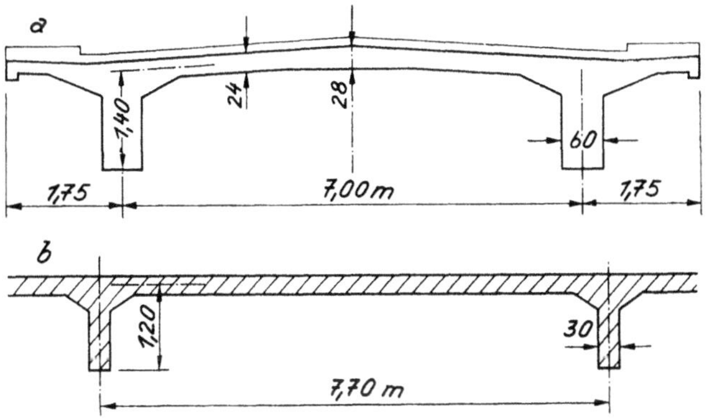


Abb. 184

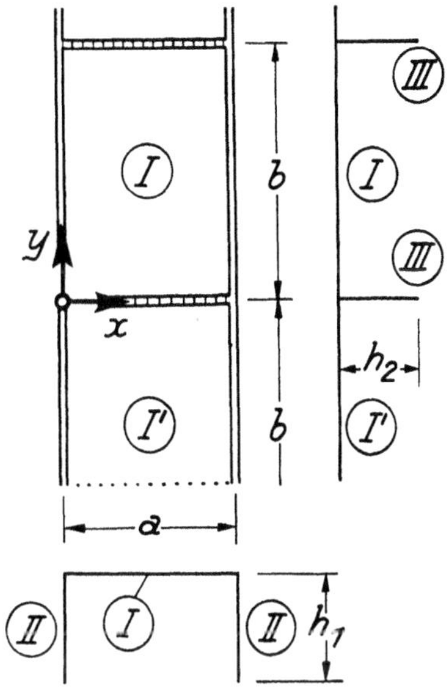


Abb. 185

## 2. Berechnung der Fahrbahnplatte

Es kommt das *Einspanngradverfahren* nach P. C. 2. 3. (S. 183) zur Anwendung.

### 2.1. Festwerte

Als Vergleichsdicke $d_0$ wird die Dicke der Fahrbahnplatte gewählt. Bezeichnungen nach Abb. 185.

*2.1.1. Fahrbahnplatte I* (nach Tafel D.3)

Seitenverhältnis $\frac{b}{a} = \frac{7{,}70}{7{,}00} = 1{,}1$,

$$\lambda_x = 1{,}032, \quad \varphi_x = 0{,}223, \quad \psi_x = 0{,}296,$$
$$\psi_x\,\psi_y = 0{,}104,$$
$$\lambda_y = 1{,}012, \quad \varphi_y = 0{,}158, \quad \psi_y = 0{,}351.$$

*2.1.2. Hauptträgersteg II. Gegenrand ungestützt* (nach Tafel D.4)

Seitenverhältnis $\frac{h_1}{b} = \frac{1{,}40}{7{,}70} = 0{,}182$,

bei frei drehbarer Stützung der Nachbarränder:

$$\lambda_{\mathrm{II}} = \left(\frac{60}{26}\right)^3 \cdot 0{,}495 = 6{,}05,$$

bei starrer Einspannung der Nachbarränder:

$$\lambda_{\mathrm{II}}' = \left(\frac{60}{26}\right)^3 \cdot 0{,}655 = 8{,}00.$$

Bei halber Einspannung der Nachbarränder in den anschließenden, gleichartigen Stegteilen

$$\lambda_{\mathrm{II}}'' \doteq 7{,}0.$$

*2.1.3. Querträgersteg III. Gegenrand ungestützt, Nachbarränder annähernd starr eingespannt* (Tafel D.4)

Seitenverhältnis $\frac{h_2}{a} = \frac{1{,}20}{7{,}00} = 0{,}17,$

$$\lambda_{\mathrm{III}}' = \left(\frac{30}{26}\right)^3 \cdot 0{,}612 = 0{,}94.$$

*2.1.4. Einspanngrade für ständige Last auf allen Feldern*

$$\varepsilon_x = \frac{\lambda_{\mathrm{II}}'}{\lambda_{\mathrm{II}}' + \lambda_x} = \frac{8{,}0}{8{,}0 + 1{,}032} = 0{,}885,$$

$$\varepsilon_y = 1.$$

*2.1.4.1. Steifheitszahl der Fahrbahnplatte bei beiderseitigem Momentangriff an den Längsrändern und starrer Einspannung der Querränder* (Tafel D.5).

Seitenverhältnis $\frac{a}{b} = 0{,}91,$

$$\hat{\lambda}_x = 1{,}21.$$

*2.1.5. Einspanngrade für Verkehrslast*

$$\varepsilon_x = \frac{\lambda_{\mathrm{II}}''}{\lambda_{\mathrm{II}}'' + \lambda_x} = \frac{7{,}0}{7{,}0 + 1{,}032} = 0{,}872.$$

*2.1.5.1. Steifheitszahl des Nachbarfeldes der Fahrbahnplatte bei Einspannung der Nachbarränder* (Tafel D.4, mit $\varepsilon_x$ zwischen Fall $\boxed{\mathbf{F_4}}$ und Fall $\boxed{\mathbf{S_2F_2}}$ oder $\boxed{\mathbf{S_2FS}}$ interpoliert):

$$\lambda_y' = 1{,}29,$$

$$\varepsilon_y = \frac{\lambda_y' + \lambda_{\mathrm{III}}'}{\lambda_y' + \lambda_{\mathrm{III}}' + \lambda_y} = \frac{1{,}29 + 0{,}94}{1{,}29 + 0{,}94 + 1{,}01} = 0{,}689.$$

*2.1.5.2. Steifheitszahl $\lambda_x'$* (mit $\varepsilon_y$ zwischen Fall $\boxed{\mathbf{F_3S}}$ und Fall $\boxed{\mathbf{S_2FS}}$ interpoliert):

$$\lambda_x' = 1{,}27.$$

*2.1.6. Einspanngrade für die höheren Reihenglieder der Stützenmomente*

$$\varepsilon_{x\,k} = \frac{\left(\frac{d_{\mathrm{II}}}{d_{\mathrm{I}}}\right)^3}{\left(\frac{d_{\mathrm{II}}}{d_{\mathrm{I}}}\right)^3 + 1} = \frac{\left(\frac{60}{26}\right)^3}{\left(\frac{60}{26}\right)^3 + 1} = 0{,}925,$$

$$\varepsilon_{y\,j} = \frac{\left(\frac{d_{\mathrm{III}}}{d_{\mathrm{I}}}\right)^3 + 1}{\left(\frac{d_{\mathrm{III}}}{d_{\mathrm{I}}}\right)^3 + 2} = \frac{\left(\frac{30}{26}\right)^3 + 1}{\left(\frac{30}{26}\right)^3 + 2} = 0{,}717.$$

## 2.2. Ständige Lasten

*2.2.1. Momente bei allseitig frei drehbarer Stützung* (Tafel E.1,1/12)

Im Plattenmittelpunkt:

$$\overline{m}_{x\,m} = 0{,}0447 \cdot 0{,}9 \cdot 7{,}00^2 = 1{,}97\ \mathrm{tm/m},$$

$$\overline{m}_{y\,m} = 0{,}0359 \cdot 0{,}9 \cdot 7{,}00^2 = 1{,}58\ \mathrm{tm/m},$$

im Punkt $\frac{x}{a} = 0{,}5,\ \frac{y}{a} = 0{,}35,$

$$\overline{m}_{y\,0{,}35} = 0{,}0337 \cdot 0{,}9 \cdot 7{,}0^2 = 1{,}48\ \mathrm{tm/m}.$$

*2.2.2. Belastungswerte* (Tafeln E.1,1/34 und E.1,1/35)

$$\frac{2c}{a} = \frac{2d}{b} = 1, \quad \frac{u}{a} = \frac{v}{b} = 0{,}5, \quad P = g \cdot a\, b,$$

$$\omega_s = \omega_a = 0{,}0875 \cdot 0{,}90 \cdot 7{,}00 \cdot 7{,}70 = 4{,}25 \text{ tm/m},$$

$$\omega_t = \omega_b = 0{,}0870 \cdot 0{,}90 \cdot 7{,}00 \cdot 7{,}70 = 4{,}22 \text{ tm/m}.$$

*2.2.3. Randmomente infolge der Feldbelastung*

Nach Gl. (266) (S. 186) mit $\varepsilon$ nach P. 2.1.4.:

$$-m_s = -m_a = \varepsilon_x \frac{\omega_x (1 + \varepsilon_y \varphi_y) - 2\,\omega_y\, \varepsilon_y\, \psi_x}{(1 + \varepsilon_x \varphi_x)(1 + \varepsilon_y \varphi_y) - 4\,\varepsilon_x \varepsilon_y \psi_x \psi_y} =$$

$$= 0{,}885 \frac{4{,}25\,(1 + 0{,}158) - 2 \cdot 4{,}22 \cdot 1{,}0 \cdot 0{,}296}{(1 + 0{,}885 \cdot 0{,}223)(1 + 0{,}158) - 4 \cdot 0{,}885 \cdot 1{,}0 \cdot 0{,}104} = 0{,}885 \frac{2{,}42}{1{,}020} = 2{,}10 \text{ tm/m},$$

$$-m_t = -m_b = \varepsilon_y \frac{\omega_y (1 + \varepsilon_x \varphi_x) - 2\,\omega_x\, \varepsilon_x\, \psi_y}{(1 + \varepsilon_x \varphi_x)(1 + \varepsilon_y \varphi_y) - 4\,\varepsilon_x \varepsilon_y \psi_x \psi_y} =$$

$$= 1{,}0 \frac{4{,}22\,(1 + 0{,}885 \cdot 0{,}223) - 2 \cdot 4{,}25 \cdot 0{,}885 \cdot 0{,}351}{1{,}020} = 1{,}0 \frac{2{,}44}{1{,}020} = 2{,}39 \text{ tm/m}.$$

*2.2.4. Randmomente von den Kragplatten*

Das gleichmäßig verteilte Kragmoment $m_0$ wird als sin-Reihe $\left(\sum_{1,3}^{\infty} k \sin k\pi \frac{y}{b}\right)$ entwickelt. Der Koeffizient des 1. Reihengliedes ist

$$m_1 = \frac{4}{\pi} m_0 = -\frac{4}{\pi}\, 2{,}20 = -2{,}80 \text{ tm/m}.$$

Dieses sin-förmig verteilte Moment wird auf den Hauptträgersteg und die Fahrbahnplatte im Verhältnis der Steifheitszahlen $\lambda'_{II}$ (P. 2.1.2.) und $\hat{\lambda}_x$ (P. 2.1.4.1.) aufgeteilt.

Auf die Fahrbahnplatte entfällt

$$-m_s = -m_a = \frac{1{,}21}{8{,}0 + 1{,}21}\, 2{,}80 = 0{,}37 \text{ tm/m}.$$

An den Querrändern entsteht dadurch (Gl. 264 t)

$$m_t = m_b = -m_s \frac{2\,\psi_y}{\frac{1}{\varepsilon_y} + \varphi_y} = +0{,}37 \cdot \frac{2 \cdot 0{,}351}{1{,}158} = +0{,}22 \text{ tm/m}.$$

*2.2.5. Gesamtmomente*

Ränder:

$$m_s = m_a = -2{,}10 - 0{,}37 = -2{,}47 \text{ tm/m},$$

$$m_t = m_b = -2{,}39 + 0{,}22 = -2{,}17 \text{ tm/m}.$$

Diese Zahlen sind die Koeffizienten des 1. Reihengliedes der Randmomente; bei Gleichlast geben sie annähernd den Größtwert in Randmitte an.

Plattenmittelpunkt (Tafel E.1,1/11, **F₄—0s** und Tafel E.1,1/12, **F₄—0t**)

$$m_{x\,m} = 1{,}97 - 2 \cdot 2{,}47 \cdot 0{,}0827 - 2 \cdot 2{,}17 \cdot 0{,}1397 =$$

$$= 1{,}97 - 0{,}41 - 0{,}61 = 0{,}95 \text{ tm/m},$$

$$m_{y\,m} = 1{,}58 - 2 \cdot 2{,}47 \cdot 0{,}1443 - 2 \cdot 2{,}17 \cdot 0{,}0325 =$$

$$= 1{,}58 - 0{,}71 - 0{,}14 = 0{,}73 \text{ tm/m};$$

Punkt $\frac{x}{a} = 0{,}5$; $\frac{y}{a} = 0{,}35$ (Tafel E.1,1/12, $\sin \pi \frac{y}{b}$ und **F₄—0t**)

$$m_{y\,0{,}35} = 1{,}48 - 0{,}71 \cdot 0{,}841 - 2{,}17\,(0{,}1546 - 0{,}0038) =$$

$$= 1{,}48 - 0{,}60 - 0{,}33 = 0{,}55 \text{ tm/m}.$$

### *2.2.6. Vorberechnung*

Als Vorberechnung können die Momente in einer allseitig starr eingespannten Platte nach Tafel B.9 ermittelt werden:

$$-m_{s\,m} = 0{,}0585 \cdot 0{,}90 \cdot 7{,}00^2 = 2{,}58 \text{ tm/m},$$

$$-m_{t\,m} = 0{,}0543 \cdot 0{,}90 \cdot 7{,}00^2 = 2{,}39 \text{ tm/m},$$

$$m_{x\,m} = 0{,}0217 \cdot 0{,}90 \cdot 7{,}00^2 = 0{,}96 \text{ tm/m},$$

$$m_{y\,m} = 0{,}0166 \cdot 0{,}90 \cdot 7{,}00^2 = 0{,}73 \text{ tm/m}.$$

Die Randmomente nach P. 2.2.5. entsprechen ungefähr der allseitigen starren Einspannung ($\varepsilon_x = \varepsilon_y = 1$); die obigen Werte sind etwas größer, weil in den Tafelwerten die höheren Reihenglieder berücksichtigt sind. Die Feldmomente stimmen überein.

## 2.3. Verkehrslast, Feldmomente infolge Raupenfahrzeug

### *2.3.1. Lasten und Lastbreiten*

Last einer Raupe: $P_1 = 1{,}4 \cdot 30 = 42$ t.

Abstand der Lastmittellinien: $\dfrac{u_1 - u_2}{a} = \dfrac{2{,}50}{7{,}00} = 0{,}357.$

Lastbreiten für eine Raupe: $\dfrac{2\,c}{a} = \dfrac{0{,}50}{7{,}00} = 0{,}0714,$

$$\frac{2\,d}{a} = \frac{3{,}50}{7{,}00} = 0{,}50.$$

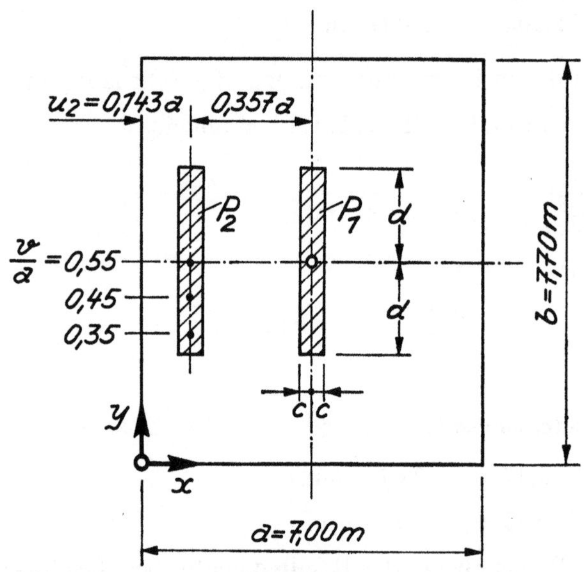

Abb. 186

### *2.3.2. Moment $m_{x\,m}$, Laststellung nach Abb. 186*

*2.3.2.1. Moment $\overline{m}_{x\,m}$ bei allseitig frei drehbarer Stützung.*

Von der Last im Plattenmittelpunkt (Tafel E.1,1/31):

$$\overline{m}_{x\,m} = 0{,}1706\, P_1.$$

Von der Last in $\dfrac{u_2}{a} = 0{,}143$ (Tafel E.1,1/41):

| $\frac{v}{a}$ | Einfl. $m_{xm}$ | Faktor | $m_{xm}$ |
|---|---|---|---|
| 0,55 | 0,0194 | 0,2 $P_2$ | 0,0039 $P_2$ |
| 0,45 | 0,0209 | 0,4 $P_2$ | 0,0084 $P_2$ |
| 0,35 | 0,0221 | 0,4 $P_2$ | 0,0088 $P_2$ |
| | | $\overline{m}_{xm} =$ | 0,0211 $P_2$ |

*2.3.2.2. Belastungswerte.*

Von $P_1$ (Tafeln E.1,1/34 und E.1,1/35)

$$\omega_s = \omega_a = 0{,}1205 \cdot \frac{1{,}1}{0{,}5} \cdot 0{,}6548\, P_1 = 0{,}1736\, P_1,$$

$$\omega_t = \omega_b = 0{,}1112 \cdot \frac{0{,}1119}{0{,}0714}\, P_1 = 0{,}1744\, P_1.$$

Von $P_2$ (Tafeln E.1,1/44 und E.1,1/45)

$$\omega_s \doteq \text{Einfl}\,\omega_s\left(\frac{u}{a} = 0{,}143\right) \frac{\sin \pi \dfrac{d}{b}}{\pi \dfrac{d}{b}}\, P_2,$$

$$\frac{d}{b} = \frac{0{,}25}{1{,}1} = 0{,}2273, \quad \sin\pi\frac{d}{b} = 0{,}6548, \quad \frac{\sin\pi\frac{d}{b}}{\pi\frac{d}{b}} = 0{,}9171,$$

$$\omega_s = 0{,}1630 \cdot 0{,}9171\, P_2 = 0{,}1495\, P_2,$$

$$\omega_a = 0{,}0579 \cdot 0{,}9171\, P_2 = 0{,}0532\, P_2,$$

$$\omega_t = \omega_b = 0{,}1744 \cdot P_2 \sin\pi\frac{u}{a} = 0{,}1744 \cdot 0{,}4343\, P_2 = 0{,}0757\, P_2.$$

Genauere Ermittlung von $\omega_s = \lambda_x B_{s1}$ mit dem Belastungswert $B_{s1}$ für Rechtecklast (Formel unter C.2.1.).

$$\omega_s = \lambda_x P_2 \sin\pi\frac{v}{b} \frac{\sin\pi\frac{d}{b}}{\pi\frac{d}{b}} \frac{\mathfrak{Sin}\,\pi\frac{c}{b}}{\pi\frac{c}{b}} \frac{2}{\pi} \frac{\mathfrak{Sin}\,\pi\frac{a-u}{b}}{\mathfrak{Sin}\,\pi\frac{a}{b}} \cdot$$

$$\cdot\left[1 + \pi\frac{a}{b}\mathfrak{Cotg}\,\pi\frac{a}{b} - \pi\frac{a-u}{b}\mathfrak{Cotg}\,\pi\frac{a-u}{b} - \pi\frac{c}{b}\mathfrak{Cotg}\,\pi\frac{c}{b}\right],$$

$$\frac{v}{b} = 0{,}5 \quad \sin\pi\frac{v}{b} = 1.$$

Nach Tafel A.2 oder E.1,1/11:

$$\mathfrak{Sin}\,\pi\frac{a}{b} = 8{,}667, \qquad \pi\frac{a}{b}\mathfrak{Cotg}\,\pi\frac{a}{b} = 2{,}8749.$$

Weitere Funktionen nach Tafel A.1:

$$\frac{a-u}{b} = \frac{0{,}857}{1{,}1} = 0{,}779, \qquad \mathfrak{Sin}\,\pi\frac{a-u}{b} = 5{,}735, \qquad \pi\frac{a-u}{b}\mathfrak{Cotg}\,\pi\frac{a-u}{b} = 2{,}4842,$$

$$\frac{c}{b} = \frac{0{,}0714}{2 \cdot 1{,}1} = 0{,}0324, \qquad \frac{\mathfrak{Sin}\,\pi\frac{c}{b}}{\pi\frac{c}{b}} = 1{,}0017, \qquad \pi\frac{c}{b}\mathfrak{Cotg}\,\pi\frac{c}{b} = 1{,}0025,$$

$$\omega_s = P_2\, 1{,}032 \cdot 0{,}9171 \cdot 1{,}0017 \frac{2}{\pi}\frac{5{,}735}{8{,}667} \cdot 0{,}3882 = P_2 \cdot 0{,}9171 \cdot 0{,}1691 = P_2 \cdot 0{,}1551.$$

*2.3.2.3. Randmomente* (mit $\varepsilon$ nach P. 2.1.5.).

Von $P_1$ [Gl. (266) wie unter P. 2.2.3.]:

$$-m_s = -m_a = 0{,}872 \frac{0{,}1736\,(1 + 0{,}689 \cdot 0{,}158) - 2 \cdot 0{,}1744 \cdot 0{,}689 \cdot 0{,}296}{(1 + 0{,}872 \cdot 0{,}223)\,(1 + 0{,}689 \cdot 0{,}158) - 4 \cdot 0{,}872 \cdot 0{,}689 \cdot 0{,}104} P_1 = 0{,}0985\, P_1,$$

$$-m_t = -m_b = 0{,}689 \frac{0{,}1744\,(1 + 0{,}872 \cdot 0{,}223) - 2 \cdot 0{,}1736 \cdot 0{,}872 \cdot 0{,}351}{1{,}075} P_1 = 0{,}0655\, P_1.$$

Von $P_2$ [Gl. (265)]:

$$-(m_s + m_a) = P_2\, 0{,}872 \frac{(0{,}1551 + 0{,}0532)\, 1{,}109 - 4 \cdot 0{,}0757 \cdot 0{,}689 \cdot 0{,}296}{1{,}075} = P_2\, 0{,}1373,$$

$$-m_t = -m_b = P_2\, 0{,}689 \frac{0{,}0757 \cdot 1{,}195 - 0{,}2083 \cdot 0{,}872 \cdot 0{,}351}{1{,}075} = P_2 \cdot 0{,}0171.$$

*2.3.2.4. Mittenmoment* $m_{xm}$ (Faktoren wie P. 2.2.5.).

Von $P_1$ $\quad m_{xm} = P_1\,[0{,}1706 - 2 \cdot 0{,}0985 \cdot 0{,}0827 - 2 \cdot 0{,}0655 \cdot 0{,}1397] = P_1 \cdot 0{,}1360.$

Von $P_2$ $\quad m_{xm} = P_2\,[0{,}0211 - 0{,}1373 \cdot 0{,}0827 - 2 \cdot 0{,}0171 \cdot 0{,}1397] = P_2 \cdot 0{,}0050.$

Insgesamt $\quad m_{xm} = 42^t\,(0{,}1360 + 0{,}0050) = 5{,}92$ tm/m.

### *2.3.3. Moment $m_{ym}$, Laststellung nach Abb. 186*

*2.3.3.1. Moment $\overline{m}_{ym}$ bei allseitig frei drehbarer Stützung.*

Von der Last $P_1$ (Tafel E.1,1/32)

$$\overline{m}_{ym} = 0{,}1012\, P_1.$$

Von der Last $P_2$ (Tafel E.1,1/42)

| $\frac{v}{a}$ | Einfl. $m_{y\,m}$ | Faktor | $m_{y\,m}$ |
|---|---|---|---|
| 0,55 | 0,0473 | 0,2 $P_2$ | 0,0095 $P_2$ |
| 0,45 | 0,0412 | 0,4 $P_2$ | 0,0165 $P_2$ |
| 0,35 | 0,0282 | 0,4 $P_2$ | 0,0113 $P_2$ |
| | | $\overline{m}_{y\,m} =$ | 0,0373 $P_2$ |

*2.3.3.2. Moment $m_{y\,m}$.*

Randmomente nach P. 2.3.2.3., Faktoren wie P. 2.2.5.

Von $P_1$ $\quad m_{y\,m} = P_1\,[0{,}1012 - 2\cdot 0{,}0985\cdot 0{,}1443 - 2\cdot 0{,}0655\cdot 0{,}0325] = P_1\cdot 0{,}0685.$

Von $P_2$ $\quad m_{y\,m} = P_2\,[0{,}0373 - 0{,}1373\cdot 0{,}1443 - 2\cdot 0{,}0171\cdot 0{,}0325] = P_2\cdot 0{,}0164.$

Insgesamt $\quad m_{y\,m} = 42^t\,(0{,}0685 + 0{,}0164) = 3{,}57$ tm/m.

*2.3.4. Moment $m_{y\,m}$ bei mittiger Fahrzeugstellung* (Abb. 187)

*2.3.4.1. Moment $\overline{m}_{y\,m}$ bei allseitig frei drehbarer Stützung.*

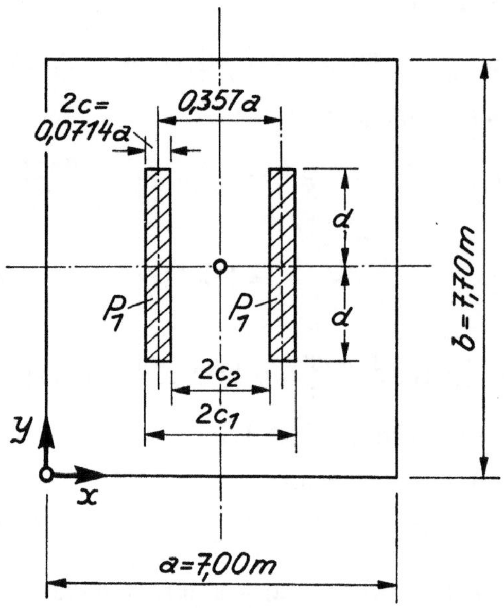


Abb. 187

Von der Wirkung einer Last $P_1\frac{2\,c_1}{2\,c}$ auf dem Rechteck $2\,c_1$ mal $2\,d$ ist die Wirkung einer Last $P_1\frac{2\,c_2}{2\,c}$ auf dem Rechteck $2\,c_2$ mal $2\,d$ abzuziehen (Tafel E.1,1/32).

$$\frac{2\,c_1}{a} = 0{,}357 + 0{,}0714 = 0{,}4284 \qquad \sin\pi\frac{c_1}{a} = 0{,}6232,$$

$$\frac{2\,c_2}{a} = 0{,}357 - 0{,}0714 = 0{,}2856 \qquad \sin\pi\frac{c_2}{a} = 0{,}4337,$$

$$\overline{m}_{y\,m} = P_1\frac{1}{0{,}0714}\,[0{,}4284\cdot 0{,}0908 - 0{,}2856\cdot 0{,}0964] = P_1\cdot 0{,}1590.$$

*2.3.4.2. Belastungswerte.*

Auf dem gleichen Weg wie unter P. 2.3.4.1. (Tafeln E.1,1/34 und E.1,1/35).

$$\omega_s = \omega_a = P_1\frac{1}{0{,}0714}\,[0{,}4284\cdot 0{,}1160 - 0{,}2856\cdot 0{,}1186]\,\frac{1{,}1}{0{,}5}\,0{,}6548 = P_1\cdot 0{,}3210,$$

$$\omega_t = \omega_b = P_1\frac{0{,}1112}{0{,}0714}\,[0{,}6232 - 0{,}4337] = P_1\cdot 0{,}2952.$$

*2.3.4.3. Randmomente* (Formeln wie P. 2.2.3.).

$$-m_s = -m_a = P_1\,0{,}872\,\frac{0{,}3210\cdot 1{,}109 - 2\cdot 0{,}2952\cdot 0{,}669\cdot 0{,}296}{1{,}075} = P_1\cdot 1910,$$

$$-m_t = -m_b = P_1\,0{,}689\,\frac{0{,}2952\cdot 1{,}195 - 2\cdot 0{,}3210\cdot 0{,}872\cdot 0{,}351}{1{,}075} = P_1\cdot 0{,}1003.$$

*2.3.4.4. Mittenmoment $m_{y\,m}$.*

$$m_{y\,m} = P_1\,[0{,}1590 - 2\cdot 0{,}1910\cdot 0{,}1443 - 2\cdot 0{,}1003\cdot 0{,}0325] = 42^t\cdot 0{,}0974 = 4{,}09\ \mathrm{tm/m}.$$

Dieses Moment ist größer als nach P. 2.3.3., also maßgebend.

### *2.3.5. Moment $m_y$ im Punkt $\frac{x}{a} = 0{,}5$; $\frac{y}{a} = 0{,}35$*

Laststellung wie Abb. 187, aber $\frac{v}{a} = 0{,}35$.

*2.3.5.1. Moment bei allseitig frei drehbarer Stützung.*

(Tafel E.1,1/33, sonst wie P. 2.3.4.1.)

$$\overline{m}_{y\,0{,}35} \doteq \max \overline{m}_y = P_1\cdot\frac{1}{0{,}0714}\,[0{,}4284\cdot 0{,}0915 - 0{,}2856\cdot 0{,}0972] = P_1\cdot 0{,}1606.$$

*2.3.5.2. Belastungswerte.*

$\sin\pi\frac{v}{b} = 0{,}8412$, Umrechnung aus P. 2.3.4.2.

$$\omega_s = \omega_a = P_1\,0{,}3210\cdot 0{,}8412 = P_1\cdot 0{,}2700,$$

$$\omega_t = P_1\,\frac{0{,}1296}{0{,}0714}\,(0{,}6232 - 0{,}4337) = P_1\cdot 0{,}3440,$$

$\omega_b$ wird nicht ermittelt; die Einspannung an diesem Rand wird vernachlässigt ($\varepsilon_b \doteq 0$).

*2.3.5.3. Randmomente* [Gl. (267)].

$$-m_s = -m_a = \varepsilon_x\,\frac{\omega_x - \omega_t\,\varepsilon_t\,\psi_x}{1 + \varepsilon_x\,(\varphi_x - 2\,\varepsilon_t\,\psi_x\,\psi_y)},$$

$$= P_1\,0{,}872\,\frac{0{,}2700 - 0{,}3440\cdot 0{,}689\cdot 0{,}296}{1 + 0{,}872\,(0{,}223 - 2\cdot 0{,}689\cdot 0{,}104)} = P_1\cdot 0{,}1629,$$

$$-m_t = \varepsilon_y\,\frac{\omega_t\,(1 + \varepsilon_x\,\varphi_x) - 2\,\omega_x\,\varepsilon_x\,\psi_y}{1 + \varepsilon_x\,(\varphi_x - 2\,\varepsilon_t\,\psi_x\,\psi_y)},$$

$$= P_1\,0{,}689\,\frac{0{,}3440\,(1 + 0{,}872\cdot 0{,}223) - 2\cdot 0{,}2700\cdot 0{,}872\cdot 0{,}351}{1{,}070} = P_1\cdot 0{,}1581.$$

*2.3.5.4. Moment $m_{y\,0{,}35}$.*

(Faktor zu $m_t$ nach Tafel E.1,1/12.)

$$m_{y\,0{,}35} = P_1\,[0{,}1606 - 2\cdot 0{,}1629\cdot 0{,}1443\cdot 0{,}8412 - 0{,}1581\cdot 0{,}1546] = 42^t\cdot 0{,}0966 = 4{,}06\ \mathrm{tm/m}.$$

Dieses Moment ist nicht größer als $m_{y\,m}$, daher für die Bemessung nicht maßgebend. Bei schwacher Einspannung des Randes $t$ oder größerem Seitenverhältnis $\frac{b}{a}$ kann $m_{y0{,}35}$ größer als $m_{y\,m}$ werden.

## 2.4. Verkehrslast, Feldmomente infolge SLW

### *2.4.1. Lasten und Lastbreiten*

Radlast: $P_1 = 1{,}4\cdot 10 = 14$ t.

Abstände der Lastmitten: $\frac{u_2 - u_1}{a} = \frac{2{,}00}{7{,}00} = 0{,}286$,

$$\frac{v_2 - v_1}{a} = \frac{v_3 - v_2}{a} = \frac{1{,}50}{7{,}00} = 0{,}215.$$

Lastbreiten für ein Rad: $\frac{2c}{a} = \frac{0,60}{7,00} = 0,0858,$

$$\frac{2d}{a} = \frac{0,20}{7,00} = 0,0286.$$

*2.4.2. Moment $m_{xm}$, Laststellung nach Abb. 188*

*2.4.2.1. Moment $\overline{m}_{xm}$ bei allseitig frei drehbarer Stützung.*

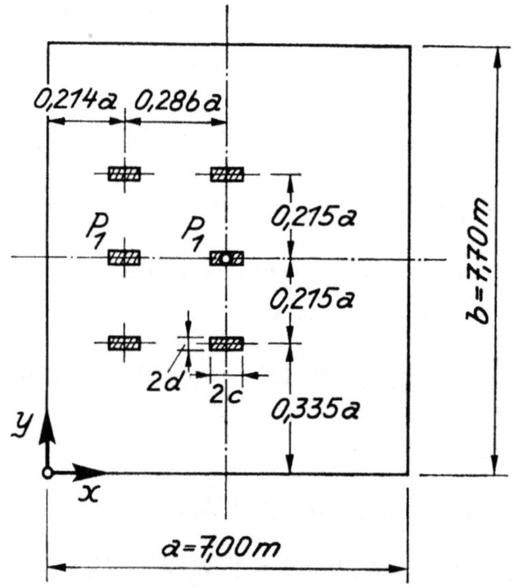


Abb. 188

Von der Last im Plattenmittelpunkt (Tafel F.13, interpoliert und Tafel F.16):

$$\overline{m}_{xm} = P_1\,(0,2930 - 0,0423) = P_1 \cdot 0,2507.$$

Die Interpolation in Tafel E.1,1/31 ist ungenau.

Von den übrigen Lasten (Tafel E.1,1/41):

| $\frac{u}{a}$ | $\frac{v}{a}$ | Einflußwert | Last | $\overline{m}_{xm}$ |
|---|---|---|---|---|
| 0,5 | 0,335 | 0,1161 | 2 $P_1$ | 0,2322 $P_1$ |
| 0,214 | 0,335 | 0,0360 | 2 $P_1$ | 0,0720 $P_1$ |
| 0,214 | 0,55 | 0,0324 | $P_1$ | 0,0324 $P_1$ |
| | | | $\overline{m}_{xm} =$ | 0,3366 $P_1$ |

Gesamtmoment $\overline{m}_{xm} = 0,5873\,P_1$.

*2.4.2.2. Belastungswerte* (Tafeln E.1,1/44 und 45).

$$\frac{v_1}{b} = \frac{0,335}{1,1} = 0,304, \qquad \sin\pi\frac{v_1}{b} = 0,8163, \qquad \frac{\sin\pi\frac{d}{b}}{\pi\frac{d}{b}} \doteq 1,$$

$$\omega_s = P_1\,(0,2028 + 0,1897)\,(1 + 2 \cdot 0,8163) = P_1 \cdot 1,033,$$

$$\omega_a = P_1\,(0,1897 + 0,0864)\,(1 + 2 \cdot 0,8163) = P_1 \cdot 0,726,$$

$$\frac{\sin\pi\frac{c}{a}}{\pi\frac{c}{a}} = 0,997, \qquad \sin\pi\frac{u_2}{a} = 0,6228,$$

$$\omega_t = \omega_b = P_1\,(0,2271 + 0,1801 + 0,1085)\,0,997\,(1 + 0,6228) = P_1 \cdot 0,834.$$

*2.4.2.3. Randmomente* [Gl. (265)].

$$-(m_s + m_a) = P_1 \cdot 0{,}872 \frac{(1{,}033 + 0{,}726)\,(1 + 0{,}689 \cdot 0{,}158) - 4 \cdot 0{,}834 \cdot 0{,}689 \cdot 0{,}296}{(1 + 0{,}872 \cdot 0{,}223)\,(1 + 0{,}689 \cdot 0{,}158) - 4 \cdot 0{,}872 \cdot 0{,}689 \cdot 0{,}104} = P_1 \cdot 1{,}032,$$

$$-m_t = -m_b = P_1 \cdot 0{,}689 \frac{0{,}834\,(1 + 0{,}872 \cdot 0{,}223) - 1{,}759 \cdot 0{,}872 \cdot 0{,}351}{1{,}075} = P_1 \cdot 0{,}294.$$

*2.4.2.4. Mittenmoment $m_{xm}$.*

$$m_{xm} = P_1\,(0{,}5873 - 1{,}032 \cdot 0{,}0827 - 2 \cdot 0{,}294 \cdot 0{,}1397) = 14^t \cdot 0{,}4198 = 5{,}88 \text{ tm/m}.$$

*2.4.3. Moment $m_{ym}$, Laststellung nach Abb. 188*

*2.4.3.1. Moment $\overline{m}_{ym}$ bei allseitig frei drehbarer Stützung.*

Von der Last im Plattenmittelpunkt (Tafel F.14 und F.16):

$$\overline{m}_{ym} = P_1\,(0{,}2571 + 0{,}0229) = P_1 \cdot 0{,}2800.$$

Von den übrigen Lasten (Tafel E.1,1/42):

| $\frac{u}{a}$ | $\frac{v}{a}$ | Einflußwert | Lasten | $m_{ym}$ |
|---|---|---|---|---|
| 0,5 | 0,335 | 0,0402 | 2 $P_1$ | 0,0804 $P_1$ |
| 0,214 | 0,335 | 0,0457 | 2 $P_1$ | 0,0914 $P_1$ |
| 0,214 | 0,55 | 0,0732 | $P_1$ | 0,0732 $P_1$ |
| | | | $\overline{m}_{ym} =$ | 0,2450 $P_1$ |

Gesamtmoment $\overline{m}_{ym} = 0{,}5250\,P_1$.

*2.4.3.2. Mittenmoment $m_{ym}$.*

Mit Randmomenten nach P. 2.4.2.3:

$$m_{ym} = P_1\,(0{,}5250 - 1{,}032 \cdot 0{,}1443 - 2 \cdot 0{,}294 \cdot 0{,}0325) = 14^t \cdot 0{,}3569 = 5{,}00 \text{ tm/m}.$$

*2.4.4. Moment $m_{ym}$ bei mittiger Fahrzeugstellung* (Abb. 189)

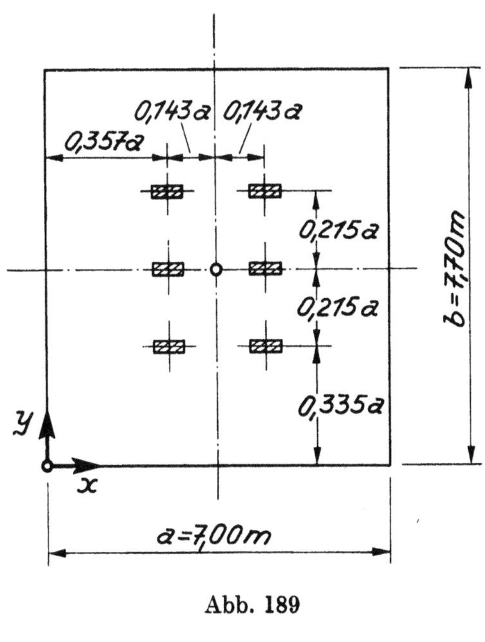


Abb. 189

*2.4.4.1. Moment $\overline{m}_{ym}$ bei allseitig frei drehbarer Stützung* (Tafel E.1,1/42).

| $\frac{u}{a}$ | $\frac{v}{a}$ | Einflußwert | Last | $m_{ym}$ |
|---|---|---|---|---|
| 0,357 | 0,335 | 0,0460 | $4\,P_1$ | $0{,}1840\,P_1$ |
| 0,357 | 0,55 | 0,1424 | $2\,P_1$ | $0{,}2848\,P_1$ |
| | | | $\overline{m}_{ym} =$ | $0{,}4688\,P_1$ |

*2.4.4.2. Belastungswerte* (Tafeln E.1,1/44, 45).

$$\omega_s = \omega_a = P_1\,(0{,}2162 + 0{,}1414)\,(1 + 2 \cdot 0{,}8163) = P_1 \cdot 0{,}942.$$

$$\frac{\sin \pi \frac{c}{a}}{\pi \frac{c}{a}} = 0{,}997, \qquad \sin \pi \frac{u}{a} = 0{,}9008,$$

$$\omega_t = \omega_b = P_1\,(0{,}2271 + 0{,}1801 + 0{,}1085)\,0{,}997 \cdot 2 \cdot 0{,}9008 = P_1 \cdot 0{,}926.$$

*2.4.4.3. Randmomente* [Gl. (266)].

$$-m_s = -m_a = P_1 \cdot 0{,}872\,\frac{0{,}942 \cdot 1{,}109 - 2 \cdot 0{,}926 \cdot 0{,}689 \cdot 0{,}296}{1{,}075} = P_1 \cdot 0{,}534,$$

$$-m_t = -m_b = P_1 \cdot 0{,}689\,\frac{0{,}926 \cdot 1{,}195 - 2 \cdot 0{,}942 \cdot 0{,}872 \cdot 0{,}351}{1{,}075} = P_1 \cdot 0{,}340.$$

*2.4.4.4. Mittenmoment $m_{ym}$.*

$$m_{ym} = P_1\,(0{,}4688 - 2 \cdot 0{,}534 \cdot 0{,}1443 - 2 \cdot 0{,}340 \cdot 0{,}0325) = 14^t \cdot 0{,}2927 = 4{,}10 \text{ tm/m}.$$

Dieses Moment ist kleiner als nach P. 2.4.3., daher nicht maßgebend.

### *2.4.5. Moment $m_y$ im Punkt $\frac{x}{a} = 0{,}5$, $\frac{y}{a} = 0{,}35$*

Laststellung nach Abb. 190.

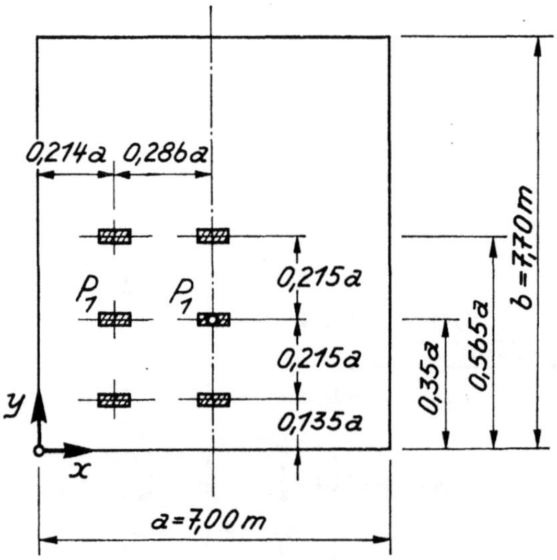


Abb. 190

*2.4.5.1. Moment $\overline{m}_{y\,0,35}$ bei allseitig frei drehbarer Stützung.*

Von der Last im Bezugspunkt:

| | |
|---|---|
| $\overline{m}_{ym}$ nach P. 2.4.3.1. . . . . . . . . . . . . . . . . . . . . . . . . . . . . . . . . . | $P_1 \cdot 0{,}2800$ |
| Differenz der Tafelwerte zwischen Tafel E.1,1/32 und 33 . . . | $0{,}0022$ |
| $\overline{m}_{ym}' =$ | $P_1 \cdot 0{,}2822$ |

Von den übrigen Lasten (Tafel E. 1,1/43):

| $\frac{u}{a}$ | $\frac{v}{a}$ | Einflußwert |
|---|---|---|
| 0,214 | 0,565 | 0,0372 |
| 0,214 | 0,35 | 0,0736 |
| 0,214 | 0,135 | 0,0328 |
| 0,5 | 0,565 | 0,0415 |
| 0,5 | 0,135 | 0,0392 |
| | $\overline{m}_{y\,0{,}35} =$ | $P_1$ . 0,2243 |

Gesamtmoment: $\overline{m}_{y\,0.35} = P_1 \cdot 0{,}5065$.

2.4.5.2. *Belastungswerte* (Tafel E. 1,1/44, 45).

$$\sin \pi \frac{0{,}135}{1{,}1} = 0{,}3761, \quad \sin \pi \frac{0{,}35}{1{,}1} = 0{,}8412, \quad \sin \pi \frac{0{,}565}{1{,}1} = 0{,}9991,$$

$$\omega_s = P_1\,(0{,}2028 + 0{,}1897)\,(0{,}3761 + 0{,}8412 + 0{,}9991) = P_1 \cdot 0{,}869,$$

$$\omega_a = P_1\,(0{,}1897 + 0{,}0864)\,(0{,}3761 + 0{,}8412 + 0{,}9991) = P_1 \cdot 0{,}612,$$

$$\omega_t = P_1\,(0{,}1684 + 0{,}2265 + 0{,}1753)\,0{,}997\,(1 + 0{,}6228) = P_1 \cdot 0{,}923,$$

$\omega_b$ wird nicht ermittelt; die Einspannung an diesem Rand wird vernachlässigt ($\varepsilon_b \doteq 0$).

2.4.5.3. *Randmomente* [Gl. (267)].

$$-(m_s + m_a) = \varepsilon_x \frac{\omega_s + \omega_a - 2\,\omega_t\,\varepsilon_t\,\psi_x}{1 + \varepsilon_x\,(\varphi_x - 2\,\varepsilon_t\,\psi_x\,\psi_y)} =$$

$$= P_1 \cdot 0{,}872 \frac{1{,}481 - 2 \cdot 0{,}923 \cdot 0{,}689 \cdot 0{,}296}{1 + 0{,}872\,(0{,}223 - 2 \cdot 0{,}689 \cdot 0{,}104)} = P_1 \cdot 0{,}900,$$

$$-m_t = \varepsilon_y \frac{\omega_t\,(1 + \varepsilon_x\,\varphi_x) - (\omega_s + \omega_a)\,\varepsilon_x\,\psi_y}{1 + \varepsilon_x\,(\varphi_x - 2\,\varepsilon_t\,\psi_x\,\psi_y)} =$$

$$= P_1 \cdot 0{,}689 \frac{0{,}923\,(1 + 0{,}872 \cdot 0{,}223) - 1{,}481 \cdot 0{,}872 \cdot 0{,}351}{1{,}070} = P_1 \cdot 0{,}418.$$

2.4.5.4. *Moment* $m_{y\,0.35}$.

(Faktor zu $m_t$ nach Tafel E. 1,1/12.)

$$m_{y\,0.35} = P_1\,(0{,}5065 - 0{,}900 \cdot 0{,}1443 \cdot 0{,}8421 - 0{,}418 \cdot 0{,}1546) = 14^t \cdot 0{,}3326 = 4{,}65 \text{ tm/m}.$$

Dieses Moment ist im vorliegenden Fall kleiner als $m_{y\,m}$; es kann aber auch umgekehrt sein.

## 2.5. Einflußfläche für ein Feldmoment

### 2.5.1. *Berechnung*

Im folgenden wird die Berechnung der Einflußfläche für das Moment $m_x$ im Punkt $\frac{x}{a} = 0{,}6$, $y = \frac{b}{2}$ gezeigt. Da die Einflußfläche bei allseitig frei drehbarer Stützung nicht vorliegt, muß von der Einflußfläche $m_{x\infty}$ nach Tafel F. 23 für den unendlichen Plattenstreifen ausgegangen werden.

Nach Fall **F$_4$ — 10** ist die Einflußfläche (Formel *d*) für $y = \frac{b}{2}$:

$$m_x = m_{x\infty} - \sum_{1,2}^{\infty}{}_j \sin j\pi\frac{x}{a} \sin j\pi\frac{u}{a}\,\frac{1}{2\,j\,\pi}\,\frac{e^{-j\pi\frac{b}{2a}}}{\operatorname{Cof} j\pi\frac{b}{2a}} \operatorname{Cof} j\pi\frac{\frac{b}{2}-v}{a}\,\cdot$$

$$\cdot\left[1 + j\pi\frac{b}{2a} + j\pi\frac{b}{2a}\operatorname{Tg} j\pi\frac{b}{2a} - j\pi\frac{\frac{b}{2}-v}{a}\operatorname{Tg} j\pi\frac{\frac{b}{2}-v}{a}\right]. \quad (628)$$

Von der Reihe brauchen nur zwei Glieder berechnet zu werden. Um die elastische Einspannung der Ränder zu berücksichtigen, werden Funktionen $r \cdot \text{Einfl}\,\omega$ nach Gl. (279) überlagert. In das Gleichungssystem (278) für die Werte $r$ sind als $R$ jene Momente $m_x$ **einzusetzen,** die im Bezugspunkt infolge eines Randmomentangriffes $m_s = 1 \sin \pi \frac{y}{b}$ bzw. $m_t = 1 \sin \pi \frac{x}{a}$ entstehen. Aus den Tafeln E.1,1/11 und E.1,1/12 entnimmt man für $\frac{x}{a} = 0{,}6$, $1 - \frac{x}{a} = 0{,}4$ und $y = \frac{b}{2}$:

$$R_s = 0{,}0426, \qquad R_a = 0{,}1478,$$

$$R_t = R_b = 0{,}1397 \cdot 0{,}9511 = 0{,}1329.$$

Tafel 48. Berechnung der Zusatzfunktion

| $j$ | | $\frac{v}{a}$ | 0,15 | 0,25 | 0,35 | 0,45 | 0,55 |
|---|---|---|---|---|---|---|---|
| 1 | $e^{-\pi \frac{b}{2a}} = 0{,}17766$ | $\mathfrak{Cos}\,\pi \frac{\frac{b}{2} - v}{a}$ | 1,8991 | 1,4780 | 1,2040 | 1,0498 | 1,0000 |
| | $\mathfrak{Cos}\,\pi \frac{b}{2a} = 2{,}9032$ | $\pi \frac{\frac{b}{2} - v}{a} \mathfrak{Tg}\,\pi \frac{\frac{b}{2} - v}{a}$ | 1,06831 | 0,69400 | 0,34991 | 0,09557 | 0,00000 |
| | $\pi \frac{b}{2a} = 1{,}72788$ | $4{,}35001 - \pi \frac{\frac{b}{2} - v}{a} \mathfrak{Tg}\,\pi \frac{\frac{b}{2} - v}{a}$ | 3,28170 | 3,65601 | 4,00010 | 4,25444 | 4,35001 |
| | $\pi \frac{b}{2a} \mathfrak{Tg}\,\pi \frac{b}{2a} = 1{,}62213$ | $-F_1 = \sin \pi \frac{u}{a} \cdot$ | 0,0576 | 0,0500 | 0,0445 | 0,0413 | 0,04025 |
| | $\sin \pi \frac{x}{a} = 0{,}9511$ | $0{,}0704 \cdot \text{Einfl}\,(\omega_t + \omega_b) = \sin \pi \frac{u}{a} \cdot$ | 0,0163 | 0,0214 | 0,0239 | 0,0251 | 0,0254 |
| | | $-F_1 - r_t\, \text{Einfl}\,(\omega_t + \omega_b) = \sin \pi \frac{u}{a} \cdot$ | 0,0739 | 0,0714 | 0,0684 | 0,0664 | 0,0656 |
| 2 | $e^{-2\pi \frac{b}{2a}} = 0{,}03156$ | $\mathfrak{Cos}\,2\pi \frac{\frac{b}{2} - v}{a}$ | 6,213 | 3,3690 | 1,8991 | 1,2040 | 1,0000 |
| | $\mathfrak{Cos}\,2\pi \frac{b}{2a} = 15{,}875$ | $2\pi \frac{\frac{b}{2} - v}{a} \mathfrak{Tg}\,2\pi \frac{\frac{b}{2} - v}{a}$ | 2,48050 | 1,80000 | 1,06831 | 0,34991 | 0,00000 |
| | $2\pi \frac{b}{2a} = 3{,}45575$ | $7{,}90462 - 2\pi \frac{\frac{b}{2} - v}{a} \mathfrak{Tg}\,2\pi \frac{\frac{b}{2} - v}{a}$ | 5,42412 | 6,10462 | 6,83631 | 7,55471 | 7,90462 |
| | $2\pi \frac{b}{2a} \mathfrak{Tg}\,2\pi \frac{b}{2a} = 3{,}44887$ | | | | | | |
| | $-\sin 2\pi \frac{x}{a} = 0{,}5878$ | $+F_2 = \sin 2\pi \frac{u}{a} \cdot$ | 0,0031 | 0,0019 | 0,0012 | 0,00085 | 0,0007 |

Tafel 49. Berechnung der Einflußfläche für $m_x$ im Punkt $\frac{x}{a} = 0{,}6$, $y = \frac{b}{2}$

| $\frac{y}{a} =$ | $\frac{x}{a}$ | 0,1 | 0,2 | 0,3 | 0,4 | 0,5 | 0,6 | 0,7 | 0,8 | 0,9 |
|---|---|---|---|---|---|---|---|---|---|---|
| | + 0,0235 Einfl $\omega_s = \sin \pi \frac{v}{b}$ · | + 0,0030 | + 0,0045 | + 0,0050 | + 0,0048 | + 0,0043 | + 0,0035 | + 0,0027 | + 0,0018 | + 0,0009 |
| | — 0,0905 Einfl $\omega_a = \sin \pi \frac{v}{b}$ · | — 0,0037 | — 0,0073 | — 0,0109 | — 0,0142 | — 0,0172 | — 0,0193 | — 0,0200 | — 0,0181 | — 0,0122 |
| 0,55 | Einfl $m_{x\infty}$ | 0,0184 | 0,0383 | 0,0619 | 0,0934 | 0,1466 | ∞ | 0,1385 | 0,0766 | 0,0353 |
| | $r_s$ Einfl $\omega_s + r_a$ Einfl $\omega_a$ | — 0,0007 | — 0,0028 | — 0,0059 | — 0,0094 | — 0,0129 | — 0,0158 | — 0,0173 | — 0,0163 | — 0,0113 |
| | $F_1 + r_t$ Einfl $(\omega_t + \omega_b)$ | — 0,0203 | — 0,0386 | — 0,0531 | — 0,0624 | — 0,0656 | — 0,0624 | — 0,0531 | — 0,0386 | — 0,0203 |
| | $F_2$ | + 0,0004 | + 0,0007 | + 0,0007 | + 0,0004 | 0 | — 0,0004 | — 0,0007 | — 0,0007 | — 0,0004 |
| | Einfl $m_x$ | — 0,0022 | — 0,0024 | + 0,0036 | + 0,0220 | + 0,0681 | ∞ — 0,0786 | + 0,0674 | + 0,0210 | + 0,0033 |
| 0,45 | Einfl $m_{x\infty}$ | + 0,0191 | + 0,0399 | + 0,0650 | + 0,0998 | + 0,1582 | + 0,2222 | + 0,1498 | + 0,0825 | + 0,0375 |
| | $r_s$ Einfl $\omega_s + r_a$ Einfl $\omega_a$ | — 0,0007 | — 0,0027 | — 0,0058 | — 0,0092 | — 0,0126 | — 0,0155 | — 0,0170 | — 0,0160 | — 0,0111 |
| | $F_1 + r_t$ Einfl $(\omega_t + \omega_b)$ | — 0,0205 | — 0,0390 | — 0,0537 | — 0,0631 | — 0,0664 | — 0,0631 | — 0,0537 | — 0,0390 | — 0,0205 |
| | $F_2$ | + 0,0005 | + 0,0008 | + 0,0008 | + 0,0005 | 0 | — 0,0005 | — 0,0008 | — 0,0008 | — 0,0005 |
| | Einfl $m_x$ | — 0,0016 | — 0,0010 | + 0,0063 | + 0,0280 | + 0,0792 | + 0,1431 | + 0,0783 | + 0,0267 | + 0,0054 |
| 0,35 | Einfl $m_{x\infty}$ | + 0,0204 | + 0,0426 | + 0,0692 | + 0,1035 | + 0,1438 | + 0,1649 | + 0,1348 | + 0,0848 | + 0,0399 |
| | $r_s$ Einfl $\omega_s + r_a$ Einfl $\omega_a$ | — 0,0006 | — 0,0024 | — 0,0050 | — 0,0079 | — 0,0109 | — 0,0133 | — 0,0146 | — 0,0137 | — 0,0095 |
| | $F_1 + r_t$ Einfl $(\omega_t + \omega_b)$ | — 0,0211 | — 0,0402 | — 0,0554 | — 0,0651 | — 0,0684 | — 0,0651 | — 0,0554 | — 0,0402 | — 0,0211 |
| | $F_2$ | + 0,0007 | + 0,0011 | + 0,0011 | + 0,0007 | 0 | — 0,0007 | — 0,0011 | — 0,0011 | — 0,0007 |
| | Einfl $m_x$ | — 0,0006 | + 0,0011 | + 0,0099 | + 0,0312 | + 0,0645 | + 0,0858 | + 0,0637 | + 0,0298 | + 0,0086 |
| 0,25 | Einfl $m_{x\infty}$ | + 0,0212 | + 0,0437 | + 0,0690 | + 0,0966 | + 0,1214 | + 0,1298 | + 0,1120 | + 0,0773 | + 0,0384 |
| | $r_s$ Einfl $\omega_s + r_a$ Einfl $\omega_a$ | — 0,0005 | — 0,0018 | — 0,0039 | — 0,0062 | — 0,0084 | — 0,0104 | — 0,0113 | — 0,0107 | — 0,0074 |
| | $F_1 + r_t$ Einfl $(\omega_t + \omega_b)$ | — 0,0221 | — 0,0420 | — 0,0578 | — 0,0679 | — 0,0714 | — 0,0679 | — 0,0578 | — 0,0420 | — 0,0221 |
| | $F_2$ | + 0,0011 | + 0,0018 | + 0,0018 | + 0,0011 | 0 | — 0,0011 | — 0,0018 | — 0,0018 | — 0,0011 |
| | Einfl $m_x$ | — 0,0003 | + 0,0017 | + 0,0091 | + 0,0236 | + 0,0416 | + 0,0504 | + 0,0411 | + 0,0228 | + 0,0078 |
| 0,15 | Einfl $m_{x\infty}$ | + 0,0208 | + 0,0421 | + 0,0641 | + 0,0850 | + 0,1005 | + 0,1037 | + 0,0911 | + 0,0656 | + 0,0338 |
| | $r_s$ Einfl $\omega_s + r_a$ Einfl $\omega_a$ | — 0,0003 | — 0,0012 | — 0,0025 | — 0,0039 | — 0,0054 | — 0,0066 | — 0,0072 | — 0,0068 | — 0,0047 |
| | $F_1 + r_t$ Einfl $(\omega_t + \omega_b)$ | — 0,0228 | — 0,0435 | — 0,0598 | — 0,0703 | — 0,0739 | — 0,0703 | — 0,0598 | — 0,0435 | — 0,0228 |
| | $F_2$ | + 0,0018 | + 0,0029 | + 0,0029 | + 0,0018 | 0 | — 0,0018 | — 0,0029 | — 0,0029 | — 0,0018 |
| | Einfl $m_x$ | — 0,0005 | + 0,0003 | + 0,0047 | + 0,0126 | + 0,0212 | + 0,0250 | + 0,0212 | + 0,0124 | + 0,0045 |

Nach Gl. (265), aber mit vertauschten $\psi_x$ und $\psi_y$, erhält man folgende Werte:

$$\left.\begin{aligned} r_s + r_a &= -\varepsilon_x \frac{(R_s + R_a)(1 + \varepsilon_y \varphi_y) - 4 R_t \varepsilon_y \psi_y}{(1 + \varepsilon_x \varphi_x)(1 + \varepsilon_y \varphi_y) - 4 \varepsilon_x \varepsilon_y \psi_x \psi_y}, \\ r_s - r_a &= -\varepsilon_x \frac{R_s - R_a}{1 - \varepsilon_x \varphi_x}, \\ r_t = r_b &= -\varepsilon_y \frac{R_t (1 + \varepsilon_x \varphi_x) - (R_s + R_a) \varepsilon_x \psi_x}{(1 + \varepsilon_x \varphi_x)(1 + \varepsilon_y \varphi_y) - 4 \varepsilon_x \varepsilon_y \psi_x \psi_y}, \end{aligned}\right\} \tag{629}$$

$$r_s + r_a = -0{,}872 \frac{0{,}1904 \cdot 1{,}109 - 4 \cdot 0{,}1329 \cdot 0{,}689 \cdot 0{,}351}{1{,}075} = -0{,}0670,$$

$$r_s - r_a = 0{,}872 \frac{0{,}1052}{0{,}805} = +0{,}1140,$$

$$r_s = +0{,}0235, \quad r_a = -0{,}0905,$$

$$r_t = r_b = -0{,}689 \frac{0{,}1329 \cdot 1{,}195 - 0{,}1904 \cdot 0{,}872 \cdot 0{,}296}{1{,}075} = -0{,}0704.$$

In der Tafel 48 ist die Zusatzfunktion nach Gl. (628) und $r_t \cdot \text{Einfl}\,(\omega_t + \omega_b)$ berechnet, in der Tafel 49 die endgültige Einflußfläche.

### 2.5.2. *Auswertung der Einflußfläche für das Raupenfahrzeug*

Der Beitrag der Last im Bezugspunkt kann aus Tafel F.11 umgerechnet werden. Der Einflußwert im Punkt $\frac{x}{a} = 0{,}6$ als Bezugspunkt im unendlichen Plattenstreifen ist nach Tafel F.17 um 0,0040 kleiner als der Einflußwert im Punkt $\frac{x}{a} = 0{,}5$ als Bezugspunkt. Den gleichen Unterschied findet man durch Vergleich des Einflußwertes für $\frac{x}{a} = 0{,}6$, $\frac{y-v}{a} = 0{,}1$ in Tafel F.23 mit dem Einflußwert für $\frac{x}{a} = 0{,}5$, $\frac{y-v}{a} = 0{,}1$ in Tafel F.21. Bei der Berechnung der Einflußfläche in Tafel 49 ergibt sich eine weitere Abminderung um 0,0786.

Mit Benützung der Tafel F.11 ist somit

$$m_x = P_1\,(0{,}2152 - 0{,}0826) = P_1 \cdot 0{,}1326.$$

Der kleine Beitrag der zweiten Last ist aus der Einflußfläche mit $\frac{u}{a} = 0{,}243$:

$$m_x = P_1 \cdot 0{,}4\,(0{,}002 + 0{,}005) = P_1 \cdot 0{,}0028.$$

Das Gesamtmoment ist demnach:

$$m_x = 42^t \cdot 0{,}1354 = 5{,}7 \text{ tm/m},$$

also etwas kleiner als $m_{xm}$ nach P. 2.3.2.4.

### 2.5.3. *Auswertung der Einflußfläche für den SLW*

Die Last im Bezugspunkt liefert (siehe P. 2.4.2. und 2.5.2.)

$$m_x = P_1\,(0{,}2930 - 0{,}0826) = P_1 \cdot 0{,}2104.$$

Die übrigen Lasten ergeben laut Einflußfläche:

| $\frac{u}{a}$ | $\frac{v}{a}$ | Einflußwert | Last | $m_x$ |
|---|---|---|---|---|
| 0,6 | 0,335 | 0,0805 | $2\,P_1$ | $0{,}1610\,P_1$ |
| 0,314 | 0,335 | 0,0126 | $2\,P_1$ | $0{,}0252\,P_1$ |
| 0,314 | 0,55 | 0,0062 | $P_1$ | $0{,}0062\,P_1$ |

$m_x = 0{,}1924\,P_1$

Das Gesamtmoment ist

$$m_x = 14^t \cdot 0{,}4028 = 5{,}65 \text{ tm/m},$$

also etwas kleiner als $m_{xm}$ nach P. 2.4.2.4.

## 2.6. Verkehrslast, größtes Randmoment am Hauptträger

### 2.6.1. *Einflußfläche*

Es wird die Einflußfläche für $m_{s\,m}$, das Moment in der Mitte des Randes $s\left(x=0,\ y=\frac{b}{2}\right)$ entwickelt.

In das Gleichungssystem (295) (S. 191) ist einzusetzen:

$$R_s = \sin \pi \frac{y}{b} = 1,$$

$$R_a = 0,$$

$$R_t = R_b = -\,\varepsilon_{s\,k}\frac{a}{b}\sum_{3,5}^{\infty}{}_k \sin\frac{k\pi}{2} H\left(\frac{ka}{b}\right),$$

mit $H\left(\frac{ka}{b}\right) = \dfrac{4}{\pi\left(\frac{ka}{b}+\frac{b}{ka}\right)^2}$.

| $k$ | $-\sin\frac{k\pi}{2}\cdot\frac{1}{\left(\frac{ka}{b}+\frac{b}{ka}\right)^2}$ |
|---|---|
| 3 | + 0,1044 |
| 5 | — 0,0440 |
| 7 | + 0,0235 |
| 9 | — 0,0149 |
| 11 | + 0,0098 |

$$R_t = R_b = +\,0{,}0788 \cdot 0{,}925 \cdot \frac{4}{1{,}1\,\pi} \doteq 0{,}080$$

Nach Gl. (265), aber mit vertauschten $\psi_x$ und $\psi_y$, ist

$$\left.\begin{aligned} r_s + r_a &= -\,\varepsilon_x \frac{R_s(1+\varepsilon_y\varphi_y) - 4\,R_t\,\varepsilon_y\,\psi_y}{(1+\varepsilon_x\varphi_x)(1+\varepsilon_y\varphi_y) - 4\,\varepsilon_x\,\varepsilon_y\,\psi_x\,\psi_y},\\ r_s - r_a &= -\,\varepsilon_x \frac{R_s}{1-\varepsilon_x\psi_x},\\ r_t = r_b &= -\,\varepsilon_y \frac{R_t(1+\varepsilon_x\varphi_x) - R_s\,\varepsilon_x\,\psi_x}{(1+\varepsilon_x\varphi_x)(1+\varepsilon_y\varphi_y) - 4\,\varepsilon_x\,\varepsilon_y\,\psi_x\,\psi_y} \end{aligned}\right\} \quad (629\,\mathrm{a})$$

und daraus

$$r_s = -\,0{,}961,\quad r_a = +\,0{,}123,\quad r_t = +\,0{,}104.$$

In der Tafel 50 ist die Multiplikation der Zahlen Einfl $\omega$ aus Tafeln E.1,1/44 und E.1,1/45 mit den $r$-Werten durchgeführt.

Die Einflußfläche in den *benachbarten* Feldern der Fahrbahnplatte ergibt sich mit

$$r_t' = \frac{1-\varepsilon_t}{\varepsilon_t}\,r_t = +\,\frac{0{,}311}{0{,}689}\cdot 0{,}104 = +\,0{,}047.$$

Sie wird nicht berechnet, da sie nur kleine Werte annimmt.

### 2.6.2. *Größtes Randmoment* $-\,m_{s\,m}$ *infolge Raupenfahrzeug*

Laststellung: $\frac{u_1}{a} = 0{,}2,\ \frac{u_2}{a} = 0{,}557.$

| $\frac{u}{a}$ | $\frac{v}{a}$ | Einfl ($-\,m_{sm}$) | Faktor | $-\,m_{sm}$ |
|---|---|---|---|---|
| 0,2 | 0,55 | 0,2492 | 0,2 $P_1$ | 0,0497 $P_1$ |
| | 0,45 | 0,1903 | 0,4 $P_1$ | 0,0761 $P_1$ |
| | 0,35 | 0,1028 | 0,4 $P_1$ | 0,0411 $P_1$ |
| 0,557 | 0,55 | 0,1122 | 0,2 $P_1$ | 0,0224 $P_1$ |
| | 0,45 | 0,1036 | 0,4 $P_1$ | 0,0414 $P_1$ |
| | 0,35 | 0,0817 | 0,4 $P_1$ | 0,0327 $P_1$ |

$$-\,m_{sm} = 0{,}2634\,P_1$$

Tafel 50. Berechnung der Einflußfläche für $m_{sm}$ (Tafeln E.1,1/44 und E.1,1/45)

| $\frac{v}{a}$ | | $\frac{u}{a}$ | | | | | | | | | |
|---|---|---|---|---|---|---|---|---|---|---|---|
| | | 0 | 0,1 | 0,2 | 0,3 | 0,4 | 0,5 | 0,6 | 0,7 | 0,8 | 0,9 |
| 0,55 | — 0,961 Einfl $\omega_s$ | 0 | — 0,1299 | — 0,1922 | — 0,2119 | — 0,2050 | — 0,1824 | — 0,1513 | — 0,1155 | — 0,0778 | — 0,0390 |
| | + 0,123 Einfl $\omega_a$ | 0 | + 0,0050 | + 0,0100 | + 0,0148 | + 0,0194 | + 0,0233 | + 0,0262 | + 0,0271 | + 0,0246 | + 0,0166 |
| | — 0,925 $\sum k$ | — 0,2945 | — 0,1641 | — 0,0890 | — 0,0471 | — 0,0243 | — 0,0126 | — 0,0061 | — 0,0030 | — 0,0014 | — 0,0006 |
| | + 0,104 Einfl $(\omega_t + \omega_b)$ | 0 | + 0,0116 | + 0,0220 | + 0,0303 | + 0,0356 | + 0,0374 | + 0,0356 | + 0,0303 | + 0,0220 | + 0,0116 |
| | Einfl $m_{sm}$ | **— 0,2945** | — 0,2774 | — 0,2492 | — 0,2139 | — 0,1743 | — 0,1343 | — 0,0956 | — 0,0611 | — 0,0326 | — 0,0114 |
| 0,45 | $\omega_s + \omega_a$ | 0 | — 0,1199 | — 0,1748 | — 0,1892 | — 0,1781 | — 0,1527 | — 0,1200 | — 0,0848 | — 0,0510 | — 0,0215 |
| | $\sum k$ | 0 | — 0,0217 | — 0,0373 | — 0,0254 | — 0,0145 | — 0,0077 | — 0,0039 | — 0,0019 | — 0,0009 | — 0,0004 |
| | $\omega_t + \omega_b$ | 0 | + 0,0114 | + 0,0218 | + 0,0300 | + 0,0352 | + 0,0370 | + 0,0352 | + 0,0300 | + 0,0218 | + 0,0114 |
| | Einfl $m_{sm}$ | 0 | — 0,1302 | — 0,1903 | — 0,1846 | — 0,1574 | — 0,1234 | — 0,0887 | — 0,0567 | — 0,0301 | — 0,0105 |
| 0,35 | $\omega_s + \omega_a$ | 0 | — 0,1051 | — 0,1533 | — 0,1658 | — 0,1562 | — 0,1339 | — 0,1053 | — 0,0744 | — 0,0447 | — 0,0188 |
| | $\sum k$ | 0 | + 0,0509 | + 0,0297 | + 0,0129 | + 0,0054 | + 0,0023 | + 0,0010 | + 0,0004 | + 0,0002 | + 0,0001 |
| | $\omega_t + \omega_b$ | 0 | + 0,0109 | + 0,0208 | + 0,0286 | + 0,0336 | + 0,0353 | + 0,0336 | + 0,0280 | + 0,0208 | + 0,0109 |
| | Einfl $m_{sm}$ | 0 | — 0,0433 | — 0,1028 | — 0,1234 | — 0,1172 | — 0,0963 | — 0,0707 | — 0,0454 | — 0,0237 | — 0,0078 |
| 0,25 | $\omega_s + \omega_a$ | 0 | — 0,0818 | — 0,1194 | — 0,1293 | — 0,1216 | — 0,1043 | — 0,0819 | — 0,0580 | — 0,0349 | — 0,0147 |
| | $\sum k$ | 0 | + 0,0584 | + 0,0535 | + 0,0342 | + 0,0191 | + 0,0100 | + 0,0051 | + 0,0024 | + 0,0011 | + 0,0005 |
| | $\omega_t + \omega_b$ | 0 | + 0,0098 | + 0,0186 | + 0,0256 | + 0,0301 | + 0,0317 | + 0,0301 | + 0,0256 | + 0,0186 | + 0,0098 |
| | Einfl $m_{sm}$ | 0 | — 0,0136 | — 0,0473 | — 0,0695 | — 0,0724 | — 0,0626 | — 0,0467 | — 0,0300 | — 0,0152 | — 0,0044 |

Wegen der starken Krümmung der Einflußfläche in der Nähe des Bezugspunktes ist die Interpolation in diesem Bereich ungenau; man wird deshalb, wenn man den größtmöglichen Wert von $-m_{s\,m}$ finden will, etwa die Laststellungen $\frac{u_1}{a} = 0{,}1,\ 0{,}2,\ 0{,}3, \ldots$ untersuchen und die Ergebnisse als Linie auftragen. In unserem Fall ergibt sich auf diese Weise

$$\max(-m_{s\,m}) = 0{,}267 \cdot P_1 = 0{,}267 \cdot 42^t = 11{,}2 \text{ tm/m}$$

bei der Laststellung $\frac{u_1}{a} = 0{,}17$.

### *2.6.3. Größtes Randmoment $-m_{s\,m}$ infolge SLW*

Laststellung: $\frac{u_1}{a} = 0{,}2$, $\frac{u_2}{a} = 0{,}486$.

| $\frac{u}{a}$ | $\frac{v}{a}$ | Einfl ($-m_{sm}$) | Faktor | $-m_{sm}$ |
|---|---|---|---|---|
| 0,2 | 0,55 | 0,2492 | $P_1$ | 0,2492 $P_1$ |
| 0,2 | 0,335 | 0,0943 | 2 $P_1$ | 0,1886 $P_1$ |
| 0,486 | 0,55 | 0,1399 | $P_1$ | 0,1399 $P_1$ |
| 0,486 | 0,335 | 0,0939 | 2 $P_1$ | 0,1878 $P_1$ |

$-m_{sm} = 0{,}7655\ P_1$

Durch Auftragen der Werte für $\frac{u_1}{a} = 0{,}1,\ 0{,}2,\ 0{,}3$ erhält man

$$\max(-m_{s\,m}) = 0{,}77 \cdot P_1 = 0{,}77 \cdot 14^t = 10{,}8 \text{ tm/m}$$

bei der Laststellung $\frac{u_1}{a} = 0{,}14$.

### *2.6.4. Näherungsrechnung*

Bei starrer Einspannung des Randes $s$ und frei drehbarer Stützung aller übrigen Ränder erhält man die Einflußfläche für $-m_{s\,m}$ durch Zusammenzählen der beiden Zahlen in Tafel E. 1,1/44. Die Auswertung (wie unter P. 2.6.2.) liefert für das Raupenfahrzeug ein Moment $-m_{s\,m} = 15{,}5$ tm/m. Multipliziert man noch mit $\frac{\varepsilon_x + \varepsilon_{xk}}{2} \doteq 0{,}9$, erhält man 14,0 tm/m, also um 25% mehr als unter P. 2.6.2.

Beim SLW ergibt sich $0{,}9 \cdot 14{,}9 = 13{,}4$ tm/m, das ist um 24% mehr als unter P. 2.6.3.

## 2.7. Verkehrslast, größtes Randmoment am Querträger

### *2.7.1. Einflußfläche*

Die Einflußfläche für $m_{t\,m}$, das Moment in der Mitte des Randes $t$ $(x = \frac{a}{2},\ y = 0)$, ist in der gleichen Weise zu berechnen wie unter P. 2.6.1. gezeigt, nur mit vertauschten Koordinatenrichtungen. Es gilt jetzt

$$R_t = \sin \pi \frac{x}{a} = 1,$$

$$R_b = 0,$$

$$R_s = R_a = -\varepsilon_{tj} \cdot \frac{b}{a} \sum_{3,5}^{\infty} j \sin \frac{j\pi}{2} H\left(\frac{jb}{a}\right) \quad \text{mit} \quad H\left(\frac{jb}{a}\right) = \frac{4}{\pi\left(\frac{jb}{a} + \frac{a}{jb}\right)^2}.$$

| $j$ | $-\sin \frac{j\pi}{2} \frac{1}{\left(\frac{jb}{a} + \frac{a}{jb}\right)^2}$ |
|---|---|
| 3 | + 0,0770 |
| 5 | — 0,0310 |
| 7 | + 0,0183 |
| 9 | — 0,0100 |
| 11 | + 0,0067 |

$$R_s = R_a = +0{,}0610 \cdot 0{,}717 \cdot 1{,}1 \frac{4}{\pi} \doteq 0{,}060.$$

Das Gleichungssystem (295) liefert

$$r_s = r_a = +\,0{,}143,$$
$$r_t = -\,0{,}750,$$
$$r_b = +\,0{,}024.$$

Mit diesen Zahlen sind die Einflußwerte $\omega_s + \omega_a$ nach Tafel E.1,1/44 und $\omega_t$ bzw. $\omega_b$ nach Tafel E.1,1/45 zu multiplizieren. Dazu kommt $-\,\varepsilon_{tj} \sum_{3,5}^{\infty} j\, \frac{j\pi}{2} B_{tj}$ nach Tafel L.12.

Für die Einflußfläche in dem an den Rand $t$ *anschließenden* Plattenfeld gilt nach Gl. (288)

$$r_t' = r_t \frac{1-\varepsilon_t}{\varepsilon_t}.$$

Da das Anschlußfeld zum Feld I spiegelgleich ist, kann man auch $r_s$, $r_a$ und $r_b$ im Verhältnis $\frac{1-\varepsilon_t}{\varepsilon_t}$ abmindern. Als Anteil der höheren Reihenglieder ist $(1-\varepsilon_{tj}) \sum_{3,5}^{\infty} j \sin \frac{j\pi}{2} B_{tj}$ zu nehmen. Die Abb. 191 zeigt die Einflußfläche in beiden Feldern.

### 2.7.2. *Auswertung der Einflußfläche*

Zur Auswertung für das Raupenfahrzeug ist die Linie für $\frac{u}{a} = 0{,}322$ interpoliert (durch Zeichnen von Querschnitten, die aber nicht wiedergegeben sind). Das größtmögliche Randmoment entsteht bei der Laststellung $\frac{v}{a} \doteq 0{,}35$, Fahrzeug in Brückenachse, und beträgt $-\,m_{tm} = 6{,}8$ tm/m.

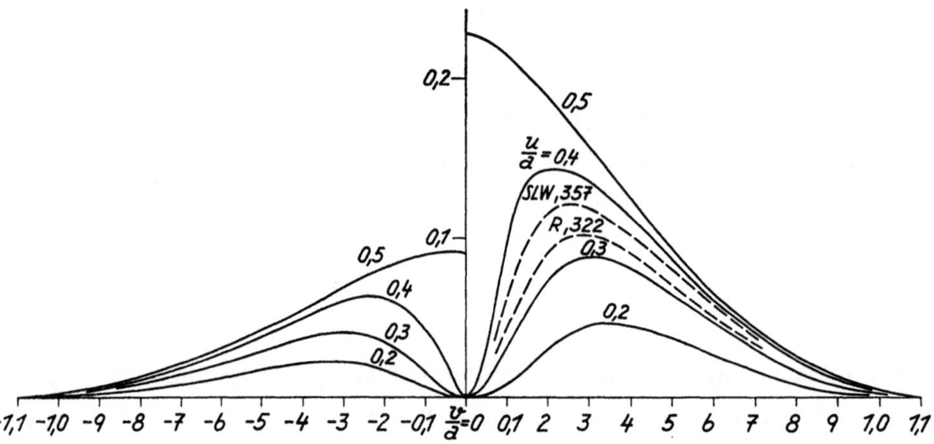


Abb. 191

Für den SLW ergibt sich mit $\frac{u}{a} = 0{,}357$ (zweite gestrichelte Linie in Abb. 191) der Größtwert $-\,m_{tm} \doteq 7{,}5$ tm/m bei der Laststellung $\frac{v_2}{a} = 0{,}37$, Fahrzeug in Brückenachse.

## 3. Verkehrslast auf der Kragplatte

### 3.1. Rechnungsannahmen

Bei der Berechnung der Kragplatte wird *starre* Einspannung im Hauptträgersteg vorausgesetzt. Die Kraglänge ist $a = 1{,}75$ m.

Für das Hinterrad des LKW mit $P_1 = 1{,}4 \cdot 7{,}5 = 10{,}5$ t gilt

$$\frac{2c}{a} = \frac{0{,}50}{1{,}75} = 0{,}285 \quad \text{und} \quad \frac{2d}{a} = \frac{0{,}20}{1{,}75} = 0{,}115.$$

Als äußerste Laststellung wird die Kragplattenmitte $\frac{u}{a} = 0{,}5$ angenommen.

### 3.2. Feldmoment $m_{xm}$

Nach Fall **SU — 12** (S. 80) ist das Moment $m_{xm}$ infolge Rechtecklast mit kleiner Lastfläche gleich dem Moment $m_{xm}$ in einem unendlichen Plattenstreifen nach Fall **$F_2$ — 12m** mit der gleichen Stützweite, vermindert um 0,1115 $P$. Mit Benützung der Tafeln F.11 und J.3 ist demnach

$$m_{xm} = P\,(0{,}1966 - 0{,}1115) = 10{,}5 \cdot 0{,}085 = 0{,}9 \text{ tm/m}.$$

Der Beitrag des LKW-Vorderrades mit $1{,}4 \cdot 5{,}0 = 7{,}0$ t und $\frac{y-v}{a} = \frac{3{,}0}{1{,}75} = 1{,}7$ ist laut Einflußfläche, Tafel J.3, negativ, daher nicht hinzuzurechnen.

### 3.3. Feldmoment $m_{ym}$

Das Moment $m_{ym}$ ergibt sich nach Fall **SU — 12** unter Heranziehung der Tafeln F.12 und J.4:

$$m_{ym} = P\,(0{,}1550 + 0{,}0079) = 10{,}5 \cdot 0{,}1629 = 1{,}71 \text{ tm/m}.$$

Das Vorderrad gibt auch hier, laut Tafel J.4, einen negativen Beitrag.

### 3.4. Stützenmoment $-m_s$

Das größte Stützenmoment $-m_s$ ist nach Tafel J.1 mit $\frac{u}{a} = 0{,}5$ für beide Lasten

$$-m_s = 10{,}5 \cdot 0{,}362 + 7{,}0 \cdot 0{,}025 = 3{,}8 + 0{,}2 = 4{,}0 \text{ tm/m}.$$

### 3.5. Moment $m_y$ am ungestützten Rand

Wenn man annehmen will, daß ausnahmsweise, etwa bei einem Unfall, eine Radlast an den *Rand* der Kragplatte zu stehen kommt, erhält man das Moment $m_y$ am ungestützten Rand wie folgt: Nach Fall **SU — 12** ist dieses Moment gleich $2\,m_{ym} + \frac{2}{3}\,m_{xm} - P \cdot 0{,}1338$. Hierin ist $m_{xm}$ und $m_{ym}$ für einen unendlichen Plattenstreifen nach Fall **$F_2$ — 12m** mit der Stützweite $2\,a$ zu berechnen; die Lastbreite $2\,c$ ist ebenfalls zu verdoppeln. Somit ist mit $\frac{4c}{2a} = 0{,}285$ und $\frac{2d}{2a} = 0{,}058$ nach Tafel F.11 und F.12:

$$+m_{ya} = P\left(2 \cdot 0{,}1750 + \frac{2}{3}\,0{,}1984 - 0{,}1338\right) = 10{,}5 \cdot 0{,}348 = 3{,}7 \text{ tm/m}.$$

Der größte *negative* Wert infolge *einer* Last am ungestützten Rand ergibt sich mit $\frac{y-v}{a} = 1{,}0$ aus Tafel J.2:

$$-m_{ya} = P \cdot 0{,}057.$$

## 4. Momente im Hauptträgersteg

### 4.1. Vorzeichen

Es wird festgesetzt, daß ein positives Moment an der *Außenseite* Zug erzeugt. Das Moment in lotrechter Richtung wird mit $m_z$ bezeichnet.

### 4.2. Lotrechte Momente am oberen Rand

#### *4.2.1. Ständige Lasten*

In Randmitte wirkt das Randmoment der Fahrbahnplatte und in entgegengesetztem Sinn das Moment der Kragplatte, somit ist

$$m_{zm} = +\,2{,}47 - 2{,}20 = +\,0{,}27 \text{ tm/m}.$$

In der Nähe des Querträgers wird das Randmoment der Fahrbahnplatte klein, es verbleibt daher annähernd das gesamte Kragmoment:

$$m_z = -2{,}20 \text{ tm/m}.$$

### 4.2.2. *Verkehrslast auf der Fahrbahnplatte*

Das Randmoment der Fahrbahnplatte ist zur Gänze vom Hauptträgersteg aufzunehmen. In Randmitte $\left(y = \frac{b}{2}\right)$ entsteht nach P. 2.6.2. (Raupenfahrzeug) der Größtwert $\max m_z = + 11{,}2$ tm/m; nach P. 2.6.3. (SLW) ist $\max m_z = + 10{,}8$ tm/m. Dieses Moment nimmt gegen die Querträger hin auf Null ab.

### 4.2.3. *Verkehrslast auf der Kragplatte*

Das größte Stützenmoment der Kragplatte nach P. 3.4. verteilt sich auf den Hauptträgersteg und die Fahrbahnplatte annähernd im Verhältnis der Steifheitszahlen $\lambda_{II}''$ (P. 2.1.2.) und $\lambda_x'$ (P. 2.1.5.).

Auf den Steg entfällt

$$m_z = -4{,}0 \frac{7{,}0}{7{,}0 + 1{,}27} = -3{,}4 \text{ tm/m}.$$

Dieses Moment kann in jedem Punkt des Randes auftreten.

## 4.3. Waagrechte Momente

Der Momentangriff am oberen Rand erzeugt im Trägersteg Momente nach Fall **$D_2$FU — 0t**. Das Moment $m_z$ fällt vom oberen Rand weg rasch ab. Die waagrechten Momente $m_y$ sind am unteren, ungestützten Rand am größten. Bei frei drehbarer Stützung der lotrechten Ränder (Fall **$F_3$U — 0t**) und kleinem Seitenverhältnis $\frac{h}{a}$ ist in der Mitte des ungestützten Randes

$$m_{yh} \doteq \frac{1}{2} m_t.$$

Die Einspannung der lotrechten Ränder hat auf dieses Moment keinen großen Einfluß. Das Raupenfahrzeug auf der Fahrbahnplatte erzeugt demnach in der Mitte des ungestützten Randes

$$m_y \doteq + \frac{1}{2} 11{,}2 = + 5{,}6 \text{ tm/m (Zug außen)}.$$

Die Radlast auf der Kragplatte erzeugt

$$m_y \doteq - \frac{1}{2} 3{,}4 = - 1{,}7 \text{ tm/m (Zug innen)}.$$

Für starre Einspannung der lotrechten Ränder ist das Moment $m_y$ an der *unteren* Ecke aus Tafel D.6 zu entnehmen. Da das Moment an der Ecke eine steile Spitze aufweist, für die man den Bauteil nicht bemessen kann, ist in der Tafel der *Durchschnittswert* auf eine Strecke von der Höhe $0{,}2\,h$, das ist in unserem Fall $0{,}2 \cdot 1{,}40 = 0{,}28$ m, angegeben. Mit dem Seitenverhältnis 0,182 (P. 2.1.2.) findet man für *starre* Einspannung *beider* lotrechten Ränder:

$$[m_y] = -1{,}96 \cdot m_z.$$

Bei der vorliegenden *elastischen* Einspannung im gleichartigen Nachbarfeld kann man setzen

$$[m_y] = -1{,}96 \cdot m_z \cdot 0{,}6 \doteq -1{,}2\, m_z.$$

Das Raupenfahrzeug erzeugt demnach

$$[m_y] = -1{,}2 \cdot 11{,}2 = -13{,}4 \text{ tm/m (Zug innen)}$$

und die Radlast auf der Kragplatte

$$[m_y] = +1{,}2 \cdot 3{,}4 = +4{,}1 \text{ tm/m (Zug außen)}.$$

Nach oben zu nimmt das Einspannmoment rasch ab.

## 5. Berechnung der Querträger

### 5.1. Momente im Querträgersteg

Durch die *ständige* Last entstehen bei gleichen Querträgerabständen keine Momente. Der *End*querträger ist in gleicher Weise wie der Hauptträgersteg (P. 4.2.1.) zu behandeln.

Das Randmoment $m_t$ der Fahrbahnplatte infolge *Verkehrslast* (P. 2.7.2.) verteilt sich auf das Nachbarfeld der Fahrbahnplatte und den Querträgersteg annähernd im Verhältnis der Steifheitszahlen $\lambda_y'$ und $\lambda_{III}'$ (P. 2.1.5.). Auf den Querträgersteg entfällt (infolge SLW):

$$\pm m_z = 7{,}5 \frac{0{,}94}{0{,}94 + 1{,}29} = 3{,}2 \text{ tm/m}.$$

Am untern Rand entstehen (siehe P. 4.3.) waagrechte Momente:

In Randmitte $$\pm m_y \doteq \frac{1}{2} 3{,}2 = 1{,}6 \text{ tm/m}.$$

Für den Anschluß an den Hauptträger erhält man nach Tafel D.6 bei annähernd *starrer* Einspannung den Durchschnittswert des Momentes auf eine Höhe von $0{,}2 \cdot 1{,}20 = 0{,}24$ m von der unteren Ecke ab:

$$\pm [m_y] = 2{,}14 \cdot 3{,}2 = 6{,}9 \text{ tm/m}.$$

### 5.2. Trägermomente

#### *5.2.1. Ständige Lasten*

Das gesamte Moment in Brückenachse infolge Fahrbahn- und Kragplatte beträgt je Querträger:

$$M_m = 7{,}70 \left(0{,}9 \cdot \frac{7{,}0^2}{8} - 2{,}20\right) = 25{,}4 \text{ tm}.$$

Vom Querträgersteg kommt dazu $1{,}0 \cdot \frac{7{,}0^2}{8} = 6{,}1$ tm. Davon ist das von der Fahrbahnplatte in Brückenachse aufgenommene Moment abzuziehen. Wenn man als durchschnittliches Moment 0,55 des Mittenmomentes $m_{xm}$ nach P. 2.2.5. annimmt, ist der Anteil der Platte:

$$M_m = 0{,}55 \cdot 0{,}95 \cdot 7{,}70 = 4{,}0 \text{ tm}.$$

Damit ist das Moment in Querträgermitte

$$M_{Tm} = 27{,}5 \text{ tm}.$$

Auf dem gleichen Wege erhält man die negativen Endmomente im Querträger:

$$- M_{T0} = 7{,}70 \,(2{,}20 - 0{,}55 \cdot 2{,}47) = 6{,}5 \text{ tm}.$$

#### *5.2.2. Verkehrslast*

*5.2.2.1. Einflußfläche des Mittenmoments.* Die Einflußfläche nach Tafel L.4 gilt für das Mittenmoment des Trägers unter dem Querrand eines unendlichen Halbstreifens, der an den Längsrändern frei drehbar gestützt und am Querrand starr eingespannt ist. Bei über den Querträger *durchlaufendem* Plattenstreifen gilt für die andere Seite die spiegelgleiche Einflußfläche. Für eine Rechteckplatte mit starr eingespanntem Rand $t$ und frei drehbarer Stützung der übrigen Ränder wäre näherungsweise die Zusatzfunktion

$$F = a \left[ -\sin \pi \frac{u}{a} \cdot \frac{2}{\pi^2} \frac{e^{-\pi \frac{b}{a}}}{\operatorname{Sin} \pi \frac{b}{a}} \operatorname{Sin} \pi \frac{v}{a} \left(1 + \pi \frac{b}{a} + \pi \frac{b}{a} \operatorname{Cotg} \pi \frac{b}{a} - \pi \frac{v}{a} \operatorname{Cotg} \pi \frac{v}{a}\right) + \right.$$
$$\left. + 4 \frac{b}{a} e^{-2\pi \frac{b}{a}} \operatorname{Einfl} \omega_t \right] \tag{630}$$

zu überlagern. Die in diesem Beispiel maßgebenden, *einzelnen* Fahrzeuge erstrecken sich jedoch nur über einen kleinen Bereich beiderseits des Querträgers; dort kann die Zusatzfunktion vernachlässigt werden.

Die Einspannung der Längsränder der Platte vermindert das Moment im Querträger nicht, da die Einspannmomente über die Hauptträgerstege wieder zum Querträger kommen.

*5.2.2.2. Auswertung der Einflußfläche für das Raupenfahrzeug.* Die vereinfachend als Linienlasten eingeführten Lasten des Raupenfahrzeugs sind in $\frac{u_1}{a} = 0{,}5$, $\frac{u_2}{a} = 0{,}143$ aufzustellen und erstrecken sich von $\frac{d}{a} = 0{,}25$ bis $-0{,}25$.

Der gemittelte Einflußwert in $\frac{u_1}{a} = 0{,}5$ ist

$$\text{Einfl } M_{T\,m} = \frac{a}{4} \cdot \frac{1}{5}\left[1 + \frac{2\,(0{,}1876 + 0{,}2183)}{0{,}25}\right] = \frac{a}{4} \cdot 0{,}85.$$

In der Linie $\frac{u_2}{a} = 0{,}143$ gilt entsprechend

$$\text{Einfl } M_{T\,m} = \frac{0{,}143}{2} \cdot a \cdot \frac{1}{5}\left[1 + \frac{2 \cdot (0{,}0677 + 0{,}0709)}{0{,}0715}\right] = \frac{0{,}143}{2} \cdot a \cdot 0{,}98.$$

Um das größtmögliche Moment $M_T$ zu erhalten, werden die Lasten $0{,}85\,P_1$ und $0{,}98\,P_1$ in den Punkten $u_1 = 4{,}17$ m und $u_2 = 1{,}67$ m (Abb. 192) aufgestellt. Dann ist $\max M_T = 
= 42^t\,(0{,}98 \cdot 1{,}67 + 0{,}85 \cdot 4{,}17)\,\frac{2{,}83}{7{,}00} = 88$ tm.

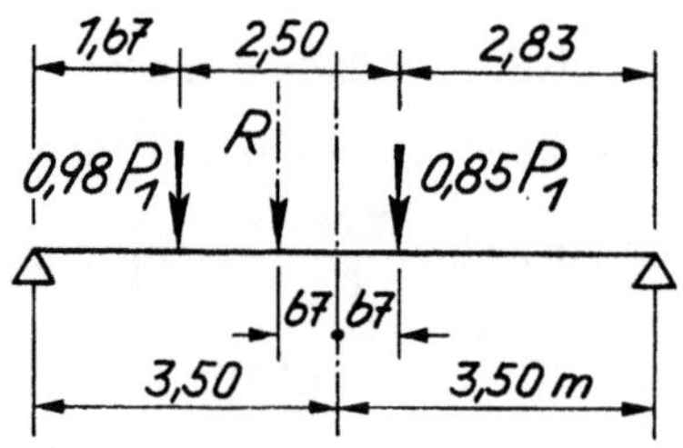


Abb. 192

*5.2.2.3. Auswertung der Einflußfläche für den SLW.* Für jeweils drei Radlasten des SLW mit $\frac{v_1}{a} = 0{,}215$, $\frac{v_2}{a} = 0$, $\frac{v_3}{a} = -0{,}215$ ergeben sich folgende Einflußwertsummen:

In $\frac{u_1}{a} = 0{,}5$ $\qquad \sum \text{Einfl } M_{T\,m} = \frac{a}{4}\left[1 + 2\,\frac{0{,}1833}{0{,}25}\right] = \frac{a}{4} \cdot 2{,}467.$

In $\frac{u_2}{a} = 0{,}214$ $\qquad \sum \text{Einfl } M_{T\,m} = \frac{0{,}214}{2}\,a\left[1 + 2\,\frac{0{,}0990}{0{,}107}\right] = \frac{0{,}214}{2}\,a \cdot 2{,}85.$

Die ungünstigste Stellung der beiden Lasten $2{,}467\,P_1$ und $2{,}85\,P_1$ ist rund $u_1 = 4{,}00$ m und $u_2 = 2{,}00$ m, damit das größtmögliche Moment:

$$\max M_T = 14 \cdot (2{,}85 \cdot 2{,}0 + 2{,}467 \cdot 4{,}0)\,\frac{3{,}0}{7{,}0} = 93{,}5 \text{ tm}.$$

*5.2.2.4. Negatives Endmoment.* Bei der Laststellung nach P. 3.4. auf der Kragplatte entfällt auf den Querträger:

$$-M_{T\,0} = \left(10{,}5 + 7{,}0\,\frac{4{,}70}{7{,}70}\right)\frac{1{,}75}{2} = 13{,}0 \text{ tm}.$$

## 5.3. Querkräfte im Träger

### *5.3.1. Ständige Last*

Für zwei allseitig starr eingespannte Fahrbahnplattenfelder erhält man nach Tafel B.9 die Querkraft am Auflager

$$Q = 2 \cdot 0{,}9 \cdot 7{,}0^2 \cdot 0{,}1257 = 11{,}1^t.$$

Der Querträgersteg trägt bei $1{,}0\,\frac{7{,}0}{2} = \underline{3{,}5^t}$

zusammen $Q = 14{,}6^t$.

*5.3.2. Verkehrslast*

Es ist die Einflußfläche nach Tafel L.5, spiegelbildlich zum Querträger ergänzt, heranzuziehen. Das Raupenfahrzeug in der Stellung $\frac{u_1}{a} = 0{,}1$, $\frac{u_2}{a} = 0{,}457$ liefert

$$Q = 42^t\,(0{,}65 + 0{,}53) = 49{,}5^t.$$

Der SLW in der Stellung $\frac{u_1}{a} = 0{,}1$, $\frac{u_2}{a} = 0{,}386$

ergibt $$Q = 14\,(0{,}900 + 2 \cdot 0{,}427 + 0{,}614 + 2 \cdot 0{,}559) = 57{,}3^t.$$

## Berechnungsbeispiel 7: Fahrbahnplatte einer Straßenbrücke mit stählernem Haupttragwerk

### 1. Berechnungsgrundlagen

Die Abb. 193 zeigt den Brückenquerschnitt. Die Plattendicke sei durchwegs die gleiche. Hinsichtlich der Belastung gilt die „Vorbemerkung zu den Berechnungsbeispielen 6 bis 10" (S. 497).

Zunächst wird ein mittlerer Plattenteil, der dem Einfluß der Querränder nicht unterworfen ist und dementsprechend langgestreckt vorausgesetzt wird, als unendlicher Plattenstreifen (Fall **$F_2$—12**) behandelt, wobei die beiderseitigen Kragplatten unberücksichtigt bleiben.

Im nächsten Abschnitt wird die Einspannwirkung der Kragplatten untersucht; sie übernehmen vom Plattenstreifen örtliche Einspannmomente im Bereich der Last und geben sie, auf große Strecken beiderseits verteilt, wieder an den Plattenstreifen ab. Der Rechnungsweg geht auf jeden Fall von einem System mit frei drehbar gestützten *Querrändern* aus; der Übergang $b \to \infty$ führt dann auf Fouriersche Integrale. Es ist aber weniger zeitraubend, diesen Übergang nicht durchzuführen und mit einer entsprechend langgestreckten Rechteckplatte — etwa $b = 4\,a$ — zu rechnen, in deren Mittellinie, $y = \frac{b}{2}$, die Last steht. Man erhält so die Momente im Lastbereich hinreichend genau. In gewissem Abstand von der Last (in Längsrichtung) wechseln die Momente das Vorzeichen. Um auch in diesem Bereich zutreffende Werte zu erhalten, müßte man mit einer wesentlich größeren Plattenlänge, etwa $b = 10\,a$, rechnen. Je größer das Seitenverhältnis gewählt wird, um so mehr Reihenglieder $k$ benötigt man aber für dieselbe Rechengenauigkeit.

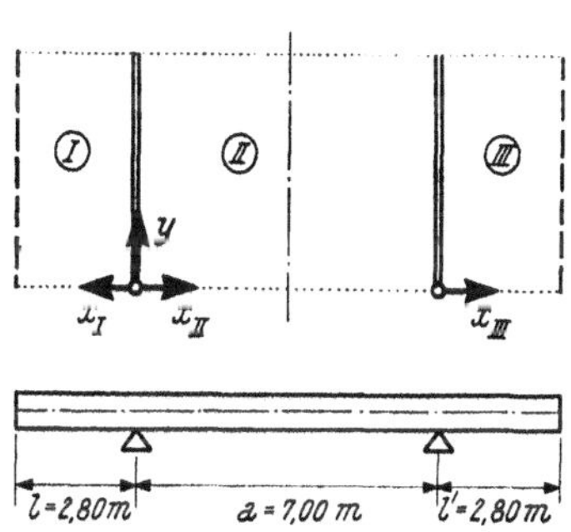

Abb. 193

Die Entlastung der Feldmomente durch die Kragplatten ist, wie zu erwarten, gering. Der gezeigte Rechnungsgang ist aber in gleicher Weise anzuwenden, wenn es sich um die Einspannung einer Fahrbahnplatte in den Stegen von Stahlbeton-Hauptträgern, bei weit auseinanderliegenden Querträgern, handelt. Da die Stege meist wesentlich dicker als die Fahrbahnplatte sind, ist ihre einspannende Wirkung beträchtlich und es lohnt sich eine Untersuchung.

Für die Momente in der Kragplatte werden *Einflußflächen* entwickelt. Der vorerwähnte Einfluß des gewählten Seitenverhältnisses $\frac{b}{a}$ ist hier ebenso vorhanden. Es zeigen sich beachtliche Abweichungen gegenüber den Einflußflächen der *starr* eingespannten Kragplatte.

Im letzten Teil des Berechnungsbeispiels werden die Biegemomente im Bereich eines *Querrandes* behandelt, und zwar: a) an einem ungestützten Querrand; b) im Bereich eines frei drehbar gestützten Querrandes; c) im Bereich eines Zwischenquerträgers bei durchlaufender Platte.

Man wird die Platte auf den Zwischenquerträgern womöglich nicht aufliegen lassen, da dies für die Platte keinen Vorteil bringt; der Fall wird trotzdem behandelt, da er aus irgendwelchen Gründen doch vorkommen kann.

## 2. Berechnung als unendlicher Plattenstreifen ohne Kragplatten

### 2.1. Größtmomente

#### *2.1.1. $m_x$ infolge Raupenfahrzeug*

Die bezogenen Lastbreiten sind: $\frac{2c}{a} = \frac{0{,}5}{7{,}0} = 0{,}0714$ für *eine* Last und

$$\frac{2d}{a} = \frac{3{,}5}{7{,}0} = 0{,}50;$$

Abstand der Lastmittellinien $\frac{u_2 - u_1}{a} = \frac{2{,}5}{7{,}0} = 0{,}357.$

Für *mittige* Stellung der einen Last $P_1$ ist nach Tafel F.11: $m_{xm} = 0{,}2153\ P_1$. Der Beitrag der zweiten Last ergibt sich aus der Einflußfläche nach Tafel F.21 mit $\frac{u_2}{a} = 0{,}5 - 0{,}357 = 0{,}143$ (interpoliert) und $\frac{y-v}{a}$ von $-0{,}25$ bis $+0{,}25$ (die Verteilungsbreite in der $x$-Richtung wird vernachlässigt):

| $\frac{y-v}{a}$ | Einflußwerte für $\frac{u}{a} = 0{,}143$ |
|---|---|
| $-0{,}2$ | 0,0422 |
| $-0{,}1$ | 0,0395 |
| 0 | 0,0375 |
| $+0{,}1$ | 0,0395 |
| $+0{,}2$ | 0,0422 |

$$m_{xm} = 0{,}2009 \cdot \frac{P_1}{5} = 0{,}0402\, P_1.$$

Das Gesamtmoment ist

$$m_{xm} = (0{,}2153 + 0{,}0402)\ P_1 = 0{,}2555 \cdot P_1 = 0{,}1278\ \Sigma P.$$

Bei Aufstellung der einen Last im Punkt $\frac{u_1}{a} = 0{,}6$ ist das Moment im Lastmittelpunkt *annähernd* unter Verwendung der Tafel F.15, die streng nur für *kleine* Lastflächen gilt:

$$m_x = (0{,}2153 - 0{,}0040)\ P_1 = 0{,}2113\ P_1.$$

Der Einfluß der zweiten Last ist mittels der Einflußfläche nach Tafel F.23 mit $\frac{u_2}{a} = 0{,}6 - 0{,}357 = 0{,}243$ zu berechnen:

| $\frac{y-v}{a}$ | Einflußwerte für $\frac{u}{a} = 0{,}243$ |
|---|---|
| $-0{,}2$ | 0,0540 |
| $-0{,}1$ | 0,0507 |
| 0 | 0,0485 |
| $+0{,}1$ | 0,0507 |
| $+0{,}2$ | 0,0540 |

$$m_x = 0{,}2579 \cdot \frac{P_1}{5} = 0{,}0516\, P_1.$$

Das Gesamtmoment im Punkt $\frac{x}{a} = 0{,}6$ ist demnach

$$m_x = (0{,}2113 + 0{,}0516)\ P_1 = 0{,}2629\ P_1 = 0{,}1315\ \Sigma P.$$

Es ist etwas größer als das Moment in $\frac{x}{a} = 0{,}5$. Ähnlich wie beim Träger auf zwei Stützen entsteht das größtmögliche Moment $m_x$ infolge *zweier* Lasten dann, wenn die größere Last und die Resultierende beider Lasten symmetrisch zur Mittellinie $\frac{x}{a} = 0{,}5$ stehen. In unserem Fall wäre $\frac{u_1^*}{a} = 0{,}5 + \frac{0{,}357}{4} = 0{,}589$, also annähernd 0,6.

### 2.1.2. $m_y$ *infolge Raupenfahrzeug*

Wenn zwei Lasten, in der Momentenrichtung gesehen, *neben*einander stehen und langgestreckt sind, entsteht das größte Moment in der Symmetrielinie der beiden Lasten. Das Fahrzeug ist demnach symmetrisch zur Mittellinie $\frac{x}{a} = 0{,}5$ aufzustellen (Abb. 194).

Von der Wirkung einer Last $\Sigma P \cdot \frac{2\,c_1}{4\,c}$ auf dem Rechteck $2\,c_1 \cdot 2\,d$ ist die Wirkung einer Last $\Sigma P \frac{2\,c_2}{4\,c}$ auf dem Rechteck $2\,c_2 \cdot 2\,d$ abzuziehen. Mit

$$\frac{2\,c_1}{a} = 0{,}357 + 0{,}0714 = 0{,}4284;$$

$$\frac{2\,c_2}{a} = 0{,}357 - 0{,}0714 = 0{,}2856 \quad \text{und}$$

$$\frac{2\,d}{a} = 0{,}5$$

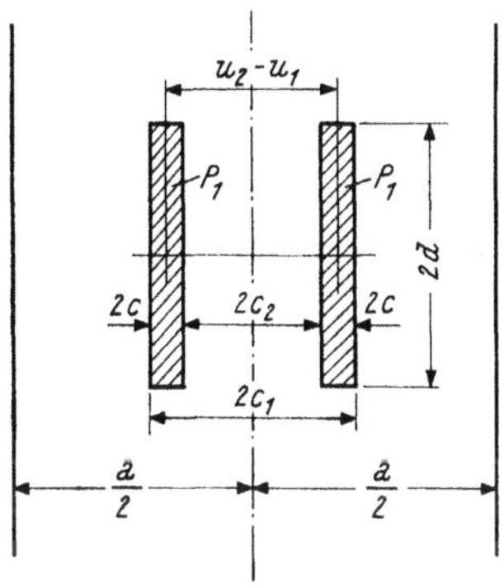


Abb. 194

findet man die entsprechenden Beiwerte aus Tafel F.12. Damit ist

$$m_{y\,m} = \frac{\Sigma P}{2 \cdot 0{,}0714}\,[0{,}4284 \cdot 0{,}06935 - 0{,}2856 \cdot 0{,}07395] = 0{,}0602 \cdot \Sigma P.$$

Negatives Feldmoment $m_y$. Bei einer Laststellung $\frac{y-v}{a} > 0{,}3$ entstehen *negative* Momente $m_y$. Aus der Einflußfläche, Tafel F.22, erhält man nachstehende Werte:

| $\frac{u}{a}$ | $\frac{y-v}{a}$ | Einflußwerte |
|---|---|---|
| 0,32 | 0,5 | — 0,0154 |
| | 0,6 | — 0,0178 |
| | 0,7 | — 0,0177 |
| | 0,8 | — 0,0163 |
| | 0,9 | — 0,0144 |

$$m_y = -0{,}0816 \cdot \frac{2}{5} P_1 = -0{,}0163\,\Sigma P$$

Der negative Größtwert von $m_y$ beträgt etwas mehr als $\frac{1}{4}$ des positiven Größtwerts.

### 2.1.3. $m_x$ *infolge SLW*

Für *eine* Radlast gilt

$$\frac{2\,c}{a} = \frac{0{,}60}{7{,}00} = 0{,}0858;$$

$$\frac{2\,d}{a} = \frac{0{,}20}{7{,}00} = 0{,}0286.$$

Die bezogenen Lastabstände sind

$$\frac{u_2 - u_1}{a} = \frac{2{,}0}{7{,}0} = 0{,}286;$$

$$\frac{v_2 - v_1}{a} = \frac{v_3 - v_2}{a} = \frac{1{,}5}{7{,}0} = 0{,}215.$$

Bei mittiger Stellung eines Rades der mittleren Achse ist der Beitrag dieser Radlast nach Tafel F.13 (interpoliert):

$$m_{xm} = 0{,}2930\ P_1.$$

Die Beiträge der übrigen Radlasten sind mittels der Einflußfläche nach Tafel F.21 zu ermitteln:

| $\frac{u}{a}$ | $\frac{y-v}{a}$ | Einflußwert |
|---|---|---|
| 0,5 | + 0,215 | 0,1641 |
| 0,5 | — 0,215 | 0,1641 |
| 0,214 | + 0,215 | 0,0639 |
| 0,214 | 0 | 0,0586 |
| 0,214 | — 0,215 | 0,0639 |
| | $\Sigma$ | 0,5146 |

Gesamtmoment $m_{xm} = (0{,}2930 + 0{,}5146)\ P_1 = 0{,}8076\ P_1 = 0{,}1346\ \Sigma\ P$.

Bei Stellung der maßgebenden Radlast im Punkt $\frac{u_1}{a} = 0{,}6$ ist der Beitrag dieser Last zum Moment in diesem Punkt unter Heranziehung der Tafel F.15:

$$m_x = (0{,}2930 - 0{,}0040)\ P_1 = 0{,}2890\ P_1.$$

Die Beiträge der übrigen Radlasten sind nach Tafel F.23:

| $\frac{u}{a}$ | $\frac{y-v}{a}$ | Einflußwert |
|---|---|---|
| 0,6 | + 0,215 | 0,1596 |
| 0,6 | — 0,215 | 0,1596 |
| 0,314 | + 0,215 | 0,0738 |
| 0,314 | 0 | 0,0663 |
| 0,314 | — 0,215 | 0,0738 |
| | $\Sigma$ | 0,5331 |

Gesamtmoment $m_x = (0{,}2890 + 0{,}5331)\ P_1 = 0{,}8221\ P_1 = 0{,}1370\ \Sigma\ P$. Das Moment im Punkt $\frac{x}{a} = 0{,}6$ ist etwas größer als das Mittenmoment $m_{xm}$. Der *größtmögliche* Wert wird bei der Laststellung $\frac{u_1}{a} = 0{,}5 + \frac{0{,}286}{4} \doteq 0{,}57$ entstehen.

### *2.1.4. $m_y$ infolge SLW*

Nachdem die Verteilungsbreite einer Last in der Momentenrichtung klein ist, entsteht das größte Moment unter einer Last.

Mit $\frac{u_1}{a} = 0{,}6$ und $\frac{u_2}{a} = 0{,}314$ ist für die maßgebende Last die Tafel F.14 und F.15, für die übrigen Lasten die Tafel F.24 heranzuziehen.

| $\frac{u}{a}$ | $\frac{y-v}{a}$ | Einflußwerte |
|---|---|---|
| 0,6 | 0 | 0,2571 — 0,0040 . . . 0,2531 |
| 0,6 | + 0,215 | 0,0139 |
| 0,6 | — 0,215 | 0,0139 |
| 0,314 | + 0,215 | 0,0278 |
| 0,314 | 0 | 0,0663 |
| 0,314 | — 0,215 | 0,0278 |

$$m_y = 0{,}4028\ P_1 = 0{,}0671\ \Sigma\ P$$

Der *negative* Größtwert von $m_y$ entsteht in $\frac{x}{a} = 0{,}5$ und ist wie beim Raupenfahrzeug aus der Einflußfläche Tafel F.22 zu ermitteln.

## 2.2. Momentenlinien

### 2.2.1. $m_x$ *infolge Raupenfahrzeug*

Das Moment $m_x$ auf der Linie $y = v$ infolge zweier gleicher Lasten $\frac{\Sigma P}{2}$ mit den Verteilungsbreiten $2\,c$ und $2\,d$ sowie den Abszissen der Lastmittelpunkte $u_1$ und $u_2$ ist nach Fall **F₂—12** (S. 63):

$$m_{xv} = \mathfrak{M}_x - \frac{\Sigma P}{2} \sum_{1,2}^{\infty} {}_j \sin j\pi \frac{x}{a} \left(\sin j\pi \frac{u_1}{a} + \sin j\pi \frac{u_2}{a}\right) \frac{\sin j\pi \frac{c}{a}}{j\pi \frac{c}{a}} \frac{1}{j\pi} \left(\frac{1}{2} + \frac{1}{j\pi \frac{d}{a}}\right) e^{-j\pi \frac{d}{a}}. \qquad (631)$$

Hierin ist $\mathfrak{M}_x$ das Moment infolge zweier Streifenlasten nach Fall **F₂ — 2** (S. 49) mit $p = \frac{\Sigma P}{2 \cdot 2\,c \cdot 2\,d}$.

Es gilt im

$$\left.\begin{aligned}
&\text{Bereich } 0 \leqq x \leqq u_1 - c \ldots \mathfrak{M}_x = \frac{\Sigma P}{2 \cdot \frac{2d}{a}} \left(2 - \frac{u_1}{a} - \frac{u_2}{a}\right) \frac{x}{a},\\
&\text{Bereich } u_1 - c \leqq x \leqq u_1 + c \ldots \mathfrak{M}_x = \frac{\Sigma P}{2 \cdot \frac{2d}{a}} \left[\left(2 - \frac{u_1}{a} - \frac{u_2}{a}\right) \frac{x}{a} - \frac{1}{4\frac{c}{a}} \left(\frac{x - u_1 + c}{a}\right)^2\right],\\
&\text{Bereich } u_1 + c \leqq x \leqq u_2 - c \ldots \mathfrak{M}_x = \frac{\Sigma P}{2 \cdot \frac{2d}{a}} \left[\frac{u_1}{a}\left(1 - \frac{x}{a}\right) + \left(1 - \frac{u_2}{a}\right) \frac{x}{a}\right],\\
&\text{Bereich } u_2 - c \leqq x \leqq u_2 + c \ldots \mathfrak{M}_x = \frac{\Sigma P}{2 \cdot \frac{2d}{a}} \left[\left(\frac{u_1}{a} + \frac{u_2}{a}\right)\left(1 - \frac{x}{a}\right) - \frac{1}{4\frac{c}{a}} \left(\frac{u_2 + c - x}{a}\right)^2\right],\\
&\text{Bereich } u_2 + c \leqq x \leqq a \ldots\ldots\ldots \mathfrak{M}_x = \frac{\Sigma P}{2 \cdot \frac{2d}{a}} \left(\frac{u_1}{a} + \frac{u_2}{a}\right)\left(1 - \frac{x}{a}\right).
\end{aligned}\right\} \qquad (632)$$

Die Abb. 195 zeigt die Momentenlinien $m_{xv}$ für folgende Laststellungen:

1. $\frac{u_1}{a} = 0{,}143$, $\qquad \frac{u_2}{a} = 0{,}5$,
2. $\frac{u_1}{a} = 0{,}243$, $\qquad \frac{u_2}{a} = 0{,}6$,
3. $\frac{u_1}{a} = 0{,}4$, $\qquad \frac{u_2}{a} = 0{,}757$ (Spiegelbild zu 2).

Die Hüllkurve aller Momentenlinien, also die *Größtmomentenlinie*, ist gestrichelt eingezeichnet. Das größtmögliche Moment $m_x$ tritt bei Laststellung 3 im Punkt $\frac{x}{a} \doteq 0{,}41$ bzw. bei Stellung 2 im Punkt $\frac{x}{a} = 0{,}59$ auf. In Tafel 51 ist die Berechnung der Momentenlinie für diese Laststellung wiedergegeben. Die sin-Werte sind aus einer Tafel für 100°-Teilung, die übrigen Zahlen aus Tafel A.1 entnommen. Das Moment $m_{xv}$ im Punkte $\frac{x}{a} = 0{,}6$ ist nach dieser genaueren Berechnung $0{,}1310\, \Sigma P$ gegenüber $0{,}1315\, \Sigma P$ nach der Berechnung mit Hilfe der Tafeln (P. 2.1.1.). Der außerhalb des Lastmittelpunktes liegende Größtwert beträgt $0{,}1315\, \Sigma P$.

### 2.2.2. $m_y$ infolge Raupenfahrzeug

Das Moment $m_y$ auf der Linie $y = v$ ist nach Fall $\boxed{F_2—12}$:

$$m_{yv} = \frac{\Sigma P}{2} \sum_{1,2}^{\infty} {}_j \sin j\pi \frac{x}{a} \left(\sin j\pi \frac{u_1}{a} + \sin j\pi \frac{u_2}{a}\right) \frac{\sin j\pi \frac{c}{a}}{j\pi \frac{c}{a}} \frac{1}{2j\pi} e^{-j\pi \frac{d}{a}}. \tag{633}$$

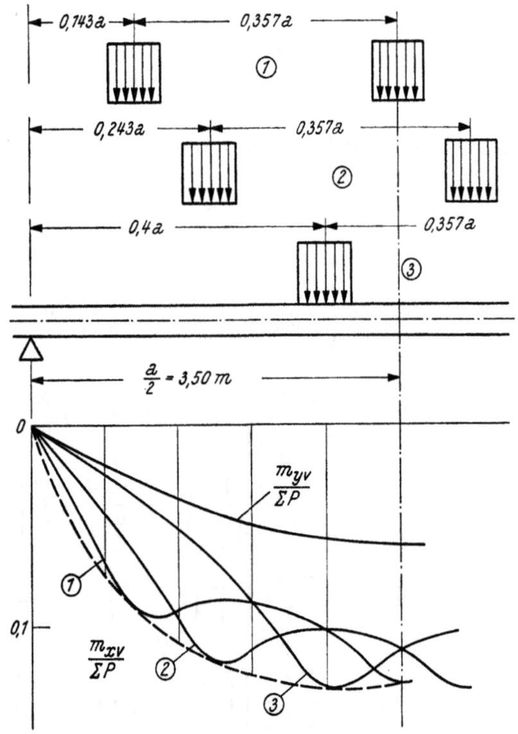


Abb. 195

Tafel 51. Berechnung von $m_{xv}$ für zwei Rechtecklasten

| $j$ | $\frac{u_1}{a} = 0{,}243$ <br> $\sin j\pi \frac{u_1}{a}$ | $\frac{u_2}{a} = 0{,}6$ <br> $\sin j\pi \frac{u_2}{a}$ | $\sin j\pi \frac{u_1}{a}$ <br> $+ \sin j\pi \frac{u_2}{a}$ | $\frac{1}{2j\pi}$ | $\frac{c}{a} = 0{,}0357$ <br> $\frac{\sin j\pi \frac{c}{a}}{j\pi \frac{c}{a}}$ | $\frac{d}{a} = 0{,}25$ <br> $\frac{1}{2} + \frac{1}{j\pi \frac{d}{a}}$ | $e^{-j\pi \frac{d}{a}}$ | $\frac{\mathfrak{M}}{\Sigma P}$ |
|---|---|---|---|---|---|---|---|---|
| 1 | + 0,69139 | + 0,95106 | + 1,64245 | $\frac{1}{2\pi}$ | 0,99790 | 1,7732 | 0,45594 | $-0{,}21090 \cdot \sin \pi \frac{x}{a}$ |
| 2 | + 0,9990 | — 0,5878 | + 0,4112 | $\frac{1}{4\pi}$ | 0,9916 | 1,137 | 0,2079 | $-0{,}00767 \cdot \sin 2\pi \frac{x}{a}$ |
| 3 | + 0,7522 | — 0,5878 | + 0,1644 | $\frac{1}{6\pi}$ | 0,9812 | 0,924 | 0,0948 | $-0{,}00075 \cdot \sin 3\pi \frac{x}{a}$ |
| 4 | + 0,0878 | + 0,9511 | + 1,0389 | $\frac{1}{8\pi}$ | 0,9668 | 0,818 | 0,0432 | $-0{,}00141 \cdot \sin 4\pi \frac{x}{a}$ |
| 5 | — 0,6252 | 0 | — 0,6252 | $\frac{1}{10\pi}$ | 0,9484 | 0,755 | 0,0197 | $+ 0{,}00028 \cdot \sin 5\pi \frac{x}{a}$ |
| 6 | — 0,9913 | — 0,9511 | — 1,9424 | $\frac{1}{12\pi}$ | 0,9262 | 0,712 | 0,0090 | $+ 0{,}00031 \cdot \sin 6\pi \frac{x}{a}$ |
| | | | | | | | | $\frac{m_{xv}}{\Sigma P}$ |

In Abb. 195 ist die Linie für die maßgebende Laststellung $\frac{u_1}{a} = 0{,}3215$, $\frac{u_2}{a} = 0{,}6785$ gezeichnet. Bei anderen Laststellungen wird diese Linie nur in den Randbereichen unwesentlich überschritten. Der Größtwert $m_{y\,m}$ wurde bereits in P. 2.1.2. berechnet.

### *2.2.3. $m_x$ infolge SLW*

Die Momente $m_x$ auf der Linie $y = v_2$ werden in Tafel 52 getrennt für folgende Lasten berechnet (Abb. 196):

$$\text{Last in } \frac{u}{a} = 0{,}6, \qquad \frac{y - v_2}{a} = 0,$$

$$\text{Last in } \frac{u}{a} = 0{,}314, \qquad \frac{y - v_2}{a} = 0,$$

$$4 \text{ Lasten in } \frac{u}{a} = 0{,}6 \text{ und } 0{,}314, \qquad \frac{y - v_1}{a} = -\frac{y - v_3}{a} = 0{,}215.$$

Da $\frac{d}{a}$ sehr klein ist, konvergiert die Reihe in der beim Raupenfahrzeug verwendeten Formel schlecht; es wird daher *außerhalb* des Lastrechtecks näherungsweise die Momentenfläche durch die Einflußfläche für den Lastmittelpunkt ersetzt. Für die Last in $\frac{u}{a} = 0{,}6$ sind die Zahlen aus Tafel F.23 zu entnehmen; für die Last in $\frac{u}{a} = 0{,}314$, $\frac{y - v_2}{a} = 0$ werden sie nach der Formel (siehe Fall **F₂—10**):

$$\text{Einfl}\, m_{xv} = -\frac{1}{8\pi} \ln \frac{1 - \cos \pi \frac{x - u}{a}}{1 - \cos \pi \frac{x + u}{a}} = -\frac{1}{4\pi} \left( \ln \sin \pi \frac{x - u}{2a} - \ln \sin \pi \frac{x + u}{2a} \right) \tag{634}$$

berechnet; die beiden Summanden werden aus Tafel F.15 durch Interpolation erhalten. Innerhalb des Lastrechtecks wird in der bei Fall **F₂—12** angegebenen Weise die Tafel F.11 bzw. F.13 sowie F.15 angewendet.

im Abstand $\frac{u_2 - u_1}{a} = 0{,}357$ (Raupenfahrzeug)

| $\frac{x}{a} =$ | | | | | | | | | | | |
|---|---|---|---|---|---|---|---|---|---|---|---|
| 0,1 | 0,2 | 0,25 | 0,3 | 0,4 | 0,5 | 0,58 | 0,59 | 0,6 | 0,7 | 0,8 | 0,9 |
| 0,1157 | 0,2314 | 0,2765 | 0,2901 | 0,3058 | 0,3215 | 0,3323 | 0,33098 | 0,3283 | 0,2529 | 0,1686 | 0,0843 |
| —0,0652 | —0,1241 | —0,1492 | —0,1707 | —0,2006 | —0,2109 | —0,2043 | —0,20252 | —0,2006 | —0,1707 | —0,1241 | —0,0652 |
| —0,0045 | —0,0073 | —0,0077 | —0,0073 | —0,0045 | 0 | + 0,0037 | + 0,00411 | + 0,0045 | + 0,0073 | + 0,0073 | + 0,0045 |
| —0,0006 | —0,0007 | —0,0005 | —0,0002 | + 0,0004 | + 0,0008 | + 0,0005 | + 0,00050 | —0,0004 | —0,0002 | —0,0007 | —0,0006 |
| —0,0013 | —0,0008 | 0 | + 0,0008 | + 0,0013 | 0 | —0,0012 | —0,00134 | —0,0013 | —0,0008 | + 0,0008 | + 0,0013 |
| + 0,0003 | 0 | —0,0002 | —0,0003 | 0 | + 0,0003 | + 0,0001 | + 0,00004 | 0 | —0,0003 | 0 | + 0,0003 |
| + 0,0003 | —0,0002 | —0,0003 | —0,0002 | + 0,0003 | 0 | —0,0003 | —0,00031 | —0,0003 | + 0,0002 | + 0,0002 | —0,0003 |
| 0,0447 | 0,0983 | 0,1186 | 0,1122 | 0,1027 | 0,1117 | **0,1308** | **0,13146** | 0,1310 | 0,0884 | 0,0521 | 0,0243 |

Tafel 52. Berechnung von $m_x$ in der Linie

| $\frac{u}{a}$ | $\frac{y-v}{a}$ | |
|---|---|---|
| 0,6 | 0 | |
| 0,314 | 0 | Berechnung von $\frac{m_x}{P_1}$ in $\frac{x}{a} = 0,3$ |

$$\frac{c_1}{a} = 0,0429 - 0,0140 = 0,0289; \quad \frac{2\,c_1}{a} = 0,0578;$$

$$\frac{c_2}{a} = 0,0429 + 0,0140 = 0,0569; \quad \frac{2\,c_2}{a} = 0,1138;$$

$$\frac{2\,d}{a} = 0,0286 \quad \frac{x+u}{2a} = 0,307$$

$$\frac{m_x}{P_1} = \frac{0,0289}{0,0858} \cdot 0,3229 + \frac{0,0569}{0,0858} \cdot 0,2729 - 0,0158 = 0,2738$$

| $j$ | $\frac{u_1}{a} = 0,314$ | $\frac{u_2}{a} = 0,6$ | $\sin j\pi \frac{u}{a}$ | $\frac{1}{j\pi}$ | $\frac{c}{a} = 0,0429$ | $\frac{d}{a} = 0,015$ | | $\frac{y-v}{a} = 0,215$ | | $2 + j\pi \frac{y-v}{a}$ |
|---|---|---|---|---|---|---|---|---|---|---|
| | $\sin j\pi \frac{u_1}{a}$ | $\sin j\pi \frac{u_2}{a}$ | $+ \sin j\pi \frac{u_2}{a}$ | | $\frac{\sin j\pi \frac{c}{a}}{j\pi \frac{c}{a}}$ | $\frac{\mathfrak{Sin}\, j\pi \frac{d}{a}}{j\pi \frac{d}{a}}$ | $j\pi \frac{d}{a} \mathfrak{Cotg}\, j\pi \frac{d}{a}$ | $2 + j\pi \frac{y-v}{a}$ | $e^{-j\pi \frac{y-v}{a}}$ | $- j\pi \frac{d}{a} \mathfrak{Cotg}\, j\pi \frac{d}{a}$ |
| 1 | + 0,8341 | + 0,9511 | + 1,7852 | $\frac{1}{\pi}$ | 0,9969 | 1,0004 | 1,0007 | 2,6754 | 0,5089 | 1,6747 |
| 2 | + 0,9202 | — 0,5878 | + 0,3324 | $\frac{1}{2\pi}$ | 0,9879 | 1,0015 | 1,0029 | 3,3509 | 0,2590 | 2,3480 |
| 3 | + 0,1812 | — 0,5878 | — 0,4066 | $\frac{1}{3\pi}$ | 0,9730 | 1,0033 | 1,0067 | 4,0263 | 0,1318 | 3,0196 |
| 4 | — 0,7203 | + 0,9511 | + 0,2308 | $\frac{1}{4\pi}$ | 0,9526 | 1,0059 | 1,0119 | 4,7018 | 0,0660 | 3,6899 |
| 5 | — 0,9759 | 0 | — 0,9759 | $\frac{1}{5\pi}$ | 0,928 | 1,0093 | 1,0184 | 5,3772 | 0,0341 | 4,3588 |
| 6 | — 0,3564 | — 0,9511 | — 1,3075 | $\frac{1}{6\pi}$ | 0,896 | 1,0134 | 1,0265 | 6,0527 | 0,0174 | 5,0262 |
| 7 | + 0,5827 | + 0,5878 | + 1,1705 | $\frac{1}{7\pi}$ | 0,858 | 1,0182 | 1,0360 | 6,7281 | 0,0088 | 5,6921 |
| 8 | + 0,9993 | + 0,5878 | + 1,5871 | $\frac{1}{8\pi}$ | 0,819 | 1,0239 | 1,0469 | 7,4035 | 0,0045 | 6,3566 |
| 9 | + 0,5198 | — 0,9511 | + 0,4313 | $\frac{1}{9\pi}$ | 0,773 | 1,0302 | 1,0598 | 8,0790 | 0,0023 | 7,0192 |

= $v_2$ für sechs Rechtecklasten (SLW)

| $\frac{x}{a}$ | 0,1 | 0,2 | 0,3 | 0,4 | 0,5 | 0,6 | 0,7 | 0,8 | 0,9 |
|---|---|---|---|---|---|---|---|---|---|
| $\frac{m_x}{P_1}$ | 0,0184 | 0,0383 | 0,0619 | 0,0934 | 0,1466 | 0,2890 | 0,1385 | 0,0766 | 0,0353 |
| $\frac{x-u}{a}$ | 0,214 | 0,114 | 0,014 | 0,086 | 0,186 | 0,286 | 0,386 | 0,486 | 0,586 |
| $\frac{x+u}{a}$ | 0,414 | 0,514 | 0,614 | 0,714 | 0,814 | 0,914 | 1,014 | 1,114 | 1,214 |
| $\frac{1}{4\pi}\ln\sin\pi\frac{x-u}{2a}$ | 0,0884 | 0,1374 | — | 0,1597 | 0,0991 | 0,0663 | 0,0447 | 0,0294 | 0,0182 |
| $\frac{1}{4\pi}\ln\sin\pi\frac{x+u}{2a}$ | 0,0400 | 0,0259 | (0,0158) | 0,0084 | 0,0035 | 0,0008 | 0 | 0,0013 | 0,0046 |
| $\frac{m_x}{P_1}$ | 0,0484 | 0,1115 | 0,2738 | 0,1513 | 0,0956 | 0,0655 | 0,0447 | 0,0281 | 0,0136 |

| $\left(\frac{u_1}{a}\cdot\frac{u_2}{a}\cdot\frac{c}{a}\cdot\frac{d}{a}\cdot\frac{y-v}{a}\right)$ | $F_j \sin j\pi\frac{x}{a}$ | | | | | | | | |
|---|---|---|---|---|---|---|---|---|---|
| + 0,4830 | + 0,1493 | + 0,2840 | + 0,3908 | + 0,4592 | + 0,4830 | + 0,4592 | + 0,3908 | + 0,2840 | + 0,1493 |
| + 0,0318 | + 0,0187 | + 0,0303 | + 0,0303 | + 0,0187 | 0 | — 0,0187 | — 0,0303 | — 0,0303 | — 0,0187 |
| — 0,0167 | — 0,0135 | — 0,0159 | — 0,0052 | + 0,0099 | + 0,0167 | + 0,0099 | — 0,0052 | — 0,0159 | — 0,0135 |
| 0,0043 | + 0,0041 | + 0,0025 | — 0,0025 | — 0,0041 | 0 | + 0,0041 | + 0,0025 | — 0,0025 | — 0,0041 |
| — 0,0087 | — 0,0087 | 0 | + 0,0087 | 0 | — 0,0087 | 0 | + 0,0087 | 0 | — 0,0087 |
| — 0,0055 | — 0,0052 | + 0,0032 | + 0,0032 | — 0,0052 | 0 | + 0,0052 | — 0,0032 | — 0,0032 | + 0,0052 |
| + 0,0023 | + 0,0019 | — 0,0020 | + 0,0007 | + 0,0014 | — 0,0023 | + 0,0014 | + 0,0007 | — 0,0020 | + 0,0019 |
| + 0,0015 | + 0,0009 | — 0,0014 | + 0,0014 | — 0,0009 | 0 | + 0,0009 | — 0,0014 | + 0,0014 | — 0,0009 |
| + 0,0002 | + 0,0001 | — 0,0001 | + 0,0002 | — 0,0002 | + 0,0002 | — 0,0002 | + 0,0002 | — 0,0001 | + 0,0001 |
| $\frac{m_x}{P_1}$ | 0,1476 | 0,3006 | 0,4276 | 0,4788 | 0,4889 | 0,4618 | 0,3628 | 0,2314 | 0,1106 |
| $\sum\frac{m_x}{P_1}$ | 0,2144 | 0,4504 | 0,7633 | 0,7235 | 0,7311 | 0,8163 | 0,5460 | 0,3361 | 0,1595 |
| $\frac{m_x}{\Sigma P}=\frac{1}{6}\sum\frac{m_x}{P_1}$ | 0,0357 | 0,0751 | 0,1272 | 0,1206 | 0,1219 | 0,1361 | 0,0910 | 0,0560 | 0,0266 |

Der Beitrag der vier weiteren Lasten beträgt gemäß Fall $\boxed{\mathbf{F_2-12}}$, Bereich $y \leqq v - d$:

$$m_x = 2\,P_1 \sum_{1,2}^{\infty} j \sin j\pi\frac{x}{a}\left(\sin j\pi\frac{u_1}{a} + \sin j\pi\frac{u_2}{a}\right)\frac{\sin j\pi\frac{c}{a}}{j\pi\frac{c}{a}}\,\frac{\mathfrak{Sin}\, j\pi\frac{d}{a}}{j\pi\frac{d}{a}}\,\frac{1}{2j\pi}\,\cdot$$

$$\cdot\left(2 - j\pi\frac{d}{a}\mathfrak{Cotg}\, j\pi\frac{d}{a} + j\pi\frac{y-v_1}{a}\right)e^{-j\pi\frac{y-v_1}{a}}. \qquad (635)$$

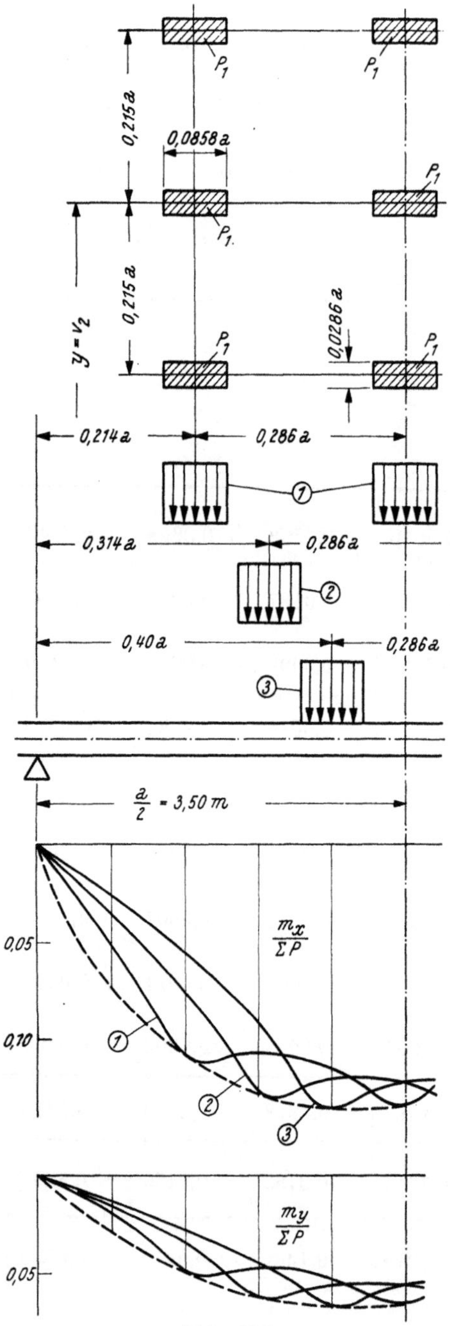


Abb. 196

In der Abb. 196 ist die vorstehend berechnete Momentenlinie aufgetragen, außerdem die Linie für die Laststellung $\frac{u_1}{a} = 0{,}214$, $\frac{u_2}{a} = 0{,}5$. Die Hüllkurve ist gestrichelt eingezeichnet. Der Verlauf ist ähnlich wie beim Raupenfahrzeug.

Der größtmögliche Wert $\frac{m_x}{\Sigma P}$ entsteht im Punkt $\frac{x}{a} = 0{,}56$ bei der Laststellung $\frac{u_1}{a} = 0{,}294$, $\frac{u_2}{a} = 0{,}58$ und beträgt 0,1378 gegenüber 0,1315 beim Raupenfahrzeug.

Der SLW ist einerseits wegen seiner kleineren Spurweite und der konzentrierten Lasten ungünstiger als das Raupenfahrzeug, anderseits ist aber die Radbreite größer, und der Achsabstand ist ebenfalls größer als $\frac{1}{3}$ der Raupenlänge; die Unterschiede heben sich in ihrer Wirkung teilweise auf.

### *2.2.4. $m_y$ infolge SLW*

Die Momente $m_y$ auf der Linie $y = v_2$ werden in der gleichen Weise berechnet wie $m_x$. Die Einflußwerte $m_y$ außerhalb des Lastrechtecks als Ersatz für die Momente stimmen auf der Linie $y = v$ mit $m_x$ überein. Innerhalb des Lastrechtecks kommen die Tafeln F.12, F.14 und F.15 zur Anwendung.

Der Beitrag der vier außerhalb der Linie $y = v_2$ stehenden Lasten ist nach Fall $\boxed{\mathbf{F_2-12}}$:

$$m_y = 2\,P_1 \sum_{1,2}^{\infty} j \sin j\pi\frac{x}{a}\left(\sin j\pi\frac{u_1}{a} + \sin j\pi\frac{u_2}{a}\right)\cdot$$

$$\cdot\frac{\sin j\pi\frac{c}{a}}{j\pi\frac{c}{a}}\,\frac{\mathfrak{Sin}\, j\pi\frac{d}{a}}{j\pi\frac{d}{a}}\,\frac{1}{2j\pi}\cdot$$

$$\cdot\left(j\pi\frac{d}{a}\mathfrak{Cotg}\, j\pi\frac{d}{a} - j\pi\frac{y-v_1}{a}\right)e^{-j\pi\frac{y-v_1}{a}}. \qquad (636)$$

In der Abb. 196 sind die Momentenlinien $m_y$ für die gleichen Laststellungen wie bei $m_x$ dargestellt. Infolge der in der $y$-Richtung kleinen Lastbreiten verlaufen die $m_y$-Linien ähnlich wie die $m_x$-Linien, im Gegensatz zum Raupenfahrzeug.

Der größtmögliche Wert $\frac{m_y}{\Sigma P}$ beträgt etwa 0,0675.

## 3. Berechnung als unendlicher Plattenstreifen mit Kragplatten

### 3.1. Stützenmomente

Es werden frei drehbar gestützte Querränder im Abstand $b = 4\,a = 10\,l$ angenommen und die Stützenmomente wie folgt angesetzt:

$$\left.\begin{aligned} m_s &= \sum_{1,3}^{k} m_{s\,k} \cos k\,\pi \left(\frac{1}{2} - \frac{y}{b}\right), \\ m_a &= \sum_{1,3}^{k} m_{a\,k} \cos k\,\pi \left(\frac{1}{2} - \frac{y}{b}\right). \end{aligned}\right\} \qquad (637)$$

In Anlehnung an den Rechnungsgang bei Durchlaufplatten (Abschnitt C.2.4.) erhält man für jedes $k$ zwei Gleichungen mit den zwei Unbekannten $m_{s\,k}$ und $m_{a\,k}$:

$$\left.\begin{aligned} m_{s\,k}\left[C\left(\frac{k\,a}{b}\right) + C_{A\,k}\right] + m_{a\,k}\, D\left(\frac{k\,a}{b}\right) + B_{s\,k} = 0, \\ m_{s\,k} \cdot D\left(\frac{k\,a}{b}\right) + m_{a\,k}\left[C\left(\frac{k\,a}{b}\right) + C_{A\,k}\right] + B_{a\,k} = 0. \end{aligned}\right\} \qquad (638)$$

Die Auflösung ergibt:

$$\left.\begin{aligned} -\,m_{s\,k} &= \frac{1}{N_k}\,(B_{s\,k} - \varphi_k\, B_{a\,k}), \\ -\,m_{a\,k} &= \frac{1}{N_k}\,(B_{a\,k} - \varphi_k\, B_{s\,k}), \\ \text{mit} \quad \varphi_k &= \frac{D\left(\frac{k\,a}{b}\right)}{C\left(\frac{k\,a}{b}\right) + C_{A\,k}} \\ \text{und} \quad N_k &= \left[C\left(\frac{k\,a}{b}\right) + C_{A\,k}\right][1 - \varphi_k^2]. \end{aligned}\right\} \qquad (639)$$

Die Werte $C\left(\frac{k\,a}{b}\right)$ und $D\left(\frac{k\,a}{b}\right)$ sind aus Tafel E.4,0/2 $\left(\text{für } \frac{b}{a} = 4\right)$ zu entnehmen (Formeln unter C.2.1.). Die Verdrehungsbeiwerte $C_{A\,k}$ der dreiseitig frei drehbar gestützten Anschlußplatten sind nach Fall **$F_3U - 0t$** (S. 207) mit vertauschten Richtungen:

$$\frac{2\,k\,\pi}{b}\, S\,\beta_k = C_{A\,k} = \frac{3\,\mathfrak{Cof}^2\, k\,\pi\frac{l}{b} + 1 + \left(k\,\pi\frac{l}{b}\right)^2}{3\,\mathfrak{Sin}\, k\,\pi\frac{l}{b}\,\mathfrak{Cof}\, k\,\pi\frac{l}{b} + k\,\pi\frac{l}{b}}. \qquad (640)$$

Die Reziprokwerte $\lambda_{A\,k}$ können auch aus Tafel D.4 für die Seitenverhältnisse $k\frac{l}{b} = 0{,}1$, $0{,}3$ usw. entnommen werden. Die Beiwerte sind in Tafel 53 zusammengestellt:

Tafel 53. Verdrehungsbeiwerte

| $k$ | $C\left(\frac{k\,a}{b}\right)$ | $D\left(\frac{k\,a}{b}\right)$ | $C_{A\,k}$ | $\varphi_k$ | $1-\varphi_k^2$ | $\frac{1}{N_k}$ | $\frac{C\left(\frac{k\,a}{b}\right)}{N_k}$ |
|---|---|---|---|---|---|---|---|
| 1 | 0,4840 | 0,2275 | 3,339 | 0,0595 | 0,9965 | 0,2627 | 0,1271 |
| 3 | 0,9320 | 0,2676 | 1,465 | 0,1116 | 0,9875 | 0,4227 | 0,3939 |
| 5 | 0,9947 | 0,1155 | 1,183 | 0,0530 | 0,9972 | 0,4608 | 0,4585 |
| 7 | 0,9997 | 0,0368 | 1,080 | 0,0177 | 0,9997 | 0,4810 | 0,4807 |
| 9 | 1,0000 | 0,0103 | 1,036 | 0,0051 | 1,0000 | 0,4912 | 0,4910 |

Tafel 54. Berechnung von $B_{sk}$ für

| $k$ | $\cos k\pi \frac{v_2 - v_1}{b}$ | $1 + 2\cos k\pi \frac{v_2 - v_1}{b}$ | $k \frac{d}{b}$ | $\frac{\sin k\pi \frac{d}{b}}{k\pi \frac{d}{b}}$ | $\frac{2}{6k\pi}$ | $k \frac{c}{b}$ | $\frac{\mathfrak{Sin}\, k\pi \frac{c}{b}}{k\pi \frac{c}{b}}$ | $k\pi \frac{c}{b} \mathfrak{Cotg}\, k\pi \frac{c}{b}$ |
|---|---|---|---|---|---|---|---|---|
| 1 | 0,9883 | 2,9766 | 0,00357 | 1,0000 | $\frac{1}{3\pi}$ | 0,0107 | 1,0002 | 1,00033 |
| 3 | 0,8744 | 2,7488 | 0,01071 | 0,9998 | $\frac{1}{9\pi}$ | 0,0321 | 1,0021 | 1,00341 |
| 5 | 0,6643 | 2,3286 | 0,01785 | 0,9994 | $\frac{1}{15\pi}$ | 0,0535 | 1,0047 | 1,0094 |
| 7 | 0,3790 | 1,7580 | 0,02499 | 0,9990 | $\frac{1}{21\pi}$ | 0,0749 | 1,0093 | 1,0184 |
| 9 | 0,0510 | 1,1020 | 0,03213 | 0,9983 | $\frac{1}{27\pi}$ | 0,0963 | 1,0153 | 1,0303 |

Schließlich sind die Belastungswerte für Rechtecklast (siehe unter C.2.1.), mit $\cos k\pi\left(\frac{1}{2} - \frac{v}{b}\right)$ statt $\sin k\pi \frac{v}{b}$:

$$B_{sk} = P \cos k\pi\left(\frac{1}{2} - \frac{v}{b}\right) \frac{\sin k\pi \frac{d}{b}}{k\pi \frac{d}{b}} \frac{\mathfrak{Sin}\, k\pi \frac{c}{b}}{k\pi \frac{c}{b}} \frac{2}{k\pi} \frac{\mathfrak{Sin}\, k\pi \frac{a-u}{b}}{\mathfrak{Sin}\, k\pi \frac{a}{b}} \left[1 + k\pi \frac{a}{b} \mathfrak{Cotg}\, k\pi \frac{a}{b} - \right.$$

$$\left. - k\pi \frac{c}{b} \mathfrak{Cotg}\, k\pi \frac{c}{b} - k\pi \frac{a-u}{b} \mathfrak{Cotg}\, k\pi \frac{a-u}{b}\right]. \quad (641)$$

$B_{ak}$ wie vor mit $u$ statt $a - u$.

## 3.2. Momente infolge SLW

Für drei Radlasten $P_1 = \frac{\Sigma P}{6}$ des SLW mit gleicher Abszisse $u_1$ ist in Gl. (641) $\frac{\Sigma P}{6}\left(1 + 2\cos k\pi \frac{v_2 - v_1}{b}\right)$ an Stelle von $P \cos k\pi\left(\frac{1}{2} - \frac{v}{b}\right)$ zu setzen.

In Tafel 54 ist als Beispiel die Berechnung von $B_{sk}$ für drei Radlasten mit $\frac{u_1}{a} = 0{,}314$, $\frac{a - u_1}{b} = \frac{0{,}686}{4{,}0} = 0{,}1715$ und $\frac{v_2 - v_1}{b} = \frac{0{,}215}{4{,}0} = 0{,}05375$, ferner $\frac{c}{b} = \frac{0{,}0858}{2 \cdot 4{,}0} = 0{,}0107$ und $\frac{d}{b} = \frac{0{,}0286}{2 \cdot 4{,}0} = 0{,}00357$ wiedergegeben.

In gleicher Weise erhält man $B_{sk}$ für drei Radlasten in $\frac{u_2}{a} = 0{,}6$ und $B_{ak}$ für beide Lastgruppen. Aus der Summe der Belastungswerte werden in Tafel 55 unter Benützung der Werte $\varphi_k$ und $N_k$ nach Tafel 53 die Reihenkoeffizienten der Einspannmomente berechnet.

Tafel 55. Berechnung von $m_{sk}$ und $m_{ak}$

| $k$ | $\frac{B_{sk}}{\Sigma P}$ | $\frac{B_{ak}}{\Sigma P}$ | $\varphi_k \frac{B_{sk}}{\Sigma P}$ | $\varphi_k \frac{B_{ak}}{\Sigma P}$ | $\frac{-m_{sk}}{\Sigma P}$ | $\frac{-m_{ak}}{\Sigma P}$ |
|---|---|---|---|---|---|---|
| 1 | 0,04006 | 0,03813 | 0,00238 | 0,00227 | 0,00991 | 0,00938 |
| 3 | 0,05184 | 0,04591 | 0,00579 | 0,00513 | 0,01972 | 0,01695 |
| 5 | 0,02715 | 0,02309 | 0,00144 | 0,00122 | 0,01194 | 0,00997 |
| 7 | 0,01133 | 0,00865 | 0,00020 | 0,00015 | 0,00537 | 0,00406 |
| 9 | 0,00392 | 0,00266 | 0,00002 | 0,00001 | 0,00192 | 0,00130 |

**lrei Radlasten mit $\frac{u_1}{a} = 0{,}314$**

| k | $\mathfrak{Sin}\, k\pi \frac{a}{b}$ | $k\pi \frac{a}{b}\, \mathfrak{Cotg}\, k\pi \frac{a}{b}$ | $k \frac{a-u_1}{b}$ | $\mathfrak{Sin}\, k\pi \frac{a-u_1}{b}$ | $k\pi \frac{a-u_1}{b}\, \mathfrak{Cotg}\, k\pi \frac{a-u_1}{b}$ | $1 + k\pi \frac{a}{b}\, \mathfrak{Cotg}\, k\pi \frac{a}{b} - k\pi \frac{c}{b}\, \mathfrak{Cotg}\, k\pi \frac{c}{b} - k\pi \frac{a-u_1}{b}\, \mathfrak{Cotg}\, k\pi \frac{a-u_1}{b}$ | $\frac{B_{s\,k}}{\Sigma P}$ |
|---|---|---|---|---|---|---|---|
| | 0,8687 | 1,19763 | 0,1715 | 0,5634 | 1,09496 | 0,10234 | 0,02096 |
| | 5,228 | 2,39891 | 0,5145 | 2,418 | 1,74886 | 0,64644 | 0,02918 |
| | 25,37 | 3,93005 | 0,8575 | 7,363 | 2,71865 | 1,2020 | 0,01731 |
| | 122,07 | 5,4980 | 1,2005 | 21,71 | 3,77547 | 1,7041 | 0,00816 |
| | 587,00 | 7,0686 | 1,5435 | 63,81 | 4,8497 | 2,1886 | 0,00313 |

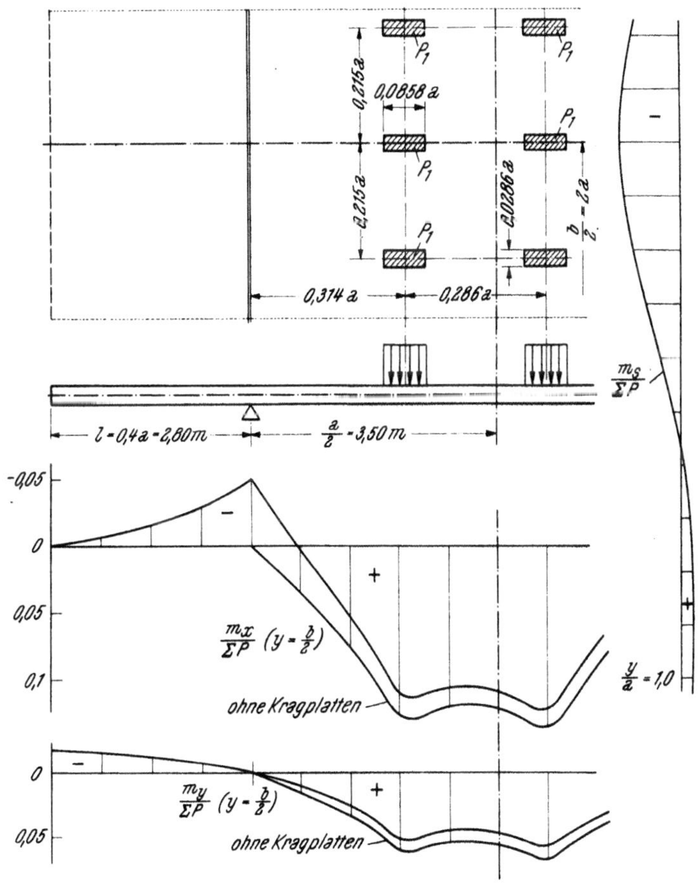


Abb. 197. Momente infolge SLW

Den Verlauf der Stützenmomente $m_s$ und $m_a$ im Bereich $a \leqq y \leqq 3a$ erhält man durch Multiplikation der $m_{s\,k}$ bzw. $m_{a\,k}$ mit $\cos k\pi\left(\frac{1}{2} - \frac{y}{b}\right)$ und Addition. Die Abb. 197 zeigt den Verlauf von $m_s$. Die Wirkung der Stützenmomente längs der Linie $y = \frac{b}{2}$ ergibt sich durch Multiplikation von $m_{s\,k}$ mit den Zahlen $m_x$ bzw. $m_y$ aus Tafel E. 4,0/11; für $m_{a\,k}$ gelten dieselben Zahlen in umgekehrter Reihenfolge.

In Abb. 197 ist der Verlauf von $m_x$ und $m_y$ in der Linie $y = v_2 = \frac{b}{2}$ *ohne* Kragplatten nach P. 2.2.3. und 2.2.4. eingezeichnet. Die Überlagerung der Einspannwirkung ergibt die anderen Linien. Die Wirkung der Stützenmomente in den *Kragplatten* ist nach Fall **F₃U — 0t** mit vertauschten Richtungen zu berechnen. Für das Moment $m_{yl}$ am ungestützten Rand der linken Kragplatte gilt die Formel:

$$m_{yl} = \sum_{1,3}^{k} \cos k\pi \left(\frac{1}{2} - \frac{y}{b}\right) m_{sk} \frac{1 + k\pi \frac{l}{b} \operatorname{Cotg} k\pi \frac{l}{b}}{3 \operatorname{Cof} k\pi \frac{l}{b} + \frac{k\pi \frac{l}{b}}{\operatorname{Sin} k\pi \frac{l}{b}}}. \tag{642}$$

Der Verlauf in der Linie $y = \frac{b}{2}$ ist in Abb. 197 ebenfalls wiedergegeben.

### 3.3. Einflußfläche für $m_s$

Mit $y = \frac{b}{2}$ ist die Einflußfläche des Stützenmoments $m_s$ im Bereich II:

$$\text{Einfl}\, m_s = \sum_{1,3}^{\infty} {}^{k}\, \text{Einfl}\, m_{sk} = \sum_{1,3}^{\infty} {}^{k} \left[-\frac{1}{N_k} \text{Einfl}\, B_{sk} + \frac{\varphi_k}{N_k} \text{Einfl}\, B_{ak}\right]. \tag{643}$$

In der Tafel E.4,0/3 sind die Zahlen $\text{Einfl}\, \omega_{sk\left(v=\frac{b}{2}\right)} = \dfrac{\text{Einfl}\, B_{sk\left(v=\frac{b}{2}\right)}}{C\left(\frac{ka}{b}\right)}$ für $k = 1$ bis 9, die noch mit $\cos k\pi\left(\frac{1}{2} - \frac{v}{b}\right)$ zu multiplizieren sind, und $\sum_{11}^{\infty} {}^{k}\, \text{Einfl}\, B_{sk}$ für $\frac{y-v}{a} = 0$ bis 1,0 zusammengestellt. Man kann somit schreiben:

$$\text{Einfl}\, m_s = \sum_{1,3}^{9} {}^{k} \cos k\pi \left(\frac{1}{2} - \frac{v}{b}\right) \left[-\frac{C\left(\frac{ka}{b}\right)}{N_k} \text{Einfl}\, \omega_{sk\left(v=\frac{b}{2}\right)} + \frac{\varphi_k C\left(\frac{ka}{b}\right)}{N_k} \text{Einfl}\, \omega_{ak\left(v=\frac{b}{2}\right)}\right] - $$
$$- 0{,}5 \sum_{11}^{\infty} {}^{k}\, \text{Einfl}\, B_{sk}. \tag{644}$$

Darin ist für $k \geqq 11 \ldots \frac{1}{N_k} \doteq 0{,}5$ gesetzt, wie aus der Tafel 53 für die Verdrehungsbeiwerte leicht zu ersehen ist.

In Tafel 56 ist die Berechnung von Einfl $m_s$ in der Linie $v = y = \frac{b}{2}$, Bereich II, wiedergegeben.

Die Einflußfläche für $m_s$ nach Gl. (644) ist die Biegefläche infolge der „Randmomente“

$$\left.\begin{aligned} m_s &= -\sum_{1,3}^{\infty} {}^{k} \cos k\pi \left(\frac{1}{2} - \frac{v}{b}\right) \frac{4k\pi}{b^2} \frac{1}{N_k}, \\ m_a &= \sum_{1,3}^{\infty} {}^{k} \cos k\pi \left(\frac{1}{2} - \frac{v}{b}\right) \frac{4k\pi}{b^2} \frac{\varphi_k}{N_k}. \end{aligned}\right\} \tag{645}$$

Ebenso ist die Einflußfläche für $m_s$ im Bereich der *linken* Kragplatte I die Biegefläche der Kragplatte infolge des obigen, als gegenseitiges Moment angebrachten $m_s$. Für den Bereich der *rechten* Kragplatte III ist $m_a$ als gegenseitiges Moment anzubringen. Nach Fall **F₃U — 0t** mit vertauschten Richtungen und $u_{\text{I}}$, $v$ statt $x$, $y$ gilt für die linke Kragplatte:

Tafel 56. Berechnung von Einfl $m_s$ im Feld II; $y - v = 0$

| $k$ | $\frac{u}{a}$ | 0 | 0,1 | 0,2 | 0,3 | 0,4 | 0,5 | 0,6 | 0,7 | 0,8 | 0,9 |
|---|---|---|---|---|---|---|---|---|---|---|---|
| 1 | — 0,1271 Einfl $\omega_{s1}$ ........ | 0 | — 0,0054 | — 0,0089 | — 0,0110 | — 0,0117 | — 0,0114 | — 0,0102 | — 0,0082 | — 0,0057 | — 0,0029 |
| | + 0,0075 Einfl $\omega_{a1}$ ........ | 0 | + 0,0002 | + 0,0003 | + 0,0005 | + 0,0006 | + 0,0007 | + 0,0007 | + 0,0007 | + 0,0005 | + 0,0003 |
| 3 | — 0,3939 Einfl $\omega_{s3}$ ........ | 0 | — 0,0152 | — 0,0234 | — 0,0268 | — 0,0268 | — 0,0246 | — 0,0209 | — 0,0163 | — 0,0111 | — 0,0056 |
| | + 0,0440 Einfl $\omega_{a3}$ ........ | 0 | + 0,0006 | + 0,0012 | + 0,0018 | + 0,0023 | + 0,0028 | + 0,0030 | + 0,0030 | + 0,0026 | + 0,0017 |
| 5 | — 0,4585 Einfl $\omega_{s5}$ ........ | 0 | — 0,0154 | — 0,0207 | — 0,0208 | — 0,0185 | — 0,0152 | — 0,0118 | — 0,0085 | — 0,0055 | — 0,0027 |
| | + 0,0243 Einfl $\omega_{a5}$ ........ | 0 | + 0,0001 | + 0,0003 | + 0,0004 | + 0,0006 | + 0,0008 | + 0,0010 | + 0,0011 | + 0,0011 | + 0,0008 |
| 7 | — 0,4807 Einfl $\omega_{s7}$ ........ | 0 | — 0,0139 | — 0,0160 | — 0,0139 | — 0,0106 | — 0,0076 | — 0,0052 | — 0,0034 | — 0,0020 | — 0,0009 |
| | + 0,0085 Einfl $\omega_{a7}$ ........ | 0 | 0 | + 0,0001 | + 0,0001 | + 0,0001 | + 0,0001 | + 0,0002 | + 0,0002 | + 0,0003 | + 0,0002 |
| 9 | — 0,4910 Einfl $\omega_{s9}$ ........ | 0 | — 0,0121 | — 0,0120 | — 0,0088 | — 0,0058 | — 0,0036 | — 0,0021 | — 0,0012 | — 0,0007 | — 0,0003 |
| | + 0,0025 Einfl $\omega_{a9}$ ........ | 0 | 0 | 0 | 0 | 0 | 0 | 0 | + 0,0001 | + 0,0001 | + 0,0001 |
| 11→ | $- 0{,}5 \sum_{11}^{\infty} k$ Einfl $B_{sk}$ ....... | — 0,1592 | — 0,0725 | — 0,0330 | — 0,0150 | — 0,0068 | — 0,0031 | — 0,0013 | — 0,0006 | — 0,0002 | — 0,0001 |
| | Einfl $m_s$ ... | — 0,1592 | — 0,1336 | — 0,1121 | — 0,0935 | — 0,0766 | — 0,0611 | — 0,0466 | — 0,0331 | — 0,0206 | — 0,0094 |

Tafel 57. Einflußfläche für $m_{yl}$; Berechnung der Beiwerte

| $k$ | $\mu\left(\frac{kl}{b}\right)$ | $G\left(\frac{kl}{b}\right)$ | $\varphi_k$ | $\frac{1}{N_k}$ | $-\frac{4}{k\pi} R_{sk}$ | $K_{lk}$ | $G\left(\frac{kl}{b}\right) K_{lk}$ | $\frac{4}{k\pi} r_{sk}$ | $-\frac{4}{k\pi} r_{sk}\, \mu\left(\frac{kl}{b}\right)$ | $r_{lk}$ | $\frac{4}{k\pi} r_{ak}$ | $r_{l'k}$ |
|---|---|---|---|---|---|---|---|---|---|---|---|---|
| 1 | + 0,906 | — 3,030 | 0,0595 | 0,2627 | — 0,4428 | 0,0604 | — 0,1832 | — 0,1645 | + 0,1490 | + 0,0886 | + 0,0098 | — 0,0089 |
| 3 | + 0,441 | — 0,669 | 0,1116 | 0,4227 | — 0,1622 | 0,0305 | — 0,0204 | — 0,0772 | + 0,0340 | + 0,0035 | + 0,0086 | — 0,0038 |
| 5 | + 0,111 | — 0,148 | 0,0530 | 0,4608 | — 0,0826 | 0,0106 | — 0,0016 | — 0,0388 | + 0,0043 | — 0,0063 | + 0,0020 | — 0,0002 |
| 7 | — 0,016 | + 0,021 | 0,0177 | 0,4810 | — 0,0418 | 0,0032 | + 0,0001 | — 0,0200 | — 0,0003 | — 0,0035 | + 0,0003 | — |
| 9 | — 0,047 | + 0,063 | 0,0051 | 0,4912 | — 0,0212 | 0,0009 | — | — 0,0104 | — 0,0005 | — 0,0014 | — | — |
| 11 | — 0,045 | + 0,061 | — | 0,4963 | — 0,0108 | 0,0003 | — | — 0,0053 | — 0,0002 | — 0,0005 | — | — |
| 13 | — 0,035 | + 0,047 | — | 0,4986 | — 0,0056 | 0,0001 | — | — 0,0028 | — 0,0001 | — 0,0002 | — | — |
| 15 | — 0,024 | + 0,032 | — | 0,4995 | — 0,0029 | — | — | — 0,0014 | — | — | — | — |

$$S\,\zeta = \sum_{1,3}^{\infty} {}^{k} \cos k\pi\left(\frac{1}{2}-\frac{v}{b}\right) m_{s\,k}\,\frac{b^2}{2\cdot k^2\pi^2}\,F(u_{\rm I}),$$

daher

$$\begin{aligned}\text{Einfl}\, m_s = -\sum_{1,3}^{\infty} {}^{k} \cos k\pi\left(\frac{1}{2}-\frac{v}{b}\right)\frac{2}{k\pi N_k}\Biggl\{&\frac{\mathfrak{Cof}\, k\pi\frac{l-u_{\rm I}}{b}}{\mathfrak{Cof}\, k\pi\frac{l}{b}}\left[k\pi\frac{l}{b}\,\mathfrak{Tg}\, k\pi\frac{l}{b} - k\pi\frac{l-u_{\rm I}}{b}\,\mathfrak{Tg}\, k\pi\frac{l-u_{\rm I}}{b}\right] +\\ &+ \frac{2-k\pi\frac{l}{b}\,\mathfrak{Tg}\, k\pi\frac{l}{b}}{3\,\mathfrak{Sin}\, k\pi\frac{l}{b}\,\mathfrak{Cof}\, k\pi\frac{l}{b}+k\pi\frac{l}{b}}\,\mathfrak{Sin}\, k\pi\frac{u_{\rm I}}{b}\left[1-k\pi\frac{l}{b}\,\mathfrak{Tg}\, k\pi\frac{l}{b}+k\pi\frac{u_{\rm I}}{b}\,\mathfrak{Cotg}\, k\pi\frac{u_{\rm I}}{b}\right]\Biggr\},\end{aligned} \tag{646}$$

wobei $u_{\rm I}$ vom Rand $s$ nach links positiv gezählt ist.

Für kleine Abstände $\frac{l-u_{\rm I}}{b}$ und $k \geqq 11$ gibt der Ausdruck unter dem Summenzeichen annähernd das gleiche wie bei der Rechteckplatte mit $\frac{b}{a} = 4$ und dem gleichen Abstand $\frac{u_{\rm II}}{b}$; man braucht daher die Reihe nur bis $k = 9$ zu entwickeln und für den Rest

$$-\,0{,}5\sum_{11}^{\infty} {}^{k}\ \text{Einfl}\ B_{s\,k}$$

wie im Bereich II setzen.

Für den ungestützten Rand ($u_{\rm I} = l$) wurde die Reihe bis $k = 19$ entwickelt.

Für die rechte Kragplatte ist $u_{\rm III}$ an Stelle von $u_{\rm I}$ zu setzen und der Ausdruck unter dem Summenzeichen mit $\varphi_k$ zu multiplizieren; man benötigt infolgedessen nur die Glieder bis $k = 7$.

Die Abb. 198 zeigt die gesamte Einflußfläche als Schichtenplan.

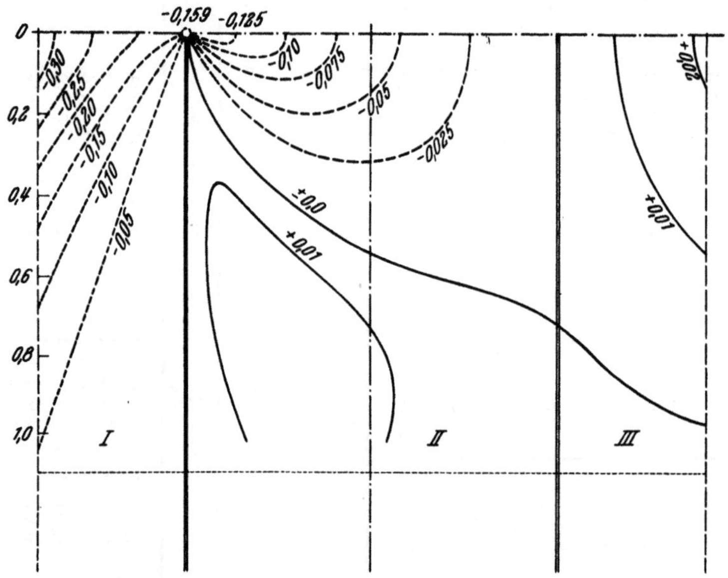


Abb. 198. Einflußfläche des Stützenmoments $m_s$

### 3.4. Einflußfläche für $m_y$ am ungestützten Rand $u_{\rm I} = l$

Das Grundsystem für die Platte I ist eine allseitig frei drehbar gestützte Rechteckplatte mit den Seitenlängen $2\,l$ und $b = 4\,a = 10\,l$. Die Einflußflächen für den Mittelpunkt dieser Platte stimmen praktisch mit den Einflußflächen des unendlichen Plattenstreifens überein. Die Platte II ist im Grundfall allseitig frei drehbar gestützt; für III gilt das gleiche Grundsystem wie bei I.

Vom Fall **$F_2U - 10$** her ist bekannt, daß die Fläche

$$F_0 = \text{Einfl}\left(2\,m_{y\,\infty} + \frac{2}{3}\,m_{x\,\infty}\right) = \sum_{1,3}^{\infty} {}_j \sin j\frac{\pi}{2} \sin j\pi\frac{u}{2\,l}\,\frac{2}{3\,j\,\pi}\left(2 - j\,\pi\,\frac{y-v}{2\,l}\right)e^{-j\pi\frac{y-v}{2l}} \tag{647}$$

die Singularität der gesuchten Einflußfläche enthält; sie wird deshalb als Grundfall verwendet. Die Einflußwerte $m_{y\,\infty}$ und $m_{x\,\infty}$ auf einem Netz mit der Maschenweite $0{,}2\,l$ können aus den Tafeln F.22 und F.21 entnommen werden.

Die gleiche Einflußfläche lautet, wenn man im Fall **$F_4 - 10\,m$** die Koordinatenrichtungen vertauscht:

$$F_0 = \text{Einfl}\left(2 m_{y\,m} + \frac{2}{3}\,m_{x\,m}\right) =$$

$$= \sum_{1,3}^{\infty} {}_k \cos k\,\pi\left(\frac{1}{2} - \frac{v}{b}\right)\frac{2}{3\,k\,\pi}\,\frac{\mathfrak{Sin}\,k\,\pi\,\frac{u_{\mathrm{I}}}{b}}{\mathfrak{Cof}\,k\,\pi\,\frac{l}{b}}\left(2 + k\,\pi\,\frac{l}{b}\,\mathfrak{Tg}\,k\,\pi\,\frac{l}{b} - k\,\pi\,\frac{u_{\mathrm{I}}}{b}\,\mathfrak{Cotg}\,k\,\pi\,\frac{u_{\mathrm{I}}}{b}\right). \tag{648}$$

Die Neigung dieser Fläche am Rand $u_{\mathrm{I}} = 0$ ist

$$\frac{\partial}{\partial u_{\mathrm{I}}}\,F_0\Big|_0 = \sum_{1,3}^{\infty} {}_k \cos k\,\pi\left(\frac{1}{2} - \frac{v}{b}\right)\frac{2}{b}\,R_{s\,k} \;\text{ mit }\; R_{s\,k} = \frac{1 + k\,\pi\,\frac{l}{b}\,\mathfrak{Tg}\,k\,\pi\,\frac{l}{b}}{3\,\mathfrak{Cof}\,k\,\pi\,\frac{l}{b}}. \tag{649}$$

(Gemäß der Herleitung in Abschnitt C.2., P. 2.1.2. gelangt man zum gleichen Wert $R_{s\,k}$, wenn man $\left(2\,m_{y\,m} + \frac{2}{3}\,m_{x\,m}\right)$ infolge des Randmomentangriffs $m_{s\,k} = 1 \cdot \cos k\,\pi\left(\frac{1}{2} - \frac{v}{b}\right)$ bildet.)

Die Krümmung der Fläche $F_0$ in der Linie $u_{\mathrm{I}} = l$ erhält man durch zweimalige Ableitung nach $u_{\mathrm{I}}$:

$$-\frac{\partial^2}{\partial u_{\mathrm{I}}^2}\,F_0\Big|_{u_{\mathrm{I}} = l} = \sum_{1,3}^{\infty} {}_k \cos k\,\pi\left(\frac{1}{2} - \frac{v}{b}\right)\frac{k^2\,\pi^2}{b^2}\,K_{l\,k} \;\text{ mit }\; K_{l\,k} = \frac{\frac{2}{3}\,\frac{l}{b}}{\mathfrak{Cof}^2\,k\,\pi\,\frac{l}{b}}. \tag{650}$$

Um die geforderten Randbedingungen herzustellen, werden als Zusatzfunktionen die Biegeflächen infolge der nachstehenden Randmomentangriffe überlagert:

1. Momente $m_l = \sum_{1,3}^{\infty} {}_k\, m_{l\,k} \cos k\,\pi\left(\frac{1}{2} - \frac{v}{b}\right)$ am ungestützten Rand $u_{\mathrm{I}} = l$ nach Fall **$FUF_2 - 00$** mit der Biegefläche

$$\left.\begin{aligned} S\,\zeta_l &= \sum_{1,3}^{\infty} {}_k\, m_{l\,k} \cos k\,\pi\left(\frac{1}{2} - \frac{v}{b}\right) F_{l\,k},\\ \text{worin}\quad F_{l\,k} &= \frac{\mathfrak{Sin}\,k\,\pi\,\frac{u_{\mathrm{I}}}{b}}{3\,\mathfrak{Sin}\,k\,\pi\,\frac{l}{b} + \frac{k\,\pi\,\frac{l}{b}}{\mathfrak{Cof}\,k\,\pi\,\frac{l}{b}}}\left(-1 + k\,\pi\,\frac{l}{b}\,\mathfrak{Tg}\,k\,\pi\,\frac{l}{b} - k\,\pi\,\frac{u_{\mathrm{I}}}{b}\,\mathfrak{Cotg}\,k\,\pi\,\frac{u_{\mathrm{I}}}{b}\right). \end{aligned}\right\} \tag{651}$$

Die Neigung dieser Fläche am Rand $u_{\mathrm{I}} = 0$ beträgt

$$S\,\beta_s = \sum_{1,3}^{\infty} {}_k\, m_{l\,k} \cos k\,\pi\left(\frac{1}{2} - \frac{v}{b}\right)\frac{b}{2\,k\,\pi}\,G\left(\frac{k\,l}{b}\right) \;\text{ mit }\; G\left(\frac{k\,l}{b}\right) = 2\,\frac{-2 + k\,\pi\,\frac{l}{b}\,\mathfrak{Tg}\,k\,\pi\,\frac{l}{b}}{3\,\mathfrak{Sin}\,k\,\pi\,\frac{l}{b} + \frac{k\,\pi\,\frac{l}{b}}{\mathfrak{Cof}\,k\,\pi\,\frac{l}{b}}}. \tag{652}$$

Tafel 58. Berechnung von

| $k$ | I | | | | | | | | | |
|---|---|---|---|---|---|---|---|---|---|---|
| | $\frac{u_I}{l}$ | 1,0 | 0,8 | 0,6 | 0,4 | 0,2 | $\frac{u_{II}}{a}$ | 1 | 2 | 3 |
| **F₄—10** | | $\infty$ | 0,3910 | 0,2384 | 0,1429 | 0,0677 | | | | |
| 1 | $r_{s1} F_{s1}$<br>$r_{l1} F_{l1}$ | —0,0075<br>—0,0436 | —0,0072<br>—0,0345 | —0,0063<br>—0,0256 | —0,0048<br>—0,0170 | —0,0027<br>—0,0085 | $r_{s1}$ Einfl $B_{s1}$<br>$r_{a1}$ Einfl $B_{a1}$ | —0,0027<br>+0,0001 | —0,0044<br>+0,0001 | —0,0054<br>+0,0002 |
| 3 | $r_{s3} F_{s3}$<br>$r_{l3} F_{l3}$ | —0,0181<br>—0,0015 | —0,0175<br>—0,0011 | —0,0156<br>—0,0008 | —0,0123<br>—0,0005 | —0,0072<br>—0,0002 | $r_{s3}$ Einfl $B_{s3}$<br>$r_{a3}$ Einfl $B_{a3}$ | —0,0065<br>+0,0002 | —0,0101<br>+0,0005 | —0,0115<br>+0,0008 |
| 5 | $r_{s5} F_{s5}$<br>$r_{l5} F_{l5}$ | —0,0111<br>+0,0024 | —0,0109<br>+0,0014 | —0,0101<br>+0,0007 | —0,0085<br>+0,0004 | —0,0055<br>+0,0001 | $r_{s5}$ Einfl $B_{s5}$<br>$r_{a5}$ Einfl $B_{a5}$ | —0,0051<br>+0,0001 | —0,0069<br>+0,0001 | —0,0069<br>+0,0001 |
| 7 | $r_{s7} F_{s7}$<br>$r_{l7} F_{l7}$ | —0,0047<br>+0,0012 | —0,0047<br>+0,0005 | —0,0047<br>+0,0001 | —0,0044 | —0,0032 | $r_{s7}$ Einfl $B_{s7}$ | —0,0032 | —0,0037 | —0,0031 |
| 9 | $r_{s9} F_{s9}$<br>$r_{l9} F_{l9}$ | —0,0017<br>+0,0005 | —0,0017<br>+0,0001 | —0,0019 | —0,0021 | —0,0017 | $r_{s9}$ Einfl $B_{s9}$ | —0,0018 | —0,0017 | —0,0012 |
| 11 | $r_{s11} F_{s11}$<br>$r_{l11} F_{l11}$ | —0,0006<br>+0,0001 | —0,0007 | —0,0008 | —0,0010 | —0,0010 | $r_{s11}$ Einfl $B_{s11}$ | —0,0010 | —0,0008 | —0,0005 |
| 13 | $r_{s13} F_{s13}$ | —0,0001 | —0,0002 | —0,0003 | —0,0004 | —0,0005 | $r_{s13}$ Einfl $B_{s13}$ | —0,0005 | —0,0003 | —0,0002 |
| 15 | $r_{s15} F_{s15}$ | —0,0001 | —0,0001 | —0,0002 | —0,0002 | —0,0003 | $r_{s15}$ Einfl $B_{s15}$ | —0,0003 | —0,0001 | —0,0001 |
| | | **—0,0847** | +0,3144 | +0,1729 | +0,0921 | +0,0370 | | —0,0207 | —0,0273 | —0,0278 |

2. Momente $m_s = \sum_{1,3}^{\infty} {}^k\, m_{s\,k} \cos k\pi\left(\frac{1}{2} - \frac{v}{b}\right)$ am Rand $s$ und am gedachten Rand $u_I = 2\,l$ des Grundsystems I nach Fall **F₄—0sa**. Die zugehörige Biegefläche lautet:

$$S\,\zeta_s = \sum_{1,3}^{\infty} {}^k\, m_{s\,k} \cos k\pi\left(\frac{1}{2} - \frac{v}{b}\right)\frac{b^2}{k^2\pi^2} F_{s\,k\,I} \text{ mit } F_{s\,k\,I} = \frac{\mathfrak{Cof}\, k\pi\frac{l-u_I}{b}}{2\,\mathfrak{Cof}\, k\pi\frac{l}{b}}\left(k\pi\frac{l}{b}\,\mathfrak{Tg}\, k\pi\frac{l}{b} - \right.$$
$$\left. - k\pi\frac{l-u_I}{b}\,\mathfrak{Tg}\, k\pi\frac{l-u_I}{b}\right). \tag{653}$$

Ihre Neigung am Rand $u_I = 0$ beträgt

$$S\,\beta_s = \sum_{1,3}^{\infty} {}^k\, m_{s\,k} \cos k\pi\left(\frac{1}{2} - \frac{v}{b}\right)\frac{b}{2\,k\pi}\,\widehat{C}\left(\frac{k\,2\,l}{b}\right) \text{ mit } \widehat{C}\left(\frac{k\,2\,l}{b}\right) = \mathfrak{Tg}\, k\pi\frac{l}{b} + \frac{k\pi\frac{l}{b}}{\mathfrak{Cof}^2\, k\pi\frac{l}{b}}. \tag{654}$$

Die Momente $m_x$ in der Linie $u_I = l$ sind

$$m_x = \sum_{1,3}^{\infty} {}^k\, m_{s\,k} \cos k\pi\left(\frac{1}{2} - \frac{v}{b}\right)\mu\left(\frac{k\,l}{b}\right) \text{ mit } \mu\left(\frac{k\,l}{b}\right) = \frac{2 - k\pi\frac{l}{b}\,\mathfrak{Tg}\, k\pi\frac{l}{b}}{2\,\mathfrak{Cof}\, k\pi\frac{l}{b}}. \tag{655}$$

Die gleichen Momente $m_s$ greifen an der Platte II, jedoch einseitig nach Fall **F₄—0s**, an.

3. Gegenseitige Momente $m_a = \sum_{1,3}^{\infty} {}^k\, m_{a\,k} \cos k\pi\left(\frac{1}{2} - \frac{v}{b}\right)$ am Rand $a$, und zwar an der Platte II einseitig nach Fall **F₄—0a**, am Grundsystem III beiderseitig nach Fall **F₄—0sa**.

Einfl. $m_{y\,l}$, $y - v = 0$

| II | | | | | | | III | | | | |
|---|---|---|---|---|---|---|---|---|---|---|---|
| 4 | 5 | 6 | 7 | 8 | 9 | $\frac{u_{III}}{l'}$ | 2 | 4 | 6 | 8 | 1,0 |
| —0,0057 | —0,0056 | —0,0050 | —0,0040 | —0,0028 | —0,0014 | $r_{l'1}\,F_{l\,1}$ | +0,0008 | +0,0017 | +0,0025 | +0,0035 | +0,0044 |
| +0,0003 | +0,0004 | +0,0003 | +0,0003 | +0,0003 | +0,0001 | $r_{a\,1}\,F_{s\,1}$ | +0,0002 | +0,0003 | +0,0003 | +0,0004 | +0,0004 |
| —0,0115 | —0,0106 | —0,0090 | —0,0070 | —0,0048 | —0,0024 | $r_{l'3}\,F_{l\,3}$ | +0,0002 | +0,0005 | +0,0008 | +0,0012 | +0,0017 |
| +0,0010 | +0,0012 | +0,0013 | +0,0013 | +0,0011 | +0,0007 | $r_{a\,3}\,F_{s\,3}$ | +0,0008 | +0,0014 | +0,0018 | +0,0019 | +0,0020 |
| —0,0061 | —0,0050 | —0,0039 | —0,0028 | —0,0018 | —0,0009 | $r_{a\,5}\,F_{s\,5}$ | +0,0003 | +0,0004 | +0,0005 | +0,0006 | +0,0006 |
| +0,0002 | +0,0002 | +0,0003 | +0,0004 | +0,0004 | +0,0003 | | | | | | |
| —0,0024 | —0,0017 | —0,0012 | —0,0007 | —0,0004 | —0,0002 | $r_{a\,7}\,F_{s\,7}$ | +0,0001 | +0,0001 | +0,0001 | +0,0001 | +0,0001 |
| —0,0009 | —0,0005 | —0,0003 | —0,0002 | —0,0001 | | | | | | | |
| —0,0003 | —0,0002 | —0,0001 | | | | | | | | | |
| —0,0001 | | | | | | | | | | | |
| —0,0255 | —0,0218 | —0,0176 | —0,0127 | —0,0081 | —0,0038 | | +0,0024 | +0,0044 | +0,0060 | +0,0077 | +0,0092 |

4. Momente $m_{l'} = \sum_{1,3}^{\infty} {}^{k}\, m_{l'k} \cos\left(\frac{1}{2} - \frac{v}{b}\right)$ am ungestützten Rand $u_{III} = l$ nach Fall **FUF$_2$ — 00**.

Die Randbedingungen: Verschwinden von $m_x$ an den Rändern $u_I = l$ und $u_{III} = l'$; Verschwinden der gegenseitigen Verdrehung an den Unterstützungslinien $s$ und $a$, lauten nunmehr für jedes $k$:

$$\left.\begin{aligned}
m_{l\,k} + m_{s\,k}\,\mu\left(\frac{k\,l}{b}\right) + \frac{k^2\,\pi^2}{b^2}\,K_{l\,k} &= 0,\\
\frac{b}{2\,k\,\pi}\left\{m_{l\,k}\,G\left(\frac{k\,l}{b}\right) + m_{s\,k}\left[\widehat{C}\left(\frac{k\,2\,l}{b}\right) + C\left(\frac{k\,a}{b}\right)\right] + m_{a\,k}\,D\left(\frac{k\,a}{b}\right)\right\} + \frac{2}{b}\,R_{s\,k} &= 0,\\
m_{s\,k}\,D\left(\frac{k\,a}{b}\right) + m_{a\,k}\left[C\left(\frac{k\,a}{b}\right) + \widehat{C}\left(\frac{k\,2\,l'}{b}\right)\right] + m_{l'k}\,G\left(\frac{k\,l'}{b}\right) &= 0,\\
m_{a\,k}\,\mu\left(\frac{k\,l'}{b}\right) + m_{l'k} &= 0.
\end{aligned}\right\} \qquad (656)$$

Setzt man

$$\left.\begin{aligned}
m_{l\,k} &= \frac{k^2\,\pi^2}{b^2}\,r_{l\,k},\\
m_{s\,k} &= \frac{4\,k\,\pi}{b^2}\,r_{s\,k},\\
m_{a\,k} &= \frac{4\,k\,\pi}{b^2}\,r_{a\,k},\\
m_{l'k} &= \frac{k^2\,\pi^2}{b^2}\,r_{l'k},
\end{aligned}\right\} \qquad (657)$$

so ergeben sich die neuen Unbekannten $r$ durch Auflösen der Gl. (656) wie folgt:

$$\left.\begin{aligned}
r_{s\,k}\frac{4}{k\pi} &= \frac{1}{N_k}\left[-\frac{4}{k\pi}R_{s\,k}+G\left(\frac{k\,l}{b}\right)K_{l\,k}\right],\\
\text{mit } N_k &= C\left(\frac{k\,a}{b}\right)+\widehat{C}\left(\frac{k\,2\,l}{b}\right)-\mu\left(\frac{k\,l}{b}\right)G\left(\frac{k\,l}{b}\right)-\\
&\quad-\frac{\left[D\left(\frac{k\,a}{b}\right)\right]^2}{C\left(\frac{k\,a}{b}\right)+\widehat{C}\left(\frac{k\,2\,l}{b}\right)-\mu\left(\frac{k\,l}{b}\right)G\left(\frac{k\,l}{b}\right)},\\
r_{l\,k} &= -K_{l\,k}-r_{s\,k}\frac{4}{k\pi}\mu\left(\frac{k\,l}{b}\right),\\
r_{a\,k} &= r_{s\,k}\frac{-D\left(\frac{k\,a}{b}\right)}{C\left(\frac{k\,a}{b}\right)+\widehat{C}\left(\frac{k\,2\,l}{b}\right)-\mu\left(\frac{k\,l}{b}\right)G\left(\frac{k\,l}{b}\right)}=-r_{s\,k}\varphi_k,\\
r_{l'\,k} &= -r_{a\,k}\frac{4}{k\pi}\mu\left(\frac{k\,l}{b}\right).
\end{aligned}\right\}\qquad(658)$$

Die Tafel 57 (S. 535) enthält die Berechnung dieser Größen. Es ist $\widehat{C}\left(\frac{k\,2\,l}{b}\right)-\mu\left(\frac{k\,l}{b}\right)G\left(\frac{k\,l}{b}\right)=$ $=C_{A\,k}$ nach Gl. (640), daher stimmt der obige Ausdruck für $N_k$ mit dem in Gl. (639) überein.

Die endgültige Einflußfläche ergibt sich durch Überlagerung des Grundfalles mit allen Zusatzfunktionen, und zwar:

Im Feld I: $\text{Einfl}\, m_{y\,l}=\text{Einfl}\left(2\,m_{y\,\infty}+\frac{2}{3}m_{x\,\infty}\right)+$

$$+\sum_{1,3}^{\infty}{}^{k}\cos k\pi\left(\frac{1}{2}-\frac{v}{b}\right)\left(r_{l\,k}F_{l\,k}+r_{s\,k}\frac{4}{k\pi}F_{s\,k\,\mathrm{I}}\right).$$

Im Feld II: $\text{Einfl}\, m_{y\,l}=\sum_{1,3}^{\infty}{}^{k}\cos k\pi\left(\frac{1}{2}-\frac{v}{b}\right)\left(r_{s\,k}\frac{4}{k\pi}F_{s\,k\,\mathrm{II}}+r_{a\,k}\frac{4}{k\pi}F_{a\,k\,\mathrm{II}}\right).$

Hierin ist $\cos k\pi\left(\frac{1}{2}-\frac{v}{b}\right)F_{s\,k\,\mathrm{II}}=m_y$ infolge $m_{s\,k}=1\cdot\cos k\pi\left(\frac{1}{2}-\frac{v}{b}\right)$

oder $\cos k\pi\left(\frac{1}{2}-\frac{v}{b}\right)\frac{4}{k\pi}F_{s\,k\,\mathrm{II}}=\text{Einfl}\,B_{s\,k}$; $F_{a\,k\,\mathrm{II}}$ ist spiegelgleich zu $F_{s\,k\,\mathrm{II}}$.

Im Feld III gilt: $\text{Einfl}\, m_{y\,l}=\sum_{1,3}^{\infty}{}^{k}\cos k\pi\left(\frac{1}{2}-\frac{v}{b}\right)\left(r_{a\,k}\frac{4}{k\pi}F_{a\,k\,\mathrm{III}}+r_{l'\,k}F_{l\,k}\right).$

($F_{a\,k\,\mathrm{III}}$ entspricht $F_{s\,k\,\mathrm{I}}$.) (659)

Die Tafel 58 (S. 538) zeigt die Berechnung der Einflußwerte in der Linie $v=y=\frac{b}{2}$.

Im Bezugspunkt ergeben die Zusatzfunktionen den Wert $-0{,}0847$. Man erhält das Moment $m_{y\,l}$ infolge einer Rechtecklast mit *kleiner* Lastfläche $2\,c$ mal $2\,d$, die unmittelbar neben dem Bezugspunkt steht, wie folgt: Mit den bezogenen Lastbreiten $\frac{4\,c}{2\,l}$ und $\frac{2\,d}{2\,l}$ entnimmt man aus den Tafeln F. 13 und F. 14 die Werte $\frac{m_{x\,\infty}}{P}$ und $\frac{m_{y\,\infty}}{P}$; damit ist

$$m_{y\,l}=P\cdot\left[2\,\frac{m_{y\,\infty}}{P}+\frac{2}{3}\,\frac{m_{x\,\infty}}{P}-0{,}0847\right].$$

Bei der starr eingespannten unendlichen Kragplatte (Tafel J. 2) beträgt der Zusatzwert $-0{,}1338\,P$; das heißt, daß bei der elastisch eingespannten Kragplatte dieses Beispiels $m_{y\,l}$ um $0{,}0491\,P$ größer ist als bei starrer Einspannung.

In der Abb. 199 ist die gesamte Einflußfläche als Schichtenplan dargestellt. Der Bereich mit umgekehrtem Vorzeichen, der verhältnismäßig kleine Einflußwerte aufweist, wurde für ein System mit $b = 10\,a = 25\,l$ berechnet.

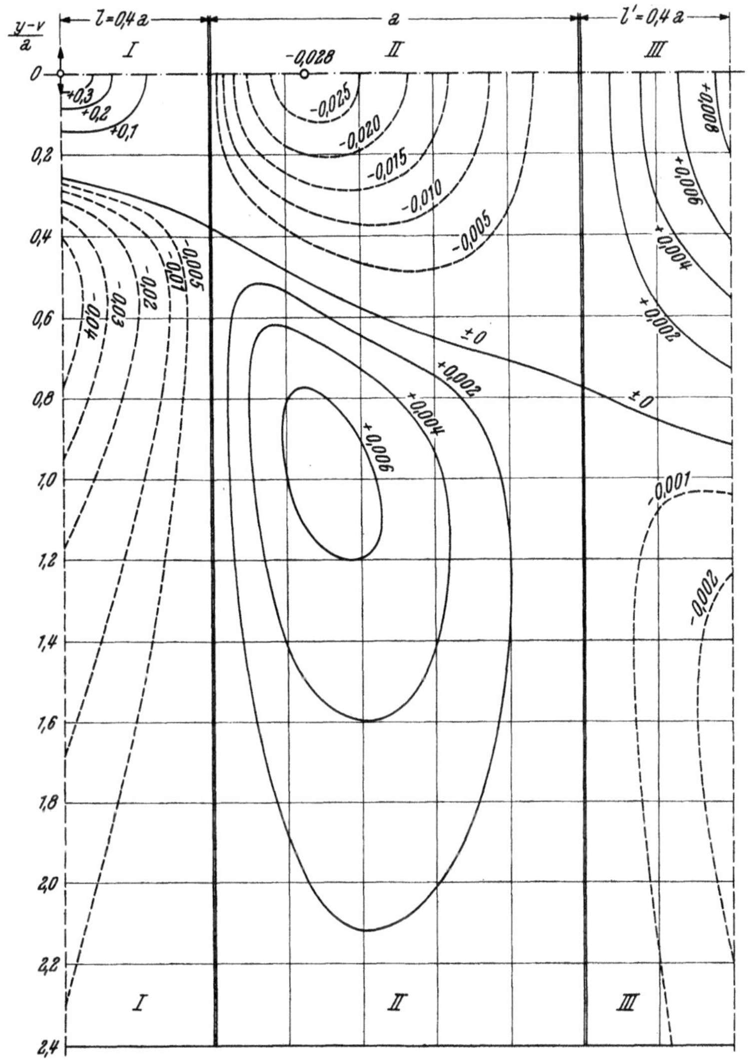


Abb. 199. Einflußfläche für $m_y$ am ungestützten Rand

## 4. Ungestützter Querrand, Berechnung ohne Kragplatten

### 4.1. Größtmoment $m_x$ infolge Raupenfahrzeug

Das größte Moment $m_x$ entsteht am Querrand, wenn das Lastrechteck an diesen anstößt. Gemäß Fall **$F_2U-12$** ist dann

$$m_{xt} = 2\,m_{xv\infty} + \frac{2}{3}\,m_{yv\infty},$$

wobei $m_{xv\infty}$ und $m_{yv\infty}$ nach Fall **$F_2-12$** für eine Last mit der doppelten Länge, also $4\,d$ statt $2\,d$, einzuführen sind.

Mit $\frac{2\,c}{a} = 0{,}0714$ und $\frac{4\,d}{a} = 1{,}0$ erhält man für *eine* Last im Punkt $\frac{u}{a} = 0{,}6$ nach Tafel F.11, F.12 und — näherungsweise — F.15:

$$m_{xv\infty} = (0{,}1654 - 0{,}0040)\,P_1 = 0{,}1614\,P_1,$$

$$m_{yv\infty} = (0{,}0335 - 0{,}0040)\,P_1 = 0{,}0295\,P_1.$$

Daraus ist

$$m_{xt} = \left(2 \cdot 0{,}1614 + \frac{2}{3} \cdot 0{,}0295\right) P_1 = 0{,}3424\, P_1.$$

Der Beitrag der zweiten Last ergibt sich aus der Einflußfläche nach Tafel O.2 für den Bereich $0 \leqq \frac{v}{a} \leqq 0{,}5$, $\frac{u}{a} = 0{,}243$ und $\frac{2c}{a} \doteq 0$:

| $\frac{v}{a}$ | Einflußwerte für $\frac{u}{a} = 0{,}243$ |
|---|---|
| 0,5 | $\frac{1}{2} \cdot 0{,}0876 = 0{,}0438$ |
| 0,4 | 0,1026 |
| 0,3 | 0,1159 |
| 0,2 | 0,1253 |
| 0,1 | 0,1288 |
| 0 | $\frac{1}{2} \cdot 0{,}1300 = 0{,}0650$ |

$$m_{xt} = 0{,}5814 \frac{P_1}{5} = 0{,}1163\, P_1$$

Das Gesamtmoment im Punkt $\frac{x}{a} = 0{,}6$ ist demnach: $m_{xt} = (0{,}3424 + 0{,}1163)\, P_1 = 0{,}4587\, P_1 = 0{,}2294\, \Sigma P$. Das Moment am ungestützten Rand beträgt somit das 1,75fache des Momentes ohne Randeinfluß.

### 4.2. Größtmoment $m_x$ infolge SLW

Für die maßgebende Radlast gilt $\frac{2c}{a} = 0{,}0858$ und $\frac{4d}{a} = 0{,}0572$. Aus $\frac{v_1}{a} = 0{,}0143$ folgt $\frac{v_2}{a} = 0{,}0143 + 0{,}215 = 0{,}229$ und $\frac{v_3}{a} = 0{,}444$. Damit ergibt sich das Moment $m_{xt}$ im Punkt $\frac{x}{a} = 0{,}6$ unter Benützung der Tafeln F.13, F.14, F.15 und O.2.

| $\frac{u}{a}$ | $\frac{v}{a}$ | Einflußwert |
|---|---|---|
| 0,6 | 0,014 | $2\,(0{,}2892 - 0{,}0040) = 0{,}5704$<br>$\frac{2}{3}(0{,}2275 - 0{,}0040) = 0{,}1490$ |
| 0,6 | 0,229 | 0,3166 |
| 0,6 | 0,444 | 0,1774 |
| 0,314 | 0,014 | 0,1766 |
| 0,314 | 0,229 | 0,1641 |
| 0,314 | 0,444 | 0,1227 |

$$m_{xt} = 1{,}6768\, P_1 = 0{,}2795\, \Sigma P.$$

Das Moment am ungestützten Rand beträgt bei dieser Lastanordnung das 2,04fache des Momentes ohne Randeinfluß.

## 5. Frei drehbar gestützter Querrand

### 5.1. Ständige Lasten

Das Feldmoment $m_x$ fällt gegen den Querrand auf Null ab; der Verlauf liegt zwischen Fall **$F_3$—1** (ohne Kragplatte) und Fall **$S_2F$—1** (große Kragplatten). Im Bereich des Querrandes entstehen Momente $m_y$. Ihr Größtwert liegt im Fall **$F_3$—1** in $\frac{x}{a} = 0{,}5$, $\frac{y}{a} = 0{,}33$ und beträgt

$$\max m_y = 0{,}0233\, g\, a^2.$$

Im Fall **$S_2F$—1** entsteht in $\frac{y}{a} = 0{,}2$ der Größtwert $\max m_y = 0{,}0128\, g\, a^2$.

### 5.2. Verkehrslast, Berechnung ohne Kragplatten

Das Feldmoment $m_x$ fällt gegen den Querrand auf Null ab. Das Feldmoment $m_y$ wird durch den Querrandeinfluß gegenüber dem unendlichen Plattenstreifen (unter P. 2.1.2. und 2.1.4.) vergrößert. Der größtmögliche Wert tritt annähernd im Punkt $\frac{x}{a} = 0{,}5$, $\frac{y}{a} = 0{,}35$ auf.

Für das Raupenfahrzeug erhält man in gleicher Weise wie unter P. 2.1.2., jedoch nach Tafel K.2:

$$\max m_y = \frac{\Sigma P}{2 \cdot 0{,}0714} [0{,}4284 \cdot 0{,}0877 - 0{,}2856 \cdot 0{,}0933] = 0{,}0766\, \Sigma P.$$

Für den SLW ist das Moment $m_{y\,m}$ nach P. 2.1.4. infolge der Last im Bezugspunkt um 0,0222 $P_1$ zu vergrößern (siehe Anmerkung bei Tafel K.2); für die übrigen Lasten gilt Tafel K.31.

| $\frac{u}{a}$ | $\frac{v}{a}$ | Einflußwert |
|---|---|---|
| 0,5 | 0,35 | 0,2571 + 0,0222 = 0,2793 |
| 0,5 | 0,565 | 0,0350 |
| 0,5 | 0,135 | 0,0379 |
| 0,214 | 0,35 | 0,0714 |
| 0,214 | 0,565 | 0,0332 |
| 0,214 | 0,135 | 0,0320 |

$$m_y = 0{,}4888\, P_1 = 0{,}0815\, \Sigma P.$$

Wenn die Platte über den Endquerträger *auskragt*, liegt der unter P. 3. behandelte Fall vor.

## 6. Bereich eines Zwischenquerträgers

Es wird angenommen, daß die *durchlaufende* Platte durch weit (mindestens 4 $a$) auseinanderliegende Querträger frei drehbar gestützt wird. Der unendliche Plattenstreifen zerfällt dadurch jeweils in zwei biegesteif miteinander verbundene unendliche Halbstreifen.

### 6.1. Ständige Lasten

Wegen der Symmetrie bezüglich des Querträgers kann die Platte dort als starr eingespannt betrachtet werden. Das Feldmoment $m_x$ fällt gegen den Querträger zu auf Null ab. Der Verlauf liegt zwischen Fall **F₂S—1** (ohne Kragplatten) und Fall **S₃—1** (große Kragplatten). Im Bereich des Querträgers entstehen Momente $m_y$, und zwar

im Fall **$F_2S$—1**:

über der Querträgermitte ... $-m_{t\,m} = 0{,}125\, g\, a^2$ und im Abstand $\frac{y}{a} = 0{,}65$ vom Querträger ... $\max m_y = 0{,}0173\, g\, a^2$;

im Fall **$S_3$—1**:

über der Querträgermitte ... $-m_{t\,m} = 0{,}0569\, g\, a^2$ und im Abstand $\frac{y}{a} = 0{,}5$ vom Querträger ... $\max m_y = 0{,}0090\, g\, a^2$.

### 6.2. Verkehrslast, Berechnung ohne Kragplatten

#### *6.2.1. Einflußfläche des Stützenmoments*

Das Stützenmoment am Querträger ist bei Belastung des *einen* Halbstreifens aus Symmetriegründen stets die Hälfte des Randmoments bei starrer Einspannung (Fall **$F_2S$ — 12**). Wenn *beide* Halbstreifen symmetrisch zum Querträger belastet sind, kann mit starrer Einspannung gerechnet werden.

Als Einflußfläche für das Stützenmoment gilt demnach Tafel L.1 mit dem Faktor 0,5, symmetrisch auf beiden Seiten des Querträgers. Die ungünstigste Laststellung geht aus der folgenden Untersuchung hervor:

### *6.2.2. Stützenmomente infolge Raupenfahrzeug*

Zwei an den Querrand anstoßende Rechtecklasten $P_1 = \frac{\Sigma P}{2}$ erzeugen bei *starrer* Einspannung die Randmomente

$$-m_t = \mathfrak{M}_x - \frac{\Sigma P}{2} \sum_{1,2}^{\infty} \sin j\pi\frac{x}{a}\left(\sin j\pi\frac{u_1}{a} + \sin j\pi\frac{u_2}{a}\right)\frac{\sin j\pi\frac{c}{a}}{j\pi\frac{c}{a}} \cdot \frac{2}{j\pi}\left(1 + \frac{1}{2j\pi\frac{d}{a}}\right)e^{-2j\pi\frac{d}{a}}. \tag{660}$$

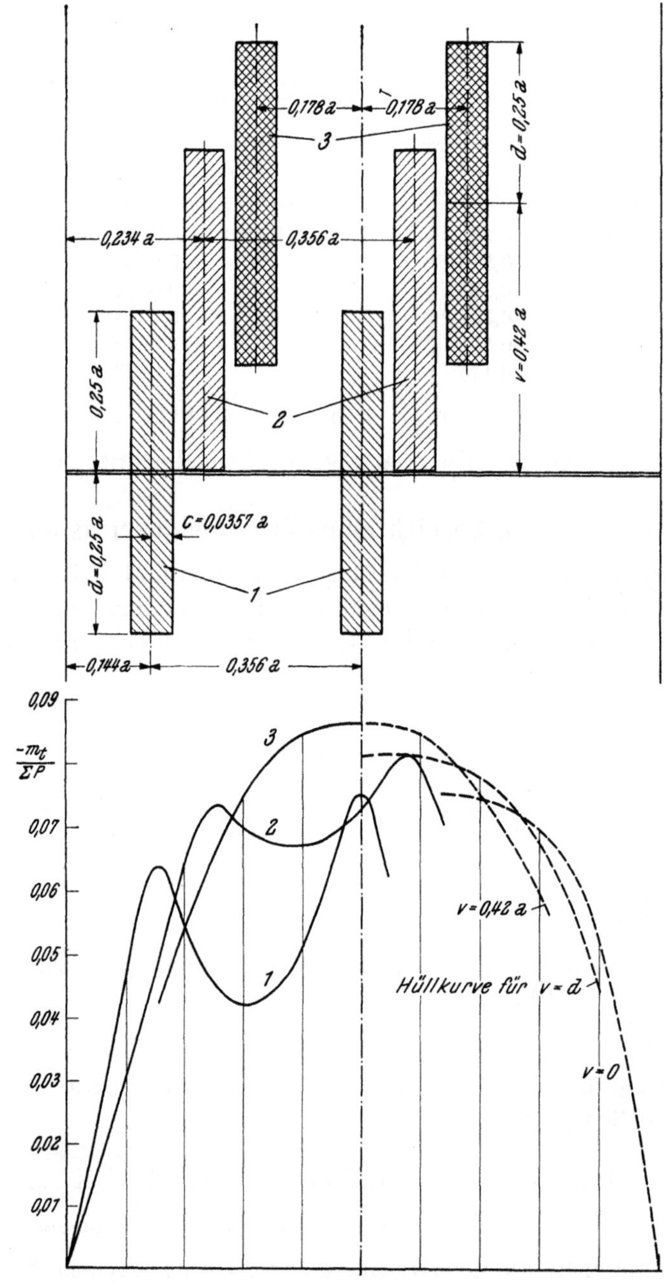


Abb. 200. Stützenmomente infolge Raupenfahrzeug

Für $\mathfrak{M}_x$ gelten die unter P. 2.2.1. angegebenen Formeln. Der Verlauf von $-m_t$ ist, wie nach der Ähnlichkeit der Formeln zu erwarten, ähnlich wie der von $m_{xv}$ (P. 2.2.1.).

In Abb. 200 ist der Verlauf von $\frac{-m_t}{\Sigma P}$ für drei Laststellungen gezeichnet. In der Nähe der Ecke ist Laststellung 1 (symmetrisch zum Querträger) am ungünstigsten. Die Berechnung erfolgt nach obiger Formel mit den halben Lasten und $d$ an Stelle von $2\,d$; sie ist ganz ähnlich der von $m_{xv}$ unter P. 2.2.1.

In einem kleinen Bereich um den Viertelpunkt der Querträgerlänge ist Laststellung 2 (Lastrechtecke an den Querträger anstoßend) die ungünstigste. In diesem Fall ist die Hälfte der nach obiger Formel zu berechnenden Momente zu nehmen.

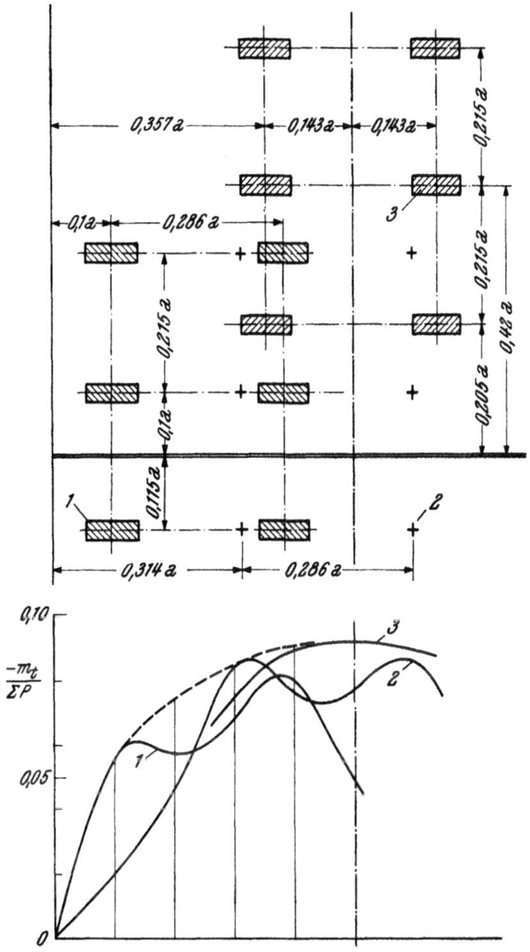


Abb. 201. Stützenmomente infolge SLW

Der absolute Größtwert des Stützenmoments tritt in Querträgermitte auf, wenn die Lasten symmetrisch zur Mittellinie $x = \frac{a}{2}$ und in einem bestimmten Abstand vom Querträger stehen. Durch Probieren wurde dieser Abstand zu $\frac{v}{a} = 0{,}42$ gefunden (Laststellung 3). Mit halber Einspannung ist (vgl. Fall **$F_2S$ — 12**):

$$-m_t = \frac{1}{2}\Sigma P \sum_{j=1,3}^{\infty} j \sin j\pi\frac{x}{a}\sin j\pi\frac{u}{a}\,\frac{\sin j\pi\frac{c}{a}}{j\pi\frac{c}{a}}\,\frac{\mathfrak{Sin}\, j\pi\frac{d}{a}}{j\pi\frac{d}{a}}\left[1 - j\pi\frac{d}{a}\,\mathfrak{Cotg}\, j\pi\frac{d}{a} + j\pi\frac{v}{a}\right]e^{-j\pi\frac{v}{a}}. \qquad (661)$$

Als Größtwert ergibt sich

$$\max\,(-m_{t\,m}) = 0{,}0862\ \Sigma P.$$

Außer den angeführten wurden noch weitere Laststellungen untersucht; es ergaben sich die in der rechten Hälfte der Abb. 200 gezeichneten Hüllkurven, aus denen hervorgeht, in welchem Bereich jede Lastanordnung die ungünstigste ist.

*6.2.3. Stützenmomente infolge SLW*

Bei der kleinen Länge $2\,d$ der Lastrechtecke kommt eine Laststellung mit an den Querträger anstoßendem Lastrechteck nicht in Betracht. Die Abb. 201 zeigt den Verlauf von $-m_t$ für die dort skizzierten Laststellungen.

Das Bild ist ähnlich wie beim Raupenfahrzeug. Der größtmögliche Wert von $-m_t$ tritt wieder in Querträgermitte auf, wenn die Lasten in bestimmtem Abstand vom Querträger stehen. Mit $\frac{v_2}{a} = 0{,}42$ hat sich

$$\max(-m_{t\,m}) = 0{,}0920\,\Sigma P$$

ergeben.

*6.2.4. Größtes Feldmoment $m_y$*

Bei starrer Einspannung des Querrandes (Fall **F₂S — 12**) tritt unter wandernder Rechtecklast das größte Feldmoment $m_y$ im Abstand $\frac{y}{a} \doteq 0{,}64$ vom Querrand auf und ist bei kleiner Lastfläche um $0{,}0087\,P$ größer als $m_y$ ohne Querrandeinfluß. Bei halber Einspannung des Querrandes beträgt die Erhöhung etwa das Mittel aus obiger Zahl und der bei frei drehbar gestütztem Querrand geltenden Zahl $0{,}0222\,P$.

# Berechnungsbeispiel 8: Einfeld-Plattenbrücke, beiderseits frei drehbar gestützt

## 1. Berechnungsgrundlagen

### 1.1. Abmessungen

Stützweite $a = 10{,}0$ m.
Brückenbreite $b = 12{,}5$ m, davon 7,5 m Fahrbahnstreifen und beiderseits je 2,5 m Randstreifen (Autobahnquerschnitt).

### 1.2. Belastung

Die gleichmäßig verteilte ständige Last wird nicht behandelt (Träger auf zwei Stützen).
Verkehrslast:

1.2.1. 60-t-Raupenfahrzeug nach Abb. 181 am Fahrbahnstreifen in beliebiger Stellung, gleichzeitig Gleichlast $p = 0{,}5$ t/m² auf beiden Randstreifen.

1.2.2. 60-t-Schwerlastwagen nach Abb. 182, sonst wie P. 1.2.1.

1.2.3. 25-t-Lastkraftwagen nach Abb. 183 auf einem Randstreifen, gleichzeitig Gleichlast $p = 0{,}5$ t/m² am Fahrbahnstreifen und am zweiten Randstreifen.

Schwingbeiwert für die Fahrzeuge: $\varphi = 1{,}34$. Eine lastverteilende Deckschicht wird nicht in Rechnung gestellt.

Die Berechnung wird nach dem im Abschnitt C. 6., Fall **F₂U₂ — *** angegebenen Verfahren durchgeführt.

## 2. Näherungsberechnung der maßgebenden Biegemomente

### 2.1. Raupenfahrzeug

Das Fahrzeug wird mittig aufgestellt (Abb. 202).
Die Lasten sind $P_1 = P_2 = 1{,}34 \cdot 30 = 40{,}2$ t.

*2.1.1. Moment $m_{x\infty}$ im unendlichen Plattenstreifen ($b = \infty$)*

Der Größtwert entsteht im Plattenmittelpunkt. Von der Wirkung einer Last $P\frac{2\,d_1}{2\,d}$ auf dem Rechteck $2\,c \cdot 2\,d_1$ ist die Wirkung einer Last $P\frac{2\,d_2}{2\,d}$ auf dem Rechteck $2\,c \cdot 2\,d_2$ abzuziehen.

Mit $\frac{2c}{a} = 0{,}35$, $\frac{2d_1}{a} = 0{,}3$, $\frac{2d_2}{a} = 0{,}2$ ist nach Tafel F.11:

$$m_{x\,m\,\infty} = P \cdot \frac{1}{0{,}05}\,[0{,}30 \cdot 0{,}1734 - 0{,}20 \cdot 0{,}1781] = P_1 \cdot 0{,}3280.$$

### *2.1.2. Moment $m_{y\infty}$ im unendlichen Plattenstreifen*

Der Größtwert von $m_y$ tritt — im Gegensatz zu $m_x$ — annähernd im Mittelpunkt *eines* Lastrechtecks auf. Nach Tafel F.12 ist mit $\frac{2c}{a} = 0{,}35$ und $\frac{2d}{a} = 0{,}05$ bei geradliniger Interpolation:

$$m_{y\infty}^{(1)} = P \cdot 0{,}1651 \text{ (der genaue Wert beträgt 0,1646).}$$

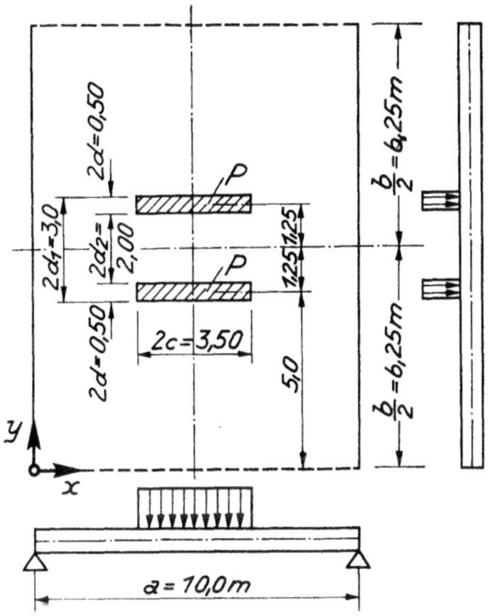


**Abb. 202**

Der Beitrag der 2. Last wird mit Hilfe der Einflußfläche, Tafel F.22, mit $\frac{y-v}{a} = 0{,}25$ und $\frac{2c}{a} \doteq 0{,}3$ ermittelt:

$$m_{y\infty}^{(2)} = \frac{P}{3}\,(2 \cdot 0{,}0134 + 0{,}0084) = P \cdot 0{,}0117.$$

(Der genaue Wert beträgt 0,0107.)

Somit ist im unendlichen Plattenstreifen

$$m_{y\infty} = P\,(0{,}1651 + 0{,}0117) = P \cdot 0{,}1768.$$

### *2.1.3. Zusatzfunktionen infolge der ungestützten Querränder*

Es werden Rand*kräfte* $p_t = p_b$ nach Fall **$F_2U_2$—201** überlagert, wobei nur das 1. Reihenglied berücksichtigt wird. Die Rand*momente* $m_{y\,t} = m_{y\,b}$ nach Fall **$F_2U_2$—200** werden weggelassen, da ihre Wirkung in Plattenmitte gering ist (siehe P. 3.1.). Die Randkräfte $\bar{q}_t$ und $\bar{q}_b$ infolge einer in der $y$-Richtung schmalen Rechtecklast sind annähernd die gleichen wie infolge einer *Linien*last ($d = 0$) mit gleichem $v$ und der gleichen Länge $2c$. Das 1. Glied der Reihenentwicklung einer solchen Linienlast lautet:

$$p_1 \sin \pi \frac{x}{a} = \frac{P}{a} \sin \pi \frac{x}{a}\, 2 \sin \pi \frac{u}{a}\, \frac{\sin \pi \frac{c}{a}}{\pi \frac{c}{a}} \tag{662}$$

oder mit $\frac{u}{a} = 0{,}5$ und $\frac{c}{a} = 0{,}175$:

$$p_1 = \frac{P}{a} \cdot 2 \cdot 0{,}9504 = \frac{P}{a} \cdot 1{,}9008.$$

Mit den Abständen $\frac{v_1}{a} = 0{,}50$ und $\frac{v_2}{a} = 0{,}75$ findet man aus dem Diagramm bei Fall **$F_2$—11** (S. 58):

$$\bar{q}_{t1} = \frac{P}{a} \cdot 1{,}9008\,(0{,}185 + 0{,}103) = \frac{P}{a} \cdot 0{,}547.$$

Die Momente infolge der Randlasten $p_{t1} = p_{b1}$ nach Fall **$F_2U_2$—201** (S. 222) betragen im Plattenmittelpunkt ($x = \frac{a}{2}$, $y = \frac{b}{2}$ und $j = 1$):

$$\left.\begin{aligned} m_{xm} &= \frac{p_{t1}a}{\pi} \frac{2 + \pi \frac{b}{2a} \mathfrak{Tg}\, \pi \frac{b}{2a}}{3\, \mathfrak{Sin}\, \pi \frac{b}{2a} - \frac{\pi \frac{b}{2a}}{\mathfrak{Cof}\, \pi \frac{b}{2a}}}, \\ m_{ym} &= -\frac{p_{t1}a}{\pi} \frac{\pi \frac{b}{2a} \mathfrak{Tg}\, \pi \frac{b}{2a}}{3\, \mathfrak{Sin}\, \pi \frac{b}{2a} - \frac{\pi \frac{b}{2a}}{\mathfrak{Cof}\, \pi \frac{b}{2a}}}. \end{aligned}\right\} \quad (663)$$

Setzt man $p_{t1} = \bar{q}_{t1}$, erhält man die Zusatzmomente

$$m_{xm} = P \frac{0{,}547}{\pi} \frac{2 + 1{,}888}{3 \cdot 3{,}492 - \frac{1{,}964}{3{,}632}} = P \cdot 0{,}0682,$$

$$m_{ym} = -P \frac{0{,}547}{\pi} \frac{1{,}888}{9{,}936} = -P \cdot 0{,}0331.$$

### 2.1.4. *Endgültige Momente*

$$m_{xm} = 40{,}2\,(0{,}3280 + 0{,}0682) = 15{,}94 \text{ tm/m},$$

$$m_y = 40{,}2\,(0{,}1768 - 0{,}0331) = 5{,}78 \text{ tm/m}.$$

Hiebei wurde das Zusatzmoment $m_y$ im *Last*mittelpunkt näherungsweise dem Zusatzmoment $m_{ym}$ im *Platten*mittelpunkt gleichgesetzt.

Die ausführliche Berechnung (wie P. 3.2.) liefert für diese Laststellung:

$$m_{xm} = 40{,}2 \cdot 0{,}4001 = 16{,}08 \text{ tm/m},$$

$$m_y = 40{,}2 \cdot 0{,}1464 = 5{,}89 \text{ tm/m}.$$

### 2.1.5. *Momente bei Abweichung des Raupenfahrzeugs von der Brückenachse*

Bei kleiner Abweichung ist das Größtmoment $m_x$ in Fahrzeugmitte annähernd das gleiche wie nach P. 2.1.4.

Bei größerer Abweichung, z. B. bis zum Rand des Fahrstreifens, ist die ausführliche Berechnung nach P. 3.1. erforderlich.

Das Moment $m_y$ wird bei Abweichung des Fahrzeugs von der Brückenachse kleiner.

### 2.2. Schwerlastwagen

Das Fahrzeug wird mittig aufgestellt (Abb. 205, Laststellung 3, S. 568).

Die Lasten sind $P_1$ bis $P_6 = 1{,}34 \cdot 10{,}0 = 13{,}4$ t.

Die bezogenen Breiten der Lastrechtecke betragen: $\frac{2c}{a} = 0{,}02$, $\frac{2d}{a} = 0{,}06$.

Die Lastmittelpunkte haben die Koordinaten: $\frac{u_{1,4}}{a} = 0{,}35$, $\frac{u_{2,5}}{a} = 0{,}5$, $\frac{u_{3,6}}{a} = 0{,}65$, $\frac{v_{1,2,3}}{a} = 0{,}525$, $v_{4,5,6} = b - v_1$.

#### *2.2.1. Momente $m_{x\infty}$ und $m_{y\infty}$ im unendlichen Plattenstreifen*

Die Größtwerte entstehen auf der Linie $x = \frac{a}{2}$ annähernd in den Mittelpunkten der Lastrechtecke.

Für die Last im untersuchten Punkt gilt Tafel F.13 bzw. F.14. Der Beitrag der übrigen Lasten wird mittels der Einflußfläche (Tafeln F.21, F.22) ermittelt.

| $\frac{u}{a}$ | $\frac{y-v}{a}$ | Einflußwert $m_x$ | Einflußwert $m_y$ |
|---|---|---|---|
| 0,5 | 0 | 0,3651 | 0,2420 |
| 0,35 | 0 | 0,1180 | 0,1180 |
| 0,65 | 0 | 0,1180 | 0,1180 |
| 0,5 | 0,2 | 0,1693 | 0,0201 |
| 0,35 | 0,2 | 0,1213 | 0,0287 |
| 0,65 | 0,2 | 0,1213 | 0,0287 |

$$m_{x\infty} = 1{,}0130\,P \quad m_{y\infty} = 0{,}5555\,P$$

#### *2.2.2. Zusatzfunktionen infolge der ungestützten Querränder*

Es werden Rand*kräfte* $p_t = p_b$ nach Fall **F$_2$U$_2$—201** überlagert, wobei nur das 1. Reihenglied berücksichtigt wird. Die Rand*momente* $m_t = m_b$ nach Fall **F$_2$U$_2$—200** werden weggelassen, da ihre Wirkung im Bereich der Plattenmitte gering ist (siehe P. 3.2.).

Die Randkräfte $\bar{q}_t$ und $\bar{q}_b$ infolge einer in der $y$-Richtung schmalen Rechtecklast sind annähernd die gleichen wie infolge einer Linienlast ($d = 0$) mit gleichem $v$.

Das 1. Glied der Reihenentwicklung einer solchen Linienlast lautet

$$p_1 \sin \pi \frac{x}{a} = \frac{P}{a} \sin \frac{x}{a}\, 2 \sin \pi \frac{u}{a} \frac{\sin \pi \frac{c}{a}}{\pi \frac{c}{a}}. \tag{662}$$

Für drei Lasten $P$ mit $\frac{u_1}{a} = 0{,}35$, $\frac{u_2}{a} = 0{,}50$, $\frac{u_3}{a} = 0{,}65$ und $\frac{c}{a} \doteq 0$ ist

$$p_1 = \frac{P}{a}\, 2\,(1 + 2 \cdot 0{,}891) = \frac{P}{a} \cdot 5{,}564.$$

Mit den Abständen $\frac{v_1}{a} = 0{,}525$ und $\frac{v_4}{a} = 0{,}725$ findet man aus dem Diagramm bei Fall **F$_2$—11** (S. 58):

$$\bar{q}_{t1} = \frac{P}{a}\, 5{,}564\,(0{,}174 + 0{,}110) = \frac{P}{a} \cdot 1{,}581.$$

Die Momente infolge der *Randlasten* $p_{t1} = p_{b1}$ nach Fall **F$_2$U$_2$—201** (S. 222) betragen im Platten*mittel*punkt ($x = \frac{a}{2}$, $y = \frac{b}{2}$ und $j = 1$):

$$\left.\begin{aligned} m_{xm} &= \frac{p_{t1} a}{\pi} \cdot \frac{2 + \pi \frac{b}{2a} \operatorname{Tg} \pi \frac{b}{2a}}{3 \operatorname{Sin} \pi \frac{b}{2a} - \frac{\pi \frac{b}{2a}}{\operatorname{Cof} \pi \frac{b}{2a}}}, \\ m_{ym} &= -\frac{p_{t1} a}{\pi} \cdot \frac{\pi \frac{b}{2a} \operatorname{Tg} \pi \frac{b}{2a}}{3 \operatorname{Sin} \pi \frac{b}{2a} - \frac{\pi \frac{b}{2a}}{\operatorname{Cof} \pi \frac{b}{2a}}}. \end{aligned}\right\} \tag{663}$$

Setzt man $p_{t1} = \bar{q}_{t1}$, erhält man die Zusatzmomente im Plattenmittelpunkt:

$$m_{xm} = P \frac{1{,}581}{\pi} \frac{2 + 1{,}888}{3 \cdot 3{,}492 - \frac{1{,}964}{3{,}632}} = P \cdot 0{,}1970,$$

$$m_{ym} = -P \frac{1{,}581}{\pi} \frac{1{,}888}{9{,}936} = -P \cdot 0{,}0956.$$

### *2.2.3. Endgültige Momente*

Die Zusatzmomente im Lastmittelpunkt ($y = v_1 = 5{,}25$ m) unterscheiden sich wenig von den Werten im *Platten*mittelpunkt ($y = 6{,}25$ m), so daß man schreiben kann:

$$m_x = 13{,}4\,(1{,}0130 + 0{,}1970) = 16{,}22 \text{ tm/m},$$

$$m_y = 13{,}4\,(0{,}5555 - 0{,}0956) = 6{,}16 \text{ tm/m}.$$

Die ausführliche Berechnung (P. 3.3.) liefert für diese Laststellung:

$$\max m_x = 13{,}4 \cdot 1{,}221 = 16{,}36 \text{ tm/m},$$

$$\max m_y = 13{,}4 \cdot 0{,}464 = 6{,}21 \text{ tm/m}.$$

### 2.3. LKW am ungestützten Rand

Die Hinterräder werden in Feldmitte gestellt und an den Rand herangeschoben (Abb. 203). Die Lasten sind $P_1 = P_2 = 1{,}34 \cdot 7{,}5 = 10{,}0$ t, $P_3 = P_4 = 1{,}34 \cdot 5{,}0 = 6{,}7$ t, die Breiten des Lastrechtecks bei den Hinterrädern: $\frac{2c}{a} = 0{,}02$, $\frac{2d}{a} = 0{,}05$.

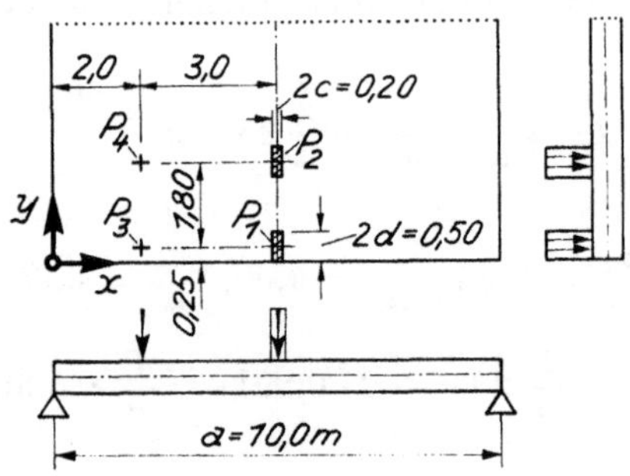


Abb. 203

Das Größtmoment $m_x$ entsteht am ungestützten Rand. Wenn man den Einfluß des ungestützten Querrandes $b$ vernachlässigt, entsteht Fall **$F_2U$ — 12** (S. 118). Das Moment $m_{xt}$ am ungestützten Rand infolge einer an den Rand stoßenden Rechtecklast ist:

$$m_{xt} = 2\, m_{x\infty} + \frac{2}{3} m_{y\infty}.$$

Hierin sind $m_{x\infty}$ und $m_{y\infty}$ die Momente im unendlichen Plattenstreifen (Tafeln F.13, F.14) infolge einer Rechtecklast mit der doppelten Länge in der $y$-Richtung; es sind also die Tafelwerte für $\frac{2c}{a} = 0{,}02$ und $\frac{2d}{a} = 0{,}10$ zu verwenden. Die Beiträge der Lasten $P_2$ bis $P_4$ werden mittels der Einflußfläche (Tafel O.1) ermittelt; dabei wird $\frac{v_2}{a} = \frac{v_4}{a} \doteq 0{,}20$ gesetzt. Berechnung von $m_{xtm}$:

$$\begin{aligned} 10{,}0\left(2\cdot 0{,}3382 + \tfrac{2}{3}\,0{,}2018\right) &= \phantom{1}8{,}11\,\text{tm/m}\\ 10{,}0\cdot 0{,}3520 &= \phantom{1}3{,}52\,\text{tm/m}\\ 6{,}7\,(0{,}1430 + 0{,}1370) &= \underline{\phantom{1}1{,}87\,\text{tm/m}}\\ m_{xtm} &= 13{,}50\,\text{tm/m}\end{aligned}$$

Das Moment im Punkt $\frac{x}{a} = 0{,}6$ für entsprechende Stellung der Lasten ($\frac{u_1}{a} = 0{,}6$, $\frac{u_3}{a} = 0{,}3$) kann ebenfalls leicht berechnet werden. Zu den Werten nach Tafeln F.13 und F.14 kommt der negative Zusatzwert nach Tafel F.15; die Einflußwerte sind aus Tafel O.2 zu entnehmen. Berechnung von $m_{xt}$ im Punkt $\frac{x}{a} = 0{,}6$:

$$\begin{aligned} 10{,}0\left(2\cdot 0{,}3382 + \tfrac{2}{3}\,0{,}2018 - \tfrac{8}{3}\,0{,}0040\right) &= \phantom{1}8{,}00\,\text{tm/m}\\ 10{,}0\cdot 0{,}3413 &= \phantom{1}3{,}41\,\text{tm/m}\\ 6{,}7\,(0{,}1649 + 0{,}1588) &= \underline{\phantom{1}2{,}17\,\text{tm/m}}\\ m_{xt} &= 13{,}58\,\text{tm/m}\end{aligned}$$

## 2.4. Gleichlast $p = 0{,}5\,\text{t/m}^2$

### *2.4.1. Gleichlast auf beiden Randstreifen von je 2,5 m Breite*

Die Momente $m_x$ in der Mittellinie $x = \frac{a}{2}$ sind über die Brückenbreite nach einer schwach gekrümmten Linie verteilt (siehe Abb. 206). Man überschätzt daher das Moment im Plattenmittelpunkt nur wenig, wenn man den *Durchschnitts*wert $\overline{m}_{xm}$ nimmt:

$$\overline{m}_{xm} = 0{,}5\cdot\frac{10{,}0^2}{8}\,\frac{2\cdot 2{,}50}{12{,}50} = 2{,}50\,\text{tm/m}.$$

Der genaue Wert nach P. 3.5. beträgt 2,17 tm/m. Die Momente $m_y$ sind im Bereich der Brückenachse negativ, so daß sie nicht zu den Momenten infolge des Fahrzeugs hinzuzuzählen sind.

### *2.4.2. Moment $m_{xt}$ am Rand infolge Gleichlast am Fahrstreifen und am gegenüberliegenden Randstreifen*

Vom Moment bei Vollbelastung der ganzen Platte wird das Moment infolge Belastung des einen Randstreifens abgezogen. Unter Verwendung der in P. 2.3. angeführten Formel und der Tafeln F.11 und F.12 mit $\frac{2c}{a} = 1$ und $\frac{2d}{a} = 0{,}5$ ist das Moment in Randmitte:

$$m_{xtm} = 0{,}5\,\frac{10{,}0^2}{8} - 0{,}50\cdot 10{,}0\cdot 2{,}5\left(2\cdot 0{,}0880 + \frac{2}{3}\,0{,}0452\right) = 6{,}25 - 2{,}57 = 3{,}68\,\text{tm/m}.$$

Im Punkt $\frac{x}{a} = 0{,}6$ gilt annähernd:

$$m_{xt} = m_{xtm}\sin\pi\frac{x}{a} = 3{,}68\cdot 0{,}951 = 3{,}50\,\text{tm/m}.$$

Obige Zahlen weichen kaum von den in P. 3.5. berechneten ab.

## 3. Ausführliche Berechnung

### 3.1. Zusatzfunktionen infolge der ungestützten Querränder

Die für sämtliche Lastfälle benötigten Zusatzfunktionen sind in den folgenden Tafeln berechnet, und zwar enthält Tafel 59 die Momente infolge *gleicher* Randbelastung an beiden Querrändern, Reihenglieder $j = 1$ und $j = 2$; Tafel 60 desgleichen für *gegengleiche* Randbelastung. Tafel 61 gilt für *einseitige* Randbelastung, $j = 3$ und $j = 4$. Bei diesen (und allen höheren) Reihengliedern beeinflussen die beiden Querränder einander nicht mehr; man kann daher die Momente für den unendlichen Halbstreifen ($b \to \infty$) nach Fall **$F_2U$ — 01** bzw. **$F_2U$ — 00** berechnen. Bei Lastangriff am Rand $b$ sind die Abstände $y$ von diesem Rand aus zu zählen. Die verwendeten Formeln sind bei jeder Tafel wiedergegeben. Die Tafeln 59 bis 61 und alle folgenden enthalten nur wenige Werte $\frac{y}{a}$ als Beispiel; zum Zeichnen der Momentenlinien (Abb. 204 und 205) wurden die Momente in mehreren weiteren Punkten berechnet.

Tafel 59. Momente infolge gleicher Randlasten $p_{tj} \sin j\pi \frac{x}{a} = p_{bj} \sin j\pi \frac{x}{a}$ (Fall **$F_2U_2$ — 201**)

und infolge gleicher Randmomente $m_{tj} \sin j\pi \frac{x}{a} = m_{bj} \sin j\pi \frac{x}{a}$ (Fall **$F_2U_2$ — 200**)

$$m_x = \sin j\pi \frac{x}{a} \frac{\hat{p}_{tj}\, a}{j\pi} \frac{\mathfrak{Cof}\, j\pi \dfrac{\frac{b}{2} - y}{a}}{3\, \mathfrak{Sin}\, j\pi \dfrac{b}{2a} - \dfrac{j\pi \frac{b}{2a}}{\mathfrak{Cof}\, j\pi \frac{b}{2a}}} \left[2 + j\pi \frac{b}{2a} \mathfrak{Tg}\, j\pi \frac{b}{2a} - j\pi \frac{\frac{b}{2} - y}{a} \mathfrak{Tg}\, j\pi \frac{\frac{b}{2} - y}{a}\right],$$

$$m_y = \sin j\pi \frac{x}{a} \frac{\hat{p}_{tj}\, a}{j\pi} \frac{\mathfrak{Cof}\, j\pi \dfrac{\frac{b}{2} - y}{a}}{3\, \mathfrak{Sin}\, j\pi \dfrac{b}{2a} - \dfrac{j\pi \frac{b}{2a}}{\mathfrak{Cof}\, j\pi \frac{b}{2a}}} \left[-j\pi \frac{b}{2a} \mathfrak{Tg}\, j\pi \frac{b}{2a} + j\pi \frac{\frac{b}{2} - y}{a} \mathfrak{Tg}\, j\pi \frac{\frac{b}{2} - y}{a}\right],$$

$$m_x = \sin j\pi \frac{x}{a} \hat{m}_{tj} \frac{\mathfrak{Cof}\, j\pi \dfrac{\frac{b}{2} - y}{a}}{3\, \mathfrak{Cof}\, j\pi \dfrac{b}{2a} - \dfrac{j\pi \frac{b}{2a}}{\mathfrak{Sin}\, j\pi \frac{b}{2a}}} \left[-1 + j\pi \frac{b}{2a} \mathfrak{Cotg}\, j\pi \frac{b}{2a} - j\pi \frac{\frac{b}{2} - y}{a} \mathfrak{Tg}\, j\pi \frac{\frac{b}{2} - y}{a}\right],$$

$$m_y = \sin j\pi \frac{x}{a} \hat{m}_{tj} \frac{\mathfrak{Cof}\, j\pi \dfrac{\frac{b}{2} - y}{a}}{3\, \mathfrak{Cof}\, j\pi \dfrac{b}{2a} - \dfrac{j\pi \frac{b}{2a}}{\mathfrak{Sin}\, j\pi \frac{b}{2a}}} \left[3 - j\pi \frac{b}{2a} \mathfrak{Cotg}\, j\pi \frac{b}{2a} + j\pi \frac{\frac{b}{2} - y}{a} \mathfrak{Tg}\, j\pi \frac{\frac{b}{2} - y}{a}\right].$$

*(Fortsetzung der Tafel 59)*

| $j$ | | $\frac{y}{a}=$ | 0 | 0,275 | 0,525 | 0,625 |
|---|---|---|---|---|---|---|
| | | $\mathfrak{Cof}\,\pi\frac{\frac{b}{2}-y}{a}=$ | 3,6323 | 1,6679 | 1,0498 | 1,0000 |
| | | $\pi\frac{\frac{b}{2}-y}{a}\,\mathfrak{Tg}\,\pi\frac{\frac{b}{2}-y}{a}=$ | 1,88761 | 0,88002 | 0,09557 | 0 |
| | | $\pi\frac{b}{2a}\,\mathfrak{Tg}\,\pi\frac{b}{2a}-\pi\frac{\frac{b}{2}-y}{a}\,\mathfrak{Tg}\,\pi\frac{\frac{b}{2}-y}{a}=$ | 0 | 1,00759 | 1,79204 | 1,88761 |
| 1 | | $\pi\frac{b}{2a}\,\mathfrak{Cotg}\,\pi\frac{b}{2a}-\pi\frac{\frac{b}{2}-y}{a}\,\mathfrak{Tg}\,\pi\frac{\frac{b}{2}-y}{a}=$ | 0,15480 | 1,16239 | 1,94684 | 2,04241 |
| | $3\,\mathfrak{Sin}\,\pi\frac{b}{2a}-\frac{\pi\frac{b}{2a}}{\mathfrak{Cof}\,\pi\frac{b}{2a}}$ | $m_x=\sin\pi\frac{x}{a}\cdot\frac{\widehat{p}_{t1}a}{\pi}\cdot$ | + 0,7320 | + 0,5053 | + 0,4013 | + 0,3917 |
| | $=9{,}936$ | $m_y=\sin\pi\frac{x}{a}\cdot\frac{\widehat{p}_{t1}a}{\pi}\cdot$ | 0 | — 0,1694 | — 0,1894 | — 0,1901 |
| | $3\,\mathfrak{Cof}\,\pi\frac{b}{2a}-\frac{\pi\frac{b}{2a}}{\mathfrak{Sin}\,\pi\frac{b}{2a}}$ | $m_x=\sin\pi\frac{x}{a}\cdot\widehat{m}_{t1}\cdot$ | — 0,2972 | + 0,0262 | + 0,0961 | + 0,1008 |
| | $=10{,}335$ | $m_y=\sin\pi\frac{x}{a}\cdot\widehat{m}_{t1}\cdot$ | + 1,0000 | + 0,2967 | + 0,1070 | + 0,0927 |
| | | $\mathfrak{Cof}\,2\pi\frac{\frac{b}{2}-y}{a}=$ | 25,3869 | 4,5640 | 1,2040 | 1,0000 |
| | | $2\pi\frac{\frac{b}{2}-y}{a}\,\mathfrak{Tg}\,2\pi\frac{\frac{b}{2}-y}{a}=$ | 3,92393 | 2,14564 | 0,34991 | 0 |
| | | $2\pi\frac{b}{2a}\,\mathfrak{Tg}\,2\pi\frac{b}{2a}-2\pi\frac{\frac{b}{2}-y}{a}\,\mathfrak{Tg}\,2\pi\frac{\frac{b}{2}-y}{a}=$ | 0 | 1,77829 | 3,57402 | 3,92393 |
| 2 | | $2\pi\frac{b}{2a}\,\mathfrak{Cotg}\,2\pi\frac{b}{2a}-2\pi\frac{\frac{b}{2}-y}{a}\,\mathfrak{Tg}\,2\pi\frac{\frac{b}{2}-y}{a}=$ | 0,00612 | 1,78441 | 3,58014 | 3,93005 |
| | $3\,\mathfrak{Sin}\,\pi\frac{b}{a}-\frac{\pi\frac{b}{a}}{\mathfrak{Cof}\,\pi\frac{b}{a}}$ | $m_x=\sin 2\pi\frac{x}{a}\cdot\frac{\widehat{p}_{t2}a}{2\pi}\cdot$ | + 0,6685 | + 0,2269 | + 0,0883 | + 0,0781 |
| | $=75{,}947$ | $m_y=\sin 2\pi\frac{x}{a}\cdot\frac{\widehat{p}_{t2}a}{2\pi}\cdot$ | 0 | — 0,1069 | — 0,0566 | — 0,0517 |
| | $3\,\mathfrak{Cof}\,\pi\frac{b}{a}-\frac{\pi\frac{b}{a}}{\mathfrak{Sin}\,\pi\frac{b}{a}}$ | $m_x=\sin 2\pi\frac{x}{a}\cdot\widehat{m}_{t2}\cdot$ | — 0,3320 | + 0,0471 | + 0,0408 | + 0,0386 |
| | $=76{,}006$ | $m_y=\sin 2\pi\frac{x}{a}\cdot\widehat{m}_{t2}\cdot$ | + 1,0000 | + 0,0730 | — 0,0092 | — 0,0122 |

## 3.2. Raupenfahrzeug

### 3.2.1. *Momente im unendlichen Plattenstreifen*

Zunächst werden die einzelnen Reihenkoeffizienten der Momente infolge *einer* Raupenlast berechnet, und zwar in Tafel 62 für die Lastmittellinie, in Tafel 63 für den Bereich außerhalb des Lastrechtecks; hier sind auch die Zahlen für $\bar{q}_y$ angegeben.

### 3.2.2. *Überlagerung der beiden Raupenlasten und der Zusatzfunktionen*

Die Tafel 64 zeigt die Berechnung der Reihenkoeffizienten für das Raupenfahrzeug am Rand des Fahrstreifens, d. h. für zwei Rechtecklasten in den Linien $\frac{v_1}{a} = 0{,}275$ und $\frac{v_2}{a} = 0{,}525$. Die ersten beiden Zeilen enthalten die Momente $m_{x\infty}$ und $m_{y\infty}$ im unendlichen Plattenstreifen sowie die Werte $\bar{q}_y$ an den Querrändern. Die Zusatzfunktionen mit $p_{tj}$ und $p_{bj}$ folgen sodann aus den Werten $\bar{q}_{y\infty}$, die Zusatzfunktionen mit $m_{tj}$ und $m_{bj}$ aus den Werten $m_{y\infty}$ an den beiden Querrändern. Alle Zusatzfunktionen sind den Tafeln 59 bis 61 entnommen.

Die berechneten Zahlenwerte gelten für beliebigen Lastabstand $u$ vom Längsrand.

Tafel 60. Momente infolge gegengleicher Randlasten $p_{tj} \sin j\pi \frac{x}{a} = -p_{bj} \sin j\pi \frac{x}{a}$ (Fall **F₂UF — 01**)

und infolge gegengleicher Randmomente $m_{tj} \sin j\pi \frac{x}{a} = -m_{bj} \sin j\pi \frac{x}{a}$ (Fall **F₂UF — 00**)

$$m_x = \sin j\pi \frac{x}{a} \frac{\widehat{p}_{tj}\, a}{j\pi} \frac{\mathfrak{Sin}\, j\pi \frac{\frac{b}{2}-y}{a}}{3\,\mathfrak{Cos}\, j\pi \frac{b}{2a} + \frac{j\pi \frac{b}{2a}}{\mathfrak{Sin}\, j\pi \frac{b}{2a}}} \left[2 + j\pi \frac{b}{2a} \mathfrak{Cotg}\, j\pi \frac{b}{2a} - j\pi \frac{\frac{b}{2}-y}{a} \mathfrak{Cotg}\, j\pi \frac{\frac{b}{2}-y}{a}\right],$$

$$m_y = \sin j\pi \frac{x}{a} \frac{\widehat{p}_{tj}\, a}{j\pi} \frac{\mathfrak{Sin}\, j\pi \frac{\frac{b}{2}-y}{a}}{3\,\mathfrak{Cos}\, j\pi \frac{b}{2a} + \frac{j\pi \frac{b}{2a}}{\mathfrak{Sin}\, j\pi \frac{b}{2a}}} \left[-j\pi \frac{b}{2a} \mathfrak{Cotg}\, j\pi \frac{b}{2a} + j\pi \frac{\frac{b}{2}-y}{a} \mathfrak{Cotg}\, j\pi \frac{\frac{b}{2}-y}{a}\right],$$

$$m_x = \sin j\pi \frac{x}{a} \cdot \widehat{m}_{tj} \frac{\mathfrak{Sin}\, j\pi \frac{\frac{b}{2}-y}{a}}{3\,\mathfrak{Sin}\, j\pi \frac{b}{2a} + \frac{j\pi \frac{b}{2a}}{\mathfrak{Cos}\, j\pi \frac{b}{2a}}} \left[-1 + j\pi \frac{b}{2a} \mathfrak{Tg}\, j\pi \frac{b}{2a} - j\pi \frac{\frac{b}{2}-y}{a} \mathfrak{Cotg}\, j\pi \frac{\frac{b}{2}-y}{a}\right],$$

$$m_y = \sin j\pi \frac{x}{a} \cdot \widehat{m}_{tj} \frac{\mathfrak{Sin}\, j\pi \frac{\frac{b}{2}-y}{a}}{3\,\mathfrak{Sin}\, j\pi \frac{b}{2a} + \frac{j\pi \frac{b}{2a}}{\mathfrak{Cos}\, j\pi \frac{b}{2a}}} \left[3 - j\pi \frac{b}{2a} \mathfrak{Tg}\, j\pi \frac{b}{2a} + j\pi \frac{\frac{b}{2}-y}{a} \mathfrak{Cotg}\, j\pi \frac{\frac{b}{2}-y}{a}\right].$$

*(Fortsetzung der Tafel 60)*

| $j$ | | $\frac{y}{a} =$ | 0 | 0,275 | 0,525 | 0,625 |
|---|---|---|---|---|---|---|
| 1 | | $\mathfrak{Sin}\,\pi \frac{\frac{b}{2}-y}{a} =$ | 3,4919 | 1,3349 | 0,3194 | 0 |
| | | $\pi \frac{\frac{b}{2}-y}{a}\,\mathfrak{Cotg}\,\pi \frac{\frac{b}{2}-y}{a} =$ | 2,04241 | 1,37387 | 1,03270 | 1,00000 |
| | | $\pi \frac{b}{2a}\,\mathfrak{Cotg}\,\pi \frac{b}{2a} - \pi \frac{\frac{b}{2}-y}{a}\,\mathfrak{Cotg}\,\pi \frac{\frac{b}{2}-y}{a} =$ | 0 | 0,66854 | 1,00971 | 1,04241 |
| | | $\pi \frac{b}{2a}\,\mathfrak{Tg}\,\pi \frac{b}{2a} - \pi \frac{\frac{b}{2}-y}{a}\,\mathfrak{Cotg}\,\pi \frac{\frac{b}{2}-y}{a} =$ | — 0,15480 | + 0,51374 | 0,85491 | 0,88761 |
| | $3\,\mathfrak{Cof}\,\pi \frac{b}{2a} + \frac{\pi \frac{b}{2a}}{\mathfrak{Sin}\,\pi \frac{b}{2a}}$ | $m_x = \sin\pi \frac{x}{a} \cdot \frac{\widehat{p}_{t1}\,a}{\pi} \cdot$ | + 0,6100 | + 0,3107 | + 0,0839 | 0 |
| | $= 11{,}459$ | $m_y = \sin\pi \frac{x}{a} \cdot \frac{\widehat{p}_{t1}\,a}{\pi} \cdot$ | 0 | — 0,0778 | — 0,0282 | 0 |
| | $3\,\mathfrak{Sin}\,\pi \frac{b}{2a} + \frac{\pi \frac{b}{2a}}{\mathfrak{Cof}\,\pi \frac{b}{2a}}$ | $m_x = \sin\pi \frac{x}{a} \cdot \widehat{m}_{t1} \cdot$ | — 0,3663 | — 0,0589 | — 0,0042 | 0 |
| | $= 11{,}016$ | $m_y = \sin\pi \frac{x}{a} \cdot \widehat{m}_{t1} \cdot$ | + 1,0000 | + 0,3008 | + 0,0622 | 0 |
| 2 | | $\mathfrak{Sin}\,2\pi \frac{\frac{b}{2}-y}{a} =$ | 25,3672 | 4,4531 | 0,6705 | 0 |
| | | $2\pi \frac{\frac{b}{2}-y}{a}\,\mathfrak{Cotg}\,2\pi \frac{\frac{b}{2}-y}{a} =$ | 3,93005 | 2,25387 | 1,12826 | 1,00000 |
| | | $2\pi \frac{b}{2a}\,\mathfrak{Cotg}\,2\pi \frac{b}{2a} - 2\pi \frac{\frac{b}{2}-y}{a}\,\mathfrak{Cotg}\,2\pi \frac{\frac{b}{2}-y}{a} =$ | 0 | 1,67618 | 2,80179 | 2,93005 |
| | | $2\pi \frac{b}{2a}\,\mathfrak{Tg}\,2\pi \frac{b}{2a} - 2\pi \frac{\frac{b}{2}-y}{a}\,\mathfrak{Cotg}\,2\pi \frac{\frac{b}{2}-y}{a} =$ | — 0,00612 | 1,67006 | 2,79567 | 2,92393 |
| | $3\,\mathfrak{Cof}\,\pi \frac{b}{a} + \frac{\pi \frac{b}{a}}{\mathfrak{Sin}\,\pi \frac{b}{a}}$ | $m_x = \sin 2\pi \frac{x}{a} \cdot \frac{\widehat{p}_{t2}\,a}{2\pi} \cdot$ | + 0,6650 | + 0,2147 | + 0,0422 | 0 |
| | $= 76{,}315$ | $m_y = \sin 2\pi \frac{x}{a} \cdot \frac{\widehat{p}_{t2}\,a}{2\pi} \cdot$ | 0 | — 0,0980 | — 0,0247 | 0 |
| | $3\,\mathfrak{Sin}\,\pi \frac{b}{a} + \frac{\pi \frac{b}{a}}{\mathfrak{Cof}\,\pi \frac{b}{a}}$ | $m_x = \sin 2\pi \frac{x}{a} \cdot \widehat{m}_{t2} \cdot$ | — 0,3348 | + 0,0392 | + 0,0158 | 0 |
| | $= 76{,}256$ | $m_y = \sin 2\pi \frac{x}{a} \cdot \widehat{m}_{t2} \cdot$ | + 1,0000 | + 0,0776 | + 0,0018 | 0 |

Tafel 61. Momente infolge einseitiger Randlasten $p_{tj} \sin j\pi \frac{x}{a}$ und infolge einseitiger Randmomente $m_{tj} \sin j\pi \frac{x}{a}$. Berechnung als unendlicher Halbstreifen (Fall **F₂U — 01** bzw. **F₂U — 00**)

$$m_x = \sin j\pi \frac{x}{a} \frac{p_{tj} a}{3 j \pi} e^{-j\pi \frac{y}{a}} \left(2 + j\pi \frac{y}{a}\right),$$

$$m_y = \sin j\pi \frac{x}{a} \frac{p_{tj} a}{3 j \pi} e^{-j\pi \frac{y}{a}} \left(- j\pi \frac{y}{a}\right),$$

$$m_x = \sin j\pi \frac{x}{a} m_{tj} \frac{1}{3} e^{-j\pi \frac{y}{a}} \left(-1 + j\pi \frac{y}{a}\right),$$

$$m_y = \sin j\pi \frac{x}{a} m_{tj} \frac{1}{3} e^{-j\pi \frac{y}{a}} \left(3 - j\pi \frac{y}{a}\right).$$

| $j$ | $\frac{y}{a} =$ | 0 | 0,275 | 0,525 | 0,725 |
|---|---|---|---|---|---|
| 3 | $3\pi \frac{y}{a} =$ | 0 | 2,592 | 4,948 | 6,833 |
| | $e^{-3\pi \frac{y}{a}} =$ | 1,0000 | 0,0749 | 0,0071 | 0,0011 |
| | $m_x = \sin 3\pi \frac{x}{a} \cdot \frac{p_{t3} a}{3\pi} \cdot$ | + 0,6667 | + 0,1147 | + 0,0164 | + 0,0032 |
| | $m_y = \sin 3\pi \frac{x}{a} \cdot \frac{p_{t3} a}{3\pi} \cdot$ | 0 | — 0,0648 | — 0,0117 | — 0,0025 |
| | $m_x = \sin 3\pi \frac{x}{a} \cdot m_{t3} \cdot$ | — 0,3333 | + 0,0398 | + 0,0094 | + 0,0021 |
| | $m_y = \sin 3\pi \frac{x}{a} \cdot m_{t3} \cdot$ | + 1,0000 | + 0,0102 | — 0,0046 | — 0,0014 |
| 4 | $4\pi \frac{y}{a} =$ | 0 | 3,456 | 6,599 | — |
| | $e^{-4\pi \frac{y}{a}} =$ | 1,0000 | 0,0316 | 0,0014 | — |
| | $m_x = \sin 4\pi \frac{x}{a} \cdot \frac{p_{t4} a}{4\pi} \cdot$ | + 0,6667 | + 0,0574 | + 0,0039 | — |
| | $m_y = \sin 4\pi \frac{x}{a} \cdot \frac{p_{t4} a}{4\pi} \cdot$ | 0 | — 0,0364 | — 0,0030 | — |
| | $m_x = \sin 4\pi \frac{x}{a} \cdot m_{t4} \cdot$ | — 0,3333 | + 0,0259 | + 0,0025 | — |
| | $m_y = \sin 4\pi \frac{x}{a} \cdot m_{t4} \cdot$ | + 1,0000 | — 0,0048 | — 0,0016 | — |

### *3.2.3. Endgültige Momente*

In Tafel 65 sind die Momente in der Mittellinie $x = \frac{a}{2}$ für die Stellung des Fahrzeugs am Rand des Fahrstreifens, in Feldmitte ($u = \frac{a}{2}$), berechnet, indem die Zahlen der Tafel 64 mit $\sin j\pi \frac{x}{a} \sin j\pi \frac{u}{a} = 1$ für $j = 1$ und $j = 3$ zusammengezählt sind. Das Reihenglied $j = 5$ ist aus Tafel 63 übernommen. In den Lastmittellinien ($\frac{v_1}{a} = 0{,}275$, $\frac{v_2}{a} = 0{,}525$) kommt außerdem $\mathfrak{M}_m = \frac{P}{\frac{2d}{a}} \frac{1}{4} \left(1 - \frac{c}{a}\right)$ und alle ungeraden Reihenglieder $5 \div 21$ aus Tafel 62 hinzu.

Schließlich ist in Tafel 66 der Momentenverlauf in der ersten Lastmittellinie ($\frac{v_1}{a} = 0,275$) für die Laststellung $\frac{u}{a} = 0,325$ berechnet. Die erste Zeile enthält das „Trägermoment" nach folgenden Formeln:

$$\left.\begin{aligned}
&\text{Bereich } 0 \leqq x \leqq u - c && \mathfrak{M} = \frac{P}{\frac{2d}{a}}\left(1 - \frac{u}{a}\right)\frac{x}{a}, \\
&\text{Bereich } u - c \leqq x \leqq u + c && \mathfrak{M} = \frac{P}{\frac{2d}{a}}\left[\left(1 - \frac{u}{a}\right)\frac{x}{a} - \frac{1}{4\frac{c}{a}}\left(\frac{x - u + c}{a}\right)^2\right], \\
&\text{Bereich } u + c \leqq x \leqq a && \mathfrak{M} = \frac{P}{\frac{2d}{a}}\frac{u}{a}\left(1 - \frac{x}{a}\right).
\end{aligned}\right\} \quad (664)$$

In den nächsten Zeilen sind die Zahlen aus Tafel **64**, von $j = 5$ **aufwärts** die Zahlen aus Tafel 62 mit $\sin j\pi\frac{x}{a}\sin j\pi\frac{u}{a}$ multipliziert. Die Ergebnisse sind, mit $P = 40,2$ t vervielfacht,

Tafel 62. Rechtecklast am unendlichen Plattenstreifen. Berechnung der Momente in der Linie $y = v$ (Lastmittellinie)

$$m_{xv} = \mathfrak{M} - P\sum_{1,2}^{\infty} j \sin j\pi\frac{x}{a}\sin j\pi\frac{u}{a}\,\frac{\sin j\pi\frac{c}{a}}{j\pi\frac{c}{a}}\,\frac{e^{-j\pi\frac{d}{a}}}{j\pi}\left(\frac{1}{j\pi\frac{d}{a}} + \frac{1}{2}\right),$$

$$m_{yv} = P\sum_{1,2}^{\infty} i \sin j\pi\frac{x}{a}\sin j\pi\frac{u}{a}\,\frac{\sin j\pi\frac{c}{a}}{j\pi\frac{c}{a}}\,\frac{e^{-j\pi\frac{d}{a}}}{j\pi}\cdot\frac{1}{2}.$$

Raupenfahrzeug: $\frac{c}{a} = 0,175$, $\frac{d}{a} = 0,025$.

| $j$ | $\sin j\pi\frac{c}{a}$ | $\frac{\sin j\pi\frac{c}{a}}{j\pi\frac{c}{a}}$ | $e^{-j\pi\frac{d}{a}}$ | $\frac{1}{j\pi\frac{d}{a}}$ | $-\frac{\sin j\pi\frac{c}{a}}{j\pi\frac{c}{a}}\,\frac{e^{-j\pi\frac{d}{a}}}{j\pi}\left(\frac{1}{j\pi\frac{d}{a}} + \frac{1}{2}\right)$ | $\frac{\sin j\pi\frac{c}{a}}{j\pi\frac{c}{a}}\,\frac{e^{-j\pi\frac{d}{a}}}{j\pi}\cdot\frac{1}{2}$ |
|---|---|---|---|---|---|---|
| 1 | — | 0,95038 | 0,92447 | 12,7324 | — 3,7007 | + 0,1398 |
| 2 | — | 0,81033 | 0,85464 | 6,3662 | — 0,7568 | + 0,0551 |
| 3 | — | 0,6044 | 0,7901 | 4,244 | — 0,2402 | + 0,0254 |
| 4 | — | 0,3679 | 0,7304 | 3,183 | — 0,0790 | + 0,0107 |
| 5 | — | 0,1392 | 0,6753 | 2,546 | — 0,0182 | + 0,0030 |
| 6 | — | — 0,0474 | 0,6242 | 2,122 | + 0,0041 | — 0,0008 |
| 7 | — | — 0,1688 | 0,5771 | 1,819 | + 0,0103 | — 0,0022 |
| 8 | — | — 0,2162 | 0,5335 | 1,592 | + 0,0100 | — 0,0023 |
| 9 | — | — 0,1965 | 0,4932 | 1,415 | + 0,0066 | — 0,0017 |
| 10 | — | — 0,1286 | 0,4559 | 1,273 | + 0,0033 | — 0,0009 |
| 11 | — | — 0,0386 | 0,4215 | 1,158 | + 0,0008 | — 0,0002 |
| 12 | 0,309 | — | 0,3897 | 1,061 | — 0,0007 | + 0,0002 |
| 13 | 0,760 | — | 0,3602 | 0,980 | — 0,0014 | + 0,0005 |
| 14 | 0,988 | — | 0,3330 | 0,910 | — 0,0014 | + 0,0005 |
| 15 | 0,924 | — | 0,3079 | 0,850 | — 0,0010 | + 0,0004 |
| 16 | 0,588 | — | 0,2846 | 0,796 | — 0,0005 | + 0,0002 |
| 17 | 0,078 | — | 0,2631 | 0,747 | 0 | 0 |
| 18 | — 0,454 | — | 0,2432 | 0,707 | + 0,0002 | — 0,0001 |
| 19 | — 0,852 | — | 0,2249 | 0,670 | + 0,0004 | — 0,0002 |
| 20 | — 1,000 | — | 0,2079 | 0,637 | + 0,0003 | — 0,0002 |
| 21 | — 0,852 | — | 0,1922 | 0,606 | + 0,0002 | — 0,0001 |

in Abb. 204 als Laststellung *2* dargestellt. Die Abb. 204 zeigt außerdem die in gleicher Weise berechneten Linien für Laststellung *1* mit $\frac{u}{a} = \frac{c}{a} = 0{,}175$ und Laststellung *3* mit $u = \frac{a}{2}$, für die auch der Verlauf in der Mittellinie $x = \frac{a}{2}$ nach Tafel 65 aufgetragen ist. Die Abb. 204 enthält schließlich noch den Verlauf der Momente in der Mittellinie $x = \frac{a}{2}$ bei Stellung des Fahrzeugs in Plattenmitte (Laststellung *4*).

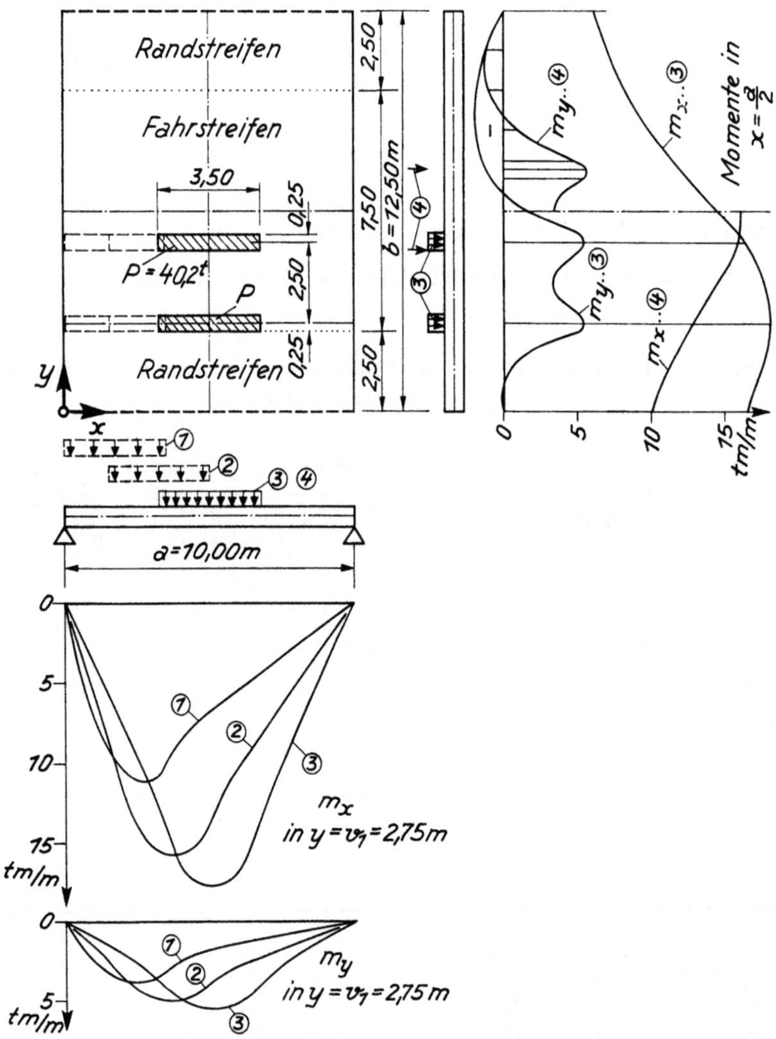


Abb. 204. Momente infolge Raupenfahrzeug

## 3.3. Schwerlastwagen

### *3.3.1. Momente im unendlichen Plattenstreifen*

Die Berechnung der Momente in der Linie $y = v$ erfolgt getrennt für jede der drei auf dieser Linie stehenden Radlasten. Der Rechnungsgang bei kleinem Lastrechteck mit Hilfe der Tafeln F. 13, 14, 15 sowie näherungsweiser Verwendung der Einflußwerte *außerhalb* des Lastrechtecks ist im Beispiel 7 (S. 528) gezeigt. Um die Verläßlichkeit dieser Berechnung, insbesondere bei einer Laststellung in der Nähe des Randes, zu überprüfen, wurden die Momente für die Laststellungen $\frac{u}{a} = 0{,}05$, 0,2, 0,35 und 0,5 auch auf dem Wege der Reihenentwicklung (wie beim Raupenfahrzeug P. 3.2.1.) ermittelt und in Tafel 67 den Näherungswerten gegenübergestellt. Es zeigt sich, daß die Momente innerhalb eines Bereiches $\frac{x-u}{a} = 0{,}1$ merklich von den Einflußwerten abweichen, während im Lastmittelpunkt genaue Übereinstimmung mit den nach Tafeln F. 13, 14, 15 berechneten Werten vorliegt; eine Ausnahme bildet nur $m_y$ bei der Laststellung am Rand ($\frac{u}{a} = 0{,}05$).

Die Momente in den Linien $y = v - d$ und $y = v + d$ erhält man nach den Formeln (siehe Fall **F₂—12**):

$$\left.\begin{aligned} m_x &= \frac{1}{2}\mathfrak{M} - P\sum_{1,2}^{\infty} j \sin j\pi\frac{x}{a}\sin j\pi\frac{u}{a}\,\frac{\sin j\pi\frac{c}{a}}{j\pi\frac{c}{a}}\,\frac{e^{-2j\pi\frac{d}{a}}}{2j\pi}\left[\frac{1}{j\pi\frac{d}{a}} + 1\right],\\ m_y &= P\sum_{1,2}^{\infty} j \sin j\pi\frac{x}{a}\sin j\pi\frac{u}{a}\,\frac{\sin j\pi\frac{c}{a}}{j\pi\frac{c}{a}}\,\frac{e^{-2j\pi\frac{d}{a}}}{2j\pi}. \end{aligned}\right\} \quad (665)$$

Mit $\frac{c}{a} = 0{,}01$, $\frac{d}{a} = 0{,}03$, $x = \frac{a}{2}$ ergibt sich

für $\frac{u}{a} = 0{,}5$, $\frac{m_x}{P} = 0{,}3272$, $\frac{m_y}{P} = 0{,}1871$,

für $\frac{u}{a} = 0{,}35$, $\frac{m_x}{P} = 0{,}1151$, $\frac{m_y}{P} = 0{,}1078$.

Im Bereich $y < v - d$ und $y > v + d$ werden die einzelnen Reihenglieder der Momente sowie der Randkräfte $\bar{q}_y$ so berechnet, wie es für das Raupenfahrzeug in Tafel 63 gezeigt ist. Die Ergebnisse sind in Tafel 68 verwendet.

Tafel 63. Eine Rechtecklast am unendlichen Plattenstreifen, Bereich außerhalb des Lastrechtecks

$$m_x = P\sum_{1,2}^{\infty} j \sin j\pi\frac{x}{a}\sin j\pi\frac{u}{a}\,\frac{\sin j\pi\frac{c}{a}}{j\pi\frac{c}{a}}\,\frac{\mathfrak{Sin}\, j\pi\frac{d}{a}}{j\pi\frac{d}{a}}\,\frac{1}{2j\pi}\,e^{-j\pi\frac{v-y}{a}}\left[2 - j\pi\frac{d}{a}\,\mathfrak{Cotg}\, j\pi\frac{d}{a} + j\pi\frac{v-y}{a}\right],$$

$$m_y = P\sum_{1,2}^{\infty} j \sin j\pi\frac{x}{a}\sin j\pi\frac{u}{a}\,\frac{\sin j\pi\frac{c}{a}}{j\pi\frac{c}{a}}\,\frac{\mathfrak{Sin}\, j\pi\frac{d}{a}}{j\pi\frac{d}{a}}\,\frac{1}{2j\pi}\,e^{-j\pi\frac{v-y}{a}}\left[j\pi\frac{d}{a}\,\mathfrak{Cotg}\, j\pi\frac{d}{a} - j\pi\frac{v-y}{a}\right],$$

$$\bar{q}_y = P\sum_{1,2}^{\infty} j \frac{j\pi}{a}\cdot\sin j\pi\frac{x}{a}\sin j\pi\frac{u}{a}\,\frac{\sin j\pi\frac{c}{a}}{j\pi\frac{c}{a}}\,\frac{\mathfrak{Sin}\, j\pi\frac{d}{a}}{j\pi\frac{d}{a}}\,\frac{1}{2j\pi}\,e^{-j\pi\frac{v-y}{a}}\left[3 - j\pi\frac{d}{a}\,\mathfrak{Cotg}\, j\pi\frac{d}{a} + j\pi\frac{v-y}{a}\right].$$

Raupenfahrzeug: $\frac{c}{a} = 0{,}175$, $\frac{d}{a} = 0{,}025$.

| $j$ | $\frac{\sin j\pi\frac{c}{a}}{j\pi\frac{c}{a}}$ | $\frac{\mathfrak{Sin}\, j\pi\frac{d}{a}}{j\pi\frac{d}{a}}$ | $j\pi\frac{d}{a}\,\mathfrak{Cotg}\, j\pi\frac{d}{a}$ |
|---|---|---|---|
| 1 | 0,95038 | 1,00102 | 1,00207 |
| 2 | 0,81033 | 1,00414 | 1,00819 |
| 3 | 0,6044 | 1,0092 | 1,01843 |
| 4 | 0,3679 | 1,017 | 1,033 |
| 5 | 0,1392 | 1,026 | 1,051 |

*(Fortsetzung der Tafel 63)*

| $j$ | $\frac{v-y}{a} =$ | 0,125 | 0,25 | 0,275 | 0,50 | 0,525 | 0,725 | 0,75 | 0,975 |
|---|---|---|---|---|---|---|---|---|---|
| 1 | $\pi \frac{v-y}{a} =$ | 0,39270 | 0,78540 | 0,86394 | 1,57080 | 1,64934 | 2,27765 | 2,35619 | 3,06305 |
| | $e^{-\pi \frac{v-y}{a}} =$ | 0,67523 | 0,45594 | 0,42150 | 0,20788 | 0,19218 | 0,10252 | 0,09478 | 0,04674 |
| | $\pi \frac{d}{a} \mathfrak{Cotg}\, \pi \frac{d}{a} - \pi \frac{v-y}{a} =$ | 0,60937 | 0,21667 | 0,13813 | — 0,56873 | — 0,64727 | — 1,27558 | — 1,35412 | — 2,06098 |
| | $m_{x1} = P \sin \pi \frac{x}{a} \sin \pi \frac{u}{a} \cdot$ | 0,1421 | 0,1231 | 0,1189 | 0,0809 | 0,0770 | 0,0508 | 0,0482 | 0,0287 |
| | $m_{y1} = P \sin \pi \frac{x}{a} \sin \pi \frac{u}{a} \cdot$ | 0,0623 | 0,0150 | 0,0088 | — 0,0179 | — 0,0188 | — 0,0198 | — 0,0194 | — 0,0146 |
| | $\bar{q}_{y1} \frac{a}{\pi} = P \sin \pi \frac{x}{a} \sin \pi \frac{u}{a} \cdot$ | — | — | 0,1825 | 0,1123 | 0,1061 | 0,0663 | 0,0625 | 0,0358 |
| 2 | $2\pi \frac{v-y}{a} =$ | 0,78540 | 1,57080 | 1,72788 | 3,14159 | 3,29867 | 4,55531 | 4,71239 | 6,12610 |
| | $e^{-2\pi \frac{v-y}{a}} =$ | 0,45594 | 0,20788 | 0,17766 | 0,04321 | 0,03693 | 0,01051 | 0,00898 | 0,00219 |
| | $2\pi \frac{d}{a} \mathfrak{Cotg}\, 2\pi \frac{d}{a} - 2\pi \frac{v-y}{a} =$ | 0,22279 | — 0,56261 | — 0,71969 | — 2,13340 | — 2,29048 | — 3,54712 | — 3,70420 | — 5,11791 |
| | $m_{x2} = P \sin 2\pi \frac{x}{a} \sin 2\pi \frac{u}{a} \cdot$ | 0,0525 | 0,0345 | 0,0313 | 0,0116 | 0,0103 | 0,0038 | 0,0033 | 0,0010 |
| | $m_{y2} = P \sin 2\pi \frac{x}{a} \sin 2\pi \frac{u}{a} \cdot$ | 0,0066 | — 0,0076 | — 0,0083 | — 0,0060 | — 0,0055 | — 0,0024 | — 0,0022 | — 0,0007 |
| | $\bar{q}_{y2} \frac{a}{2\pi} = P \sin 2\pi \frac{x}{a} \sin 2\pi \frac{u}{a} \cdot$ | — | — | 0,0428 | 0,0144 | 0,0126 | 0,0045 | 0,0039 | 0,0012 |
| 3 | $3\pi \frac{v-y}{a} =$ | 1,17810 | 2,35619 | 2,59181 | 4,71239 | 4,94801 | 6,83296 | 7,06858 | — |
| | $e^{-3\pi \frac{v-y}{a}} =$ | 0,30786 | 0,09478 | 0,07488 | 0,00898 | 0,00710 | 0,00108 | 0,00085 | — |

| | | | | | | | | | |
|---|---|---|---|---|---|---|---|---|---|
| 3 | $3\,\pi \frac{d}{a}\,\mathfrak{Cotg}\,3\,\pi \frac{d}{a} - 3\,\pi \frac{v-y}{a} =$ | — 0,15967 | — 1,33776 | — 1,57338 | — 3,69396 | — 3,92958 | — 5,81453 | — 6,05015 | — |
| | $m_{x\,3} = P \sin 3\,\pi \frac{x}{a} \sin 3\,\pi \frac{u}{a} \cdot$ | 0,0215 | 0,0103 | 0,0087 | 0,0017 | 0,0014 | 0,0002 | 0,0002 | — |
| | $m_{y\,3} = P \sin 3\,\pi \frac{x}{a} \sin 3\,\pi \frac{u}{a} \cdot$ | — 0,0016 | — 0,0041 | — 0,0033 | — 0,0011 | — 0,0009 | — 0,0002 | — 0,0002 | — |
| | $\bar{q}_{y3} \frac{a}{3\,\pi} = P \sin 3\,\pi \frac{x}{a} \sin 3\,\pi \frac{u}{a} \cdot$ | — | — | 0,0111 | 0,0020 | 0,0016 | 0,0003 | 0,0002 | — |
| 4 | $4\,\pi \frac{v-y}{a} =$ | 1,571 | 3,142 | 3,456 | 6,283 | 6,599 | — | — | — |
| | $e^{-4\pi\frac{v-y}{a}} =$ | 0,2079 | 0,0432 | 0,0316 | 0,0019 | 0,0014 | — | — | — |
| | $4\,\pi \frac{d}{a}\,\mathfrak{Cotg}\,4\,\pi \frac{d}{a} - 4\,\pi \frac{v-y}{a} =$ | — 0,538 | — 2,109 | — 2,423 | — 5,250 | — 5,566 | — | — | — |
| | $m_{x\,4} = P \sin 4\,\pi \frac{x}{a} \sin 4\,\pi \frac{u}{a} \cdot$ | 0,0079 | 0,0026 | 0,0021 | 0,0002 | 0,0002 | — | — | — |
| | $m_{y\,4} = P \sin 4\,\pi \frac{x}{a} \sin 4\,\pi \frac{u}{a} \cdot$ | — 0,0017 | — 0,0014 | — 0,0011 | — 0,0001 | — 0,0001 | — | — | — |
| | $\bar{q}_{y4} \frac{a}{4\,\pi} = P \sin 4\,\pi \frac{x}{a} \sin 4\,\pi \frac{u}{a} \cdot$ | — | — | 0,0025 | 0,0002 | 0,0002 | — | — | — |
| 5 | $5\,\pi \frac{v-y}{a} =$ | 1,964 | 3,927 | 4,320 | — | — | — | — | — |
| | $e^{-5\pi\frac{v-y}{a}} =$ | 0,1404 | 0,0197 | 0,0133 | — | — | — | — | — |
| | $5\,\pi \frac{d}{a}\,\mathfrak{Cotg}\,5\,\pi \frac{d}{a} - 5\,\pi \frac{v-y}{a} =$ | — 0,913 | — 2,876 | — 3,269 | — | — | — | — | — |
| | $m_{x\,5} = P \sin 5\,\pi \frac{x}{a} \sin 5\,\pi \frac{u}{a} \cdot$ | 0,0019 | 0,0005 | 0,0003 | — | — | — | — | — |
| | $m_{y\,5} = P \sin 5\,\pi \frac{x}{a} \sin 5\,\pi \frac{u}{a} \cdot$ | — 0,0006 | — 0,0003 | — 0,0002 | — | — | — | — | — |
| | $\bar{q}_{y5} \frac{a}{5\,\pi} = P \sin 5\,\pi \frac{x}{a} \sin 5\,\pi \frac{u}{a} \cdot$ | — | — | 0,0004 | — | — | — | — | — |

Tafel 64. Raupenfahrzeug am Rand des Fahrstreifens: 2 Lasten $P_1 = P_2$, $\frac{v_1}{a} = 0{,}275$, $\frac{v_2}{a} = 0{,}525$. Berechnung der Momente, Reihenkoeffizienten $j = 1$ bis $j = 4$ ohne $\sin j\pi \frac{u}{a}$

| $j$ | Belastung | $\frac{m_{xj}}{P}$ in $\frac{y}{a}$ = 0 | 0,275 | 0,525 | 1,25 | $\frac{m_{yj}}{P}$ in $\frac{y}{a}$ = 0 | 0,275 | 0,525 | 1,25 | $\frac{\bar{q}_{tj}\,a}{P\,j\,\pi}$ | $\frac{-\bar{q}_{bj}\,a}{P\,j\,\pi}$ |
|---|---|---|---|---|---|---|---|---|---|---|---|
| | $P_1$ in $\frac{v_1}{a} = 0{,}275$ | + 0,1189 | — 3,7007 | + 0,1231 | + 0,0287 | + 0,0088 | + 0,1398 | + 0,0150 | — 0,0146 | + 0,1825 | + 0,0358 |
| | $P_2$ in $\frac{v_2}{a} = 0{,}525$ | + 0,0770 | + 0,1231 | — 3,7007 | + 0,0508 | — 0,0188 | + 0,0150 | + 0,1398 | — 0,0198 | + 0,1061 | + 0,0663 |
| | $\frac{p_{t1}\,a}{P\,\pi} = \frac{p_{b1}\,a}{P\,\pi} = +\,0{,}1953$ | + 0,1430 | + 0,0987 | + 0,0783 | + 0,1430 | 0 | — 0,0331 | — 0,0370 | 0 | — 0,1953 | — 0,1953 |
| 1 | $\frac{p_{t1}\,a}{P\,\pi} = -\frac{p_{b1}\,a}{P\,\pi} = +\,0{,}0933$ | + 0,0569 | + 0,0290 | + 0,0078 | — 0,0569 | 0 | — 0,0073 | — 0,0026 | 0 | — 0,0933 | + 0,0933 |
| | $\frac{m_{t1}}{P} = \frac{m_{b1}}{P} = +\,0{,}0222$ | — 0,0066 | + 0,0006 | + 0,0021 | — 0,0066 | + 0,0222 | + 0,0066 | + 0,0024 | + 0,0222 | — | — |
| | $\frac{m_{t1}}{P} = -\frac{m_{b1}}{P} = -\,0{,}0122$ | + 0,0045 | + 0,0007 | — | — 0,0045 | — 0,0122 | — 0,0037 | — 0,0008 | + 0,0122 | — | — |
| | $j = 1\ldots$ | + 0,3937 | — 3,4486 | — 3,4874 | + 0,1545 | 0 | + 0,1173 | + 0,1168 | 0 | 0 | 0 |
| | $P_1$ in $\frac{v_1}{a} = 0{,}275$ | + 0,0313 | — 0,7568 | + 0,0345 | + 0,0010 | — 0,0083 | + 0,0551 | — 0,0076 | — 0,0007 | + 0,0428 | + 0,0012 |
| | $P_2$ in $\frac{v_2}{a} = 0{,}525$ | + 0,0103 | + 0,0345 | — 0,7568 | + 0,0038 | — 0,0055 | — 0,0076 | + 0,0551 | — 0,0024 | + 0,0126 | + 0,0045 |
| | $\frac{p_{t2}\,a}{P\,2\pi} = \frac{p_{b2}\,a}{P\,2\pi} = +\,0{,}0306$ | + 0,0204 | + 0,0070 | + 0,0027 | + 0,0204 | 0 | — 0,0033 | — 0,0017 | 0 | — 0,0306 | — 0,0306 |
| 2 | $\frac{p_{t2}\,a}{P\,2\pi} = -\frac{p_{b2}\,a}{P\,2\pi} = +\,0{,}0248$ | + 0,0165 | + 0,0053 | + 0,0010 | — 0,0165 | 0 | — 0,0024 | — 0,0006 | 0 | — 0,0248 | + 0,0248 |
| | $\frac{m_{t2}}{P} = \frac{m_{b2}}{P} = +\,0{,}0085$ | — 0,0028 | + 0,0004 | + 0,0004 | — 0,0028 | + 0,0085 | + 0,0006 | — 0,0001 | + 0,0085 | — | — |
| | $\frac{m_{t2}}{P} = -\frac{m_{b2}}{P} = +\,0{,}0053$ | — 0,0018 | + 0,0002 | + 0,0001 | + 0,0018 | + 0,0053 | + 0,0004 | — | — 0,0053 | — | — |
| | $j = 2\ldots$ | + 0,0739 | — 0,7094 | — 0,7181 | + 0,0077 | 0 | + 0,0428 | + 0,0451 | 0 | 0 | 0 |
| | $P_1$ in $\frac{v_1}{a} = 0{,}275$ | + 0,0087 | — 0,2402 | + 0,0103 | — | — 0,0038 | + 0,0254 | — 0,0041 | — | + 0,0111 | — |
| | $P_2$ in $\frac{v_2}{a} = 0{,}525$ | + 0,0014 | + 0,0103 | — 0,2402 | + 0,0002 | — 0,0009 | — 0,0041 | + 0,0254 | — | + 0,0016 | — |
| 3 | $\frac{p_{t3}\,a}{P\,3\pi} = +\,0{,}0127$ | + 0,0084 | + 0,0014 | + 0,0002 | — | 0 | — 0,0008 | — 0,0001 | 0 | — 0,0127 | — |
| | $\frac{m_{t3}}{P} = +\,0{,}0047$ | — 0,0015 | + 0,0002 | — | — | + 0,0047 | — | — | — | — | — |
| | $j = 3\ldots$ | + 0,0170 | — 0,2283 | — 0,2297 | + 0,0002 | 0 | + 0,0205 | + 0,0212 | 0 | 0 | — |

| | | | | | | | | | | | |
|---|---|---|---|---|---|---|---|---|---|---|---|
| 4 | $P_1$ in $\frac{v_1}{a} = 0{,}275$ | + 0,0021 | — 0,0790 | + 0,0026 | — | — 0,0011 | + 0,0107 | — 0,0014 | — | + 0,0025 | — |
| | $P_2$ in $\frac{v_2}{a} = 0{,}525$ | + 0,0002 | + 0,0026 | — 0,0790 | — | — 0,0001 | — 0,0014 | + 0,0107 | — | + 0,0002 | — |
| | $\frac{p_{t4}\, a}{P\, 4\, \pi} = + 0{,}0027$ | + 0,0018 | + 0,0002 | — | — | 0 | — | — | 0 | — 0,0027 | — |
| | $\frac{m_{t4}}{P} = + 0{,}0012$ | — 0,0004 | — | — | — | + 0,0012 | — | — | — | — | — |
| | $j = 4 \ldots$ | + 0,0037 | — 0,0762 | — 0,0764 | — | 0 | + 0,0093 | + 0,0093 | 0 | 0 | — |

Tafel 65. Raupenfahrzeug am Rand des Fahrstreifens ($\frac{v_1}{a} = 0{,}275$, $\frac{v_2}{a} = 0{,}525$) in Feldmitte ($u = \frac{a}{2}$). Momente in der Mittellinie $x = \frac{a}{2}$

| $j$ | $\frac{m_x}{P}$ in $\frac{y}{a}$ = | | | | $\frac{m_y}{P}$ in $\frac{y}{a}$ = | | | |
|---|---|---|---|---|---|---|---|---|
| | 0 | 0,275 | 0,525 | 1,25 | 0 | 0,275 | 0,525 | 1,25 |
| $\mathfrak{M}$ | — | + 4,1250 | + 4,1250 | — | — | — | — | — |
| 1 | + 0,3937 | — 3,4486 | — 3,4894 | + 0,1545 | 0 | + 0,1173 | + 0,1168 | 0 |
| 3 | + 0,0170 | — 0,2283 | — 0,2297 | + 0,0002 | 0 | + 0,0205 | + 0,0212 | 0 |
| 5 | + 0,0003 | + 0,0005 | + 0,0005 | — | — | — 0,0003 | — 0,0003 | — |
| 5 ÷ 21 | — | — 0,0023 | — 0,0023 | — | — | — 0,0005 | — 0,0005 | — |
| $\Sigma$ | + 0,4110 | + 0,4463 | + 0,4041 | + 0,1547 | 0 | + 0,1370 | + 0,1372 | 0 |

Tafel 66. **Raupenfahrzeug am Rand des Fahrstreifens:**

Zwei Lasten $P_1 = P_2$, $\frac{v_1}{a} = 0{,}275$, $\frac{v_2}{a} = 0{,}525$; $\frac{u}{a} = 0{,}325$.

Momente in der Linie $\frac{y}{a} = \frac{v_1}{a} = 0{,}275$

| $j$ | $\sin j\pi\frac{u}{a}$ | Koeffizient aus Tafel 64 bzw. 62 | $\frac{m_x}{P}$ in $\frac{x}{a}$ = 0,1 | 0,2 | 0,3 | 0,4 | 0,5 | 0,6 | 0,8 |
|---|---|---|---|---|---|---|---|---|---|
| $\mathfrak{M}$ | — | — | +1,3500 | +2,6286 | +3,4071 | +3,6143 | +3,2500 | +2,6000 | +1,3000 |
| 1 | +0,85264 | —3,4486 | —0,9086 | —1,7283 | —2,3789 | —2,7965 | —2,9404 | —2,7965 | —1,7283 |
| 2 | +0,89101 | —0,7094 | —0,3722 | —0,6022 | —0,6022 | —0,3722 | 0 | +0,3722 | +0,6022 |
| 3 | +0,07846 | —0,2283 | —0,0145 | —0,0170 | —0,0055 | +0,0105 | +0,0179 | +0,0105 | —0,0170 |
| 4 | —0,8090 | —0,0762 | +0,0586 | +0,0362 | —0,0362 | —0,0586 | 0 | +0,0586 | —0,0362 |
| 5 | —0,9239 | —0,0177 | +0,0163 | 0 | —0,0163 | 0 | +0,0163 | 0 | 0 |
| 6 | —0,1564 | +0,0041 | —0,0006 | +0,0004 | +0,0004 | —0,0006 | 0 | +0,0006 | —0,0004 |
| 7 | +0,7604 | +0,0102 | +0,0063 | —0,0074 | +0,0024 | +0,0046 | —0,0078 | +0,0046 | —0,0074 |
| 8 | +0,9511 | +0,0100 | +0,0056 | —0,0090 | +0,0090 | —0,0056 | 0 | +0,0056 | +0,0090 |
| 9 | +0,2335 | +0,0066 | +0,0005 | —0,0009 | +0,0013 | —0,0015 | +0,0015 | —0,0015 | —0,0009 |
| 10 | —0,7071 | +0,0033 | 0 | 0 | 0 | 0 | 0 | 0 | 0 |
| 11 | —0,9724 | +0,0008 | +0,0002 | —0,0005 | +0,0006 | —0,0007 | +0,0008 | —0,0007 | —0,0005 |
| 12 | —0,3090 | —0,0007 | —0,0001 | +0,0002 | —0,0002 | +0,0001 | 0 | —0,0001 | —0,0002 |
| 13 | +0,6495 | —0,0014 | +0,0007 | —0,0009 | +0,0003 | +0,0006 | —0,0009 | +0,0006 | —0,0009 |
| 14 | +0,9877 | —0,0014 | +0,0013 | —0,0008 | —0,0008 | +0,0013 | 0 | —0,0013 | +0,0008 |
| 15 | +0,3827 | —0,0010 | +0,0004 | 0 | —0,0004 | 0 | +0,0004 | 0 | 0 |
| 16 | —0,5878 | —0,0005 | —0,0003 | —0,0002 | +0,0002 | +0,0003 | 0 | —0,0003 | +0,0002 |
| 17 | —0,9969 | 0 | 0 | 0 | 0 | 0 | 0 | 0 | 0 |
| 18 | —0,4540 | +0,0002 | — | +0,0001 | +0,0001 | — | 0 | — | —0,0001 |
| 19 | +0,5225 | +0,0004 | —0,0001 | —0,0001 | —0,0002 | —0,0002 | —0,0002 | —0,0002 | —0,0001 |
| 20 | +1,0000 | +0,0003 | 0 | 0 | 0 | 0 | 0 | 0 | 0 |
| 21 | +0,5225 | +0,0002 | — | +0,0001 | +0,0001 | +0,0001 | +0,0001 | +0,0001 | +0,0001 |
| | — | — | +0,1435 | +0,2981 | +0,3808 | +0,3959 | +0,3377 | +0,2522 | +0,1203 |

| $j$ | $\sin j\pi\frac{u}{a}$ | Koeffizient aus Tafel 64 bzw. 62 | $\frac{m_y}{P}$ in $\frac{x}{a}$ = 0,1 | 0,2 | 0,3 | 0,4 | 0,5 | 0,6 | 0,8 |
|---|---|---|---|---|---|---|---|---|---|
| 1 | +0,85264 | +0,1173 | +0,0309 | +0,0588 | +0,0809 | +0,0951 | +0,1000 | +0,0951 | +0,0588 |
| 2 | +0,89101 | +0,0428 | +0,0214 | +0,0345 | +0,0345 | +0,0214 | 0 | —0,0214 | —0,0345 |
| 3 | +0,07846 | +0,0205 | +0,0013 | +0,0015 | +0,0005 | —0,0009 | —0,0016 | —0,0009 | +0,0015 |
| 4 | —0,8090 | +0,0093 | —0,0072 | —0,0044 | +0,0044 | +0,0072 | 0 | —0,0072 | +0,0044 |
| 5 | —0,9239 | +0,0027 | —0,0025 | 0 | +0,0025 | 0 | —0,0025 | 0 | 0 |
| 6 | —0,1564 | —0,0008 | +0,0001 | —0,0001 | —0,0001 | +0,0001 | 0 | —0,0001 | +0,0001 |
| 7 | +0,7604 | —0,0021 | —0,0013 | +0,0015 | —0,0005 | —0,0009 | +0,0016 | —0,0009 | +0,0015 |
| 8 | +0,9511 | —0,0023 | —0,0013 | +0,0021 | —0,0021 | +0,0013 | 0 | —0,0013 | —0,0021 |
| 9 | +0,2335 | —0,0017 | —0,0001 | +0,0002 | —0,0003 | +0,0004 | —0,0004 | +0,0004 | +0,0002 |
| 10 | —0,7071 | —0,0009 | 0 | 0 | 0 | 0 | 0 | 0 | 0 |
| 11 | —0,9724 | —0,0002 | — | +0,0001 | —0,0002 | +0,0002 | —0,0002 | +0,0002 | +0,0001 |
| 12 | —0,3090 | +0,0002 | — | — | — | — | 0 | — | — |
| 13 | +0,6495 | +0,0005 | —0,0003 | +0,0003 | —0,0001 | —0,0002 | +0,0003 | —0,0002 | +0,0003 |
| 14 | +0,9877 | +0,0005 | —0,0005 | +0,0003 | +0,0003 | —0,0005 | 0 | +0,0005 | —0,0003 |
| 15 | +0,3827 | +0,0004 | —0,0002 | 0 | +0,0002 | 0 | —0,0002 | 0 | 0 |
| 16 | —0,5878 | +0,0002 | +0,0001 | +0,0001 | —0,0001 | —0,0001 | 0 | +0,0001 | —0,0001 |
| 17 | —0,9969 | 0 | 0 | 0 | 0 | 0 | 0 | 0 | 0 |
| 18 | —0,4540 | —0,0001 | — | — | — | — | — | — | — |
| 19 | +0,5225 | —0,0002 | — | — | +0,0001 | +0,0001 | +0,0001 | +0,0001 | — |
| 20 | +1,0000 | —0,0002 | 0 | 0 | 0 | 0 | 0 | 0 | 0 |
| 21 | +0,5225 | —0,0001 | — | — | — | — | — | — | — |
| | — | — | +0,0404 | +0,0949 | +0,1200 | +0,1232 | +0,0971 | +0,0644 | +0,0299 |

Tafel 67. Momente auf der Linie $y = v$ im unendlichen Plattenstreifen infolge einer Rechtecklast mit $\frac{2c}{a} = 0{,}02$, $\frac{2d}{a} = 0{,}06$ in verschiedener Stellung. Vergleich der mittels Reihenentwicklung berechneten Werte mit den Einflußwerten

| $\frac{u}{a}$ | $\frac{x}{a} =$ | 0,05 | 0,1 | 0,15 | 0,2 | 0,25 | 0,3 | 0,35 | 0,4 | 0,45 | 0,5 | 0,55 | 0,6 | 0,65 |
|---|---|---|---|---|---|---|---|---|---|---|---|---|---|---|
| 0,5 | $\frac{m_x}{P}$ | — | — | — | 0,0536 | — | 0,0897 | 0,1143 | 0,1483 | 0,2069 | 0,3651 | — | — | — |
| | $\frac{m_y}{P}$ | — | — | — | 0,0536 | — | 0,0887 | 0,1119 | 0,1437 | 0,1903 | 0,2420 | — | — | — |
| | Einflußwerte | — | — | — | 0,0536 | — | 0,0894 | 0,1136 | 0,1466 | 0,2024 | ∞ | — | — | — |
| 0,35 | $\frac{m_x}{P}$ | 0,0190 | 0,0425 | — | 0,0947 | — | 0,1939 | 0,3559 | 0,2001 | 0,1454 | 0,1143 | — | — | 0,0622 |
| | $\frac{m_y}{P}$ | 0,0204 | 0,0417 | 0,0649 | 0,0926 | 0,1282 | 0,1771 | 0,2328 | 0,1842 | 0,1402 | 0,1119 | 0,0915 | 0,0758 | 0,0625 |
| | Einflußwerte | 0,0205 | 0,0421 | 0,0659 | 0,0939 | 0,1308 | 0,1900 | ∞ | 0,1964 | 0,1437 | 0,1136 | 0,0925 | 0,0761 | 0,0628 |
| 0,2 | $\frac{m_x}{P}$ | 0,0400 | 0,0861 | 0,1554 | 0,3228 | 0,1723 | 0,1214 | 0,0947 | 0,0767 | — | 0,0536 | — | — | — |
| | $\frac{m_y}{P}$ | 0,0386 | 0,0816 | 0,1388 | 0,1997 | 0,1559 | 0,1168 | 0,0926 | 0,0760 | 0,0634 | 0,0536 | — | — | — |
| | Einflußwerte | 0,0394 | 0,0849 | 0,1511 | ∞ | 0,1683 | 0,1201 | 0,0939 | 0,0766 | 0,0637 | 0,0536 | — | — | — |
| 0,05 | $\frac{m_x}{P}$ | 0,2174 | 0,0905 | — | 0,0400 | — | 0,0254 | — | 0,0173 | — | — | — | — | — |
| | $\frac{m_y}{P}$ | 0,0973* | 0,0761 | 0,0517 | 0,0384 | 0,0301 | 0,0244 | 0,0204 | 0,0173 | — | — | — | — | — |
| | Einflußwerte | ∞ | 0,0869 | 0,0542 | 0,0394 | 0,0307 | 0,0248 | 0,0205 | 0,0173 | — | — | — | — | — |

* Nach Tafeln F. 14, 15 ergibt sich 0,0943.

### *3.3.2. Überlagerung der beiden Lastreihen und der Zusatzfunktionen*

Die Tafel 68 enthält die Berechnung der Reihenkoeffizienten $j = 1, 2, 3$ für zwei Radlasten des Schwerlastwagens in den Linien $\frac{v_1}{a} = 0{,}525$, $\frac{v_2}{a} = 0{,}725$, also symmetrisch zur Brückenachse. Die beiden ersten Zeilen enthalten die Momente $m_x$ und $m_y$ sowie die Werte $\bar{q}_y$ für $y = 0$ im unendlichen Plattenstreifen. Das Zeichen ★ bedeutet das Moment in der Linie $y = v$, das Zeichen ∗ ist das Moment in den Linien $y = v - d$ und $y = v + d$; diese Werte werden erst später hinzugezählt. Wegen der zur Brückenachse symmetrischen Laststellung werden nur die Zusatzfunktionen nach Tafeln 59 bzw. 61 benötigt. Die Randlasten $p_{tj}$ folgen aus den Werten $\bar{q}_{tj}$ (letzte Spalte der Tafel), die Randmomente $m_{tj}$ folgen aus den Werten $m_{yj}$ in $y = 0$. Die berechneten Zahlen gelten für beliebigen Lastabstand $u$ vom Längsrand.

### *3.3.3. Endgültige Momente*

In Tafel 69 sind die Momente in der Mittellinie $x = \frac{a}{2}$ für die Stellung des Fahrzeugs in Plattenmitte, also $\frac{u_1}{a} = 0{,}35$, $\frac{u_2}{a} = 0{,}5$, $\frac{u_3}{a} = 0{,}65$ berechnet, indem die Zahlen nach Tafel 68 mit $\sin j\pi\frac{x}{a}\left(\sin j\pi\frac{u_1}{a} + \sin j\pi\frac{u_2}{a} + \sin j\pi\frac{u_3}{a}\right) = 1 + 2\sin j\frac{\pi}{2}\sin j\pi\, 0{,}35$ vervielfacht wurden. Schließlich ist in Tafel 70 der Momentenverlauf in der Linie $y = v_1$ berechnet, und zwar für die Laststellung $\frac{u_1}{a} = 0{,}2$, $\frac{u_2}{a} = 0{,}35$, $\frac{u_3}{a} = 0{,}5$. In den ersten drei Zeilen stehen jeweils die Momente im unendlichen Plattenstreifen infolge der drei auf der genannten Linie

Tafel 68. Zwei Rechtecklasten $P$; $\frac{c}{a} = 0{,}01$, $\frac{d}{a} = 0{,}03$, $\frac{v_1}{a} = 0{,}525$, $\frac{v_2}{a} = 0{,}725$, $u$ beliebig (SLW

| $j$ | Belastung | $\frac{m_{xj}}{P}$ in $\frac{y}{a} =$ | | | | | |
|---|---|---|---|---|---|---|---|
| | | 0 | 0,25 | 0,495 | 0,525 | 0,555 | 0,625 |
| 1 | $P_1$ in $\frac{v_1}{a} = 0{,}525$ | +0,0810 | +0,1250 | ∗ | ★ | ∗ | +0,1526 |
| | $P_2$ in $\frac{v_2}{a} = 0{,}725$ | +0,0535 | +0,0893 | +0,1331 | +0,1382 | +0,1431 | +0,1526 |
| | $\frac{p_{t1}\,a}{P\,\pi} = \frac{p_{b1}\,a}{P\,\pi} = +\,0{,}1816$ | +0,1329 | +0,0946 | +0,0740 | +0,0729 | +0,0718 | +0,0711 |
| | $\frac{m_{t1}}{P} = \frac{m_{b1}}{P} = +\,0{,}0406$ | −0,0121 | +0,0005 | +0,0038 | +0,0039 | +0,0040 | +0,0041 |
| | $j = 1\ldots$ | +0,2553 | +0,3094 | +0,2109 | +0,2151 | +0,2189 | +0,3804 |
| 2 | $P_1$ in $\frac{v_1}{a} = 0{,}525$ | +0,0126 | — | — | ★ | — | — |
| | $P_2$ in $\frac{v_2}{a} = 0{,}725$ | +0,0047 | — | — | +0,0511 | — | — |
| | $\frac{p_{t2}\,a}{P\,2\pi} = \frac{p_{b2}\,a}{P\,2\pi} = +\,0{,}0211$ | +0,0141 | — | — | +0,0019 | — | — |
| | $\frac{m_{t2}}{P} = \frac{m_{b2}}{P} = +\,0{,}0097$ | −0,0032 | — | — | +0,0004 | — | — |
| | $j = 2\ldots$ | +0,0282 | — | — | +0,0534 | — | — |
| 3 | $P_1$ in $\frac{v_1}{a} = 0{,}525$ | +0,0023 | +0,0143 | ∗ | ★ | ∗ | +0,0401 |
| | $P_2$ in $\frac{v_2}{a} = 0{,}725$ | +0,0005 | +0,0033 | +0,0193 | +0,0233 | +0,0279 | +0,0401 |
| | $\frac{p_{t3}\,a}{P\,3\pi} = +\,0{,}0031$ | +0,0021 | +0,0004 | — | — | — | — |
| | $\frac{m_{t3}}{P} = +\,0{,}0018$ | −0,0006 | +0,0001 | — | — | — | — |
| | $j = 3\ldots$ | +0,0043 | +0,0181 | +0,0193 | +0,0233 | +0,0279 | +0,0802 |

stehenden Radlasten (siehe P. 3.3.1.). In den weiteren Zeilen sind die Zahlen für $\frac{y}{a} = 0{,}525$ aus Tafel 68 zunächst mit $\left(\sin j\pi\frac{u_1}{a} + \sin j\pi\frac{u_2}{a} + \sin j\pi\frac{u_3}{a}\right)$ und schließlich mit $\sin j\pi\frac{x}{a}$ multipliziert. Die Reihenkoeffizienten von $j = 4$ aufwärts enthalten nur den Beitrag der Lasten in $\frac{v_2}{a} = 0{,}725$ und sind auf dem in Tafel 63 gezeigten Weg berechnet; der Einfluß des ungestützten Querrandes verschwindet hier bereits.

In Abb. 205 sind die in den Tafeln 69 und 70 ermittelten Zahlen, mit $P = 13{,}4$ t vervielfacht, aufgetragen. Die Abb. 205 enthält außerdem den in gleicher Weise gefundenen Momentenverlauf in der Linie $y = v_1$ für die Laststellung 1 mit $\frac{u_1}{a} = 0{,}05$, $\frac{u_2}{a} = 0{,}2$, $\frac{u_3}{a} = 0{,}35$ sowie für die in Tafel 69 behandelte Laststellung 3. Schließlich sind die Momente in der Mittellinie $x = \frac{a}{2}$ für die Laststellung 4, Fahrzeug am Rand des Fahrstreifens, in Feldmitte, dargestellt. Bei dieser Laststellung sind außer den in Tafel 68 verwendeten symmetrischen Zusatzfunktionen auch die antisymmetrischen Zusatzfunktionen nach Tafel 60 erforderlich. Der Rechnungsgang ist für das Raupenfahrzeug in Tafel 64 gezeigt.

in Brückenachse). Berechnung der Momente, Reihenglieder $j = 1$ bis $j = 5$ ohne $\sin j\,\pi \frac{u}{a}$

| $\frac{m_{yj}}{P}$ in $\frac{y}{a}$ = | | | | | | $\frac{\bar{q}_{tj}\,a}{P\,j\,\pi}$ |
|---|---|---|---|---|---|---|
| 0 | 0,25 | 0,495 | 0,525 | 0,555 | 0,625 | |
| — 0,0198 | + 0,0093 | * | ★ | * | + 0,0802 | + 0,1117 |
| — 0,0208 | — 0,0175 | + 0,0217 | + 0,0318 | + 0,0438 | + 0,0802 | + 0,0699 |
| 0 | — 0,0297 | — 0,0343 | — 0,0344 | — 0,0344 | — 0,0346 | — 0,1816 |
| + 0,0406 | + 0,0135 | + 0,0048 | + 0,0043 | + 0,0040 | + 0,0038 | — |
| 0 | — 0,0244 | — 0,0078 | + 0,0017 | + 0,0134 | + 0,1296 | 0 |
| — 0,0067 | — | — | ★ | — | — | + 0,0156 |
| — 0,0030 | — | — | — 0,0056 | — | — | + 0,0055 |
| 0 | — | — | — 0,0012 | — | — | — 0,0211 |
| + 0,0097 | — | — | — 0,0001 | — | — | — |
| 0 | — | — | — 0,0069 | — | — | 0 |
| — 0,0015 | — 0,0063 | * | ★ | * | + 0,0018 | + 0,0026 |
| — 0,0003 | — 0,0021 | — 0,0070 | — 0,0070 | — 0,0062 | + 0,0018 | + 0,0005 |
| 0 | — 0,0002 | — | — | — | — | — 0,0031 |
| + 0,0018 | — | — | — | — | — | — |
| 0 | — 0,0086 | — 0,0070 | — 0,0070 | — 0,0062 | + 0,0036 | 0 |

## 3.4. LKW am ungestützten Rand

Um in der Einflußfläche für $m_{xt}$ den ungestützten Querrand $b$ zu berücksichtigen, ist der Einflußfläche nach Tafeln O.1 bzw. O.2 eine Zusatzfunktion zu überlagern, für die bei Fall **F₂U₂ — 10** (S. 228) folgende Formel angegeben ist:

$$F = \sum_{1,2}^{\infty} {}_j \sin j\,\pi \frac{x}{a} \sin j\,\pi \frac{u}{a} \frac{2}{j\,\pi\left[9 \operatorname{Sin}^2 j\,\pi \frac{b}{a} - \left(j\,\pi \frac{b}{a}\right)^2\right]} \cdot$$

$$\cdot \left\{\left[j\,\pi \frac{b}{a} + \frac{1}{3}\left(j\,\pi \frac{b}{a}\right)^2 + \frac{3}{2}\left(1 - e^{-2\,j\,\pi \frac{b}{a}}\right)\right] \operatorname{Cof} j\,\pi \frac{v}{a}\left(2 - j\,\pi \frac{v}{a} \operatorname{Tg} j\,\pi \frac{v}{a}\right) + \right.$$

$$\left. + \frac{1}{3}\left(j\,\pi \frac{b}{a}\right)^2 \operatorname{Sin} j\,\pi \frac{v}{a}\left(1 + j\,\pi \frac{v}{a} \operatorname{Cotg} j\,\pi \frac{v}{a}\right)\right\}. \qquad (666)$$

Es genügt das 1. Glied dieser Reihe.

Für den Punkt $\frac{x}{a} = 0{,}6$ ergeben sich folgende Werte der zur Tafel O.2 hinzukommenden Zusatzfunktion $F$:

| $\frac{v}{a}$ | $\frac{u}{a}$ 0,3 | 0,5 | 0,6 |
|---|---|---|---|
| 1,25 | 0,0108 | 0,0133 | 0,0127 |
| 0,8 | 0,0068 | 0,0084 | 0,0080 |
| 0,5 | 0,0040 | 0,0049 | 0,0047 |
| 0,2 | 0,0024 | 0,0030 | 0,0029 |
| 0,1 | 0,0021 | 0,0026 | 0,0025 |
| 0 | 0,0018 | 0,0022 | 0,0021 |

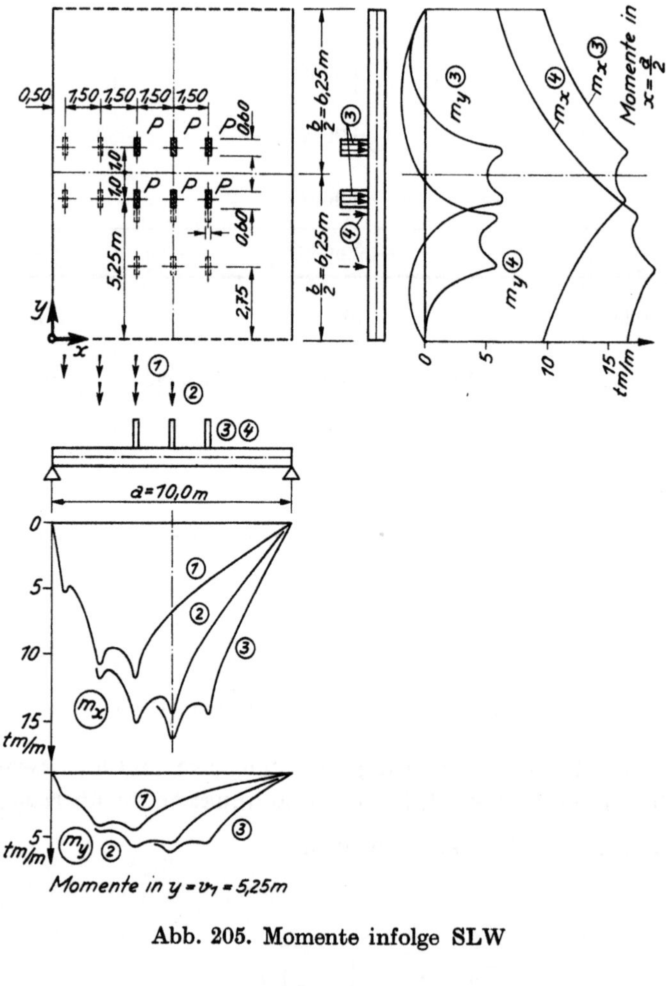


Abb. 205. Momente infolge SLW

Das genaue Moment für den LKW wie in P. 2.3. beträgt damit:

$$\begin{aligned} \text{Mit } b = \infty \ldots\ldots\ldots\ldots \quad & 13{,}58 \text{ tm/m} \\ 10{,}0\,(0{,}0021 + 0{,}0029)\ldots \quad & 0{,}05 \text{ tm/m} \\ 6{,}7\,(0{,}0018 + 0{,}0024)\ldots \quad & 0{,}03 \text{ tm/m} \\ \hline m_{xt} = & 13{,}66 \text{ tm/m} \end{aligned}$$

Tafel 69. SLW in Plattenmitte ($\frac{v_1}{a} = 0{,}525$, $\frac{v_2}{a} = 0{,}725$; $\frac{u_1}{a} = 0{,}35$, $\frac{u_2}{a} = 0{,}5$, $\frac{u_3}{a} = 0{,}65$). Momente in der Mittellinie $x = \frac{a}{2}$

| | | $\frac{m_x}{P}$ in $\frac{y}{a}$ = | | | | | | $\frac{m_y}{P}$ in $\frac{y}{a}$ = | | | | | |
|---|---|---|---|---|---|---|---|---|---|---|---|---|---|
| | | 0 | 0,25 | 0,495 | 0,525 | 0,555 | 0,625 | 0 | 0,25 | 0,495 | 0,525 | 0,555 | 0,625 |
| $m_\infty$ | $\frac{u_2}{a} = 0{,}5$ | — | — | + 0,3272 | + 0,3651 | + 0,3272 | — | | — | + 0,1871 | + 0,2420 | + 0,1871 | — |
| | $\frac{u_1}{a} = 0{,}35$, $\frac{u_3}{a} = 0{,}65$ | — | — | + 0,2302 | + 0,2286 | + 0,2302 | — | | — | + 0,2156 | + 0,2238 | + 0,2156 | — |
| $j = 1$ | $1 + 2 \sin \pi \frac{u_1}{a} \sin \frac{\pi}{2} = 2{,}7820$ | + 0,7102 | + 0,8608 | + 0,5867 | + 0,5984 | + 0,6090 | + 1,0583 | | —0,0679 | —0,0217 | + 0,0047 | + 0,0373 | + 0,3605 |
| $j = 3$ | $1 + 2 \sin 3\pi \frac{u_1}{a} \sin \frac{3\pi}{2} = 1{,}3128$ | + 0,0056 | + 0,0237 | + 0,0253 | + 0,0306 | + 0,0366 | + 0,1052 | | —0,0113 | —0,0092 | —0,0092 | —0,0081 | + 0,0047 |
| $j = 5$ | $1 + 2 \sin 5\pi \frac{u_1}{a} \sin \frac{5\pi}{2} = -0{,}4142$ | — | —0,0009 | —0,0017 | —0,0024 | —0,0034 | —0,0142 | | + 0,0006 | + 0,0010 | + 0,0012 | + 0,0015 | + 0,0028 |
| $j = 7$ | $1 + 2 \sin 7\pi \frac{u_1}{a} \sin \frac{7\pi}{2} = -0{,}9754$ | — | —0,0004 | —0,0009 | —0,0016 | —0,0026 | —0,0160 | | + 0,0003 | + 0,0006 | + 0,0010 | + 0,0015 | + 0,0055 |
| $j = 9$ | $1 + 2 \sin 9\pi \frac{u_1}{a} \sin \frac{9\pi}{2} = +0{,}0920$ | — | — | — | — | + 0,0001 | + 0,0008 | | — | — | — | —0,0001 | —0,0003 |
| $j = 11$ | $1 + 2 \sin 11\pi \frac{u_1}{a} \sin \frac{11\pi}{2} = +1{,}9080$ | — | — | — | + 0,0002 | + 0,0006 | + 0,0084 | | — | — | —0,0002 | —0,0004 | —0,0042 |
| $j = 13$ | $1 + 2 \sin 13\pi \frac{u_1}{a} \sin \frac{13\pi}{2} = +2{,}9754$ | — | — | — | — | + 0,0003 | + 0,0072 | | — | — | — | —0,0003 | —0,0042 |
| $j = 15$ | $1 + 2 \sin 15\pi \frac{u_1}{a} \sin \frac{15\pi}{2} = +2{,}4142$ | — | — | — | — | — | + 0,0031 | | — | — | — | — | —0,0020 |
| $j = 17$ | $1 + 2 \sin 17\pi \frac{u_1}{a} \sin \frac{17\pi}{2} = +0{,}6872$ | — | — | — | — | — | + 0,0005 | | — | — | — | — | —0,0003 |
| $j = 19$ | $1 + 2 \sin 19\pi \frac{u_1}{a} \sin \frac{19\pi}{2} = -0{,}7820$ | — | — | — | — | — | —0,0003 | | — | — | — | — | + 0,0002 |
| | $\Sigma$ | + 0,7158 | + 0,8832 | + 1,1668 | + 1,2189 | + 1,1980 | + 1,1530 | 0 | —0,0783 | + 0,3733 | + 0,4633 | + 0,4341 | + 0,3627 |

Tafel 70. SLW in Brückenachse, Laststellung 2 ($\frac{u_1}{a} = 0{,}2$, $\frac{u_2}{a} = 0{,}35$, $\frac{u_3}{a} = 0{,}5$).

| | $\frac{x}{a} =$ | 0,1 | 0,15 | 0,2 |
|---|---|---|---|---|
| | $P_3 \ldots \frac{u_3}{a} = 0{,}5$ | 0,0254 | 0,0389 | 0,0536 |
| | $P_2 \ldots \frac{u_2}{a} = 0{,}35$ | 0,0421 | 0,0659 | 0,0947* |
| | $P_1 \ldots \frac{u_1}{a} = 0{,}2$ | 0,0861* | 0,1554* | 0,3228+ |
| $j = 1$ | + 0,2151 (0,5878 + 0,8910 + 1) = + 0,5332 | 0,1648 | 0,2421 | 0,3134 |
| 2 | + 0,0534 (0,9511 + 0,8090) = + 0,0939 | 0,0552 | 0,0760 | 0,0894 |
| 3 | + 0,0233 (0,9511 — 0,1564 — 1) = — 0,0048 | — 0,0039 | — 0,0047 | — 0,0046 |
| 4 | + 0,0114 (0,5878 — 0,9511) = — 0,0041 | — 0,0039 | — 0,0039 | — 0,0024 |
| 5 | + 0,0058 (— 0,7071 + 1) = + 0,0017 | 0,0017 | 0,0012 | 0 |
| 6 | + 0,0030 (— 0,5878 + 0,3090) = — 0,0008 | — 0,0008 | — 0,0002 | 0,0005 |
| 7 | + 0,0016 (— 0,9511 + 0,9877 — 1) = — 0,0015 | — 0,0012 | 0,0002 | 0,0014 |
| 8 | + 0,0008 (— 0,9511 + 0,5878) = — 0,0003 | — 0,0002 | 0,0002 | 0,0003 |
| 9 | + 0,0004 (— 0,5878 — 0,4540 + 1) = — | — | — | — |
| 10 | + 0,0002 (— 1,0000) = — 0,0002 | 0 | 0,0002 | 0 |
| | $m_x/P =$ | 0,3655 | 0,5713 | 0,8691 |
| | $P_3 \ldots \frac{u_3}{a} = 0{,}5$ | 0,0254 | 0,0389 | 0,0536 |
| | $P_2 \ldots \frac{u_2}{a} = 0{,}35$ | 0,0421 | 0,0649* | 0,0926* |
| | $P_1 \ldots \frac{u_1}{a} = 0{,}2$ | 0,0816* | 0,1388* | 0,1997+ |
| $j = 1$ | + 0,0017 · 2,4788 = + 0,0042 | + 0,0013 | + 0,0019 | + 0,0025 |
| 2 | — 0,0069 · 1,7601 = — 0,0121 | — 0,0071 | — 0,0098 | — 0,0116 |
| 3 | — 0,0070 · (— 0,2053) = + 0,0014 | + 0,0012 | + 0,0014 | + 0,0014 |
| 4 | — 0,0048 · (— 0,2633) = + 0,0013 | + 0,0012 | + 0,0012 | + 0,0007 |
| 5 | — 0,0029 · 0,2929 = — 0,0009 | — 0,0009 | — 0,0006 | 0 |
| 6 | — 0,0017 · (— 0,2788) = + 0,0005 | + 0,0004 | + 0,0001 | — 0,0003 |
| 7 | — 0,0010 · (— 0,9634) = + 0,0010 | + 0,0008 | — 0,0001 | — 0,0009 |
| 8 | — 0,0005 · (— 0,3633) = + 0,0002 | + 0,0001 | — 0,0001 | — 0,0002 |
| 9 | — 0,0003 · (— 0,0418) = — | — | — | — |
| 10 | — 0,0002 · (— 1) = + 0,0002 | 0 | — 0,0002 | 0 |
| | $m_y/P =$ | 0,1461 | 0,2364 | 0,3375 |

### 3.5. Gleichlast auf einem Randstreifen

Bei einer an den Querrand anstoßenden Rechtecklast ist es zweckmäßig, nicht vom unendlichen Plattenstreifen mit Rechtecklast, sondern von einem unendlichen Halbstreifen mit durchgehender Streifenlast (in diesem Fall Vollbelastung) und einem unbelasteten unendlichen Halbstreifen auszugehen (Abb. 206). Um den stetigen Übergang zwischen beiden Halbstreifen (in der Linie $y = 2\,d$) herzustellen, müssen dort gegenseitige Randlasten nach Fall **F₂U — 01** angebracht werden, die halb so groß sind wie im Fall **F₃ — 1**, also

$$p_r = p\,a \sum_{1,3}^{\infty} j \sin j\,\pi \frac{x}{a} \frac{3}{j^2 \pi^2}.$$

Momente in der Linie $y = v_1 = 0{,}525\,a$

| 0,25 | 0,3 | 0,35 | 0,4 | 0,45 | 0,5 | 0,55 | 0,6 | 0,65 | 0,8 |
|---|---|---|---|---|---|---|---|---|---|
| 0,0701 | 0,0894 | 0,1143* | 0,1483* | 0,2069* | 0,3651+ | 0,2069* | 0,1483* | 0,1143* | 0,0536 |
| 0,1325** | 0,1939* | 0,3559+ | 0,2001* | 0,1454** | 0,1143* | 0,0925 | 0,0761 | 0,0628 | 0,0321 |
| 0,1723** | 0,1214* | 0,0947* | 0,0766 | 0,0637 | 0,0536 | 0,0453 | 0,0383 | 0,0321 | 0,0169 |
| 0,3770 | 0,4314 | 0,4751 | 0,5071 | 0,5266 | 0,5332 | 0,5266 | 0,5071 | 0,4751 | 0,3134 |
| 0,0939 | 0,0894 | 0,0760 | 0,0552 | 0,0290 | 0 | — 0,0290 | — 0,0552 | — 0,0760 | — 0,0894 |
| — 0,0034 | — 0,0015 | 0,0007 | 0,0028 | 0,0043 | 0,0048 | 0,0043 | 0,0028 | 0,0007 | — 0,0046 |
| 0 | 0,0024 | 0,0039 | 0,0039 | 0,0024 | 0 | — 0,0024 | — 0,0039 | — 0,0039 | 0,0024 |
| — 0,0012 | — 0,0017 | — 0,0012 | 0 | 0,0012 | 0,0017 | 0,0012 | 0,0017 | 0,0012 | 0 |
| 0,0008 | 0,0005 | — 0,0002 | — 0,0008 | — 0,0006 | 0 | 0,0006 | 0,0008 | 0,0002 | — 0,0005 |
| 0,0011 | — 0,0005 | — 0,0015 | — 0,0009 | 0,0007 | 0,0015 | 0,0007 | — 0,0009 | — 0,0015 | 0,0014 |
| 0 | — 0,0003 | — 0,0002 | 0,0002 | 0,0003 | 0 | — 0,0003 | — 0,0002 | 0,0002 | — 0,0003 |
| — | — | — | — | — | — | — | — | — | — |
| — 0,0002 | 0 | 0,0002 | 0 | — 0,0002 | 0 | 0,0002 | 0 | — 0,0002 | 0 |
| 0,8429 | 0,9244 | 1,1177 | 0,9925 | 0,9797 | 1,0742 | 0,8466 | 0,7149 | 0,6050 | 0,3250 |
| 0,0701 | 0,0887* | 0,1119* | 0,1437* | 0,1903 | 0,2420+ | 0,1903* | 0,1437* | 0,1119* | 0,0536 |
| 0,1282* | 0,1771* | 0,2328+ | 0,1842* | 0,1402* | 0,1119* | 0,0915* | 0,0761 | 0,0628 | 0,0321 |
| 0,1559* | 0,1168* | 0,0926* | 0,0760* | 0,0637 | 0,0536 | 0,0453 | 0,0383 | 0,0321 | 0,0169 |
| + 0,0030 | + 0,0034 | + 0,0038 | + 0,0040 | + 0,0041 | + 0,0042 | + 0,0041 | + 0,0040 | + 0,0038 | + 0,0025 |
| — 0,0121 | 0,0116 | — 0,0098 | — 0,0071 | — 0,0038 | 0 | + 0,0038 | + 0,0071 | + 0,0098 | + 0,0116 |
| + 0,0010 | + 0,0004 | — 0,0002 | — 0,0008 | — 0,0013 | — 0,0014 | — 0,0013 | — 0,0008 | — 0,0002 | + 0,0014 |
| 0 | — 0,0007 | — 0,0012 | — 0,0012 | — 0,0007 | 0 | + 0,0007 | + 0,0012 | + 0,0012 | — 0,0007 |
| + 0,0006 | + 0,0009 | + 0,0006 | 0 | — 0,0006 | — 0,0009 | — 0,0006 | 0 | + 0,0006 | 0 |
| — 0,0005 | — 0,0003 | + 0,0001 | + 0,0004 | + 0,0004 | 0 | — 0,0004 | — 0,0004 | — 0,0001 | + 0,0003 |
| — 0,0007 | + 0,0003 | + 0,0009 | + 0,0006 | — 0,0004 | — 0,0010 | — 0,0004 | + 0,0006 | + 0,0009 | — 0,0009 |
| 0 | + 0,0002 | + 0,0001 | — 0,0001 | — 0,0002 | 0 | + 0,0002 | + 0,0001 | — 0,0001 | + 0,0002 |
| — | — | — | — | — | — | — | — | — | — |
| + 0,0002 | 0 | — 0,0002 | 0 | + 0,0002 | 0 | — 0,0002 | 0 | + 0,0002 | 0 |
| 0,3457 | 0,3752 | 0,4314 | 0,3997 | 0,3919 | 0,4084 | 0,3330 | 0,2701 | 0,2229 | 0,1170 |

Die Momente und die Randkraft $\bar{q}_y$ im Grundfall sind somit:
Bereich $0 \leqq y \leqq 2\,d$:

$$\left.\begin{aligned} m_x &= p\,a^2 \left\{\frac{1}{2}\frac{x}{a}\left(1-\frac{x}{a}\right) - \sum_{1,3}^{\infty} {}_j \sin j\pi\frac{x}{a}\,\frac{1}{j^3\pi^3}\,e^{-j\pi\frac{2d-y}{a}}\left(2+j\pi\frac{2\,d-y}{a}\right)\right\},\\ m_y &= p\,a^2 \sum_{1,3}^{\infty} {}_j \sin j\pi\frac{x}{a}\,\frac{1}{j^3\pi^3}\,e^{-j\pi\frac{2d-y}{a}}\cdot j\pi\frac{2\,d-y}{a},\\ \bar{q}_y &= -\,p\,a \sum_{1,3}^{\infty} {}_j \sin j\pi\frac{x}{a}\,\frac{1}{j^2\pi^2}\,e^{-j\pi\frac{2d-y}{a}}\left(3+j\pi\frac{2\,d-y}{a}\right). \end{aligned}\right\} \quad (667)$$

Tafel 71. Gleichlast $p$ auf einem Randstreifen: $\frac{2d}{a} = 0{,}25$, $v = d$.

| $j$ | | $\frac{m_x}{p a^2}$ in $\frac{y}{a} =$ 0 | 0,125 | 0,275 | 0,625 | 0,975 | 1,125 |
|---|---|---|---|---|---|---|---|
| | Trägermoment... | 0,1250 | 0,1250 | — | — | — | — |
| 1 | $\pm \pi\left(0{,}25 - \frac{y}{a}\right)$ | 0,7854 | 0,3927 | 0,0785 | 1,1781 | 2,2776 | 2,7489 |
| | $e^{-\pi\left(0{,}25 - \frac{y}{a}\right)}$ | 0,4559 | 0,6752 | 0,9245 | 0,3079 | 0,1025 | 0,0640 |
| | Grundfall... | —0,0410 | —0,0522 | +0,0620 | +0,0317 | +0,0141 | +0,0098 |
| | $\frac{p_{t1}}{p a}\frac{1}{\pi} = \frac{p_{b1}}{p a}\frac{1}{\pi} = -0{,}0235$ | —0,0172 | —0,0145 | —0,0119 | —0,0092 | —0,0119 | —0,0145 |
| | $\frac{p_{t1}}{p a}\frac{1}{\pi} = -\frac{p_{b1}}{p a}\frac{1}{\pi} = -0{,}0321$ | —0,0196 | —0,0150 | —0,0100 | 0 | +0,0100 | +0,0150 |
| | $\frac{m_{t1}}{p a^2} = \frac{m_{b1}}{p a^2} = -0{,}0036$ | +0,0011 | +0,0003 | —0,0001 | —0,0004 | —0,0001 | +0,0003 |
| | $\frac{m_{t1}}{p a^2} = -\frac{m_{b1}}{p a^2} = -0{,}0080$ | +0,0029 | +0,0014 | +0,0005 | 0 | —0,0005 | —0,0014 |
| | $j = 1$... | —0,0738 | —0,0800 | +0,0405 | +0,0221 | +0,0116 | +0,0092 |
| 3 | $\pm 3\pi\left(0{,}25 - \frac{y}{a}\right)$ | 2,356 | 1,178 | 0,236 | 2,749 | — | — |
| | $e^{-3\pi\left(0{,}25 - \frac{y}{a}\right)}$ | 0,0948 | 0,3079 | 0,7901 | 0,0640 | — | — |
| | Grundfall... | +0,0005 | +0,0012 | —0,0021 | —0,0004 | — | — |
| | $\sin\frac{3\pi}{2}\cdot\frac{p_{t3}}{p a}\frac{1}{3\pi} = 0{,}0006$ | +0,0004 | +0,0002 | +0,0001 | — | — | — |
| | $\sin\frac{3\pi}{2}\cdot m_{t3} = +0{,}0003$ | —0,0001 | — | — | — | — | — |
| | $j = 3$... | +0,0008 | +0,0014 | —0,0020 | —0,0004 | — | — |
| 5 | $j = 5$... | — | —0,0002 | +0,0005 | — | — | — |
| | $\Sigma$ | +0,0520 | +0,0462 | +0,0390 | +0,0217 | +0,0116 | +0,0092 |

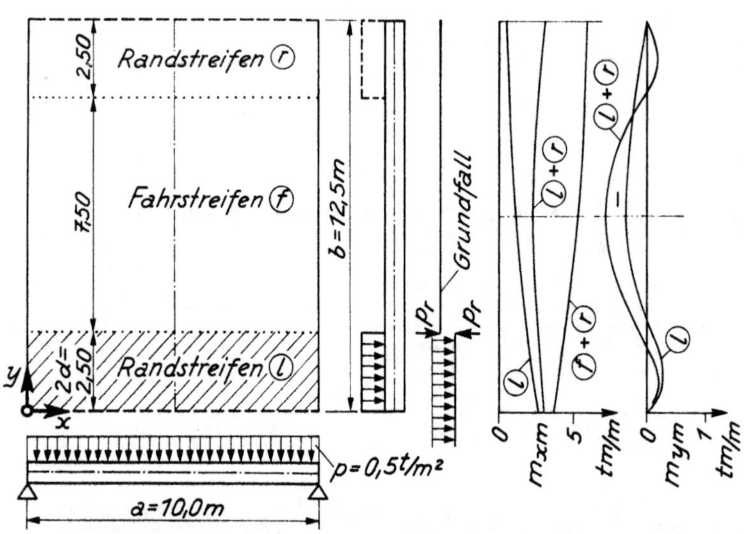


Abb. 206. Momente infolge Gleichlast am Randstreifen

Momente in Feldmitte ($x = \frac{a}{2}$)

| | $\frac{m_y}{p\,a^2}$ in $\frac{y}{a}$ = | | | | | | | $\frac{\bar{q}_{tj}}{p\,a}\,\frac{1}{j\,\pi}$ | $\frac{-\bar{q}_{bj}}{p\,a}\,\frac{1}{j\,\pi}$ |
|---|---|---|---|---|---|---|---|---|---|
| 1,250 | 0 | 0,125 | 0,275 | 0,625 | 0,975 | 1,125 | 1,250 | | |
| — | — | — | — | — | — | — | — | — | — |
| 3,1416 | — | — | — | — | — | — | — | — | — |
| 0,0432 | — | — | — | — | — | — | — | — | — |
| +0,0072 | +0,0116 | +0,0086 | —0,0023 | —0,0117 | —0,0075 | —0,0057 | —0,0044 | —0,0556 | +0,0086 |
| —0,0172 | 0 | +0,0026 | +0,0040 | +0,0045 | +0,0040 | +0,0026 | 0 | +0,0235 | +0,0235 |
| +0,0196 | 0 | +0,0021 | +0,0025 | 0 | —0,0025 | —0,0021 | 0 | +0,0321 | —0,0321 |
| +0,0011 | —0,0036 | —0,0021 | —0,0011 | —0,0003 | —0,0011 | —0,0021 | —0,0036 | — | — |
| —0,0029 | —0,0080 | —0,0047 | —0,0024 | 0 | +0,0024 | +0,0047 | +0,0080 | — | — |
| +0,0078 | 0 | +0,0065 | +0,0007 | —0,0075 | —0,0047 | —0,0026 | 0 | 0 | 0 |
| — | — | — | — | — | — | — | — | — | — |
| — | — | — | — | — | — | — | — | — | — |
| — | —0,0003 | —0,0004 | +0,0002 | +0,0002 | — | — | — | +0,0006 | — |
| — | 0 | —0,0001 | — | — | — | — | — | —0,0006 | — |
| — | +0,0003 | +0,0001 | — | — | — | — | — | — | — |
| — | 0 | —0,0004 | +0,0002 | +0,0002 | — | — | — | 0 | — |
| — | — | — | — | — | — | — | — | — | — |
| +0,0078 | 0 | +0,0061 | +0,0009 | —0,0073 | —0,0047 | —0,0026 | 0 | — | — |

Bereich $2\,d \leqq y \leqq \infty$:

$$\left.\begin{aligned} m_x &= p\,a^2 \sum_{1,3}^{\infty} j \sin j\,\pi \frac{x}{a} \frac{1}{j^3\,\pi^3}\, e^{-j\,\pi \frac{y-2\,d}{a}} \left(2 + j\,\pi \frac{y-2\,d}{a}\right), \\ m_y &= -p\,a^2 \sum_{1,3}^{\infty} j \sin j\,\pi \frac{x}{a} \frac{1}{j^3\,\pi^3}\, e^{-j\,\pi \frac{y-2\,d}{a}} \cdot j\,\pi \frac{y-2\,d}{a}, \\ -\bar{q}_y &= p\,a \sum_{1,3}^{\infty} j \sin j\,\pi \frac{x}{a} \frac{1}{j^2\,\pi^2}\, e^{-j\,\pi \frac{y-2\,d}{a}} \left(3 + j\,\pi \frac{y-2\,d}{a}\right). \end{aligned}\right\} \tag{668}$$

Linie $y = 2\,d$:

$$\left.\begin{aligned} m_x &= p\,a^2 \frac{1}{4} \frac{x}{a}\left(1 - \frac{x}{a}\right), \\ m_y &= 0. \end{aligned}\right\} \tag{669}$$

In der Tafel 71 sind zunächst die Momente und $\bar{q}_{tj}$ im Grundfall berechnet; wenn keine große Genauigkeit gefordert wird, kann man auch das Diagramm bei Fall **$F_2$ — 11** benützen. Sodann ist die Überlagerung der Zusatzfunktionen infolge der ungestützten Querränder in gleicher Weise durchgeführt wie in Tafel 64.

Die Summe aller ungeraden Reihenglieder, mit $\sin^2 j \frac{\pi}{2} = 1$ multipliziert, liefert den Momentenverlauf in der Mittellinie $x = \frac{a}{2}$. In der Abb. 206 sind diese Zahlen, mit $p\,a^2 = 0{,}5 \cdot 10{,}0^2 = 50$ tm/m vervielfacht, aufgetragen. Wenn man die Momente $m_{xm}$ von $\frac{p\,a^2}{8} = 6{,}25$ tm/m abzieht, erhält man den Verlauf von $m_{xm}$ infolge Gleichlast am Fahrstreifen und am gegenüberliegenden Randstreifen, während die Momente $m_y$ denselben Verlauf mit entgegengesetztem Vorzeichen haben. Die Belastung *beider* Randstreifen entsteht durch Überlagerung zweier zur Mittellinie $y = \frac{b}{2}$ symmetrischer Funktionen.

# Berechnungsbeispiel 9: Durchlaufende Plattenbrücke (zwei gleiche Felder)

## 1. Berechnungsgrundlagen

### 1.1. Abmessungen

Stützweiten $a_{\mathrm{I}} = a_{\mathrm{II}} = 10{,}0$ m.

Brückenbreite $b = 12{,}5$ m, davon 7,5 m Fahrbahnstreifen und beiderseits je 2,5 m Randstreifen. Jedes der beiden Felder stimmt mit der in Beispiel 8 behandelten Plattenbrücke überein.

### 1.2. Belastung

Die Lastangaben seien die gleichen wie im Beispiel 8, so daß verschiedene dort errechnete Zahlen verwendet werden können.

Die Berechnung wird nach dem im Abschnitt C.8., Fall **$D_2U_2$ — ***, beschriebenen Verfahren durchgeführt.

## 2. Näherungsrechnung

### 2.1. Vereinfachtes Verfahren

Es werden zur Brückenachse symmetrische Lastfälle behandelt. Die Randbedingungen werden nur zum Teil erfüllt, und zwar:

a) an den ungestützten Rändern des belasteten Feldes wird die Bedingung $\bar{q}_y = 0$ erfüllt, während $m_y$ außer Betracht bleibt;

b) an der Mittelstütze wird der Durchschnittswert der gegenseitigen Verdrehung, also das „0te Glied" der Reihenentwicklung, zum Verschwinden gebracht; die eigentlichen Reihenglieder $k = 2,4$ bleiben unberücksichtigt.

Die Festsetzung a) führt zu dem vereinfachten Rechnungsgang, der im Beispiel 8 unter P. 2.1. bzw. 2.2. gezeigt ist. Die Festsetzung b) besagt, daß das Stützenmoment des *Durchlaufträgers* und seine Wirkung im Feld über die Plattenbreite gleichmäßig verteilt angenommen wird.

### 2.2. Raupenfahrzeug

#### *2.2.1. Momente in Feldmitte*

Bei Stellung des Fahrzeugs im Mittelpunkt des Feldes **I** ergab die abgekürzte Berechnung im Beispiel 8 (P. 2.1.4., Abb. 202) die Momente

$$m_{xm} = 15{,}94 \text{ tm/m (in Plattenmitte)},$$

$$m_y = 5{,}78 \text{ tm/m (in Lastmitte)}.$$

Das Stützenmoment des Zweifeldträgers ist $-m_{a0} = \frac{3}{2a}(-S\beta_a)$, worin $-S\beta_a$ die Endverdrehung des belasteten Feldes bei Streifenlast ist.

Nach Fall $\boxed{\mathbf{F_2 - 2\,m}}$ ist mit $p = \frac{2P}{2c \cdot b}$:

$$-m_{a0} = \frac{3}{2a} \cdot \frac{P}{b} \cdot \frac{a^2}{6}\left[\frac{3}{4} - \left(\frac{c}{a}\right)^2\right] = \frac{1}{4} \cdot \frac{40{,}2}{1{,}25}[0{,}75 - 0{,}175^2] = 5{,}80 \text{ tm/m}.$$

Damit sind die endgültigen Momente in Feldmitte:

$$m_{xm} = 15{,}94 - \frac{5{,}80}{2} = 13{,}04 \text{ tm/m},$$

$$m_y = \phantom{1}5{,}78 \text{ tm/m (unverändert)}.$$

Die ausführliche Berechnung nach P. 3.2.1. liefert für diese Laststellung:

$$m_{xm} = 0{,}3279 \cdot 40{,}2 = 13{,}18 \text{ tm/m},$$

$$m_y = 0{,}1406 \cdot 40{,}2 = \phantom{1}5{,}65 \text{ tm/m},$$

wobei der Wert für $m_y$ bereits annähernd der größtmögliche ist.

### 2.2.2. *Größtmögliches Feldmoment* $m_x$

Bei *starrer* Einspannung des Randes $s$ (Fall $\boxed{\mathbf{SF - 2}}$) entsteht das größtmögliche Moment im Punkt $\frac{x'}{a} - 0{,}366$ bei der Laststellung $\frac{u'}{a} = 0{,}378$ (Tafel 4, S. 70).

Für die vorliegende *halbe* Einspannung des Randes $a$ erhält man mit $\frac{x}{a} = \frac{u}{a} = 0{,}43$:

$$m_{a0} = \frac{3}{2a}\frac{P}{b}\frac{a^2}{3}\frac{u}{a}\left[1 - \left(\frac{u}{a}\right)^2 - \left(\frac{c}{a}\right)^2\right] = \frac{1}{2}\frac{40{,}2}{1{,}25} \cdot 0{,}43\,[1 - 0{,}43^2 - 0{,}175^2] = 5{,}42 \text{ tm/m}$$

und $\max m_x \doteq 15{,}94 - 5{,}42 \cdot 0{,}43 = 13{,}6$ tm/m.

Hiebei ist die Verminderung des Moments in der beiderseits frei drehbar gestützten Platte infolge der außermittigen Laststellung unberücksichtigt geblieben. Die ausführliche Berechnung nach P. 3.2.1. ergibt $\max m_x = 0{,}3350 \cdot 40{,}2 = 13{,}47$ tm/m. Die Näherungsrechnung entspricht also den praktischen Anforderungen.

### 2.2.3. *Größtmögliches Stützenmoment* $-m_a$

Nach Tafel 4 bei Fall $\boxed{\mathbf{SF - 2}}$ entsteht das größtmögliche Stützenmoment bei der Laststellung $\frac{u}{a} = 0{,}568$ und beträgt $\max(-\overline{m}_{a0}) = 0{,}1837 \cdot \frac{2Pa}{b} = 0{,}1837 \cdot \frac{2 \cdot 40{,}2}{1{,}25} = 11{,}8$ tm/m.

Im Zweifeldträger ist das Stützenmoment halb so groß, also $\max(-m_{a0}) = 5{,}9$ tm/m. Der vorstehende Wert ist das 0te Glied der Reihenentwicklung.

Einen brauchbaren Näherungswert für das Stützenmoment erhält man, wenn man noch das Reihenglied $k = 2$ dazurechnet und alle weiteren Reihenglieder vernachlässigt.

Der Belastungswert ist nach Gl. (201) (S. 167)

$$B_{a2} = 2P\cos 2\pi\frac{v}{b} \cdot \frac{\sin 2\pi\frac{d}{b}}{2\pi\frac{d}{b}} \, \frac{\mathfrak{Sin}\, 2\pi\frac{c}{b}}{2\pi\frac{c}{b}} \, \frac{2\,\mathfrak{Sin}\, 2\pi\frac{u}{b}}{2\pi\,\mathfrak{Sin}\, 2\pi\frac{a}{b}} \cdot$$

$$\cdot\left[1 + 2\pi\frac{a}{b}\mathfrak{Cotg}\, 2\pi\frac{a}{b} - 2\pi\frac{u}{b}\mathfrak{Cotg}\, 2\pi\frac{u}{b} - 2\pi\frac{c}{b}\mathfrak{Cotg}\, 2\pi\frac{c}{b}\right].$$

Mit $\frac{2v}{b} = \frac{2 \cdot 5{,}0}{12{,}5} = 0{,}8$, $\frac{2d}{b} = \frac{0{,}50}{12{,}5} = 0{,}04$, $\frac{2c}{b} = \frac{3{,}50}{12{,}5} = 0{,}28$, $\frac{2u}{b} = \frac{2 \cdot 0{,}568}{1{,}25} = 0{,}91$ und $\frac{2a}{b} = \frac{2 \cdot 10{,}0}{12{,}5} = 1{,}6$ sowie $C\left(\frac{2a}{b}\right) \doteq 1$ wird

$$m_{a2} = -\frac{1}{2} B_{a2} = +\,40{,}2 \cdot 0{,}809 \cdot 0{,}997 \cdot 1{,}134 \cdot \frac{8{,}692}{\pi \cdot 76{,}20} \cdot$$
$$\cdot\,[1 + 5{,}0270 - 2{,}8777 - 1{,}2455] = 2{,}55 \text{ tm/m}.$$

Der annähernde Größtwert des Stützenmoments in Brückenachse ist somit

$$\max(-m_a) \doteq 5{,}9 + 2{,}55 = 8{,}45 \text{ tm/m}.$$

Es soll noch darauf hingewiesen werden, daß der Anteil $m_{a0}$ genau, der Anteil $m_{a2}$ hingegen wegen der Vernachlässigung von $m_{yt}$ nur annähernd richtig ist. Der genaue Wert des Stützenmoments bei dieser Laststellung ist $-m_a = 40{,}2 \cdot 0{,}2200 = 8{,}84$ tm/m, während der größtmögliche Wert bei $\frac{u}{a} \doteq 0{,}64$ auftritt und

$$\max(-m_a) = 40{,}2 \cdot 0{,}2262 = 9{,}12 \text{ tm/m}$$

ausmacht; das Näherungsverfahren würde für letztere Laststellung $-m_a = 40{,}2 \cdot 0{,}2172 = 8{,}75$ tm/m ergeben und damit praktischen Anforderungen genügen. Bei der vorliegenden großen Plattenbreite kann man als Näherung auch die Einflußfläche des Stützenmoments für den *unendlichen* Plattenstreifen (Tafel G.25) benützen und wegen der vorhandenen *halben* Einspannung nur die Hälfte der Tafelwerte nehmen.

### *2.2.4. Größte Querkraft*

Die beiden Raupenlasten werden an den Rand $a$ herangerückt. Wegen der *halben* Einspannung des Randes sind die Querkräfte das arithmetische Mittel aus den Werten für den frei drehbar gestützten und den *starr* eingespannten Rand. Es werden als Näherung die Einflußflächen F.26 bzw. G.26 für den *unendlichen* Plattenstreifen verwendet; außerdem ist für jenen Teil der Lastfläche, die an den Bezugspunkt anschließt, die Tafel F.17 heranzuziehen.

Mit $2d = 0{,}05\,a$ und der Teilbreite $2c_1 = 0{,}05\,a$, somit $\frac{c_1}{d} = 1$, ergibt sich aus Tafel F.17 der Betrag

$$-q_a = \frac{0{,}551 + 0{,}807}{2} \cdot \frac{P}{7 \cdot 0{,}05\,a} = 1{,}94\,\frac{P}{a}.$$

Für die weiteren Teillasten sind die Einflußwerte unter $\frac{y-v}{a} = 0$ und $\frac{y-v}{a} = 0{,}25$; $\frac{u'}{a} = 0{,}1,\ 0{,}2,\ 0{,}3$ zusammenzuzählen:

$$-q_a = \frac{1}{2}(3{,}16 + 1{,}54 + 0{,}98 + 0{,}45 + 0{,}59 + 0{,}55 +$$
$$+\,6{,}36 + 3{,}14 + 2{,}05 + 0{,}15 + 0{,}52 + 0{,}71)\,\frac{P}{3{,}5\,a} = 2{,}88\,\frac{P}{a}.$$

Die Querkraft in der Mittellinie des einen Lastrechtecks ist somit:

$$-q_a = 4{,}82 \cdot \frac{40{,}2}{10{,}0} = 19{,}4 \text{ t/m}.$$

## 2.3. Schwerlastwagen

### *2.3.1. Momente in Feldmitte*

Bei Stellung des Fahrzeugs im Mittelpunkt des Feldes I ergab die Berechnung im Beispiel 8 (P. 2.2.3.) für den Lastmittelpunkt die Momente

$$m_x = 16{,}22 \text{ tm/m},$$
$$m_y = 6{,}16 \text{ tm/m}.$$

Das Stützenmoment des Zweifeldträgers infolge dreier symmetrisch zur Mitte stehender Linienlasten $\frac{2P}{b}$ ist:

$$-m_{a0} = \frac{1}{4} \cdot \frac{2P}{b} \cdot a \left[\frac{3}{8} + 3\frac{u_1}{a}\left(1 - \frac{u_1}{a}\right)\right] = \frac{13,4}{2 \cdot 1,25}\,[0,375 + 3 \cdot 0,35 \cdot 0,65] = 5,67 \text{ tm/m}.$$

Damit sind die endgültigen Momente im Lastmittelpunkt ($x = \frac{a}{2}$):

$$m_x = 16,22 - \frac{5,67}{2} = 13,39 \text{ tm/m},$$
$$m_y = \quad 6,16 \text{ tm/m (unverändert)}.$$

Für $m_y$ ist diese Laststellung bereits annähernd die ungünstigste.

### 2.3.2. *Größtmögliches Feldmoment* $m_x$

Drei Einzellasten mit den Abständen $0,15\,a$ erzeugen in einem Zweifeldträger das größte Feldmoment bei einer Laststellung $\frac{u_2}{a} \doteq 0,42$ (durch Probieren gefunden).

Das zugehörige Stützenmoment ist

$$-m_{a0} = \frac{1}{4} \cdot \frac{2P}{b} a\,[0,27 \cdot 0,73 \cdot 1,27 + 0,42 \cdot 0,58 \cdot 1,42 + $$
$$+ 0,57 \cdot 0,43 \cdot 1,57] = \frac{13,4}{2 \cdot 1,25} \cdot 0,9810 = 5,25 \text{ tm/m}$$

und damit das Feldmoment

$$\max m_x = 16,22 - 5,25 \cdot 0,42 = 14,0 \text{ tm/m},$$

wobei die Verminderung des Momentes in der beiderseits frei drehbar gestützten Platte infolge der außermittigen Laststellung unberücksichtigt geblieben ist.

Die ausführliche Berechnung nach P. 3.3.1. ergibt für die Laststellung $\frac{u_2}{a} = 0,425$ das Moment

$$m_x = 13,4 \cdot 1,027 - 13,77 \text{ tm/m}.$$

Das Näherungsverfahren erfüllt somit die praktischen Anforderungen.

### 2.3.3. *Größtmögliches Stützenmoment* $-m_a$

Drei Einzellasten mit den Abständen $0,15\,a$ erzeugen im Zweifeldträger das größte Stützenmoment bei der Laststellung $\frac{u_2}{a} = 0,565$ (durch Probieren gefunden); es beträgt

$$-m_{a0} = \frac{1}{4} \cdot \frac{2P}{b} a\,[0,415 \cdot 0,585 \cdot 1,415 + 0,565 \cdot 0,435 \cdot 1,565 + $$
$$+ 0,715 \cdot 0,285 \cdot 1,715] = \frac{13,4}{2 \cdot 1,25} \cdot 1,0776 = 5,78 \text{ tm/m}.$$

Der vorstehende Wert ist das 0te Glied der Reihenentwicklung. Man erhält einen brauchbaren Näherungswert für das Stützenmoment, wenn man noch das Reihenglied $k = 2$ hinzurechnet und alle weiteren Glieder vernachlässigt. Der Belastungswert für zwei Punktlasten ist nach Gl. (198) mit $k = 2$

$$B_{a2} = 2P \cos 2\pi\frac{v}{b} \cdot \frac{2 \operatorname{Sin} 2\pi\frac{u}{b}}{2\pi \operatorname{Sin} 2\pi\frac{a}{b}} \left[2\pi\frac{a}{b}\operatorname{Cotg} 2\pi\frac{a}{b} - 2\pi\frac{u}{b}\operatorname{Cotg} 2\pi\frac{u}{b}\right] \tag{670}$$

oder mit $\frac{2a}{b} \doteq \infty$

$$B_{a2} = 2P \cos 2\pi\frac{v}{b} \cdot 2\frac{a-u}{b} \cdot e^{-2\pi \cdot \frac{a-u}{b}}. \tag{670'}$$

Mit $\frac{2v}{b} = \frac{2 \cdot 5{,}25}{12{,}5} = 0{,}84$, $\frac{u_1}{a} = 0{,}415$, $\frac{u_2}{a} = 0{,}565$, $\frac{u_3}{a} = 0{,}715$ wird

$$+ m_{a2} = -\frac{1}{2} B_{a2} = +13{,}4 \cdot 0{,}876\,[0{,}935 \cdot 0{,}053 + 0{,}695 \cdot 0{,}113 + 0{,}455 \cdot 0{,}243] = +2{,}80 \text{ tm/m}.$$

Das Stützenmoment in Brückenachse ist somit bei dieser Laststellung:

$$- m_a \doteq 5{,}78 + 2{,}80 = 8{,}6 \text{ tm/m}.$$

Der Anteil $m_{a0}$ ist genau, der Anteil $m_{a2}$ hingegen wegen der Vernachlässigung von $m_{yt}$ nur annähernd richtig.

Für die Laststellung $\frac{u_1}{a} = 0{,}5$, $\frac{u_2}{a} = 0{,}65$, $\frac{u_3}{a} = 0{,}8$ erhält man auf dem gleichen Wege

$$- m_a = 8{,}82 \text{ tm/m}.$$

Die ausführliche Berechnung nach P. 3.3.1. ergibt

$$- m_a = 13{,}4 \cdot 0{,}700 = 9{,}38 \text{ tm/m}.$$

Bei der vorliegenden großen Plattenbreite kann man als Näherung auch die Einflußfläche des Stützenmoments für den *unendlichen Plattenstreifen* (Tafel G.25) benützen und wegen der vorhandenen *halben* Einspannung die Hälfte der Tafelwerte nehmen. Für die gleiche Laststellung wie vor, die sich als die ungünstigste erweist, erhält man so den Wert

$$- m_{a0} = 13{,}4 \cdot 0{,}674 = 9{,}03 \text{ tm/m}.$$

### *2.3.4. Größte Querkraft*

Das erste Radpaar wird an den Rand $a$ herangeschoben. Wegen der *halben* Einspannung des Randes sind die Querkräfte das arithmetische Mittel aus den Werten für den frei drehbar gestützten und den *starr* eingespannten Rand. Es werden als Näherung die Einflußflächen F.26 bzw. G.26 für den *unendlichen* Plattenstreifen verwendet; außerdem ist für die an den Bezugspunkt anschließende Last die Tafel F.17 heranzuziehen. Mit $2d = 0{,}06\,a$ und $2c = 0{,}02\,a$, somit $\frac{c}{d} = 0{,}33$, ergibt sich aus Tafel F.17 der Beitrag

$$- q_a = \frac{0{,}803 + 0{,}974}{2} \cdot \frac{P}{0{,}06\,a} = 14{,}80 \frac{P}{a}.$$

Für die weiteren Lasten sind die Einflußwerte unter $\frac{y-v}{a} = 0$ und $0{,}2$; $\frac{u'}{a} = 0{,}15$ und $0{,}30$ zusammenzuzählen:

$$- q_a = \frac{1}{2}\,[2{,}35 + 0{,}98 + 0{,}68 + 0{,}66 + 4{,}75 + 2{,}05 + 0{,}50 + 0{,}95] \frac{P}{a} = 6{,}46 \frac{P}{a}.$$

Die Querkraft in der Mittellinie der einen Lastreihe ist somit:

$$- q_a = 21{,}26 \cdot \frac{13{,}4}{10{,}0} = 28{,}5 \text{ t/m}.$$

## 2.4. LKW am ungestützten Rand

### *2.4.1. Feldmoment $m_x$ am Rand*

Nach Beispiel 8, P. 2.3., ist mit der dort dargestellten Laststellung (Abb. 203) der Beitrag der im Bezugspunkt stehenden Last

$$m_{xtm} = P \cdot 0{,}8110.$$

Wegen der *halben* Einspannung eines Längsrandes gilt für die Einflußfläche von $m_{xtm}$ das *Mittel* aus Tafel O.1 und P.1; daher ist die Abminderung für eine Last mit kleiner Fläche im Bezugspunkt (siehe Anmerkung unter Tafel P.1):

$$\Delta m_{xtm} = P \cdot \frac{0{,}1126}{2} = P \cdot 0{,}0563.$$

Bei Einspannung des Randes $a$ ist die Einflußfläche nach Tafel P.1, die für Einspannung des Randes $s$ gilt, umzudrehen. So erhält man

$$\begin{aligned} 10{,}0 \cdot (0{,}8110 - 0{,}0563) &\quad 7{,}55 \text{ tm/m} \\ 10{,}0 \cdot \tfrac{1}{2}(0{,}3520 + 0{,}2497) &\quad 3{,}02 \text{ tm/m} \\ 6{,}7 \cdot \tfrac{1}{2}(0{,}1430 + 0{,}0874) &\quad 0{,}77 \text{ tm/m} \\ 6{,}7 \cdot \tfrac{1}{2}(0{,}1370 + 0{,}0866) &\quad 0{,}75 \text{ tm/m} \\ \hline m_{xtm} &= 12{,}09 \text{ tm/m} \end{aligned}$$

In gleicher Weise ergibt sich das Moment $m_{xt}$ im Punkt $\frac{x}{a} = 0{,}4$ unter Verwendung der Tafeln O.2 und P.2:

$$\begin{aligned} 10{,}0 \cdot \left(0{,}8110 - \tfrac{8}{3} \cdot 0{,}0040 - \tfrac{1}{2} \cdot 0{,}0742\right) &\quad 7{,}63 \text{ tm/m} \\ 10{,}0 \cdot \tfrac{1}{2}(0{,}3413 + 0{,}2728) &\quad 3{,}07 \text{ tm/m} \\ 6{,}7 \cdot \tfrac{1}{2}(0{,}1649 + 0{,}0825) &\quad 0{,}83 \text{ tm/m} \\ 6{,}7 \cdot \tfrac{1}{2}(0{,}1588 + 0{,}0821) &\quad 0{,}81 \text{ tm/m} \\ \hline m_{xt} &= 12{,}34 \text{ tm/m} \end{aligned}$$

In vorstehenden Berechnungen wurde der Einfluß des Querrandes $y = b$ vernachlässigt, indem die Tafeln für $b = \infty$ verwendet wurden. Der Fehler ist gering.

### *2.4.2. Stützenmoment am Rand*

Das Stützenmoment besitzt im Randpunkt eine unendliche Spitze. Für eine praktische Berechnung liefert die Einflußfläche nach Tafel P.3 den Durchschnittswert des Stützenmoments in einem Bereich von der Breite $0{,}1\,a = 1{,}0$ m bei starrer Einspannung des Randes. Bei der hier vorliegenden halben Einspannung gilt die *Hälfte* der Tafelwerte; da der Rand $a$ eingespannt ist, muß die Einflußfläche umgedreht werden.

Unter Vernachlässigung der Verteilungsbreiten erhält man für die Laststellung $u_1 = 0{,}8\,a$, $u_2 = 0{,}5\,a$

$$-[m_a] = 10{,}0 \cdot \frac{1}{2}(0{,}741 + 0{,}284) + 6{,}7 \cdot \frac{1}{2}(0{,}629 + 0{,}371) = 8{,}5 \text{ tm/m}.$$

Die Tafel P.3 gilt für $b = \infty$. Da in der Linie $\frac{v}{a} = 1{,}25$, dem gegenüberliegenden Querrand, die Einflußwerte bereits klein sind, gilt die Tafel praktisch unverändert auch für $\frac{b}{a} = 1{,}25$.

## 2.5. Gleichlast $p = 0{,}5$ t/m²

### *2.5.1. Gleichlast auf beiden Randstreifen von je 2,5 m Breite in einem Brückenfeld*

Wenn man für die Momente $m_x$ in der Brückenachse $(y = \frac{b}{2})$ als Näherung die Durchschnittswerte über die Brückenbreite verwendet, gelten die für den Zweifeldträger bekannten Zahlen; der Größtwert von $m_x$ tritt im Punkt $\frac{x}{a} = 0{,}4375$ auf und beträgt:

$$\max[m_x] = 0{,}5 \cdot \frac{5{,}0}{12{,}5} \cdot 10{,}0^2 \cdot 0{,}0957 = 1{,}91 \text{ tm/m}.$$

Der genaue Wert in der Brückenachse nach P. 3.4.1. beträgt

$$m_x = 0{,}5 \cdot 10{,}0^2 \cdot 0{,}0316 = 1{,}58 \text{ tm/m}.$$

*2.5.2. Moment $m_{xt}$ am Rand infolge Gleichlast am Fahrstreifen und am gegenüberliegenden Randstreifen*

Im Beispiel 8, P. 2.4.2., wurde für den Punkt $\frac{x}{a} = 0{,}4$ der Wert

$$m_{xt} = 3{,}50 \text{ tm/m}$$

erhalten.

Die Abminderung infolge der Einspannung hat den Durchschnittswert

$$\Delta[m_x] = 0{,}5 \cdot \frac{10{,}0}{12{,}5} \cdot 10{,}0^2 \cdot 0{,}4 \cdot 0{,}0625 = 1{,}0 \text{ tm/m},$$

daher

$$m_{xt} = 2{,}50 \text{ tm/m}.$$

Der Wert für $\frac{x}{a} = 0{,}425$ nach P. 3.4.2. beträgt

$$\max m_{xt} = 0{,}5 \cdot 10{,}0^2 \cdot 0{,}0519 = 2{,}60 \text{ tm/m}.$$

## 3. Ausführliche Berechnung

### 3.1. Zusatzfunktionen und Gleichungssysteme für die Reihenkoeffizienten derselben

Für sämtliche Lastfälle werden folgende Zusatzfunktionen benötigt:

a) Momente infolge von Momentangriffen $m_{tj} \sin j\pi \frac{x}{a}$ an den Querrändern,

Fall **F₂U₂—200** und **F₂UF—00**.

Diese wurden im Beispiel 8, Tafeln 59 bis 61, berechnet und hier in Tafel 72 neuerlich zusammengestellt.

b) Momente infolge von Momentangriffen $m_{ak} \cos k\pi \frac{y}{b}$ am Rand $a$, Fall **F₄—0a**. Die Tafel 73 enthält die Zahlen für $k = 1$ und $k = 2$; für die höheren Reihenglieder kann die für den unendlichen Halbstreifen geltende Tafel K.1 verwendet werden, wobei die Werte $k\frac{a-x}{b}$ an Stelle von $j\frac{y}{a}$ einzuführen sind.

Die Reihenkoeffizienten der zur Brückenachse symmetrischen Randmomentangriffe $\hat{m}_{Ij}$, $\hat{m}_{IIj}$ mit $j = 1, 2, \ldots$ und $m_{ak}$ mit $k = 2, 4, \ldots$ einerseits und der antisymmetrischen Angriffe $\widehat{\widehat{m}}_{Ij}$, $\widehat{\widehat{m}}_{IIj}$ und $m_{ak}$ mit $k = 1, 3, \ldots$ anderseits sind aus zwei getrennten Gleichungssystemen zu berechnen. Das gleichmäßig verteilte Stützenmoment $m_{a0}$ (Reihenglied $k = 0$) wird gesondert ermittelt. Bei Belastung des Feldes I allein entstehen im Grundfall **F₂V₂—*** Momente $m_{yt}$ und $m_{yb}$ an den Querrändern, deren symmetrischer bzw. antisymmetrischer Anteil $\sum_{1,2} \sum_j \hat{M}_{Ij} \sin j\pi \frac{x}{a}$ bzw. $\sum_{1,2} \sum_j \widehat{\widehat{M}}_{Ij} \sin j\pi \frac{x}{a}$ sind. Darin ist $\hat{M}_{Ij} = \frac{m_{ytj} + m_{ybj}}{2}$ und $\widehat{\widehat{M}}_{Ij} = \frac{m_{ytj} - m_{ybj}}{2}$.

Tafel 72. Momente infolge gleicher Randmomentangriffe

$$m_{tj} \sin j\,\pi \frac{x}{a} = m_{bj} \sin j\,\pi \frac{x}{a} = \hat{m}_j \sin j\,\pi \frac{x}{a}$$

und infolge gegengleicher Randmomentangriffe

$$m_{tj} \sin j\,\pi \frac{x}{a} = -\,m_{bj} \sin j\,\pi \frac{x}{a} = \check{m}_j \sin j\,\pi \frac{x}{a}$$

| $j$ | | $\frac{y}{a}$: 0 | 0,275 | 0,375 | 0,525 | 0,625 | Faktor |
|---|---|---|---|---|---|---|---|
| 1 | $m_x$ | — 0,2972 | + 0,0262 | + 0,0674 | + 0,0961 | + 0,1008 | $\hat{m}_1 \sin \pi \frac{x}{a}$ |
| | $m_y$ | + 1,0000 | + 0,2967 | + 0,1886 | + 0,1070 | + 0,0927 | |
| 2 | $m_x$ | — 0,3320 | + 0,0471 | + 0,0492 | + 0,0408 | + 0,0386 | $\hat{m}_2 \sin 2\,\pi \frac{x}{a}$ |
| | $m_y$ | + 1,0000 | + 0,0730 | + 0,0169 | — 0,0092 | — 0,0122 | |
| 1 | $m_x$ | — 0,3663 | — 0,0589 | — 0,0244 | — 0,0042 | 0 | $\check{m}_1 \sin \pi \frac{x}{a}$ |
| | $m_y$ | + 1,0000 | + 0,3008 | + 0,1824 | + 0,0622 | 0 | |
| 2 | $m_x$ | — 0,3348 | + 0,0392 | + 0,0365 | + 0,0158 | 0 | $\check{m}_2 \sin 2\,\pi \frac{x}{a}$ |
| | $m_y$ | + 1,0000 | + 0,0776 | + 0,0238 | + 0,0018 | 0 | |

Tafel 73. Momente infolge Randmomentangriff $m_{ak} \cos k\,\pi \frac{y}{b}$

$$m_x = m_{a\,k} \cos k\,\pi \frac{y}{b} \cdot \frac{\mathfrak{Sin}\, k\,\pi \frac{x}{b}}{2\,\mathfrak{Sin}\, k\,\pi \frac{a}{b}} \left[2 - k\,\pi \frac{a}{b}\,\mathfrak{Cotg}\, k\,\pi \frac{a}{b} + k\,\pi \frac{x}{b}\,\mathfrak{Cotg}\, k\,\pi \frac{x}{b}\right],$$

$$m_y = m_{a\,k} \cos k\,\pi \frac{y}{b} \cdot \frac{\mathfrak{Sin}\, k\,\pi \frac{x}{b}}{2\,\mathfrak{Sin}\, k\,\pi \frac{a}{b}} \left[k\,\pi \frac{a}{b}\,\mathfrak{Cotg}\, k\,\pi \frac{a}{b} - k\,\pi \frac{x}{b}\,\mathfrak{Cotg}\, k\,\pi \frac{x}{b}\right]$$

| $k$ | | $\frac{x}{a} =$ 0,2 | 0,275 | 0,35 | 0,425 | 0,5 | 0,575 | 0,7 | 1,0 | Faktor |
|---|---|---|---|---|---|---|---|---|---|---|
| 1 | $m_x$ | 0,0229 | 0,0370 | 0,0569 | 0,0845 | 0,1226 | 0,1778 | 0,3033 | 1,0000 | $m_{a1} \cos \pi \frac{y}{b}$ |
| | $m_y$ | 0,0626 | 0,0849 | 0,1059 | 0,1248 | 0,1406 | 0,1548 | 0,1562 | 0 | |
| 2 | $m_x$ | —0,0127 | —0,0179 | —0,0215 | —0,0228 | —0,0193 | —0,0070 | 0,0551 | 1,0000 | $m_{a2} \cos 2\,\pi \frac{y}{b}$ |
| | $m_y$ | 0,0282 | 0,0424 | 0,0585 | 0,0776 | 0,0998 | 0,1247 | 0,1662 | 0 | |

An den Querrändern des Feldes II sind im Grundfall keine Momente vorhanden. Die Randverdrehungen des Feldes I am Rand $a$ im Grundfall sind durch die Werte $B_{a\,k}$ mit $k = 2, 4, \ldots$ bzw. $k = 1, 3, \ldots$ gegeben. Damit lauten die Gleichungen für die symmetrischen Zusatzfunktionen:

$$\left.\begin{aligned} m_{a\,k} \cdot 2\,C\left(\frac{k\,a}{b}\right) - \sum_{1,2} {}_j (-\cos j\,\pi)\,\hat{m}_{\mathrm{I}\,j}\,J\left(\frac{j\,b}{k\,a}\right) - \sum_{1,2} {}_j\,\hat{m}_{\mathrm{II}\,j}\,J\left(\frac{j\,b}{k\,a}\right) + B_{a\,k} = 0,\\ \hat{m}_{\mathrm{I}\,j} - \cos j\,\pi \sum_{2,4} {}_k\,m_{a\,k} \frac{1}{2j} H\left(\frac{j\,b}{k\,a}\right) + \hat{M}_{\mathrm{I}\,j} = 0,\\ \hat{m}_{\mathrm{II}\,j} + \sum_{2,4} {}_k\,m_{a\,k} \frac{1}{2j} H\left(\frac{j\,b}{k\,a}\right) = 0. \end{aligned}\right\} \quad (671)$$

Die 1. Gleichung ist für $k = 2, 4, \ldots$ aufzustellen; im vorliegenden Beispiel wurden die Reihenglieder bis $k = 16$ ermittelt. Die 2. und 3. Gleichung wurde für $j = 1, 2, 3$ und $4$ ausgewertet.

Von den Beiwerten ist $C\left(\frac{k\,a}{b}\right) = \mathfrak{Cotg}\, k\,\pi\,\frac{a}{b} - \dfrac{k\,\pi\,\frac{a}{b}}{\mathfrak{Sin}^2 k\,\pi\,\frac{a}{b}}$ aus Tafel D.2 zu entnehmen;

mit $k = 2$ ist $2\,\frac{a}{b} = 1{,}6$ und damit $C\,(1{,}6) = 0{,}9992$; für $k = 4, 6$ ist $C\left(\frac{k\,a}{b}\right) \doteq 1$.

Ferner ist

$$\left.\begin{aligned} \frac{1}{2j}\,H\left(\frac{j\,b}{k\,a}\right) &= \frac{2}{j\,\pi\left(\frac{j\,b}{k\,a} + \frac{k\,a}{j\,b}\right)^2} \\ \text{und}\qquad J\left(\frac{j\,b}{k\,a}\right) &= \frac{16\,k}{\pi\,j^2\left(\frac{b}{a}\right)^2\left(\frac{j\,b}{k\,a} + \frac{k\,a}{j\,b}\right)^2\left(3\,\mathfrak{Cotg}\,j\,\pi\,\frac{b}{2\,a} - \dfrac{j\,\pi\,\frac{b}{2\,a}}{\mathfrak{Sin}^2\,j\,\pi\,\frac{b}{2\,a}}\right)}. \end{aligned}\right\} \tag{672}$$

Die Zahlenwerte sind in der Tafel 74 zusammengestellt.

Die Gleichungen für die antisymmetrischen Zusatzfunktionen lauten:

$$\left.\begin{aligned} m_{a\,k}\,2\,C\left(\frac{k\,a}{b}\right) - \sum_{1,2}{}_j\,(-\cos j\,\pi)\,\widehat{m}_{\mathrm{I}\,j}\,L\left(\frac{j\,b}{k\,a}\right) - \sum_{1,2}{}_j\,\widehat{m}_{\mathrm{II}\,j}\,L\left(\frac{j\,b}{k\,a}\right) + B_{a\,k} &= 0, \\ \widehat{m}_{\mathrm{I}\,j} - \cos j\,\pi \sum_{1,3}{}_k\,m_{a\,k}\,\frac{1}{2j}\,H\left(\frac{j\,b}{k\,a}\right) + \widehat{M}_{\mathrm{I}\,j} &= 0, \\ \widehat{m}_{\mathrm{II}\,j} + \sum_{1,3}{}_k\,m_{a\,k}\,\frac{1}{2j}\,H\left(\frac{j\,b}{k\,a}\right) &= 0. \end{aligned}\right\} \tag{673}$$

Die 1. Gleichung wurde für $k = 1, 3, \ldots$ bis $k = 15$ ausgewertet, die beiden übrigen wieder für $j = 1, 2, 3, 4$.

Der Beiwert $C\left(\frac{k\,a}{b}\right)$ mit $k = 1$ ist aus Tafel D.1:

$$C\left(\frac{a}{b}\right) = 0{,}9464, \text{ alle weiteren sind } C\left(\frac{k\,a}{b}\right) \doteq 1.$$

Für $\frac{1}{2j}\,H\left(\frac{j\,b}{k\,a}\right)$ gilt die gleiche Formel wie bei den symmetrischen Zusatzfunktionen; schließlich ist

$$L\left(\frac{j\,b}{k\,a}\right) = \frac{16\,k}{\pi\,j^2\left(\frac{b}{a}\right)^2\left(\frac{j\,b}{k\,a} + \frac{k\,a}{j\,b}\right)^2\left(3\,\mathfrak{Tg}\,j\,\pi\,\frac{b}{2\,a} + \dfrac{j\,\pi\,\frac{b}{2\,a}}{\mathfrak{Cof}^2\,j\,\pi\,\frac{b}{2\,a}}\right)}. \tag{674}$$

Die Zahlenwerte sind aus Tafel 75 zu ersehen.

Die Auflösung der Gleichungssysteme geht durch Iteration ziemlich rasch, da nur ein oder zwei Reihenglieder ausschlaggebende Beiträge liefern.

## 3.2. Raupenfahrzeug

### *3.2.1. Raupenfahrzeug in Brückenachse*

*3.2.1.1. Momente im Grundfall.* Es gelten die Formeln nach Fall **$F_2V_2$ — 212** mit $\frac{v}{a} = 0{,}5$, getrennt für die Bereiche $0 \leqq y \leqq v - d$, $v - d \leqq y \leqq v + d$ und $v + d \leqq y \leqq \frac{b}{2}$.

Die Tafel 76 enthält die Werte der Reihenglieder $j = 1$ bis $10$ in Abhängigkeit von $\frac{y}{a}$, die jeweils mit $P \sin j\,\pi\,\frac{x}{a} \sin j\,\pi\,\frac{u}{a}$ zu multiplizieren sind.

Tafel 74. Beiwerte für symmetrische Zusatzfunktionen

| $j$ | | $k =$ 2 | 4 | 6 | 8 | 10 | 12 | 14 | 16 |
|---|---|---|---|---|---|---|---|---|---|
| 1 | $\frac{1}{2} H\left(\frac{b}{k\,a}\right)$ | 0,1287 | 0,0516 | 0,0254 | 0,0148 | 0,0097 | 0,0068 | 0,0050 | 0,0038 |
| | $J\left(\frac{b}{k\,a}\right)$ | 0,446 | 0,357 | 0,264 | 0,205 | 0,167 | 0,141 | 0,121 | 0,106 |
| 2 | $\frac{1}{4} H\left(\frac{2\,b}{k\,a}\right)$ | 0,0758 | 0,0644 | 0,0401 | 0,0258 | 0,0176 | 0,0127 | 0,0095 | 0,0074 |
| | $J\left(\frac{2\,b}{k\,a}\right)$ | 0,130 | 0,220 | 0,205 | 0,176 | 0,151 | 0,130 | 0,114 | 0,101 |
| 3 | $\frac{1}{6} H\left(\frac{3\,b}{k\,a}\right)$ | 0,0366 | 0,0528 | 0,0429 | 0,0314 | 0,0229 | 0,0172 | 0,0133 | 0,0105 |
| | $J\left(\frac{3\,b}{k\,a}\right)$ | 0,042 | 0,120 | 0,147 | 0,143 | 0,130 | 0,118 | 0,106 | 0,095 |
| 4 | $\frac{1}{8} H\left(\frac{4\,b}{k\,a}\right)$ | 0,0189 | 0,0378 | 0,0385 | 0,0322 | 0,0255 | 0,0201 | 0,0160 | 0,0129 |
| | $J\left(\frac{4\,b}{k\,a}\right)$ | 0,016 | 0,064 | 0,098 | 0,109 | 0,108 | 0,103 | 0,096 | 0,088 |

Tafel 75. Beiwerte für antisymmetrische Zusatzfunktionen

| $j$ | | $k =$ 1 | 3 | 5 | 7 | 9 | 11 | 13 | 15 |
|---|---|---|---|---|---|---|---|---|---|
| 1 | $\frac{1}{2} H\left(\frac{b}{k\,a}\right)$ | 0,1515 | 0,0802 | 0,0352 | 0,0191 | 0,0118 | 0,0080 | 0,0058 | 0,0044 |
| | $L\left(\frac{b}{k\,a}\right)$ | 0,256 | 0,406 | 0,297 | 0,225 | 0,179 | 0,149 | 0,127 | 0,110 |
| 2 | $\frac{1}{4} H\left(\frac{2\,b}{k\,a}\right)$ | 0,0378 | 0,0736 | 0,0510 | 0,0320 | 0,0212 | 0,0149 | 0,0110 | 0,0084 |
| | $L\left(\frac{2\,b}{k\,a}\right)$ | 0,032 | 0,188 | 0,217 | 0,191 | 0,163 | 0,140 | 0,121 | 0,107 |
| 3 | $\frac{1}{6} H\left(\frac{3\,b}{k\,a}\right)$ | 0,0132 | 0,0505 | 0,0489 | 0,0368 | 0,0268 | 0,0198 | 0,0151 | 0,0118 |
| | $L\left(\frac{3\,b}{k\,a}\right)$ | 0,008 | 0,086 | 0,139 | 0,147 | 0,137 | 0,124 | 0,112 | 0,101 |
| 4 | $\frac{1}{8} H\left(\frac{4\,b}{k\,a}\right)$ | 0,0059 | 0,0310 | 0,0398 | 0,0356 | 0,0287 | 0,0226 | 0,0179 | 0,0143 |
| | $L\left(\frac{4\,b}{k\,a}\right)$ | 0,003 | 0,040 | 0,085 | 0,106 | 0,110 | 0,106 | 0,099 | 0,091 |

In der Lastmittellinie $y = v$ kommt bei $m_x$ noch das Trägermoment $\mathfrak{M}$ hinzu (Formeln siehe Beispiel 8).

Im folgenden wird die Laststellung $\frac{u}{a} = 0{,}43125$ oder $\frac{u}{b} = 0{,}345$ untersucht. Bei dieser Laststellung entsteht im Punkt $x = 0{,}425\,a$ $y = 0{,}625\,a$, also in der Brückenachse, das größtmögliche Feldmoment.

Tafel 76. Raupenfahrzeug in Brückenachse. Momente im Grundfall $\boxed{F_2V_2 - 212}$,

Reihenglieder $j = 1$ bis 10. Faktor $P \sin j\pi \frac{x}{a} \sin j\pi \frac{u}{a}$

| $j$ | $m_x$ in $\frac{y}{a}$ = | | | | $m_y$ in $\frac{y}{a}$ = | | | |
|---|---|---|---|---|---|---|---|---|
| | 0 | 0,250 | 0,500 | 0,625 | 0 | 0,250 | 0,500 | 0,625 |
| — | — | — | 𝔐 | — | — | — | — | — |
| 1 | + 0,2705 | + 0,2944 | — 3,5111 | + 0,3473 | — 0,0835 | — 0,0468 | + 0,1164 | + 0,0868 |
| 2 | + 0,0298 | + 0,0502 | — 0,7209 | + 0,1061 | — 0,0163 | — 0,0164 | + 0,0465 | + 0,0123 |
| 3 | + 0,0038 | + 0,0121 | — 0,2299 | + 0,0431 | — 0,0025 | — 0,0054 | + 0,0213 | — 0,0032 |
| 4 | + 0,0004 | + 0,0028 | — 0,0762 | + 0,0157 | — 0,0003 | — 0,0015 | + 0,0093 | — 0,0033 |
| 5 | — | + 0,0005 | — 0,0177 | + 0,0037 | — | — 0,0003 | + 0,0027 | — 0,0012 |
| 6 | — | — | + 0,0040 | — 0,0008 | — | — | — 0,0008 | + 0,0003 |
| 7 | — | — | + 0,0103 | — 0,0019 | — | — | — 0,0022 | + 0,0008 |
| 8 | — | — | + 0,0100 | — 0,0016 | — | — | — 0,0023 | + 0,0008 |
| 9 | — | — | + 0,0066 | — 0,0010 | — | — | — 0,0017 | + 0,0005 |
| 10 | — | — | + 0,0033 | — 0,0004 | — | — | — 0,0009 | + 0,0002 |

*3.2.1.2. Zusatzfunktionen.* Wegen der zur Brückenachse symmetrischen Lastanordnung kommen nur die symmetrischen Zusatzfunktionen zur Anwendung.

Das gleichmäßig verteilte Stützenmoment am Rand $a$ (Reihenglied $k = 0$) ist

$$-m_{a0} = P \frac{a}{2b} \frac{u}{a} \left[1 - \left(\frac{u}{a}\right)^2 - \left(\frac{c}{a}\right)^2\right] = P \frac{0{,}43125}{2{,}5} [1 - 0{,}43125^2 - 0{,}175^2] = P \cdot 0{,}1352.$$

Die Zahlen für $m_y$ in $y = 0$ aus der Tafel 76 ergeben, mit $P \sin j\pi \frac{u}{a}$ multipliziert, die Werte $\widehat{M}_{\mathrm{I}j}$, die zur Berechnung der Koeffizienten $\widehat{m}_{\mathrm{I}j}$ benötigt werden; sie betragen

$$\widehat{M}_{\mathrm{I}1} = -\,0{,}0835 \cdot 0{,}9768\, P = -\,0{,}0814\, P,$$
$$\widehat{M}_{\mathrm{I}2} = -\,0{,}0163 \cdot 0{,}4187\, P = -\,0{,}0068\, P,$$
$$\widehat{M}_{\mathrm{I}3} = -\,0{,}0025\,(-\,0{,}7973)\, P = +\,0{,}0020\, P,$$
$$\widehat{M}_{\mathrm{I}4} = -\,0{,}0003\,(-\,0{,}7604)\, P = +\,0{,}0002\, P.$$

Die Randverdrehungswerte am Rand $a$ sind ($k = 2, 4, \ldots$):

$$B_{a\,k} = P \cdot 4 \cos k\pi \frac{v}{b} \frac{\sin k\pi \frac{d}{b}}{k\pi \frac{d}{b}} \frac{\mathfrak{Sin}\, k\pi \frac{c}{b}}{k\pi \frac{c}{b}} \frac{\mathfrak{Sin}\, k\pi \frac{u}{b}}{k\pi\, \mathfrak{Sin}\, k\pi \frac{a}{b}} \cdot$$
$$\cdot \left[1 + k\pi \frac{u}{b} \mathfrak{Cotg}\, k\pi \frac{a}{b} - k\pi \frac{c}{b} \mathfrak{Cotg}\, k\pi \frac{c}{b} - k\pi \frac{u}{b} \mathfrak{Cotg}\, k\pi \frac{u}{b}\right]. \quad (675)$$

Für $\frac{u}{b} = 0{,}345$ ist

$$B_{a2} = -\,0{,}0842\, P,$$
$$B_{a4} = +\,0{,}0025\, P,$$
$$B_{a6} = +\,0{,}0002\, P.$$

Daraus ergeben sich die Unbekannten des Gleichungssystems

$$m_{a2} = +\,0{,}0555\, P, \qquad m_{a10} = +\,0{,}0035\, P,$$
$$m_{a4} = +\,0{,}0080\, P, \qquad m_{a12} = +\,0{,}0028\, P,$$
$$m_{a6} = +\,0{,}0061\, P, \qquad m_{a14} = +\,0{,}0024\, P,$$
$$m_{a8} = +\,0{,}0045\, P, \qquad m_{a16} = +\,0{,}0020\, P,$$

$$\hat{m}_{I1} = +\,0{,}0737\,P, \qquad \hat{m}_{II1} = -\,0{,}0077\,P,$$
$$\hat{m}_{I2} = +\,0{,}0120\,P, \qquad \hat{m}_{II2} = -\,0{,}0052\,P,$$
$$\hat{m}_{I3} = -\,0{,}0051\,P, \qquad \hat{m}_{II3} = -\,0{,}0031\,P,$$
$$\hat{m}_{I4} = +\,0{,}0017\,P, \qquad \hat{m}_{II4} = -\,0{,}0019\,P.$$

*3.2.1.3. Gesamtmomente $m_x$.* Die Tafel 77 zeigt die Berechnung der Momente $m_x$ längs der Brückenachse. Jedes Reihenglied $j$ setzt sich zusammen aus dem Grundfall (Wert aus Tafel 76, mit $\sin j\pi\frac{u}{a}$ multipliziert) und der Wirkung des Randmoments $\hat{m}_{Ij}$ in Brückenachse nach Tafel 72. Dazu kommt die Wirkung der Momentangriffe am Rand $a$, die in Brückenachse $m_{a\,k}\cos\frac{k\pi}{2}$ betragen und mit den Zahlen aus Tafel 73 zu multiplizieren sind, während das Glied $m_{a0}$ einen in der $x$-Richtung linearen Momentenverlauf erzeugt.

In der Abb. 207 ist die hier behandelte Laststellung mit **7** bezeichnet. Der Momentenverlauf in Brückenachse nach Tafel 77 ist nicht dargestellt; das Bild ist ähnlich wie bei Laststellung **2**. Aus der eingezeichneten *Quer*verteilung von $m_x$ in der Linie $x = 0{,}425\,a$ ersieht man, daß bei Laststellung **7** der Größtwert in Brückenachse und nicht in der Lastmittellinie $y = v$ auftritt. Nach den Ergebnissen von Beispiel 8 (Abb. 204) ist dieses Verhalten zu erwarten.

Es wurden insgesamt fünf Stellungen des Fahrzeugs in Brückenachse untersucht und in Abb. 207 als Laststellung **6** bis **10** dargestellt. Das größte Stützenmoment in Brückenachse, $m_{a\,m} = m_{a0} + \sum_{2,4} k\, m_{a\,k}\cos\frac{k\pi}{2}$, entsteht annähernd bei der Laststellung **9** mit $\frac{u}{a} = 0{,}6375$. Dieser Wert wurde durch Auftragen von $m_{a\,m}$ in Abhängigkeit von $\frac{u}{a}$ gefunden.

Die gezeichnete Querverteilung von $m_a$ zeigt, daß der Größtwert bei dieser ungünstigsten Laststellung in Brückenachse liegt, während bei der Laststellung **10** (Lastrechtecke am Rand $a$ anstoßend) zwei Größtwerte in den Lastmittellinien auftreten (ähnlich wie bei Laststellung **5**), die jedoch nicht maßgebend sind.

*3.2.1.4. Momente $m_y$.* Die größten Momente $m_y$ entstehen in der Lastmittellinie $y = v$. Die ungünstigste Laststellung ist nahezu die in Feldmitte (Laststellung **8**). Die Momente $m_y$ unterscheiden sich kaum von denen im Beispiel 8; nur bei Laststellung **10** ist eine Abminderung zu bemerken.

### *3.2.2. Raupenfahrzeug am Fahrbahnrand*

*3.2.2.1. Momente im Grundfall.* Die Momente im Grundfall **$F_2V_2$ — 12** müssen für jede der beiden Rechtecklasten ($\frac{v_1}{a} = 0{,}275$, $\frac{v_2}{a} = 0{,}525$) getrennt berechnet und zusammengezählt werden. Es gelten die gleichen Formeln wie im Fall **$F_2V_2$ — 212**, nur muß $b$ an Stelle von $\frac{b}{2}$ geschrieben werden.

Bei den höheren Reihengliedern vereinfachen sich die Formeln, indem für den Bereich $0 \leqq y \leqq v - d$ geschrieben werden kann:

$$\frac{\operatorname{Cof} j\pi\frac{b-v}{a}}{\operatorname{Sin} j\pi\frac{b}{a}} \doteq e^{-j\pi\frac{v}{a}}$$

und

$$j\pi\frac{b}{a}\operatorname{Cotg} j\pi\frac{b}{a} - j\pi\frac{b-v}{a}\operatorname{Tg} j\pi\frac{b-v}{a} \doteq j\pi\frac{v}{a};$$

Tafel 77. Raupenfahrzeug in Brückenachse, $\frac{u}{a} = 0{,}43125$. Berechnung der Momente $\frac{m_x}{p}$ in Brückenachse

| | $\frac{x}{a}$ | 0,2 | 0,3 | 0,4 | 0,425 | 0,45 | 0,5 | 0,6 | 0,8 | 1,0 |
|---|---|---|---|---|---|---|---|---|---|---|
| $j = 1$ | $(0{,}3473 \cdot 0{,}9768 + 0{,}0737 \cdot 0{,}1008) \sin \pi \frac{x}{a}$ | +0,2038 | +0,2804 | +0,3297 | +0,3370 | +0,3422 | +0,3466 | +0,3297 | +0,2038 | 0 |
| 2 | $(0{,}1061 \cdot 0{,}4187 + 0{,}0120 \cdot 0{,}0386) \sin 2\pi \frac{x}{a}$ | +0,0427 | +0,0427 | +0,0264 | +0,0204 | +0,0139 | 0 | —0,0264 | —0,0427 | 0 |
| 3 | $0{,}0431\,(-0{,}7973) \sin 3\pi \frac{x}{a}$ | —0,0327 | —0,0106 | +0,0202 | +0,0262 | +0,0306 | +0,0344 | +0,0202 | —0,0327 | 0 |
| 4 | $0{,}0156\,(-0{,}7604) \sin 4\pi \frac{x}{a}$ | —0,0070 | +0,0070 | +0,0113 | +0,0096 | +0,0070 | 0 | —0,0113 | +0,0070 | 0 |
| 5 | $0{,}0037 \cdot 0{,}4715 \sin 5\pi \frac{x}{a}$ | 0 | —0,0017 | 0 | +0,0006 | +0,0012 | +0,0017 | 0 | 0 | 0 |
| 6 | $-0{,}0008 \cdot 0{,}9625 \sin 6\pi \frac{x}{a}$ | +0,0005 | +0,0005 | —0,0007 | —0,0008 | —0,0006 | 0 | +0,0007 | —0,0005 | 0 |
| 7 | $-0{,}0019\,(-0{,}0589) \sin 7\pi \frac{x}{a}$ | —0,0001 | — | +0,0001 | +0,0001 | —0,0001 | —0,0001 | +0,0001 | —0,0001 | 0 |
| 8 | $-0{,}0016\,(-0{,}9877) \sin 8\pi \frac{x}{a}$ | —0,0015 | +0,0015 | —0,0009 | —0,0015 | —0,0015 | 0 | +0,0009 | +0,0015 | 0 |
| 9 | $-0{,}0010\,(-0{,}3645) \sin 9\pi \frac{x}{a}$ | —0,0002 | +0,0003 | —0,0003 | —0,0002 | +0,0001 | +0,0004 | —0,0003 | —0,0002 | 0 |
| 10 | $-0{,}0004 \cdot 0{,}8315 \sin 10\pi \frac{x}{a}$ | 0 | 0 | 0 | —0,0002 | —0,0003 | 0 | 0 | 0 | 0 |
| $k = 0$ | | —0,0270 | —0,0406 | —0,0541 | —0,0574 | —0,0608 | —0,0676 | —0,0811 | —0,1082 | —0,1352 |
| 2 | | +0,0007 | +0,0010 | +0,0013 | +0,0013 | +0,0012 | +0,0011 | — | —0,0101 | —0,0555 |
| 4 | | — | — | — | — | — | —0,0001 | —0,0001 | — | +0,0080 |
| $6 \to \infty$ | | — | — | — | — | — | — | — | — | —0,0035 |
| | $\frac{m_x}{P} =$ | +0,1792 | +0,2805 | +0,3330 | **+0,3350** | +0,3329 | +0,3164 | +0,2324 | +0,0178 | —0,1862 |

Tafel 78. Raupenfahrzeug am Fahrbahnrand, $P_1$ in $\frac{v_1}{a} = 0{,}275$, $P_2$ in $\frac{v_2}{a} = 0{,}525$. Momente im Grundfall **$F_2V_2$ — 12**, Reihenglieder $j = 1$ bis 6, Faktor $P \sin j\,\pi \frac{x}{a} \sin j\,\pi \frac{u}{a}$

| $j$ | | $m_x$ in $\frac{y}{a} =$ 0 | 0,275 | 0,525 | 0,725 | 0,975 | 1,250 | $m_y$ in $\frac{y}{a} =$ 0 | 0,275 | 0,525 | 0,725 | 0,975 | 1,250 |
|---|---|---|---|---|---|---|---|---|---|---|---|---|---|
| * | $P_1\,P_2$ | — | 𝔐 | 𝔐 | — | — | — | — | — | — | — | — | — |
| 1 | $P_1$ | + 0,2411 | — 3,6238 | + 0,1722 | + 0,1258 | + 0,0867 | + 0,0722 | + 0,0151 | + 0,1177 | — 0,0078 | — 0,0357 | — 0,0401 | — 0,0388 |
| | $P_2$ | + 0,1586 | + 0,1722 | — 3,6667 | + 0,1620 | + 0,1258 | + 0,1094 | — 0,0411 | — 0,0078 | + 0,1205 | + 0,0118 | — 0,0357 | — 0,0450 |
| | $\Sigma$ | + 0,3997 | — 3,4516 | — 3,4945 | + 0,2878 | + 0,2125 | + 0,1816 | — 0,0260 | + 0,1099 | + 0,1127 | — 0,0239 | — 0,0758 | — 0,0838 |
| 2 | $P_1$ | + 0,0624 | — 0,7477 | + 0,0370 | + 0,0155 | + 0,0047 | + 0,0021 | — 0,0165 | + 0,0501 | — 0,0093 | — 0,0076 | — 0,0030 | — 0,0015 |
| | $P_2$ | + 0,0205 | + 0,0370 | — 0,7560 | + 0,0418 | + 0,0155 | + 0,0076 | — 0,0109 | — 0,0093 | + 0,0546 | — 0,0049 | — 0,0076 | — 0,0048 |
| | $\Sigma$ | + 0,0829 | — 0,7107 | — 0,7190 | + 0,0573 | + 0,0202 | + 0,0097 | — 0,0274 | + 0,0408 | + 0,0453 | — 0,0125 | — 0,0106 | — 0,0063 |
| 3 | $P_1$ | + 0,0173 | — 0,2391 | + 0,0104 | + 0,0024 | + 0,0003 | — | — 0,0076 | + 0,0246 | — 0,0042 | — 0,0015 | — 0,0002 | — |
| | $P_2$ | + 0,0027 | + 0,0104 | — 0,2402 | + 0,0141 | + 0,0024 | + 0,0006 | — 0,0018 | — 0,0042 | + 0,0254 | — 0,0043 | — 0,0015 | — 0,0004 |
| | $\Sigma$ | + 0,0200 | — 0,2287 | — 0,2298 | + 0,0165 | + 0,0027 | + 0,0006 | — 0,0094 | + 0,0204 | + 0,0212 | — 0,0058 | — 0,0017 | — 0,0004 |
| 4 | $P_1$ | + 0,0041 | — 0,0787 | + 0,0026 | + 0,0004 | — | — | — 0,0023 | + 0,0106 | — 0,0014 | — 0,0003 | — | — |
| | $P_2$ | + 0,0003 | + 0,0026 | — 0,0788 | + 0,0042 | + 0,0004 | — | — 0,0002 | — 0,0014 | + 0,0107 | — 0,0018 | — 0,0003 | — |
| | $\Sigma$ | + 0,0044 | — 0,0761 | — 0,0762 | + 0,0046 | + 0,0004 | — | — 0,0025 | + 0,0092 | + 0,0093 | — 0,0021 | — 0,0003 | — |
| 5 | $P_1$ | + 0,0006 | — 0,0182 | + 0,0005 | — | — | — | — 0,0004 | + 0,0030 | — 0,0003 | — | — | — |
| | $P_2$ | — | + 0,0005 | — 0,0182 | + 0,0009 | — | — | — | — 0,0003 | + 0,0030 | — 0,0004 | — | — |
| | $\Sigma$ | + 0,0006 | — 0,0177 | — 0,0177 | + 0,0009 | — | — | — 0,0004 | + 0,0027 | + 0,0027 | — 0,0004 | — | — |
| 6 | $P_1$ | — | + 0,0041 | — 0,0001 | — | — | — | — | — 0,0008 | — | — | — | — |
| | $P_2$ | — | — 0,0001 | + 0,0041 | — 0,0001 | — | — | — | — | — 0,0008 | — | — | — |
| | $\Sigma$ | — | + 0,0040 | + 0,0040 | — 0,0001 | — | — | — | — 0,0008 | — 0,0008 | — | — | — |

im Bereich $v + d \leqq y \leqq b$ wird gesetzt:

$$\frac{\mathfrak{Cof}\, j\,\pi \dfrac{b-y}{a}}{\mathfrak{Sin}\, j\,\pi \dfrac{b}{a}} \doteq e^{-j\pi\frac{y}{a}}$$

und

$$j\,\pi \frac{b}{a} \mathfrak{Cotg}\, j\,\pi \frac{b}{a} - j\,\pi \frac{b-y}{a} \mathfrak{Tg}\, j\,\pi \frac{b-y}{a} \doteq j\,\pi \frac{y}{a}.$$

Bei noch höherem $j$ verschwindet der Einfluß *beider* Querränder und es gelten die Formeln für den unendlichen Plattenstreifen wie im Beispiel 8.

In der Tafel 78 sind die Werte der Reihenglieder $j = 1$ bis 6 in Abhängigkeit von $\frac{y}{a}$ zusammengestellt. Sie sind noch mit $P \sin j\,\pi \frac{x}{a} \sin j\,\pi \frac{u}{a}$ zu multiplizieren. In der Linie $y = v$ kommt bei $m_x$ noch das „Trägermoment" $\mathfrak{M}$ hinzu (Formeln in Beispiel 8).

Im Folgenden wird die Laststellung $\frac{u}{a} = 0{,}43125$ untersucht, nachdem beim Raupenfahrzeug in Brückenachse diese Laststellung das größtmögliche Feldmoment $m_x$ ergeben hat.

*3.2.2.2. Zusatzfunktionen.* Es kommen die zur Brückenachse symmetrischen und auch die antisymmetrischen Zusatzfunktionen zur Anwendung. Das gleichmäßig verteilte Stützenmoment ist das gleiche wie beim Raupenfahrzeug in Brückenachse:

$$- m_{a0} = P \cdot 0{,}1352.$$

Die Zahlen für $m_y$ in $y = 0$ und $y = b$ in Tafel 78 liefern, mit $\sin j\,\pi \frac{u}{a}$ multipliziert, die Werte $\widehat{M}_{\mathrm{I}j}$ bzw. $\widehat{\widehat{M}}_{\mathrm{I}j}$, die zur Berechnung der Zusatzfunktionen $\widehat{m}_{\mathrm{I}j}$ bzw. $\widehat{\widehat{m}}_{\mathrm{I}j}$ benötigt werden. Sie betragen:

$$\widehat{M}_{\mathrm{I}1} = \frac{-0{,}0260 - 0{,}0838}{2} \cdot 0{,}9768\, P = -0{,}0536\, P,$$

$$\widehat{M}_{\mathrm{I}2} = \frac{-0{,}0274 - 0{,}0063}{2} \cdot 0{,}4187\, P = -0{,}0071\, P,$$

$$\widehat{M}_{\mathrm{I}3} = \frac{-0{,}0094 - 0{,}0004}{2} (-0{,}7973)\, P = +0{,}0039\, P,$$

$$\widehat{M}_{\mathrm{I}4} = \frac{-0{,}0026}{2} (-0{,}7604)\, P = +0{,}0010\, P,$$

$$\widehat{\widehat{M}}_{\mathrm{I}1} = \frac{-0{,}0260 + 0{,}0838}{2} \cdot 0{,}9768\, P = +0{,}0282\, P,$$

$$\widehat{\widehat{M}}_{\mathrm{I}2} = \frac{-0{,}0274 + 0{,}0063}{2} \cdot 0{,}4187\, P = -0{,}0044\, P,$$

$$\widehat{\widehat{M}}_{\mathrm{I}3} = \frac{-0{,}0094 + 0{,}0004}{2} (-0{,}7973)\, P = +0{,}0036\, P,$$

$$\widehat{\widehat{M}}_{\mathrm{I}4} = \widehat{M}_{\mathrm{I}4} = +0{,}0010\, P.$$

Die Randverdrehungswerte am Rand $a$ sind nach der unter P. 3.2.1.2. angeführten Formel (675) zu berechnen, es ist nur $\left(\cos k\,\pi \frac{v_1}{b} + \cos k\,\pi \frac{v_2}{b}\right)$ an Stelle von $2 \cos k\,\pi \frac{v}{b}$ zu schreiben. Mit $\frac{u}{b} = 0{,}345$ ergibt sich

$$B_{a2} = -0{,}0359\, P, \qquad B_{a1} = +0{,}1601\, P,$$
$$B_{a4} = -0{,}0016\, P, \qquad B_{a3} = -0{,}0167\, P.$$
$$B_{a6} = -0{,}0002\, P,$$

Aus den beiden Gleichungssystemen erhält man die folgenden Werte:

$$m_{a2} = +\,0{,}0272\,P, \qquad m_{a1} = -\,0{,}0850\,P,$$
$$m_{a4} = +\,0{,}0071\,P, \qquad m_{a3} = +\,0{,}0076\,P,$$
$$m_{a6} = +\,0{,}0043\,P, \qquad m_{a5} = -\,0{,}0005\,P,$$
$$m_{a8} = +\,0{,}0030\,P, \qquad m_{a7} = -\,0{,}0004\,P,$$
$$m_{a10} = +\,0{,}0024\,P, \qquad m_{a9} = -\,0{,}0003\,P.$$
$$m_{a12} = +\,0{,}0020\,P,$$
$$m_{a14} = +\,0{,}0016\,P,$$
$$m_{a16} = +\,0{,}0014\,P,$$

$$\hat{m}_{\mathrm{I}\,1} = +\,0{,}0496\,P, \qquad \check{\hat{m}}_{\mathrm{I}\,1} = -\,0{,}0159\,P,$$
$$\hat{m}_{\mathrm{I}\,2} = +\,0{,}0100\,P, \qquad \check{\hat{m}}_{\mathrm{I}\,2} = +\,0{,}0017\,P,$$
$$\hat{m}_{\mathrm{I}\,3} = -\,0{,}0057\,P, \qquad \check{\hat{m}}_{\mathrm{I}\,3} = -\,0{,}0029\,P,$$
$$\hat{m}_{\mathrm{I}\,4} = +\,0{,}0001\,P, \qquad \check{\hat{m}}_{\mathrm{I}\,4} = -\,0{,}0013\,P,$$

$$\hat{m}_{\mathrm{II}\,1} = -\,0{,}0040\,P, \qquad \check{\hat{m}}_{\mathrm{II}\,1} = +\,0{,}0123\,P,$$
$$\hat{m}_{\mathrm{II}\,2} = -\,0{,}0029\,P, \qquad \check{\hat{m}}_{\mathrm{II}\,2} = +\,0{,}0027\,P,$$
$$\hat{m}_{\mathrm{II}\,3} = -\,0{,}0018\,P, \qquad \check{\hat{m}}_{\mathrm{II}\,3} = +\,0{,}0007\,P,$$
$$\hat{m}_{\mathrm{II}\,4} = -\,0{,}0011\,P, \qquad \check{\hat{m}}_{\mathrm{II}\,4} = +\,0{,}0003\,P.$$

*3.2.2.3. Gesamtmomente $m_x$.* Die Tafel 79 zeigt die Berechnung der Momente $m_x$ in der Linie $y = v_1 = 0{,}275\,a$, nachdem im Beispiel 8 der größtmögliche Wert $m_x$ annähernd in dieser Linie festgestellt wurde. Die erste Zeile enthält das „Trägermoment“ $\mathfrak{M}$. Jedes Reihenglied $j$ setzt sich zusammen aus dem Grundfall nach Tafel 78 und der Wirkung der Randmomente $\hat{m}_{\mathrm{I}\,j}$ und $\check{\hat{m}}_{\mathrm{I}\,j}$ nach Tafel 72. Die höheren Reihenglieder sind aus Beispiel 8, Tafel 62, übernommen, ihre Multiplikation mit $\sin j\,\pi \frac{x}{a} \sin j \frac{u}{a}$ ist aber nicht wiedergegeben. Schließlich kommt die Wirkung der Momentangriffe am Rand $a$, die in der untersuchten Linie $m_{a\,k} \cos k\,\pi \frac{v_1}{b}$ betragen und mit den Zahlen aus Tafel 73 zu multiplizieren sind, während das Glied $m_{a0}$ einen in der $x$-Richtung linearen Momentenverlauf erzeugt. Das größte Feldmoment ergibt sich im Punkt $\frac{x}{a} = 0{,}425$.

Die Verteilung der Momente $\frac{m_x}{P}$ in der Linie $\frac{x}{a} = 0{,}425$ ist in Tafel 80 berechnet. Die Zahlen der Tafel 78 sind mit $\sin j\,\pi \frac{x}{a} \sin j\,\pi \frac{u}{a}$ multipliziert; dazu kommt die Wirkung der Randmomente, die in der untersuchten Linie $\hat{m}_{\mathrm{I}\,j} \sin j\,\pi \frac{x}{a}$ bzw. $\check{\hat{m}}_{\mathrm{I}\,j} \sin j\,\pi \frac{x}{a}$ betragen und mit den Zahlen der Tafel 72 zu multiplizieren sind. Schließlich sind die Beiträge der Randmomentangriffe $m_{a\,k}$ nach Tafel 73 mit $\cos k\,\pi \frac{y}{b}$ zu multiplizieren und der konstante Beitrag von $m_{a0}$ hinzuzufügen.

Die vorstehend behandelte Laststellung ist in Abb. 207 als Laststellung **2** bezeichnet. Der Momentenverlauf nach Tafel 79 sowie nach Tafel 80 ist, mit $P = 40{,}2$ t multipliziert, in tm/m aufgetragen.

Außerdem sind noch andere Laststellungen dargestellt, z. B. die Laststellung **4** mit $\frac{u}{a} = 0{,}6375$, die annähernd das größtmögliche Stützenmoment hervorruft; die Verteilung dieses Stützenmoments ist ebenfalls aufgetragen, ebenso wie für Laststellung **5** mit am Rand

Tafel 79. **Raupenfahrzeug am Fahrbahnrand,** $\frac{u}{a} = 0{,}43125$. **Berechnung der Momente** $\frac{m_x}{P}$ **in der Lastmittellinie** $y = v_1 = 0{,}275\,a$

| | $\frac{x}{a} =$ | 0,2 | 0,3 | 0,4 | 0,425 | 0,45 | 0,5 | 0,6 | 0,8 | 1,0 |
|---|---|---|---|---|---|---|---|---|---|---|
| $\mathfrak{M}$ | | +2,2750 | +3,3579 | +3,9596 | +4,0208 | +4,0462 | +3,9900 | +3,4489 | +1,7250 | 0 |
| $j = 1$ | $-3{,}4516 \cdot 0{,}97676 + 0{,}0496 \cdot 0{,}0262 - 0{,}0159\,(-0{,}0589)]\sin \pi \frac{x}{a}$ | —1,9804 | —2,7257 | —3,2043 | —3,2761 | —3,3277 | —3,3692 | —3,2043 | —1,9804 | 0 |
| 2 | $-0{,}7107 \cdot 0{,}4187 + 0{,}0100 \cdot 0{,}0471 + 0{,}0017 \cdot 0{,}0392]\sin 2\pi \frac{x}{a}$ | —0,2828 | —0,2828 | —0,1748 | —0,1350 | —0,0919 | 0 | +0,1748 | +0,2828 | 0 |
| 3 | $-0{,}2287 \cdot (-0{,}7973) - 0{,}0057 \cdot 0{,}0399 - 0{,}0029 \cdot 0{,}0395]\sin 3\pi \frac{x}{a}$ | +0,1730 | +0,0562 | —0,1069 | —0,1383 | —0,1621 | —0,1820 | —0,1069 | +0,1730 | 0 |
| 4 | $-0{,}0761 \cdot (-0{,}7604)\sin 4\pi \frac{x}{a}$ | +0,0340 | —0,0340 | —0,0551 | —0,0469 | —0,0340 | 0 | +0,0551 | —0,0340 | 0 |
| 5 | $-0{,}0177 \cdot 0{,}4715 \sin 5\pi \frac{x}{a}$ | 0 | +0,0083 | 0 | —0,0032 | —0,0059 | —0,0083 | 0 | 0 | 0 |
| 6 | $-0{,}0040 \cdot 0{,}9625 \sin 6\pi \frac{x}{a}$ | —0,0023 | —0,0023 | +0,0037 | +0,0038 | +0,0031 | 0 | —0,0037 | +0,0023 | 0 |
| 7 bis 20 | | +0,0134 | —0,0141 | +0,0076 | +0,0110 | +0,0106 | +0,0002 | —0,0046 | —0,0064 | 0 |
| $k = 0$ | | —0,0270 | —0,0406 | —0,0541 | —0,0575 | —0,0608 | —0,0676 | —0,0811 | —0,1082 | —0,1352 |
| 2 | $0{,}0272 \cdot 0{,}1874$ | — | —0,0001 | —0,0001 | —0,0001 | —0,0001 | —0,0001 | — | +0,0009 | +0,0051 |
| 4 | $0{,}0071\,(-0{,}9298)$ | — | — | — | — | — | — | +0,0001 | — | —0,0066 |
| 6 bis 16 | | — | — | — | — | — | — | — | — | —0,0005 |
| 1 | $-0{,}0850 \cdot 0{,}7705$ | —0,0015 | —0,0028 | —0,0049 | —0,0056 | —0,0063 | —0,0081 | —0,0128 | —0,0301 | —0,0655 |
| 3 | $0{,}0076 \cdot (-0{,}4818)$ | — | — | — | — | — | +0,0001 | +0,0001 | —0,0002 | —0,0037 |
| 5 bis 15 | | — | — | — | — | — | — | — | — | +0,0005 |
| | $\frac{m_x}{P} =$ | +0,2014 | +0,3200 | +0,3707 | **+0,3729** | +0,3711 | +0,3550 | +0,2656 | +0,0247 | —0,2059 |

Tafel 80. Raupenfahrzeug am Fahrbahnrand, $\frac{u}{a} = 0{,}43125$. Berechnung der Momente $\frac{m_x}{P}$ in der Linie $\frac{x}{a} = 0{,}425$

| | $\frac{y}{a} =$ | 0 | 0,275 | 0,525 | 0,725 | 0,975 | 1,250 |
|---|---|---|---|---|---|---|---|
| $\mathfrak{M}$ | | | +4,0208 | +4,0208 | | | |
| $j = 1$ | $\sin \pi \frac{x}{a} \sin \pi \frac{u}{a} =$ 0,9724 · 0,9768 | +0,3797 | —3,2783 | —3,3190 | +0,2733 | +0,2019 | +0,1725 |
| 2 | 0,4540 · 0,4187 | +0,0158 | —0,1352 | —0,1367 | +0,0128 | +0,0038 | +0,0018 |
| 3 | — 0,7604 (—0,7973) | +0,0121 | —0,1386 | —0,1394 | +0,0100 | +0,0017 | +0,0003 |
| 4 | — 0,8090 (—0,7604) | +0,0027 | —0,0468 | —0,0469 | +0,0028 | +0,0002 | — |
| 5 | 0,3827 · 0,4715 | +0,0001 | —0,0032 | —0,0032 | +0,0002 | — | — |
| 6 | 0,9877 · 0,9625 | — | +0,0038 | +0,0038 | —0,0001 | — | — |
| 7 bis 20 | | — | +0,0110 | +0,0110 | — | — | — |
| $\hat{m}_{I1}$ | 0,0496 · 0,9724 = 0,0481 | —0,0143 | +0,0013 | +0,0046 | +0,0046 | +0,0013 | —0,0143 |
| $\hat{m}_{I2}$ | 0,0100 · 0,4540 = 0,0045 | —0,0015 | +0,0002 | +0,0002 | +0,0002 | —0,0002 | —0,0015 |
| $\hat{m}_{I3}$ | — 0,0057 (— 0,7604) = 0,0043 | —0,0014 | +0,0002 | — | — | +0,0002 | —0,0014 |
| $\check{m}_{I1}$ | — 0,0159 · 0,9724 = — 0,0155 | +0,0057 | +0,0009 | +0,0001 | —0,0001 | —0,0009 | —0,0057 |
| $\check{m}_{I2}$ | 0,0017 · 0,4540 = 0,0008 | —0,0003 | — | — | — | — | +0,0003 |
| $\check{m}_{I3}$ | — 0,0029 (— 0,7604) = 0,0022 | —0,0007 | — | — | — | — | +0,0007 |
| $k = 0$ | — 0,1352 · 0,4250 | —0,0575 | —0,0575 | —0,0575 | —0,0575 | —0,0575 | —0,0575 |
| 2 | + 0,0272 (— 0,0228) | —0,0006 | —0,0001 | +0,0005 | +0,0005 | — 0,0001 | — 0,0006 |
| 1 | — 0,0850 · 0,0845 | —0,0071 | —0,0056 | —0,0018 | +0,0018 | +0,0056 | +0,0071 |
| | $\frac{m_x}{P} =$ | +0,3327 | +0,3729 | +0,3365 | +0,2485 | +0,1564 | +0,1017 |

anstoßender Lastfläche, die sich als nicht maßgebend erweist. Für Laststellung 4 ist auch der Verlauf von $m_x$ im unbelasteten Feld II dargestellt. Die Beiträge von $m_{a0}$ und $m_{ak}$ sind die gleichen wie im Feld I; an Stelle der Randmomente $\hat{m}_{Ij}$ und $\check{m}_{Ij}$ sind hier die Randmomente $\hat{m}_{IIj}$ und $\check{m}_{IIj}$ einzuführen.

*3.2.2.4. Momente $m_y$.* Die Abb. 207 zeigt u. a. den Verlauf der Momente $m_y$ in der Mittellinie $x = \frac{a}{2}$ bei Laststellung 3 mit $u = \frac{a}{2}$. Das Bild unterscheidet sich kaum von Abb. 204 im Beispiel 8. Die Momentengrößtwerte sind etwas kleiner als bei Stellung des Fahrzeugs in Brückenachse.

## 3.3. Schwerlastwagen

### *3.3.1. Schwerlastwagen in Brückenachse*

*3.3.1.1. Momente im Grundfall.* Für zwei zur Brückenachse symmetrische Rechtecklasten sind in den Bereichen $0 \leqq y \leqq v - d$ und $v + d \leqq y \leqq \frac{b}{2}$ die Formeln nach Fall **$F_2V_2$—212** mit $\frac{v}{a} = 0{,}525$ anzuwenden. Die Tafel 81 enthält die so berechneten Zahlen, die noch mit $P \sin j\pi \frac{x}{a} \sin j\pi \frac{u}{a}$ zu multiplizieren sind. Bei drei Paaren von Rechtecklasten lautet der Faktor ... $P \sin j\pi \frac{x}{a} \left(\sin j\pi \frac{u_1}{a} + \sin j\pi \frac{u_2}{a} + \sin j\pi \frac{u_3}{a}\right)$. Die Momente in der

Lastmittellinie $y = v$ werden besser auf einem anderen Weg ermittelt. Die Momente im unendlichen Plattenstreifen infolge einer einzigen Rechtecklast mit *kleiner* Lastfläche können näherungsweise mit Hilfe der geschlossenen Darstellung der Einflußflächen berechnet werden; für die Lastmittellinie gilt

$$m_{x\infty} \doteq m_{y\infty} \doteq P \,\text{Einfl.}\, m_x = P \,\text{Einfl.}\, m_y = P\left[-\frac{1}{4\pi}\ln\sin\pi\frac{x-u}{2a} + \frac{1}{4\pi}\ln\sin\pi\frac{x+u}{2a}\right].$$

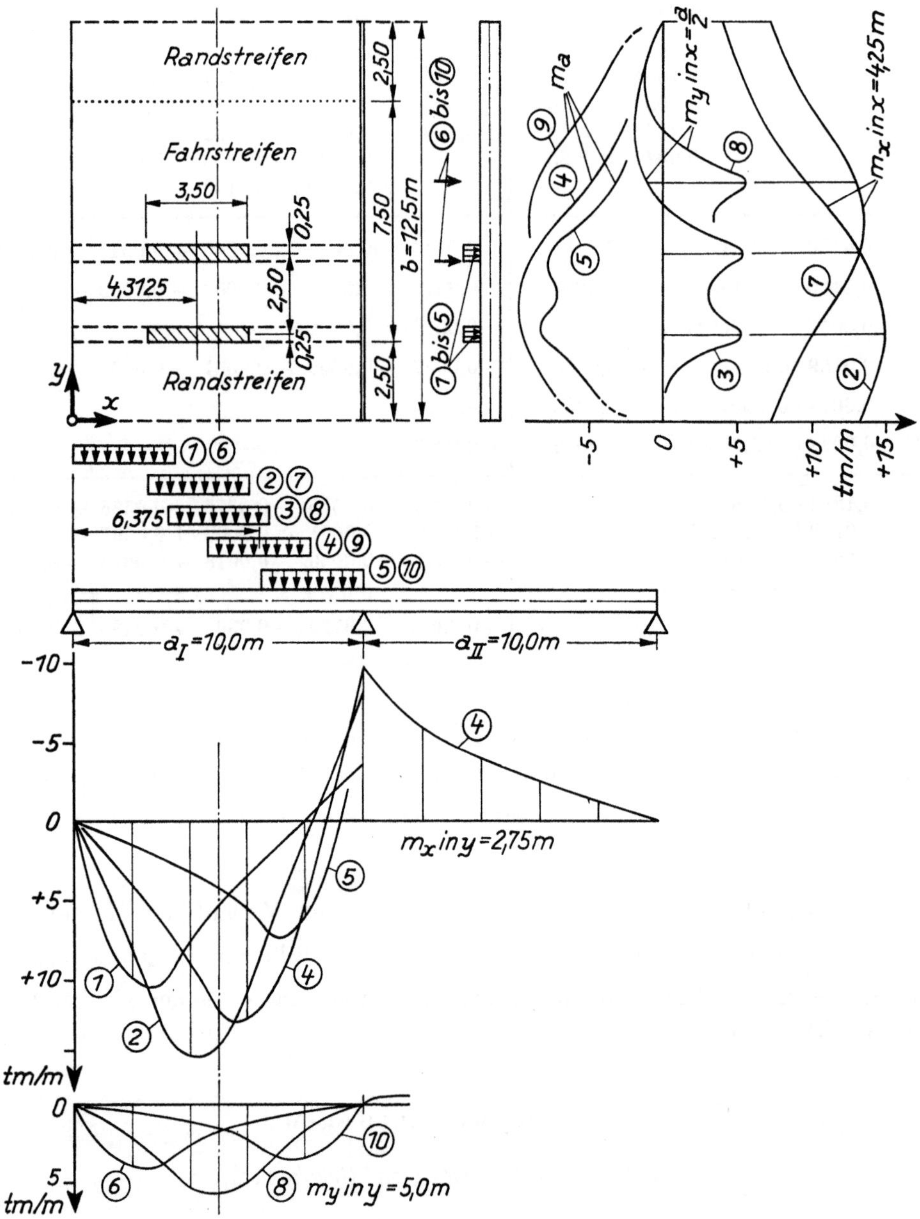


Abb. 207. Momente infolge Raupenfahrzeug

Die in der Klammer stehenden Ausdrücke sind aus Tafel F.15 zu entnehmen. Für den Lastmittelpunkt gelten die in Tafeln F.13 bzw. 14 und 15 ausgewerteten Integrationsformeln (siehe Fall $\boxed{F_2 - 12}$).

Die Differenz vom Fall $\boxed{F_2 - 12}$ auf Fall $\boxed{F_2V_2 - 212}$ ist durch folgende Formeln gegeben:

$$m_x - m_{x\infty} = P \sum_{1,2}^{\infty} j \sin j\pi\frac{x}{a} \sin j\pi\frac{u}{a} \frac{\sin j\pi\frac{c}{a}}{j\pi\frac{c}{a}} \frac{\mathfrak{Sin}\, j\pi\frac{d}{a}}{j\pi\frac{d}{a}} \frac{1}{2j\pi\,\mathfrak{Sin}\, j\pi\frac{b}{2a}} \cdot$$

$$\cdot \left\{ e^{-j\pi\frac{b}{2a}} \left( 2 - j\pi\frac{d}{a}\mathfrak{Cotg}\, j\pi\frac{d}{a} + \frac{j\pi\frac{b}{a}}{1 - e^{-j\pi\frac{b}{a}}} \right) + \right.$$

$$\left. + \mathfrak{Cof}\, j\pi\frac{\frac{b}{2}-2v}{a} \left( 2 + j\pi\frac{b}{2a}\mathfrak{Cotg}\, j\pi\frac{b}{2a} - j\pi\frac{d}{a}\mathfrak{Cotg}\, j\pi\frac{d}{a} - j\pi\frac{\frac{b}{2}-2v}{a}\mathfrak{Tg}\, j\pi\frac{\frac{b}{2}-2v}{a} \right) \right\}, \tag{676}$$

$$m_y - m_{y\infty} = P \sum_{1,2}^{\infty} j \sin j\pi\frac{x}{a} \sin j\pi\frac{u}{a} \frac{\sin j\pi\frac{c}{a}}{j\pi\frac{c}{a}} \frac{\mathfrak{Sin}\, j\pi\frac{d}{a}}{j\pi\frac{d}{a}} \frac{1}{2j\pi\,\mathfrak{Sin}\, j\pi\frac{b}{2a}} \cdot$$

$$\cdot \left\{ e^{-j\pi\frac{b}{2a}} \left( j\pi\frac{d}{a}\mathfrak{Cotg}\, j\pi\frac{d}{a} - \frac{j\pi\frac{b}{a}}{1 - e^{-j\pi\frac{b}{a}}} \right) + \right.$$

$$\left. + \mathfrak{Cof}\, j\pi\frac{\frac{b}{2}-2v}{a} \left( - j\pi\frac{b}{2a}\mathfrak{Cotg}\, j\pi\frac{b}{2a} + j\pi\frac{d}{a}\mathfrak{Cotg}\, j\pi\frac{d}{a} + j\pi\frac{\frac{b}{2}-2v}{a}\mathfrak{Tg}\, j\pi\frac{\frac{b}{2}-2v}{a} \right) \right\}. \tag{677}$$

Der erste Ausdruck in der { } Klammer konvergiert sehr rasch (im vorliegenden Fall ist das Glied $j = 2$ schon klein); der zweite Ausdruck konvergiert weniger gut (im vorliegenden Fall wurden die Glieder bis $j = 10$ berechnet).

In der Tafel 81 sind unter $y = v$ die Differenzwerte nach obigen Formeln eingetragen.

Im folgenden wird die Laststellung $\frac{u_1}{a} = 0{,}275$, $\frac{u_2}{a} = 0{,}425$, $\frac{u_3}{a} = 0{,}575$ untersucht, die für das Feldmoment $m_x$ die ungünstigste ist.

*3.3.1.2. Zusatzfunktionen.* Wegen der zur Brückenachse symmetrischen Laststellung kommen nur die symmetrischen Zusatzfunktionen zur Anwendung.

Tafel 81. Schwerlastwagen in Brückenachse. Momente im Grundfall $\boxed{F_2V_2 - 212}$, Reihenglieder $j = 1$ bis 10, Faktor $P \sin j\pi\frac{x}{a}\left(\sin j\pi\frac{u_1}{a} + \sin j\pi\frac{u_2}{a} + \sin j\pi\frac{u_3}{a}\right)$

| $j$ | $m_x$ in $\frac{y}{a}$ = 0 | 0,375 | 0,525 | 0,625 | $m_y$ in $\frac{y}{a}$ = 0 | 0,375 | 0,525 | 0,625 |
|---|---|---|---|---|---|---|---|---|
| — | — | — | $m_{x\infty}$ | — | — | — | $m_{y\infty}$ | — |
| 1 | + 0,2822 | + 0,3355 | + 0,2062 | + 0,3716 | — 0,0905 | + 0,0051 | — 0,0078 | + 0,1214 |
| 2 | + 0,0347 | + 0,0910 | + 0,0525 | + 0,1394 | — 0,0195 | — 0,0103 | — 0,0067 | + 0,0318 |
| 3 | + 0,0054 | + 0,0389 | + 0,0233 | + 0,0802 | — 0,0036 | — 0,0090 | — 0,0070 | + 0,0035 |
| 4 | + 0,0009 | + 0,0201 | + 0,0103 | + 0,0511 | — 0,0007 | — 0,0069 | — 0,0048 | — 0,0049 |
| 5 | + 0,0002 | + 0,0111 | + 0,0058 | + 0,0342 | — 0,0001 | — 0,0046 | — 0,0029 | — 0,0068 |
| 6 | — | + 0,0064 | + 0,0030 | + 0,0234 | — | — 0,0030 | — 0,0017 | — 0,0066 |
| 7 | — | + 0,0037 | + 0,0016 | + 0,0164 | — | — 0,0019 | — 0,0010 | — 0,0056 |
| 8 | — | + 0,0023 | + 0,0008 | + 0,0116 | — | — 0,0013 | — 0,0006 | — 0,0046 |
| 9 | — | + 0,0014 | + 0,0004 | + 0,0084 | — | — 0,0009 | — 0,0003 | — 0,0038 |
| 10 | — | + 0,0009 | + 0,0002 | + 0,0060 | — | — 0,0006 | — 0,0002 | — 0,0030 |

Die Zahlen für $m_y$ in $y = 0$ aus Tafel 81 ergeben, mit $\left(\sin j\pi\frac{u_1}{a} + \sin j\pi\frac{u_2}{a} + \sin j\pi\frac{u_3}{a}\right)$ multipliziert, die Werte $\widehat{M}_{\mathrm{I}j}$, die zur Berechnung der Zusatzfunktionen $\widehat{m}_{\mathrm{I}j}$ benötigt werden; sie betragen

$$\widehat{M}_{\mathrm{I}1} = -0{,}0905\,(0{,}7604 + 2\cdot 0{,}9724)\,P = -0{,}2448\,P,$$
$$\widehat{M}_{\mathrm{I}2} = -0{,}0195\cdot 0{,}9877\,P = -0{,}0182\,P,$$
$$\widehat{M}_{\mathrm{I}3} = -0{,}0036\,(0{,}5225 - 2\cdot 0{,}7604)\,P = +0{,}0036\,P,$$
$$\widehat{M}_{\mathrm{I}4} = -0{,}0007\,(-0{,}3090)\,P = +0{,}0002\,P.$$

Das gleichmäßig verteilte Stützenmoment am Rand $a$ (Reihenglied $k = 0$) ist:

$$m_{a0} = P\frac{a}{2b}\left\{\frac{u_1}{a}\left[1-\left(\frac{u_1}{a}\right)^2-\left(\frac{c}{a}\right)^2\right]+\frac{u_2}{a}\left[1-\left(\frac{u_2}{a}\right)^2-\left(\frac{c}{a}\right)^2\right]+\frac{u_3}{a}\left[1-\left(\frac{u_3}{a}\right)^2-\left(\frac{c}{a}\right)^2\right]\right\}=$$
$$= P\frac{1}{2{,}50}\{0{,}275\,[1-0{,}275^2-0{,}01^2]+0{,}425\,[1-0{,}425^2-0{,}01^2]+$$
$$+0{,}575\,[1-0{,}575^2-0{,}01^2]\} = P\cdot 0{,}3949.$$

Die Randverdrehungswerte $B_{ak}$ (mit $k = 2, 4, \ldots$) sind, für jedes der drei Lastpaare gesondert, nach der unter P. 3.2.1.2. angeschriebenen Formel zu berechnen; man erhält

$$B_{a2} = -(0{,}0471 + 0{,}0862 + 0{,}1386)\,P = -0{,}2719\,P,$$
$$B_{a4} = (0{,}0008 + 0{,}0030 + 0{,}0100)\,P = 0{,}0138\,P,$$
$$B_{a6} = -0{,}0001\,P,$$
$$B_{a8} = 0{,}0001\,P.$$

Daraus ergeben sich die Unbekannten des Gleichungssystems:

| | |
|---|---|
| $m_{a2} = +0{,}1758\,P,$ | $\widehat{m}_{\mathrm{I}1} = +0{,}2203\,P,$ |
| $m_{a4} = +0{,}0208\,P,$ | $\widehat{m}_{\mathrm{I}2} = +0{,}0341\,P,$ |
| $m_{a6} = +0{,}0183\,P,$ | $\widehat{m}_{\mathrm{I}3} = -0{,}0127\,P,$ |
| $m_{a8} = +0{,}0131\,P,$ | $\widehat{m}_{\mathrm{I}4} = +0{,}0057\,P,$ |
| $m_{a10} = +0{,}0101\,P,$ | $\widehat{m}_{\mathrm{II}1} = -0{,}0245\,P,$ |
| $m_{a12} = +0{,}0081\,P,$ | $\widehat{m}_{\mathrm{II}2} = -0{,}0159\,P,$ |
| $m_{a14} = +0{,}0067\,P,$ | $\widehat{m}_{\mathrm{II}3} = -0{,}0091\,P,$ |
| $m_{a16} = +0{,}0057\,P,$ | $\widehat{m}_{\mathrm{II}4} = -0{,}0059\,P.$ |

*3.3.1.3. Gesamtmomente $m_x$.* Die Tafel 82 zeigt die Berechnung der Momente $\frac{m_x}{P}$ längs der Linie $y = v = 0{,}525\,a$. In den ersten drei Zeilen sind, getrennt für jede der drei Rechtecklasten, die Einflußwerte mit Hilfe der Tafel F.15, im Lastmittelpunkt die Integrationswerte aus Tafel F.13 mit Zusatzglied nach Tafel F.15 berechnet. Die Reihenglieder $j = 1$ bis 10 setzen sich zusammen aus der Ergänzungsreihe zum Grundfall nach Tafel 81 und der Wirkung der Randmomente $\widehat{m}_{\mathrm{I}j}$, die unter Heranziehung der Tafel 72 ermittelt wird. Schließlich ist die Wirkung der Momentangriffe $m_{ak}$ zu überlagern, indem die Werte $m_{ak}\cos k\pi\frac{v}{b}$ mit den Zahlen aus Tafel 73 multipliziert werden, während das Glied $m_{a0}$ einen in der $x$-Richtung linearen Momentenverlauf erzeugt. In der Tafel 83 sind die Momente $\frac{m_x}{P}$ in der Linie $x = 0{,}425\,a$ berechnet. Der Wert $m_{x_\infty}$ ist aus Tafel 82 übernommen; die Reihenglieder $j = 1$ bis 10 des Grundfalles folgen aus Tafel 81, die Wirkung der Randmomente $\widehat{m}_{\mathrm{I}j}$ aus Tafel 72. Es folgt der Beitrag von $m_{a0}$; der Beitrag der Randmomente $m_{ak}$ beschränkt sich auf das Glied $k = 2$.

**Tafel 82. Schwerlastwagen in Brückenachse, $\frac{u_2}{a} = 0{,}425$. Berechnung der Momente $\frac{m_x}{P}$ in der Linie $y = v = 0{,}525\,a$**

| | | $\frac{x}{a} =$ | 0,2 | 0,275 | 0,35 | 0,425 | 0,5 | 0,575 | 0,725 | 1,0 |
|---|---|---|---|---|---|---|---|---|---|---|
| $\frac{m_{x\infty}}{P}$ | $P_1$ in $\frac{u_1}{a} = 0{,}275$ | $-\frac{1}{4\pi}\ln\sin\pi\frac{x-u_1}{2a}$ | + 0,1705 | + 0,3651 | + 0,1705 | + 0,1158 | + 0,0845 | + 0,0628 | + 0,0344 | 0 |
| | | $+\frac{1}{4\pi}\ln\sin\pi\frac{x+u_1}{2a}$ | — 0,0308 | — 0,0219 | — 0,0147 | — 0,0092 | — 0,0051 | — 0,0023 | 0 | |
| | $P_2$ in $\frac{u_2}{a} = 0{,}425$ | $-\frac{1}{4\pi}\ln\sin\pi\frac{x-u_2}{2a}$ | + 0,0845 | + 0,1158 | + 0,1705 | + 0,3651 | + 0,1705 | + 0,1158 | + 0,0628 | 0 |
| | | $+\frac{1}{4\pi}\ln\sin\pi\frac{x+u_2}{2a}$ | — 0,0147 | — 0,0092 | — 0,0051 | — 0,0023 | — 0,0006 | 0 | — 0,0023 | |
| | $P_3$ in $\frac{u_3}{a} = 0{,}575$ | symmetrisch zu $P_2$ | + 0,0416 | + 0,0605 | + 0,0839 | + 0,1158 | + 0,1699 | + 0,3628 | + 0,1066 | 0 |
| $j = 1$ | $(0{,}2062 \cdot 2{,}7052 + 0{,}2203 \cdot 0{,}0961) \sin\pi\frac{x}{a}$ | | + 0,3401 | + 0,4400 | + 0,5156 | + 0,5627 | + 0,5788 | + 0,5627 | + 0,4400 | 0 |
| 2 | $(0{,}0525 \cdot 0{,}9877 + 0{,}0341 \cdot 0{,}0408) \sin 2\pi\frac{x}{a}$ | | + 0,0506 | + 0,0526 | + 0,0430 | + 0,0242 | 0 | — 0,0242 | — 0,0526 | 0 |
| 3 | $0{,}0233\,(-0{,}9983) \sin 3\pi\frac{x}{a}$ | | — 0,0220 | — 0,0121 | + 0,0036 | + 0,0177 | + 0,0232 | + 0,0177 | — 0,0121 | 0 |
| 4 | $0{,}0103\,(-0{,}3090) \sin 4\pi\frac{x}{a}$ | | — 0,0019 | + 0,0010 | + 0,0030 | + 0,0026 | 0 | — 0,0026 | — 0,0010 | 0 |
| 5 | $0{,}0058\,(-0{,}1585) \sin 5\pi\frac{x}{a}$ | | 0 | + 0,0008 | + 0,0006 | — 0,0003 | — 0,0009 | — 0,0003 | + 0,0008 | 0 |
| 6 | $0{,}0030\,(-0{,}8910) \sin 6\pi\frac{x}{a}$ | | + 0,0026 | + 0,0006 | — 0,0027 | — 0,0002 | 0 | + 0,0002 | — 0,0006 | 0 |
| 7 | $0{,}0016\,(-0{,}0735) \sin 7\pi\frac{x}{a}$ | | — | — | — | — | — | — | — | 0 |
| 8 | $0{,}0008 \cdot 0{,}5878 \sin 8\pi\frac{x}{a}$ | | — 0,0005 | + 0,0003 | + 0,0003 | — 0,0005 | 0 | + 0,0005 | — 0,0003 | 0 |
| 9 | $0{,}0004\,(-0{,}0481) \sin 9\pi\frac{x}{a}$ | | — | — | — | — | — | — | — | 0 |
| 10 | $0{,}0002 \cdot 0{,}7071 \sin 10\pi\frac{x}{a}$ | | 0 | + 0,0001 | — 0,0001 | + 0,0001 | 0 | — 0,0001 | — 0,0001 | 0 |
| $k = 0$ | | | — 0,0790 | — 0,1086 | — 0,1382 | — 0,1678 | — 0,1975 | — 0,2271 | — 0,2863 | — 0,3949 |
| 2 | $+ 0{,}1758\,(-0{,}8763)$ | | + 0,0020 | + 0,0028 | + 0,0033 | + 0,0035 | + 0,0030 | + 0,0020 | — 0,0130 | — 0,1541 |
| 4 | $+ 0{,}0208 \cdot 0{,}5358$ | | — | — | — | — | — 0,0001 | — 0,0002 | — 0,0003 | + 0,0112 |
| 6 bis 16 | | | — | — | — | — | — | — | — | — 0,0042 |
| | | $\frac{m_x}{P} =$ | + 0,5430 | + 0,8878 | + 0,8335 | + 1,0272 | + 0,8257 | + 0,8677 | + 0,2760 | — 0,5420 |

Tafel 83. Schwerlastwagen in Brückenachse, $\frac{u_2}{a} = 0{,}425$. Berechnung der Momente $\frac{m_x}{P}$ in der Linie $x = u_2 = 0{,}425\,a$

| | $\frac{y}{a} =$ | 0 | 0,375 | 0,525 | 0,625 |
|---|---|---|---|---|---|
| $j = 1$ | $\sin \pi \frac{x}{a} \sum_{1}^{3} \sin \pi \frac{u}{a} = 0{,}9724 \cdot 2{,}7052$ | + 0,7420 | + 0,8823 | Wie in Tafel 82 | + 0,9770 |
| 2 | $0{,}4540 \cdot 0{,}9877$ | + 0,0156 | + 0,0408 | | + 0,0624 |
| 3 | $-0{,}7604\,(-0{,}9983)$ | + 0,0040 | + 0,0295 | | + 0,0608 |
| 4 | $-0{,}8090\,(-0{,}3090)$ | + 0,0002 | + 0,0050 | | + 0,0128 |
| 5 | $0{,}3827\,(-0{,}1585)$ | — | — 0,0007 | | — 0,0021 |
| 6 | $0{,}9877\,(-0{,}8910)$ | — | — 0,0056 | | — 0,0206 |
| 7 | $0{,}0785\,(-0{,}0735)$ | — | — | | — 0,0001 |
| 8 | $-0{,}9511 \cdot 0{,}5878$ | — | — 0,0013 | | — 0,0065 |
| 9 | $-0{,}5225\,(-0{,}0481)$ | — | — | | + 0,0002 |
| 10 | $0{,}7071 \cdot 0{,}7071$ | — | + 0,0005 | | + 0,0030 |
| 11 bis 20 | | — | — | | + 0,0173 |
| $\hat{m}_{I1}$ | $+0{,}2203 \cdot 0{,}9724$ | — 0,0637 | + 0,0056 | | + 0,0216 |
| $\hat{m}_{I2}$ | $+0{,}0341 \cdot 0{,}4540$ | — 0,0051 | + 0,0007 | | + 0,0006 |
| $\hat{m}_{I3}$ | $-0{,}0127\,(-0{,}7604)$ | — 0,0032 | + 0,0002 | | + 0,0001 |
| $\hat{m}_{I4}$ | $+0{,}0057\,(-0{,}8090)$ | + 0,0015 | — | | — |
| $m_{a0}$ | $-0{,}3949 \cdot 0{,}425$ | — 0,1678 | — 0,1678 | | — 0,1678 |
| $m_{a2}$ | $+0{,}1758\,(-0{,}0228)$ | — 0,0040 | + 0,0012 | | + 0,0040 |
| | $\frac{m_x}{P} =$ | + 0,5195 | + 0,7904 | + 1,0272 | + 0,9627 |

In der Brückenachse ($y = 0{,}625\,a$) wurde beim Grundfall der merkliche Beitrag der Reihenglieder $j = 11$ bis 20 hinzugefügt, ohne die Berechnung im einzelnen anzuführen; im Punkt $y = 0{,}375\,a$ wurden diese Reihenglieder vernachlässigt.

In der Abb. 208 sind die ermittelten Momentenlinien, mit $P = 13{,}4$ t vervielfacht, in tm/m als Laststellung **2** aufgetragen. Außerdem ist die Laststellung **1** mit $\frac{u_1}{a} = 0{,}05$ und die Laststellung **3** mit $\frac{u_1}{a} = 0{,}5$, $\frac{u_2}{a} = 0{,}65$, $\frac{u_3}{a} = 0{,}8$ dargestellt. Letztere ist für das Stützenmoment $m_a$ am ungünstigsten; der Größtwert entsteht in *Brückenachse*; der Verlauf ist ähnlich wie beim Raupenfahrzeug (Abb. 207, Laststellung **9**). Die Abb. 208 zeigt auch den Verlauf von $m_x$ im unbelasteten Feld II. Die Beiträge von $m_{a0}$ und $m_{a\,k}$ sind die gleichen wie im Feld I; an Stelle der Randmomente $\hat{m}_{I\,j}$ sind hier die Randmomente $\hat{m}_{II\,j}$ einzuführen.

*3.3.1.4. Momente $m_y$.* Die Berechnung erfolgt in gleicher Weise, wie vorstehend für $m_x$ beschrieben. Die Einflußwerte in der Linie $y = v$ sind die gleichen wie für $m_x$; im Lastmittelpunkt ist Tafel F.14 anzuwenden, während das Zusatzglied nach Tafel F.15 wieder das gleiche ist.

Die Abb. 208 enthält den Verlauf von $m_y$ bei den Laststellungen **1**, **2** und **3**. Die für $m_y$ ungünstigste Laststellung wurde nicht eigens untersucht; sie liegt annähernd bei $\frac{u_2}{a} = 0{,}5$. Die Linien zeigen kaum einen Unterschied gegenüber Abb. 205 im Beispiel 8.

### *3.3.2. Schwerlastwagen am Fahrbahnrand*

*3.3.2.1. Momente im Grundfall.* Die Momente im Grundfall **$F_2V_2 - 12$** müssen für die beiden Lastreihen ($\frac{v_1}{a} = 0{,}275$ und $\frac{v_2}{a} = 0{,}475$) getrennt berechnet und überlagert werden.

Die Formeln erhält man, indem man im Fall **$F_2V_2$—212** $b$ an Stelle von $\frac{b}{2}$ schreibt. Das gleiche gilt für die in P. 3.3.1.1. angegebene Ergänzungsreihe zu $m_{x_\infty}$, die für die Linie $y = v$ benötigt wird.

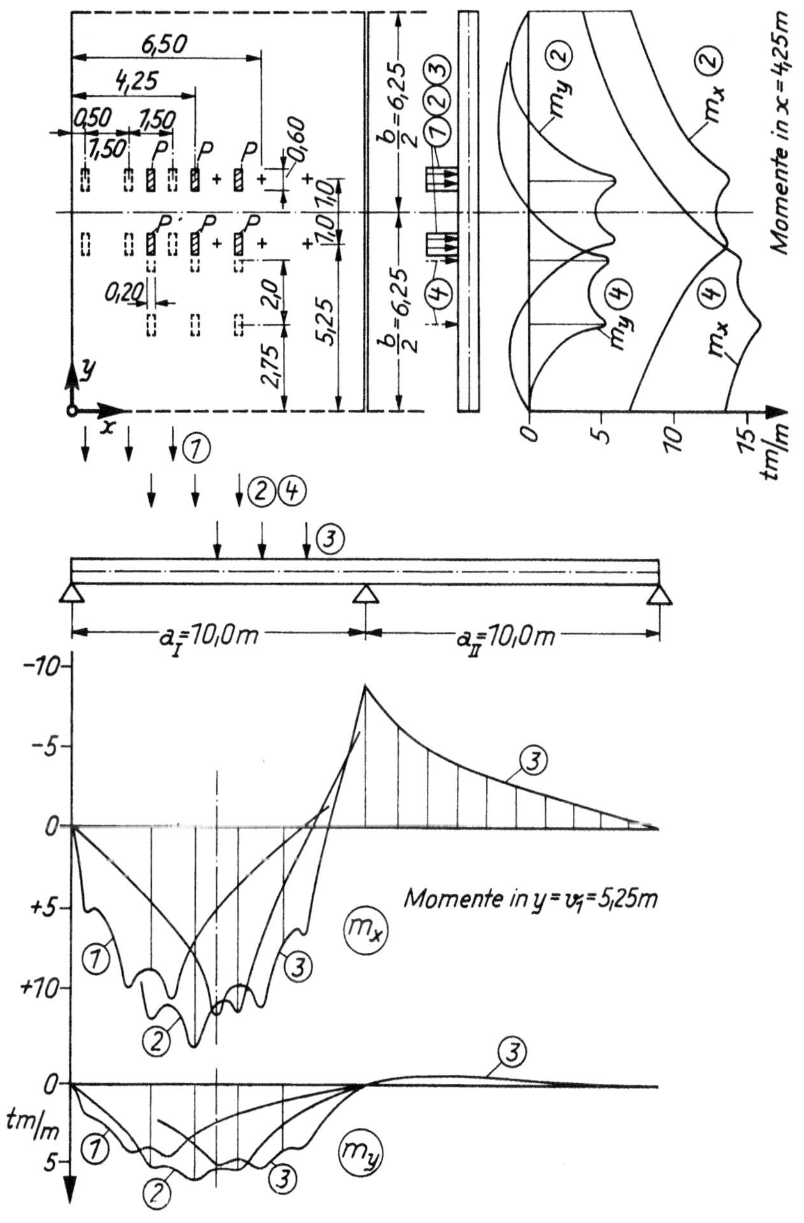


Abb. 208. Momente infolge SLW

*3.3.2.2. Zusatzfunktionen.* Wegen der zur Brückenachse nicht symmetrischen Laststellung kommen die symmetrischen und die antisymmetrischen Zusatzfunktionen zur Anwendung. Die Ermittlung der Werte $\widehat{M}_{\text{I}j}$ und $\widehat{\widetilde{M}}_{\text{I}j}$ ist in P. 3.2.2.2. für das Raupenfahrzeug gezeigt. Das Moment $m_{a0}$ ist das gleiche wie bei Laststellung in Brückenachse (P. 3.3.1.2.). Die Randverdrehungswerte $B_{ak}$ (mit $k = 2, 4$ und $k = 1, 3$) sind, für jedes der drei Lastpaare gesondert, nach der in P. 3.2.1.2. angeschriebenen Formel zu berechnen. Die weitere Rechnung ist die gleiche wie beim Raupenfahrzeug.

*3.3.2.3. Gesamtmomente.* In der Abb. 208 ist für Laststellung 4 mit $\frac{u_2}{a} = 0{,}425$ der Momentenverlauf in der Linie $x = u_2$ dargestellt.

### 3.4. Gleichlast im Feld I

#### *3.4.1. Gleichlast am Fahrstreifen* (Abb. 209)

*3.4.1.1. Momente im Grundfall.* Aus den Formeln von Fall **$F_2V_2-12m$** erhält man mit $P = p \cdot 2\,a\,d$ und $\frac{u}{a} = \frac{c}{a} = \frac{1}{2}$ die folgenden Formeln, worin $\frac{d}{a} = 0{,}375$ zu setzen ist.

Im Randstreifen $0 \leqq y \leqq \frac{b}{2} - d$:

$$m_x = p\,a^2 \sum_{1,3}^{\infty} \sin j\pi\frac{x}{a}\,\frac{2}{j^3\pi^3}\,\mathfrak{Sin}\,j\pi\frac{d}{a}\,\frac{\mathfrak{Cos}\,j\pi\frac{y}{a}}{\mathfrak{Sin}\,j\pi\frac{b}{2a}}\cdot$$

$$\cdot\left[2 + j\pi\frac{b}{2a}\mathfrak{Cotg}\,j\pi\frac{b}{2a} - j\pi\frac{d}{a}\mathfrak{Cotg}\,j\pi\frac{d}{a} - j\pi\frac{y}{a}\mathfrak{Tg}\,j\pi\frac{y}{a}\right], \quad (678)$$

$$m_y = p\,a^2 \sum_{1,3}^{\infty} \sin j\pi\frac{x}{a}\,\frac{2}{j^3\pi^3}\,\mathfrak{Sin}\,j\pi\frac{d}{a}\,\frac{\mathfrak{Cos}\,j\pi\frac{y}{a}}{\mathfrak{Sin}\,j\pi\frac{b}{2a}}\cdot$$

$$\cdot\left[- j\pi\frac{b}{2a}\mathfrak{Cotg}\,j\pi\frac{b}{2a} + j\pi\frac{d}{a}\mathfrak{Cotg}\,j\pi\frac{d}{a} + j\pi\frac{y}{a}\mathfrak{Tg}\,j\pi\frac{y}{a}\right]. \quad (679)$$

Im Fahrstreifen $\frac{b}{2} - d \leqq y \leqq \frac{b}{2}$:

$$m_x = p\,a^2\left\{\frac{1}{2}\,\frac{x}{a}\left(1 - \frac{x}{a}\right) - \sum_{1,3}^{\infty} \sin j\pi\frac{x}{a}\,\frac{2}{j^3\pi^3}\,\mathfrak{Sin}\,j\pi\frac{\frac{b}{2}-d}{a}\,\frac{\mathfrak{Cos}\,j\pi\frac{\frac{b}{2}-y}{a}}{\mathfrak{Sin}\,j\pi\frac{b}{2a}}\cdot\right.$$

$$\left.\cdot\left[2 + j\pi\frac{b}{2a}\mathfrak{Cotg}\,j\pi\frac{b}{2a} - j\pi\frac{\frac{b}{2}-d}{a}\mathfrak{Cotg}\,j\pi\frac{\frac{b}{2}-d}{a} - j\pi\frac{\frac{b}{2}-y}{a}\mathfrak{Tg}\,j\pi\frac{\frac{b}{2}-y}{a}\right]\right\}, \quad (680)$$

$$m_y = p\,a^2 \sum_{1,3}^{\infty} \sin j\pi\frac{x}{a}\,\frac{2}{j^3\pi^3}\,\mathfrak{Sin}\,j\pi\frac{\frac{b}{2}-d}{a}\,\frac{\mathfrak{Cos}\,j\pi\frac{\frac{b}{2}-y}{a}}{\mathfrak{Sin}\,j\pi\frac{b}{2a}}\cdot$$

$$\cdot\left[j\pi\frac{b}{2a}\mathfrak{Cotg}\,j\pi\frac{b}{2a} - j\pi\frac{\frac{b}{2}-d}{a}\mathfrak{Cotg}\,j\pi\frac{\frac{b}{2}-d}{a} - j\pi\frac{\frac{b}{2}-y}{a}\mathfrak{Tg}\,j\pi\frac{\frac{b}{2}-y}{a}\right]. \quad (681)$$

*3.4.1.2. Zusatzfunktionen.* Die Reihenkoeffizienten von $m_y$ in $y = 0$ sind gleichzeitig die Werte $\widehat{M}_{\mathrm{I}j}$:

Es ergibt sich $\widehat{M}_{\mathrm{I}1} = -\,0{,}0168\,p\,a^2,$

$\widehat{M}_{\mathrm{I}3} = -\,0{,}0005\,p\,a^2.$

Das gleichmäßig verteilte Stützenmoment ist $-\,m_{a0} = p\,a^2\frac{1}{16}\,\frac{2\,d}{b} = p\,a^2 \cdot 0{,}0375.$

Die Randverdrehungswerte am Rand $a$ lauten:

$$B_{a\,k} = p\,a^2 \cos\frac{k\pi}{2}\,\frac{4\,b^2 \sin k\pi\frac{d}{b}}{a^2\,k^3\,\pi^3}\left[\mathfrak{Tg}\,k\pi\frac{a}{2b} - \frac{k\pi\frac{a}{2b}}{\mathfrak{Cos}^2\,k\pi\frac{a}{2b}}\right]. \quad (682)$$

Es ergeben sich folgende Zahlen:

$$B_{a\,2} = -\ 0{,}0223\ p\ a^2,$$
$$B_{a\,4} = -\ 0{,}0018\ p\ a^2,$$
$$B_{a\,6} = +\ 0{,}0006\ p\ a^2,$$
$$B_{a\,8} = +\ 0{,}0004\ p\ a^2.$$

Das Gleichungssystem liefert:

$$m_{a\,2} = 0{,}0138\ p\ a^2, \qquad \widehat{m}_{\mathrm{I}\,1} = +\ 0{,}0148\ p\ a^2,$$
$$m_{a\,4} = 0{,}0028\ p\ a^2, \qquad \widehat{m}_{\mathrm{I}\,2} = +\ 0{,}0014\ p\ a^2.$$
$$m_{a\,6} = 0{,}0010\ p\ a^2,$$
$$m_{a\,8} = 0{,}0007\ p\ a^2,$$

*3.4.1.3. Gesamtmomente.* Man erhält die größten Momente in der Brückenachse $\left(y = \frac{b}{2}\right)$, und zwar in $\frac{x}{a} = 0{,}425$ $\qquad m_x = 0{,}0640\ p\ a^2$,

in $\frac{x}{a} = 0{,}5$ $\qquad m_y = 0{,}0134\ p\ a^2$,

und $\qquad -\ m_a = 0{,}0495\ p\ a^2$.

Der Verlauf ist in Abb. 209 mit $p = 0{,}5\ \mathrm{t/m^2}$ aufgetragen (mit $f$ bezeichnet).

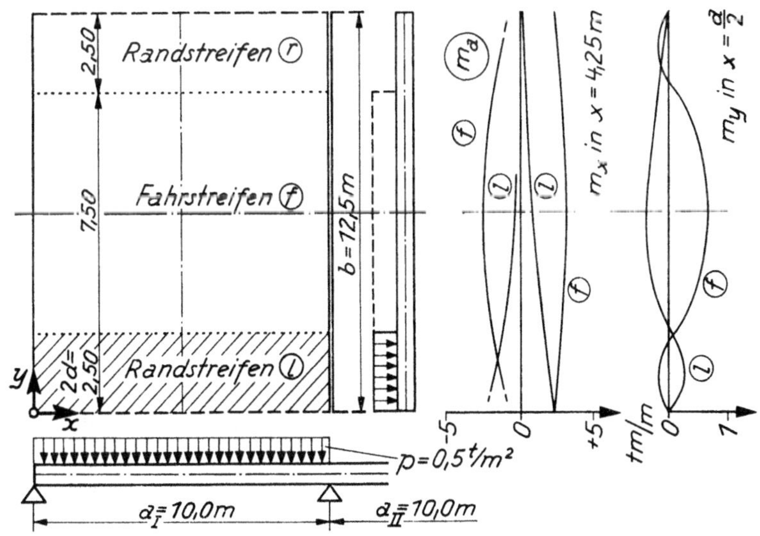


Abb. 209. Momente infolge Streifenlast

### *3.4.2. Gleichlast auf einem Randstreifen*

Die Momente ergeben sich als arithmetisches Mittel aus dem symmetrischen Lastfall $+p$ auf *beiden* Randstreifen und dem antisymmetrischen Lastfall $\pm p$ auf beiden Randstreifen.

Der symmetrische Lastfall geht aus P. 3.4.1. hervor, weil bei Vollbelastung

$$m_x = p\,a^2\left[\frac{1}{2}\,\frac{x}{a}\left(1 - \frac{x}{a}\right) - \frac{1}{16}\,\frac{x}{a}\right]$$
$$\text{und } m_y = 0$$

sein muß.

Bei der Berechnung des antisymmetrischen Lastfalles hat man vom Grundfall **$F_4$ — 12 m** mit $P = p\,2\,a\,d$, $\frac{u}{a} = \frac{c}{a} = \frac{1}{2}$ auszugehen, wobei $\frac{d}{a} = 0{,}25$ ist. Die Formeln lauten, wenn $y$ von der Mittellinie der frei drehbar gestützten Platte gezählt wird, wie folgt:

Im Randstreifen $0 \leqq y \leqq d$:

$$m_x = p\,a^2 \left\{ \frac{1}{2}\frac{x}{a}\left(1 - \frac{x}{a}\right) - \sum_{1,3}^{\infty} {}_j \sin j\pi\frac{x}{a}\frac{2}{j^3\pi^3}\operatorname{Cof} j\pi\frac{\frac{b}{2}-d}{a}\,\frac{\operatorname{Cof} j\pi\frac{y}{a}}{\operatorname{Cof} j\pi\frac{b}{2a}}\cdot\right.$$
$$\left.\cdot\left[2 + j\pi\frac{b}{2a}\operatorname{Tg} j\pi\frac{b}{2a} - j\pi\frac{\frac{b}{2}-d}{a}\operatorname{Tg} j\pi\frac{\frac{b}{2}-d}{a} - j\pi\frac{y}{a}\operatorname{Tg} j\pi\frac{y}{a}\right]\right\},$$

$$m_y = p\,a^2 \sum_{1,3}^{\infty} {}_j \sin j\pi\frac{x}{a}\frac{2}{j^3\pi^3}\operatorname{Cof} j\pi\frac{\frac{b}{2}-d}{a}\,\frac{\operatorname{Cof} j\pi\frac{y}{a}}{\operatorname{Cof} j\pi\frac{b}{2a}}\cdot$$
$$\cdot\left[j\pi\frac{b}{2a}\operatorname{Tg} j\pi\frac{b}{2a} - j\pi\frac{\frac{b}{2}-d}{a}\operatorname{Tg} j\pi\frac{\frac{b}{2}-d}{a} - j\pi\frac{y}{a}\operatorname{Tg} j\pi\frac{y}{a}\right].$$

Im Fahrstreifen $d \leqq y \leqq \frac{b}{2}$:

$$m_x = p\,a^2 \sum_{1,3}^{\infty} {}_j \sin j\pi\frac{x}{a}\frac{2}{j^3\pi^3}\operatorname{Sin} j\pi\frac{d}{a}\,\frac{\operatorname{Sin} j\pi\frac{\frac{b}{2}-y}{a}}{\operatorname{Cof} j\pi\frac{b}{2a}}\cdot$$
$$\cdot\left[2 + j\pi\frac{b}{2a}\operatorname{Tg} j\pi\frac{b}{2a} - j\pi\frac{d}{a}\operatorname{Cotg} j\pi\frac{d}{a} - j\pi\frac{\frac{b}{2}-y}{a}\operatorname{Cotg} j\pi\frac{\frac{b}{2}-y}{a}\right],$$

$$m_y = p\,a^2 \sum_{1,3}^{\infty} {}_j \sin j\pi\frac{x}{a}\frac{2}{j^3\pi^3}\operatorname{Sin} j\pi\frac{d}{a}\,\frac{\operatorname{Sin} j\pi\frac{\frac{b}{2}-y}{a}}{\operatorname{Cof} j\pi\frac{b}{2a}}\cdot$$
$$\cdot\left[-j\pi\frac{b}{2a}\operatorname{Tg} j\pi\frac{b}{2a} + j\pi\frac{d}{a}\operatorname{Cotg} j\pi\frac{d}{a} + j\pi\frac{\frac{b}{2}-y}{a}\operatorname{Cotg} j\pi\frac{\frac{b}{2}-y}{a}\right]. \qquad (683)$$

Man erhält in $y = 0$:

$$\widehat{\widecheck{M}}_{I1} = +\,0{,}0289\,p\,a^2,$$
$$\widehat{\widecheck{M}}_{I3} = +\,0{,}0006\,p\,a^2.$$

Für $B_{ak}$ gilt die gleiche Formel wie in P. 3.4.1., nur ohne Faktor $\cos\frac{k\pi}{2}$; sie liefert mit $\frac{d}{a} = 0{,}25$:

$$B_{a1} = 0{,}0595\,p\,a^2,$$
$$B_{a3} = 0{,}0071\,p\,a^2,$$
$$B_{a5} = 0,$$
$$B_{a7} = -\,0{,}0006\,p\,a^2,$$
$$B_{a9} = -\,0{,}0002\,p\,a^2.$$

Das Gleichungssystem für antisymmetrische Belastung liefert:

$$m_{a1} = -0{,}0337\,p\,a^2, \qquad \widecheck{m}_{\mathrm{I}1} = -0{,}0232\,p\,a^2,$$
$$m_{a3} = -0{,}0067\,p\,a^2, \qquad \widecheck{m}_{\mathrm{I}2} = -0{,}0020\,p\,a^2.$$
$$m_{a5} = -0{,}0020\,p\,a^2,$$
$$m_{a7} = -0{,}0012\,p\,a^2,$$
$$m_{a9} = -0{,}0010\,p\,a^2,$$

Die Überlagerung der Zusatzfunktionen mit dem Grundfall und Bildung des arithmetischen Mittels der beiden Lastfälle ergibt die in Abb. 209 mit $l$ bezeichneten Linien.

### 3.5. Einflußfläche für das Stützenmoment $m_a$

Einflußflächen für Feldmomente werden im vorliegenden Beispiel nicht benötigt, nachdem die größtmöglichen Momente infolge eines Fahrzeugs und die gegebenenfalls noch hinzukommenden Momente infolge Gleichlast auf den Randstreifen ausführlich berechnet wurden. Um die für das Stützenmoment $m_a$ maßgebende Laststellung verläßlich zu finden, wird im folgenden die Einflußfläche für das Stützenmoment $m_a$, beispielsweise im Punkt $y = 0{,}25\,a = 0{,}2\,b$ (Fahrbahnrand), entwickelt.

Die Einflußwerte des gleichmäßig verteilten Stützenmoments (Reihenglied $k = 0$) sind im Feld I

$$\text{Einfl. } m_{a0} = -\frac{a}{4\,b}\,\frac{u}{a}\left[1 - \left(\frac{u}{a}\right)^2\right]. \tag{684}$$

Nach Abschnitt C.8, P. 8.3.1. und 8.3.3., lauten die Gl. (387) bis (390), wenn wegen der Symmetrie der beiden Plattenfelder

$$\widehat{r}_{\mathrm{II}\,j} = -\cos j\pi \cdot \widehat{r}_{\mathrm{I}\,j}, \quad \widecheck{r}_{\mathrm{II}\,j} = -\cos j\pi \cdot \widecheck{r}_{\mathrm{I}\,j}$$

und die Substitution

$$r_{\mathrm{I\,II}\,k} = r_{\mathrm{II\,I}\,k} = r_{a\,k} = \frac{1}{2}\left(-\cos k\pi\frac{y}{b} + f_k\right)$$

eingeführt wird:

Gleichungen mit $k = 2, 4$

$$\left.\begin{aligned}
f_k &= \sum_{1,2}^{\infty}{}^{j}\,(-\cos j\pi)\,\widehat{r}_{\mathrm{I}\,j}\,\frac{8}{\left(\dfrac{j\,b}{k\,a} + \dfrac{k\,a}{j\,b}\right)^2\left(3\,\mathfrak{Cotg}\,j\pi\dfrac{b}{2\,a} - \dfrac{j\pi\dfrac{b}{2\,a}}{\mathfrak{Sin}^2 j\pi\dfrac{b}{2\,a}}\right)},\\
\widehat{r}_{\mathrm{I}\,j} &= \cos j\pi \sum_{2,4}^{\infty}{}^{k}\left(-\cos k\pi\frac{y}{b}\right)T_{j\,k} + \cos j\pi \sum_{2,4}^{\infty}{}^{k}\,f_k\,T_{j\,k},\\
&\text{worin zur Abkürzung}\\
T_{j\,k} &= \frac{4\,k}{\pi^2 j^3\left(\dfrac{b}{a}\right)^2\left(\dfrac{j\,b}{k\,a} + \dfrac{k\,a}{j\,b}\right)^2 c\left(\dfrac{k\,a}{b}\right)}\\
&\text{gesetzt ist.}
\end{aligned}\right\} \tag{685}$$

Gleichungen mit $k = 1, 3$

$$\left.\begin{aligned}
f_k &= \sum_{1,2}^{\infty}{}^{j}\,(-\cos j\pi)\,\widecheck{r}_{\mathrm{I}\,j}\,\frac{8}{\left(\dfrac{j\,b}{k\,a} + \dfrac{k\,a}{j\,b}\right)^2\left(3\,\mathfrak{Tg}\,j\pi\dfrac{b}{2\,a} + \dfrac{j\pi\dfrac{b}{2\,a}}{\mathfrak{Cof}^2 j\pi\dfrac{b}{2\,a}}\right)},\\
\widecheck{r}_{\mathrm{I}\,j} &= \cos j\pi \sum_{1,3}^{\infty}{}^{k}\left(-\cos k\pi\frac{y}{b}\right)T_{j\,k} + \cos j\pi \sum_{1,3}^{\infty}{}^{k}\,f_k\,T_{j\,k}.
\end{aligned}\right\} \tag{686}$$

Tafel 84. Berechnung von $\widehat{r}_{\mathrm{I}j}$ und $\overset{\wedge\wedge}{r}_{\mathrm{I}j}$

| $j =$ | 1 | 2 | 3 | 4 |
|---|---|---|---|---|
| $\cos j\pi \sum_{2,4}^{32}{}_k \left(-\cos k\pi \frac{y}{b}\right) T_{jk}$ ........ | — 0,0365 | + 0,0180 | — 0,0034 | — 0,0005 |
| Restsumme ........................ | — 0,0100 | + 0,0050 | — 0,0033 | + 0,0025 |
| $\cos j\pi \sum_{2,4}^{\infty}{}_k \left(-\cos k\pi \frac{y}{b}\right) T_{jk}$ ........ | — 0,0465 | + 0,0230 | — 0,0067 | + 0,0020 |
| $\cos j\pi \sum_{2,4}^{\infty}{}_k f_k T_{jk}$ .................. | + 0,0085 | — 0,0023 | + 0,0010 | — 0,0005 |
| $\widehat{r}_{\mathrm{I}j}$ .............................. | — 0,0380 | + 0,0207 | — 0,0057 | + 0,0015 |
| $\cos j\pi \sum_{1,3}^{31}{}_k \left(-\cos k\pi \frac{y}{b}\right) T_{jk}$ ........ | — 0,0170 | + 0,0147 | — 0,0034 | — 0,0004 |
| Restsumme ........................ | — 0,0098 | + 0,0048 | — 0,0030 | + 0,0023 |
| $\cos j\pi \sum_{1,3}^{\infty}{}_k \left(-\cos k\pi \frac{y}{b}\right) T_{jk}$ ........ | — 0,0268 | + 0,0195 | — 0,0064 | + 0,0019 |
| $\cos j\pi \sum_{1,3}^{\infty}{}_k f_k T_{jk}$ .................. | + 0,0060 | — 0,0017 | + 0,0007 | — 0,0004 |
| $\overset{\wedge\wedge}{r}_{\mathrm{I}j}$ .............................. | — 0,0208 | + 0,0178 | — 0,0057 | + 0,0015 |

Die erste Summe in der Gleichung für $\widehat{r}_{\mathrm{I}j}$ bzw. $\overset{\wedge\wedge}{r}_{\mathrm{I}j}$ wurde bis $k = 32$ bzw. $k = 31$ berechnet, die vorhergehenden Teilsummen als Wellenlinie aufgetragen und daraus die Restsumme abgeschätzt. Es ergaben sich die in Tafel 84 eingetragenen Zahlen.

Die Werte $r_{a\,k} = \frac{1}{2}\left(-\cos k\pi \frac{y}{b} + f_k\right)$ ergeben sich wie folgt:

$$r_{a2} = \frac{1}{2}(-0{,}3090 - 0{,}0369), \qquad r_{a1} = \frac{1}{2}(-0{,}8090 - 0{,}0197),$$

$$r_{a4} = \frac{1}{2}(+0{,}8090 - 0{,}0242), \qquad r_{a3} = \frac{1}{2}(+0{,}3090 - 0{,}0228),$$

$$r_{a6} = \frac{1}{2}(+0{,}8090 - 0{,}0152), \qquad r_{a5} = \frac{1}{2}(1{,}0000 - 0{,}0153),$$

$$r_{a8} = \frac{1}{2}(-0{,}3090 - 0{,}0101), \qquad r_{a7} = \frac{1}{2}(+0{,}3090 - 0{,}0101).$$

Weitere Werte $f_k$ werden nicht benötigt; es genügt, näherungsweise $r_{a\,k} \doteq \frac{1}{2}\left(-\cos k\pi \frac{y}{b}\right)$ zu setzen. Bei der Berechnung der $\widehat{r}_{\mathrm{I}j}$ und $\overset{\wedge\wedge}{r}_{\mathrm{I}j}$ (Tafel 84) wurden allerdings die $f_k$ bis $k = 16$ bzw. $k = 17$ eingesetzt und eine kleine Restsumme geschätzt.

Die endgültige Einflußfläche im Feld I erhält man mit den berechneten Werten $r$:

$$\text{Einfl. } m_a\,(y = 0{,}2\,b) = \text{Einfl. } m_{a0} + \sum_{1,2}^{\infty}{}_k\, r_{a\,k} \frac{\text{Einfl. } B_{a\,k}}{C\left(\frac{k\,a}{b}\right)} + \sum_{1,2}{}_j\, [\widehat{r}_{\mathrm{I}j}\widehat{F}_{\mathrm{I}j} + \overset{\wedge\wedge}{r}_{\mathrm{I}j}\overset{\wedge\wedge}{F}_{\mathrm{I}j}]. \quad (687)$$

Im Feld II ist die Einflußfläche spiegelgleich.

Die Funktionen Einfl. $B_{a\,k}$ können aus Tafel 73 umgerechnet werden, da Einfl. $B_{a\,k} = \frac{4}{k\,\pi}$ ($m_y$ infolge $m_{a\,k} = 1$) ist. Die Funktionen $\widehat{F}_{\mathrm{I}\,j}$ und $\widehat{\widehat{F}}_{\mathrm{I}\,j}$ sind unmittelbar aus Tafel 72 (unter $m_x$) zu entnehmen[1].

Zur Berechnung der Einflußwerte in der Linie $\frac{x}{a} = 0{,}9$ wurde die geschlossene Darstellung der Einflußfläche für den unendlichen Plattenstreifen und die Differenzreihe bis $k = 7$ benützt (siehe Abschnitt C.8., P. 8.3.3.).

In der Abb. 210 ist die berechnete Einflußfläche als Schichtenplan dargestellt. Der Einflußwert im Bezugspunkt ist $-\frac{1}{2\,\pi} = -0{,}1592$.

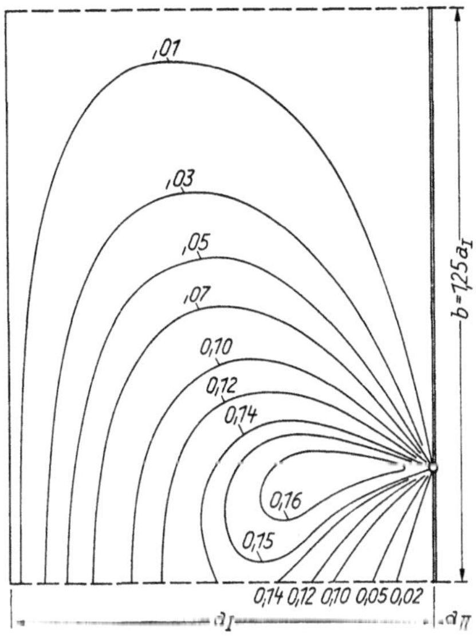


Abb. 210. Einflußfläche für $-m_a$ im Punkt $y = 0{,}25\,a$

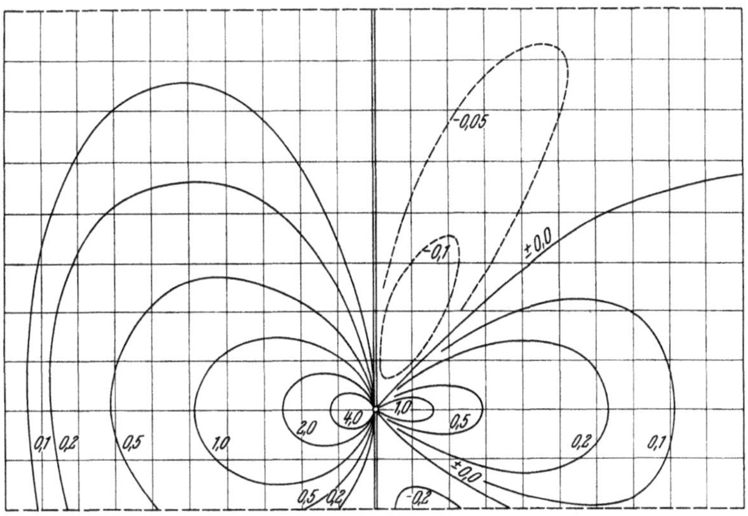


Abb. 211. Einflußfläche für $-a\,q_a$ im Punkt $y = 0{,}25\,a$

[1] Die Tafeln 72 und 73 sind gekürzt; für die Berechnung der Einflußfläche benötigt man die Zahlen für alle Zehntelpunkte von $a$ bzw. $b$.

### 3.6. Einflußfläche für die Querkraft $q_a$

Es wurde die Einflußfläche für $-a\,q_a$ im Punkt $y = 0{,}25\,a$ nach dem im Abschnitt C.8, P. 8.3.5. angegebenen Verfahren ermittelt und in Abb. 211 als Schichtenplan wiedergegeben. Die Fläche besitzt auch auf der Seite des Feldes II eine unendliche Spitze, die jedoch wesentlich schmäler ist als jene im Feld I.

# Berechnungsbeispiel 10: Plattenbrücke mit Kragarm

## 1. Berechnungsgrundlagen

Stützweite des Feldes I $a = 10{,}0$ m.

Kragarmlänge (Feld II) $l = 5{,}0 \text{ m} = \frac{a}{2}$.

Brückenbreite 12,5 m.

Plattendicke in beiden Feldern gleich.

Das Feld I stimmt mit der im Beispiel 8 bzw. Beispiel 9 behandelten Plattenbrücke überein; der Kragarm II entspricht der Hälfte des Feldes I.

Belastung wie in den vorangegangenen Berechnungsbeispielen.

Die Berechnung folgt dem im Abschnitt C.10., Fall **$DU_3$—*** beschriebenen Verfahren.

## 2. Zusatzfunktionen und Gleichungssysteme

Für das Feld I werden die gleichen Zusatzfunktionen wie im Beispiel 9 benötigt, nämlich

a) Momente infolge von zur Brückenachse symmetrischen bzw. antisymmetrischen Momentangriffen $\hat{m}_{\mathrm{I}j} \sin j\pi \frac{x_{\mathrm{I}}}{a_{\mathrm{I}}}$ und $\check{m}_{\mathrm{I}j} \sin j\pi \frac{x_{\mathrm{I}}}{a_{\mathrm{I}}}$ an den ungestützten Rändern nach Tafel 72;

b) Momente infolge von Momentangriffen $m_{ak} \cos k\pi \frac{y}{b}$ am Rand $a$ nach Tafel 73.

Im Kragarm II kommen folgende Zusatzfunktionen vor:

a) Momente infolge von zur Brückenachse symmetrischen bzw. antisymmetrischen Momentangriffen $\hat{m}_{\mathrm{II}j} \sin j\pi \frac{x_{\mathrm{II}}}{2l}$ und $\check{m}_{\mathrm{II}j} \sin j\pi \frac{x_{\mathrm{II}}}{2l}$ mit $j = 1, 3, \ldots$ an den ungestützten Rändern einer Rechteckplatte mit den Seitenlängen $2l$ und $b$. Da im vorliegenden Beispiel $2l = a_{\mathrm{I}}$ ist, gelten hiefür die Zahlenwerte aus Tafel 72 wie im Feld I.

b) Momente infolge von gleichen Momentangriffen $m_{sk} \cos k\pi \frac{y}{b} = m_{ak} \cos k\pi \frac{y}{b}$ an den frei drehbar gestützten Rändern $x_{\mathrm{II}} = 0$ und $x_{\mathrm{II}} = 2l$ einer Rechteckplatte mit den Seitenlängen $2l$ und $b$. Aus dem vorgenannten Grund kann man Tafel 73 verwenden, indem jeweils die Zahlen für den Punkt $x$ und für den Punkt $a - x$ zusammengezählt werden.

c) Momente infolge von Momentangriffen $m_{lk} \cos k\pi \frac{y}{b}$ am ungestützten Rand $x_{\mathrm{II}} = l$ nach Fall **$FUV_2$—00**, der sich von Fall **$F_3U$ — 00** dadurch unterscheidet, daß die Koordinatenrichtungen vertauscht sind und $\cos k\pi \frac{y}{b}$ an Stelle von $\sin j\pi \frac{x}{a}$ steht. Eine Reihe von Zahlenwerten für $k = 1$ bis $k = 4$ ist in Tafel 85 zusammengestellt.

Die Reihenkoeffizienten der zur Brückenachse *symmetrischen* Randmomentangriffe $\hat{m}_{\mathrm{I}j}$ mit $j = 1, 2$; $\hat{m}_{\mathrm{II}j}$ mit $j = 1, 3$; $m_{sk}$ mit $k = 2, 4$ und $m_{lk}$ mit $k = 2, 4$ einerseits und die der *antisymmetrischen* Angriffe $\check{m}_{\mathrm{I}j}$ mit $j = 1, 2$; $\check{m}_{\mathrm{II}j}$ mit $j = 1, 3$; $m_{sk}$ mit $k = 1, 3$ und $m_{lk}$ mit $k = 1, 3$ anderseits sind aus zwei getrennten Gleichungssystemen zu berechnen. Das gleichmäßig verteilte Stützenmoment $m_{s0}$ $(k = 0)$ wird gesondert ermittelt.

Tafel 85. Momente infolge Randmomentangriff $m_{lk} \cos k\pi \frac{y}{b}$ am ungestützten Rand

$$m_x = m_{lk} \cos k\pi \frac{y}{b} \frac{\mathfrak{Sin}\, k\pi \frac{x}{b}}{3\,\mathfrak{Sin}\, k\pi \frac{l}{b} + \frac{k\pi \frac{l}{b}}{\mathfrak{Cof}\, k\pi \frac{l}{b}}} \left[3 - k\pi \frac{l}{b} \mathfrak{Tg}\, k\pi \frac{l}{b} + k\pi \frac{x}{b} \mathfrak{Cotg}\, k\pi \frac{x}{b}\right],$$

$$m_y = m_{lk} \cos k\pi \frac{y}{b} \frac{\mathfrak{Sin}\, k\pi \frac{x}{b}}{3\,\mathfrak{Sin}\, k\pi \frac{x}{b} + \frac{k\pi \frac{l}{b}}{\mathfrak{Cof}\, k\pi \frac{l}{b}}} \left[-1 + k\pi \frac{l}{b} \mathfrak{Tg}\, k\pi \frac{l}{b} - k\pi \frac{x}{b} \mathfrak{Cotg}\, k\pi \frac{x}{b}\right]$$

| $k$ | | $\frac{x}{2l} =$ | | | | | | Faktor |
|---|---|---|---|---|---|---|---|---|
| | | 0,1 | 0,2 | 0,25 | 0,3 | 0,4 | 0,5 | |
| 1 | $m_x$ | 0,1364 | 0,2873 | 0,3730 | 0,4683 | 0,6980 | 1,0000 | $m_{l1} \cos \pi \frac{y}{b}$ |
| | $m_y$ | — 0,0440 | — 0,0966 | — 0,1281 | — 0,1678 | — 0,2681 | — 0,4138 | |
| 2 | $m_x$ | 0,0446 | 0,1156 | 0,1717 | 0,2495 | 0,5083 | 1,0000 | $m_{l2} \cos 2\pi \frac{y}{b}$ |
| | $m_y$ | 0,0111 | 0,0103 | 0,0002 | — 0,0209 | — 0,1178 | — 0,3480 | |
| 3 | $m_x$ | 0,0053 | 0,0296 | 0,0596 | 0,1125 | 0,3537 | 1,0000 | $m_{l3} \cos 3\pi \frac{y}{b}$ |
| | $m_y$ | 0,0201 | 0,0363 | 0,0391 | 0,0330 | — 0,0413 | — 0,3350 | |
| 4 | $m_x$ | — 0,0037 | 0,0009 | 0,0140 | 0,0447 | 0,2435 | 1,0000 | $m_{l4} \cos 4\pi \frac{y}{b}$ |
| | $m_y$ | 0,0140 | 0,0311 | 0,0397 | 0,0443 | 0,0003 | — 0,3334 | |

Bei Belastung des Kragfeldes II entstehen im Grundfall $\boxed{F_2V_2 - *}$ (in der Rechteckplatte mit den Seitenlängen $2\,l$ und $b$ unter zur Linie $x = l$ spiegelgleicher Belastung) Momente $m_y$ an den Querrändern, deren symmetrischer und antisymmetrischer Anteil durch die Zahlen $\widehat{M}_{\mathrm{II}\,j}$ und $\widehat{\widehat{M}}_{\mathrm{II}\,j}$ mit $j = 1, 3, \ldots$ gegeben ist (siehe Beispiel 9).

In der Linie $x_{\mathrm{II}} = l$ entstehen Momente $m_x$, die in der Form $m_{x\,l} = \sum_{1,2}^{k} M_{l\,k} \cos k\pi \frac{y}{b}$ dargestellt werden müssen. Schließlich sind die Randverdrehungen an den Rändern $x_{\mathrm{II}} = 0$ und $x_{\mathrm{II}} = 2\,l$ durch die Belastungswerte $B_{s\,k}$ mit $k = 1, 2$ gegeben. Damit lauten die Gleichungen für die Reihenkoeffizienten der symmetrischen Zusatzfunktionen:

$$\left.\begin{aligned}
&m_{s\,k}\left[C\left(\frac{k\,a}{b}\right) + C\left(\frac{k\,2\,l}{b}\right) + D\left(\frac{k\,2\,l}{b}\right)\right] + m_{l\,k} \cdot G\left(\frac{k\,l}{b}\right) - \\
&\qquad - \sum_{1,2}^{j} (-\cos j\pi)\, \widehat{m}_{\mathrm{I}\,j}\, J\left(\frac{j\,b}{k\,a}\right) - \sum_{1,3}^{j} \widehat{m}_{\mathrm{II}\,j}\, J\left(\frac{j\,b}{k\,2\,l}\right) + B_{s\,k} = 0, \\
&m_{l\,k} + m_{s\,k}\,\mu\left(\frac{k\,l}{b}\right) - \sum_{1,3}^{j} \widehat{m}_{\mathrm{II}\,j} \sin j\frac{\pi}{2}\, J'\left(\frac{j\,b}{k\,2\,l}\right) + M_{l\,k} = 0, \\
&\widehat{m}_{\mathrm{I}\,j} - \cos j\pi \sum_{2,4}^{k} m_{s\,k} \frac{1}{2\,j} H\left(\frac{j\,b}{k\,a}\right) = 0, \\
&\widehat{m}_{\mathrm{II}\,j} + \sum_{2,4}^{k} m_{s\,k} \frac{1}{j} H\left(\frac{j\,b}{k\,2\,l}\right) - \sin\frac{j\pi}{2} \sum_{2,4}^{k} m_{l\,k}\, L'\left(\frac{k\,2\,l}{j\,b}\right) + \widehat{M}_{\mathrm{II}\,j} = 0.
\end{aligned}\right\} \quad (688)$$

Die ersten beiden Gleichungen sind für $k = 2, 4$ aufzustellen; die dritte für $j = 1, 2$ und die vierte für $j = 1, 3$.

Die Reihenkoeffizienten der antisymmetrischen Zusatzfunktionen ergeben sich aus folgenden Gleichungen:

$$\left.\begin{aligned}
&m_{sk}\left[C\left(\frac{ka}{b}\right)+C\left(\frac{k2l}{b}\right)+D\left(\frac{k2l}{b}\right)\right]+m_{lk}G\left(\frac{kl}{b}\right)-\\
&\qquad-\sum_{1,2}^{j}(-\cos j\pi)\,\widehat{m}_{\mathrm{I}j}\,L\left(\frac{jb}{ka}\right)-\sum_{1,3}^{j}\widehat{m}_{\mathrm{II}j}\,L\left(\frac{jb}{k2l}\right)+B_{sk}=0,\\
&\qquad m_{lk}+m_{sk}\,\mu\left(\frac{kl}{b}\right)-\sum_{1,3}^{j}\widehat{m}_{\mathrm{II}j}\sin\frac{j\pi}{2}\,L'\left(\frac{jb}{k2l}\right)+M_{lk}=0,\\
&\qquad\quad \widehat{m}_{\mathrm{I}j}-\cos j\pi\sum_{1,3}^{k}m_{sk}\frac{1}{2j}H\left(\frac{jb}{ka}\right)=0,\\
&\quad \widehat{m}_{\mathrm{II}j}+\sum_{1,3}^{k}m_{sk}\frac{1}{j}H\left(\frac{jb}{k2l}\right)-\sin\frac{j\pi}{2}\sum_{1,3}^{k}m_{lk}\,L'\left(\frac{k2l}{jb}\right)+\widehat{M}_{\mathrm{II}j}=0.
\end{aligned}\right\}\quad(689)$$

Die ersten beiden Gleichungen sind für $k = 1, 3$ aufzustellen; die dritte für $j = 1, 2$ und die vierte für $j = 1, 3$.

Die Beiwerte $C\left(\frac{ka}{b}\right) = C\left(\frac{k2l}{b}\right)$ und $D\left(\frac{k2l}{b}\right)$ können aus den Tafeln D.1 bzw. D.2 entnommen werden:

$$\begin{aligned}
k&=1 & C\left(\frac{2l}{b}\right)&=0{,}9464, & D\left(\frac{2l}{b}\right)&=0{,}2522,\\
&\;\;2 & C\left(2\,\frac{2l}{b}\right)&=0{,}9992, & D\left(2\,\frac{2l}{b}\right)&=0{,}0528,\\
&\;\;3 & C\left(3\,\frac{2l}{b}\right)&\doteq 1, & D\left(3\,\frac{2l}{b}\right)&\doteq 0.
\end{aligned}$$

(Man kann auch $C\left(\frac{k2l}{b}\right)+D\left(\frac{k2l}{b}\right)=\widehat{C}\left(\frac{k2l}{b}\right)$ schreiben.)

Die Beiwerte $\frac{1}{2j}H\left(\frac{jb}{ka}\right)$, $J\left(\frac{jb}{ka}\right)=J\left(\frac{jb}{k2l}\right)$ und $L\left(\frac{jb}{ka}\right)=L\left(\frac{jb}{k2l}\right)$ sind die gleichen wie im Beispiel 9, Tafel 73.

Die weiteren Beiwerte sind:

$$\left.\begin{aligned}
G\left(\frac{kl}{b}\right)&=2\,\frac{k\pi\frac{l}{b}\,\mathfrak{Tg}\,k\pi\frac{l}{b}-2}{3\,\mathfrak{Sin}\,k\pi\frac{l}{b}+\dfrac{k\pi\frac{l}{b}}{\mathfrak{Cof}\,k\pi\frac{l}{b}}},\\
\mu\left(\frac{kl}{b}\right)&=\frac{2-k\pi\frac{l}{b}\,\mathfrak{Tg}\,k\pi\frac{l}{b}}{2\,\mathfrak{Cof}\,k\pi\frac{l}{b}},\\
J'\left(\frac{jb}{k2l}\right)=\frac{b}{2l}\,\frac{j}{2k}\,J\left(\frac{jb}{k2l}\right)&=\frac{2l}{b}\,\frac{8}{\pi j\left(\frac{jb}{k2l}+\frac{k2l}{jb}\right)^2\left(3\,\mathfrak{Cotg}\,j\pi\frac{b}{4l}-\dfrac{j\pi\frac{b}{4l}}{\mathfrak{Sin}^2\,j\pi\frac{b}{4l}}\right)},\\
L'\left(\frac{jb}{k2l}\right)=\frac{b}{2l}\,\frac{j}{2k}\,L\left(\frac{jb}{k2l}\right)&=\frac{2l}{b}\,\frac{8}{\pi j\left(\frac{jb}{k2l}+\frac{k2l}{jb}\right)^2\left(3\,\mathfrak{Tg}\,j\pi\frac{b}{4l}+\dfrac{j\pi\frac{b}{4l}}{\mathfrak{Cof}^2\,j\pi\frac{b}{4l}}\right)},\\
L'\left(\frac{k2l}{jb}\right)=\frac{2l}{b}\,\frac{k}{2j}\,L\left(\frac{k2l}{jb}\right)&=\frac{b}{2l}\,\frac{8}{\pi k\left(\frac{jb}{k2l}+\frac{k2l}{jb}\right)^2\left(3\,\mathfrak{Tg}\,k\pi\frac{l}{b}+\dfrac{k\pi\frac{l}{b}}{\mathfrak{Cof}^2\,k\pi\frac{l}{b}}\right)}.
\end{aligned}\right\}\quad(690)$$

Einige Zahlenwerte sind in den Tafeln 86 und 87 enthalten.

Tafel 86. Beiwerte $G\left(\frac{k\,l}{b}\right)$ und $\mu\left(\frac{k\,l}{b}\right)$

| $k$ | $G\left(\frac{k\,l}{b}\right)$ | $\mu\left(\frac{k\,l}{b}\right)$ |
|---|---|---|
| 1 | — 0,3389 | 0,2452 |
| 2 | 0,0512 | — 0,0387 |
| 3 | 0,0542 | — 0,0407 |
| 4 | 0,0265 | — 0,0198 |

Tafel 87. Beiwerte $J'\left(\frac{j\,b}{k\,2\,l}\right)$ und $L'\left(\frac{k\,2\,l}{j\,b}\right)$ für symmetrische Zusatzfunktionen

| $j$ | | $k =$ 2 | 4 | 6 | 8 | 10 | 12 | 14 | 16 |
|---|---|---|---|---|---|---|---|---|---|
| 1 | $J'\left(\frac{b}{k\,2\,l}\right)$ | 0,139 | 0,056 | 0,028 | 0,016 | 0,010 | 0,007 | 0,005 | 0,004 |
| | $L'\left(\frac{k\,2\,l}{b}\right)$ | 0,106 | 0,022 | 0,007 | 0,003 | 0,002 | 0,001 | — | — |
| 3 | $J'\left(\frac{3\,b}{k\,2\,l}\right)$ | 0,039 | 0,056 | 0,046 | 0,033 | 0,024 | 0,018 | 0,014 | 0,011 |
| | $L'\left(\frac{k\,2\,l}{3\,b}\right)$ | 0,090 | 0,066 | 0,036 | 0,020 | 0,012 | 0,007 | 0,005 | 0,003 |
| 5 | $J'\left(\frac{5\,b}{k\,2\,l}\right)$ | 0,011 | 0,028 | 0,034 | 0,032 | 0,028 | 0,023 | 0,019 | 0,016 |
| | $L'\left(\frac{k\,2\,l}{5\,b}\right)$ | 0,044 | 0,055 | 0,044 | 0,031 | 0,021 | 0,015 | 0,011 | 0,008 |
| 7 | $J'\left(\frac{7\,b}{k\,2\,l}\right)$ | 0,005 | 0,014 | 0,021 | 0,024 | 0,024 | 0,022 | 0,020 | 0,017 |
| | $L'\left(\frac{k\,2\,l}{7\,b}\right)$ | 0,025 | 0,038 | 0,039 | 0,033 | 0,026 | 0,020 | 0,015 | 0,012 |

## 3. Raupenfahrzeug

### 3.1. Momente im Grundfall

Es wird die Laststellung nach Abb. 212 untersucht: Das Fahrzeug in Brückenachse, Lastflächen an den Rand $x_{\text{II}} = l$ anstoßend. Die Platte wird symmetrisch zu diesem Rand zu einem Rechteck mit der Breite $2\,l$ ergänzt. Dieses stimmt mit dem Feld im Beispiel 9 überein, daher erhält man die Momente in Abhängigkeit von $y$, indem man die Zahlen aus Tafel 76 mit $2\,P \sin j\,\pi \frac{x_{\text{II}}}{2\,l} \cdot \sin j\,\pi \frac{u}{2\,l}$ multipliziert, wobei nur die Glieder $j = 1, 3$ zu nehmen sind.

### 3.2. Zusatzfunktionen

Auf die vorbeschriebene Weise erhält man auch die Werte $\widehat{M}_{\text{II}\,j}$, die in den Gleichungen für $\widehat{m}_{\text{II}\,j}$ einzusetzen sind; sie betragen

$$\widehat{M}_{\text{II}\,1} = -\,0{,}0835 \cdot 2 \cdot 0{,}8526\,P = -\,0{,}1420\,P,$$

$$\widehat{M}_{\text{II}\,3} = -\,0{,}0025 \cdot 2 \cdot 0{,}0785\,P = -\,0{,}0004\,P.$$

Die Formel für $B_{sk} = B_{ak}$ erhält man aus Fall **F₄ — 12m** (Abschnitt C.2.1., S. 167), indem man $l$ an Stelle von $\frac{a}{2}$, $4\,P\cos k\pi\frac{v}{b}$ an Stelle von $P\sin\frac{k\pi}{2}$ und $2c$ an Stelle von $c$ einführt:

$$B_{sk} = P\cos k\pi\frac{v}{b}\,\frac{\sin k\pi\frac{d}{b}}{k\pi\frac{d}{b}}\,\frac{\mathfrak{Sin}\,k\pi\frac{2c}{b}}{k\pi\frac{2c}{b}}\,\frac{4}{k\pi\,\mathfrak{Cos}\,k\pi\frac{l}{b}}\left[1 + k\pi\frac{l}{b}\,\mathfrak{Tg}\,k\pi\frac{l}{b} - k\pi\frac{2c}{b}\,\mathfrak{Cotg}\,k\pi\frac{2c}{b}\right]. \tag{691}$$

Die Formel für $M_{lk}$ geht ebenfalls aus **F₄ — 12m** hervor (S. 152), indem man in der Formel für $m_{ym}$ die Koordinaten vertauscht und dann noch die oben angeführten Änderungen vornimmt. Es entsteht:

$$M_{lk} = P\cos k\pi\frac{v}{b}\,\frac{\sin k\pi\frac{d}{b}}{k\pi\frac{d}{b}}\,\frac{2\,\mathfrak{Cos}\,k\pi\frac{l-2c}{b}}{k^2\pi^2\frac{2c}{b}\,\mathfrak{Cos}\,k\pi\frac{l}{b}}\left[k\pi\frac{l}{b}\,\mathfrak{Tg}\,k\pi\frac{l}{b} - k\pi\frac{l-2c}{b}\,\mathfrak{Tg}\,k\pi\frac{l-2c}{b}\right]. \tag{692}$$

Nach vorstehenden Formeln erhält man

$$\begin{aligned} B_{s2} &= -\,0{,}2139\,P, & M_{l2} &= -\,0{,}0610\,P,\\ B_{s4} &= +\,0{,}0153\,P, & M_{l4} &= +\,0{,}0016\,P,\\ B_{s6} &= +\,0{,}0041\,P, & M_{l6} &= +\,0{,}0002\,P.\\ B_{s8} &= -\,0{,}0035\,P,\\ B_{s10} &= +\,0{,}0015\,P,\\ B_{s12} &= -\,0{,}0005\,P, \end{aligned}$$

Das Gleichungssystem für die Koeffizienten der symmetrischen Zusatzfunktionen liefert folgende Zahlen:

$$\begin{aligned} m_{s2} &= +\,0{,}1229\,P, & m_{l2} &= +\,0{,}0829\,P, & \hat{m}_{\mathrm{I}1} &= -\,0{,}0167\,P,\\ m_{s4} &= +\,0{,}0075\,P, & m_{l4} &= +\,0{,}0062\,P, & \hat{m}_{\mathrm{I}2} &= +\,0{,}0106\,P,\\ m_{s6} &= +\,0{,}0079\,P, & m_{l6} &= +\,0{,}0040\,P, & \hat{m}_{\mathrm{I}3} &= -\,0{,}0058\,P,\\ m_{s8} &= +\,0{,}0090\,P, & m_{l8} &= +\,0{,}0026\,P, & \hat{m}_{\mathrm{I}4} &= +\,0{,}0035\,P,\\ m_{s10} &= +\,0{,}0050\,P, & m_{l10} &= +\,0{,}0018\,P, & \hat{m}_{\mathrm{I}5} &= -\,0{,}0024\,P,\\ m_{s12} &= +\,0{,}0046\,P, & m_{l12} &= +\,0{,}0013\,P,\\ m_{s14} &= +\,0{,}0038\,P, & m_{l14} &= +\,0{,}0011\,P, & \hat{m}_{\mathrm{II}1} &= +\,0{,}1177\,P,\\ m_{s16} &= +\,0{,}0032\,P, & m_{l16} &= +\,0{,}0008\,P, & \hat{m}_{\mathrm{II}3} &= -\,0{,}0193\,P,\\ & & & & \hat{m}_{\mathrm{II}5} &= -\,0{,}0004\,P,\\ & & & & \hat{m}_{\mathrm{II}7} &= -\,0{,}0052\,P. \end{aligned}$$

Schließlich ist

$$m_{s0} = m_{a0} = -\,2\,P\frac{u}{b} = -\,2\,\frac{0{,}325}{1{,}25}\,P = -\,0{,}5200\,P.$$

### 3.3. Gesamtmomente

Die Tafel 88 zeigt die Berechnung der Momente $\frac{m_x}{P}$ längs der Brückenachse im Feld II. Jedes Reihenglied $j$ setzt sich zusammen aus dem Grundfall (Wert aus Tafel 76 mit $2\sin j\pi\frac{u}{2l}$ multipliziert) und der Wirkung des Randmoments $\hat{m}_{\mathrm{II}j}$ in Brückenachse nach Tafel 72. Dazu kommt die Wirkung der Momentangriffe an den Rändern $s$ und $a$, die in Brückenachse

$m_{sk} \cos \frac{k\pi}{2}$ betragen und mit den gemäß P. 2. zusammengezählten Werten aus Tafel 73 zu multiplizieren sind, während das Moment $m_{s0}$ ein im ganzen Feld konstantes Moment $m_x$ hervorruft. Schließlich ist die Wirkung der Momentangriffe am Rand $l$, die in Brückenachse $m_{lk} \cos \frac{k\pi}{2}$ betragen, nach Tafel 85 zu überlagern.

Im Feld I erzeugt das Moment $m_{s0}$ einen linearen Verlauf von $m_x$; die Werte $m_{sk} \cos \frac{k\pi}{2}$ sind mit den Zahlen aus Tafel 73 zu multiplizieren und die Wirkung der Randmomente $\hat{m}_{\mathrm{I}j}$ in Brückenachse nach Tafel 72 hinzuzufügen.

Der Verlauf der Momente $m_y$, die in der Linie $y = v$ den größten Wert annehmen, wird in der gleichen Weise berechnet, nur fehlt hier die Wirkung von $m_{s0}$.

Die Abb. 212 zeigt den Verlauf der Momente $m_x$ nach Tafel 88, den Verlauf des Stützenmoments $m_s$ und den Verlauf von $m_y$ in der Linie $y = v$ sowie längs des Randes $l$. Die Momente $m_y$ sind wesentlich größer als im Beispiel 9.

Tafel 88. Raupenfahrzeug in Brückenachse. Berechnung der Momente $\frac{m_x}{P}$ in Brückenachse, Feld II

| | $\frac{x_{\mathrm{II}}}{2l}$ | 0 | 0,1 | 0,2 | 0,3 | 0,4 | 0,5 |
|---|---|---|---|---|---|---|---|
| $j = 1$ | $(0{,}3473 \cdot 2 \cdot 0{,}8526 + 0{,}1177 \cdot 0{,}1008) \sin \pi \frac{x_{\mathrm{II}}}{2l}$ | 0 | +0,1873 | +0,3564 | +0,4905 | +0,5766 | +0,6061 |
| $j = 3$ | $(0{,}0431 \cdot 2 \cdot 0{,}0785 - 0{,}0193 \cdot 0{,}0090) \sin 3\pi \frac{x_{\mathrm{II}}}{2l}$ | 0 | +0,0054 | +0,0062 | +0,0021 | —0,0039 | —0,0066 |
| $j = 5$ | $0{,}0037 \cdot 2\,(-0{,}9239) \sin 5\pi \frac{x_{\mathrm{II}}}{2l}$ | 0 | —0,0068 | 0 | +0,0068 | 0 | —0,0068 |
| $j = 7$ | $-0{,}0019 \cdot 2 \cdot 0{,}7604 \cdot \sin 7\pi \frac{x_{\mathrm{II}}}{2l}$ | 0 | —0,0024 | +0,0028 | —0,0008 | —0,0016 | +0,0028 |
| $j = 9$ | $-0{,}0010 \cdot 2 \cdot 0{,}2345 \cdot \sin 9\pi \frac{x_{\mathrm{II}}}{2l}$ | 0 | —0,0001 | +0,0002 | —0,0003 | +0,0004 | —0,0005 |
| | $m_{s0}$ — 0,5200 | —0,5200 | —0,5200 | —0,5200 | —0,5200 | —0,5200 | —0,5200 |
| | $m_{s2}$ + 0,1229 (— 1) | —0,1229 | —0,0549 | —0,0209 | —0,0044 | +0,0028 | +0,0047 |
| | $m_{s4}$ + 0,0075 | +0,0075 | +0,0014 | — | —0,0002 | —0,0002 | —0,0002 |
| | $m_{s6}$ + 0,0079 (— 1) | —0,0079 | —0,0004 | +0,0002 | +0,0001 | — | — |
| | $m_{s8}$ bis $m_{s16}$ | +0,0067 | — | —0,0002 | — | — | — |
| | $m_{l2}$ + 0,0827 (— 1) | 0 | —0,0037 | —0,0096 | —0,0206 | —0,0421 | —0,0827 |
| | $m_{l4}$ + 0,0062 | 0 | — | — | +0,0002 | +0,0015 | +0,0062 |
| | $m_{l6}$ + 0,0040 (— 1) | 0 | — | — | — | —0,0004 | —0,0040 |
| | $m_{l8}$ bis $m_{l16}$ | 0 | — | — | — | — | +0,0010 |
| | $\frac{m_x}{P} =$ | —0,6366 | —0,3942 | —0,1849 | —0,0467 | +0,0131 | 0 |

Anmerkung: Einige der hier benötigten Zahlen sind in Tafel 73 nicht enthalten.

## 4. Schwerlastwagen

### 4.1. Momente im Grundfall

Es wird die Laststellung nach Abb. 213 untersucht: Das Fahrzeug in Brückenachse, äußerste Lastflächen an den Rand $x_{\mathrm{II}} = l$ anstoßend. Die Platte wird symmetrisch zu diesem Rand zu einem Rechteck mit der Breite $2l$ ergänzt. Dieses stimmt mit dem Feld in Beispiel 9 überein, daher erhält man die Momente in Abhängigkeit von $y$, indem man die Zahlen aus Tafel 81 mit

$$2\,P \sin j\,\pi \frac{x_{\mathrm{II}}}{2\,l}\left(\sin j\,\pi \frac{u_1}{2\,l} + \sin j\,\pi \frac{u_2}{2\,l} + \sin j\,\pi \frac{u_3}{2\,l}\right) =$$

$$= 4\,P \sin j\,\pi \frac{x_{\mathrm{II}}}{2\,l} \sin j\,\pi \frac{u_2}{2\,l}\left(\frac{1}{2} + \cos j\,\pi \frac{u_2 - u_1}{2\,l}\right)$$

multipliziert, wobei nur die Glieder $j = 1, 3, \ldots$ zu nehmen sind. Die Momente in der Linie $y = v$ werden auf dem im Beispiel 9 (P. 3.3.1.1.) angegebenen Wege berechnet. Die Momente $m_{x\,\infty}$ bzw. $m_{y\,\infty}$ sind für vier Lasten $P$ und eine Last $2\,P$ (in Feldmitte mit der doppelten Lastbreite) gesondert zu ermitteln. Für die Differenzmomente auf Fall **$F_2V_2$—212** gelten die Zahlen in Tafel 81 mit dem oben angeführten Faktor.

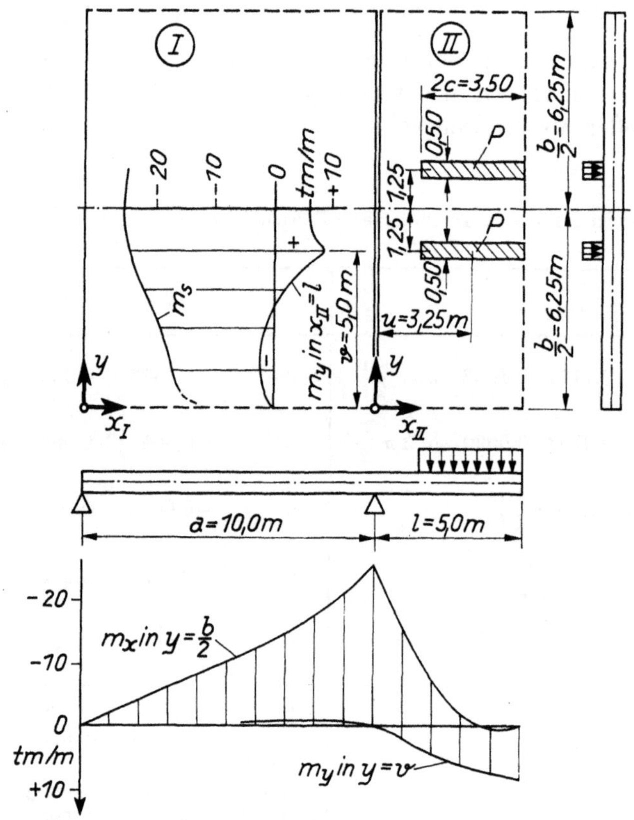


Abb. 212. Raupenfahrzeug am Kragfeld

## 4.2. Zusatzfunktionen

Auf die vorbeschriebene Weise erhält man auch die Werte $\widehat{M}_{\mathrm{II}\,j}$, die in die Gleichungen für $\widehat{m}_{\mathrm{II}\,j}$ einzusetzen sind; sie betragen:

$$\widehat{M}_{\mathrm{II}\,1} = -\,0{,}0905 \cdot 4 \cdot 0{,}8763\left(\frac{1}{2} + 0{,}8910\right) P = -\,0{,}4417\,P,$$

$$\widehat{M}_{\mathrm{II}\,3} = -\,0{,}0036 \cdot 4 \cdot (-\,0{,}0628)\left(\frac{1}{2} + 0{,}1564\right) P = +\,0{,}0006\,P.$$

Die Formeln für $B_{s\,k} = B_{a\,k}$ und $M_{l\,k}$ infolge von vier zur Linie $x_{\mathrm{II}} = l$ symmetrischen Lasten gehen aus Fall **$F_4$—212** (S. 231 bzw. Abschnitt C.2.1.) hervor, indem man die Koordinatenrichtungen vertauscht und dann $l$ an Stelle von $\frac{a}{2}$ und $2\,P \cos k\,\pi \frac{v}{b}$ an Stelle von $P \sin k\,\pi \frac{v}{b}$ schreibt:

$$B_{s\,k} = P \cos k\,\pi \frac{v}{b} \frac{\sin k\,\pi \frac{d}{b}}{k\,\pi \frac{d}{b}} \frac{\mathfrak{Sin}\, k\,\pi \frac{c}{b}}{k\,\pi \frac{c}{b}} \frac{4}{k\,\pi} \frac{\mathfrak{Cof}\, k\,\pi \frac{l-u}{b}}{\mathfrak{Cof}\, k\,\pi \frac{l}{b}} \cdot$$

$$\cdot \left[1 + k\,\pi \frac{l}{b} \mathfrak{Tg}\, k\,\pi \frac{l}{b} - k\,\pi \frac{c}{b} \mathfrak{Cotg}\, k\,\pi \frac{c}{b} - k\,\pi \frac{l-u}{b} \mathfrak{Tg}\, k\,\pi \frac{l-u}{b}\right], \qquad (693)$$

$$M_{l\,k} = P \cos k\,\pi \frac{v}{b} \frac{\sin k\,\pi \frac{d}{b}}{k\,\pi \frac{d}{b}} \frac{\mathfrak{Sin}\, k\,\pi \frac{c}{b}}{k\,\pi \frac{c}{b}} \frac{2}{k\,\pi} \frac{\mathfrak{Sin}\, k\,\pi \frac{u}{b}}{\mathfrak{Cof}\, k\,\pi \frac{l}{b}} \cdot$$

$$\cdot \left[- k\,\pi \frac{l}{b} \mathfrak{Tg}\, k\,\pi \frac{l}{b} + k\,\pi \frac{c}{b} \mathfrak{Cotg}\, k\,\pi \frac{c}{b} + k\,\pi \frac{u}{b} \mathfrak{Cotg}\, k\,\pi \frac{u}{b}\right]. \qquad (694)$$

Diese Formeln sind mit $u_1$, $u_2$ und $u_3$ auszuwerten; für die Lasten mit $u_3$ kann man auch die beim Raupenfahrzeug (P. 3.) angegebenen Formeln verwenden. Man erhält:

$$\begin{aligned}
B_{s\,2} &= (-\,0{,}2339 - 0{,}2332 - 0{,}2220)\; P = -\,0{,}6891\; P,\\
B_{s\,4} &= \quad (0{,}0478 + 0{,}0203 + 0{,}0111)\; P = +\,0{,}0792\; P,\\
B_{s\,6} &= (-\,0{,}0021 - 0{,}0004 - 0{,}0001)\; P = -\,0{,}0026\; P,\\
B_{s\,8} &= (-\,0{,}0053 - 0{,}0005 - 0{,}0001)\; P = -\,0{,}0059\; P,\\
B_{s\,10} &= \quad (0{,}0038 + 0{,}0002)\qquad P = +\,0{,}0040\; P,\\
B_{s\,12} &= \qquad -\,0{,}0017\; P,\\
B_{s\,14} &= \qquad +\,0{,}0006\; P,\\
B_{s\,16} &= \qquad -\,0{,}0002\; P,
\end{aligned}$$

$$\begin{aligned}
M_{l\,2} &= (+\,0{,}0095 - 0{,}0413 - 0{,}2660)\; P = -\,0{,}2978\; P,\\
M_{l\,4} &= (-\,0{,}0074 - 0{,}0101 + 0{,}0688)\; P = +\,0{,}0513\; P,\\
M_{l\,6} &= (+\,0{,}0002 + 0{,}0008 - 0{,}0048)\; P = -\,0{,}0038\; P,\\
M_{l\,8} &= (+\,0{,}0003 + 0{,}0028 - 0{,}0213)\; P = -\,0{,}0182\; P,\\
M_{l\,10} &= \qquad (\;\;0{,}0026 + 0{,}0283)\; P = +\,0{,}0257\; P,\\
M_{l\,12} &= \qquad (+\,0{,}0014 - 0{,}0252)\; P = -\,0{,}0238\; P,\\
M_{l\,14} &= \qquad (-\,0{,}0006 + 0{,}0177)\; P = +\,0{,}0171\; P,\\
M_{l\,16} &= \qquad (+\,0{,}0002 - 0{,}0088)\; P = -\,0{,}0086\; P.
\end{aligned}$$

Das Gleichungssystem für die Koeffizienten der symmetrischen Zusatzfunktionen liefert folgende Zahlen:

| | | |
|---|---|---|
| $m_{s\,2} = +\,0{,}3930\; P,$ | $m_{l\,2} = +\,0{,}3681\; P,$ | $\hat{m}_{I\,1} = -\,0{,}0525\; P,$ |
| $m_{s\,4} = +\,0{,}0090\; P,$ | $m_{l\,4} = -\,0{,}0260\; P,$ | $\hat{m}_{I\,2} = +\,0{,}0330\; P,$ |
| $m_{s\,6} = +\,0{,}0327\; P,$ | $m_{l\,6} = +\,0{,}0181\; P,$ | $\hat{m}_{I\,3} = -\,0{,}0179\; P,$ |
| $m_{s\,8} = +\,0{,}0246\; P,$ | $m_{l\,8} = +\,0{,}0274\; P,$ | $\hat{m}_{I\,4} = +\,0{,}0111\; P,$ |
| $m_{s\,10} = +\,0{,}0141\; P,$ | $m_{l\,10} = -\,0{,}0192\; P,$ | $\hat{m}_{I\,5} = -\,0{,}0076\; P,$ |
| $m_{s\,12} = +\,0{,}0136\; P,$ | $m_{l\,12} = +\,0{,}0286\; P,$ | $\hat{m}_{II\,1} = +\,0{,}3752\; P,$ |
| $m_{s\,14} = +\,0{,}0100\; P,$ | $m_{l\,14} = -\,0{,}0134\; P,$ | $\hat{m}_{II\,3} = -\,0{,}0696\; P,$ |
| $m_{s\,16} = +\,0{,}0088\; P,$ | $m_{l\,16} = +\,0{,}0116\; P,$ | $\hat{m}_{II\,5} = +\,0{,}0014\; P,$ |
| | | $\hat{m}_{II\,7} = -\,0{,}0184\; P.$ |

Schließlich ist

$$m_{s\,0} = -\,2\,P \frac{u_1 + u_2 + u_3}{b} = -\,P \frac{2}{1{,}25} (0{,}19 + 0{,}34 + 0{,}49) = -\,1{,}6320\; P.$$

### 4.3. Gesamtmomente

Die Tafel 89 zeigt die Berechnung der Momente $\frac{m_x}{P}$ längs der Linie $y = v = 0{,}525 \cdot 2\,l$ im Feld II. Die Berechnung von $\frac{m_{x\infty}}{P}$ (1. Zeile) ist nicht im einzelnen wiedergegeben; sie geht in der gleichen Weise wie im Beispiel 9 vor sich. Jedes Reihenglied $j$ setzt sich zusammen aus dem Differenzmoment zum Grundfall $\left[\text{Wert aus Tafel 81 mit } 4 \sin j\,\pi \frac{u_2}{2\,l}\left(\frac{1}{2} + \cos j\,\pi \frac{u_2 - u_1}{2\,l}\right) \text{multipliziert}\right]$ und der Wirkung des Randmoments $\widehat{m}_{\mathrm{II}\,j}$ in $\frac{y}{2\,l} = 0{,}525$ nach

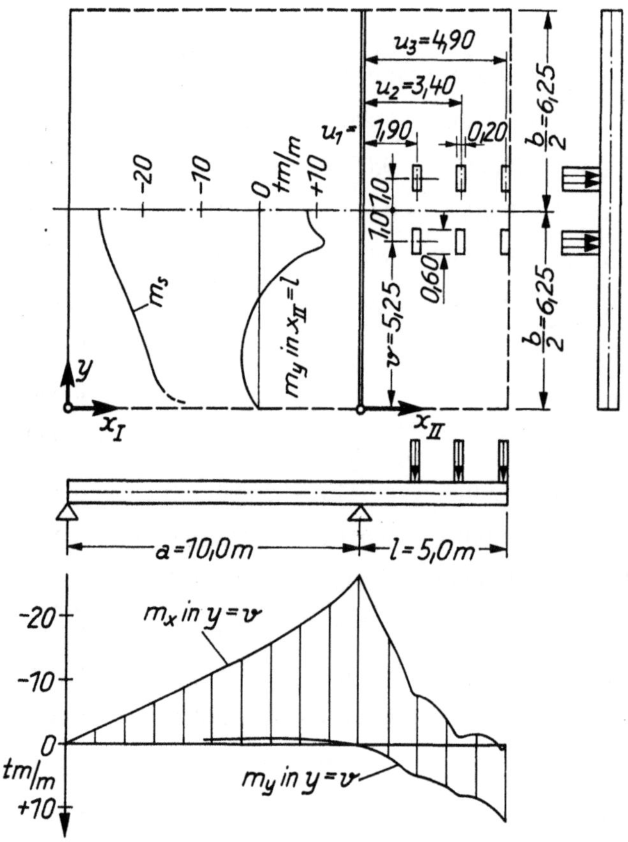


Abb. 213. Schwerlastwagen am Kragfeld

Tafel 72. Dazu kommt die Wirkung der Momentangriffe an den Rändern $s$ und $a$, die in der Linie $y = v$ den Wert $m_{s\,k} \cos k\,\pi \frac{v}{b}$ besitzen und mit den gemäß P. 2. zusammengezählten Werten aus Tafel 73 zu multiplizieren sind, während das Moment $m_{s0}$ ein im ganzen Feld konstantes Moment $m_x$ hervorruft. Schließlich ist die Wirkung der Momentangriffe am Rand $l$, die in der untersuchten Linie den Wert $m_{l\,k} \cos k\,\pi \frac{v}{b}$ besitzen, nach Tafel 85 zu überlagern.

Im Feld I erzeugt das Moment $m_{s0}$ einen linearen Verlauf von $m_x$; die Werte $m_{s\,k} \cos k\,\pi \frac{v}{b}$ sind mit den Zahlen aus Tafel 73 zu multiplizieren und die Wirkung der Randmomente $\widehat{m}_{\mathrm{I}\,j}$ in der Linie $y = v$ nach Tafel 72 hinzuzufügen. Der Verlauf der Momente $\frac{m_y}{P}$ in der Linie $y = v$ wird in der gleichen Weise berechnet, nur fehlt hier die Wirkung von $m_{s0}$. Die Abb. 213 zeigt den Verlauf der Momente $m_x$ nach Tafel 89, den Verlauf des Stützenmoments $m_s$ und den Verlauf von $m_y$ längs der Linie $y = v$ sowie längs des Randes $l$. Die Momente $m_y$ sind wesentlich größer als im Beispiel 9.

Tafel 89. Schwerlastwagen in Brückenachse. Berechnung der Momente $\frac{m_x}{P}$ in der Linie $y = v$, Feld II

| | $\frac{x_{II}}{2l}$ | 0 | 0,1 | 0,2 | 0,3 | 0,34 | 0,4 | 0,5 |
|---|---|---|---|---|---|---|---|---|
| | $\frac{m_{x\infty}}{P}$ | 0 | + 0,2094 | + 0,5440 | + 0,5784 | + 0,7500 | + 0,6594 | + 0,9890 |
| $j = 1$ | $(0{,}2062 \cdot 4{,}880 + 0{,}3752 \cdot 0{,}0961) \sin \pi \frac{x_{II}}{2l}$ | 0 | + 0,3221 | + 0,6128 | + 0,8528 | + 0,9130 | + 0,9910 | + 1,0420 |
| $j = 3$ | $[0{,}0233\,(-0{,}165) - 0{,}0696 \cdot 0{,}0114] \sin 3\pi \frac{x_{II}}{2l}$ | 0 | — 0,0039 | — 0,0046 | — 0,0015 | + 0,0003 | + 0,0028 | + 0,0046 |
| $j = 5$ | $0{,}0058 \cdot 0{,}670 \sin 5\pi \frac{x_{II}}{2l}$ | 0 | + 0,0039 | 0 | — 0,0039 | — 0,0032 | 0 | + 0,0039 |
| $j = 7$ | $0{,}0016\,(-1{,}814) \sin 7\pi \frac{x_{II}}{2l}$ | 0 | — 0,0024 | + 0,0028 | — 0,0009 | — 0,0027 | — 0,0017 | + 0,0029 |
| $m_{s0}$ | — 1,6320 | — 1,6320 | — 1,6320 | — 1,6320 | — 1,6320 | — 1,6320 | — 1,6320 | — 1,6320 |
| $m_{s2}$ | + 0,3930 · (— 0,8763) | — 0,3442 | — 0,1538 | — 0,0584 | — 0,0124 | — 0,0020 | + 0,0077 | + 0,0133 |
| $m_{s4}$ | + 0,0090 · 0,5358 | + 0,0048 | + 0,0009 | — | — | — | — | — |
| $m_{s6}$ | + 0,0327 · (— 0,0628) | — 0,0020 | — 0,0001 | — | — | — | — | — |
| $m_{s8}$ | und Restreihe | — 0,0090 | — | + 0,0002 | — | — | — | — |
| $m_{l2}$ | + 0,3681 · (— 0,8763) | 0 | — 0,0144 | — 0,0373 | — 0,0805 | — 0,1074 | — 0,1640 | — 0,3227 |
| $m_{l4}$ | — 0,0260 · 0,5358 | 0 | — | — | — 0,0006 | — 0,0013 | — 0,0034 | — 0,0139 |
| $m_{l6}$ | + 0,0181 · (— 0,0628) | 0 | — | — | — | — | — 0,0001 | — 0,0011 |
| $m_{l8}$ | + 0,0274 · (— 0,4256) | 0 | — | — | — | — | — 0,0005 | — 0,0117 |
| $m_{l10}$ | und Restreihe | 0 | — | — | — | — | — 0,0002 | — 0,0743 |
| | $\frac{m_x}{P}$ | — 1,9824 | — 1,2703 | — 0,5725 | — 0,3006 | — 0,0853 | — 0,1410 | 0 |

Anmerkung: Einige der hier benötigten Zahlen sind in Tafel 73 und 85 nicht enthalten.

## 5. Einflußflächen

### 5.1. Gleichungssysteme

Führt man in die Gleichungen nach P. 2. die neuen Unbekannten

$$r_{sk} = \frac{b^2}{4k\pi} m_{sk}\left[C\left(\frac{ka}{b}\right) + C\left(\frac{k2l}{b}\right) + D\left(\frac{k2l}{b}\right)\right] \text{ und } r_{lk}, \widehat{r}_{\mathrm{I}j}, \widehat{r}_{\mathrm{II}j}, \overset{\frown\frown}{r}_{\mathrm{I}j}, \overset{\frown\frown}{r}_{\mathrm{II}j}$$

nach Abschnitt C.10, P. 10.4.1. ein, so erhält man die Gleichungen mit $k = 2, 4$:

$$\left.\begin{aligned}
&r_{sk} + \frac{k\pi}{4} G\left(\frac{kl}{b}\right) r_{lk} - \sum_{1,2} {}_j (-\cos j\pi) \frac{4}{\left(\frac{jb}{ka}+\frac{ka}{jb}\right)^2\left(3\,\mathfrak{Cotg}\, j\pi\frac{b}{2a} - \frac{j\pi\frac{b}{2a}}{\mathfrak{Sin}^2 j\pi\frac{b}{2a}}\right)}\widehat{r}_{\mathrm{I}j} - \\
&\qquad - \sum_{1,3} {}_j \frac{4}{\left(\frac{jb}{k2l}+\frac{k2l}{jb}\right)^2\left(3\,\mathfrak{Cotg}\, j\pi\frac{b}{4l} - \frac{j\pi\frac{b}{4l}}{\mathfrak{Sin}^2 j\pi\frac{b}{4l}}\right)}\widehat{r}_{\mathrm{II}j} + R_{sk} = 0, \\
&r_{lk} + \frac{4}{k\pi\left[C\left(\frac{ka}{b}\right) + C\left(\frac{k2l}{b}\right) + D\left(\frac{k2l}{b}\right)\right]}\mu\left(\frac{kl}{b}\right) r_{sk} - \\
&\qquad - \sum_{1,3} {}_j \sin j\frac{\pi}{2} \frac{b\,8j}{2l\pi k^2\left(\frac{jb}{k2l}+\frac{k2l}{jb}\right)^2\left(3\,\mathfrak{Cotg}\, j\pi\frac{b}{4l} - \frac{j\pi\frac{b}{4l}}{\mathfrak{Sin}^2 j\pi\frac{b}{4l}}\right)}\widehat{r}_{\mathrm{II}j} + K_{lk} = 0, \\
&\widehat{r}_{\mathrm{I}j} - \cos j\pi \sum_{2,4}^{\infty} {}_k \left(\frac{a}{b}\right)^2 \frac{8k}{\pi^2 j^3\left(\frac{jb}{ka}+\frac{ka}{jb}\right)^2\left[C\left(\frac{ka}{b}\right) + C\left(\frac{k2l}{b}\right) + D\left(\frac{k2l}{b}\right)\right]} r_{sk} + \widehat{K}_{\mathrm{I}j} = 0, \\
&\widehat{r}_{\mathrm{II}j} + \sum_{2,4}^{\infty} {}_k \left(\frac{2l}{b}\right)^2 \frac{16k}{\pi^2 j^3\left(\frac{jb}{k2l}+\frac{k2l}{jb}\right)^2\left[C\left(\frac{ka}{b}\right) + C\left(\frac{k2l}{b}\right) + D\left(\frac{k2l}{b}\right)\right]} r_{sk} - \\
&\qquad - \sin\frac{j\pi}{2} \sum_{2,4}^{\infty} {}_k \frac{2l}{b} \frac{8k}{\pi j^2\left(\frac{jb}{k2l}+\frac{k2l}{jb}\right)^2\left(3\,\mathfrak{Tg}\, k\pi\frac{l}{b} + \frac{k\pi\frac{l}{b}}{\mathfrak{Cof}^2 k\pi\frac{l}{b}}\right)} r_{lk} + \widehat{K}_{\mathrm{II}j} = 0.
\end{aligned}\right\} \quad (695)$$

Die Gleichungen mit $k = 1, 3$ lauten:

$$\begin{aligned}
&r_{sk} + \frac{k\pi}{4} G\left(\frac{kl}{b}\right) r_{lk} - \sum_{1,2} {}_j (-\cos j\pi) \frac{4}{\left(\frac{jb}{ka}+\frac{ka}{jb}\right)^2\left(3\,\mathfrak{Tg}\, j\pi\frac{b}{2a} + \frac{j\pi\frac{b}{2a}}{\mathfrak{Cof}^2 j\pi\frac{b}{2a}}\right)}\overset{\frown\frown}{r}_{\mathrm{I}j} - \\
&\qquad - \sum_{1,3} {}_j \frac{4}{\left(\frac{jb}{k2l}+\frac{k2l}{jb}\right)^2\left(3\,\mathfrak{Tg}\, j\pi\frac{b}{4l} + \frac{j\pi\frac{b}{4l}}{\mathfrak{Cof}^2 j\pi\frac{b}{4l}}\right)}\overset{\frown\frown}{r}_{\mathrm{II}j} + R_{sk} = 0,
\end{aligned}$$

$$\left.\begin{aligned}
&r_{lk} + \frac{4}{k\pi\left[C\left(\frac{ka}{b}\right)+C\left(\frac{k2l}{b}\right)+D\left(\frac{k2l}{b}\right)\right]}\mu\left(\frac{kl}{b}\right)r_{sk} - \\
&\quad - \sum_{1,3} {}_j \sin\frac{j\pi}{2}\frac{b}{2l}\frac{8j}{\pi k^2\left(\frac{jb}{k2l}+\frac{k2l}{jb}\right)^2\left(3\,\mathfrak{Tg}\,j\pi\frac{b}{4l}+\frac{j\pi\frac{b}{4l}}{\mathfrak{Cof}^2\,j\pi\frac{b}{4l}}\right)}\widehat{r}_{\mathrm{II}j} + K_{lk} = 0, \\
&\widehat{r}_{\mathrm{I}j} - \cos j\pi\sum_{1,3}^{\infty}{}_k\left(\frac{a}{b}\right)^2\frac{8k}{\pi^2 j^3\left(\frac{jb}{ka}+\frac{ka}{jb}\right)^2\left[C\left(\frac{ka}{b}\right)+C\left(\frac{k2l}{b}\right)+D\left(\frac{k2l}{b}\right)\right]}r_{sk} + \widehat{K}_{\mathrm{I}j} = 0, \\
&\widehat{r}_{\mathrm{II}j} + \sum_{1,3}^{\infty}{}_k\left(\frac{2l}{b}\right)^2\frac{16k}{\pi^2 j^3\left(\frac{jb}{k2l}+\frac{k2l}{jb}\right)^2\left[C\left(\frac{ka}{b}\right)+C\left(\frac{k2l}{b}\right)+D\left(\frac{k2l}{b}\right)\right]}r_{sk} - \\
&\quad - \sin\frac{j\pi}{2}\sum_{1,3}^{\infty}{}_k\frac{2l}{b}\frac{8k}{\pi j^2\left(\frac{jb}{k2l}+\frac{k2l}{jb}\right)^2\left(3\,\mathfrak{Tg}\,k\pi\frac{l}{b}+\frac{k\pi\frac{l}{b}}{\mathfrak{Cof}^2\,k\pi\frac{l}{b}}\right)}r_{lk} + \widehat{K}_{\mathrm{II}j} = 0.
\end{aligned}\right\}\quad(696)$$

## 5.2. Einflußfläche für ein Feldmoment im Kragarm

Um über die Größe der positiven Momente $m_x$ im Kragarm Aufschluß zu erhalten, wird die Einflußfläche für $m_{xm}$ im Mittelpunkt des Kragfeldes, also $x = \frac{l}{2}$, $y = \frac{b}{2}$, entwickelt. Es kommen nur die zur Mittellinie symmetrischen Zusatzfunktionen zur Anwendung.

Den Grundfall erhält man als $m_x$ = Fläche infolge zweier Punktlasten $P = 1$ in den Punkten $x = \frac{l}{2}$ und $x = \frac{3l}{2}$ auf einer Rechteckplatte mit den Seitenlängen $2l$ und $b$ (Fall **$F_2V_2 - 10$**):

Einfl $m_{xm}$ =

$$= \sum_{1,3}^{\infty}{}_j \sin\frac{j\pi}{4}\sin j\pi\frac{u}{2l}\frac{1}{j\pi}\frac{\mathfrak{Cof}\,j\pi\frac{v}{2l}}{\mathfrak{Sin}\,j\pi\frac{b}{4l}}\left(1+j\pi\frac{b}{4l}\mathfrak{Cotg}\,j\pi\frac{b}{4l}-j\pi\frac{v}{2l}\mathfrak{Tg}\,j\pi\frac{v}{2l}\right). \qquad (697)$$

In der Nähe der Linie $v = \frac{b}{2}$ (etwa $\frac{b}{2} - v \leqq 0{,}1 \cdot 2l$) wird mit Vorteil die geschlossene Darstellung für $m_{x\infty}$ und die Differenzreihe verwendet; bei letzterer genügt das 1. Glied ($j = 1$):

$$\text{Einfl } m_{xm} = -\frac{1}{8\pi}\ln\frac{\mathfrak{Cof}\,\pi\frac{\frac{b}{2}-v}{2l} - \cos\pi\left(\frac{1}{4}-\frac{u}{2l}\right)}{\mathfrak{Cof}\,\pi\frac{\frac{b}{2}-v}{2l} - \cos\pi\left(\frac{1}{4}+\frac{u}{2l}\right)} +$$

$$+\frac{1}{8}\cdot\frac{\frac{b}{2}-v}{2l}\,\mathfrak{Sin}\,\pi\frac{\frac{b}{2}-v}{2l}\cdot\left[\frac{1}{\mathfrak{Cof}\,\pi\frac{\frac{b}{2}-v}{2l}-\cos\pi\left(\frac{1}{4}-\frac{u}{2l}\right)} - \frac{1}{\mathfrak{Cof}\,\pi\frac{\frac{b}{2}-v}{2l}-\cos\pi\left(\frac{1}{4}+\frac{u}{2l}\right)}\right] -$$

$$-\frac{1}{8\pi}\ln\frac{\mathfrak{Cof}\,\pi\frac{\frac{b}{2}-v}{2l} - \cos\pi\left(\frac{3}{4}-\frac{u}{2l}\right)}{\mathfrak{Cof}\,\pi\frac{\frac{b}{2}-v}{2l} - \cos\pi\left(\frac{3}{4}+\frac{u}{2l}\right)} +$$

$$+\frac{1}{8}\cdot\frac{\frac{b}{2}-v}{2l}\,\mathfrak{Sin}\,\pi\frac{\frac{b}{2}-v}{2l}\cdot\left[\frac{1}{\mathfrak{Cos}\,\pi\frac{\frac{b}{2}-v}{2l}-\cos\pi\left(\frac{3}{4}-\frac{u}{2l}\right)}-\frac{1}{\mathfrak{Cos}\,\pi\frac{\frac{b}{2}-v}{2l}-\cos\pi\left(\frac{3}{4}+\frac{u}{2l}\right)}\right]+$$

$$+\sin\frac{\pi}{4}\sin\pi\frac{u}{2l}\,\frac{e^{-\pi\frac{b}{4l}}\,\mathfrak{Cos}\,\pi\frac{\frac{b}{2}-v}{2l}}{\pi\,\mathfrak{Sin}\,\pi\frac{b}{4l}}\left[1+\frac{\pi\frac{b}{2l}}{1-e^{-\pi\frac{b}{2l}}}-\pi\frac{\frac{b}{2}-v}{2l}\,\mathfrak{Tg}\,\pi\frac{\frac{b}{2}-v}{2l}\right]. \quad (698)$$

In der Linie $v=\frac{b}{2}$ vereinfacht sich die Formel auf:

$$\text{Einfl}\; m_{x\,m}=-\frac{1}{4\pi}\ln\sin\pi\left(\frac{1}{8}-\frac{u}{4l}\right)+\frac{1}{4\pi}\ln\sin\pi\left(\frac{1}{8}+\frac{u}{4l}\right)-\frac{1}{4\pi}\ln\sin\pi\left(\frac{3}{8}-\frac{u}{4l}\right)+$$

$$+\frac{1}{4\pi}\ln\sin\pi\left(\frac{3}{8}+\frac{u}{4l}\right)+\sin\frac{\pi}{4}\sin\pi\frac{u}{2l}\cdot\frac{1+\pi\frac{b}{2l}-e^{-\pi\frac{b}{2l}}}{\pi\left(\mathfrak{Cos}\,\pi\frac{b}{2l}-1\right)}. \quad (698\text{m})$$

Die Krümmungswerte $\widehat{K}_{\mathrm{II}\,j}$ an den Rändern $t$ und $b$ sind nach Gl. (393d) mit $y=\frac{b}{2}$:

$$\widehat{K}_{\mathrm{II}\,j}=\sin j\frac{\pi}{4}\,\frac{1}{j\pi\,\mathfrak{Sin}\,j\pi\frac{b}{4l}}\left(1-j\pi\frac{b}{4l}\,\mathfrak{Cotg}\,j\pi\frac{b}{4l}\right). \quad (699)$$

Daraus ist $\widehat{K}_{\mathrm{II}\,1}=-0{,}0672$ und $\widehat{K}_{\mathrm{II}\,3}=-0{,}0020$.

Die Randneigung der vorstehend angeschriebenen Einflußfläche am Rand $s$ ist durch die Werte

$$R_{s\,k}=\cos\frac{k\pi}{2}\,m_x\,(m_{s\,k}=m_{a\,k}=1)=$$

$$=\cos\frac{k\pi}{2}\,\frac{\mathfrak{Cos}\,k\pi\frac{l}{2b}}{2\,\mathfrak{Cos}\,k\pi\frac{l}{b}}\cdot\left(2-k\pi\frac{l}{b}\,\mathfrak{Tg}\,k\pi\frac{l}{b}+k\pi\frac{l}{2b}\,\mathfrak{Tg}\,k\pi\frac{l}{2b}\right) \quad (700)$$

gegeben:

$$R_{s\,2}=-0{,}0899,$$
$$R_{s\,4}=-0{,}0222,$$
$$R_{s\,6}=+0{,}0204,$$
$$R_{s\,8}=-0{,}0099.$$

Das 0te Glied der Randneigung ist $\frac{1}{b}$, daher der Beitrag in der Einflußfläche $-\frac{u}{b}$ (nur im Feld II).

Die Krümmungswerte in der Linie $u=l$ sind nach Gl. (486d) mit $x=\frac{l}{2}$:

$$K_{l\,k}=\cos\frac{k\pi}{2}\,\frac{\mathfrak{Sin}\,k\pi\frac{l}{2b}}{k\pi\,\mathfrak{Cos}\,k\pi\frac{l}{b}}\left[-3+k\pi\frac{l}{b}\,\mathfrak{Tg}\,k\pi\frac{l}{b}-k\pi\frac{l}{2b}\,\mathfrak{Cotg}\,k\pi\frac{l}{2b}\right]. \quad (701)$$

Man erhält $K_{l\,2}=+0{,}0826$, $K_{l\,4}=-0{,}0033$, $K_{l\,6}=-0{,}0009$.

Die Krümmungswerte im Feld I sind $\widehat{K}_{\mathrm{I}\,j}=0$.

Mit den angegebenen Zahlen liefert das Gleichungssystem (695) die Werte:

$$
\begin{aligned}
r_{s2} &= +\,0{,}0995, & r_{l2} &= -\,0{,}0806,\\
r_{s4} &= +\,0{,}0234, & r_{l4} &= +\,0{,}0034,\\
r_{s6} &= -\,0{,}0195, & r_{l6} &= +\,0{,}0009,\\
\hat{r}_{\mathrm{I}1} &= -\,0{,}0114, & \hat{r}_{\mathrm{II}1} &= +\,0{,}0233,\\
\hat{r}_{\mathrm{I}2} &= +\,0{,}0018, & &\\
\hat{r}_{\mathrm{I}3} &= -\,0{,}0004, & \hat{r}_{\mathrm{II}3} &= +\,0{,}0029.
\end{aligned}
$$

Die endgültige Einflußfläche ist dann

im Feld I: $$\text{Einfl}\, m_{xm} = \sum_{2,4}^{k} \frac{r_{sk}}{C\left(\frac{ka}{b}\right) + C\left(\frac{k\,2l}{b}\right) + D\left(\frac{k\,2l}{b}\right)} \text{Einfl}\, B_{\mathrm{I}ak} + \sum_{1,2}^{j} \hat{r}_{\mathrm{I}j} \hat{F}_{\mathrm{I}j}, \qquad (702)$$

im Feld II: $$\text{Einfl}\, m_{xm} = \text{Einfl}\, m_{xm}\,(\text{Grundfall}) - \frac{u}{b} +$$

$$+ \sum_{2,4}^{k} \frac{r_{sk}}{C\left(\frac{ka}{b}\right) + C\left(\frac{k\,2l}{b}\right) + D\left(\frac{k\,2l}{b}\right)} \cdot \text{Einfl}\,(B_{\mathrm{II}sk} + B_{\mathrm{II}ak}) + \sum_{2,4}^{k} r_{lk}\, F_{lk} + \sum_{1,3}^{j} \hat{r}_{\mathrm{II}j} \hat{F}_{\mathrm{II}j}. \qquad (703)$$

Hierin ist $\text{Einfl}\, B_{sk} = \frac{4}{k\pi} \cdot (m_{yk}$ aus Tafel 73),

$\hat{F}_{\mathrm{I}j} = \hat{F}_{\mathrm{II}j} = m_{xj}$ aus Tafel 72,

$F_{lk} = m_{yk}$ aus Tafel 85.

Der Einflußwert im Bezugspunkt ergibt sich nach Formel (698m) und (703) mit $\frac{u}{2l} = \frac{1}{4}$ wie folgt:

$-\frac{1}{4\pi} \ln \sin \pi \left(\frac{1}{8} - \frac{1}{8}\right) = \text{Einfl}\, m_{x_\infty}$, Einflußwert im unendlichen Plattenstreifen $x = u = \frac{a}{2}$

| | |
|---|---|
| $+\frac{1}{4\pi} \ln \sin \pi \left(\frac{1}{8} + \frac{1}{8}\right)$ .............. | $-\,0{,}0276$ |
| $-\frac{1}{4\pi} \ln \sin \pi \left(\frac{3}{8} - \frac{1}{8}\right)$ .............. | $+\,0{,}0276$ |
| $+\frac{1}{4\pi} \ln \sin \pi \left(\frac{3}{8} + \frac{1}{8}\right)$ .............. | 0 |
| $+\,0{,}707^2 \frac{1 + 3{,}927 - 0{,}020}{\pi \cdot 24{,}39}$ ........... | $+\,0{,}0320$ |
| $-\frac{u}{b}$ ............................ | $-\,0{,}2000$ |
| $r_{s2}$ $\frac{+\,0{,}0995}{2{,}050}\left(-\frac{4}{2\pi}\,0{,}2160\right)$ ........ | $-\,0{,}0067$ |
| $r_{s4}$ $\frac{+\,0{,}0234}{2{,}0}\,\frac{4}{4\pi}\,0{,}1037$ ............ | $+\,0{,}0004$ |
| $r_{l2}$ $-\,0{,}0806 \cdot 0{,}0002$ .............. | — |
| $\hat{r}_{\mathrm{II}1}$ $+\,0{,}0233 \cdot 0{,}1008 \cdot 0{,}707$ ........ | $+\,0{,}0017$ |
| Einfl $m_x$ (Bezugspunkt) = Einfl $m_{x_\infty}$ | $-\,0{,}1726$ |

In der unmittelbaren Umgebung des Bezugspunktes gelten näherungsweise die Einflußwerte des unendlichen Plattenstreifens abzüglich der obigen Konstanten. Man erhält somit das Moment $m_x$ infolge einer Rechtecklast mit *kleiner* Lastfläche durch Subtraktion dieser

Zahl vom Tafelwert der Tafel F.13. Die Einflußfläche ist als Schichtenplan in Abb. 214 dargestellt. Der positive Bereich im Feld II ist klein, so daß der Beitrag einer zweiten Radlast gering wird. Die Einflußwerte im Feld I sind, wie zu erwarten, durchwegs gering.

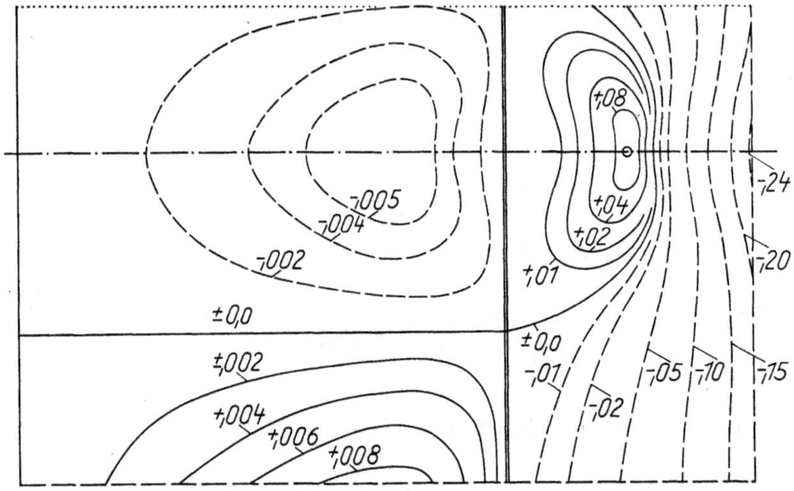


Abb. 214. Einflußfläche für $m_x$ im Punkt $x = \frac{l}{2}$, $y = \frac{b}{2}$

### 5.3. Einflußfläche für das Stützenmoment $m_s$ in einem beliebigen Punkt

Als Bezugspunkt wird, wie im Beispiel 9, der Punkt $y = 0{,}25\,a = 0{,}2\,b$ gewählt. Die Einflußwerte des gleichmäßig verteilten Stützenmoments (Reihenglied $k = 0$) sind im Feld I gleich Null und im Feld II: Einfl $m_{s0} = -\frac{u}{b}$. In die Gl. (695, 696) wird eingesetzt

$$R_{s\,k} = \cos k\,\pi\,\frac{y}{b}\,,$$

$$K_{l\,k} = \widehat{K}_{\mathrm{I}\,j} = \widehat{\widehat{K}}_{\mathrm{I}\,j} = \widehat{K}_{\mathrm{II}\,j} = \widehat{\widehat{K}}_{\mathrm{II}\,j} = 0,$$

$$r_{s\,k} = -\cos k\,\pi\,\frac{y}{b} + f_k.$$

Dann erhält man die Gleichungen für $\widehat{r}_{\mathrm{I}\,j}$ usw. in der Form:

$$\left.\begin{aligned}
\widehat{r}_{\mathrm{I}\,j} &= \cos j\,\pi \sum_{2,4}^{\infty}{}^{k}\left(-\cos k\,\pi\,\frac{y}{b}\right) T_{\mathrm{I}\,j\,k} + \cos j\,\pi \sum_{2,4}{}^{k} f_k\,T_{\mathrm{I}\,j\,k},\\
\widehat{r}_{\mathrm{II}\,j} &= -\sum_{2,4}^{\infty}{}^{k}\left(-\cos k\,\pi\,\frac{y}{b}\right) 2\,T_{\mathrm{II}\,j\,k} - \sum_{2,4}{}^{k} f_k \cdot 2\,T_{\mathrm{II}\,j\,k} +\\
&\quad + \sin\frac{j\,\pi}{2} \sum_{2,4}{}^{k} \frac{2\,l}{b}\,\frac{8\,k}{\pi\,j^2\left(\frac{j\,b}{k\,2\,l} + \frac{k\,2\,l}{j\,b}\right)^2\left(3\,\mathfrak{Tg}\,k\,\pi\,\frac{l}{b} + \dfrac{k\,\pi\,\frac{l}{b}}{\mathfrak{Cof}^2\,k\,\pi\,\frac{l}{b}}\right)}\,r_{l\,k},\\
\widehat{\widehat{r}}_{\mathrm{I}\,j} &= \cos j\,\pi \sum_{1,3}^{\infty}{}^{k}\left(-\cos k\,\pi\,\frac{y}{b}\right) T_{\mathrm{I}\,j\,k} + \cos j\,\pi \sum_{1,3}{}^{k} f_k\,T_{\mathrm{I}\,j\,k},\\
\widehat{\widehat{r}}_{\mathrm{II}\,j} &= -\sum_{1,3}^{\infty}{}^{k}\left(-\cos k\,\pi\,\frac{y}{b}\right) 2\,T_{\mathrm{II}\,j\,k} - \sum_{1,3}{}^{k} f_k \cdot 2\,T_{\mathrm{II}\,j\,k} +\\
&\quad + \sin\frac{j\,\pi}{2} \sum_{1,3}{}^{k} \frac{2\,l}{b}\,\frac{8\,k}{\pi\,j^2\left(\frac{j\,b}{k\,2\,l} + \frac{k\,2\,l}{j\,b}\right)^2\left(3\,\mathfrak{Tg}\,k\,\pi\,\frac{l}{b} + \dfrac{k\,\pi\,\frac{l}{b}}{\mathfrak{Cof}^2\,k\,\pi\,\frac{l}{b}}\right)}\,r_{l\,k}.
\end{aligned}\right\} \quad (704)$$

Hierin ist

$$T_{\mathrm{I}\,j\,k} = \frac{8\,k}{\pi^2\,j^3\left(\frac{b}{a}\right)^2\left(\frac{j\,b}{k\,a}+\frac{k\,a}{j\,b}\right)^2\left[C\left(\frac{k\,a}{b}\right)+C\left(\frac{k\,2\,l}{b}\right)+D\left(\frac{k\,2\,l}{b}\right)\right]},$$

$$T_{\mathrm{II}\,j\,k} = \frac{8\,k}{\pi^2\,j^3\left(\frac{b}{2\,l}\right)^2\left(\frac{j\,b}{k\,2\,l}+\frac{k\,2\,l}{j\,b}\right)^2\left[C\left(\frac{k\,a}{b}\right)+C\left(\frac{k\,2\,l}{b}\right)+D\left(\frac{k\,2\,l}{b}\right)\right]}.$$

Da $\frac{b}{a} = \frac{b}{2\,l}$ ist, unterscheiden sich die Werte $T_{\mathrm{I}\,j\,k}$ und $T_{\mathrm{II}\,j\,k}$ von den Werten $T_{j\,k}$ in Beispiel 9 nur bei den Gliedern $k = 1$ und $k = 2$. Somit können die Summenausdrücke

$$\sum_{2,4}^{\infty}{}^{k}\left(-\cos k\,\pi\frac{y}{b}\right)T_{j\,k} \text{ und } \sum_{1,3}^{\infty}{}^{k}\left(-\cos k\,\pi\frac{y}{b}\right)T_{j\,k}$$

unter Korrektur des ersten Gliedes aus Beispiel 9 übernommen werden (Tafel 84). Die Auflösung der beiden Gleichungssysteme liefert folgende Zahlen:

$r_{s1} = -0{,}8090 + 0{,}0037,$ $\quad r_{l1} = +0{,}1101,$

$r_{s2} = -0{,}3090 - 0{,}0413,$ $\quad r_{l2} = -0{,}0071,$

$r_{s3} = +0{,}3090 - 0{,}0237,$ $\quad r_{l3} = +0{,}0028,$

$r_{s4} = +0{,}8090 - 0{,}0247,$ $\quad r_{l4} = +0{,}0025,$

$r_{s5} = 1{,}0000 - 0{,}0146,$ $\quad r_{l5} = +0{,}0013,$

$r_{s6} = +0{,}8090 - 0{,}0152,$

$r_{s7} = +0{,}3090 - 0{,}0092,$

$r_{s8} = -0{,}3090 - 0{,}0106,$

$\hat{r}_{\mathrm{I}1} = -0{,}0388,\quad \check{\hat{r}}_{\mathrm{I}1} = -0{,}0288,\quad \hat{r}_{\mathrm{II}1} = -0{,}0789,\quad \check{\hat{r}}_{\mathrm{II}1} = 0{,}0383,$

$\hat{r}_{\mathrm{I}2} = +0{,}0169,\quad \check{\hat{r}}_{\mathrm{I}2} = +0{,}0182,$

$\hat{r}_{\mathrm{I}3} = -0{,}0057,\quad \check{\hat{r}}_{\mathrm{I}3} = -0{,}0058,\quad \hat{r}_{\mathrm{II}3} = -0{,}0115,\quad \check{\hat{r}}_{\mathrm{II}3} = -0{,}0125,$

$\hat{r}_{\mathrm{I}4} = +0{,}0012,\quad \check{\hat{r}}_{\mathrm{I}4} = +0{,}0018,$

$\hat{r}_{\mathrm{II}5} = -0{,}0015,\quad \check{\hat{r}}_{\mathrm{II}5} = -0{,}0008.$

Mit den berechneten Werten $r$ erhält man die endgültige Einflußfläche im Feld I:

$$\text{Einfl}\; m_{s\,(y\,=\,0,2\,b)} = \sum_{1,2}^{\infty}{}^{k}\, r_{s\,k}\frac{\text{Einfl}\,B_{\mathrm{I}a\,k}}{C\left(\frac{k\,a}{b}\right)+C\left(\frac{k\,2\,l}{b}\right)+D\left(\frac{k\,2\,l}{b}\right)} + \sum_{1,2}{}^{j}\,[\hat{r}_{\mathrm{I}\,j}\hat{F}_{\mathrm{I}\,j} + \check{\hat{r}}_{\mathrm{I}\,j}\check{\hat{F}}_{\mathrm{I}\,j}]. \quad (705)$$

Im Feld II gilt:

$$\text{Einfl}\; m_{s\,(y\,=\,0,2\,b)} = -\frac{u}{b} + \sum_{1,2}^{\infty}{}^{k}\, r_{s\,k}\frac{\text{Einfl}\,(B_{\mathrm{II}s\,k} + B_{\mathrm{II}a\,k})}{C\left(\frac{k\,a}{b}\right)+C\left(\frac{k\,2\,l}{b}\right)+D\left(\frac{k\,2\,l}{b}\right)} +$$

$$+ \sum_{1,2}{}^{k}\, r_{l\,k}F_{l\,k} + \sum_{1,3}{}^{j}\,[\hat{r}_{\mathrm{II}\,j}\hat{F}_{\mathrm{II}\,j} + \check{\hat{r}}_{\mathrm{II}\,j}\check{\hat{F}}_{\mathrm{II}\,j}]. \quad (706)$$

Die vorkommenden Funktionen können aus den Tafeln 72, 73 und 85 entnommen werden (siehe P. 5.2.). Zur Berechnung der Einflußwerte in den Linien $u_{\mathrm{I}} = 0{,}9\,a$ und $u_{\mathrm{II}} = 0{,}1 \cdot 2\,l$

wurde die geschlossene Darstellung gemäß Abschnitt C. 10. (P. 10.4.5.) benützt. Die Abb. 215 zeigt die berechnete Einflußfläche als Schichtenplan. Der Einflußwert im Bezugspunkt ist $-\frac{1}{2\pi} = -0{,}1592$.

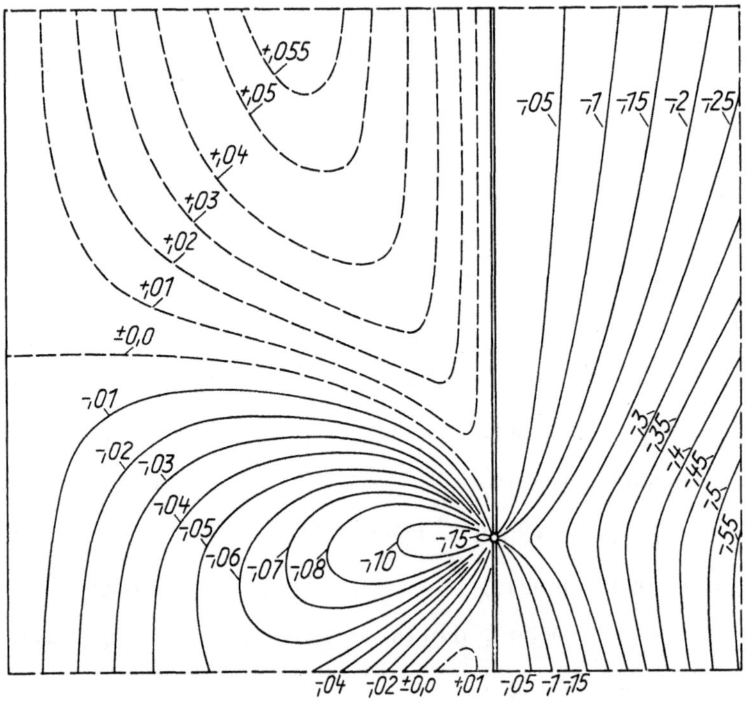


Abb. 215. Einflußfläche für $m_s$ im Punkt $y = 0{,}2\,b$

### 5.4. Einflußfläche für das durchschnittliche Stützenmoment $[m_s]$ im Randbereich

Die Einflußfläche für den Durchschnittswert des Stützenmoments $[m_s]$ in der Strecke $0 \leqq y \leqq t$ erhält man wie in P. 5.3., indem man $\dfrac{\sin k\pi \frac{t}{b}}{k\pi \frac{t}{b}}$ an Stelle von $\cos k\pi \frac{y}{b}$ einführt.

Das Reihenglied $k = 0$ ist das gleiche wie in P. 5.3.

Im vorliegenden Beispiel wurde $t = 0{,}1\,a = 0{,}1 \cdot 2\,l = 0{,}08\,b$ gewählt. Die benötigten Summenausdrücke

$$\sum_{2,4}^{\infty}{}_k \left(-\frac{\sin k\pi \frac{t}{b}}{k\pi \frac{t}{b}}\right) T_{\mathrm{I}\,j\,k} \text{ und } \sum_{1,3}^{\infty}{}_k \left(-\frac{\sin k\pi \frac{t}{b}}{k\pi \frac{t}{b}}\right) T_{\mathrm{I}\,j\,k}$$

wurden bis $k = 48$ bzw. $k = 49$ entwickelt und eine Restsumme geschätzt. Die Auflösung der beiden Gleichungssysteme liefert

$r_{s1} = -0{,}9895 + 0{,}2616,$ $r_{l1} = +0{,}2054,$

$r_{s2} = -0{,}9584 + 0{,}1871,$ $r_{l2} = +0{,}0070,$

$r_{s3} = -0{,}9079 + 0{,}1407,$ $r_{l3} = -0{,}0030,$

$r_{s4} = -0{,}8399 + 0{,}1013,$ $r_{l4} = -0{,}0017,$

$r_{s5} = -0{,}7568 + 0{,}0792,$ $r_{l5} = -0{,}0004.$

$r_{s6} = -0{,}6618 + 0{,}0620,$

$r_{s7} = -0{,}5583 + 0{,}0504,$

$r_{s8} = -0{,}4500 + 0{,}0416,$

$$r_{s\,9} = -\,0{,}3406 + 0{,}0346,$$

$$r_{s\,10} = -\,0{,}2339 + 0{,}0297,$$

$$r_{s\,11} = -\,0{,}1332 + 0{,}0251,$$

$$\hat{r}_{\mathrm{I}\,1} = +\,0{,}1900, \quad \check{\hat{r}}_{\mathrm{I}\,1} = +\,0{,}1946, \quad \hat{r}_{\mathrm{II}\,1} = +\,0{,}3816, \quad \check{\hat{r}}_{\mathrm{II}\,1} = +\,0{,}4226,$$

$$\hat{r}_{\mathrm{I}\,2} = -\,0{,}0503, \quad \check{\hat{r}}_{\mathrm{I}\,2} = -\,0{,}0495,$$

$$\hat{r}_{\mathrm{I}\,3} = +\,0{,}0185, \quad \check{\hat{r}}_{\mathrm{I}\,3} = +\,0{,}0185, \quad \hat{r}_{\mathrm{II}\,3} = +\,0{,}0370, \quad \check{\hat{r}}_{\mathrm{II}\,3} = +\,0{,}0363,$$

$$\hat{r}_{\mathrm{I}\,4} = -\,0{,}0078, \quad \check{\hat{r}}_{\mathrm{I}\,4} = -\,0{,}0073,$$

$$\hat{r}_{\mathrm{I}\,5} = +\,0{,}0042, \quad \check{\hat{r}}_{\mathrm{I}\,5} = +\,0{,}0034, \quad \hat{r}_{\mathrm{II}\,5} = +\,0{,}0084, \quad \check{\hat{r}}_{\mathrm{II}\,5} = +\,0{,}0070.$$

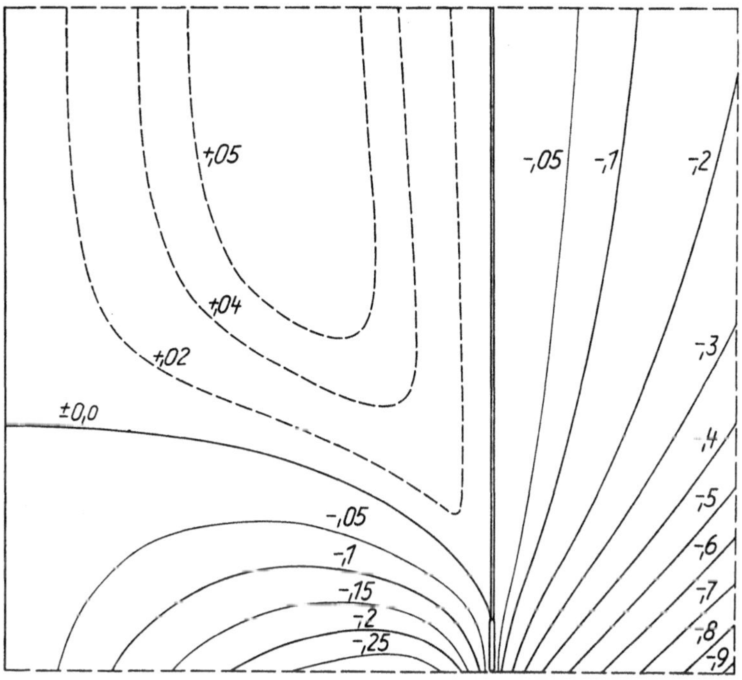


Abb. 216. Einflußfläche für den Durchschnittswert des Stützenmoments $[m_s]$ in der Strecke $0 \leqq y \leqq 0{,}1\,a$

In den Linien $u_{\mathrm{I}} = 0{,}9\,a$ und $u_{\mathrm{II}} = 0{,}1 \cdot 2\,b$ wurden die Reihenglieder bis $k = 11$ berücksichtigt und die Restreihe mit Hilfe der geschlossenen Darstellung für den unendlichen Halbstreifen ermittelt (siehe P. 8.3.4.). Für die Restreihe ergab sich im Punkt $v = 0$ der Wert $+\,0{,}0014$; mit wachsendem $v$ klingt die Restreihe rasch ab. Die Abb. 216 zeigt die Einflußfläche als Schichtenplan; im Feld I treten am Rand $v = 0$ verhältnismäßig große negative Einflußwerte auf, die mit wachsendem $v$ steil abfallen. Der Einflußwert an der ungestützten Ecke ($u = l$, $v = 0$) ist etwas kleiner als bei starrer Einspannung des Kragfeldes, für welchen Fall die Tafel T. 1 als Näherung gelten kann.

### 5.5. Einflußfläche für die Summe der Auflagerkräfte im Randbereich

Als letztes wird die Einflußfläche für die Summe der Auflagerkräfte in der Strecke $0 \leqq y \leqq t$ der Unterstützungslinie I—II entwickelt. Wie in P. 5.4. wurde $t = 0{,}1\,a = 0{,}1 \cdot 2\,l = 0{,}08\,b$ gewählt. Die Summe der Auflagerkräfte ist gleich der Summe der lotrechten Schubkräfte auf der Seite von Feld I zuzüglich der Summe der lotrechten Schubkräfte auf der Seite von Feld II. Die beiden Einflußflächen sind zu überlagern. Dementsprechend sind die Randverdrehungswerte $R_{s\,k}$ für beide Einflußflächen zusammen, also

$$R_{s\,k} = \left(-\,\mathfrak{Cotg}\,k\,\pi\,\frac{a}{b} - \mathfrak{Tg}\,k\,\pi\,\frac{l}{b}\right) \sin k\,\pi\,\frac{t}{b}, \tag{707}$$

einzuführen. Die Krümmungswerte sind:

$$\left.\begin{aligned}\widehat{K}_{\mathrm{I}\,j} &= (-\cos j\,\pi)\,\frac{\mathfrak{Sin}\,j\,\pi\,\dfrac{b-t}{a} - \mathfrak{Sin}\,j\,\pi\,\dfrac{t}{a}}{j\,\pi\,\mathfrak{Sin}\,j\,\pi\,\dfrac{b}{a}}, \qquad (j = 1, 2, \ldots)\\ \widecheck{K}_{\mathrm{I}\,j} &= (-\cos j\,\pi)\,\frac{\mathfrak{Sin}\,j\,\pi\,\dfrac{b-t}{a} + \mathfrak{Sin}\,j\,\pi\,\dfrac{t}{a}}{j\,\pi\,\mathfrak{Sin}\,j\,\pi\,\dfrac{b}{a}}, \qquad (j = 1, 2, \ldots)\end{aligned}\right\} \tag{708}$$

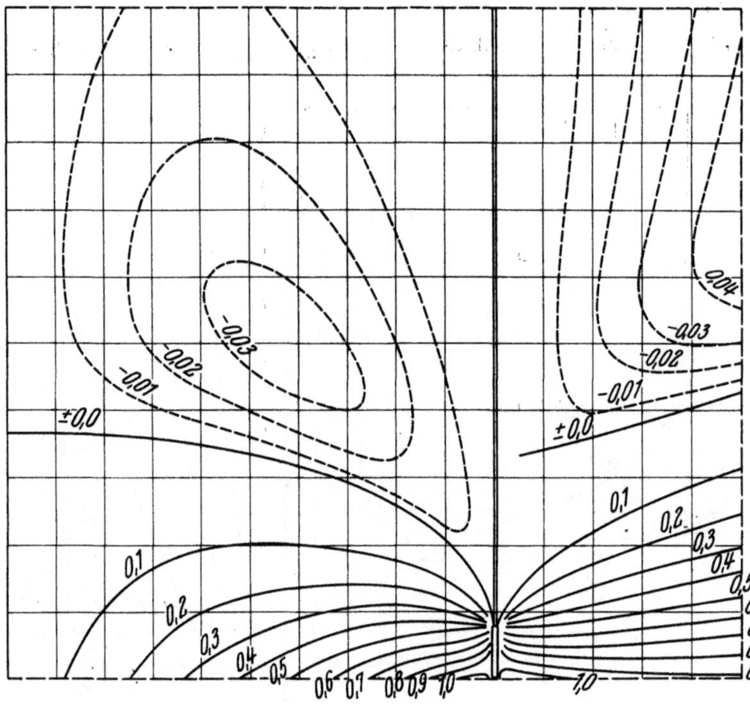


Abb. 217. Einflußfläche für die Summe der Auflagerkräfte in der Strecke $0 \leqq y \leqq 0{,}1\,a$

$$\left.\begin{aligned}\widehat{K}_{\mathrm{II}\,j} &= \frac{2\left(\mathfrak{Sin}\,j\,\pi\,\dfrac{b-t}{2\,l} - \mathfrak{Sin}\,j\,\pi\,\dfrac{t}{2\,l}\right)}{j\,\pi\,\mathfrak{Sin}\,j\,\pi\,\dfrac{b}{2\,l}}, \qquad (j = 1, 3, \ldots)\\ \widecheck{K}_{\mathrm{II}\,j} &= \frac{2\left(\mathfrak{Sin}\,j\,\pi\,\dfrac{b-t}{2\,l} + \mathfrak{Sin}\,j\,\pi\,\dfrac{t}{2\,l}\right)}{j\,\pi\,\mathfrak{Sin}\,j\,\pi\,\dfrac{b}{2\,l}}, \qquad (j = 1, 3, \ldots)\end{aligned}\right\} \tag{709}$$

$$K_{l\,k} = -\frac{2}{k\,\pi\,\mathfrak{Cof}\,k\,\pi\,\dfrac{l}{b}}\sin k\,\pi\,\frac{t}{b}. \qquad (k = 1, 2, 3, \ldots) \tag{710}$$

Das Glied $k = 0$, das von der Randneigung der Einflußfläche (Grundfall) im Feld I herrührt, hat im Feld II den Wert $\dfrac{t\,u_{\mathrm{II}}}{a\,b}$. Die von den $R_{s\,k}$ herrührende Summe in den Gleichungen für die $r_j$ wurde bis $k = 24$ gliedweise berechnet und die Restsumme durch den Integralsinus ersetzt (siehe Abschnitt C.8., P. 8.3.7.). Ein kleines Differenzglied wurde überschlägig ermittelt und dazugezählt. Es ergab sich die in Abb. 217 dargestellte Fläche. Sie unterscheidet sich wenig von den Einflußflächen für die Summe der Querkräfte bei starrer Einspannung in der Linie I—II: Die Einflußfläche im Feld I entspricht annähernd der Tafel P.4 und die Fläche im Kragfeld II annähernd der Tafel T.2.

Manzsche Buchdruckerei, Wien IX

GPSR Compliance

*The European Union's (EU) General Product Safety Regulation (GPSR) is a set of rules that requires consumer products to be safe and our obligations to ensure this.*

*If you have any concerns about our products, you can contact us on ProductSafety@springernature.com*

In case Publisher is established outside the EU, the EU authorized representative is:

Springer Nature Customer Service Center GmbH
Europaplatz 3
69115 Heidelberg, Germany

**Batch number: 10607795**

Printed by Printforce, the Netherlands